ZOUXIANG GUOJI SHUXUE AOLINPIKE DE PINGMIAN JIHE SHITI QUANSHI (DISANJUAN)

走向国际数学奥林匹克的
平面几何试题诠释

（第3卷）

主　编　沈文选

副主编　杨清桃　步　凡　昊　凡

内 容 提 要

全套书对1978～2016年的全国高中数学联赛(包括全国女子竞赛、西部竞赛、东南竞赛、北方竞赛)、中国数学奥林匹克竞赛(CMO,即全国中学生数学冬令营)、中国国家队队员选拔赛以及IMO试题中的200余道平面几何试题进行了诠释,每道试题给出了尽可能多的解法(多的有近30种解法)及命题背景,以150个专题讲座分4卷的形式对试题所涉及的有关知识或相关背景进行了深入的探讨,揭示了有关平面几何试题的一些命题途径.本套书极大地拓展了读者的视野,可全方位地开启读者的思维,扎实地训练其基本功.

本套书适合于广大数学爱好者,初、高中数学竞赛选手,初、高中数学教师和中学数学奥林匹克教练员使用,也可作为高等师范院校、教育学院、教师进修学院数学专业开设的"竞赛数学"课程教材及国家级、省级骨干教师培训班参考使用.

图书在版编目(CIP)数据

走向国际数学奥林匹克的平面几何试题诠释.第3卷/沈文选主编.—哈尔滨:哈尔滨工业大学出版社,2019.9

ISBN 978-7-5603-7966-1

Ⅰ.①走…　Ⅱ.①沈…　Ⅲ.①几何课-高中-竞赛题-题解　Ⅳ.①G634.635

中国版本图书馆CIP数据核字(2019)第015172号

策划编辑　刘培杰　张永芹
责任编辑　张永芹　李　欣
封面设计　孙茵艾
出版发行　哈尔滨工业大学出版社
社　　址　哈尔滨市南岗区复华四道街10号　邮编150006
传　　真　0451-86414749
网　　址　http://hitpress.hit.edu.cn
印　　刷　哈尔滨市石桥印务有限公司
开　　本　787mm×1092mm　1/16　印张32.5　字数640千字
版　　次　2019年9月第1版　2019年9月第1次印刷
书　　号　ISBN 978-7-5603-7966-1
定　　价　78.00元

前 言

在国际数学奥林匹克(IMO)中,中国学生的突出成绩已得到世界公认.这优异的成绩,是中华民族精神的体现,是龙的传人潜质的反映,它是实现民族振兴的希望,它折射出国家富强的未来.

回顾我国数学奥林匹克的发展过程,可以说是一个由小到大的发展过程,是一个由单一到全面的发展过程.在开始举办数学奥林匹克活动时,只限于在少数的几个城市举行,而今天举办的数学奥林匹克活动,几乎遍及了全国各省、市、地区,这是一种规模最大,种类与层次最多的学科竞赛活动.有各省、市的初、高中竞赛,有全国的初、高中联赛,还有全国女子竞赛、西部竞赛、东南竞赛、北方竞赛,以及中国数学奥林匹克竞赛、国家队选拔赛,等等(本套书中的全国高中联赛题、中国数学奥林匹克题、国家队选拔赛题、国际数学奥林匹克题分别用 A,B,C,D 表示,其他有关赛题以其名称冠之).

数学奥林匹克活动的中心环节是试题的命制,而平面几何能够提供各种层次、各种难度的试题,是数学奥林匹克竞赛的一个方便且丰富的题源,因而在各种类别、层次的数学奥林匹克活动中,平面几何试题始终占据着重要的地位.随着活动级别的升高,平面几何试题的分量也随之加重,甚至占到总题量的三分之一.因此,诠释走向 IMO 的平面几何试题,也是进行数学奥林匹克竞赛理论深入研究的一个重要方面.

诠释这些平面几何试题，可以使我们更清楚地看到平面几何试题具有重要的检测作用与开发价值：

它可以检测参赛者所形成的科学世界观和理性精神（平面几何知识是人们认识自然、认识现实世界的中介与工具，这种知识对于人的认识形成有较强的作用，是一种高级的认识与方法论系统）的某些侧面.

它可以检测参赛者所具有的思维习惯（平面几何材料具有深刻的逻辑结构、丰富的直观背景和鲜明的认知层次，处理时思维习惯的优劣对效果产生较大影响）的某些侧面.

它可以检测参赛者的演绎推理和逻辑思维能力（平面几何内容的直观性、难度的层次性、真假的实验性、推理过程的可预见性，成为训练逻辑思维和演绎推理的理想材料）的某些侧面.

试题内容的挑战性具有开发价值.平面几何是一种理解、描述和联系现实空间的工具（几何图形保持着与现实空间的直接且丰富的联系；几何直觉在数学活动中常常起着关键的作用；几何活动常常包含创造活动的各个方面，从构造猜想、表示假设、探寻证明、发现特例和反例到最后形成理论等，这些在各种水平的几何活动中都得到反映）.

试题内容对进行创新教育具有开发价值.平面几何能为各种水平的创造活动提供丰富的素材（几何题的综合性便于学生在学习时能够借助于观察、实验、类比、直觉和推理等多种手段；几何题的层次性使得不同能力水平的学生都能从中得到益处；几何题的启发性可以使学生建立广泛的联系，并把它应用于更广的领域中）.

试题内容对开展数学应用与建模教育具有开发价值.平面几何建立了简单直观、能被青少年所接受的数学模型，并教会他们用这样的数学模型去思考、探索、应用.点、线、面、三角形、四边形和圆——这是一些多么简单又多么自然的数学模型，却能让青少年沉醉在数学思维的天地里流连忘返，很难想象有什么别的模型能够这样简单，同时又这样有成效.平面几何又可作为多种抽象数学结构的模型（许多重要的数学理论都可以通过几何的途径以自然的方式组织起来，或者从几何模型中抽象出来）.

诠释这些平面几何试题，可以使我们更理性地领悟到：几何概念为抽象的科学思维提供直观的模型，几何方法在所有的领域中都有广泛的应用，几何直觉是“数学地”理解高科技和解决问题的工具，几何的公理系统是组织科学体系的典范，几何思维习惯则能使一个人终身受益.

诠释这些平面几何试题，可以使我们更深刻地认识到：奥林匹克数学竞赛试题的综合基础性、实验发展性、创造问题性、艺趣挑战性等体系特征.

许多试题有着深刻的高等几何(如仿射几何、射影几何、几何变换等)和组合几何背景,它是高等数学思想与中学数学的精妙技巧相结合的基础性综合数学问题;试题中所涵盖的许多新思想、新方法,不断地影响着中学数学,从而促进中学数学课程的改革,为中学数学知识的更新架设了桥梁,为现代数学知识的传播和普及提供了科学的测度;许多试题既包含了传统数学的精华,又体现出很大的开放性、发展性、挑战性.

诠释这些平面几何试题,作者作为一种尝试,首先给出试题的尽可能多的解法,然后从试题所涉及的有关知识,或者有关背景进行深入的探讨,试图扩大读者的视野,开启思维,训练基本功.作者为图"文无遗珠"的效果,大量参考了多种图书杂志中发表的解法与探讨,并在书中加以注明,在此向他们表示谢意.

本套书于2007年1月出版了第1版,于2010年2月出版了第2版,这次修订是在第2版的基础上做了重大修改与补充,增加了历届国际数学竞赛试题,补充了8个年度的试题诠释,每章后的讲座都增加到3～5个,因而形成了各册书.

在本套书的撰写与修订过程中,得到了邹宇、羊明亮、肖登鹏、吴仁芳、彭熹、汤芳、张丹、陈丽芳、梁红梅、唐祥德、刘洁、陈明、刘文芳、谢立红、谢圣英、谢美丽、陈淼君、孔璐璐、谢罗庚、彭云飞等的帮助,他们帮助收集资料、抄录稿件、校对清样,付出了辛勤的汗水,在此也表示感谢.

衷心感谢刘培杰数学国际文化传播中心,感谢刘培杰老师、张永芹老师、李欣老师等诸位老师,是他们的大力支持,精心编辑,使得本书以新的面目呈现在读者面前!

限于作者的水平,书中的疏漏之处在所难免,敬请读者批评指正.

沈文选

2018年10月于长沙

目　录

第 24 章 2002～2003 年度试题的诠释

2002 年 8 月，我国首次举办全国女子数学奥林匹克，其试题我们简记为女子赛试题.这一届 8 道试题中有 2 道平面几何试题.

女子赛试题 1 圆 O_1 和圆 O_2 相交于 B，C 两点，且 BC 是圆 O_1 的直径，过点 C 作圆 O_1 的切线，交圆 O_2 于另一点 A，联结 AB，交圆 O_1 于另一点 E，联结 CE 并延长，交圆 O_2 于点 F.设点 H 为线段 AF 内的任意一点，联结 HE 并延长，交圆 O_1 于点 G，联结 BG 并延长，与 AC 的延长线交于点 D.求证：$\frac{AH}{HF}=\frac{AC}{CD}$.

证明 如图 24.1，因 BC 是圆 O_1 的直径，AC 与圆 O_1 切于 C，故 $\angle BEC=\angle FEA=\angle BCA=\angle BCD=90°$.

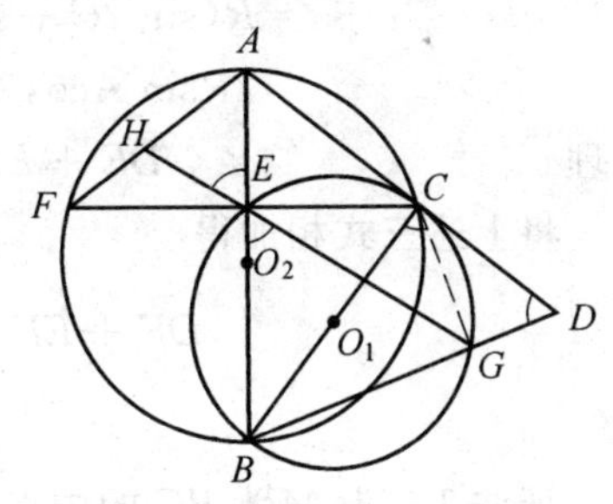

图 24.1

设 $\angle ABC=\alpha$，$\angle CBD=\beta$，则

$$\angle AFC=\alpha,\angle CEG=\beta$$

根据正弦定理，有

$$\frac{AH}{\sin\angle HEA}=\frac{HE}{\sin\angle HAE}$$

$$\frac{HF}{\sin\angle FEH}=\frac{HE}{\sin\angle HFE}$$

即

$$\frac{AH}{HE}=\frac{\cos\beta}{\cos\alpha},\frac{HF}{HE}=\frac{\sin\beta}{\sin\alpha}$$

两式相除得

$$\frac{AH}{HF}=\frac{\tan\alpha}{\tan\beta} \quad ①$$

在 Rt$\triangle ABC$ 中，有

$$\frac{AC}{BC}=\tan\alpha$$

在 Rt$\triangle BCD$ 中，有

$$\frac{CD}{BC}=\tan\beta$$

两式相除得

$$\frac{AC}{CD}=\frac{\tan\alpha}{\tan\beta} \quad ②$$

由式①②知
$$\frac{AH}{HF}=\frac{AC}{CD}$$

女子赛试题 2 锐角 $\triangle ABC$ 的三条高分别为 AD,BE,CF. 求证：$\triangle DEF$ 的周长不超过 $\triangle ABC$ 周长的一半.

证法 1 记 $\triangle ABC$ 各内角为 $\angle A,\angle B,\angle C$，各角所对边为 a,b,c，由于 D,E,A,B 四点共圆，且 AB 为该圆直径，根据正弦定理，可得
$$\frac{DE}{\sin\angle DAE}=AB=c$$
即
$$DE=c\sin\angle DAE$$
又
$$\angle DCA=90^\circ-\angle DAC$$
所以
$$DE=c\cos C$$
同理
$$DF=b\cos B$$
于是
$$\begin{aligned}DE+DF&=c\cos C+b\cos B=(2R\sin C)\cos C+(2R\sin B)\cos B\\&=R(\sin 2C+\sin 2B)=2R\sin(B+C)\cos(B-C)\\&=2R\sin A\cos(B-C)=a\cos(B-C)\leqslant a\end{aligned}$$

同理
$$DE+EF\leqslant b,EF+DF\leqslant c$$
将上述三式相加得
$$DE+EF+DF\leqslant\frac{1}{2}(a+b+c)$$

证法 2 设 M 为 BC 的中点，E' 为 E 关于 BC 的对称点，H 为 $\triangle ABC$ 的垂心.

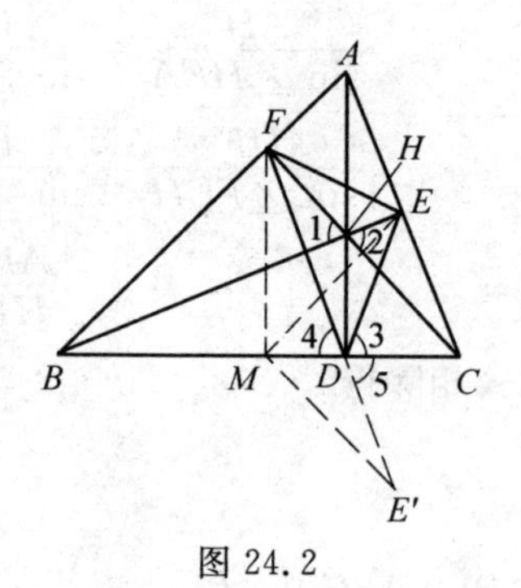

图 24.2

如图 24.2，因 B,D,H,F 四点共圆，故 $\angle 1=\angle 4$. 同理，$\angle 2=\angle 3$. 又 $\angle 1=\angle 2$. 故 $\angle 4=\angle 3$. 又 $\angle 3=\angle 5$，所以 $\angle 4=\angle 5$，F,D,E' 三点共线.

在 $\mathrm{Rt}\triangle BCE$ 和 $\mathrm{Rt}\triangle BCF$ 中，有
$$EM=FM=\frac{1}{2}BC$$
而
$$ME'=ME$$
故
$$DE+DF=DE'+DF=E'F\leqslant MF+ME'=BC$$
同理
$$DE+EF\leqslant AC,EF+DF\leqslant AB$$
将上述三式相加，即知命题成立.

证法 3 如图 24.3，作 $FG\perp BC$ 于点 G，$EI\perp BC$ 于点 I.

由 A,F,D,C 四点共圆,则

$$DG=DF\cdot\cos\angle FDG=DF\cdot\cos A$$

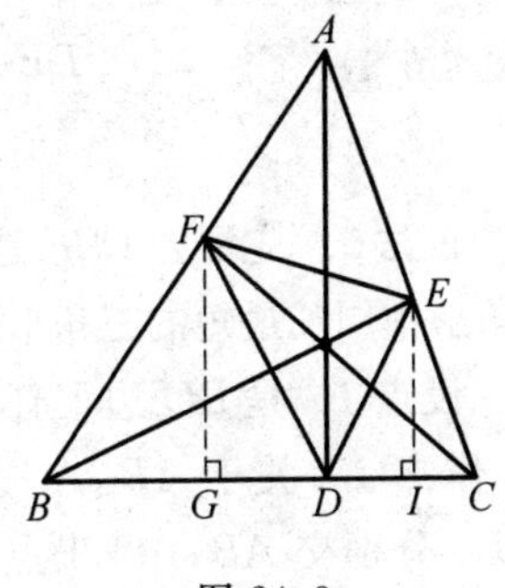

图 24.3

同理

$$DI=DE\cdot\cos A$$

易知

$$\triangle AEF\backsim\triangle ABC$$

有

$$\frac{EF}{BC}=\frac{AE}{AB}=\cos A$$

即

$$EF=a\cdot\cos A$$

因为 $GI\leqslant EF$,则

$$DG+DI\leqslant EF$$

亦即

$$DF\cdot\cos A+DE\cdot\cos A\leqslant a\cdot\cos A$$

因 $\cos A>0$,则

$$DF+DE\leqslant a$$

同理

$$DE+EF\leqslant b,EF+DF\leqslant c$$

故

$$DE+EF+DF\leqslant\frac{1}{2}(a+b+c)$$

证法4　如图 24.4,设 E' 为 E 关于 BC 的对称点.由证法 2,知 F,D,E' 三点共线,又

$$\angle BE'C=\angle BEC=90^\circ$$

于是

$$\angle BFC+\angle BE'C=90^\circ+90^\circ=180^\circ$$

所以 B,F,C,E' 四点共圆,且 BC 为该圆直径.从而

$$DE+DF=DE'+DF=E'F\leqslant BC=a$$

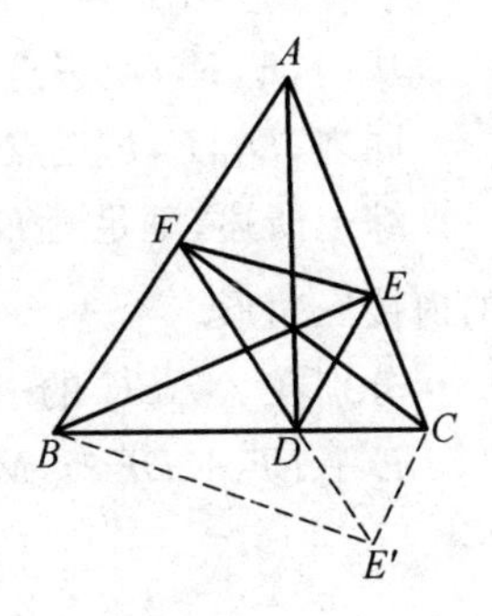

图 24.4

同理

$$DE+EF\leqslant AC=b,EF+DF\leqslant AB=c$$

故

$$DE+EF+DF\leqslant\frac{1}{2}(a+b+c)$$

证法5 先证$\triangle DEF$是锐角$\triangle ABC$的所有内接三角形中周长最短的三角形.

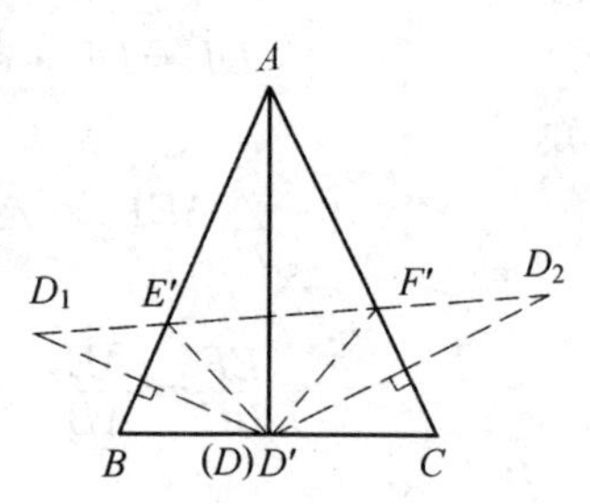

图 24.5

设点D'是BC边上任一固定点,如图24.5所示,作点D'关于AB,AC的对称点D_1,D_2,联结D_1D_2分别交AB,AC于点E',F',则$\triangle D'E'F'$周长最短.

事实上

$$\triangle D'E'F'\text{ 的周长}=D'E'+E'F'+F'D'$$
$$=D_1E'+E'F'+F'D_2=D_1D_2$$

在AB,AC上任取E_1,F_1,则

$$\triangle DE_1F_1\text{ 的周长}=DE_1+E_1F_1+F_1D=D_1E_1+E_1F_1+F_1D_2\geqslant D_1D_2$$

当且仅当E_1,F_1分别与E',F'重合时取等号. 所以,当点D'固定时,上述$\triangle D'E'F'$周长最短.

因$\angle D_1AD_2=2\angle BAC$,$AD_1=AD'=AD_2$,根据余弦定理,$D_1D_2$的长度仅与$AD'$有关,当$AD'$取最小值时,$D_1D_2$也取最小值. 此时,$\triangle D'E'F'$为$\triangle ABC$中周长最短的内接三角形,故点$D'$应为$BC$边上高线的垂足$D$.

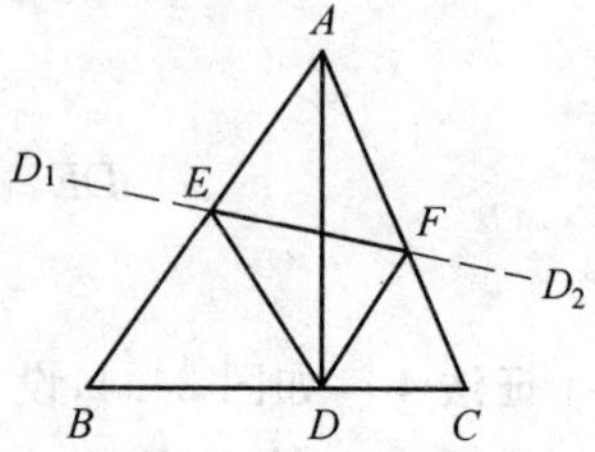

图 24.6

如图24.6,$\triangle DEF$为$\triangle ABC$的垂足三角形,则$\triangle ABC$的三条高平分$\triangle DEF$的内角,有

$$\angle AFE=\angle DFC=\angle CFD_2$$

从而,E,F,D_2三点共线.

同理,D_1,E,F三点共线.

综上所述,垂足$\triangle DEF$为$\triangle ABC$中周长最短的内接三角形.

分别在$\triangle ABC$的三边上取中点M,N,L,则

$$DE+EF+DF\leqslant MN+NL+LM$$
$$=\frac{1}{2}(AB+BC+CA)$$

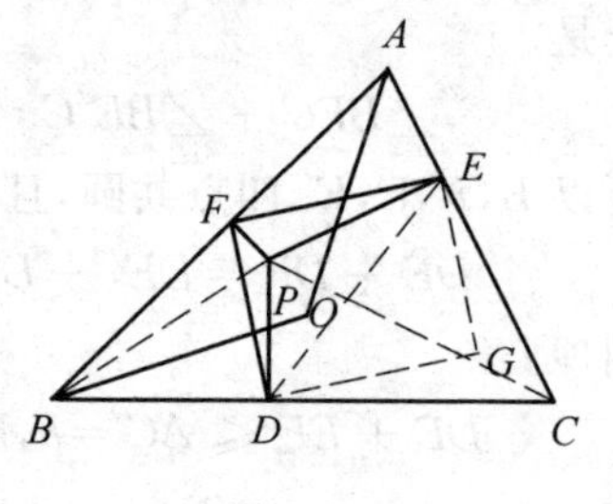

图 24.7

西部赛试题1 设O为锐角$\triangle ABC$的外心,P为$\triangle AOB$内部一点,P在$\triangle ABC$的三边BC,CA,

AB 上的射影分别为 D,E,F. 求证：以 FE,FD 为邻边的平行四边形位于 $\triangle ABC$ 内.

证明　如图 24.7,以 FE,FD 为邻边作 $\square EFDG$. 为证命题成立,只需要证明

$$\angle FDE < \angle CED \qquad ①$$

且

$$\angle FED < \angle EDC \qquad ②$$

注意到式 ①② 是对称的,故只需要证明其中一个式子成立,另一式子可以完全类似地证明.

对于式 ①,由于 $\angle FDE = \angle FDP + \angle EDP$,而 B,D,P,F 四点共圆,故

$$\angle FDP = \angle FBP < \angle ABO = 90^\circ - \frac{1}{2}\angle AOB = 90^\circ - \angle C$$

(这里用到 P 在 $\triangle AOB$ 内部及 O 为 $\triangle ABC$ 的外心).

又 C,E,P,D 四点共圆,故

$$\angle PDE = \angle PCE$$

$$\angle CED = \angle CPD = 90^\circ - \angle PCD$$

所以　$\angle FDE < (90^\circ - \angle C) + \angle PCE = 90^\circ - \angle PCD = \angle CED$

从而,式 ① 成立. 命题获证.

西部赛试题 2　在给定的梯形 $ABCD$ 中,$AD \parallel BC$,E 是边 AB 上的动点,O_1,O_2 分别是 $\triangle AED,\triangle BEC$ 的外心. 求证:O_1O_2 的长为一定值.

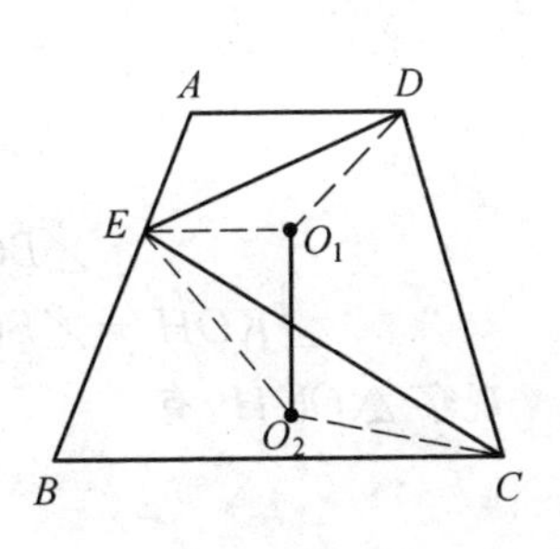

图 24.8

证明　如图 24.8,联结 O_1E,O_1D,O_2E,O_2C(不妨设 $\angle A \geqslant \angle B$). 注意到

$$\angle EO_1D = 360^\circ - 2\angle A = 2(180^\circ - \angle A) = 2\angle B$$

于是,有

$$\angle O_1ED = \frac{1}{2}(180^\circ - \angle EO_1D) = 90^\circ - \angle B$$

$$\angle O_2EC = \frac{1}{2}(180^\circ - \angle EO_2C) = 90^\circ - \angle B$$

从而,$\angle O_1ED = \angle O_2EC$. 故 $\angle O_1EO_2 = \angle DEC$.

另一方面,由正弦定理,可知

$$\frac{DE}{\sin A} = 2EO_1,\ \frac{EC}{\sin B} = 2EO_2$$

又因为 $\sin A = \sin B$,故

$$\frac{DE}{EC}=\frac{EO_1}{EO_2}$$

结合 $\angle O_1EO_2=\angle DEC$,可知

$$\triangle O_1EO_2 \backsim \triangle DEC$$

所以
$$\frac{O_1O_2}{CD}=\frac{EO_1}{DE}=\frac{1}{2\sin A}$$

从而,$O_1O_2=\dfrac{CD}{2\sin A}$ 为定值.

试题 A 如图 24.9,在 $\triangle ABC$ 中,$\angle A=60^\circ$,$AB>AC$,点 O 是外心,两条高 BE,CF 交于点 H. 点 M,N 分别在线段 BH,HF 上,且满足 $BM=CN$. 求 $\dfrac{MH+NH}{OH}$ 的值.

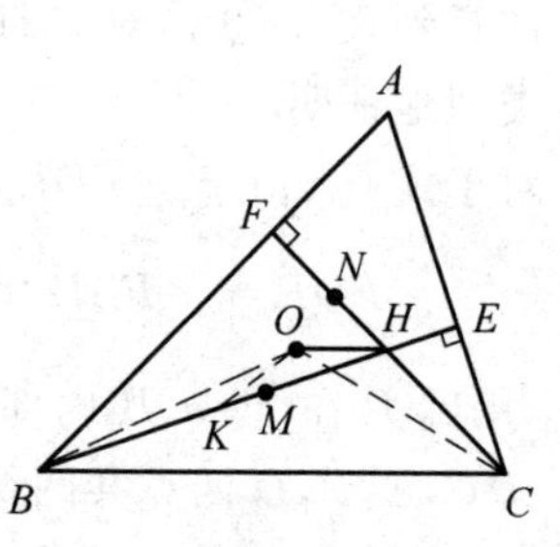

图 24.9

解法 1 如图 24.9,在 BE 上取 $BK=CH$,联结 OB,OC,OK. 由三角形外心的性质知 $\angle BOC=2\angle A=120^\circ$. 由三角形垂心的性质知 $\angle BHC=180^\circ-\angle A=120^\circ$. 于是 $\angle BOC=\angle BHC$. 故 B,C,H,O 四点共圆. 从而

$$\angle OBH=\angle OCH$$

又
$$OB=OC,BK=CH$$

有
$$\triangle BOK \cong \triangle COH$$

由
$$\angle BOK=\angle COH,OK=OH$$

有
$$\angle KOH=\angle BOC=120^\circ,\angle OKH=\angle OHK=30^\circ$$

观察 $\triangle OKH$,有

$$\frac{KH}{\sin 120^\circ}=\frac{OH}{\sin 30^\circ}$$

则 $KH=\sqrt{3}OH$,又 $BM=CN$,$BK=CH$,则 $KM=NH$,则

$$MH+NH=MH+KM=KH=\sqrt{3}OH$$

故
$$\frac{MH+NH}{OH}=\sqrt{3}$$

解法 2 联结 OB,OC,则 $\angle BOC=2\angle A=120^\circ$. 在 $\triangle BOC$ 中

$$\angle OBC=\angle OCB=30^\circ$$

又
$$\angle BHC=\angle FHE=180^\circ-60^\circ=120^\circ$$

则 B,O,H,C 四点共圆，设该圆的半径为 R，记 $\angle OBH=\theta$，则 $\angle OCH=\theta$. 从而

$$\angle HBC=30^\circ-\theta,\angle HCB=30^\circ+\theta$$

由正弦定理有

$$OH=2R\sin\theta,BH=2R\sin(30^\circ+\theta)$$

$$CH=2R\sin(30^\circ-\theta)$$

又

$$BM=CN$$

则

$$\begin{aligned}MH+NH&=(BH-BM)+(CN-CH)=BH-CH\\&=2R[\sin(30^\circ+\theta)-\sin(30^\circ-\theta)]\\&=2R\cdot 2\cos 30^\circ\sin\theta\end{aligned}$$

故

$$\frac{MH+NH}{OH}=2\cos 30^\circ=\sqrt{3}$$

解法 3 （由四川方廷刚给出）如图 24.9，由 $BM=CN$ 易知 $MH+NH=BH-CH$. 记 $\triangle ABC$ 的外接圆半径为 R，$\angle A,\angle B,\angle C$ 为三个内角. 由垂心余弦定理有

$$BH-CH=2R(\cos B-\cos C)=-4R\sin\frac{B+C}{2}\sin\frac{B-C}{2}$$

由 $\angle A=60^\circ$ 知

$$\frac{\angle B+\angle C}{2}=60^\circ,\frac{\angle B-\angle C}{2}=60^\circ-\angle C$$

故

$$BH-CH=2\sqrt{3}R\sin(C-60^\circ)$$

另一方面，由 $\angle BOC=\angle BHC=120^\circ$ 知 O,B,C,H 四点共圆. $\angle OHB=\angle OCB=30^\circ$，$\angle OBH=\angle OBC-\angle EBC=30^\circ-(90^\circ-\angle C)=\angle C-60^\circ$.

由正弦定理得 $OH=2R\sin(C-60^\circ)$，从而，所求之比值为 $\sqrt{3}$.

解法 4 （由浙江兰溪一中舒林军给出）如图 24.10，作 $\triangle ABC$ 的外接圆，延长 BE 交圆 O 于 X，延长 CF 交圆 O 于 Y. 联结 BY，过 O 作 $OQ\perp CY$ 于 Q，$OP\perp BX$ 于 P. 设 G 为 $\overset{\frown}{BC}$（劣弧）上的点. 因 $BE\perp AC$，$\angle A=60^\circ$，则 $\angle ABE=30^\circ$，同理 $\angle ACF=30^\circ$. 则 $\angle YBA=\angle YCA=30^\circ$，即 $\overset{\frown}{YAX}=\overset{\frown}{BGC}=120^\circ$.

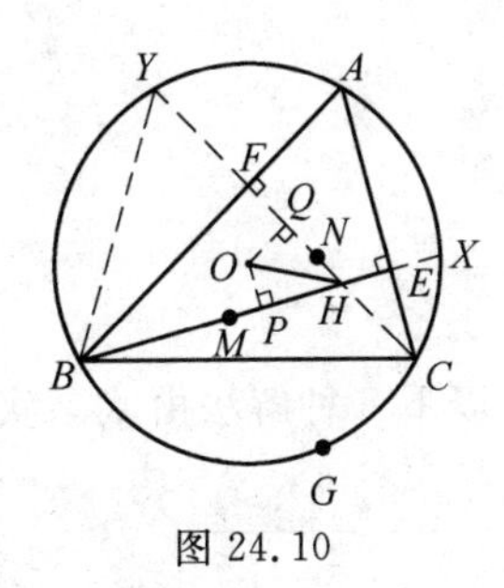

图 24.10

由$\overset{\frown}{YAC}=\overset{\frown}{BGX}$,知$YC=BX$,亦知$OQ=OP$,由$BM=CN$,知$NQ=PM$,即有$\angle OHQ=\angle OHP=30°$,从而

$$OH=\frac{HP}{\cos 30°}$$

于是 $$MH+NH=(PH+MP)+(HQ-NQ)=2HP$$

故 $$\frac{MH+NH}{OH}=\frac{2HP}{\frac{HP}{\cos 30°}}=\sqrt{3}$$

解法5 (由西南师大附中王勇给出)设$\triangle ABC$的外接圆半径为R,三个内角为$\angle A,\angle B,\angle C$,三条边为$a,b,c$.由$BH=2R\cos B,CH=2R\cos C$,$OH^2=9R^2-(a^2+b^2+c^2)$,得

$$\begin{aligned}OH&=\sqrt{9R^2-4R^2(\sin^2A+\sin^2B+\sin^2C)}\\&=R\sqrt{9-4(\frac{3}{4}+\sin^2B+\sin^2C)}\\&=R\sqrt{6-4(\frac{1-\cos 2B}{2}+\frac{1-\cos 2C}{2})}\\&=R\sqrt{2+4\cos(B+C)\cos(C-B)}\\&=R\sqrt{2-2\cos(C-B)}\\&=2R\sqrt{\frac{1-\cos(C-B)}{2}}=2R\sin\frac{C-B}{2}\end{aligned}$$

所以 $$\begin{aligned}\frac{MH+NH}{OH}&=\frac{BH-HC}{OH}=\frac{2R(\cos B-\cos C)}{2R\sin\frac{C-B}{2}}\\&=\frac{-2\sin\frac{B+C}{2}\sin\frac{B-C}{2}}{\sin\frac{C-B}{2}}\\&=2\sin\frac{B+C}{2}=\sqrt{3}\end{aligned}$$

以下5种解法由武昌实验中学朱达坤给出.[①]

---

① 朱达坤.2002年全国高中数学联赛加试试题另解[J].中学数学,2002(12):39-41.

解法6　如图24.11,联结OB,OC.因$\angle BHC=\angle FHE=120^\circ$,又$\angle BOC=2\angle A=120^\circ$,则$B$,$O$,$H$,$C$四点共圆.

设$\angle OBC=\alpha=30^\circ$,$\angle EBC=\beta$,即知

$$\angle OBC=\angle OCB=30^\circ,\angle EBC=\angle HOC=\beta$$

则
$$\frac{MH+NH}{OH}=\frac{BH-BM+CN-HC}{OH}=\frac{BH}{OH}-\frac{HC}{OH}$$

由正弦定理,在$\triangle OHB$中

$$\frac{BH}{OH}=\frac{\sin(120^\circ+\beta)}{\sin(\alpha-\beta)}$$

在$\triangle OHC$中
$$\frac{HC}{OH}=\frac{\sin\beta}{\sin(\alpha-\beta)}$$

故
$$\frac{MH+NH}{OH}=\frac{\sin(120^\circ+\beta)-\sin\beta}{\sin(\alpha-\beta)}=\frac{2\sin(30^\circ-\beta)\sin 60^\circ}{\sin(30^\circ-\beta)}=\sqrt{3}$$

解法7　联结OA,OB,OC,OM,ON,MN,则$OA=OB=OC$.

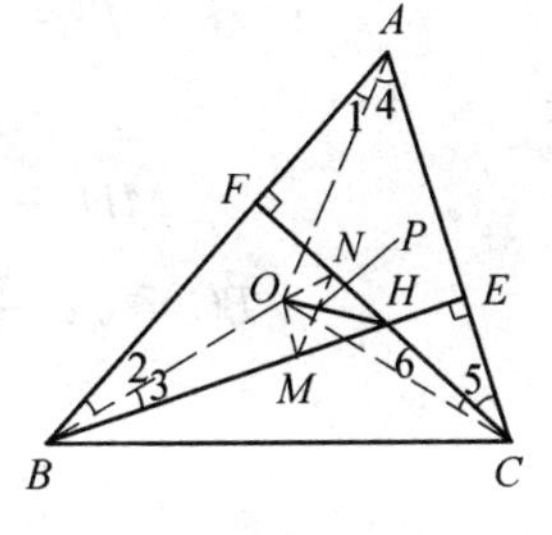

图24.11

如图24.11,$\angle 1=\angle 2$,$\angle 4=\angle 5+\angle 6$,$\angle A=60^\circ$,$\angle 2+\angle 3=30^\circ$,$\angle 5=30^\circ$,$\angle 4=60^\circ-\angle 1$,$\angle 6=60^\circ-\angle 1-\angle 5=30^\circ-\angle 1$,则$\angle 3=\angle 6$,由$BM=CN$,有

$$\triangle BOM\cong\triangle CON$$

则
$$OM=ON,\angle OMB=\angle ONC$$

即
$$\angle OMH+\angle ONH=180^\circ$$

故O,M,H,N四点共圆.

联结MN,由$OM=ON$,有$\angle OHM=\angle OHN$.设OH与MN交于点P,则$\triangle MHP\backsim\triangle OHN$,即

$$\frac{MH}{OH}=\frac{MP}{ON} \quad ①$$

因$\triangle HNP\backsim\triangle HOM$,则

$$\frac{HN}{OH}=\frac{NP}{OM} \quad ②$$

式①+②得
$$\frac{MH}{OH}+\frac{HN}{OH}=\frac{MN}{OM}$$

因$\angle MHN=60^\circ$,则$\angle MON=120^\circ$,又$OM=ON$,故

$$\frac{MN}{OM}=\frac{\sin 120^\circ}{\sin 30^\circ}=\sqrt{3}$$

即
$$\frac{MH+NH}{OH}=\sqrt{3}$$

解法 8 如图 24.12，设 $AB=c$，$AC=b$，$BM=CN=t$，$\triangle ABC$ 的外接圆半径为 R.

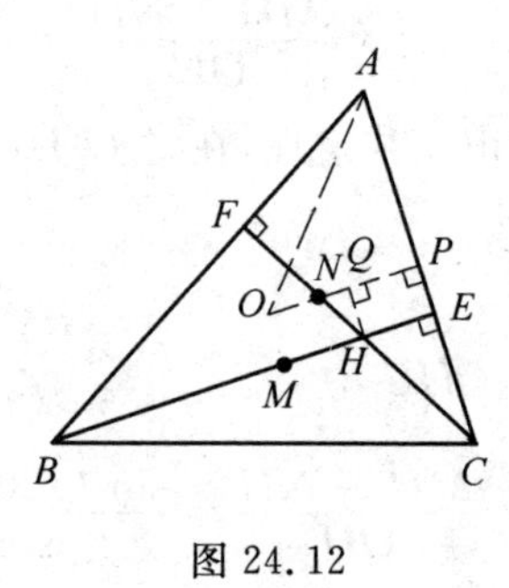

图 24.12

由 $\angle A=60^\circ$，且 $CF\perp AB$，$BE\perp AC$，有
$$\angle ABE=\angle ACF=30^\circ$$

即 $$BF=BA-AF=c-\frac{b}{2},CE=b-\frac{c}{2}$$

从而 $$CH=\frac{CE}{\cos 30^\circ}=\frac{2}{\sqrt{3}}(b-\frac{c}{2})$$

$$BH=\frac{2}{\sqrt{3}}(c-\frac{b}{2})$$

于是
$$MH+NH=BH-CH=\sqrt{3}(c-b) \quad ①$$

又 $$BC=\sqrt{c^2+b^2-2cb\cos 60^\circ}=\sqrt{c^2+b^2-cb}$$

因 $$\frac{BC}{\sin A}=2R$$

则 $$R=\frac{\sqrt{3}}{3}BC=\frac{\sqrt{3}}{3}\sqrt{c^2+b^2-cb}$$

过 O 作 $OP\perp AC$ 于 P，过 H 作 $HQ\perp OP$ 于 Q，联结 OA，则
$$OA=R=\frac{\sqrt{3}}{3}\sqrt{c^2+b^2-cb}$$

四边形 $QHEP$ 为矩形，且
$$AP=\frac{1}{2}AC=\frac{b}{2}$$

则 $$PE=QH=\frac{1}{2}(c-b)$$

$$OP=\frac{\sqrt{3}}{3}(2c-b)$$

$$HE=BE-BH=\frac{\sqrt{3}}{6}(2b-c)$$

则 $$OQ=OP-HE=\frac{\sqrt{3}}{3}(\frac{5c}{2}-2b)$$

即 $$OH=\sqrt{OQ^2+HQ^2}=c-b \quad ②$$

故 $$\frac{MH+NH}{OH}=\frac{\sqrt{3}(c-b)}{c-b}=\sqrt{3}$$

解法9 如图24.13，设$\triangle ABC$的三内角为$\angle A,\angle B,\angle C$，不难得到

$$MH+NH=BH-CH=2(FH-HE)$$

又因在$\triangle ABC$中

$$\overrightarrow{OH}=\overrightarrow{OA}+\overrightarrow{OB}+\overrightarrow{OC}=\overrightarrow{OA}+\overrightarrow{AH}$$

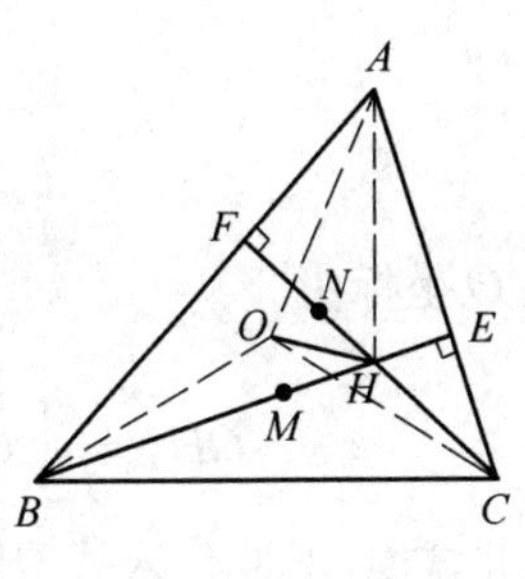

图24.13

则 $$|\overrightarrow{AH}|=|\overrightarrow{OB}+\overrightarrow{OC}|=R$$

由 $$\angle AHF=\angle B,\angle AHE=\angle C$$

有 $FH-HE=R(\cos B-\cos C)=\sqrt{3}R\sin\frac{C-B}{2}$

又因 $$AO=AH=R,\angle OAB=\frac{\pi}{2}-\angle C,\angle HAE=\frac{\pi}{2}-\angle C$$

则 $$\angle OAB=\angle HAE$$

$$\angle OAH=60^\circ-(180^\circ-2\angle C)=2\angle C-120^\circ$$

即 $$OH=2AO\sin\frac{\angle OAH}{2}=2R\sin(C-60^\circ)=2R\sin\frac{C-B}{2}$$

故 $$\frac{MH+NH}{OH}=\frac{2(FH-HE)}{OH}=\sqrt{3}$$

解法10 如图24.14，以H为原点，平行于AC的直线为x轴建立直角坐标系，设A,B,C的坐标分别为$(x_1,y_1),(0,y_2),(x_3,y_3)$.

由$AC\ /\!/\ x$轴，有

$$y_1=y_3 \quad ①$$

又$\angle A=60^\circ$，则

$$y_2-y_1=\sqrt{3}x_1 \quad ②$$

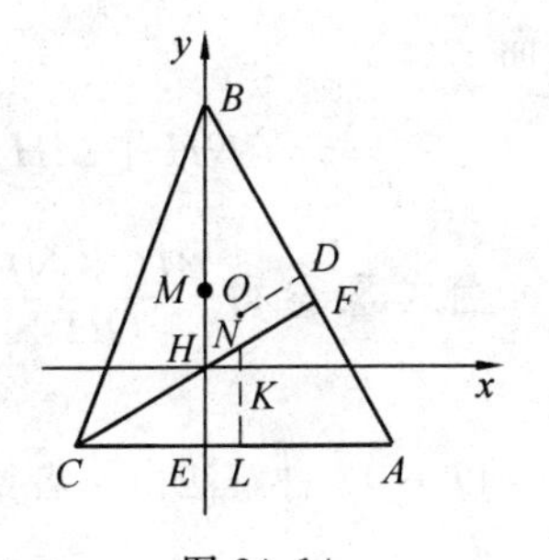

图24.14

又$\angle HCE=30^\circ$，则

$$y_3=\frac{\sqrt{3}}{3}x_3 \quad ③$$

点 O 的横坐标为$\frac{x_1+x_3}{2}$,则 AB 的中点 $D(\frac{x_1}{2},\frac{y_1+y_2}{2})$,则 $k_{OD}=\frac{\sqrt{3}}{3}$.

OD 所在直线方程为

$$y-\frac{y_1+y_2}{2}=\frac{\sqrt{3}}{3}(x-\frac{x_1}{2})$$

将 $x=\frac{x_1+x_3}{2}$ 代入得

$$y=\frac{\sqrt{3}}{6}x_3+\frac{y_1+y_2}{2}$$

则点 O 坐标为 $$(\frac{x_1+x_3}{2},\frac{\sqrt{3}x_3}{6}+\frac{y_1+y_2}{2})$$

即 $$OH^2=\frac{1}{4}(x_1+x_3)^2+\frac{1}{4}(\frac{\sqrt{3}}{3}x_3+y_1+y_2)^2 \quad ④$$

将式①②③代入式④得

$$OH^2=\frac{1}{4}(\frac{2}{\sqrt{3}}y_2+\frac{4}{3}x_3)^2$$

则 $$OH=\frac{1}{\sqrt{3}}(y_2+\frac{2}{\sqrt{3}}x_3) \quad ⑤$$

设 $BM=CN=a$,则 $MH=y_2-a$.

过 N 作 $NL\perp AC$ 交 x 轴于点 K,则

$$CL=\frac{\sqrt{3}}{2}a,EL=\frac{\sqrt{3}}{2}a+x_3=HK$$

即 $$NH=\frac{2}{\sqrt{3}}HK=a+\frac{2}{\sqrt{3}}x_3$$

从而

$$NH+MH=y_2-a+a+\frac{2}{\sqrt{3}}x_3=y_2+\frac{2}{\sqrt{3}}x_3 \quad ⑥$$

由式⑤⑥得$\frac{MH+NH}{OH}=\sqrt{3}$.

以下13种解法由作者给出.①

---

① 沈文选.2002年高中数学联赛平面几何题的新解法[J].中学数学杂志,2003(1):40-43.

解法11　如图24.15，联结AH交BC于D，过O作$OP\perp BC$于P，联结AP交OH于G。设圆O的半径为R，联结AO，BO，则$AO=BO=R$。

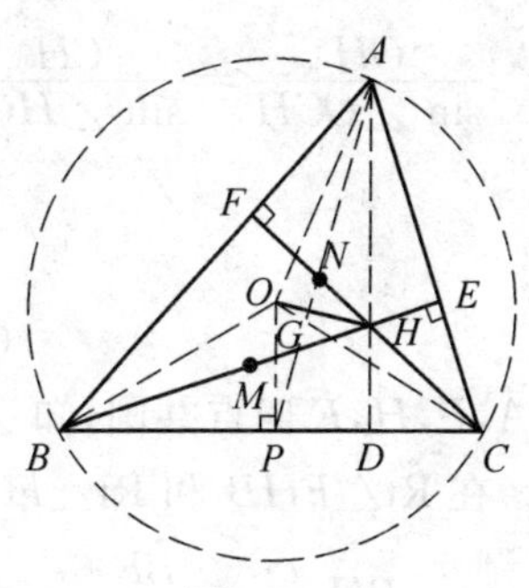

图24.15

由$\angle A=60°$，知$\angle BOP=\frac{1}{2}\angle BOC=60°$，

$OP=\frac{1}{2}BO=\frac{1}{2}R$。

由欧拉定理，知G为$\triangle ABC$的重心，且

$$\frac{OP}{AH}=\frac{PG}{GA}=\frac{1}{2}$$

故
$$AH=2OP=R$$

设$\angle BAO=\alpha$，由$\angle AOB=2\angle C$，知$\angle BAO=90°-\angle C$，且

$$\angle HAC=\angle DAC=90°-\angle C=\alpha$$

从而
$$\angle OAH=\angle A-2\alpha$$

在$\triangle OAH$中，由余弦定理，有

$$OH=\sqrt{OA^2+AH^2-2OA\cdot AH\cos(A-2\alpha)}=2R\sin(30°-\alpha)$$

又在$\triangle ABH$中，由正弦定理，有

$$\frac{BH}{\sin\angle BAH}=\frac{AH}{\sin\angle ABH}$$

即
$$\frac{BH}{\sin(60°-\alpha)}=\frac{AH}{\sin 30°}$$

故
$$BH=2AH\sin(60°-\alpha)$$

同理，在$\triangle AHC$中，由正弦定理知$CH=2AH\sin x$。因为

$$\begin{aligned}MH+NH&=BH-BM+CN-CH=BH-CH\\&=2AH[\sin(60°-\alpha)-\sin\alpha]\\&=2\sqrt{3}R\sin(30°-\alpha)\end{aligned}$$

（其中$BM=CN$）从而

$$\frac{MH+NH}{OH}=\frac{2\sqrt{3}R\sin(30°-\alpha)}{2R\sin(30°-\alpha)}=\sqrt{3}$$

解法12　如图24.15，设$\triangle ABC$的三内角为$\angle A$，$\angle B$，$\angle C$，联结OB，OC，由三角形外心、垂心性质知$\angle BOC=120°$，$\angle BHC=180°-\angle A=120°$，即知$B$，$C$，$H$，$O$四点共圆，从而$\angle HOC=\angle HBC$。

在$\triangle OHC$和$\triangle HBC$中运用正弦定理，设圆O的半径为R，有

$$\frac{OH}{\sin\angle OCH}=\frac{CH}{\sin\angle HOC}=\frac{CH}{\sin\angle HBC}=\frac{BC}{\sin\angle BHC}=\frac{BC}{\sin A}=2R$$

由
$$\angle OCB=30^\circ=\angle ACH$$
知
$$\angle OCH=\angle C-60^\circ$$
即
$$OH=2R\sin(C-60^\circ)$$
由 A,F,H,E 四点共圆,知 $\angle FHB=\angle A=60^\circ$.

在 $\mathrm{Rt}\triangle FHB$ 和 $\mathrm{Rt}\triangle FCB$ 中

$$BH=\frac{BF}{\sin\angle FHB}=\frac{BC\cos B}{\sin\angle FHB}=\frac{2R\sin A\cos B}{\sin\angle FHB}=2R\cos B$$

同理
$$CH=2R\cos C$$

$$\begin{aligned}MH+NH&=BH-BM+CN-CH=BH-CH=2R(\cos B-\cos C)\\&=2\sqrt{3}R\sin\frac{C-B}{2}=2\sqrt{3}R\sin\frac{2C-(B+C)}{2}\\&=2\sqrt{3}R\sin(C-60^\circ)\end{aligned}$$

从而
$$\frac{MH+NH}{OH}=\frac{2\sqrt{3}R\sin(C-60^\circ)}{2R\sin(C-60^\circ)}=\sqrt{3}$$

解法13 如图24.15,设$\triangle ABC$的三内角为$\angle A,\angle B,\angle C$,联结$AH$并延长交$BC$于$D$,则$AD\perp BC$,由$D,H,E,C$四点共圆,有

$$BH\cdot BE=BD\cdot BC$$

从而
$$\begin{aligned}BH&=BD\cdot\frac{BC}{BE}=\cos B\cdot AB\cdot\frac{BC}{BE}\\&=\cos B\cdot\frac{1}{\sin A}\cdot BC=2R\cos B\end{aligned}$$

(其中R为圆O的半径)同理

$$CH=2R\cos C,AH=2R\cos A=R$$

由
$$\angle CAD=90^\circ-\angle C,\angle CAO=\angle BAD=90^\circ-\angle B$$
则
$$\angle OAH=\angle CAO-\angle CAD=\angle C-\angle B$$
又
$$OH^2=AO^2+AH^2-2AO\cdot AH\cos\angle OAH=2R^2[1-\cos(C-B)]$$

$$\begin{aligned}(MH+NH)^2&=(BH-CH)^2=4R^2(\cos B-\cos C)^2\\&=2\times 3R^2\sin^2\frac{C-B}{2}=6R^2[1-\cos(C-B)]\end{aligned}$$

从而
$$\frac{(MH+NH)^2}{OH^2}=3$$

即
$$\frac{MH+NH}{OH}=\sqrt{3}$$

解法14　同解法12知，B,O,H,C四点共圆，在此圆中运用托勒密定理，有
$$BO\cdot CH+OH\cdot BC=BH\cdot OC$$
由于$\angle A=60^\circ$，有$BC=\sqrt{3}R$（R为圆O半径），即有
$$R\cdot CH+OH\cdot\sqrt{3}R=BH\cdot R$$
亦即
$$BH-CH=\sqrt{3}OH$$
而
$$MH+NH=BH-CH$$
故
$$\frac{MH+NH}{OH}=\sqrt{3}$$

解法15　同解法12知，B,O,H,C四点共圆，即有$\angle OBH=\angle OCH$，又$BO=OC,BM=CN$，知$\triangle OBH\cong\triangle OCH$，从而
$$OM=ON,\angle BMO=\angle CNO$$
故知O,M,H,N四点共圆，且等腰$\triangle OMN$的顶角$\angle MON=\angle NHE=120^\circ$，即知
$$\frac{MN}{OM}=\frac{\sin 120^\circ}{\sin 30^\circ}=\sqrt{3}$$
在圆$OMHN$中，运用托勒密定理，有
$$MH\cdot ON+NH\cdot OM=OH\cdot MN$$
故
$$\frac{MH+NH}{OH}=\frac{MN}{OM}=\sqrt{3}$$

解法16　同解法12知，B,O,H,C四点共圆，即有$\angle OHB=\angle OCB=30^\circ$，又$A,F,H,E$四点共圆，知$\angle FHB=60^\circ$，即$\angle OHF=30^\circ$.

同解法15，证O,M,H,N四点共圆，设圆$OMHN$的半径为r，$\angle OMH=\theta$，则
$$MH=2r\sin\angle HOM=2r\sin(180^\circ-30^\circ-\theta)=2r\sin(30^\circ+\theta)$$
$$NH=2r\sin\angle HON=2r\sin[180^\circ-(180^\circ-\theta)-30^\circ]=2r\sin(\theta-30^\circ)$$
$$OH=2r\sin\theta$$
从而
$$\frac{MH+NH}{OH}=\frac{\sin(30^\circ+\theta)+\sin(\theta-30^\circ)}{\sin\theta}=\sqrt{3}$$

解法 17 由 $\angle A=60^\circ$,则 $BE=\frac{\sqrt{3}}{2}AB, AE=\frac{1}{2}AB, HE=\frac{\sqrt{3}}{3}CE=\frac{\sqrt{3}}{3}(AC-AE), CH=2HE$.设 $AB=c, AC=b$,则

$$MH+NH=BH-BM+CN-CH=BH-CH=(BE-HE)-2HE$$
$$=BE-3EH=\frac{\sqrt{3}}{2}c-\sqrt{3}\left(b-\frac{c}{2}\right)=\sqrt{3}(c-b)\quad(\text{因 } AB>AC)$$

如图 24.16,作 $OT\perp AB$ 于 T,则

$$TF=AT-AF=AT-\frac{1}{2}AC$$
$$=\frac{1}{2}c-\frac{1}{2}b\quad(\text{因 } AB>AC)$$

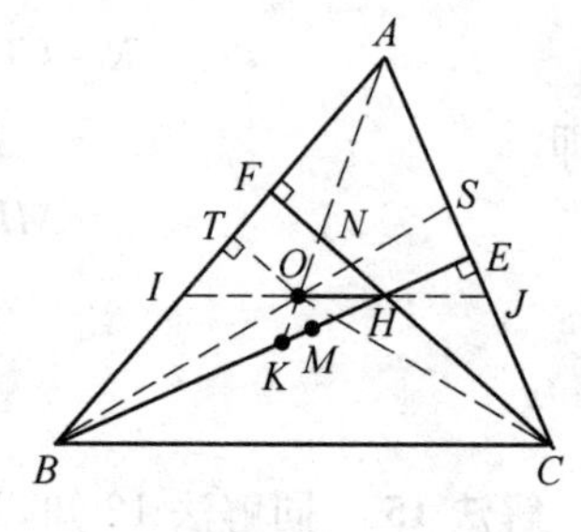

图 24.16

同解法 12,知 B,O,H,C 四点共圆,有

$$\angle FHO=\angle OBC=30^\circ$$

故 $OH=2TF=c-b\quad(\text{因 } AB>AC)$

从而 $$\frac{MH+NH}{OH}=\frac{\sqrt{3}(c-b)}{c-b}=\sqrt{3}$$

解法 18 在 BH 上取 $BK=CH$,如图 24.16 所示,同解法 12,知 B,O,H,C 四点共圆,有 $\angle OBK=\angle OCH$,注意到 $OB=OC$,得 $\triangle OBK\cong\triangle OCH$,从而

$$OK=OH$$

又 $$\angle OHK=\angle OHB=\angle BCO=30^\circ$$

则 $$\frac{\frac{1}{2}KH}{OH}=\cos 30^\circ=\frac{\sqrt{3}}{2}$$

得 $$\frac{KH}{OH}=\sqrt{3}$$

或由 $\triangle OKH\backsim\triangle OBC$,有

$$\frac{KH}{OH}=\frac{BC}{OC}=\sqrt{3}$$

$$MH+NH=BH-BM+CN-CH=BH-CH=BH-BK=KH$$

从而 $$\frac{MH+NH}{OH}=\frac{KH}{OH}=\sqrt{3}$$

解法 19　如图 24.16，延长线段 OH 交 AB 于 I，交 AC 于 J．同解法 1 或解法 3，得 $AH=R=AO$，又 $\angle IAO=90^\circ-\angle C=\angle JAH$，且 $\angle A=60^\circ$，从而 $\triangle AIJ$ 为正三角形且 $IO=HJ$．

作 $OT\perp AB$ 于 T，作 $OS\perp AC$ 于 S，根据三角形的顶点到垂心的距离等于其外心到对边距离的 2 倍，有

$$BH-CH=2(OS-OT)=2\cdot\frac{\sqrt{3}}{2}(OJ-OI)=\sqrt{3}\,OH$$

从而

$$\frac{MH+NH}{OH}=\frac{BH-CH}{OH}=\frac{\sqrt{3}\,OH}{OH}=\sqrt{3}$$

解法 20　如图 24.17，延长 BO 交圆 O 于 P，联结 AP，CP，则易知四边形 $HAPC$ 为平行四边形，从而 $PC=AH$．

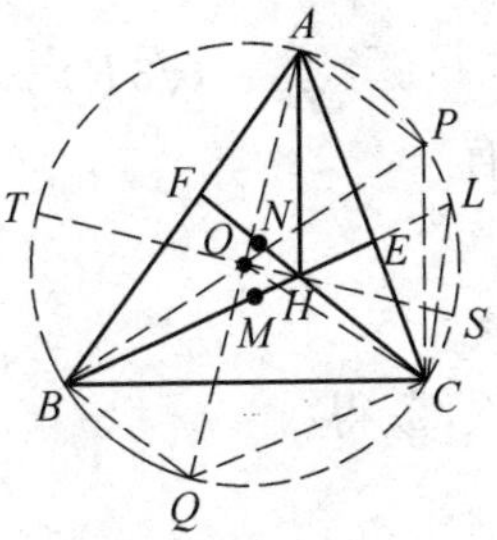

图 24.17

在等腰 $\triangle OCP$ 中，$\angle OPC=\angle A=60^\circ$，则 $\triangle OPC$ 为正三角形．设圆 O 的半径为 R，则 $AH=PC=OC=R$．

在等腰 $\triangle AOH$ 中

$$OH=2AH\sin\frac{1}{2}\angle OAH$$

令 $\angle BAO=\alpha$，则

$$\alpha=90^\circ-\angle C=\angle HAC,\angle OAH=60^\circ-2\alpha$$

故

$$OH=2R\sin(30^\circ-\alpha)$$

延长 AO 交圆 O 于 Q，同理有

$$BH=QC,CH=BQ$$

而

$$QC=AQ\sin\angle QAC=2R\sin(60^\circ-\alpha)$$

$$BQ=AQ\sin\angle BAQ=2R\sin\alpha$$

从而

$$\begin{aligned}MH+NH&=BH-BM+CN-CH=BH-CH=QC-BQ\\&=2R[\sin(60^\circ-\alpha)-\sin\alpha]=2\sqrt{3}R\sin(30^\circ-\alpha)\end{aligned}$$

故

$$\frac{MH+NH}{OH}=\frac{2\sqrt{3}R\sin(30^\circ-\alpha)}{2R\sin(30^\circ-\alpha)}=\sqrt{3}$$

解法 21　如图 24.17，延长 BE 交圆 O 于 L，由垂心性质知 L 为 H 关于 AC 的对称点，则 $LC=CH$．

设 $HC=x$，$BH=y$，由 $\angle CLB=\angle A=60^\circ$，知 $LH=LC=CH=x$. 延长线段 OH 交圆 O 于 T，S.

设圆 O 的半径为 R，$OH=d$，则

$$TH\cdot HS=BH\cdot HL$$

即

$$(R+d)(R-d)=x\cdot y$$

亦即有

$$R^2=d^2+xy \qquad ①$$

在 $\triangle BCL$ 中运用斯特瓦尔特定理，并注意到

$$BC=2R\sin A=\sqrt{3}R$$

可得

$$BC^2\cdot LH+LC^2\cdot BH=LH\cdot BH\cdot BL+CH^2\cdot BL$$

即

$$(\sqrt{3}R)^2x+x^2y=xy(x+y)+x^2(x+y)$$

亦即有

$$R^2=\frac{x^2+xy+y^2}{3} \qquad ②$$

由式①②得

$$\frac{x^2+xy+y^2}{3}=d^2+xy$$

亦即

$$\frac{(x-y)^2}{d^2}=3$$

故

$$\frac{MH+NH}{OH}=\frac{|x-y|}{d}=\sqrt{3}$$

解法 22 如图 24.18，以 AC 所在直线为 x 轴，E 为原点，BE 所在直线为 y 轴建立平面直角坐标系. 设 $A(a,0)$，$C(c,0)$，显然 $a>0$，$c<0$ 且 $a+c>0$.

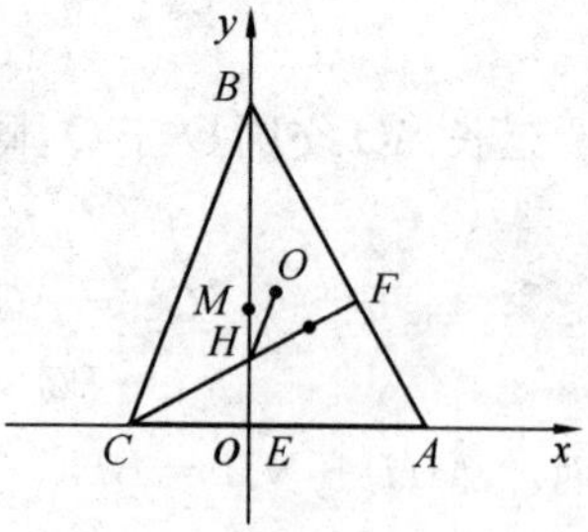

直线 AB 的方程为

$$y=-\sqrt{3}(x-a)$$

当 $x=0$ 时，$y=\sqrt{3}a$，则 $B(0,\sqrt{3}a)$.

直线 CF 的方程为

$$y=\frac{\sqrt{3}}{3}(x-c)$$

图 24.18

则 $H(0,\frac{\sqrt{3}}{3}c)$. 设 O(外心)的坐标为 (x,y)，则 $x=\frac{1}{2}(a+c)$，注意到三角形顶点

到垂心的距离等于其外心到对边距离的 2 倍,即

$$y=\frac{1}{2}BH=\frac{1}{2}(BE-HE)=\frac{1}{2}(\sqrt{3}a+\frac{\sqrt{3}}{3}c)$$

从而

$$O(\frac{a+c}{2},\frac{\sqrt{3}}{2}a+\frac{\sqrt{3}}{6}c)$$

故

$$OH=\sqrt{(\frac{a+c}{2})^2+(\frac{\sqrt{3}}{2}a+\frac{\sqrt{3}}{6}c+\frac{\sqrt{3}}{3}c)^2}=a+c$$

又

$$MH+NH=BH-BM+CN-CH=BH-CH$$

$$=(\sqrt{3}a+\frac{\sqrt{3}}{3}c)-\sqrt{c^2+(\frac{\sqrt{3}}{3}c)^2}$$

$$=(\sqrt{3}a+\frac{\sqrt{3}}{3}c)-|\frac{2}{3}\sqrt{3}c|=\sqrt{3}(a+c)$$

所以

$$\frac{MH+NH}{OH}=\frac{\sqrt{3}(a+c)}{a+c}=\sqrt{3}$$

解法 23　如图 24.19,以 O 为原点,OC 所在直线为 x 轴建立平面直角坐标系.

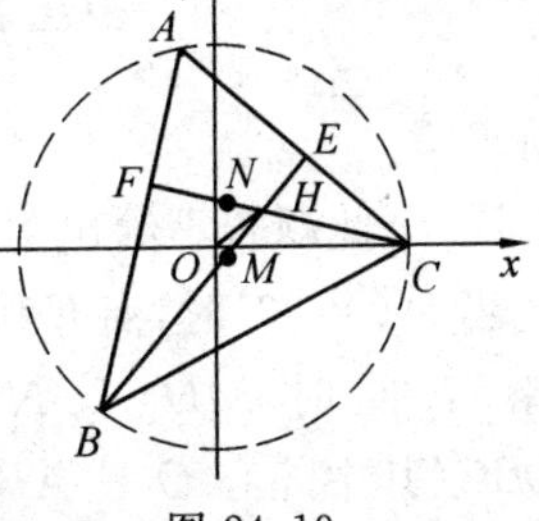

图 24.19

设圆 O 的半径 $R=1$,则有 $C(1,0)$,$B(-\frac{1}{2},-\frac{\sqrt{3}}{2})$,$A(\cos 2B,\sin 2B)$,于是求得

$$k_{AC}=\frac{\sin 2B}{\cos 2B-1},k_{AB}=\frac{2\sin 2B+\sqrt{3}}{1+2\cos 2B}$$

即

$$k_{BE}=\frac{1-\cos 2B}{\sin 2B},k_{FC}=-\frac{2\cos 2B+1}{2\sin 2B+\sqrt{3}}$$

从而直线 BE,CF 的方程分别为

$$y+\frac{\sqrt{3}}{2}=\frac{1-\cos 2B}{\sin 2B}(x+\frac{1}{2})$$

$$y=-\frac{2\cos 2B+1}{2\sin 2B+\sqrt{3}}(x-1)$$

联立上述方程,求得

$$H(\cos 2B+\frac{1}{2},\sin 2B-\frac{\sqrt{3}}{2})$$

故 $OH=\sqrt{(\cos 2B+\frac{1}{2})^2+(\sin 2B-\frac{\sqrt{3}}{2})^2}=2\mid\cos(B+30^\circ)\mid$

又 $\angle B+\angle C=120^\circ$,且由 $AB>AC$ 知 $\angle B<\angle C$,从而知 $\angle B+30^\circ$ 为锐角,故

$$OH=2\cos(B+30^\circ)=2\sin(60^\circ-B)$$

又 $BH=\sqrt{(\cos 2B+\frac{1}{2}+\frac{1}{2})^2+(\sin 2B-\frac{\sqrt{3}}{2}+\frac{\sqrt{3}}{2})^2}=2\mid\cos B\mid$

$$CH=\sqrt{(\cos 2B+\frac{1}{2}-1)^2+(\sin 2B-\frac{\sqrt{3}}{2})^2}=\sqrt{2-2\sin(2B+30^\circ)}$$
$$=\sqrt{2-2\sin(2B+2C+30^\circ-2C)}$$
$$=\sqrt{2+2\cos 2C}=2\mid\cos C\mid$$

由图24.19知 H 在 $\triangle ABC$ 内,从而 $\angle B,\angle C$ 均为锐角,故

$$BH=2\cos B,CH=2\cos C$$

而 $MH+NH=BH-CH=2(\cos B-\cos C)=2\sqrt{3}\sin(60^\circ-B)$

故 $$\frac{MH+NH}{OH}=\frac{2\sqrt{3}\sin(60^\circ-B)}{2\sin(60^\circ-B)}=\sqrt{3}$$

为所求.

注 此题若不给出附图,还应讨论 $\angle C$ 也可能是直角或钝角.①

当 $\angle C=90^\circ$ 时,点 E 和点 H 都与点 C 重合(图形略),此时 $MH+NH=BC,OH=OC$,$\triangle OBC$(其中外心 O 是 AB 的中点)是 $\angle BOC=120^\circ$ 的等腰三角形,$BC:OC$ 易求,答案也是 $\sqrt{3}$.这种情形比较平凡.

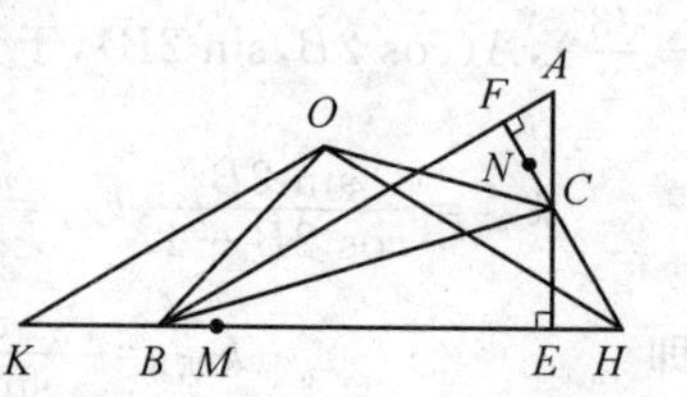

图24.20

当 $\angle C>90^\circ$ 时,如图24.20所示,在 BE 的反向延长线上取 $BK=CH$(目的仍是将 $MH+NH$ 转化为 KH),然后也可以证明 B,C,O,H 四点共圆(因为 $\angle BOC=2\angle A=120^\circ,\angle BHC=\angle A=60^\circ$),再利用 $\angle OBK=\angle OCH$,证明 $\triangle OBK\cong\triangle OCH$,从而推出 $\angle KOH=\angle BOC=120^\circ$,最终在等腰 $\triangle OKH$ 中求出底边 KH 与腰 OH 的比值即可,答案也是 $\sqrt{3}$.

---

① 徐彦明.一道高中联赛题的讨论[J],中学数学教学,2003(2):42.

试题 B　设点 I,H 分别为锐角 $\triangle ABC$ 的内心和垂心，点 B_1,C_1 分别为边 AC,AB 的中点.已知射线 B_1I 交边 AB 于点 $B_2(B_2\neq B)$，射线 C_1I 交 AC 的延长线于点 C_2，B_2C_2 与 BC 相交于点 K，A_1 为 $\triangle BHC$ 的外心.试证：A,I,A_1 三点共线的充分必要条件是 $\triangle BKB_2$ 和 $\triangle CKC_2$ 的面积相等.

此题是证明两个充分必要条件，下面给出几种证法.[1]

(i) 关于 A,I,A_1 三点共线的充分必要条件是 $\angle BAC=60^\circ$ 的证明.

证法 1　如图 24.21，设 O 为 $\triangle ABC$ 的外心，联结 BA_1,CA_1,BH,CH，则

$$\angle BHC=180^\circ-\angle BAC$$

$$\angle BA_1C=2(180^\circ-\angle BHC)=2\angle BAC$$

因此 $\angle BAC=60^\circ\Leftrightarrow\angle BAC+\angle BA_1C=180^\circ$

$\Leftrightarrow A_1$ 在 $\triangle ABC$ 的外接圆圆 O 上

$\Leftrightarrow AI$ 与 AA_1 重合

$\Leftrightarrow A,I,A_1$ 三点共线

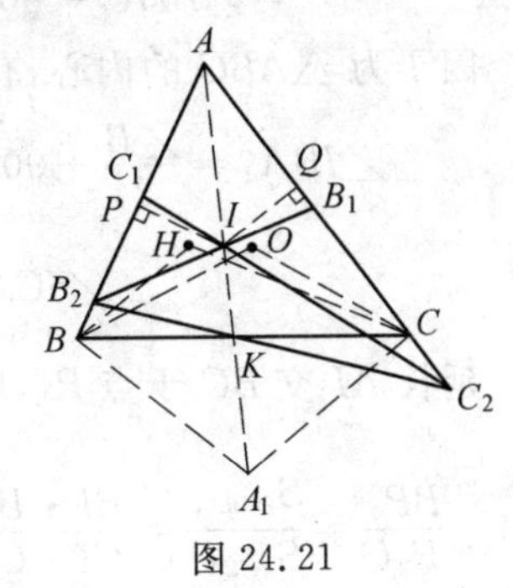

图 24.21

证法 2　在 $\triangle ABA_1$ 和 $\triangle ACA_1$ 中分别运用正弦定理，有

$$\frac{A_1A}{\sin\angle ABA_1}=\frac{A_1B}{\sin\angle A_1AB}$$

$$\frac{A_1A}{\sin\angle ACA_1}=\frac{A_1C}{\sin\angle A_1AC}$$

因 I 为 $\triangle ABC$ 的内心，则

A,I,A_1 三点共线 $\Leftrightarrow\angle A_1AB=\angle A_1AC$

$\Leftrightarrow\angle A_1AB$ 与 $\angle A_1AC$ 均为锐角，$\sin\angle ABA_1=\sin\angle ACA_1$

$\Leftrightarrow\angle ABA_1\neq\angle ACA_1$（因 $AB\neq AC$）时，$\angle ABA_1+\angle ACA_1=180^\circ$

$\Leftrightarrow A,B,A_1,C$ 四点共圆

注意到，在圆 A_1 中有

$$\angle BA_1C=360^\circ-2\angle BHC=360^\circ-2(180^\circ-\angle A)=2\angle BAC$$

且 $\angle BA_1C+\angle BAC=180^\circ\Leftrightarrow\angle BAC=60^\circ$

---

① 沈文选，冷岗松.关于 2003 年中国数学奥林匹克第一题[J].中等数学，2003(6)：9-14.

证法3 由题设知点 A_1 在 $\triangle ABC$ 外,如图 24.22 所示,A_1 为 $\triangle BHC$ 的外心,有

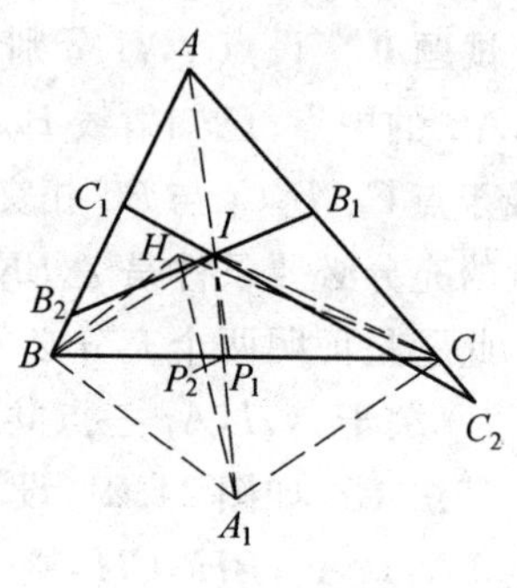

图 24.22

$$\angle A_1BC=\angle A_1CB=90^\circ-\frac{1}{2}\angle BA_1C$$

$$=90^\circ-\frac{1}{2}(360^\circ-2\angle BHC)$$

$$=\angle BHC-90^\circ=90^\circ-\angle BAC$$

因 I 为 $\triangle ABC$ 的内心,有

$$\angle IBA_1=\frac{\angle B}{2}+90^\circ-\angle BAC$$

$$\angle ICA_1=\frac{\angle C}{2}+90^\circ-\angle BAC$$

延长 AI 交 BC 于点 P_1,联结 A_1I 交 BC 于点 P_2,则

$$\frac{BP_2}{P_2C}=\frac{S_{\triangle BIA_1}}{S_{\triangle ICA_1}}=\frac{BI\cdot BA_1\sin\angle IBA_1}{CI\cdot CA_1\sin\angle ICA_1}=\frac{\sin\frac{C}{2}\cos\left(\frac{B}{2}-\angle BAC\right)}{\sin\frac{B}{2}\cos\left(\frac{C}{2}-\angle BAC\right)}$$

由角平分线性质及正弦定理,有

$$\frac{BP_1}{P_1C}=\frac{AB}{AC}=\frac{\sin C}{\sin B}$$

A,I,A_1 三点共线$\Leftrightarrow P_1$ 与 P_2 重合

$$\Leftrightarrow\frac{BP_1}{P_1C}=\frac{BP_2}{P_2C}\Leftrightarrow\frac{\sin C}{\sin B}=\frac{\sin\frac{C}{2}\cos\left(\frac{B}{2}-\angle BAC\right)}{\sin\frac{B}{2}\cos\left(\frac{C}{2}-\angle BAC\right)}$$

$$\Leftrightarrow\cos(C-\angle BAC)=\cos(B-\angle BAC)$$

$$\Leftrightarrow\angle C-\angle BAC=\angle BAC-\angle B\text{ 或}$$

$$\angle C-\angle BAC=\angle B-\angle BAC\text{(舍去)}$$

$$\Leftrightarrow\angle BAC=60^\circ$$

证法4 如图 24.22,设 $\triangle BHC$ 的外接圆半径为 R',$\triangle ABC$ 的外接圆半径为 R.

因为 $\angle BHC=180^\circ-\angle BAC$,则

$$R'=\frac{BC}{2\sin\angle BHC}=\frac{2R\sin\angle BAC}{2\sin\angle BAC}=R$$

在圆 A_1 中,因为

$$\angle HA_1B=2\angle BCH=2(90^\circ-\angle B)$$

$$\angle HA_1C=2(90^\circ-\angle C)$$

则 $$\angle CA_1B=\angle HA_1B+\angle HA_1C=2(180^\circ-\angle B-\angle C)=2\angle BAC$$

故 $$\angle A_1CB=\frac{1}{2}(180^\circ-\angle CA_1B)=90^\circ-\angle BAC$$

又 $$\angle A_1CI=\frac{\angle C}{2}+90^\circ-\angle BAC$$

可计算得 $$CI=4R\sin\frac{\angle BAC}{2}\sin\frac{B}{2}$$

A,I,A_1 三点共线

$\Leftrightarrow S_{\triangle ACI}+S_{\triangle A_1CI}=S_{\triangle ACA_1}$

$\Leftrightarrow \frac{1}{2}AC\cdot CI\sin\frac{C}{2}+\frac{1}{2}A_1C\cdot CI\sin\angle A_1CI=\frac{1}{2}AC\cdot A_1C\sin\angle A_1CA$

$\Leftrightarrow[2R\sin B\sin\frac{C}{2}+R\sin(\frac{C}{2}+90^\circ-\angle BAC)]4R\sin\frac{\angle BAC}{2}\sin\frac{B}{2}=$

$2R\sin B\cdot R\sin(C+90^\circ-\angle BAC)$

$\Leftrightarrow 4\sin B\sin\frac{\angle BAC}{2}\sin\frac{C}{2}+$

$2\sin\frac{\angle BAC}{2}\cos(\angle BAC-\frac{C}{2})=2\cos\frac{B}{2}\cos(\angle BAC-C)$

$\Leftrightarrow 4\sin B\sin\frac{\angle BAC}{2}\sin\frac{C}{2}=[\cos(\frac{B}{2}+\angle BAC-C)+\cos(\frac{B}{2}-\angle BAC+$

$C)]-[\sin(\angle BAC+\frac{\angle BAC}{2}-\frac{C}{2})+\sin(\frac{C}{2}-\frac{\angle BAC}{2})]=2\cos(C-$

$\frac{\angle BAC}{2})\sin\frac{C}{2}$

$\Leftrightarrow 2\sin(\angle BAC+C)\sin\frac{\angle BAC}{2}=\cos(C-\frac{\angle BAC}{2})$

$\Leftrightarrow \cos(\frac{\angle BAC}{2}+C)-\cos(\frac{3\angle BAC}{2}+C)=\cos(C-\frac{\angle BAC}{2})$

$\Leftrightarrow \cos(\frac{\angle BAC}{2}+C)=\cos(\frac{3\angle BAC}{2}+C)+\cos(C-\frac{\angle BAC}{2})=$

$2\cos(\frac{\angle BAC}{2}+C)\cos\angle BAC$

$\Leftrightarrow \cos\angle BAC=\frac{1}{2}$，$\angle BAC$ 为三角形的内角；或$\frac{\angle BAC}{2}+\angle C=90^\circ$(舍去)

$\Leftrightarrow \angle BAC=60^\circ$

证法5 如图24.23,以边BC的中点D为中心,作$\triangle ABC$的中心对称图形$\triangle PCB$.由$CH\perp AB$知$CH\perp CP$,由$BH\perp AC$知$BH\perp BP$,故知B,P,C,H四点共圆.从而,A_1为$\triangle BPC$的外心,且A_1是O关于对称中心D的对称点.

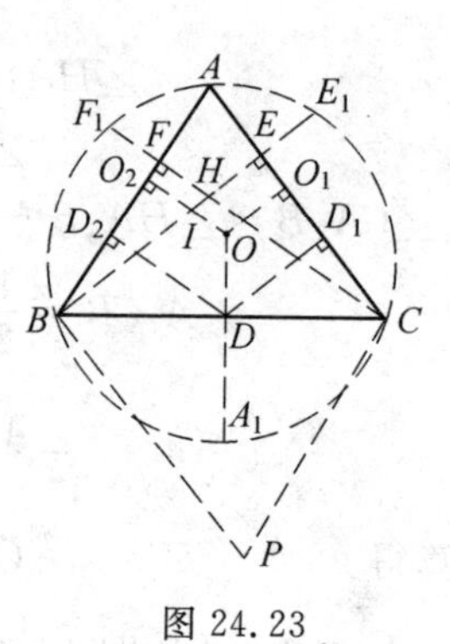

图24.23

延长BH交AC于点E,交圆O于点E_1.作$OO_1\perp AC$于O_1,$OO_2\perp AB$于O_2;作$DD_1\perp AC$于D_1,$DD_2\perp AB$于D_2.记A_1到AC,AB的距离分别为d_1,d_2.注意到$BH=2OO_1$及$EH=EE_1$,则

$$d_1=2DD_1-OO_1=BE-OO_1$$
$$=EH+HB-OO_1$$
$$=EH+HB-\frac{1}{2}HB=EH+\frac{1}{2}HB=\frac{1}{2}BE_1$$

同理
$$d_2=2DD_2-OO_2=CF-OO_2=\frac{1}{2}CF_1$$

因I为$\triangle ABC$的内心,则

A,I,A_1三点共线

$\Leftrightarrow d_1=d_2\Leftrightarrow BE_1=CF_1$

$\Leftrightarrow 2R\sin(\angle BAC+90°-C)=2R\sin(\angle BAC+90°-B)$

$\Leftrightarrow(\angle BAC+90°-C)+(\angle BAC+90°-B)=180°$

或 $\angle BAC+90°-\angle C=\angle BAC+90°-\angle B$(舍去)$\Leftrightarrow\angle BAC=60°$

(ii) 关于$S_{\triangle BKB_2}=S_{\triangle CKC_2}$的充分必要条件是$\angle BAC=60°$的证明.

证法1 如图24.21,作$IP\perp AB$于点P,$IQ\perp AC$于点Q.则

$$S_{\triangle AB_1B_2}=\frac{1}{2}IP\cdot AB_2+\frac{1}{2}IQ\cdot AB_1 \quad ①$$

设$IP=r$(r为$\triangle ABC$的内切圆半径),则$IQ=r$,又令$BC=a,CA=b,AB=c$,则

$$r=\frac{2S_{\triangle ABC}}{a+b+c}$$

注意到

$$S_{\triangle AB_1B_2}=\frac{1}{2}AB_1\cdot AB_2\sin A \quad ②$$

由式①②及$AB_1=\frac{b}{2}$,$2AB_1\sin A=h_c=\frac{2S_{\triangle ABC}}{c}$,有

$$AB_2\left(\frac{2S_{\triangle ABC}}{c}-2\cdot\frac{2S_{\triangle ABC}}{a+b+c}\right)=b\cdot\frac{2S_{\triangle ABC}}{a+b+c}$$

则
$$AB_2=\frac{bc}{a+b-c}$$

同理
$$AC_2=\frac{bc}{a+c-b}$$

由 $S_{\triangle BKB_2}=S_{\triangle CKC_2}$，有 $S_{\triangle ABC}=S_{\triangle AB_2C_2}$，于是

$$bc=\frac{bc}{a+b-c}\cdot\frac{bc}{a+c-b}$$

即 $a^2=b^2+c^2-bc\Leftrightarrow$ 由余弦定理知，$\angle BAC=60°$.

证法 2　如图 24.24，设 $\triangle ABC$ 的内切圆 I 切边 AC 于 Q，在 AC 上取点 Q_1，使得 Q_1 关于 B_1 与 Q 对称. 令 r 为圆 I 的半径，$\triangle ABC$ 各边为 $a,b,c,p=\frac{1}{2}(a+b+c)$，则

$$S_{\triangle IB_1Q_1}=\frac{r}{2}B_1Q_1=\frac{r}{2}(AB_1-AQ)=\frac{r}{2}\left(\frac{b}{2}-\frac{b+c-a}{2}\right)=\frac{r}{4}(a-c)$$

$$S_{\triangle IB_1B}=S_{\triangle ABB_1}-S_{\triangle AIB}-S_{\triangle AIB_1}=\frac{r}{2}\cdot p-\frac{r}{2}\cdot c-\frac{r}{2}\cdot\frac{b}{2}=\frac{r}{4}(a-c)$$

于是
$$S_{\triangle IB_1Q_1}=S_{\triangle IB_1B}$$

从而
$$BQ_1\ /\!/\ B_2B_1$$

即
$$\frac{AB_2}{AB}=\frac{AB_1}{AQ_1}$$

类似点 Q_1，在边 AB 上定义点 P_1. 同理，有

$$\frac{AC_2}{AC}=\frac{AC_1}{AP_1}$$

而
$$AQ_1=AC-AQ=b-\frac{b+c-a}{2}=p-c$$

同理
$$AP_1=p-b$$

$$S_{\triangle BKB_2}=S_{\triangle CKC_2}\Leftrightarrow S_{\triangle ABC}=S_{\triangle AB_2C_2}\Leftrightarrow\frac{AB_2\cdot AC_2}{AB\cdot AC}=1$$

$$\Leftrightarrow\frac{AB_1\cdot AC_1}{AQ_1\cdot AP_1}=1\Leftrightarrow\frac{\frac{b}{2}\cdot\frac{c}{2}}{(p-c)(p-b)}=1$$

$\Leftrightarrow a^2=b^2+c^2-bc$，$\angle BAC$ 为三角形的内角 $\Leftrightarrow\angle BAC=60°$

证法3　如图24.24,设$\triangle ABC$的三边为a,b,c,联结BI并延长交AC于B_3.由角平分线性质,有

$$\frac{AB}{AB_3}=\frac{BI}{IB_3}=\frac{BC}{B_3C}$$

即

$$\frac{BI}{IB_3}=\frac{AB+BC}{AB_3+B_3C}=\frac{c+a}{b}$$

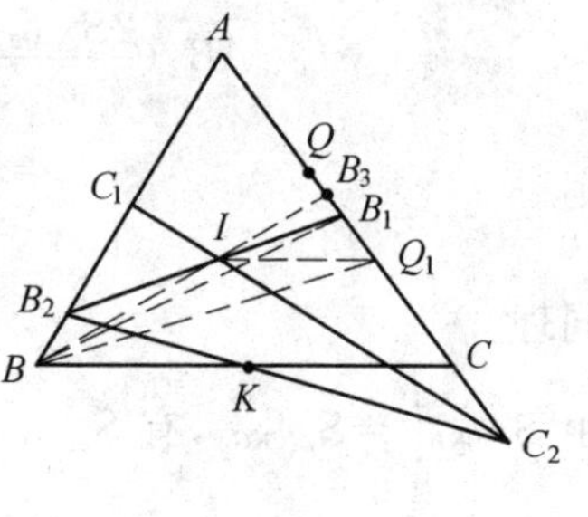

图24.24

对$\triangle ABB_3$及直线C_1IC_2,运用梅涅劳斯定理有

$$\frac{AC_1}{C_1B}\cdot\frac{BI}{IB_3}\cdot\frac{B_3C_2}{C_2A}=1$$

而$AC_1=C_1B$,从而

$$B_3C_2=\frac{b}{a+c}\cdot C_2A$$

由

$$\frac{AB_3}{C_2A}=\frac{C_2A-B_3C_2}{C_2A}=\frac{a+c-b}{a+c}$$

又

$$\frac{AB_3}{AC}=\frac{AB_3}{AB_3+B_3C}=\frac{AB}{BC+AB}=\frac{c}{a+c}$$

故

$$\frac{AC}{AC_2}=\frac{a+c-b}{c}$$

同理

$$\frac{AB}{AB_2}=\frac{a+b-c}{b}$$

$$S_{\triangle BKB_2}=S_{\triangle CKC_2}\Leftrightarrow S_{\triangle ABC}=S_{\triangle AB_2C_2}\Leftrightarrow\frac{AB}{AB_2}\cdot\frac{AC}{AC_2}=1$$

$$\Leftrightarrow\frac{a+b-c}{b}\cdot\frac{a+c-b}{c}=1$$

$\Leftrightarrow a^2=b^2+c^2-bc$,$\angle BAC$为三角形的内角$\Leftrightarrow\angle BAC=60^\circ$

证法4　如图24.24,令$\angle AB_1B_2=\alpha$,$\angle AC_1C_2=\beta$.在$\triangle AB_1B_2$和$\triangle AC_1C_2$中,分别运用正弦定理,有

$$\frac{AB_2}{AB_1}=\frac{\sin\alpha}{\sin(\angle BAC+\alpha)}=\frac{\tan\alpha}{\sin\angle BAC+\cos\angle BAC\cdot\tan\alpha}$$

$$\frac{AC_2}{AC_1}=\frac{\sin\beta}{\sin(\angle BAC+\beta)}=\frac{\tan\beta}{\sin\angle BAC+\cos\angle BAC\cdot\tan\beta}$$

在$\triangle AIB_1$和$\triangle AIC$中,分别运用正弦定理,有

$$\frac{AI}{AB_1}=\frac{\sin\alpha}{\sin\left(\alpha+\frac{\angle BAC}{2}\right)}=\frac{2\sin\frac{C}{2}}{\sin\left(\frac{\angle BAC}{2}+\frac{C}{2}\right)}$$

求得

$$\tan\alpha=\frac{2\sin\frac{\angle BAC}{2}\sin\frac{C}{2}}{\sin\frac{1}{2}(\angle BAC-C)}$$

于是

$$\frac{AB_2}{AB_1}=\frac{\sin\frac{C}{2}}{\sin\frac{\angle BAC}{2}\sin\frac{B}{2}}$$

即

$$\frac{AB_2}{AC}=\frac{\sin\frac{C}{2}}{2\sin\frac{\angle BAC}{2}\sin\frac{B}{2}}$$

同理

$$\frac{AC_2}{AB}=\frac{\sin\frac{B}{2}}{2\sin\frac{\angle BAC}{2}\sin\frac{C}{2}}$$

$$S_{\triangle BKB_2}=S_{\triangle CKC_2}\Leftrightarrow S_{\triangle ABC}=S_{\triangle AB_2C_2}\Leftrightarrow\frac{AB_2\cdot AC_2}{AB\cdot AC}=1$$

$$\Leftrightarrow\frac{\sin\frac{C}{2}}{2\sin\frac{\angle BAC}{2}\sin\frac{B}{2}}\cdot\frac{\sin\frac{B}{2}}{2\sin\frac{\angle BAC}{2}\sin\frac{C}{2}}=1$$

$\Leftrightarrow 4\sin^2\frac{\angle BAC}{2}=1$，$\angle BAC$ 为三角形的内角

$$\Leftrightarrow\angle BAC=60^\circ$$

证法5 设$\triangle ABC$的外接圆半径为R，在$\triangle ACI$和$\triangle ABC$中，分别运用正弦定理，有

$$\frac{AI}{\sin\frac{C}{2}}=\frac{AC}{\sin\angle AIC}=\frac{AC}{\cos\frac{B}{2}}=4R\sin\frac{B}{2}$$

即

$$AI=4R\sin\frac{B}{2}\sin\frac{C}{2}$$

又

$$AB_1=\frac{1}{2}AC=R\sin B$$

在 $\triangle AB_1B_2$ 中,运用张角公式,有

$$\frac{\sin\angle BAC}{AI}=\frac{\sin\frac{\angle BAC}{2}}{AB_1}+\frac{\sin\frac{\angle BAC}{2}}{AB_2}$$

即
$$AB_2=\frac{2R\sin\frac{B}{2}\sin\frac{C}{2}\cos\frac{B}{2}}{\cos\frac{\angle BAC}{2}\cos\frac{B}{2}-\sin\frac{C}{2}}=\frac{2R\cos\frac{B}{2}\sin\frac{C}{2}}{\sin\frac{\angle BAC}{2}}$$

同理
$$AC_2=\frac{2R\cos\frac{C}{2}\sin\frac{B}{2}}{\sin\frac{\angle BAC}{2}}$$

$$S_{\triangle BKB_2}=S_{\triangle CKC_2}\Leftrightarrow S_{\triangle ABC}=S_{\triangle AB_2C_2}\Leftrightarrow AB\cdot AC=AB_2\cdot AC_2$$

$$\Leftrightarrow\sin C\sin B=\frac{\sin\frac{C}{2}\cos\frac{B}{2}}{\sin\frac{\angle BAC}{2}}\cdot\frac{\sin\frac{B}{2}\cos\frac{C}{2}}{\sin\frac{\angle BAC}{2}}$$

$$\Leftrightarrow 4\sin^2\frac{\angle BAC}{2}=1,\angle BAC\text{ 为三角形的内角}\Leftrightarrow\angle BAC=60^\circ$$

上述两个充要条件,还可以多次运用梅涅劳斯定理,或运用解析法来证明,限于篇幅,就不做介绍了.

注 (1)试题的背景.

此题是以下面两个命题为背景改编而来的.

命题1 三角形的两顶点与其内心、外心、垂心中的两心四点共圆的充要条件是另一顶点处的内角为60°.

证明 当三心有两心重合,或三角形为直角三角形时,结论显然成立.下面讨论三心两两不重合且三角形不为直角三角形的情形,如图24.25所示,记 $\triangle ABC$ 的三内角为 $\angle A,\angle B,\angle C$.

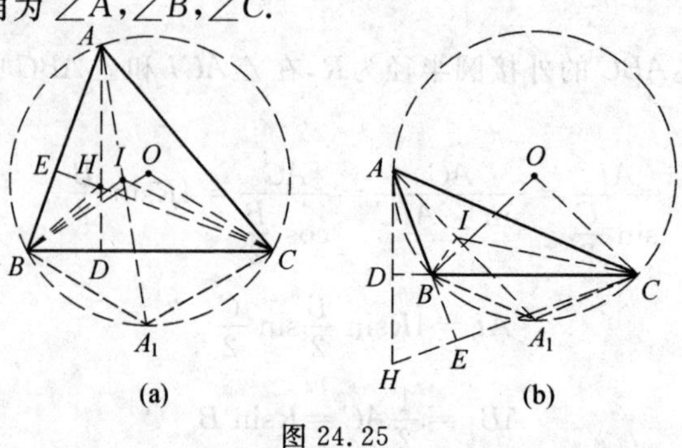

图24.25

充分性：设 $\angle A=60^\circ$，I,O,H 分别为 $\triangle ABC$ 的内心、外心、垂心．此时

$$\angle BOC=2\angle A=120^\circ$$

$$\angle BIC=180^\circ-\frac{1}{2}(\angle B+\angle C)=120^\circ$$

$$\angle BHC=180^\circ-\angle HBC-\angle HCB=\angle B+\angle C=120^\circ\quad(图\ 24.25(a))$$

或

$$\angle BHC=90^\circ-\angle HCA=\angle A=60^\circ\quad(图\ 24.25(b))$$

故 B,H,I,O,C 五点共圆．

显然有 B,H,I,C；B,H,O,C；B,I,O,C 分别四点共圆．

若联结 AI 并延长交圆 O 于点 A_1，由内心性质知 $IA_1+A_1B=A_1C$．故上述圆的圆心为 A_1，且该圆与 $\triangle ABC$ 的外接圆是等圆．

必要性：因 H 为 $\triangle ABC$ 的垂心，则

$$\angle BHC=180^\circ-\angle HBC-\angle HCB=180^\circ-(90^\circ-\angle C)-(90^\circ-\angle B)=\angle B+\angle C$$

或

$$\angle BHC=90^\circ-\angle HCA=\angle A \tag{①}$$

因 I 为 $\triangle ABC$ 的内心，则

$$\angle BIC=180^\circ-\angle IBC-\angle ICB=180^\circ-\frac{1}{2}(\angle B+\angle C)=90^\circ+\frac{1}{2}\angle A \tag{②}$$

因 O 为 $\triangle ABC$ 的外心，则

$$\angle BOC=2\angle A \tag{③}$$

若 B,H,I,C 四点共圆，则 $\angle BHC=\angle BIC$ 或 $\angle BHC+\angle BIC=180^\circ$．由式 ①② 有

$$\angle B+\angle C=90^\circ+\frac{1}{2}\angle A$$

两边加上 $\angle A$，或由式 ①② 有

$$\angle A+\frac{1}{2}\angle A+90^\circ=180^\circ$$

均可求得 $\angle A=60^\circ$．

若 B,H,O,C 四点共圆，则 $\angle BHC=\angle BOC$ 或 $\angle BHC+\angle BOC=180^\circ$．由式 ①③ 有 $\angle B+\angle C=2\angle A$ 或 $\angle A+2\angle A=180^\circ$．均可求得 $\angle A=60^\circ$．

若 B,I,O,C 四点共圆，则 $\angle BIC=\angle BOC$．由式 ②③ 有 $90^\circ+\dfrac{\angle A}{2}=2\angle A$．求得 $\angle A=60^\circ$．

综上所述，命题 1 得证．

命题2 如图24.26,设 I 为 $\triangle ABC$ 的内心,点 B_1,C_1 分别为边 AC,AB 的中点,射线 B_1I 交边 AB 于点 B_2,射线 C_1I 交 AC 的延长线于点 C_2.则 $S_{\triangle ABC}=S_{\triangle AB_2C_2}$ 的充要条件是 $\angle BAC=60^\circ$.

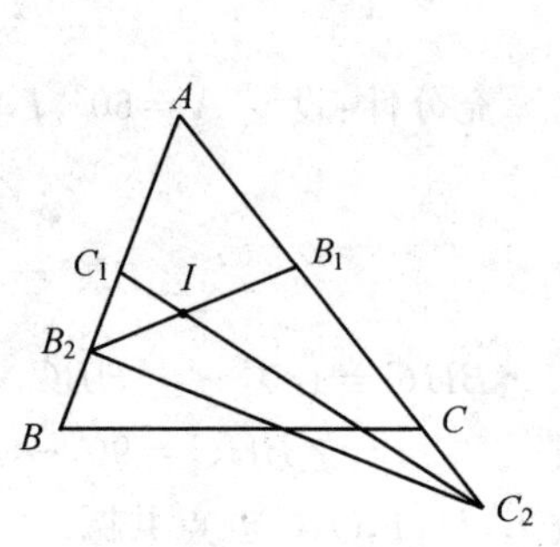

图24.26

证明 记 $BC=a$,$CA=b$,$AB=c$,$p=\frac{1}{2}(a+b+c)$,r 为 $\triangle ABC$ 的内切圆半径.

必要性:由 $S_{\triangle ABC}=rp$ 得

$$S_{\triangle AB_1B_2}=\frac{AB_1\cdot AB_2}{AB\cdot AC}\cdot S_{\triangle ABC}=\frac{AB_2}{2c}\cdot rp$$

$$S_{\triangle AIB_2}=\frac{r}{2}\cdot AB_2,S_{\triangle AIB_1}=\frac{br}{4}$$

而 $S_{\triangle AB_1B_2}-S_{\triangle AIB_2}=S_{\triangle AIB_1}$,故

$$\frac{AB_2}{2c}\cdot rp-\frac{r}{2}\cdot AB_2=\frac{br}{4}$$

即

$$2AB_2(p-c)=bc$$

所以

$$AB_2=\frac{bc}{a+b-c}$$

同理

$$AC_2=\frac{bc}{a-b+c}$$

由 $S_{\triangle ABC}=S_{\triangle AB_2C_2}$,有

$$\frac{AB_2\cdot AC_2}{AB\cdot AC}=\frac{\frac{bc}{a+b-c}\cdot\frac{bc}{a-b+c}}{bc}=1$$

即

$$a^2=b^2+c^2-bc$$

由余弦定理求得 $\angle BAC=60^\circ$.

充分性:同必要性,有

$$AB_2=\frac{bc}{a+b-c},AC_2=\frac{bc}{a-b+c}$$

令 $\frac{S_{\triangle AB_2C_2}}{S_{\triangle ABC}}=l$,则

$$l=\frac{AB_2\cdot AC_2}{AB\cdot AC}=\frac{\frac{bc}{a+b-c}\cdot\frac{bc}{a-b+c}}{bc}$$

即

$$a^2=b^2+c^2+(\frac{1}{l}-2)bc$$

而当 $\angle BAC=60^\circ$ 时，有 $a^2=b^2+c^2-bc$. 从而，有 $l=1$. 故 $S_{\triangle ABC}=S_{\triangle AB_2C_2}$.

综上所述，命题 2 得证.

其中命题 2 的必要性即为第 31 届 IMO 的一道预选题.

(2) 试题的变化.

首先，将试题中的锐角 $\triangle ABC$ 改为钝角 $\triangle ABC$，结论仍然成立；将垂心 H 换成内心 I 或外心 O，$\triangle BHC$ 改为 $\triangle BIC$ 或 $\triangle BOC$，结论仍然成立. 其次，根据命题：三角形的顶点到其垂心的距离等于外接圆半径的充分必要条件是该顶点处的内角为 60°(此命题的证明略).

可把试题改变成另外的形式，例如：

设点 I,H,O 分别为 $\triangle ABC$ 的内心、垂心、外心，点 B_1,C_1 分别为边 AC，AB 的中点. 已知射线 B_1I 交边 AB 于点 $B_2(B_2\neq B)$，射线 C_1I 交 AC 的延长线于点 C_2，B_2C_2 与 BC 相交于点 K. 试证：$AH=AO$ 的充分必要条件是 $\triangle BKB_2$ 和 $\triangle CKC_2$ 的面积相等.

试题 C　在锐角 $\triangle ABC$ 中，AD 是 $\angle BAC$ 的内角平分线，点 D 在边 BC 上，过点 D 分别作 $DE\perp AC$，$DF\perp AB$，垂足分别为 E,F，联结 BE，CF，它们相交于点 H，$\triangle AFH$ 的外接圆交 BE 于点 G. 求证：以线段 BG,GE,BF 组成的三角形是直角三角形.

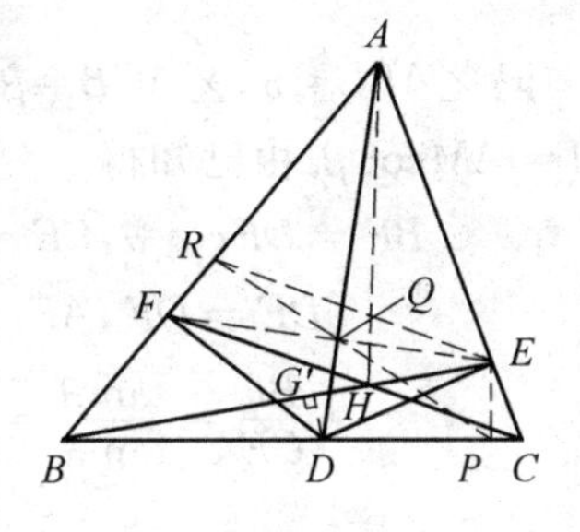

图 24.27

证法 1　如图 24.27，过点 D 作 $DG'\perp BE$，垂足为 G'. 由勾股定理知

$$BG'^2-G'E^2=BD^2-DE^2=BD^2-DF^2=BF^2$$

所以，线段 $BG',G'E,BF$ 组成的三角形是以 BG' 为斜边的直角三角形.

下面证明 G' 即为 G，即只要证 A,F,G',H 四点共圆.

如图 24.27，联结 EF，则 AD 垂直平分 EF. 设 AD 交 EF 于点 Q，作 $EP\perp BC$，垂足为点 P，联结 PQ 并延长交 AB 于点 R，联结 RE.

因为 Q,D,P,E 四点共圆，所以

$$\angle QPD=\angle QED$$

又 A,F,D,E 四点共圆，所以

$$\angle QED=\angle FAD$$

于是，A,R,D,P 四点共圆. 又

$$\angle RAQ=\angle DAC,\angle ARQ=\angle ADC$$

于是

$$\triangle ARQ\backsim\triangle ADC$$

则 $$\frac{AR}{AQ}=\frac{AD}{AC}$$

从而 $$AR\cdot AC=AQ\cdot AD=AF^2=AF\cdot AE$$

即 $$\frac{AR}{AF}=\frac{AE}{AC}$$

所以 $$RE /\!/ FC,\angle AFC=\angle ARE$$

因为 A,R,D,P 四点共圆,G',D,P,E 四点共圆,则 $BG'\cdot BE=BD\cdot BP=BR\cdot BA$. 故 A,R,G',E 四点共圆. 所以

$$\angle AG'E=\angle ARE=\angle AFC$$

因此,A,F,G',H 四点共圆.

证法 2 (由浙江金华市一中程俊给出)如图 24.28,作 $DG'\perp BE$ 于 G',$AM\perp BC$ 于 M,联结 FG'.

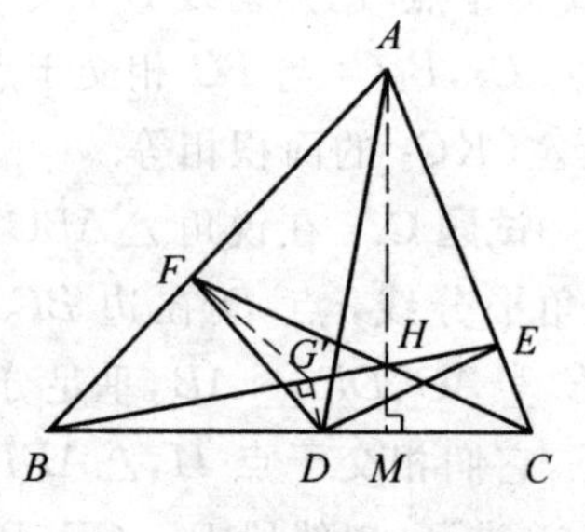

图 24.28

记 $\angle ABC=\alpha,\angle ACB=\beta$,则 $BM=AM\cot\alpha$,$CM=AM\cot\beta$. 由已知得

$$BF=DF\cot\alpha,CE=DE\cot\beta$$

$$DE=DF,AF=AE$$

故 $$\frac{BF}{CE}=\frac{\tan\beta}{\tan\alpha}=\frac{BM}{CM}$$

因此 $$\frac{BF\cdot CM\cdot AE}{CE\cdot BM\cdot AF}=1$$

在 $\triangle ABC$ 中,由塞瓦定理的逆定理知 AM,CF,BE 三线共点. 所以,$AH\perp BC$. 于是

$$\angle BAH=\frac{\pi}{2}-\angle ABC=\angle FDB$$

又 $\angle BG'D=\angle BFD=\frac{\pi}{2}$,故 B,F,G',D 四点共圆. 所以

$$\angle FG'B=\angle FDB=\angle BAH$$

因此,A,F,G',H 四点共圆.

又因为 A,F,G,H 四点共圆,且 G',G,H 共线,则 G' 与 G 重合. 所以,$DG\perp BE$. 故

$$BG^2=DG^2+BD^2=GE^2-DF^2+BD^2=GE^2+BF^2$$

因此,以 BG,GE,BF 为三边的三角形是直角三角形.

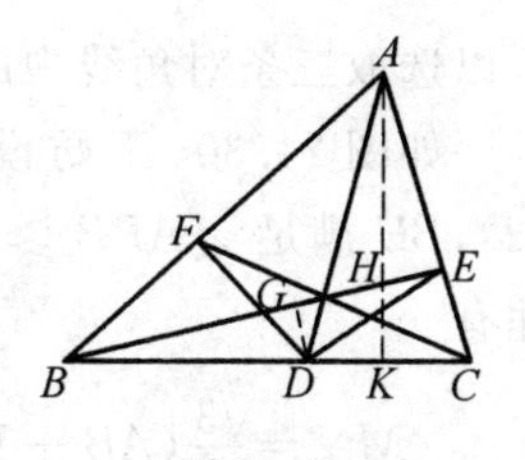

图 24.29

注　此种证法也可以这样表述：

如图 24.29，作 $AK \perp BC$ 于点 K.

因 A,F,D,K 及 A,E,K,D 分别四点共圆，则

$$BD \cdot BK = FB \cdot AB, DC \cdot KC = EC \cdot AC$$

所以

$$\frac{BD}{DC} \cdot \frac{BK}{KC} = \frac{FB}{CE} \cdot \frac{AB}{AC}$$

又

$$\frac{BD}{DC} = \frac{AB}{AC}, EA = AF$$

所以

$$\frac{BK}{KC} \cdot \frac{CE}{EA} \cdot \frac{AF}{FB} = \frac{BK \cdot CE}{KC \cdot FB} = 1$$

由塞瓦定理的逆定理知 AK,BE,CF 三线共点，即 AK 经过点 H.

由 A,F,G,H 及 A,F,D,K 均四点共圆，则

$$BG \cdot BH = BF \cdot BA = BD \cdot BK$$

从而 G,D,K,H 四点共圆.

因 $HK \perp DK$，则 $DG \perp GH$，所以

$$BG^2 - GE^2 = BD^2 - DE^2 = BD^2 - DF^2 = BF^2$$

即 $BG^2 = GE^2 + BF^2$，故线段 BG,GE,BF 可以组成一个直角三角形.

试题 D1　给定一个凸六边形，其中的每一组对边都具有如下性质：这两条边的中点之间的距离等于它们的长度之和的$\frac{\sqrt{3}}{2}$倍. 证明：该六边形的所有内角相等.（一个凸六边形 $ABCDEF$ 共有三组对边：AB 和 DE；BC 和 EF；CD 和 FA.）

证明　首先证明一个引理：

在 $\triangle PQR$ 中，$\angle QPR \geqslant 60°$，L 为 QR 的中点，则 $PL \leqslant \frac{\sqrt{3}}{2}QR$，当且仅当 $\triangle PQR$ 为等边三角形时等号成立.

事实上，设 S 为使 $\triangle QRS$ 为等边三角形的一点，点 P 和 S 位于直线 QR 同侧，则点 P 在 $\triangle QRS$ 的外接圆之内，也在以 L 为中心，$\frac{\sqrt{3}}{2}QR$ 为半径的圆之内（含圆周），故引理成立.

原题的证明：凸六边形的主对角线围成三角形，可能有退化的三角形. 于是

可以选取三条对角线中的两条,形成一个大于或等于 60° 的角.

如图 24.30,不妨设凸六边形 $ABCDEF$ 的对角线 AD,BE 满足 $\angle APB \geqslant 60^\circ$,$P$ 为两对角线的交点,由引理有

$$MN=\frac{\sqrt{3}}{2}(AB+DE)\geqslant PM+PN\geqslant MN$$

其中,M,N 为 AB,DE 的中点.

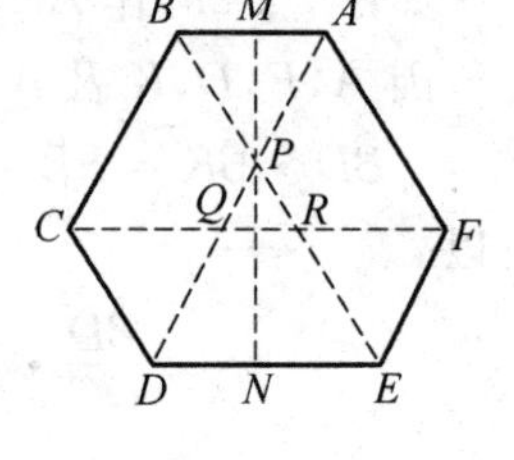

图 24.30

所以,$\triangle ABP$,$\triangle DEP$ 为等边三角形.

若对角线 CF 与 AD 或 BE 形成一个大于或等于 60° 的角,不妨设 $\angle AQF\geqslant 60^\circ$,$Q$ 为 AD 与 CF 的交点.同上述论证,得到 $\triangle AQF$,$\triangle CQD$ 为等边三角形.推出 $\angle BRC=60^\circ$,R 为 BE 与 CF 的交点.再次按上述的论证,得到 $\triangle BCR$ 与 $\triangle EFR$ 为等边三角形.

故命题成立.

试题 D2 设 $ABCD$ 是一个圆内接四边形,从点 D 向直线 BC,CA 和 AB 作垂线,其垂足分别为 P,Q 和 R.证明:$PQ=QR$ 的充分必要条件是 $\angle ABC$ 的平分线,$\angle ADC$ 的平分线和 AC 这三条直线相交于一点.

证明 如图 24.31,由西姆森定理,P,Q,R 三点共线.此外,由于 $\angle DPC=\angle DQC=90^\circ$,则 D,P,Q,C 四点共圆,得到

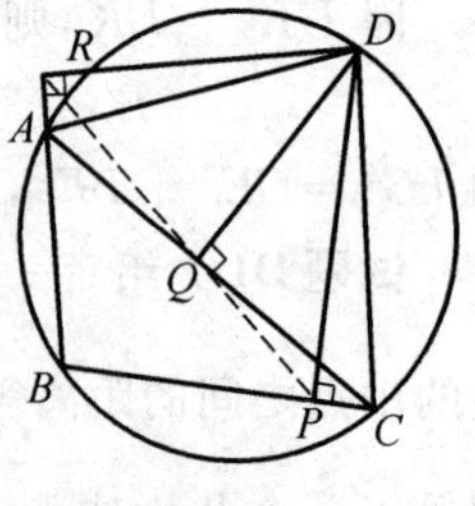

$$\angle DCA=\angle DPQ=\angle DPR$$

又由于 D,Q,R,A 四点共圆,则

$$\angle DAC=\angle DRP$$

从而

$$\triangle DCA\backsim\triangle DPR$$

图 24.31

同理 $$\triangle DAB\backsim\triangle DQP,\triangle DBC\backsim\triangle DRQ$$

则

$$\frac{DA}{DC}=\frac{DR}{DP}=\frac{DB\cdot\frac{QR}{BC}}{DB\cdot\frac{PQ}{BA}}=\frac{QR}{PQ}\cdot\frac{BA}{BC}$$

于是

$$PQ=QR\Leftrightarrow\frac{DA}{DC}=\frac{BA}{BC}$$

由于 $\angle ABC$ 和 $\angle ADC$ 的平分线将 AC 分成 $\frac{BA}{BC}$ 和 $\frac{DA}{DC}$，故命题成立.

第 1 节 含有 60° 内角的三角形的性质及应用①

试题 A，B，D1 均涉及了含有 60° 内角的三角形问题.

含有 90° 内角的三角形是一类特殊的三角形 —— 直角三角形. 含有 60° 内角的三角形，也是一类特殊的三角形. 例如，对含有 60° 内角的三角形进行割或补，很快便可作出正三角形，除此之外，这类三角形还有如下有趣的性质.

性质 1 三角形的三内角的量度成等差数列的充分必要条件是其含有 60° 的内角.

性质 2 非钝角三角形的顶点到其垂心的距离等于外接圆半径的充要条件是该顶点处的内角为 60°.

证明 当三角形为直角三角形时结论显然成立. 下面设 H 为锐角 $\triangle ABC$ 的垂心，记 $\triangle ABC$ 三内角为 $\angle A$，$\angle B$，$\angle C$，如图 24.32 所示.

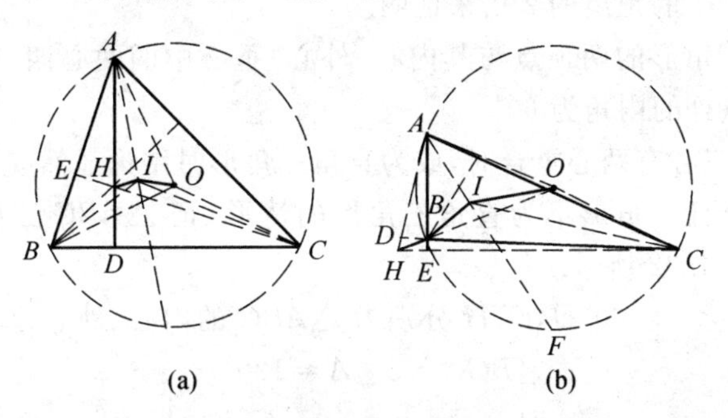

图 24.32

充分性：设 $\angle A=60°$，$\triangle ABC$ 的外接圆半径为 R，直线 AH 交直线 BC 于 D，直线 CH 交直线 AB 于 E. 由垂心性质知，B，D，H，E 四点共圆，有 $\angle AHE$ 与 $\angle DBE$ 相等或相补. 在 $\text{Rt}\triangle AEH$ 中

$$\frac{AE}{AH}=\cos\angle EAH=\cos(90°-\angle DBE)=\sin B \quad (\text{图 } 24.32(\text{a}))$$

或

$$\cos\angle EAH=\cos(90°-\angle AHE)=\cos[90°-(180°-\angle DBE)]$$

① 沈文选. 含有 60° 内角的三角形的性质及应用[J]. 中学数学，2003(1)：47-49.

$$=\cos(\angle DBE-90^\circ)=\sin B \quad (\text{图 } 24.32(\text{b}))$$

即有 $AH=\dfrac{AE}{\sin B}$.

又在 $\mathrm{Rt}\triangle AEC$ 中,$\dfrac{AE}{AC}=\cos\angle BAC=\dfrac{1}{2}$,即 $AE=\dfrac{1}{2}AC$,注意到正弦定理

$$AH=\frac{AE}{\sin B}=\frac{AC}{2\sin B}=\frac{2R\sin B}{2\sin B}=R$$

必要性:设 CE 为 AB 边上的高,AD 为 BC 边上的高,由 $AH=R$(R 为 $\triangle ABC$ 外接圆半径),注意到 B,D,H,E 四点共圆,有 $AE=R\sin\angle AHE=R\sin B$(注意 $\sin(180^\circ-B)=\sin B$),则

$$CE=AE\tan A=R\sin B\tan A$$

又
$$CE=BC\sin B=2R\sin A\sin B$$

从而
$$2\sin A=\tan A$$

求得
$$\angle A=60^\circ$$

注 必要性也可由 $\angle BOC=2\angle A$ 及三角形顶点 A 到垂心 H 的距离等于外心 O 到对边 BC 的距离的 2 倍来证明.

性质 3 三角形的两顶点与其内心、外心、垂心中的两心四点共圆的充要条件是另一顶点处的内角为 60°.

证明 当三心有两心重合时,或为直角三角形时结论显然成立.下面讨论三心两两不重合且三角形不为直角三角形的情形,记 $\triangle ABC$ 三内角为 $\angle A$,$\angle B$,$\angle C$,如图 24.32 所示.

充分性:设 $\angle A=60^\circ$,I,O,H 分别为 $\triangle ABC$ 的内心、外心、垂心,此时

$$\angle BOC=2\angle A=120^\circ$$

$$\angle BIC=180^\circ-\frac{1}{2}(\angle B+\angle C)=90^\circ+\frac{1}{2}\angle A=120^\circ$$

$$\angle BHC=180^\circ-\angle HBC-\angle HCB=\angle B+\angle C=120^\circ$$

或
$$\angle BHC=90^\circ-\angle HCA=90^\circ-(90^\circ-\angle A)=\angle A=60^\circ$$

故 B,H,I,O,C 五点共圆,显然有 B,H,I,C;B,H,O,C;B,I,O,C 分别四点共圆.

注 若联结 AI 并延长交圆 O 于 F,则由内心性质知 $IF=FB=FC$,即上述圆的圆心为 F,且该圆与 $\triangle ABC$ 的外接圆是等圆.

必要性:由 H 为其垂心,则

$$\begin{aligned}\angle BHC&=180^\circ-\angle HBC-\angle HCB=180^\circ-(90^\circ-\angle C)-(90^\circ-\angle B)\\&=\angle B+\angle C\end{aligned}$$

或

$$\angle BHC = 90° - \angle HCA = 90° - (90° - \angle A) = \angle A \quad ①$$

由 I 为其内心,则

$$\angle BIC = 180° - \angle IBC - \angle ICB = 180° - \frac{1}{2}(\angle B + \angle C)$$

$$= 180° - \frac{1}{2}(180° - \angle A) = 90° + \frac{1}{2}\angle A \quad ②$$

由 O 为其外心,则

$$\angle BOC = 2\angle A \quad ③$$

若 B,H,I,C 四点共圆,则 $\angle BHC = \angle BIC$ 或 $\angle BHC + \angle BIC = 180°$,即由式①② 有

$$\angle B + \angle C = 90° + \frac{1}{2}\angle A$$

两边加上 $\angle A$,或由式 ①② 有

$$\angle A + \frac{1}{2}\angle A + 90° = 180°$$

均求得 $\angle A = 60°$.

若 B,H,O,C 四点共圆,则 $\angle BHC = \angle BOC$ 或 $\angle BHC + \angle BOC = 180°$,即由式 ①③ 有 $\angle B + \angle C = 2\angle A$ 或 $\angle A + 2\angle A = 180°$,均可求得 $\angle A = 60°$.

若 B,I,O,C 四点共圆,则 $\angle BIC = \angle BOC$,即由式 ②③ 有

$$90° + \frac{1}{2}\angle A = 2\angle A$$

求得 $\angle A = 60°$.

综上,必要性获证.

性质 4 含有 60° 内角的非直角三角形中:

(1) 其内、外心的距离等于其内、垂心的距离;其内、外心的距离等于 60° 内角顶点处的外分平分线交外接圆的线段长.

(2) 其外心与垂心的连线平分含有 60° 内角的两边上的高线所成的锐角.

(3) 其外心与垂心距离的$\sqrt{3}$ 倍等于另外两顶点到垂心距离差的绝对值或等于另外两顶点到垂心的距离和.

证明 (1) 如图 24.32,设 I,O,H 分别为 $\triangle ABC$ 的内心、外心和垂心,联结 AI,AO,OC,则

$$\angle OAC = \angle OCA = \frac{1}{2}(180° - \angle AOC)$$

$$=90^\circ-\frac{1}{2}\angle AOC=90^\circ-\angle ABC=\angle EAH$$

或 $$\angle OAC=\angle OCA=90^\circ-\frac{1}{2}\angle AOC=90^\circ-(180^\circ-\angle ABC)$$

$$=\angle ABC-90^\circ=\angle EAH$$

又 I 为 $\triangle ABC$ 的内心,有 $\angle IAC=\angle IAE$,于是在 $\triangle HAI$ 和 $\triangle OAI$ 中,AI 公用,$\angle HAI=\angle IAO$,由性质2有 $AH=R=AO$,从而 $\triangle HAI\cong\triangle OAI$,故 $IH=IO$.

后一结论即为1994年全国高中联赛试题中第一个结论(参见第16章).

(2) 如图24.33,设 O,H 分别为 $\triangle ABC$ 的外心、垂心.

联结 OB,OC,由性质3知 B,H,O,C 四点共圆,对于图24.33(a),有

$$\angle EHO=\angle OCB=30^\circ,\angle OHC=\angle OBC=30^\circ,OH\text{ 平分 }\angle EHC$$

对于图24.33(b),有

$$\angle BHO=\angle BCO=30^\circ,\angle OHC=\angle OBC=30^\circ,OH\text{ 平分 }\angle EHC$$

从而结论获证.

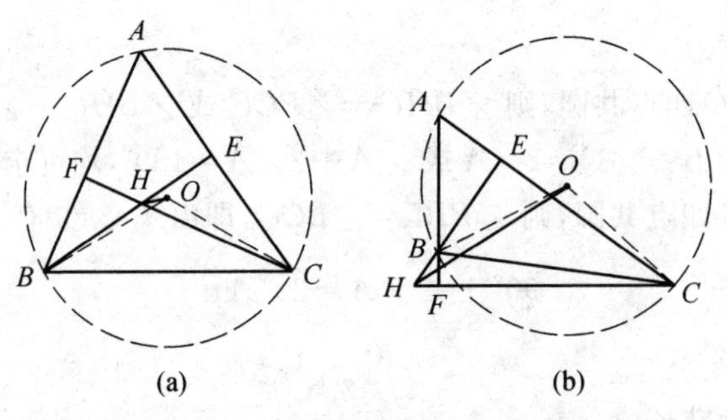

图24.33

(3) 此即为2002年全国高中联赛题.

性质5 设 I,H 分别为 $\triangle ABC$ 的内心和垂心,A_1 为 $\triangle BHC$ 的外心,则 A,I,A_1 三点共线的充要条件是 $\angle BAC=60^\circ$.

性质6 设 I 为 $\triangle ABC$ 的内心,B_1,C_1 分别为 AC,AB 的中点,直线 B_1I 交直线 AB 于 B_2,直线 C_1I 交直线 AC 于 C_2,则 $S_{\triangle ABC}=S_{\triangle AB_2C_2}$ 的充要条件是 $\angle BAC=60^\circ$.

以上两条性质综合起来即为2003年冬令营试题.

性质7 含有 60° 内角的三角形其内切三角形也含有 60° 内角.

性质8 如图24.34,若锐角 $\triangle ABC$ 的 $\angle BAC=60^\circ$,$AB=c$,$AC=b$,$b>c$,

$\triangle ABC$ 的垂心和外心分别为 M 和 O，OM 与 AB，AC 分别交于点 X，Y. 则(1)$\triangle AXY$ 的周长为 $b+c$；(2)$OM=b-c$.

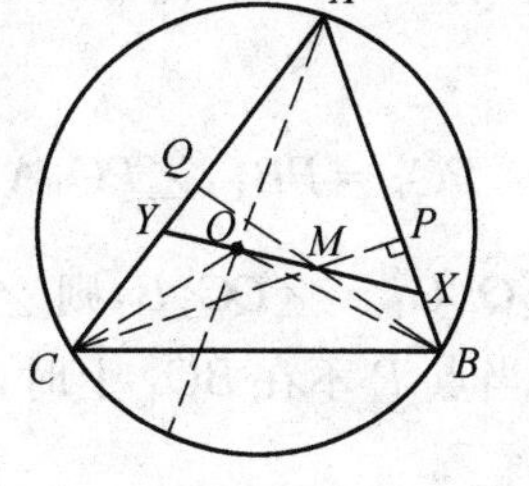

图 24.34

证明　(1) 易知

$$\angle COB=2\angle BAC=120^\circ$$

$$\angle CMB=\angle A+2(90^\circ-\angle A)=120^\circ$$

因此，C,O,M,B 四点共圆.

又 $CP\perp AB$，则

$$\angle AXM=90^\circ-\angle XMP=90^\circ-\angle OMC=90^\circ-\angle OBC=60^\circ$$

故 $\angle MXB=120^\circ$.

由 $\angle ABM=30^\circ$，知 $\angle XMB=30^\circ$，所以 $MX=XB$.

同理，$YM=CY$. 故

$$AY+YX+AX=AY+YC+AX+XB=b+c$$

(2) 设 $AO=R$，则

$$b-c=2R(\sin B-\sin C)$$

易知
$$OM=BC\cdot\frac{\sin\angle OCM}{\sin\angle CMB}=2R\sin\angle CAB\cdot\frac{\sin\angle OCM}{\sin\angle CMB}$$
$$=2R\sin\angle OCM=2R\sin(B-A)$$

故
$$b-c=OM\Leftrightarrow\sin(120^\circ-C)-\sin C=\sin(60^\circ-C)$$
$$\Leftrightarrow\frac{\sqrt{3}}{2}\cos C+\frac{1}{2}\sin C-\sin C=\frac{\sqrt{3}}{2}\cos C-\frac{1}{2}\sin C$$

上式显然成立，故原命题成立.

注　此性质即为 2004 ～ 2005 年匈牙利数学奥林匹克题.

下面看几道应用的例子.

例 1　(2001 年第 42 届 IMO 第 5 题) 如图 24.35，在 $\triangle ABC$ 中，AP 平分 $\angle BAC$ 且交 BC 于 P，BQ 平分 $\angle ABC$ 且交 CA 于 Q. 已知 $\angle BAC=60^\circ$，且 $AB+BP=AQ+QB$. 问 $\triangle ABC$ 的各角的度数的可能值是多少？

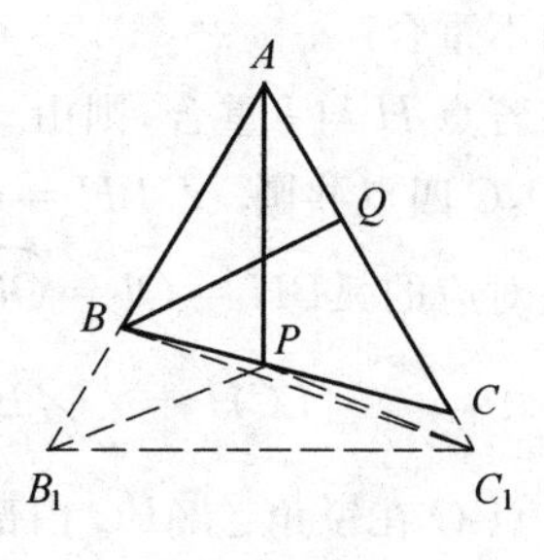

图 24.35

解　延长 AB 到 B_1 使 $BB_1=BP$，在 QC 或其延长线上取 C_1 使 $QC_1=QB$. 于是

$$AB_1=AB+BP=AQ+QB=AC_1$$

而 $\angle BAC=60°$,从而 $\triangle AB_1C_1$ 为正三角形,直线 AP 是 $\triangle AB_1C_1$ 的对称轴,即有

$$PC_1=PB_1,\angle PC_1A=\angle PB_1A=\angle BPB_1=\frac{1}{2}\angle ABC=\angle PBQ$$

又 $\angle QBC_1=\angle QC_1B$,则 $\angle PC_1B=\angle PBC_1$.

当点 P 不在 BC_1 上时,有

$$PC_1=PB$$

从而

$$PB_1=PC_1=PB=BB_1$$

即 $\triangle PBB_1$ 为正三角形,$\angle PBB_1=60°=\angle BAC$,矛盾($\angle PBB_1$ 是 $\triangle ABC$ 的外角,应大于 $\angle BAC$).因此,点 P 应当在 BC_1 上,即 C 与 C_1 重合.故

$$\angle BCA=\frac{1}{2}\angle ABC$$

由

$$\angle BCA+\angle ABC=180°-60°=120°$$

知 $\triangle ABC$ 的各角只有一种值,即

$$\angle BAC=60°,\angle ABC=80°,\angle BCA=40°$$

注 以上解法由福建的林常先生给出.

例2 (1994年保加利亚竞赛题)如图24.36,一个锐角 $\triangle ABC$,$\angle BAC=60°$,三点 H,O,I 分别是 $\triangle ABC$ 的垂心、外心和内心,如果 $BH=OI$.求 $\angle ABC$ 和 $\angle ACB$.

解 首先可证明 H,O,I 三点在题设条件下两两不重合.

若点 H 与 I 重合,则由 $\angle BAC$ 及性质3知 B,H,O,C 四点共圆.又 $BH=OI$,则 $\triangle BOC$ 的外接圆上对应的弧 $\overset{\frown}{BH}=\overset{\frown}{OI}=\overset{\frown}{OH}$,即有

$$\angle BCH=\frac{1}{2}\angle BCO=15°$$

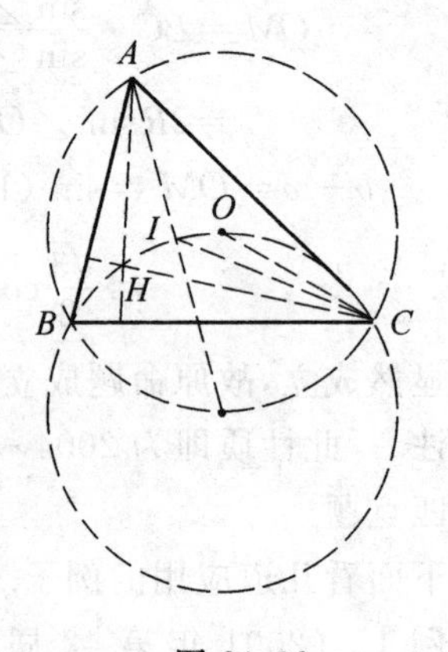

图24.36

点 O 在锐角 $\triangle ABC$ 内部,当 H 与 I 重合时,CH 既是 $\angle BCO$ 的平分线,又是 $\angle BCA$ 的内角平分线,这显然不可能,因而点 H 与点 I 不重合.

若点 H 与点 O 重合,则

$$\angle BCH=\angle BCO=30°,\angle B=90°-\angle BCH=60°$$

从而 $\triangle ABC$ 是等边三角形,即有 O,I,H 三点重合,$OI=0<BH$ 与题设矛盾.

又点 O 与点 I 也不会重合,否则 $BH=0$ 也矛盾.下面求 $\angle ABC$ 和 $\angle ACB$.

由 $\angle BAC=60^\circ$ 及性质 3 知 B,H,I,O,C 五点共圆，且由性质 4(1) 知，$HI=IO$，由题设 $BH=OI$，即有

$$BH=HI=IO$$

联结 IC,OC，则知

$$\overset{\frown}{BH}=\overset{\frown}{HI}=\overset{\frown}{IO}$$

亦即知

$$\angle BCH=\angle HCI=\angle ICO=\frac{1}{3}\angle BCO=10^\circ$$

由于 H 为垂心，知

$$\angle ABC=90^\circ-\angle BCH=80^\circ$$

从而

$$\angle ACB=180^\circ-\angle BAC-\angle ABC=40^\circ$$

为所求.

由上述例 1、例 2，又可得到：

性质9　在锐角 $\triangle ABC$ 中，$\angle A=60^\circ$，H,I,O 分别为 $\triangle ABC$ 的垂心、内心和外心，联结 AI 并延长交 BC 于 P，联结 BI 交 AC 于 Q，则 $BH=IO$ 的充要条件是 $AB+BP=AQ+QB$.

例 3　(1996 年全国高考试题) 已知 $\triangle ABC$ 的三个内角 $\angle A,\angle B,\angle C$ 满足 $\angle A+\angle C=2\angle B$，$\frac{1}{\cos A}+\frac{1}{\cos C}=-\frac{\sqrt{2}}{\cos B}$，求 $\cos\frac{1}{2}(A-C)$ 的值.

解　由 $\angle A+\angle C=2\angle B$，知 $\angle B=60^\circ$，设 $\angle A=60^\circ+\alpha$，$\angle C=60^\circ-\alpha$，且 $\frac{\angle A-\angle C}{2}=\alpha$. 从而

$$\begin{aligned}\frac{1}{\cos A}+\frac{1}{\cos C}&=\frac{1}{\cos(60^\circ+\alpha)}+\frac{1}{\cos(60^\circ-\alpha)}\\&=\frac{1}{\frac{1}{2}\cos\alpha-\frac{\sqrt{3}}{2}\sin\alpha}+\frac{1}{\frac{1}{2}\cos\alpha+\frac{\sqrt{3}}{2}\sin\alpha}\\&=\frac{\cos\alpha}{\frac{1}{4}\cos^2\alpha-\frac{3}{4}\sin^2\alpha}=\frac{\cos\alpha}{\cos^2\alpha-\frac{3}{4}}\\&=-\frac{\sqrt{2}}{\cos B}=-2\sqrt{2}\end{aligned}$$

故

$$4\sqrt{2}\cos^2\alpha+2\cos\alpha-3\sqrt{2}=0$$

即

$$(2\cos\alpha-\sqrt{2})(2\sqrt{2}\cos\alpha+3)=0$$

而

$$2\sqrt{2}\cos\alpha+3\neq 0$$

所以

$$2\cos\alpha-\sqrt{2}=0$$

亦即
$$\cos\alpha=\cos\frac{1}{2}(A-C)=\frac{\sqrt{2}}{2}$$
为所求.

例4 在$\triangle ABC$中,$\angle A$,$\angle B$,$\angle C$的对边分别为a,b,c.若$\angle A+\angle C=2\angle B$.求证:$a^4+c^4\leqslant 2b^4$.

证明 因$\angle A+\angle B+\angle C=\pi$及$\angle A+\angle C=2\angle B$,则$\angle B=\frac{\pi}{3}$,故
$$b^2=a^2+c^2-2ac\cos B=a^2+c^2-ac\geqslant ac$$
又
$$\begin{aligned}a^4+c^4&=(a^2+c^2)^2-2a^2c^2=(a^2+c^2+\sqrt{2}ac)(a^2+c^2-\sqrt{2}ac)\\&=[b^2+(\sqrt{2}+1)ac][b^2-(\sqrt{2}-1)ac]=-a^2c^2+2acb^2+b^4\\&=-(ac-b^2)^2+2b^4\end{aligned}$$
又
$$0<ac\leqslant b^2,-(ac-b^2)^2\leqslant 0$$
故
$$a^4+c^4\leqslant 2b^4$$

注 含有60°内角的三角形问题在1994年全国高中联赛及2001年国家集训选拔赛中均曾出现过.

第2节 关于平行四边形的几个命题

利用本年度西部数学奥林匹克中的平面几何试题结论(即梯形的一个性质)可讨论平行四边形的有关问题①.

命题1 (1992年莫斯科世界城市联赛试题)设$ABCD$是一个平行四边形,E,F,G,H分别是AB,BC,CD,DA上任意一点,O_1,O_2,O_3,O_4分别是$\triangle AEH$,$\triangle BEF$,$\triangle CFG$,$\triangle DGH$的外心.求证:四边形$O_1O_2O_3O_4$是一个平行四边形.

证明 如图24.37,联结HF,则四边形$ABFH$,$CDHF$是梯形.

由梯形性质,知
$$O_1O_2=\frac{HF}{2\sin B},O_3O_4=\frac{HF}{2\sin C}$$
又$AB\ /\!/\ CD$,则$\sin B=\sin C$,即$O_1O_2=O_3O_4$.同理可证$O_1O_4=O_2O_3$.故四边形$O_1O_2O_3O_4$是一个平行四边形.

---

① 刘中华.梯形的一个性质及应用[J].中学数学,2000(1):45-46.

命题2 在$\square ABCD$中,E,F,G,H分别是AB,BC,CD,DA上任意一点,H_1,H_2,H_3,H_4分别是$\triangle AEH,\triangle BEF,\triangle CFG,\triangle DGH$的垂心,则四边形$H_1H_2H_3H_4$是一个平行四边形.

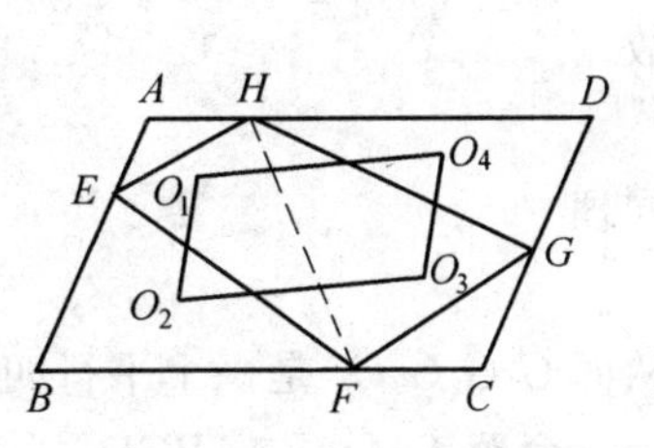

图24.37

证明 如图24.38,因H_1在过点E且垂直于AD的直线上,H_2在过点E且垂直于BC的直线上,又$AD \parallel BC$,则$H_1H_2 \perp BC$,同理$H_3H_4 \perp BC$,从而$H_1H_2 \parallel H_3H_4$.同理$H_2H_3 \parallel H_1H_4$.故四边形$H_1H_2H_3H_4$是一个平行四边形.

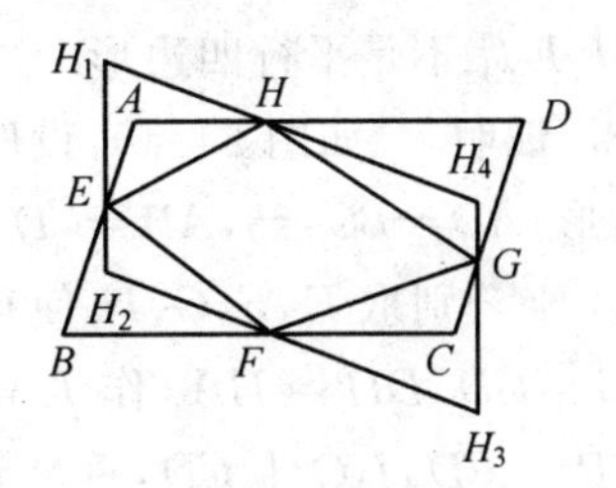

图24.38

命题3 在$\square ABCD$中,E,F,G,H分别是AB,BC,CD,DA上任意一点,G_1,G_2,G_3,G_4分别是$\triangle AEH,\triangle BEF,\triangle CFG,\triangle DGH$的重心,则四边形$G_1G_2G_3G_4$是一个平行四边形.

证明 如图24.39,建立直角坐标系,因为$ABCD$是平行四边形,所以可设$A(a,b),B(0,0),C(c,0),F(d,0),D(a+c,b),H(f,b)$.

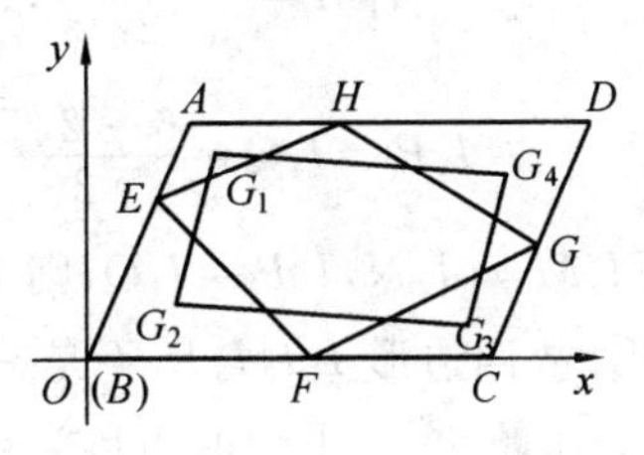

图24.39

于是直线AB的方程是

$$y=\frac{b}{a}x$$

直线CD的方程是

$$y=\frac{b}{a}(x-c)$$

则可设$E(e,\frac{b}{a}e),G(g,\frac{b}{a}(g-c))$,即

$$G_1(\frac{a+e+f}{3},\frac{2b+\frac{b}{a}e}{3}),G_2(\frac{e+d}{3},\frac{\frac{b}{a}e}{3})$$

$$G_3(\frac{g+d+c}{3},\frac{\frac{b}{a}(g-c)}{3}),G_4(\frac{a+c+f+g}{3},\frac{2b+\frac{b}{a}(g-c)}{3})$$

则

$$G_1G_2=\sqrt{(\frac{a+f-d}{3})^2+(\frac{2b}{3})^2}$$

$$G_3G_4=\sqrt{(\frac{a+f-d}{3})^2+(\frac{2b}{3})^2}$$

故

$$G_1G_2 = G_3G_4$$

同理

$$G_1G_4 = G_2G_3$$

从而 $G_1G_2G_3G_4$ 是一个平行四边形.

命题4 在 $\square ABCD$ 中,E,F,G,H 分别是 AB,BC,CD,DA 上任意一点,I_1,I_2,I_3,I_4 分别是 $\triangle AEH,\triangle BEF,\triangle CFG,\triangle DGH$ 的内心,则存在四边形 $I_1I_2I_3I_4$ 不是平行四边形.

证明 如图24.40,设四边形 $ABCD$ 是一个矩形,$AD=BC=8,AB=CD=4$,在 AB,BC,CD,DA 上分别取 E,F,G,H 使得 $AE=1,BF=FC,CG=GD,DH=HA$,作 $I_1M\perp AB,I_2N\perp AB,I_3P\perp CD,I_4Q\perp CD$,垂足分别为 M,N,P,Q.则

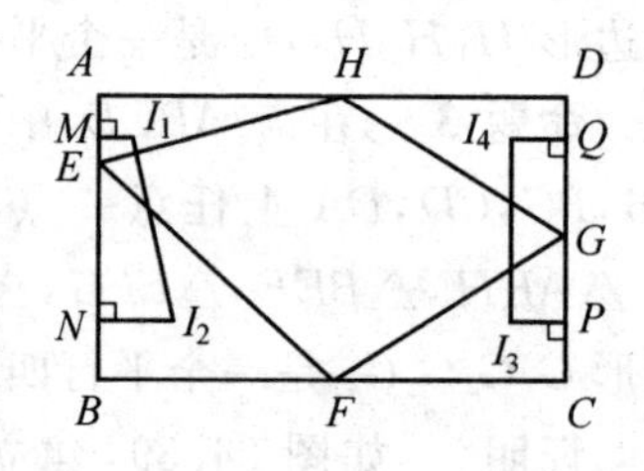

图 24.40

$$I_1M=\frac{5-\sqrt{17}}{2},I_2N=1$$

$$I_3P=I_4Q=\frac{6-2\sqrt{5}}{2}=3-\sqrt{5}$$

由 $I_1M\neq I_2N,I_3P=I_4Q$,则 $I_1I_2 \not\parallel AB,I_3I_4\parallel CD$,而 $AB\parallel CD$,则 $I_1I_2\not\parallel I_3I_4$.故四边形 $I_1I_2I_3I_4$ 不是一个平行四边形.

命题5[①] 平行四边形为矩形的充要条件是空间一点到平行四边形两双相对顶点的距离的平方和相等.

证明 充分性:令 P 为 $\square ABCD$ 所在平面内或外的任一点,Q 为 AC 与 BD 的交点.分别取 PA,PB,PC,PD 的中点 R,S,T,K,如图24.41所示,则四边形 $KPSQ$,四边形 $PRQT$ 均为平行四边形,于是

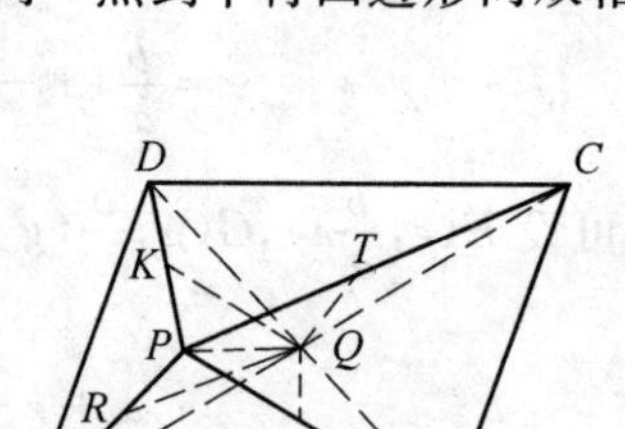

图 24.41

$$2(PK^2+PS^2)=PQ^2+SK^2$$
$$2(PR^2+PT^2)=PQ^2+RT^2$$

由题设有 $PB^2+PD^2=PA^2+PC^2$,即

$$4PK^2+4PS^2=4PR^2+4PT^2$$

① 沈文选.数学问题782号[J].数学通报,1992(8):48-49.

由上述三式，有 $RT^2=KS^2$，即 $RT=KS$.

而 $RT=\frac{1}{2}AC$，$KS=\frac{1}{2}BD$，于是 $AC=BD$. 四边形 $ABCD$ 为矩形.

必要性：如图 24.42(a)，令点 P 为矩形 $ABCD$ 所在平面内任一点，点 P 到 AB，DC，BC，AD 边的距离分别为 a，b，c，d，由勾股定理，易知

$$PA^2+PC^2=(a+b)^2+d^2+b^2+c^2=PB^2+PD^2$$

如图 24.42(b)，令点 P 为矩形 $ABCD$ 所在平面外任一点，P 在矩形所在平面内的射影为 O. 则

$$AO^2+OC^2=BO^2+OD^2$$

从而，有

$$(AO^2+PO^2)+(OC^2+PO^2)=(BO^2+PO^2)+(OD^2+PO^2)$$

故

$$PA^2+PC^2=PB^2+PD^2$$

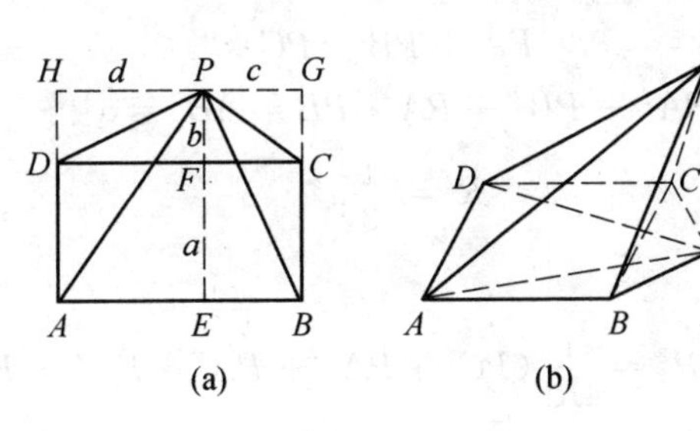

图 24.42

第3节　几何定值问题

试题 A 涉及了定值问题.

几何定值问题大体上可以分为三类：

(1) 由动点引发的定值问题，这类问题常借助于特殊点，结合各种方法和公式推导计算来处理；

(2) 由动线引发的定值问题，这类问题常借助于取特殊位置试探，结合有关结论来处理；

(3) 由动形引发的定值问题，这类问题常借助于有关图形特性，综合运用有关知识来处理.

1.**由动点引发的定值问题**[①]

例1 证明:正三角形外接圆上任意一点到三边距离的平方和是一个定值.

证明 如图24.43,设正$\triangle ABC$的边长为a(定长),点P在$\triangle ABC$的外接圆上,$PP_1\perp AC$于P_1,$PP_2\perp AB$于P_2,$PP_3\perp BC$于P_3,联结PA,PB,PC.

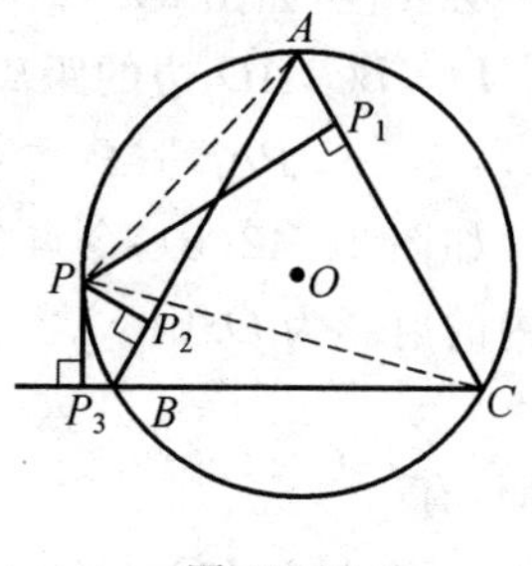

图24.43

令圆O的半径为R,易得

$$PP_1=\frac{PC\cdot PA}{2R}$$

$$PP_2=\frac{PA\cdot PB}{2R}$$

$$PP_3=\frac{PB\cdot PC}{2R}$$

注意到

$$PA+PB=PC$$

$$PA^2+PB^2+PA\cdot PB=AB^2=a^2$$

$$R^2=\frac{1}{3}a^2$$

则

$$\begin{aligned}PP_1^2+PP_2^2+PP_3^2&=\frac{1}{4R^2}(PC^2\cdot PA^2+PA^2\cdot PB^2+PB^2\cdot PC^2)\\&=\frac{1}{4R^2}[PA^2\cdot PB^2+(PA^2+PB^2)(PA+PB)^2]\\&=\frac{1}{4R^2}[(PA^2\cdot PB^2)^2+2(PA^2+PB^2)\cdot\\&\quad PA\cdot PB+(PA\cdot PB)^2]\\&=\frac{1}{4R^2}(PA^2+PB^2+PA\cdot PB)^2\\&=\frac{1}{4\times\frac{1}{3}a^2}(a^2)^2=\frac{3}{4}a^2\quad(\text{定值})\end{aligned}$$

例2 如图24.44,$\triangle ABC$为正三角形,动点D在直线BC上,过点D作

① 黄全福.平面几何中的定值问题[J].中学数学,2005(11):6-10.

$DE \perp AC$ 于 E，过点 D 作 BC 的垂线交过 E 所作 AB 的垂线于 F，CF 交 AB 于 P. 证明：$\dfrac{AP}{PB}$ 恒为定值.

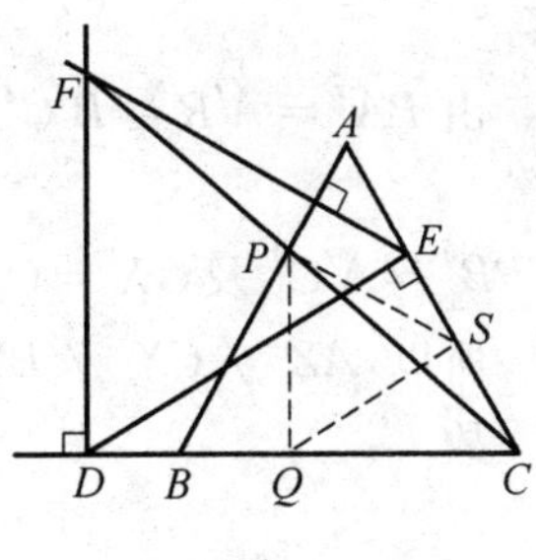

图 24.44

证明　如图24.44，作 $PS \parallel FE$，$PQ \parallel FD$，联结 QS.

显然，$\triangle DEF$ 是正三角形，此时

$$\frac{PQ}{FD}=\frac{CP}{CF}=\frac{PS}{FE}$$

从而

$$PQ=PS$$

易知

$$\angle QPS=\angle DFE=60^{\circ}$$

故 $\triangle PQS$ 也是正三角形.

因为 $\dfrac{CQ}{CD}=\dfrac{CP}{CF}=\dfrac{CS}{CE}$，所以，$QS \parallel DE$.

从而，$PQ \perp BC$，$QS \perp CA$，$SP \perp AB$.

于是，易证 $\triangle ASP \backsim \triangle BPQ \backsim \triangle CQS$.

但已证 $SP=PQ=QS$，所以

$$\triangle ASP \cong \triangle BPQ \cong \triangle CQS$$

因此，$AP=BQ$.

易知 $\dfrac{BQ}{PB}=\dfrac{1}{2}$，故 $\dfrac{AP}{PB}=\dfrac{1}{2}$（定值）.

2. 由动线引发的定值问题

例3　如图24.45，动直线 m 分别交 AB，BC 及 AC 的延长线于点 P，Q，R. 取 PR，PQ，QR 的中点分别为 A'，B'，C'. 三条直线 AA'，BB'，CC' 两两相交于点 X，Y，Z. 证明：$\dfrac{S_{\triangle XYZ}}{S_{\triangle ABC}}$ 是一个定值.

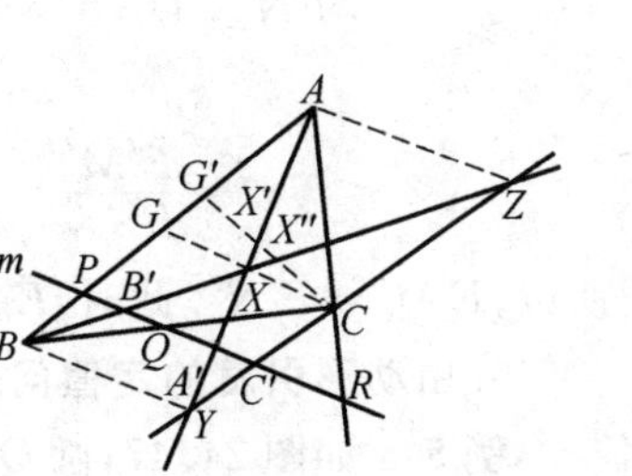

图 24.45

证明　如图24.45，联结 AZ，BY，CX，延长 CX 交 AB 于点 G. 过点 C 作 $CG' \parallel PR$ 交 AA'，BB' 于 X'，X''.

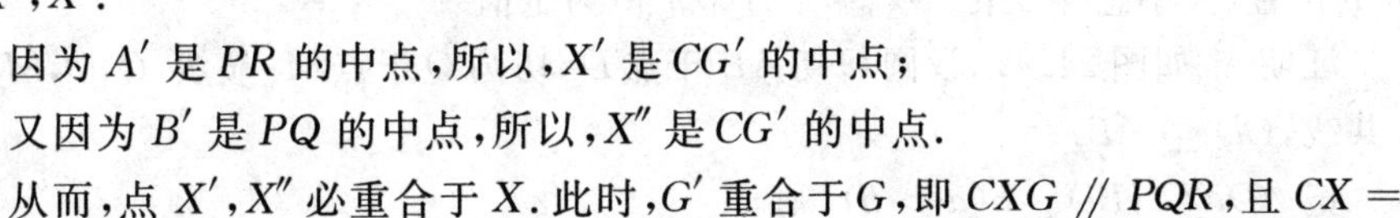

因为 A' 是 PR 的中点，所以，X' 是 CG' 的中点；

又因为 B' 是 PQ 的中点，所以，X'' 是 CG' 的中点.

从而，点 X'，X'' 必重合于 X. 此时，G' 重合于 G，即 $CXG \parallel PQR$，且 $CX=$

GX.

由 $PA'=A'R=B'C'$ 及 $GX=CX$,得

$$AZ \parallel PR$$

由 $PB'=A'C'$ 及 $GX=CX$,得 $BY \parallel PR$.

所以,$AZ \parallel CX \parallel BY$.

故

$$S_{\triangle XYZ}=S_{\triangle ABX}=\frac{1}{2}S_{\triangle ABC}$$

因此,$\frac{S_{\triangle XYZ}}{S_{\triangle ABC}}=\frac{1}{2}$(定值).

例4 如图24.46,点 O 是锐角 $\triangle ABC$ 的外心,射线 AO 交 BC 于点 D,动直线 l 交 AB,AC 于点 E,F.如果 A,E,D,F 四点共圆,那么,线段 EF 在 BC 上的正射影恒为定值.

证明 如图24.46,作 $DM \perp AB$ 于点 M,$DN \perp AC$ 于点 N,$MM' \perp BC$ 于点 M',$NN' \perp BC$ 于点 N'.显然 $M'N'$ 是定值.作 $EE' \perp BC$,$FF' \perp BC$.

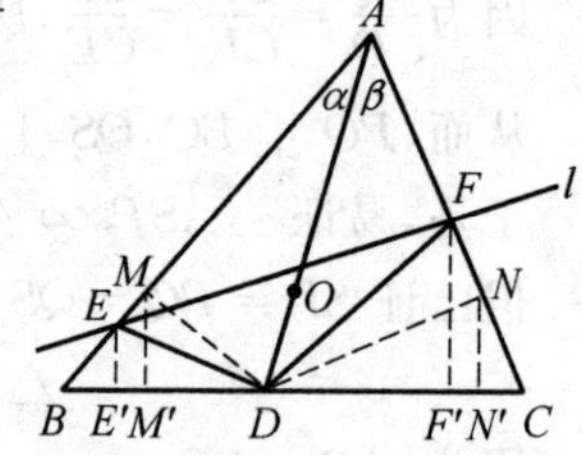

图 24.46

易证 A,M,D,N 四点共圆.

从而,$\angle DEM=\angle DFN$.

所以,$\triangle DEM \backsim \triangle DFN$.

故

$$\frac{EM}{FN}=\frac{DM}{DN}=\frac{\sin\alpha}{\sin\beta}=\frac{\cos C}{\cos B}$$

又

$$\frac{E'M'}{F'N'}=\frac{FM\cos B}{FN\cos C}=\frac{\cos C}{\cos B}\cdot\frac{\cos B}{\cos C}=1$$

所以,$E'M'=F'N'$.此时,$E'F'=M'N'$(定值).

3.由动形引发的定值问题

例5 如图24.47,圆 Q 的直径 $AB=d$(定值).圆 O、圆 O' 是两个动圆,它们既同时与圆 Q 内切,又同时与 AB 相切.过点 B 作圆 Q 的切线交射线 AO,AO' 于点 E,F;过点 A 作圆 Q 的切线交射线 BO,BO' 于点 G,H.证明:不论圆 O、圆 O' 的位置、大小怎样变化,$S_{\triangle AEF}+S_{\triangle BGH}$ 恒为定值.

证明 如图24.47,设圆 O 切 AB 于点 D,切圆 Q 于点 M.显然,Q,O,M 三点共线,$OD \perp AB$.

记 $AD=a$,$BD=b(a>b)$,则

$$AB = a + b$$

$$QM = QA = QB = \frac{1}{2}(a + b)$$

$$QD = \frac{1}{2}(a - b)$$

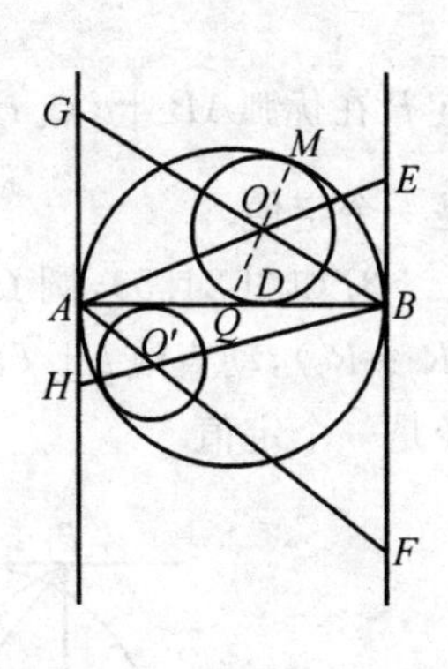

图 24.47

令 $OD = x$，则 $OQ = \frac{1}{2}(a + b) - x$.

由 $OQ^2 = OD^2 + QD^2$，得

$$\left[\frac{1}{2}(a + b) - x\right]^2 = x^2 + \left[\frac{1}{2}(a - b)\right]^2$$

解得
$$x = \frac{ab}{a + b}$$

易得 $\frac{AG}{AB} = \frac{OD}{BD}$，即

$$\frac{AG}{a + b} = \frac{\frac{ab}{a + b}}{b}$$

从而
$$AG = a = AD$$

同理
$$BE = BD = b$$

所以
$$AG + BE = AD + BD = a + b = d$$

同理
$$AH + BF = d$$

故

$$\begin{aligned} S_{\triangle AEF} + S_{BGH} &= \frac{1}{2}AB(EF + GH) \\ &= \frac{1}{2}AB[(AG + BE) + (AH + BF)] \\ &= \frac{1}{2}d(d + d) = d^2 \quad (\text{定值}) \end{aligned}$$

练　习　题

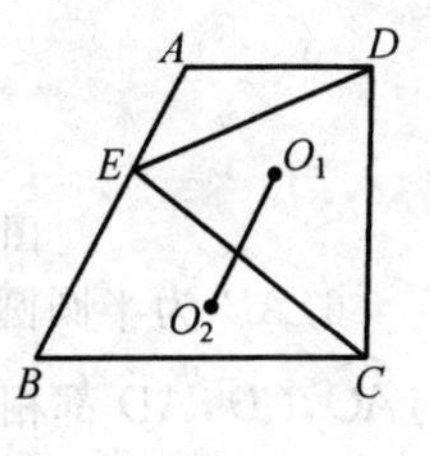

图 24.48

1. 如图 24.48，梯形 $ABCD$ 的两底 AD 和 BC，两腰 AB 和 CD 皆为定长. 动点 E 在 AB 上，O_1，O_2 分别是 $\triangle ADE$，$\triangle BCE$ 的外心. 证明：线段 O_1O_2 为定长.

2. 如图 24.49，圆的两切线 $AM \perp BM$，A，B 为切点. 动

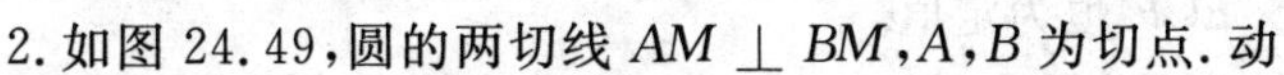

点 P 在优弧$\overset{\frown}{AB}$上,点 P 在 AM,BM,AB 上的射影是 P_1,P_2,P_3. 证明:$\dfrac{S_{\triangle P_1P_2P_3}}{S_{\triangle PAB}}$ 是一个定值.

3. 如图 24.50,圆 O 与圆 O' 内切于点 A,圆 O、圆 O' 的半径分别为 R,R' $(R>R')$,动直线 $l\perp OO'$,且分别交两圆于 B,B'. 证明:$\triangle ABB'$ 的外接圆的半径是一个定值.

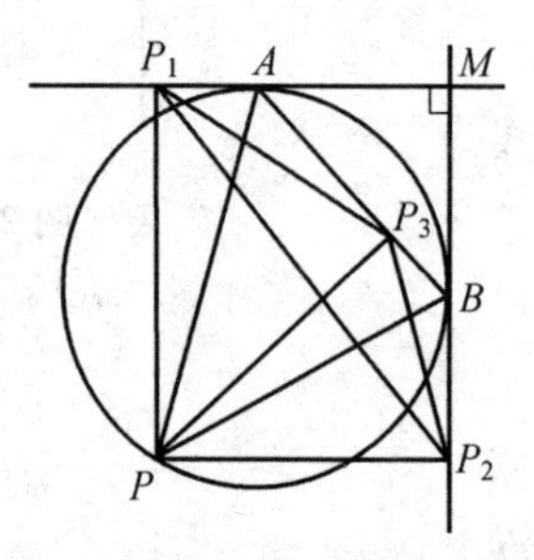

图 24.49

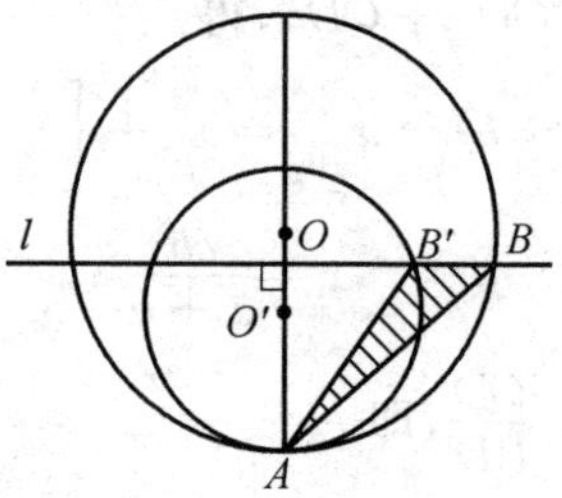

图 24.50

4. 如图 24.51,四边形 $ABCD$ 为单位正方形,动直线 m 分别交 AB,AD 于点 E,G,且满足 $EG=BE+DG$. 又 $EF\perp CD$,$GH\perp BC$,射线 EH,GF 交于点 P. 证明:$S_{\triangle PEC}$ 是一个定值.

5. 如图 24.52,已知半径为 R 的圆 O 与直线 l_1,l_2 相切于点 A,B,且 $l_1\parallel l_2$,两个相互外切的动圆圆 O_1、圆 O_2 都与圆 O 外切,且分别与 l_1,l_2 相切,CD 是圆 O_1、圆 O_2 的一条外公切线. 证明:线段 CD 为定长.

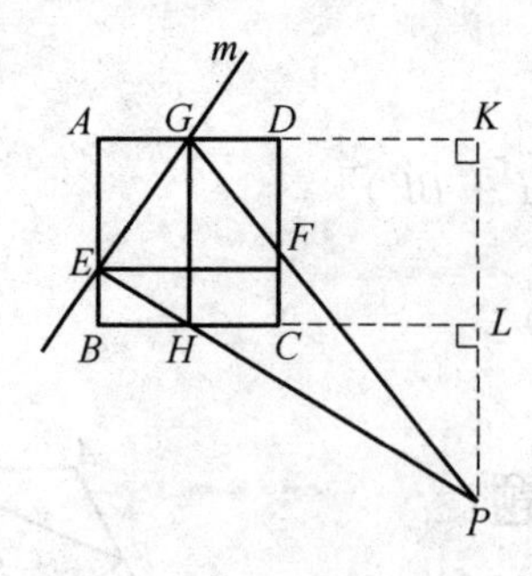

图 24.51

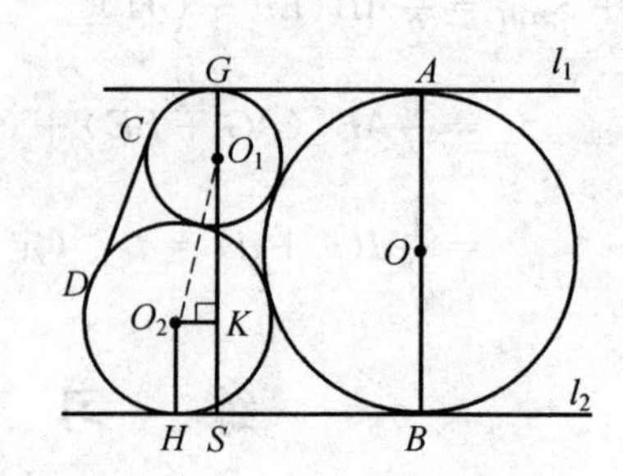

图 24.52

6. AB 为半圆圆 O 的直径,动点 C 在半圆圆 O 上,$CD\perp AB$ 于点 D. 圆 O_1 与$\overset{\frown}{AC}$,CD,AD 都相切,圆 O_2 与$\overset{\frown}{BC}$,CD,DB 都相切,切点 E,F 在 AB 上. 证明:不论点 C 位置如何,$\angle ECF$ 恒为定值.

7. 两圆同心,半径分别为 $R,r(R>r)$. 正 $\triangle ABC$ 内接于小圆,动点 P 在大

圆上.证明:以 PA,PB,PC 为边的三角形面积是一个定值.

8.在圆 O 中,弦 $MN=a$(定长),动直线 XY 通过点 O 且与 MN 相交.XY 交圆 O 于点 A,B,过 MN 的中点 Q 作 $QC\perp MB$ 于点 C,$QD\perp MA$ 于点 D.证明:$AM\cdot QC+BM\cdot QD$ 是一个定值.

9.在 $\triangle ABC$ 中,$AB=AC$,动直线 l 通过点 A(l 通过 $\angle BAC$ 内部).已知圆 O_1 与直线 l,AB 及 BC 皆相切,圆 O_2 与直线 l,AC 及 BC 皆相切.证明:不论直线 l 的位置怎样变化,圆 O_1、圆 O_2 的半径之和恒为定值.

10.如图24.53,正方形 $ABCD$ 是张边长为 a 的硬纸片.平面内的两条直线 $l_1\parallel l_2$,它们之间的距离也等于 a.现将这张正方形纸片平放在两条平行线上,使得 l_1 与 AB,AD 都相交,交点为 E,F;l_2 与 BC,CD 都相交,交点为 H,G.记 $\triangle AEF,\triangle CGH$ 周长分别为 m_1,m_2.证明:不论怎样放置正方形纸片,m_1+m_2 总是一个定值.

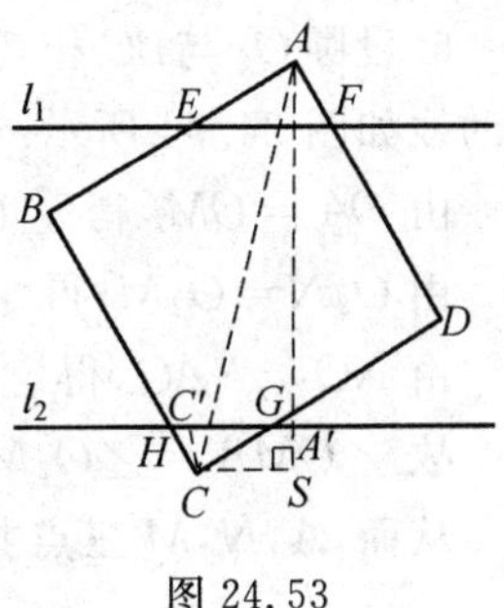

图24.53

练习题参考解答或提示

1.先证明 $\triangle O_2O_1E\backsim\triangle CDE$,则有

$$\frac{O_2O_1}{CD}=\frac{O_2E}{CE}=\frac{1}{2\sin B}=\frac{1}{2\times\frac{h}{AB}}\quad(h\text{ 为梯形的高})$$

故 $O_1O_2=\dfrac{AB\cdot CD}{2h}$.

2.注意 P,P_1,A,P_3 与 P,P_2,B,P_3 分别四点共圆.$\dfrac{P_1P_3}{PA}=\dfrac{\sin 135^\circ}{\sin 90^\circ}=\dfrac{\sqrt{2}}{2}$,$\dfrac{P_2P_3}{PB}=\dfrac{\sin 135^\circ}{\sin 90^\circ}=\dfrac{\sqrt{2}}{2}$.又 $\angle APB$ 与 $\angle P_1P_3P_2$ 互补,则 $\dfrac{S_{\triangle P_1P_2P_3}}{S_{\triangle PAB}}=\dfrac{1}{2}$.

3.设 $\triangle ABB'$ 的外接圆半径为 r,OO' 分别交大、小两圆于点 C,C',l 交 OO' 于点 K.先证明 $AB^2\cdot AB'^2=4RR'\cdot AK^2$.又 $AB\cdot AB'=AK\cdot 2r$,代入上式得 $r=\sqrt{RR'}$(定值).

4.设 $BE=x,DG=y$,则 $EG=x+y$,先求得 $1-x-y=xy$.令 $DK=a$,$KP=b$,易知 $\triangle GKP\backsim\triangle GDF$,$\triangle HLP\backsim\triangle HBE$.于是,$\dfrac{y+a}{b}=\dfrac{y}{1-x}$,$\dfrac{y+a}{b-1}=$

$\frac{1-y}{x}$,解得 $b=2$,故 $S_{\triangle PEC}=1$.

5.由 $O_1K^2+O_2K^2=O_1O_2^2$,知$[2R-(r_1+r_2)]^2+(2\sqrt{Rr_2}-2\sqrt{Rr_1})^2=(r_1+r_2)^2$,从而推出 $2\sqrt{r_1r_2}=R$.此时,$CD=2\sqrt{r_1r_2}=R$(定值).

6.设圆 O_2 与 $\overset{\frown}{BC}$ 相切于点 M,与 CD 相切于点 N,辅助线如图 24.54 所示.易知 O,O_2,M 三点共线.

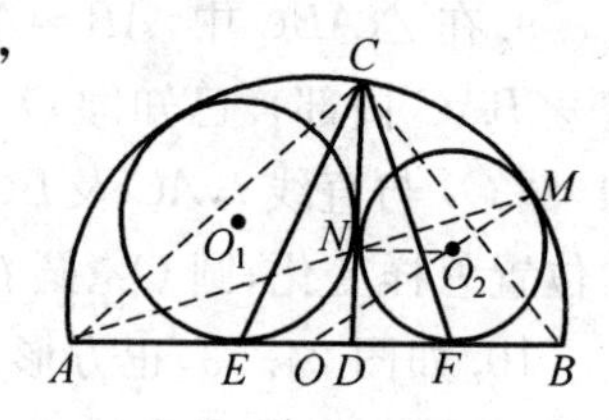

图 24.54

由 $OA=OM$,得 $\angle OAM=\angle OMA$.

由 $O_2N=O_2M$,得 $\angle O_2NM=\angle O_2MN$.

由 $NO_2 \parallel AO$,得 $\angle AOM=\angle NO_2M$.

故 $\angle OMA=\angle O_2MA=\angle O_2MN$.

从而,A,N,M 三点共线.于是,有

$$AF^2=AM\cdot AN$$

又易得 $AC^2=AM\cdot AN$.

因此,$AC=AF$.

同理,$BC=BE$.

此时

$$\begin{aligned}\angle CEF+\angle CFE&=\angle BEC+\angle AFC\\&=\left(90^\circ-\frac{1}{2}\angle ABC\right)+\left(90^\circ-\frac{1}{2}\angle BAC\right)\\&=180^\circ-\frac{1}{2}(\angle ABC+\angle BAC)\\&=180^\circ-\frac{1}{2}\times 90^\circ=135^\circ\end{aligned}$$

故 $\angle ECF=180^\circ-135^\circ=45^\circ$(定值).

7.如图 24.55,作正 $\triangle APP'$,则 $\triangle PCP'$ 的各边分别等于 PA,PB,PC.记 $\angle POB=\alpha,\angle POC=\beta$,易知 $\alpha+\beta=120^\circ,\frac{\alpha-\beta}{2}=60^\circ-\beta$.于是,有

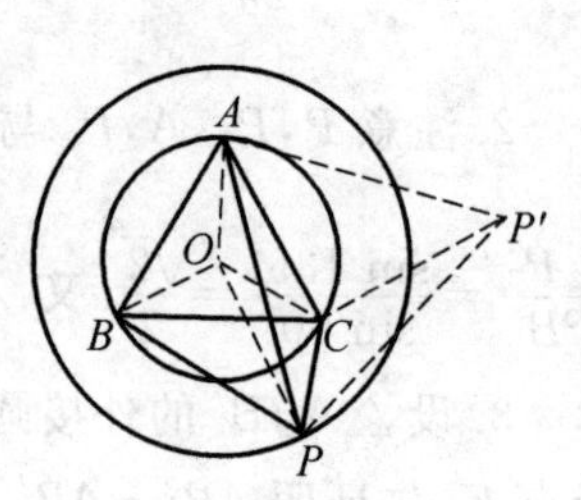

图 24.55

$$\begin{aligned}S_{\triangle PCP'}&=S_{\triangle APP'}-(S_{\triangle APC}+S_{\triangle AP'C})\\&=S_{\triangle APP'}-(S_{\triangle APC}+S_{\triangle APB})\\&=S_{\triangle APP'}-S_{四边形ABPC}\\&=S_{\triangle APP'}-(S_{\triangle OAB}+S_{\triangle OAC}+S_{\triangle OBP}+S_{\triangle OCP})\end{aligned}$$

$$=\frac{\sqrt{3}}{4}[R^2+r^2-2Rr\cos(120^\circ+\beta)]-\frac{\sqrt{3}}{4}(r^2+r^2)-\frac{1}{2}Rr(\sin\alpha+\sin\beta)$$

$$=\frac{\sqrt{3}}{4}(R^2-r^2)+\frac{\sqrt{3}}{2}Rr\cos(60^\circ-\beta)-\frac{1}{2}Rr\cdot 2\sin\frac{\alpha+\beta}{2}\cdot\cos\frac{\alpha-\beta}{2}$$

$$=\frac{\sqrt{3}}{4}(R^2-r^2)+\frac{\sqrt{3}}{2}Rr\cos(60^\circ-\beta)-\frac{\sqrt{3}}{2}Rr\cos(60^\circ-\beta)$$

$$=\frac{\sqrt{3}}{4}(R^2-r^2)\quad(\text{定值})$$

因此,以 PA,PB,PC 为边的三角形的面积是一个定值.

8. 如图 24.56,联结 AN,BN. 易证 $\triangle ABN\backsim\triangle MQC$. 此时,$\frac{AB}{MQ}=\frac{AN}{MC}=\frac{BN}{QC}$.

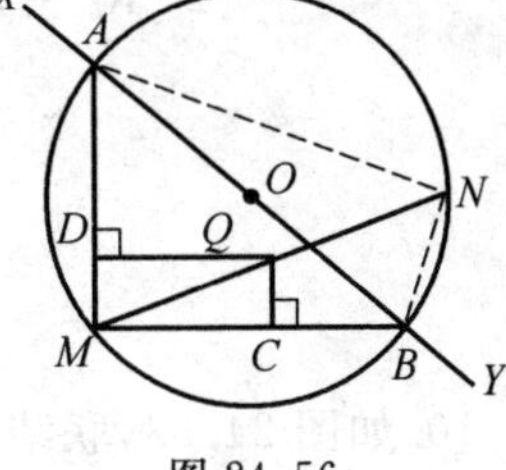

图 24.56

又四边形 $DMCQ$ 为矩形,$MC=QD$,故有 $\frac{AB}{MQ}=$

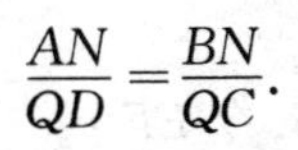
$\frac{AN}{QD}=\frac{BN}{QC}$.

令其比值为 x,则

$$AB=MQ\cdot x=\frac{1}{2}ax,AN=QD\cdot x$$
$$BN=QC\cdot x$$

利用托勒密定理有

$$AM\cdot BN+BM\cdot AN=AB\cdot MN=AB\cdot a\qquad①$$

将上述结果代入式 ①,并消去参数 x 得

$$AM\cdot QC+BM\cdot QD=\frac{1}{2}a^2\quad(\text{定值})$$

9. 如图 24.57,设圆 O_1、圆 O_2 半径为 R_1,R_2,作 $\triangle ABC$ 的高 AD.

分两种情况讨论:

(1) 当 $l\parallel BC$ 时,易知圆 O_1、圆 O_2 是两个圆,且 $R_1=R_2=\frac{1}{2}AD$,所以

$$R_1+R_2=AD\quad(\text{定值})$$

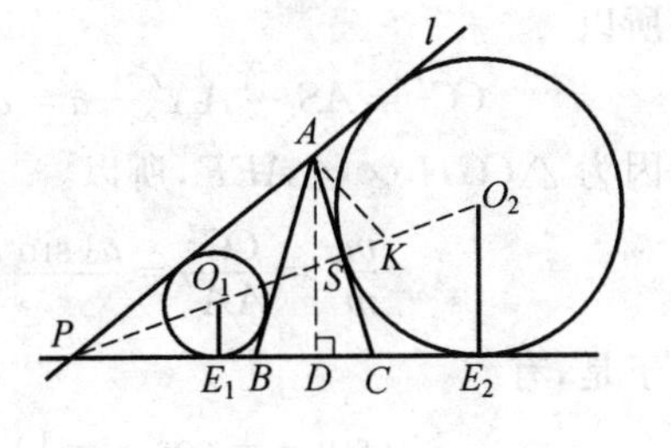

图 24.57

(2) 当 l 不平行于 BC 时,设 l 交 BC 于点 P,易知 P,O_1,O_2 三点共线.

记 $\angle APO_2=\angle CPO_2=\theta$.

设 E_1,E_2 是两个切点,PO_2 交 AD 于 S,作 $AK\perp l$,点 K 在 PO_2 上.易证 $AK=AS$.

注意到

$$R_1=\tan\theta\cdot PE_1=\tan\theta\cdot\frac{1}{2}(PA+PB-AB)$$

$$R_2=\tan\theta\cdot PE_2=\tan\theta\cdot\frac{1}{2}(PA+PC+AC)$$

故

$$\begin{aligned}R_1+R_2&=\tan\theta\cdot\frac{1}{2}(2PA+PB+PC)\\&=\tan\theta\cdot\frac{1}{2}(2PA+2PD)\\&=\tan\theta\cdot PA+\tan\theta\cdot PD\\&=AK+SD=AS+SD=AD\quad(\text{定值})\end{aligned}$$

10.如图 24.53,联结 AC.作高 AA',CC',又作 $CS\perp AA'$ 于点 S.令 $EF=t,\angle AEF=\alpha$.

易知

$$m_1=EF+AF+AE=t(1+\sin\alpha+\cos\alpha)$$

注意到

$$AA'=AE\cdot\sin\alpha=t\sin\alpha\cdot\cos\alpha$$

$$\angle CAS=45^\circ-\alpha$$

$$\begin{aligned}AS&=AC\cos(45^\circ-\alpha)=\sqrt{2}a\cos(45^\circ-\alpha)\\&=a(\sin\alpha+\cos\alpha)\end{aligned}$$

所以

$$CC'=AS-AA'-a=a(\sin\alpha+\cos\alpha-1)-t\sin\alpha\cdot\cos\alpha$$

因为 $\triangle CGH\backsim\triangle AEF$,所以

$$\frac{m_2}{m_1}=\frac{CC'}{AA'}=\frac{a(\sin\alpha+\cos\alpha-1)-t\sin\alpha\cdot\cos\alpha}{t\sin\alpha\cdot\cos\alpha}$$

于是,有

$$\begin{aligned}m_2&=\frac{a(\sin\alpha+\cos\alpha-1)-t\sin\alpha\cdot\cos\alpha}{t\sin\alpha\cdot\cos\alpha}\cdot t(1+\sin\alpha+\cos\alpha)\\&=2a-t(1+\sin\alpha+\cos\alpha)=2a-m_1\end{aligned}$$

因此,$m_1+m_2=2a$(定值).

第4节 运用三角法解题(二)

女子赛试题1,2以及试题A,B的一些解法中均运用了三角法解题.我们在第3章第3节中介绍了运用三角法可处理各类问题,在此,我们继续介绍三角法处理问题时应关注的一些问题(除了直接运用三角知识以外):

1.关注一些与三角知识相关联的基本定理的运用,例如正弦定理、余弦定理、梅涅劳斯定理及塞瓦定理的角元形式、张角定理等(参见第1章第1节).

2.关注一些与三角知识有关的基本公式的运用,例如三角形的面积公式、内切圆半径公式、半角公式等.

$$S_{\triangle ABC}=\frac{1}{2}ab\sin C=\frac{abc}{4R}\quad (R\text{ 为 }\triangle ABC\text{ 的外接圆半径})$$

$$r=4R\sin\frac{A}{2}\sin\frac{B}{2}\sin\frac{C}{2}\quad (R,r\text{ 分别为 }\triangle ABC\text{ 的外接圆和内切圆半径})$$

$$\cos\frac{A}{2}=\sqrt{\frac{p(p-a)}{bc}},\tan\frac{A}{2}=\frac{r}{p-a}$$

其中 p 为 $\triangle ABC$ 的半周长,r 为内切圆半径.

3.关注三角形的一些三角恒等式的运用,例如

$$\sin A+\sin B+\sin C=4\cos\frac{A}{2}\cos\frac{B}{2}\cos\frac{C}{2}$$

$$\cos A+\cos B+\cos C=1+4\sin\frac{A}{2}\sin\frac{B}{2}\sin\frac{C}{2}$$

$$\sin^2 A+\sin^2 B+\sin^2 C=2+2\cos A\cos B\cos C$$

$$\cos^2 A+\cos^2 B+\cos^2 C=1-2\cos A\cos B\cos C$$

等.

4.关注有关三角结论的运用,例如:

结论1 若 $0<x,y<\pi$,则 $x=y$ 的充要条件是:对 $\delta\neq k\pi,k\in\mathbf{Z}$ 恒有 $\frac{\sin(\delta-x)}{\sin x}=\frac{\sin(\delta-y)}{\sin y}$.

证明 必要性是显然的,下证充分性.

由 $\frac{\sin(\delta-x)}{\sin x}=\frac{\sin(\delta-y)}{\sin y}$ 得

$$\sin y\sin(\delta-x)=\sin x\sin(\delta-y)$$

即

$$\sin y(\sin\delta\cos x-\cos\delta\sin x)=\sin x(\sin\delta\cos y-\cos\delta\sin y)$$

所以

$$\sin\delta(\sin x\cos y-\cos x\sin y)=0$$

即

$$\sin\delta\sin(x-y)=0$$

由 $\delta\neq k\pi,k\in\mathbf{Z}$ 得 $\sin\delta\neq 0$，从而 $\sin(x-y)=0$. 又 $0<x,y<\pi$，所以 $x=y$.

结论2 设 AD,BE,CF 分别是 $\triangle ABC$ 的三条高，其垂足分别为 D,E,F，则

$$\frac{S_{\triangle DEF}}{S_{\triangle ABC}}=|\cos A\cdot\cos B\cdot\cos C|$$

证明 当 $\triangle ABC$ 为直角三角形时结论显然成立.

当 $\triangle ABC$ 为锐角三角形时，有 $\angle DEF=180^\circ-2\angle B$ 等三式.

设 R,R_1 分别为 $\triangle ABC,\triangle DEF$ 的外接圆半径，则

$$S_{\triangle ABC}=2R^2\cdot\sin A\cdot\sin B\cdot\sin C$$

$$S_{\triangle DEF}=2R_1^2\cdot\sin 2A\cdot\sin 2B\cdot\sin 2C$$

由 $\triangle AEF\backsim\triangle ABC$，有

$$EF=\frac{BC\cdot AE}{AB}$$

又在 $\triangle ABE$ 中，有

$$\cos A=\frac{AE}{AB}$$

从而

$$2R_1=\frac{EF}{\sin\angle EDF}=\frac{EF}{2\sin A\cdot\cos A}=\frac{BC}{2\sin A}=R$$

故

$$\frac{S_{\triangle DEF}}{S_{\triangle ABC}}=2\cos A\cdot\cos B\cdot\cos C$$

当 $\triangle ABC$ 为钝角三角形时，显然有 $\frac{S_{\triangle DEF}}{S_{\triangle ABC}}=|\cos A\cdot\cos B\cdot\cos C|$.

例1 (2003年俄罗斯数学奥林匹克试题)在 $\triangle ABC$ 中，$\angle C=90^\circ$，D 为 AC 边上一点，K 为线段 BD 上一点，且 $\angle ABC=\angle KAD=\angle AKD$. 求证：$BK=2CD$.

证明 如图24.58，设 $\angle ABC=\angle KAD=\angle AKD=\alpha$，则 $\angle BDC=2\alpha$，$\angle BAK=90^\circ-2\alpha$.

在 $\triangle ABK$ 中，由正弦定理，得

$$BK=\frac{AB\sin\angle BAK}{\sin\angle AKB}$$

$$=\frac{AB\sin(90^\circ-2\alpha)}{\sin(180^\circ-\alpha)}$$

$$=\frac{AB\cos 2\alpha}{\sin\alpha}$$

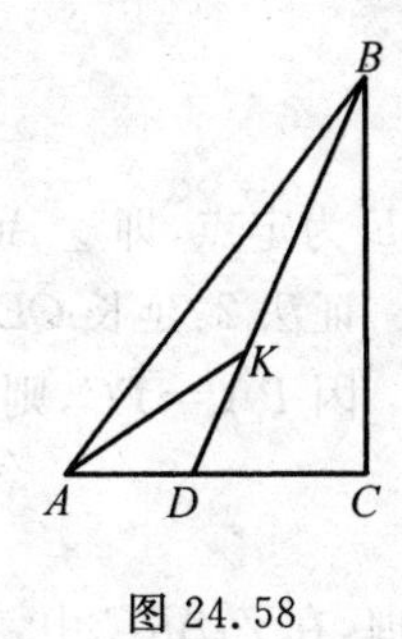

图 24.58

在 $\triangle ABD$ 中，由正弦定理，得

$$BD=\frac{AB\sin\angle BAD}{\sin\angle ADB}=\frac{AB\sin(90^\circ-\alpha)}{\sin(180^\circ-2\alpha)}$$

$$=\frac{AB\cos\alpha}{\sin 2\alpha}=\frac{AB}{2\sin\alpha}$$

又在 $\mathrm{Rt}\triangle BCD$ 中，$CD=BD\cos\angle BDC=BD\cos 2\alpha$，从而

$$CD=\frac{AB}{2\sin\alpha}\cdot\cos 2\alpha=\frac{AB\cos 2\alpha}{2\sin\alpha}$$

即

$$2CD=\frac{AB\cos 2\alpha}{\sin\alpha}$$

故 $BK=2CD$.

注 题设给出了三个角相等，而要证明的两条线段 BK 和 CD 所在的两个三角形没有明显的关系，所以我们从角出发，运用正弦定理，将线段 BK 和 CD 分别用角 α 的三角函数表示，使问题迅速得到解决.

例 2 （第44届IMO预选题）如图24.59，已知直线上的三个定点依次为 A,B,C，记过 A,C 两点且圆心不在 AC 上的圆为 Γ. 过 A,C 两点分别作圆 Γ 的切线交于点 P，PB 与圆 Γ 交于点 Q. 证明：$\angle AQC$ 的平分线不依赖于圆 Γ 的选取.

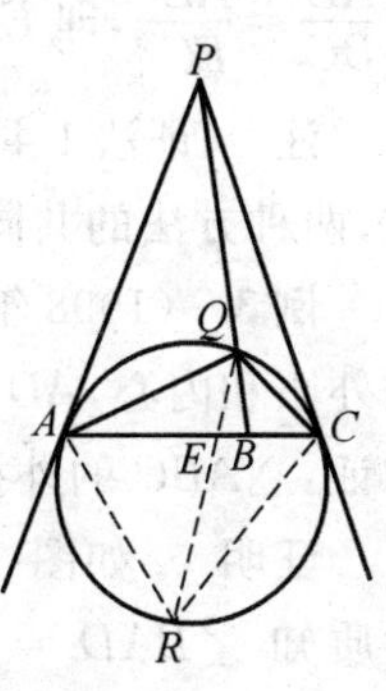

图 24.59

证明 不妨设 $\angle AQC$ 的平分线交 AC 于点 E，则由题设知，只需证明 E 是一个定点. 由于 A,B,C 为定点，故只需证点 E 由 A,B,C 三点确定即可.

证法1：记 $\angle PAQ=\alpha$，$\angle PCQ=\beta$，则 $\angle ACQ=\alpha$，$\angle CAQ=\beta$，所以

$$\frac{PQ}{QB}=\frac{S_{\triangle APQ}}{S_{\triangle ABQ}}=\frac{AP\sin\alpha}{AB\sin\beta},\frac{PQ}{QB}=\frac{S_{\triangle CPQ}}{S_{\triangle CBQ}}=\frac{CP\sin\beta}{CB\sin\alpha}$$

由 $AP=CP$，有 $\frac{AB}{BC}=\frac{\sin^2\alpha}{\sin^2\beta}$.

又 $\frac{AE}{EC}=\frac{AQ}{CQ}=\frac{\sin\alpha}{\sin\beta}$，从而

$$\frac{AE}{EC}=\sqrt{\frac{AB}{BC}}\quad (定值)$$

故 E 为定点,即 $\angle AQC$ 的平分线不依赖于圆 Γ 的选取.

证法 2:延长 QE 交圆 Γ 于点 R(图 24.59).

因 $PA=PC$,则

$$\frac{AB}{BC}=\frac{\sin\angle APB}{\sin\angle CPB}$$

同理,在 $\triangle ARC$ 中,有

$$\frac{AE}{EC}=\frac{\sin\angle ARQ}{\sin\angle CRQ}$$

在 $\triangle PAC$ 中,视 Q 为其塞瓦点,由塞瓦定理的角元形式,有

$$\frac{\sin\angle APB}{\sin\angle CPB}\cdot\frac{\sin\angle QAC}{\sin\angle QAP}\cdot\frac{\sin\angle QCP}{\sin\angle QCA}=1$$

因 $\angle PAQ=\angle ARQ=\angle QCA$,$\angle PCQ=\angle CRQ=\angle QAC$,则

$$\frac{\sin\angle APB}{\sin\angle CPB}=\frac{\sin\angle PAQ\cdot\sin\angle QCA}{\sin\angle QAC\cdot\sin\angle PCQ}=\frac{\sin^2\angle ARQ}{\sin^2\angle CRQ}$$

故 $\frac{AB}{BC}=\frac{AE^2}{EC^2}$,即 E 为定点.

注 证法1主要应用了三角形的面积比,证法2利用了塞瓦定理的角元形式,两种方法的共同之处都是以角的三角函数为桥梁.

例3 (1998年全国高中联赛题)O,I 分别为 $\triangle ABC$ 的外心和内心,AD 是 BC 边上的高,且 I 在线段 OD 上,求证:$\triangle ABC$ 的外接圆半径等于 BC 边上的旁切圆半径.

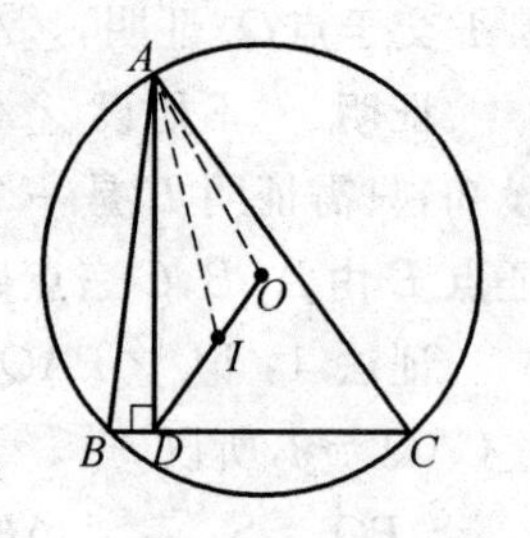

图 24.60

证明 如图 24.60,联结 AI,AO,由外心和垂心的性质知 $\angle BAD=\angle OAC$. 用 $\angle A$,$\angle B$,$\angle C$ 分别表示 $\triangle ABC$ 的三个内角,于是 $\angle OAC=\frac{\pi}{2}-\angle B$,$\angle OAB=\angle DAC=\frac{\pi}{2}-\angle C$.

所以

$$\angle OAI=\angle IAD=\frac{\pi}{2}-\left(\frac{\angle A}{2}+\angle B\right)$$

$$\angle OAD=2\angle OAI=\pi-\angle A-2\angle C$$

设圆 O 的半径为 R，由 O,I,D 三点共线，应用张角定理，则

O,I,D 三点共线

$$\Leftrightarrow \frac{\sin\angle OAD}{AI}=\frac{\sin\angle OAI}{AD}+\frac{\sin\angle IAD}{AO}$$

$$\Leftrightarrow \frac{\sin(A+2C)}{AI}=\frac{\cos(\frac{A}{2}+C)}{AD}+\frac{\cos(\frac{A}{2}+C)}{R}$$

$$\Leftrightarrow 2\sin(\frac{A}{2}+C)=\frac{1}{2\cos\frac{B}{2}\cos\frac{C}{2}}+4\sin\frac{B}{2}\sin\frac{C}{2}$$

$$\Leftrightarrow 4\sin(\frac{A}{2}+C)\cos\frac{B}{2}\cos\frac{C}{2}=2\sin B\sin C+1$$

$$\Leftrightarrow \sin\left(C+\frac{A}{2}+\frac{B}{2}+\frac{C}{2}\right)+\sin\left(\frac{A}{2}+\frac{C}{2}-\frac{B}{2}\right)+\sin\left(\frac{A}{2}+\frac{B}{2}+\frac{C}{2}\right)+\sin\left(C-\frac{B}{2}+\frac{C}{2}\right)=\cos(B-C)-\cos(B+C)+1$$

$$\Leftrightarrow \cos B+\cos C+1+\cos(B-C)=\cos(B-C)+\cos A+1$$

$$\Leftrightarrow \cos A=\cos B+\cos C$$

$$\Leftrightarrow 4\sin\frac{A}{2}\cos\frac{B}{2}\cos\frac{C}{2}=1$$

注意到 $\triangle ABC$ 的 BC 边上的旁切圆半径为

$$r_a=4R\sin\frac{A}{2}\cos\frac{B}{2}\cos\frac{C}{2}$$

则 $r_a=R$.

注　r_a 的计算可这样得到：由

$$\frac{1}{2}bc\sin A=S_{\triangle ABC}=\frac{1}{2}r_a(b+c-a)$$

有

$$r_a=\frac{bc\sin A}{b+c-a}=2R\cdot\frac{\sin A\sin B\sin C}{\sin B+\sin C-\sin A}$$

$$=2R\cdot\frac{\sin A\sin B\sin C}{2\sin\frac{B+C}{2}\cos\frac{B-C}{2}-2\sin\frac{B+C}{2}\cos\frac{B+C}{2}}$$

$$=2R\cdot\frac{\sin A\sin B\sin C}{2\sin\frac{B+C}{2}\left(\cos\frac{B-C}{2}-\cos\frac{B+C}{2}\right)}$$

$$=2R\cdot\frac{\sin A\sin B\sin C}{4\cos\frac{A}{2}\sin\frac{B}{2}\sin\frac{C}{2}}$$

$$=4R\sin\frac{A}{2}\cos\frac{B}{2}\cos\frac{C}{2}$$

例4 (2007年全国高中联赛题)如图24.61,在锐角$\triangle ABC$中,$AB<AC$,AD是BC边上的高,P是线段AD内一点.过P作$PE\perp AC$,垂足为E,作$PF\perp AB$,垂足为F.O_1,O_2分别是$\triangle BDF$,$\triangle CDE$的外心.求证:O_1,O_2,E,F四点共圆的充要条件为P是$\triangle ABC$的垂心.(参见第29章)

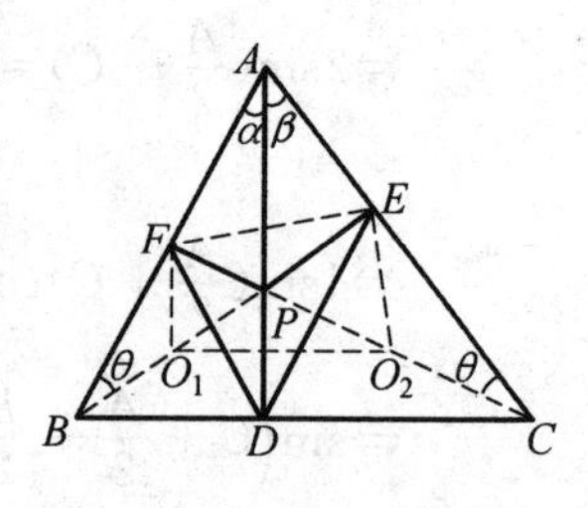

图24.61

证明 充分性的证明较容易,下面来证明必要性.

要证明P是$\triangle ABC$的垂心,注意到$AD\perp BC$,所以只需证明B,P,E三点共线.因为$PE\perp AC$,所以可考虑证明$BP\perp AC$,即证明$\angle ABP+\angle BAE=90^\circ$即可.

先证$\angle ABP=\angle ACP$.

若O_1,O_2,E,F四点共圆,则$\angle O_1O_2E+\angle EFO_1=180^\circ$.

因O_1,O_2分别是BP,CP的中点,且B,C,E,F四点共圆,则

$$\begin{aligned}\angle O_1O_2E&=\angle PO_2O_1+\angle PO_2E\\&=\angle PCB+2\angle ACP\\&=\angle ACB+\angle ACP\end{aligned}$$

$$\begin{aligned}\angle EFO_1&=180^\circ-\angle AFE-\angle O_1FB\\&=180^\circ-\angle ACB-\angle ABP\end{aligned}$$

从而

$$(\angle ACB+\angle ACP)+(180^\circ-\angle ACB-\angle ABP)=180^\circ$$

故$\angle ABP=\angle ACP$.

再证$BE\perp AC$.

又$PF\perp AB$,$PE\perp AC$,则$\triangle BFP\backsim\triangle CEP$,从而$\frac{PB}{PC}=\frac{PF}{PE}$.

设$\angle ABP=\angle ACP=\theta$,$\angle PAB=\alpha$,$\angle PAC=\beta$($\theta$,$\alpha$,$\beta$均为锐角),在

$\triangle PBC$ 中,由正弦定理,得

$$\frac{PB}{PC}=\frac{\sin\angle PCB}{\sin\angle PBC}=\frac{\sin(C-\theta)}{\sin(B-\theta)}$$

又

$$\frac{PF}{PE}=\frac{AP\sin\alpha}{AP\sin\beta}=\frac{\sin\alpha}{\sin\beta}$$

则

$$\frac{\sin(C-\theta)}{\sin(B-\theta)}=\frac{\sin\alpha}{\sin\beta}$$

即

$$\sin\alpha\sin(B-\theta)=\sin\beta\sin(C-\theta)$$

两边分别积化和差,整理得

$$\cos(\alpha+B-\theta)-\cos(\alpha-B+\theta)$$
$$=\cos(\beta+C-\theta)-\cos(\beta-C+\theta)$$

因

$$\cos(\alpha+B-\theta)=\cos(90^\circ-\theta)$$
$$\cos(\beta+C-\theta)=\cos(90^\circ-\theta)$$

则

$$\cos(\alpha-B+\theta)=\cos(\beta-C+\theta)$$

即

$$\cos(2\alpha+\theta-90^\circ)=\cos(2\beta+\theta-90^\circ)$$

从而

$$\sin(2\alpha+\theta)=\sin(2\beta+\theta)$$

又 $AB<AC$,则

$$0^\circ<2\alpha+\theta<2\beta+\theta<180^\circ$$

从而$(2\alpha+\theta)+(2\beta+\theta)=180^\circ$,即$\theta+\alpha+\beta=90^\circ$,于是$\angle ABP+\angle BAC=90^\circ$,从而 $BE\perp AC$.

又 $AD\perp BC$,故 P 为 $\triangle ABC$ 的垂心.

注　本题把三角法与几何法有机地结合在一起,这也是证明几何题的一种常用思路.

例 5　(2004 年韩国国家队选拔考试题)如图 24.62,锐角 $\triangle ABC$ 的外接圆半径为 R,内切圆半径为 r,A 是三内角中的最大角,记 BC 边的中点为 M. 若 $\triangle ABC$ 的外接圆在点 B,C 处的切线交于点 X,求证:$\frac{r}{R}\geqslant\frac{AM}{AX}$.

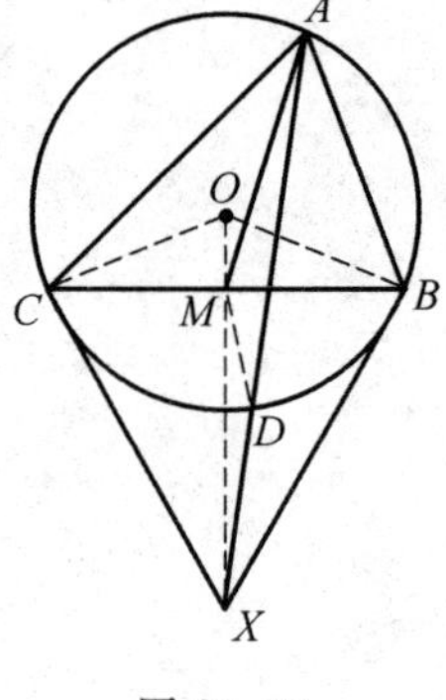

图 24.62

证明 设$\triangle ABC$的外心为O,不妨设$\angle A\geqslant\angle B\geqslant\angle C$,易知$O,M,X$三点在同一直线上,记$AX$与圆$O$的交点为$D$.

(1) 当A,O,X三点不共线时,$XB^2=XD\cdot XA$,$XB^2=XM\cdot XO$,所以$XD\cdot XA=XM\cdot XO$,则$\triangle XAM\backsim\triangle XOD$.故

$$\frac{AM}{AX}=\frac{OD}{OX}=\frac{OB}{OX}=\cos\angle BOX=\cos A \qquad ①$$

(2) 当A,O,X三点共线时,式①显然成立.

又

$$r=\frac{2S}{a+b+c}=\frac{2R\sin A\sin B\sin C}{\sin A+\sin B+\sin C}$$

$$=\frac{2R\sin A\sin B\sin C}{4\cos\frac{A}{2}\cos\frac{B}{2}\cos\frac{C}{2}}$$

$$=4R\sin\frac{A}{2}\sin\frac{B}{2}\sin\frac{C}{2}$$

故

$$\frac{r}{R}=4\sin\frac{A}{2}\sin\frac{B}{2}\sin\frac{C}{2}=\cos A+\cos B+\cos C-1$$

下面证明

$$\cos B+\cos C\geqslant 1 \qquad ②$$

当$\angle B\leqslant 60^\circ$时,$\angle C\leqslant\angle B\leqslant 60^\circ$,则式②成立.

当$\angle B>60^\circ$时

$$\begin{aligned}\cos B+\cos C&\geqslant\cos B+\cos(180^\circ-2B)\\&=\cos B-\cos 2B=\cos B-2\cos^2 B+1\\&=\cos B\cdot(1-2\cos B)+1>1\end{aligned}$$

式②也成立.

从而$\cos B+\cos C\geqslant 1$.

故$\frac{r}{R}=\cos A+\cos B+\cos C-1>\cos A=\frac{AM}{AX}$.

例 6 (2001年第14届爱尔兰数学奥林匹克试题)在$\triangle ABC$中,$AP\perp BC$,O为AP上任意一点,CO,BO分别与AB,AC交于D,E,求证:$\angle DPA=\angle EPA$.

证明 如图24.63,设$\angle DPA=x,\angle EPA=y$.

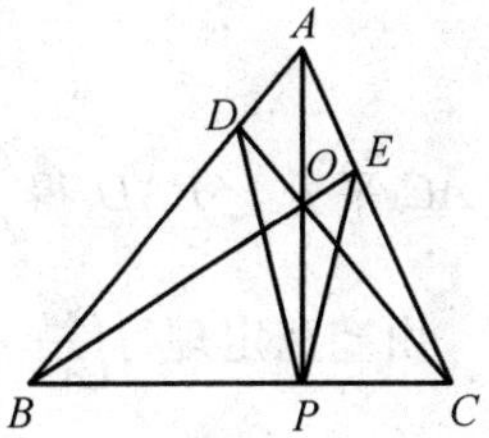

在$\triangle APB$中,由面积比定理得

$$\frac{BD}{DA}=\frac{S_{\triangle BPD}}{S_{\triangle APD}}=\frac{\frac{1}{2}PB\cdot PD\cdot\sin(\frac{\pi}{2}-x)}{\frac{1}{2}PD\cdot PA\cdot\sin x}$$

图 24.63

于是有

$$\frac{\sin(\frac{\pi}{2}-x)}{\sin x}=\frac{PA\cdot BD}{DA\cdot PB}$$

同理可得

$$\frac{\sin(\frac{\pi}{2}-y)}{\sin y}=\frac{PA\cdot CE}{EA\cdot PC}$$

又由塞瓦定理可得$\frac{AD}{DB}\cdot\frac{BP}{PC}\cdot\frac{CE}{EA}=1$,所以

$$\frac{PA\cdot BD}{DA\cdot PB}=\frac{PA\cdot CE}{EA\cdot PC}=1$$

从而

$$\frac{\sin(\frac{\pi}{2}-x)}{\sin x}=\frac{\sin(\frac{\pi}{2}-y)}{\sin y}$$

由命题得$x=y$,即$\angle DPA=\angle EPA$.

例7 (1999年全国数学联赛题)在凸四边形$ABCD$中,对角线AC平分$\angle BAD$,E是CD边上的一点,BE交AC于F,DF交BC于G.求证:$\angle GAC=\angle EAC$.

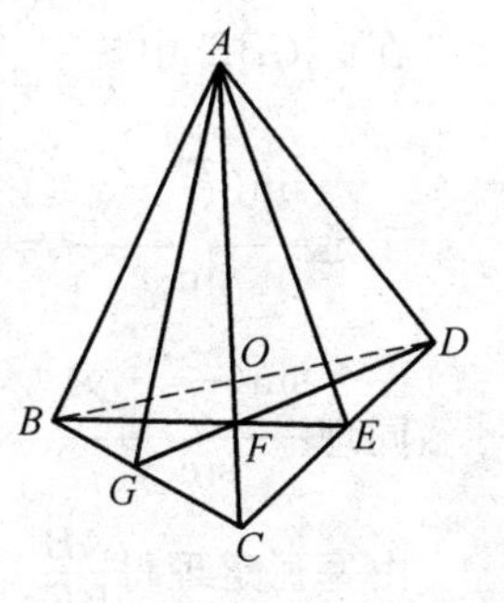

图 24.64

证明 如图24.64,联结BD交AC于O,设$\angle FAC=x,\angle EAC=y,\angle BAC=\angle DAC=\delta$,则$0<x,y,\delta<\pi$.

在$\triangle ABC$中,由面积比定理得

$$\frac{BG}{GC}=\frac{S_{\triangle ABG}}{S_{\triangle ACG}}=\frac{\frac{1}{2}AB\cdot AG\cdot\sin(\delta-x)}{\frac{1}{2}AC\cdot AG\cdot\sin x}$$

于是

$$\frac{\sin(\delta-x)}{\sin x}=\frac{BG\cdot AC}{GC\cdot AB}$$

同理

$$\frac{\sin(\delta-y)}{\sin y}=\frac{ED\cdot AC}{CE\cdot AB}$$

由 AC 平分 $\angle BAD$ 得 $\frac{AD}{AB}=\frac{DO}{OB}$.

由塞瓦定理得 $\frac{BG}{GC}\cdot\frac{CE}{ED}\cdot\frac{DO}{OB}=1$,从而

$$\frac{BG}{GC}\cdot\frac{CE}{ED}\cdot\frac{AD}{AB}=1$$

进而 $\frac{BG}{GC}\cdot\frac{AC}{AB}=\frac{ED\cdot AC}{CE\cdot AD}$,故

$$\frac{\sin(\delta-x)}{\sin x}=\frac{\sin(\delta-y)}{\sin y}$$

由命题得 $x=y$,即 $\angle FAC=\angle EAC$.

例8 (《数学教学》问题651)凸四边形 $ABCD$ 中,边 AB,DC 的延长线交于点 E,边 BC,AD 的延长线交于点 F,若 $AC\perp BD$,垂足为点 G,求证:$\angle EGC=\angle FGC$.

证明 如图24.65,延长 AC 交 EF 于点 M,设 $\angle EGC=x$,$\angle FGC=y$.

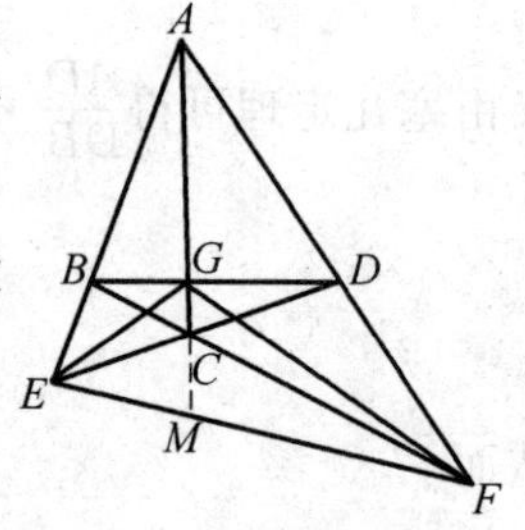

图24.65

在 $\triangle GEM$ 中,由正弦定理得 $\frac{\sin x}{EM}=\frac{\sin\angle GME}{EG}$.

在 $\triangle GBE$ 中,$\frac{\sin(\frac{\pi}{2}-x)}{BE}=\frac{\sin\angle GBE}{EG}$.

于是 $\frac{\sin(\frac{\pi}{2}-x)}{\sin x}=\frac{BE\cdot\sin\angle GBE}{EM\cdot\sin\angle GME}$.

同理 $\frac{\sin(\frac{\pi}{2}-y)}{\sin y}=\frac{DF\cdot\sin\angle GDF}{FM\cdot\sin\angle GMF}$.

由塞瓦定理得 $\frac{AB}{BE}\cdot\frac{EM}{MF}\cdot\frac{FD}{DA}=1$,又 $\frac{AB}{AD}=\frac{\sin\angle ADB}{\sin\angle ABD}=\frac{\sin\angle GDF}{\sin\angle GBE}$,$\angle GME$ 与 $\angle GMF$ 互补,从而可得 $\frac{\sin(\frac{\pi}{2}-x)}{\sin x}=\frac{\sin(\frac{\pi}{2}-y)}{\sin y}$.

由结论1得 $x=y$,即 $\angle EGC=\angle FGC$.

例9 (2002年中国国家集训队选拔试题)在凸四边形 $ABCD$ 中,两组对边所在直线分别交于 E,F 两点,两条对角线的交点为 P,过 P 作 $PO\perp EF$ 于 O,

求证：$\angle BOC=\angle DOA$.

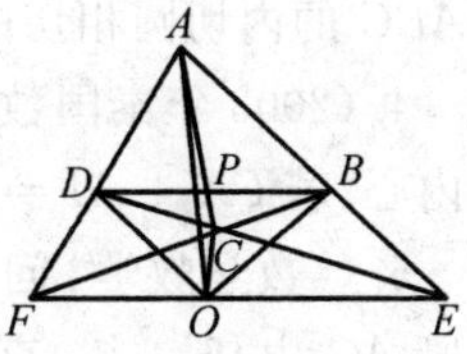

证明 如图 24.66，设 $\angle BOP=x$，$\angle DOP=y$.

在 $\triangle BOP$ 中，由正弦定理得 $\frac{\sin x}{BP}=\frac{\sin\angle BPO}{BO}$.

在 $\triangle BOE$ 中，$\frac{\sin(\frac{\pi}{2}-x)}{BE}=\frac{\sin\angle AEF}{OB}$.

于是 $\frac{\sin(\frac{\pi}{2}-x)}{\sin x}=\frac{BE\cdot\sin\angle AEF}{BP\cdot\sin\angle BPO}$.

同理可得 $\frac{\sin(\frac{\pi}{2}-y)}{\sin y}=\frac{DF\cdot\sin\angle AFE}{DP\cdot\sin\angle DPO}$.

在 $\triangle AEF$ 中，由正弦定理得 $\frac{AE}{FA}=\frac{\sin\angle AFE}{\sin\angle AEF}$.

对点 C 和 $\triangle ABD$ 运用塞瓦定理得 $\frac{AE}{EB}\cdot\frac{BP}{PD}\cdot\frac{DF}{FA}=1$，所以

$$\frac{BP}{BE}\cdot\frac{\sin\angle AFE}{\sin\angle AEF}\cdot\frac{DF}{DP}=1$$

从而可得

$$\frac{\sin(\frac{\pi}{2}-x)}{\sin x}=\frac{\sin(\frac{\pi}{2}-y)}{\sin y}$$

由结论 1 得 $x=y$，即 $\angle BOP=\angle DOP$.

同理可证 $\angle POC=\angle DOA$，故 $\angle BOC=\angle DOA$.

图 24.66

练 习 题

1.（2005 年英国数学奥林匹克第 2 轮试题）$\triangle ABC$ 中，$\angle BAC=120^\circ$，三角形的三条角平分线 AD，BE，CF 分别交边 BC，CA，AB 于点 D，E，F. 求证：以 EF 为直径的圆过点 D.

2.（2004 年法国国家队选拔考试题）记 $\triangle ABC$ 的内切圆分别切 AB，BC，CA 于 P，Q，R，求证：$\frac{BC}{PQ}+\frac{CA}{QR}+\frac{AB}{RP}\geqslant 6$.

3.（2004 年丝绸之路数学竞赛试题）已知 $\triangle ABC$ 的内切圆圆 I 与边 AB，AC 分别切于点 P，Q. BI，CI 分别交 PQ 于 K，L. 证明：$\triangle ILK$ 的外接圆与

$\triangle ABC$ 的内切圆相切的充分必要条件是 $AB+AC=3BC$.

4.(2003年泰国数学奥林匹克试题)在 $\triangle ABC$ 中,$\angle A=70^\circ$,I 是 $\triangle ABC$ 的内心.若 $CA+AI=BC$,求 $\angle B$.

5.(《数学教学》问题561)A 为 $\triangle DBC$ 内一点,满足 $\angle DAC=\angle BAC$,F 是线段 AC 内任一点,直线 DF,BF 分别交边 BC,CD 于 G,E,求证:$\angle GAC=\angle EAC$.

6.(《数学教学》问题481)已知圆 O 是 $\triangle ABC$ 的内切圆,切点依次为 D,E,F,$DP\perp EF$ 于 P,求证:$\angle FPB=\angle EPC$.

练习题参考解答或提示

1.如图24.67,由题意知 $\angle CAD=60^\circ$,由正弦定理,得

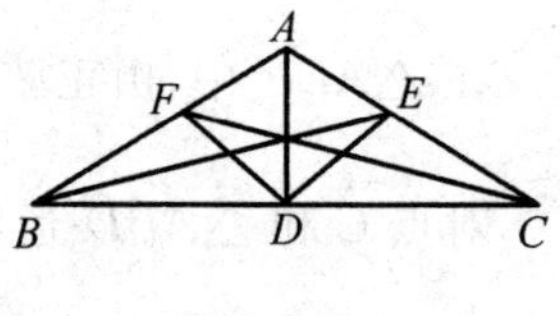

图24.67

$$\frac{CD}{AD}=\frac{\sin 60^\circ}{\sin C}$$

$$\frac{BC}{AB}=\frac{\sin 120^\circ}{\sin C}$$

所以$\frac{CD}{AD}=\frac{BC}{AB}$.

又 BE 平分 $\angle B$,所以$\frac{BC}{AB}=\frac{CE}{EA}$,所以$\frac{CD}{AD}=\frac{CE}{EA}$.

所以 DE 平分 $\angle ADC$.同理,DF 平分 $\angle ADB$.

所以 $\angle EDF=90^\circ$,故以 EF 为直径的圆过点 D.

2.如图24.68,$\triangle ABC$ 的内切圆半径为 r,内心为 I,则

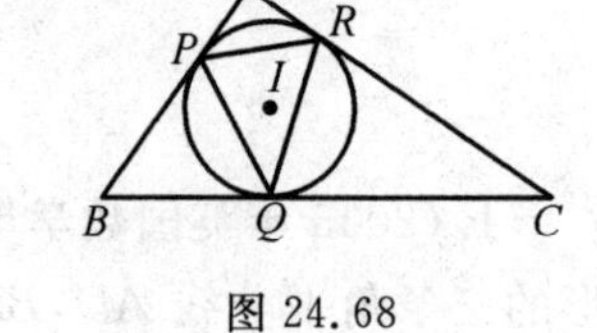

图24.68

$$PQ=2PB\sin\frac{B}{2}=2PI\cot\frac{B}{2}\sin\frac{B}{2}$$
$$=2r\cos\frac{B}{2}$$

同理,$PR=2r\cos\frac{A}{2}$,$QR=2r\cos\frac{C}{2}$.

又

$$BC=r\left(\cot\frac{B}{2}+\cot\frac{C}{2}\right)$$

$$AC=r\left(\cot\frac{A}{2}+\cot\frac{C}{2}\right)$$

$$AB=r\left(\cot\frac{A}{2}+\cot\frac{B}{2}\right)$$

所以

$$\frac{BC}{PQ}+\frac{CA}{QR}+\frac{AB}{RP}\geqslant 3\cdot\sqrt[3]{\frac{BC\cdot CA\cdot AB}{PQ\cdot QR\cdot RP}}$$

$$=3\sqrt[3]{\frac{\left(\cot\frac{B}{2}+\cot\frac{C}{2}\right)\left(\cot\frac{C}{2}+\cot\frac{A}{2}\right)\left(\cot\frac{A}{2}+\cot\frac{B}{2}\right)}{8\cos\frac{A}{2}\cos\frac{B}{2}\cos\frac{C}{2}}}$$

$$=3\cdot\sqrt[3]{\frac{1}{8\sin^2\frac{A}{2}\sin^2\frac{B}{2}\sin^2\frac{C}{2}}}$$

因为

$$\sin\frac{A}{2}\sin\frac{B}{2}\sin\frac{C}{2}=-\frac{1}{2}\left(\cos\frac{A+B}{2}-\cos\frac{A-B}{2}\right)\sin\frac{C}{2}$$

$$=-\frac{1}{2}\sin^2\frac{C}{2}+\frac{1}{2}\cos\frac{A-B}{2}\sin\frac{C}{2}$$

$$\leqslant-\frac{1}{2}\sin^2\frac{C}{2}+\frac{1}{2}\sin\frac{C}{2}$$

$$=-\frac{1}{2}\left(\sin\frac{C}{2}-\frac{1}{2}\right)^2+\frac{1}{8}\leqslant\frac{1}{8}$$

所以

$$\sqrt[3]{\frac{1}{8\sin^2\frac{A}{2}\sin^2\frac{B}{2}\sin^2\frac{C}{2}}}\geqslant 2$$

即

$$\frac{BC}{PQ}+\frac{CA}{QR}+\frac{AB}{RP}\geqslant 6$$

3. 如图 24.69，设 $BC=a, CA=b, AB=c, \angle CAB=\alpha, \angle ABC=\beta, \angle BCA=\gamma$，$BL$ 与 CK 交于点 D.

因为 $\triangle PAQ$ 是等腰三角形，所以

$$\angle BKL=\angle APK-\angle ABK=\frac{\pi-\alpha}{2}-\frac{\beta}{2}=\frac{\gamma}{2}=\frac{1}{2}\angle ACB$$

又因为 $\angle IKL=\angle BKL=\frac{1}{2}\angle ACB=\angle ACI$，所以 I,K,Q,C 四点共圆，则 $\angle IKC=\angle IQC=\frac{\pi}{2}$.

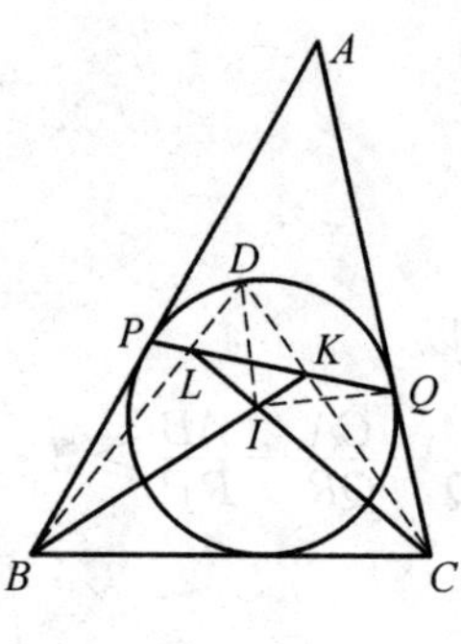

图 24.69

同理，$\angle ILB=\frac{\pi}{2}$，所以 B,L,K,C 四点共圆，I,L,D,K 四点共圆，且 BC,ID 分别是 $\triangle CKL,\triangle ILK$ 的外接圆直径.

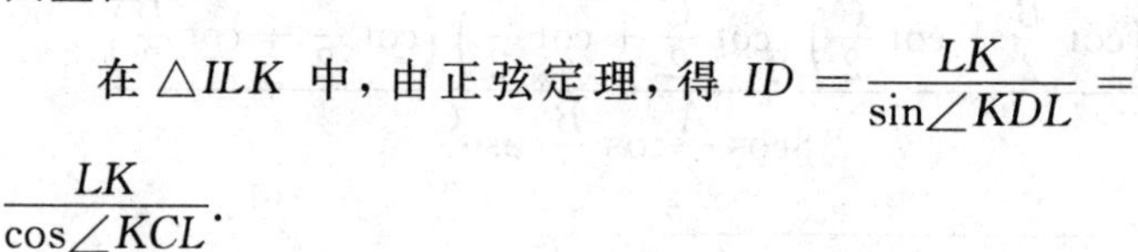

在 $\triangle ILK$ 中，由正弦定理，得 $ID=\frac{LK}{\sin\angle KDL}=\frac{LK}{\cos\angle KCL}$.

在 $\triangle CLK$ 中，由正弦定理，得 $a=BC=\frac{LK}{\sin\angle KCL}$，所以 $ID=a\tan\angle KCL$.

因为 $\angle KCL=\angle IQK=\frac{\alpha}{2}$，所以 $ID=a\tan\frac{\alpha}{2}$.

又 $r=AQ\cdot\tan\frac{\alpha}{2}$，$AQ=\frac{1}{2}(b+c-a)$(其中 r 为 $\triangle ABC$ 的内切圆半径)，所以 $\triangle ILK$ 的外接圆与 $\triangle ABC$ 的内切圆相切，当且仅当 $\triangle ILK$ 的外接圆直径等于 $\triangle ABC$ 的内切圆半径，当且仅当 $r=ID\Leftrightarrow\frac{1}{2}(b+c-a)=a\Leftrightarrow b+c=3a$.

4. 如图 24.70，设 $\angle A=2\alpha$，$\angle B=2\beta$，$\angle C=2\gamma$. 由正弦定理，有 $\frac{CA}{AB}=\frac{\sin 2\beta}{\sin(2\alpha+2\beta)}$，$\frac{AI}{AB}=\frac{\sin\beta}{\sin(\alpha+\beta)}$，$\frac{BC}{AB}=\frac{\sin 2\alpha}{\sin(2\alpha+2\beta)}$.

图 24.70

因为 $AI=BC-CA$，所以

$$\frac{\sin\beta}{\sin(\alpha+\beta)}=\frac{\sin 2\alpha-\sin 2\beta}{\sin(2\alpha+2\beta)}$$

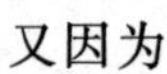

又因为

$$\sin 2\alpha-\sin 2\beta=2\cos(\alpha+\beta)\sin(\alpha-\beta)$$
$$\sin(2\alpha+2\beta)=2\sin(\alpha+\beta)\cos(\alpha+\beta)$$

所以

$$\sin\beta=\sin(\alpha-\beta)$$

则 $\beta=\alpha-\beta$，故 $\angle B=2\beta=\alpha=35^\circ$.

5. 如图 24.71，设 $\angle GAC=x$，$\angle EAC=y$，直线 CA 交线段 DB 于点 M，

$\angle DAC=\angle BAC=\delta, 0<x, y, \delta<\pi$.

在 $\triangle ABC$ 中，由正弦定理得

$$\frac{BG}{GE}=\frac{S_{\triangle ABG}}{S_{\triangle ACG}}=\frac{\frac{1}{2}AB\cdot AG\cdot\sin(\delta-x)}{\frac{1}{2}AC\cdot AG\cdot\sin x}$$

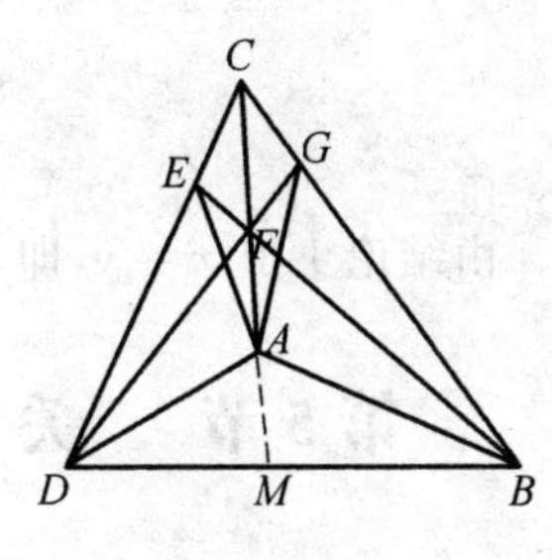

图 24.71

于是

$$\frac{\sin(\delta-x)}{\sin x}=\frac{BG\cdot AC}{GC\cdot AB}$$

同理

$$\frac{\sin(\delta-y)}{\sin y}=\frac{ED\cdot AC}{CE\cdot AB}$$

由 AM 平分 $\angle BAD$ 得 $\frac{AD}{AB}=\frac{DM}{MB}$.

由塞瓦定理得 $\frac{BG}{GC}\cdot\frac{CE}{ED}\cdot\frac{DM}{MB}=1$，从而 $\frac{BG}{GC}\cdot\frac{CE}{ED}\cdot\frac{AD}{AB}=1$，进而 $\frac{BG}{GC}\cdot\frac{AC}{AB}=\frac{ED\cdot AC}{CE\cdot AD}$.

故 $\frac{\sin(\delta-x)}{\sin x}=\frac{\sin(\delta-y)}{\sin y}$，由结论1得 $x=y$，即 $\angle GAC=\angle EAC$.

6. 如图 24.72，设 $\angle FPB=x$，$\angle EPC=y$.

在 $\triangle PFB$ 中，由正弦定理得

$$\frac{\sin x}{BF}=\frac{\sin\angle PFB}{PB}$$

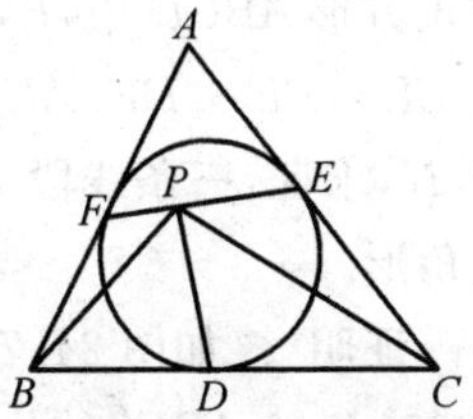

在 $\triangle PBD$ 中

$$\frac{\sin(\frac{\pi}{2}-x)}{BD}=\frac{\sin\angle PDB}{PB}$$

图 24.72

又 $BF=BD$，所以

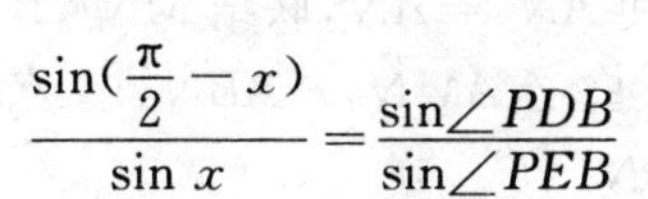

$$\frac{\sin(\frac{\pi}{2}-x)}{\sin x}=\frac{\sin\angle PDB}{\sin\angle PEB}$$

同理可得

$$\frac{\sin(\frac{\pi}{2}-y)}{\sin y}=\frac{\sin\angle PDC}{\sin\angle PEC}$$

由 $AE=AF$ 知 $\angle PFB=\angle PEC$，又 $\angle PDB$ 与 $\angle PDC$ 互补，所以

$$\frac{\sin(\frac{\pi}{2}-x)}{\sin x}=\frac{\sin(\frac{\pi}{2}-y)}{\sin y}$$

由结论1得 $x=y$,即 $\angle FPB=\angle EPC$.

第5节　关于三线段构成直角三角形的问题

试题C涉及三线段构成直角三角形的问题.题中结论证明三线段构成直角三角形的方法是利用同一法，作 $DG'\perp BE$ 于 G'，记得 G' 与 G 重合.因 $BG'^2-G'E^2=BD^2-DE^2=BD^2-DF^2=BF^2$,从而线段 BG',$G'E$ 和 BF 组成的三角形是以 BG' 为斜边的直角三角形.这种方法就是如下常用的两种思路中的第二种思路.①

思路1　通过几何变换、三角形全等,设法将这三条线段移至同一个三角形,然后证明这个三角形为直角三角形即可.

思路2　如果这三条线段不容易被移至同一个三角形,可设法将它们分别用其他相关的线段表示,然后通过几何计算证明其中两条线段的平方和等于第三条线段的平方.

例1　(2007年四川省数学竞赛题)如图24.73,在正方形 $ABCD$ 中,E,F 分别是边 BC,CD 上的点,满足 $EF=BE+DF$.AE,AF 分别与对角线 BD 交于点 M,N,求证:三条线段 BM,MN,ND 能构成一个直角三角形.

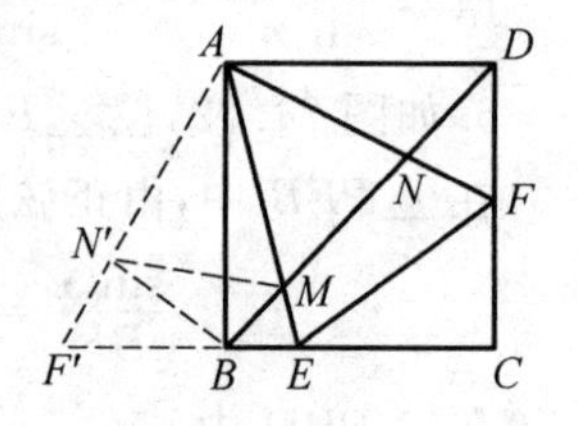

图24.73

证明　如图24.73,将 $\triangle ADF$ 绕点 A 顺时针旋转 $90°$ 到 $\triangle ABF'$ 的位置,则

$$AF'=AF,EF'=EB+BF'=EB+DF=EF,AE=AE$$

所以 $\triangle AEF'\cong\triangle AEF$,故 $\angle EAF'=\angle EAF$.

在 AF' 上取一点 N',使 $AN'=AN$,联结 MN',BN',则

$$\triangle AMN'\cong\triangle AMN,\triangle ABN'\cong\triangle ADN$$

所以 $MN'=MN$,$BN'=DN$.

又 $\angle MBN'=\angle MBA+\angle ABN'=\angle MBA+\angle ADN=90°$,所以 BM^2+

① 刘康宁.证明三条线段构成直角三角形的两种思路[J].中学数学教学参考,2013(4):58-60.

$DN^2=BM^2+BN'^2=MN'^2=MN^2$.

即线段 BM,MN,ND 能构成一个直角三角形.

注 本题通过旋转变换,将线段 BM,MN,ND 移至 $\triangle MBN'$,然后通过证明 $\triangle MBN'$ 为直角三角形,使问题得以顺利地解决.

例2 如图24.74,AB 是半圆 O 的直径,C 是半圆弧的中点,P 是 AB 延长线上一点,PT 与半圆相切于点 T,$\angle APT$ 的平分线分别交 AC,BC 于点 E,F.求证:线段 AE,BF,EF 能构成一个直角三角形.

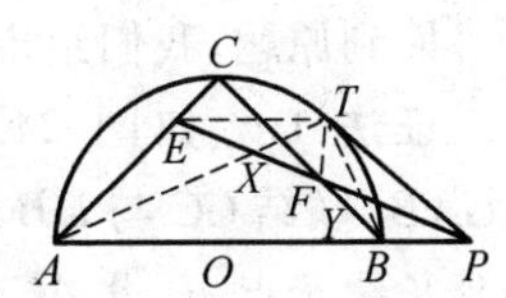

图24.74

证明 如图24.74,联结 AT,BT,分别交 PE 于点 X,Y,联结 ET,FT,则 $\angle PTB=\angle BAT,\angle XTY=\angle ACB=90^\circ$.

因为
$$\angle TXY=\angle PAX+\angle APX=\angle PTB+\frac{1}{2}\angle APT$$
$$\angle TYX=\angle PTY+\angle TPY=\angle PTB+\frac{1}{2}\angle APT$$
所以
$$\angle TXY=\angle TYX=45^\circ=\angle ABC$$

又 $\angle ABC=\angle PFB+\angle BPF=\angle PFB+\frac{1}{2}\angle APT$,所以 $\angle PTB=\angle PFB$,故 P,T,F,B 四点共圆.

因为 PF 平分 $\angle BPT$,所以 $BF=TF$.

又 $\angle TPE=\angle TBC=\angle TAE$,所以 P,T,E,A 四点共圆.

因为 PE 平分 $\angle APT$,所以 $AE=TE$.

又 $\angle ETX=\angle EPA=\angle BTF$,所以 $\angle ETF=\angle ETX+\angle XTF=\angle BTF+\angle XTF=\angle XTY=90^\circ$.

因此 $AE^2+BF^2=TE^2+TF^2=EF^2$.

即线段 AE,BF,EF 能构成一个直角三角形.

注 本题主要是通过四点共圆,利用相等的圆周角所对的弦相等,把分散的三条线段 AE,BF,EF 集中于 $\triangle ETF$,然后证明该三角形为直角三角形,实现了问题的完整解决.

例3 (2010年丝绸之路数学竞赛题)在凸四边形 $ABCD$ 中,已知 $\angle ADB+\angle ACB=\angle CAB+\angle DBA=30^\circ$,且 $AD=BC$.

求证:线段 AC,BD,CD 可以组成一个直角三角形.

证明 先来证明 $AD=AB=BC$.

事实上,若 $AB < AD$,则 $AB < BC$,从而 $\angle ADB + \angle ACB < \angle DBA + \angle CAB$.这与已知矛盾.

若 $AB > AD$,同样可导出矛盾.

故 $AD = AB = BC$.

回到原题,我们给出以下两种证法.

证法1 如图 24.75,在四边形 $ABCD$ 外作正 $\triangle GAB$,联结 GC 与 DB 的延长线于点 E,联结 GD 交 CA 的延长线于点 F.设 AC 与 BD 的交点为 P,则

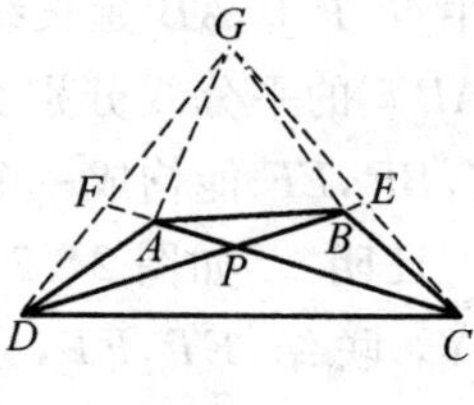

图 24.75

$$\angle APB = \angle CPD = 150°, \angle BPC = \angle APD = 30°$$

记 $\angle ADB = \alpha, \angle CAB = \beta$,则 $\angle ACB = 30° - \alpha$, $\angle DBA = 30° - \beta$.

从而

$$\begin{aligned}\angle CBG &= \angle CBE + \angle EBG \\ &= (\angle BPC + \angle ACB) + (180° - \angle GBA - \angle DBA) \\ &= (60° - \alpha) + (90° + \beta) \\ &= 150° - \alpha + \beta\end{aligned}$$

$$\angle DAB = 180° - \angle ADB - \angle DBA = 150° - \alpha + \beta$$

所以 $\angle CBG = \angle DAB$.

又 $BC = AD, BG = BA$,所以 $\triangle CBG \cong \triangle DAB$.

所以 $CG = DB, \angle BGC = \angle ABD = 30° - \beta$.

同理,$DG = CA, \angle AGD = \angle BAC = \beta$.

所以 $\angle CGD = \angle CGB + \angle BGA + \angle AGD = 90°$.

因此 $CD^2 = CG^2 + DG^2 = BD^2 + AC^2$.

即线段 AC, BD, CD 可以组成一个直角三角形.

证法2 如图 24.76,设 AC 与 BD 的交点为 P,则 $\angle CPD = 150°, \angle APD = 30°$.

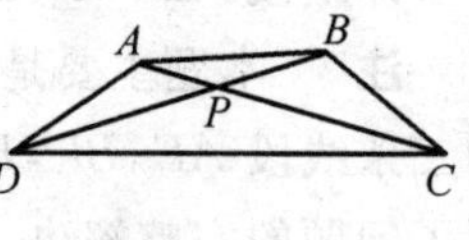

图 24.76

不妨设 $AD = AB = BC = 1, \angle ADB = \angle DBA = \alpha$, $\angle ACB = \angle CAB = \beta$,则 $BD = 2\cos\alpha, AC = 2\cos\beta$,且 $\alpha + \beta = 30°$,所以

$$\begin{aligned}BD^2 + AC^2 &= 4(\cos^2\alpha + \cos^2\beta) \\ &= 2[(1 + \cos 2\alpha) + (1 + \cos 2\beta)] \\ &= 4 + 4\cos(\alpha + \beta)\cos(\alpha - \beta)\end{aligned}$$

$$=4+2\sqrt{3}\cos(\alpha-\beta) \quad ①$$

在 $\triangle APD$ 中

$$PD=\frac{AD\sin(150^\circ-\alpha)}{\sin 30^\circ}=2\sin(30^\circ+\alpha)$$

同理，$PC=2\sin(30^\circ+\beta)$.

在 $\triangle PCD$ 中，由余弦定理得

$$\begin{aligned}CD^2&=PD^2+PC^2-2PD\cdot PC\cos 150^\circ\\&=4\sin^2(30^\circ+\alpha)+4\sin^2(30^\circ+\beta)+4\sqrt{3}\sin(30^\circ+\alpha)\sin(30^\circ+\beta)\\&=2[1-\cos(60^\circ+2\alpha)]+2[1-\cos(60^\circ+2\beta)]-\\&\quad 2\sqrt{3}[\cos(60^\circ+\alpha+\beta)-\cos(\alpha-\beta)]\\&=4-4\cos(60^\circ+\alpha+\beta)\cos(\alpha-\beta)+2\sqrt{3}\cos(\alpha-\beta)\\&=4+2\sqrt{3}\cos(\alpha-\beta) \quad ②\end{aligned}$$

由式 ①② 得 $BD^2+AC^2=CD^2$.

即线段 AC,BD,CD 可组成一个直角三角形.

注　证法 1 是把线段 AC,BD,CD 集中于 $\triangle GCD$，而这个三角形恰为直角三角形；证法 2 是通过几何计算，证明 $AC^2+BD^2=CD^2$，回避了繁难的作辅助线的过程. 两种证法都需要用到题目中的一个隐含条件 $AD=AB=BC$.

练　习　题

1.（2003 年北欧数学竞赛题）已知正 $\triangle ABC$ 内一点 D 满足 $\angle ADC=150^\circ$. 求证：线段 AD,BD 和 CD 为边构成的三角形是直角三角形.

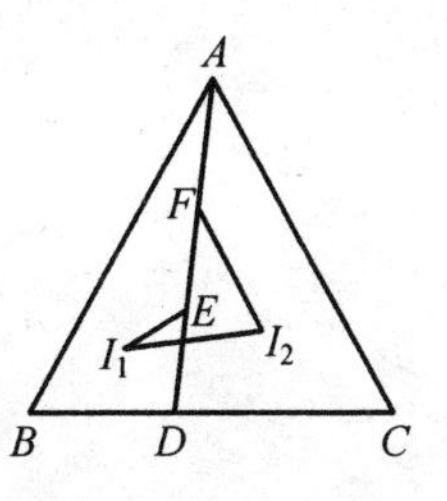

图 24.77

2. 如图 24.77，在正 $\triangle ABC$ 中，D 是 BC 边上的任意一点，$\triangle ABD,\triangle ACD$ 的内心分别为 I_1,I_2，在 AD 上取两点 E,F，使 $AE=CD,AF=BD$. 求证：线段 I_1E,I_2F,I_1I_2 可构成一个直角三角形.

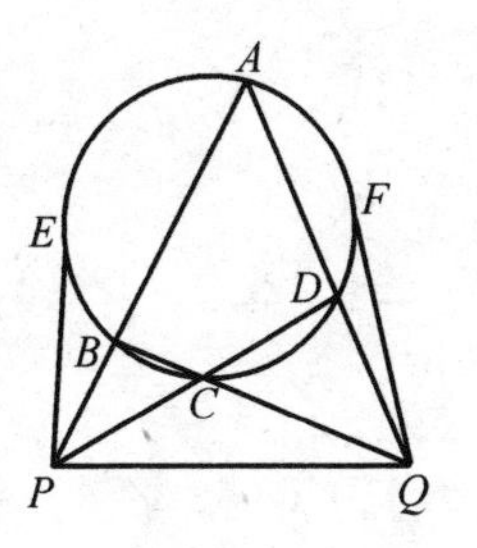

图 24.78

3.（2007 年北京市数学竞赛题）如图 24.78，在圆内接四边形 $ABCD$ 中，AB 与 DC 的延长线交于点 P，BC 与 AD 的延长线交于点 Q. 过点 P,Q 分别作该圆的切线，切点分别为 E,F，求证：以线段 PE,QF,PQ 为边构成的三角形是直角三角形.

练习题参考解答或提示

1. 提示:将 $\triangle ACD$ 绕点 A 顺时针旋转 $60°$ 到 $\triangle ABD'$ 的位置,证明 $D'D=AD$,$BD'=CD$,$\angle BD'D=90°$ 即可.

2. 提示:证明 $I_1D=I_1E$,$I_2F=I_2D$,$\angle I_1DI_2=90°$ 即可.

3. 提示:作 $\triangle PBC$ 的外接圆交 PQ 于点 G,利用切割线定理,证明 $PE^2+QF^2=PQ^2$.

第 25 章 2003～2004 年度试题的诠释

女子赛试题 1 已知 D 是 $\triangle ABC$ 的边 AB 上的任意一点，E 是边 AC 上的任意一点，联结 DE，F 是线段 DE 上的任意一点. 设 $\frac{AD}{AB}=x,\frac{AE}{AC}=y,\frac{DF}{DE}=z$. 证明：

(1) $S_{\triangle BDF}=(1-x)yzS_{\triangle ABC}$，$S_{\triangle CEF}=x(1-y)(1-z)S_{\triangle ABC}$.

(2) $\sqrt[3]{S_{\triangle BDF}}+\sqrt[3]{S_{\triangle CEF}}\leqslant\sqrt[3]{S_{\triangle ABC}}$.

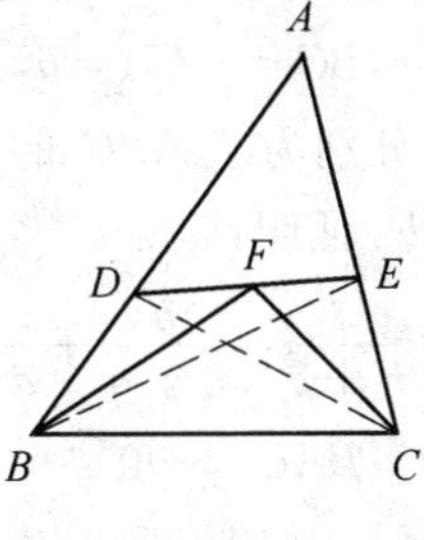

图 25.1

证明 (1) 如图 25.1，有

$$S_{\triangle BDF}=zS_{\triangle BDE}=z(1-x)S_{\triangle ABE}=z(1-x)yS_{\triangle ABC}$$

$$S_{\triangle CEF}=(1-z)S_{\triangle CDE}=(1-z)(1-y)S_{\triangle ACD}=(1-z)(1-y)xS_{\triangle ABC}$$

(2) 由(1) 得

$$\sqrt[3]{S_{\triangle BDF}}+\sqrt[3]{S_{\triangle CEF}}=[\sqrt[3]{(1-x)yz}+\sqrt[3]{x(1-y)(1-z)}]\sqrt[3]{S_{\triangle ABC}}\leqslant[\frac{(1-x)+y+z}{3}+\frac{x+(1-y)+(1-z)}{3}]\cdot\sqrt[3]{S_{\triangle ABC}}=\sqrt[3]{S_{\triangle ABC}}$$

女子赛试题 2 如图 25.2，$ABCD$ 是圆内接四边形，AC 是圆的直径，$BD\perp AC$，AC 与 BD 的交点 E，F 在 DA 的延长线上. 联结 BF，G 在 BA 的延长线上，使得 $DG\parallel BF$，H 在 GF 的延长线上，$CH\perp GF$. 证明：B,E,F,H 四点共圆.

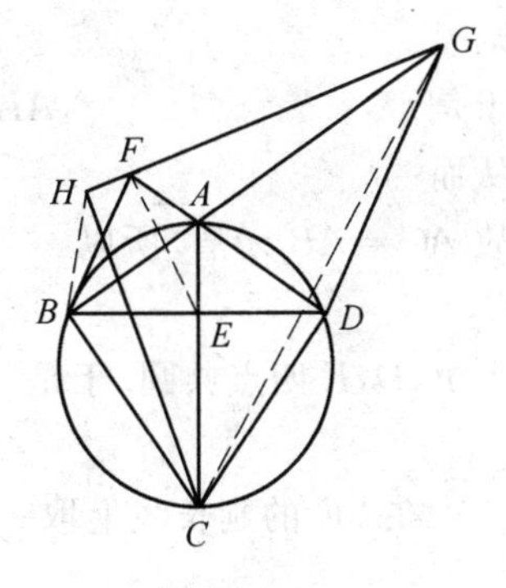

图 25.2

证明 联结 BH，EF，CG. 因为 $\triangle BAF\backsim\triangle GAD$，则

$$\frac{FA}{AB}=\frac{DA}{AG} \quad ①$$

因为 $\triangle ABE\backsim\triangle ACD$，则

$$\frac{AB}{EA}=\frac{AC}{DA} \quad ②$$

式①×②得
$$\frac{FA}{EA}=\frac{AC}{AG}$$

因为$\angle FAE=\angle CAG$,所以$\triangle FAE\backsim\triangle CAG$,于是$\angle FEA=\angle CGA$.

由题设知,$\angle CBG=\angle CHG=90°$,从而,$B,C,G,H$四点共圆.故$\angle BHC=\angle BGC$.于是

$$\angle BHF+\angle BEF=\angle BHC+90°+\angle BEF=\angle BGC+90°+\angle BEF$$
$$=\angle FEA+90°+\angle BEF=180°$$

所以,B,E,F,H四点共圆.

女子赛试题3 设$\triangle ABC$的三边长分别为$AB=c,BC=a,CA=b,a,b,c$互不相等,AD,BE,CF分别为$\triangle ABC$的三条内角平分线,且$DE=DF$.证明:

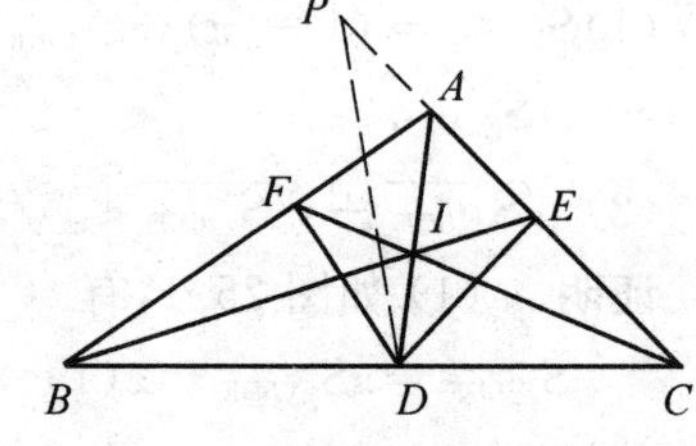

图25.3

(1)$\frac{a}{b+c}=\frac{b}{c+a}+\frac{c}{a+b}$.

(2)$\angle BAC>90°$.

证明 如图25.3,由正弦定理得

$$\frac{\sin\angle AFD}{\sin\angle FAD}=\frac{AD}{FD}=\frac{AD}{ED}=\frac{\sin\angle AED}{\sin\angle DAE}$$

则
$$\sin\angle AFD=\sin\angle AED$$
故
$$\angle AFD=\angle AED$$
或
$$\angle AFD+\angle AED=180°$$
若
$$\angle AFD=\angle AED$$
则
$$\triangle ADF\cong\triangle ADE,AF=AE$$
于是
$$\triangle AIF\cong\triangle AIE,\angle AFI=\angle AEI$$
从而
$$\triangle AFC\cong\triangle AEB$$
故$AC=AB$矛盾.所以
$$\angle AFD+\angle AED=180°$$
A,F,D,E四点共圆.于是
$$\angle DEC=\angle DFA>\angle ABC$$

在CE的延长线上取一点P,使得$\angle DPC=\angle B$,则
$$PC=PE+CE \quad ①$$
由$\angle BFD=\angle PED,FD=ED$,得

$$\triangle BFD \cong \triangle PED$$

故
$$PE = BF = \frac{ac}{a+b}$$

同理
$$CE = \frac{ab}{c+a}$$

又 $\triangle PCD \backsim \triangle BCA$，则$\frac{PC}{BC} = \frac{CD}{CA}$. 于是

$$PC = a \cdot \frac{ba}{b+c} \cdot \frac{1}{b} = \frac{a^2}{b+c} \qquad ②$$

由式 ①② 得

$$\frac{a^2}{b+c} = \frac{ac}{a+b} + \frac{ab}{c+a}$$

所以
$$\frac{a}{b+c} = \frac{b}{c+a} + \frac{c}{a+b}$$

(2) 由(1) 的结论有

$$a(a+b)(a+c) = b(b+a)(b+c) + c(c+a)(c+b)$$

$$a^2(a+b+c) = b^2(a+b+c) + c^2(a+b+c) + abc$$

$$> b^2(a+b+c) + c^2(a+b+c)$$

由 $a^2 > b^2 + c^2$，所以 $\angle BAC > 90°$.

西部赛试题1 证明：若凸四边形 $ABCD$ 内任意一点 P 到边 AB，BC，CD，DA 的距离之和为定值，则 $ABCD$ 是平行四边形.

证明 用记号 $d(P,l)$ 表示点 P 到直线 l 的距离. 先证一个引理.

引理 设 $\angle SAT = \alpha$ 是一个定角，则 $\angle SAT$ 内一动点 P 到两边 AS，AT 的距离之和为常数 m 的轨迹是线段 BC，其中 $AB = AC = \frac{m}{\sin\alpha}$. 若点 P 在 $\triangle ABC$ 内，则点 P 到两边 AS，AT 的距离之和小于 m；若点 P 在 $\triangle ABC$ 外，则点 P 到两边 AS，AT 的距离之和大于或等于 m.

引理的证明：事实上，由 $S_{\triangle PAB} + S_{\triangle PAC} = S_{\triangle ABC}$，知

$$d(P,AB) + d(P,AC) = m$$

如图 25.4，若点 Q 在 $\triangle ABC$ 内，由 $S_{\triangle QAB} + S_{\triangle QAC} < S_{\triangle ABC}$，得

$$d(Q,AB) + d(Q,AC) < m$$

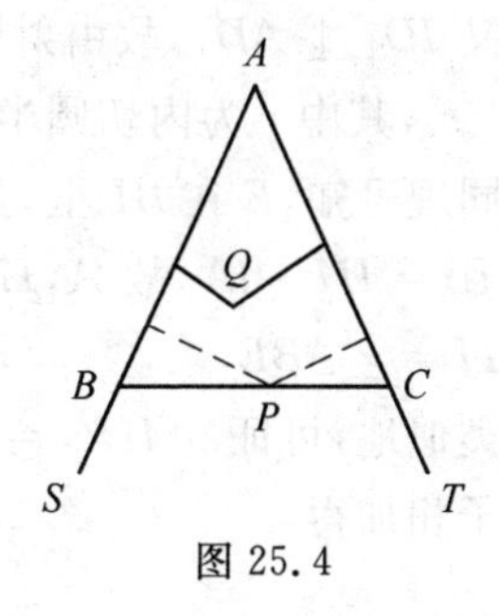

图 25.4

若点 Q 在 $\triangle ABC$ 外，$S_{\triangle QAB} + S_{\triangle QAC} > S_{\triangle ABC}$，

得

$$d(Q,AB)+d(Q,AC)>m$$

下面证明原题.

(i) 若四边形 $ABCD$ 的两组对边都不平行,不妨设 BC 与 AD 相交于点 F,BA 与 CD 相交于点 E.过点 P 分别作线段 l_1,l_2,使得 l_1 上的任意一点到 AB,CD 的距离之和为常数,l_2 上的任意一点到 BC,AD 的距离之和为常数,如图 25.5 所示.则对于区域 S 内任意一点 Q,有

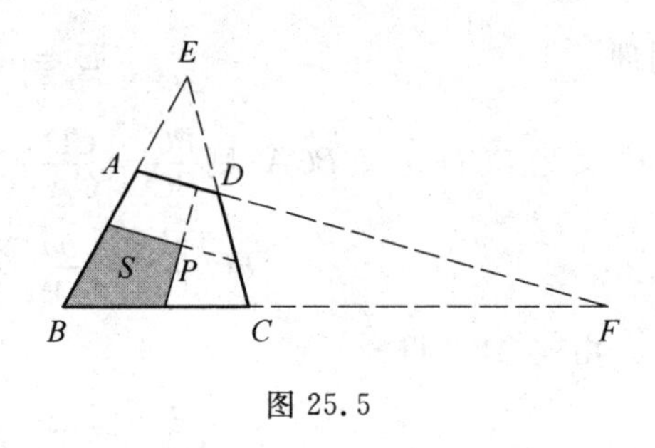

图 25.5

$$\begin{aligned}&d(P,AB)+d(P,BC)+d(P,CD)+d(P,DA)\\=&d(Q,AB)+d(Q,BC)+d(Q,CD)+d(Q,DA)\\=&[d(Q,AB)+d(Q,CD)]+[d(Q,BC)+d(Q,DA)]\\>&[d(P,AB)+d(P,CD)]+[d(P,BC)+d(P,DA)]\end{aligned}$$

矛盾.

(ii) 若四边形 $ABCD$ 是梯形,也可推得矛盾.

西部赛试题 2 凸四边形 $ABCD$ 有内切圆,该内切圆切边 AB,BC,CD,DA 的切点分别为 A_1,B_1,C_1,D_1,联结 A_1B_1,B_1C_1,C_1D_1,D_1A_1,点 E,F,G,H 分别为 A_1B_1,B_1C_1,C_1D_1,D_1A_1 的中点.证明:四边形 $EFGH$ 为矩形的充分必要条件是 A,B,C,D 四点共圆.

证明 如图 25.6,设 I 为四边形 $ABCD$ 的内切圆圆心.由于 H 为 D_1A_1 的中点,而 AA_1 与 AD_1 为过点 A 所作的圆 I 的切线,故 H 在 AI 上,且 $AI\perp A_1D_1$.

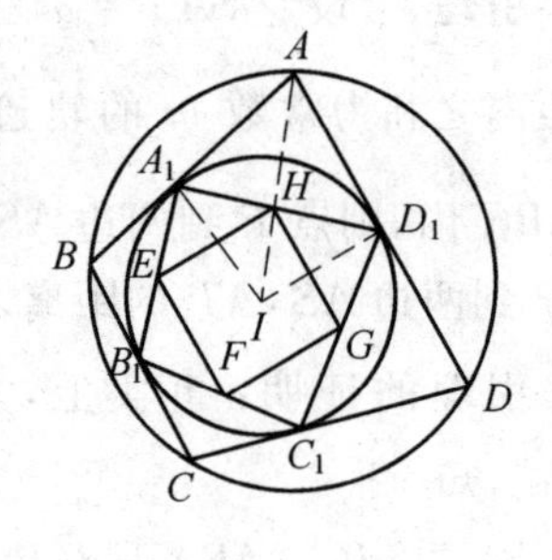

图 25.6

又 $ID_1\perp AD_1$,故由射影定理可知 $IH\cdot IA=ID_1^2=r^2$,其中 r 为内切圆半径.

同理可知,E 在 BI 上,且 $IE\cdot IB=r^2$.于是,$IE\cdot IB=IH\cdot IA$,故 A,H,E,B 四点共圆.所以 $\angle EHI=\angle ABE$.

类似地,可证 $\angle IHG=\angle ADG$,$\angle IFE=\angle CBE$,$\angle IFG=\angle CDG$.将这四个式子相加得

$$\angle EHG + \angle EFG = \angle ABC + \angle ADC$$

所以，A，B，C，D 四点共圆的充要条件是 E，F，G，H 四点共圆. 而熟知一个四边形的各边中点围成的四边形是平行四边形，平行四边形为矩形的充要条件是该四边形的四个顶点共圆. 因此，$EFGH$ 为矩形的充要条件是 A，B，C，D 四点共圆.

试题 A　如图 25.7，过圆外一点 P 作圆的两条切线和一条割线，切点为 A，B. 所作割线交圆于 C，D 两点，C 在 P，D 之间，在弦 CD 上取一点 Q，使 $\angle DAQ = \angle PBC$，求证：$\angle DBQ = \angle PAC$.

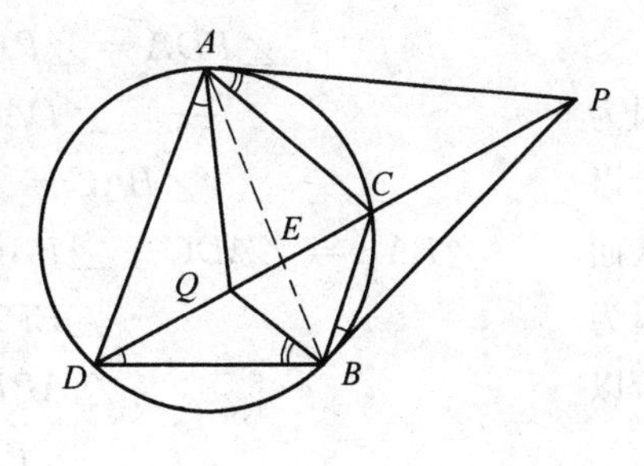

图 25.7

证法 1　如图 25.7，联结 AB，易证 $\triangle ABC \backsim \triangle ADQ$，有

$$\frac{BC}{AB} = \frac{DQ}{AD}$$

即
$$BC \cdot AD = AB \cdot DQ$$

由切割线关系知 $\triangle PCA \backsim \triangle PAD$，故

$$\frac{PC}{PA} = \frac{AC}{AD}$$

同理
$$\frac{PC}{PB} = \frac{BC}{BD}$$

又因
$$PA = PB$$

故
$$\frac{AC}{AD} = \frac{BC}{BD}$$

得
$$AC \cdot BD = BC \cdot AD = AB \cdot DQ$$

又由托勒密定理知

$$AC \cdot BD + BC \cdot AD = AB \cdot CD$$

得
$$AB \cdot CD = 2AB \cdot DQ$$

故
$$DQ = \frac{1}{2}CD$$

即
$$CQ = DQ$$

在 $\triangle CBQ$ 与 $\triangle ABD$ 中

$$\frac{AD}{AB} = \frac{DQ}{BC} = \frac{CQ}{BC}, \angle BCQ = \angle BAD$$

于是
$$\triangle CBQ \backsim \triangle ABD$$

故 $\angle CBQ=\angle ABD$

所以 $\angle DBQ=\angle ABC=\angle PAC$

证法2 如图25.7,联结AB交PD于点E.因为PA,PB切圆于A,B两点,所以

$$\angle PDA=\angle PAC,\angle PDB=\angle PBC$$

因为 $\angle DAQ=\angle PBC$

所以 $\angle BAC=\angle PDB=\angle DAQ$

从而 $\angle PAE=\angle ADC+\angle BAC=\angle ADQ+\angle DAQ=\angle AQP$

因为 $\angle EPA=\angle APQ$

所以 $\triangle APE\backsim\triangle QPA$

则 $$\frac{PE}{PA}=\frac{PA}{PQ}$$

又 $PA=PB$,则 $$\frac{PE}{PB}=\frac{PB}{PQ}$$

而 $\angle BPE=\angle QPB$

从而 $\triangle PBE\backsim\triangle PQB$

于是 $\angle PBE=\angle PQB=\angle PDB+\angle DBQ=\angle BAC+\angle DBQ$

由于 $\angle PBE=\angle PBC+\angle ABC=\angle BAC+\angle PAC$

所以 $\angle DBQ=\angle PAC$

证法3① 联结AB,由$\angle ADQ=\angle ABC$,$\angle DAQ=\angle PBC=\angle CAB$,知$\triangle ADQ\backsim\triangle ABC$,有

$$\frac{AQ}{DQ}=\frac{AC}{BC}$$

又$\triangle PCA\backsim\triangle PAD$,$\triangle PCB\backsim\triangle PBD$,有

$$\frac{PC}{AP}=\frac{AC}{AD},\frac{PC}{PB}=\frac{BC}{BD}$$

即 $$AD=\frac{AP\cdot AC}{PC},BD=\frac{PB\cdot BC}{PC}$$

---

① 沈文选,羊明亮.一道高中联赛平面几何题的新证法[J].中学教研(数学),2005(4):37-40.

于是

$$\frac{AD}{BD}=\frac{AP \cdot AC}{PB \cdot BC}=\frac{AC}{BC}=\frac{AQ}{DQ} \qquad (*)$$

注意到 $\angle DAQ=\angle PBC=\angle BDQ$

知 $\triangle ADQ \backsim \triangle DBQ$

故 $\angle PAC=\angle ADQ=\angle DBQ$

注 (1) 对于式(*),也可由$\frac{S_{\triangle PAC}}{S_{\triangle PBC}}=\frac{S_{\triangle ADQ}}{S_{\triangle BDQ}}$,即

$$\frac{\frac{1}{2}PA \cdot AC\sin \angle PAC}{\frac{1}{2}PB \cdot BC\sin \angle PBC}=\frac{\frac{1}{2}AD \cdot DQ\sin \angle ADQ}{\frac{1}{2}BD \cdot DQ\sin \angle BDQ}$$

得

$$\frac{AC}{BC}=\frac{AD}{BD}$$

(2) 也可分别在 $\triangle ABC$ 与 $\triangle ADQ$ 中应用正弦定理证得

$$AD : BD=AQ : DQ$$

证法 4 联结 AB,由 $\angle ABD=\angle ACQ$,及 $\angle DAQ=\angle PBC=\angle BAC$,即 $\angle DAB=\angle QAC$,知 $\triangle DAB \backsim \triangle QAC$,有

$$\frac{AD}{BD}=\frac{AQ}{QC}$$

由 $\triangle PDA \backsim \triangle PAC$ 及 $\triangle PDB \backsim \triangle PBC$,有

$$\frac{AD}{AC}=\frac{PA}{PC}=\frac{PB}{PC}=\frac{BD}{BC}$$

即

$$\frac{AD}{BD}=\frac{AC}{BC}=\frac{AQ}{QC}$$

注意到 $\angle QAC=\angle DAB=\angle BCQ$,知

$$\triangle ACQ \backsim \triangle CBQ$$

从而 $\angle CBQ=\angle ACQ=\angle ABD$

即 $\angle ABD-\angle ABQ=\angle CBQ-\angle ABQ$

故 $\angle DBQ=\angle ABC=\angle PAC$

证法 5 联结 AB,令 $\angle PBC=\alpha$,$\angle PAC=\beta$,则 $\angle DAQ=\alpha$,$\angle PDA=\angle ABC=\beta$,由 $\angle AQC=\alpha+\beta=\angle PBA$,知 P,B,Q,A 四点共圆. 于是

$$\angle CQB=\angle PAB=\angle PBA=\alpha+\beta$$

又 $$\angle CQB = \angle CDB + \angle DBQ$$

而 $$\angle CDB = \alpha$$

故 $$\angle DBQ = \beta = \angle PAC$$

注 也可由 $\angle QAB = \angle DAB - \angle DAQ = \angle DCB - \angle PBC = \angle QPB$ 证 P,B,Q,A 共圆.

证法 6 联结 AB,由 $\angle BPC + \angle PBC = \angle BCD = \angle BAD = \angle BAQ + \angle DAQ$,及已知 $\angle DAQ = \angle PBC$,有 $\angle BPC = \angle BAQ$,故 B,Q,A,P 四点共圆.

在圆 $BQAP$ 中,由 $AP = BP$ 有 $\angle AQP = \angle BQP$,即

$$\angle DAQ + \angle ADQ = \angle BDQ + \angle DBQ = \angle PBC + \angle DBQ$$

而 $$\angle DAQ = \angle PBC$$

故 $$\angle DBQ = \angle ADQ = \angle PAC$$

证法 7 如图 25.8,设 $\triangle PAB$ 的外接圆交 PD 于 Q',联结 AB.

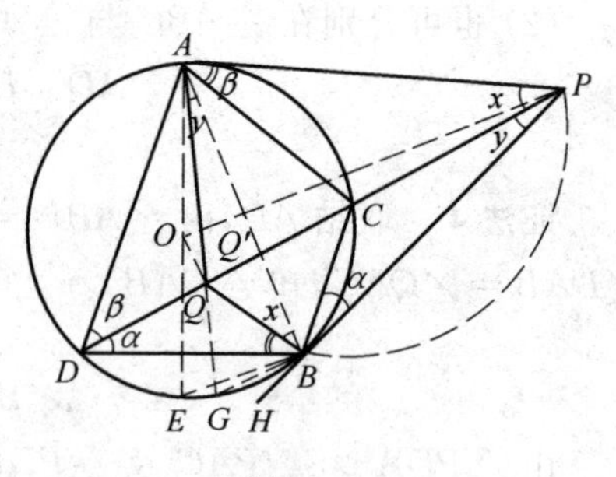

图 25.8

设 $\angle PBC = \alpha, \angle PAC = \beta, \angle APC = x, \angle BPC = y$,则

$$\angle Q'BA = x, \angle Q'AB = y$$

而 $$\angle DBA = \angle DCA = \beta + x$$

故 $$\angle DBQ' = \beta = \angle PAC$$

又由 $$\angle DAB = \angle DCB = \alpha + y$$

知 $$\angle DAQ' = \alpha = \angle PBC$$

由此即知 Q' 应与 Q 重合.故 $\angle DBQ = \angle PAC$.

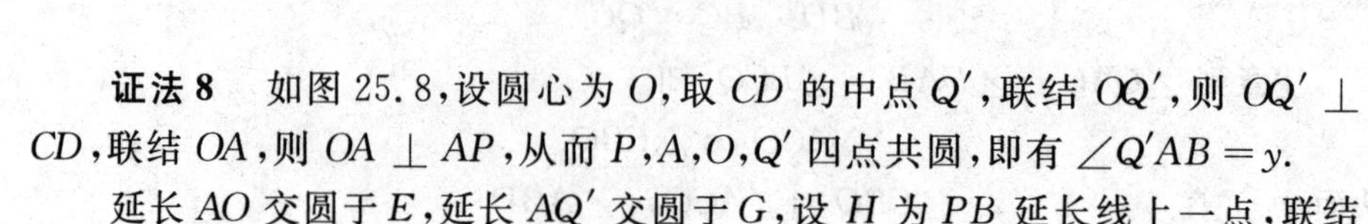

证法 8 如图 25.8,设圆心为 O,取 CD 的中点 Q',联结 OQ',则 $OQ' \perp CD$,联结 OA,则 $OA \perp AP$,从而 P,A,O,Q' 四点共圆,即有 $\angle Q'AB = y$.

延长 AO 交圆于 E,延长 AQ' 交圆于 G,设 H 为 PB 延长线上一点,联结 PO,BG,BE,则

$$\angle OPQ' = \angle EAG = \angle GBE$$

$$\angle GBH + \angle GBE = \angle EBH = \angle EAB = \angle Q'AB + \angle EAG$$

故 $$\angle GBH = y = \angle BPC$$

从而 $$BG /\!/ CD$$

即有 $$\overset{\frown}{DG} = \overset{\frown}{CB}$$

亦即有
$$\angle DAQ' = \angle PBC$$
由此即知 Q' 与 Q 重合，即 Q 为 CD 的中点.

由 $\triangle ADQ \backsim \triangle ABC$ 有
$$\frac{AD}{AB} = \frac{DQ}{BC} = \frac{CQ}{BC}$$
又
$$\angle BCQ = \angle BAD$$
则
$$\triangle CBQ \backsim \triangle ABD$$
故
$$\angle CBQ = \angle ABD$$
即得
$$\angle DBQ = \angle ABC = \angle PAC$$

证法 9　联结 PO, OQ, OA, AB，如图 25.8 所示，由题设有
$$\angle PBC = \angle CDB = \angle DAQ$$
从而
$$\angle CDB + \angle ADC = \angle DAQ + \angle ADC$$
即有
$$\angle ADB = \angle AQP$$
又 PO 垂直平分 AB，则
$$\angle AOP = \frac{1}{2}\angle AOB = \angle ADB = \angle AQP$$
从而 A, Q, O, P 四点共圆. 由 $\angle OAP = 90°$ 知 $\angle OQP = 90°$，即 Q 为 CD 的中点，亦即 $CQ = DQ$. 由
$$\angle AQC = \angle ABP = \angle ADB, \angle ACQ = \angle ABD$$
知 $\triangle ADB \backsim \triangle AQC$，从而
$$\frac{AD}{BD} = \frac{AQ}{DQ}$$
注意到 $\angle DAQ = \angle PBC = \angle BDQ$，知 $\triangle ADQ \backsim \triangle DBQ$，故
$$\angle PAC = \angle ADQ = \angle DBQ$$

证法 10　如图 25.9，设 $\angle DAQ = \alpha, \angle PAC = \beta, \angle ACD = \gamma, \angle DCB = \delta$，则 $\angle BDC = \angle PBC = \alpha, \angle ADQ = \beta$.

分别在 $\triangle ACD, \triangle BDC, \triangle PCA, \triangle PCB$ 中应用正弦定理，有
$$\frac{\sin\gamma}{AD} = \frac{\sin\beta}{AC} \quad ①$$
$$\frac{\sin\delta}{BD} = \frac{\sin\alpha}{BC} \quad ②$$
$$\frac{\sin\beta}{PC} = \frac{\sin\gamma}{AP} \quad ③$$

$$\frac{\sin \alpha}{PC}=\frac{\sin \delta}{PB} \quad ④$$

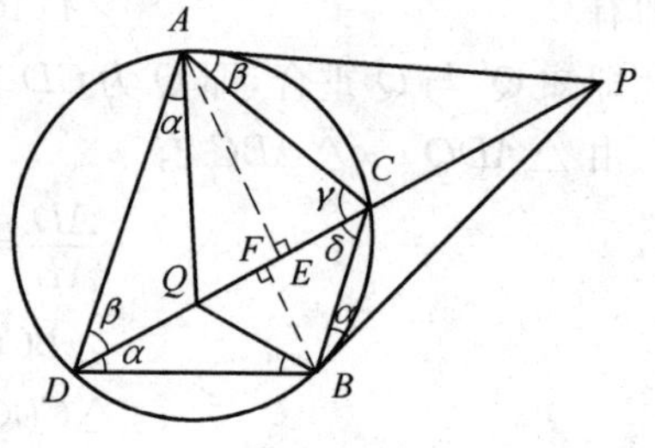

又在 $\triangle ADC$ 与 $\triangle DBC$ 中应用正弦定理，并注意到 A,D,B,C 四点共圆，有

$$\frac{\sin \beta}{AC}=\frac{\sin \angle DAC}{CD}=\frac{\sin \angle CBD}{CD}=\frac{\sin \alpha}{BC}$$

于是由式 ①② 有 $\quad \dfrac{\sin \gamma}{AD}=\dfrac{\sin \delta}{BD}$

图 25.9

即 $$\frac{AD}{BD}=\frac{\sin \gamma}{\sin \delta}$$

注意到 $AP=BP$，由式 ③ ÷ ④ 得

$$\frac{\sin \beta}{\sin \alpha}=\frac{\sin \gamma}{\sin \delta}$$

在 $\triangle ADQ$ 和 $\triangle BDQ$ 中，由 $\angle DAQ=\angle BDC$，及 $\dfrac{AD}{BD}=\dfrac{\sin \gamma}{\sin \delta}=\dfrac{\sin \beta}{\sin \alpha}=\dfrac{AQ}{DQ}$ 知 $\triangle ADQ \backsim \triangle DBQ$，故

$$\angle DBQ=\angle ADQ=\angle PAC$$

证法 11 如图 25.9，设 $\angle DAQ=\angle PBC=\angle QDB=\alpha$，$\angle PAC=\angle ADC=\beta$. 在 $\triangle AQD$ 中，有

$$\frac{AQ}{DQ}=\frac{\sin \beta}{\sin \alpha}$$

过 A,B 分别作 $AE\perp CD$ 于 E，作 $BF\perp CD$ 于 F，则

$$\frac{S_{\triangle PAC}}{S_{\triangle PBC}}=\frac{AF}{BF}=\frac{AC\sin \beta}{BC\sin \alpha}$$

从而 $$\frac{AD}{BD}=\frac{\dfrac{AE}{\sin \beta}}{\dfrac{BF}{\sin \alpha}}=\frac{AC}{BC}=\frac{\sin \beta}{\sin \alpha}$$

由此 $$\frac{AQ}{DQ}=\frac{\sin \beta}{\sin \alpha}=\frac{AD}{BD}$$

即推知 $\quad \triangle ADQ \backsim \triangle DBQ$

故 $\quad \angle DBQ=\angle ADQ=\angle PAC$

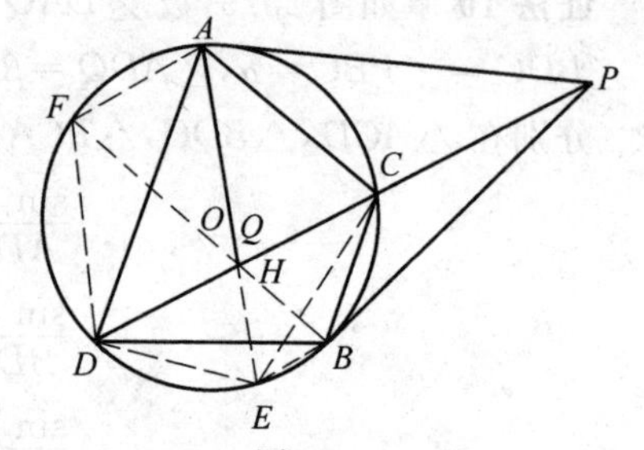

图 25.10

证法 12 如图 25.10，延长 AQ 交圆于 E，联结 BE,DE,EC，由 $\angle DBE=\angle DAE=$

$\angle DAQ=\angle PBC=\angle BDC$，有 $DC\parallel EB$，知 $BEDC$ 为等腰梯形，即有 $BD=EC$，$DE=BC$.

由 $\triangle ADQ\backsim\triangle CEQ$，$\triangle DEQ\backsim\triangle ACQ$，有

$$\frac{AQ}{QC}=\frac{AD}{EC}=\frac{AD}{BD} \quad ①$$

$$\frac{DQ}{AQ}=\frac{DE}{AC}=\frac{BC}{AC} \quad ②$$

式 ①×② 得

$$\frac{DQ}{QC}=\frac{AD}{AC}\cdot\frac{BC}{BD} \quad ③$$

又 $\triangle DAP\backsim\triangle ACP$ 与 $\triangle DBP\backsim\triangle BCP$ 有

$$\frac{AD}{AC}=\frac{PA}{PC},\frac{BD}{BC}=\frac{PB}{PC}$$

注意 $PA=PB$，即有

$$\frac{AD}{AC}\cdot\frac{BC}{BD}=1 \quad ④$$

由式 ③④ 知 Q 为 CD 的中点，从而推知 $\triangle EQC\cong\triangle BQD$，知 $\angle DBQ=\angle AEC=\angle PAC$.

证法 13　设圆心为 O，分别延长 AQ，BQ 交圆于 E，F，联结 BE，DE，由 $\angle DBE=\angle DAE=\angle DAQ=\angle PBC=\angle BDC$ 知 $BEDC$ 为等腰梯形，联结 AF，DF，则

$$\angle DBQ=\angle PAC\Leftrightarrow\angle ADC=\angle DAF\Leftrightarrow AC=DF\Leftrightarrow AF\parallel CD$$

$$\Leftrightarrow AF\parallel BE\Leftrightarrow\frac{AQ}{QE}=\frac{FQ}{QE} \quad (*)$$

而

$$AQ\cdot QE=BQ\cdot QF$$

故式(*)$\Leftrightarrow AQ=QF$，$BQ=QE\Leftrightarrow Q$ 为 CD 的中点 $\Leftrightarrow OQ\perp CD\Leftrightarrow O,Q,P,A$ 四点共圆 $\Leftrightarrow\angle AOP=\frac{1}{2}\angle AOB=\angle ADB\Leftrightarrow\angle ADQ+\angle QDB=\angle ADQ+\angle DAQ=\angle AQP$.

证法 14　分别延长 AQ，BQ 交圆于 E，F，如图 25.11 所示.

由 $\angle DAQ=\angle PBC=\angle BDC$，知 $\overset{\frown}{DE}=\overset{\frown}{CB}$，联结 DE，知 $DCBE$ 为等腰梯形. 延长 PD 至 P'，取 $DP'=PC$，联结 $P'E$，则可证 $\triangle PCB\cong\triangle P'DE$(SAS)，

由对称性知 $P'E$ 是圆的切线,且 E,B 关于弦 CD 的中垂线对称.

如图 25.11,过 P' 作圆的切线 $P'F'$,则 F',A 关于弦 CD 的中垂线对称,因直线 EQ 过点 A,从而 Q 为 CD 的中点,且 F' 与 F 重合. 于是

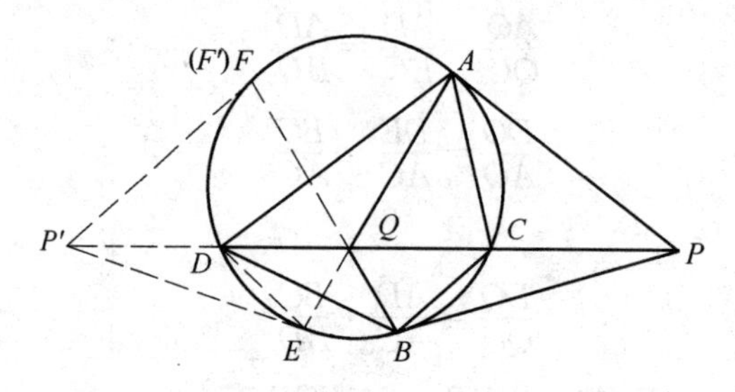

图 25.11

$$\overset{\frown}{AC}=\overset{\frown}{DF},\angle DBF=\angle ADC=\angle PAC$$

故
$$\angle DBQ=\angle PAC$$

证法 15 如图 25.12,联结 AB,令 $\angle DAQ=\angle 1$,$\angle QAB=\angle 2$,$\angle QDB=\angle 3$,$\angle QDA=\angle 4$,$\angle ABQ=\angle 5$,$\angle DBQ=\angle 6$,$\angle BAC=\angle 7$,$\angle CAP=\angle 8$,$\angle CBP=\angle 9$,$\angle ABC=\angle 10$,$\angle APC=\angle 11$,$\angle CPB=\angle 12$,从而

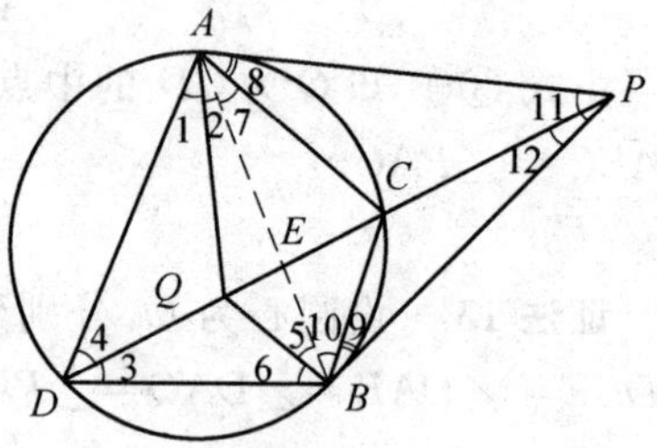

$$\angle 1=\angle 3=\angle 7=\angle 9,\angle 4=\angle 8=\angle 10$$

图 25.12

由 $\angle 12+\angle 9=\angle BCD=\angle BAD=\angle 1+\angle 2$,知 $\angle 2=\angle 12$,推知 A,Q,B,P 四点共圆,有 $\angle 5=\angle 11$.

对 $\triangle ADB$ 与 $\triangle ABP$ 分别应用塞瓦定理的角元形式,则有

$$\frac{\sin\angle 1}{\sin\angle 2}\cdot\frac{\sin\angle 3}{\sin\angle 4}\cdot\frac{\sin\angle 5}{\sin\angle 6}=1$$

$$\frac{\sin\angle 7}{\sin\angle 8}\cdot\frac{\sin\angle 9}{\sin\angle 10}\cdot\frac{\sin\angle 11}{\sin\angle 12}=1$$

此两式相除得
$$\sin\angle 6=\sin\angle 8$$

而 $0^\circ<\angle 6,\angle 8<90^\circ$,则 $\angle 6=\angle 8$,即 $\angle DBQ=\angle PAC$.

证法 16 联结 AB 交 CD 于 E,则 $\angle EAC=\angle BAC=\angle PBC=\angle DAQ$. 在 $\triangle ADC$ 中,由 $\angle DAQ=\angle CAE$,可应用斯坦纳定理,得

$$\frac{AD^2}{AC^2}=\frac{DQ\cdot DE}{CE\cdot CQ}$$

又由 $\triangle PAC\backsim\triangle PDA$，有$\frac{AD}{AC}=\frac{PD}{PA}$，即

$$\frac{AD^2}{AC^2}=\frac{PD^2}{PA^2}$$

同理
$$\frac{BD^2}{BC^2}=\frac{PD^2}{PB^2}$$

从而
$$\frac{BD^2}{BC^2}=\frac{DQ\cdot DE}{CE\cdot CQ}$$

对 $\triangle DBC$ 应用斯坦纳定理的逆定理，知 $\angle DBQ=\angle CBE=\angle PAC$.

证法 17　联结 AB 交 CD 于 E，令 $\angle DBQ=\alpha$，$\angle QBE=\beta$，$\angle EBC=\gamma$. 由 $\angle DAQ=\angle PBC=\angle BAC=\angle EAC$，有

$$\frac{S_{\triangle APQ}}{S_{\triangle AEC}}=\frac{AD\cdot AQ\sin\angle DAQ}{AE\cdot AC\sin\angle EAC}=\frac{AD\cdot AQ}{AE\cdot AC}$$

而$\frac{S_{\triangle ADQ}}{S_{\triangle AEC}}=\frac{DQ}{CE}$，从而有

$$\frac{AD\cdot AQ}{AE\cdot AC}=\frac{DQ}{CE}\qquad ①$$

同理

$$\frac{S_{\triangle ADE}}{S_{\triangle AQC}}=\frac{AD\cdot AE}{AQ\cdot AC}=\frac{DE}{CQ}\qquad ②$$

$$\frac{S_{\triangle BQD}}{S_{\triangle BEC}}=\frac{BD\cdot BQ\sin\alpha}{BE\cdot BC\sin\gamma}=\frac{DQ}{CE}\qquad ③$$

$$\frac{S_{\triangle BDE}}{S_{\triangle BQC}}=\frac{BD\cdot BE\sin(\alpha+\beta)}{BQ\cdot BC\sin(\gamma+\beta)}=\frac{DE}{CQ}\qquad ④$$

由式 ①×②，有

$$\frac{AD^2}{AC^2}=\frac{DQ\cdot DE}{CE\cdot CQ}\qquad ⑤$$

由式 ③×④，有

$$\frac{BD^2\sin\alpha\sin(\alpha+\beta)}{BC^2\sin\gamma\sin(\gamma+\beta)}=\frac{DQ\cdot DE}{CQ\cdot CE}\qquad ⑥$$

由 $\triangle PDA\backsim\triangle PAC$，有

$$\frac{AD}{AC}=\frac{PD}{AP}=\frac{AP}{PC}$$

即

$$\frac{AD^2}{AC^2}=\frac{PD}{PC} \quad ⑦$$

同理

$$\frac{BD^2}{BC^2}=\frac{PD}{PC} \quad ⑧$$

由式⑤⑥⑦⑧得

$$\sin\alpha\sin(\alpha+\beta)=\sin\gamma\sin(\gamma+\beta)$$

即

$$\cos(2\alpha+\beta)=\cos(2\gamma+\beta)$$

而

$$0<2\alpha+\beta,2\gamma+\beta<180^\circ$$

从而

$$\alpha=\gamma$$

故

$$\angle DBQ=\angle EBC=\angle PAC$$

注 (1) 向国华老师和李向老师分别对该试题的来历和背景进行了初步探讨.[①②]

从试题的题设,结论以及参考解答(即证法1)可看出本题可能是以切割线定理和托勒密定理为背景改造而来.

切割线定理 从圆外一点引圆的切线和割线,切线长是这点到割线与圆交点的两条线段长的比例中项.

如图25.7,PA,PB 为切线长,PCD 为割线,只要联结 AD,AC(或 BD,BC),即可得证.

托勒密定理 圆内接四边形的对角线的乘积等于两组对边乘积之和.

如图25.7,只需在弦 CD 上取一点 Q 使 $\angle DAQ=\angle BAC$,再证 $\triangle ADQ\backsim\triangle ABC$. $\triangle ADB\backsim\triangle AQC$.即容易证明.

显然,将上述两个定理加以改造,合二为一可成该试题.两个定理一个是初中课本上的必学定理,一个是常见的著名定理.

其实,证明此题的简捷方法可参见证法5,还可以写得更简捷一些:

事实上,如图25.7,联结 AB,则有 $\angle DAB=\angle DCB$,即有

$$\angle DAQ+\angle QAB=\angle PBC+\angle DPB$$

---

① 向国华.角内切圆的内接四边形的一条性质及应用[J].现代中学数学,2003(2):32-34.

② 李向.关于2003年全国高中数学联赛加试第一题[J].现代中学数学,2004(3):31-32.

已知 $\angle DAQ=\angle PBC$，于是 $\angle QAB=\angle DPB$，因此 A,Q,B,P 四点共圆，故

$$\angle PAB=\angle PQB$$

即有
$$\angle BAC+\angle PAC=\angle PDB+\angle DBQ$$

又
$$\angle BAC=\angle PDB$$

所以
$$\angle PAC=\angle DBQ$$

由这种证法，可将题中条件改变，即如图25.13中的 A,B 两点可以不是切点，只需要是弦 CD 所对的两条弧上各一点即可，故原题可推广为：过圆外一点 P 作圆的一条割线交圆于 C,D 两点，C 在 P,D 之间，A,B 分别是弦 CD 所对的两条弧上的任一点，在弦 CD 上取一点 Q，使 $\angle DAQ=\angle PBC$。求证：$\angle DBQ=\angle PAC$。

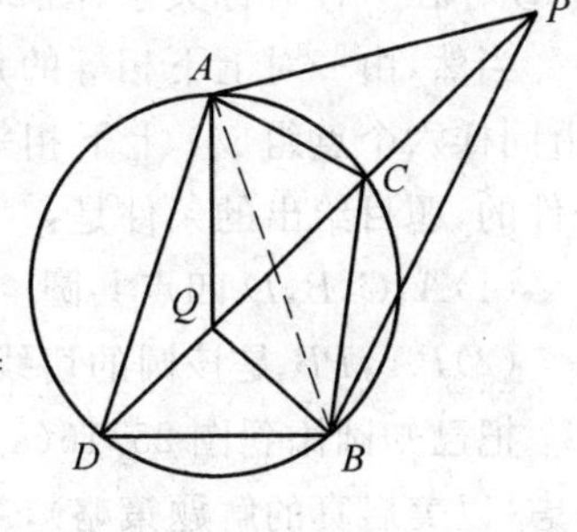

图 25.13

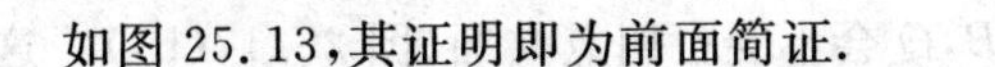
如图25.13，其证明即为前面简证.

如果说要探寻推广题的背景可能是常作为学生练习的几何证明题(20世纪80年代初中数学)，则它是关于两个相交圆的“连体”圆内接四边形的一个性质.

如图25.14，两圆相交于 A,B 两点，一条直线与两圆分别交于 D,Q,C,P 四点. 求证：$\angle DAQ=\angle PBC$，$\angle DBQ=\angle PAC$.（联结 AB，则 $\angle DAQ=\angle DAB-\angle QAB=\angle DCB-\angle QPB=\angle PBC$.）

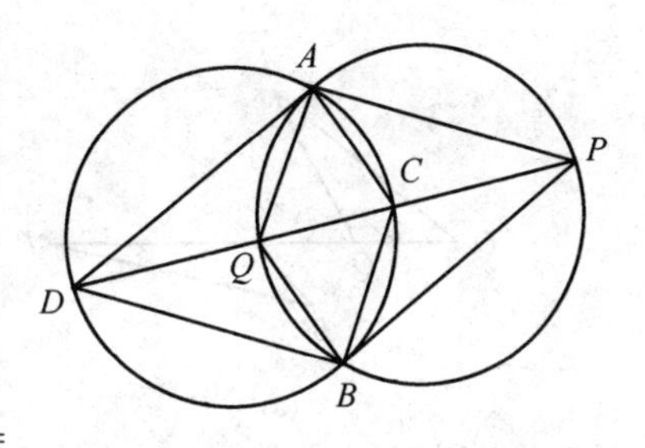

图 25.14

另外，如果从证法3出发考虑，则可探讨角内切圆的内接四边形的性质，这可参见本章第1节.

(2) 关于这道试题，罗增儒教授也进行了深入的探讨，对我们的启发很大，因此将他发表在《中等数学》2004年第2期上的一文摘录如下：

巧思探求的过程，妙解本质的揭示.

例1　(2003年全国高中数学联赛试题) 过圆外一点 P 作圆的两条切线和一条割线，切点为 A,B，所作割线交圆于 C,D 两点，C 在 P,D 之间. 在弦 CD 上取一点 Q，使

$$\angle DAQ=\angle PBC \qquad ①$$

求证
$$\angle DBQ=\angle PAC \qquad ②$$

本文所提供的解题思路，希望能与读者一起走进题目的深层结构，并获得

怎样学会解题的有益启示.

1. **朦胧对称的探索**

根据题目的描述,我们画出一个图形(图 25.15),根据图形,我们看到,在 A,C,B,D 四点共圆的条件下,已知式 ① 与求证式 ② 存在一种对称关系(图 25.16).

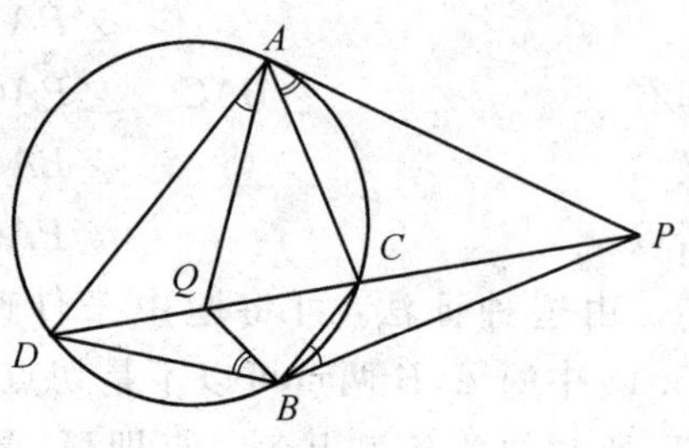

图 25.15

当然,由一对上下相等的角推出另一对(由同样六个点组成)上下相等的角不是无条件的,题目给出的条件是:

(1)A,C,B,D 四点共圆.

(2)PA,PB 是该圆的切线.

把已知圆添到图 25.16(a) 中,如图25.17(a) 所示,出于左右两边对称性的考虑(以美启真的解题策略),A,P,B,Q 会不会也四点共圆(图 25.17(b))? 这就产生了一个解题思路.

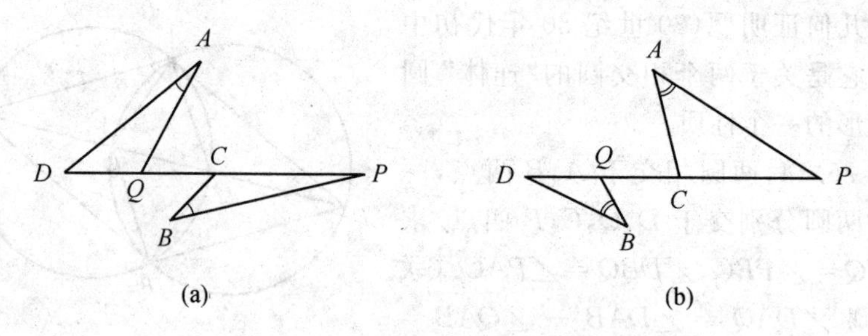

图 25.16

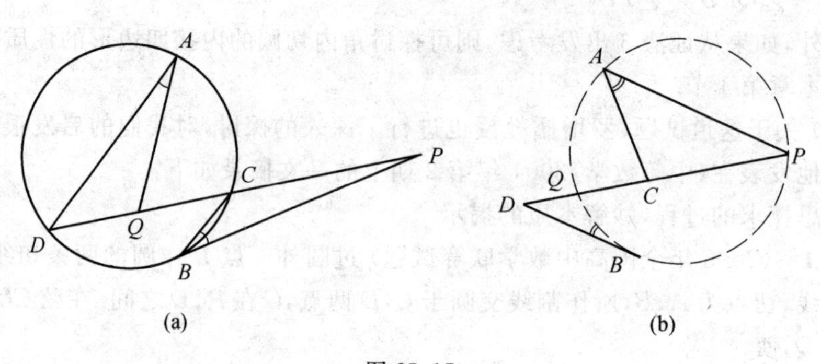

图 25.17

由图 25.15 中角的相等关系去推出 A,P,B,Q 四点共圆,再由两圆中角的相等关系,得出新角的相等关系.

回到图25.15，记$\angle DAQ=\angle PBC=\angle 1$，$\angle PAC=\angle 2$，标出所有能与这两个角相等的角(图25.18)，这时既无法看出为什么$\angle DBQ$会等于$\angle 2$，也无法看出为什么A,P,B,Q会四点共圆.一个基本的出路是进一步发挥条件(特别是A,C,B,D共圆)的功能，在记忆网络中激活与圆(特别是四点共圆)有关的知识点：圆心角，圆周角定理，弦切角定理，切割线定理，相交弦定理，四点共圆的性质定理，四点共圆的判别定理……

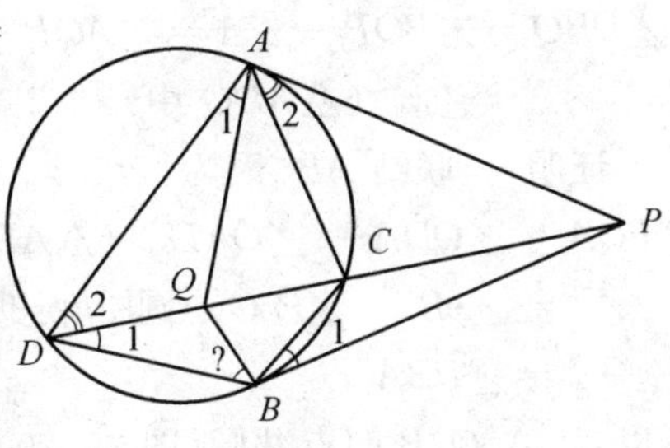

图25.18

我们可能会首先选择切割线定理进行探索(如同评分标准那样)，但在解题分析(或回顾反思)时会发现，一旦联结AB，便有(图25.19)

$$\angle ABP=\angle 1+\angle 2=\angle AQP \quad ③$$

从而，A,P,B,Q四点共圆.

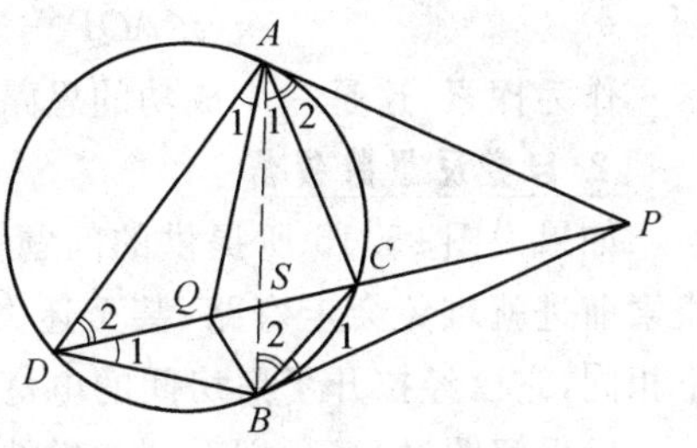

图25.19

我们也可能为了沟通直线PD外两点A,B与线上四点P,C,Q,D的更多联系，而由相交弦定理想到联结AB与PD相交于S.

这时我们激活了记忆网络中更多的知识点，又揭示了题目中更多的数学关系，如

$$\angle BAC=\angle 1,\angle ABC=\angle 2$$

$$\begin{aligned}\angle PAB=\angle PBA&=\angle 1+\angle 2\\&=\angle ADB(\text{弦切角定理})\\&=\angle AQP(\triangle ADQ\text{中外角定理})\\&=\cdots SA\cdot SB=SC\cdot SD\end{aligned}$$

…

也许我们会在众多冗杂信息的干扰面前暂时抓不住关键，为了证明P,A,Q,B四点共圆而思考$SA\cdot SB=SP\cdot SQ$，导致证$\triangle SAQ\backsim\triangle SPB$.从而得出$\angle SBP=\angle SQA$.眼光再放远一点就是式③的$\angle ABP=\angle AQP$，于是得出$P,A,Q,B$四点共圆.在这个圆上，由$PA=PB$，有

$$\angle AQP=\angle BQP \quad ④$$

从而

$$\angle DBQ = \angle BQP - \angle 1 = \angle AQP - \angle 1$$
$$= \angle 2 \quad (\triangle ADQ \text{ 中})$$

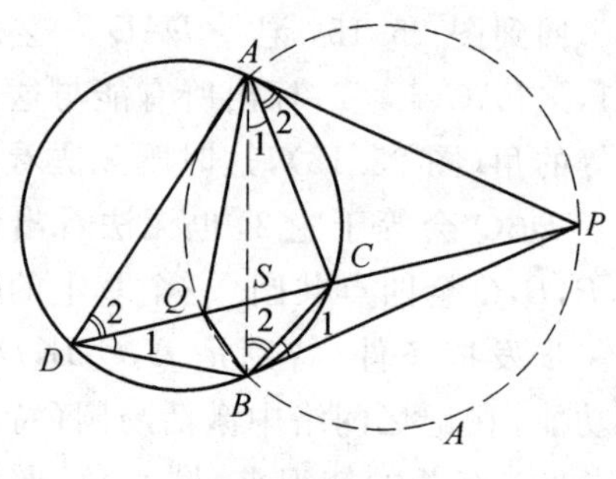

图 25.20

证明 联结 AB. 因为

$$\angle PQA = \angle QDA + \angle QAD \quad (\triangle ADQ \text{ 中})$$
$$= \angle ABC + \angle PBC \quad (\text{圆周角定理,式①})$$
$$= \angle PBA$$

所以,P,A,Q,B 四点共圆(图 25.20).

因为 $PA = PB$,则 $\angle BQP = \angle AQP$,从而

$$\angle DBQ = \angle BQP - \angle BDC = \angle AQP - \angle PBC$$
$$= \angle AQP - \angle DAQ = \angle ADC = \angle PAC$$

作为探索,这是一个成功的思路,但作为解题,这只是迈出蹩脚的第一步.

2. 自觉反思的领悟

如果说图 25.15 所提供的问题情境是一个黑房间的话,那么,在黑房间中摸索前进就难免会走弯路,甚至迷失方向. 而图 25.20 所提供的问题情境却大不相同,它已经拉开了黑房间的电灯,为我们认识问题的本质打开了大门.

反思解题过程,我们看到这样的基本步骤(图 25.21):

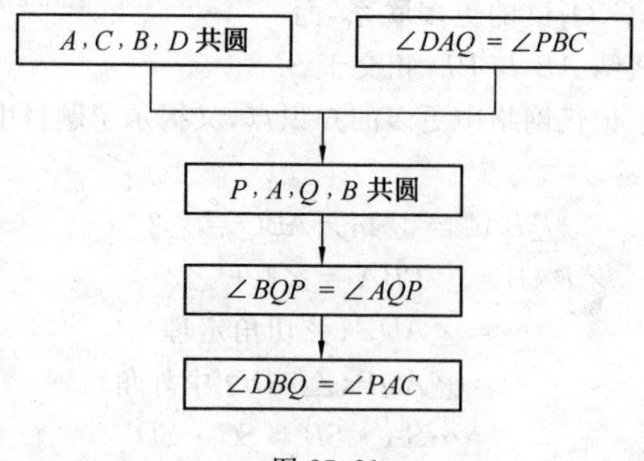

图 25.21

如果说,在思路探求中对 A,C,B,D 四点共圆进行了较多思考的话,那么,对 P,A,Q,B 四点共圆所带来的结果还挖掘得比较少. 其实,从图 25.20 中能导出结论,代替 $\angle BQP = \angle AQP$ 的等角关系还很多(从而有一题多解). 如

$$\angle PAB = \angle PQB \qquad ⑤$$
$$\angle ACD = \angle ABD \qquad ⑥$$

…

特别重要的是，式④或更一般地

$$\angle PAB=\angle PBA=\angle BQP=\angle AQP$$

依赖于切线的性质 $PA=PB$，而式③⑤⑥却与 $PA=PB$ 无关. 这说明 A,B 为切点是多余的，解法还可以改进.

例 2 过圆外一点 P 作圆的三条割线 PA，PB，PCD（C 在 P，D 之间），在弦 CD 上取一点 Q，使 $\angle DAQ=\angle PBC$. 求证：$\angle DBQ=\angle PAC$.

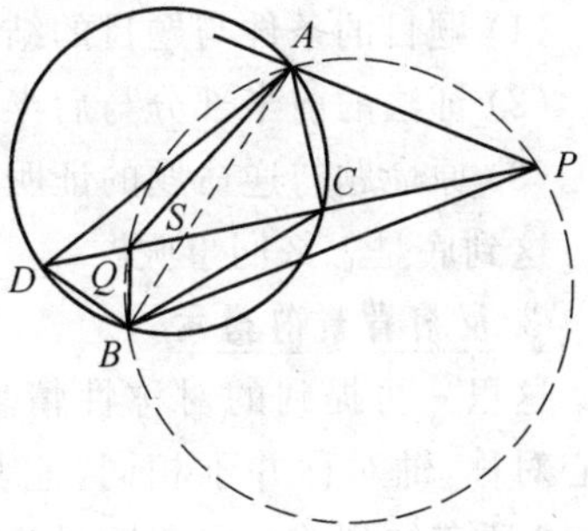

分析 这时的题目有两种图形，一是 A,B 同为近（远）交点（类似于图 25.15），二是 A,B 中一个为近交点一个为远交点（图 25.22），但证法完全一样.

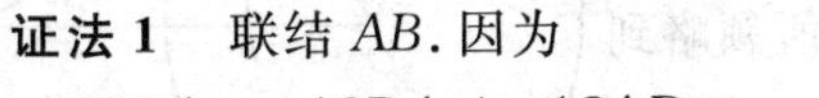

图 25.22

证法 1 联结 AB. 因为

$$\angle PQA=\angle QDA+\angle QAD$$
$$=\angle ABC+\angle PBC=\angle PBA$$

所以，P,A,Q,B 四点共圆. 从而（用式⑤）

$$\angle PAB=\angle PQB$$

又 $\angle BAC=\angle BDC$，相减得

$$\angle DBQ=\angle PQB-\angle BDC(\triangle QBD\text{ 中})=\angle PAB-\angle BAC=\angle PAC$$

证法 2 同证法 1 得 P,A,Q,B 四点共圆. 从而 $\angle APQ=\angle ABQ$，又 $\angle ACD=\angle ABD$（用式⑥），相减得

$$\angle DBQ=\angle ABD-\angle ABQ=\angle ACD-\angle APQ=\angle PAC\quad(\triangle PAC\text{ 中})$$

更多的证法不赘述. 需要注意的是，证法中的前后两个步骤存在着明显的对称结构. 首先在已知圆中用“三角形外角定理”推出一个隐含的圆，然后又用“三角形外角定理”推出结论. 这不仅是题目对称结构的一个呈现，同时也是对称结构的一个揭示，其前景是：同样的步骤可证逆命题成立.

例 3 过圆外一点 P 作圆的三条割线 PA，PB，PCD（C 在 P，D 之间），在弦 CD 上取一点 Q，则 $\angle DAQ=\angle PBC$ 成立的充分必要条件是 $\angle DBQ=\angle PAC$.

证明 必要性已如上所述，只证充分性.

如图 25.20、图 25.22，联结 AB. 由 A,C,B,D 四点共圆有 $\angle BAC=\angle BDC$，又 $\angle PAC=\angle DBQ$，相加得

$$\angle PAB=\angle BAC+\angle PAC=\angle BDC+\angle DBQ=\angle PQB\quad(\triangle QBD\text{ 中})$$

故 P,A,Q,B 四点共圆. 从而 $\angle PQA=\angle PBA$，又 $\angle ADC=\angle ABC$，相减

得

$$\angle DAQ = \angle PQA - \angle ADC(\triangle ADQ\text{ 中}) = \angle PBA - \angle ABC = \angle PBC$$

此证法与例2的证法1,结构是相同的,对应步骤的运算是互逆的,原逆命题之间又呈现出和谐与对称的情境.这样,就出了三个对称情境:

(1) 题目的条件与题目的结论之间;

(2) 证法的前半部分与后半部分之间;

(3) 原命题与逆命题的证明方法之间.

这到底是怎么回事呢?

3. 反演背景的揭示

这里一再提到的对称性情境,与我们熟知的中心对称,轴对称并不相同,它具有保角性(如图25.16所感知到的),保圆性(如证明过程所领略到的),应该是反演变换.

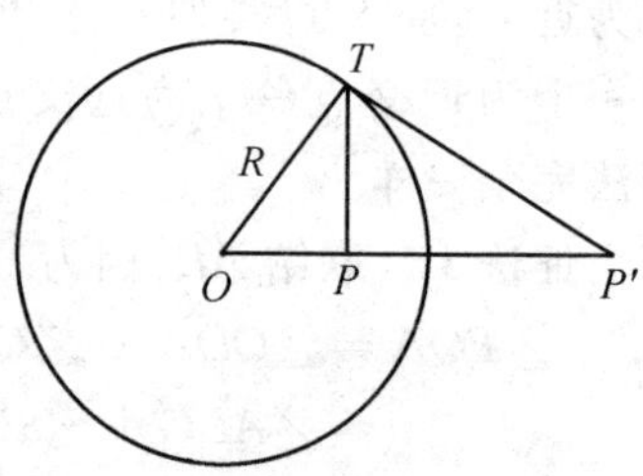

图 25.23

反演变换是数学家斯坦纳在1830年发现的.如图25.23所示,给定一个以 O 为圆心,R 为半径的圆,设 P 是不同于 O 的任意一点,则 P 的反演点定义为:射线 OP 上的一点 P',它到点 O 的距离满足方程 $OP \cdot OP' = R^2$.

反演变换是一一变换.由反演变换的定义可以证明以下几点.

(1) 若 A,B 的反演点为 A',B',且 O,A,B 不共线,则:

(i) $\triangle AOB \cong \triangle B'OA'$.

(ii) $\angle ABO = \angle B'A'O, \angle BAO = \angle A'B'O$.

(iii) A,B,A',B' 四点共圆.

(2) 不通过反演中心的直线,反形是通过反演中心的圆.

(3) 不通过反演中心的圆周,反形是不通过反演中心的圆周.

(4) 反演变换下,两曲线夹角大小不变.

例1中的反演背景可以这样来说明:

(1) 联结 AB 与 PD 相交于 S 后,由 A,C,B,D 四点共圆及 $\angle DAQ = \angle PBC$,得出 P,A,Q,B 四点共圆.从而有

$$SA \cdot SB = SC \cdot SD = SP \cdot SQ = R^2$$

这相当于确定了一个反演变换,其反演中心为 S,反演基圆为圆(S,R)(不是图25.20、图25.22中的任一个圆),且 A 与 B,C 与 D,P 与 Q 恰好均互为对应点(即图25.17(a)确定了一个反演变换).

(2) 在这个反演变换下,三点(D,B,Q)变为三点(C,A,P),有 $\angle DBQ =$

$\angle CAP$.

虽然题目有反演背景,但证明中没有用到任何反演知识,有圆周角定理、三角形外角定理和四点共圆的知识就够了.

反演变换可以改写为极坐标形式、直角坐标形式和复数形式,并在高考题(如1987年理科第6题,1995年理科第26题)、竞赛题(如1988年全国高中数学联赛第一试第4题)中出现过.

试题B　凸四边形 $EFGH$ 的顶点 E,F,G,H 分别在凸四边形 $ABCD$ 的边 AB,BC,CD,DA 上,且满足 $\frac{AE}{EB}\cdot\frac{BF}{FC}\cdot\frac{CG}{GD}\cdot\frac{DH}{HA}=1$. 而点 A,B,C,D 分别在凸四边形 $E_1F_1G_1H_1$ 的边 $H_1E_1,E_1F_1,F_1G_1,G_1H_1$ 上,满足 $E_1F_1 /\!/ EF,F_1G_1 /\!/ FG,G_1H_1 /\!/ GH,H_1E_1 /\!/ HE$. 已知 $\frac{E_1A}{AH_1}=\lambda$,求 $\frac{F_1C}{CG_1}$ 的值.

解　(1) 如图25.24,若 $EF /\!/ AC$,则

$$\frac{BE}{EA}=\frac{BF}{FC}$$

代入已知条件得 $\frac{DH}{HA}=\frac{DG}{GC}$,所以

$$HG /\!/ AC$$

从而

$$E_1F_1 /\!/ AC /\!/ H_1G_1$$

故

$$\frac{F_1C}{CG_1}=\frac{E_1A}{AH_1}=\lambda$$

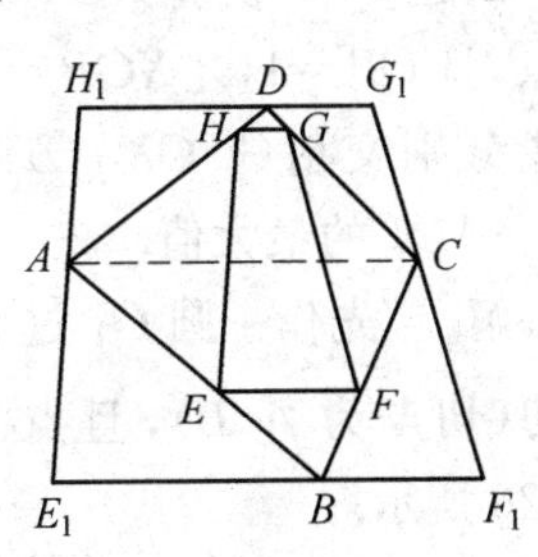

图 25.24

(2) 如图25.25,若 EF 与 AC 不平行. 设 FE 的延长线与 CA 的延长线相交于点 T. 由梅涅劳斯定理得

$$\frac{CF}{FB}\cdot\frac{BE}{EA}\cdot\frac{AT}{TC}=1$$

结合题设有

$$\frac{CG}{GD}\cdot\frac{DH}{HA}\cdot\frac{AT}{TC}=1$$

由梅涅劳斯定理逆定理知 T,H,G 三点共线.

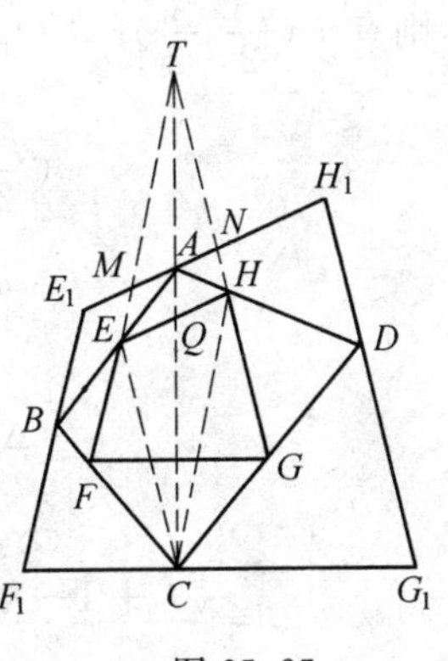

图 25.25

TF,TG 与 E_1H_1 分别交于点 M,N. 由 $E_1B /\!/ EF$,得

$$E_1A=\frac{BA}{EA}\cdot AM$$

同理
$$H_1A=\frac{AD}{AH}\cdot AN$$

所以
$$\frac{E_1A}{AH_1}=\frac{AM}{AN}\cdot\frac{AB}{AE}\cdot\frac{AH}{AD}$$

又
$$\frac{EQ}{QH}=\frac{S_{\triangle AEC}}{S_{\triangle AHC}}=\frac{S_{\triangle ABC}\cdot AE\cdot AD}{S_{\triangle ADC}\cdot AB\cdot AH}$$

故
$$\frac{E_1A}{AH_1}=\frac{EQ}{QH}\cdot\frac{AB}{AE}\cdot\frac{AH}{AD}=\frac{S_{\triangle ABC}}{S_{\triangle ADC}}$$

同理
$$\frac{F_1C}{CG_1}=\frac{S_{\triangle ABC}}{S_{\triangle ADC}}$$

所以
$$\frac{F_1C}{CG_1}=\frac{E_1A}{AH_1}=\lambda$$

试题 C1 设$\angle XOY=90^\circ$,P为$\angle XOY$内的一点,且$OP=1$,$\angle XOP=30^\circ$,过点P任意作一条直线分别交射线OX,OY于点M,N. 求$OM+ON-MN$的最大值.

解 先作一圆O_1过点P且与射线OX,OY相切(切点为A,B),且点P在优弧$\overset{\frown}{AB}$上,如图25.26所示.

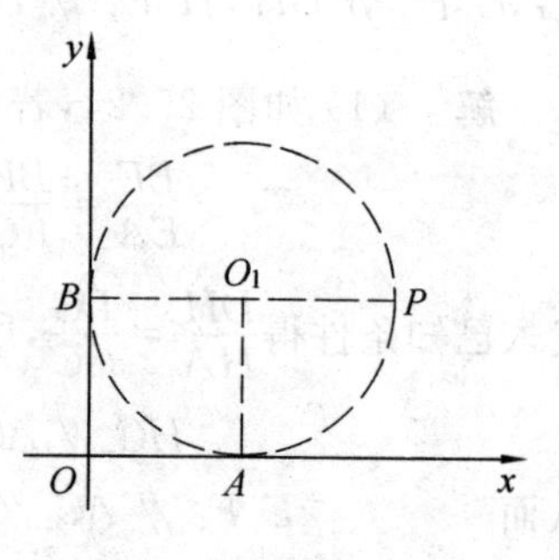

图 25.26

分别以射线OX,OY为x轴、y轴建立直角坐标系,则有$P(\frac{\sqrt{3}}{2},\frac{1}{2})$. 设$O_1(a,a)$,则有
$$(\frac{\sqrt{3}}{2}-a)^2+(\frac{1}{2}-a)^2=a^2$$

即
$$a^2-(\sqrt{3}+1)a+1=0$$

所以
$$\Delta=(\sqrt{3}+1)^2-4=2\sqrt{3}$$

故
$$a=\frac{\sqrt{3}+1-\sqrt{2\sqrt{3}}}{2}=\frac{\sqrt{3}+1-\sqrt[4]{12}}{2}\quad(\text{取较小根})$$

因为$30^\circ<45^\circ$,且$\frac{1}{2}>a=\frac{\sqrt{3}+1-\sqrt[4]{12}}{2}$,所以,过点$P$的圆$O_1$的切线与射线$OX$,$OY$都相交.

如图25.27,设MN是过点P的圆O_1的切线,M,N分别在射线OX,OY

上，设 M_1N_1 是过点 P 的任一直线，且与圆 O_1 相交，M_1，N_1 分别在射线 OX，OY 上.

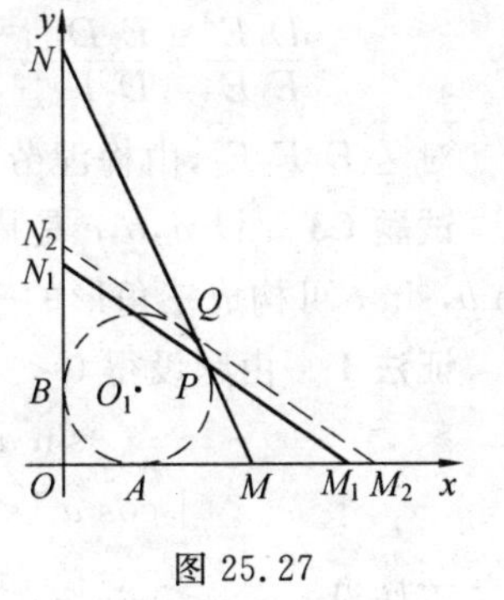

图 25.27

将 M_1N_1 朝远离点 O 的方向平移，直至与圆 O_1 相切所得直线为 M_2N_2（切点为 Q），M_2，N_2 分别在射线 OX，OY 上.

由切线长定理有

$$\begin{aligned}&OM_1+ON_1-M_1N_1\\&<OM_2+ON_2-M_2N_2\\&=(OB+BN_2)+(OA+AM_2)-(N_2Q+QM_2)\\&=2OA\end{aligned}$$

同理
$$2OA=OM+ON-MN$$

综上可得，当 MN 是过点 P 的圆 O_1 的切线时，$OM+ON-MN$ 取得最大值，且最大值为 $2OA=2a=\sqrt{3}+1-\sqrt[4]{12}$.

试题 C2　点 D，E，F 分别在锐角 $\triangle ABC$ 的边 BC，CA，AB 上（均异于端点），满足 $EF\parallel BC$，D_1 是边 BC 上一点（异于 B，D，C），过 D_1 作 $D_1E_1\parallel DE$，$D_1F_1\parallel DF$，分别交边 AC，AB 于点 E_1，F_1，联结 E_1F_1，再在 BC 上方（与 A 同侧）作 $\triangle PBC$，使得 $\triangle PBC\backsim\triangle DEF$，联结 PD_1. 求证：EF，E_1F_1，PD_1 三线共点.

证明　如图 25.28，记 PD_1，D_1E_1，D_1F_1 分别交 EF 于 D_2，E_2，F_2，则只要证明 E_1，D_2，F_1 三点共线. 因为 $\triangle E_1D_1C\backsim\triangle E_1E_2E$，所以

$$\frac{D_1E_1}{E_1E_2}=\frac{D_1C}{EE_2}\qquad①$$

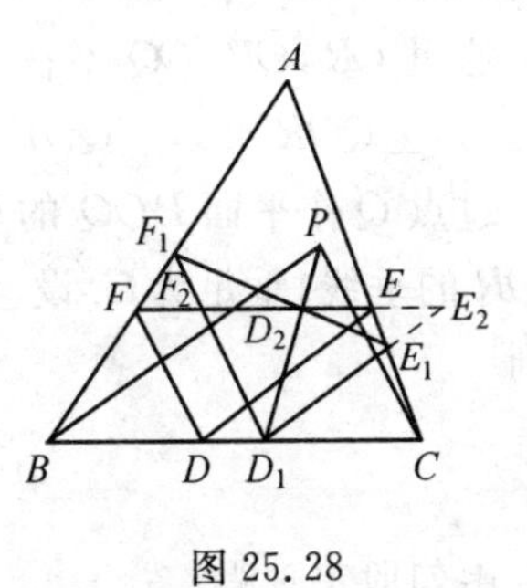

图 25.28

因为 $\triangle F_1FF_2\backsim\triangle F_1BD_1$，所以

$$\frac{F_2F_1}{F_1D_1}=\frac{FF_2}{BD_1}\qquad②$$

因为 $\triangle PBC$ 和 $\triangle D_1E_2F_2$ 都相似于 $\triangle DEF$，且它们的对应边平行，所以 $\triangle PBC\backsim\triangle D_1E_2F_2$，且对应边互相平行.

而 PD_1 和 D_1D_2 是这对相似三角形中处于对应位置的线段，所以

$$\frac{E_2D_2}{D_2F_2}=\frac{BD_1}{D_1C}\qquad③$$

式 ①×②×③，又因为 $EE_2=DD_1=FF_2$（四边形 DD_1E_2E 和四边形 DD_1F_2F 都是平行四边形），则

$$\frac{D_1E_1}{E_1E_2}\cdot\frac{E_2D_2}{D_2F_2}\cdot\frac{F_2F_1}{F_1D_1}=\frac{D_1C}{EE_2}\cdot\frac{BD_1}{D_1C}\cdot\frac{FF_2}{BD_1}=\frac{FF_2}{EE_2}=1$$

对 $\triangle D_1E_2F_2$,由梅涅劳斯定理的逆定理知 E_1,D_2,F_1 三点共线.

试题 C3 设 a,b,c 是周长不超过 2π 的三角形的三条边长.证明:$\sin a$,$\sin b$,$\sin c$ 可构成三角形的三条边长.

证法 1 由题设得 $0<a,b,c<\pi$.故

$$\sin a>0,\sin b>0,\sin c>0$$

$$|\cos a|<1,|\cos b|<1,|\cos c|<1$$

不妨设 $\sin a\leqslant\sin b\leqslant\sin c$,若 $a=\frac{\pi}{2}$,则 $b=c=\frac{\pi}{2}$,故 $\sin a=\sin b=\sin c=1$.结论显然成立.

设 $a\neq\frac{\pi}{2}$.

(i) 当 $a+b+c=2\pi$ 时,有

$$\begin{aligned}\sin c&=\sin(2\pi-a-b)=-\sin(a+b)\\&\leqslant\sin a|\cos b|+\sin b|\cos a|<\sin a+\sin b\end{aligned}$$

(ii) 当 $a+b+c<2\pi$ 时,由于 a,b,c 构成三角形的三边,故存在一个三面角使得 a,b,c 分别为其面角,如图 25.29 所示.

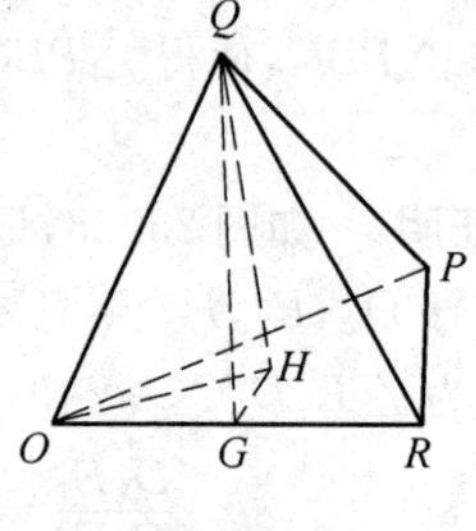

图 25.29

这里 OR,OP,OQ 不在一平面上,$OQ=OP=OR=1$,$\angle QOR=a$,$\angle QOP=b$,$\angle POR=c$.

过点 Q 作平面 POQ 的垂线,垂足为 H.过 H 作 OR 的垂线,垂足为 G.设 $\angle QOH=\varphi$,$\angle HOR=\theta$,则

$$0<\varphi<\frac{\pi}{2},0\leqslant\theta<2\pi$$

由勾股定理得

$$\begin{aligned}\sin a=OG&=\sqrt{QH^2+GH^2}=\sqrt{\sin^2\varphi+\cos^2\varphi\sin^2\theta}\\&=\sqrt{\sin^2\theta+\sin^2\varphi\cos^2\theta}\geqslant|\sin\theta|\end{aligned} \quad ①$$

类似有

$$\sin b=\sqrt{\sin^2(c-\theta)+\sin^2\varphi\cos^2(\theta-c)}\geqslant|\sin(c-\theta)| \quad ②$$

我们断言,式①②中的等号不能同时成立.若不然,由 $\sin^2\varphi\neq0$ 得

$$\cos\theta=\cos(c-\theta)=0$$

故 $\theta=\frac{\pi}{2}$ 或 $\frac{3\pi}{2}$,$c-\theta=\pm\frac{\pi}{2}$ 或 $\pm\frac{3\pi}{2}$,这与 $0<c<\pi$ 矛盾.因此

$$\sin a+\sin b>|\sin\theta|+|\sin(c-\theta)|\geqslant|\sin(\theta+c-\theta)|=\sin c$$

证法2　(由江苏木渎中学陈晓明给出)

(i) 由题设可知 $0<a,b,c<\pi$,故 $\sin a,\sin b,\sin c$ 均大于0.

(ii) 若 $0<a+b\leqslant\pi$,由题设知 $a+b>c$,即 $\frac{a+b}{2}>\frac{c}{2}$.又因

$$0<\frac{a+b}{2}\leqslant\frac{\pi}{2}$$

所以
$$0<\frac{c}{2}<\frac{\pi}{2}$$

故
$$\sin\frac{a+b}{2}>\sin\frac{c}{2}>0$$

若 $\pi<a+b<2\pi$,则

$$0<\pi-\frac{a+b}{2}<\frac{\pi}{2}$$

又由 $a+b+c\leqslant2\pi$,知

$$\pi-\frac{a+b}{2}\geqslant\frac{c}{2}$$

且
$$0<\frac{c}{2}<\frac{\pi}{2}$$

所以
$$\sin\frac{a+b}{2}=\sin(\pi-\frac{a+b}{2})>\sin\frac{c}{2}>0$$

(iii) 由题设可知 $|a-b|<c$,则

$$\frac{|a-b|}{2}<\frac{c}{2}$$

又由 $0<a,b,c<\pi$,知

$$0\leqslant\frac{|a-b|}{2}<\frac{\pi}{2},0<\frac{c}{2}<\frac{\pi}{2}$$

故
$$\cos\frac{|a-b|}{2}>\cos\frac{c}{2}>0$$

即
$$\cos\frac{a-b}{2}>\cos\frac{c}{2}>0$$

综上所述,有

$$\sin\frac{a+b}{2}\cos\frac{a-b}{2}>\cos\frac{c}{2}\cos\frac{c}{2}$$

即 $$\sin a+\sin b>\sin c$$

同理 $$\sin b+\sin c>\sin a$$

$$\sin c+\sin a>\sin b$$

所以,$\sin a$,$\sin b$,$\sin c$ 可构成三角形的三条边长.

试题 D1 已知$\triangle ABC$为锐角三角形,$AB\neq AC$,以BC为直径的圆分别交边AB,AC于点M,N,记BC的中点为O,$\angle BAC$的平分线和$\angle MON$的平分线交于点R.求证:$\triangle BMR$的外接圆和$\triangle CNR$的外接圆有一个交点在边BC上.

证明 (根据彭闽昱的解答改写)如图25.30,首先,证明A,M,R,N四点共圆.因为$\triangle ABC$为锐角三角形,故点M,N分别在线段AB,AC内.在射线AR上取一点R_1,使A,M,R_1,N四点共圆.因为AR_1平分$\angle BAC$,故$R_1M=R_1N$.由$OM=ON$,$R_1M=R_1N$知点R_1在$\angle MON$的平分线上.而$AB\neq AC$,则$\angle MON$的平分线与$\angle BAC$的平分线不重合、不平行,有唯一交点R.从而,$R_1=R$,即A,M,R,N四点共圆.其次,设AR的延长线交BC于点K,则K在边BC上.因为B,C,N,M四点共圆,故$\angle ANM=\angle MRA$.从而,$\angle MBK=\angle MRA$.所以,B,M,R,K四点共圆.

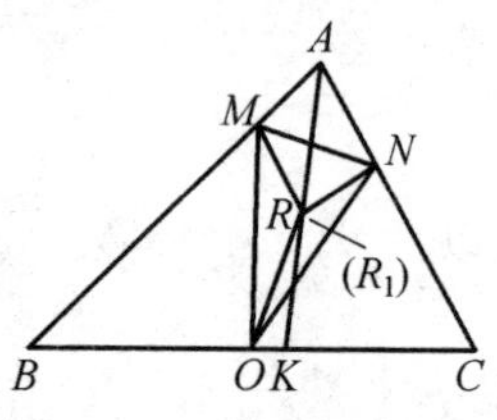

图 25.30

同理,C,N,R,K四点共圆.

于是,结论成立.

试题 D2 在凸四边形$ABCD$中,对角线BD既不是$\angle ABC$的平分线,也不是$\angle CDA$的平分线.点P在四边形$ABCD$内部,满足$\angle PBC=\angle DBA$和$\angle PDC=\angle BDA$.证明:$ABCD$为圆内接四边形的充分必要条件是$AP=CP$.

证法 1 如图25.31,不妨设P在$\triangle ABC$和$\triangle BCD$内.

设$ABCD$为圆内接四边形,直线BP,DP分别交AC于点K和L.因为

$$\angle PBC=\angle DBA$$

$$\angle PDC=\angle BDA$$

$$\angle ACB=\angle ADB,\angle ABD=\angle ACD$$

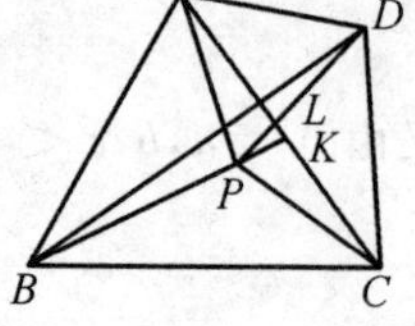

图 25.31

故$\triangle DAB$,$\triangle DLC$,$\triangle CKB$两两相似.

从而,$\angle DLC=\angle CKB$.

因而,$\angle PLK=\angle PKL$,$PK=PL$.

因为$\angle BDA=\angle PDC$,所以$\angle ADL=\angle BDC$.

又因为$\angle DAL=\angle DBC$,所以$\triangle ADL\backsim\triangle BDC$.

因此，$\dfrac{AL}{BC}=\dfrac{AD}{BD}=\dfrac{KC}{BC}$(因为 $\triangle DAB \backsim \triangle CKB$).

由此知 $AL=KC$.

因为 $\angle DLC=\angle CKB$，故 $\angle ALP=\angle CKP$.

又因为 $PK=PL$，$AL=KC$，故 $\triangle ALP \cong \triangle CKP$. 所以，$AP=CP$.

反之，如图 25.32，设 $AP=CP$，并设 $\triangle BCP$ 的外接圆分别交直线 CD，DP 于点 X 和 Y. 因为 $\angle ADB=\angle PDX$，$\angle ABD=\angle PBC=\angle PXC$，故 $\triangle ADB \backsim \triangle PDX$.

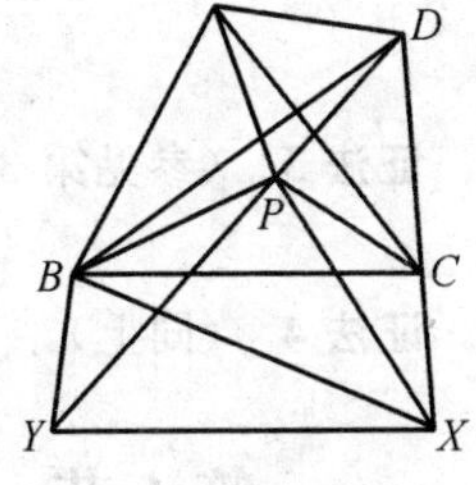

图 25.32

从而，$\dfrac{AD}{PD}=\dfrac{BD}{XD}$.

又因为 $\angle ADP=\angle ADB+\angle BDP+\angle PDX+\angle BDP=\angle BDX$，即 $\triangle ADP \backsim \triangle BDX$，因此

$$\frac{BX}{AP}=\frac{BD}{AD}=\frac{XD}{PD} \quad ①$$

因为 P,C,X,Y 四点共圆，故

$$\angle DPC=\angle DXY, \angle DCP=\angle DYX$$

从而，$\triangle DPC \backsim \triangle DXY$. 由此，得

$$\frac{YX}{CP}=\frac{XD}{PD} \quad ②$$

由 $AP=CP$，式 ①② 得 $BX=YX$. 因此

$$\begin{aligned}\angle DCB&=\angle XYB=\angle XBY=\angle XPY=\angle PDX+\angle PXD\\&=\angle ADB+\angle ABD=180^\circ-\angle BAD\end{aligned}$$

所以，四边形 $ABCD$ 为圆内接四边形.

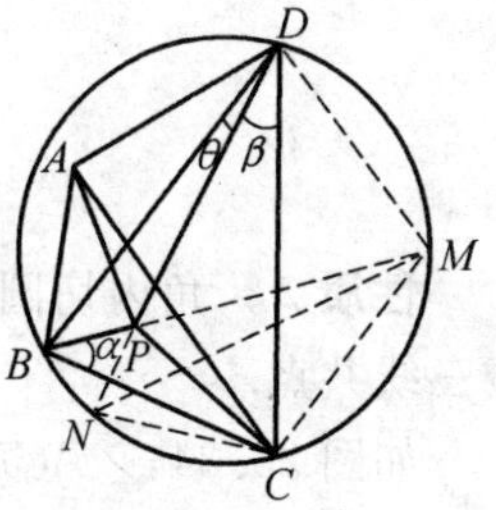

证法 2 如图 25.33，设 $\triangle BCD$ 的外接圆为圆 O. 延长 DP，BP 分别与圆 O 交于 N，M. 联结 DM，MC，MN，CN，BN，记 $\angle NMC=\angle NDC=\beta$，$\angle CNM=\angle CBM=\alpha$，$\angle BDN=\theta$. 则

图 25.33

$$\triangle ABD \backsim \triangle CNM \Rightarrow \frac{AD}{CM}=\frac{BD}{NM}$$

因为 $\triangle BDP \backsim \triangle NMP$，所以

$$\frac{PD}{PM}=\frac{BD}{NM}=\frac{AD}{CM}$$

又

$$\angle ADP=\angle CMP=\beta+\theta\Rightarrow\triangle CMP\backsim\triangle ADP\Rightarrow AP=CP$$
$$\Leftrightarrow\triangle CMP\cong\triangle ADP$$
$$\Leftrightarrow PD=PM$$
$$\Leftrightarrow\angle BCD=\angle PMD=\angle MDP=\alpha+\beta$$
$$\Leftrightarrow\angle BCD+\angle BAD=180^\circ$$
$$\Leftrightarrow A,B,C,D\text{ 四点共圆}$$

证法3 (参见第34章第1节例7)

证法4 (同上)

第1节 角的内切圆的性质及应用(一)

性质1[①] 一圆与$\angle APB$两边切于A,B两点,直线PCD是该圆的任一割线,则四边形$ABCD$两对边之积相等.亦即$AC\cdot BD=BC\cdot AD$,或改写为$\frac{AC}{CB}=\frac{AD}{DB}$或$\frac{AC}{AD}=\frac{BC}{BD}$,则可叙述为每相对角的两边对应成比例.$ACBD$为调和四边形.

证明 由相切有

$$PA=PB,\triangle PBC\backsim\triangle PDB,\triangle PAC\backsim\triangle PDA$$

故有

$$\frac{BC}{PB}=\frac{BD}{PD},\frac{AC}{PA}=\frac{AD}{PD}$$

故

$$\frac{AC}{BC}=\frac{\frac{AC}{PA}}{\frac{BC}{PB}}=\frac{\frac{AD}{PD}}{\frac{BD}{PD}}=\frac{AD}{BD}$$

即

$$AC\cdot BD=BC\cdot AD$$

性质2 角内切圆内接四边形$ACBD$,则相对的角的角平分线与另一对角线三线共点.

如图25.34,$\angle ACB$与$\angle ADB$的平分线与AB三线共点.(证略)

例1 $\triangle ABC$的内切圆分别切BC,CA,AB于D,E,F,点M是圆上任一

① 向国华.角内切圆的内接四边形的一条性质及应用[J].现代中学数学,2003(2):32-34.

点，且 MB，MC 分别交圆于 Y，Z，证明：EY，FZ，MD 三线共点.

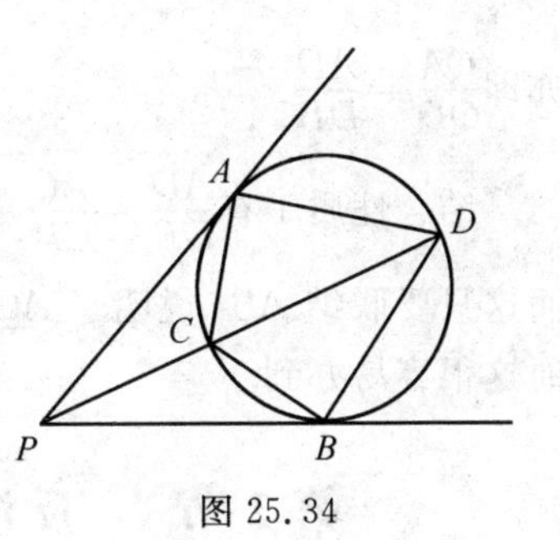

图 25.34

证明　如图 25.35，$FYDZEM$ 构成圆内接六边形，根据塞瓦定理的推论（参见第 1 章第 1 节），有 EY，FZ，MD 三线共点 $\Leftrightarrow \frac{FY}{YD}\cdot\frac{DZ}{ZE}\cdot\frac{EM}{MF}=1$. 而由性质 1 可知，在四边形 $FYDM$ 中有 $\frac{FY}{YD}=\frac{FM}{DM}$，在四边形 $DZEM$ 中有 $\frac{DZ}{ZE}=\frac{DM}{ME}$，故

$$\frac{FY}{YD}\cdot\frac{DZ}{ZE}\cdot\frac{EM}{MF}=\frac{FM}{DM}\cdot\frac{DM}{ME}\cdot\frac{EM}{MF}=1$$

显然成立，故得证.

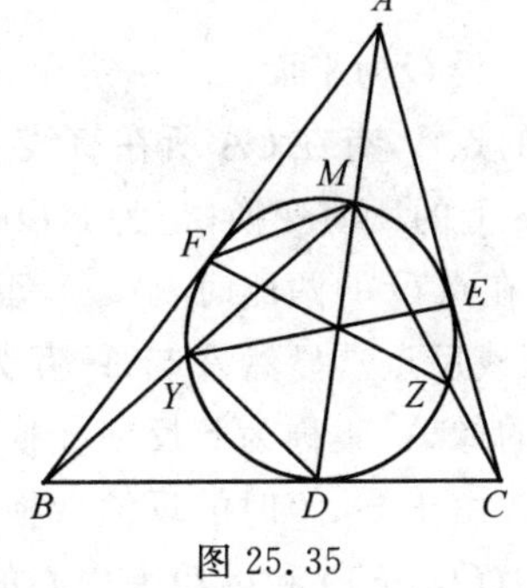

图 25.35

例 2　如图 25.36，$\triangle ABC$ 的内切圆分别切 BC，CA，AB 于 D，E，F，AD 与圆交于 M，MB，MC 分别交圆于 Y，Z，证明：$FY\parallel MD\parallel EZ$ 的充要条件是点 M 为 AD 的中点.

证明　由性质 1 有 $\frac{FY}{YD}=\frac{FM}{MD}$，又 F，Y，D，M 四点共圆，故 $\angle FYD=\angle FMA$，若 $AM=MD$，则

$$\frac{FY}{YD}=\frac{FM}{AM}$$

故　　$\triangle FYD \backsim \triangle FMA$

从而　　$\angle FAM=\angle FDY=\angle BFY$

故 $FY\parallel AD$，同理 $EZ\parallel AD$，故充分性得证.

反过来，若 $FY\parallel AD$ 亦可推知点 M 是 AD 中点.

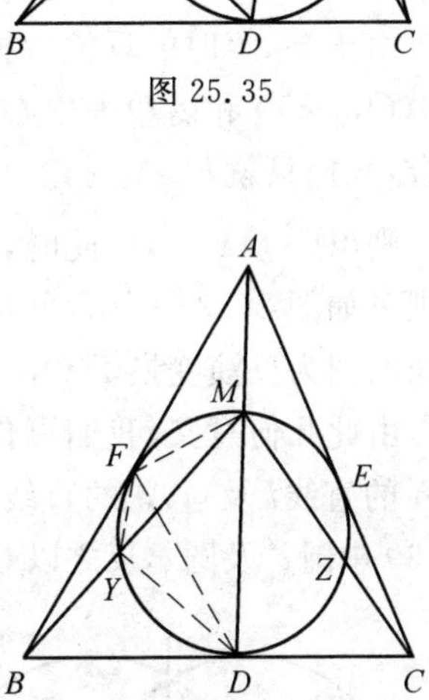

图 25.36

例 3　（2003 年全国高中数学联赛）如图 25.37，$\angle APB$ 内有一内切圆与边切于 A，B 两点，PCD 是任一割线交圆于 C，D 两点，点 Q 在 CD 上且 $\angle QAD=\angle PBC$，证明：$\angle PAC=\angle QBD$.

证明　由弦切角等于圆周角有 $\angle PAC=\angle ADQ$，$\angle PBC=\angle QDB$，进而有 $\angle QDB=\angle QAD$. 要证 $\angle PAC=\angle QBD$，只需证 $\angle ADQ=\angle QBD$ 即可，则又只需证 $\triangle QAD \backsim \triangle QDB$. 又因为 $\angle QAD=\angle QDB$，故又只需证 $\frac{QA}{AD}=\frac{QD}{DB}$，

亦即$\dfrac{QA}{QD}=\dfrac{AD}{DB}$.

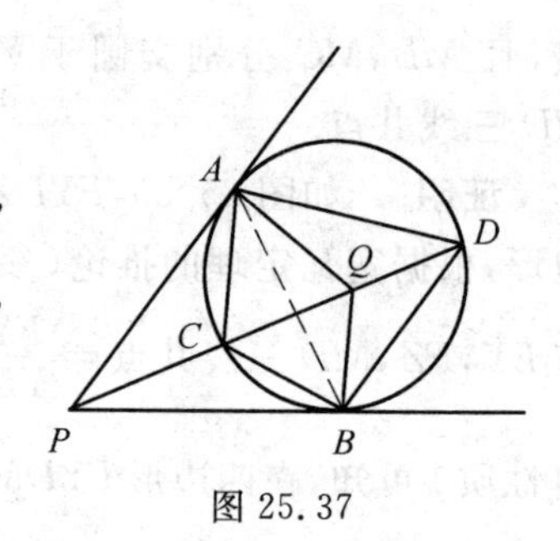

图 25.37

结合性质1有$\dfrac{AD}{DB}=\dfrac{AC}{CB}$,于是转证$\dfrac{AC}{CB}=\dfrac{AQ}{QD}$,而这只要联结$AB$,说明$\triangle ACB\backsim\triangle AQD$即可,而这很容易办到.

第2节　反演变换

设O为平面α上一定点,对于α上任意异于点O的点A,有在OA所在直线上的点A',满足$OA\cdot OA'=k\neq 0$,则称法则I为平面α上的反演变换,记为$I(O,k)$.其中O为反演中心或反演极,k为反演幂;A与A'在点O的两侧时$k<0$,否则$k>0$;A与A'为在此反演变换下的一对反演点(或反点),显然A与A'互为反点(但点O的反点不存在或为无穷远点);点A集的像A'集称为此反演变换下的反演形(或反形).

由于$k<0$时的反演变换$I(O,k)$是反演变换$I(O,|k|)$和以O为中心的中心对称变换的复合,我们只就$k>0$讨论反演变换即可.令$r=\sqrt{k}$,则$OA\cdot OA'=r^2$.此时,反演变换的几何意义则可如图25.38所示,并称以O为圆心,r为半径的圆为反演变换$I(O,r^2)$的基圆.

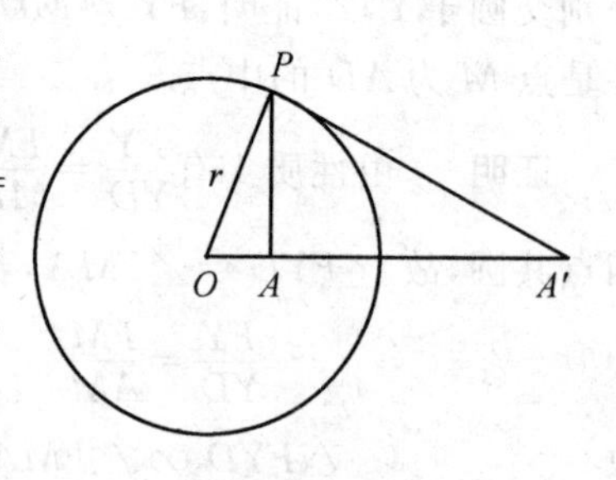

图 25.38

由此几何意义,我们可作出与AA'垂直的过A的直线l及过A'的直线l'的反形分别为图25.39中圆c'及圆c,反之以OA和OA'为直径的圆c、圆c'的反形分别为直线l',l.

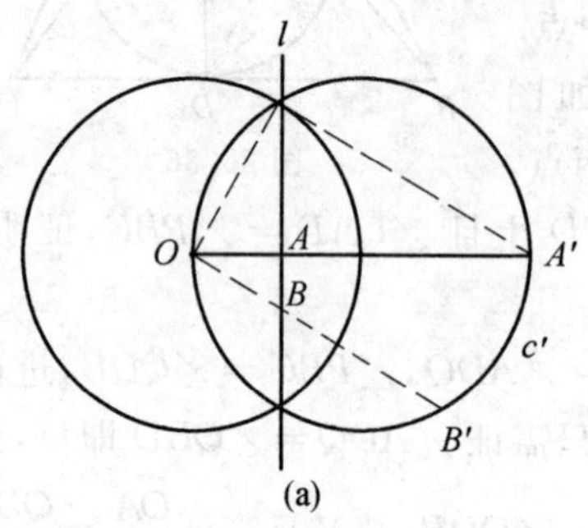

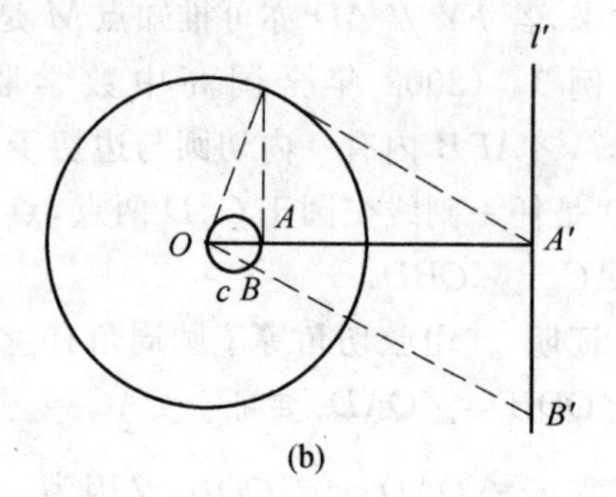

图 25.39

由反演变换($k>0$)的定义及几何意义,即推知反演变换有下列有趣性质.

性质1　基圆上的点仍变为自己,基圆内的点(O除外)变为基圆外的点,反之亦然.

性质2　不共线的任意两对反演点必共圆,过一对反演点的圆必与基圆正交(即交点处两圆的切线互相垂直).

性质3　过反演中心的直线变为本身(中心除外),过反演中心的圆变为不过反演中心的直线,特别地,过反演中心的相切两圆变为不过反演中心的两平行直线;过反演中心的相交圆变为不过反演中心的相交直线.

性质4　不过反演中心的直线变为过反演中心的圆,且反演中心在直线上射影的反点是过反演中心的直径的另一端点(图25.39);不过反演中心的圆变为不过反演中心的圆,特别地:

(1) 以反演中心为圆心的圆变为同心圆;

(2) 不过反演中心的相切(交)圆变为不过反演中心的相切(交)圆;

(3) 圆(O_1,R_1)和圆(O_2,R_2)若以点O为反演中心,反演幂为$k(k>0)$,则

$$R_1=\frac{kR_2}{|OO_2^2-R_2^2|},OO_1=\frac{kOO_2}{|OO_2^2-R_2^2|}$$

下面仅给出其中两个论断的证明.

先证:不过反演中心O的直线l变为过O的圆.

事实上,如图25.40所示,设l是不过反演中心O的直线,过O作$OA\perp l$于A.在OA上取A的反演点A',以OA'为直径作圆,则此圆就是直线l的反演象.

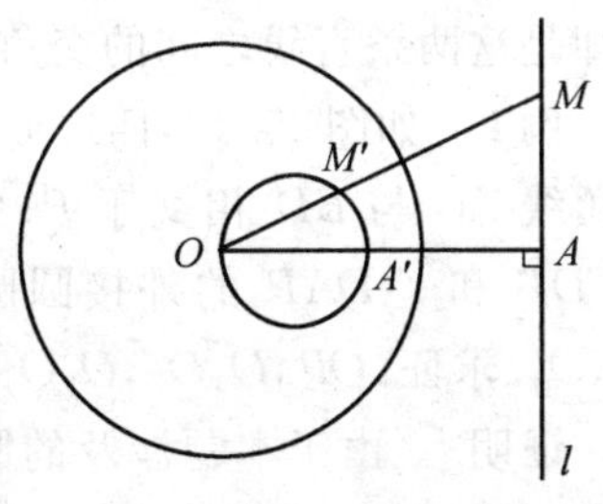

图25.40

下面证明这个事实,设M是l上任一点,M'是M的反演点,则M',M,A,A'共圆,所以$\angle OM'A'=\angle A'AM=90^\circ$,$M'$在以$OA'$为直径的圆上.反之,若$M'$在以$OA'$为直径的圆上,$OM'$延长后交$l$于$M$,则可推知$M',M,A,A'$共圆,因而$OM\cdot OM'=OA\cdot OA'$,即$M'$是$l$上点$M$的反演点.

再证:不过反演中心的圆变为不过反演中心的圆.

事实上,如图25.41,设AB是不过反演中心的已知圆的直径,而A',B'分别是点A,B的像点.若M'是已知圆上任一点M的像点,则A,A',M',M四点共圆.$\angle OAM=\angle OM'A'$,B,B',M',M四点共圆,$\angle OBM=\angle OM'B'$.

而$\angle OAM-\angle OBM=\angle AMB=90^\circ$,所以$\angle A'M'B'=\angle OM'A'-$

$\angle OM'B'=90°$.即任意点 M 的像 M' 在以 $A'B'$ 为直径的圆上.反之,也易证以 $A'B'$ 为直径的圆上任一点必是已知圆上某点的像.

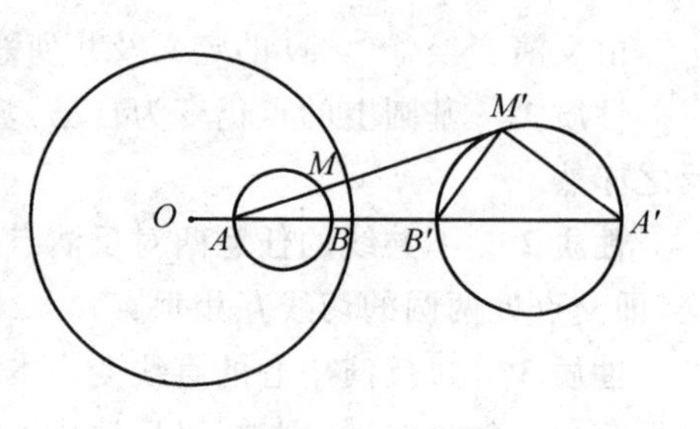

图 25.41

性质 5 在反演变换下,(1) 圆和圆,圆和直线,直线和直线的交角保持不变;(2) 共线(直线或圆)点(中心除外)的反点共反形线(圆或直线),共点(中心除外)线的反形共反形点.

我们仅证命题"圆和直线相切,如果切点不与反演中心重合,在反演下保持相切,否则得到一对平行直线"及"相交圆之间的交角保持不变".

事实上,若切点不与反演中心重合,则反演后圆的像与直线的像仍具有一个公共点,即保持相切.若切点与反演中心重合,则反演后,直线变为自身,以 A 为圆心的圆变为垂直于 OA 的直线,即得到一对平行直线.

两圆相交时,我们过其一交点分别引两圆的引线 l_1 和 l_2.由上所证,圆与直线的相切在反演下仍然保持,因此,圆的像之间的交角等于它们的切线的像之间的交角.在以 O 为中心的反演下,直线 $l_i(i=1,2)$ 变为自身或者变为与 l_i 平行的直线在点 O 相切的圆.因此,在以 O 为中心的反演下,直线 l_1 和 l_2 的像之间的角即是这两条直线之间的交角.证毕.

例 1 如图 25.42,四边形 $ABCD$ 内接于圆 O,对角线 AC 与 BD 相交于 P.设 $\triangle ABP$,$\triangle BCP$,$\triangle CDP$ 和 $\triangle DAP$ 的外接圆圆心分别是 O_1,O_2,O_3,O_4.求证:OP,O_1O_3,O_2O_4 三直线共点.

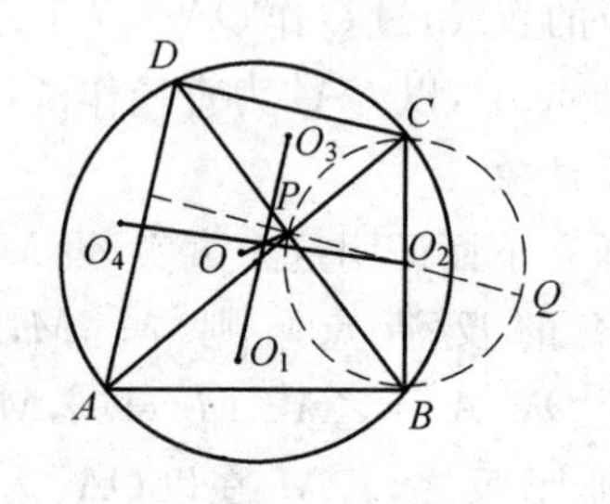

图 25.42

证明 由于本题涉及的圆较多,于是可考虑反演变换.取 P 为反演中心,P 关于圆 O 的幂为反演基圆半径,则圆 O 反演为本身,圆 $O_i(i=1,2,3,4)$ 反演为四边形 $ABCD$ 各边所在直线,过点 P 的直线也反演为本身.

由直线 PO_2 与圆 O_2 正交,可知它们的反形也正交,即 $PO_2\perp AD$.又易知 $O_4O\perp AD$,所以 $PO_2 /\!/ O_4O$.

同理,$PO_4 /\!/ O_2O$,所以 PO_2OO_4 为平行四边形,PO,O_2O_4 相交于 PO 中点.

同理,PO,O_1O_3 也相交于 PO 的中点.命题获证.

第 3 节 相交两圆的性质及应用(二)

在试题 A 证法 17 后的说明中，由图 25.14，介绍了相交两圆的一条有趣性质：两圆相交于 A,B 两点，一条直线与两圆分别交于 D,Q,C,P 四点，则 $\angle DAQ=\angle PBC$，$\angle DBQ=\angle PAC$.

我们曾在第 2 章第 4 节中介绍了相交两圆的 6 条性质. 在这里，我们继续介绍相交两圆的有关性质.①

在前面介绍的后两条性质，我们做了一点补充，重新列在这里，即性质 9，10.

性质 7 两相交圆的公共弦所在直线平分外公切线线段.

事实上，如图 25.43，圆 O_1 与圆 O_2 相交于 P,Q，设外公切线线段为 ST，直线 PQ 交 ST 于 M，则由 $SM^2=MP\cdot MQ=MT^2$，知 M 为 ST 的中点.

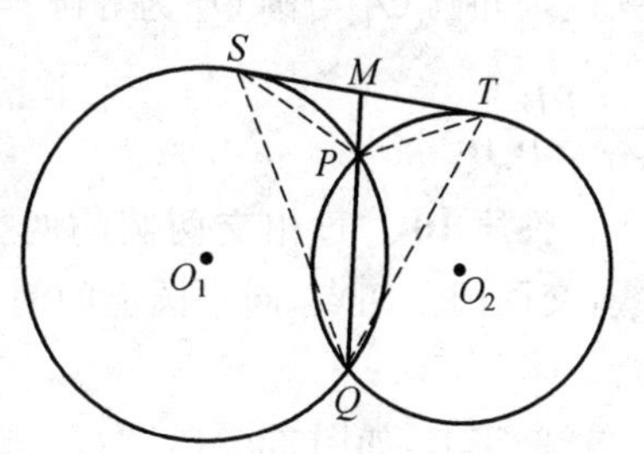

图 25.43

性质 8 以相交两圆的两个交点分别为视点，对同一外公切线线段的张角之和为 $180°$.

事实上，如图 25.43，圆 O_1 与圆 O_2 相交于 P,Q，ST 为两圆外公切线段，联结 SP,SQ,TP,TQ，则由弦切角定理，$\angle SQP=\angle TSP$，$\angle TQP=\angle STP$.

从而 $\angle SPT+\angle SQT=\angle SPT+\angle TSP+\angle STP=\triangle SPT$ 的内角和 $=180°$.

性质 9 两相交圆为等圆的充要条件是下述条件之一成立：

(1) 公共弦对两圆的张角相等；

(2) 过同一交点的两条割线交两圆所得两弦相等；

(3) 相交两圆的内接三角形为等腰三角形.

事实上，如图 25.44，圆 O_1 与圆 O_2 相交于 P,Q.

(1) 设点 E 在圆 O_1 上，点 F 在圆 O_2 上，令 $\angle PEQ=\alpha$，$\angle PFQ=\beta$，则由正

---

① 沈文选. 相交两圆的性质及应用[J]. 数学通讯，2010(7)：56-58.

弦定理,有圆 O_1 与圆 O_2 为等圆 $\Leftrightarrow \dfrac{PQ}{\sin\alpha}=\dfrac{PQ}{\sin\beta}\Leftrightarrow\alpha=\beta(\alpha,\beta\in(0,180^\circ))$.

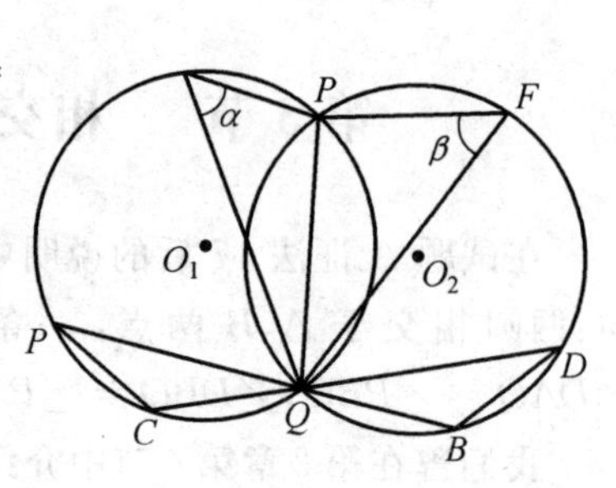

图 25.44

(2) 设 AB,CD 是过点 Q 的两条割线段,联结 AC,BD,则由正弦定理知,圆 O_1 与圆 O_2 为等圆 $\Leftrightarrow \dfrac{AC}{\sin\angle AQC}=\dfrac{BD}{\sin\angle BQD}\Leftrightarrow AC=BD$.

(3) 如图 25.45,设过点 Q 的割线段交圆 O_1、圆 O_2 于点 A,B,联结 PQ,PA,PB,则由正弦定理知圆 O_1 与圆 O_2 为等圆 $\Leftrightarrow \dfrac{PA}{\sin\angle AQP}=\dfrac{PB}{\sin\angle BQP}$.

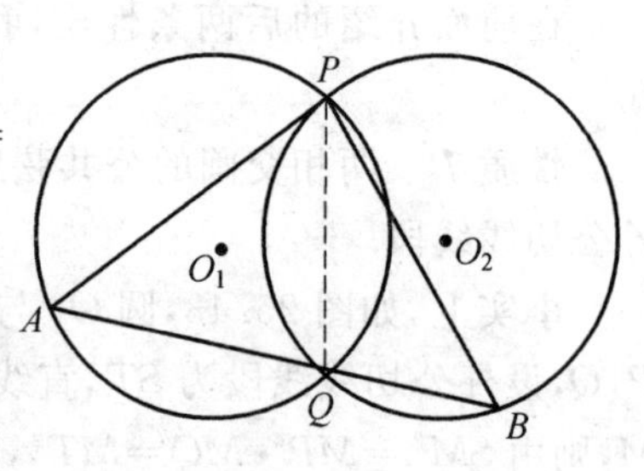

图 25.45

性质10 过相交两圆的两交点分别作割线,交两圆于四点,同一圆上的两点的弦互相平行.

事实上,如图 25.46,圆 O_1 与圆 O_2 交于 P,Q,割线 AB,CD 分别过 P,Q,则 $AC\,/\!/\,CD$.

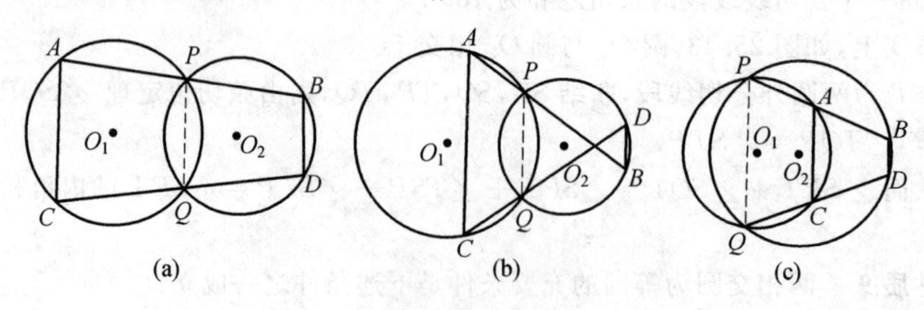

图 25.46

性质11 设圆 O_1 与圆 O_2 相交于 P,Q,AB 与 CD 是过点 Q 的两条割线段,直线 PQ 与 $\triangle AQD$,$\triangle CQB$ 的外接圆分别交于点 S,T,则 P 为 ST 的中点.

事实上,如图 25.47,联结 SD,BT,PA,PC,PB,PD,BD,则由

$$\angle BTQ=\angle BCQ,\angle BDQ=\angle BPQ$$

知 $\triangle BTP\backsim\triangle BCD$,即有

$$\frac{TP}{CD}=\frac{BP}{BD} \quad ①$$

同理,由 $\triangle DPS\backsim\triangle DBA$,有

$$\frac{PS}{BA}=\frac{DP}{BD} \quad ②$$

式 ① ÷ ② 得

$$\frac{TP}{PS}=\frac{BP}{DP}\cdot\frac{CD}{BA} \quad ③$$

又 $\angle PBA=\angle PDC$，$\angle PAB=\angle PCD$，或由推论 1，知 $\triangle PAB \backsim \triangle PCD$，有

$$\frac{BP}{DP}=\frac{BA}{DC} \quad ④$$

将式 ④ 代入式 ③，得 $TP=PS$. 故 P 为 ST 的中点.

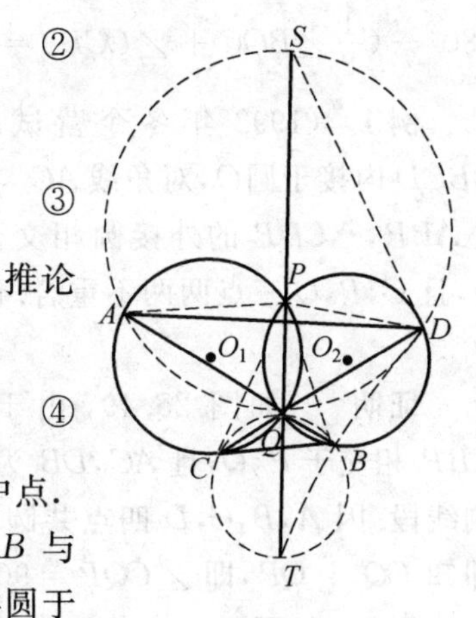

图 25.47

性质 12 设圆 O_1 与圆 O_2 相交于 P,Q，AB 与 CD 是过点 Q 的两条割线段，若 A,B,C,D 四点共圆于圆 O，则 $OP \perp PQ$.

事实上，如图 25.48，首先可证 B,O,P,C 四点共圆. 联结有关线段如图，则：

对于图 25.48(a)，由

$$\angle BPC=\angle BPQ+\angle CPQ=\angle BDC+\angle BAC=2\angle BDC=\angle BOC$$

对于图 25.48(b)，由

$$\begin{aligned}\angle BPC&=\angle BPQ-\angle CPQ=180^\circ-\angle BDC-\angle CAQ=180^\circ-2\angle BDC\\&=180^\circ-\angle BOC\end{aligned}$$

从而 B,O,P,C 四点共圆.

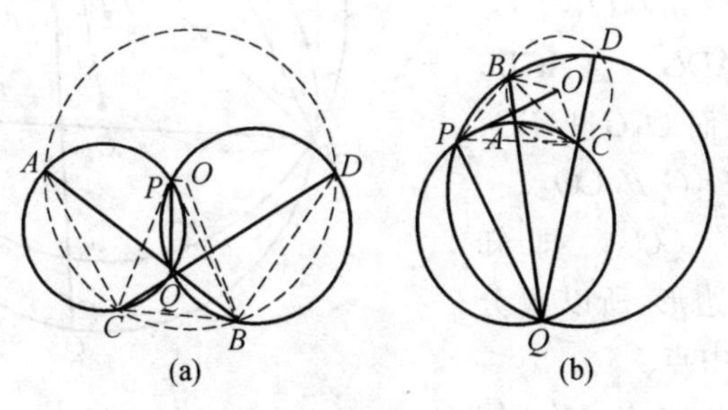

图 25.48

然后再证 $OP \perp PQ$. 由 B,O,P,C 四点共圆，有 $\angle OPB=\angle OCB$.

对于图 25.48(a)，$\angle OPQ=\angle BPQ+\angle OPB=\angle BDC+\angle OCB=\frac{1}{2}\angle BOC+\angle OCB=90^\circ$.

对于图 25.48(b)，$\angle OPQ=\angle BPQ-\angle OPB=180^\circ-\angle BDC-\angle OCB=$

$180^\circ-(\frac{1}{2}\angle BOC+\angle OCB)=180^\circ-90^\circ=90^\circ$.

例1 (1992年冬令营试题)凸四边形 $ABCD$ 内接于圆 O,对角线 AC 与 BD 相交于 P. $\triangle ABP$,$\triangle CDP$ 的外接圆相交于 P 和另一点 Q,且 O,P,Q 三点两两不重合.试证:$\angle OQP=90^\circ$.

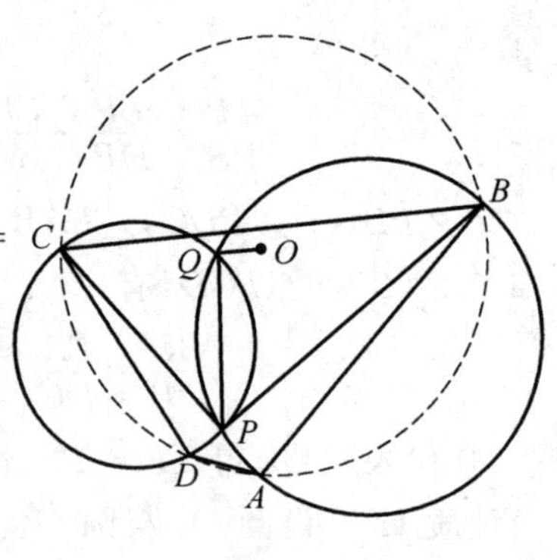

图 25.49

证明 如图25.49,由于圆 CDP 与圆 ABP 相交于 P,Q,且 AC,DB 为过点 P 的两条割线段.因 A,B,C,D 四点共圆,则由性质12,即知 $OQ\perp QP$,即 $\angle OQP=90^\circ$.

例2 如图25.50,凸四边形 $ABCD$ 内接圆 O,BA,CD 的延长线相交于点 H,对角线 AC,BD 相交于点 G,O_1,O_2 分别为 $\triangle AGD$,$\triangle BGC$ 的外心.设 O_1O_2 与 OG 交于点 N,射线 HG 分别交圆 O_1、圆 O_2 于点 P,Q.设 M 为 PQ 的中点,求证:$NO=NM$.

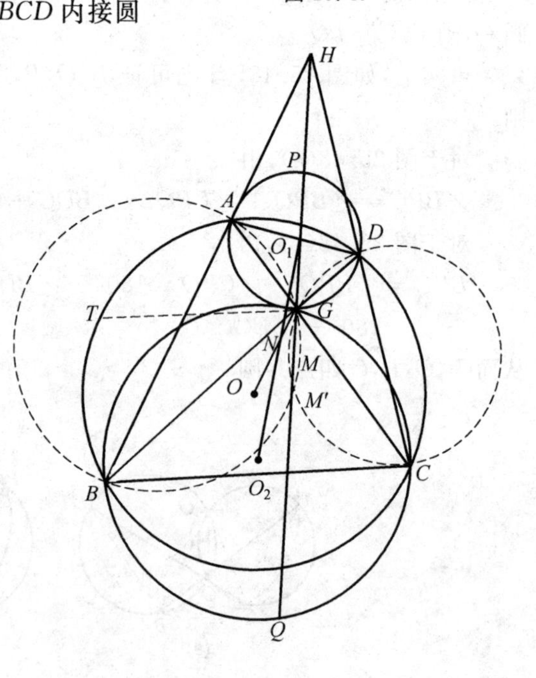

图 25.50

证明 如图25.50,过点 G 作 $GT\perp O_1G$,则知 TG 切圆 O_1 于 G.于是 $\angle AGT=\angle ADG=\angle ACB$,即知 $TG\parallel BC$,从而 $O_1G\perp BC$,而 $OO_2\perp BC$,则 $O_1G\parallel OO_2$.

同理,$OO_1\parallel GO_2$,即知 O_1OO_2G 为平行四边形,所以 N 分别为 OG,O_1O_2 的中点.

在射线 HG 上取点 M',使 $HG\cdot HM'=HA\cdot HB$,则知 G,A,B,M' 四点共圆.

而 $HD\cdot HC=HA\cdot HB$,亦知 C,D,G,M' 四点共圆,即知圆 $ABM'G$ 与圆 $GM'CD$ 相交于 G,M',且 AC,BD 为过点 G 的两条割线段,则由性质15(第33章),即知 M' 为 PQ 的中点,从而 M' 与 M 重合.

又 $\angle BOC=2\angle BAC=\angle BAC+\angle BDC=\angle BMQ+\angle QMC=\angle BMC$，知 B,C,M,O 四点共圆，则 $\angle OMB=\angle OCB=\frac{1}{2}(180^\circ-\angle BOC)=\frac{1}{2}(180^\circ-\angle BMC)=\frac{1}{2}(180^\circ-2\angle BMQ)=90^\circ-\angle BMQ$，即知 $OM\perp PQ$.

于是，在 $\mathrm{Rt}\triangle GOM$ 中，NM 为斜边 OG 上的中线，故 $NO=NM$.

第4节　曼海姆定理及应用

曼海姆(Mannheim)定理　一圆切 $\triangle ABC$ 的两边 AB,AC 及外接圆于点 P,Q,T，则 PQ 必通过 $\triangle ABC$ 的内心还可证内心为 PQ 的中点.

证明　如图25.51，设已知圆与 $\triangle ABC$ 的外接圆的圆心分别为 O_1,O，PQ 的中点为 I，则知 A,I,O_1 三点共线.

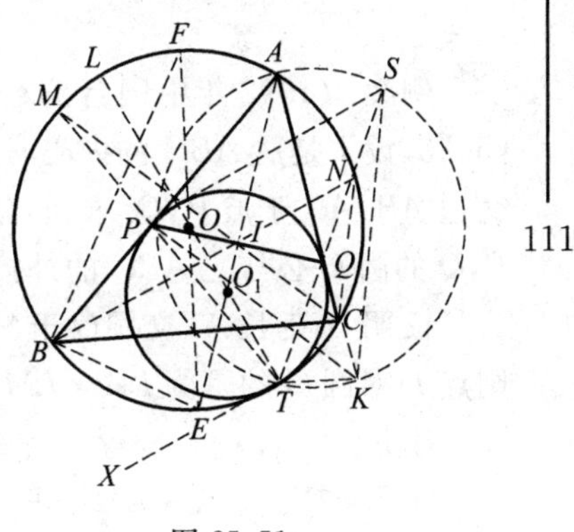

图25.51

延长 AO_1 交圆 O 于点 E，则 AE 平分 $\angle BAC$ 及弧 $\overset{\frown}{BC}$，设 R,r 分别为圆 O、圆 O_1 的半径.

此时，点 O_1 关于圆 O 的幂为 $O_1A\cdot O_1E=(2R-r)\cdot r$，且 $AO_1=\dfrac{r}{\sin\frac{1}{2}\angle A}$，从而 $O_1E=(2R-r)\cdot\sin\frac{1}{2}\angle A$.

因 AO_1 交 PO 于点 I，则

$$EI=EO_1+O_1I=(2R-r)\cdot\sin\frac{1}{2}\angle A+r\cdot\sin\frac{1}{2}\angle A$$

$$=2R\cdot\sin\frac{1}{2}\angle A=BE$$

于是，由三角形内心的判定，知 I 为 $\triangle ABC$ 的内心，且 I 在直线 PQ 上，证毕.

证法2～4可分别参见第31章第1节性质7及第4节性质7.

数学竞赛中，常以曼海姆定理为素材制作竞赛试题或需应用其定理处理问题.

例1　(IMO20试题)在 $\triangle ABC$ 中，边 $AB=AC$，有一个圆内切于 $\triangle ABC$ 的外接圆，并且与 AB,AC 分别相切于 P,Q. 求证：P,Q 两点连线的中点是 $\triangle ABC$ 的内切圆圆心.

显然,这是曼海姆定理的特殊情形,该定理的4种证明都可移过来证明该题.下面,另给一种特殊证法.

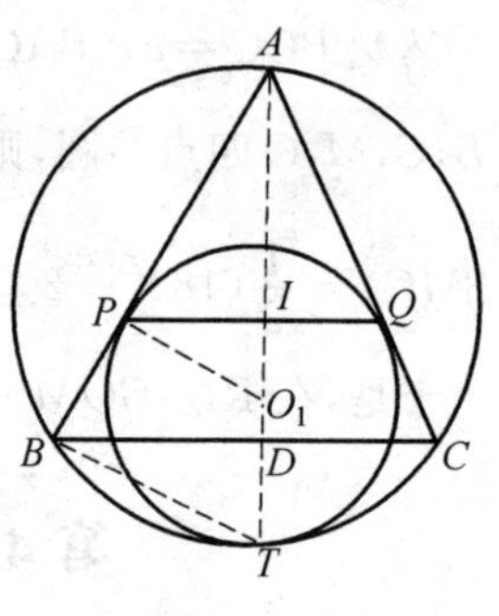

图 25.52

证明 如图25.52,设已知圆圆 O_1 与 $\triangle ABC$ 的外接圆内切于点 T,AT 交 PQ 于点 I,交 BC 于点 D.显然,O_1 在直线 AT 上,且 I 为 PQ 的中点.

考虑以 A 为中心的位似变换,以 O_1 为圆心的圆经过位似变换后变为 $\triangle ABC$ 的内切圆.因此,只需证明 O_1 的像是 I 即可,亦即证 $\frac{AI}{AO_1}=\frac{AD}{AT}$ 即可.

事实上,这由 $\triangle APO_1 \backsim \triangle ABT$ 即得.

例2 (1992年中国台湾数学奥林匹克题)如图25.53,设 I 是 $\triangle ABC$ 的内心,过 I 作 AI 的垂线分别交边 AB,AC 于点 P,Q.求证:分别与 AB,AC 相切于 P,Q 的圆 L 必与 $\triangle ABC$ 的外接圆圆 O 相切.

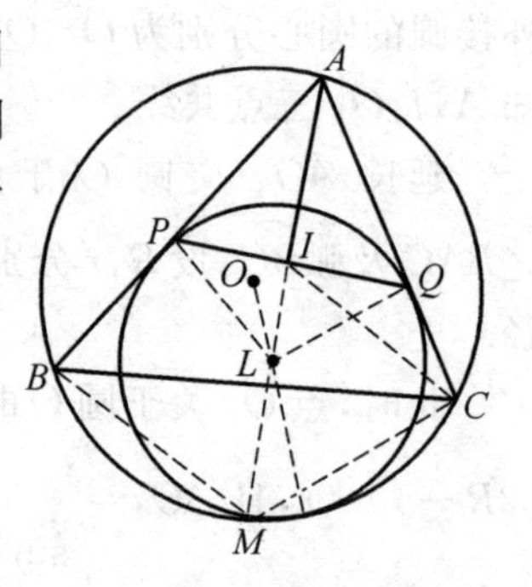

图 25.53

证明 延长 AI 交圆 O 于 M,设圆 O 的半径为 R,则点 L 对圆 O 的幂为 $LA\cdot LM=R^2-LO^2$.

于是

$$\begin{aligned}LO^2&=R^2-LA\cdot LM=R^2-LA(IM-IL)\\&=R^2-LA\cdot IM+LA\cdot LI\\&=R^2-LA\cdot IM+LP^2\end{aligned}$$

因为

$$\angle MIC=\frac{1}{2}(\angle A+\angle C)=\angle BCM+\frac{1}{2}\angle C=\angle MCI$$

所以

$$IM=MC=2R\cdot\sin\frac{A}{2}=2R\cdot\frac{LP}{LA}$$

从而

$$LO^2=R^2-LA\cdot 2R\cdot\frac{LP}{LA}+LP^2=(R-LP)^2$$

因此,圆 L 与圆 O 相切.

例3 (《数学通报》数学问题1163)已知圆 O_1 与圆 O_2 内切于点 T,圆 O_1

上的任意一点 A，弦 AB，AC 切圆 O_2 于 E，F，弦 AT 过 O_2 且交 EF 于 H，交 BC 于 D．求证：$\frac{AH}{AT}=\frac{HD}{HT}$.

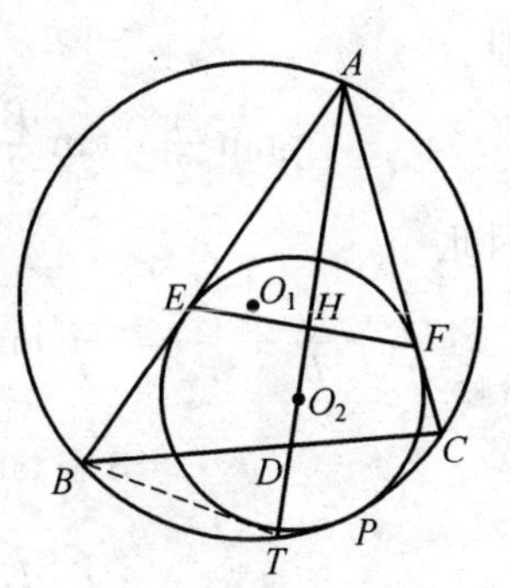

图 25.54

证明　如图 25.54，联结 BT，由曼海姆定理，知 H 为 $\triangle ABC$ 的内心，从而 $BT=HT$.

由 $\angle BAT=\angle CAT=\angle CBT$，知 $\triangle ABT\backsim\triangle BTD$.

亦有

$$\begin{aligned}BT^2&=TD\cdot TA=(TH-HD)\cdot(TH+HA)\\&=TH^2+TH\cdot HA-TH\cdot HD-HD\cdot HA\\&=TH^2+TH\cdot HA-HD\cdot TA\\&=BT^2+TH\cdot HA-HD\cdot TA\end{aligned}$$

从而

$$TH\cdot HA-HD\cdot TA=0$$

故

$$\frac{AH}{AT}=\frac{HD}{HT}$$

例 4　(2004 年中国国家集训队培训题) 设与 $\triangle ABC$ 的外接圆内切并与边 AB，AC 相切的圆为 C_a，记 r_a 为圆 C_a 的半径，类似地定义 r_b，r_c．r 是 $\triangle ABC$ 的内切圆的半径．证明：$r_a+r_b+r_c\geqslant 4r$.

证明　如图 25.54，设圆 C_a 与 AB，AC 分别切于点 E，F，由曼海姆定理知 $\triangle ABC$ 的内心在 EF 上，即 EF 的中点 H 为其内心，设 C_a 的圆心为 O_2，则

$$\frac{r_a}{r}=\frac{AO_2}{AH}=\frac{AO_2}{AE}\cdot\frac{AE}{AH}=\frac{1}{\cos\frac{A}{2}}\cdot\frac{1}{\cos\frac{A}{2}}$$

$$=\frac{1}{\cos^2\frac{A}{2}}=\frac{\cos^2\frac{A}{2}+\sin^2\frac{A}{2}}{\cos^2\frac{A}{2}}=1+\tan^2\frac{A}{2}$$

同理

$$\frac{r_b}{r}=1+\tan^2\frac{B}{2},\frac{r_c}{r}=1+\tan^2\frac{C}{2}$$

注意到

$$\tan\frac{A}{2}=\frac{1}{\tan\frac{B+C}{2}}=\frac{1-\tan\frac{B}{2}\cdot\tan\frac{C}{2}}{\tan\frac{B}{2}+\tan\frac{C}{2}}$$

即

$$\tan\frac{A}{2}\cdot\tan\frac{B}{2}+\tan\frac{B}{2}\cdot\tan\frac{C}{2}+\tan\frac{C}{2}\cdot\tan\frac{A}{2}=1$$

因此

$$\begin{aligned}\frac{r_a}{r}+\frac{r_b}{b}+\frac{r_c}{r}&=3+\tan^2\frac{A}{2}+\tan^2\frac{B}{2}+\tan^2\frac{C}{2}\\&=3+\tan\frac{A}{2}\cdot\tan\frac{B}{2}+\tan\frac{B}{2}\cdot\tan\frac{C}{2}+\tan\frac{C}{2}\cdot\tan\frac{A}{2}+\\&\quad\frac{1}{2}\left[\left(\tan\frac{A}{2}-\tan\frac{B}{2}\right)^2+\left(\tan\frac{B}{2}-\tan\frac{C}{2}\right)^2+\right.\\&\quad\left.\left(\tan\frac{C}{2}-\tan\frac{A}{2}\right)^2\right]\\&\geqslant 4\end{aligned}$$

故

$$r_a+r_b+r_c\geqslant 4r$$

例 5 如图 25.55,设 D 为 $\triangle ABC$ 的边 AB 上一点,一圆切 $\triangle DBC$ 的边 DB,DC 分别于点 P,Q,又与 $\triangle ABC$ 的外接圆内切于点 T,则 PQ 必通过 $\triangle ABC$ 的内心.

显然,当 D 与 A 重合时,此例即为曼海姆定理.

证明 设直线 TP,TQ 分别交 $\triangle ABC$ 的外接圆 Γ 于 E,Q',过 T 作公切线 TS,如图 25.55.

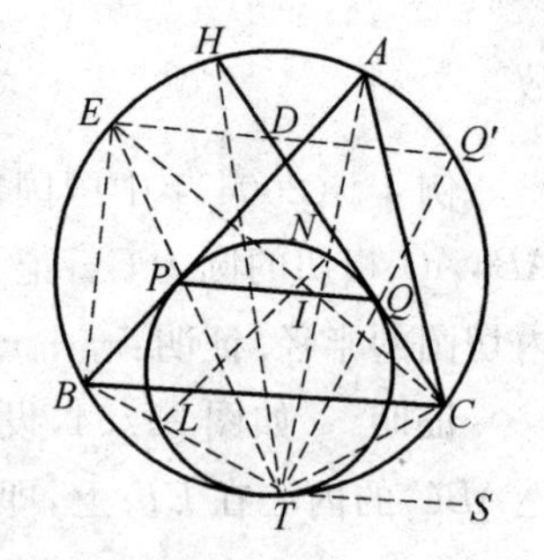

图 25.55

由 $\angle QPT=\angle QTS=\angle Q'ET$,知 $EQ'\parallel PQ$.

联结 BT,AT 分别交已知小圆于 L,N,亦可证 $BA\parallel LN$,即知 $\overset{\frown}{LP}=\overset{\frown}{PN}$,从而推知 E 为 $\overset{\frown}{BA}$ 的中点.亦即 CE 平分 $\angle BCA$.设直线 CE 交 PQ 于点 I.

由 $\angle ETB=\angle ACE=\angle ABE$,知 $\triangle ETB\backsim\triangle EBP$,从而

$$EP\cdot ET=EB^2 \quad ①$$

由 $\angle PQT=\angle EQ'T=\angle ECT=\angle ICT$,知 T,C,Q,I 四点共圆.

设直线 CD 交圆 Γ 于 H,则 $\angle QTI=\angle QCI=\angle HCE=\angle HTE$,于是,注意到可证得 TQ 平分 $\angle HTC$,有 $\angle EIP=\angle QIC=\angle QTC=\angle HTQ=\angle HTI+\angle QTI=\angle HTI+\angle HTE=\angle ETI$ 由弦切角定理的逆定理,知 EI 与圆 PTI 相切,于是

$$EI^2=EP\cdot ET \quad ②$$

由式①② 知,$EI=EB$.由内心的判定结论知 I 为 $\triangle ABC$ 的内心,且 I 在

PQ 上,故 PQ 必通过 $\triangle ABC$ 的内心(D 为 AC 上一点时,同样可证结论成立).

例6 如图25.56,已知圆 O_1 与圆 O 内切(圆 O_1 在圆 O 的内部)于点 T,点 B,C 在圆 O 上分居 O_1T 两侧,过 B,C 分别作圆 O_1 的切线(与 T 在直线 BC 异侧)交于点 A.若 $\triangle ABC$ 的内心为 I,则 $\angle BTI=\angle CTI$.

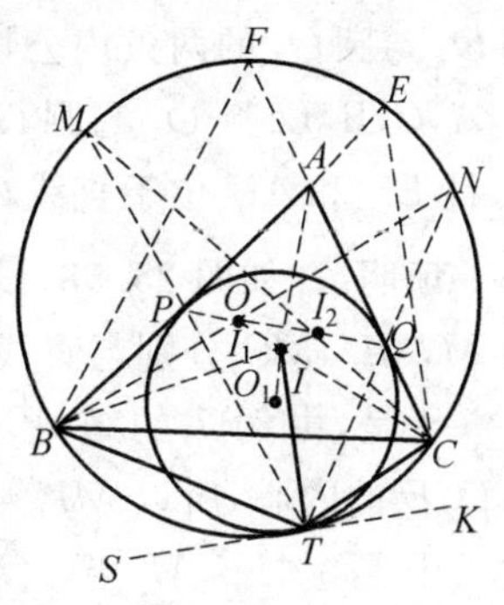

图25.56

证明 如图25.56,设 AB,AC 分别与圆 O_1 切于点 P,Q,圆 O 与直线 BA,CA 的另一交点分别为 E,F,直线 TP,TQ 分别与圆 O 交于点 M,N,联结 BN,CM 分别与 PQ 交于点 I_1,I_2,则由例5的证法及结论,知 I_1 为 $\triangle FBC$ 的内心,I_2 为 $\triangle EBC$ 的内心.过点 T 作公切线 SK,则 $\angle I_1BT=\angle NTK=\angle I_1PT$.于是,知 P,B,T,I_1 四点共圆.

注意到 BI_2,CI_1 分别平分 $\angle ABC$,$\angle ACB$,知 BI_2,CI_1,AO_1 三线共点于 I,且 $\angle I_1IB=90°-\frac{1}{2}\angle BAC=\angle API$,即有 P,B,I,I_1 四点共圆.

于是,P,B,T,I,I_1 五点共圆.同理 Q,C,T,I,I_2 五点共圆.

故 $\angle BTI=\angle API=\angle AQI=\angle CTI$.

例7 如图25.57,设 D 是 $\triangle ABC$ 的 BC 边上任意一点,I 是 $\triangle ABC$ 的内心,圆 O_1 与 AD,BD 均相切,同时与 $\triangle ABC$ 的外接圆相切;圆 O_2 与 AD,CD 均相切,同时与 $\triangle ABC$ 的外接圆相切,则 O_1,I,O_2 三点共线.

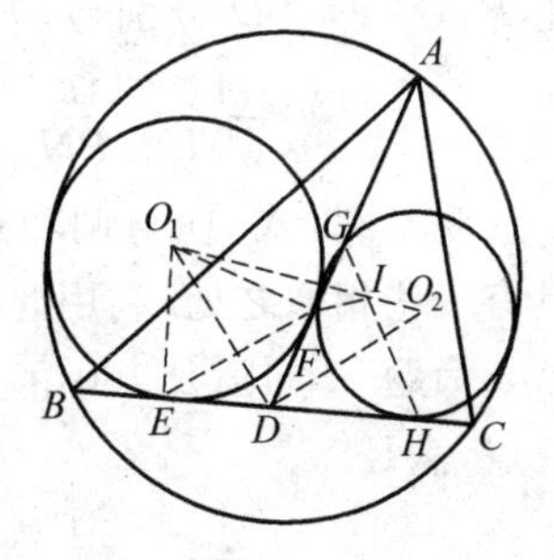

图25.57

证明 如图25.57,设圆 O_1 与 BD,AD 分别切于点 E,F,圆 O_2 与 AD,CD 分别切于点 G,H.

由例5的结论,知直线 EF 与 GH 的交点即为 $\triangle ABC$ 的内心 I.

注意到 $O_1D\perp EI$,$HG\perp DO_2$,$O_1D\perp O_2D$,则知 $EI\perp GH$.从而,知 GF 为圆 IGF 的直径.

又 EH 为圆 IEH 的直径,$O_1E\perp EH$,$O_1F\perp GF$,$O_1E=O_1F$,所以点 O_1 对圆 IGF 与圆 IEF 的幂相等.因而点 O_1 在圆 IGF 与圆 IEH 的根轴上.

同理,点 O_2 也在圆 IGF 与圆 IEH 的根轴上.

因此,直线 O_1O_2 即为圆 IGF 与圆 IEH 的根轴.故点 I 在这两圆的根轴上.亦即 O_1,I,O_2 三点共线.

例8 如图25.58，设圆O_1、圆O_2均与圆O内切，圆O_1与圆O_2的两条内公切线AC，BD分别与圆O交于A，C，B，D. 圆O_1与圆O_2的外公切线交圆O于E，F，且EF和AB位于直线O_1O_2同侧，则$EF /\!/ AB$.

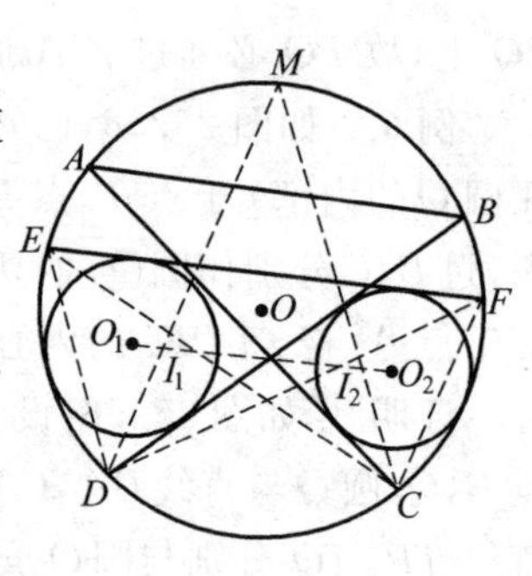

图25.58

证明 如图25.58，设$\overset{\frown}{EF}$(不含点C，D)的中点为M，MD，MC分别与直线O_1O_2交于点I_1，I_2.

于是，由例7的结论，知I_1，I_2分别是$\triangle EDF$，$\triangle ECF$的内心，所以$MI_1=ME=MF=MI_2$.

于是，$\angle I_1I_2M=\angle MI_1I_2$，从而$\angle I_1I_2C=\angle DI_1I_2$.

又O_1O_2过AC与BD的交点P，且$\angle O_1PD=\angle CPO_2$，则$\angle BDM=\angle MCA$. 因而$M$是$\overset{\frown}{AB}$的中点. 又$M$是$\overset{\frown}{EF}$的中点，故$EF /\!/ AB$.

第5节 坎迪定理与变形的调和线束[1]

坎迪定理 如图25.59，弦AB，CD与MN共点于P，弦AC，BD分别与MN交于点X，Y，则

$$\frac{1}{PM}-\frac{1}{PN}=\frac{1}{PX}-\frac{1}{PY} \quad ①$$

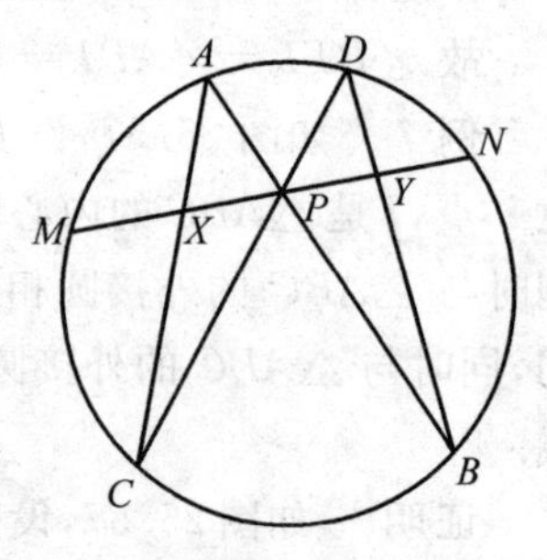

图25.59

观察到，式①与调和点列所满足的一个关系式具有一些相似之处. 利用此特点，先给出一个命题.

命题 如图25.60，直线上依次有M，X，P，Y，N五点，满足

$$\frac{1}{PM}-\frac{1}{PN}=\frac{1}{PX}-\frac{1}{PY}$$

T为直线外一点，任一直线分别与直线TM，TX，TP，TY，TN交于点M_1，X_1，P_1，Y_1，N_1，则

$$\frac{1}{P_1M_1}-\frac{1}{P_1N_1}=\frac{1}{P_1X_1}-\frac{1}{P_1Y_1}$$

证明 如图25.60，在直线MN上取点Q，使得点P，Q调和分割点M，

---

① 韩晓峥. 坎迪定理与变形的调和线束[J]. 中学数学，2016(4)：13-15.

N（若 $PM=PN$，则视 Q 为无穷远点）. 设 TQ 与 M_1N_1 交于点 Q_1，则

$$\frac{2}{PQ}=\frac{1}{PN}-\frac{1}{PM}=\frac{1}{PY}-\frac{1}{PX}$$

$\Rightarrow$ 点 P,Q 调和分割点 X,Y

$\Rightarrow$ 点 P_1,Q_1 调和分割点 X_1,Y_1

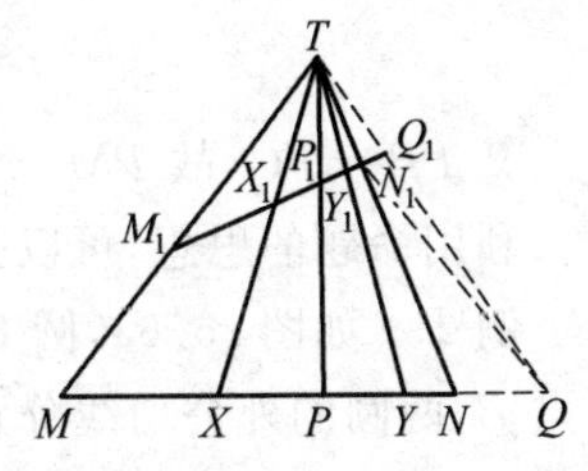

图 25.60

又点 P,Q 调和分割 M,N，则点 P_1,Q_1 调和分割点 M_1,N_1. 故

$$\frac{1}{P_1M_1}-\frac{1}{P_1N_1}=\frac{-2}{P_1Q_1}=\frac{1}{P_1X_1}-\frac{1}{P_1Y_1}$$

此性质与调和点列的性质十分相似，可将其看作一种变形的调和点列.

先来看一道例题.

例1　如图 25.61，圆 Γ 分别与边 AB,AC 切于点 E,D,P 为边 BC 的中点，PR,PS 与圆 Γ 切于点 R,S，直线 AR,AS 分别与边 BC 交于点 M,N. 证明：$PM=PN$.

分析　要证 $PM=PN$，只要证

$$\frac{1}{PB}-\frac{1}{PC}=\frac{1}{PM}-\frac{1}{PN}$$

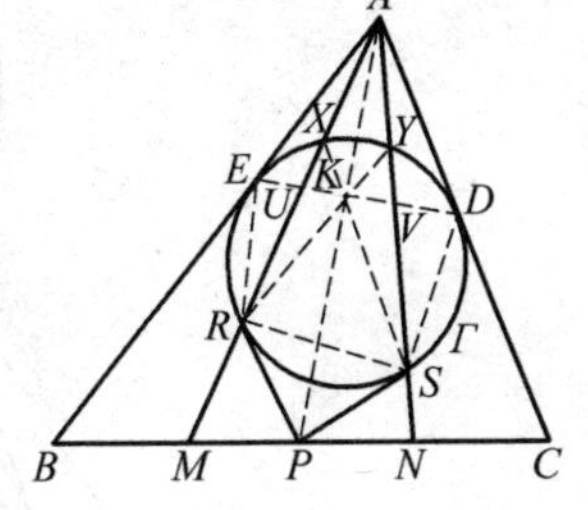

图 25.61

可将其通过直线 AB,AM,AP,AN,AC 射影到圆中，通过证明一些点线间的结合性质（即俗称的点共线、线共点），利用坎迪定理得到一组关系式，再利用命题，射影回直线 RC 即可.

证明　如图 25.61，设 AM 与圆 Γ 交于异于点 R 的点 X，AN 与圆 Γ 交于异于点 S 的点 Y，弦 RY 与 SX 交于点 K，ED 分别与 AM,AN 交于点 U,V. 则

$$\frac{XE}{ER}\cdot\frac{YD}{DS}\cdot\frac{RS}{XY}=\frac{AE}{AR}\cdot\frac{AD}{AS}\cdot\frac{AS}{AX}=\frac{AE^2}{AR\cdot AX}=1$$

由圆上的塞瓦定理，知 ED,XS,YR 三线共点.

再对 $RRYSSX$ 应用帕斯卡定理，有 A,K,P 三点共线.

进而，AP,XS,YR,ED 四线共点于 K.

由坎迪定理知

$$\frac{1}{KE}-\frac{1}{KD}=\frac{1}{KU}-\frac{1}{KV}$$

结合命题知

$$\frac{1}{PB}-\frac{1}{PC}=\frac{1}{PM}-\frac{1}{PN}$$

又 $PB=PC$,故 $PM=PN$.

利用命题的思想,可以得到一个比较复杂的结论,作为例2.

例2 如图25.62,圆 Γ_1 分别与圆 Γ 的弦 AB,CD 切于点 N,M,与圆 Γ 切于点 P,两圆的外公切线分别与直线 AD,BC 交于点 E,F. 联结 KE,与圆 Γ_1 交于点 E_1,E_2,联结 KF,与圆 Γ_1 交于点 F_1,F_2,T 为 E_2F_1 与 F_2E_1 的交点. 证明:K,T,P 三点共线.

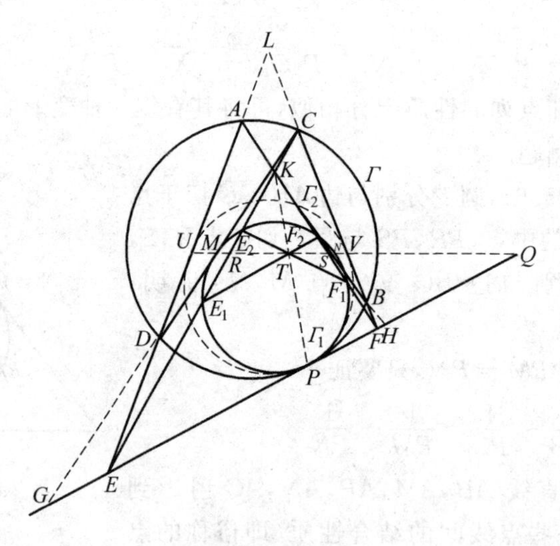

图25.62

分析 通过极线的性质容易看出 M,T,N 三点共线. 设 MN 分别与 E_1E_2,F_1F_2 交于点 R,S. 通过坎迪定理得

$$\frac{1}{TM}-\frac{1}{TN}=\frac{1}{TR}-\frac{1}{TS}$$

于是,只要证明 KM,KN,KR,KS 与 EF 的四个交点及点 P 也满足此式,再由命题就相当于证明了例2.

证明 先证明三个引理.

引理1 如图25.63,D,E,F 分别为 $\triangle ABC$ 三边与内切圆的切点,直线 EF 与 BC 交于点 G. 则点 B,C 调和分割点 D,G.

引理1的证明 对 $\triangle ABC$ 和截线 EFG 运用梅涅劳斯定理得

$$\frac{AE}{EC}\cdot\frac{CG}{GB}\cdot\frac{BF}{FA}=1$$

将 $AE=AF$，$CE=CD$，$BD=BF$，代入上式得

$$\frac{CG}{BG}=\frac{CD}{BD}$$

因此，点 B，C 调和分割点 D，G.

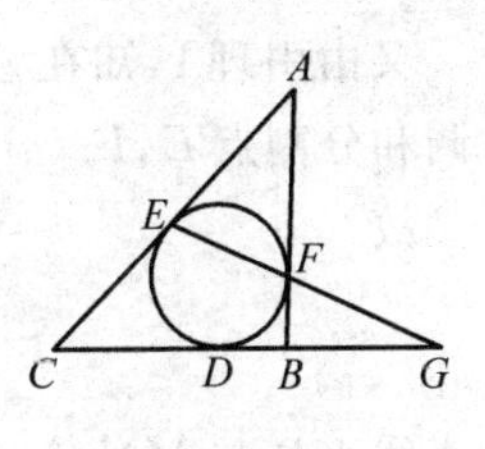

图 25.63

引理 2　如图 25.64，圆 Γ_1 内切于圆 Γ，切点为 C，圆 Γ_1 与圆 Γ 的弦 AB 切于点 D，射线 CD 与圆 Γ 的另一交点为 E. 则 E 为弧 $\overset{\frown}{AEB}$ 的中点.

引理 2 的证明　事实上，圆 Γ 和圆 Γ_1 关于点 C 位似，且点 E 和 D 对应.

于是，圆 Γ 在点 E 处的切线 l 与 AB 平行.

从而，E 为弧 $\overset{\frown}{AEB}$ 的中点.

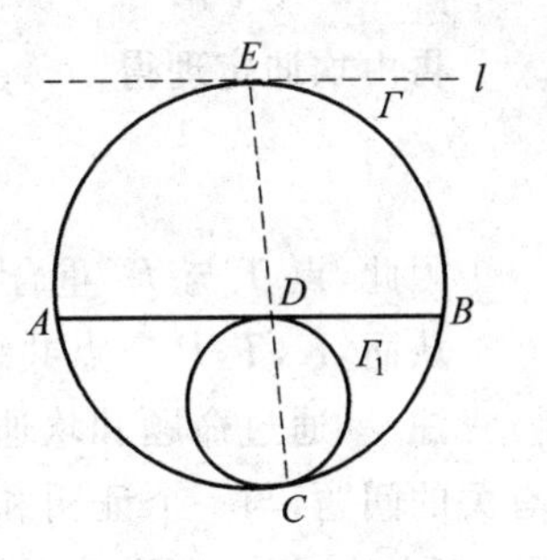

图 25.64

引理 3　如图 25.65，I，J 分别为 $\triangle ABD$，$\triangle CBD$ 的内心，圆 Γ_1 分别与圆 Γ 的弦 BC，AD 切于点 M，N，与弧 $\overset{\frown}{BD}$ 切于点 T_1；圆 Γ_2 分别与圆 Γ 的弦 AB，CD 切于点 R，S，与弧 $\overset{\frown}{BD}$ 切于点 T_2，则 R，M，N，S 四点共线，且点 T_1 与 T_2 重合.

引理 3 的证明　设 E，F 分别为弧 $\overset{\frown}{BC}$、弧 $\overset{\frown}{DC}$ 的中点，T_1F 与 CD 交于点 S'.

由沢山引理，知 M，I，J，N，R，I，J，S 分别四点共线.

进而，点 R，M，N，S 均在直线 IJ 上.

由引理 2，知 T_1，M，E 三点共线，且 T_2，S，F 三点共线.

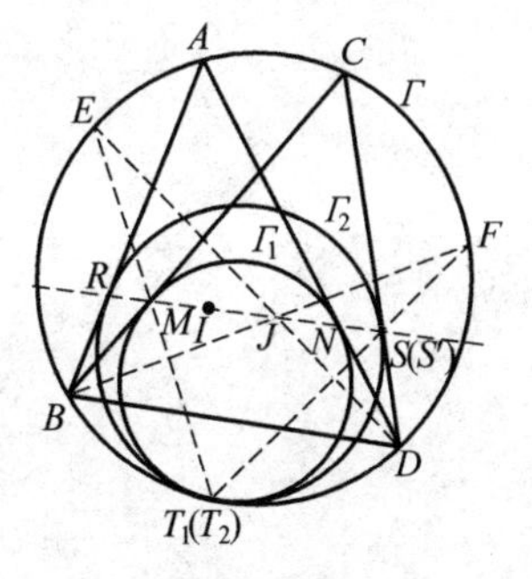

图 25.65

对 $EDCBFT_1$ 应用帕斯卡定理，知 M，J，S' 三点共线.

故点 S' 在直线 IJ 上，即点 S' 与 S 重合. 从而，点 T_1 与 T_2 重合.

回到原题：

如图 25.62，直线 CD，AB，MN 分别与直线 EF 交于点 G，H，Q，直线 AD 与 BC 交于点 L，直线 KE，KF 分别与 MN 交于点 R，S，圆 Γ_2 别与边 AD，CB 切于点 U，V，且与圆 Γ 内切，切点在弧 $\overset{\frown}{BPD}$ 上.

同例 1 的证明，知点 T 在直线 MN 上.

由引理 3，知点 U，V 在直线 MN 上，且圆 Γ 与圆 Γ_2 的切点为 P.

又由引理1,知在$\triangle KGH$中,点P,Q调和分割点G,H;在$\triangle LEF$中,点P,Q调和分割点E,F.

故

$$\frac{1}{PG}-\frac{1}{PH}=\frac{-2}{PQ}=\frac{1}{PE}-\frac{1}{PF}$$

设直线KP与MN交于点T'.

由命题知$\frac{1}{T'M}-\frac{1}{T'N}=\frac{1}{T'R}-\frac{1}{T'S}$.

再由坎迪定理得

$$\frac{1}{TM}-\frac{1}{TN}=\frac{1}{TR}-\frac{1}{TS}$$

因此,点T与T'重合.

从而,K,T,P三点共线.

注　通过命题和坎迪定理,可得到一个证明本质上和调和线束诸多性质有关的问题,与一个证明和圆相关的点线结合性质的问题相互间转化的新思路、新方法. 例1即为一个前者转化成后者的例子,而例2就是一个后者转化成前者的例子.

第 26 章　2004～2005 年度试题的诠释

首届中国东南地区数学奥林匹克于 2004 年 7 月 10 日在珠海举办. 其试题我们简记为东南赛试题. 这一届 8 道试题中有 2 道平面几何试题.

东南赛试题 1　设 D 是 $\triangle ABC$ 的边 BC 上的一点，点 P 在线段 AD 上，过点 D 作一直线分别与线段 AB，PB 交于点 M，E，与线段 AC，PC 的延长线交于点 F，N. 如果 $DE=DF$，求证：$DM=DN$.

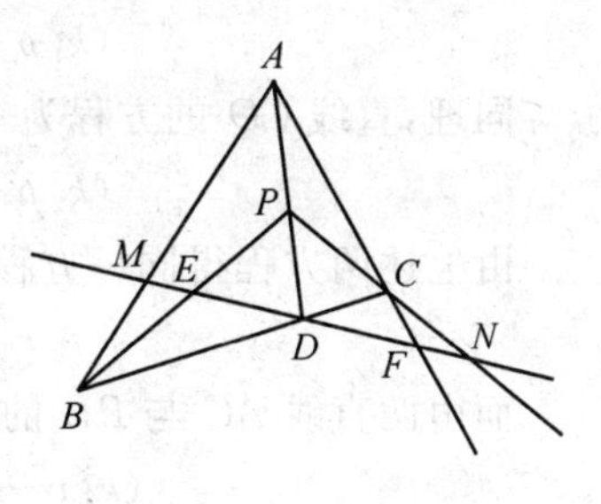

图 26.1

证法 1　如图 26.1，对 $\triangle AMD$ 和直线 BEP，$\triangle AFD$ 和直线 NCP，$\triangle AMF$ 和直线 BDC 由梅涅劳斯定理，分别得

$$\frac{AP}{PD}\cdot\frac{DE}{EM}\cdot\frac{MB}{BA}=1 \quad ①$$

$$\frac{AC}{CF}\cdot\frac{FN}{ND}\cdot\frac{DP}{PA}=1 \quad ②$$

$$\frac{AB}{BM}\cdot\frac{MD}{DF}\cdot\frac{FC}{CA}=1 \quad ③$$

式 ①②③ 相乘，得

$$\frac{DE}{EM}\cdot\frac{FN}{ND}\cdot\frac{MD}{DF}=1$$

又 $DE=DF$，所以，有

$$\frac{DM}{DM-DE}=\frac{DN}{DN-DE}\Rightarrow DM=DN$$

证法 2　(由江苏茹双林、孙朝仁给出) 如图 26.2 所示，建立直角坐标系，设 $A(0,a)$，$P(0,p)$，且设直线 AB 的方程为

$$y=k_1x+a$$

直线 AC 的方程为

$$y=k_2x+a$$

直线 PB 的方程为

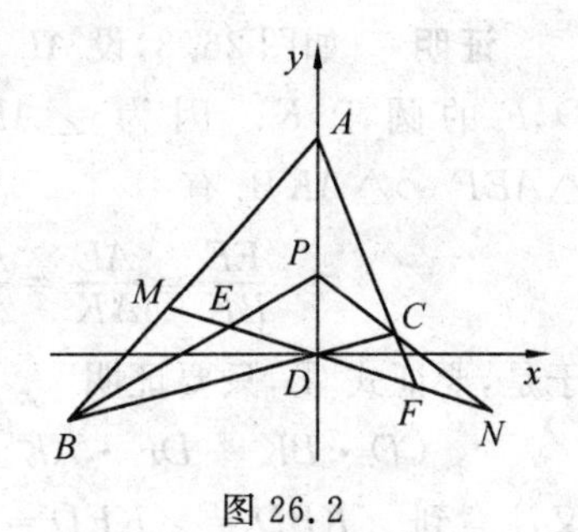

图 26.2

$$y=k_3x+p$$

直线 PC 的方程为 $$y=k_4x+p$$

其中,$k_1,k_3>0,k_2,k_4<0$.

又设直线 MN 的方程为

$$y=kx$$

于是,过点 B 的直线系方程为

$$\lambda_1(k_1x-y+a)+\mu_1(k_3x-y+p)=0$$

当 $\lambda_1=p,\mu_1=-a$(过原点)时,得直线 BD 的方程为

$$(k_1p-k_3a)x+(a-p)y=0$$

同理,直线 CD 的方程为

$$(k_2p-k_4a)x+(a-p)y=0$$

由上述两方程得同一方程为

$$k_1p-k_3a=k_2p-k_4a \quad ①$$

而由两直线 AC 与 PB 的方程可写成

$$(k_2x-y+a)(k_3x-y+p)=0$$

把直线 MN 的方程代入,并由 $DE=DF$(即 $x_E+x_F=0$)得

$$p(k_2-k)+a(k_3-k)=0 \quad ②$$

由式①②得

$$p(k_1-k)+a(k_4-k)=0$$

再把直线 MN 的方程代入由两直线 AB 与 PC 组成的方程可得

$$x_M+x_N=0$$

因此 $DM=DN$.

东南赛试题2 设点 D 为等腰 $\triangle ABC$ 的底边 BC 上一点,F 为过 A,D,C 三点的圆在 $\triangle ABC$ 内的弧上一点,过 B,D,F 三点的圆与边 AB 交于点 E.求证

$$CD\cdot EF+DF\cdot AE=BD\cdot AF \quad ①$$

证明 如图26.3,设 AF 的延长线交过点 B,D,F 的圆于 K.因为 $\angle AEF=\angle AKB$,则 $\triangle AEF\backsim\triangle AKB$.有

$$\frac{EF}{BK}=\frac{AE}{AK}=\frac{AF}{AB}$$

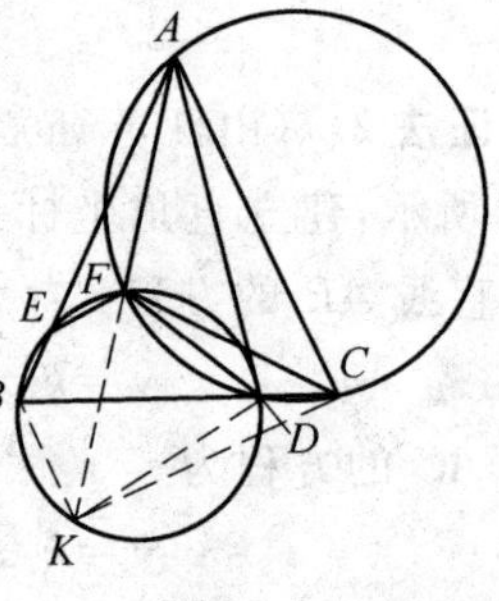

于是,要证式①,只要证明

$$CD\cdot BK+DF\cdot AK=BD\cdot AB \quad ②$$

又注意到 $\angle KBD=\angle KFD=\angle ACD$,则有

图26.3

$$S_{\triangle DCK}=\frac{1}{2}CD\cdot BK\sin\angle ACD$$

进一步有

$$S_{\triangle ABD}=\frac{1}{2}BD\cdot AB\sin\angle ACD$$

$$S_{\triangle ADK}=\frac{1}{2}AK\cdot DF\sin\angle ACD$$

因此,要证式 ②,只要证明

$$S_{\triangle ABD}=S_{\triangle DCK}+S_{\triangle ADK} \quad ③$$

而

$$\text{式 ③}\Leftrightarrow S_{\triangle ABC}=S_{\triangle AKC}\Leftrightarrow BK\ /\!/\ AC \quad ④$$

再由 $\angle BKA=\angle FDB=\angle KAC$,知式 ④ 成立.

女子赛试题 1　已知钝角 $\triangle ABC$ 的外接圆半径为 1. 证明:存在一个斜边长为$\sqrt{2}+1$ 的等腰直角三角形覆盖 $\triangle ABC$.

证明　不妨设 $\angle C>90°$,于是 $\min\{\angle A,\angle B\}<45°$. 不妨设 $\angle A<45°$.

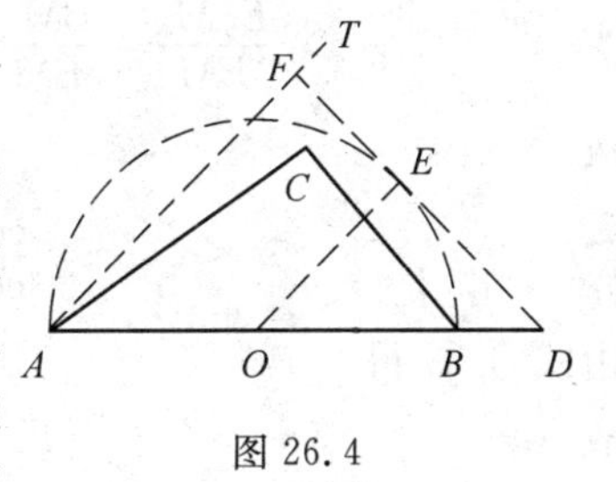

图 26.4

如图 26.4,以 AB 为直径,在顶点 C 的同侧作半圆圆 O,则点 C 位于半圆圆 O 内. 作射线 AT 使得 $\angle BAT=45°$,作射线 OE,使得 $\angle BOE=45°$,且与半圆相交于点 E. 过点 E 作半圆的切线,分别交 AB 的延长线和 AT 于点 D 和点 F,则等腰 $\mathrm{Rt}\triangle ADF$ 覆盖 $\triangle ABC$,且

$$AD=AO+OD=\frac{1}{2}AB+\sqrt{2}\cdot\frac{1}{2}AB=\frac{1}{2}(1+\sqrt{2})AB$$
$$<\frac{1}{2}(1+\sqrt{2})2R=1+\sqrt{2}$$

女子赛试题 2　给定锐角 $\triangle ABC$,点 O 为其外心,直线 AO 交边 BC 于点 D. 动点 E,F 分别位于边 AB,AC 上,使得 A,E,D,F 四点共圆. 求证:线段 EF 在边 BC 上的投影的长度为定值.

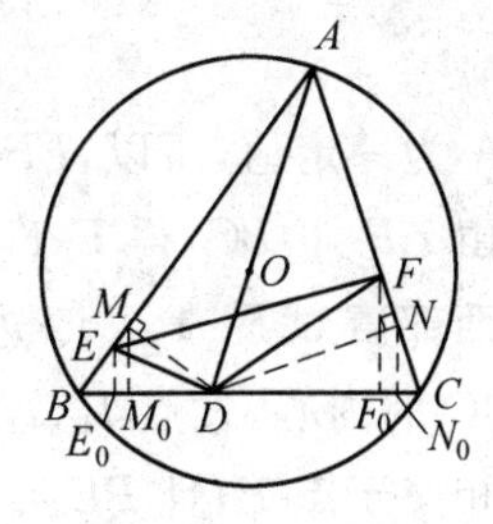

图 26.5

证法 1　如图 26.5,设 EF 在边 BC 上的投影为 E_0F_0,过点 D 分别作 $DM\perp AB$ 于 M,$DN\perp AC$ 于 N,过点 M,N 分别作 $MM_0\perp BC$ 于 M_0,$NN_0\perp BC$ 于 N_0. 由 $\angle AMD=\angle AND=90°$,知

$$\angle MDN=180°-\angle BAC$$

因为 $$\angle EDF=180^\circ-\angle BAC$$

所以 $$\angle MDE=\angle NDF$$

因此 $Rt\triangle DME\backsim Rt\triangle DNF$,故

$$\frac{EM}{FN}=\frac{DM}{DN}=\frac{AD\sin\angle DAM}{AD\sin\angle DAN}=\frac{\sin\angle DAM}{\sin\angle DAN}$$

又 $$\angle OAB=\frac{1}{2}(180^\circ-2\angle C)=90^\circ-\angle C$$

$$\angle OAC=\frac{1}{2}(180^\circ-2\angle B)=90^\circ-\angle B$$

则

$$\frac{EM}{FN}=\frac{\cos C}{\cos B} \quad ①$$

由平行线所截线段对应成比例的性质知

$$\frac{E_0M_0}{EM}=\frac{BM_0}{BM}=\cos B,\frac{F_0N_0}{FN}=\frac{CN_0}{CN}=\cos C$$

故

$$\frac{\cos B}{\cos C}=\frac{E_0M_0}{F_0N_0}\cdot\frac{FN}{EM} \quad ②$$

由式①②得 $$E_0M_0=F_0N_0$$

故 $$E_0F_0=M_0N_0\quad(\text{定值})$$

证法2 在图26.5上,过 A 作 $AK\perp BC$ 于 K,延长 AK 交圆 O 于 P,联结 PE,PF,再延长 AD 交圆 O 于 Q,联结 BQ.

记 EF 在 BC 上的投影为 E_0F_0,EF 与 PA 的夹角为 α,则

$$\angle BAD=90^\circ-\angle BQA=90^\circ-\angle ACB=\angle PAC=\angle KAC$$

由第22章第1节中命题4,得 $S_{AEPF}=S_{\triangle ABC}$(定值).又

$$S_{AEPF}=\frac{1}{2}PA\cdot EF\sin\alpha$$

且 PA 为一定值,所以,$EF\sin\alpha$ 为定值.

由 $AP\perp BC$,得 $E_0F_0=EF\sin\alpha$ 为定值.

西部赛试题1 四边形 $ABCD$ 为一凸四边形,I_1,I_2 分别为 $\triangle ABC$,$\triangle DBC$ 的内心,过点 I_1,I_2 的直线分别交 AB,DC 于点 E,F,分别延长 AB,DC 它们相交于点 P,且 $PE=PF$.求证:A,B,C,D 四点共圆.

证明 如图26.6,联结 I_1B,I_1C,I_2B,I_2C.因为 $PE=PF$,所以 $\angle PEF=$

$\angle PFE$，而

$$\angle PEF=\angle I_2I_1B-\angle EBI_1$$
$$=\angle I_2I_1B-\angle I_1BC$$
$$\angle PFE=\angle I_1I_2C-\angle FCI_2=\angle I_1I_2C-\angle I_2CB$$

则 $\angle I_2I_1B-\angle I_1BC=\angle I_1I_2C-\angle I_2CB$

即 $\angle I_2I_1B+\angle I_2CB=\angle I_1I_2C+\angle I_1BC$

又 $\angle I_2I_1B+\angle I_2CB+\angle I_1I_2C+\angle I_1BC=2\pi$

则 $$\angle I_2I_1B+\angle I_2CB=\pi$$

所以，I_1，I_2，C，B 四点共圆. 从而

$$\angle BI_1C=\angle BI_2C$$

故 $$\angle I_1BC+\angle I_1CB=\angle I_2BC+\angle I_2CB$$
$$\angle ABC+\angle ACB=\angle DBC+\angle DCB$$

所以 $$\angle BAC=\angle BDC$$

因此，A，B，C，D 四点共圆.

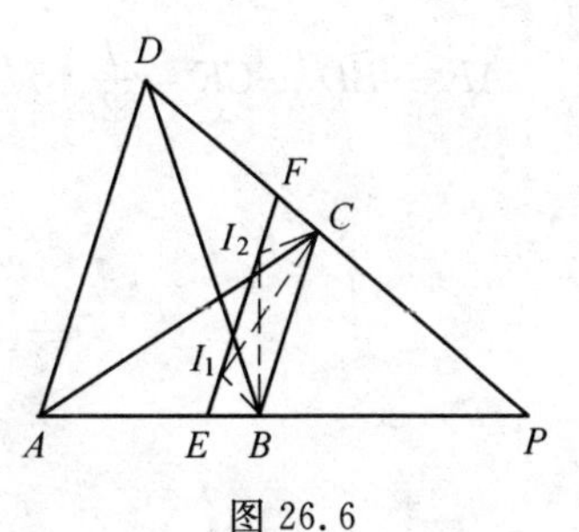

图 26.6

西部赛试题 2 已知锐角 $\triangle ABC$ 的三边长不全相等，周长为 l，P 是其内部一动点，点 P 在边 BC，CA，AB 上的射影分别为 D，E，F. 求证：$2(AF+BD+CE)=l$ 的充分必要条件是点 P 在 $\triangle ABC$ 的内心与外心的连线上.

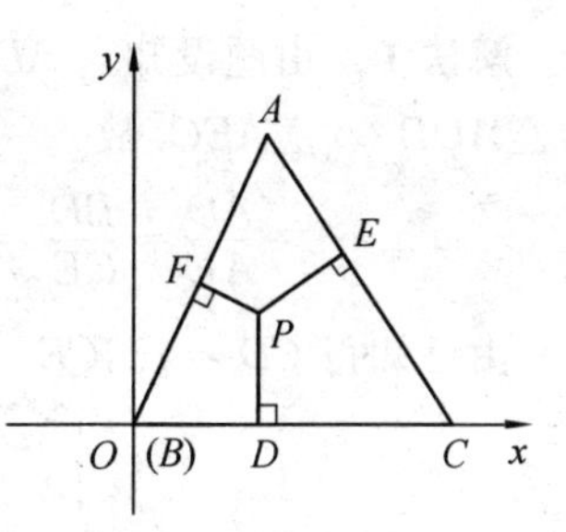

图 26.7

证明 设 $\triangle ABC$ 的三边长分别为 $BC=a$，$CA=b$，$AB=c$，不妨设 $b\neq c$. 如图 26.7 所示，建立直角坐标系，设 $A(m,n)$，$B(0,0)$，$C(a,0)$，$P(x,y)$. 由

$$AF^2-BF^2=AP^2-BP^2$$

得 $$AF^2-(c-AF)^2=AP^2-BP^2$$

故 $$2c\cdot AF-c^2=(x-m)^2+(y-n)^2-x^2-y^2$$

解得 $$AF=\frac{m^2+n^2-2mx-2ny}{2c}+\frac{c}{2}$$

又 $$CE^2-AE^2=PC^2-AP^2$$

得 $$CE^2-(b-CE)^2=PC^2-AP^2$$

则 $$2b\cdot CE-b^2=(x-a)^2+y^2-(x-m)^2-(y-n)^2$$

解得 $$CE=\frac{2mx+2ny-m^2-n^2-2ax+a^2}{2b}+\frac{b}{2}$$

故 $AF+BD+CE=\frac{l}{2}\Leftrightarrow\frac{m^2+n^2-2mx-2ny}{2c}+\frac{c}{2}+x+$

$$\frac{2mx+2ny-m^2-n^2-2ax+a^2}{2b}+\frac{b}{2}=\frac{l}{2}$$

$$\Leftrightarrow(\frac{m}{b}-\frac{a}{b}-\frac{m}{c}+1)x+(\frac{n}{b}-\frac{n}{c})y+\frac{a^2}{2b}+\frac{b+c}{2}+$$

$$\frac{m^2+n^2}{2}(\frac{1}{c}-\frac{1}{b})-\frac{l}{2}=0$$

因为 $b\neq c,n\neq 0$,所以,满足条件的点 P 在一条定直线上.由于内心、外心均满足 $2(AF+BD+CE)=l$,从而,命题得证.

试题 A 如图26.8,在锐角 $\triangle ABC$ 中,AB 上的高 CE 与 AC 上的高 BD 相交于点 H,以 DE 为直径的圆分别交 AB,AC 于 F,G 两点,FG 与 AH 相交于点 K.已知 $BC=25$,$BD=20$,$BE=7$.求 AK 的长.

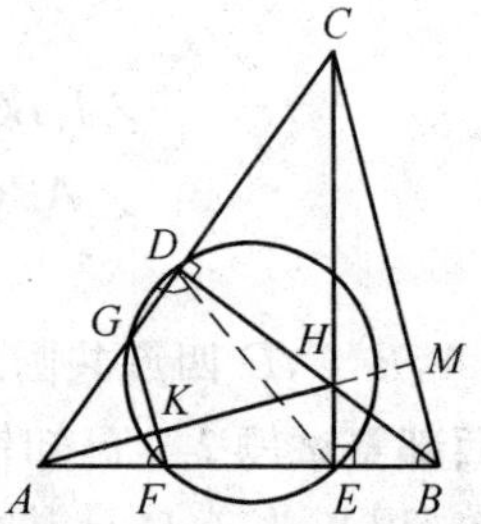

图 26.8

解法 1 由题设知 $\angle ADB=\angle AEC=90°$.所以 $\triangle ADB\backsim\triangle AEC$.故

$$\frac{AD}{AE}=\frac{BD}{CE}=\frac{AB}{AC} \quad ①$$

由已知得 $CD=15$,$CE=24$.由式①有

$$\begin{cases}\frac{AD}{AE}=\frac{5}{6}\\ \frac{AE+7}{AD+15}=\frac{5}{6}\end{cases}\Rightarrow\begin{cases}AD=15\\ AE=18\end{cases}$$

于是,点 D 是 $\mathrm{Rt}\triangle AEC$ 的斜边 AC 的中点,联结 DE,故

$$DE=\frac{1}{2}AC=15$$

因为点 F 在以 DE 为直径的圆上,则

$$\angle DFE=90°,AF=\frac{1}{2}AE=9$$

因为 $G,F,E,D;D,E,B,C$ 分别四点共圆,则

$$\angle AFG=\angle ADE=\angle ABC,GF\parallel CB$$

延长 AH 交 BC 于 M,则

$$\frac{AK}{AM}=\frac{AF}{AB} \quad ②$$

因为 H 是 $\triangle ABC$ 的垂心，则 $AM \perp BC$. 又因为 $BA = BC$，所以，$AM = CE = 24$. 由式 ② 有

$$AK = \frac{AF \cdot AM}{AB} = \frac{9 \times 24}{25} = \frac{216}{25}$$

解法 2　（由广东珠海一中赖常茂给出）如图 26.8，设 $\triangle ABC$ 各内角为 $\angle A, \angle B, \angle C$，延长 AH 与 BC 交于 M. 因为

$$\sin C = \frac{BD}{BC} = \frac{4}{5}, \cos B = \frac{7}{25}$$

所以

$$\sin A = \frac{4}{5}$$

由正弦定理，易得

$$AB = \frac{\sin C}{\sin A} \cdot BC = 25$$

因为 B, C, D, E 四点共圆，所以

$$EF = DE\cos C = \frac{CD\cos A}{\cos C} \cdot \cos C = 9$$

因为 $GF \parallel BC$，所以

$$\frac{AK}{AB - BF} = \frac{AM}{AB} = \sin B = \frac{24}{25}$$

故

$$AK = \frac{24}{25}(25 - 7 - 9) = \frac{216}{25}$$

解法 3　（由四川方廷刚给出）如图 26.8，设 $\triangle ABC$ 各内角为 $\angle A, \angle B, \angle C$，延长 AH 交 BC 于 M. 易知

$$CD = 15, CE = 24$$

$$\cos C = \frac{3}{5}, \sin C = \frac{4}{5}, \cos B = \frac{7}{25}, \sin B = \frac{24}{25}$$

$$\cos (B + C) = \cos B\cos C - \sin B\sin C = -\frac{3}{5}$$

故

$$\cos A = \frac{3}{5} = \cos C$$

从而

$$\angle A = \angle C, AB = BC$$

易知

$$AM \perp BC$$

故

$$AM = CE = 24$$

易知 C,D,E,B 四点共圆且 BC 为该圆直径,故

$$DE=BC\sin\angle DCE=BC\cos A$$

易知 D 为 AC 中点,F 为 AE 的中点.

由 D,E,F,G 四点共圆且 DE 为该圆直径知

$$FG=DE\sin\angle ADF=DE\cos A=BC\cos^2 A$$

$$\angle AGF=\angle AED=\angle ACB$$

所以
$$GF\parallel BC$$

故
$$\frac{AK}{AM}=\frac{FG}{BC}=\cos^2 A=\frac{9}{25}$$

因此
$$AK=\frac{9}{25}AM=\frac{216}{25}$$

解法4 (由浙江嵊州二中吕初明给出)如图26.9,设 $AD=x,AE=y$.在 $\mathrm{Rt}\triangle ACE$ 中,有

$$(x+15)^2-y^2=24^2 \qquad ①$$

在 $\mathrm{Rt}\triangle ABD$ 中,有

$$(y+7)^2-x^2=20^2 \qquad ②$$

由式①②得

$$x=15,y=18$$

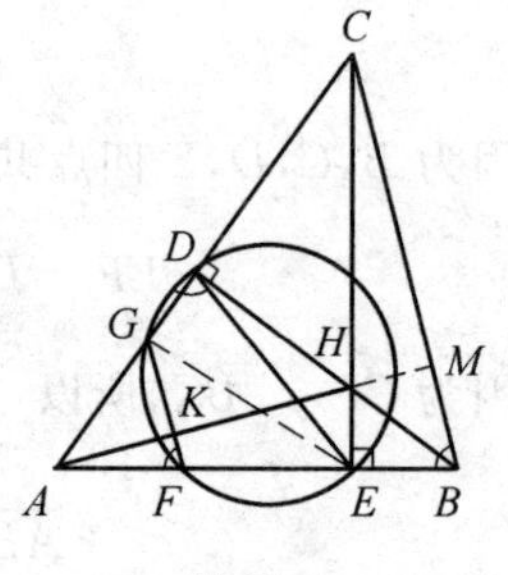

图 26.9

联结 EG.因为 DE 是圆的直径,所以

$$\angle DGE=90^\circ,EG\parallel BD$$

故
$$\frac{AG}{AE}=\frac{AD}{AB}\Rightarrow AG=AE\cdot\frac{AD}{AB}=\frac{54}{5}$$

因为 B,C,D,E 四点共圆,所以 $\angle AED=\angle ACB$.因为 D,E,F,G 四点共圆,所以 $\angle AGF=\angle AED$.故 $\angle AGF=\angle ACB$,从而 $FG\parallel BC$.

延长 AH 交 BC 于点 M,则

$$\frac{AK}{AM}=\frac{AG}{AC} \qquad ③$$

由面积法,得
$$BC\cdot AM=AB\cdot CE$$

所以
$$AM=24$$

由式③得
$$AK=\frac{216}{25}$$

解法5 (由武昌实验中学朱达坤给出)如图26.10,依题意,$CE\perp AB$,

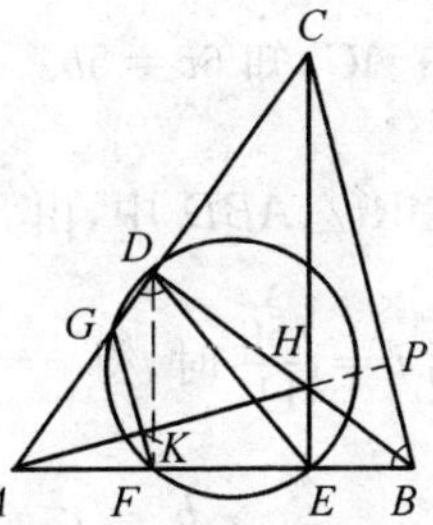

$BD \perp AC$，则

$$\angle CEB = \angle BDC = 90°$$

即 B,E,D,C 四点共圆.

由托勒密定理有

$$DE \cdot BC + BE \cdot DC = BD \cdot CE \quad ①$$

又 $BC = 25, BD = 20, BE = 7$，则

$$DC = \sqrt{BC^2 - BD^2} = \sqrt{25^2 - 20^2} = 15$$

$$CE = \sqrt{BC^2 - BE^2} = 24$$

图 26.10

代入式 ① 有 $\qquad DE = 15$

所以 $\qquad DE = DC$

又 $\angle CEA = 90°$，从而 D 为 $\text{Rt}\triangle AEC$ 的中点，$AC = 30$，于是

$$AE = \sqrt{AC^2 - CE^2} = 18$$

联结 DF，由 DE 为直径，知

$$\angle DFE = 90°, DF \perp AE$$

又 $AD = DE$，则 F 为 AE 的中点，即 $AF = 9$. 即 D,E,F,G 四点共圆，从而

$$AG \cdot AD = AF \cdot AE, AG = \frac{54}{5}$$

延长 AH 交 BC 于 P，则 $AP \perp BC$. 由 $\angle AGF = \angle AED = \angle ACB$ 得 $GF \parallel BC$，则 $AK \perp GF$. 因

$$\cos \angle GAK = \cos \angle DBC = \frac{BD}{BC} = \frac{20}{25} = \frac{4}{5}$$

则 $AK = AG\cos \angle GAK = \frac{54}{5} \times \frac{4}{5} = \frac{216}{25}$.

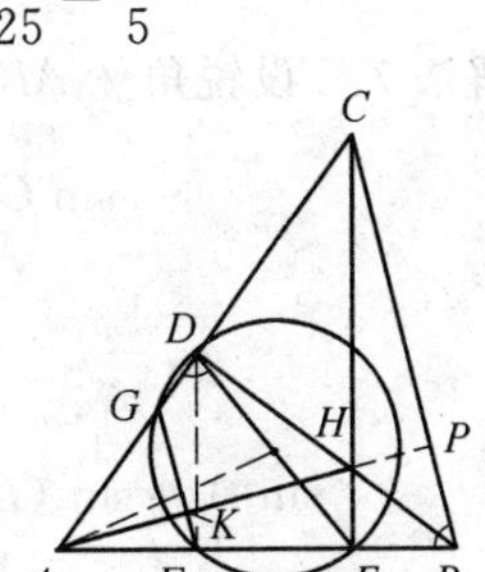

图 26.11

解法6[①]　如图 26.11，由题设条件 $CE \perp AB$，$BD \perp AC$，$BC = 25$，$BD = 20$，$BE = 7$. 应用勾股定理，得 $CD = 15$，$CE = 24$.

设 $AC = b$，$AB = c$，由面积关系 $\frac{1}{2}AB \cdot CE =$

① 沈文选. 2004 年高中联赛平面几何题的新解法[J]. 数学竞赛之窗，2005(12)：20-21.

$\frac{1}{2}BD\cdot AC$,知 $6c=5b$.

在 Rt$\triangle ABD$ 中,由 $c^2=(b-15)^2+20^2$,可求得 $b=\frac{750}{11}$ 或 $b=30$.

当 $b=\frac{750}{11}$ 时,得 $c=\frac{625}{11}$,且

$$b^2-c^2-BC^2=\frac{750^2-625^2-11^2\cdot 25^2}{11^2}>0$$

知 $\angle B>90°$ 与已知矛盾.从而知 $b=30$,亦知 $AB=c=25$.

于是 $AD=15$,即 D 为 AC 中点.即知 $DE=AD$.

联结 DF,由题设知 $DF\perp AE$,则 $DF /\!/ CE$,即知 F 为 AE 的中点,且 $AF=\frac{1}{2}(AB-BE)=9$.

由 C,D,E,B 共圆,D,E,F,G 共圆,知 $\angle AFG=\angle GDE=\angle ABC$,从而 $FG /\!/ BC$. 延长 AH 交 BC 于 P,知 $AP\perp BC$,于是 $AK\perp FG$,且由对称性知 $AP=CE=24$.

由 $\triangle AFK \backsim \triangle ABP$,有

$$\frac{AF}{AB}=\frac{AK}{AP}$$

故

$$AK=\frac{AF\cdot AP}{AB}=\frac{216}{25}$$

解法7 设锐角 $\triangle ABC$ 的三内角用 $\angle A,\angle B,\angle C$ 表示,则

$$\sin C=\frac{BD}{BC}=\frac{4}{5},\cos B=\frac{BE}{BC}=\frac{7}{25}$$

从而

$$\cos C=\frac{3}{5},\sin B=\frac{24}{25}$$

$$\sin A=\sin (B+C)=\sin B\cos C+\cos B\sin C=\frac{4}{5}$$

在 $\triangle ABC$ 中用正弦定理,有

$$AB=\frac{BC\sin C}{\sin A}=25$$

亦即有 $AE=18$. 延长 AH 交 BC 于 P,则

$$AP=AB\sin B=24$$

联结 DF,由题设知 $DF\perp AE$,由射影定理,有

$$BD^2 = BF \cdot AB$$

即
$$BF = \frac{BD^2}{AB} = 16$$

从而
$$AF = 9$$

下同解法 6.

解法 8　由题设条件:$CE \perp AB$,$BD \perp AC$,$BC = 25$,$BD = 20$,$BE = 7$,应用勾股定理,得 $CD = 15$,$CE = 24$.由 C,D,E,B 共圆,应用托勒密定理,有

$$BD \cdot CE = BE \cdot CD + BC \cdot DE$$

由此求得
$$DE = 15$$

联结 DF,知 $DF \perp AB$,于是

$$\angle FDE = \angle DEC = \angle DBC$$

知
$$\triangle DFE \backsim \triangle BDC$$

有
$$\frac{BC}{DE} = \frac{DC}{EF} = \frac{BD}{DF}$$

求得
$$EF = 9, DF = 12$$

同理
$$DG = \frac{21}{5}, EG = \frac{72}{5}$$

又 D,E,F,G 共圆,应用托勒密定理,有

$$DE \cdot FG + DG \cdot EF = FG \cdot DF$$

求得
$$FG = 9$$

由 $\angle AGF = \angle FED = \angle DCB$ 知

$$FG \parallel BC$$

于是 $AK \perp FG$,且

$$\frac{FG}{BC} = \frac{AF}{AB} = \frac{AF}{AF + FE + EB}$$

求得 $AF = 9$.同理 $AG = \frac{54}{5}$.

同解法 7,可求得 $\sin \angle CAB = \frac{4}{5}$.

注意到面积关系

$$\frac{1}{2} AK \cdot FG = \frac{1}{2} AG \cdot AF \sin \angle CAB$$

有
$$AK = \frac{AG \cdot AF \sin \angle CAB}{FG} = \frac{\frac{54}{5} \cdot 9 \cdot \frac{4}{5}}{9} = \frac{216}{25}$$

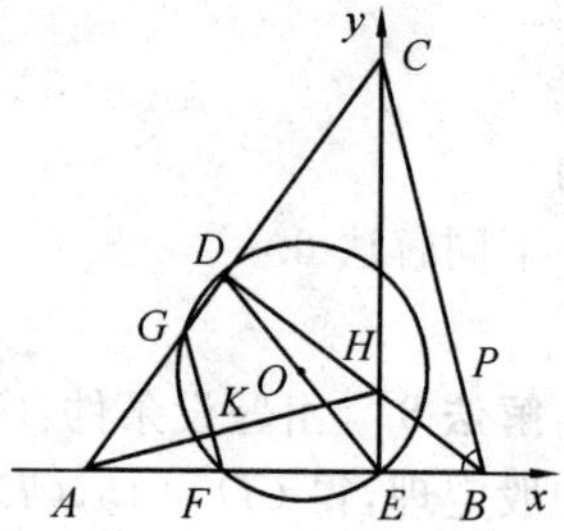

解法 9　如图 26.12,由题设条件,可求得

$$\cos\angle CBA=\cos\angle CBE=\frac{7}{25},\cos\angle CBD=\frac{4}{5}$$

$$\sin\angle CBE=\frac{24}{25},\sin\angle CBD=\frac{3}{5}$$

故 $\cos\angle DBA=\cos(\angle CBA-\angle CBD)=\frac{4}{5}$

从而 $$AB=\frac{BD}{\cos\angle DBA}=25$$

亦即 $$AE=18$$

图 26.12

以 E 为原点,AB 所在直线为 x 轴,建立平面直角坐标系,如图 26.12 所示.由于 $CE=24,AE=18$,得 $AC=30$.又

$$CD=BC\sin\angle CBD=15=\frac{1}{2}AC$$

则 D 为 AC 的中点,且点 D 的坐标为$(-9,12)$.

又设 O 为 DE 的中点,则点 O 的坐标为$(-\frac{9}{2},6)$.于是圆 O 的半径为

$$R=\sqrt{(\frac{9}{2})^2+6^2},AO=\sqrt{[-18-(\frac{9}{2})]^2+6^2}$$

又点 A 对圆 O 的幂

$$p(A)=AE\cdot AF=AG\cdot AD=AO^2-R^2=(\frac{27}{2})^2-(\frac{9}{2})^2=162$$

从而 $$AF=\frac{p(A)}{AE}=9,AG=\frac{p(A)}{AE}=9,AG=\frac{p(A)}{AD}=\frac{54}{5}$$

对 $\triangle AFG$ 应用张角公式,有

$$\frac{\sin\angle GAF}{AK}=\frac{\sin\angle FAK}{AG}+\frac{\sin\angle GAK}{AF}$$

注意到 $$\angle CAH=\angle CBD,\angle HAE=\angle ECB$$

$$\sin\angle ECB=\frac{7}{25},\sin\angle DBC=\frac{3}{5},\sin\angle CAE=\frac{4}{5}$$

即有 $$\frac{\sin\angle CAE}{AK}=\frac{\sin\angle ECB}{AG}+\frac{\sin\angle DBC}{AF}=\frac{5}{54}$$

故 $$AK=\frac{\sin\angle CAE}{\frac{5}{54}}=\frac{216}{25}$$

解法10　（由山东宁阳一中刘才华给出）如图26.12，由题意得

$$CE=24,BD=20$$

以AB所在直线为x轴，EC所在直线为y轴建立直角坐标系，则$B(7,0)$，$C(0,24)$.

设$A(a,0)$，则直线AC的方程为

$$\frac{x}{a}+\frac{y}{24}=1$$

即

$$24x+ay-24a=0$$

由点B到直线AC的距离为20，得

$$\frac{|24\times 7-24a|}{\sqrt{24^2+a^2}}=20$$

解得$a=-18$，所以$|BC|=25=|AB|$，D为AC中点，且$D(-9,12)$.

以DE为直径的圆的方程为

$$(x+\frac{9}{2})^2+(y-6)^2=\frac{225}{4}$$

令$y=0$得$x^2+9x=0$.则有$F(-9,0)$.

直线AC方程为$4x-3y+72=0$，G在直线AC上，故可设$G(\frac{3y-72}{4},y)$，

则

$$\overrightarrow{EG}=(\frac{3y-72}{4},y),\overrightarrow{AC}=(18,24)$$

由$EG\perp AC$，得

$$\frac{3y-72}{4}\times 18+24y=0$$

所以

$$y=\frac{216}{25},G(-\frac{288}{25},\frac{216}{25})$$

$$k_{FG}=-\frac{24}{7}=k_{BC}$$

从而，$FG\parallel BC$，$\triangle AFG$为等腰三角形，且$AK\perp FG$，因此

$$|AK|=y_G=\frac{216}{25}$$

解法11　（由武昌实验中学朱达坤给出）以AB所在直线为x轴，E为原点建立如图26.12所示的直角坐标系，那么点B的坐标为$(7,0)$，设点A,C的坐标

为$(-a,0)$,$(0,b)(a>0,b>0)$,则

$$b=\sqrt{BC^2-BE^2}=\sqrt{25^2-7^2}=24$$

则
$$AC=\sqrt{a^2+b^2}=\sqrt{a^2+576}$$

由
$$S_{\triangle ABC}=\frac{1}{2}AC\cdot BD=\frac{1}{2}AB\cdot CE$$

得
$$20\sqrt{a^2+576}=24(a+7)$$

则
$$a=18\quad(\text{负值舍去})$$

于是$A(-18,0)$,$C(0,24)$.则直线AC的方程为

$$y=\frac{4}{3}x+24$$

即
$$4x-3y+72=0$$

直线BD的方程为

$$y=-\frac{3}{4}(x-7)$$

即
$$3x+4y-21=0$$

联立两方程解得点D的坐标为$(-9,12)$.

以DE为直径的圆的方程为

$$(x+\frac{9}{2})^2+(y-6)^2=\frac{225}{4}$$

则由
$$\begin{cases}(x+\frac{9}{2})^2+(y-6)^2=\frac{225}{4}\\4x-3y+72=0\end{cases}$$

解得点G的坐标为$(-\frac{288}{25},\frac{216}{25})$

令$y=0$得$F(-9,0)$,由解法1可得$GF // BC$,则直线GF的方程为

$$y=-\frac{24}{7}(x+9)$$

即
$$24x+7y+216=0$$

$$|AK|=\frac{|24\times(-18)+7\times0+216|}{\sqrt{24^2+7^2}}=\frac{216}{25}$$

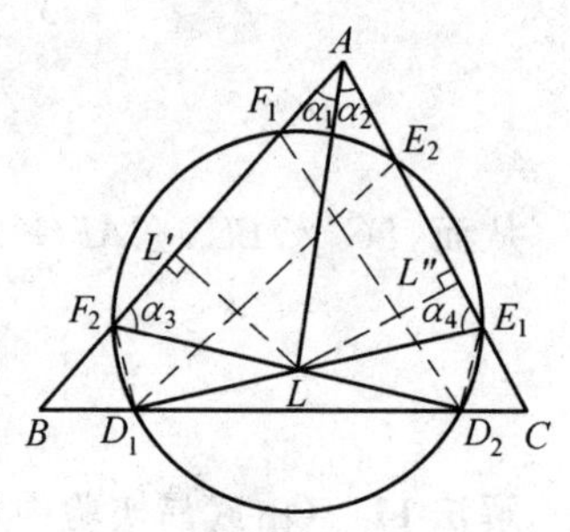

图26.13

试题B1 一圆与$\triangle ABC$的三边BC,CA,AB的交点依次为D_1,D_2,E_1,E_2,F_1,F_2.线段D_1E_1与D_2F_2交于点L,线段E_1F_1与E_2D_2交于点M,线段F_1D_1与F_2E_2交于点N.证明:AL,BM,CN三线共点.

证法1 如图26.13，自点L作AB和AC的垂线，垂足分别为L'和L''. 记$\angle LAB=\alpha_1$，$\angle LAC=\alpha_2$，$\angle LF_2A=\alpha_3$，$\angle LE_1A=\alpha_4$，则

$$\frac{\sin\alpha_1}{\sin\alpha_2}=\frac{LL'}{LL''}=\frac{LF_2\sin\alpha_3}{LE_1\sin\alpha_4} \quad ①$$

联结D_1F_2，D_2E_1. 由$\triangle LD_1F_2\backsim\triangle LD_2E_1$得

$$\frac{LF_2}{LE_1}=\frac{D_1F_2}{D_2E_1} \quad ②$$

联结D_2F_1，D_1E_2. 由正弦定理得

$$\frac{\sin\alpha_3}{\sin\alpha_4}=\frac{D_2F_1}{D_1E_2} \quad ③$$

将式②③代入①，得

$$\frac{\sin\alpha_1}{\sin\alpha_2}=\frac{D_1F_2}{D_2E_1}\cdot\frac{D_2F_1}{D_1E_2} \quad ④$$

记$\angle MBC=\beta_1$，$\angle MBA=\beta_2$，$\angle NCA=\gamma_1$，$\angle NCB=\gamma_2$. 同理可得

$$\frac{\sin\beta_1}{\sin\beta_2}=\frac{E_1D_2}{E_2F_1}\cdot\frac{E_2D_1}{E_1F_2} \quad ⑤$$

$$\frac{\sin\gamma_1}{\sin\gamma_2}=\frac{F_1E_2}{F_2D_1}\cdot\frac{F_2E_1}{F_1D_2} \quad ⑥$$

式④×⑤×⑥，得

$$\frac{\sin\alpha_1}{\sin\alpha_2}\cdot\frac{\sin\beta_1}{\sin\beta_2}\cdot\frac{\sin\gamma_1}{\sin\gamma_2}=1$$

由塞瓦定理的逆定理，即知AL，BM，CN三线共点.

证法2 （由湖南师大张垚教授给出）联结E_1F_2，在$\triangle AF_2E_1$中，因AL，F_2L，E_1L三线共点，由角元形式的塞瓦定理，有

$$\frac{\sin\angle E_1AL}{\sin\angle LAF_2}\cdot\frac{\sin\angle AF_2L}{\sin\angle LF_2E_1}\cdot\frac{\sin\angle F_2E_1L}{\sin\angle LE_1A}=1 \quad ①$$

而由正弦定理有

$$\frac{\sin\angle AF_2L}{\sin\angle LF_2E_1}=\frac{D_2F_1}{D_2E_1},\frac{\sin\angle F_2E_1L}{\sin\angle LE_1A}=\frac{D_1F_2}{D_1E_2} \quad ②$$

式②代入式①得

$$\frac{\sin\angle E_1AL}{\sin\angle LAF_2}=\frac{D_1E_2}{D_1F_2}\cdot\frac{D_2E_1}{D_2F_1}$$

即

$$\frac{\sin\angle CAL}{\sin\angle LAB}=\frac{D_1E_2}{D_1F_2}\cdot\frac{D_2E_1}{D_2F_1} \quad ③$$

同理可得

$$\frac{\sin\angle ABM}{\sin\angle MBC}=\frac{E_1F_2}{E_1D_2}\cdot\frac{E_2F_1}{E_2D_1} \quad ④$$

$$\frac{\sin\angle BCN}{\sin\angle NCA}=\frac{F_1D_2}{F_1E_2}\cdot\frac{F_2D_1}{F_2E_1} \quad ⑤$$

式③×④×⑤得

$$\frac{\sin\angle CAL}{\sin\angle LAB}\cdot\frac{\sin\angle ABM}{\sin\angle MBC}\cdot\frac{\sin\angle BCN}{\sin\angle NCA}=1$$

由塞瓦定理逆定理得三线 AL,BM,CN 共点.

试题 B2 在面积为1的矩形 $ABCD$ 中(包括边界)有五个点,其中任意三点不共线.求以这五个点为顶点的所有三角形中,面积不大于 $\frac{1}{4}$ 的三角形的个数的最小值.

解法1 本题证明需要用到如下的常用结论,我们将其作为一个引理.

引理 矩形内的任意一个三角形的面积不大于矩形面积的一半.

在矩形 $ABCD$ 中,如果某三点构成的三角形的面积不大于 $\frac{1}{4}$,就称它们为一个好的三点组,简称为"好组".

记 AB,CD,BC,AD 的中点分别为 E,F,H,G,线段 EF 与 GH 的交点记为 O.线段 EF 和 GH 将矩形 $ABCD$ 分为四个小矩形.从而,一定存在一个小矩形,不妨设为矩形 $AEOG$,其中(包括边界,下同)至少有所给五个点中的两个点,设点 M 和 N 在小矩形 $AEOG$ 中,如图26.14所示.

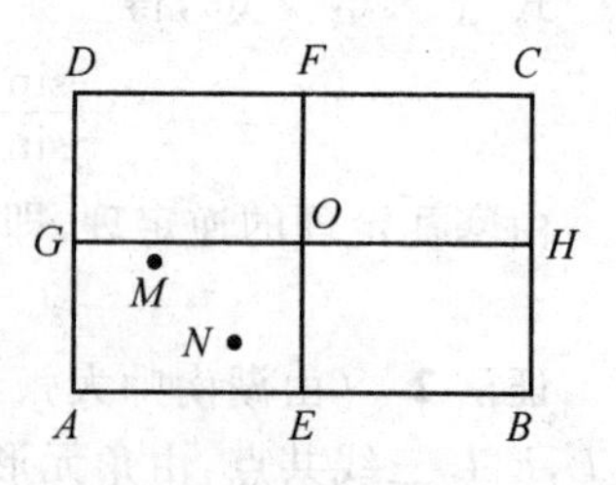

图26.14

(1) 如果矩形 $OHCF$ 中有不多于一个已知点,考察不在矩形 $OHCF$ 中的任意一个不同于 M 和 N 的已知点 X.易知,三点组 (M,N,X) 或者在矩形 $ABHG$ 中,或者在矩形 $AEFD$ 中.由引理可知,(M,N,X) 是好组.由于这样的点 X 至少有两个,所以,至少有两个好组.

(2) 如果矩形 $OHCF$ 中至少有两个已知点,不妨设已知 P 和 Q 都在矩形 $OHCF$ 中,考察剩下的最后一个已知点 R.如果 R 在矩形 $OFDG$ 中,则三点组 (M,N,R) 在矩形 $AEFD$ 中,而三点组 (P,Q,R) 在矩形 $GHCD$ 中,从而,它们都是好组.于是,至少有两个好组.同理,如果点 R 在矩形 $EBHO$ 中,亦至少有两个好组.如果点 R 在矩形 $OHCF$ 或矩形 $AEOG$ 中,不妨设点 R 在矩形 $OHCF$ 中.如图26.15所示,我们来考察五个已知点 M,N,P,Q,R 的凸包,该凸包一定

在凸六边形 $AEHCFG$ 中. 而

$$S_{AEHCFG}=1-\frac{1}{8}-\frac{1}{8}=\frac{3}{4}$$

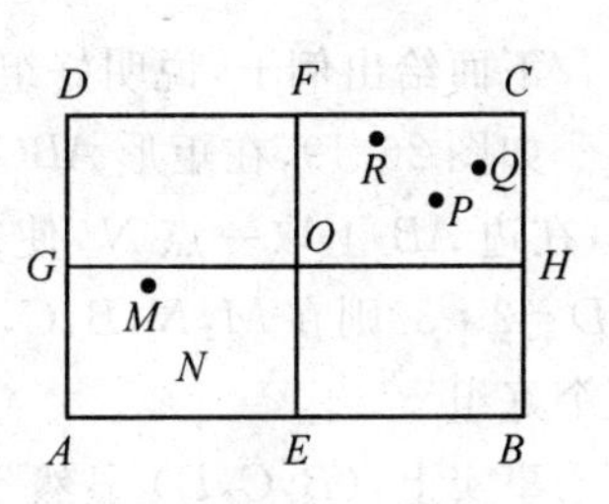

图 26.15

下面再分三种情况讨论.

(i) 若 M,N,P,Q,R 的凸包是凸五边形，不妨设其为 $MNPQR$，如图 26.16 所示，此时

$$S_{\triangle MQR}+S_{\triangle MNQ}+S_{\triangle NPQ}\leqslant\frac{3}{4}$$

从而，(M,Q,R)，(M,N,Q)，(N,P,Q) 中至少有一个为好组，又由于 (P,Q,R) 在矩形 $OHCF$ 中，当然是好组，所以，至少有两个好组.

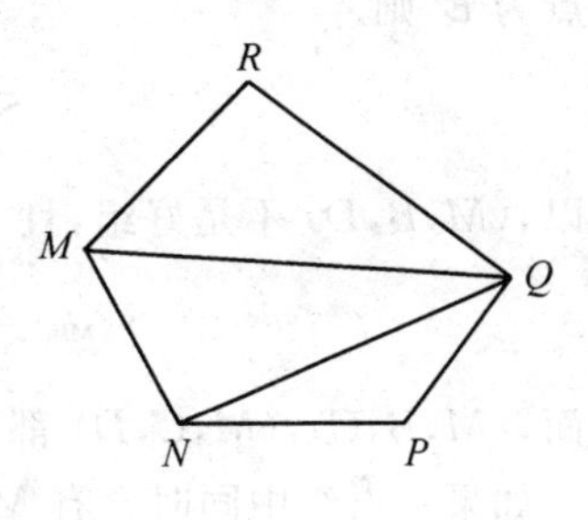

图 26.16

(ii) 若 M,N,P,Q,R 的凸包是凸四边形，不妨设其为 $A_1A_2A_3A_4$，而另一个已知点为 A_5，如图 26.17 所示，其中 $A_i\in\{M,N,P,Q,R\}(i=1,2,3,4,5)$. 联结 $A_5A_i(i=1,2,3,4)$，则

$$S_{\triangle A_1A_2A_5}+S_{\triangle A_2A_3A_5}+S_{\triangle A_3A_4A_5}+S_{\triangle A_4A_1A_5}$$
$$=S_{A_1A_2A_3A_4}\leqslant\frac{3}{4}$$

从而，(A_1,A_2,A_5)，(A_2,A_3,A_5)，(A_3,A_4,A_5)，(A_1,A_4,A_5) 中至少有两个好组.

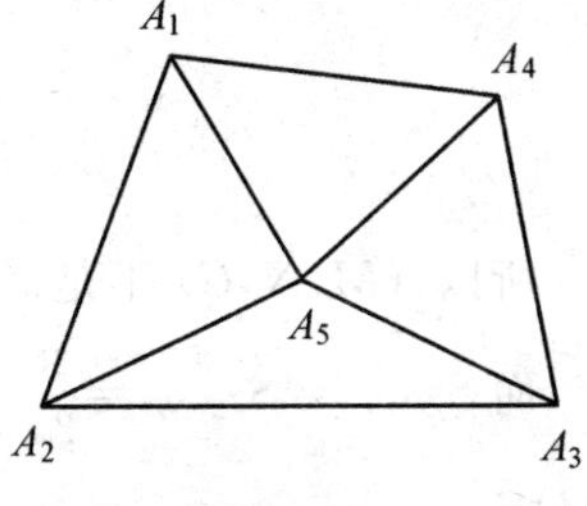

图 26.17

(iii) 若 M,N,P,Q,R 的凸包是一个三角形，不妨设其为 $\triangle A_1A_2A_3$，另外两个已知点为 A_4，A_5，如图 26.18 所示，其中 $A_i\in\{M,N,P,Q,R\}$ $(i=1,2,3,4,5)$. 联结 $A_4A_i(i=1,2,3)$，则

$$S_{\triangle A_1A_2A_4}+S_{\triangle A_2A_3A_4}+S_{\triangle A_3A_1A_4}=S_{\triangle A_1A_2A_3}\leqslant\frac{3}{4}$$

从而 (A_1,A_2,A_4)，(A_2,A_3,A_4)，(A_1,A_3,A_4) 中至少有一个好组.

同理，A_5 也与 A_1,A_2,A_3 中的某两个点构成好组. 所以，此时也至少有两个好组.

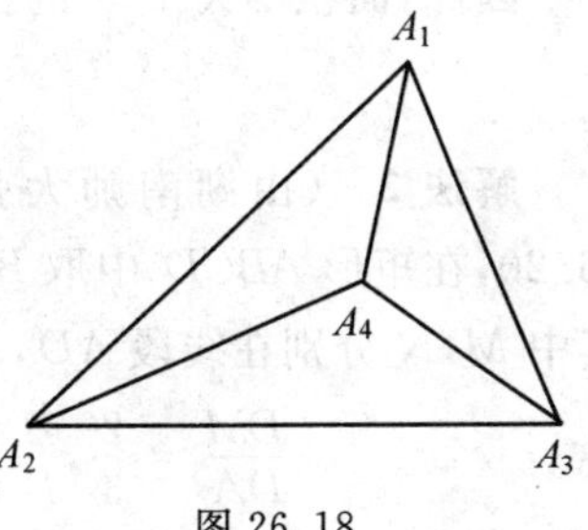

图 26.18

综上所述，不论何种情形，在五个已知点中都至少有两个好组.

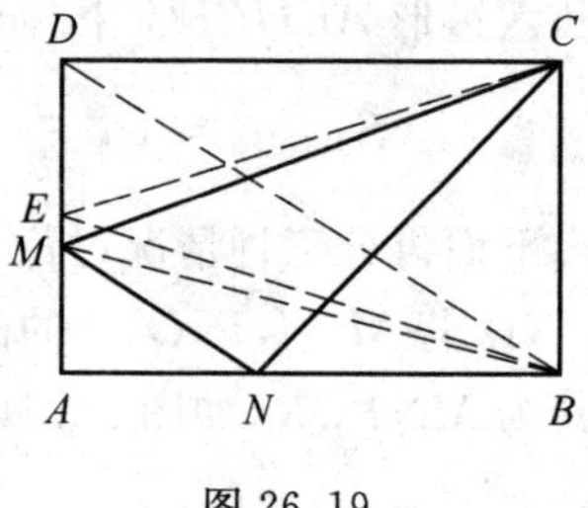

图 26.19

下面给出例子,说明好组的个数可以等于2.

如图26.19,在矩形 $ABCD$ 的边 AD 上取一点 M,在边 AB 上取一点 N,使得 $AN:NB=AM:MD=2:3$.则在 M,N,B,C,D 这五个点中恰好有两个好组.

事实上,(B,C,D) 显然不是好组.而如果三点组中恰含 M,N 两点之一,不妨设含点 M,设 AD 的中点为 E,则

$$S_{\triangle MBD}>S_{\triangle EBD}=\frac{1}{4}$$

所以,(M,B,D) 不是好组,且

$$S_{\triangle MBC}=\frac{1}{2},S_{\triangle MCD}>S_{\triangle ECD}=\frac{1}{4}$$

从而,(M,B,C),(M,C,D) 都不是好组.

如果三点组中同时含有 M,N 两点,那么

$$\begin{aligned}S_{\triangle MNC}&=1-S_{\triangle NBC}-S_{\triangle MCD}-S_{\triangle AMN}\\&=1-\frac{3}{5}S_{\triangle ABC}-\frac{3}{5}S_{\triangle ACD}-\frac{4}{25}S_{\triangle ABD}\\&=1-\frac{3}{10}-\frac{3}{10}-\frac{2}{25}=\frac{8}{25}>\frac{1}{4}\end{aligned}$$

所以,(M,N,C) 不是好组.

而 $S_{\triangle MNB}=S_{\triangle MND}=\frac{3}{25}<\frac{1}{4}$,从而,其中恰好有两个好组 (M,N,B) 和 (M,N,D).

因此,面积不大于 $\frac{1}{4}$ 的三角形的个数的最小值为2.

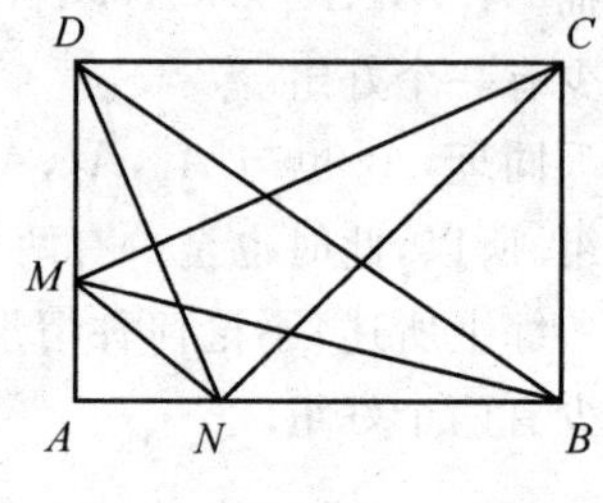

图 26.20

解法2 (由湖南师大张垚教授给出)如图26.20,在矩形 $ABCD$ 中取 B,C,D,M,N 五个点,其中 M,N 分别在线段 AD,AB 内且满足

$$\frac{DM}{DA}=\frac{2}{3},\frac{BN}{BA}=\frac{2}{3}$$

以这五点为顶点的10个三角形中

$$S_{\triangle DBC}=S_{\triangle MBC}=S_{\triangle NDC}=\frac{1}{2}>\frac{1}{4}$$

$$S_{\triangle BDM}=S_{\triangle CDM}=S_{\triangle DBN}=S_{\triangle CBN}=\frac{1}{3}>\frac{1}{4}$$

$$S_{\triangle BMN}=S_{\triangle ABM}-S_{\triangle AMN}=\frac{1}{2}\times\frac{1}{3}-\frac{1}{2}\times\frac{1}{3}\times\frac{1}{3}=\frac{1}{9}<\frac{1}{4}$$

$$S_{\triangle DMN}=S_{\triangle ADM}-S_{\triangle AMN}=\frac{1}{6}-\frac{1}{18}=\frac{1}{9}<\frac{1}{4}$$

$$S_{\triangle MNC}=1-S_{\triangle AMN}-S_{\triangle BCN}-S_{\triangle CDM}$$

$$=1-\frac{1}{18}-2\cdot\frac{1}{3}=\frac{5}{18}>\frac{1}{4}$$

其中恰有两个三角形的面积不大于$\frac{1}{4}$.

另一方面,在 $ABCD$ 中任取五个点 P_1,P_2,P_3,P_4,P_5(其中任意三点不共线),我们证明以 P_1,P_2,P_3,P_4,P_5 为顶点的十个三角形中至少有两个的面积不大于$\frac{1}{4}$,为此,我们要用到下列熟知的几何事实.

引理　在面积为 a 的矩形中,任何三角形的面积都不大于$\frac{a}{2}$(证明略).

下面按 P_1,P_2,P_3,P_4,P_5 的凸包分类讨论如下.

(i) 五点的凸包为 $\triangle P_1P_2P_3$,另两点 P_4,P_5 在 $\triangle P_1P_2P_3$ 内,如图 26.21 所示,如果 $\triangle P_1P_2P_3$ 被分成的五个三角形中至少有四个的面积大于$\frac{1}{4}$,那么 $S_{\triangle P_1P_2P_3}>4\times\frac{1}{4}=1$,这与引理矛盾,故 $\triangle P_1P_2P_3$ 被分成的五个三角形中至少有两个的面积不大于$\frac{1}{4}$,结论成立.

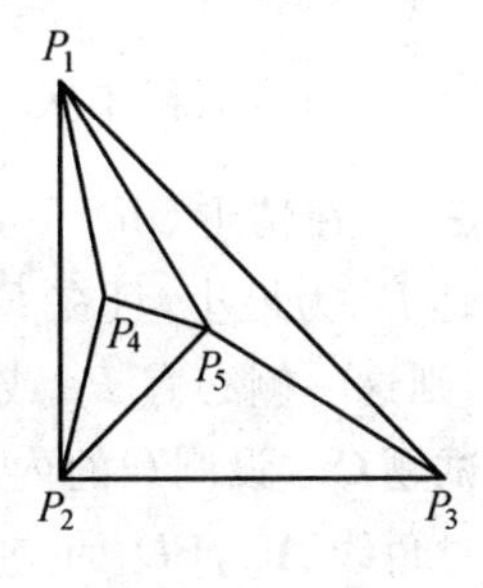

图 26.21

(ii) 五点的凸包为凸四边形 $P_1P_2P_3P_4$,另一点 P_5 在凸四边形 $P_1P_2P_3P_4$ 内,因无三点共线,不妨设 P_5 在 $\triangle P_1P_2P_3$ 内,如图 26.22 所示,于是,$S_{\triangle P_1P_2P_5}$,$S_{\triangle P_2P_3P_5}$,$S_{\triangle P_3P_1P_5}$ 中至少有两个不大于$\frac{1}{4}$(否则 $S_{\triangle P_1P_2P_3}>2\times\frac{1}{4}=\frac{1}{2}$,与引理矛盾),从而结论成立.

(iii) 五点的凸包是凸五边形 $P_1P_2P_3P_4P_5$. 不妨设以 P_1,P_2,P_3,P_4,P_5 为顶点的10个三角形中,以 $\triangle P_1P_2P_3$ 为最小. 并设 AB,BC,CD,DA 的中点分别

为 E,F,G,H,联结 EG 和 FH,EG 和 FH 交于 O,如图 26.23 所示,则由抽屉原理知 EG 的一侧(包括 EG 上)至少有 P_1,P_2,P_3,P_4,P_5 中三个点 P_i,P_j,P_k.

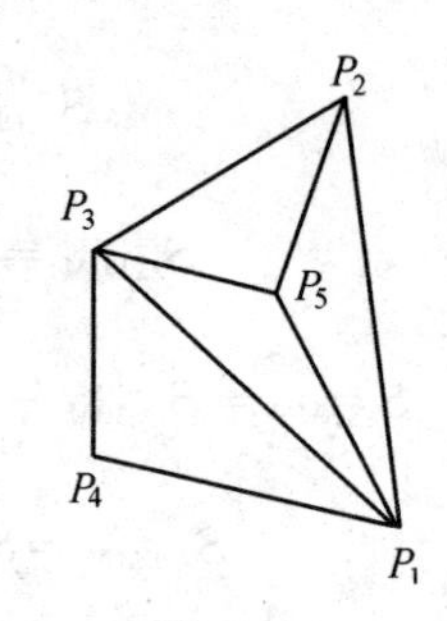

图 26.22

若 $\{i,j,k\}\neq\{1,2,3\}$,则由引理有 $S_{\triangle P_iP_jP_4}\leqslant\frac{1}{2}\times\frac{1}{2}=\frac{1}{4}$.又 $S_{\triangle P_1P_2P_3}\leqslant S_{\triangle P_iP_jP_k}\leqslant\frac{1}{4}$,结论成立.故可设 EG 的一侧(包括 EG)只有 P_1,P_2,P_3 三点,同理可设 FH 的一侧(包括 HF)只有 P_1,P_2,P_3 三点.不妨设 P_1,P_2,P_3 在矩形 $AEOH$ 中(包括边界),这时,P_4,P_5 只可能在矩形 $CGOF$ 中(否则,同上述推理知结论成立),于是

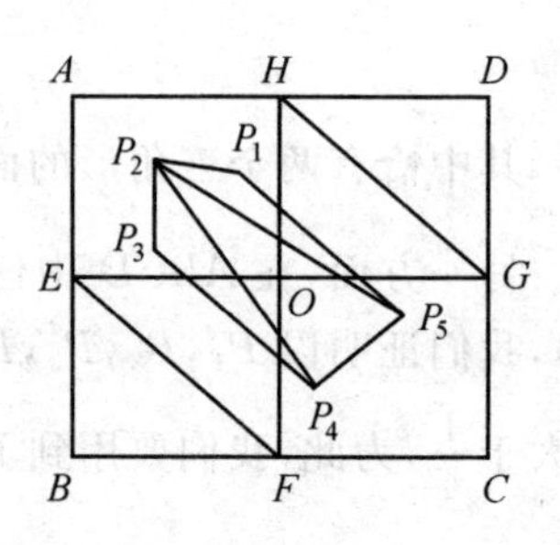

图 26.23

$$
\begin{aligned}
S_{P_1P_2P_3P_4P_5}&\leqslant S_{AEFCGH}=1-S_{\triangle BEF}-S_{\triangle DHG}\\
&=1-\frac{1}{8}-\frac{1}{8}=\frac{3}{4}
\end{aligned}
$$

于是,$S_{\triangle P_1P_2P_5}$,$S_{\triangle P_5P_2P_4}$,$S_{\triangle P_4P_2P_3}$ 中必有一个不大于 $\frac{1}{3}\times\frac{3}{4}=\frac{1}{4}$,从而更有 $S_{\triangle P_1P_2P_3}\leqslant\frac{1}{4}$.故结论成立.

综上可知,面积不大于 $\frac{1}{4}$ 的三角形个数的最小值为 2.

注 在情形(iii)下,若以 P_1,P_2,P_3,P_4,P_5 为顶点的 10 个三角形中以 $\triangle P_1P_2P_4$ 为最小.且在 EG 或 FH 一侧(包括 EG 或 FH 上)有 P_1,P_2,P_4 三个点时,则这一侧必有 P_3 或 P_5 中一个点.从而结论仍成立.

试题C 设圆 O 的内接凸四边形 $ABCD$ 的两条对角线 AC,BD 的交点为 P,过 P,B 两点的圆 O_1 与过 P,A 两点的圆 O_2 相交于两点 P,Q,且圆 O_1,圆 O_2 分别与圆 O 相交于另一点 E,F.求证:直线 PQ,CE,DF 共点或者互相平行.

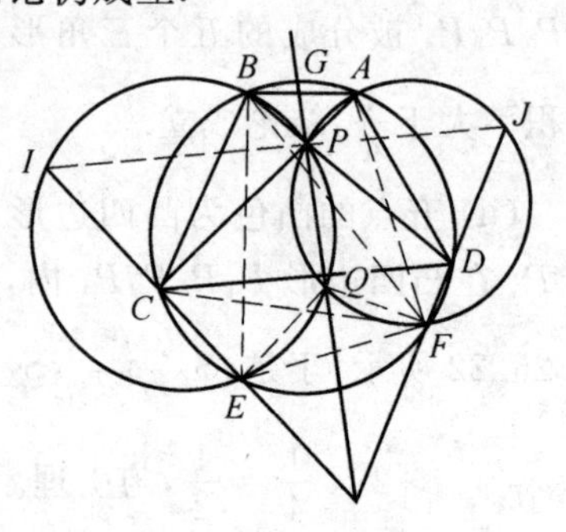

图 26.24

证明 如图 26.24,因为 $\angle PJF=\angle PAF=\angle CAF=\angle CDF$,所以 $PJ\parallel CD$,同理 $IP\parallel CD$,故 I,P,J 三点共线.又

$$\angle EFD=180^\circ-\angle ECD=180^\circ-\angle EIJ$$

故 E,F,J,I 四点共圆.

这样,由根轴定理,知四边形 $IEFJ$ 的外接圆,圆 O_1、圆 O_2 两两的公共弦 IE,PQ,JF 共点或者互相平行,即直线 PQ,CE,DF 共点或者互相平行.

试题 D1 在正 $\triangle ABC$ 的三边上依下列方式选取 6 个点:在边 BC 上选取点 A_1,A_2,在边 CA 上选取点 B_1,B_2,在边 AB 上选取点 C_1,C_2,使得凸六边形 $A_1A_2B_1B_2C_1C_2$ 的边长都相等.证明:直线 A_1B_2,B_1C_2,C_1A_2 共点.

证明 如图 26.25,在正 $\triangle ABC$ 内取一点 P,使得 $\triangle A_1A_2P$ 是正三角形.则由 $A_1P \parallel C_2C_1$ 及 $A_1P=C_2C_1$,知四边形 $A_1PC_1C_2$ 是一个菱形.

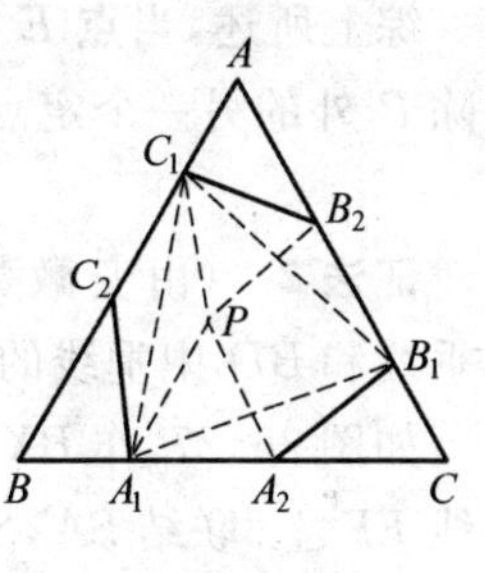

图 26.25

同理,四边形 $A_2B_1B_2P$ 也是一个菱形,所以,$\triangle PB_2C_1$ 是一个正三角形.

设 $\angle A_1A_2B_1=\alpha,\angle A_2B_1B_2=\beta,\angle C_1C_2A_1=\gamma$,则
$\alpha+\beta=(\angle A_2B_1C+\angle C)+(\angle B_1A_2C+\angle C)=240^\circ$

又 $\angle B_2PA_2=\beta,\angle A_1PC_1=\gamma$,所以

$$\beta+\gamma=360^\circ-(\angle A_1PA_2+\angle C_1PB_2)=240^\circ$$

故 $\alpha=\gamma$.

同理,$\angle B_1B_2C_1=\alpha$.

所以,$\triangle A_1A_2B_1 \cong \triangle B_1B_2C_1 \cong \triangle C_1C_2A$.

故 $\triangle A_1B_1C_1$ 是一个正三角形.

于是,A_1B_2,B_1C_2,C_1A_2 分别是正 $\triangle A_1B_1C_1$ 的三边 B_1C_1,C_1A_1,A_1B_1 上的垂直平分线,故它们共点.

试题 D2 给定凸四边形 $ABCD$,$BC=AD$,且 BC 不平行于 AD.设点 E 和 F 分别在边 BC 和 AD 的内部,满足 $BE=DF$.直线 AC 和 BD 相交于点 P,直线 BD 和 EF 相交于点 Q,直线 EF 和 AC 相交于点 R.证明:当点 E 和 F 变动时,$\triangle PQR$ 的外接圆经过除点 P 外的另一个定点.

证法 1 如图 26.26,设线段 AC,BD 的垂直平分线相交于点 O.

下面证明:当点 E 和 F 变动时,$\triangle PQR$ 的外接圆经过点 O.

因为 $OA=OC,OB=OD$ 及 $AD=BC$,所以

$$\triangle ODA \cong \triangle OBC$$

即 $\triangle OBC$ 可以绕点 O 旋转 $\angle BOD$ 后与 $\triangle ODA$ 重合.

又因为 $BE=DF$,所以,这个旋转使点 E 与点 F 重合.于是,$OE=OF$,且

$$\angle EOF=\angle BOD=\angle COA$$

所以

$$\triangle EOF \backsim \triangle BOD \backsim \triangle COA$$

故

$$\angle OEF = \angle OFE = \angle OBD = \angle ODB = \angle OCA = \angle OAC$$

从而,O,B,E,Q 四点共圆,O,E,C,R 也四点共圆.

因此,$\angle OQB = \angle OEB = \angle ORC$.

故 P,Q,O,R 四点共圆.

综上所述,当点 E 和 F 变动时,$\triangle PQR$ 的外接圆经过除 P 外的另一个定点 O.

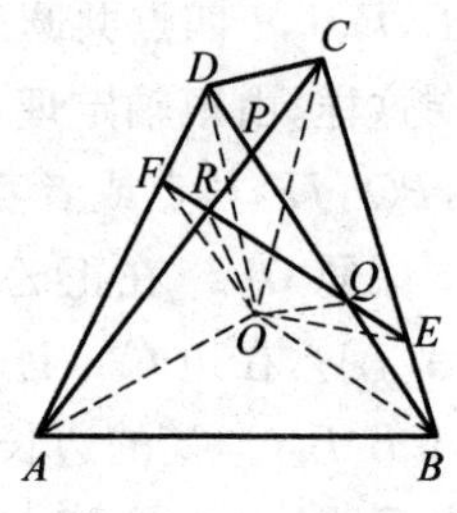

图 26.26

证法2 (由安徽黄全福给出)其定点是 AC 中垂线和 BD 中垂线的交点 S.

如图 26.27,作 $BX \parallel AC \parallel DY$,点 X,Y 都在直线 EF 上.联结 SA,SB,SC,SD,SQ,SR.

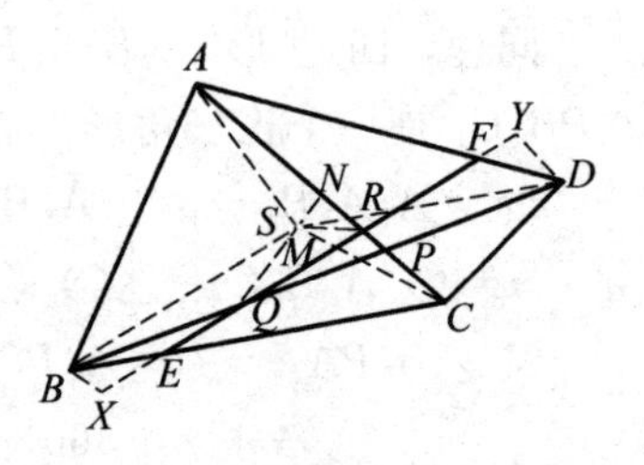

图 26.27

易得 $\triangle QBX \backsim \triangle QDY$,$\triangle FAR \backsim \triangle FDY$,$\triangle ERC \backsim \triangle EXB$.

注意到 $DF = BE$,$AF = CE$,于是

$$\frac{QB}{QD} = \frac{BX}{DY}, \frac{AR}{DY} = \frac{AF}{DF} = \frac{CE}{BE} = \frac{CR}{BX}$$

所以

$$\frac{RC}{AR} = \frac{BX}{DY}$$

从而,有$\frac{QB}{QD} = \frac{RC}{AR}$.

由此易得$\frac{QB}{BD} = \frac{RC}{AC}$.

故

$$\frac{RC}{QB} = \frac{AC}{BD} = \frac{\frac{1}{2}AC}{\frac{1}{2}BD} = \frac{CN}{BM} = \frac{CN - RC}{BM - QB} = \frac{NR}{MQ}$$

因此

$$\frac{NR}{MQ} = \frac{AC}{BD} \qquad ①$$

又因 $SA = SC$,$SD = SB$,$AD = BC$,所以,$\triangle SAD \cong \triangle SCB$.

故 $\angle ASD = \angle BSC$.

进而可得 $\angle ASC=\angle BSD$.

因此,$\triangle ASC \backsim \triangle BSD$.

而 SN,SM 是两条对应高,则有

$$\frac{SN}{SM}=\frac{AC}{BD} \quad ②$$

比较式 ①② 可得$\frac{SN}{SM}=\frac{NR}{MQ}$.

所以,$\mathrm{Rt}\triangle SRN \backsim \mathrm{Rt}\triangle SQM$.

故 $\angle SRN=\angle SQM=\angle SQP$.

从而,P,Q,S,R 四点共圆,即 $\triangle PQR$ 的外接圆通过定点 S.

第1节　完全四边形的优美性质(六)①②

有约束条件的完全四边形除具有一般完全四边形的优美性质外,还由于各种不同的约束条件,而具有一些特殊的优美性质.许多竞赛试题就是以这些优美性质为背景或根据这些特殊的优美性质而编造或等价表达出来的.本节从五个方向略做介绍.

1. 具有相等的边的完全四边形

在含有三角形中线或其重心为顶点的完全四边形中,就有这类特殊的图形.下面给出另一种情形的这类图形问题.

性质30　如图26.28,在完全四边形 $ABCDEF$ 中,$AB=AE$.

(1) 若 $BC=EF$,则 $CD=DF$,反之若 $CD=DF$,则 $BC=EF$.

(2) 若 $BC=EF$(或 $CD=DF$),M 为完全四边形的密克尔点,则 $MD\perp CF$ 或 $\triangle ACF$ 的外心 O_1 在直线 MD 上.

(3) 若 $BC=EF$(或 $CD=DF$),点 A 在 CF 上的射影为 H,$\triangle ABE$ 的外心为 O_2,则 O_2 为 AM 的中点,且 $O_2D=O_2H$.

(4) 若 $BC=EF$(或 $CD=DF$),M 为完全四边形的密克尔点,则 $MB=ME$,且 $MB\perp AC$,$ME\perp AE$.

证明　(1) 由第1章第3节完全四边形的性质1中式②(或对 $\triangle ACF$ 及截

---

① 沈文选.有约束条件的完全四边形的优美性质与竞赛命题[J].中等数学,2006(12):16-21.

② 沈文选.完全四边形的 Miquel 点及其应用[J].中学数学,2006(4):36-39.

线 BDE 应用梅涅劳斯定理)有

$$\frac{AB}{BC}\cdot\frac{CD}{DF}\cdot\frac{FE}{EA}=1$$

因 $AB=AE$,则由上式,知

$$CD=DF\Leftrightarrow BC=EF$$

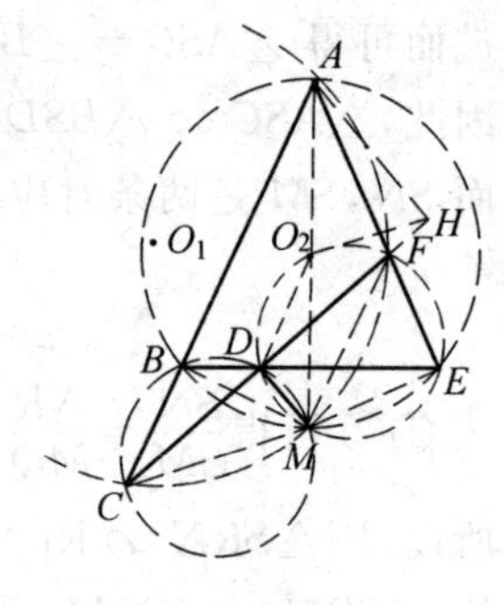

图 26.28

(2) 由(1)知,$\triangle BCD$ 和 $\triangle DEF$ 的外接圆是等圆(或由正弦定理计算推证得). 又由 A,B,M,E 四点共圆,有 $\angle CBM=\angle AEM=\angle FEM$,从而 $CM=MF$. 于是 $\triangle DCM\cong\triangle DFM$,有 $\angle CDM=\angle FDM$,故 $MD\perp CF$.

由于 DM 是 CF 的中垂线,而 O_1 在 CF 的中垂线上,故 $\triangle ACF$ 的外心 O_1 在直线 MD 上.

(3) 由(2)知,$\triangle BCD$ 和 $\triangle DEF$ 外接圆是等圆,从而 $\triangle BCM\cong\triangle EFM$,即有 $BM=EM$,即知点 M 在 $\angle BAE$ 的平分线上,亦即 A,O_2,M 共线. 从而知 O_2 为 AM 的中点.

或者直接计算 O_2 为 AM 的中点:在 $\triangle ABE$ 中,由正弦定理,知

$$2\cdot AO_2=\frac{AB}{\sin\angle AEB}=\frac{2AB}{2\sin\left(90^\circ-\frac{1}{2}A\right)}=\frac{AC+AE}{2\cos\frac{1}{2}A}$$

设圆 O_1 的半径为 R_1,注意到 O_1,D,M 共线则

$$AM=2R_1\cos\angle O_1MA=2R_1\sin\angle MCA=2R_1\sin\left(C+\frac{A}{2}\right)$$

于是

$$\frac{AM}{2\cdot AO_2}=\frac{2R_1\cos\left(C+\frac{A}{2}\right)}{\dfrac{AC+AE}{2\cos\frac{A}{2}}}=\frac{2\sin\left(C+\frac{A}{2}\right)\cos\frac{A}{2}}{\sin\angle AFC+\sin\angle C}$$

而

$$\begin{aligned}2\sin\left(C+\frac{A}{2}\right)\cos\frac{A}{2}&=2\left(\sin C\cos\frac{A}{2}+\cos C\sin\frac{A}{2}\right)\cos\frac{A}{2}\\&=\sin C\cdot 2\cos^2\frac{A}{2}+\cos C\sin A\\&=\sin C(1+\cos A)+\cos C\sin A\\&=\sin C+\sin C\cos A+\cos C\sin A\\&=\sin C+\sin\angle AFC\end{aligned}$$

故 $AM=2AO_2$,即 O_2 为 AM 的中点.

注意到 $MD \perp CF$，$AH \perp CF$，所以 O_2 在线段 DH 的中垂线上. 故 $O_2D = O_2H$.

(4) 由(3) 知，$BE = EM$. 又 O_2 为 AM 的中点，而 O_2 为圆心即 AM 为直径，则 $MB \perp AC$，$ME \perp AE$. 或注意到 $AB = AE$，从而 $MB = ME$.

以性质 30 为背景，则可得到如下竞赛题.

试题 1 (2003 年第 54 届波兰数学奥林匹克题) 已知锐角 $\triangle ABC$，CD 是过点 C 的高线，M 是边 AB 的中点，过 M 的直线分别交射线 CA，CB 于点 K，L，且 $CK = CL$. 若 $\triangle CKL$ 的外心为 S. 证明：$SD = SM$.

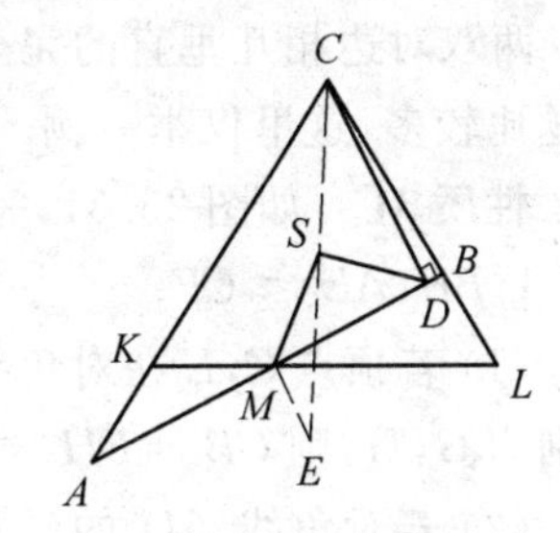

图 26.29

证明 事实上，如图 26.29，此题即为在完全四边形 $CKAMLB$ 中，$\angle C$ 为锐角，顶点在边 AB 上的射影为 D，且 $CK = CL$，$AM = MB$，S 为 $\triangle CKL$ 的外心. 此即为性质 30 中的(3). 过 M 与 AB 垂直的线与 CS 延长线交为 M.

试题 2 (2000 年亚太地区数学奥林匹克题) 设 AM，AN 分别是 $\triangle ABC$ 的中线和内角平分线，过点 N 作 AN 的垂线分别交 AM，AB 于点 Q，P，过 P 作 AB 的垂线交 AN 于 O. 求证：$QO \perp BC$.

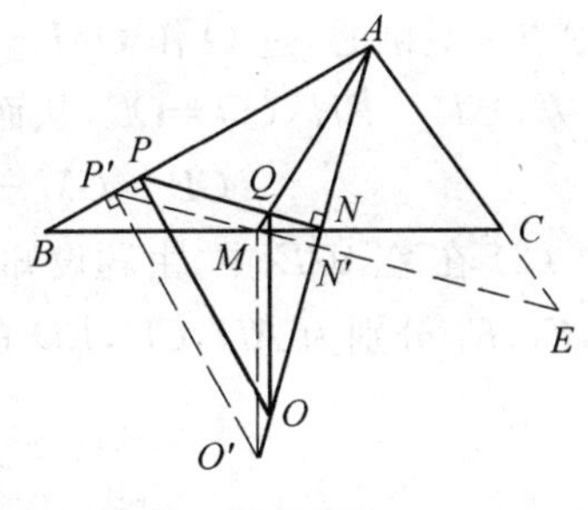

图 26.30

证明 事实上，如图 26.30，过 M 作 PQ 的平行线交 AB 于 P'，交 AN 于 N'，过 P' 与 AB 垂直的直线交直线 AN 于 O'，则由 $\mathrm{Rt}\triangle P'O'N'$ 与 $\mathrm{Rt}\triangle PON$ 是以 A 为位似中心的位似形，知 $MO' \parallel QO$.

设 $P'N'$ 的延长线与 AC 的延长线交于点 E，则在完全四边形 $AP'BMEC$ 的密克尔点，于是由性质 30 中的(2)，知 $O'M \perp BC$. 从而 $OQ \perp BC$.

以具有相等的边(含边上的线段) 的完全四边形为背景的竞赛题还有如下的 2003 年日本数学奥林匹克题.

试题 3 P 是 $\triangle ABC$ 内的一点，直线 AC，BP 相交于 Q，直线 AB，CP 相交于 R. 已知 $AR = RB = CP$，$CQ = PQ$. 求 $\angle BRC$.

证明 事实上，可在 CR 上取点 S，使 $RS = CP$，则由 $\angle ACS = \angle QPC = \angle BPR$，可推证得 $SC = RP$.

又由完全四边形的性质 1 中式①(即对 $\triangle ABQ$ 及截线 RPC 应用梅涅劳斯定理) 知 $AC = BP$.

又由 $\triangle ACS \cong \triangle BRP$ 得 $AD = BR$. 由此推得 $AS = AR = RS$, 即 $\angle ARS = 60°$, 从而 $\angle BRC = 120°$.

以性质30为背景的试题还可以找出一些,这就留给读者去找.

2. 两双对边相互垂直的完全四边形

两双对边相互垂直的完全四边形常存在于含有两条高线的三角形中,这类问题比较多,这里仅举一例.

性质31 如图26.31,完全四边形 $ABCDEF$ 中, $AC \perp BE$, $AE \perp CF$.

(1) 若顶点 C, E 在对角线 BF 所在直线上的射影分别为 G, H, 则 $GB = FH$.

(2) 若对角线 AD 的延长线交对角线 CE 于 P, $\triangle BPF$ 的外接圆交 AD 于 A_1, 交 CD 于 C_1, 交 DE 于 E_1, 则 $S_{\triangle ACE} = 2S_{A_1BC_1PE_1F}$, 且 $S_{\triangle ACE} \geqslant 4S_{\triangle BPF}$.

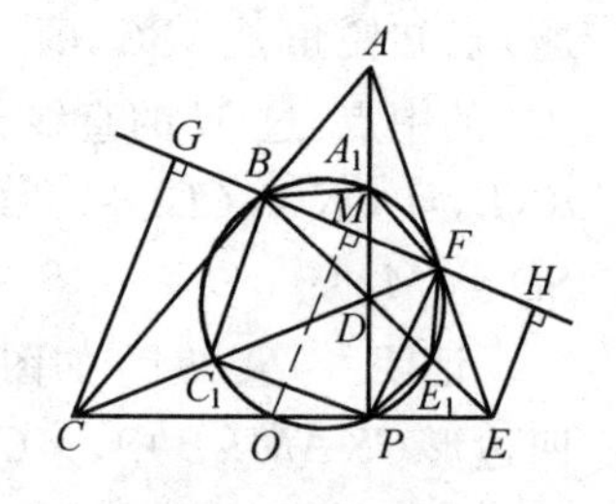

图 26.31

证明 (1) 由题设知 C, E, F, B 四点共圆,且 CE 的中点为其圆心,过 O 作 $OM \perp BF$ 于 M, 则由弦心距性质知 $BM = MF$. 又 $CG \parallel OM \parallel EH$, $CO = OE$, 从而 $GM = MH$. 故

$$GB = GM - BM = MH - MF = FH$$

(2) 在 $\triangle ACE$ 中,由题设知 $\triangle BPF$ 的外接圆为 $\triangle ACE$ 的九点圆,从而知 A_1, C_1, E_1 分别为 AD, CD, ED 的中点. 于是

$$S_{\triangle BCC_1} + S_{\triangle PCC_1} = \frac{1}{2}S_{BCPD}$$

$$S_{\triangle PEE_1} + S_{\triangle FEE_1} = \frac{1}{2}S_{DPEF}$$

$$S_{\triangle BAA_1} + S_{\triangle FAA_1} = \frac{1}{2}S_{ABDF}$$

从而

$$S_{\triangle ACE} = 2S_{A_1BC_1PE_1F}$$

由完全四边形的性质26(第23章第2节中例6),即知 $S_{\triangle ACE} \geqslant 4S_{\triangle BPF}$.

以性质31为背景,则可得到如下竞赛题.

试题4 (1998年第22届独联体奥林匹克题)锐角 $\triangle ABC$ 中, BD 和 CE 是其相应边上的高. 分别过顶点 B 和 C 引直线 ED 的垂线 BF 和 CG, 垂足为 F, G. 求证: $EF = DG$.

试题5 (1989年第30届IMO试题)锐角 $\triangle ABC$ 中, $\angle A$ 的平分线与三角形外接圆交于另一点 A_1. 点 B_1, C_1 与此类似. 直线 AA_1 与 $\angle B, \angle C$ 两角的外角

平分线相交于点 A_0，点 B_0，C_0 与此类似，求证：

(1) $\triangle A_0B_0C_0$ 的面积是六边形 $AC_1BA_1CB_1$ 面积的两倍.

(2) $\triangle A_0B_0C_0$ 的面积至少是 $\triangle ABC$ 面积的四倍.

试题6　(2004年第54届白俄罗斯数学奥林匹克题) 已知圆 O_1 与圆 O_2 交于 A，B 两点，过点 A 作 O_1O_2 的平行线，分别与圆 O_1、圆 O_2 交于 C，D 两点，以 CD 为直径的圆 O_3 分别与圆 O_1、圆 O_2 交于 P，Q 两点. 证明：CP，DQ，AB 三线共点.

事实上，由 $CD // O_1O_2$，且 $AB \perp O_1O_2$ 知 $CD \perp AB$. 又可推得 CP，DQ，AB 是 $\triangle BCD$ 的三条高线，故共点.

3. 相交两对角线为圆中相交弦的完全四边形

这类完全四边形就是图26.32中的凸四边形内接于圆.

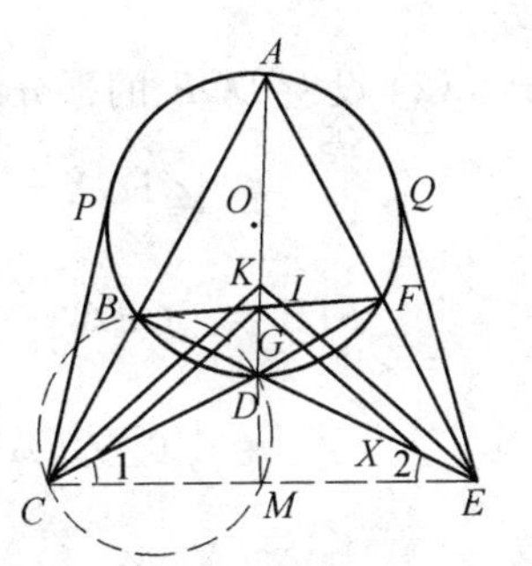

图 26.32

性质32　在完全四边形 $ABCDEF$ 中，顶点 A，B，D，F 四点共圆 O，其对角线 AD 与 BF 交于点 G.

(1) 若顶点角 $\angle C$，$\angle E$ 的平分线相交于点 K，则 $CK \perp EK$.

(2) $\angle BGD$ 的角平分线与 CK 平行，$\angle DGF$ 的角平分线与 EK 平行.

(3) 从 C，E 分别引圆 O 的切线，若记切点分别为 P，Q，则 $CE^2 = CP^2 + EQ^2$；此题设条件下的完全四边形 $ABCDEF$ 的密克尔点在对角线 CE 上；若分别以 C，E 为圆心，以 CP，EQ 为半径作圆弧交于点 T，则 $CT \perp ET$.

(4) 若从 C(或 E) 引圆 O 的两条切线，切点为 R，Q，则 E(或 C)，R，G，Q 四点共圆.

(5) 过 C，E，G 三点中任意两点的直线，分别是另一点关于圆 O 的极线.

(6) 点 O 是 $\triangle GCE$ 的垂心.

(7) 过对角线 BF(或 $BF \not\parallel CE$ 时的 AD) 两端点处的圆 O 的切线的交点在对角线 CE 所在直线上；

(8) 设 O_1，O_2 分别是 $\triangle ACF$，$\triangle ABE$ 的外心，则 $\triangle OO_1O_2 \backsim \triangle DCE$.

(9) 设点 M 是完全四边形 $ABCDEF$ 的密克尔点，则 $OM \perp CE$，且 O，G，M 共线，OM 平分 $\angle AMD$，OM 平分 $\angle BMF$.

(10) 过点 E(或 C) 的圆的割线交圆 O 于 R，P，直线 PC(或 PE) 交圆 O 于点 S，则 R，G，S 三点共线.

(11) 设对角线 AD 的延长线交对角线 CE 于 W，则 $WC = WE$ 的充要条件

是 $WA \cdot WD = WC^2$.

(12) 设对角线 CE 的中点为 Z，联结 AZ 交圆 O 于 N，则 C,D,N,E 四点共圆.

证明 (1) 如图 26.32，联结 CE，令 $\angle DCE = \angle 1$，$\angle DEC = \angle 2$，则

$$(\angle BCD + \angle 1 + \angle 2) + (\angle DEF + \angle 2 + \angle 1) = \angle ABD + \angle AFD = 180^\circ$$

即知
$$\frac{1}{2}(\angle BCD + \angle DEF) + \angle 1 + \angle 2 = 90^\circ$$

从而
$$\angle CKE = 180^\circ - [\frac{1}{2}(\angle BCD + \angle DEF) + \angle 1 + \angle 2] = 90^\circ$$

故
$$CK \perp EK$$

(2) 设 $\angle DGF$ 的平分线交 DE 于 X，KE 交 GF 于 I，则

$$\angle FGX = \frac{1}{2}\angle DGF = \frac{1}{2}(\angle GFA + \angle GAF)$$

$$\angle FIE = \angle GFA - \frac{1}{2}\angle AED = \angle GFA - \frac{1}{2}(\angle ADB - \angle GAF)$$

$$= \frac{1}{2}(\angle GFA + \angle GAF)$$

故
$$GX \parallel KE$$

同理，$\angle BGD$ 的平分线与 CK 平行.

(3) 设过点 B,C,D 的圆交 CE 于点 M，联结 DM，则 $\angle AFD = \angle CBD = \angle DME$，从而 D,M,E,F 四点共圆. 于是

$$CM \cdot CE = CD \cdot CF, EM \cdot EC = ED \cdot EB$$

此两式相加，得

$$CE^2 = CD \cdot CF + ED \cdot EB$$

又 CP，EQ 分别是圆 O 的切线，有

$$CD \cdot CF = CP^2, ED \cdot EB = EQ^2$$

故
$$CE^2 = CP^2 + EQ^2$$

显然，M 是圆 BCD 与圆 DEF 的另一个交点，此即为密克尔点，即题设条件下的完全四边形的密克尔点在 CE 上.

由于 $CT = CP$，$ET = EQ$，故 $CT^2 + ET^2 = CE^2$，即 $CT \perp ET$.

(4) 如图 26.33，联结 CQ 交圆 O 于 R'，过 E 作 $EH \perp CQ$ 于 H，过点 C 作圆的切线 CP，切点为 P，则

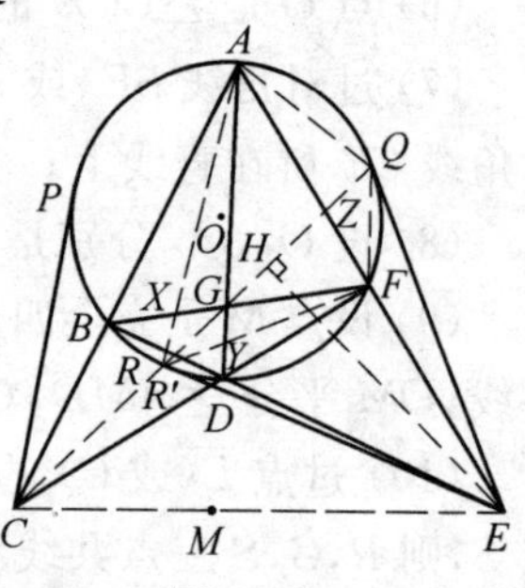

图 26.33

$$CE^2-EQ^2=CP^2=CR'CQ=(CH-HR')CQ$$

又
$$\begin{aligned}CE^2-EQ^2&=(CH^2+HE^2)-(HE^2+HQ^2)\\&=CH^2-HQ^2=(CH-HQ)(CH+QH)\\&=(CH-HQ)CQ\end{aligned}$$

从而 $HR'=HQ$，由此即可证

$$\mathrm{Rt}\triangle EHR'\cong\mathrm{Rt}\triangle EHQ$$

于是 $EQ=ER'$，而 $EQ=ER$，则 $ER'=ER$.

又 R'，R 均为圆 O 上的点，故 R' 与 R 重合，即 C,R,Q 三点共线.

或者，设 CE 上的点 M 是密克尔点，则

$$EQ^2=ED\cdot EB=EM\cdot EC$$

从而
$$\begin{aligned}CE^2-EQ^2&=CE^2-EM\cdot EC=CE\cdot CM=CD\cdot CF\\&=(CO-OQ)(CO+OQ)=CO^2-OQ^2\end{aligned}$$

由此，知 $CQ\perp OE$. 而 $RQ\perp OE$，故 C,R,Q 三点共线.

为证 R,G,Q 共线，联结 AR 交 BF 于点 X，联结 RF 交 AD 于点 Y，设 RQ 与 AF 交于点 Z. 联结 AQ,QF 于是

$$\frac{AZ}{ZF}=\frac{S_{\triangle QAZ}}{S_{\triangle QZF}}=\frac{QA\sin\angle AQZ}{QF\sin\angle ZQF}$$

同理
$$\frac{FY}{YR}=\frac{DF\sin\angle FDY}{DR\sin\angle YDR},\frac{RX}{XA}=\frac{BR\sin\angle RBX}{BA\sin\angle XBA}$$

由 $\triangle EAQ\backsim\triangle EQF$，有

$$\frac{QA}{QF}=\frac{EQ}{EF}$$

同理，有
$$\frac{DF}{DR}=\frac{ED}{EB},\frac{RX}{XA}=\frac{EB}{ER}$$

而
$$\angle AQZ=\angle YDR,\angle ZQF=\angle RBX$$
$$\angle FDY=\angle XBA,EQ=ER$$

于是
$$\frac{AZ}{ZF}\cdot\frac{FY}{YR}\cdot\frac{RX}{XA}=1$$

对 $\triangle ARF$ 应用塞瓦定理的逆定理，知 AY,FX,RZ 共点于 G. 故 R,G,Q 共线.

综上可知，C,R,G,Q 四点共线.

(5) 由(4) 即证.

(6) 由于 $OE\perp RQ$，即 $OE\perp CG$. 同样 $OC\perp EG$. 由此即知，O 为 $\triangle GCE$ 的垂心. 亦即知 $OG\perp CE$.

(7) 由(5)知,直线 CE 是点 G 关于圆 O 的极线,从而过点 G 的弦的两端点处的切线的交点在直线 CE 上.

(8) 若点 O 在 AD 上,则 O_1,O_2 分别为 AC,AE 的中点,此时,显然 $\triangle OO_1O_2 \backsim \triangle DCE$.

若点 O 不在 AD 上,如图 26.34 所示,则 O_1,O_2 不在 AC,AE 上. 联结 AO_1,CO_1,AD,AO,OD,AO_2,O_2E,BF. 由

$$\angle AO_2E = 2(180° - \angle ABE) = 2\angle AFD = \angle AOD$$

及
$$O_2A = O_2E, OA = OD$$

知
$$\triangle AO_2E \backsim \triangle AOD$$

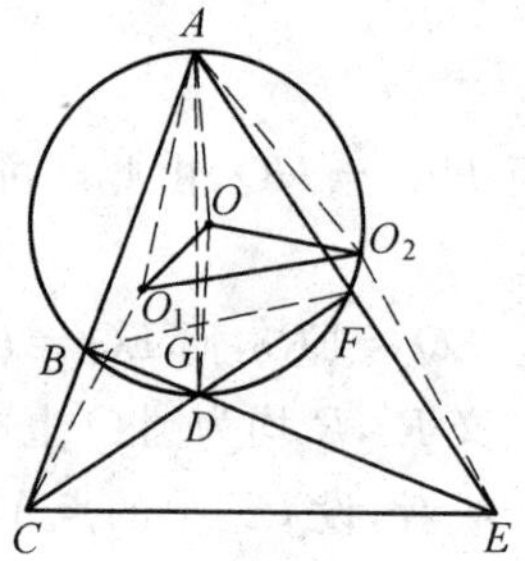

图 26.34

即有
$$\frac{AO_2}{AO} = \frac{AE}{AD}$$

又
$$\angle O_2AE = \angle OAD$$

则
$$\triangle AOO_2 \backsim \triangle ADE$$

同理
$$\triangle AO_1C \backsim \triangle AOD, \triangle AOO_1 \backsim \triangle ACD$$

于是
$$\frac{O_1O}{CD} = \frac{AO}{AD} = \frac{OO_2}{DE}$$

由 $\triangle AO_1C \backsim \triangle AO_2E$,知

$$\frac{O_1O_2}{CE} = \frac{AC}{AE} = \frac{AO}{AD}$$

从而
$$\triangle OO_1O_2 \backsim \triangle DCE$$

(9) 如图 26.35,过点 D 和 M 作圆 O 的割线 MD 交圆 O 于点 T,联结 AM,AO,TO. 由 A,B,D,F 及 A,B,M,E 分别共圆,知 $\angle EFD = \angle ABE = \angle AME$.

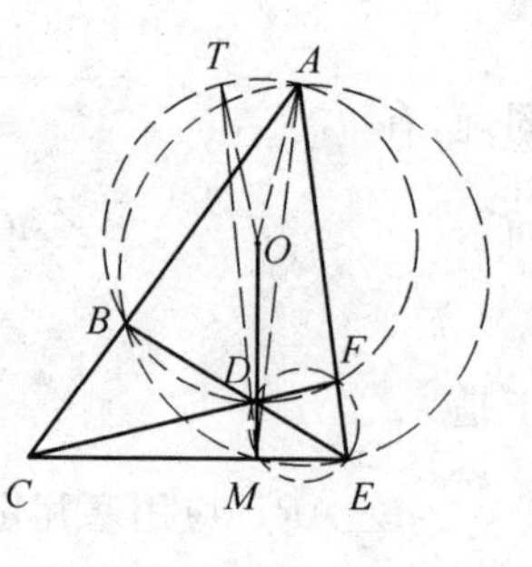

图 26.35

又由 D,F,A,T 共圆,知 $\angle EFD = \angle ATD = \angle ATM$,因 AE,TM 是过两相交圆交点 F,D 的割线,从而 $EM /\!/ AT$. 于是 $\angle TAM = \angle AME = \angle ATM$,即知 $MA = MT$. 又 $OA = OT$,从而 $MO \perp AT$,故 $OM \perp ME$.

而 M 在 CE 上,故 $OM \perp CE$,又由(6)知,$OG \perp CM$,故 O,G,M 三点共线.

由性质27知,此时为2002年中国国家队选拔赛题的特殊情形,故 OM 平分 $\angle AMD$,OM 平分 $\angle BMF$.

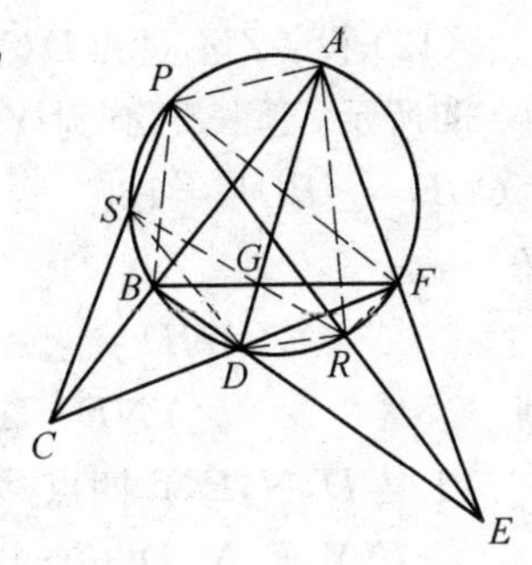

图 26.36

(10) 如图 26.36，联结 PA,PB,SD,DR,RF,PF.

由 $\triangle EFR\backsim\triangle FPA,\triangle CPA\backsim\triangle CSB$，有

$$\frac{FR}{PA}-\frac{FE}{PE},\frac{AP}{SB}=\frac{CP}{CB}$$

从而

$$\frac{FR}{SB}=\frac{FE}{PE}\cdot\frac{CP}{CB}$$

由 $\triangle ERD\backsim\triangle EBP,\triangle CBP\backsim\triangle CSA$，亦有

$$\frac{RD}{AS}=\frac{ED}{EP}\cdot\frac{CP}{CA}$$

由上述两式相除，得

$$\frac{FR}{SB}\cdot\frac{AS}{RD}=\frac{FE}{ED}\cdot\frac{CA}{CB}$$

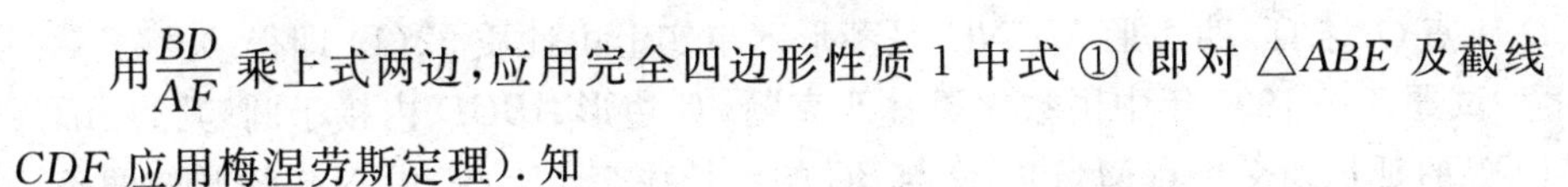

用 $\frac{BD}{AF}$ 乘上式两边，应用完全四边形性质 1 中式 ①(即对 $\triangle ABE$ 及截线 CDF 应用梅涅劳斯定理). 知

$$\frac{EF}{FA}\cdot\frac{AC}{CB}\cdot\frac{BD}{DE}=1$$

从而

$$\frac{FR}{RD}\cdot\frac{DB}{BS}\cdot\frac{SA}{AF}=1$$

对上式应用塞瓦定理角元形式的推论(或同(4)的证明中证 R,G,Q 共线的方法) 即证得 SR,BF,AD 三线共点. 故 S,G,R 三点共线.

(11) 如图 26.37，由完全四边形性质 2 中式 ①(即对 $\triangle ACE$ 及点 D 应用塞瓦定理). 有

$$\frac{AB}{BC}\cdot\frac{CW}{WE}\cdot\frac{EF}{FA}=1 \qquad ①$$

$$WA\cdot WD=WC^2\Leftrightarrow\frac{WC}{WD}=\frac{WA}{WC}$$

$$\Leftrightarrow\triangle DWC\backsim\triangle CWA$$

$$\Leftrightarrow\angle DCW=\angle CAW=\angle BFD$$

$$\Leftrightarrow BF\ /\!/\ CE\Leftrightarrow\frac{AB}{BC}=\frac{AF}{FE}$$

$$\Leftrightarrow\frac{AB}{BC}\cdot\frac{EF}{FA}=1\xLeftrightarrow{\text{式①}}WC=WE$$

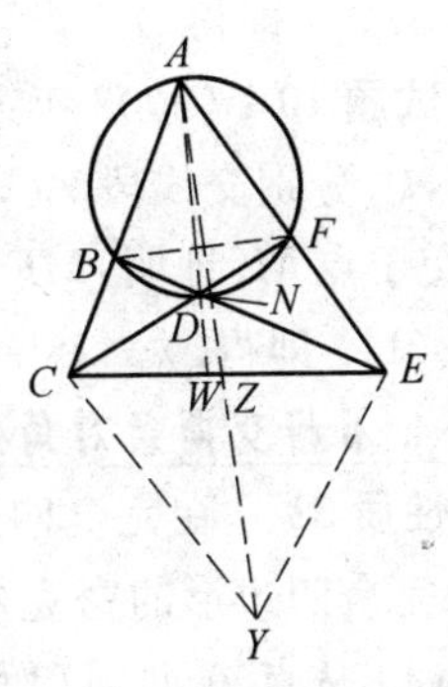

图 26.37

(12) 设 AZ 不过点 D(否则 D 与 N 重合,$\triangle DCE$ 的外接圆即为所求),如图 26.34 所示,延长 AZ 到 Y,使 $ZY=AZ$,则 $ACYE$ 为平行四边形. 注意到 $\angle CDE=\angle BDF=180^\circ-\angle BAF=180^\circ-\angle CYE$. 从而,$C,Y,E,D$ 四点共圆. 又

$$\angle AND=\angle AFD=180^\circ-\angle ABD=180^\circ-\angle YEB$$

则

$$\angle YND=180^\circ-\angle AND=\angle ABD=\angle YED$$

于是 D,N,E,Y 四点共圆.

故 C,Y,E,N,D 五点共圆,即知 C,D,N,E 四点共圆.

以性质 32 为背景,有如下竞赛题.

试题 7 (1950 年波兰数学奥林匹克题;2004 年斯洛文尼亚国家队选拔赛题)四边形 $ABCD$ 内接于圆,直线 AB,DC 交于点 E,直线 AD,BC 交于点 F,$\angle AEC$ 的平分线交 BC 于点 M,交 AD 于点 N,$\angle BFD$ 的平分线交 AB 于 P,交 CD 于点 Q. 求证:四边形 $MPNQ$ 是菱形.(事实上由性质 32(1) 即得.)

试题 8 (1997 年中国数学奥林匹克题)四边形 $ABCD$ 内接于圆,其边 AB 与 DC 的延长线交于点 M,边 AD 与 BC 的延长线交于点 N. 由 N 作该圆的两条切线 NQ 和 NR,切点分别为 Q,R. 求证:M,Q,R 三点共线.(事实上,由性质 32(4) 即得.)

试题 9 (1985 年第 26 届 IMO 试题)$\triangle ABC$ 中,一个以 O 为圆心的圆经过顶点 A 及 C,又和线段 AB 及线段 BC 分别交于点 K 及 N,K 与 N 不同. $\triangle ABC$ 和 $\triangle BNK$ 的外接圆恰相交于 B 和另一点 M. 求证:$\angle BMO=90^\circ$.(事实上,由性质 32(9) 即得.)

试题 10 (2003 年第 32 届美国数学奥林匹克题)一个圆通过 $\triangle ABC$ 的顶点 A,B,分别交线段 AC,BC 于点 D,E,直线 BA 和 ED 交于点 F,直线 BD 和 CF 交于点 M. 证明:$MF=MC$ 的充要条件为 $MB\cdot MD=MC^2$.(事实上,由性质 32(11) 即得.)

4. 不相交两条对角线为圆中不相交弦的完全四边形

性质 33 在完全四边形 $ABCDEF$ 中,顶点 B,C,E,F 四点共圆于圆 O,点 M 为完全四边形的密克尔点.

(1) 从点 A 向圆 O 引切线 AP,AQ,切点为 P,Q,则 P,D,Q 三点共线.

(2) 圆 O 的两段弧调和分割对角线 AD 所在直线.

(3) 点 M 在对角线 AD 所在直线上.

(4) AM 平分 $\angle CME$,AM 平分 $\angle BMF$,且 C,O,M,E 共圆,B,O,M,F 共圆.

(5) $OM \perp AD$.

(6) A,P,O,M,Q 五点共圆.

(7) 直线 OM,BF,CE 三线共点或相互平行.

证明 (1) 如图 26.38,同性质 32 中(4)证 R,G,Q 三点共线而证得 P,D,Q 共线.

或者由点 M 的性质有 $AD \cdot AM = AB \cdot AC = AP^2$,知 $\triangle APD \backsim \triangle AMP$ 有 $\angle ADP = \angle APM$.

同理 $\angle ADQ = \angle AQM$,而

$$\angle APM + \angle AQM = 180^\circ$$

则

$$\angle ADP + \angle ADQ = 180^\circ$$

故 P,D,Q 共线.

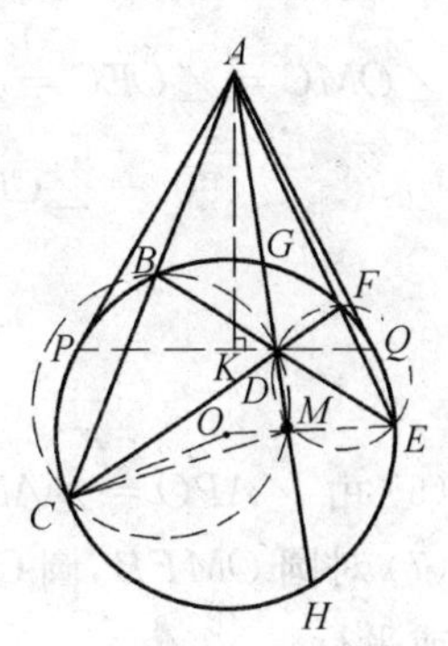

图 26.38

(2) 设直线 AD 交圆于 G,H,如图 26.38 所示.过 A 作 $AK \perp PQ$ 于 K,则 $PK = KQ$.由

$$AP^2 = AG \cdot AH = AK^2 + PK^2, AD^2 = AK^2 + KD^2$$

两式相减有

$$\begin{aligned} AG \cdot AH - AD^2 &= PK^2 - KD^2 = (PK + KD)(PK - KD) = PD \cdot DQ \\ &= DG \cdot DH = (AD - AG)(AH - AD) \\ &= AD \cdot AH - AD^2 + AD \cdot AG - AH \cdot AG \end{aligned}$$

于是

$$2AG \cdot AH = AD(AH + AG)$$

即

$$\frac{AD}{AG} + \frac{AD}{AH} = 2 = \frac{AG}{AG} + \frac{AH}{AH}$$

从而

$$\frac{AD - AG}{AG} = \frac{AH - AD}{AH}$$

故

$$\frac{DG}{AG} = \frac{DH}{AH}$$

此式表明圆 O 的两段弧调和分割 AD 所在直线.

(3) 在直线 AD 上取点 M',使

$$AD \cdot AM' = AP^2 = AB \cdot AC = AF \cdot AE$$

则 B,C,M',D 四点共圆,E,F,D,M' 四点共圆,即 M' 为圆 BCD 与圆 DEF 的交点,从而 M' 为完全四边形 $ABCDEF$ 的密克尔点,即 M' 与 M 重合,故点 M 在直线 AD 上.

(4) 联结 CM,EM,则 $\angle CMH = \angle CBD = \angle EFD = \angle EMH$.故

$$\angle CME = 2\angle CBE = \angle COE$$

从而，AM 平分 $\angle CME$，且 C,O,M,E 四点共圆.

同理，AM 平分 $\angle BMF$，且 B,O,M,F 四点共圆.

(5) 联结 OC,OE，由 C,O,M,E 共圆，则

$$\angle OMC=\angle OEC=\angle OCE=\frac{1}{2}(180^\circ-\angle COE)=90^\circ-\frac{1}{2}\angle COE$$
$$=90^\circ-\angle CBE=90^\circ-\angle CMH$$

即
$$\angle OMC+\angle CMH=90^\circ$$
故
$$OM\perp AM$$
即
$$OM\perp AD$$

(6) 由 $\angle APO=\angle AMO=\angle AQO=90^\circ$，知 A,P,O,M,Q 五点共圆.

(7) 对圆 $OMFB$，圆 $CEMO$，圆 O 用根轴定理，即知直线 OM,BF,CE 三线共点或平行.

注 由(5)$OM\perp AD$，知 A,P,O,M,Q 五点共圆. 又 $AD\cdot AM=AB\cdot AC=AP$，即有 $\triangle APD\backsim\triangle AMP$，亦有 $\angle ADP=\angle APM$. 同理 $\angle ADQ=\angle AQM$. 而 $\angle APM+\angle AQM=180^\circ$，故 $\angle ADP+\angle ADQ=180^\circ$. 得(1)中 P,D,Q 共线.

以性质33题设为背景也可以编写如下竞赛题.

试题11 (2004年第21届希腊数学奥林匹克题)已知圆 O 的半径为 r，A 为圆外一点，过点 A 作直线 l(与 AO 不同)，交圆 O 于点 B,C，且 B 在 A,C 之间，作直线 l 关于 AO 的对称直线交圆 O 于点 D,E，且 E 在 A,D 之间. 证明：四边形 $BCDE$ 两条对角线的交点为定点，即该点不依赖于直线 l 的位置.

事实上，可推证得 O,D,E,P 共圆，$AP=\dfrac{AO^2-r^2}{AO}$ 为定值.

5. 边为圆的切线段的完全四边形

例1 如图26.39，在完全四边形 $ABCDEF$ 中，对角线 AD 与 BF 交于点 G，若过 D,F,G 的圆与边 AE,BE 分别切于点 F,D，则直线 CG 是圆 DFG 的切线.

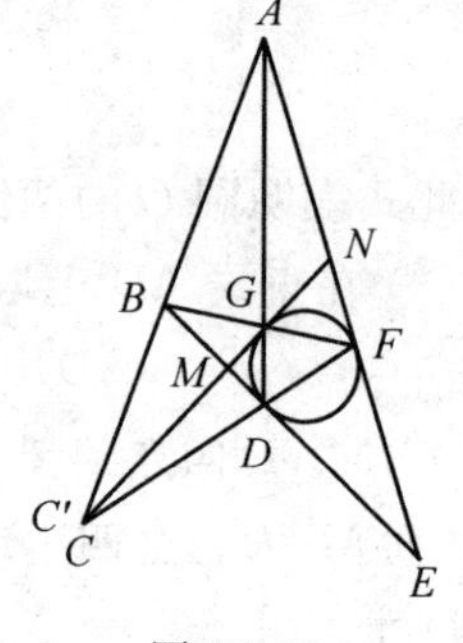

图26.39

证明 设过点 G 的圆 DFG 的切线与直线 FD 交于点 C'.

又已知直线 DG 与过点 F 的圆 DFG 的切线交于点 A，直线 FG 与过点 D 的圆 DFG 的切线交于点 B，则由勒莫恩定理知，A,B,C' 三点共线，即直线 AB 与直线 FD 交于点 C'. 而题

设直线 AB 与 FD 交于点 C，故 C' 与 C 重合. 即直线 CG 是圆 DFG 的切线.

试题12　(1990年第31届IMO试题的等价表述)在完全四边形 $CFBEGA$ 中，对角线 CE 所在直线交 $\triangle ABC$ 的外接圆于点 D，过点 D 且与 FG 切于点 E 的圆交 AB 于点 M，已知 $\frac{AM}{AB}=t$，求 $\frac{GE}{EF}$(用 t 表示).

解　联结 AD，MD，BD，角的记号如图26.40所示. 由 $\angle 5=\angle 4=\angle 3$，$\angle 1=\angle 2$，得 $\triangle EFC\backsim\triangle MDA$. 即有

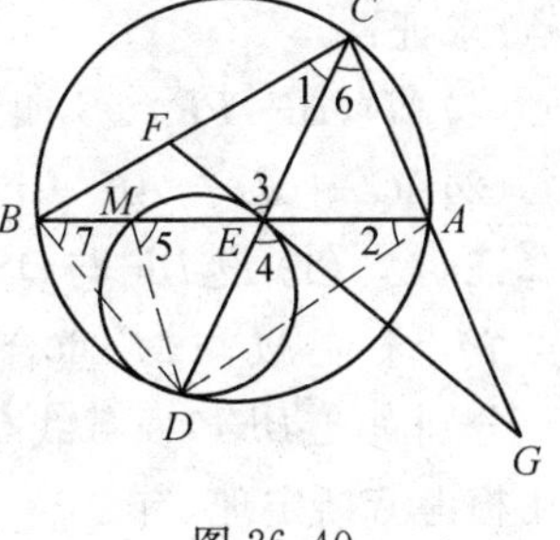

图26.40

$$\frac{EF}{MD}=\frac{CE}{AM}$$

即 $$EF\cdot AM=MD\cdot CE$$

又 $$\angle 3=\angle 5$$

知 $$\angle GEC=\angle DMB,\angle 6=\angle 7$$

于是 $\triangle GEC\triangle DMB$，即有 $\frac{GE}{DM}=\frac{EC}{MB}$，即

$$GE\cdot MB=DM\cdot EC$$

从而 $$EF\cdot AM=GE\cdot MB$$

故 $$\frac{GE}{EF}=\frac{AM}{MB}=\frac{AM}{AB-AM}=\frac{tAB}{AB-tAB}=\frac{t}{1-t}$$

试题13　(2003年斯洛文尼亚国家队选拔赛题的等价表述)在完全四边形 $BXAPCR$ 中，圆 O_1 切 AB 于 A，切 XC 于点 P，圆 O_2 过点 C，P，且与 AB 切于点 B. 圆 O_1 与圆 O_2 除相交于点 P 外，还相交于点 Q. 证明：$\triangle PQR$ 的外接圆与直线 BP，BR 相切.

证明　如图26.41，联结 AQ，BQ. 由

$$\begin{aligned}\angle BPR&=\angle PBA+\angle BAP=\angle BCX+\angle APX\\&=\angle BCX+\angle CPR=\angle BRP\end{aligned}$$

知 $BP=BR$.

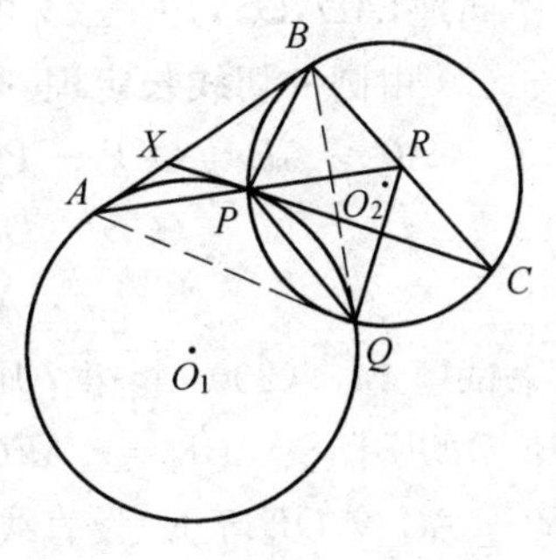

图26.41

由弦切角定理的逆定理知，只要证明 $\angle BPR=\angle PQR$.

由

$$\begin{aligned}\angle BRP&=\angle BPR=\angle PBA+\angle PAB\\&=\angle AQP+\angle BQP=\angle AQB\end{aligned}$$

知 A，Q，R，B 四点共圆，则 $\angle BQR=\angle PAB$，又 $\angle BQP=\angle PBA$，则

$$\angle PQR = \angle PAB + \angle PBA = \angle BPR$$

故 BP 是圆 PQR 的切线. 由 $BP = BR$ 知 BR 也是圆 PQR 的切线. 结论获证.

例2 在完全四边形 $ABCDEF$ 中,圆 O 内切于四边形 $ABDF$ 的边 AB,BD,DF,FA 分别于 P,Q,R,S 四点. 求证:

(1)AD,BF,PR,QS 四线共点.

(2)$AC - CD = AE - DE$.

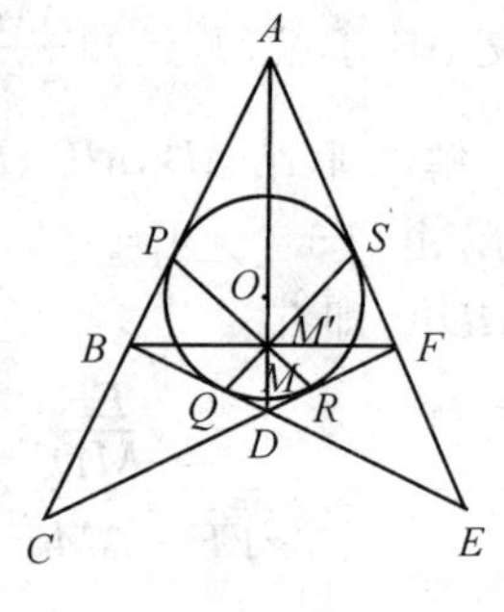

图 26.42

证明 (1) 设 BF 与 QS 交于点 M,BF 与 PR 交于点 M'. 下证 M 与 M' 重合.

分别对 $\triangle BEF$ 及截线 QS,对 $\triangle BCF$ 及截线 PR 应用梅涅劳斯定理,有

$$\frac{BM}{MF} \cdot \frac{FS}{SE} \cdot \frac{EQ}{QB} = 1$$

即有

$$\frac{BM}{MF} = \frac{QB}{SF}$$

$$\frac{BM'}{M'F} \cdot \frac{FR}{RC} \cdot \frac{CP}{PB} = 1$$

即有

$$\frac{BM'}{M'F} = \frac{PB}{RF}$$

注意到 $BP = BQ$,$FS = FR$,则 $\frac{BM}{MF} = \frac{BM'}{M'F}$,故 M 与 M' 重合,从而 BF,QS,PR 三线共点于 M.

同理,AD,QS,PR 三线共点于 M. 故 AD,BF,PR,QS 共点.

(2) 由圆的切线长定理,有

$$\begin{aligned} AC - AE &= (AP + PC) - (AS + SE) = PC - SE = CR - QE \\ &= (CD + DR) - (DE + DQ) = CD - DE \end{aligned}$$

故

$$AC - CD = AE - DE$$

试题14 (2004年第7届中国香港数学奥林匹克推广题) 在完全四边形 $ABCDEF$ 中,$\angle ABE = \angle AFC$,过点 B 作 $BS \perp AB$ 交 CD 于点 S,过点 F 作 $FR \perp AC$ 交 DE 于 R. 设直线 BS 与 FR 交于点 T,则 $AT \perp CE$,且 $SR \parallel CE$.

证明 由 $\angle ABE = \angle AFC$,知 $\angle CBE = \angle CFE$,从而知 B,C,E,F 四点共圆.

又由题设,知 A,B,T,F 四点共圆,联结 BF,则 $\angle ATF = \angle ABF = \angle AEC$.

由 $\angle ATF$ 与 $\angle TAF$ 互余，知 $\angle AEC$ 与 $\angle TAF$ 互余，故推知 $AT \perp CE$.

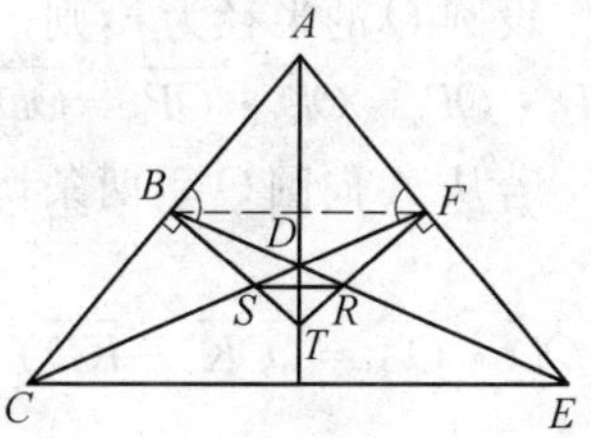

又由

$$\angle SBR = \angle FBE = 90^\circ - \angle ABE$$
$$= 90^\circ - \angle AFC$$
$$= \angle CFT = \angle SFR$$

知 B,S,R,F 四点共圆，从而 $\angle RST = \angle RBF$.

图 26.43

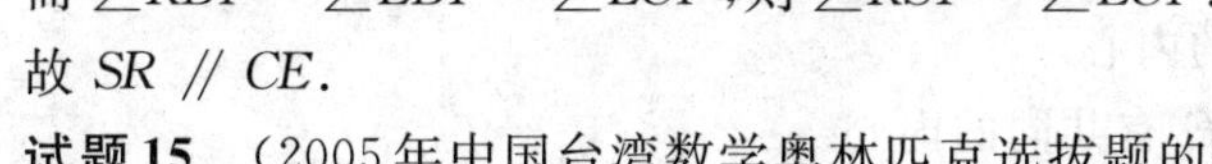

而 $\angle RBF = \angle EBF = \angle ECF$，则 $\angle RSF = \angle ECF$.

故 $SR \parallel CE$.

试题 15　(2005 年中国台湾数学奥林匹克选拔题的等价表述）如图 26.44，在完全四边形 $ABCDEF$ 中，顶点 B,C,E,F 共圆 O. 若直线 OD 交 $\triangle ACE$ 的外接圆于点 P，则 $\triangle PCF$ 与 $\triangle PBE$ 有共同的内心.

证明　先证一条引理.

引理　设 P 是半径为 r 的圆 O 上的一动点，A,B 是过圆心 O 的一条射线上两定点，且满足 $OA \cdot OB = r^2$，则 $\frac{PA}{PB}$ 是定值.

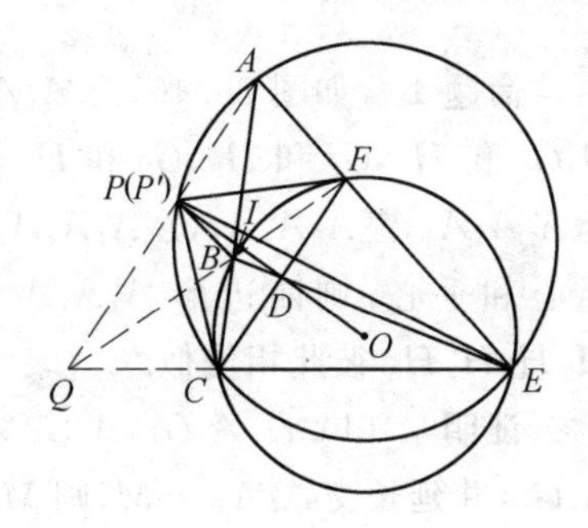

图 26.44

事实上，如图 26.45，可设 $OA = kr$，$\angle POA = \alpha$，则 $OB = \frac{1}{k}r$，且

$$PA^2 = PO^2 + OA^2 - 2PO \cdot OA\cos\alpha$$
$$= r^2(1 + k^2 - 2k\cos\alpha)$$
$$PB^2 = PO^2 + OB^2 - 2PO \cdot OB\cos\alpha$$
$$= r^2 \cdot \frac{1}{k^2}(1 + k^2 - 2k\cos\alpha)$$

所以，$PB^2 = \frac{1}{k^2}PA^2$. 故 $\frac{PA}{PB} = k$ 为定值.

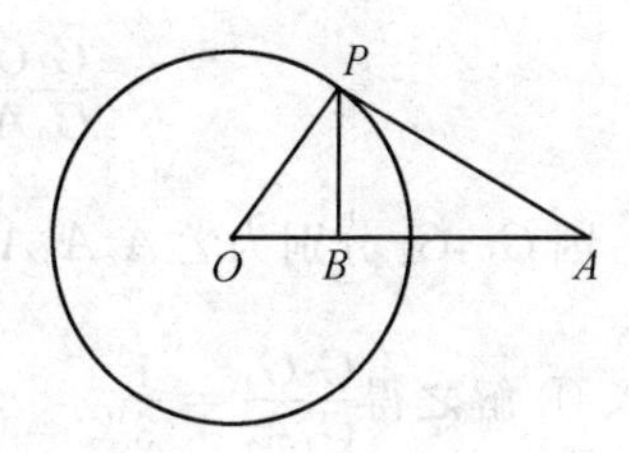

图 26.45

下面证明原题.

设直线 FB 与 EC 相交于点 Q，联结 QA 交 $\triangle ACE$ 的外接圆于 P'（异于点 A）.

由 $QP' \cdot QA = QC \cdot QE = QB \cdot QF$，知 P',B,F,A 四点共圆.

对完全四边形 $EFABQC$，运用性质 32(9)，知 $OP' \perp QA$，且 $OD \perp QA$.

从而，知 O,D,P' 三点共线. 因此 P' 与 P 重合.

设圆 O 的半径为 r,则

$$OD \cdot OP = \overrightarrow{OD} \cdot \overrightarrow{OP} = \overrightarrow{OD} \cdot \overrightarrow{OP} + \overrightarrow{OD} \cdot \overrightarrow{PA} = \overrightarrow{OD}(\overrightarrow{OP} + \overrightarrow{PA}) = \overrightarrow{OD} \cdot \overrightarrow{OA}$$

若从 A 向圆 O 引两条切线 AM,AN,切点为 M,N,联结 OA 交 MN 于 K,则

$$\overrightarrow{OD} \cdot \overrightarrow{OA} = (\overrightarrow{OK} + \overrightarrow{KD}) \cdot \overrightarrow{OA} = \overrightarrow{OK} \cdot \overrightarrow{OA} + \overrightarrow{KD} \cdot \overrightarrow{OA} = \overrightarrow{OK} \cdot \overrightarrow{OA} = r^2$$

又设 OP 与圆 O 交于点 I,由引理,有 $\frac{PC}{CD} = \frac{PI}{ID}$,所以 CI 平分 $\angle PCD$.

同理,FI 平分 $\angle PFC$. 于是 I 是 $\triangle PCF$ 的内心.

同理,I 是 $\triangle PBE$ 的内心.

故 $\triangle PCF$ 与 $\triangle PBE$ 有共同的内心.

第2节　圆内接四边形的位似形与欧拉线[①②]

命题1　如图26.46,设 $A_1A_2A_3A_4$ 内接于圆 O,G_1 和 H_1,G_2 和 H_2,G_3 和 H_3,G_4 和 H_4 依次为 $\triangle A_2A_3A_4$,$\triangle A_3A_4A_1$,$\triangle A_4A_1A_2$,$\triangle A_1A_2A_3$ 的重心和垂心,则四边形 $A_1A_2A_3A_4$,$G_1G_2G_3G_4$ 和 $H_1H_2H_3H_4$ 彼此相位似.

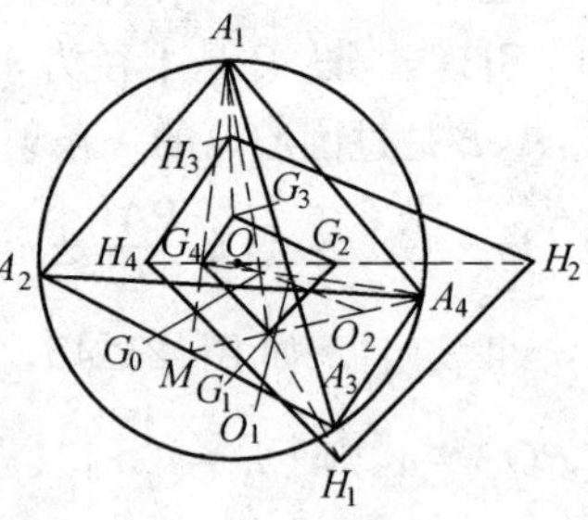

图26.46

证明　(1) 设 A_1G_1,A_4G_4 相交于 G_0,联结 A_1G_4,并延长交 A_2A_3 于 M,则 M 是 A_2A_3 中点. 联结 A_4M,则 G_1 在 A_4M 上. $\triangle A_1MG_1$ 被直线 $A_4G_0G_4$ 所截,由梅涅劳斯定理有

$$\frac{G_1G_0}{G_0A_1} \cdot \frac{A_1G_4}{G_4M} \cdot \frac{MA_4}{A_4G_1} = 1 \qquad ①$$

因 G_1,G_4 分别为 $\triangle A_2A_3A_4$ 和 $\triangle A_1A_2A_3$ 重心,所以 $\frac{A_1G_4}{G_4M} = \frac{2}{1}$,$\frac{MA_4}{A_4G_1} = \frac{3}{2}$,代入 ① 解之得 $\frac{G_1G_0}{G_0A_1} = \frac{1}{3}$.

同理 $\frac{G_4G_0}{G_0A_4} = \frac{1}{3}$,故 A_1G_1 经过 A_4G_4 上定点 G_0,且被 G_0 分为 $1:3$.

---

① 胡耀宗. 圆内接四边形的位似形与欧拉线[J]. 中学教研(数学),1994(3):26-27.

② 朱德祥. 初等几何研究[M]. 北京:高等教育出版社,1985.

同法可证 A_2G_2，A_3G_3 都经过 G_0，且被 G_0 分为 $1:3$. 故得：

(i) A_1G_1，A_2G_2，A_3G_3，A_4G_4 都通过同一点 G_0.

(ii) $\frac{G_0G_1}{G_0A_1}=\frac{G_0G_2}{G_0A_2}=\frac{G_0G_3}{G_0A_3}=\frac{G_0G_4}{G_0A_4}=\frac{1}{3}$.

故四边形 $G_1G_2G_3G_4$ 是四边形 $A_1A_2A_3A_4$ 的位似形，位似比 $-\frac{1}{3}$(内位似)，位似中心 G_0(参见初中几何课本)(若 $A_1A_2A_3A_4$ 是任意四边形，此结论依然成立). 由于 $A_1A_2A_3A_4$ 有外接圆圆 O，故四边形 $G_1G_2G_3G_4$ 也有外接圆. 联结 OG_0 使延长到 O_1，且使 $G_0O_1=\frac{1}{3}OG_0$，则 O_1 就是四边形 $G_1G_2G_3G_4$ 外接圆圆心.

(2) 因 OG_1H_1，OG_2H_2，OG_3H_3，OG_4H_4 都是直线(称为欧拉线)且

$$\frac{OH_1}{OG_1}=\frac{OH_2}{OG_2}=\frac{OH_3}{OG_3}=\frac{OH_4}{OG_4}=\frac{3}{1}$$

(参见第17章第1节)故 $H_1H_2H_3H_4$ 与 $G_1G_2G_3G_4$ 成外位似，位似比为3，位似中心为 O. 要定出圆 $H_1H_2H_3H_4$ 的圆心，因 $G_1G_2G_3G_4$ 有外接圆，故四边形 $H_1H_2H_3H_4$ 也有外接圆. 只要延长 OO_1 到 O_2 使 $\frac{OO_2}{OO_1}=3$，O_2 就是四边形 $H_1H_2H_3H_4$ 的外接圆的圆心.

(3) 由位似变换传递性知，四边形 $H_1H_2H_3H_4$ 与四边形 $A_1A_2A_3A_4$ 成位似，位似比为 $k=k_1k_2=(-\frac{1}{3})3=-1$(参见第16章第2节)，设位似中心为 H_0，由于在位似变换中，对应点之连线必过位似中心 H_0，H_0 是 OO_2 中点. 由此可见四边形 $A_1A_2A_3A_4$，$G_1G_2G_3G_4$ 和 $H_1H_2H_3H_4$ 彼此互相位似，命题1获证.

我们把命题1中出现的点 O，G_0，H_0 分别叫作圆内接四边形 $A_1A_2A_3A_4$ 的外心，重心和垂心.

命题2　圆内接四边形 $A_1A_2A_3A_4$ 的外心 O，重心 G_0，垂心 H_0 共线，且相应的四边形 $G_1G_2G_3G_4$ 和 $H_1H_2H_3H_4$ 的外心 O_1，O_2 也在此线上(即五点共线，本文把此线称为圆内接四边形的欧拉线)，并有比值 $OG_0:G_0O_1:O_1H_0:H_0O_2=3:1:2:6$.

略证　由于若三图形彼此互相位似，则三位似中心共线及命题1中 O_1，O_2 的位置，命题2立即获证.

第3节　西姆松线的性质及应用

过三角形外接圆上异于三角形顶点的任意一点作三边的垂线,则三垂足共线,此线称为西姆松线.此结论亦称为西姆松定理.它的逆定理也是成立的.

西姆松线也有一系列有趣的性质.

性质1　(斯坦纳定理)三角形外接圆上异于顶点的任一点的西姆松线平分该点与垂心的连线.

证法1　如图26.47,设P为$\triangle ABC$的外接圆上异于顶点的任一点,其西姆松线为LMN,$\triangle ABC$的垂心为H.

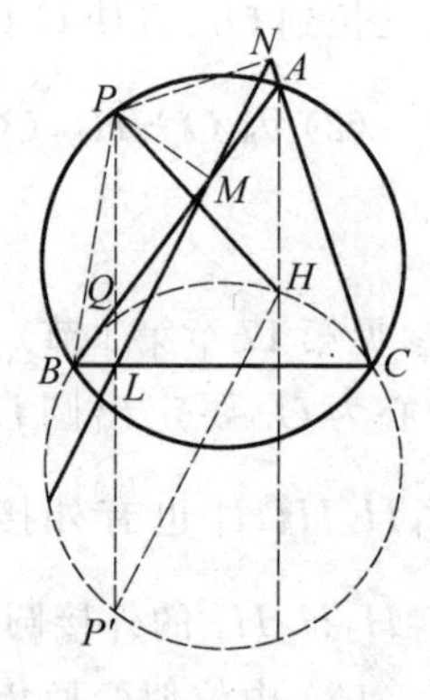

图26.47

作$\triangle BHC$的外接圆,则圆BHC与圆ABC关于BC对称,延长PL交圆BHC于P',则L为PP'的中点.设PL交圆BHC于点Q,联结$P'H$.

由P,B,L,M四点共圆,有

$$\angle PLM=\angle PBM=\angle PBA \overset{m}{=\!=} \overset{\frown}{PA}=\overset{\frown}{QH} \overset{m}{=\!=} \angle QP'H$$

从而直线$LMN \parallel P'H$.注意到直线LMN平分PP',故直线LMN平分PH.

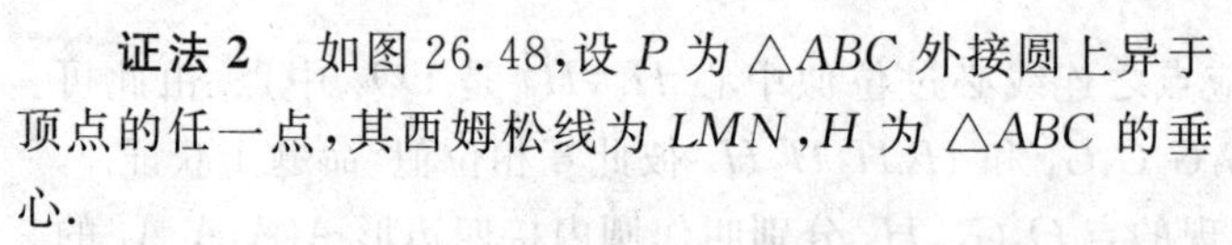

证法2　如图26.48,设P为$\triangle ABC$外接圆上异于顶点的任一点,其西姆松线为LMN,H为$\triangle ABC$的垂心.

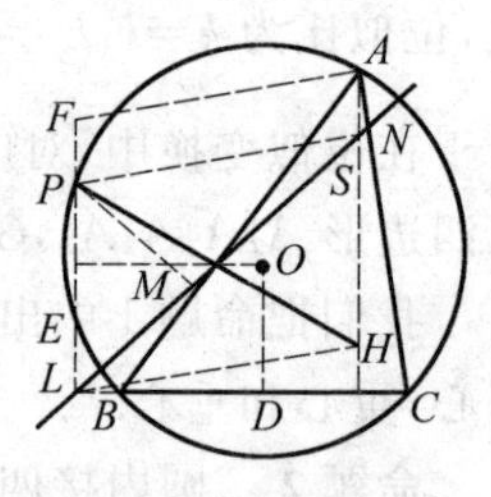

图26.48

设$PL\perp BC$于L,交圆于另一点E,延长EP至F,使$PF=LE$.设O为$\triangle ABC$的外心,作$OD\perp BC$于D,由O作LF的垂线必过EP的中点,亦即过LF的中点,所以$LF=2OD$.又$AH=2OD$,则$LF \mathrel{\underline{\parallel}} AH$,从而$AHLF$为平行四边形.

设$PN\perp AC$于N,LN交AH于S,联结PS.由$AE \parallel NL$(参见性质2),而$LE \parallel AS$,则$LEAS$为平行四边形,即知$PF=EL=AS$.

故$LHSP$为平行四边形,从而PH被直线LMN平分.

证法3　如图26.49,联结AH并延长交BC于E,交外接圆于F,联结PF

交 BC 于 G，交西姆松线于 Q.

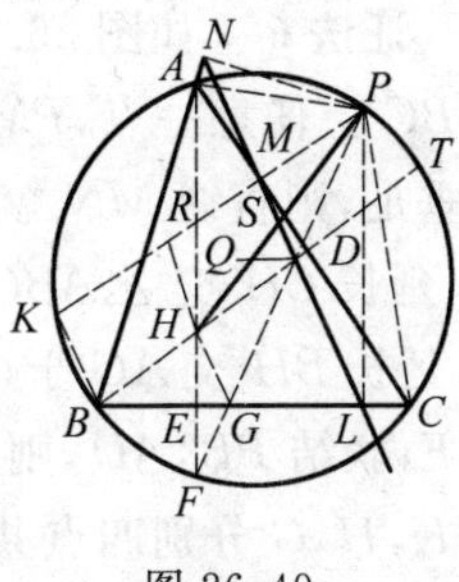

图 26.49

由 P,C,L,M 四点共圆，有

$$\angle MLP=\angle MCP=\angle AFP=\angle LPF$$

即 $\triangle QPL$ 为等腰三角形，即 $QP=QL$.

又 $HE=EF$，$\angle HGE=\angle EGF=\angle LGP=\angle QLG$，则 $HG\mathbin{/\!/}NL$，即 PH 与西姆松线的交点 S 为 PH 的中点.

证法 4　如图 26.50，设 $\angle ACP=\theta$，PH 交直线 LMN 于点 S. 注意到

$$PL=PC\cdot\sin(C+\theta)=2R\cdot\sin(B-\theta)\cdot\sin(C+\theta)$$

$$\angle KLB=\angle MPC=90^\circ-\theta$$

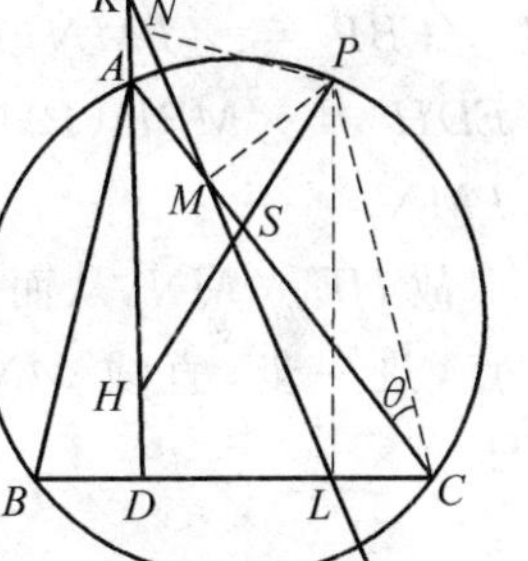

图 26.50

$$\begin{aligned}DL&=AC\cdot\cos C-2R\cdot\sin(B-\theta)\cdot\cos(C+\theta)\\&=2R[\sin B\cdot\cos C-\sin(B-\theta)\cdot\cos(C+\theta)]\\&=R[\sin A+\sin(B-C)-\sin A-\sin(B-C-2\theta)]\\&=2R\cdot\cos(B-C-\theta)\cdot\sin\theta\end{aligned}$$

故

$$KD=\frac{DL\cdot\cos\theta}{\sin\theta}=2R\cdot\cos(B-C-\theta)\cdot\cos\theta$$

$$HD=2R\cdot\cos B\cdot\cos C$$

$$\begin{aligned}KH&=2R\cdot[\cos(B-C-\theta)\cdot\cos\theta-\cos\theta\cdot\cos C]\\&=R\cdot[\cos(B-C)+\cos(B-C-2\theta)-\\&\quad\cos(B+C)-\cos(B-C)]\\&=2R\cdot\sin(B-\theta)\cdot\sin(C+\theta)=PL\end{aligned}$$

又 $KH\mathbin{/\!/}PL$，则 $\dfrac{PS}{SH}=\dfrac{PL}{KH}=1$，故直线 LMN 平分 PH.

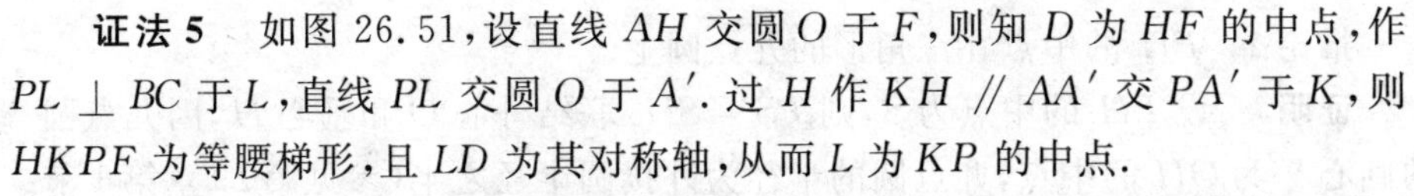

证法 5　如图 26.51，设直线 AH 交圆 O 于 F，则知 D 为 HF 的中点，作 $PL\perp BC$ 于 L，直线 PL 交圆 O 于 A'. 过 H 作 $KH\mathbin{/\!/}AA'$ 交 PA' 于 K，则 $HKPF$ 为等腰梯形，且 LD 为其对称轴，从而 L 为 KP 的中点.

又 $KH\mathbin{/\!/}A'A\mathbin{/\!/}$ 点 P 的西姆松线 l，故 l 与 PH 的交点 S 为 PH 的中点.

注　设 R,T 分别为 BH,AH 的中点，由 A,B,P,F 共圆，知 T,R,S,D 亦共圆，此圆即为 $\triangle ABC$ 的九点圆，即 S 在九点圆上（参见推论 1）.

证法6 如图26.52,设P为$\triangle ABC$的外接圆劣弧BC上任意一点,$PM\perp AB$,$PN\perp BC$,M,N分别为垂足,则直线MN就是$\triangle ABC$关于点P的西姆松线,延长CH交$\triangle ABC$的外接圆于点D,交AB于点K,延长BH交AC于G,联结PD分别交AB,MN于E,F,联结PB,AD,则由题设条件可知B,C,G,K和A,K,H,G分别四点共圆,且

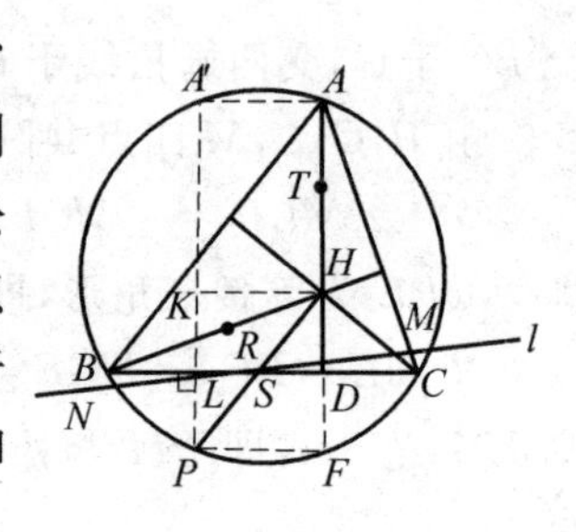

图26.51

$$\angle BAD=\angle BCK=\angle BGK=\angle KAH$$

又$AE\perp CD$,则AE垂直平分DH,从而

$$\angle EHD=\angle EDH=\angle PDC=\angle PBC$$

又$\angle CBP=\angle PMN$(P,B,M,N四点共圆),及$\angle EDH=\angle MPD$($PM /\!/ CD$).于是$\angle EHD=\angle PMN$.

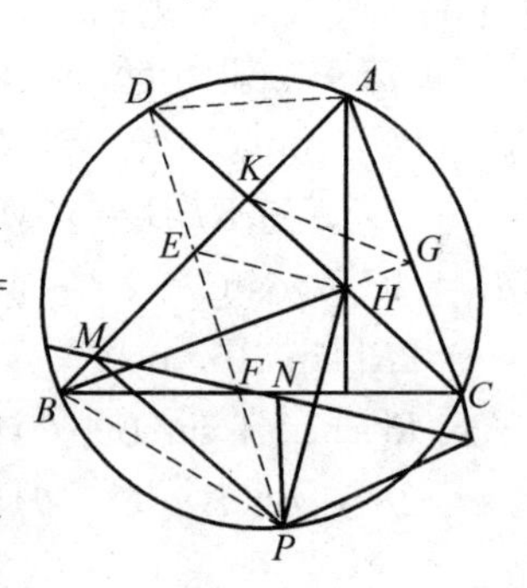

图26.52

故$HE /\!/ MN$,从而F为$\mathrm{Rt}\triangle EMP$的斜边EP的中点,进一步,直线MN也平分$\triangle PHE$的另一边PH.

证法7 联结PM并延长交外接圆于K,联结BK.过B作$BD\perp AC$于D,延长BD交外接圆于T,则垂心H在BT上,如图26.52所示.

联结AP,由A,M,P,N四点共圆,知$\angle MNB=\angle MNA=\angle MPA=\angle KPA=\angle KBA$,从而$BK /\!/ MN$.

自H作$HR /\!/ BK$交PK于R,则$RHTP$为等腰梯形.而$HD=DT$,则知AC是HT的中垂线,从而知M是PR的中点.

注意到$ML /\!/ KB /\!/ RH$,在$\triangle PRH$中,ML必过PH的中点,故PH被直线LMN平分.

推论1 PH的中点在三角形的九点圆上.

证明 设PH的中点为S,则$PS=SH$.联结外心O和垂心H,因九点圆的圆心V为OH的中点,九点圆的半径为外接圆半径之半(参见第29章第1节中的推论1),由$VS=\frac{1}{2}OP$即知点S在三角形的九点圆上.

性质2 从$\triangle ABC$的外接圆上异于顶点的任一点P向边BC,CA,AB或其延长线分别作垂线PD,PE,PF,若这些垂线及其延长线和圆的交点分别为X,

Y,Z,则 AX,BY,CZ 都是关于点 P 的西姆松线的平行线.

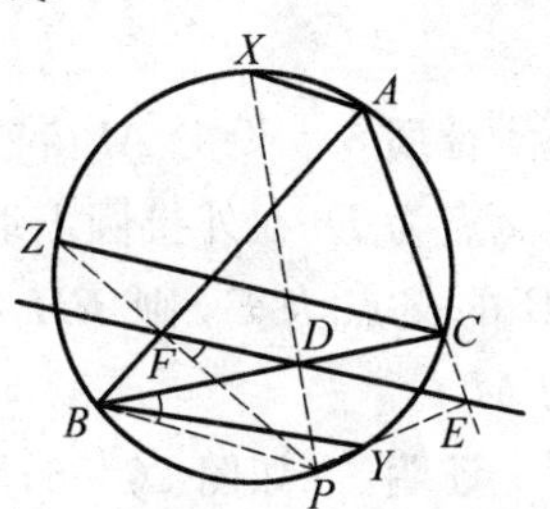

图 26.53

证明 如图26.53,由 $\angle BDP=90°=\angle PFB$,知 P,D,F,B 四点共圆,从而 $\angle DFP=\angle CBP$.

又 $\angle CBP=\angle CZP$,从而 $\angle DFP=\angle CZP$.

因此,$FD /\!/ CZ$,即 $EF /\!/ CZ$.

同理,$AX /\!/ EF$,$BY /\!/ EF$.

性质3 设 $\triangle ABC$ 的外接圆的不过顶点的任意直径为 PQ,则关于 P,Q 的西姆松线是互相垂直的.

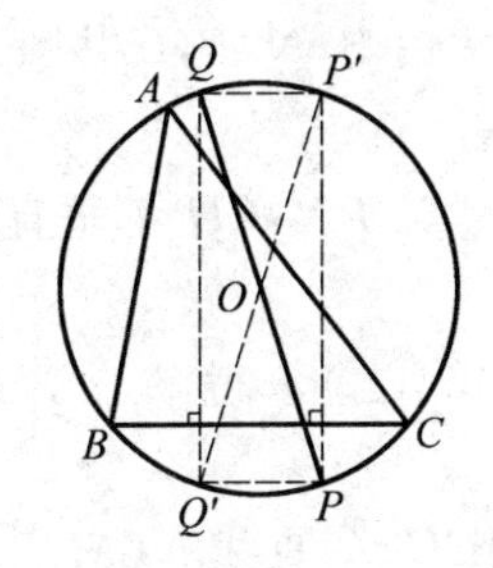

图 26.54

证明 如图26.54,若从 P,Q 向 BC 作垂线并延长和 $\triangle ABC$ 的外接圆分别交于 P',Q',则由性质2知 $P'A,Q'A$ 分别与点 P,Q 的西姆松线平行.

由于 PQ 是这个圆的直径,又 PP' 和 QQ' 是平行的,所以四边形 $PP'QQ'$ 是矩形,从而 $P'Q'$ 也是这个圆的直径,故 $P'A\perp Q'A$,因而关于 P,Q 的西姆松线是互相垂直的.

注 可以推证直径两端点的西姆松线的交点在三角形的九点圆上.

性质4 设关于 $\triangle ABC$ 的外接圆上两点 P,Q 的西姆松线 DE,FG 交于一点 K,则 $\angle FKE$ 等于圆周角 $\angle PCQ$.

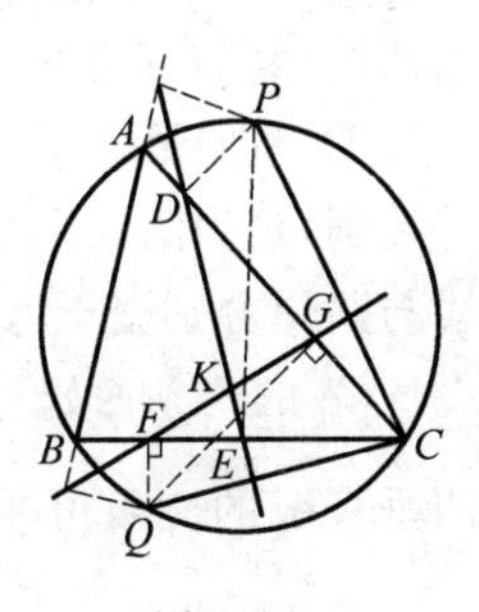

图 26.55

证明 如图26.55,在四边形 $KECG$ 中,有

$\angle KGC+\angle KEC=(\angle KGQ+90°)+(\angle KEP+90°)$

注意到 $\angle QFC=\angle QGC=90°$,则知 G,F,Q,C 四点共圆,从而

$$\angle FGQ=\angle QCF$$

即
$$\angle KGQ=\angle QCB$$

同理
$$\angle KEP=\angle PCA$$

于是
$$\angle KGC+\angle KEC=\angle QCB+\angle PCA+2\cdot 90°$$

两边加上 $\angle ACB$ 得

$$\angle KGC+\angle KEC+\angle GCE=\angle PCQ+180°$$

而在四边形 $KGCE$ 中,有

$$\angle KGC+\angle KEC+\angle GCE=4\cdot 90°-\angle GKE$$

于是
$$4\cdot 90°-\angle GKE=\angle PCQ+2\cdot 90°$$

从而
$$2\cdot 90^\circ-\angle GKE=\angle PCQ$$
故
$$\angle EKF=\angle PCQ$$

性质5 设$\triangle ABC$的垂心为H,延长CH和外接圆的交点为D.在外接圆上取异于顶点的一点P,若PD与AB的交点为E,则EH平行于关于点P的西姆松线NLM.

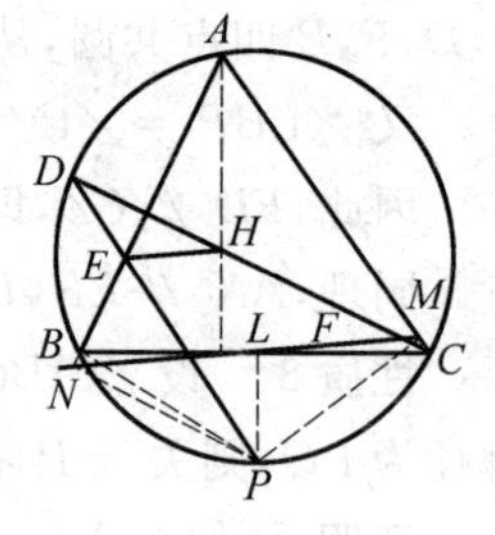

图 26.56

证明 如图26.56,因H为垂心,则H,D关于AB对称,从而
$$\angle DHE=\angle HDE=\angle PBC \quad ①$$
由B,N,P,L共圆,有
$$\angle PBL=\angle PNL \quad ②$$
又PN,CH都垂直于AB,从而$PN\parallel CH$.设LM交HC于点F,于是,有
$$\angle PNL=\angle DFN \quad ③$$
由式①②③得

$$\angle DHE=\angle DFN$$
故$EH\parallel$直线NLM.

性质6 圆上任一点对于两个内接三角形而有的两条西姆松线,其夹角为一定值.

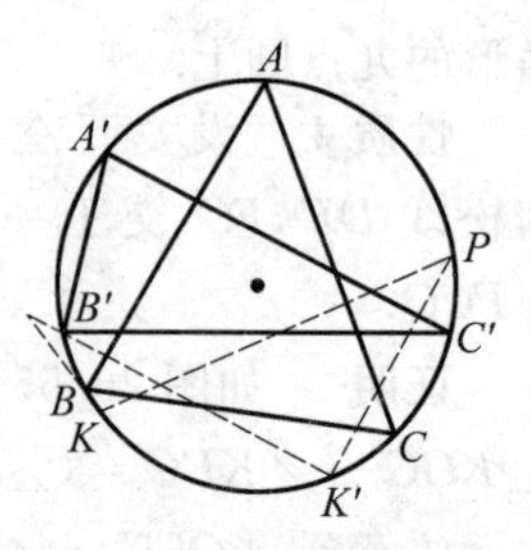

图 26.57

证明 如图26.57,设$\triangle ABC$和$\triangle A'B'C'$有共同的外接圆,P为圆周上任意一点.由P作AC与$A'C'$的垂线与圆周分别交于K及K',则关于点P的$\triangle ABC$与$\triangle A'B'C'$的两条西姆松线分别平行于BK及$B'K'$,从而两垂直线的交角可用$\frac{1}{2}(\overset{\frown}{KK'}-\overset{\frown}{BB'})$的度量,由于$\overset{\frown}{BB'}$一定,$\frac{1}{2}\overset{\frown}{KK'}$的度数等于$\angle KPK'$,等于$AC$与$A'C'$的交角(两角之边两两垂直)且为一定,即两条西姆松线的交角为定值.

性质7 圆的任一直径P_1P的两端点对于同一内接$\triangle ABC$的西姆松线互相垂直,垂足在三角形的九点圆上.(此性质为2007年中国台湾数学奥林匹克题)

证明 如图26.58,由性质3知,由P_1P_2为直径,其所对的圆周角为直角,则$D_1E_1\perp E_2F_2$.

由西姆松线的性质 1(平分该点与垂心的连线)知,P_1H 与 PH_2 的中点 S,T 在 $\triangle ABC$ 的九点圆上,且由 $ST=\frac{1}{2}P_1P_2$ 得 ST 为九点圆的直径,故点 Q 在九点圆上.(此性质为 2007 年中国台湾数学奥林匹克题)

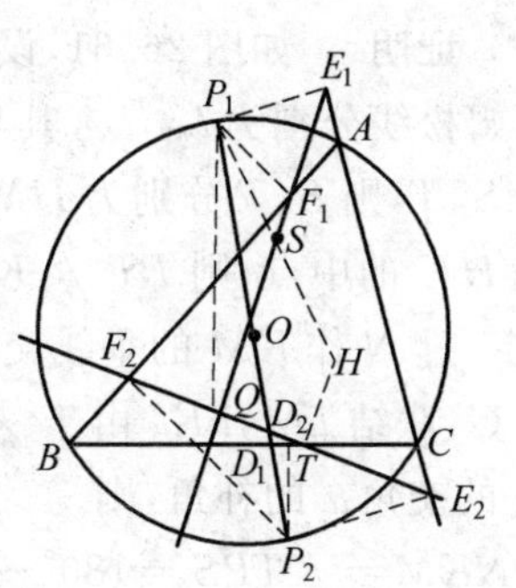

图 26.58

性质 8　圆上三点对于同一内接三角形的西姆松线所交成的三角形,与该三点连成的三角形相似.

证明　如图 26.59,三点 P_1,P_2,P_3 对于 $\triangle ABC$ 的西姆松线所交成的三角形为 $\triangle Q_1Q_2Q_3$.

由性质 4 得 $\angle Q_1=\angle P_2P_1P_3$,$\angle Q_2=\angle P_1P_2P_3$,所以 $\triangle Q_1Q_2Q_3\backsim\triangle P_1P_2P_3$.

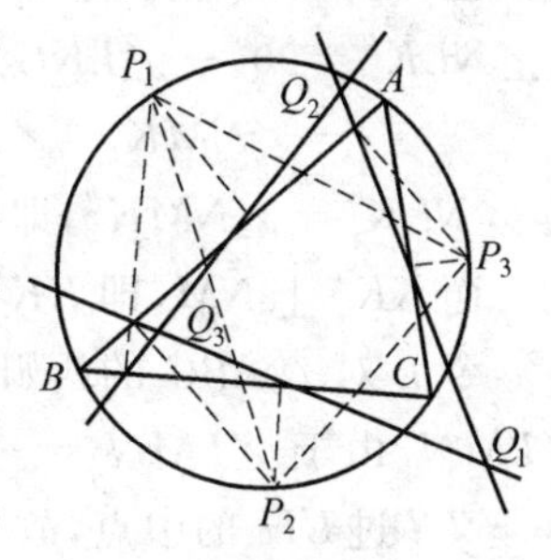

图 26.59

性质 9　圆上一点对于内接三角形的西姆松线夹于该三角形任两边(所在直线)间的线段,等于第三边在该西姆松线上的射影.

证明　如图 26.60,FDE 为点 P 对 $\triangle ABC$ 的西姆松线,DE 是夹在 BC,CA 间的西姆松线段,$A'B'$ 是 AB 在西姆松线上的射影.

在以 PC 为直径的圆中,作 $DG=PC$ 且 DG 过 PC 的中点,联结 CE,则 $\triangle DGE$ 为直角三角形.

过 A 作 BB' 的垂线,垂足为 L,交圆于 K,联结 AK,则 $\triangle AKL$ 亦为直角三角形.

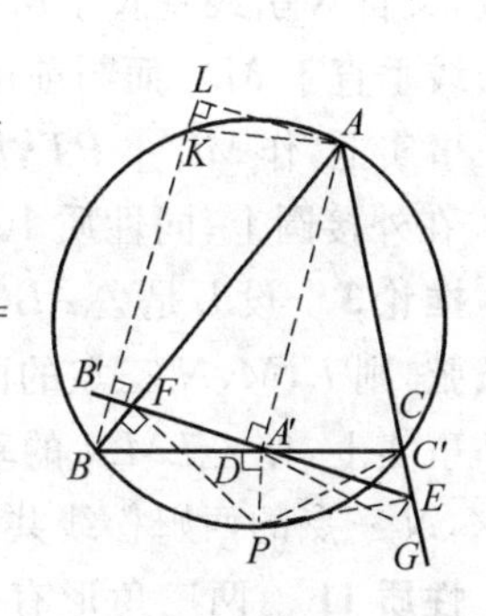

图 26.60

因为 $\angle ABK\xlongequal{\text{注}}\angle PFD\xlongequal{\text{四点共圆}}\angle PBD=\angle PBC$,所以 $AK=PC=DG$.

又 $\angle AKL=\angle ACB=\angle DPE=\angle DGE$,所以 $\triangle AKL\cong\triangle DGE$.

故 $DE=AL=A'B'$.

同理,$FE=B'C'$,$FD=A'C'$.

注　$\angle ABK=\angle B'FA-90^\circ=\angle BFD-90^\circ=\angle PFD$.

性质 10　设 H 是 $\triangle ABC$ 的垂心,M,N 是 $\triangle ABC$ 外接圆上两点,P 是这两点的西姆松线的交点,K 是 H 关于 P 的对称点,则 $\triangle KMN$ 的垂心 L 在 $\triangle ABC$ 的外接圆上,且 L 对 $\triangle ABC$ 的西姆松线垂直于 MN 而通过点 P.

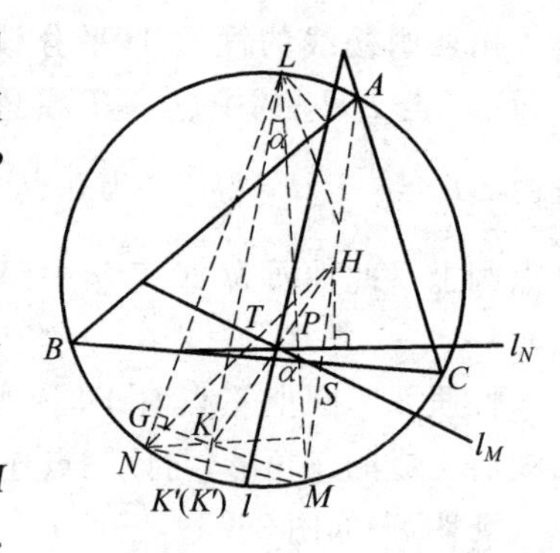

图 26.61

证明　如图 26.61,设 M,N 对 $\triangle ABC$ 的西姆松线分别为 l_M,l_N,其与 HM,HN 分别交于 S,T,则 S,T 分别为 HM,HN 的中点.又 P 是 HK 的中点,则 $PT\parallel KN,PS\parallel KM$.

过 N 作 KM 的垂线交圆于 L,交直线 MK 于 G,联结 LM,LK.由于 $\angle TPS$ 为直线 l_M 与 l_N 的交角 α 的补角,则

$$\angle NKM=\angle TPS=180^\circ-\alpha=180^\circ-\angle NLM$$

作 K 关于 NM 的对称点 K',则知 K' 在外接圆上,延长 LK 交圆于 K'',则

$$\begin{aligned}\angle NLK''&=90^\circ-\angle LKG=90^\circ-\angle K''KM\\&=\angle NMK=\angle NMK'\end{aligned}$$

又 $\angle NLK''=\angle NMK''$,即有 $\angle NMK'=\angle NMK''$,即 K' 与 K'' 重合.

而 $KK'\perp NM$,即 $KK''\perp NM$,亦即 $LK\perp NM$.故 N 为 $\triangle KNM$ 的垂心.

令 L 对 $\triangle ABC$ 的西姆松线为 l,其与 l_N 的交角等于弦 LN 所对的圆周角 $\angle LMN$.由于 $\angle LMN=\angle LNK$,且 $PT\parallel KN$,所以 $l\parallel LK$.

又 l 过 LH 的中点,故 l 过点 P.因 $LK\perp NM$,故 $l\perp NM$.

推论 2　设 M,N 是 $\triangle ABC$ 的外接圆上两点,自 M 引线垂直于 N 的西姆松线,又自 N 引线垂直于 M 的西姆松线,则所引两线交于圆上一点 L,且 L 的西姆松线垂直于 MN 而与前两条西姆松线共点.

事实上,作 $ML\perp PT,NL\perp PS$,则 $\angle MLN=\angle TPS$ 的补角(或 $\angle TPS$),故 L 在外接圆上,同性质 10 的证明,可得 $l\perp MN$ 且过点 P.

推论 3　设 L 是 $\triangle ABC$ 的外接圆上一点,MN 是垂直于 L 的西姆松线 l 的一条弦,则 L,M,N 三点的西姆松线共点.

事实上,作 $\triangle LMN$ 的垂心 K,可得 $LM\perp l_N,LN\perp l_M$,所以 $l\parallel LK$,故有 L,M,N 三点的西姆松线共点于 P.

性质 11　两三角形有共同的外接圆,则一个三角形的三顶点对于另一个三角形的三条西姆松线的交点及另一个三角形三顶点对于此形的三条西姆松线的交点凡六点共圆,圆心是两三角形的垂心连接线的中点.

证明　如图 26.62,令 H_1,H_2 分别为 $\triangle ABC,\triangle DEF$ 的垂心,其连线的中点为 M,各顶点对 $\triangle DEF$ 与 $\triangle ABC$ 所作西姆松线分别为 l_A,l_B,l_C,l_D,l_E,l_F,设 H_1 与 D,E,F 连接线的中点分别为 D',E',F';H_2 与 A,B,C 连接线的中点分别为 A',B',C'.

由性质 7 知,所得六个中点分别为 $l_D, l_E, l_F, l_A, l_B, l_C$ 与 $H_1D, H_1E, H_1F, H_2A, H_2B, H_2C$ 的交点.

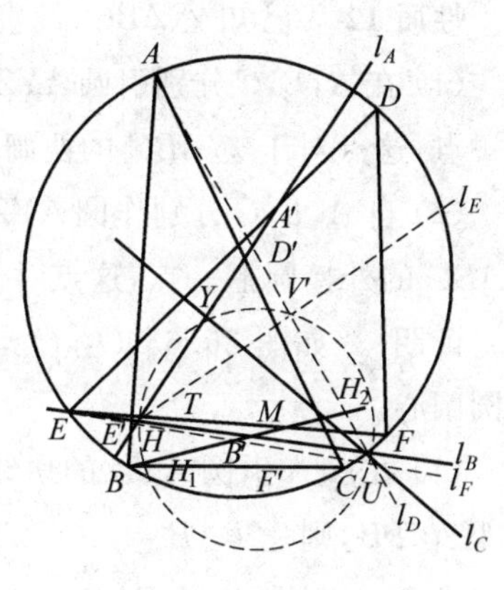

图 26.62

又设 X, Y, Z 为 l_A, l_B, l_C 三线的交点;T, U, V 为 l_D, l_E, l_F 三线的交点,于是 $MA' \parallel H_1A, MB' \parallel H_1B, MC' \parallel H_1C, B'C' \parallel BC, C'A' \parallel CA$,从而 $\angle B'MC' = \angle BH_1C = 180° - \angle BAC$.

由性质 4,知 l_B, l_C 的交角 $\angle BX'C = 180° - \angle BAC$,故有 B', M, X, C' 四点共圆. 同理 C', M, Y, A' 四点共圆. 所以 $\angle MXY = \angle MB'C' = \angle H_1AC = \angle MA'C' = \angle MYX$,从而 $MX = MY$.

同理,$MY = MZ = MX$,即 X, Y, Z 共圆,圆心为 M. 同理 T, U, V 共圆,圆心为 M.

以下证明 $MX = MT$. 因 $\triangle MB'C' \backsim \triangle H_1BC$,其相似比为$\frac{1}{2}$,而 $\triangle H_1BC$ 与 $\triangle ABC$ 有相同的外接圆半径 R,故 $\triangle MB'C'$ 的外接圆半径为$\frac{R'}{2}$. 由正弦定理

$$MX = 2 \cdot \frac{1}{2}R \cdot \sin\angle MC'X = R \cdot \sin\angle MC'X$$

同理

$$MT = 2 \cdot \frac{1}{2}R \cdot \sin\angle MF'T = R \cdot \sin\angle MF'T$$

由于 $\angle MC'X$ 等于 H_1C 与 l_C 所交成的角,而 $\angle MF'T$ 等于 H_2F 与 l_F 所交成的角,且 H_1C, l_C 与 l_F, H_2F 为 C, F 两点对 $\triangle ABC$ 与 $\triangle DEF$ 的西姆松线,由性质 10,知 $\angle MC'X = \angle MF'F$,故 $MX = MT$.

推论 4　两三角形有共同的外接圆,且其中一个三角形的三顶点对于另一个三角形的三条西姆松线交于一点,则另一个三角形的三顶点对于此三角形的三条西姆松线交于同一点,这一点是两三角形的垂心连接线的中点.

事实上,此结论为上述性质 11 的特殊情形,T, U, V 三点退缩为一点,即半径退缩为 0,而与圆心 M 重合,所以由性质 11,知 A, B, C 三点对 $\triangle DEF$ 的西姆松线 l_A, l_B, l_C 亦交于同一点 M,即圆 XYZ 亦退缩为一点.

性质12 已知$\triangle ABC$,设直线l交BC,CA,AB于X,Y,Z,则:

(1)在A,B,C分别引圆AYZ、圆BZX、圆CXY的切线交$\triangle ABC$的外接圆上一点,这点对于$\triangle ABC$的西姆松线与l垂直;

(2)自A,B,C分别作圆AYZ、圆BZX、圆CXY的直径(所在直线)也交于$\triangle ABC$的外接圆上一点,这点对于$\triangle ABC$的西姆松线与l平行.

证明 如图26.63,O_1,O_2,O_3分别为三圆圆心.

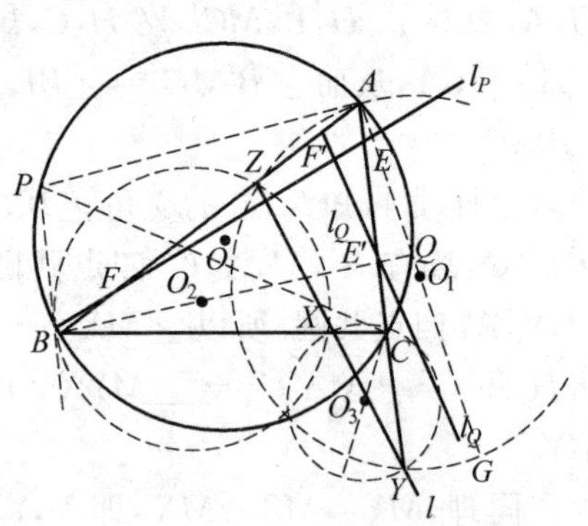

图26.63

(1)在点A引圆AYZ的切线交圆O于P,联结PB,则$\angle PAB=\angle AYZ$.

由于$\angle ACB$与$\angle PAB+\angle PBA$均与$\angle APB$互补,所以,$\angle PBA=\angle BXZ$,从而知PB是圆O_2的切线.

同理,PC是圆O_3的切线.

作P对$\triangle ABC$的西姆松线l_P(即直线EF),则P,A,E,F四点共圆,有$\angle YEF=\angle APF$,则$l_P\perp l$.

(2)联结AO_1交圆O于Q,则$QA\perp AP$,从而$\angle PBQ=90°$,而PB是圆O_2的切线,则QB是圆O_2的直径所在的直线.

同理,QC是圆O_3的直径所在的直线.

作Q对$\triangle ABC$的西姆松线l_Q,则A,Q,E',F'四点共圆,且因AG是圆O_1的直径而有$QF'\parallel GZ$,于是

$$\angle AE'F'=\angle AQF'=\angle AGZ=\angle AYZ$$

故有$l_Q\parallel l$.

例1 设由三角形的一顶点至另两顶点的内、外角平分线引垂线.试证:四个垂足共线,且此线平分三角形的两边.

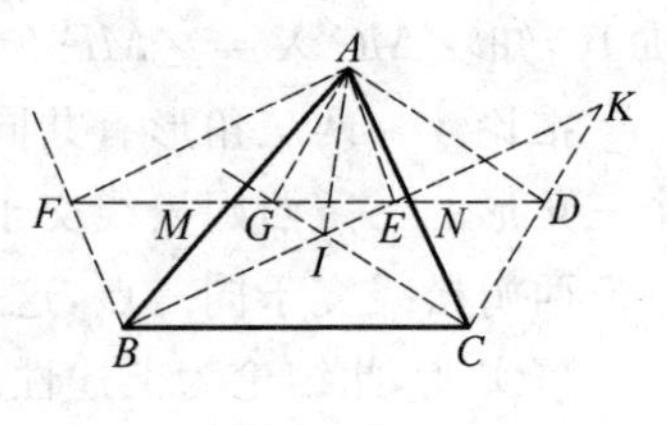

图26.64

证明 如图26.64,由$\triangle ABC$的顶点A作$\angle B$,$\angle C$的内,外角平分线BE,BF,CG,CD的垂线,垂足分别为E,F,G,D.

延长BE,CD相交于点K,设CG与BE交于点I,则I为$\triangle ABC$的内心.由

$$\angle CAI=\frac{1}{2}\angle A$$

$$\angle CKI=90^\circ-\angle CIK=90^\circ-\frac{1}{2}(\angle B+\angle C)=\frac{1}{2}\angle A$$

知 A,I,C,K 四点共圆.

在 $\triangle CIK$ 中,外接圆上一点 A 在三边 IC,CK,KI 上的射影为 G,D,E,从而知 G,E,D 三点共线.且 C 为 $\triangle ICK$ 的垂心,则 AC 被直线 GED 平分.

同理 F,G,E 共线,AB 被直线 FGE 平分,故结论获证.

例 2　由圆上一点引三弦,以此三弦为直径作三圆,则所作三圆两两相交于三个共线点.

证明　如图 26.65,自圆 O 上一点 M 引三弦 MA,MB,MC,以此三弦为直径作圆 O_1、圆 O_2、圆 O_3,两两相交于 P,Q,R.由于直径所对的圆周角为直角,从而 $\angle MPA,\angle MQC,\angle MRB$ 皆为直角,即 $MP\perp BA$(或其延长线),$MQ\perp AC$(或其延长线),$MR\perp BC$(或其延长线),而 M 是 $\triangle ABC$ 外接圆上一点,由西姆松定理,知 P,Q,R 三点共线.

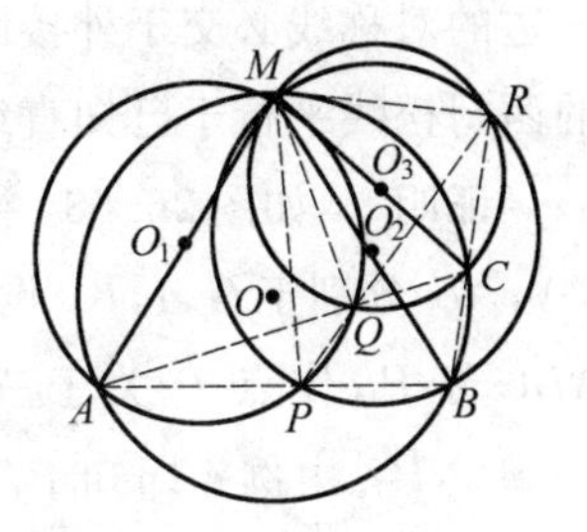

图 26.65

注　(1) 可证 $A,Q,C;A,P,B;B,C,R$ 分别三点共线.

(2) 点 M 实际为完全四边形 $BCRQAP$ 的密克尔点.

例 3　三角形外接圆上的点的西姆松线必垂直于由此点至顶点的等角线.

证明　如图 26.66,设 P 为 $\triangle ABC$ 外接圆上一点,NML 是关于点 P 的西姆松线,CS 是 CP 的等角线.

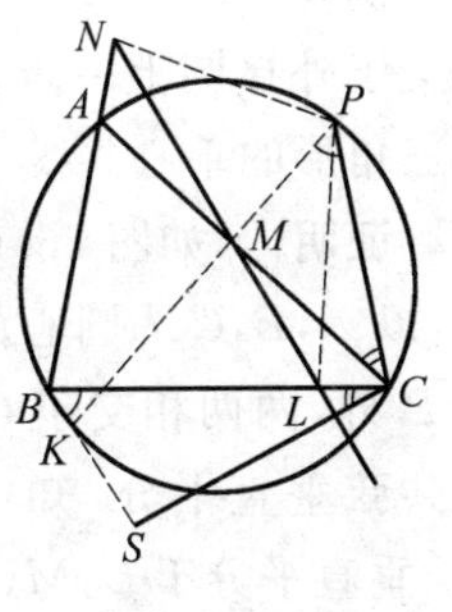

图 26.66

因 $PM\perp AC$ 于 M,PM 的延长线交外接圆于 K,联结 BK,则 $BK\ /\!/\ LM$(可参见性质 1 的证法 3).令 KB 与 CS 交于点 S,则

$$\angle PCA=\angle SCB,\angle SBC=\angle CPK$$

从而
$$\angle CSB=\angle CMP=90^\circ$$

即
$$KB\perp CS$$

故
$$LM\perp CS$$

例 4　试证:$\triangle ABC$ 的外接圆上任一点 P 关于三边的对称点共线,这线通

过三角形的垂心 H.

证明　如图 26.67,作点 P 的西姆松线 NLM.

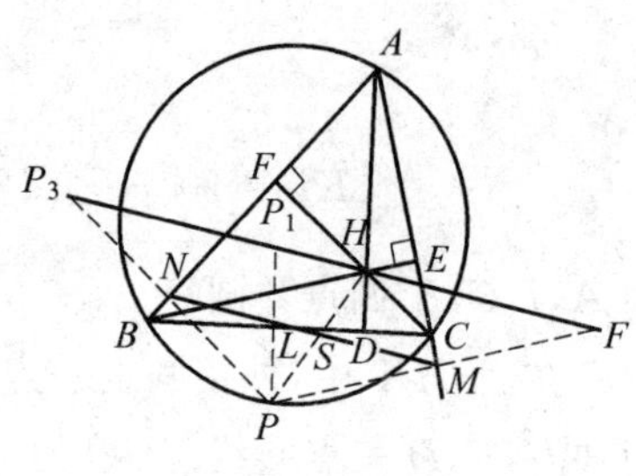

图 26.67

连 PH 交 MN 于 S,则知 S 是 PH 的中点.

作 P 关于三边 BC,CA,AB 的对称点 P_1,P_2,P_3,于是有 $HP_1 /\!/ LS,HP_2 /\!/ SM,HP_3 /\!/ NS$.

故 P_3,P_1,H,P_2 共直线.

例 5　若一直线通过 $\triangle ABC$ 的垂心 H,则它关于三边的对称线必交于外接圆上一点,这点对于三角形的西姆松线平行于已知直线.

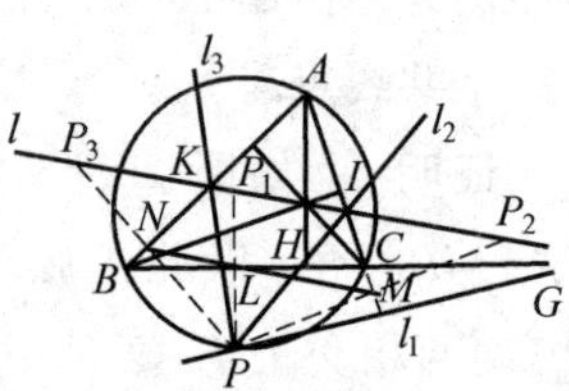

图 26.68

证明　如图 26.68,令过垂心 H 的直线 l 交 BC,CA,AB 分别于 G,I,K. 设 l 关于 CA 的对称线交圆 ABC 于 P,作点 P 关于三边 BC,CA,AB 的对称点 P_1,P_2,P_3. 由例 4 即知 P_1,P_2,P_3 共线且过垂心 H,故直线 $P_1P_2P_3$ 与 l 重合.

由例 4 亦可得 P 关于 $\triangle ABC$ 的西姆松线与 l 平行.

又 PK,PG,PI 为 l 关于 AB,BC,CA 的对称线,故此三线交于圆 ABC 上的点 P.

例 6　以 $\triangle ABC$ 的顶点为圆心分别作圆,使交于外接圆上一点,则所作三圆的其他交点与三角形的垂心共线.

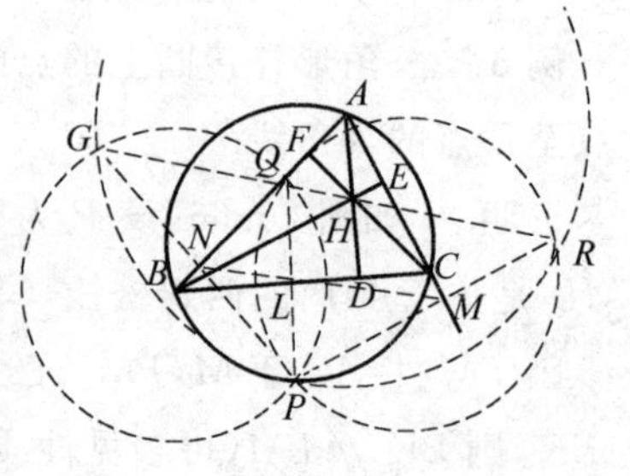

图 26.69

证明　如图 26.69,设 H 为 $\triangle ABC$ 的垂心,以 A,B,C 为圆心的圆除共点于圆 ABC 的点 P 外,两两相交于 G,Q,R. 注意到连心线被公共弦垂直平分,知 BC,CA,AB 被 PQ,PR,PG 垂直平分于 L,M,N,且 NLM 为点 P 的西姆松线. 而 G,Q,R 为点 P 关于 AB,BC,CA 的对称点. 由例 4 即知 G,Q,H,R 共线.

例 7　(第 44 届 IMO 第 4 题)如图 26.70,设 $ABCD$ 是一个圆内接四边形,从点 D 向直线 BC,CA 和 AB 作垂线,其垂足分别为 P,Q 和 R,证明:$PQ=QR$ 的充要条件是 $\angle ABC$ 的平分线,$\angle ADC$ 的平分线和直线 AC 交于一点.

证明 由条件及西姆松线定理知 P,Q,R 三点共线，于是可得 D,A,R,Q 和 D,Q,C,P 分别四点共圆，则

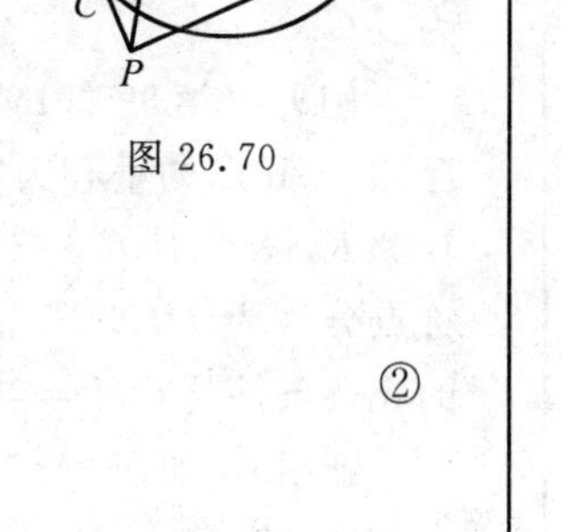

图 26.70

$$\angle DAQ=\angle DRQ,\angle DPQ=\angle DCQ$$

从而
$$\triangle DAC \backsim \triangle DRP$$

$$\frac{DA}{DC}=\frac{DR}{DP} \quad ①$$

又 $\angle DQR=\angle DCB$，$\angle DBC=\angle DRQ$，从而

$$\triangle DRQ \backsim \triangle DBC$$

即
$$\frac{DR}{QR}=\frac{DB}{CB}$$

故
$$DR=RQ\cdot\frac{DB}{BC} \quad ②$$

再者
$$\angle DQP=\angle DAB$$

$$\angle DPQ=\angle DCA=\angle DBA$$

则
$$\triangle DQP \backsim \triangle DAB$$

即
$$DP=QP\cdot\frac{DB}{AB} \quad ③$$

将式 ②③ 代入 ①，得

$$\frac{DA}{DC}=\frac{RQ\cdot\frac{DB}{BC}}{QP\cdot\frac{DB}{AB}}=\frac{DB}{BC}\cdot\frac{AB}{DB}=\frac{RQ\cdot AB}{QP\cdot BC}$$

于是 $QR=QP$，当且仅当 $\frac{DA}{DC}=\frac{AB}{BC}$，从而原命题得证.

例 8 （第 45 届 IMO 第 1 题）如图 26.71，在锐角 $\triangle ABC$ 中，$AB\neq AC$，以边 BC 为直径的圆分别交 AB，AC 于 M,N 两点，O 为边 BC 的中点，$\angle BAC$，$\angle MON$ 的平分线交于点 R，求证：$\triangle BMR$，$\triangle CNR$ 的外接圆有一个公共点在边 BC 上.

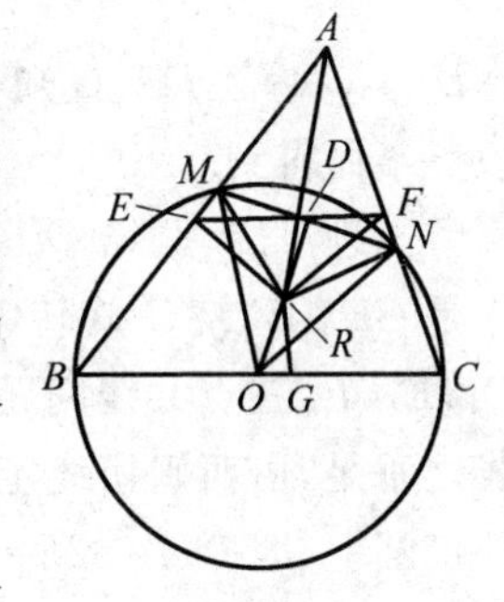

图 26.71

证明 如图 26.71，设 OR 交 MN 于 D，作 $RE\perp AB$，$RF\perp AC$，垂足分别为 E,F，由题设 OR 平分 $\angle MON$，RA 平分 $\angle MAN$，所以 $OM=ON$，$RE=RF$，OD 为 MN 的垂直平分线，即 $OD\perp MN$，于是 $\triangle RME\cong\triangle RNF$，即 $\angle MRE=\angle FRN$. 又 M,E,R,D 和 D,R,N,F 分别四点共圆，所以

$$\angle MDE=\angle MRE=\angle FRN=\angle FDN$$

即 E,D,F 三点共线，由西姆松线定理知 R 在 $\triangle AMN$ 的外接圆上，即 A,M,R,N 四点共圆.

在 BC 上找点 G，使得 C,N,R,G 四点共圆，于是

$$\angle RGC=\angle ANR=\angle BER$$

从而，B,M,R,G 四点共圆，也即 $\triangle BMR$ 与 $\triangle CNR$ 的外接圆的另一个交点即为点 G.

例9 (第39届IMO预选题)如图26.72，已知 $\triangle ABC$ 的垂心为 H，外心为 O，外接圆半径为 R，设 A,B,C 关于直线 BC,CA,AB 的对称点分别为 D,E,F，证明：D,E,F 三点共线的充要条件是 $OH=2R$.

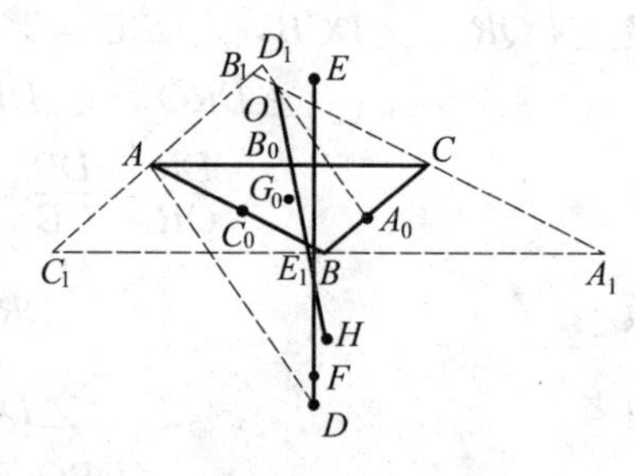

图 26.72

证明 如图26.72，设 A_0,B_0,C_0 分别为 $\triangle ABC$ 的三边 BC,CA,AB 的中点，G 为 $\triangle ABC$ 的重心，分别过 $\triangle ABC$ 的三个顶点 A，B,C 作对边的平行线交成一个新的 $\triangle A_1B_1C_1$，于是，A,B,C 就分别为 $\triangle A_1B_1C_1$ 的边 B_1C_1,C_1A_1,A_1B_1 的中点，且 $\triangle ABC\backsim\triangle A_1B_1C_1$，相似比为 $2:1$，即 $\triangle A_1B_1C_1$ 的外接圆半径是 $\triangle ABC$ 的外接圆半径的2倍，由作图过程知 $\triangle ABC$ 的垂心 H 就是 $\triangle A_1B_1C_1$ 的外心.

联结 OA_0 交 B_1C_1 于 D_1，因为 O 为 $\triangle ABC$ 的外心，所以 OA_0 垂直平分 BC，但知 A,D 关于 BC 对称，所以，$D_1A_0\mathop{/\!\!/}\limits_{=}\frac{1}{2}AD$，联结 D_1D 交 AA_0 于点 G，据 $\triangle D_1A_0G\backsim\triangle DA_0G$ 知，$GD=2GD_1$，即 D_1 可看作是将 GD 绕 G 旋转 180° 并缩短一半而得到.

同理可知，联结 OB_0 交 C_1A_1 于 E_1，OC_0 交 A_1B_1 于 F_1，这样，E_1,F_1 都可看作是 GE,GF 绕 G 旋转 180° 缩短一半而得到，从而，D,E,F 三点共线就等价于 D_1,E_1,F_1 三点共线问题，而 D_1,E_1,F_1 是从 O 分别向 $\triangle A_1B_1C_1$ 的三边所作垂线之垂足，由西姆松线定理知，D_1,E_1,F_1 三点共线，当且仅当 O 在 $\triangle A_1B_1C_1$ 的外接圆上，即 $OH=2R$.

例10 设点 P,Q 是 $\triangle ABC$ 外接圆上(异于 A,B,C)的两点，P 关于直线 BC,CA,AB 的对称点分别是 U,V,W，联结 QU,QV,QW 分别与直线 BC,CA,AB 交于点 D,E,F，求证：(1)U,V,W 三点共线；(2)D,E,F 三点共线.

证明 (1)设从点 P 向 BC,CA,AB 作垂线，垂足分别为 X,Y,Z，由对称性知，XY 为 $\triangle PUV$ 的中位线，故 $UV/\!\!/XY$.

同理，$VW \parallel YZ$，$WU \parallel XZ$.

又由西姆松线定理知 X,Y,Z 三点共线，故 U,V,W 三点共线.

(2) 因 P,C,A,B 四点共圆，则

$$\angle PCE = 180^\circ - \angle ABP$$

从而

$$\angle PCV = 2\angle ECP = 2(180^\circ - \angle ABP) = \angle PBW$$

又

$$\angle PCQ = \angle PBQ$$

则

$$\angle PCV + \angle QCP = \angle QBP + \angle PBW$$

即

$$\angle QCV = \angle QBW$$

从而 $\frac{S_{\triangle QCV}}{S_{\triangle QBW}} = \frac{CV \cdot CQ}{BQ \cdot BW}$（$S_{\triangle QCV}$ 表示 $\triangle QCV$ 的面积等）.

同理可得

$$\frac{S_{\triangle QAW}}{S_{\triangle QCU}} = \frac{AW \cdot AQ}{CQ \cdot CU}, \frac{S_{\triangle QBU}}{S_{\triangle QAV}} = \frac{BU \cdot BQ}{AQ \cdot AV}$$

从而

$$\frac{S_{\triangle QCV}}{S_{\triangle QBW}} \cdot \frac{S_{\triangle QAW}}{S_{\triangle QCU}} \cdot \frac{S_{\triangle QBU}}{S_{\triangle QAV}} = 1$$

于是

$$\frac{BD}{DC} \cdot \frac{CE}{EA} \cdot \frac{AF}{FB} = \frac{S_{\triangle QCV}}{S_{\triangle QBW}} \cdot \frac{S_{\triangle QAW}}{S_{\triangle QCU}} \cdot \frac{S_{\triangle QBU}}{S_{\triangle QAV}} = 1$$

根据梅涅劳斯定理的逆定理知 D,E,F 三点共线.

第 4 节　点关于直线的对称点在解题中的应用

在 2003 年的全国高中联赛平面几何试题中的证法 14，利用点关于直线的对称点作出辅助图，使得解法耐人寻味. 其实，在解题中，作出或找出某些点关于某直线的对称点，常能将有关条件与欲证结论联系起来，可以揭露题设中的隐含条件或问题的本质，这是创设条件运用有关结论的有效手法. 下看几例.

例 1　设圆心 O 在已知直线 l 上的射影为 M，过 M 作圆的两条割线分别交圆于 A,B 和 C,D，又设直线 AD,BC 分别与直线 l 交于点 P,Q，则 $PM = MQ$.

证明[①] 如图 26.73,考虑点 B 关于直线 OM 的对称点 B',则 B' 在圆 O 上,且 $BB' \parallel l$,$\angle PMB' = \angle MB'B = \angle B'BM$(或 $\angle PMB' = 180° - \angle MB'B = 180° - \angle B'BM$).又

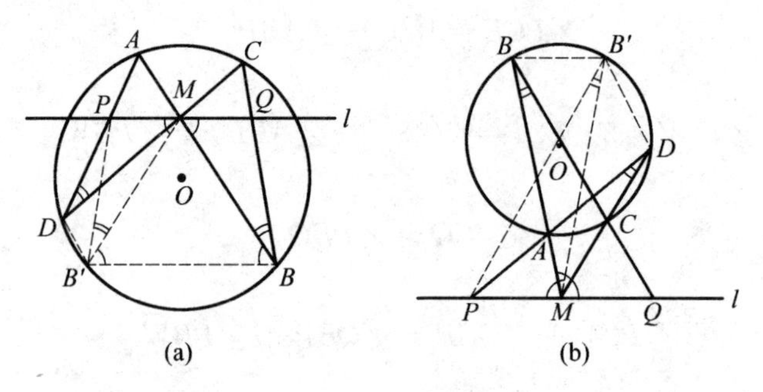

图 26.73

$$\angle B'BM = 180° - \angle B'DP$$

所以 $$\angle PMB' + \angle B'DP = 180° \quad (\text{或} \angle PMB' = \angle PDB')$$

因此,P,M,B',D 四点共圆,所以

$$\angle MB'P = \angle MDP = \angle MBQ$$

而 $$\angle PMB' = \angle QMB, MB' = MB$$

于是 $$\triangle PMB' \cong \triangle QMB$$

故 $$PM = MQ$$

注 上例即为蝴蝶定理的推广.

例 2 设 l 为圆 O 外的一条直线,圆心 O 在 l 上的射影为 M,过点 M 作两圆:圆 O_1 和圆 O_2,分别与圆 O 外切于点 A,B,圆 O_1 与圆 O_2 分别交直线 l 于另外一点 P,Q,求证:若 M,A,B 三点共线,则 $PM = MQ$.

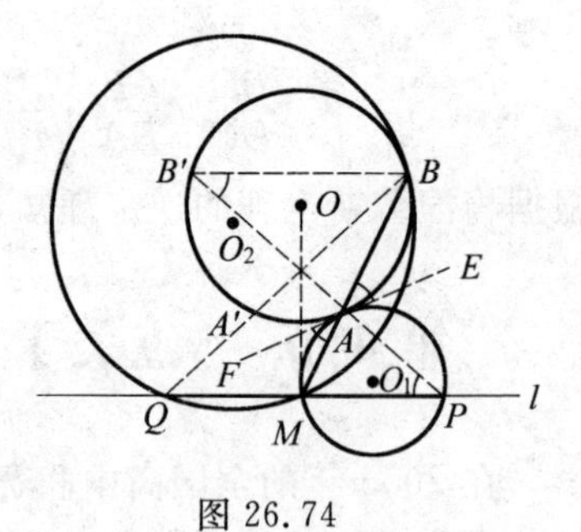

图 26.74

证明 如图 26.74,考虑点 A,B 关于直线 OM 的对称点 A',B',则 A',B' 仍在圆 O 上,且 $AA' \parallel BB' \parallel l$.过切点 A 作圆 O_1 与圆 O 的公切线 EF,则

$$\angle B' = \angle EAB = \angle FAM = \angle APM$$

① 萧振纲.几何变换与几何证题[M].长沙:湖南科学技术出版社,2003:158-163.

又 $\angle B'BA=\angle PMA$，所以

$$\angle BAB'=\angle MAP$$

因此，B'，A，P 三点共线. 同理，B，A'，Q 三点共线. 于是，AB' 与 $A'B$ 关于直线 OM 对称.

又 P 在 AB' 上，Q 在 $A'B$ 上，且 $PQ\perp OM$，从而 P，Q 关于直线 OM 对称，故

$$PM=MQ$$

例3 过点 P 任作圆 O 的两条割线 PAB，PCD，直线 AD 与 BC 交于点 Q，弦 $DE\ /\!/\ PQ$，BE 交直线 PQ 于 M，求证：$OM\perp PQ$.

证法1 如图26.75. 设过圆心 O 且与 PQ 垂直的直线为 l，则 D，E 关于 l 对称. 考虑点 A，P 关于直线 l 的对称点 A'，P'，则点 P' 在直线 PQ 上，点 A' 在圆 O 上，且 $AA'\ /\!/\ PQ$，$A'P'=AP$，$\angle MP'A'=\angle MPA$. 由 $AA'\ /\!/\ PQ$ 知

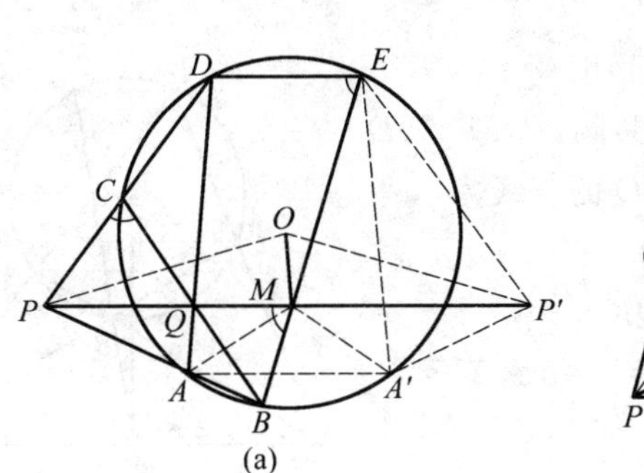

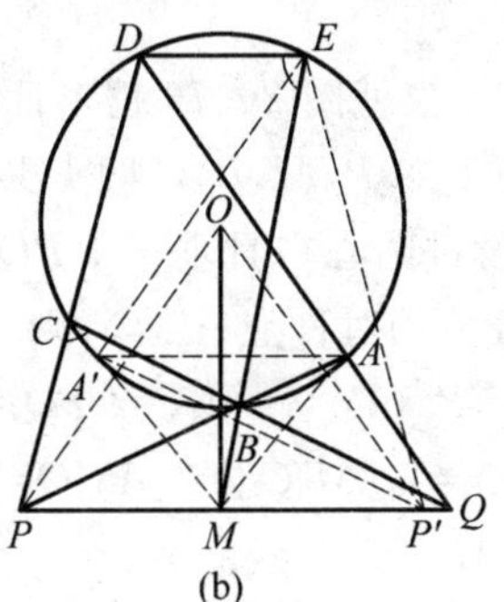

图 26.75

$$\angle MPA=\angle BAA'=\angle MEA'$$

所以
$$\angle MP'A'=\angle MEA'$$

于是 E，M，A'，P' 四点共圆.

另一方面，由 $DE\ /\!/\ PQ$ 有 $\angle DEB=\angle PMB$ 或 $180^\circ-\angle PMB$. 而

$$\angle PCB=\angle DEB$$

所以
$$\angle PCB=\angle PMB \text{ 或 } 180^\circ-\angle PMB$$

从而 P，B，M，C 四点共圆.

又由圆幂定理，有

$$QP\cdot QM=QC\cdot QB=QA\cdot QD$$

因而 P，A，M，D 四点也共圆. 于是

$$\angle A'MP'=\angle A'EP'$$

或
$$180^\circ-\angle A'EP'$$

$$\angle AMP = \angle ADP$$

或 $$180° - \angle ADP$$

而

$$\angle A'EP' = \angle ADP$$

所以 $$\angle A'MP' = \angle AMP$$

又因 $$\angle MP'A' = \angle MPA, A'P' = AP$$

从而 $$\triangle A'MP' \cong \triangle AMP$$

所以 $$MP' = MP$$

即 M 为线段 PP' 的中点,再由 $OP' = OP$,即知

$$OM \perp PP'$$

故 $$OM \perp PQ$$

证法 2 仅就图 26.76 情形证明.

由证法 1 知 P,M,B,C 四点共圆,P,M,A,D 四点共圆.设过圆心 O 且垂直于 PQ 的直线为 l,考虑 A,C 关于 l 的对称点 A',C',则

$$CC' \parallel A'A \parallel PQ$$

于是 $\angle AC'C = \angle ADC = \angle AMQ = \angle MAA'$

所以 C',A,M 三点共线.

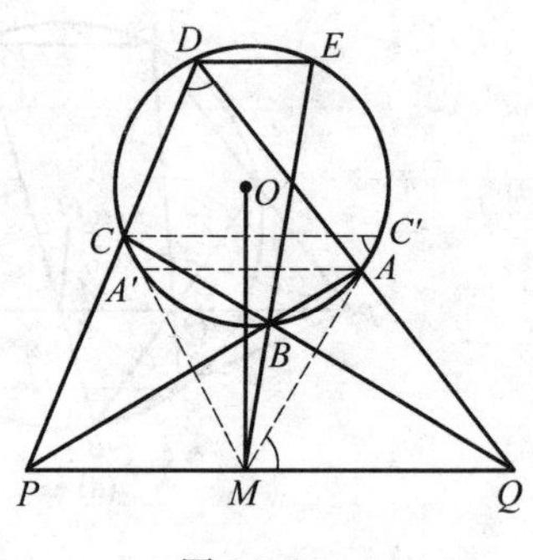

图 26.76

同理 C,A',M 三点共线,即直线 $C'A$ 与 CA' 的交点为 M,而 CA' 与 $C'A$ 关于直线 l 对称.由对称的性质,知点 M 在 l 上,故

$$OM \perp PQ$$

注 用证法 2 的方法可证第 26 届 IMO 第 5 题:

如图 26.77,一个以 O 为圆心的圆经过 $\triangle ABC$ 的顶点 A 和 C,又和边 AB 与 BC 分别相交于 K 与 N,$\triangle ABC$ 与 $\triangle KBN$ 的外接圆相交于两个不同的点 B 与 M,证明:$\angle OMB = 90°$.

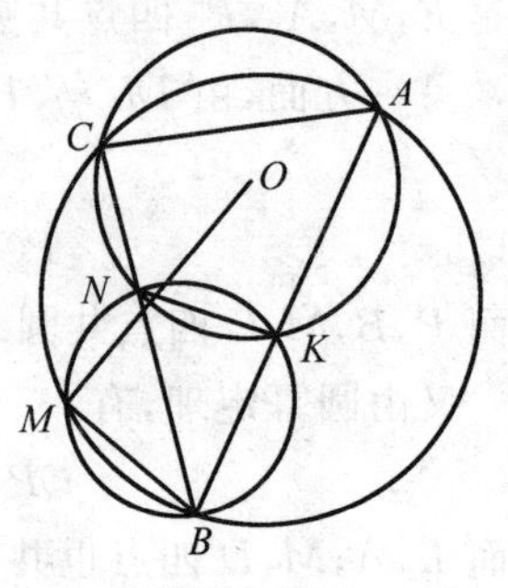

图 26.77

例 4 设 P 为圆 O 的弦 AB 上一点,过 P 任作一条直线与圆 O 交于 C,D 两点,与圆 O 在点 A,B 处的切线分别交于 E,F 两点,求证:$\frac{1}{PE} - \frac{1}{PF} = \frac{1}{PC} -$

$\frac{1}{PD}$.

证明　设过点 O 且垂直于 EF 的直线为 l，则 C,D 关于 l 对称. 考虑 A,B 关于直线 l 的对称点 A',B'，则 $AA' \parallel BB' \parallel EF$，且 A',B' 均在圆 O 上，如图 26.78 所示.

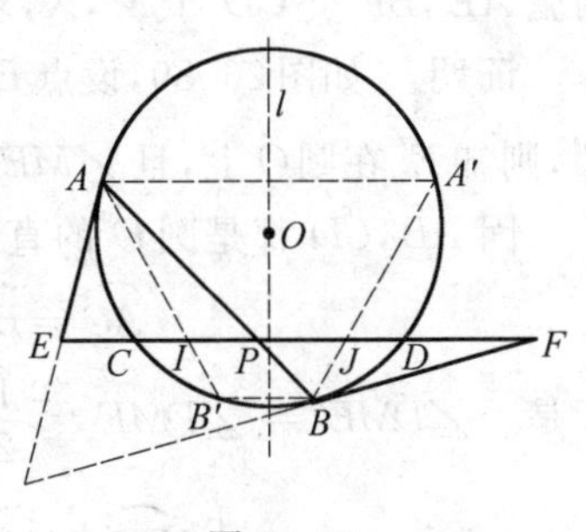

图 26.78

再设 AB' 与 $A'B$ 分别交 EF 于 I,J，则 I 与 J 为对称点，且 $CI=JD$. 因 $\angle EAB=\angle A'=\angle EJB$，$\angle FBA=\angle B'=\angle FIA$，所以，$A,E,B,J$ 四点共圆；A,I,B,F 四点共圆. 于是，由圆幂定理，有

$$PE \cdot PJ = PA \cdot PB = PI \cdot PF$$

$$PA \cdot PB = PC \cdot PD$$

所以

$$PI \cdot PF = PJ \cdot PE = PC \cdot PD$$

设这个值为 λ. 又 $CI=JD$，即

$$PC - PI = PD - PJ$$

于是

$$\frac{\lambda}{PD} - \frac{\lambda}{PF} = \frac{\lambda}{PC} - \frac{\lambda}{PE}$$

由此即知

$$\frac{1}{PE} - \frac{1}{PF} = \frac{1}{PC} - \frac{1}{PD}$$

(2) 由上例可得如下第 35 届 IMO 中试题的另证：

设 N 为 $\angle BAC$ 的平分线上一点，点 P 及点 O 分别在直线 AB 和 AN 上，其中 $\angle ANP=\angle APO=90°$. 在 NP 上取点 Q，过点 Q 任作一直线分别交 AB 和 AC 于点 E 和 F，求证：当且仅当 $QE=QF$ 时，$\angle OQE=90°$.

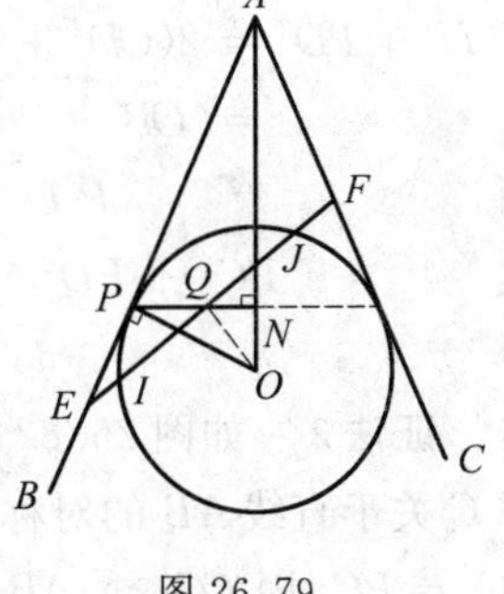

图 26.79

事实上，如图 26.79，以 O 为圆心，OP 为半径作圆 O，并设圆 O 与 EF 交于 I,J 两点. 由 $OP \perp AB$ 知圆 O 与 AB,AC 皆相切. 因而由上例，有

$$\frac{1}{QE} - \frac{1}{QF} = \frac{1}{QI} - \frac{1}{QJ}$$

于是

$$OQ \perp EF \Leftrightarrow QI = QJ \Leftrightarrow QE = QF$$

例 5 已知AB,CD为圆O的两直径,分别过A,B作两弦AE,BF交CD于M,N,求证:$\angle MEN=\angle MFN$.

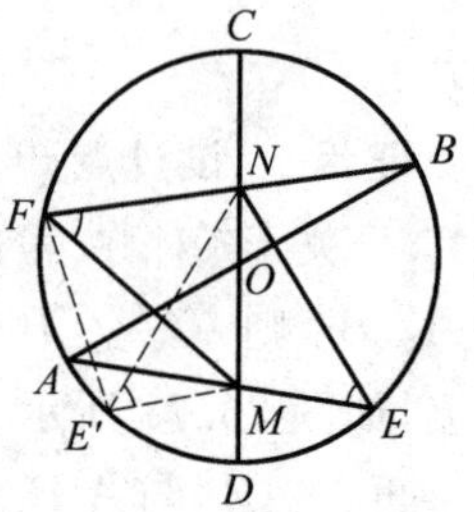

证明 如图26.80,设点E关于直线CD的对称点为E',则知E'在圆O上,且$\angle ME'N=\angle MEN$,$\overset{\frown}{DE'}=\overset{\frown}{ED}$.

因AB,CD都是圆O的直径,所以

$$\overset{\frown}{AC}=\overset{\frown}{BD}$$

图 26.80

于是 $$\angle DME'=\angle DME\overset{m}{=}\frac{1}{2}(\overset{\frown}{DE}+\overset{\frown}{AC})$$

$$=\frac{1}{2}(\overset{\frown}{DE'}+\overset{\frown}{BD})=\frac{1}{2}\overset{\frown}{BE'}\overset{m}{=}\angle BFE'$$

从而M,N,F,E'四点共圆,所以

$$\angle MFN=\angle ME'N$$

故 $$\angle MEN=\angle MFN$$

例 6 设半圆的直径为AB,C,D为半圆上两点,P为直径AB所在直线上的一点,求证:如果$CD /\!/ AB$,则$PC^2+PD^2=PA^2+PB^2$.

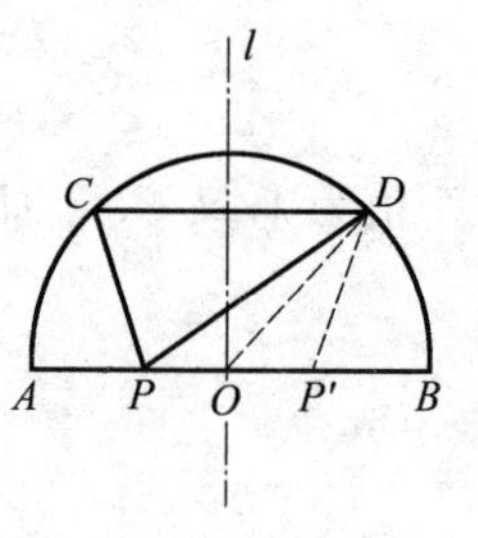

图 26.81

证法 1 如图26.81,设半圆的圆心为O,对称轴为l,则O在l上,又C,D关于l对称,考虑P关于l的对称点P',则O为PP'上的中线,且$P'D=PC$.因DO为$\triangle DPP'$的边PP'上的中线,由中线公式,有

$$P'D^2+PD^2=2(OD^2+OP^2)=2(AO^2+OP^2)=(AO+OP)^2+(AO-OP)^2$$
$$=(OB+PO)^2+PA^2=PB^2+PA^2$$

而 $$P'D=PC$$

故 $$PC^2+PD^2=PA^2+PB^2$$

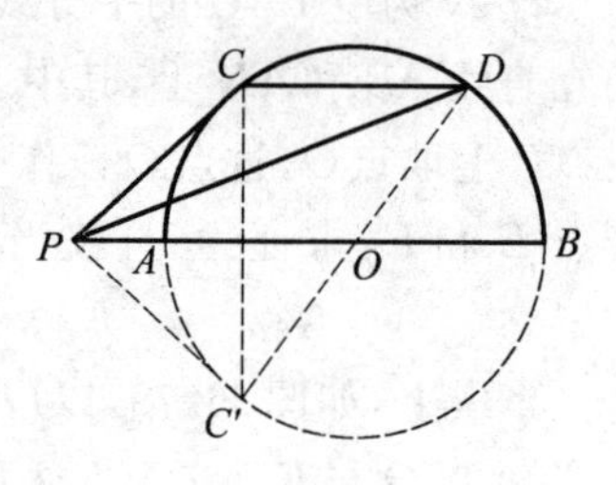

图 26.82

证法 2 如图26.82,仍设半圆的圆心为O,考虑C关于直线AB的对称点C',则C'在圆O上,且$PC'=PC$,因$CC'\perp AB$,$CD /\!/ AB$,所以$CC'\perp CD$,从而$C'D$为圆O的直径,O为$C'D$的中点,于是,由中线公式,有

$$PC^2+PD^2=PC'^2+PD^2=2(PO^2+DO^2)$$
$$=(PO-DO)^2+(PO+DO)^2$$
$$=(PO-AO)^2+(PO+OB)^2=PA^2+PB^2$$

第 5 节　戴维斯定理及应用①

试题 B_1 涉及了戴维斯定理(参见例 1).

戴维斯定理　三角形的每边所在直线有一对点(可以重合),若每两对点同在一圆上,则三对点(六点)都在同一圆上(题设中的圆与直线相切,即为直线上重合的一对点).

证明　用反证法.若所说三圆不重合,则根据三圆的根轴或者共点或者相互平行,推得三角形三条边所在直线或者共点或者相互平行,显然这是不可能的,所以三圆非重合不可.证毕.

特别地,三角形的内切圆是其特殊情形.

推论　一圆与 $\triangle ABC$ 的三边 BC,CA,AB 的交点依次为 A_1,A_2,B_1,B_2,C_1,C_2,直线 A_1B_1 与 A_2C_2 交于点 D,直线 A_2B_2 与 B_1C_1 交于点 E,直线 C_1A_1 与 C_2B_2 交于点 F,则 AD,BE,CF 三直线共点.

证明　如图 26.82,联结 C_2B_1,在 $\triangle AC_2B_1$ 中,因直线 AD,C_2B_3,B_1C_3 共点于 D,由角元形式的塞瓦定理,有

$$\frac{\sin\angle C_2AD}{\sin\angle DAB_1}\cdot\frac{\sin\angle A_2C_2B_1}{\sin\angle A_2C_2A}\cdot\frac{\sin\angle AB_1A_1}{\sin\angle A_1B_1C_2}=1$$

注意到三角形的正弦定理,有

$$\frac{\sin\angle A_2C_2B_1}{\sin\angle A_2C_2A}=\frac{A_2B_1}{A_2C_1},\frac{\sin\angle AB_1A_1}{\sin\angle A_1B_1C_2}=\frac{A_1B_2}{A_1C_2}$$

于是

$$\frac{\sin\angle C_2AD}{\sin\angle DAB_1}=\frac{A_2C_1}{A_2B_1}\cdot\frac{A_1C_2}{A_1B_2}$$

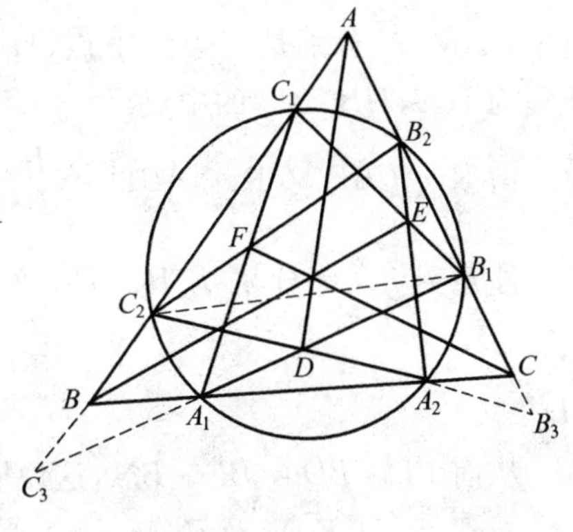

图 26.82

故

$$\frac{\sin\angle BAD}{\sin\angle DAC}=\frac{A_2C_1}{A_2B_1}\cdot\frac{A_1C_2}{A_1B_2}\tag{①}$$

同理

$$\frac{\sin\angle CBE}{\sin\angle EBA}=\frac{B_1A_2}{B_1C_2}\cdot\frac{B_2A_1}{B_2C_1}\tag{②}$$

---

① 沈文选.戴维斯定理及应用[J].中等数学,2014(2):2-4.

$$\frac{\sin\angle ACF}{\sin\angle FCB}=\frac{C_1B_2}{C_1A_2}\cdot\frac{C_2B_1}{C_2A_1} \qquad ③$$

由式①②③三式相乘有$\frac{\sin\angle BAD}{\sin\angle DAC}\cdot\frac{\sin\angle CBE}{\sin\angle EBA}\cdot\frac{\sin\angle ACF}{\sin\angle FCB}=1$,由角元形式的塞瓦定理之逆知 AD,BE,CF 共点.

特别地,若 $\triangle ABC$ 的内切圆切边 BC,CA,AB 分别于点 D,E,F,则 AD,BE,CF 三线共点.

下面给出如上定理及推论的应用例子.

例 1 (2005年中国数学奥林匹克题)一圆与 $\triangle ABC$ 的三边 BC,CA,AB 的交点依次为 D_1,D_2,E_1,E_2,F_1,F_2,线段 D_1E_1 与 D_2F_2 交于点 L,线段 E_1F_1 与 E_2D_2 交于点 M,线段 F_1D_1 与 F_2E_2 交于点 N,证明:AL,BM,CN 三线共点.

事实上,由上述推论即证.

例 2 (九点圆定理)三角形三条高的垂足、三边的中点,以及垂心与顶点连线的中点,这九点共圆.

证明 如图26.83,设 D,E,F 分别是三条高的垂足,L,M,N 分别是三边的中点,H 为垂心,P,Q,R 分别为 HA,HB,HC 的中点.

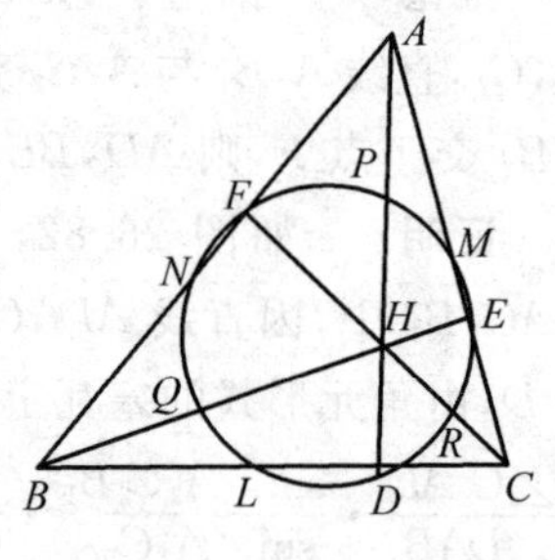

图 26.83

由 $\mathrm{Rt}\triangle CBF\backsim\mathrm{Rt}\triangle ABD$,有$\frac{BC}{BF}=\frac{BA}{BD}$.

注意到 L,N 分别为 BC,BA 的中点,则$\frac{BL}{BF}=\frac{BN}{BD}$.

从而 $BL\cdot BD=BF\cdot BN$,这说明 L,D,F,N 四点共圆.

同理,L,D,E,M 及 E,M,F,N 分别四点共圆.

由戴维斯定理知 L,D,E,M,F,N 六点共圆,记为圆 V.

又由 $\mathrm{Rt}\triangle CHD\backsim\mathrm{Rt}\triangle CBF$,有$\frac{CH}{CD}=\frac{CB}{CF}$.

注意到 R,L 分别为 CH,CB 的中点,则$\frac{CR}{CD}=\frac{CL}{CF}$,即 $CR\cdot CF=CD\cdot CL$.

这说明 R,F,L,D 四点共圆,即点 R 在圆 V 上.

同理,P,Q 也都在圆 V 上,故 D,E,F,L,M,N,P,Q,R 这九点共圆.

例 3 (第49届IMO试题)已知 H 是锐角 $\triangle ABC$ 的垂心,以边 BC 的中点为圆心,过点 H 的圆与直线 BC 相交于 A_1,A_2 两点;以边 CA 的中点为圆心,过

点 H 的圆与直线 CA 交于点 B_1，B_2 两点；以边 AB 的中点为圆心，过点 H 的圆与直线 AB 相交于 C_1，C_2 两点. 证明：A_1，A_2，B_1，B_2，C_1，C_2 六点共圆.

证明　如图 26.84，设 B_0，C_0 分别为边 CA，AB 的中点，又设分别以 B_0，C_0 为圆心都过点 H 的两圆的另一交点为 A'，则 $A'H \perp C_0B_0$.

又 $C_0B_0 \parallel BC$，则 $A'H \perp BC$，于是，知 A' 在 AH 上.

由割线定理，有 $AC_1 \cdot AC_2 = AA' \cdot AH = AB_2 \cdot AB_1$.

这表明 B_1，B_2，C_1，C_2 四点共圆.

同理，A_1，A_2，C_1，C_2 及 A_1，A_2，B_1，B_2 分别四点共圆.

故由戴维斯定理，知 A_1，A_2，B_1，B_2，C_1，C_2 六点共圆.

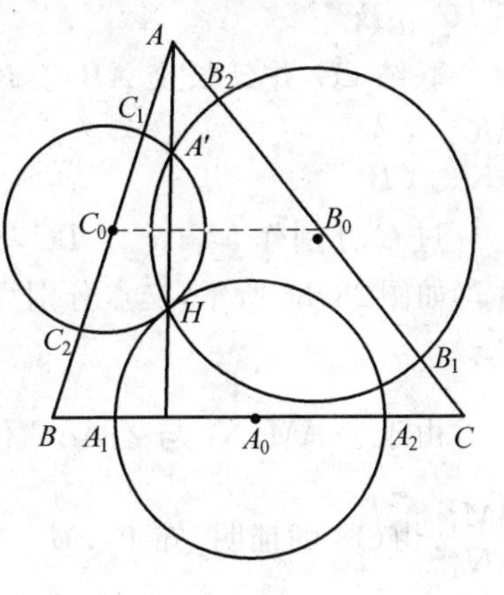

图 26.84

例 4　（2005 年中国国家集训队测试题）设锐角 $\triangle ABC$ 的外接圆为 W，过点 B，C 作 W 的两条切线，相交于点 P. 联结 AP 交 BC 于点 D，点 E，F 分别在边 AC，AB 上，使得 $DE \parallel BA$，$DF \parallel CA$.（1）求证 F，B，C，E 四点共圆；（2）若记过 F，B，C，E 的圆的圆心为 A_1，类似地定义 B_1，C_1，则直线 AA_1，BB_1，CC_1 共点.

证明　（1）如图 26.85，欲证 F，B，C，E 四点共圆，只需证 $AF \cdot AB = AE \cdot AC$.

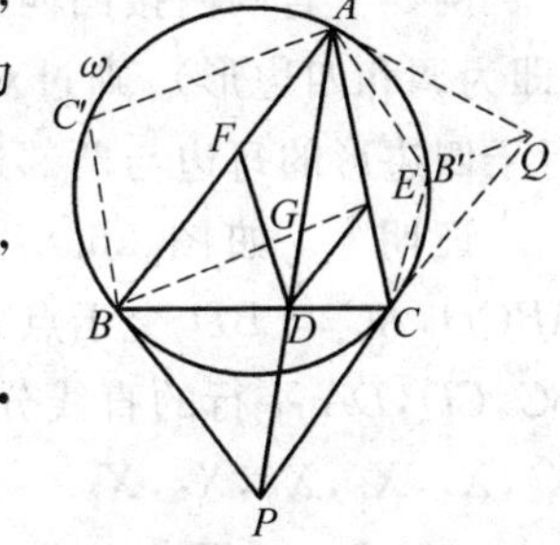

图 26.85

由于 $DE \parallel BA$，$DF \parallel CA$，有 $AF = DE = AB \cdot \frac{CD}{BC}$，$AE = FD = AC \cdot \frac{BD}{BC}$.

于是，又只需证 $\frac{BD}{CD} = \frac{AB^2}{AC^2}$.

注意到 $\angle ABP = 180° - \angle ACB$，$\angle ACP = 180° - \angle ABC$，则

$$\frac{BD}{CD} = \frac{S_{\triangle ABP}}{S_{\triangle ACP}} = \frac{\frac{1}{2}AB \cdot BP \cdot \sin\angle ABP}{\frac{1}{2}AC \cdot CP \cdot \sin\angle ACP} = \frac{AB \cdot \sin(180° - \angle ACB)}{AC \cdot \sin(180° - \angle ABC)} = \frac{AB^2}{AC^2}$$

故 F，B，C，E 四点共圆.

（2）在图 26.85 中，设过 A，C 点的圆 W 的两条切线交于点 Q，联结 BQ 交

AP 于点 G,交 AC 于 J,如图26.86,同(1)中的证法,如 $\frac{AJ}{JC}=\frac{BA^2}{BC^2}$.

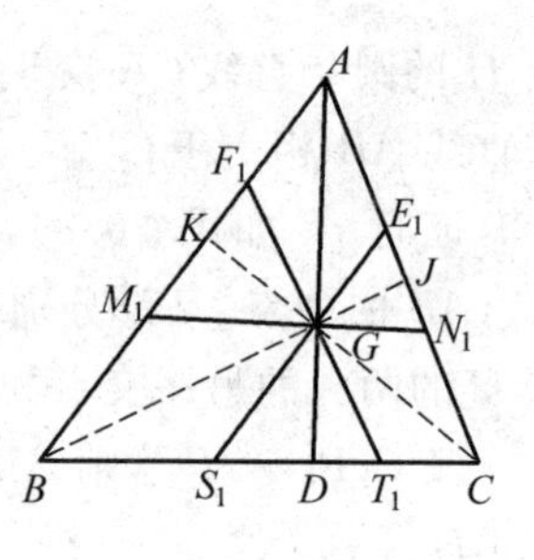

图 26.86

联结 CG 并延长交 AB 于 K,则由塞瓦定理,知 $\frac{AK}{BK}=\frac{CA^2}{CB^2}$.

过 G 分别作 $M_1N_1 \parallel BC$,$S_1E_1 \parallel AB$,$F_1T_1 \parallel AC$,如图26.86所示,交点分别为 F_1,M_1,S_1,T_1,N_1,E_1.

由于 $\triangle AM_1N_1$ 与 $\triangle ABC$ 位似,由 $\frac{AM_1}{AB}=\frac{AN_1}{AC}$,$\frac{M_1G}{BD}=\frac{GN_1}{DC}$,有 $\frac{M_1G}{N_1G}=\frac{AM_1^2}{AN_1^2}$.由(1)的证明,知 F_1,M_1,N_1,E_1 四点共圆.

同理,F_1,M_1,S_1,T_1 及 S_1,T_1,N_1,E_1 分别四点共圆.

由戴维斯定理,知 F_1,M_1,S_1,T_1,N_1,E_1 六点共圆,设此圆圆心为 O.

由于圆 A_1 与圆 O 的位似中心是 A,故直线 AA_1 过点 O.

同理,直线 BB_1,CC_1 也都过 O.故直线 AA_1,BB_1,CC_1 共点.

例5 若圆内接凸四边形的对边乘积相等(即为调和四边形),则过对角线交点引直线平行于四边形的每边与两邻边相交的八点共圆.

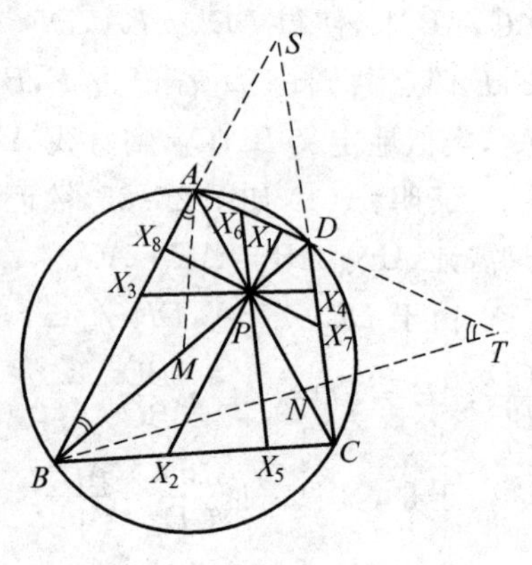

图 26.87

证明 如图26.87,设调和四边形为 $ABCD$,AC 与 BD 交于点 P,过 P 作与边 AB,BC,CD,DA 平行的直线分别交各边于 X_1,X_2,X_3,X_4,X_5,X_6,X_7,X_8.

令 $BC=a$,$CD=b$,$DA=c$,$AB=d$,$AC=e$,$BD=f$.

由托勒密定理,有 $ac+bd=ef$.

由题设 $ac=bd$,则 $ac=bd=\frac{1}{2}ef$.

设 M 为 BD 的中点,由 $\angle ABM=\angle ABD$.

注意到 $\frac{d}{\frac{1}{2}f}=\frac{e}{b}$,即 $\frac{AB}{BM}=\frac{AC}{CD}$,知 $\triangle ABM \backsim \triangle ACD$.

于是

$\angle BAM=\angle CAD$ （或由调和四边形对角线中点为等角共轭点即得） ①
过 B 作直线 BT 交 AD 的延长线于点 T，使 $\angle ATB=\angle ABD$，由 BT 交 AC 于点 N，则 $\triangle ABD\backsim\triangle ATB$，有

$$\frac{AB}{AD}=\frac{AT}{AB} \quad ②$$

注意到式①及 M 为 BD 中点，则推知 N 为 BT 的中点. ③

对 $\triangle DBT$ 及截线 APN 应用梅涅劳斯定理，有

$$\frac{DP}{PB}\cdot\frac{BN}{NT}\cdot\frac{TA}{AD}=1$$

再注意到式②③，有

$$\frac{DP}{PB}=\frac{AD}{AT}=\frac{AD^2}{AB^2} \quad ④$$

由 $PX_1 \parallel BA$，有

$$AX_1=\frac{AD}{BD}\cdot BP=\frac{BP\cdot AD}{BD}$$

同理

$$AX_6=\frac{AP\cdot AD}{AC},AX_8=\frac{DP\cdot AB}{DB},AX_3=\frac{AP\cdot AB}{AC}$$

于是

$$\frac{AX_1\cdot AX_6}{AX_8\cdot AX_3}=\frac{BP\cdot AD^2}{PD\cdot AB^2}\overset{④}{=}1$$

即 $AX_1\cdot AX_6=AX_8\cdot AX_3$，这说明 X_1,X_6,X_8,X_3 四点共圆，并设这个圆为 ω_1.

同理，X_6,X_1,X_4,X_7 四点共圆于 ω_2.

设直线 BA 与 CD 交于点 S，注意到 $\angle AX_3P=\angle ABC=\angle ADS=\angle SX_7P$，知 X_3,X_7,X_8,X_4 四点共圆于 ω_3.

由戴维斯定理，知 X_3,X_8,X_6,X_1,X_4,X_7 对 $\triangle SAD$ 六点共圆.

同理，X_4,X_7,X_5,X_2,X_3,X_8 六点共圆.

故 $X_1,X_2,X_3,X_4,X_5,X_6,X_7,X_8$ 这八点共圆.

练　习　题

1. 若点 M 为 Rt$\triangle ABC$ 斜边 AB 上高 CD 的中点，过 M 分别作 $KG\parallel AB$，$HE\parallel BC$，$JF\parallel AC$，则所得六交点 K,J,H,G,F,E 共圆.

2.若$\triangle ABC$的三条高AD,BE,CF的垂足D,E,F在边BC,CA,AB上的射影分别为F_2,E_1,D_1,F_1,E_2,D_2,则这六点共圆(称为泰勒圆).

3.设P,Q是$\triangle ABC$的一对等角共轭点,则P,Q在边BC,CA,AB所在直线上的射影L,L',M,M',N,N'这六点共圆.

4.设点P在$\triangle ABC$内,P在边BC,CA,AB上的射影分别为D,E,F.P'是P的等角共轭点,点D_1,D_2在BC上,且$D_2D=DD_1=DP'$.同样有E_1,E_2,F_1,F_2,求证:D_1,D_2,E_1,E_2,F_1,F_2这六点共圆.

5.设D_1,D_2,E_1,E_2,F_1,F_2分别为$\triangle ABC$的三边BC,CA,AB所在直线上的点,且$AD_1=AD_2=BE_1=BE_2=CF_1=CF_2$,则$AD_1,AD_2,BE_1,BE_2,CF_1,CF_2$的中点$P,P',Q,Q',R,R'$这六点共圆.

练习题参考解答或提示

1.提示:联结EF,GH,由$\angle MFE=\angle MCE=\angle B,\angle MEF=\angle MCF$,有$\angle KGF+\angle KEF=\angle B+90^\circ+\angle MEF=\angle B+90^\circ+\angle A=180^\circ$,有$K,E,F,G$四点共圆.

再分别证J,H,G,F及E,K,J,H四点共圆,由戴维斯定理即得结论.

2.提示:由于D_1,D_2是D分别在AC,AB上的射影,则A,D_2,D,D_2四点共圆.又$\angle B,\angle ADD_2$均与$\angle BAD$互余,有$\angle D_2D_1F_1=\angle D_2D_1A=\angle D_2DA=\angle B$.注意到$E_2,F,E,F_1$及$F,B,C,E$分别四点共圆,有$\angle AE_2F_1=\angle F_1EF=\angle B$,由此知$E_2,D_2,D_1,F_1$四点共圆.

同理,F_2,E_1,D_1,F_1及E_2,D_2,F_2,E_1分别四点共圆,由戴维斯定理即得结论.

3.提示:注意到$\angle LPM=180^\circ-\angle C=\angle M'QL'$.$\angle PLM=\angle PCN=\angle QCL'=\angle QM'L'$,有$\triangle PLM\backsim\triangle QM'L'$,即有

$$\frac{PL}{PM}=\frac{QM'}{QL'} \quad ①$$

又由$\mathrm{Rt}\triangle CMP\backsim\mathrm{Rt}\triangle CL'Q$,$\mathrm{Rt}\triangle CM'Q\backsim\mathrm{Rt}\triangle CLP$,有$CM=MP\cdot\frac{CL'}{L'Q'}$,$CM'=M'Q\cdot\frac{CL}{LP}$,此两式相乘,并注意到式①,有$CM\cdot CM'=CL\cdot CL'$,即知$M,M',L',L$四点共圆.

同理,M,M',N,N'及N,N',L',L分别四点共圆.

由戴维斯定理知结论成立.

4. 提示：由 $CD_1 \cdot CD_2 = (CD + DD_1)(CD - DD_2) = (CD + DP')(CD - DP') = CD^2 - P'D^2 = CP^2 - PD^2 - P'D^2 = CP^2 - (PD^2 + P'D^2)$. 设 M 为 PP' 的中点，由三角形中线长公式，有 $CD_1 \cdot CD_2 = CP^2 - \frac{1}{2}P'P^2 - 2MD$. 同理，$CE_1 \cdot CE_2 = CP^2 - \frac{1}{2}PP'^2 - 2EM^2$. 由等角共轭点的性质知. 它们在各边上的射影共圆（即第 3 题的结论），从而知 $MD = ME$. 于是 $CD_1 \cdot CD_2 = CE_1 \cdot CE_2$，即知 D_1, D_2, E_1, E_2 四点共圆. 同理 E_1, E_2, F_1, F_2 及 F_1, F_2, D_1, D_2 分别四点共圆，由戴维斯定理知六点共圆.

5. 提示：设 L, M, N 分别为 BC, CA, AB 的中点，E, F 分别为 E_1E_2, F_1F_2 的中点. 由于 L, M, R, R' 及 N, L, Q, Q' 分别四点共线，则 $LR \cdot LR' = \frac{1}{2}BF_1 \cdot \frac{1}{2}BF_2 = \frac{1}{4}(BF - F_1F)(BF + FF_2) = \frac{1}{4}(BF^2 - F_1F^2) = \frac{1}{4}[(BC^2 - CF^2) - (CF_1^2 - CF^2)] = \frac{1}{4}(BC^2 - r^2)$，其中 $r = AD_1$. 同理 $LQ \cdot LQ' = \frac{1}{4}(BC^2 - r^2)$，即知 R, R', Q, Q' 共圆.

同理，R, R', P, P' 及 Q, Q', P, P' 分别四点共圆，由戴维斯定理即得结论.

第 27 章　2005～2006 年度试题的诠释

这一年度,我国又举办了北方数学奥林匹克邀请赛,其试题我们简记为北方赛试题,这一届 6 道试题中有 1 道平面几何题.我们把它排在西部竞赛题之后.

东南赛试题 1　圆 O 与直线 l 相离,作 $OP\perp l$,P 为垂足.设点 Q 是 l 上任意一点(不与点 P 重合),过点 Q 作圆 O 的两条切线 QA,QB,A,B 为切点,AB 与 OP 相交于点 K.过点 P 作 $PM\perp QB$,$PN\perp QA$,M,N 为垂足.求证:直线 MN 平分线段 KP.

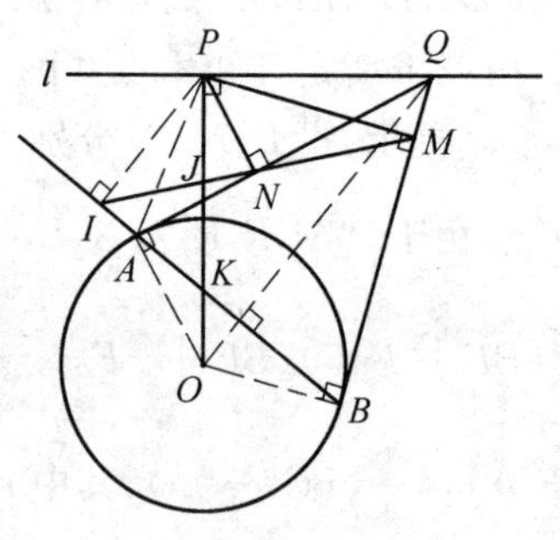

图 27.1

证明　如图 27.1,作 $PI\perp AB$,I 为垂足,记 J 为直线 MN 与线段 PK 的交点.易知

$$\angle QAO=\angle QBO=\angle QPO=90^\circ$$

故 O,B,Q,P,A 均在以线段 OQ 为直径的圆周上.

由于 $PN\perp QA$,$PM\perp QB$,$PI\perp AB$,则由西姆松定理知 $\triangle QAB$ 的外接圆上一点 P 在其三边上的垂足 N,M,I 三点共线,即 N,M,J,I 四点共线.因为

$$QO\perp AB,PI\perp AB$$

所以

$$QO /\!/ PI$$

因此,有 $\angle POQ=\angle IPO$.

又 P,I,A,N,P,A,O,Q 分别四点共圆,所以

$$\angle PIJ=\angle PAN=\angle PAQ=\angle POQ=\angle IPJ$$

于是,在 $\mathrm{Rt}\triangle PIK$ 中,有 $\angle PIJ=\angle JPI$,则 J 为 PK 的中点.

因此,直线 MN 平分线段 KP.

东南赛试题 2　已知直线 l 与单位圆圆 O 相切于点 P,点 A 与圆 O 在直线 l 的同侧,且点 A 到直线 l 的距离为 $h(h>2)$,从点 A 作圆 O 的两条切线,分别与直线 l 交于 B,C 两点.求线段 PB 与线段 PC 的长度之乘积.

解　如图 27.2,设 PB,PC 的长度分别为 p,q,$\angle ABP=\beta$,$\angle ACP=\gamma$,AC 与圆 O 的切点为 E,AE 的长度为 t.联结 AO,OE,则在 $\mathrm{Rt}\triangle AOE$ 中,有

$$\angle AOE=\frac{1}{2}(\beta+\gamma)$$

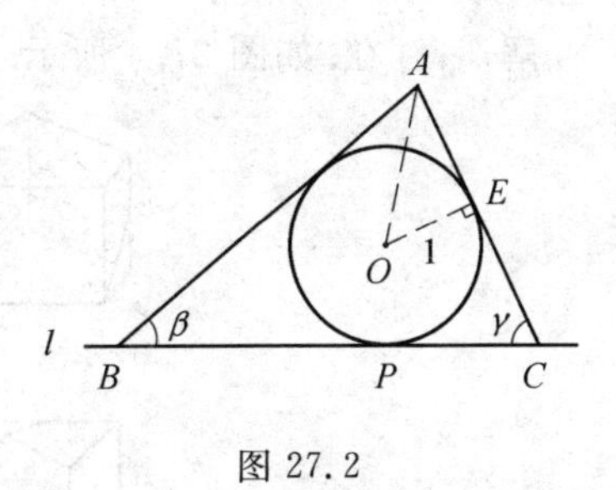

图 27.2

因此　　$t=\tan\frac{1}{2}(\beta+\gamma)=\frac{p+q}{pq-1}$

因此可得

$$S_{\triangle ABC}=(p+q+t)\times 1=\frac{pq(p+q)}{pq-1}$$

又因为 $S_{\triangle ABC}=\frac{1}{2}(p+q)h$，所以

$$\frac{1}{2}h=\frac{pq}{pq-1}$$

故

$$pq=\frac{h}{h-2}$$

女子赛试题 1　如图 27.3，点 P 在 $\triangle ABC$ 的外接圆上，直线 CP，AB 相交于点 E，直线 BP，AC 相交于点 F，边 AC 的垂直平分线交边 AB 于点 J，边 AB 的垂直平分线交边 AC 于点 K. 求证：$\frac{CE^2}{BF^2}=\frac{AJ\cdot JE}{AK\cdot KF}$.

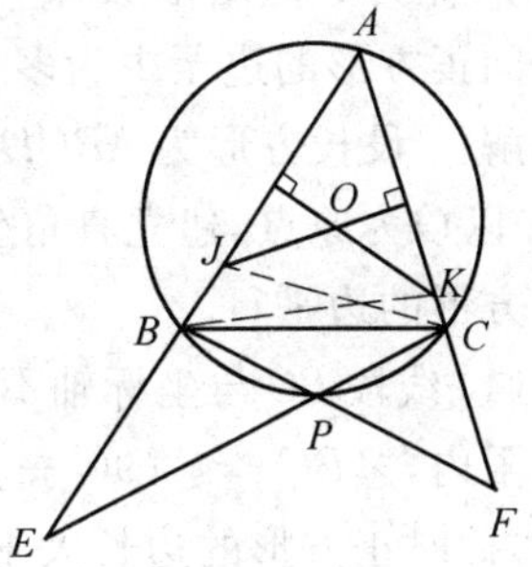

图 27.3

证明　如图 27.3，联结 BK，CJ. $\angle E=\angle ABP-\angle BPE$，而由 A,B,P,C 四点共圆，知 $\angle BPE=\angle A$，故 $\angle E=\angle ABP-\angle A$. 又由 $KA=KB$，知 $\angle A=\angle ABK$，故

$$\angle E=\angle ABP-\angle ABK=\angle KBF \quad ①$$

同理

$$\angle F=\angle JCE \quad ②$$

由式 ①② 得 $\triangle JEC\backsim\triangle KBF$. 由此

$$\frac{CE}{BF}=\frac{JE}{KB}=\frac{JE}{AK} \quad ③$$

$$\frac{CE}{BF}=\frac{JC}{KF}=\frac{AJ}{KF} \quad ④$$

将式 ③④ 两式的左端和右端分别相乘即得结论.

女子赛试题 2　是否存在这样的凸多面体，它共有 8 个顶点，12 条棱和 6 个面，并且其中有 4 个面，每 2 个面都有公共棱？

解　存在.如图27.4所示.

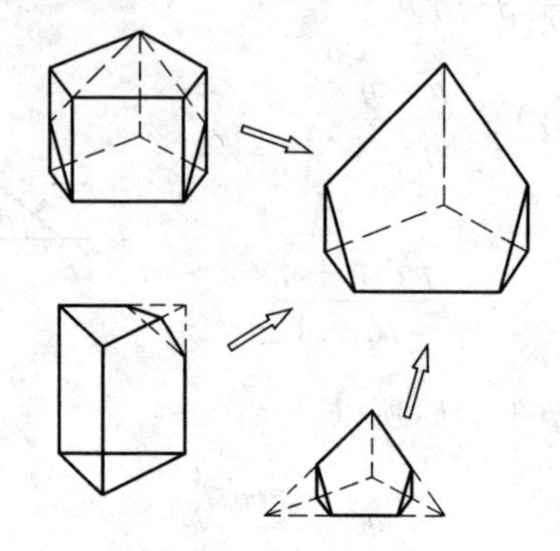

图27.4

女子赛试题3　给定实数$a,b(a>b>0)$,将长为a,宽为b的矩形放入一个正方形内(包含边界).问正方形的边至少为多长?

解　设长方形为$ABCD$,$AB=a$,$BC=b$,中心为O.以O为原点,建立直角坐标系,x轴、y轴分别与正方形的边平行.

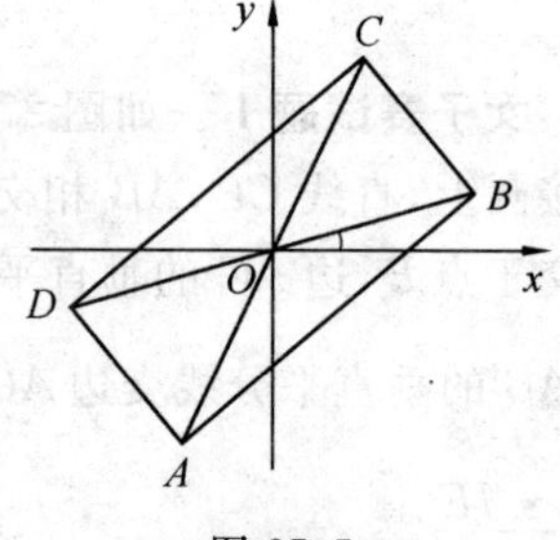

图27.5

(1)线段BC与坐标轴不相交.不妨设BC在第一象限内,$\angle BOx\leqslant(90^\circ-\angle BOC)/2$,如图27.5所示,此时正方形的边长大于等于

$$\begin{aligned}BD\cos\angle BOx&\geqslant BD\cos[(90^\circ-\angle BOC)/2]\\&=BD\cos 45^\circ\cos(\angle BOC/2)+\\&\quad BD\sin 45^\circ\sin(\angle BOC/2)\\&=\sqrt{2}(a+b)/2\end{aligned}$$

所以此时所在正方形边长至少为$\sqrt{2}(a+b)/2$.

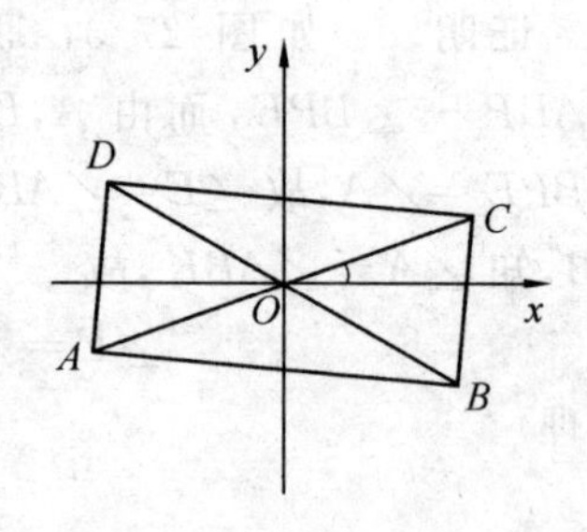

图27.6

(2)线段BC与坐标轴相交.不妨设BC与x轴相交,$\angle COx\leqslant\angle COB/2$,如图27.6所示.此时正方形的边长大于等于

$$AC\cos\angle COx\geqslant AC\cos(\angle COB/2)=a$$

故此时所在正方形边长至少为a.

比较情形(1)(2)中结论知:若$a<(\sqrt{2}+1)b$,则正方形的边长至少为a;若$a\geqslant(\sqrt{2}+1)b$,则正方形的边长至少为$\sqrt{2}(a+b)/2$.

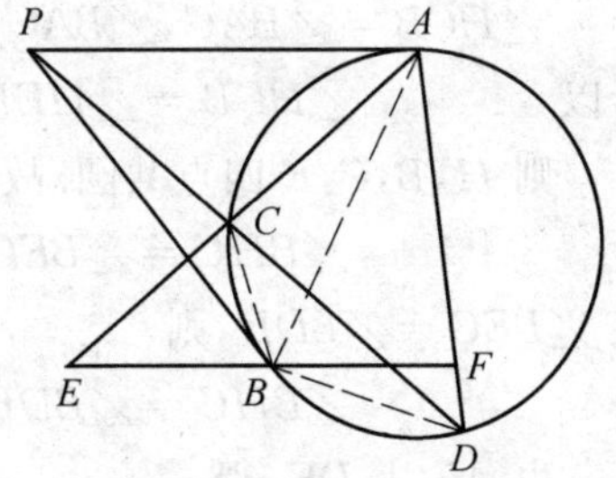

西部赛试题 1　如图 27.7，过圆外一点 P 作圆的两条切线 PA，PB，A，B 为切点，再过点 P 作圆的一条割线分别交圆于 C，D 两点，过切点 B 作 PA 的平行线分别交直线 AC，AD 于 E，F. 求证：$BE=BF$.

图 27.7

证明　如图 27.7，联结 BC，BA，BD，则

$$\angle ABC=\angle PAC=\angle E$$

故

$$\triangle ABC \backsim \triangle AEB$$

从而，$\frac{BC}{BE}=\frac{AC}{AB}$，即

$$BE=\frac{AB \cdot BC}{AC} \quad ①$$

又 $\angle ABF=\angle PAB=\angle ADB$，所以

$$\triangle ABF \backsim \triangle ADB$$

从而，$\frac{BF}{BD}=\frac{AB}{AD}$，即

$$BF=\frac{AB \cdot BD}{AD} \quad ②$$

另一方面，又因为

$$\triangle PBC \backsim \triangle PDB, \triangle PCA \backsim \triangle PAD$$

所以

$$\frac{BC}{BD}=\frac{PC}{PB}, \frac{AC}{AD}=\frac{PC}{PA}$$

而 $PA=PB$，则

$$\frac{BC}{BD}=\frac{AC}{AD} \quad ③$$

于是

$$\frac{BC}{AC}=\frac{BD}{AD}$$

故由式 ①②③ 即知 $BE=BF$.

西部赛试题 2　如图 27.8，圆 O_1、圆 O_2 交于 A，B 两点. 过点 O_1 的直线 DC 交圆 O_1 于点 D 且切圆 O_2 于点 C，CA 切圆 O_1 于点 A，圆 O_1 的弦 AE 与直线 DC 垂直. 过点 A 作 AF 垂直于 DE，F 为垂足. 求证：BD 平分线段 AF.

证明　如图 27.8，设 AE 交 DC 于点 H，AF 交 BD 于点 G，联结 AB，BC，BH，BE，CE，GH.

由对称性知边 CE 也是圆 O_1 的切线，H 为 AE 的中点. 因为

$$\angle HCB = \angle BAC, \angle BAC = \angle BEH$$

所以 $$\angle HCB = \angle HEB$$

则 H, B, C, E 四点共圆. 故

$$\angle BHC = \angle BEC$$

又 $\angle BEC = \angle BDE$, 则

$$\angle BHC = \angle BDE \quad ①$$

由 $AF \perp DE$, 得

$$\angle AGB = \frac{\pi}{2} - \angle BDE \quad ②$$

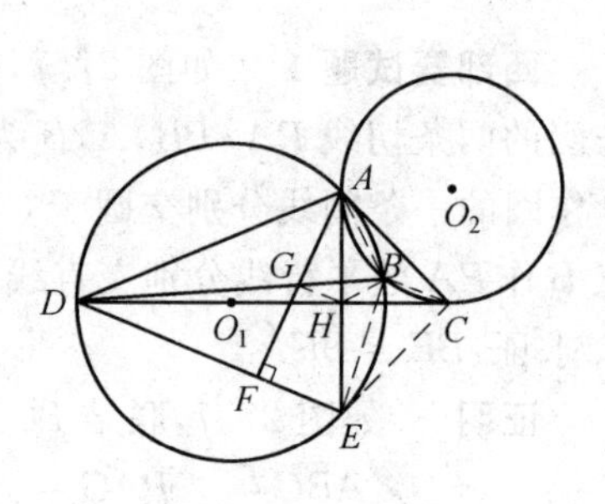

图 27.8

由 $AE \perp DC$, 得

$$\angle AHB = \frac{\pi}{2} - \angle BHC \quad ③$$

由式 ①②③ 得 $\angle AGB = \angle AHB$, 故 A, G, H, B 四点共圆. 所以

$$\angle AHG = \angle ABG = \angle AED$$

因此 $$GH \parallel DE$$

而 H 为 AE 的中点, 故 G 为 AF 的中点.

西部赛试题 3 在等腰 Rt$\triangle ABC$ 中, $CA = CB = 1$, P 是 $\triangle ABC$ 边界上任意一点. 求 $PA \cdot PB \cdot PC$ 的最大值.

解 (1) 如图 27.9(a), 当 $P \in AC$ 时, 有

$$PA \cdot PC \leqslant \frac{1}{4}, PB \leqslant \sqrt{2}$$

故 $$PA \cdot PB \cdot PC \leqslant \frac{\sqrt{2}}{4}$$

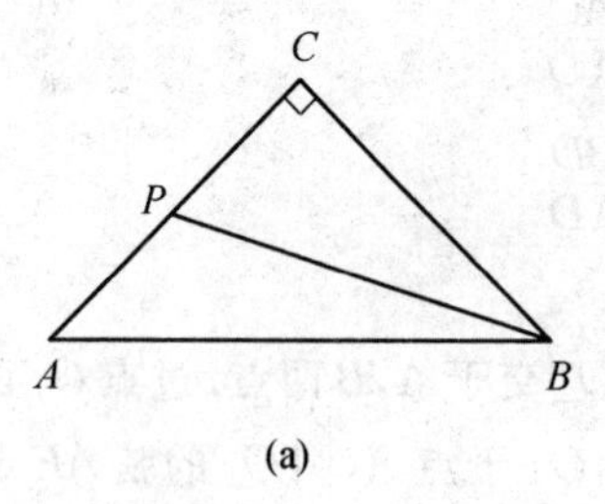

(a)

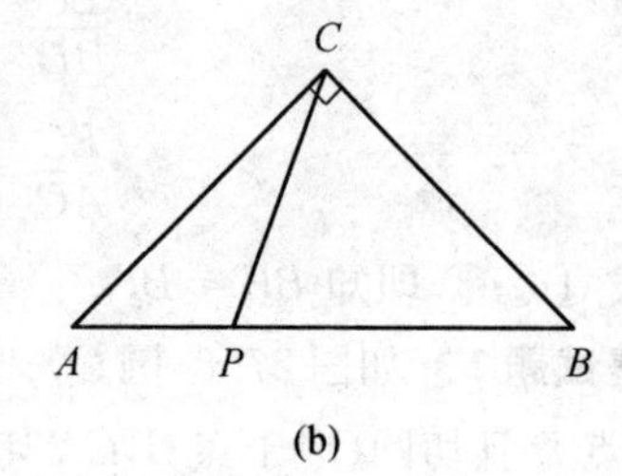

(b)

图 27.9

其中等号不成立(因为两个等号不可能同时成立), 即

$$PA \cdot PB \cdot PC < \frac{\sqrt{2}}{4}$$

(2) 如图 27.9(b)，当 $P \in AB$ 时，设 $AP = x \in [0, \sqrt{2}]$，则

$$f(x) = PA^2 \cdot PB^2 \cdot PC^2 = x^2(\sqrt{2} - x)^2(1 + x^2 - \sqrt{2}x)$$

令 $t = x(\sqrt{2} - x)$，则

$$t \in [0, \frac{1}{2}], f(x) = g(t) = t^2(1 - t)$$

注意到 $g'(t) = 2t - 3t^2 = t(2 - 3t)$，所以，$g(t)$ 在 $[0, \frac{2}{3}]$ 上递增. 则

$$f(x) \leqslant g(\frac{1}{2}) = \frac{1}{8}$$

故

$$PA \cdot PB \cdot PC \leqslant \frac{1}{2\sqrt{2}} = \frac{\sqrt{2}}{4}$$

当且仅当 $t = \frac{1}{2}$，$x = \frac{\sqrt{2}}{2}$，即 P 为 AB 的中点时，等号成立.

北方赛试题　AB 是圆 O 的一条弦，它的中点为 M，过点 M 作一条非直径的弦 CD，过点 C 和 D 作圆 O 的两条切线，分别与直线 AB 相交于 P，Q 两点. 求证：$PA = QB$.

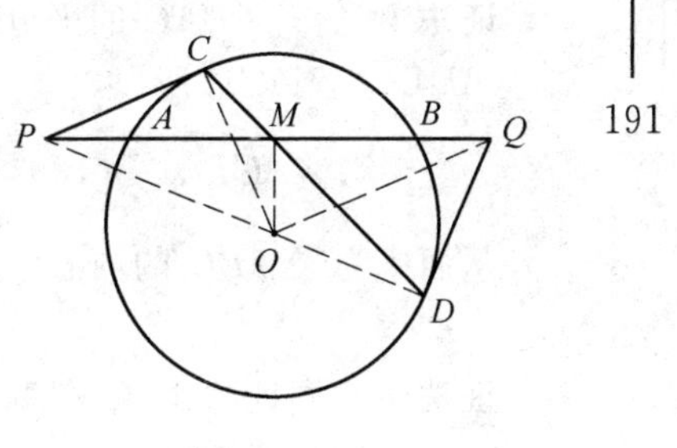

图 27.10

证明　如图 27.10，联结 OM，OP，OQ，OC，OD. 因为 PC 为圆 O 的切线，M 为弦 AB 的中点，则

$$\angle PCO = \angle PMO = 90^\circ$$

所以，P，C，M，O 四点共圆.

同理，Q，D，O，M 四点共圆.

则有

$$\angle OPM = \angle OCM = \angle ODM = \angle OQM$$

故 $OP = OQ$，从而 $MP = MQ$，又 $MA = MB$，所以 $PA = QB$.

试题 A　在 $\triangle ABC$ 中，设 $AB > AC$，过 A 作 $\triangle ABC$ 外接圆的切线 l，又以 A 为圆心，AC 为半径作圆分别交线段 AB 于 D，交直线 l 于 E，F. 证明：直线 DE，DF 分别通过 $\triangle ABC$ 的内心与一个旁心.

这里先分别给出通过 $\triangle ABC$ 的内心与一个旁心的若干证法. 然后给出几

种综合证法.[①②③④]

我们通过特殊探索易知直线 DE 过内心，而直线 FD 通过的是 $\triangle ABC$ 中 $\angle BAC$ 所含的旁心.

为了便于书写，我们记 $\angle BAC=2\alpha$，$\angle ABC=2\beta$，$\angle ACB=2\gamma$.

(1) 首先证明直线 DE 通过 $\triangle ABC$ 的内心.

分析 1 如图 27.11，作 $\angle BAC$ 的平分线交直线 DE 于 I. 下证 I 为 $\triangle ABC$ 的内心，只要证明 IC 平分 $\angle ACB$，即只要证明 $\angle ACI=\dfrac{1}{2}\angle ACB$ 或者 $\angle ACI=\angle BCI$.

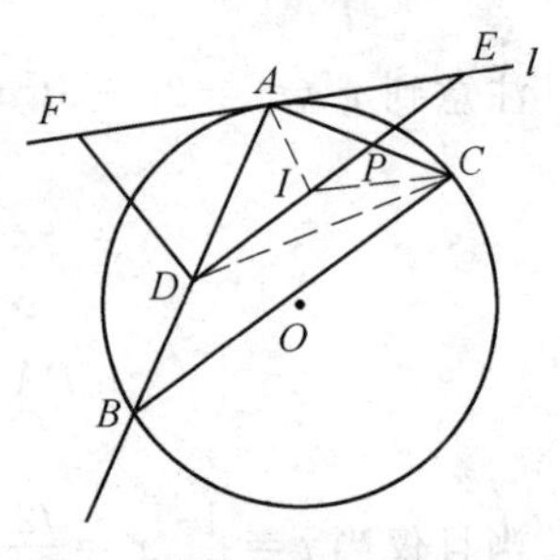

图 27.11

由 C 与 D 关于 $\angle BAC$ 平分线 AI 对称知，$\angle ACI=\angle ADI$，又 $AC=AD=AE=AF$ 且 l 与 $\triangle ABC$ 的外接圆相切.

证法 1 作 $\angle BAC$ 的平分线，交 DE 于 I. 易知 $\triangle ADI\cong\triangle ACI$. 所以

$$\angle ACI=\frac{1}{2}(180^\circ-\angle BAC-\angle ABC)=\frac{1}{2}\angle ACB$$

从而 I 为 $\triangle ABC$ 的内心.

证法 2 同证法 1，有 $\triangle ACI\cong\triangle ADI$，亦有 $\angle ACI=\angle ADI=\angle AED=\dfrac{1}{2}\angle DAF=\dfrac{1}{2}\angle ACB$. 从而 I 为 $\triangle ABC$ 的内心.

证法 3 作 $\angle BAC$ 的平分线交 DE 于点 I，交直线 FD 于点 I'，联结 IC，CI'，EC，DC. 由 F，D，C，E 四点共圆(圆 A)，知 $\angle CAI=\alpha=\angle DEC$. 从而 A，I，C，E 四点共圆，$\angle AEI=\angle ACI$. 又 $AD=AE$，知 $2\angle AEI=\angle DAF=\angle ACB$，

---

① 沈文选. 2005 年全国高中数学联赛加试题另解[J]. 中学数学研究，2005(12)：10-12.

② 李昌勇，宁锐. 2005 年全国高中数学联赛加试第一题解法探讨[J]. 数学竞赛之窗，2005(12)：14-16.

③ 李建泉. 2005 年全国高中数学联赛加试题另解[J]. 中等数学，2006(1)：12-15.

④ 罗增儒. 案例分析：继续暴露数学解题的思维过程[J]. 中学数学教学参考，2006(1-2)：28-31.

即 $\angle ACI=\beta$，亦即 IC 平分 $\angle ACB$，故 DE 过 $\triangle ABC$ 的内心 I.

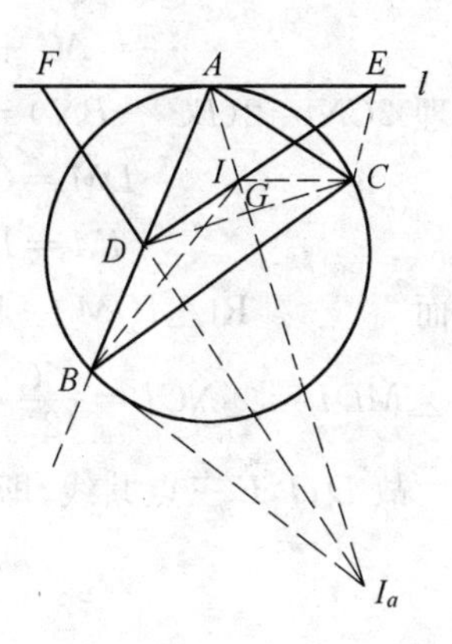

图 27.12

证法4 如图27.12，联结 DE，DC，作 $\angle BAC$ 的平分线分别交 DE，DC 于点 I，G，联结 IC. 由 $AD=AC$，得

$$AG\perp DC, ID=IC$$

又点 D，C，E 在圆 A 上，有

$$\angle IAC=\frac{1}{2}\angle DAC=\angle IEC$$

则 A，I，C，E 四点共圆. 故

$$\angle CIE=\angle CAE=\angle ABC \qquad (*)$$

而
$$\angle CIE=2\angle ICD$$

所以
$$\angle ICD=\frac{1}{2}\angle ABC$$

故
$$\angle AIC=\angle IGC+\angle ICG=90^\circ+\frac{1}{2}\angle ABC$$

即
$$\angle ACI=\frac{1}{2}\angle ACB$$

因此，I 为 $\triangle ABC$ 的内心.

注 因式($*$)知 D，B，C，I 共圆，有 $\angle ICB=\angle IDA=\angle ICA$.

分析2 设 I 为 $\triangle ABC$ 的内心，下证 D，I，E 三点共线.

角度1：从角的关系来看，即只要证明 $\angle ADI=\angle ADE$；

角度2：从边的关系来看，可利用张角定理，梅涅劳斯定理等入手；

角度3：将三点共线转化为三线共点，可利用塞瓦定理.

证法5 设 I 为 $\triangle ABC$ 的内心，联结 DI，IC. 则

$$\angle ADI=\angle ACI=\frac{1}{2}\angle ACB=\frac{1}{2}\angle FAB=\angle ADE$$

故 D，I，E 三点共线.

注 这里角度转化与证法2同.

证法6 如图27.13，作 $IM\perp AB$ 于 M，$IN\perp BC$ 于 N，联结 IC. 则

$$2DM=2(AC-AM)=2AC-(AB+AC-BC)$$

$$=AC+BC-AB$$

同理 $2CN=2(BC-BN)=AC+BC-AB$

故 $$DM=CN$$

又 $$IM=IN$$

从而 $$\mathrm{Rt}\triangle IDM\cong \mathrm{Rt}\triangle ICN$$

$$\angle MDI=\angle NCI=\frac{\angle C}{2}=\frac{\angle FAD}{2}=\angle ADE$$

故 D,I,E 三点共线,即 DE 过 $\triangle ABC$ 的内心 I.

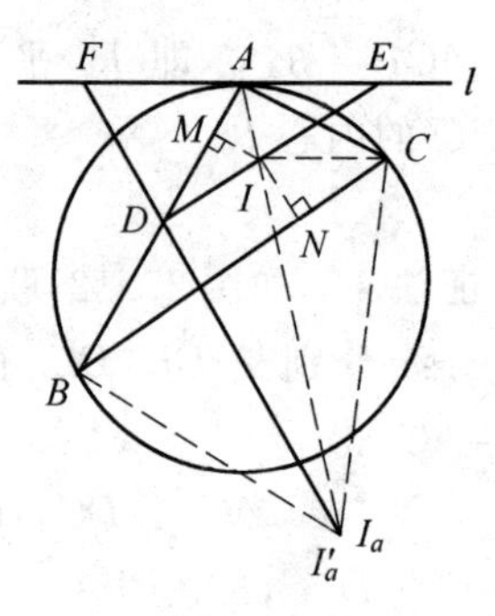

图 27.13

证法7 在 $\triangle ABI$ 中应用正弦定理,有

$$\frac{AB}{\sin\angle AIB}=\frac{AI}{\sin\angle ABI}$$

即 $$\frac{2R\sin C}{\sin(\pi-\alpha-\beta)}=\frac{AI}{\sin\beta}$$

亦即 $$AI=4R\sin\beta\sin\gamma$$

由于 $$\frac{\sin\angle DAE}{AI}=\frac{\sin(A+B)}{4R\sin\beta\sin\gamma}=\frac{\cos\gamma}{2R\sin\beta}$$

$$\frac{\sin\angle DAI}{AE}+\frac{\sin\angle IAE}{AD}=\frac{\sin\alpha+\sin(\alpha+B)}{AC}=\frac{2\sin(\alpha+\beta)\cos\beta}{2R\sin B}=\frac{\cos\gamma}{2R\sin\beta}$$

对 $\triangle ADE$ 运用张角定理的逆定理,知 D,I,E 三点共线,故 DE 过 $\triangle ABC$ 的内心 I.

或者设 I 为内心,由张角定理知只要证明

$$\frac{\sin(2\alpha+2\beta)}{AI}=\frac{\sin\alpha}{AE}+\frac{\sin(\alpha+2\beta)}{AD}=\frac{\sin\alpha+\sin(\alpha+2\beta)}{AC}$$

$$\Leftrightarrow\frac{2\sin(\alpha+\beta)\cos(\alpha+\beta)}{AI}=\frac{2\sin(\alpha+\beta)\cos\beta}{AC}$$

$$\Leftrightarrow\frac{AI}{AC}=\frac{\cos(\alpha+\beta)}{\cos\beta}=\frac{\cos(90^\circ-\gamma)}{\cos(90^\circ-\alpha-\gamma)}$$

$$=\frac{\sin\gamma}{\sin(\alpha+\gamma)}=\frac{\sin\gamma}{\sin[180^\circ-(\alpha+\gamma)]}$$

又在 $\triangle AIC$ 中,显然有

$$\frac{AI}{AC}=\frac{\sin\gamma}{\sin[180^\circ-(\alpha+\gamma)]}$$

证法8　如图27.14,设I为$\triangle ABC$的内心,联结AI,延长CI交AB于Q,设DE交AC于P.

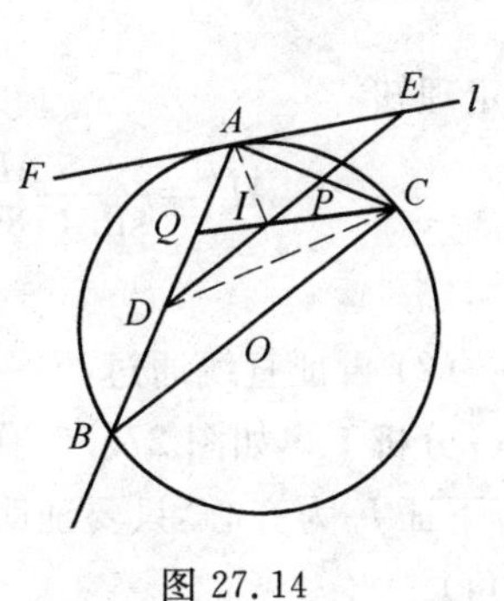

图27.14

只要证明D,I,P三点共线,由梅涅劳斯定理知,只要证明

$$\frac{AD}{DQ}\cdot\frac{QI}{IC}\cdot\frac{CP}{PA}=1\Leftrightarrow\frac{AC}{DQ}\cdot\frac{AQ}{AC}\cdot\frac{CP}{PA}=1$$

$$\Leftrightarrow\frac{AQ}{DQ}=\frac{PA}{PC}$$

$$\Leftrightarrow\frac{AQ}{AQ+DQ}=\frac{AP}{AP+PC}$$

$$\Leftrightarrow AQ=AP$$

由
$$\angle ADP=\frac{1}{2}\angle FAD=\frac{1}{2}\angle ACB=\angle ACQ$$

易知
$$\triangle ADP\cong\triangle ACQ(\text{ASA})$$

故
$$AQ=AP$$

证法9　如图27.15,设I为内心,延长AI交DC于K,延长CI交AB于Q,设DE交AC于P,显然$DK=KC$.只要证DP,AK,CQ三线共点.由塞瓦定理知只要证明

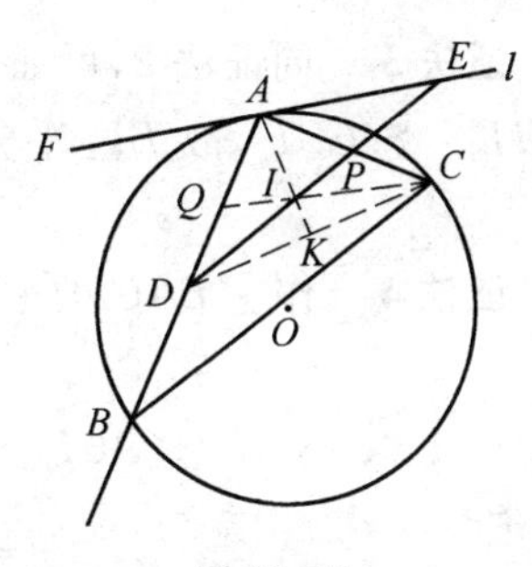

图27.15

$$\frac{AQ}{QD}\cdot\frac{DK}{KC}\cdot\frac{CP}{PA}=1\Leftrightarrow\frac{AQ}{QD}=\frac{AP}{PC}$$

以下同证法8.

分析3　作$\angle BAC$的平分线交直线DE于I',设I为$\triangle ABC$的内心,证I,I'重合.

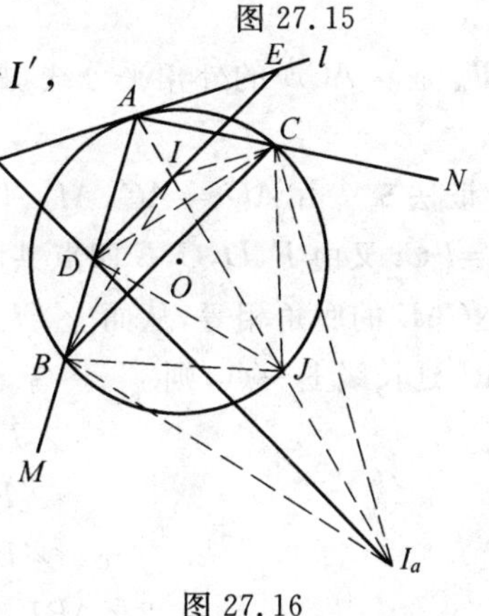

图27.16

角度1:从角来看,只要证$\angle ACI=\angle ACI'$;

角度2:从边来看,只要证$AI=AI'$.

证法10　易知$\angle ADI'=\frac{1}{2}\angle FAD=\frac{1}{2}\angle ACB=\gamma,\angle DAI'=\alpha,\angle IAC=\alpha$,$\angle ACI=\gamma$,在$\triangle ADI'$及$\triangle ACI$中分别用正

弦定理知

$$AI'=\frac{AD\sin\gamma}{\sin(180^\circ-\alpha-\gamma)},AI=\frac{AC\sin\gamma}{\sin(180^\circ-\alpha-\gamma)}$$

故 $$AI'=AI$$

(2) 再证直线通过的一个旁心.

分析1 如图27.16,作 $\angle BAC$ 的平分线,交 DE 于 I,交 FD 的延长线于 I_a,下证 I_a 为旁心. 只要证明:CI_a 平分 $\angle ACB$ 的外角(或者 BI_a 平分 $\angle ABC$ 的外角).

证法1 类似(1)中证法2,由 $\triangle ICI_a\cong\triangle IDI_a$,有 $\angle ICI_a=\angle IDI_a=90^\circ$. 因为已证 I 为内心,所以 CI_a 平分 $\angle ACB$ 的外角.

证法2 设 AI 的延长线交圆 O 于点 J,则 $JB=JI=JC=JD$,故 D,B,C,I 共圆于圆 J. 由 $\angle IDI_a=90^\circ$ 知 I_a 也在圆 J 上,故 $\angle IBI_a=\angle IDI_a=90^\circ$,所以 BI_a 平分 $\angle ABC$ 的外角.

证法3 同证法2,可证 D,B,C,I,I_a 共圆于圆 J,则 $\angle MBI_a=\angle DII_a=\angle CII_a=\angle CBI_a$,故 BI_a 平分 $\angle ABC$ 的外角.

证法4 作 $\angle BAC$ 的平分线交直线 DF 于 I_a,易得 $\triangle ADI_a\cong\triangle ACI_a$,所以

$$\begin{aligned}180^\circ-\angle ACI_a&=180^\circ-\angle ADI_a=\angle ADF=\angle AFD\\&=\frac{1}{2}(180^\circ-\angle DAF)=\frac{1}{2}(180^\circ-\angle ACB)\end{aligned}$$

即 CI_a 是 $\angle ACB$ 的外角平分线,故 I_a 为旁心.

证法5 由 $AD=AC$,AI_a 平分 $\angle DAC$,知 C,D 关于 AI_a 对称,从而知 $I_aD=I_aC$. 又由 F,D,C,E 四点共圆,知 $\angle CDI_a=\angle AEC$,即两个等腰 $\triangle CI_aD$ 和 $\triangle CAE$ 的底角相等,从而 $\angle FI_aC=\angle EAC$,C,A,F,I_a 四点共圆. 设 N 为线段 AC 延长线上一点,则

$$\angle I_aCN=\angle AFI_a$$

由 $$\angle FAB=\angle ACB$$

知 $$\angle BAE=\angle BCN$$

而 $$2\angle AFI_a=\angle DAE=\angle BCN$$

即知 I_aC 平分 $\angle BCN$，故直线 FD 过 $\triangle ABC$ 的旁心 I_a.

分析 2 如图 27.16，作 $\angle ACB$ 的外角平分线（或 $\angle ABC$ 的外角平分线）交直线 FD 于 I_a，证 A,I,I_a 三点共线.

角度 1：从角的角度来看，可证明 $\angle CII_a+\angle CIA=180^\circ$；

角度 2：从边的角度来看，可利用张角定理来证明.

证法 6 作 $\angle ACB$ 的外角平分线交直线 FD 于 I_a，联结 CI,AI,II_a. 因为 I 为内心，所以 $\angle ICI_a=90^\circ=\angle IDI_a$，故 C,I,D,I_a 四点共圆. 故

$$\angle CII_a=\angle CDI_a=90^\circ-\angle IDC$$

又由(1) 中证法 4 知 D,B,C,I 四点共圆. 则

$$\angle IDC=\angle IBC=\frac{1}{2}\angle ABC$$

即
$$\angle CII_a=90^\circ-\frac{1}{2}\angle ABC$$

又由内心性质知
$$\angle AIC=90^\circ+\frac{1}{2}\angle ABC$$

故 $\angle CII_a+\angle CIA=180^\circ$，所以，$A,I,I_a$ 三点共线.

证法 7 同证法 6 有，C,I,D,I_a 四点共圆，故

$$\angle CI_aI=\angle IDC=\beta,\angle ACI=\gamma$$

由正弦定理知
$$IC=\frac{AC\sin\alpha}{\sin(180^\circ-\alpha-\gamma)}=\frac{AC\sin\alpha}{\cos\beta}$$

$$CI_a=IC\cot\beta=\frac{AC\sin\alpha}{\sin\beta}$$

由张角定理知，只要证明

$$\frac{\sin(90^\circ+\gamma)}{IC}=\frac{\sin\gamma}{CI_a}+\frac{\sin 90^\circ}{AC}$$

$$\Leftrightarrow\frac{\cos\gamma\cos\beta}{\sin\alpha}=\frac{\sin\gamma\sin\beta}{\sin\alpha+1}$$

$$\Leftrightarrow\cos(\gamma+\beta)=\sin\alpha$$

这是显然的.

证法 8 联结 AI_a,BI_a，则 $2\angle ABI_a=\pi+\angle B,2\angle BAI_a=\angle A,2\angle AI_aB=2\pi-\angle A-(\pi+\angle B)=\angle C$. 在 $\triangle ABI_a$ 中运用正弦定理，有

$$\frac{2R\sin C}{\sin \angle AI_aB}=\frac{AI_a}{\sin \angle ABI_a}$$

即知
$$AI_a=4R\cos \beta\cos \gamma$$

设直线 FD 与 AI_a 交于 I'_a,联结 AI'_a,I'_aB.由

$$2\angle AFD=\pi-\angle FAD=\pi-\angle C$$

$$\begin{aligned}2\angle AI'_aF&=2(\pi-\angle AFD-\angle FAI'_a)\\&=2\pi-(\pi-\angle C)-(2\angle C+\angle A)=\angle B\end{aligned}$$

在 $\triangle AI'_aF$ 中应用正弦定理,有

$$\frac{AI'_a}{\sin \angle AFD}=\frac{AF}{\sin \angle AI'_aF}$$

即
$$\frac{AI'_a}{\sin (\pi-C)/2}=\frac{2R\sin B}{\sin \beta}$$

亦即
$$AI'_a=4R\cos \beta\cos \gamma$$

从而
$$AI'_a=AI_a$$

I'_a 与 I_a 重合.故直线 DF 过 $\triangle ABC$ 的旁心 I_a.

分析3 设 I_a 为 $\triangle ABC$ 的旁心,只要证 F,D,I_a 三点共线.

角度1:从角的角度来看,只要证 $\angle IDF+\angle IDI_a=180°$;

角度2:从边的角度来看,可利用张角定理等来证.

证法9 设 I_a 为 $\triangle ABC$ 的旁心,联结 AI_a 交 DE 于 I,则 I 为内心.

联结 IC,CI_a,由对称性易知

$$\angle IDI_a=\angle ICI_a=90°$$

又
$$\angle IDF=90°$$

故
$$\angle IDF+\angle IDI_a=180°$$

所以 F,D,I_a 三点共线.

证法10 同证法2,可证 D,B,C,I,I_a 共圆于圆 J,则 $\angle AI_aD=\angle IBD=\beta$.由正弦定理知

$$AI_a=\frac{AD\sin (180°-\alpha-\beta)}{\sin \beta}=\frac{AD\cos \gamma}{\sin \beta}$$

又
$$\angle FAD=2\gamma,\angle DAI_a=\alpha$$

由张角定理知,只要证明

$$\frac{\sin (\alpha+2\gamma)}{AD}=\frac{\sin \alpha}{AF}+\frac{\sin 2\gamma}{AI_a}\Leftrightarrow\frac{\sin (\alpha+2\gamma)}{AD}=\frac{\sin \alpha}{AD}+\frac{\sin 2\gamma\sin \beta}{AD\cos \gamma}$$

$$\Leftrightarrow \sin(\alpha+2\gamma)-\sin\alpha=2\sin\gamma\sin\beta$$
$$\Leftrightarrow 2\cos(\alpha+\beta)\sin\gamma=2\sin\gamma\sin\beta$$

上式显然成立.

或者由证法 8 知

$$AI_a=4R\cos\beta\cos\gamma$$

由于

$$\frac{\sin\angle FAI_a}{AD}-\frac{\sin\angle DAI_a}{AF}=\frac{\sin(\alpha+C)}{AC}-\frac{\sin\alpha}{AC}=\frac{2\cos(\alpha+\gamma)\sin\gamma}{2R\sin B}$$
$$=\frac{\sin\gamma}{2R\cos\beta}=\frac{\sin C}{4R\cos\beta\cos\gamma}=\frac{\sin C}{AI_a}$$

即有
$$\frac{\sin\angle FAI_a}{AD}=\frac{\sin\angle DAI_a}{AF}+\frac{\sin\angle FAD}{AI_a}$$

对 $\triangle AFI_a$ 应用张角定理的逆定理,知 F,D,I_a 三点共线,故直线 FD 经过 $\triangle ABC$ 的旁心 I_a.

证法 11　设 $\triangle ABC$ 在 $\angle A$ 内的旁心为 I_a. 假设 DI_a 交 EF 所在直线于点 F',在 $\triangle AI_aF'$ 中应用张角公式有

$$\frac{\sin\left(C+\frac{A}{2}\right)}{AD}=\frac{\sin\frac{A}{2}}{AF'}+\frac{\sin C}{AI_a} \qquad ③$$

下面证明

$$\frac{\sin\left(C+\frac{A}{2}\right)}{AC}=\frac{\sin\frac{A}{2}}{AC}+\frac{\sin C}{AI_a} \qquad ④$$

$$式④成立\Leftrightarrow\frac{2\sin\frac{B}{2}\sin\frac{C}{2}}{AC}=\frac{\sin C}{AI_a}\Leftrightarrow\frac{\sin\frac{B}{2}}{AC}=\frac{\cos\frac{C}{2}}{AI_a}$$

在 $\triangle ACI_a$ 中应用正弦定理,知上式成立,所以式 ④ 成立.

注意到由式 ③ 确定的 AF' 是唯一的.

又因为 $AD=AC$,则 $AF'=AC=AF$,即点 F 与 F' 重合.

故 D,F,I_a 三点共线,即 DF 通过 $\triangle ABC$ 的一个旁心 I_a.

综合证法 1　(由西北工业大学李潜给出)如图 27.17,记直线 DE,DF 分别交 $\angle BAC$ 的平分线于点 I,I_a. 联结 CI,CD,作轴反射变换 $S(AI_a)$,则 $D\rightarrow C$.

令 $B\rightarrow B'$,则点 B' 在 AC 的延长线上.

联结 $B'D$. 由于 $\angle EAB'=\angle ABC=\angle AB'D$,因此

$$B'D /\!/ EF$$

故
$$\angle ICB=\angle IDB'=\angle AED=\angle ADI=\angle ACI$$

从而,CI 平分 $\angle ACB$,即 I 是 $\triangle ABC$ 的内心. 又

$$\angle B'CI_a=\angle BDI_a=\angle ADF=\angle AFD=\angle B'DI_a=\angle BCI_a$$

所以,CI_a 平分 $\angle ACB$ 的外角.

从而,I_a 是 $\triangle ABC$ 中 $\angle A$ 内的旁心.

综上所述,结论成立.

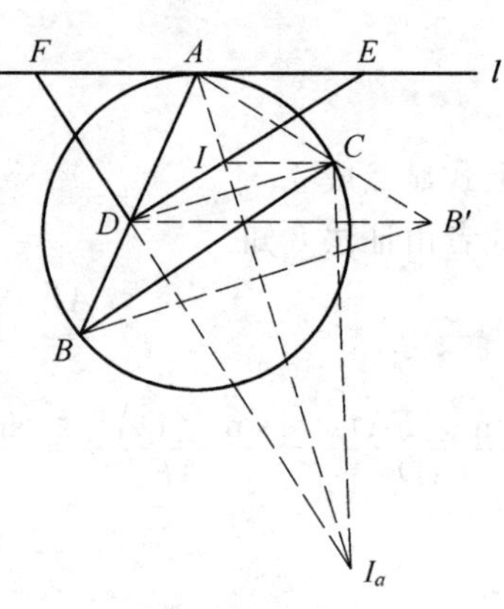

图 27.17

综合证法 2 (由南开大学李成章教授给出)

(i) 先证 DE 过 $\triangle ABC$ 的内心.

如图 27.18,设 AA' 和 CC' 分别为 $\triangle ABC$ 的内角 $\angle BAC$,$\angle ACB$ 的平分线,联结 CD. 于是

$$\angle DAA'=\angle A'AC=\frac{1}{2}\angle BAC$$

$$\angle ACC'=\angle C'CB=\frac{1}{2}\angle ACB$$

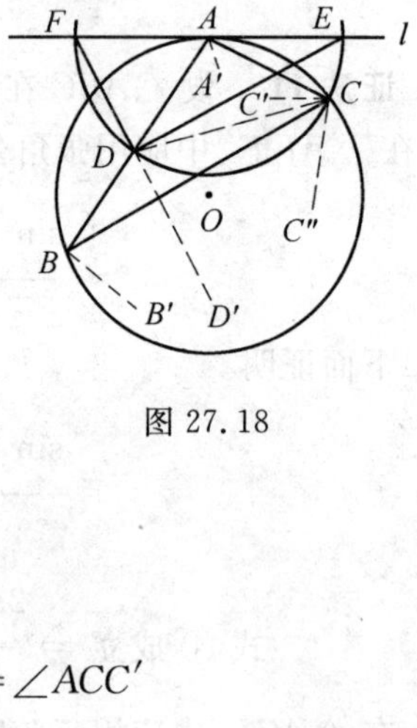

图 27.18

因为 FA 为圆 O 的切线,则

$$\angle FAD=\angle ACB$$

因为 $AD=AE$,则

$$\angle ADE=\frac{1}{2}\angle FAD=\frac{1}{2}\angle ACB=\angle ACC'$$

又 AA' 是等腰 $\triangle ADC$ 的顶角平分线,则

$$AA'\perp DC$$

$$\angle ADC=\angle ACD=90^\circ-\frac{1}{2}\angle BAC=\frac{1}{2}(\angle ABC+\angle ACB)$$

从而
$$\angle EDC=\angle C'CD=\frac{1}{2}\angle ABC$$

故
$$\frac{\sin\angle DAA'}{\sin\angle A'AC}\cdot\frac{\sin\angle ACC'}{\sin\angle C'CD}\cdot\frac{\sin\angle CDE}{\sin\angle EDA}=1$$

由角元塞瓦定理的逆定理知 AA'，CC'，DE 三线共点. 因为 AA'，CC' 的交点即为 $\triangle ABC$ 的内心，所以，DE 过内心.

(ii) 再证直线 FD 过 $\triangle ABC$ 的边 BC 之外的旁心. 设 BB'，CC'' 分别是 $\triangle ABC$ 的 $\angle ABC$ 和 $\angle ACB$ 外角的平分线. 于是，有

$$\angle B'BC=\frac{1}{2}(\angle BAC+\angle ACB),\angle BCC''=\frac{1}{2}(\angle BAC+\angle ABC)$$

因为
$$\angle FAD=\angle ACB$$

所以
$$\angle BDD'=\angle ADF=\frac{1}{2}(\angle BAC+\angle ABC)$$

故
$$\angle DBB'=\angle ABC+\angle B'BC=90^\circ+\frac{1}{2}\angle ABC$$

因为 CC' 和 CC'' 分别为 $\angle ACB$ 及其外角的平分线，所以 $\angle C'CC''=90^\circ$. 则

$$\angle DCC''=90^\circ-\angle DCC'=90^\circ-\frac{1}{2}\angle ABC$$

故
$$\frac{\sin\angle BDD'}{\sin\angle D'DC}\cdot\frac{\sin\angle DCC''}{\sin\angle C''CB}\cdot\frac{\sin\angle CBB'}{\sin\angle B'BD}=1$$

对 $\triangle DBC$ 应用角元塞瓦定理的逆定理便知 FD'，BB'，CC'' 三线共点，即直线 FD 过 $\triangle ABC$ 的边 BC 之外的旁心.

综合证法 3　(由青岛二中邹明给出) 如图 27.19，以 A 为坐标原点，直线 l 为 x 轴建立直角坐标系.

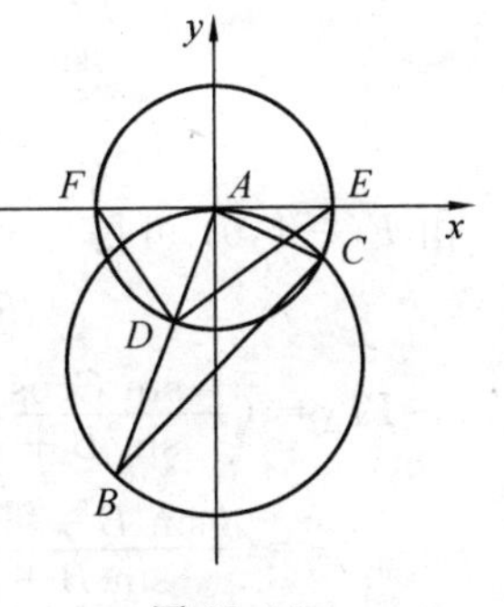

图 27.19

设圆 A 的半径为 1，其方程为

$$x^2+y^2=1 \quad ①$$

设 $\triangle ABC$ 的外接圆半径为 R，其方程为

$$x^2+(y+R)^2=R^2,R>0 \quad ②$$

由弦切角的性质有

$C(\cos B,-\sin B)$，$D(-\cos C,-\sin C)$

由方程 ①② 解得

$$y_C=-\frac{1}{2R}$$

故
$$\frac{1}{2R}=\sin B,2R=\frac{1}{\sin B}$$

又直线
$$l_{AD}:y=\frac{\sin C}{\cos C}x \quad ③$$

由方程②③解得 $B(-\dfrac{\sin C\cos C}{\sin B},-\dfrac{\sin^2 C}{\sin B})$.

设 $AC=b=1,BC=a=2R\sin A=\dfrac{\sin A}{\sin B},AB=c=2R\sin C=\dfrac{\sin C}{\sin B}$,若 I 为 $\triangle ABC$ 的内心,则

$$aIA+bIB+cIC=0$$

故
$$x_I=\frac{ax_A+bx_B+cx_C}{a+b+c},y_I=\frac{ay_A+by_B+cy_C}{a+b+c}$$

即
$$x_I=\frac{\sin C\cos B-\cos C\sin C}{\sin A+\sin B+\sin C},y_I=\frac{-\sin C\sin B-\sin^2 C}{\sin A+\sin B+\sin C}$$

于是
$$EI=(\frac{\sin C\cos B-\cos C\sin C}{\sin A+\sin B+\sin C}-1,\frac{-\sin C(\sin B+\sin C)}{\sin A+\sin B+\sin C})$$

$$ED=(-(\cos C+1),-\sin C)$$

由于
$$\frac{\sin C\cos B-\cos C\sin C}{\sin A+\sin B+\sin C}-1=-\frac{(\sin B+\sin C)(\cos C+1)}{\sin A+\sin B+\sin C}$$

所以,EI 与 ED 共线,即点 I 在 ED 上.

又设 I_A 为 $\triangle ABC$ 的一个旁心,则

$$aI_AA-bI_AB-cI_AC=0$$

故
$$x_{I_A}=\frac{-\sin C\cos C+\sin C\cos B}{\sin B+\sin C-\sin A}$$

$$y_{I_A}=\frac{-\sin^2 C-\sin C\sin B}{\sin B+\sin C-\sin A}$$

由 $F(-1,0)$ 可得

$$FD=(1-\cos C,-\sin C)$$

$$FI_A=(\frac{-\sin C\cos C+\sin C\cos B}{\sin B+\sin C-\sin A}+1,\frac{-\sin^2 C-\sin C\sin B}{\sin B+\sin C-\sin A})$$

$$=(\frac{(\sin B+\sin C)(1-\cos C)}{\sin B+\sin C-\sin A},\frac{-\sin C(\sin C+\sin B)}{\sin B+\sin C-\sin A})$$

故 FD 与 FI_A 共线,即点 I_A 在 FD 上.

综合证法 4 (由陕西师大罗增儒教授给出)如图 27.19,以切线为 x 轴,A 为原点建立直角坐标系,记 AE 为单位长度,将已知条件坐标化,有

$$A(0,0),E(1,0),F(-1,0)$$

再由弦切角定理知点 C,D 的坐标分别为

$$(\cos B,-\sin B),(-\cos C,-\sin C)$$

这就可以得出直线 AC,AD,DE,DF 的方程分别为

$$x\sin B+y\cos B=0$$

$$x\sin C-y\cos C=0$$

$$x\sin\frac{C}{2}-y\cos\frac{C}{2}-\sin\frac{C}{2}=0$$

$$x\cos\frac{C}{2}+y\sin\frac{C}{2}+\cos\frac{C}{2}=0$$

进一步,设 I 为 $\triangle ABC$ 的内心,I_a 为 $\triangle ABC$ 的一个旁心,可求出 $\angle BAC$ 的平分线(AI 或 AI_a)的方程为

$$x\sin\left(C+\frac{A}{2}\right)-y\cos\left(C+\frac{A}{2}\right)=0$$

$$\Leftrightarrow x\cos\frac{C-B}{2}+y\sin\frac{C-B}{2}=0$$

最后,求出 $\angle ACB$ 内,外角平分线 CI,CI_a 的方程为

$$x\sin\left(B-\frac{C}{2}\right)+y\cos\left(B-\frac{C}{2}\right)+\sin\frac{C}{2}=0$$

$$x\cos\left(B-\frac{C}{2}\right)-y\sin\left(B-\frac{C}{2}\right)-\cos\frac{C}{2}=0$$

将 DE 与 CI 的方程相加,得

$$x\left[\left(\sin\frac{C}{2}+\sin\left(B-\frac{C}{2}\right)\right]-y\left[\cos\frac{C}{2}-\cos\left(B-\frac{C}{2}\right)\right]=0$$

即

$$2x\sin\frac{B}{2}\cos\frac{C-B}{2}+2y\sin\frac{B}{2}\sin\frac{C-B}{2}=0$$

得

$$x\cos\frac{C-B}{2}+y\sin\frac{C-B}{2}=0$$

这就是直线 AI 的方程,故 AI,CI,DE 三线共点于 I,即 DE 通过 $\triangle ABC$ 的内心 I.

同理,由 DF,CI_a 的方程相加也得直线 AI_a 的方程

$$x\cos\frac{C-B}{2}+y\sin\frac{C-B}{2}=0$$

故 AI_a,CI_a,DF 三线共点于 I_a,即 DF 通过 $\triangle ABC$ 的一个旁心 I_a.

综合证法5 (由哈尔滨市第三中学丁薇给出)以 A 为原点,EF,AO_1 分别为 x,y 轴建立直角坐标系(O_1 为 $\triangle ABC$ 外接圆圆心),如图27.20所示.令 $\angle BAO_1=\alpha,\angle CAO_1=\beta,AO_1=r,AE=R$,则

$$AB = c = 2r\cos\alpha$$

$$AC = b = R = 2r\cos\beta$$

$$BC = a = 2r\sin(\alpha+\beta)$$

$$E(-2r\cos\beta, 0), F(2r\cos\beta, 0), B(2r\cos\alpha\sin\alpha, 2r\cos^2\alpha)$$

$$C(-2r\cos\beta\sin\beta, 2r\cos^2\beta), D(R\sin\alpha, R\cos\alpha)$$

所以 $$D(2r\cos\beta\sin\alpha, 2r\cos\beta\cos\alpha)$$

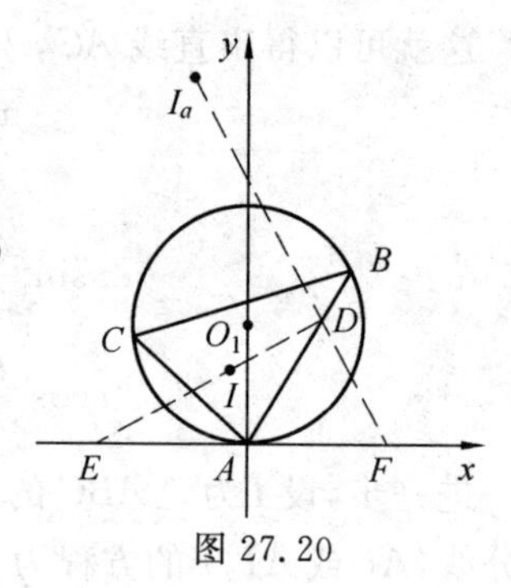

图 27.20

于是,直线 DE,DF 的方程分别为

$$y = \frac{\cos\alpha}{1+\sin\alpha}(x + 2r\cos\beta)$$

$$y = -\frac{\cos\alpha}{1-\sin\alpha}(x - 2r\cos\beta)$$

$\triangle ABC$ 的内心,旁心分别为

$$I\left(\frac{ax_A + bx_B + cx_C}{a+b+c}, \frac{ay_A + by_B + cy_C}{a+b+c}\right)$$

$$I_A\left(\frac{-ax_A + bx_B + cx_C}{-a+b+c}, \frac{-ay_A + by_B + cy_C}{-a+b+c}\right)$$

故 $$x_I = \frac{2r\cos\alpha\cos\beta\sin\frac{\alpha-\beta}{2}}{\sin\frac{\alpha+\beta}{2} + \cos\frac{\alpha-\beta}{2}}, y_I = \frac{2r\cos\alpha\cos\beta\cos\frac{\alpha-\beta}{2}}{\sin\frac{\alpha+\beta}{2} + \cos\frac{\alpha-\beta}{2}}$$

$$x_{I_A} = \frac{2r\cos\alpha\cos\beta\sin\frac{\alpha-\beta}{2}}{\cos\frac{\alpha-\beta}{2} - \sin\frac{\alpha+\beta}{2}}, y_{I_A} = \frac{2r\cos\alpha\cos\beta\cos\frac{\alpha-\beta}{2}}{\cos\frac{\alpha-\beta}{2} - \sin\frac{\alpha+\beta}{2}}$$

(i) 证明 DE 过点 I.

DE 过点 $I \Leftrightarrow y_1 = \dfrac{\cos\alpha}{1+\sin\alpha}(x_I + 2r\cos\beta)$

$$\Leftrightarrow \frac{2r\cos\alpha\cos\beta\cos\frac{\alpha-\beta}{2}}{\sin\frac{\alpha+\beta}{2} + \cos\frac{\alpha-\beta}{2}} =$$

$$\frac{\cos\alpha}{1+\sin\alpha}\left(\frac{2r\cos\alpha\cos\beta\sin\frac{\alpha-\beta}{2}}{\sin\frac{\alpha+\beta}{2} + \cos\frac{\alpha-\beta}{2}} + 2r\cos\beta\right)$$

$$\Leftrightarrow \cos\frac{\alpha-\beta}{2}(1+\sin\alpha) = \cos\alpha\sin\frac{\alpha-\beta}{2} + \sin\frac{\alpha+\beta}{2} + \cos\frac{\alpha-\beta}{2}$$

$$\Leftrightarrow \cos\frac{\alpha-\beta}{2}\sin\alpha-\cos\alpha\sin\frac{\alpha-\beta}{2}=\sin\frac{\alpha+\beta}{2}$$

$$\Leftrightarrow \sin\left(\alpha-\frac{\alpha-\beta}{2}\right)=\sin\frac{\alpha+\beta}{2}$$

最后一式显然成立. 所以,DE 过点 I.

(ii) 证明 DF 过点 I_a.

DF 过点 $I_a \Leftrightarrow y_{I_a}=-\dfrac{\cos\alpha}{1-\sin\alpha}(x_{I_a}-2r\cos\beta)$

$$\Leftrightarrow \frac{2r\cos\alpha\cos\beta\cos\frac{\alpha-\beta}{2}}{-\sin\frac{\alpha+\beta}{2}+\cos\frac{\alpha-\beta}{2}}=$$

$$-\frac{\cos\alpha}{1-\sin\alpha}\left(\frac{2r\cos\alpha\cos\beta\sin\frac{\alpha-\beta}{2}}{-\sin\frac{\alpha+\beta}{2}+\cos\frac{\alpha-\beta}{2}}-2r\cos\beta\right)$$

$$\Leftrightarrow \cos\frac{\alpha-\beta}{2}(\sin\alpha-1)=\cos\alpha\sin\frac{\alpha-\beta}{2}+\sin\frac{\alpha+\beta}{2}-\cos\frac{\alpha-\beta}{2}$$

$$\Leftrightarrow \sin\alpha\cos\frac{\alpha-\beta}{2}-\cos\alpha\sin\frac{\alpha-\beta}{2}=\sin\frac{\alpha+\beta}{2}$$

$$\Leftrightarrow \sin\left(\alpha-\frac{\alpha-\beta}{2}\right)=\sin\frac{\alpha+\beta}{2}$$

最后一式显然成立. 所以,DF 过点 I_a.

综合(i)(ii) 知,DE 过点 I,DF 过点 I_a.

试题 B　在 Rt$\triangle ABC$ 中,$\angle ACB=90^\circ$,$\triangle ABC$ 的内切圆圆 O 分别与边 BC,CA,AB 相切于点 D,E,F,联结 AD,与内切圆圆 O 相交于点 P,联结 BP,CP. 若 $\angle BPC=90^\circ$,求证:$AE+AP=PD$.

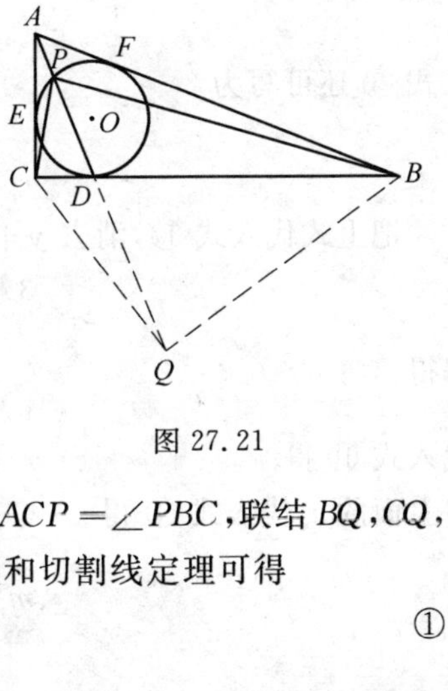

图 27.21

证明　设 $AE=AF=x$,$BD=BF=y$,$CD=CE=z$,$AP=m$,$PD=n$.

因为 $\angle ACP+\angle PCB=90^\circ=\angle PBC+\angle PCB$,所以,$\angle ACP=\angle PBC$.

如图 27.21,延长 AD 至 Q,使得 $\angle AQC=\angle ACP=\angle PBC$,联结 BQ,CQ,则 P,B,Q,C 四点共圆. 令 $DQ=l$,由相交弦定理和切割线定理可得

$$yz=nl \qquad ①$$

$$x^2=m(m+n) \quad ②$$

因为 $\triangle ACP \backsim \triangle AQC$,所以$\frac{AC}{AQ}=\frac{AP}{AC}$.故

$$(x+z)^2=m(m+n+l) \quad ③$$

在 Rt$\triangle ACD$ 和 Rt$\triangle ACB$ 中,由勾股定理得

$$(x+z)^2+z^2=(m+n)^2 \quad ④$$

$$(y+z)^2+(z+x)^2=(x+y)^2 \quad ⑤$$

式 ③ − ②,得

$$z^2+2zx=ml \quad ⑥$$

式 ① ÷ ⑥,得$\frac{yz}{z^2+2zx}=\frac{n}{m}$,所以

$$1+\frac{yz}{z^2+2zx}=\frac{m+n}{m} \quad ⑦$$

式 ② × ⑦,结合式 ④ 得

$$x^2+\frac{x^2yz}{z^2+2zx}=(m+n)^2=(x+z)^2+z^2$$

整理得

$$\frac{x^2y}{z+2x}=2z(x+z) \quad ⑧$$

而式 ⑤ 可写为

$$x+z=\frac{2xy}{y+z} \quad ⑨$$

由式 ⑧⑨ 得

$$\frac{x}{z+2x}=\frac{4z}{y+z} \quad ⑩$$

又式 ⑤ 还可写为

$$y+z=\frac{2xz}{x-z} \quad ⑪$$

把上式代入式 ⑩,消去 $y+z$ 得

$$3x^2-2xz-2z^2=0$$

解得

$$x=\frac{\sqrt{7}+1}{3}z$$

代入式 ⑪ 得

$$y=(2\sqrt{7}+5)z$$

将上面的 x 代入式 ④ 得

$$m+n=\frac{2(\sqrt{7}+1)}{3}z$$

结合式②得
$$m=\frac{x^2}{m+n}=\frac{\sqrt{7}+1}{6}z$$

从而
$$n=\frac{\sqrt{7}+1}{2}z$$

所以，$x+m=n$，即 $AE+AP=PD$.

注　该试题，叶中豪与吕峰波探讨了其推广，可将 Rt$\triangle ABC$ 推广为任意三角形[①].

推广命题　在 $\triangle ABC$ 中，设内切圆圆 O 分别与边 BC，CA，AB 相切于点 D，E，F，联结 AD，与内切圆圆 O 相交于点 P，联结 BP，CP，则 $\angle BPC=90°$ 的充要条件是 $AE+AP=PD$.

为了证明该命题，先介绍一条引理.

引理　自圆 O 外一点 A 作圆 O 的切线 AE 及割线 APD（$AP<AD$），则关系式 $AE+AP=PD$ 成立的充要条件是 $AP:AE:AD=1:2:4$.

事实上，如图 27.22 所示，由切割线定理得
$$AE^2=AP\cdot AD$$
即
$$(AD-2AP)^2=AP\cdot AD$$
展开化简得
$$\left(\frac{AD}{AP}\right)^2-5\left(\frac{AD}{AP}\right)+4=0$$

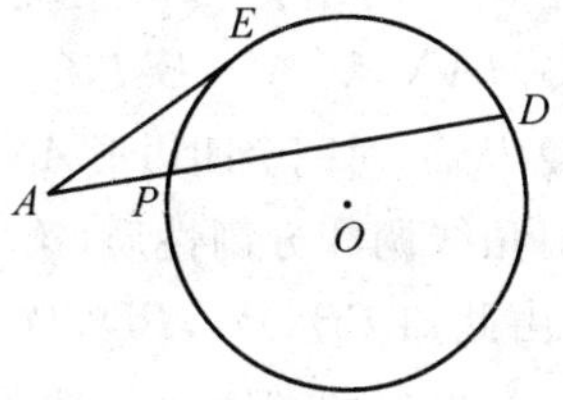

图 27.22

解得 $\frac{AD}{AP}=4$，$\frac{AD}{AP}=1$（舍去）.

于是 $AD=4AP$ 进而知 $AE=2AP$.

反之亦然.

下面证明推广命题.

充分性：为使 $AE+AP=PD$ 成立，根据上面的引理，必须满足 $AP:PD=1:3$.

对 $\triangle ACD$ 应用斯特瓦尔特定理（第 1 章第 1 节定理 4），得
$$CP^2=\frac{3}{4}AC^2+\frac{1}{4}CD^2-AP\cdot PD \qquad (*)$$

注意到 $AP=\frac{1}{3}PD$，$AC=AE+CD=\frac{2}{3}PD+CD$.

---

① 叶中豪，吕峰波．一道冬令营试题的推广[J]．中等数学，2006(10)：21-22.

代入式(*)并化简得

$$CP^2 = CD^2 + CD \cdot PD$$

在 $\triangle PDC$ 中,由第7章第2节倍角三角形结论,有

$$\angle PDC = 2\angle DPC \quad ①$$

同理,在 $\triangle PDB$ 中,有

$$\angle PDB = 2\angle DPB \quad ②$$

由式①②得

$$\angle BPC = \angle DPB + \angle DPC = \frac{1}{2}(\angle PDB + \angle PDC) = 90°$$

必要性:如图27.23所示,过点 P 作圆 O 的切线交 AB 于 N,交 AC 于 M,交 BC 的延长线于 G.

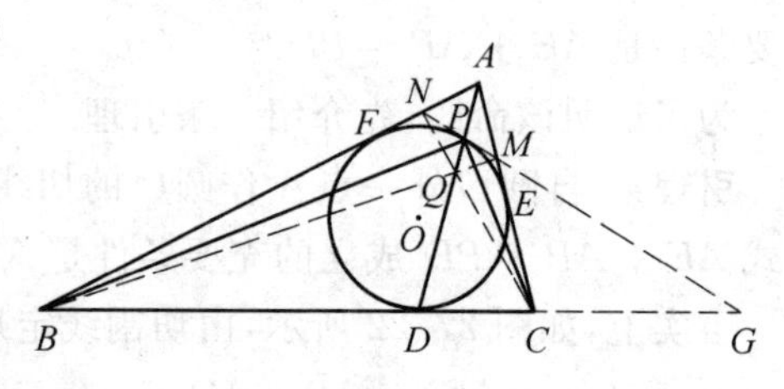

图 27.23

联结 BM,CN,则由第26章第1节中例2的结论(1),对完全四边形 $BCGMAN$,有 AD,BM,CN 三线共点于 Q. 从而,对完全四边形 $ANBQCM$,应用对角线调和分割性质(第1章第3节中性质4)知 B,C,D,G 四点构成调和点列. 由此知 PB,PC,PD,PG 四直线构成调和线束.

又根据调和线束的性质:若调和线束中有两条直线互相垂直,则它们必平分另外两条直线所构成的角.(其证明可参见:本书第28章第4节性质3.)

因 $\angle BPC = 90°$,故知 PC 必平分 $\angle DPG$.

于是,$\angle PDC = \angle DPC = 2\angle DPC$.

再由充分性的证明,即可逆推得到 $AE + AP = PD$.

试题 C1 设 H 为 $\triangle ABC$ 的垂心,D,E,F 为 $\triangle ABC$ 的外接圆上三点使得 $AD \parallel BE \parallel CF$,$S$,$T$,$U$ 分别为 D,E,F 关于边 BC,CA,AB 的对称点. 求证:S,T,U,H 四点共圆.

证明 先证明引理:如图27.24所示,设 O,H 分别为 $\triangle ABC$ 的外心和垂心,P 为 $\triangle ABC$ 的外接圆上任意一点,P 关于 BC 的中点的对称点为 Q,则 QH 的垂直平分线与直线 AP 关于 OH 的中点对称.

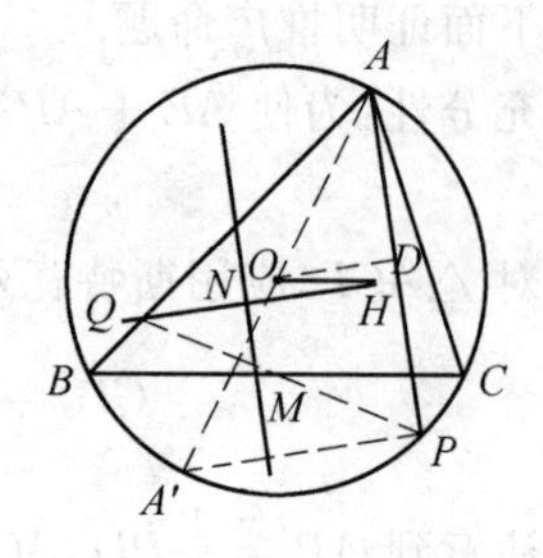

图 27.24

事实上,过 A 作 $\triangle ABC$ 的外接圆的直径 AA',则 A' 与 $\triangle ABC$ 的垂心 H 也

关于 BC 的中点对称，所以 $QH \underline{\underline{\parallel}} A'P$. 又 $A'P \perp AP$，因此，$QH \perp AP$. 设 D，N 分别为 AP，QH 的中点，则 $A'P = 2OD$，$QH = 2NH$，于是 $OD \underline{\underline{\parallel}} NH$. 而 $AP \perp OD$，故 QH 的垂直平分线与直线 AP 关于 OH 的中点对称.

再证原题，如图 27.25 所示，过点 D 作 BC 的平行线与 $\triangle ABC$ 的外接圆交于另一点 P. 由 $AD \parallel BE \parallel CF$ 易知 $PE \parallel CA$，$PF \parallel AB$. 因 $PD \parallel BC$，S 是点 D 关于 BC 的对称点，所以，点 P 关于 BC 的中点的对称点是 S. 于是，设 $\triangle ABC$ 的外心为 O，OH 的中点为 M，由引理，直线 AP 关于点 M 的对称直线是 HS 的垂直平分线；同理，直线 BP，CP 关于点 M 的对称直线分别是 HT 的垂直平分线和 HU 的垂直平分线. 而 AP，BP，CP 有公共点 P，因此 HS，HT，HU 这三条线段的三条垂直平分线交于一点. 故 S，T，U，H 四点共圆.

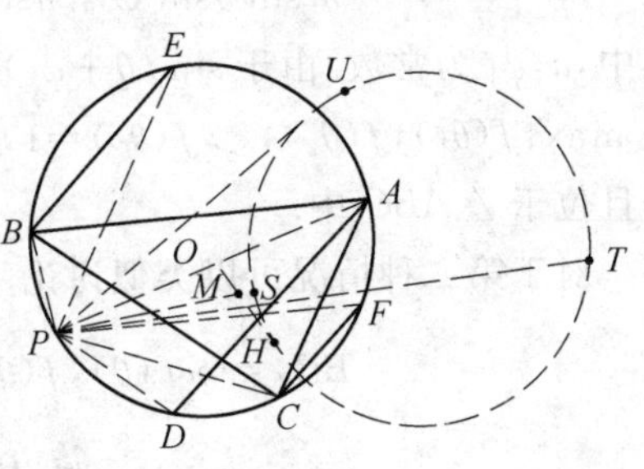

图 27.25

试题 C2　已知 $\triangle ABC$ 覆盖凸多边形 M. 证明：存在一个与 $\triangle ABC$ 全等的三角形，能够覆盖 M，并且它的一条边所在的直线与 M 的一条边所在的直线平行或者重合.

证明　首先我们不妨设 M 有三个顶点位于 $\triangle ABC$ 的边上或 M 有一个顶点与 $\triangle ABC$ 的某顶点重合（比如 B），M 的另一顶点位于点 A 的对边上，如图 27.26、图 27.27 所示.

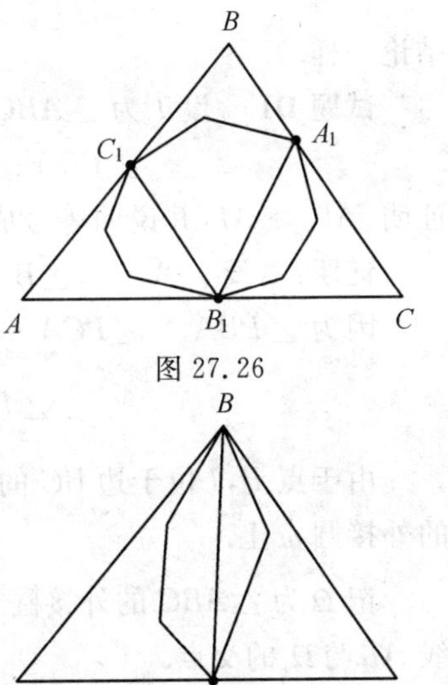

图 27.26

图 27.27

设初始状态下 $\angle AC_1B_1 = \theta_0$，我们分别将 M 绕 C_1 顺时针和逆时针旋转. 以顺时针转 δ_1 时 M 第一次出现某一边与 $\triangle ABC$ 某一边平行，逆时针转 δ_2 时 M 第一次出现某一边与 $\triangle ABC$ 某一边平行. 对 $\theta \in [\theta_1, \theta_2]$，$\theta_1 = \theta_0 - \delta_1$，$\theta_2 = \theta_0 + \delta_2$，设 M 首先绕 C_1 旋转到相应的 θ 角度，然后再分别作以 A 和 B 为中心的位似变换，使得 M 的像（记为 M_θ）的相应的两顶点重新分别位于 AC 和 BC 上. 以 $C_1B_1 = mf(\theta)$，$A_1B_1 = nf(\theta)$，$f(\theta_0) = 1$，其中 m，n 分别是初始状态下相应的距离. 令 $\varphi = \angle B + \angle C_1B_1A_1$（为定值），则

$$AC=AB_1+B_1C=\frac{mf(\theta)\sin\theta}{\sin A}+\frac{nf(\theta)}{\sin C}\sin(\varphi-\theta)$$

故
$$f(\theta)=\frac{AC\sin A\sin C}{m\sin\theta\sin C+n\sin(\varphi-\theta)\sin A}=\frac{AC\sin A\sin C}{a\sin(\theta+\varphi_1)}$$

其中,a,φ_1 为常数.由于 $\sin(\theta+\varphi_1)$ 为上凸函数,故其必然在端点达到最小值.故 $\max\{f(\theta_1),f(\theta_2)\}\geqslant f(\theta_0)=1$,故 M_{θ_1} 或 M_{θ_2} 与 M 相似比例常数不小于1,并且位于 $\triangle ABC$ 中.

对于第二种情况可以类似讨论.设

$$BB_2=mf(\theta),f(\theta_0)=1,AB_2=\frac{BB_2}{\sin A}\sin\theta$$

$$CB_2=\frac{BB_2}{\sin C}\sin(B-\theta)$$

从而
$$AC=\frac{mf(\theta)\sin\theta}{\sin A}+\frac{mf(\theta)}{\sin C}\sin(B-\theta)=\frac{f(\theta)a\sin(\theta+\varphi_1)}{\sin A\sin C}$$

故
$$f(\theta)=\frac{AC\sin A\sin C}{a\sin(\theta+\varphi_1)}$$

结论一样.

试题 D1 设 I 为 $\triangle ABC$ 的内心,P 是 $\triangle ABC$ 内部的一点,满足

$$\angle PBA+\angle PCA=\angle PBC+\angle PCB$$

证明:$AP\geqslant AI$,并说明等号成立的充分条件条件是 $P=I$.

证明 设 $\angle A=\alpha,\angle B=\beta,\angle C=\gamma$.

因为 $\angle PBA+\angle PCA+\angle PBC+\angle PCB=\beta+\gamma$,由假设有

$$\angle PBC+\angle PCB=\frac{\beta+\gamma}{2}$$

由于点 P,I 位于边 BC 的同侧,故点 B,C,I,P 四点共圆,即点 P 在 $\triangle BCI$ 的外接圆 ω 上.

记 Ω 为 $\triangle ABC$ 的外接圆,则 ω 的圆心 M 是 Ω 的 $\overset{\frown}{BC}$ 的中点,即 $\angle A$ 的平分线 AI 与 Ω 的交点.

又在 $\triangle APM$ 中,有

$$AP+PM\geqslant AM=AI+IM=AI+PM$$

故 $AP\geqslant AI$.

等号成立的充分必要条件是点 P 位于线段 AI 上,即 $P=I$.

试题 D2 设 P 为正2 006边形.如果 P 的一条对角线的两端将 P 的边界分成两部分,每部分都包含 P 的奇数条边,那么,该对角线称为“好边”.规定 P

的每条边均为好边.

已知2 003条在P内部不相交的对角线将P分割成若干个三角形.试问在这种分割之下,最多有多少个有两条好边的等腰三角形?

解　如果等腰三角形具有两条好边,则简记为"好三角形".记$\triangle ABC$是一个好三角形,且AB,BC为好边.那么,在点A与点B之间,存在P的奇数条边;对B与C也一样.我们称这些边属于好$\triangle ABC$.

于是,在这两组的每一组中,至少有一边不属于任何其他好三角形.这是因为三个顶点在A与B之间的好三角形有两条等长的边,从而,总共有偶数条边属于它.除了属于任意其他好三角形的所有边,此时必留有一边不属于其他好三形.我们指定这样的两边(在每组中一个)对应于$\triangle ABC$.

对每个好三角形,指定一对边,没有两个三角形共享指定的边.于是,推出在这种分割之下,最多有1 003个好三角形,且容易画出达到这个值的分割.

试题D3　对于凸多边形P的任意边b,以b为边,在P内部作一个面积最大的三角形.证明:对P的每条边,按上述方法所得三角形的面积之和至少是P的面积的2倍.

证明　先证明一个引理.

引理　对每个面积为S的凸$2n$边形,存在一个由它的边和顶点联结成的三角形,其面积不小于$\frac{S}{n}$.

引理的证明　$2n$边形的主对角线是指将$2n$边形分割成两个$n+1$边形的对角线.对$2n$边形的任意边b,$\triangle_b$表示$\triangle ABQ$,其中A,B是b的端点,Q是主对角线AA',BB'的交点.

下面证明在所有的边上取的$\triangle_b$的并覆盖整个多边形.

为此,选取任意边AB,将主对角线AA'设为有向线段.令X是多边形中的任意点,且不在任意主对角线上.不妨假定X在射线AA'的左边.考虑主对角线列AA',BB',CC',…,其中A,B,C,…为相继的顶点,且位于AA'的右边.

在这个排列中第$n+1$项为对角线$A'A$,点X在它的右边,于是,在A'之前,排列A,B,C,…中存在两个相继的顶点K,L,使得X在KK'的左边,在LL'的右边,从而,推出X在$\triangle_{l'}$内,$l'=K'L'$.

对位于AA'右边的点X可以类似讨论(在主对角线上的点可以忽略不予考虑).所以,所有$\triangle_b$的并覆盖整个多边形,它们的面积之和不小于S.

因此,可以找到两个相对的边,如$b=AB$和$b'=A'B'$(AA',BB'为主对角线),使得

$$[\triangle_b]+[\triangle_{b'}]\geqslant \frac{S}{n}$$

这里$[M]$表示区域M的面积.

设AA',BB'交于点Q,不失一般性,假定$QB\geqslant QB'$,则有

$$[ABA']=[ABQ]+[QBA']\geqslant[ABQ]+[QA'B']=[\triangle_b]+[\triangle_{b'}]\geqslant\frac{S}{n}$$

现在证明原题.

假设凸多边形P的面积为S,有m条边$a_1,a_2,\cdots,a_m$.设S_i为P中具有边a_i的最大三角形的面积.

如果结论不成立,则有

$$\sum_{i=1}^{m}\frac{S_i}{S}<2$$

于是,存在有理数$q_1,q_2,\cdots,q_m$,满足$\sum_{i=1}^{m}q_i=2$,对每个i,$q_i>\frac{S_i}{S}$.

令n是m个分式$q_1,q_2,\cdots,q_m$的公分母,令$q_i=\frac{k_i}{n}$.于是,$\sum k_i=2n$.

将P的每条边a_i分成k_i个相等的部分,得到一个面积为S的凸$2n$边形(某些角具有180°),对于它应用引理,存在由边b和顶点H联结成的三角形T,其面积$[T]\geqslant\frac{S}{n}$.

如果b是P的边a_i的一部分,那么,具有底a_i以及顶点H的三角形W有面积

$$[W]=k_i\cdot[T]\geqslant k_i\cdot\frac{S}{n}=q_iS>S_i$$

与S_i的定义矛盾.

因此,所证结论成立.

第1节　一道东南赛试题的背景与引申

本年度的东南赛中的一道平面几何题实际上第35届IMO预选题的改述形式.

如图27.28,一条直线l与圆心为O的圆不相交,E是l上一点,$OE\perp l$,M是l上任意异于E的点,从M作圆的两条切线分别切圆于A和B,C是MA上的点,使得$EC\perp MA$,D是MB上的点,使得$ED\perp MB$,直线CD交OE于F,

求证：F 的位置不依赖于 M 的位置.

为了讨论问题的方便，先给出这道预选题的三角证法，然后把它进行引申.①

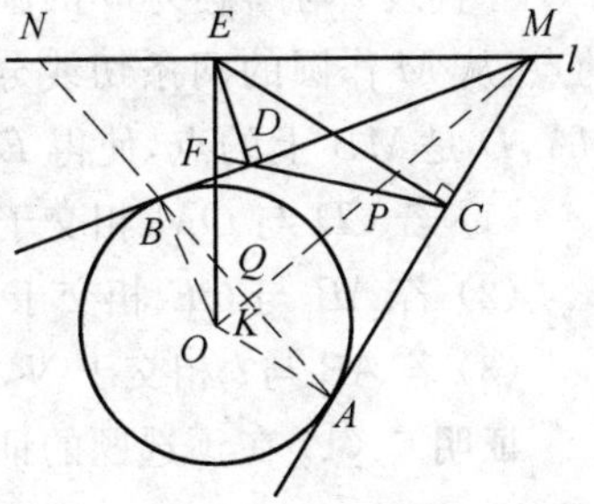

设 $EM=x$，$OE=a$，圆半径为 R，联结 OM，并设 $\angle OMB=\beta$，$\angle OME=\alpha$，如图 27.28 所示，则 $\angle OMA=\beta$，由条件知 E,D,C,M 四点共圆，所以

$$\angle EDF=\angle EMC=\alpha+\beta \quad ①$$

$$\angle FED=90^\circ-\angle DEM=90^\circ-(90^\circ-\angle DME)=\angle DME=\alpha-\beta$$

图 27.28

$$\angle EFD=180^\circ-\angle EDF-\angle EFD=180^\circ-(\alpha+\beta)-(\alpha-\beta)=180^\circ-2\alpha \quad ②$$

$$ED=EM\sin\angle DME=x\sin(\alpha-\beta)$$

在 $\triangle EDF$ 中运用正弦定理得

$$\frac{EF}{\sin\angle EDF}=\frac{ED}{\sin\angle EFD}$$

则
$$EF=ED\cdot\frac{\sin\angle EDF}{\sin\angle EFD}$$

即
$$EF=\frac{x\sin(\alpha+\beta)\sin(\alpha-\beta)}{\sin(180^\circ-2\alpha)}=\frac{x\sin(\alpha+\beta)\sin(\alpha-\beta)}{2\sin\alpha\cos\alpha} \quad ③$$

由
$$\sin(\alpha+\beta)\sin(\alpha-\beta)=-\frac{1}{2}(\cos 2\alpha-\cos 2\beta)\text{（积化和差）}$$
$$=-\frac{1}{2}(1-2\sin^2\alpha-1+2\sin^2\beta)=\sin^2\alpha-\sin^2\beta$$

有
$$EF=\frac{x(\sin^2\alpha-\sin^2\beta)}{2\sin\alpha\cos\alpha} \quad ④$$

又
$$\sin\alpha=\frac{OE}{OM}=\frac{a}{OM},\cos\alpha=\frac{EM}{OM}=\frac{x}{OM},\sin\beta=\frac{OB}{OM}=\frac{R}{OM}$$

代入式 ④ 得
$$EF=\frac{x\left[\left(\frac{a}{OM}\right)^2-\left(\frac{R}{OM}\right)^2\right]}{\frac{a}{OM}\cdot\frac{x}{OM}}=\frac{a^2-R^2}{2a}\quad\text{（定值）}$$

即 F 为定点，它的位置不依赖于点 M 位置.

引申问题 1 （条件不变，引申结论）

---

① 胡耀宗. 一道竞赛题的简证与引申[J]. 中学教研（数学），1995(9)：28-30.

一直线 l 与圆心为 O 的圆不相交，$OE \perp l$，E 为垂足，M 是 l 上任意异于 E 的点，从 M 作圆的两条切线分别切圆于 A 和 B。C 是 MA 上的点，使得 $EC \perp MA$，D 是 MB 上的点，使得 $ED \perp MB$，直线 CD 交 OE 于 F。求证：

(1) 若 CD 与 OM 相交于 P，则线段 PF 之长不依赖于点 M 的位置。

(2) 若 AB 与 OE 相交于 Q，则点 Q 的位置不依赖于点 M 的位置。

(3) 若 AB 与 l 相交于 N，则线段 EN 与 EM 的乘积不依赖于点 M 的位置。

证明 (1) 在预选题的证明过程中，知

$$\angle EFD = 180° - 2\alpha$$

所以

$$\angle OFP = 2\alpha, \angle FOP = \angle EOM = 90° - \alpha$$

在 $\triangle OFP$ 中

$$\angle FPO = 180° - 2\alpha - (90° - \alpha) = 90° - \alpha$$

则

$$\angle FOP = \angle FPO$$

即

$$FP = FO$$

又

$$EF = \frac{a^2 - R^2}{2a} \quad (\text{已证})$$

$$FO = OE - EF = a - \frac{a^2 - R^2}{2a} = \frac{a^2 + R^2}{2a}$$

故

$$FP = FO = \frac{a^2 + R^2}{2a} \quad (\text{定值})$$

故线段 PF 之长不依赖于点 M 的位置。

(2) 联结 OA，OB，因 O,A,M,B 四点共圆有

$$\angle OAQ = \angle OMB = \beta$$

又

$$OM \perp AB$$

$$\angle OQA = 90° - \angle QOK = 90° - \angle EOM = \alpha$$

(其中 K 为 OM 与 AB 交点，如图 27.28 所示)

在 $\triangle OAQ$ 中运用正弦定理得

$$\frac{OQ}{\sin \angle OAQ} = \frac{OA}{\sin \angle OQA}$$

即

$$\frac{OQ}{\sin \beta} = \frac{R}{\sin \alpha}$$

故

$$OQ = R\,\frac{\sin \beta}{\sin \alpha} = R\,\frac{\frac{R}{OM}}{\frac{a}{OM}} = \frac{R^2}{a} \quad (\text{定值})$$

故点 Q 位置不依赖于点 M 的位置。

(3) 在(2) 的证明过程中知 $\angle OQA=\alpha$，所以

$$\angle EQN=\angle OQA=\alpha,\mathrm{Rt}\triangle QEN\backsim\mathrm{Rt}\triangle MEO$$

则
$$\frac{EN}{OE}=\frac{EQ}{EM}$$

即
$$EN\cdot EM=OE\cdot EQ$$

从而
$$EQ=OE-OQ$$

而
$$OE=a,OQ=\frac{R^2}{a}\quad(\text{已证})$$

则
$$EN\cdot EM=OE\cdot EQ=OE(OE-OQ)=a(a-\frac{R^2}{a})=a^2-R^2$$

故线段 EN 与 EM 的乘积不依赖于点 M 的位置.

引申问题 2　(引申条件，结论不变)

如图 27.29，设直线 l 与圆 O 相交且不过圆心 O，$OE\perp l$，E 为垂足，M 是 l 上圆外部分的任意一点，从 M 引圆的两条切线，切点分别为 A 和 B，$EC\perp MA$，C 为垂足，$ED\perp MB$，D 为垂足，直线 CD 交 OE 所在直线于 F，则 F 的位置不依赖于 M 的位置.

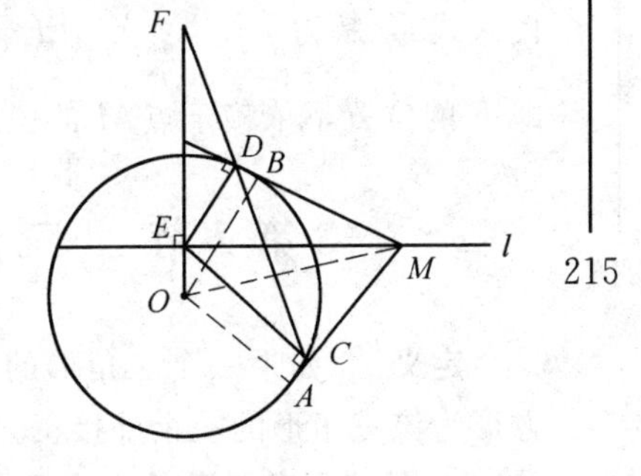

图 27.29

证明　联结 OM，设

$$\angle OMB=\beta,\angle OME=\alpha$$

则 $\angle OMA=\beta$，又设 $OE=a$，$EM=x$，圆半径为 R，由已知条件知 E,D,M,C 四点共圆，所以

$$\angle DEC=\angle EMC=\alpha+\beta$$

$$\angle EDF=180^\circ-\angle EDC=180^\circ-(\alpha+\beta)\qquad ①$$

$$\angle DEF=90^\circ-\angle DEM=\angle DME=\beta-\alpha\qquad ②$$

由式 ① 与式 ② 得　$\angle F=180^\circ-\angle EDF-\angle DEF=2\alpha$

在 $\triangle DEF$ 中运用正弦定理，有

$$\frac{EF}{\sin\angle EDF}=\frac{DE}{\sin F}$$

即
$$\frac{EF}{\sin(180^\circ-(\alpha+\beta))}=\frac{DE}{\sin 2\alpha}$$

则
$$EF=DE\frac{\sin(\alpha+\beta)}{\sin 2\alpha}$$

但
$$DE=EM\sin\angle DME=x\sin(\beta-\alpha)$$

则
$$EF=\frac{x\sin(\alpha+\beta)\sin(\beta-\alpha)}{2\sin\alpha\cos\alpha}\cdot\sin(\alpha+\beta)\sin(\beta-\alpha)$$
$$=-\frac{1}{2}(\cos 2\beta-\cos 2\alpha)=-\frac{1}{2}(1-2\sin^2\beta-1+2\sin^2\alpha)$$
$$=\sin^2\beta-\sin^2\alpha \quad ③$$

即
$$EF=\frac{x(\sin^2\beta-\sin^2\alpha)}{2\sin\alpha\cos\alpha} \quad ④$$

联结 OB 有
$$\sin\beta=\frac{OB}{OM}=\frac{R}{OM},\sin\alpha=\frac{OE}{OM}=\frac{a}{OM},\cos\alpha=\frac{EM}{OM}=\frac{x}{OM}$$

代入式 ④ 解得
$$EF=\frac{R^2-a^2}{2a}\text{(定值)}$$

即 F 的位置不依赖于点 M 的位置.

第2节 三角形的外接正方形问题[①]

定义 如果一个三角形的三个顶点都落在一个正方形的边上,则称该正方形为该三角形的一个外接正方形.

1.任意三角形外接正方形的一般作法

假设任意 $\triangle ABC$,如图 27.30 所示.

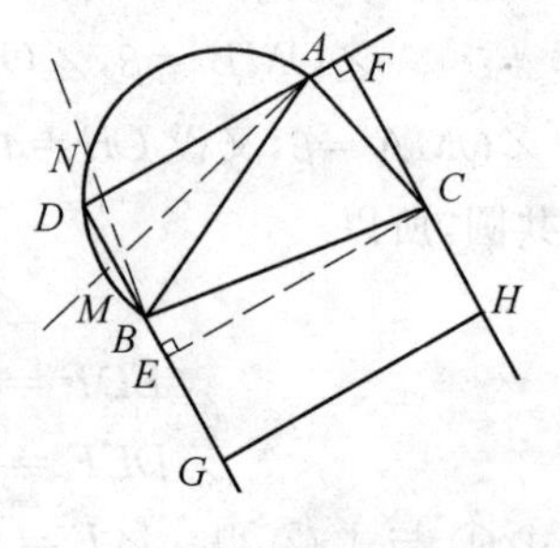

图 27.30

作法 (1) 以 $\triangle ABC$ 的任一边为直径(假设 AB 边),向 $\triangle ABC$ 外侧画半圆.

(2) 过点 A 作 $AM\perp AC$,得一段圆弧 $\overset{\frown}{AM}$;同理作 $BN\perp BC$,得一段圆弧 $\overset{\frown}{BN}$.

(3) 若 $\overset{\frown}{AM}\cap\overset{\frown}{BN}$ 为非空集时,在 $\overset{\frown}{MN}$ 上任取一点 D,联结 DA,DB 并延长.

(4) 过点 C 分别作 $CE\perp BD$,$CF\perp DA$,垂足分别为 E,F.

(5) 以点 D 为圆心,以 $|DF|$(即 $|DE|$,$|DF|$ 中较长者)为半径画圆弧,交 DB 于 G,过 G 作 $GH\parallel DF$ 交 CF 于点 H,则四边形 $DGHF$ 即为 $\triangle ABC$ 的外接正方形.

① 史嘉.三角形的外接正方形[J].中学数学,2005(2):47-48.

证明　根据作法知

$$DA \perp DB, DF = DG$$

且

$$DG \parallel HF, GH \parallel DF$$

易知四边形 $DGHF$ 为 $\triangle ABC$ 的外接正方形.

2. 三角形外接正方形的边长最值

下面将按三角形的种类就正方形边长的最值及其相应的位置进行分析.

(1) 三角形为直角三角形

不妨设 c 为斜边长，且 $a \leqslant b < c$.

(i) 三角形的三边都不与正方形的任何一边重合.

(ii) 三角形有一边与正方形的一边重合.

(iii) 三角形有两边与正方形的两边重合.

最值分析

(i) 外接正方形的边长最大值为 $\mathrm{Rt}\triangle ABC$ 的斜边长，$l = c$.

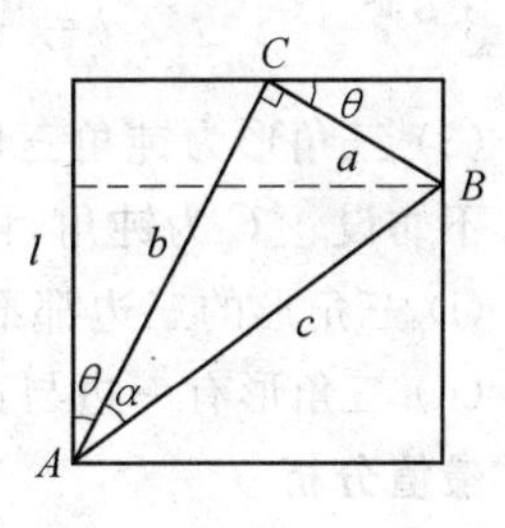

图 27.31

旋转正方形知，只有 $\mathrm{Rt}\triangle ABC$ 的最小角的顶点与正方形的一个顶点重合时，外接正方形边长才能取到最小值，如图 27.31 所示，$l = b\cos\theta$，此时，$b\cos\theta = b\sin\theta + a\sin\theta$，则 $\tan\theta = \dfrac{b-a}{b}(b \geqslant a)$.

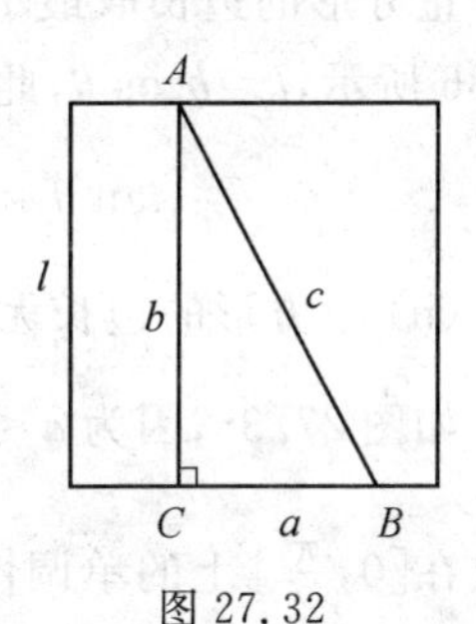

图 27.32

(ii) 只有 $\mathrm{Rt}\triangle ABC$ 的边 BC 与正方形的一边重合这一种情况，如图 27.32 所示，$l = b$.

(iii) 如图 27.33，$\mathrm{Rt}\triangle ABC$ 的外接正方形边长最小值为 $l = b$；无最大值.

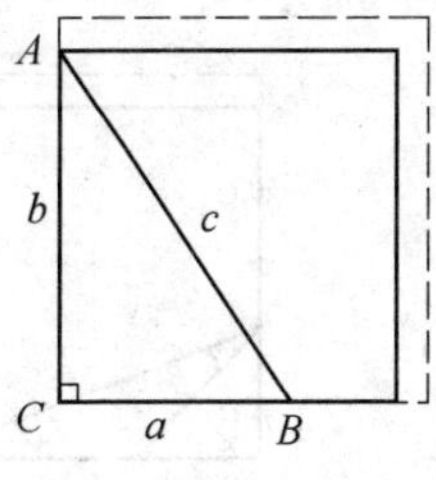

图 27.33

(2) 三角形为锐角三角形

不妨设三角形三边长的关系为 $a \leqslant b \leqslant c$.

(i) 三角形的三边都不与正方形的任一边重合；

(ii) 三角形有一边与正方形的一边重合.

最值分析

(i) 正方形边长的最大值为 $l = c$；

正方形边长的最小值情况同(1) 中的(i)，如图 27.34 所示，$l = b\cos\theta$，此时

$$b\cos\theta = c\sin(\theta + \alpha)$$

即
$$\tan\theta=\frac{b-c\sin\alpha}{c\cos\alpha}$$

(ii) 正方形边长的最大值为 $l=c$.

旋转正方形知,只有当三角形的最小边与正方形重合时,正方形的边长可取到最小.如图 27.35 所示,根据三角形面积公式
$$\frac{1}{2}ac=\frac{1}{2}bc\sin\alpha$$

即
$$l=\frac{bc\sin\alpha}{a}$$

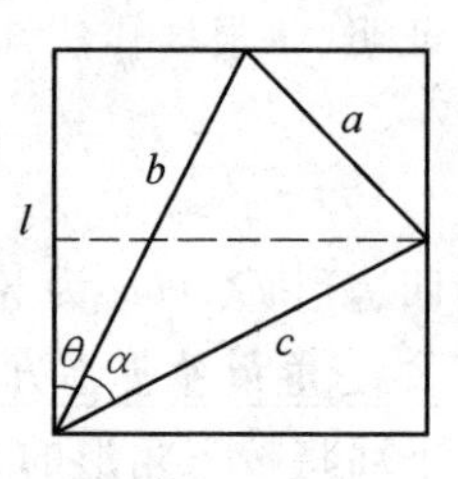

图 27.34

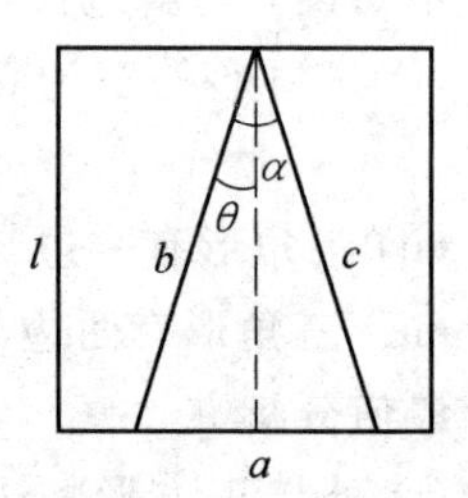

图 27.35

(3) 三角形为钝角三角形

不妨设 $\angle C$ 为钝角,且 $a\leqslant b<c$.

(i) 三角形的三边都不与正方形的任一边重合.

(ii) 三角形有一边与正方形的一边重合.

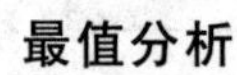
最值分析

(i) 正方形的边长最大值为 $l=c$.

正方形的边长取最小值情况同(1) 中的(i),如图 27.36 所示,$l=b\cos\theta$,此时
$$\tan\theta=\frac{b-c\sin\alpha}{c\cos\alpha}$$

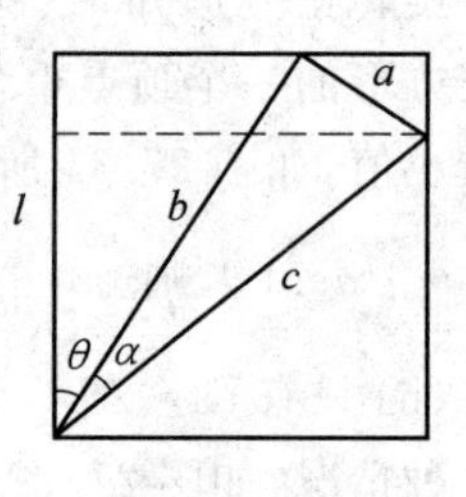

图 27.36

(ii) 正方形的边长无最大值,如图 27.37 所示.

如图 27.38,因为 $a\leqslant b$,设 $\alpha\leqslant\beta<\frac{\pi}{2}$,根据余弦函数在$\left[0,\frac{\pi}{2}\right]$上的单调性可知,$c\cos\alpha\geqslant c\cos\beta$. 即三角形的最小边与正方形的一边重合时外接正方形的边长取到最小值,$l=c\cos\beta$.

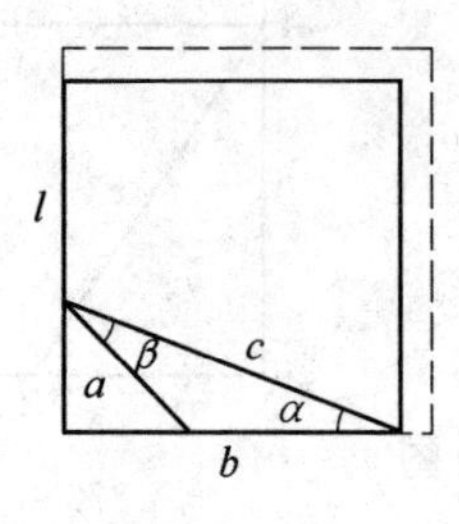

图 27.37

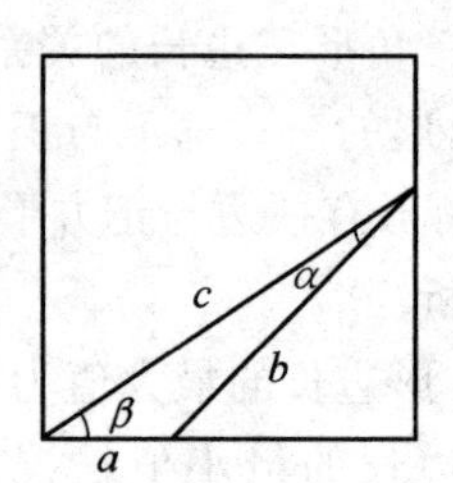

图 27.38

综上分析可以得出如下结论：

对任意 $\triangle ABC$，三边长的关系为 $a\leqslant b\leqslant c$，则 $\triangle ABC$ 的外接正方形边长最小值为 $l=b\cos\theta$，其中 $\tan\theta=\dfrac{b-c\sin A}{c\cos A}$. θ 为边 b 与正方形边 l 所夹角的最小角.

第3节　三角形的内切圆的性质及应用(一)

试题B涉及三角形的内切圆问题. 三角形的内切圆有一系列有趣的结论[①].

性质1　设 $\triangle ABC$ 的内切圆分别切边 BC,CA,AB 于点 D,E,F. 令 $BC=a,CA=b,AB=c,p=\dfrac{1}{2}(a+b+c)$，内切圆半径为 r，则

(1) $AE=AF=p-a=\dfrac{r}{\tan\dfrac{A}{2}},BD=BF=p-b=\dfrac{r}{\tan\dfrac{B}{2}},CD=CE=p-c=\dfrac{r}{\tan\dfrac{C}{2}}$；

(2) $\angle EDF=\dfrac{1}{2}(\angle B+\angle C),\angle DFE=\dfrac{1}{2}(\angle A+\angle B),\angle DEF=\dfrac{1}{2}(\angle A+\angle C)$.

证明过程略.

性质2　设 $\triangle ABC$ 内切圆的圆心为 I，$\triangle IBC$ 的外接圆分别和射线 AB，AC 交于点 D,E，则 DE 与圆 I 相切.

证明　显然 D,B,I,E,C 五点共圆，对于图27.39，有

$$\angle IDB=\angle ICB,\angle IDE=\angle ICE$$

而

$$\angle ICB=\angle ICE$$

于是

$$\angle IDB=\angle IDE$$

由于 AD 与圆 I 相切，由对称性知 DE 也与圆 I 相切. 对于图27.40，有

---

① 沈文选. 三角形内切圆的几个性质及应用[J]. 中学教研(数学)，2011(5)：28-32.

$$\angle IBC=\angle IEC,\angle IBD=\angle IED$$

而

$$\angle IBC=\angle IBD$$

于是

$$\angle IEC=\angle IED$$

因为 EA 与圆 I 相切,所以 ED 也和圆 I 相切.

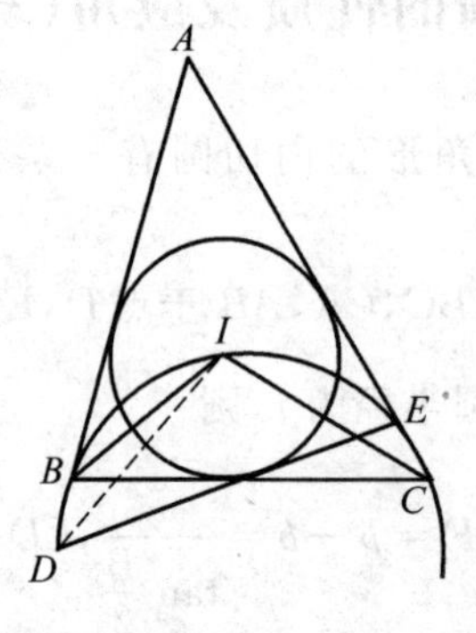

图 27.39

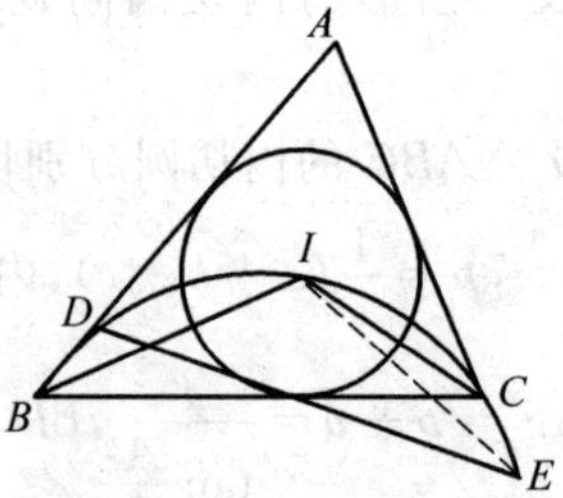

图 27.40

性质3 设 $\triangle ABC$ 的内切圆切边 BC 于点 D,AD 交内切圆于点 L,过点 L 作内切圆的切线分别交 AB,AC 于点 M,N,则

$$\frac{1}{AB}+\frac{1}{AM}=\frac{1}{AC}+\frac{1}{AN}$$

证明 当 MN // BC 时,$\triangle ABC$ 为等腰三角形,此时结论显然成立.

当 MN 与 BC 不平行时,如图 27.41,可设直线 MN 与直线 BC 交于点 G,设内切圆切 AC 于点 E,切 AB 于点 F,则

$$GD=GL,BD=BF,ML=MF$$

求 $\triangle GMB$ 及截线 DLA 应用梅涅劳斯定理,得

$$\frac{GL}{LM}\cdot\frac{MA}{AB}\cdot\frac{BD}{DG}=1$$

从而

$$\frac{BF}{AB}=\frac{MF}{AM}$$

即

$$\frac{AB-AF}{AB}=\frac{AF-AM}{AB}$$

于是

$$\frac{1}{AB}+\frac{1}{AM}=\frac{2}{AF}$$

同理对$\triangle GNC$及截线CNA应用梅涅劳斯定理，可得

$$\frac{1}{AC}+\frac{1}{AN}=\frac{2}{AE}$$

注意到$AE=AF$，于是

$$\frac{1}{AB}+\frac{1}{AM}=\frac{1}{AC}+\frac{1}{AN}$$

性质4　设$\triangle ABC$的内切圆分别切边BC,CA,AB于点D,E,F，点H在线段EF上，则$DH\perp EF$的充要条件是$\frac{FH}{HE}=\frac{BD}{DC}$.

证明　如图27.42，联结BH,CH.

充分性：当$\frac{FH}{HE}=\frac{BD}{DC}$时，注意到$BF=BD,EC=DC$，则

$$\frac{FH}{HE}=\frac{BF}{CE}$$

因为

$$\angle BFH=\angle CEH$$

所以

$$\triangle BHF\backsim\triangle CHE$$

于是

$$\angle BHF=\angle CHE$$

且

$$\frac{BH}{CH}=\frac{BF}{CE}=\frac{BD}{DC}$$

由角平分线性质定理的逆定理，知DH平分$\angle BHC$，从而

$$\angle DHF=\angle DHB+\angle BHF=\angle DHC+\angle CHE=\angle DHE$$

于是

$$DH\perp EF$$

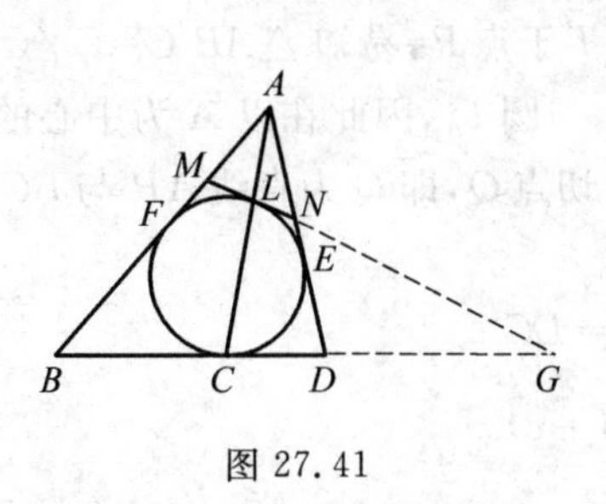

图27.41

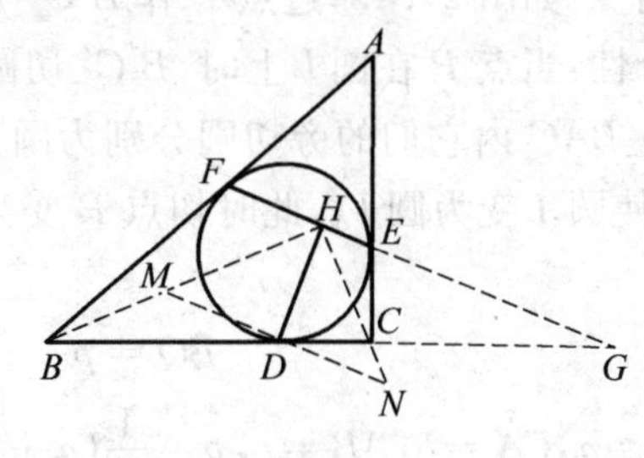

图27.42

必要性:当 $DH \perp EF$ 时,若 $FE \parallel BC$,则 $\triangle ABC$ 为等腰三角形,结论显然成立.若 FE 与 BC 不平行,则可设直线 FE 与直线 BC 交于点 G(图27.42).对 $\triangle ABC$ 及截线 FEG 应用梅涅劳斯定理,得

$$\frac{BG}{GC}\cdot\frac{CE}{EA}\cdot\frac{AF}{FB}=1$$

注意到 $AE=AF,BF=BD,CE=DC$,得

$$\frac{BD}{BG}=\frac{DC}{GC}$$

过点 D 作 $MN \parallel HG$ 交直线 BH 于点 M,交直线 HC 于点 N,则

$$DH \perp MN$$

从而

$$\frac{MD}{HG}=\frac{BD}{BG}=\frac{DC}{GC}=\frac{DN}{HG}$$

即

$$MD=DN$$

由等腰三角形性质,知 DH 平分 $\angle MHN$,即

$$\angle BHF=\angle CHE$$

又由

$$\angle BFH=\angle CEH$$

得

$$\triangle BHF \backsim \triangle CHE$$

从而

$$\frac{FH}{HE}=\frac{BF}{CE}=\frac{BD}{DC}$$

性质5 设 $\triangle ABC$ 的内切圆圆 I 切边 BC 于点 D,P 为 DI 延长线上一点,直线 AP 交 BC 于点 Q,则 $BQ=DC$ 的充要条件是点 P 在圆 I 上.

证明 如图27.43,过点 P 作 $B'C' \parallel BC$ 交 AB 于点 B',交 AC 于点 C'.

充分性:当点 P 在圆 I 上时,$B'C'$ 切圆 I 于点 P,易知 $\triangle AB'C' \backsim \triangle ABC$.由于在 $\angle BAC$ 内它们的旁切圆分别为圆 I 与圆 I_A,因此在以 A 为中心的位似变换下,使圆 I 变为圆 I_A,此时切点 P 变为切点 Q,即 Q 为直线 AP 与 BC 的交点,于是

$$BQ=p-c=DC$$

其中 $BC=a,CA=b,AB=c,p=\frac{1}{2}(a+b+c)$.

必要性：当 $BQ=DC=p-c$ 时，Q 为 $\triangle ABC$ 的 $\angle BAC$ 的旁切圆的切点．由 $\triangle AB'C' \backsim \triangle ABC$，可知存在以 A 为中心的位似变换，将 BC 上的点 Q 变为 $B'C'$ 上的点 P'，且 P' 为 $\triangle AB'C'$ 的 $\angle BAC$ 的旁切圆的切点．注意到 $B'C' /\!/ BC$，则点 P' 在过点 D 与 BC 垂直的直线上，从而点 P' 与 P 重合，故点 P 在圆 I 上．

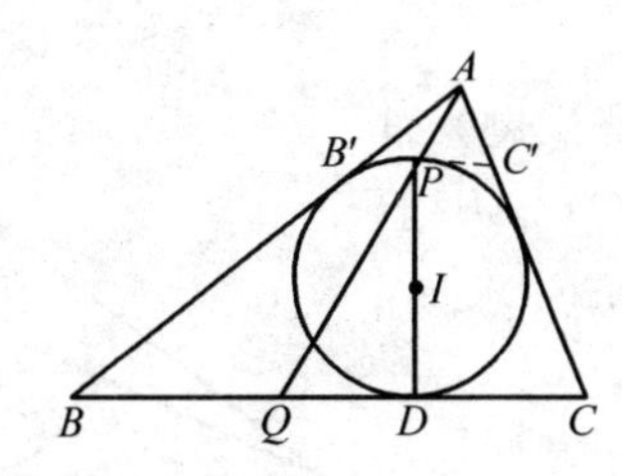

图 27.43

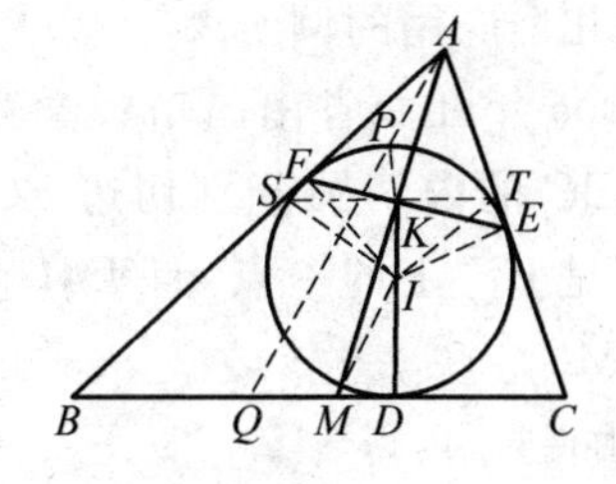

图 27.44

推论 1　设 Q 为 $\triangle ABC$ 的边 BC 上一点，则 Q 为 $\angle BAC$ 内的旁切圆的切点的充要条件是 $AB+BQ=AC+CQ$．

性质 6　设 $\triangle ABC$ 的内切圆圆 I 分别切边 BC，CA，AB 于点 D，E，F，设 K 是 DI 延长线上一点，AK 的延长线交 BC 于点 M，则 M 为 BC 的中点的充要条件是点 K 在线段 EF 上．

证明　如图 27.44，过点 K 作 $ST /\!/ BC$ 交 AB 于点 S，交 AC 于点 T，则 $IK \perp ST$，联结 SI，FI，TI，EI．

充分性：当点 K 在 EF 上时，注意到 F，S，I，K 及 I，E，T，K 分别四点共圆，得

$$\angle ISK=\angle IFK=\angle IEK=\angle ITK$$

即 $\triangle SIT$ 为等腰三角形．

注意到 $IK \perp ST$，知 K 为 ST 的中点．由于 $ST /\!/ BC$，因此 M 为 BC 的中点．

必要性：当 M 为 BC 的中点时，K 为 ST 的中点．由 $IK \perp ST$，可得 $IS=IT$，从而

$$\mathrm{Rt}\triangle ISF \cong \mathrm{Rt}\triangle ITE$$

即

$$\angle SIF=\angle TIE$$

注意到 F，S，I，K 及 I，E，T，K 分别四点共圆，从而

$$\angle SKF=\angle SIF=\angle TIE=\angle TKE$$

于是 E，K，F 三点共线，即点 K 在线段 EF 上．

推论 2 设$\triangle ABC$的内切圆圆I切边BC于点D，M为边BC的中点，Q为边BC上一点，则Q为$\angle BAC$内的旁切圆的切点的充要条件是$IM \parallel AQ$.

事实上，参见图27.44，在证明充分性时，过点A作$AQ \parallel IM$交DI于点P，只要证得点P在圆I上即可. 在证明必要性时，延长DI交圆I于点P，作直线AP交BC于点Q，证得$IM \parallel AQ$.

下面介绍几个应用的例子.

例 1 （2005年江西省南昌市数学竞赛试题）如图27.45，$\triangle ABC$的内切圆分别切边BC，CA，AB于点D，E，F，M是EF上的一点，且$DM \perp EF$. 求证：DM平分$\angle BMC$.

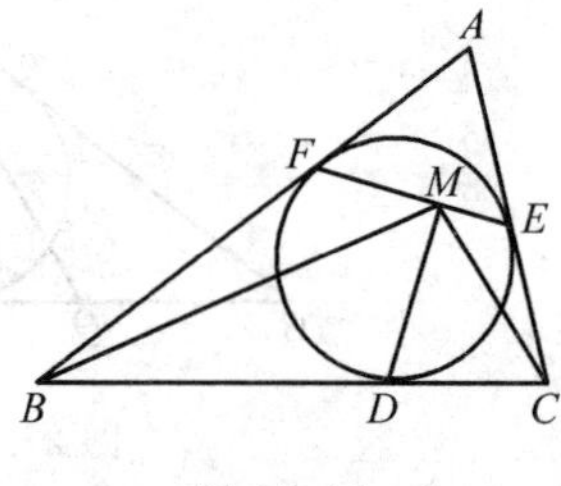

图 27.45

证明 由性质4，得

$$\frac{FM}{ME}=\frac{BD}{DC}=\frac{BF}{CE}$$

因为$\angle BFM=\angle CEM$，所以

$$\triangle BFM \backsim \triangle CEM$$

即

$$\angle BMF=\angle CME$$

由此可得DM平分$\angle BMC$.

类似于例1，可推证《数学教学》1999年第3期数学问题481：已知$\triangle ABC$的内切圆在边BC，CA，AB上的切点分别为D，E，F，且$DG \perp EF$，G为垂足，求证：GD平分$\angle BGC$.

例 2 （2008年第34届俄罗斯数学奥林匹克竞赛试题）$\triangle ABC$的内切圆W分别与边BC，CA，AB切于点A'，B'，C'，圆周上的点K，L满足

$$\angle AKB'+\angle BKA'=\angle ALB'+\angle BLA'=180^\circ$$

求证：点A'，B'，C'到直线KL的距离彼此相等.

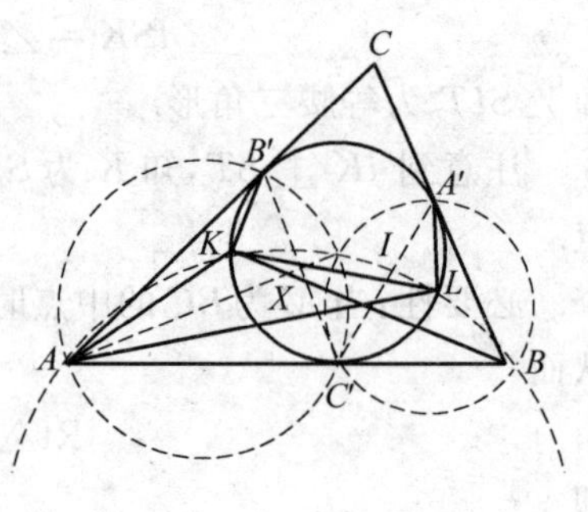

图 27.46

证明 如图27.46，对于劣弧$\overset{\frown}{A'B'}$上的点P，有

$$\angle APB'+\angle BPA'<\angle A'PB'<180^\circ$$

知点K，L均在优弧$\overset{\frown}{B'C'A'}$上. 设圆W的圆心为I，注意到$\angle A'KB'=\angle A'LB'$

及题设条件，得

$$\angle AKB = 180^\circ - \angle A'KB' = 180^\circ - \angle A'LB' = \angle ALB$$

从而 A,B,L,K 四点共圆.

联结 $B'C'$，$A'C'$，由性质 1(2)，得

$$\angle AKB = 180^\circ - \angle A'KB' = 180^\circ - \angle A'C'B'$$
$$= 180^\circ - \frac{1}{2}(\angle A + \angle B) = \angle AIB$$

从而 A,B,L,I,K 五点共圆. 设 AI 与 $B'C'$ 交于点 X，则 X 为 $B'C'$ 的中点. 注意到 $B'C'$，KL，AI 分别为圆 W，圆 $AB'IC'$，圆 $AKILB$ 两两的根轴，因而它们共点于 X. 因此，点 B'，C' 到 KL 的距离相等.

同理可得，点 A'，C' 到 KL 的距离相等.

例 3　(2008 年第 10 届中国香港数学奥林匹克竞赛试题) 设 D 为 $\triangle ABC$ 边 BC 上一点，且满足 $AB + BD = AC + CD$，线段 AD 与 $\triangle ABC$ 的内切圆交于点 X，Y，且 X 距点 A 更近一些，$\triangle ABC$ 的内切圆与边 BC 切于点 E. 证明：

(1) $EY \perp AD$；

(2) $XD = 2IA'$，其中 I 为 $\triangle ABC$ 的内心，A' 为边 BC 的中点.

证明　(1) 如图 27.47，由推论 1，知点 D 为 $\angle BAC$ 内的旁切圆与边 BC 的切点，再由性质 5 知 XE 为圆 I 的直径，则 $\angle XYE = 90^\circ$，故 $EY \perp AD$.

(2) 由推论 2，知 $IA' \parallel XD$，而 I 为 XE 的中点，因此 $XD = 2IA'$.

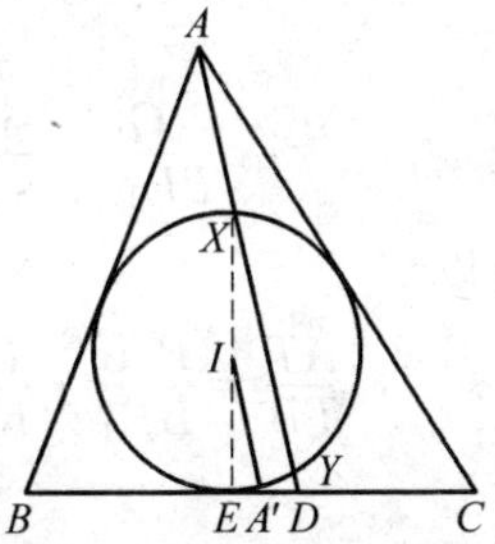

图 27.47

例 4　(2010 年中国国家集训队测试试题) 在锐角 $\triangle ABC$ 中，已知 $AB > AC$，设 $\triangle ABC$ 的内心为 I，边 AC，AB 的中点分别为 M，N，点 D，E 分别在线段 AC，AB 上，且满足 $BD \parallel IM$，$CE \parallel IN$，过内心 I 作 DE 的平行线与直线 BC 交于点 P，点 P 在直线 AI 上的投影为 Q. 证明：点 Q 在 $\triangle ABC$ 的外接圆上.

证明　如图 27.48 所示，由 $BD \parallel IM$，$CE \parallel IN$，应用推论 2，可知 D 为 $\angle ABC$ 内的旁切圆与边 AC 的切点，E 为 $\angle ACB$ 内的旁切圆与边 AB 的切点. 令 $BC = a$，$CA = b$，$AB = c$，$p = \frac{1}{2}(a+b+c)$，$\angle BAC = \alpha$，$\angle ABC = \beta$，$\angle ACB = \gamma$，R，r 分别为 $\triangle ABC$ 的外接圆，内切圆半径. 由性质 1(1)，知

$$AE=p-b=r\cdot\cot\frac{\beta}{2},AD=p-c=r\cdot\cot\frac{\gamma}{2}$$

从而

$$\frac{AE}{AD}=\frac{\cot\frac{\beta}{2}}{\cot\frac{\gamma}{2}}=\frac{\tan\frac{\gamma}{2}}{\tan\frac{\beta}{2}}$$

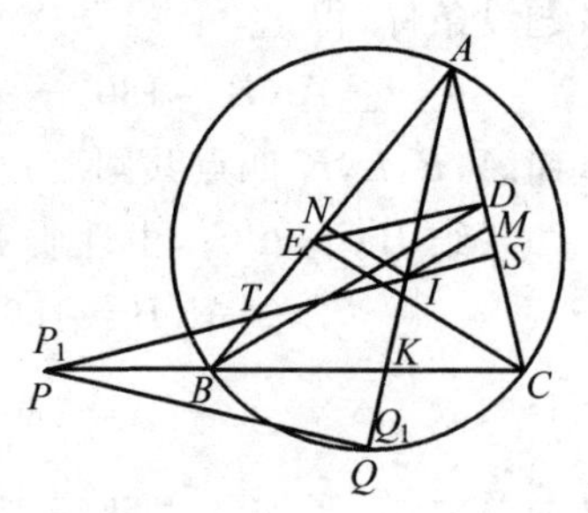

图 27.48

设 AI 与 BC 交于点 K，与 $\triangle ABC$ 的外接圆交于点 Q_1，则 Q_1 为弧 $\overparen{BC}$ 的中点，过点 Q_1 作 AQ_1 的垂线与直线 BC 交于点 P_1. 下面证明 $P_1I\parallel DE$.

设 P_1I 与 AC，AB 分别交于点 S，T，对 $\triangle ABK$ 及截线 P_1TI 应用梅涅劳斯定理，得

$$\frac{AT}{TB}\cdot\frac{BP_1}{P_1K}\cdot\frac{KI}{IA}=1$$

因为

$$\frac{IA}{KI}=\frac{AC}{KC}=\frac{\sin\angle AKC}{\sin\frac{\gamma}{2}}=\frac{\sin\angle BKQ_1}{\sin\frac{\gamma}{2}}$$

$$\frac{P_1Q_1}{BP_1}=\frac{\sin\angle P_1BQ_1}{\sin\angle P_1Q_1B}=\frac{\sin\angle CBQ_1}{\sin(90^\circ-\angle AQ_1B)}=\frac{\sin\frac{\gamma}{2}}{\cos\gamma}$$

所以

$$\frac{AT}{TB}=\frac{P_1K}{BP_1}\cdot\frac{IA}{KI}=\frac{P_1K}{BP_1}\cdot\frac{\sin\angle BKQ_1}{\sin\frac{\alpha}{2}}=\frac{P_1Q_1}{BP_1\cdot\sin\frac{\alpha}{2}}=\frac{1}{\cos\gamma}$$

于是

$$AT=\frac{AB}{1+\cos\gamma}=\frac{2R\cdot\sin\gamma}{2\cos^2\frac{\gamma}{2}}=2R\cdot\tan\frac{\gamma}{2}$$

同理可得

$$AS=2R\cdot\tan\frac{\beta}{2}$$

又因为

$$\frac{AT}{AS}=\frac{\tan\frac{\gamma}{2}}{\tan\frac{\beta}{2}}=\frac{AE}{AD}$$

所以

$$P_1I \parallel DE$$

注意到过点 I 只能引一条平行于 DE 的直线，因此点 P_1 与点 P 重合. 又点 P 在 AI 上的投影是唯一的，所以点 Q_1 与点 Q 重合，即点 Q 在 $\triangle ABC$ 的外接圆上.

第 4 节　直角三角形的一条性质及应用

西部赛试题 3 涉及了直角三角形直角边上一点的问题.

直角三角形中有如下一条有趣的结论，作为其性质介绍如下[①]：

性质　设 D 是直角 $\triangle ABC$（$\angle C=90°$）的直角边 BC 所在直线上一点（异于 B），则

$$AB^2=DA^2+DB^2\mp 2DB\cdot DC$$

证明　对于图 27.49(a)，当点 D 在 BC 的延长线上时，由勾股定理，有

$$\begin{aligned}AB^2&=BC^2+CA^2\\&=BC^2+DA^2-DC^2\\&=(BC^2+DC^2+2BC\cdot DC)+DA^2-2DC^2-2BC\cdot DC\\&=(BC+DC)^2+DA^2-2(DC+BC)\cdot DC\\&=BD^2+DA^2-2DB\cdot DC\end{aligned}$$

当点 D 在 CB 的延长线上时，类似地有

$$\begin{aligned}AB^2&=BC^2+DA^2-DC^2\\&=(BC^2+DC^2-2BC\cdot DC)+DA^2-2DC^2+2BC\cdot DC\\&=(DC-BC)^2+DA^2-2(DC-BC)DC\\&=BD^2+DA^2-2DB\cdot DC\end{aligned}$$

对于图 27.49(b)，当 D 在边 BC 上时，类似地有

$$\begin{aligned}AB^2&=BC^2+DA^2-DC^2\\&=(BC^2+DC^2-2BC\cdot DC)+DA^2-2DC^2+2BC\cdot DC\\&=(BC-DC)^2+DA^2+2(BC-DC)\cdot DC\\&=BD^2+DA^2+2DB\cdot DC\end{aligned}$$

显然，在图 27.49 中，若点 D 与点 C 重合，则 $DC=0$，有 $AB^2=BC^2+CA^2$，

① 沈文选. 直角三角形中的一个性质及应用[J]. 中等数学，2011(1)：2-5.

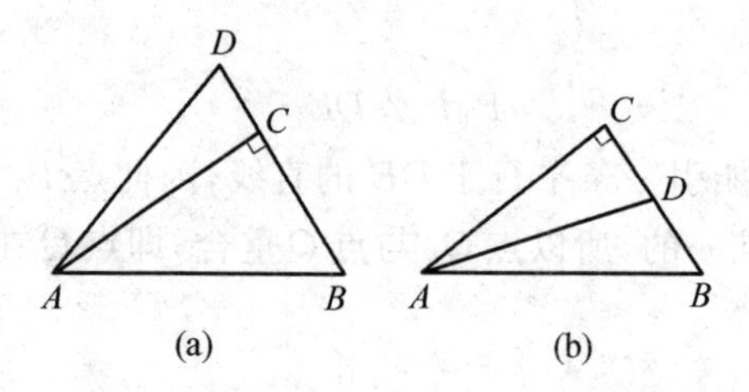

图 27.49

此即为勾股定理.因此,我们可把上述性质称为广勾股定理.

如果注意到余弦定理的形式:$AB^2=DA^2+DB^2-2DB\cdot DA\cdot\cos\angle ADB$,则又可把广勾股定理视为余弦定理的一种变形(纯线段形式).

推论 1 三角形一边的平方等于、小于或大于其他两边的平方和,视其该边所对的角是直角、锐角或钝角而定.

推论 2 三角形的一角是直角、锐角或钝角,视其该角所对的边的平方等于、小于或大于其他两边的平方和而定.

下面给出三角形的广勾股定理应用的例子.

例 1 (三角形的中线长公式)三角形一边上的中线长的平方,等于其他两条边长的平方和之半减去该边长平方的四分之一.

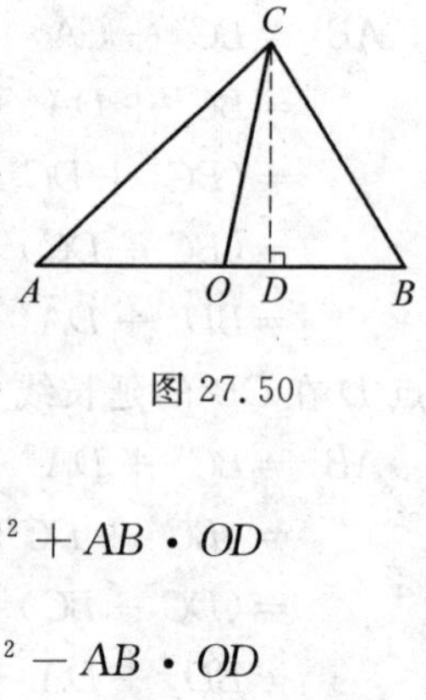

图 27.50

证明 如图 27.50,O 为 $\triangle ABC$ 的边 AB 的中点,作 $CD\perp AB$ 于 D.分别在 $\triangle AOC$ 和 $\triangle OBC$ 中应用广勾股定理,有

$$AC^2=OC^2+AO^2+2OA\cdot OD=OC^2+\frac{1}{4}AB^2+AB\cdot OD$$

$$BC^2=OC^2+OB^2-2OB\cdot OD=OC^2+\frac{1}{4}AB^2-AB\cdot OD$$

由上述两式相加,得

$$OC^2=\frac{1}{2}(AC^2+BC^2)-\frac{1}{4}AB^2$$

例 2 (平行四边形边长对角线长关系)平行四边形各边的平方和等于两对角线的平方和.

事实上,在图 27.50 中,将 CO 延长至 E,使 $OE=OC$,则四边形 $AEBC$ 为平行四边形,由三角形中线长公式,即得 $2(AC^2+BC^2)=AB^2+CE^2$.

例 3 (定差幂线定理)设 MN,PQ 是两条线段,则 $MN\perp PQ$ 的充要条件为 $PM^2-PN^2=QM^2-QN^2$.

证明　必要性：如图27.51，若$MN\perp PQ$，则可设$MN\perp PQ$于D，分别在$\triangle MQP$，$\triangle PQN$中应用广勾股定理，有

$$PM^2=QM^2+PQ^2-2\overrightarrow{QP}\cdot\overrightarrow{QD}$$
$$PN^2=QN^2+PQ^2-2\overrightarrow{QP}\cdot\overrightarrow{QD}$$

上述两式相减，得$PM^2-PN^2=QM^2-QN^2$.

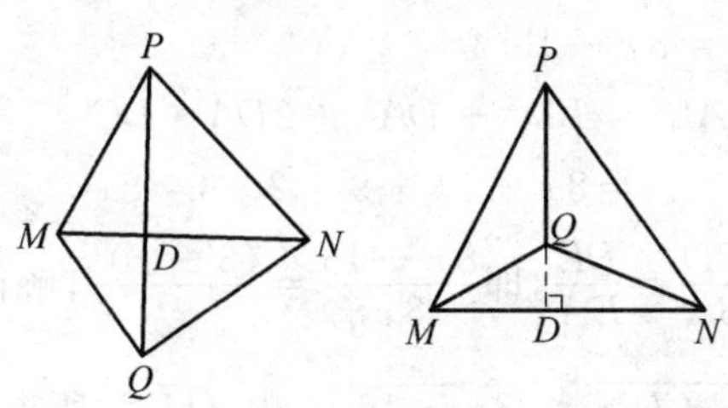

图27.51

充分性：当$PM^2-PN^2=QM^2-QN^2$时，如图27.52所示.

设R,S,T,K,E,F分别为QN,NP,PM,MQ,PQ,MN的中点，将这些中点联结如图27.52，则$KRST,RFTE,KFSE$均为平行四边形. 由例2的结论，有

$$2(KF^2+KE^2)=EF^2+KS^2$$
$$2(ER^2+RF^2)=EF^2+RT^2$$

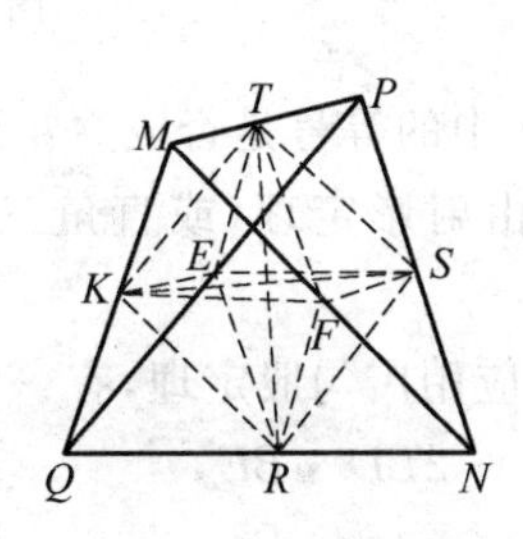

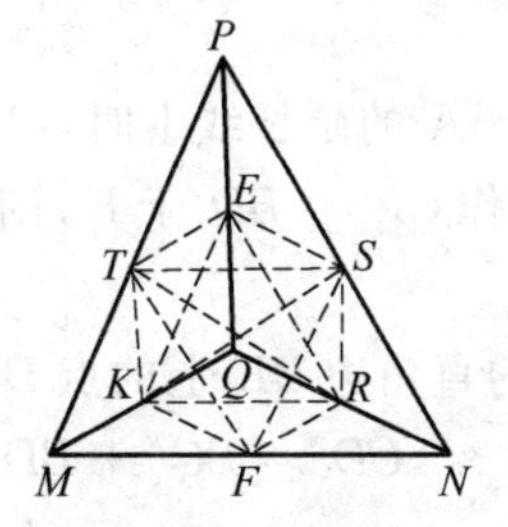

图27.52

由题设有$PM^2+QN^2=PN^2+QM^2$，即有$4KE^2+4KF^2=4ER^2+4RF^2$. 上述三式整理得$KS^2=RT^2$. 即$KS=RT$，从而$KRST$为矩形，有$KT\perp KR$，而$KT\parallel PQ$，$KR\parallel MN$，故$MN\perp PQ$.

例4　（2009年"新知杯"上海市初中竞赛题）如图27.53，在$\mathrm{Rt}\triangle ABC$中，$\angle ACB=90^\circ$，点D在边CA上，使得$CD=1$，$DA=3$，且$\angle BDC=3\angle BAC$，求BC的长.

解　由$\angle BDC=3\angle BAC$，知$\angle ABD=2\angle BAC$.

过点B作$\angle ABD$的平分线交DA于E，则$\triangle AEB$为等腰三角形，令$AE=$

x,则 $BE=x$,且 $DE=3-x$.

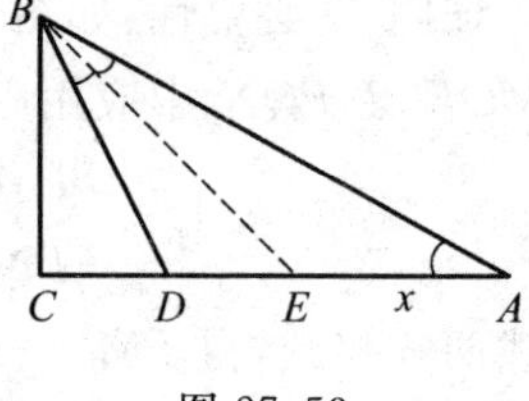

图 27.53

分别对 $\triangle EBC$,$\triangle ABC$ 应用广勾股定理,有

$$x^2=BE^2=BD^2+DE^2+2DE\cdot DC$$
$$=BD^2+(3-x)^2+2(3-x)$$

即

$$BD^2=8x-15$$
$$AB^2=BD^2+DA^2+2DA\cdot DC$$
$$=8x-15+9+2\cdot 3=8x$$

又由角平分线性质,有 $\frac{BD}{BA}=\frac{DE}{EA}$,即 $\frac{8x-15}{8x}=\frac{(3-x)^2}{x^2}$,解得 $x=\frac{24}{11}$.

从而 $BC=\sqrt{BD^2-CD^2}=\sqrt{8x-16}=\frac{4}{11}\sqrt{11}$ 为所求.

例 5 (2003 年"信利杯"全国初中联赛题)已知在 $\triangle ABC$ 中,$\angle ACB=90°$.

(1) 如图 27.54 所示,当点 D 在斜边 AB 上(不含端点)时,求证:$\frac{CD^2-BD^2}{BC^2}=\frac{AD-BD}{AB}$;

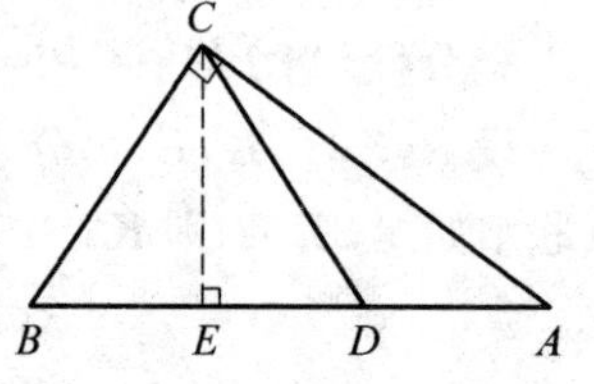

图 27.54

(2) 当点 D 与 A 重合时,(1) 中的等式是否成立?请说明理由;

(3) 当点 D 在 BA 的延长线上时,(1) 中的等号是否成立?请说明理由.

解 (1) 过 C 作 $CE\perp BD$ 于 E,则由射影定理(或直角三角形相似)有 $BC^2=BA\cdot BE$.

对 $\mathrm{Rt}\triangle CBE$ 的直角边 BE 上的点 D 应用广勾股定理,有

$$CD^2=BC^2+BD^2-2BD\cdot BE$$

即

$$CD^2-BD^2=BC^2-2BD\cdot BE$$

于是

$$\frac{CD^2-BD^2}{BC^2}=\frac{BC^2-2BD\cdot BE}{BC^2}=\frac{BA\cdot BE-2BD\cdot BE}{BA\cdot BE}$$
$$=\frac{(BA-BD)-BD}{BA}=\frac{AD-BD}{AB}$$

(2) 当点 D 与 A 重合时,(1) 中等式仍然成立.

此时,$AD=0$,$CD=AC$,$BD=AB$.于是

$$\frac{CD^2-BD^2}{BC^2}=\frac{AC^2-AB^2}{BC^2}=\frac{-BC^2}{BC^2}=-1$$

$$\frac{AD-BD}{AB}=\frac{-AB}{AB}=-1$$

故

$$\frac{CD^2-BD^2}{BC^2}=\frac{AD-BD}{AB}$$

(3) 当点 D 在 BA 的延长线上时,(1) 中的等式不成立.

此时,同(1) 作辅助线,应用广勾股定理,有 $CD^2=BC^2+BD^2+2BD\cdot BE$,即 $CD^2-BD^2=BC^2+2BD\cdot BE$,从而$\frac{CD^2-BD^2}{BC^2}\neq\frac{AD-BD}{AB}$.

例 6 (第 21 届江苏省初中竞赛题) 如图 27.55,四边形 $ABCD$ 为正方形,圆 O 过正方形的顶点 A 和对角线的交点 P,并分别交 AB,AD 于点 F,E.(1) 求证:$DE=AF$;(2) 若圆 O 的半径为$\frac{\sqrt{3}}{2}$,$AB=\sqrt{2}+1$,求$\frac{AE}{ED}$的值.

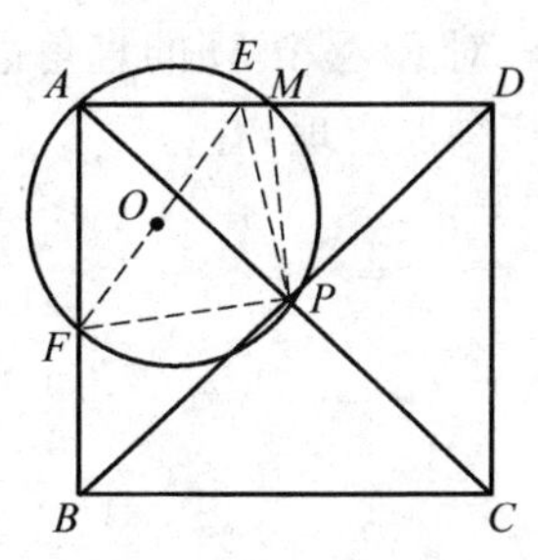

图 27.55

解　显然 EF 为圆 O 的直径,即点 O 在 EF 上.

联结 EP,FP,则 $\angle EFP=\angle EAP=45^\circ=\angle FAP=\angle FEP$,即知 $\triangle EPF$ 为等腰直角三角形,于是 $EP=\sqrt{2}\,OE=\frac{\sqrt{6}}{2}$.

(1) 由 $DP=AP$,$\angle EDP=45^\circ=\angle FAP$,$\angle DEP=\angle AFP$,知 $\triangle DEP\cong\triangle AFP$,从而 $DE=AF$.

(2) 过 P 作 $PM\perp AD$ 于 M,则 M 为 AD 的中点,$AM=\frac{1}{2}(\sqrt{2}+1)$,$AP=\sqrt{2}\,AM=\frac{1}{2}(\sqrt{2}+2)$. 令 $AE=x$,则 $EM=\frac{1}{2}(\sqrt{2}+1)-x$.

对 $\mathrm{Rt}\triangle APM$ 的直角边 AM 上的点 E 应用广勾股定理,有

$$AP^2=AE^2+EP^2+2EA\cdot EM$$

即

$$\left[\frac{1}{2}(\sqrt{2}+2)\right]^2=x^2+\left(\frac{\sqrt{6}}{2}\right)^2+2x\cdot\left[\frac{1}{2}(\sqrt{2}+1)-x\right]$$

亦即

$$x^2-(\sqrt{2}+1)x+\sqrt{2}=0$$

解得 $AE=x=1$ 或 $\sqrt{2}$，所以，$\frac{AE}{ED}=\sqrt{2}$ 或 $\frac{\sqrt{2}}{2}$.

例7 (2008年"我爱数学"初中生夏令营竞赛题)在 $\triangle ABC$ 中，$\angle A=75^\circ$，$\angle B=35^\circ$，D 是边 BC 上一点，$BD=2CD$，求证：$AD^2=(AC+BD)(AC-CD)$.

证明 如图27.56，延长 BC 至 E，使 $CE=AC$.

由题设 $\angle C=70^\circ$，则 $\angle E=35^\circ=\angle B$，即知 $\triangle ABE$ 为等腰三角形. 过点 A 作 $AM\perp BE$ 于 M，则 M 为 BE 的中点. 取 BD 的中点 F，则 $BF=FD=DC$，联结 AF.

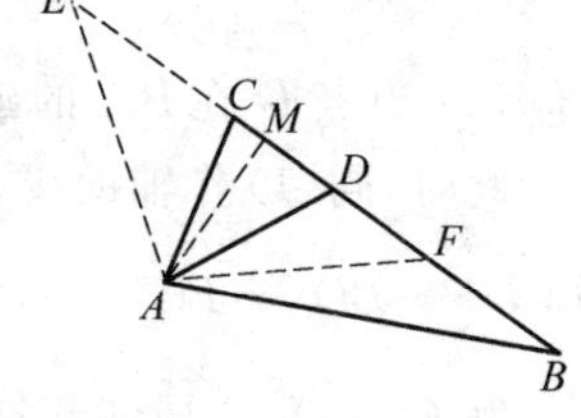

图27.56

对 $\mathrm{Rt}\triangle ABM$ 的直角边 BM 所在直线上的点 C 应用广勾股定理，有

$$\begin{aligned}AB^2&=AC^2+BC^2-2CB\cdot CM\\&=AC^2+BC(BC-CM-CM)\\&=AC^2+BC(BM-CM)\\&=AC^2+BC(EM-CM)\\&=AC^2+BC\cdot CE\\&=AC^2+BC\cdot AC\end{aligned}\quad ①$$

又在 $\mathrm{Rt}\triangle AFM$，$\mathrm{Rt}\triangle ACM$ 中分别对点 D 应用广勾股定理，有

$$AF^2=FD^2+AD^2+2DF\cdot DM$$

$$AC^2=CD^2+AD^2-2DC\cdot DM$$

此两式相加得

$$AF^2+AC^2=2CD^2+2AD^2\quad ②$$

同理，在 $\mathrm{Rt}\triangle ABM$，$\mathrm{Rt}\triangle ADM$ 中分别对点 F 应用广勾股定理，有

$$AB^2=AF^2+BF^2+2FB\cdot FM$$

$$AD^2=AF^2+DF^2-2FD\cdot FM$$

此两式相加，得

$$AB^2+AD^2=2AF^2+2CD^2\quad ③$$

由式②③得

$$2AC^2+AB^2=6CD^2+3AD^2$$

将式①代入并注意 $BC=3CD$，得

$$AC^2+AC\cdot CD=2CD^2+AD^2$$

故

$$AD^2=AC^2+AC\cdot CD-2CD^2$$
$$=(AC+2CD)(AC-CD)$$
$$=(AC+BD)(AC-CD)$$

例 8　(《中等数学》2008(4) 数学奥林匹克问题初 222 题) 如图 27.57,圆 O 在矩形 $ABCD$ 内,过顶点 A,B,C,D 分别作圆 O 的切线,切点分别为 A_1,B_1,C_1,D_1.若 $AA_1=3,BB_2=4,CC_1=5$,求 DD_1 的长.

解　联结 $AO,BO,CO,DO,A_1O,B_1O,C_1O,D_1O$,则 $OA_1\perp AA_1,OB_1\perp BB_1,OC_1\perp CC_1,OD_1\perp DD_1$.

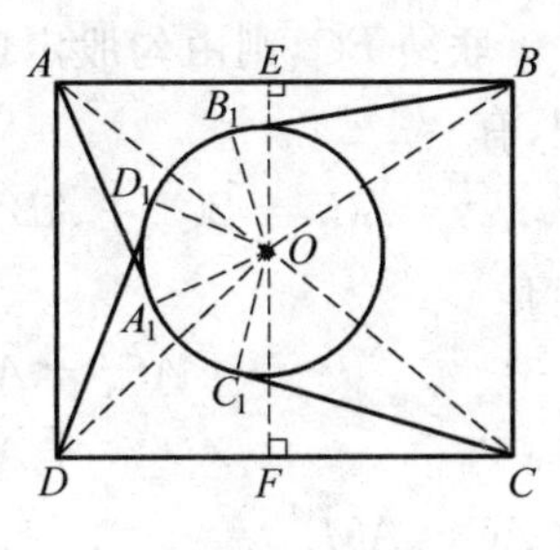

图 27.57

设圆 O 的半径为 r,则由勾股定理,知

$$AO^2=AA_1^2+r^2,BO^2=BB_1^2+r^2$$
$$CO^2=CC_1^2+r^2,DO^2=DD_1^2+r^2$$

过点 O 作 $EF\parallel AD$ 分别交 DC,AB 于 F,E,则由题设知 $OE\perp AB,OF\perp DC$,且 $BE=CF$.

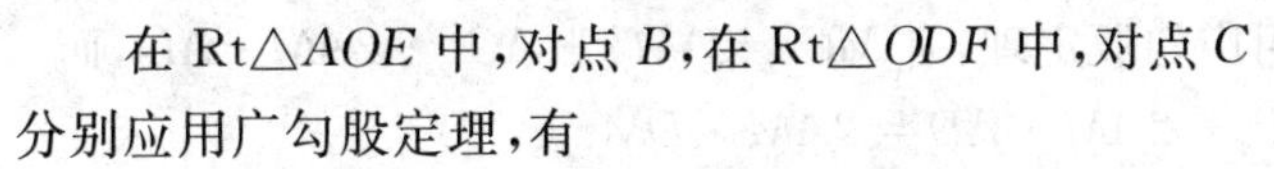

在 Rt$\triangle AOE$ 中,对点 B,在 Rt$\triangle ODF$ 中,对点 C 分别应用广勾股定理,有

$$AO^2=OB^2+AB^2-2BA\cdot BE$$
$$DO^2=OC^2+CD^2-2CD\cdot CF$$

此两式相减得

$$AO^2-DO^2=OB^2-OC^2$$

即

$$AO^2+OC^2=OB^2+OD^2 \qquad (*)$$

于是

$$AA_1^2+CC_1^2=BB_1^2+DD_1^2$$

故 $DD_1=\sqrt{AA_1^2+CC_1^2-BB_1^2}=3\sqrt{2}$ 为所求.

注　式$(*)$表明:矩形内一点到两双对顶点的距离的平方和相等.

例 9　(2009 年福建省竞赛题) 如图 27.58,圆 O 与线段 AB 切于点 M,且与以 AB 为直径的半圆切于点 E,$CD\perp AB$ 于点 D,CD 与以 AB 为直径的半圆交于点 C,且与圆 O 切于点 F,联结 AC,CM.求证:(1)A,F,E 三点共线;(2)$AC=AM$;(3)$MC^2=2MD\cdot MA$.

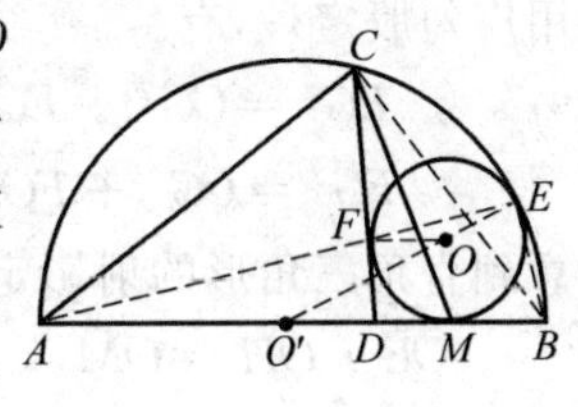

图 27.58

证明　(1) 设 AB 的中点为 O',由于圆 O' 与圆 O

内切于点 E，则知 O'，O，E 三点共线.

联结 FO，则 $FO \perp CD$. 又 $AB \perp CD$，知 $FO // AB$.

于是 $\angle EOF = \angle EO'A$. 从而，两等腰 $\triangle EOF$，$\triangle EO'A$ 的底角相等，即有 $\angle OEF = \angle O'EA$，由此即知 A，F，E 三点共线.

(2) 在圆 O 中，由切割线定理，有 $AM^2 = AF \cdot AE$.

联结 EB，则 $AE \perp EB$，知 E，F，D，B 四点共圆，即有 $AF \cdot AE = AD \cdot AB$.

联结 BC，则由勾股定理有 $BC^2 = AB^2 - AC^2$. 在 $\triangle ABC$ 中，应用广勾股定理，有

$$AC^2 = BC^2 + AB^2 - 2BA \cdot BD = 2AB^2 - AC^2 - 2BA \cdot BD$$

即有

$$\begin{aligned} AC^2 &= AB^2 - BA \cdot BD = AB(AB - BD) \qquad (**) \\ &= AB \cdot AD = AF \cdot AE = AM^2 \end{aligned}$$

故 $AC = AM$.

(3) 在 $\triangle AMC$ 中应用广勾股定理，有 $MC^2 = AM^2 + AC^2 - 2AM \cdot AD$，而 $AM = AC$，故 $MC^2 = 2AM^2 - 2AM \cdot AD = 2AM \cdot DM$.

注 式(* *)亦即直角三角形的射影定理 $AC^2 = AB \cdot AD$. 这说明可用广勾股定理推导直角三角形射影定理.

例 10 (《中等数学》2009(7) 数学奥林匹克问题高 251) 如图 27.59，凸四边形 $ABCD$ 外切于圆 O，两组对边所在的直线分别交于点 E，F，对角线交于点 G. 求证：$OG \perp EF$.

证明 设圆 O 与边 AB，BC，CD，DA 的切点分别为 M，N，R，S，则由牛顿定理知 AC，BD，MR，NS 四线共点于 G.

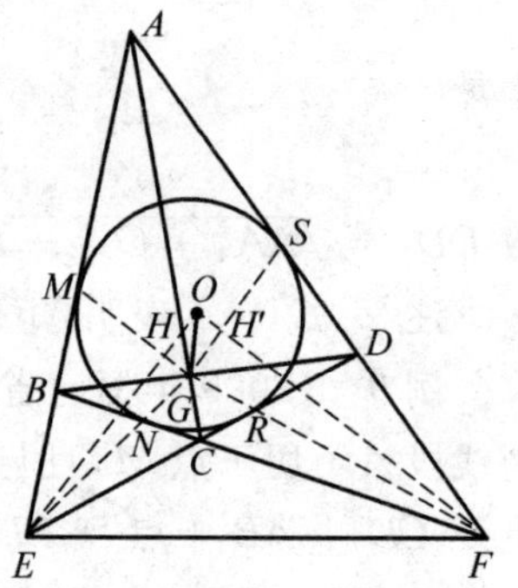

图 27.59

联结 OE 交 MG 于 H，联结 OF 交 SG 于 H'，则 $GH \perp OE$，$GH' \perp OF$. 在 $\triangle OEG$ 和 $\triangle OFG$ 中分别应用广勾股定理，有

$$EG^2 = OG^2 + EO^2 - 2OE \cdot OH$$

$$FG^2 = OG^2 + FO^2 - 2OF \cdot OH'$$

注意到直角三角形的射影定理，有

$$OE \cdot OH = OM^2 = OS^2 = OF \cdot OH'$$

从而

$$EG^2 - EO^2 = OG^2 - 2OE \cdot OH = OG^2 - 2OF \cdot OH' = FG^2 - FO^2$$

由定差幂线定理,知 $OG \perp EF$.

例 11　(第 31 届俄罗斯数学奥林匹克(第 4 轮)题)已知非等腰 $\triangle ABC$，AA_1，BB_1 是它的两条高,又线段 A_1B_1 与平行于 AB 的中位线相交于点 C'.证明:经过 $\triangle ABC$ 的外心和垂心的直线与直线 CC' 垂直.

证明　如图 27.60,设 O,H 分别为 $\triangle ABC$ 的外心和垂心,EF 是与 AB 平行的中位线,交 AC 于 E,交 BC 于 F.联结 CO 交 B_1A_1 于点 L,联结 CH 交 EF 于点 K.

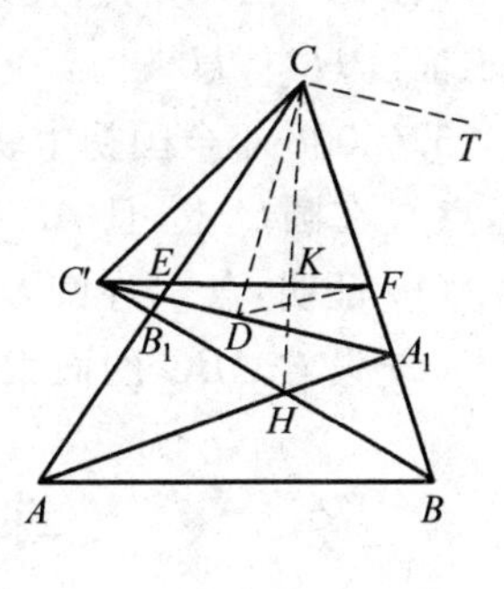

图 27.60

注意到 $CH \perp AB$,$EF \parallel AB$,则知 $CH \perp EF$,即 $KF \perp CH$.

过点 C 作 $\triangle ABC$ 外接圆的切线 CT,则 $CO \perp CT$,且 $\angle TCB = \angle CAB = \angle B_1A_1C$,即知 $B_1A_1 \parallel CT$,于是知 $CO \perp B_1A_1$,即 $C'L \perp CO$,联结 $C'H$,$C'O$.

在 Rt$\triangle C'HK$,Rt$\triangle C'OL$ 中,分别对点 C 应用广勾股定理,有

$$C'H^2 = C'C^2 + CH^2 - 2CK \cdot CH$$

$$C'O^2 = C'C^2 + CO^2 - 2CL \cdot CO$$

上述两式相减得

$$C'H^2 - C'O^2 = CH^2 - CO^2 - 2CK \cdot CH + 2CL \cdot CO \quad ①$$

由于 $OE \perp EB_1$,$OL \perp B_1L$,知 B_1,E,O,L 四点共圆;由 $\angle EFC = \angle ABC = \angle A_1B_1C$,知 A_1,F,B_1,E 四点共圆;由 $HA_1 \perp A_1F$,$HK \perp KF$ 知 K,H,A_1,F 四点共圆,于是

$$CL \cdot CO = CE \cdot CB_1 = CF \cdot CA_1 = CK \cdot CH \quad ②$$

将式 ② 代入式 ① 得

$$C'H^2 - C'O^2 = CH^2 - CO^2$$

于是,由定差幂线定理,知 $CC' \perp OH$.

练　习　题

1.设 P 为 $\triangle ABC$ 的边 AB 上一点,求证:$CP^2 = AC^2 \cdot \dfrac{PB}{AB} + BC^2 \cdot \dfrac{AP}{AB} - AP \cdot PB$.

2.已知圆 O 内的弦 CD 平行于直径 AB,P 为 AB 上的一点,求证:$PC^2 +$

$PD^2=PA^2+PB^2$.

3.设 P 为正 $\triangle ABC$ 的外接圆劣弧 $\overset{\frown}{BC}$ 上任一点.求证:$PB+PC=PA$.

4.设 H 为锐角 $\triangle ABC$ 的垂心,P 是 $\triangle ABC$ 所在平面内任一点,作 $HM\perp PB$ 于点 M 交 AC 的延长线于点 J,作 $HN\perp PC$ 于点 N 交 AB 的延长线于点 I,求证:$PH\perp IJ$.

5.(2008年全国初中联赛题) 圆 O 与圆 D 相交于点 A,B,BC 为圆 D 的切线,点 C 在圆 O 上,且 $AB=BC$.

(1) 证明:点 O 在圆 D 的圆周上;

(2) 设 $\triangle ABC$ 的面积为 S,求圆 D 的半径 r 的最小值.

练习题参考解答或提示

1.提示:过 C 作 $CD\perp AB$ 于 D,在 $\mathrm{Rt}\triangle ADC$,$\mathrm{Rt}\triangle CDB$ 中,对点 P 应用广勾股定理有 $AC^2=AP^2+PC^2+2PA\cdot PD$,$BC^2=BP^2+PC^2-2PB\cdot PD$,分别以 PB,PA 乘前述两式后相减,整理即得结论.

2.提示:取 P 关于 O 的对称点 P',联结 CO,CP',则 $P'C=PD$,$P'O=OP$.过 C 作 $CH\perp AB$ 于 H,在 $\mathrm{Rt}\triangle OCH$ 中,分别对点 P',P 应用广勾股定理,有

$$CP'^2=CO^2+P'O^2-2OH\cdot P'O$$
$$CP^2=CO^2+PO^2+2OH\cdot PO$$

此两式相加得

$$2CO^2+2OP^2=CP'^2+CP^2$$

于是

$$\begin{aligned}PC^2+PD^2&=CP^2+CP'^2=2CO^2+2OP^2\\&=2AO^2+2OP^2\\&=AO^2+2AO\cdot OP+OP^2+AO^2-2AO\cdot OP+OP^2\\&=(AO+OP)^2+(AO-OP)^2\\&=AP^2+PB^2\end{aligned}$$

3.提示:过 B 作 $BE\perp AP$ 于 E,过 C 作 $CF\perp AP$ 于 F.注意到 $\angle APB=\angle APC=60^\circ$,即知 $PE=\frac{1}{2}BP$,$PF=\frac{1}{2}PC$.在 $\mathrm{Rt}\triangle ABE$,$\mathrm{Rt}\triangle ACF$ 中,分别对点 P 应用广勾股定理,有

$$AB^2=BP^2+AP^2-2PE\cdot PA$$
$$AC^2=CP^2+AP^2-2PF\cdot PA$$

从而有

$$BP^2 - PA \cdot BP + AP^2 - AB^2 = 0$$

$$CP^2 - PA \cdot CP + AP^2 - AB = 0$$

于是 BP,CP 是一元二次方程 $x^2 - PA \cdot x + PA^2 - AB^2 = 0$ 的两个根,由韦达定理,得 $BP + CP = PA$.

4. 提示:设 BE,CF 是 $\triangle ABC$ 的两条高,则知 H 为其交点,由垂心的性质知 $BH \cdot HE = CH \cdot HF$. 由 $MJ \perp BM$,$BE \perp EJ$ 知 B,J,E,M 四点共圆,即有 $MH \cdot HJ = BH \cdot HE$. 由 $NI \perp CN$,$CF \perp FI$ 知 C,N,F,I 四点共圆,即有 $NH \cdot HI = CH \cdot HF$,于是 $MH \cdot HJ = NH \cdot HI$. 联结 PI,PJ,有 $\mathrm{Rt}\triangle PIN$,$\mathrm{Rt}\triangle PJM$,分别对点 H 应用广勾股定理,有 $PI^2 = IH^2 + HP^2 + 2HI \cdot HN$,$PJ^2 = JH^2 + HP^2 + 2HJ \cdot HM$. 此两式相减得 $PI^2 - PJ^2 = HI^2 - HJ^2$. 故由定差幂线定理,知 $PH \perp IJ$.

5. 提示:(1) 由 $\triangle OBA \cong \triangle OBC$,知 $\angle OBA = \angle OBC$. 由 $OD \perp AB$,$DB \perp BC$ 知 $\angle DOB = 90^\circ - \angle OBA = 90^\circ - \angle OBC = \angle DBO$,即知 $DB = OD$,即 O 在圆 D 的圆周上.

(2) 延长 BO 交 AC 于 E,则 $BE \perp AC$. 由 $S = \frac{1}{2}AC(OB + OB)$. 知 $OB + OB = \frac{2S}{AC}$.

在 $\mathrm{Rt}\triangle ABE$ 中,对点 O 应用广勾股定理,有

$$AB^2 = OB^2 + AO^2 + 2OB \cdot OE = 2OB(OB + OE) = 2OB \cdot \frac{2S}{AC} = 4S \cdot \frac{OB}{AC}$$

注意到弦切角与圆心角关系,知 $\angle ODB = \angle ABC$,从而 $\triangle ODB \backsim \triangle ABC$. 于是 $\frac{OD}{AB} = \frac{OB}{AC}$,故 $r = OD = \frac{OB}{AC} \cdot AB = \frac{OB}{AC} \cdot \sqrt{4S \cdot \frac{OB}{AC}} = 2\sqrt{S} \cdot \left(\frac{OB}{AC}\right)^{\frac{3}{2}} \geqslant 2\sqrt{S} \cdot \left(\frac{OB}{2DB}\right)^{\frac{3}{2}} = \frac{\sqrt{2S}}{2}$ 为所求.

第 5 节　等腰三角形问题

西部赛试题 3 也涉及等腰三角形的问题.

本节我们从等腰三角形边上一点的性质及构造等腰三角形处理问题两个方面来介绍一些运用等腰三角形性质处理问题的例子.

1. 等腰三角形的一条性质及应用

等腰三角形中有如下一个结论,它在处理有关竞赛中发挥重要作用,我们以性质介绍之.①

性质 设 P 是等腰 $\triangle OAB$ 的底边 AB 所在直线上一点,则 $OP^2=OA^2\mp AP\cdot PB$.

证明 如图27.61(a),当点 P 在底边 AB 上时. M 为底边 AB 的中点,联结 OM,则 $OM\perp AB$,且 $AM=MB$,由勾股定理,得

$$\begin{aligned}OP^2&=OM^2+PM^2\\&=OM^2+(AM-AP)(PB-AM)\\&=OM^2-AM^2-AP\cdot PB+AM(AP+PB)\\&=OM^2-AP\cdot PB+AM^2\\&=OA^2-AP\cdot PB\end{aligned}$$

如图27.61(b),当点 P 在底边 AB 的延长线上时,设 M 为 AB 的中点,同上,有

$$\begin{aligned}OP^2&=OM^2+(AP-AM)(PB+AB)\text{(或 }P\text{ 在 }BA\text{ 的延长线上时有}\\&\quad(AP+AM)(PB-AM))\\&=OM^2+AP\cdot PB-AM^2+AM(AP-PB)\text{(或 }AM(PB-AP))\\&=OM^2+AP\cdot PB+AM^2=OA^2+AP\cdot PB\end{aligned}$$

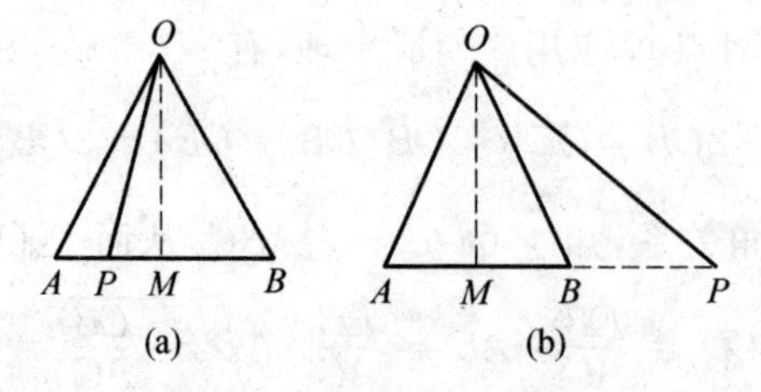

图27.61

注 也可利用在点 P 处的角相等或相补,分别对 $\triangle APO$ 和 $\triangle OPB$ 运用余弦定理而证.

显然,上述结论是斯特瓦尔特定理(若 P 为 $\triangle OAB$ 的 AB 所在直线上一点,则 $OP^2=OA^2\cdot\dfrac{PB}{AB}+OB^2\cdot\dfrac{AP}{AB}-\overrightarrow{AP}\cdot\overrightarrow{BP}$)的特殊情形.上述基本图形常

① 沈文选.等腰三角形的一条性质及应用[J].中等数学,2011(7):6-10.

出现在与等腰三角形有关的问题中；也常出现在与线段的中垂线有关的问题中；与切线长定理有关的问题中；与点对圆的幂(即圆幂定理)有关的问题中，即为：若以 O 为圆心，过 A,B 作圆，则对于 AB 所在直线上一点 P，有 $OP^2=OA^2\mp AP\cdot PB=R^2\mp AP\cdot PB$，此即为圆幂定理.

下面我们看一些例子：

例1　在 $\triangle ABC$ 中，$AB=AC=2$，BC 边上有100个不同的点 $P_1,P_2,\cdots,P_{100}$，记 $m_i=AP_i^2+BP_i\cdot P_iC$ $(i=1,2,\cdots,100)$，求 $m_1+m_2+\cdots+m_{100}$ 的值.

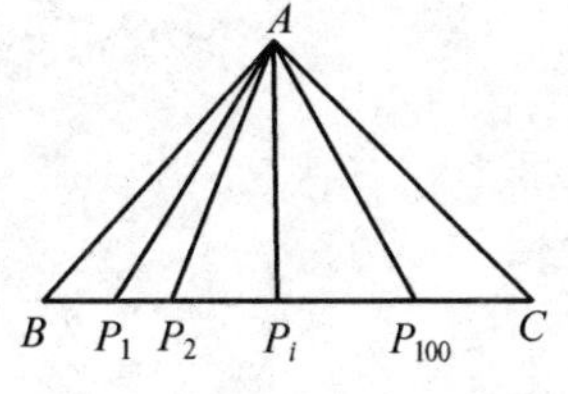

图27.62

解　由于 $\triangle ABC$ 是等腰三角形，则可应用式(＊)，有

$$AP_i^2=AB^2-BP_i\cdot P_iC$$

从而 $AP_i^2+BP_i\cdot P_iC=AB^2=4\quad(i=1,2,\cdots,100)$

故
$$m_1+m_2+\cdots+m_{100}=400$$

例2　如图27.63，PT_1 和 PT_2 是圆 O 的割线，分别交圆 O 于 S_1,S_2，且 $PT_1=PT_2$，过 P 的直线交圆 O 于 Q，R(Q 在 R 与 P 之间)，交 T_1T_2 于 T，交 S_1S_2 于 S. 求证：$\dfrac{1}{PQ}+\dfrac{1}{PR}=\dfrac{1}{PS}+\dfrac{1}{PT}$.

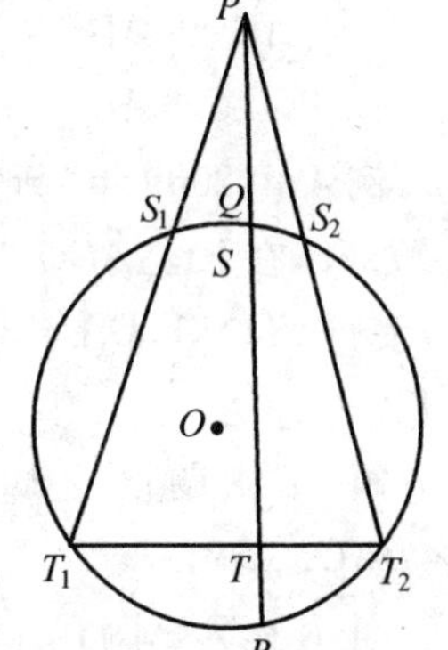

图27.63

证明　因 $\triangle PT_1T_2$ 为等腰三角形，注意到 $PS_1\cdot PT_1=PS_2\cdot PT_2$，知 $PS_1=PS_2$，即 $\triangle PS_1S_2$ 也为等腰三角形，应用式(＊)，有

$$PS^2=PS_1^2-S_1S\cdot SS_2 \qquad ①$$

由 $S_1S_2\ /\!/\ T_1T_2$，有

$$\frac{PS_1}{PS}=\frac{PT_1}{PT}$$

再注意到 $PT_1\cdot PS_1=PQ\cdot PR$，于是

$$PS_1^2=\frac{PS\cdot PQ\cdot PR}{PT} \qquad ②$$

又在圆 O 中，有

$$S_1S\cdot SS_2=RS\cdot SQ=(PR-PS)(PS-PQ) \qquad ③$$

将式②③代入式①有

$$PS^2=\frac{PS\cdot PQ\cdot PR}{PT}-(PR-PS)(PS-PQ)$$

整理，即得

$$\frac{1}{PQ}+\frac{1}{PR}=\frac{1}{PS}+\frac{1}{PT}$$

例3 设D是直角$\triangle ABC$($\angle C=90°$)的直角边BC所在直线上一点(异于B),则

$$AB^2=DB^2+DA^2\mp 2DB\cdot DC$$

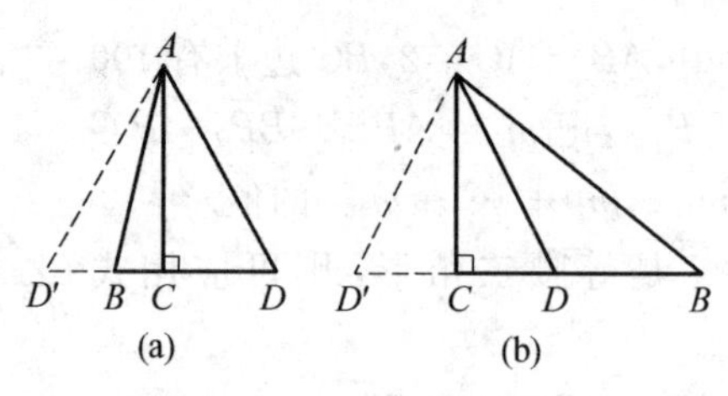

图27.64

证明 如图27.64,作D关于C的对称点D',则$\triangle AD'D$为等腰三角形.于是,由等腰三角形的性质,有

$$\begin{aligned}AB^2&=AD^2\mp DB\cdot BD\\&=AD^2\mp DB\cdot(2CD\mp DB)=DB^2+DA^2\mp 2DB\cdot DC\end{aligned}$$

例4 (2009年"新知杯"上海市初中竞赛题)如图27.65,在$\mathrm{Rt}\triangle ABC$中,$\angle ACB=90°$,点D在边CA上,使得$CD=1$,$DA=3$,且$\angle BDC=3\angle BAC$,求BC的长.

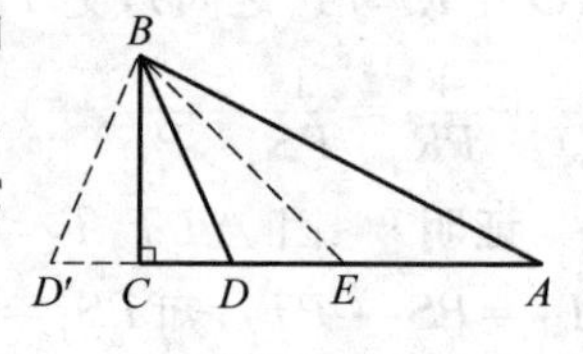

图27.65

解 由题设$\angle BDC=3\angle BAC$,知$\angle ABD=2\angle BAC$.

过B作$\angle ABD$的平分线与DA交于点E,则$\triangle AEB$为等腰三角形,令$AE=x$,则$BE=x$,$DE=3-x$.

设D'是D关于C的对称点,则

$$D'E=D'C+CD+DE=5-x$$

于是,由等腰三角形的性质,有

$$BE^2=BD^2+EC\cdot ED'=(3-x)(5-x)$$

故$BD^2=8x-15$.

又由等腰三角形的性质,有

$$AB^2=BD^2+AD\cdot AD'=8x-15+3\cdot 5=8x$$

由角平分线的性质,有$\frac{BD}{BA}=\frac{DE}{EA}$,即$\frac{8x-15}{8x}=\frac{(3-x)^2}{x^2}$,亦即$x=\frac{24}{11}$.

故 $BC=\sqrt{BD^2-CD^2}=\sqrt{8x-16}=\dfrac{4\sqrt{11}}{11}$.

例 5　(2008 年"我爱数学"初中夏令营竞赛题)在 $\triangle ABC$ 中,$\angle A=75°$,$\angle B=35°$,D 是边 BC 上一点,$BD=2CD$,求证:$AD^2=(AC+BD)(AC-CD)$.

证明　如图 27.66,延长 BC 至 B',使 $CB'=AC$,则由题设知 $\angle C=70°$,$\angle B'=35°$,即知 $\triangle AB'B$ 为等腰三角形.

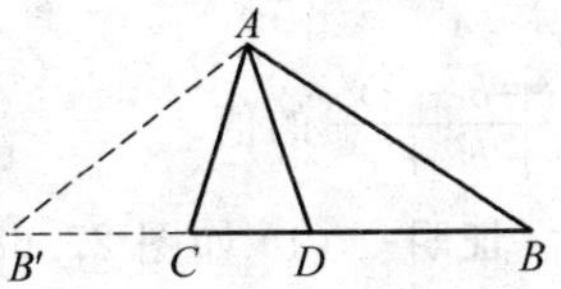

图 27.66

由等腰三角形性质,有

$$AD^2=AB^2-DB\cdot DB'$$
$$AC^2=AB^2-CB\cdot CB'$$

上述两式相减,得

$$\begin{aligned}AD^2-AC^2&=CB\cdot CB'-DB\cdot DB'\\&=(CD+DB)\cdot CB'-DB(B'C+CD)\\&=CD\cdot CB'-DB\cdot CD\\&=CD\cdot AC-2CD^2\end{aligned}$$

从而

$$\begin{aligned}AD^2&=AC^2+CD\cdot AC-2CD^2=(AC-CD)(AC+2CD)\\&=(AC-CD)(AC+BD)\end{aligned}$$

例 6　设 H 为锐角 $\triangle ABC$ 的垂心,以 H 为圆心的任一圆分别与边 BC,CA,AB 平行的中位线依次交于 P_1,Q_1,P_2,Q_2,P_3,Q_3,求证:$AP_1=BP_2=CP_3=AQ_1=BQ_2=CQ_3$.

证明　如图 27.67,设 H_1,H_2,H_3 分别为 BC,CA,AB 上高的垂足.

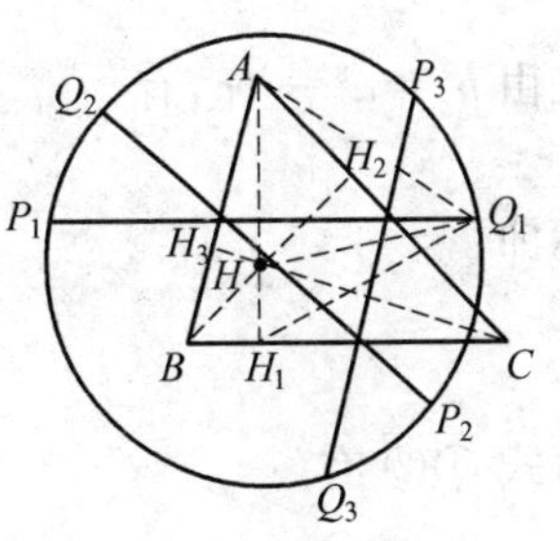

图 27.67

由题设,知 P_1Q_1 为 BC 边上的高 AH_1 的中垂线,则知 $\triangle Q_1AH_1$ 为等腰三角形.由等腰三角形的性质,有

$$HQ_1^2=AQ_1^2-AH\cdot HH_1$$

同理

$$HQ_2^2=BQ_2^2-BH\cdot HH_2$$
$$HQ_3^2=CQ_3^2-CH\cdot HH_3$$

注意到

$$AH\cdot HH_1=BH\cdot HH_2=CH\cdot HH_3$$
$$HQ_1=HQ_2=HQ_3$$

则知 $AQ_1^2=BQ_2^2=CQ_3^2$,即 $AQ_1=BQ_2=CQ_3$.

又由垂径定理,知 $AP_1=AQ_1$,$BP_2=BQ_2$,$CP_3=CQ_3$,故结论获证.

例7 (2009年"世界杯"数学奥林匹克题)$\triangle ABC$ 中,$\angle A:\angle B:\angle C=4:2:1$,$\angle A,\angle B,\angle C$ 的对边分别为 a,b,c.(1) 求证:$\frac{1}{a}+\frac{1}{b}=\frac{1}{c}$;(2) 求 $\frac{(a+b-c)^2}{a^2+b^2+c^2}$ 的值.

证明 (1) 如图27.68,延长 CB 至 C',使 $BC'=AB$.联结 AC',延长 BA 至 B',使 $AB'=AC$,联结 $B'C$.

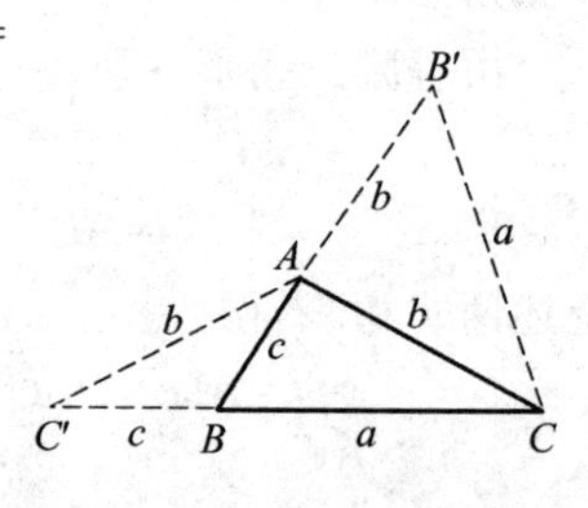

图27.68

此时

$$\angle AC'B=\frac{1}{2}\angle ABC=\angle C$$

$$\angle CB'A=\frac{1}{2}\angle CAB=\angle ABC$$

即知 $\triangle AC'C$,$\triangle CB'B$ 均为等腰三角形.且 $BC'=c$,$AC'=AC=AB'=b$,$B'C=BC=a$.

由等腰三角形性质,有

$$c^2=b^2-ac,b^2=a^2-bc$$

上述两式相加,得

$$a^2-ac=c(b+c)$$

即

$$\frac{b+c}{a}=\frac{a-c}{c}=\frac{a}{c}-1 \quad ①$$

又由 $b^2=a^2-bc$,有

$$b^2+bc=a^2$$

亦即

$$\frac{b+c}{a}=\frac{a}{b} \quad ②$$

由式①②有

$$\frac{a}{c}-\frac{a}{b}=1$$

故

$$\frac{1}{c}=\frac{1}{a}+\frac{1}{b}$$

(2) 由(1) 有 $ab=ac+bc$，从而

$$\frac{(a+b-c)^2}{a^2+b^2+c^2}=\frac{a^2+b^2+c^2+2ab-2bc-2ac}{a^2+b^2+c^2}$$

$$=\frac{a^2+b^2+c^2+2(ab-bc-ac)}{a^2+b^2+c^2}$$

$$=\frac{a^2+b^2+c^2}{a^2+b^2+c^2}=1$$

例 8 (2008 年浙江省初中竞赛题) 如图 27.69，AB，AC，AD 是圆中的三条弦，点 E 在 AD 上，且 $AB=AC=AE$，请你说明以下各式成立的理由.

(1) $\angle CAD=2\angle DBE$；(2) $AD^2-AB^2=BD\cdot DC$.

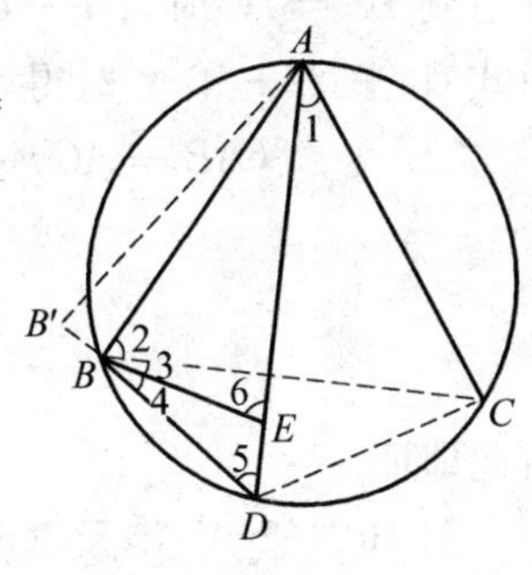

图 27.69

解 (1) 如图 27.69，联结 BC，由 $AB=AC=AE$，有

$$\angle 5=\angle 2,\angle 2+\angle 3=\angle 6$$

又 $$\angle 4+\angle 5=\angle 6=\angle 2+\angle 3$$

则 $\angle 4=\angle 3$，而 $\angle 1=\angle 4+\angle 3$，则 $\angle 1=2\angle 4$，故 $\angle CAD=2\angle DBE$.

(2) 延长 DB 至 B'，使 $AB'=AB$，则 $AB'=AC$. 联结 DC，此时，$\angle AB'D=\angle ABB'=\angle ACD$.

注意到 $AB=AC$，知 $\angle ADB'=\angle ADC$，从而 $\triangle ADB'\cong\triangle ADC$，即知 $DB'=DC$.

故由等腰三角形性质，有 $AD^2=AB^2+DB\cdot DB'=AB^2+DB\cdot DC$，故 $AD^2-AB^2=BD\cdot DC$.

例 9 (1979 年江苏省竞赛题) 如图 27.70，设在 $\triangle ABC$ 中，$AB>AC$. AT 平分 $\angle A$，且交 BC 于 T，在 BC 上有一点 S，使 $BS=TC$，求证：$AS^2-AT^2=(AB-AC)^2$.

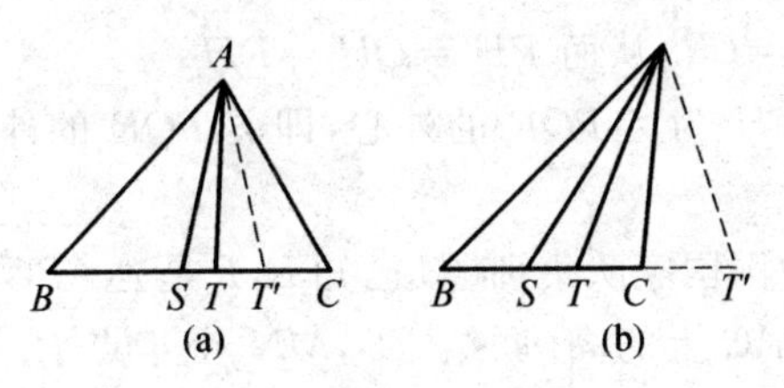

图 27.70

证明　在 BC 或其延长线上取点 T'，使 $AT'=AT$. 由等腰三角形性质，有

$$AB^2=AT^2+BT\cdot BT' \quad ①$$

$$AC^2=AT^2\pm CT\cdot CT' \quad ②$$

$$AS^2=AT^2+ST\cdot ST' \quad ③$$

又由斯特瓦尔特定理(或斯牵顿定理)，有

$$AT^2=AB\cdot AC-BT\cdot TC \quad ④$$

注意到 $BS=TC$ 时，$BT-CT'=(BS+CT)-(TC\mp TT')=ST+TT'=ST'$.

由式 ① + ② + ④ × 2，得

$$\begin{aligned}(AB-AC)^2&=BT\cdot BT'+CT\cdot CT'-2BT\cdot TC\\&=BT(BT'-TC)-TC(BT-CT')\\&=(BT-CT)ST'\\&=ST\cdot ST'=AS^2-AT^2\end{aligned}$$

由此即证.

例 10　(2008 年天津市高中数学竞赛题)已知锐角 $\triangle ABC$ 的三边 BC，CA，AB 的中点分别为 D，E，F，在 EF，FD，DE 的延长线上分别取点 P，Q，R. 若 $AP=BQ=CR$. 证明：$\triangle PQR$ 的外心为 $\triangle ABC$ 的垂心.

证明　如图 27.71，设 $\triangle ABC$ 的三条高线分别为 AL，BM，CN，垂心为 H，EF 与 AL 交于点 K. 由于 EF 是 $\triangle ABC$ 的中位线，$AL\perp BC$，则 PE 为线段 AL 的中垂线，由等腰三角形性质，有 $PH^2=AP^2-AH\cdot HL$.

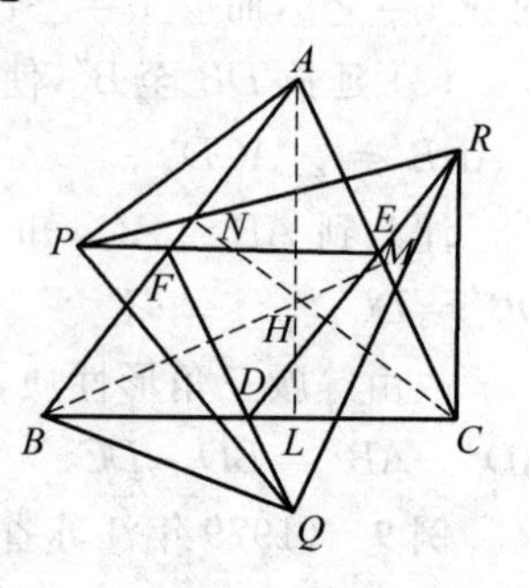

图 27.71

同理

$$QH^2=BQ^2-BH\cdot HM$$

$$RH^2=CR^2-CH\cdot HN$$

注意到垂心的性质，有

$$AH\cdot HL=BH\cdot HM=CH\cdot HN$$

及已知条件 $AP=BQ=CR$，从而 $PH=QH=RH$.

故 $\triangle ABC$ 的垂心 H 为 $\triangle PQR$ 的外心，即 $\triangle PQR$ 的外心为 $\triangle ABC$ 的垂心.

例 11　(2005 年中国国家队集训题)已知 E，F 是 $\triangle ABC$ 的边 AB，AC 的中点，CM，BN 是边 AB，AC 上的高. 联结 EF，MN 交于点 P. 又设 O，H 分别是 $\triangle ABC$ 的外心、垂心，联结 AP，OH. 求证：$AP\perp OH$.

证明　如图 27.72，联结 AO，AH，设 O_1，H_1 分别为 AO，AH 的中点. 在

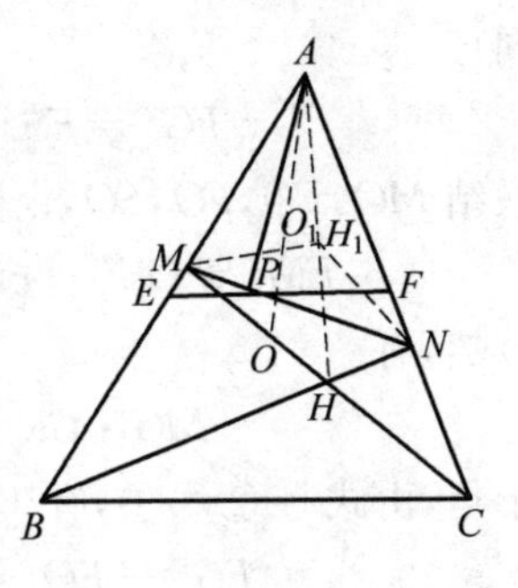

图 27.72

Rt$\triangle ANH$ 中，$H_1N=\frac{1}{2}AH$，在 Rt$\triangle AMH$ 中，$H_1M=\frac{1}{2}AH$，于是点 H_1 在线段 MN 的中垂线上，应用式(*)，有

$$H_1P^2=H_1M^2-MP\cdot PN \quad ①$$

注意到 EF 为 $\triangle ABC$ 的中位线，而 O 在 BC 的中垂线上，从而 O_1 也在线段 EF 的中垂线上，由等腰三角形性质，有

$$O_1P^2=O_1E^2-EP\cdot PF \quad ②$$

又注意到 $\angle ANM=\angle ABC=\angle AEF$，知 M,E,N,F 四点共圆，有 $MP\cdot PF=EP\cdot PF$. 而 $OE\perp AB$，$OF\perp AC$，知 A,E,O,F 四点共圆，且 O_1 为其圆心，有 $O_1E=O_1A$. 于是，由式①②③④，并注意 $H_1M=H_1A$，有 $H_1A^2-H_1P^2=O_1A^2-O_1P^2$.

从而由定差幂线定理，知 $O_1H_1\perp AP$. 因 $OH\ /\!/\ O_1H_1$，故 $AP\perp OH$.

例 12 （2009年陕西省高中竞赛题）如图 27.73，PA，PB 为圆 O 的两条切线，切点分别为 A，B，过点 P 的直线交圆 O 于 C，D 两点，交弦 AB 于点 Q. 求证：$PQ^2=PC\cdot PD-QC\cdot QD$.

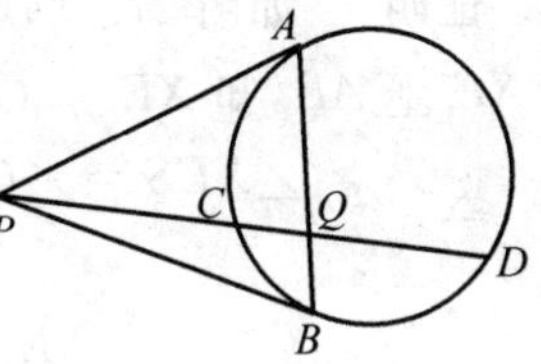

图 27.73

证明　由切线长定理知 $PA=PB$，由等腰三角形性质，有 $PQ^2=PB^2-BQ\cdot QA$.

注意到

$$PB^2=PC\cdot PD$$
$$BQ\cdot QA=QC\cdot QD$$

故

$$PQ^2=PC\cdot PD-QC\cdot QD$$

例 13 （《中等数学》2009 年(7) 数学奥林匹克问题高 251）凸四边形 $ABCD$ 外切于圆 O，两组对边所在的直线分别交于点 E，F，对角线交于点 G. 求证：$OG\perp EF$.

证明　如图 27.74，设圆 O 与边 AB，BC，CD，DA 分别切于点 M，N，R，S，则由牛顿定理知 AC，BD，MR，NS 四线共点于 G. 由切线长定理知 $EM=ER$，由等腰三角形性质，有

$$EG^2=EM^2-MG\cdot GR \quad ①$$

同理

$$FG^2=FS^2-SG\cdot GN \quad ②$$

联结 MO,EO,FO,SO,令圆 O 的半径为 r,则

$$EM^2=OE^2-r^2,FS^2=OF^2-r^2 \quad ③$$

显然,有

$$MG\cdot GR=SG\cdot GN \quad ④$$

于是,由式 ①②③④,有

$$EG^2-EO^2=FG^2-FO^2$$

从而由定差幂线定理,知 $OG\perp EF$.

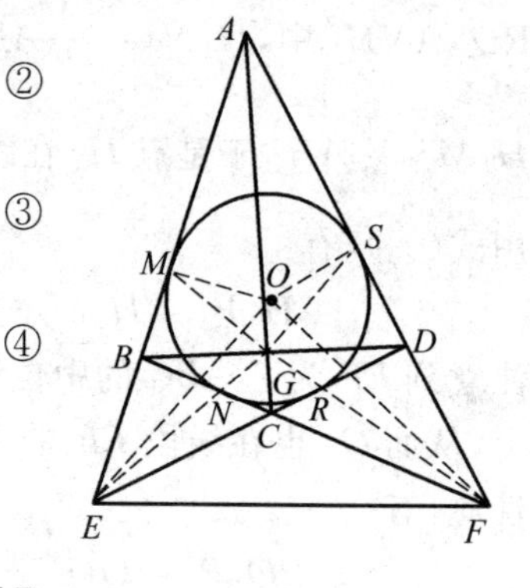

图 27.74

例 14 (2007 年中国国家队选拔赛题)已知 AB 是圆 O 的弦,M 是弧 $\overset{\frown}{AB}$ 的中点,C 是圆 O 外任意一点,过点 C 作圆 O 的切线 CS,CT,联结 MS,MT,分别交 AB 于点 E,F,过点 E,F 作 AB 的垂线,分别交 OS,OT 于点 X,Y,再过点 C 作圆 O 的割线,交圆 O 于 P,Q. 联结 MP 交 AB 于点 R,设 Z 是 $\triangle PQR$ 的外心,求证:X,Y,Z 三点共线.

证明 如图 27.75,联结 OM,则知 $OM\perp AB$.

由 $XE\perp AB$,知 $XE /\!/ OM$,从而

$$\angle XES=\angle OMS=\angle XSE$$

即有

$$XE=XS$$

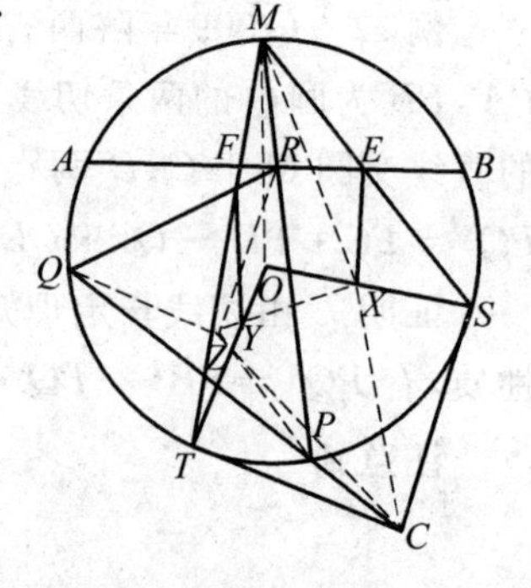

图 27.75

联结 MX,由等腰三角形性质,有

$$XM^2=XE^2+ME\cdot MS$$

运用相似三角形,易得

$$ME\cdot MS=MB^2=MA^2=MR\cdot MP$$

若令 $XE=XS=r_X$,则有

$$XM^2=XE^2+ME\cdot MS=r_X^2+MR\cdot MP \quad ①$$

由 $OS\perp SC$,有

$$XC^2=r_X^2+SC^2 \quad ②$$

因 Z 是 $\triangle PQR$ 的外心,联结 ZP,ZQ,ZR,且令 $ZP=r_Z$,则在 $\triangle ZPR$,$\triangle ZQP$ 中,分别由等腰三角形性质,得

$$ZM^2=ZP^2+MR\cdot MP=r_Z^2+MR\cdot MP \quad ③$$

$$ZC^2=ZQ^2+CP\cdot CQ=r_Z^2+SC^2 \quad ④$$

由式 ①②③④,有

$$XM^2 - XC^2 = ZM^2 - ZC^2$$

从而由定差幂线定理，知 $XZ \perp MC$.

同理，$YZ \perp MC$，故 X,Y,Z 三点共线.

例 15　(2009 年中国国家队选拔赛题) 设 D 是 $\triangle ABC$ 的边 BC 上一点，满足 $\triangle CDA \backsim \triangle CAB$，圆 O 经过 B,D 两点，并分别与 AB,AD 交于 E,F 两点，BF,DE 交于点 G. 联结 AO,AG，取 AG 的中点 M，求证：$CM \perp AO$.

证明　如图 27.76，在 AG 的延长线上取点 P，使 $AG \cdot AP = AF \cdot AD$(即 G,P,D,F 四点共圆)，则由 $AE \cdot AB = AF \cdot AD$ 知 E,B,P,G 也四点共圆.

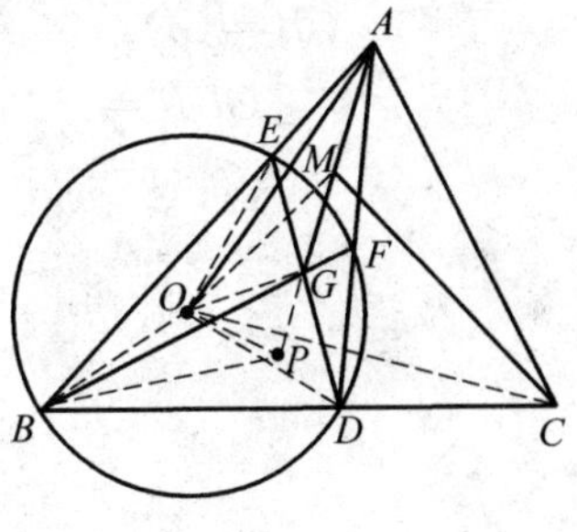

图 27.76

于是

$$\angle BPA = \angle 180° - \angle BED$$
$$= 180° - \angle BFD = \angle BFA$$

即知 B,P,F,E 四点共圆，即有

$$FG \cdot GB = AG \cdot GP = AF \cdot AD - AG^2$$

联结 OD,OF,OE，并令圆 O 的半径为 R.

在等腰 $\triangle ODE$ 中应用性质，有

$$OG^2 = OD^2 - EG \cdot GD = R^2 - FG \cdot GB \quad ①$$

在等腰 $\triangle ODF$ 中应用性质，有

$$OA^2 = OD^2 + AF \cdot AD = R^2 + FG \cdot GB + AG^2 \quad ②$$

联结 OM，并利用三角形中线长公式及注意式 ①②，有

$$MO^2 - MA^2 = \frac{1}{4}(2OA^2 + 2OG^2 - AG^2) - \frac{1}{4}AG^2 = R^2 \quad ③$$

联结 OB,OC，在等腰 $\triangle OBD$ 中，应用性质，有

$$CO^2 = OB^2 + CD \cdot CB = R^2 + CD \cdot CB$$

由题设 $\triangle CDA \backsim \triangle CAB$，知 $CA^2 = CD \cdot CB$.

于是

$$CO^2 - CA^2 = R^2 \quad ④$$

由式 ③④ 有 $MO^2 - MA^2 = CO^2 - CA^2$，故 $CM \perp AO$.

注　点 P 即为完全四边形 $AEBGDF$ 的密克尔点.

2. 构造等腰三角形处理问题

例 16　(第 6 届加拿大中学生竞赛) 如图 27.77，设 $ABCD$ 是矩形，$BC = 3AB$，P,Q 是 BC 上的两个三等分点. 求证：$\angle DBC + \angle DPC = \angle DQC$.

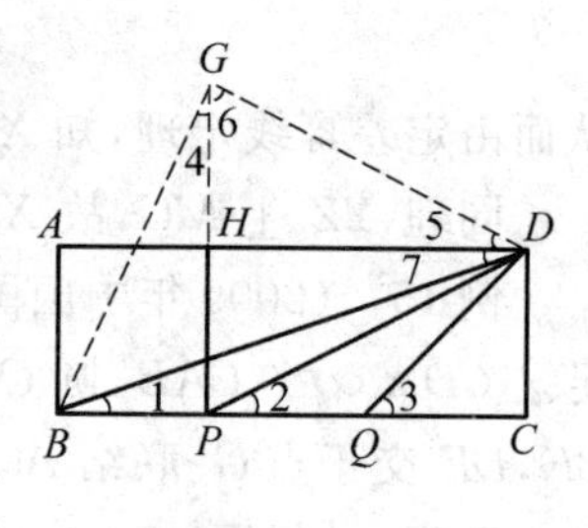

图 27.77

分析 由题设可知 $\angle DQC=45^\circ$，若能证得 $\angle DBC+\angle DPC=45^\circ$，问题就好办了.利用等腰三角形将 $\angle DBC$ 与 $\angle DPC$ 集中起来，使它们为等腰三角形的底角即可解决.

证明 延长 PH 至 G，使 $HG=PH$.联结 BG，DG，则 $\triangle GBP\cong\triangle PDC\cong\triangle DGH$.则

$$GB=GD,\angle 4=\angle 2=\angle 5$$

$$\angle GBP=\angle PDC=\angle 6$$

因

$$\angle 4+\angle GBP=90^\circ$$

则

$$\angle 4+\angle 6=90^\circ$$

有

$$\angle GBD=\angle GDB=45^\circ$$

又 $AD\parallel BC$，则

$$\angle 1=\angle 7$$

$$\angle 1+\angle 2=\angle 7+\angle 5=45^\circ$$

而 $\angle DQC=45^\circ$，故

$$\angle DBC+\angle DPC=\angle DQC$$

例17 (1992年全国初中联赛题)如图27.78，在 $\triangle ABC$ 中，$AB=AC$，D 是底边 BC 上一点，E 是线段 AD 上一点，且 $\angle BED=2\angle CED=\angle A$.求证：$BD=2CD$.

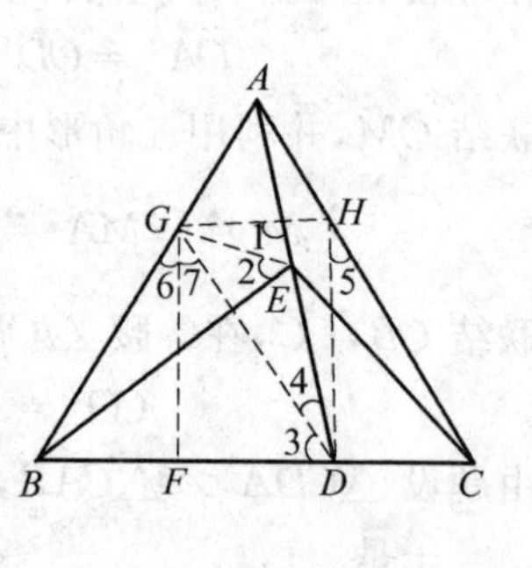

图 27.78

分析 欲证 $BD=2CD$，按通法或加倍或折半.若按折半法，就需在 BD 上找一中点，并证明其中一部分等于 CD，由题设和等腰三角形三线合一的性质联想到构造等腰三角形.

证明 作 $\angle AEB$ 的平分线交 AB 于 G，则 $\angle 1=\angle 2=\frac{1}{2}(180^\circ-\angle BED)=\frac{1}{2}(180^\circ-\angle A)$.因

$$\angle B=\angle C=\frac{1}{2}(180^\circ-\angle A)$$

则

$$\angle 1=\angle B$$

因此,G,B,D,E 四点共圆,从而

$$\angle 2=\angle 3,\angle 3=\angle B$$

故 $\triangle GBD$ 为等腰三角形.

设 F 为 BD 中点,联结 GF,则 $\angle 6=\angle 7$.过 G 作 $GH /\!/ BC$ 交 AC 于 H,联结 HD,则 $AH=AG$.

又 $$AG\cdot AB=AE\cdot AD$$

则 $$AH\cdot AC=AE\cdot AD$$

因此,E,H,C,D 四点共圆.

则 $\angle 4=\angle 5$,有 $\angle 6=\angle 5$,因此 $\triangle GBF\cong\triangle HCD$.

故 $BF=CD$.即 $BD=2CD$.

例 18 (1990年西安市初中数学竞赛题)如图27.79,在等腰 $\triangle ABC$ 的两腰 AB,AC 上分别取点 E 和 F,使 $AE=CF$.已知 $BC=2$.求证:$EF\geqslant 1$.

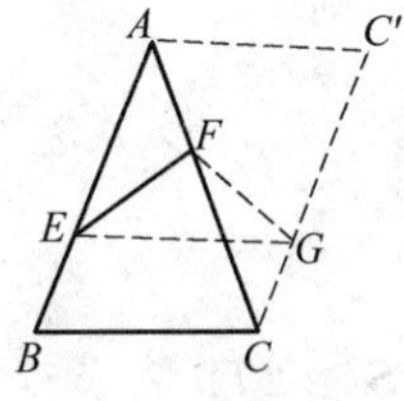

图 27.79

分析 欲证 $EF\geqslant 1$,即证 $2EF\geqslant 2$.若能构造一个以 EF 为腰,BC 为底的等腰三角形,问题的证明便迎刃而解了.由题设条件,构造这样的等腰三角形,是不难办到的.

证明 分别过 A,C 作 $AC' /\!/ BC$,$CC' /\!/ AB$,过 E 作 $EG /\!/ BC$ 交 CC' 于 G,联结 FG,则四边形 $ABCC'$ 与四边形 $EBCG$ 均为平行四边形.

因 $AB=AC$,$AE=CF$,$\angle EAF=\angle FCG$,则 $AF=BE=CG$.

从而 $\triangle AEF\cong\triangle CFG$,故 $EF=FG$.

又 $EF+FG\geqslant EG$,即 $2EF\geqslant BC$.

而 $BC=2$,则有 $EF\geqslant 1$.

例 19 (第29届IMO试题)如图27.80,在 $\mathrm{Rt}\triangle ABC$ 中,AD 是斜边 BC 上的高,联结 $\triangle ABD$ 的内心 M 与 $\triangle ACD$ 的内心 N 的直线分别与边 AB 及 AC 交于 K 及 L 两点.$\triangle ABC$ 与 $\triangle AKL$ 的面积分别记为 S 与 T.求证:$S\geqslant 2T$.

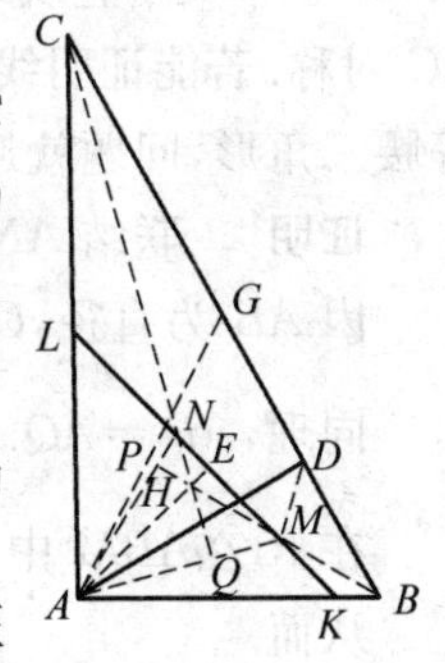

图 27.80

分析 如图27.80,因 $S=\frac{1}{2}\cdot BC\cdot AC$,设 BC 边上的中线为 AG,则 $S=AG\cdot AD\geqslant AD^2$,$T=\frac{1}{2}AK\cdot AL$.若能证明 $AD\geqslant AK$ 和 $AD\geqslant AL$ 或 $AD^2\geqslant AK\cdot AL$ 就行了,下面

构造等腰直角三角形证明它.

证明 联结 AN,AM,BM,CN,并延长 BM 交 AN 于 P,延长 CN 交 AM 于 Q,设 CQ 与 BP 交于 H,则 H 为 $\triangle ABC$ 的内心.联结 AH 并延长交 LK 于 E,则 $\angle NAM=45°$,$\angle EAK=45°$.

因 $AD\perp BC$,则 $\angle AMP=\angle MAB+\angle MBA=45°$.

因此,$\triangle AMP$ 为等腰直角三角形.

同理,$\triangle AQN$ 为等腰直角三角形.

故 H 为 $\triangle AMN$ 的垂心,于是 $\angle ELA+\angle LAE=90°$,即 $\angle ELA=45°$.

同理,$\angle AKE=45°$,则 $AK=AL$.又 $\angle ADM=\angle ABM$,$AM=AM$,$\angle DAM=\angle KAM$,从而 $\triangle ADM\cong\triangle AKM$.故 $AD=AK=AL$.

设 BC 边上的中线为 AG,则 $AG\geqslant AD$.

则

$$S=\frac{1}{2}BC\cdot AD=AG\cdot AD\geqslant AD^2$$

$$T=\frac{1}{2}AK\cdot AL=\frac{1}{2}AD^2$$

故 $S\geqslant 2T$.

例 20 (第19届美国数学奥林匹克题)如图27.81,给出平面上锐角 $\triangle ABC$,以 AB 为直径的圆与 AB 边上的高 CC' 及其延长线交于 M,N,以 AC 为直径的圆与 AC 边上的高 BB' 及其延长线交于 P,Q.求证:M,P,N,Q 共圆.

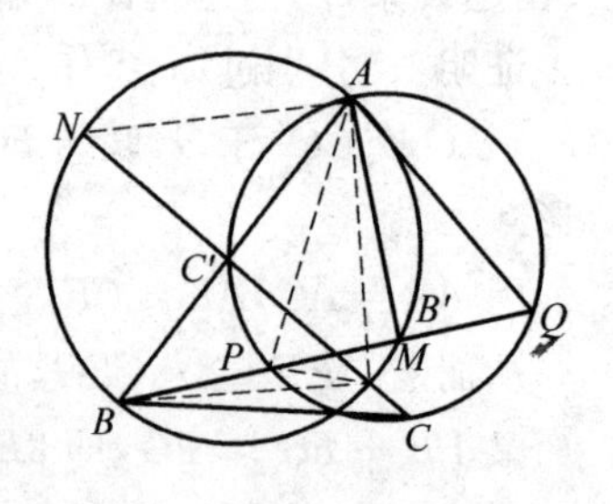

图 27.81

分析 如图27.81,由题设及垂径定理可知,点 M 与 N 关于直线 AB 对称,点 P 与 Q 关于直线 AC 对称.若能证明线段 AP,AM 所在的三角形为等腰三角形,问题就迎刃而解了.

证明 联结 AN,AM,AP,AQ,BM,PM.

因 AB 为直径,$CN\perp AB$,则 $AN=AM$.

同理,$AP=AQ$.在 $\mathrm{Rt}\triangle ACC'$ 中,$\cos A=\dfrac{AC'}{AC}$,则 $AC'=AC\cos A$.

在 $\mathrm{Rt}\triangle ABM$ 中,由射影定理,得 $AM^2=AC'\cdot AB$.

从而

$$AM^2=AC\cdot AB\cdot\cos A$$

$$=AC\cdot AB\cdot\frac{AC^2+AB^2-BC^2}{2AC\cdot AB}$$

$$=\frac{1}{2}(AC^2+AB^2-BC^2)$$

同理可证

$$AP^2=\frac{1}{2}(AC^2+AB^2-BC^2)$$

故 $AM=AP$. 因此，M,P,N,Q 四点共圆.

练　习　题

1.(2001年湖南省夏令营题) 自圆外一点 P 引圆 O 的两条切线 PE,PF，其中 E,F 为切点，过点 P 任意引圆的一条割线交圆 O 于 A,E，交 EF 于点 C. 证明：$\frac{1}{PC}=\frac{1}{2}\left(\frac{1}{PA}+\frac{1}{PB}\right)$.

2. A,B,C,D 四点在同一圆周上，且 $BC=DC=4$，AC 与 BD 相交于点 E，$AE=6$，若线段 BE 和 DE 的长都是整数，求 BD 的长.

3.(1997年CMO试题) 四边形 $ABCD$ 内接于圆 O，其边 AB 与 DC 的延长线交于点 P，AD 与 BC 的延长线交于点 Q，过 Q 作该圆的两条切线 QE 和 QF，切点分别为 E,F，求证：P,E,F 三点共线.

4. 设四边形 $ABCD$ 内接于圆，对角线 AC,BD 交于点 G，直线 AB,CD 交于点 P，$\triangle PAC$，$\triangle PBD$ 的外心分别为 O_1,O_2，求证：$PG\perp O_1O_2$.

5. M 为圆 O 内一点，$A_iB_i(i=1,2,3)$ 是经过点 M 的圆 O 的三条弦，过点 A_i,B_i 的圆 O 的切线交于点 $P_i(i=1,2,3)$，求证：P_1,P_2,P_3 三点共线.

6.(2007年CMO试题) 设 O 和 I 分别是 $\triangle ABC$ 的外心和内心，$\triangle ABC$ 的内切圆与边 BC,CA,AB 分别相切于点 D,E,F，直线 FD 与 CA 相交于点 P，直线 DE 与 AB 相交于点 Q，又 M,N 分别是线段 PE,QF 的中点，求证：$OI\perp MN$.

7. 已知 AD 为 $\triangle ABC$ 的中线，$\angle ADB$ 及 $\angle ADC$ 的平分线分别交 AB,AC 于 M,N. 求证：$BM+CN>MN$.

8. 已知直线 l 与圆 O 相交，$OA\perp l$，垂足为 A，在 l 的圆外部分每边取一点 E,F，且使 $AE=AF$. 过 E,F 在 l 的两侧分别作圆 O 的两切线 EP,FQ，P,Q 是切点. 证明：P,A,Q 三点共线.

9. 如图27.82，在 $\triangle ABC$ 中，$AB<AC<BC$，点 D 在 BC 上，点 E 在 BA 的

延长线上，且 $BD=BE=AC$，$\triangle BDE$ 的外接圆与 $\triangle ABC$ 的外接圆交于点 F. 求证：$BF=AF+CF$.

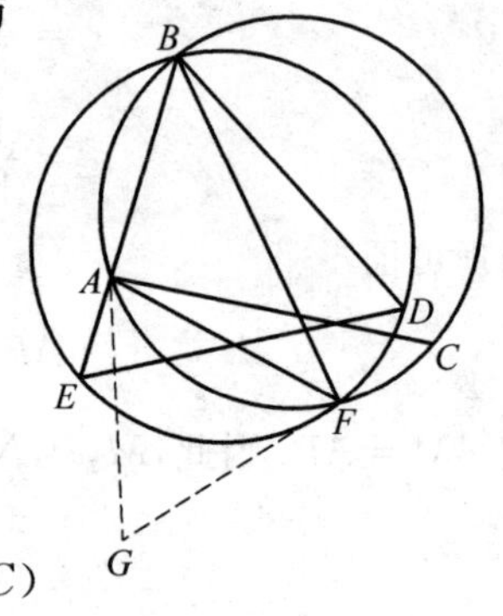

图 27.82

练习题参考解答或提示

1. 提示：对 $\triangle PFE$ 应用等腰三角形性质有

$$PC^2=PE^2-EC\cdot CF$$

即有

$$PE^2=PC^2+AC\cdot BC=PC^2+(PC-PA)(PB-PC)$$

得

$$2PA\cdot PB=PA\cdot PC+PB\cdot PD$$

即可证.

2. 提示：对 $\triangle DBC$ 应用等腰三角形性质，有 $CE^2=CD^2-BE\cdot ED=16-6EC$，解得 $EC=2$，由 $BE\cdot ED=AE\cdot EC=12$ 及 $BD<BC+CD=8$，求得 $BD=4+3=7$.

3. 提示：设 $\triangle QCD$ 的外接圆与 PQ 交于点 G，设圆 O 的半径为 R，由

$$\angle PGC=\angle QDC=\angle ABC$$

知 B,C,G,P 四点共圆. 对 $\triangle AOB$ 应用等腰三角形性质，有

$$\begin{aligned}PO^2&=AO^2+PB\cdot PA=R^2+PC\cdot PD\\&=R^2+PG\cdot PQ\end{aligned}$$

又 $EQ^2=QC\cdot QB=QG\cdot QP$. 所以

$$\begin{aligned}PO^2-PQ^2&=R^2+PG\cdot PQ-PQ^2=R^2-QC\cdot QB\\&=EO^2-EQ^2=FO^2-FQ^2\end{aligned}$$

得 $OQ\perp PF$，又 $OG\perp EF$，则 P,E,F 三点共线.

4. 提示：对 $\triangle O_1AC$，$\triangle O_2DB$ 分别应用等腰三角形性质，有

$$O_1G^2=O_1C^2-CG\cdot GA,O_2G^2=O_2D^2-DG\cdot GB$$

于是

$$\begin{aligned}O_2P^2-O_2G^2&=O_2P^2-(O_2D^2-DG\cdot GB)=DG\cdot GB\\&=CG\cdot GA=O_1P^2-(O_1C^2-CG\cdot GA)\\&=O_1P^2-O_1G^2\end{aligned}$$

从而 $PG\perp O_1O_2$.

5. 提示：对 $\triangle P_iA_iB_i$ 应用等腰三角形性质有 $P_iM^2=P_iA_i^2-A_iM\cdot MB_i$，又 $P_iO^2=P_iA_i^2+A_iO^2$，因此，$P_iO^2-P_iM^2=A_iO^2+A_iM\cdot MB_i=$定值，由定

差幂线轨迹定理知 P_1, P_2, P_3 三点共线.

6. 提示:对 $\triangle ABC$ 及截线 DFD 应用梅涅劳斯定理有 $\frac{BD}{DC} \cdot \frac{CP}{PA} \cdot \frac{AF}{BF} = 1$.

注意到 $BD = BF, CD = CE, AF = AE$,则 $\frac{AP}{AE} = \frac{CP}{CE}$. 又 M 为 PE 的中点,则 $\frac{PM + AM}{EM - AM} = \frac{MC + PM}{MC - EM}$,又 $PM = ME$,则 $\frac{2EM}{2AM} = \frac{2MC}{2EM}$,即 $ME^2 = MA \cdot MC$. 同理 $NF^2 = NA \cdot NB$,又 $IM^2 = ME^2 + r^2, IN^2 = NF^2 + r^2$,$r$ 为内切圆半径. 设 R 为外接圆半径,对 $\triangle OAC, \triangle OAB$ 应用等腰三角形性质,有

$$OM^2 = R^2 + MA \cdot MC, ON^2 = NA \cdot NB + R^2$$

由此得 $IM^2 - IN^2 = OM^2 - ON^2$,即证.

7. 提示:延长 MD 至 E,使 $DE = MD$. 联结 NE, EC. 先证 $\triangle NME$ 为等腰三角形,后将 BM, CN, MN 集中到某一个三角形证明.

8. 提示:联结 OP, OQ, OE, OF. 利用等腰三角形和四点共圆证明.

9. 提示:延长 CF 至 G,使 $FG = FA$,则 $\angle GFA = \angle EBD$,$\triangle AFG$ 为等腰三角形.

因 $\triangle BED$ 为等腰三角形,则 $\angle BDE = \angle G$.

联结 EF,则 $\angle BFE = \angle BDE$.

则 $\angle BFE = \angle G$. 又 $\angle EBF = \angle ACG, BE = AC$,从而 $\triangle BFE \cong \triangle CGA$.

故 $BF = CG = AF + CF$.

第28章 2006～2007年度试题的诠释

东南赛试题1 如图28.1,在$\triangle ABC$中,$\angle ABC=90°$,D,G是边CA上的两点,联结BD,BG.过点A,G分别作BD的垂线,垂足分别为E,F,联结CF.若$BE=EF$,求证:$\angle ABG=\angle DFC$.

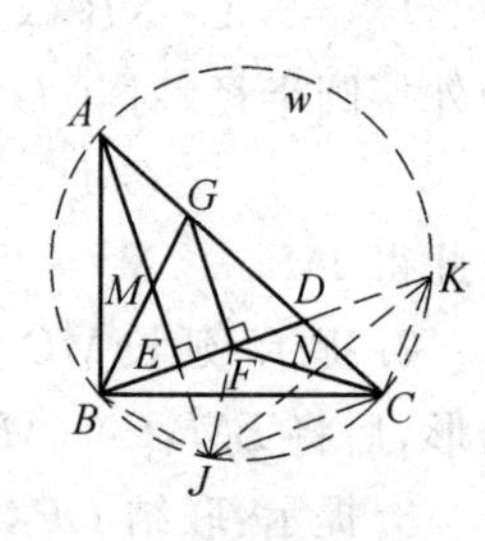

图28.1

证法1 作$\mathrm{Rt}\triangle ABC$的外接圆w,延长BD,AE分别交w于K,J.联结BJ,CJ,KJ,FJ.易知$\angle BAJ=\angle KBC$,故$BJ=KC$.

于是四边形$BJCK$是等腰梯形,又AJ垂直平分BF,故$BJ=FJ$,故四边形$FJCK$是平行四边形.

设AE与BG的交点为M,FC与JK的交点为N,则M,N分别是BG和FC的中点,于是

$$\frac{AB}{AG}=\frac{\sin\angle MAG}{\sin\angle BAM}=\frac{\sin\angle JKC}{\sin\angle BKJ}=\frac{FK}{CK}$$

又$\angle BAG=\angle FKC$,于是$\triangle BAG\backsim\triangle FKC$,所以$\angle ABG=\angle DFC$.

证法2 作$GP\perp AB$于P,设AE与BG的交点为M.联结PM,由$BE=EF$及$AE /\!/ GF$,知PK为$\mathrm{Rt}\triangle BGP$的斜边BG上的中线,所以

$$BM=MG=MP,\angle ABG=\angle BPM$$

因为
$$BF\cdot AM=4S_{\triangle ABM}=2S_{\triangle ABG}=AB\cdot PG$$

又
$$PG /\!/ BC$$

所以
$$\frac{AB}{BC}=\frac{AP}{PG}$$

故
$$AB\cdot PG=BC\cdot AP$$

于是
$$BF\cdot AM=BC\cdot AP$$

即有
$$\frac{BF}{BC}=\frac{AP}{AM}$$

注意到 $\angle MAB = \angle CBD$

知 $$\triangle MAP \backsim \triangle CBF$$

所以 $$\angle APM = \angle CFB$$

从而 $$\angle BPM = \angle CFD$$

故 $$\angle ABG = \angle DFC$$

东南赛试题 2　如图 28.2，在 $\triangle ABC$ 中，$\angle A = 60^\circ$，$\triangle ABC$ 的内切圆 I 分别切边 AB，AC 于点 D，E，直线 DE 分别与直线 BI，CI 相交于点 F，G，证明：$FG = \frac{1}{2}BC$.

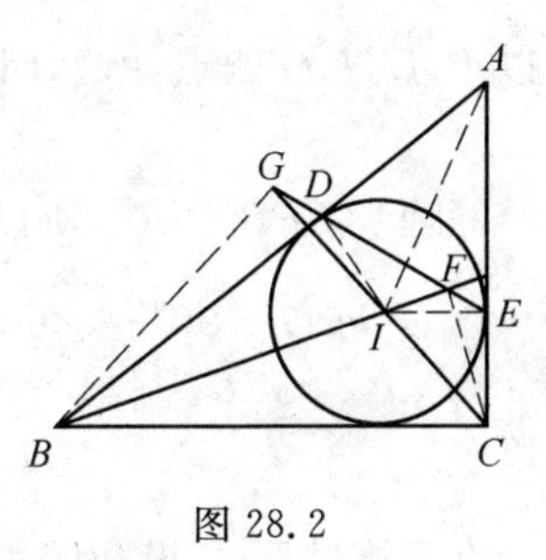

图 28.2

证法 1　分别联结 CF，BG，ID，IE，AI，则 A，D，I，E 四点共圆，所以

$$\angle IDE = \frac{1}{2}\angle A$$

从而

$$\angle BDF = 90^\circ + \frac{1}{2}\angle A$$

又 $\angle BIC = 180^\circ - \frac{1}{2}(\angle B + \angle C) = 90^\circ + \frac{1}{2}\angle A$，所以

$$\angle BDF = \angle BIC$$

又 $\angle DBF = \angle CBI$，得

$$\triangle FDB \backsim \triangle CIB$$

所以 $$\frac{FB}{CB} = \frac{DB}{IB}$$

又由 $\angle DBI = \angle FBC$，得

$$\triangle IDB \backsim \triangle CFB$$

所以 $$CF \perp BF$$

从而 $$\angle FCG = \frac{1}{2}\angle A = 30^\circ$$

同理 $$BG \perp GC$$

所以 B，C，F，G 四点共圆，由此

$$\frac{FG}{\sin \angle FCG} = BC$$

所以 $$FG = \frac{1}{2}BC$$

证法 2 因为

$$\angle BIG=\frac{1}{2}(\angle B+\angle C)$$

又因为 $\angle BDG=\angle ADE=\frac{180^\circ-\angle A}{2}=\frac{1}{2}(\angle B+\angle C)$

所以 B,D,I,G 四点共圆,因此

$$\angle BGC=\angle BDI=90^\circ$$

同理 $\angle CFB=90^\circ$,所以 B,C,F,G 四点共圆.又

$$\angle FCG=90^\circ-\angle FBC-\angle BCI=90^\circ-\frac{1}{2}(\angle B+\angle C)=30^\circ$$

所以 $FG=BC\sin\angle FCG=\frac{1}{2}BC$

女子赛试题 设凸四边形 $ABCD$ 对角线交于点 O. $\triangle OAD$,$\triangle OBC$ 的外接圆交于 O,M 两点,直线 OM 分别交 $\triangle OAB$,$\triangle OCD$ 的外接圆于 T,S 两点.求证:M 是线段 TS 的中点.

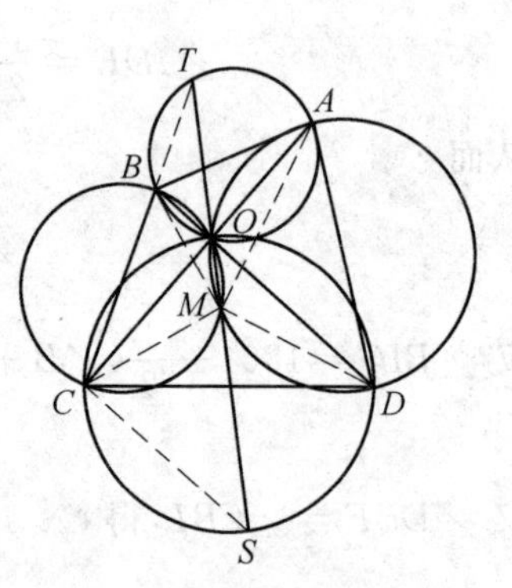

图 28.3

证法 1 (参见第 25 章第 3 节性质 12)如图 28.3.联结 BT,CS,MA,MB,MC,MD.由

$$\angle BTO=\angle BAO,\angle BCO=\angle BMO$$

知 $\triangle BTM\backsim\triangle BAC$,得

$$\frac{TM}{AC}=\frac{BM}{BC} \quad ①$$

同理,$\triangle CMS\backsim\triangle CBD$,得

$$\frac{MS}{BD}=\frac{CM}{BC} \quad ②$$

式 ① ÷ ② 得

$$\frac{TM}{MS}=\frac{BM}{CM}\cdot\frac{AC}{BD} \quad ③$$

又因 $\angle MBD=\angle MCA$,$\angle MDB=\angle MAC$,则 $\triangle MBD\backsim\triangle MCA$,得

$$\frac{BM}{CM}=\frac{BD}{AC} \quad ④$$

将式 ④ 代入式 ③,即得 $TM=MS$.

证法 2 如图 28.4.设 $\triangle OAB$,$\triangle OBC$,$\triangle OCD$,$\triangle ODA$ 的外心分别为

O_1, O_2, O_3, O_4，自 O_1, O_3 作 TS 的垂线，垂足分别为 E, F. 联结 O_2, O_4 交 TS 于 G.

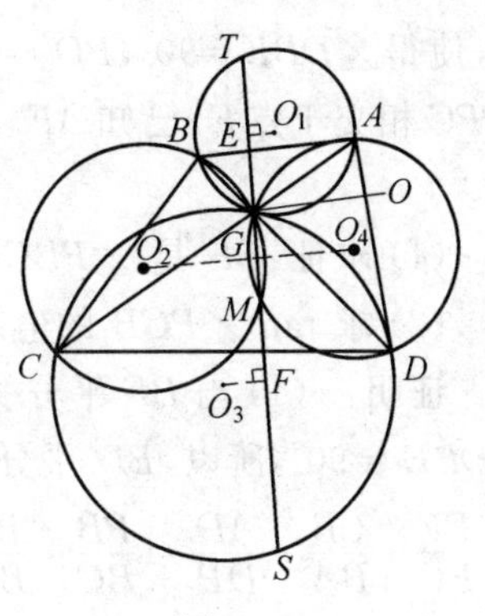

图 28.4

因 OM 是圆 O_2 和圆 O_4 的公共弦，故 O_2O_4 垂直平分 OM，即 G 是线段 OM 的中点.

同样，O_1O_4 垂直平分 OA，O_2O_3 垂直平分 OC，得 $O_1O_4 \parallel O_2O_3$；同理 $O_1O_2 \parallel O_3O_4$. 因此 $O_1O_2O_3O_4$ 构成平行四边形，其对角线互相平分. 由此易知 $EG = FG$.

又由垂径定理，E 是 TO 中点，F 是 OS 中点. 因此

$$TM = TO + OM = 2EO + 2OG = 2EG \quad ①$$

$$MS = OS - OM = 2OF - 2OG = 2GF \quad ②$$

由式 ①② 即知 $TM = MS$.

证法 3 设 $\triangle AOD$，$\triangle BOC$，$\triangle AOB$，$\triangle COD$ 的外心依次为 O_1, O_2, O_3, O_4.

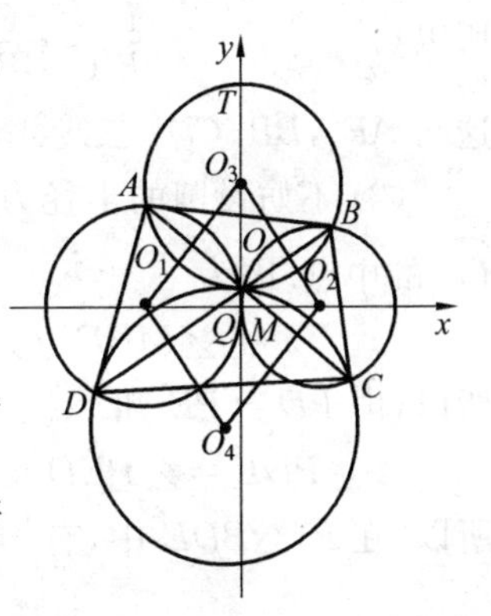

图 28.5

则 $O_1O_3 \perp AO$，$O_2O_4 \perp CO$. 所以，$O_1O_3 \parallel O_2O_4$.

同理，$O_2O_3 \parallel O_1O_4$.

因此，四边形 $O_1O_4O_2O_3$ 为平行四边形.

如图 28.5，联结 O_1O_2，交 OM 于点 Q，则 $O_1O_2 \perp OM$.

以 Q 为坐标原点，O_1O_2 所在直线为 x 轴，OM 所在直线为 y 轴建立直角坐标系.

设 $O_1(a,0)$，$O_2(b,0)$，$O(0,c)$，$M(0,-c)$.

由 O_1O_2 与 O_4O_3 互相平分，知点 O_3 与 O_4 到 x 轴的距离相等，故设点 $O_3(p,d)$，$O_4(q,-d)$.

则 $T(0,2d-c)$，$S(0,-2d-c)$.

于是，$|SM| = |-2d|$，$|TM| = |2d|$.

所以，M 是 ST 的中点.

注 本题运用连心线垂直平分公共弦这一性质建立坐标系，其中发现点 O_3 与 O_4 的纵坐标互为相反数是关键.

西部赛试题 1 如图 28.6，在 $\triangle PBC$ 中，$\angle PBC = 60°$，过点 P 作 $\triangle PBC$ 的外接圆 w 的切线，与 CB 的延长线交于点 A. 点 D 和 E 分别在线段 PA 和圆 w

上,使得$\angle DBE=90^\circ$,$PD=PE$.联结BE,与PC相交于点F.已知AF,BP,CD三线共点.

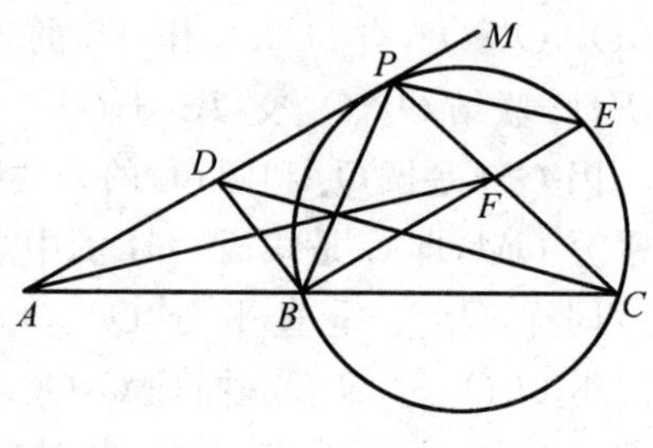

图 28.6

(1) 求证:BF是$\angle PBC$的角平分线.

(2) 求$\tan\angle PCB$的值.

证明 (1) 当BF平分$\angle PBC$时,由于$\angle DBE=90^\circ$,所以,BD平分$\angle PBA$,于是

$$\frac{PF}{FC}\cdot\frac{CB}{BA}\cdot\frac{AD}{DP}=\frac{PB}{BC}\cdot\frac{BC}{BA}\cdot\frac{AB}{PB}=1$$

所以,由塞瓦定理的逆定理知,AF,BP,CD三线共点.

若还有一个角$\angle D'BF'$满足$\angle D'BF'=90^\circ$,且AF',BP,CD'三线共点,不妨设F'在线段PF内,则D'在线段AD内,于是

$$\frac{PF'}{F'C}<\frac{PF}{FC},\frac{AD'}{PD'}<\frac{AD}{PD}$$

所以
$$\frac{PF'}{F'C}\cdot\frac{CB}{BA}\cdot\frac{AD'}{D'P}<\frac{PF}{FC}\cdot\frac{CB}{BA}\cdot\frac{AD}{PD}=1$$

这与AF',BP,CD'三线共点矛盾,所以,BF是$\angle PBC$的内角平分线.

(2) 不妨设圆的半径为1,$\angle PCB=\alpha$,由(1)知$\angle PBE=\angle EBC=30^\circ$,$E$是$\overset{\frown}{PC}$的中点.因为

$$\angle MPE=\angle PBE=30^\circ,\angle CPE=\angle CBE=30^\circ$$

所以,由$PD=PE$知

$$\angle PDE=\angle PED=15^\circ,PE=2\cdot 1\cdot\sin 30^\circ=1,DE=2\cos 15^\circ$$

所以,在$\mathrm{Rt}\triangle BDE$中,有

$$\cos(\alpha-15^\circ)=\frac{BE}{DE}=\frac{2\sin(\alpha+30^\circ)}{2\cos 15^\circ}$$

$$\cos(\alpha-15^\circ)\cdot\cos 15^\circ=\sin(\alpha+30^\circ)$$

即
$$\cos\alpha+\cos(\alpha-30^\circ)=2\sin(\alpha+30^\circ)$$

亦即
$$1+\frac{\sqrt{3}}{2}+\frac{1}{2}\tan\alpha=\sqrt{3}\tan\alpha+1$$

所以$\tan\alpha=\dfrac{6+\sqrt{3}}{11}$为所求.

西部赛试题2 如图28.7,AB是圆O的直径,C为AB延长线上的一点,过点C作圆O的割线,交圆O于D,E两点,OF是$\triangle BOD$的外接圆圆O_1的直径,联结CF并延长交圆O_1于点G,求证:O,A,E,G四点共圆.

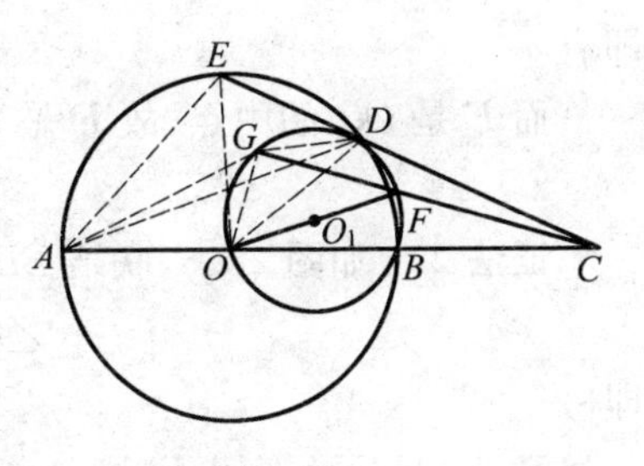

图 28.7

证明　联结 AD,DG,GA,GO,EA,EO. 因为 OF 是等腰 $\triangle DOB$ 的外接圆的直径，所以 OF 平分 $\angle DOB$，即

$$\angle DOB = 2\angle DOF$$

又 $\angle DAB = \frac{1}{2}\angle DOB$，所以

$$\angle DAB = \angle DOF$$

又 $\angle DGF = \angle DOF$，所以

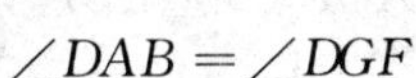

$$\angle DAB = \angle DGF$$

所以 G,A,C,D 四点共圆，所以

$$\angle AGC = \angle ADC \quad ①$$

而
$$\angle AGC = \angle AGO + \angle OGF = \angle AGO + \frac{\pi}{2} \quad ②$$

$$\angle ADC = \angle ADB + \angle BDC = \frac{\pi}{2} + \angle BDC \quad ③$$

结合式 ①②③ 得

$$\angle AGO = \angle BDC \quad ④$$

因为 B,D,E,A 四点共圆，所以

$$\angle BDC = \angle EAO \quad ⑤$$

又 $OA = OE$，所以

$$\angle EAO = \angle AEO \quad ⑥$$

由式 ④⑤⑥ 得 $\angle AGO = \angle AEO$，所以 O,A,E,G 四点共圆.

北方赛试题 1　如图 28.8，AB 是圆 O 的直径，非直径弦 $CD \perp AB$，E 是 OC 中点，联结 AE 并延长交圆 O 于 P，联结 DP 交 BC 于 F，求证：F 是 BC 的中点.

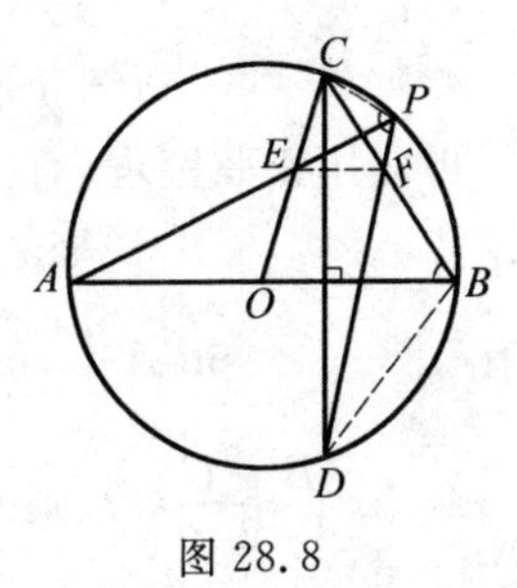

图 28.8

证法 1　(由湖南师大邹宇给出) 如图 28.8，联结 CP,EF. 因 AB 为直径，$CD \perp AB$，则 $\overset{\frown}{AC} = \overset{\frown}{AD}$，从而

$$\angle APD = \angle ABC$$

又
$$OC = OB$$

则
$$\angle OCB = \angle OBC = \angle ABC = \angle APD$$

即
$$\angle ECF = \angle EPF$$

于是，C,E,F,P 四点共圆. 从而

$$\angle EFC = \angle EPC = \angle APC = \angle ABC$$

即有
$$EF \parallel OB$$
而 E 是 OC 的中点,故 F 是 BC 的中点.

证法 2 如图 28.8,联结 BD.因为 AB 是圆 O 的直径,$CD \perp AB$,所以
$$\angle AOC = \angle DBC$$
即
$$\angle AOE = \angle DBF$$
又 $\angle OAE = \angle BDF$,则
$$\triangle AOE \backsim \triangle DBF$$
故
$$\frac{AO}{DB} = \frac{OE}{BF}$$
而
$$OA = OC, DB = BC$$
则
$$\frac{OC}{BC} = \frac{OE}{BF}$$
因为
$$OE = \frac{1}{2} OC$$

所以
$$BF = \frac{1}{2} BC$$
故点 F 平分弦 BC.

北方赛试题 2 如图 28.9,已知 AD 是 $\triangle ABC$ 的边 BC 上的高,且 $BC + AD = AB + AC$,求 $\angle A$ 的取值范围.

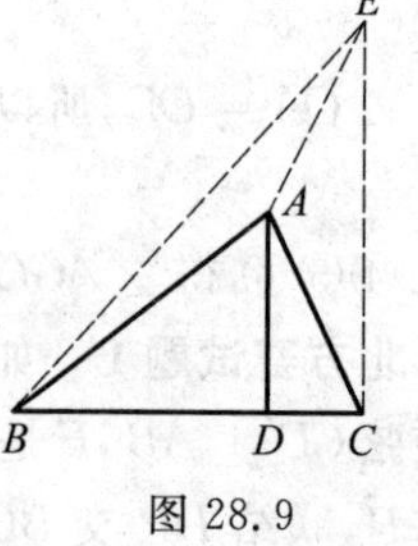

图 28.9

解法 1 (由羊明亮给出)设 a,b,c 为 $\triangle ABC$ 的三边 BC,CA,AB 的长,对 $BC + AD = AB + AC$ 应用三角函数知识,有
$$a + c\sin B = c + b$$
再应用正弦定理,有
$$\sin A + \sin B \sin C = \sin B + \sin C$$
亦有
$$\sin A + \cos^2 \frac{B-C}{2} - \sin^2 \frac{A}{2} = 2\cos \frac{A}{2} \cos \frac{B-C}{2}$$
令 $\cos \frac{B-C}{2} = t$,则 $t \in (0,1]$,且上式变为
$$t^2 - 2\cos \frac{A}{2} \cdot t + \sin A - \sin^2 \frac{A}{2} = 0$$
由 $f(t) = t^2 - 2\cos \frac{A}{2} \cdot t + \sin A - \sin^2 \frac{A}{2}$ 在$(0,1]$内有解,从而求得

$$A \in \left[2\arctan\frac{3}{4},\frac{\pi}{2}\right)$$

解法 2　设 $AB=c, BC=a, CA=b, AD=h$. 由三角形面积公式有

$$bc\sin A=ah$$

则
$$bc=\frac{ah}{\sin A}$$

由 $BC+AD=AB+AC$，得

$$b+c=a+h$$

由余弦定理得

$$\cos A=\frac{b^2+c^2-a^2}{2bc}=\frac{(b+c)^2-a^2-2bc}{2bc}$$
$$=\frac{(a+h)^2-a^2}{\frac{2ah}{\sin A}}-1=\left(1+\frac{h}{2a}\right)\sin A-1$$

所以
$$\sin A=\frac{1+\cos A}{1+\frac{h}{2a}}=\frac{2\cos^2\frac{A}{2}}{1+\frac{h}{2a}}$$

即
$$\cot\frac{A}{2}=1+\frac{h}{2a}$$

如图 28.9，作 $CE\perp BC$，使 $CE=2h$，联结 BE, AE.

在 Rt$\triangle BCE$ 中，有

$$BE=\sqrt{a^2+4h^2}$$

且
$$a+h=b+c\geqslant BE$$

则
$$a+h\geqslant\sqrt{a^2+4h^2}$$

解得
$$\frac{h}{a}\leqslant\frac{2}{3}$$

故
$$1+\frac{h}{2a}\in\left(1,\frac{4}{3}\right]$$

所以
$$\cot\frac{A}{2}\in\left(1,\frac{4}{3}\right]$$

因此
$$\angle A\in\left[2\operatorname{arccot}\frac{4}{3},\frac{\pi}{2}\right)$$

试题 A　如图 28.10，以 B_0 和 B_1 为焦点的椭圆与 $\triangle AB_0B_1$ 的边 AB_i 交于

$C_i(i=0,1)$. 在 AB_0 的延长线上任取点 P_0，以 B_0 为圆心，B_0P_0 为半径作圆弧 $\overset{\frown}{P_0Q_0}$ 交 C_1B_0 的延长线于 Q_0；以 C_1 为圆心，C_1Q_0 为半径作圆弧 $\overset{\frown}{Q_0P_1}$ 交 B_1A 的延长线于 P_1；以 B_1 为圆心，B_1P_1 为半径作圆弧 $\overset{\frown}{P_1Q_1}$ 交 B_1C_0 的延长线于 Q_1；以 C_0 为圆心，C_0Q_1 为半径作圆弧 $\overset{\frown}{Q_1P'_0}$，交 AB_0 的延长线于 P'_0. 试证：

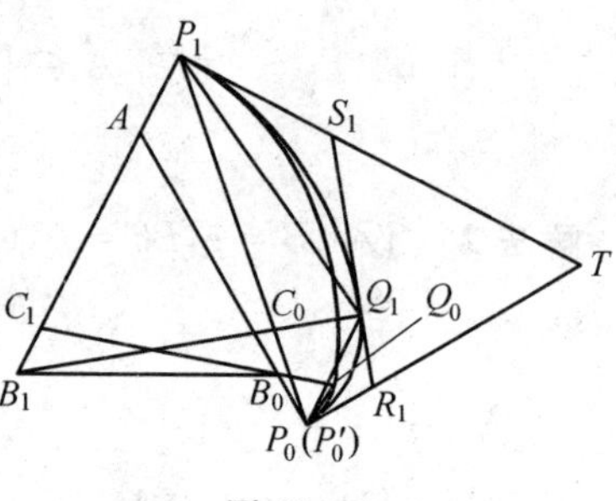

图 28.10

(1) 点 P'_0 与点 P_0 重合，且圆弧 $\overset{\frown}{P_0Q_0}$ 与 $\overset{\frown}{P_0Q_1}$ 相内切于 P_0.

(2) 四点 P_0,Q_0,Q_1,P_1 共圆.

证法1 (1) 显然 $B_0P_0=B_0Q_0$，并由圆弧 $\overset{\frown}{P_0Q_0}$ 和 $\overset{\frown}{Q_0P_1}$，$\overset{\frown}{Q_0P_1}$ 和 $\overset{\frown}{P_1Q_1}$，$\overset{\frown}{P_1Q_1}$ 和 $\overset{\frown}{Q_1P'_0}$ 分别相内切于点 Q_0,P_1,Q_1，得

$$C_1B_0+B_0Q_0=C_1P_1,B_1C_1+C_1P_1=B_1C_0+C_0Q_1$$

以及
$$C_0Q_1=C_0B_0+B_0P'_0$$

三式相加，利用 $B_1C_1+C_1B_0=B_1C_0+C_0B_0$ 以及 P'_0 在 B_0P_0 或其延长线上，有

$$B_0P_0=B_0P'_0$$

从而可知点 P'_0 与点 P_0 重合. 由于圆弧 $\overset{\frown}{Q_1P_0}$ 的圆心 C_0，圆弧 $\overset{\frown}{P_0Q_0}$ 的圆心 B_0 以及 P_0 在同一直线上，所以圆弧 $\overset{\frown}{Q_1P_0}$ 和 $\overset{\frown}{P_0Q_0}$ 相内切于点 P_0.

(2) 现在分别过点 P_0 和 P_1 引上述相应相切圆弧的公切线 P_0T 和 P_1T 交于点 T. 又过点 Q_1 引相应相切圆弧的公切线 R_1S_1，分别交 P_0T 和 P_1T 于点 R_1 和 S_1. 联结 P_0Q_1 和 P_1Q_1，得等腰 $\triangle P_0Q_1R_1$ 和 $\triangle P_1Q_1S_1$. 基于此，我们可由

$$\begin{aligned}\angle P_0Q_1P_1&=\pi-\angle P_0Q_1R_1-\angle P_1Q_1S_1\\&=\pi-(\angle P_1P_0T-\angle Q_1P_0P_1)-(\angle P_0P_1T-\angle Q_1P_1P_0)\end{aligned}$$

而
$$\pi-\angle P_0Q_1P_1=\angle Q_1P_0P_1+\angle Q_1P_1P_0$$

代入上式后，即得

$$\angle P_0Q_1P_1=\pi-\frac{1}{2}(\angle P_1P_0T+\angle P_0P_1T)$$

同理可得
$$\angle P_0Q_0P_1=\pi-\frac{1}{2}(\angle P_1P_0T+\angle P_0P_1T)$$

所以 P_0,Q_0,Q_1,P_1 四点共圆.

证法 2 (1) 因$\overset{\frown}{P_0Q_0}$以 B_0 为圆心,$\overset{\frown}{Q_0P'_0}$以 C_0 为圆心.注意到 B_0,C_0,P_0 共线,且

$$B_0P_0=B_0Q_0,C_0P'_0=C_0Q_1,C_1Q_0=C_1P_1,B_1Q_1=B_1P_1$$

欲证 P_0 与 P'_0 重合,则知只需证

$$\begin{aligned}C_0P'_0=C_0P_0 &\Leftrightarrow C_0Q_1=C_0B_0+B_0P_0\Leftrightarrow B_1O_1-B_1C_0=C_0B_0+B_0Q_0\\ &\Leftrightarrow B_1P_1-B_1C_0=C_0B_0+C_1Q_0-C_1B_0\\ &\Leftrightarrow B_1C_1+C_1P_1-B_1C_0=C_0B_0+C_1P_1-C_0B_0\\ &\Leftrightarrow C_1B_1+C_1B_0=C_0B_1+C_0B_0\end{aligned}$$

由椭圆的性质知上式成立,从而 P'_0,P_0 重合.

由 C_0,B_0,P_0 共线知$\overset{\frown}{P_0Q_0}$与$\overset{\frown}{P_0Q_1}$内切于 P_0.证毕.

(2) 因 $B_0Q_0=B_0P_0$,则

$$\angle B_0P_0Q_0=90^\circ-\frac{1}{2}\angle P_0B_0Q_0$$

同理

$$\angle C_0P_0Q_1=90^\circ-\frac{1}{2}\angle P_0C_0Q_1$$

$$\angle C_1P_1Q_0=90^\circ-\frac{1}{2}\angle P_1C_1Q_0$$

$$\angle B_1P_1Q_1=90^\circ-\frac{1}{2}\angle P_1B_1Q_1$$

又 P_1,P_0 在 Q_0Q_1 同侧.从而

$$\begin{aligned}P_1,P_0,Q_0,Q_1\text{ 共圆}&\Leftrightarrow\angle Q_0P_1Q_1=\angle Q_0P_0Q_1\\ &\Leftrightarrow\angle B_1P_1Q_1-\angle C_1P_1Q_0=\angle B_0P_0Q_0-\angle C_0P_0Q_1\\ &\Leftrightarrow\frac{1}{2}(\angle P_1C_1Q_0-\angle P_1B_1Q_0)=\\ &\quad\frac{1}{2}(\angle P_0C_0Q_1-\angle P_0B_0Q_0)\\ &\Leftrightarrow\angle P_1C_1Q_0+\angle C_0B_0C_1=\angle AB_0C_1+\angle AC_1B_0\\ &\Leftrightarrow 180^\circ-\angle C_1AB_0=180^\circ-\angle B_1AC_0\\ &\Leftrightarrow\angle C_1AB_0=\angle B_1AC_0\end{aligned}$$

而上式显然成立,故 P_0,P_1,Q_1,Q_0 四点共圆.

证法 3 (由山东宁阳一中刘才华给出)(1) 略.

(2) 如图 28.11,设 B_1C_0 与 B_0C_1 相交于点 M,联结 $P_0Q_0,P_0Q_1,P_1Q_0,P_1Q_1$.

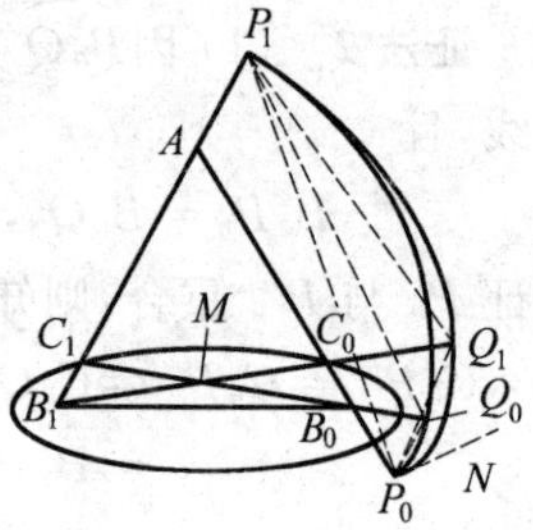

由(1)知圆 C_0 与圆 B_0 内切于点 P_0. 过点 P_0 作其公切线 P_0N.

对于圆 C_0,由弦切角定理得

$$\angle Q_1P_0N=\frac{1}{2}\angle Q_1C_0P_0$$

对于圆 B_0,由弦切角定理得

$$\angle Q_0P_0N=\frac{1}{2}\angle P_0B_0Q_0$$

图 28.11

故
$$\begin{aligned}\angle Q_1P_0Q_0&=\angle Q_1P_0N-\angle Q_0P_0N\\&=\frac{1}{2}(\angle Q_1C_0P_0-\angle P_0B_0Q_0)\\&=\frac{1}{2}(\angle AC_0B_1-\angle AB_0M)\\&=\frac{1}{2}\angle Q_0MQ_1\end{aligned}$$

又
$$\begin{aligned}\angle Q_0P_1Q_1&=\angle B_1P_1Q_1-\angle C_1P_1Q_0\\&=\frac{180^\circ-\angle P_1B_1Q_1}{2}-\frac{180^\circ-\angle P_1C_1Q_0}{2}\\&=\frac{1}{2}(\angle P_1C_1Q_0-\angle P_1B_1Q_1)\\&=\frac{1}{2}\angle B_1MC_1=\frac{1}{2}\angle Q_0MQ_1\end{aligned}$$

故
$$\angle Q_1P_0Q_0=\angle Q_0P_1Q_1$$

从而,P_0,Q_0,Q_1,P_1 四点共圆.

证法 4 (由山东宁阳一中刘才华给出)(1) 略.

(2) 如图 28.11,设 $\angle P_1B_1Q_1=\alpha,\angle P_0C_0Q_1=\angle AC_0B_1=\beta,\angle P_1C_1Q_0=\theta$, $\angle AB_0C_1=\angle P_0B_0Q_0=\varphi,\angle B_1AB_0=\gamma$.

在 $\triangle B_1P_1Q_1$ 中,有

$$\angle B_1Q_1P_1=\frac{180^\circ-\alpha}{2}$$

在 $\triangle P_0C_0Q_1$ 中,有

$$\angle B_1Q_1P_0=\frac{180^\circ-\beta}{2}$$

故 $\angle P_1Q_1P_0=\angle P_1Q_1B_1+\angle B_1Q_1P_0=\dfrac{360^\circ-\alpha-\beta}{2}=\dfrac{180^\circ+\gamma}{2}$

在 $\triangle B_0P_0Q_0$ 中,有

$$\angle P_0Q_0B_0=\frac{180^\circ-\varphi}{2}$$

在 $\triangle P_1C_1Q_0$ 中,有

$$\angle C_1Q_0P_1=\frac{180^\circ-\theta}{2}$$

故 $$\angle P_1Q_0P_0=\angle P_1Q_0C_1+\angle B_0Q_0P_0=\frac{360^\circ-\theta-\varphi}{2}=\frac{180^\circ+\gamma}{2}$$

于是 $$\angle P_1Q_1P_0=\angle P_1Q_0P_0$$

从而,P_0,Q_0,Q_1,P_1 四点共圆.

证法5 (由河南实验中学王慧兴给出)(1)略.

(2)P_0,Q_0,Q_1,P_1 四点共圆 $\Leftrightarrow$ 线段 P_0Q_0,P_1Q_1,P_0Q_1 的中垂线共点 $\Leftrightarrow$ $\angle AB_0C_1,\angle AB_1C_0,\angle AC_0B_1$ 的平分线共点 $\Leftrightarrow\angle AB_0C_1,\angle AC_0B_1,\angle B_1AB_0$ 的平分线共点.

如图28.12,设 $\angle AC_0B_1$ 与 $\angle B_1AB_0$ 的平分线相交于点 I_1,$\angle AB_0C_1$ 与 $\angle B_1AB_0$ 的平分线相交于点 I_2,过 I_1 作 $I_1D_1\perp AB_0$ 于点 D_1,过 I_2 作 $I_2D_2\perp AB_0$ 于点 D_2,则

$$D_1C_0=\frac{C_0B_1+C_0A-AB_1}{2}$$

$$D_2B_0=\frac{B_0C_1+B_0A-AC_1}{2}$$

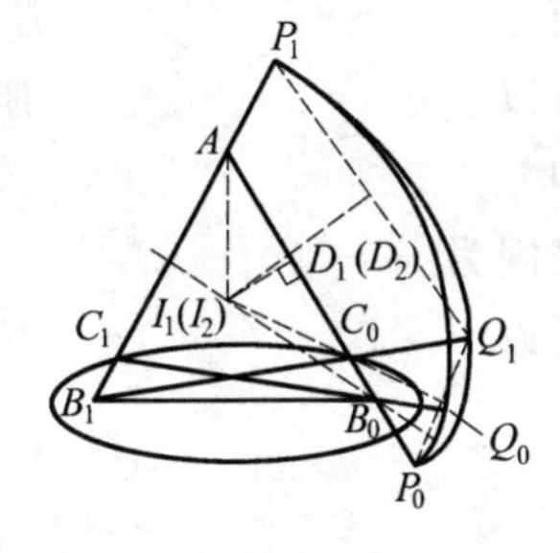

图28.12

而

$$\begin{aligned}D_2B_0-D_1C_0&=\frac{B_0C_1+B_0A-AC_1}{2}-\frac{C_0B_1+C_0A-AB_1}{2}\\&=\frac{B_0C_1+(B_0C_0+C_0A)-AC_1}{2}-\frac{C_0B_1+C_0A-(AC_1+C_1B_1)}{2}\\&=\frac{B_0C_1+B_0C_0}{2}-\frac{C_0B_1-C_1B_1}{2}\\&=\frac{B_0C_0}{2}+\frac{B_0C_1+C_1B_1}{2}-\frac{C_0B_1}{2}=B_0C_0\end{aligned}$$

因此,点 D_1 与 D_2 重合.

从而,点 I_1 与 I_2 重合.

所以,$\angle AB_0C_1$,$\angle AC_0B_1$,$\angle B_1AB_0$ 的平分线共点.

故 P_0,Q_0,Q_1,P_1 四点共圆.

证法 6 (由重庆合川太和中学沈毅给出)(1) 略.

(2) 如图 28.13,设 $\triangle AB_1C_0$ 的内切圆圆 O 与边 C_0A,AB_1,B_1C_0 分别相切于 M,N,P. 在线段 C_1B_0 上取点 K,使 $B_0K=B_0M$. 联结 OM,ON,OK,OB_0,OB_1,OC_0,KM,KN.

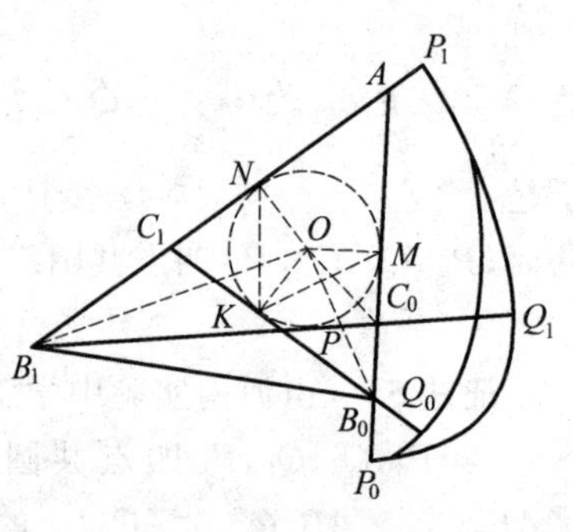

图 28.13

易知 $B_1P=B_1N$,$C_0P=C_0M$,因此

$$B_1C_0+C_0B_0=B_1N+C_0M+C_0B_0=B_1N+B_0M$$

而

$$B_1C_0+C_0B_0=B_1C_1+C_1B_0$$

所以

$$B_1N+B_0M=B_1C_1+C_1B_0$$

即

$$C_1N+B_0M=C_1B_0$$

又因为

$$B_0K=B_0M$$

所以

$$C_1K=C_1N$$

则

$$\angle NKC_1=\frac{1}{2}(\pi-\angle AC_1B_0)$$

$$\angle MKB_0=\frac{1}{2}(\pi-\angle AB_0C_1)$$

故

$$\begin{aligned}\angle MKN&=\pi-\angle NKC_1-\angle MKB_0\\&=\pi-\frac{1}{2}(2\pi-\angle AC_1B_0-\angle AB_0C_1)\\&=\frac{1}{2}(\pi-\angle A)=\frac{1}{2}\angle MON\end{aligned}$$

于是,点 K 在圆 O 上,即 $OM=OK$. 易证 $\triangle OKB_0\cong\triangle OMB_0$,即 OB_0 平分 $\angle AB_0C_1$.

而 $B_0P_0=B_0Q_0$,所以 OB_0 是 P_0Q_0 的垂直平分线.

同理,OC_0 是 P_0Q_1 的垂直平分线,OB_1 是 P_1Q_1 的垂直平分线.

因此,点 O 到 P_0,Q_0,Q_1,P_1 的距离相等,即 P_0,Q_0,Q_1,P_1 四点共圆.

证法7 （由湖南师大邹宇给出）(1) 略.

(2) 联结 P_1Q_1，P_0Q_1，P_1Q_0，P_0Q_0，易知 $\triangle B_1P_1Q_1$，$\triangle C_1Q_0P_1$，$\triangle C_0P_0Q_1$，$\triangle B_0P_0Q_0$ 均为等腰三角形，且

$$\angle AC_1B_0+\angle AB_0C_1=180^\circ-\angle A=\angle AB_1C_0+\angle AC_0B_1$$

$$\angle Q_1C_0P_0=\angle AC_0B_1,\angle Q_0B_0P_0=\angle AB_0C_1$$

故
$$\begin{aligned}\angle P_1Q_1P_0&=\angle P_1Q_1B_1+\angle C_0QP_0\\&=\frac{1}{2}(180^\circ-\angle AB_1C_0)+\frac{1}{2}(180^\circ-\angle Q_1C_0P_0)\\&=180^\circ-\frac{1}{2}(\angle AB_1C_0+\angle Q_1C_0P_0)\\&=180^\circ-\frac{1}{2}(180^\circ-\angle A)=90^\circ+\frac{1}{2}\angle A\end{aligned}$$

同理，求得

$$\angle P_1Q_0P_0=90^\circ+\frac{1}{2}\angle A$$

故 P_1，Q_1，Q_0，P_0 四点共圆.

证法8 （由湖南师大邹宇给出）(1) 略.

(2) 易知 $\triangle P_1Q_1P_0$ 的外心即为 $\triangle AB_1C_0$ 的内心 I_1，$\triangle P_1Q_0P_0$ 的外心即为 $\triangle AC_1B_0$ 的内心 I_2. 欲证 P_1，Q_1，Q_0，P_0 四点共圆，只需证 I_1 与 I_2 重合即可.

延长 B_1C_0 至 D_1，使 $C_0D_1=C_0B_0$；在射线 C_1A 上取点 D_2，使得 $C_1D_2=C_1B_0$，联结 D_1D_2，D_2B_0，D_1B_0，如图28.14所示. 由

$$B_1C_1+C_1B_0=B_1C_0+C_0B_0$$

有
$$B_1C_1+C_1D_2=B_1C_0+C_0D_1$$

亦即
$$B_1D_1=B_1D_2$$

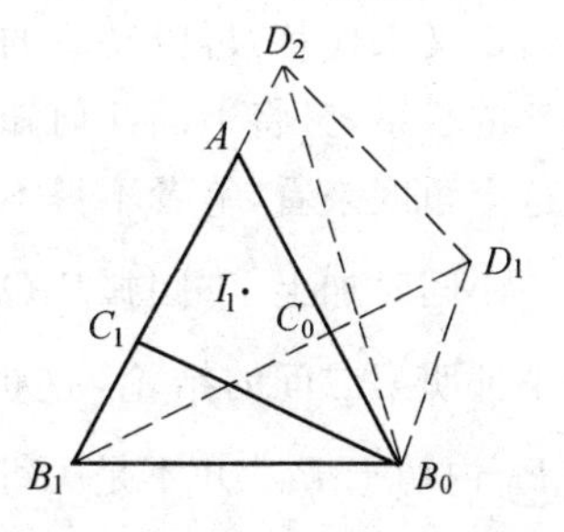

图28.14

易知 $\triangle C_0B_0D_1$，$\triangle C_1B_0D_2$，$\triangle B_1D_1D_2$ 均为等腰三角形.

从而 $\triangle D_2D_1B_0$ 的外心（即线段 B_0D_1，D_1D_2 的中垂线的交点），同时位于 $\angle AC_1B_0$，$\angle AB_1C_0$，$\angle AC_0B_1$ 的角平分线，而 $\angle AC_0B_1$，$\angle AB_1C_0$ 的角平分线的交点为 $\triangle AB_1C_0$ 的内心 I_1，从而 I_1C_1，I_1A 分别平分 $\angle AC_1B_0$，$\angle C_1AB_0$，即 I_1 也为 $\triangle AC_1B_0$ 的内心. 故 I_1 与 I_2 重合.

证毕.

注 上述证法8没有用到"圆弧$\overset{\frown}{P_0Q_0}$与$\overset{\frown}{Q_1P_0}$内切于P_0"这个条件,而且其中提出了一个很重要的结论:"设点D,E分别是$\triangle ABC$的边AB,AC上的点,若$BD+DC=BE+EC$,则$\triangle ABE$与$\triangle ADC$的内心重合."其证明与证法8相同.从这个证明过程不难发现,若将构作辅助线的过程换一种动态的方式表达,再结合证明过程,则可得到下述命题.

命题1 如图28.15,设点D,E分别是$\triangle ABC$的边AB,AC上的点,满足$BD+DC=BE+EC$,以D为圆心,DC为半径作圆弧$\overset{\frown}{CG}$交BA于G;以B为圆心,BG为半径作圆弧$\overset{\frown}{GF}$交BE于F;以E为圆心,EF为半径作圆弧$\overset{\frown}{FC'}$交AC于C',则:(1)C'与C重合;(2)$\triangle GCF$的外心即为$\triangle ABE$(或$\triangle ADC$)的内心.

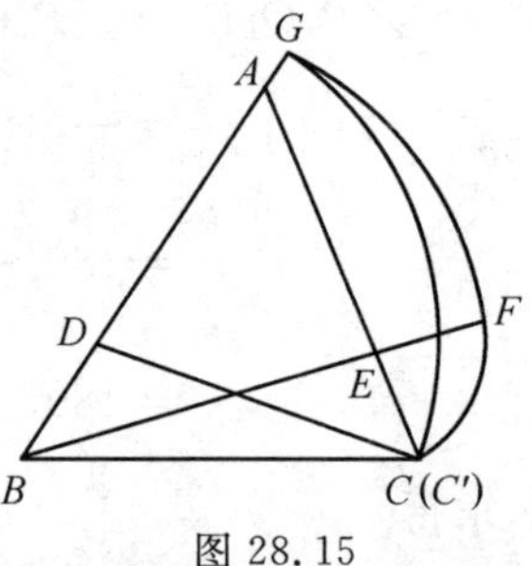

图28.15

仔细比较命题1与联赛题(2006年全国高中联赛加试题第一题,这里简称联赛题,下同),不难发现它们之间的密切联系:命题1是联赛题的一个很特殊的情形,即当P_0,Q_0重合于B_0时,共圆的四点变成了三角形.

换一种说法就是,联赛题是命题1的一个实质性的推广,这个推广具有质的变化(从三角形到共圆的四点,且这四点分别位于四条不同的直线上).此外,命题者为了扩大条件与结论之间的距离,把条件$BD+DC=BE+EC$用椭圆的几何定义来代替,再以动态的方式构造每一个元素,从而既隐藏了各元素之间必然的联系,又将平面几何知识中很少用到的椭圆和频繁出现的圆结合起来,从这个角度来看,笔者不得不佩服命题者的独特用心!而命题者在设置题目的第一小问时加上了"圆弧$\overset{\frown}{P_0Q_0}$与$\overset{\frown}{Q_1P_0}$内切于P_0",目的是希望答题者通过作切线来证明第二问的结论,这也是参考答案的证明方法,但结论"圆弧$\overset{\frown}{P_0Q_0}$与$\overset{\frown}{Q_1P_0}$内切于P_0"并不是关键所在.

从上面联赛题的证法我们也看到,不管点P_0在AB_0的延长线上如何运动,最本质的一点是不会变的,那就是P_0,Q_0,Q_1,P_1四点位于以$\triangle AB_1C_0$或$\triangle AC_1B_0$的内心为圆心的圆上.命题1也说明,当点P_0运动到B_0时,这个本质不会发生变化,那么,我们不禁要问,当点P_0在线段AB_0上运动时,P_0,Q_0,Q_1,P_1四点还会位于以$\triangle AB_1C_0$或$\triangle AC_1B_0$的内心为圆心的圆上吗?我们的回答是肯定的.

我们把这个结论称为命题2.

命题2　如图28.16,以B_0和B_1为焦点的给定椭圆与$\triangle AB_0B_1$的边AB_i交于$C_i(i=0,1)$.在线段AB_0上任取点P_0,以B_0为圆心,B_0P_0为半径作圆弧$\overset{\frown}{P_0Q_0}$交C_1B_0于Q_0;以C_1为圆心,C_1Q_0为半径作圆弧$\overset{\frown}{Q_0P_1}$交B_1A于P_1;以B_1为圆心,B_1P_1为半径作圆弧$\overset{\frown}{P_1Q_1}$交B_1C_0于Q_1;以C_0为圆心,C_0Q_1为半径作圆弧$\overset{\frown}{Q_1P'_0}$交$AB_0$于$P'_0$,则(1)点$P'_0$与点$P_0$重合;(2)四点$P_0,Q_0,Q_1,P_1$共圆.

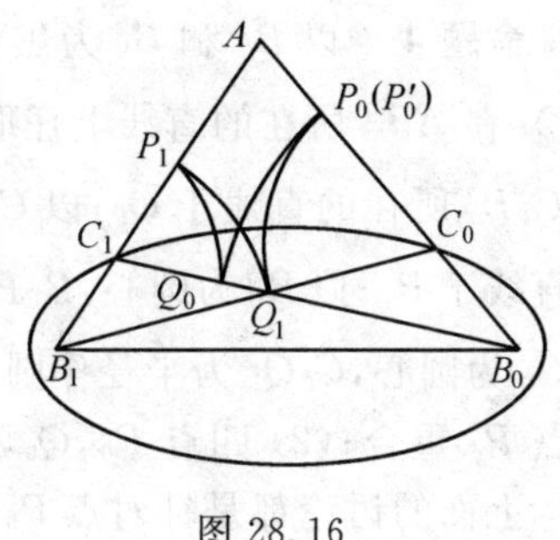

图28.16

命题2的证明完全可以依照联赛题的证明.因此,我们也说命题2是命题1的一个实质性推广.

由上面的讨论,我们看到,当点P_0在线段AB_0及其延长线上运动时,P_0,Q_0,Q_1,P_1四点位于以$\triangle AB_1C_0$或$\triangle AC_1B_0$的内心为圆心的圆上.那么,如果更进一步,当P_0在B_0A的延长线上运动时,情况又会如何呢?结论当然会像我们所希望的那样还是成立的.下面的命题3就是这种情形.

命题3　如图28.17,以B_0和B_1为焦点的给定椭圆与$\triangle AB_0B_1$的边AB_i交于$C_i(i=0,1)$.在B_0A的延长线上任取点P_0,以B_0为圆心,B_0P_0为半径作圆弧$\overset{\frown}{P_0Q_0}$交B_0C_1的延长线于Q_0;以C_1为圆心,C_1Q_0为半径作圆弧$\overset{\frown}{Q_0P_1}$交AB_1的延长线于P_1;以B_1为圆心,B_1P_1为半径作圆弧$\overset{\frown}{P_1Q_1}$交C_0B_1的延长线于Q_1;以C_0为圆心,C_0Q_1为半径作圆弧$\overset{\frown}{Q_1P'_0}$交$B_0A$的延长线于$P'_0$,则(1)点$P'_0$与点$P_0$重合;(2)四点$P_0,Q_0,Q_1,P_1$共圆.

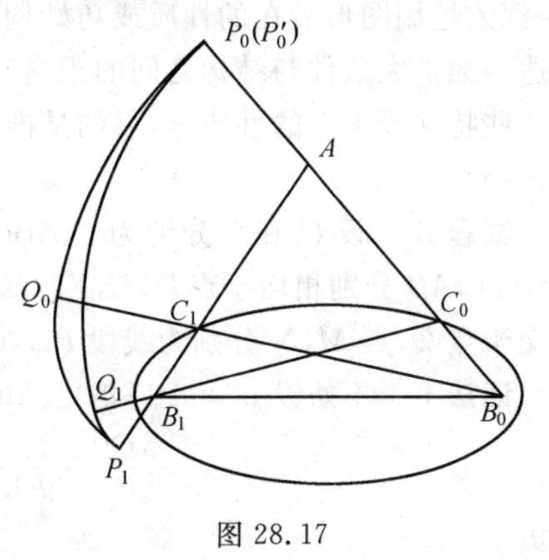

图28.17

命题3的证明略,仿联赛题的证明.

由前面对命题1,命题2,命题3及联赛题的讨论,我们知道,对于AB_0所在直线上的任意一点P_0,按照要求构造的四点P_0,Q_0,Q_1,P_1一定共圆,且圆心为$\triangle AB_1C_0$或$\triangle AC_1B_0$的内心.由此,我们可以用一个命题来统一它们,这个命题可以看作是对联赛题(或命题1、命题2、命题3)的推广.

命题 4 以 B_0 和 B_1 为焦点的给定椭圆与 $\triangle AB_0B_1$ 的边 AB_i 交于 $C_i(i=0,1)$. 在 AB_i 所在的直线上任取点 P_0,以 B_0 为圆心,B_0P_0 的半径作圆弧 $\overset{\frown}{P_0Q_0}$ 交 C_1B_0 所在的直线于 Q_0;以 C_1 为圆心,C_1Q_0 为半径作圆弧 $\overset{\frown}{Q_0P_1}$ 交 B_1A 所在的直线于 P_1;以 B_1 为圆心,B_1P_1 为半径作圆弧 $\overset{\frown}{P_1Q_1}$ 交 B_1C_0 所在的直线于 Q_1;以 C_0 为圆心,C_0Q_1 为半径作圆弧 $\overset{\frown}{Q_1P'_0}$ 交 AB_0 所在的直线于 P'_0,则(1) 点 P'_0 与点 P_0 重合;(2) 四点 P_0,Q_0,Q_1,P_1 共圆.

上面的讨论都是针对点 P_0 在直线 AB_0 上运动时的不同情形,实际上,因为 P_0,Q_0,Q_1,P_1 四点分别位于 AB_0,C_1B_0,B_1A,B_1C_0 四条不同的直线上,若改变这四点的先后出现顺序,即对这四条直线中的任意一条上的点,其余的三点可以通过构造得到,这样,我们得到一个更强的命题:

命题 5 点 D,E 分别是 $\triangle ABC$ 的边 AB,AC 上的点,若 $BD+DC=BE+EC$,那么对于四条直线 AB,AC,BE,CD 中的任意一条上的一点,存在分别位于其他三条上的三点,这四点共于以 $\triangle ABE$ 的内心为外心的圆.

综上所述,我们认为,推广是命制平面几何试题的一个重要手段.在推广的过程中,我们往往从一个较简单的图形或性质出发,从简单到复杂,从特殊到一般,深入挖掘图形潜在的性质或巧妙构造与性质相关联的特殊图形,再根据需要适当地扩大条件与结构之间的距离,或将其简单的外形复杂化,或隐藏图形的一些特殊或本质的性质等,目的是推陈出新,从而命制出有特色,有水准的竞赛试题.

试题 B 设 O 和 I 分别为 $\triangle ABC$ 的外心和内心,$\triangle ABC$ 的内切圆与边 BC,CA,AB 分别相切于点 D,E,F,直线 FD 与 CA 相交于点 P,直线 DE 与 AB 相交于点 Q,点 M,N 分别为线段 PE,QF 的中点,求证:$OI\perp MN$.

证法 1 不妨设 $a>c$. 考虑 $\triangle ABC$ 与截线 PFD,由梅涅劳斯定理有

$$\frac{CP}{PA}\cdot\frac{AF}{FB}\cdot\frac{BD}{DC}=1$$

所以

$$\frac{PA}{PC}=\frac{AF}{FB}\cdot\frac{BD}{DC}=\frac{AF}{DC}=\frac{p-a}{p-c}$$

于是
$$\frac{PA}{CA}=\frac{p-a}{a-c}$$

因此
$$PA=\frac{b(p-a)}{a-c}$$

则
$$PE=PA+AE=\frac{b(p-a)}{a-c}+p-a=\frac{2(p-c)(p-a)}{a-c}$$

$$ME=\frac{1}{2}PE=\frac{(p-c)(p-a)}{a-c}$$

$$MA=ME-AE=\frac{(p-c)(p-a)}{a-c}-(p-a)=\frac{(p-a)^2}{a-c}$$

$$MC=ME+EC=\frac{(p-c)(p-a)}{a-c}+(p-c)=\frac{(p-c)^2}{a-c}$$

于是
$$MA\cdot MC=ME^2$$

因为 ME 是点 M 到 $\triangle ABC$ 的内切圆的切线长，所以 ME^2 是点 M 到内切圆的幂. 而 $MA\cdot MC$ 是点 M 到 $\triangle ABC$ 的外接圆的幂，等式 $MA\cdot MC=ME^2$ 表明，点 M 到 $\triangle ABC$ 的外接圆与内切圆的幂相等. 因而，点 M 在 $\triangle ABC$ 的外接圆与内切圆的根轴上.

同理，点 N 也在 $\triangle ABC$ 的外接圆与内切圆的根轴上.

故 $OI\perp MN$.

证法2　先考虑点 M 的情形. 如图 28.18，设 IA 与 EF 交于点 K，IC 与 ED 交于点 L，联结 KM，KL，IE，易得 K，L 分别是 EF，ED 的中点.

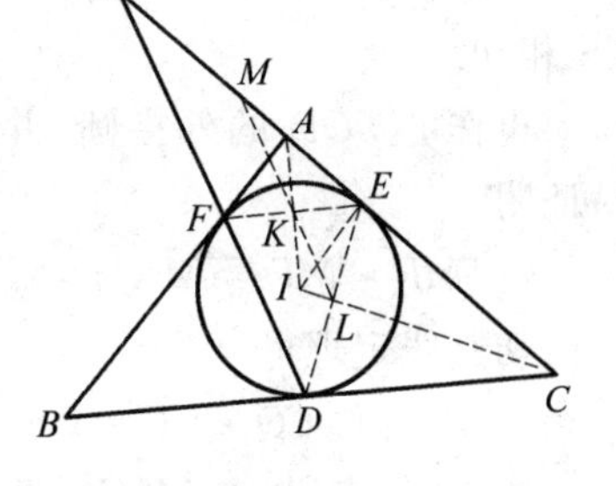

图 28.18

由中位线定理知

$$KM\parallel PD,KL\parallel PD$$

所以 M,K,L 三点共线，即

$$\angle MLE=\angle PDE=\angle MEK$$

易证
$$\triangle MEL\backsim\triangle MKE$$

即得
$$ME^2=MK\cdot ML$$

而由 $\angle IKE=\angle ILE=90^\circ$，知 K,I,L,E 四点共圆，因此

$$\angle MKA=\angle IKL=\angle IEL=\angle ICE$$

所以
$$\triangle MAK\backsim\triangle MLC$$

即
$$MK\cdot ML=MA\cdot MC$$

所以
$$ME^2=MA\cdot MC \quad ①$$

同理可得
$$NF^2=NA\cdot NB \quad ②$$

如图 28.19，设 R，r 分别是 $\triangle ABC$ 的外接圆和内切圆半径. 联结 IM，IN，OM，ON，则

$$IM^2=ME^2+r^2,IN^2=NF^2+r^2$$

由圆幂定理，得

$OM^2 = MA \cdot MC + R^2, ON^2 = NA \cdot NB + R^2$

结合式①②两式,得

$$IM^2 - IN^2 = OM^2 - ON^2$$

因此 $$OI \perp MN$$

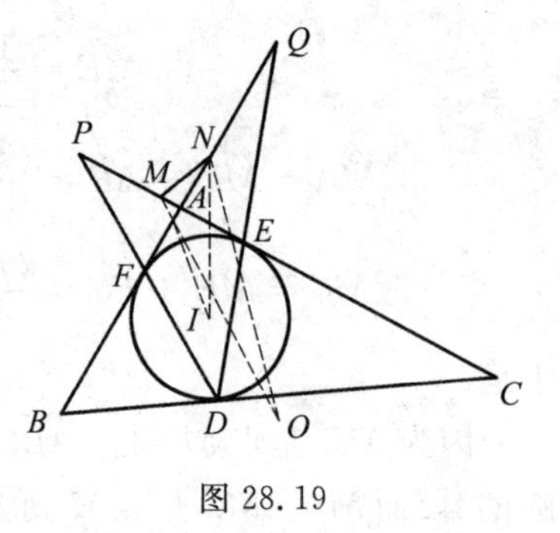

图 28.19

试题 C1 已知 AB 是圆 O 的弦,M 是 $\overset{\frown}{AB}$ 的中点,C 是圆 O 外任一点,过点 C 作圆 O 的切线 CS,CT,联结 MS,MT 分别交 AB 于点 E,F. 过点 E,F 作 AB 的垂线,分别交 OS,OT 于点 X,Y. 再过点 C 任作圆 O 的割线,交圆 O 于点 P,Q,联结 MP 交 AB 于点 R,设 Z 是 $\triangle PQR$ 的外心,求证:X,Y,Z 三点共线.

证法 1 如图 28.20,先联结 OM. 由垂径定理易知 $\triangle XES$ 与 $\triangle OMS$ 位似,于是,$\triangle XES$ 是等腰三角形,故可以以 X 为圆心,XE 和 XS 为半径作圆,该圆同时与弦 AB 及直线 CS 相切.

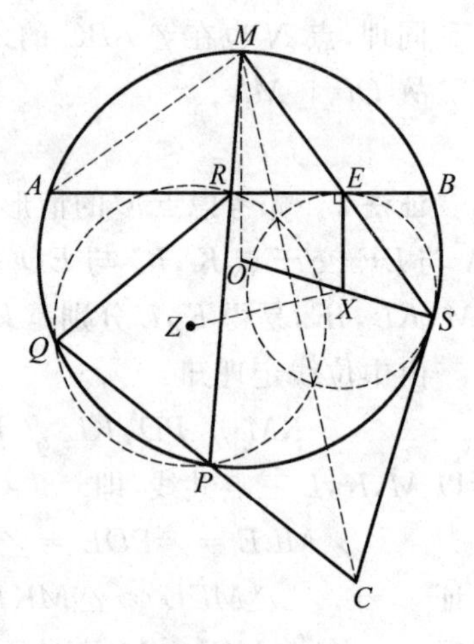

图 28.20

再作 $\triangle PQR$ 的外接圆,并联结 MA,MC. 易证明

$$MR \cdot MP = MA^2 = ME \cdot MS \quad ①$$

又由切割线定理得

$$CQ \cdot CP = CS^2 \quad ②$$

式①②表明,点 M,C 关于圆 Z、圆 X 的幂都相等. 于是,MC 就是上述两圆的根轴. 因此

$$ZX \perp MC$$

同理 $$ZY \perp MC$$

所以,X,Y,Z 三点共线.

证法 2 如图 28.21,联结相应线段,易证

$$OM \perp AB$$

$$XE \parallel OM$$

所以 $$\angle XES = \angle OMS = \angle XSE$$

即 $$XE = XS$$

所以以 X 为圆心,XE 为半径作圆 X. 并设圆 X 和 $\triangle PQR$ 的外接圆半径分别为

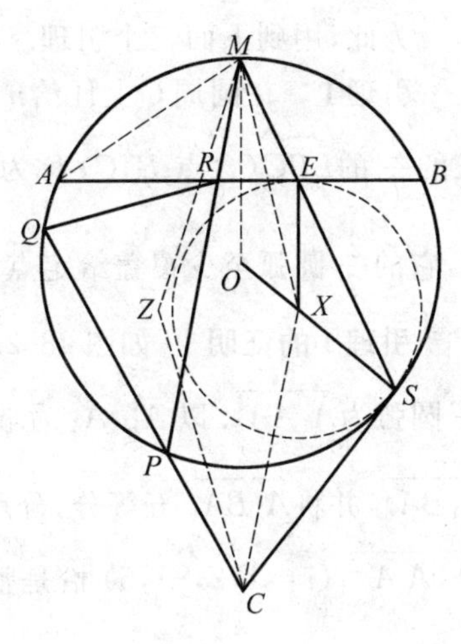

图 28.21

R_1, R_2. 易证

$$ME \cdot MS = MA^2 = MR \cdot MP$$

由圆幂定理，得

$$XM^2 = ME \cdot MS + R_1^2 = MR \cdot MP + R_1^2$$

$$XC^2 = CS^2 + R_1^2$$

$$ZM^2 = MR \cdot MP + R_2^2$$

$$ZC^2 = CP \cdot CQ + R_2^2 = CS^2 + R_2^2$$

所以

$$XM^2 - XC^2 = MR \cdot MP - CS^2 = ZM^2 - ZC^2$$

即 $$ZX \perp MC$$

同理可证 $$ZM^2 - ZC^2 = YM^2 - YC^2$$

即 $$ZY \perp MC$$

故知 X, Y, Z 三点共线.

试题 C2　在半径为10的圆周 C 上任给63个点，设以这些点为顶点且三边长都大于 9 的三角形的个数为 S. 求 S 的最大值.

解　设圆周 C 的圆心为 O，内接正 n 边形的边长为 a_n，则 $a_6 = 10 > 9$，且

$$a_7 < 10 \cdot \frac{2\pi}{7} < 10 \cdot \frac{2 \cdot 3.15}{7} = 9$$

(1) 作圆周 C 的内接正六边形 $A_1A_2A_3A_4A_5A_6$，则 $A_iA_{i+1} = a_6 > 9$，故可在 $\overparen{A_iA_{i+1}}$ 内取一点 B_i，使 $B_iA_{i+1} > 9$. 于是，$\angle B_iOA_{i+1} > \frac{2\pi}{7}$. 从而

$$\angle A_iOB_i = \angle A_iOA_{i+1} - \angle B_iOA_{i+1} < \frac{2\pi}{6} - \frac{2\pi}{7} < \frac{2\pi}{7}$$

所以 $A_iB_i < 9 (i = 1, 2, \cdots, 6, A_7 = A_1)$，故 $\overparen{A_iB_i}$ 上任意两点的距离小于 9.

又 $63 = 6 \cdot 10 + 3$，则可在 $\overparen{A_1B_1}, \overparen{A_2B_2}, \overparen{A_3B_3}$ 每段弧内任取 11 个点，在 $\overparen{A_4B_4}, \overparen{A_5B_5}, \overparen{A_6B_6}$ 每段弧内任取 10 个点，将取出的这 63 个点组成集 M. 于是，M 内位于 6 条弧 $\overparen{A_iB_i} (i = 1, 2, \cdots, 6)$ 中同一条弧上任意两点的距离小于 9，而位于不同弧上任意两点的距离大于 9，故以 M 中的点为顶点且三边长都大于 9 的三角形的个数为

$$\begin{aligned} S_0 &= C_3^3 \cdot 11^3 + C_3^2 C_3^1 \cdot 11^2 \cdot 10 + C_3^1 C_3^2 \cdot 11 \cdot 10^2 + C_3^3 \cdot 10^3 \\ &= 23\ 121 \end{aligned}$$

于是，所求 S 的最大值大于或等于 S_0.

(2) 接下来证明：所求的最大值等于 S_0.

为此,用到下面三个引理.

引理1　在圆周C上任给n个点,以圆周C上一点P为中心,长度等于圆周长的$\frac{2}{7}$的$\overparen{BPC}$(含点B,C)称为点P的$\frac{2}{7}$圆弧,则给定的n个点中必存在一点P,它的$\frac{2}{7}$圆弧至少覆盖给定点中的$\left[\frac{n+5}{6}\right]$个点.

引理1的证明　如图28.22,取一个给定的点A,它的$\frac{2}{7}$圆弧为$\overparen{A_1AA_6}$.以A_1,A_6为端点不含A的另一段弧记为$\overparen{A_1BA_6}$,并将$\overparen{A_1BA_6}$五等分,分点依次为A_2,A_3,A_4,A_5.于是,$\overparen{A_iA_{i+1}}(i=1,2,\cdots,5)$恰是整个圆周$C$的$\frac{1}{7}$.

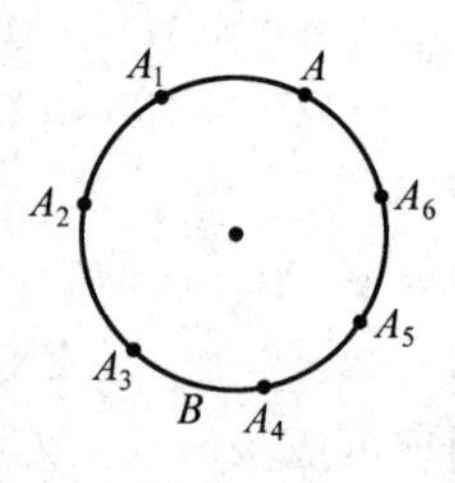

图28.22

因为$\overparen{A_1AA_6}$上的给定点都被点A的$\frac{2}{7}$圆弧覆盖,若$\overparen{A_iA_{i+1}}(i=1,2,\cdots,5)$上有给定点$P_i$,则$\overparen{A_iA_{i+1}}$上的所有给定点都被点$P_i$的$\frac{2}{7}$圆弧覆盖,所以,所有$n$个给定点至多被其中6个给定点的$\frac{2}{7}$圆弧覆盖.

由抽屉原理知,其中必有一个给定点的$\frac{2}{7}$圆弧至少覆盖$\left[\frac{n-1}{6}\right]+1=\left[\frac{n+5}{6}\right]$个给定点.

引理2　在半径为10的圆周C上任取一条长度等于圆周长的$\frac{5}{7}$的弧$\overparen{A_1BA_6}$.在$\overparen{A_1BA_6}$上任给$5m+r$(m,r为非负整数,且$0\leqslant r<5$)个点,则以给定点为端点、长度大于9的线段数至多为$10m^2+4rm+\frac{1}{2}r(r-1)$.

引理2的证明　如图28.22,将$\overparen{A_1BA_6}$五等分,分点依次为A_2,A_3,A_4,A_5,则$\overparen{A_iA_{i+1}}(i=1,2,\cdots,5)$恰为整个圆周长的$\frac{1}{7}$.于是,同一弧$\overparen{A_iA_{i+1}}$上任意两点的距离不超过$a_7<9$.

设$\overparen{A_iA_{i+1}}$上有m_i个已知点,则以已知点为端点且距离大于9的线段至多为

$$l=\sum_{1\leqslant i<j\leqslant 5} m_im_j \quad ①$$

其中,$m_1+m_2+\cdots+m_5=5m+r$.

因满足式①的非负整数组$(m_1,m_2,\cdots,m_5)$的个数有限,所以l的最大值必存在.

下面证明:当l取最大值时,必有

$$|m_i-m_j|\leqslant 1\quad(1\leqslant i<j\leqslant 5)$$

否则,l取最大值时,存在$i,j(1\leqslant i<j\leqslant 5)$使得$|m_i-m_j|\geqslant 2$.不妨设$m_1-m_2\geqslant 2$,令

$$m'_1=m_1-1,m'_2=m_2+1,m'_i=m_i\quad(3\leqslant i\leqslant 5)$$

并令对应的整数为l',则

$$m'_1+m'_2=m_1+m_2$$

且
$$m'_1+m'_2+\cdots+m'_5=m_1+m_2+\cdots+m_5$$

故
$$\begin{aligned}l'-l=&(m'_1m'_2-m_1m_2)+\\&[(m'_1+m'_2)-(m_1+m_2)](m_3+m_4+m_5)\\=&m_1-m_2-1\geqslant 1\end{aligned}$$

这与l为最大值矛盾.

因此,当l取最大值时,$m_1,m_2,\cdots,m_5$中有r个$m+1$,$5-r$个m.

所以,以给定点为端点且长度大于 9 的线段数不超过

$$\mathrm{C}_r^2(m+1)^2+\mathrm{C}_r^1\mathrm{C}_{5-r}^1(m+1)m+\mathrm{C}_{5-r}^2m^2=10m^2+4rm+\frac{1}{2}r(r-1)$$

引理 3　在半径为10的圆周C上任给n个点组成点集M,且$n=6m+r(m$,r为非负整数,$0\leqslant r<6)$.设以M中的点为顶点、三边长都大于9的三角形个数为S_n,则

$$S_n\leqslant 20m^3+10rm^2+2r(r-1)m+\frac{1}{6}r(r-1)(r-2)$$

引理 3 的证明　对n用数学归纳法.

当$n=1$或 2 时,$S_n=0$,结论显然成立.

设当$n=k(k\geqslant 2)$时,结论成立,并设$k=6m+r(m,r$为非负整数,且$0\leqslant r<6)$,则

$$S_k\leqslant 20m^3+10rm^2+2r(r-1)m+\frac{1}{6}r(r-1)(r-2)$$

当$n=k+1$时,由引理 1 知,给定的$k+1$个点中必存在一点P,它的$\frac{2}{7}$圆弧$\overparen{A_1PA_6}$至少覆盖给定点中的$\left[\frac{k+1+5}{6}\right]=m+1$个点.显然,这些点到$P$的最大距离$d\leqslant PA_1=PA_6=a_7<9$,故给定点中至多有$(k+1)-(m+1)=5m+$

r 个点到 P 的距离大于 9，且这些点全在以 A_1，A_6 为端点但不含 P 的另一段弧 $\overset{\frown}{A_1BA_6}$ 上，而这段弧的长度为整个圆周长的 $\frac{5}{7}$.

由引理 2 知，以这些点为端点、长度大于 9 的线段至多为 $10m^2+4rm+\frac{1}{2}r(r-1)$（当 $r=5$ 时，由引理 2 知，至多有 $10(m+1)^2$，结论也成立），即以给定点为顶点的三角形中其三边长都大于 9，且有一个顶点为 P 的三角形个数不多于

$$S_P=10m^2+4rm+\frac{1}{2}r(r-1)$$

去掉点 P，还剩 $k=6m+r$ 个点.

设以这 k 个点为顶点，且三边长都大于 9 的三角形个数为 S_k，则由归纳假设有

$$S_k\leqslant 20m^3+10rm^2+2r(r-1)m+\frac{1}{6}r(r-1)(r-2)$$

故

$$\begin{aligned}S_{k+1}=S_k+S_P&\leqslant 20m^3+10rm^2+2r(r-1)m+\\&\quad\frac{1}{6}r(r-1)(r-2)+10m^2+4rm+\frac{1}{2}r(r-1)\\&=20m^3+10(r+1)m^2+2(r+1)rm+\\&\quad\frac{1}{6}r(r+1)(r-1)\end{aligned}$$

因此，当 $n=k+1=6m+(r+1)$ 时，结论成立.

此外，当 $r=5$ 时，$m=k+1=6(m+1)$，上式化为 $S_{k+1}=20(m+1)^3$，结论也成立.

回到原题.

当 $n=63=6\cdot 10+3$ 时，由引理 3 得

$$S\leqslant 20\cdot 10^3+10\cdot 3\cdot 10^2+2\cdot 3\cdot 2\cdot 10+\frac{1}{6}\cdot 3\cdot 2\cdot 1=23\ 121$$

故

$$S_{\max}=23\ 121$$

试题 D1 设 A,B,C,D,E 五点中，四边形 $ABCD$ 是平行四边形，四边形 $BCED$ 是圆内接四边形. 设 l 是通过点 A 的一条直线，l 与线段 DC 交于点 F（F 是线段 DC 的内点），且 l 与直线 BC 交于点 G. 若 $EF=EG=EC$，求证：l 是 $\angle DAB$ 的平分线.

证明　如图 28.23，作等腰 $\triangle ECF$ 和等腰 $\triangle EGC$ 的高 EK 和 EL. 由条件易知

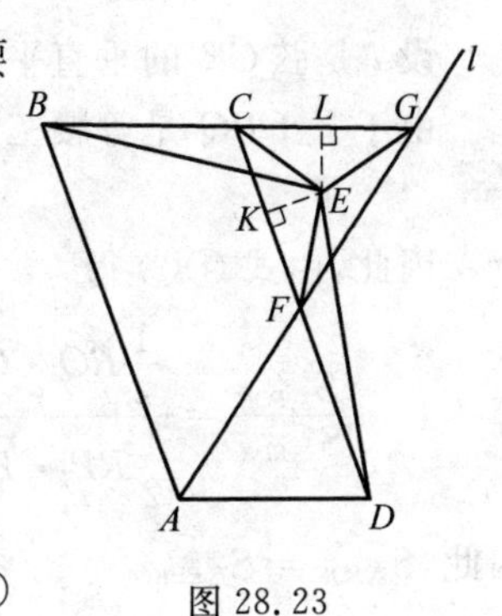

图 28.23

$$\triangle ADF \backsim \triangle GCF \Rightarrow \frac{AD}{GC}=\frac{DF}{CF}$$

$$\Rightarrow \frac{BC}{CG}=\frac{DF}{CF}\Rightarrow \frac{BC}{CL}=\frac{DF}{CK}$$

$$\Rightarrow \frac{BC+CL}{CL}=\frac{DF+FK}{CK}$$

$$\Rightarrow \frac{BL}{CL}=\frac{DK}{CK}\Rightarrow \frac{BL}{DK}=\frac{CL}{CK}\quad ①$$

又由 $\angle LBE=\angle EDK$，知

$$\mathrm{Rt}\triangle BLE \backsim \mathrm{Rt}\triangle DKE$$

所以

$$\frac{BL}{DK}=\frac{EL}{EK}\quad ②$$

由式 ①② 知

$$\frac{CL}{CK}=\frac{EL}{EK}\Rightarrow \triangle CLE \backsim \triangle CKE$$

$$\Rightarrow \frac{CL}{CK}=\frac{CE}{CE}=1$$

$$\Rightarrow CL=CK\Rightarrow CG=CF$$

故 $\angle BAG=\angle GAD$.

试题 D2　在 $\triangle ABC$ 中，$\angle BCA$ 的平分线与 $\triangle ABC$ 的外接圆交于点 R，与边 BC 的垂直平分线交于点 P，与边 AC 的垂直平分线交于点 Q. 设 K，L 分别是边 BC，AC 的中点. 证明：$\triangle RPK$ 和 $\triangle RQL$ 的面积相等.

证明　如果 $AC=BC$，则 $\triangle ABC$ 是等腰三角形，$\triangle RQL$ 和 $\triangle RPK$ 关于角平分线 CR 是对称的，结论明显成立.

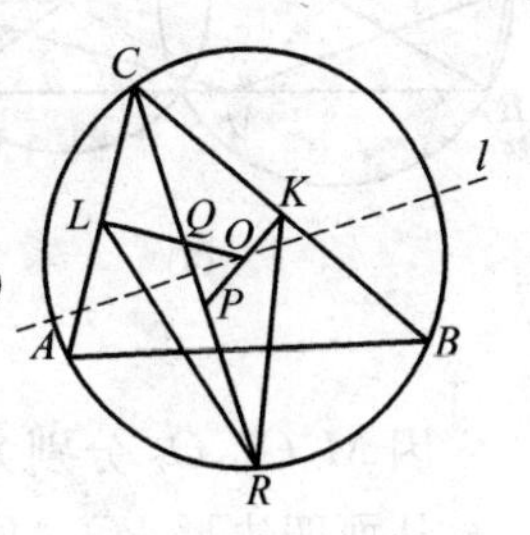

图 28.24

如果 $AC\neq BC$，不妨设 $AC<BC$. 如图 28.24，用 O 表示 $\triangle ABC$ 的外心，注意到

$$\mathrm{Rt}\triangle CLQ \backsim \mathrm{Rt}\triangle CKP$$

则

$$\angle CPK=\angle CQL=\angle OQP$$

且

$$\frac{QL}{PK}=\frac{CQ}{CP}\quad ①$$

设 l 是弦 CR 的垂直平分线,则 l 过外心 O.

由于 $\triangle OPQ$ 是等腰三角形,所以,P,Q 是 CR 上关于 l 对称的两点,故

$$RP = CQ,且\ RQ = CP \qquad ②$$

因此,由式 ①② 得

$$\frac{S_{\triangle RQL}}{S_{\triangle RPK}} = \frac{\frac{1}{2}RQ \cdot QL\sin\angle RQL}{\frac{1}{2}RP \cdot PK\sin\angle RPK} = \frac{RQ}{RP} \cdot \frac{QL}{PK} = \frac{CP}{CQ} \cdot \frac{CQ}{CP} = 1$$

因此,$S_{\triangle RQL} = S_{\triangle RPK}$.

第1节　图形中共顶点的相等线段问题

在2006年的全国高中联赛平面几何试题中,给出的条件形式复杂,乍一看让人眼花缭乱,似乎无法捉摸.事实上,若仔细分析,发现到其中一系列的共顶点的相等线段,则问题求解思路很快便展现出来.

下面,我们以命题形式再介绍几类图形中共顶点的相等线段问题.

命题1[①]　在 $\triangle PBC$ 中,M 是边 BC 的中点,分别以 PB,PC 为直径作圆 O_1、圆 O_2,同在圆 O_1、圆 O_2 的外半圆或内半圆(相对于 $\triangle PBC$)上取两点 D,E,若 $\angle PBD = \angle PCE$,则 $MD = ME$.

证明　下面就点 D,E 在圆 O_1、圆 O_2 上的3种不同位置给出证明.

如图28.25(a)(b)(c)分别对应3种不同位置.联结 MO_1,MO_2,O_1D,O_2E.

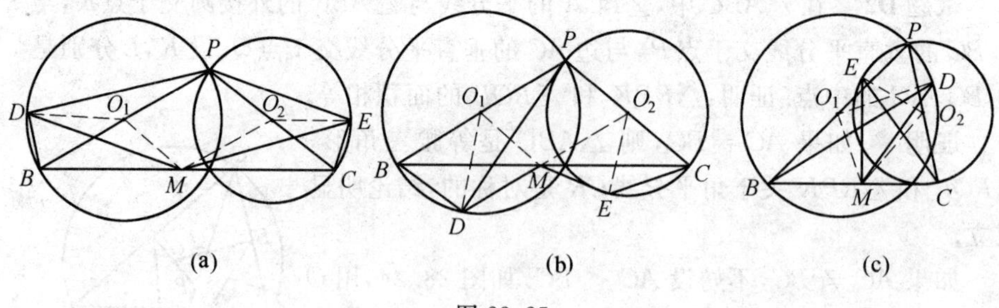

图28.25

因 M,O_1,O_2 分别为 BC,PB,PC 的中点,则 $O_1M \parallel PC,O_2M \parallel PB$.

从而四边形 PO_1MO_2 为平行四边形.于是

① 邹宇,沈文选.一个图形的性质与竞赛题命制[J].中学教研(数学),2006(5):35-37.

$$O_1P = O_2M, O_2P = O_1M, \angle PO_1M = \angle PO_2M$$

又因
$$\angle PBD = \angle PCE$$
则
$$\angle PO_1D = 2\angle PBD = 2\angle PCE = \angle PO_2E$$

于是，在 $\angle O_1MD$ 与 $\angle O_2EM$ 中，有 $O_1D = O_1P = O_2M, O_1M = O_2P = O_2E$，而且在上面 3 种位置中，都不难证明 $\angle DO_1M = \angle MO_2E$，所以

$$\triangle O_1MD \cong \triangle O_2EM$$

所以
$$MD = ME$$

在此，我们顺便指出：

(1) 点 D, E 在以 PB, PC 为直径的圆上，很显然，$PD \perp DB, PE \perp EC$.

(2) 因 $\angle PBD = \angle PCE$，故 $\text{Rt}\triangle PBD \backsim \text{Rt}\triangle PCE$，从而$\dfrac{PD}{DB} = \dfrac{PE}{EC}$.

(3) 命题 1 说明，在满足题设的条件下，对于圆 O_1 上的任意一点，圆 O_2 上总有一点 E，使得 $MD = ME$ 成立.

(4) 命题 1 的逆命题也成立，即在 $\triangle PBC$ 中，M 是 BC 边的中点，圆 O_1、圆 O_2 分别是以 PB, PC 为直径的圆，同在圆 O_1、圆 O_2 的外半圆或内半圆（相对于 $\triangle PBC$）上取两点 D, E，若 $MD = ME$，则 $\angle PBD = \angle PCE$.（$\triangle O_1MD \cong \triangle O_2EM$）

下面，我们以这个图形的性质为背景，探讨一些竞赛题的命制.

将命题 1 证明过程中的 3 种情形，去掉两圆，得到 3 道初中数学竞赛题（或改编题）.

题 1 （第 10 届祖冲之杯数学竞赛题）如图 28.26，M 是 $\triangle PBC$ 的边 BC 的中点，以 PB, PC 为斜边向形外作 $\text{Rt}\triangle PBD$ 和 $\text{Rt}\triangle PCE$. 若 $\angle BPD = \angle CPE$，求证：$MD = ME$.

题 2 （第 8 届江苏省数学竞赛题改编）如图 28.27，M 是 $\triangle PBC$ 的边 BC 的中点，$PD \perp DB, PE \perp EC$，且 $\angle BPD = \angle CPE$，求证：$MD = ME$.

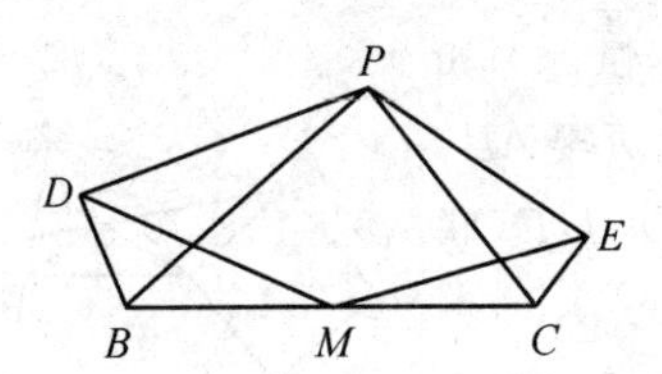

图 28.26

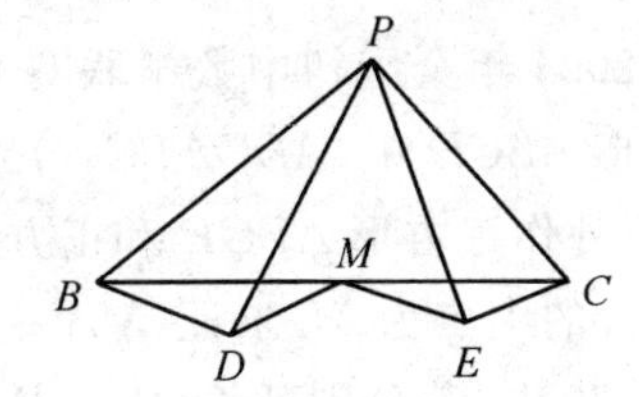

图 28.27

题 3 （2003 年全国初中数学联赛 C 卷试题逆命题）如图 28.28，$\triangle PBC$

中,M 是 BC 边的中点,$PD\perp DB$,$PE\perp EC$,若 $\angle PBD=\angle PCE$,求证:$MD=ME$.

在图 28.25(a) 中,若将点 D,E 置于靠近点 P 的外半圆周上,延长 BD,CE 能相交于一点,则得到:

题 4 (1983 年南斯拉夫数学竞赛题) 如图 28.29,P 是 $\triangle ABC$ 内部的一点,M 是边 BC 的中点,E,F 分别是边 CA,AB 上的点,满足 $\angle PBA=\angle PCA$,$\angle BFP=\angle CEP=90^\circ$,证明:$ME=MF$.

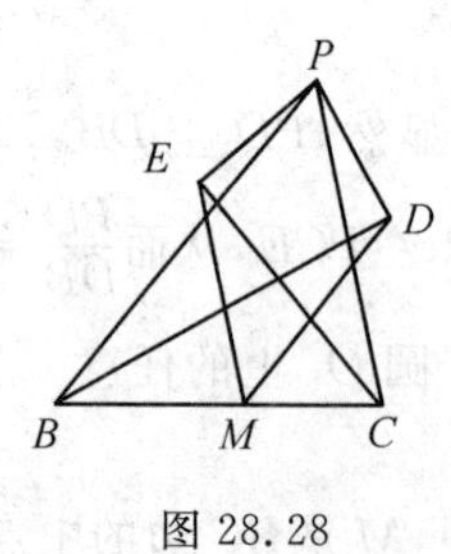

图 28.28

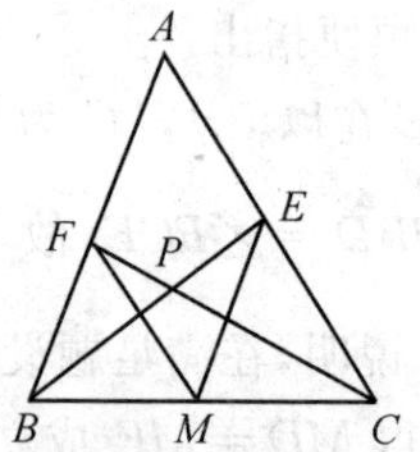

图 28.29

在图 28.26 中,延长 DB,EC 相交于一点,将图形翻转,并注意到命题 1 的逆命题成立,即可得到:

题 5 (2003 年全国初中数学联赛 B 卷试题) 如图 28.30,$\triangle ABC$ 中,D 是边 AB 的中点,分别延长 CA,CB 到点 E,F,使 $DE=DF$,分别过 E,F 作 CA,CB 的垂线,相交于点 P,求证:$\angle PAE=\angle PBF$.

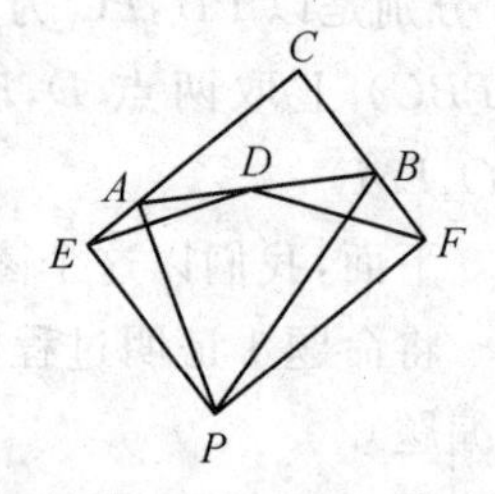

图 28.30

在图 28.27 中,若分别以 BD,CE 为边作正方形 $BDHI$ 和正方形 $CEFG$,联结 DE 和 HF,因 $\mathrm{Rt}\triangle PBD\backsim\mathrm{Rt}\triangle PCE$,从而 $\frac{PD}{DB}=\frac{PE}{EC}$,即 $\frac{PD}{DH}=\frac{PE}{EF}$,可知 $DE\parallel HF$,四边形 $DEFH$ 为梯形,再去掉 PB,PD,PE,PC,即得:

题 6 (2004 年全国初中数学联赛 C 卷试题) 如图 28.31,梯形 $ABCD$ 中,$AD\parallel BC$,分别以两腰 AB,CD 为边向形外作正方形 $ABGE$ 和正方形 $DCHF$,联结 EF,该线段的中点为 M.求证:$MA=MD$.

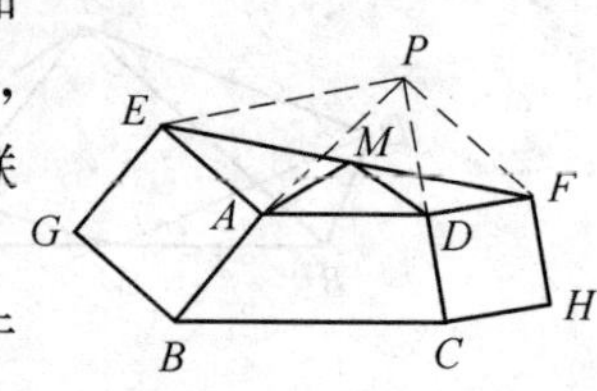

图 28.31

在图 28.29 中,若分别延长 BP,CP 交 AC,AB 于 G,H,因 $\angle PBA=\angle PCA$,有 B,C,G,H 四点共圆,且

$\angle PGE = \angle PHF$，又 $\angle BFP = \angle CEP = 90°$，若取 GH 的中点 N，由命题 1 知 $NE = NF$，又 $ME = MF$，故 M,N 在 EF 的中垂线上，可得：

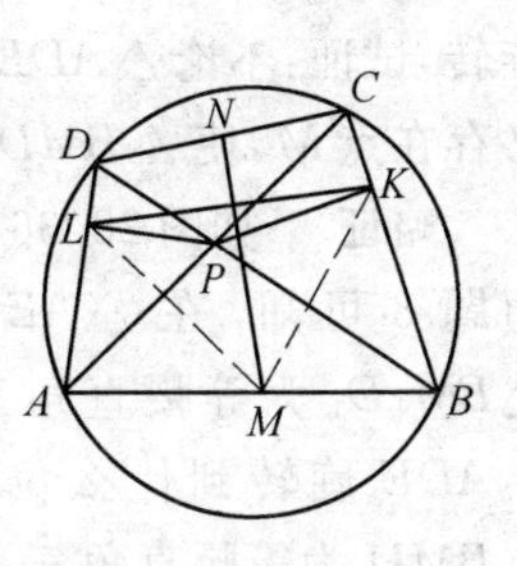

图 28.32

题 7　（第 46 届保加利亚（春季）数学竞赛题）如图 28.32，圆内接四边形 $ABCD$ 的对角线交于点 P，边 AB，CD 的中点分别为 M,N,K,L 分别为边 BC,DA 上的点，且 $PK \perp BC, PL \perp DA$，求证：$KL \perp MN$.

在图 28.25(a) 中，若 D,E 分别位于 $\overparen{PB}$，$\overparen{PC}$ 的中点处，则 $\triangle PBD$，$\triangle PCE$ 均为等腰直角三角形，$MD = ME$. 若能再注意到：$MD \perp ME$（这是一道 2004 年湖南省高中理科实验班招生试题的特殊情形：如图 28.33 所示，圆 O_1、圆 O_2 相交于点 A 和 B，经过 A 作直线与圆 O_1 相交于 C，与圆 O_2 相交于 D. 设 $\overparen{BC}$ 的中点为 M，$\overparen{BD}$ 的中点为 N，线段 CD 的中点为 K，求证：$MK \perp KN$.（证略）），从而下面的题不难得到.

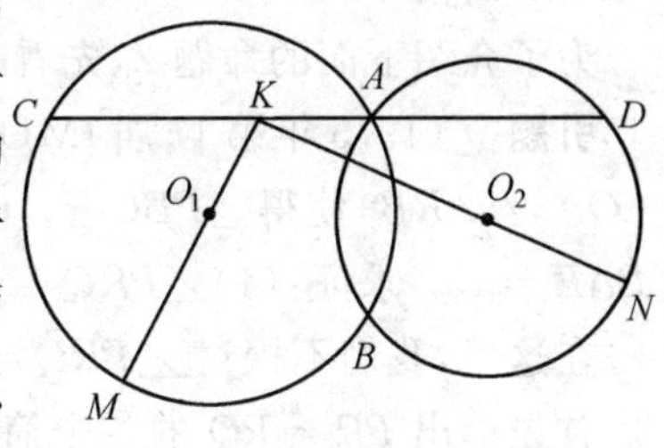

图 28.33

题 8　（第 9 届爱尔兰数学奥林匹克题）如图 28.34，设 D 是 $\triangle ABC$ 的边 BC 的中点，E,F 分别是以 CA,AB 为斜边的形外作等腰直角三角形的直角顶点，求证：$\triangle DEF$ 也是等腰直角三角形.

由题 8 的结论，我们可以猜想：如图 28.35，若 E,F 分别是以 CA,AB 为斜边的形内作等腰直角三角形的直角顶点，$\triangle DEF$ 还是等腰直角三角形吗？答案是肯定的.（证明略）

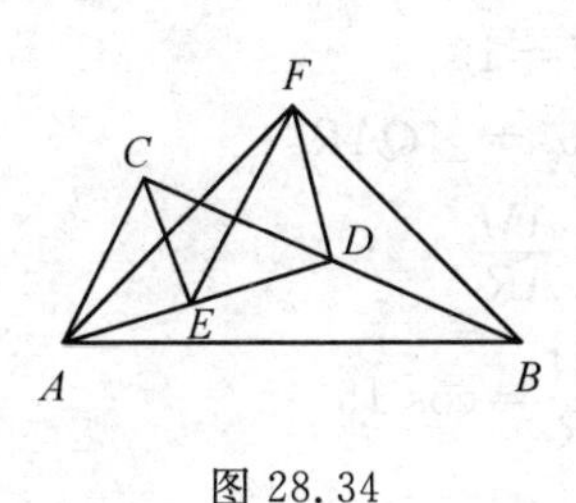

图 28.34

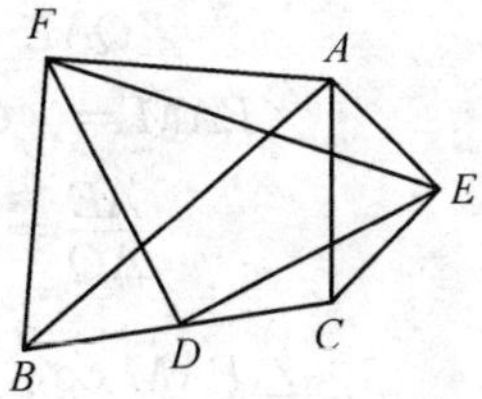

图 28.35

结合以上两题，可以得到下题.

题 9　（1987 年全国高中数学联赛试题）如图 28.36，$\triangle ABC$ 和 $\triangle ADE$ 是两个不全等的等腰直角三角形，现固定 $\triangle ABC$，而将 $\triangle ADE$ 绕点 A 在平面上

旋转,试证:不论$\triangle ADE$旋转到什么位置,线段EC上必存在点M,使$\triangle BMD$为等腰直角三角形.

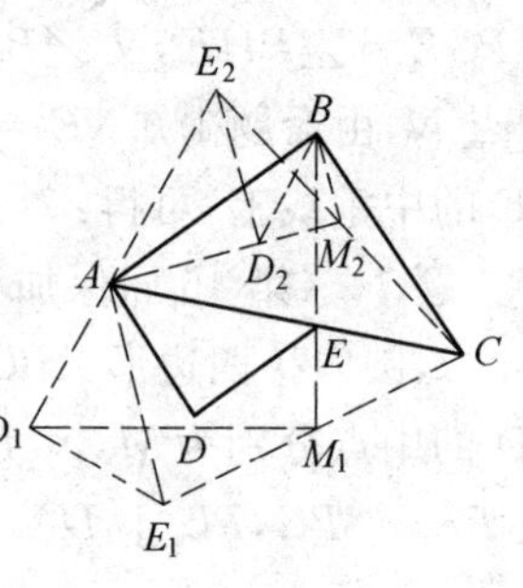

图 28.36

略证 如图28.36,设$\triangle ADE$旋转到$\triangle AD_1E_1$,由题8可知,在$\triangle AE_1C$中,E_1C的中点M_1使得$\triangle BM_1D_1$为等腰直角三角形.因此,只需证:不论$\triangle ADE$旋转到什么位置,线段EC的中点M,使$\triangle BMD$为等腰直角三角形.当旋转的角度小于180°时,即为题8的情形;当旋转的角度大于180°时,即为图28.35的情形.

为了介绍下面的命题2,先看一个问题.①

引题 (1975年第17届IMO试题)在任意$\triangle ABC$的边上向外作$\triangle BPC$,$\triangle CQA$,$\triangle ARB$,使得$\angle PBC=\angle CAQ=45^\circ$,$\angle BCP=\angle QCA=30^\circ$,$\angle ABR=\angle BAR=15^\circ$.求证:(1)$\angle PRQ=90^\circ$;(2)$PR=RQ$.

在这里,我们不探讨$\angle PRQ=90^\circ$的证明,所讨论的主要与$PR=RQ$相关.

首先给出$PR=RQ$的一个简证,这个证明用到上面的命题1.

在命题1中,点D,E在以PB,PC为直径的圆上,故$PD\perp DB$,$PE\perp EC$.

证明 如图28.37,过A作$AE\perp CQ$交CQ的延长线于E,过B作$BD\perp CP$交CP的延长线于D,取AB的中点M,联结MD,ME.在$\triangle ABC$中,有$AE\perp CE$,$BD\perp CD$,$\angle BCD=\angle ACE$.由命题1知,$MD=ME$.

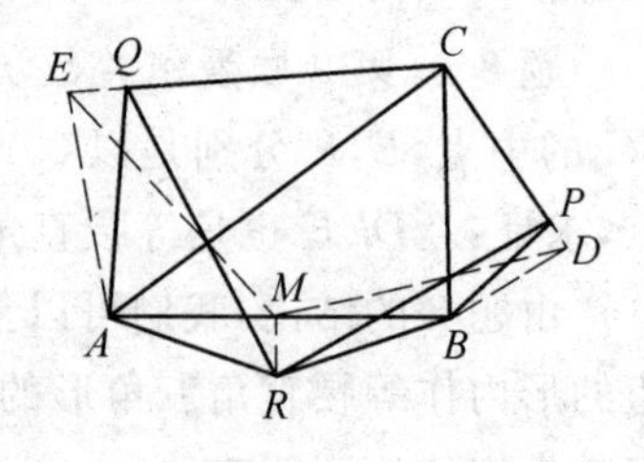

图 28.37

下面证明$PR=RQ$.如图28.37所示,联结MR,则

$$\angle QAE=\angle RAM=15^\circ$$

从而
$$\angle EAM=\angle QAM+15^\circ=\angle QAR$$

且
$$\frac{AE}{AQ}=\cos 15^\circ=\frac{AM}{AR}$$

故
$$\triangle EAM\backsim\triangle QAR,\frac{EM}{QR}=\cos 15^\circ$$

① 邹宇,沈文选.一道平面几何赛题的新证、推广及其关联[J].中学数学研究,2008(1):46-47.

同理
$$\frac{DM}{PR}=\cos 15^\circ=\frac{EM}{QR}$$

由 $MD=ME$ 知，$PR=RQ$.

从上面的证明过程不难发现，引题中给出的特殊角度 45°，30°，15°，它们本身在证明过程中并没有起到很多作用，但满足一个条件 $45^\circ+30^\circ+15^\circ=90^\circ$，这一点才是最本质的. 既然如此，若把 45°，30°，15° 换成 α，β，γ，使它们满足 $\alpha+\beta+\gamma=90^\circ$，结论 $PR=RQ$ 还是成立的，于是得到引题的一个推广：

命题2 在任意 $\triangle ABC$ 的边上向形外作 $\triangle BPC$，$\triangle CQA$，$\triangle ARB$，使得 $\angle PBC=\angle CAQ=\alpha$，$\angle BCP=\angle QCA=\beta$，$\angle ABR=\angle BAR=\gamma$. 若 $\alpha+\beta+\gamma=90^\circ$，则 $PR=RQ$.

命题2的证明可仿照引理的证明，其他步骤不变，只需把 15° 改为 γ 即可.

现在，我们来围绕命题2做一些讨论.

(1) 在命题2中，若 γ 逐渐减少到 0° 时，点 R 将与 AB 的中点 M 重合，$\alpha+\beta=90^\circ$，也即 $AQ\perp CQ$，$AP\perp CP$，这时即为命题1的一个情形：点 Q，P 分别位于以 AC，BC 为直径的圆的外半圆上.

(2) 我们知道，在(1)中，由命题1的条件，当点 Q，P 分别位于以 AC，BC 为直径的圆的内半圆上时，$PR=RQ$ 也是成立的，那么，我们不禁要问：在引题中，如果是往内作同样三角形，结论还会成立吗？可喜的是，结论也是成立的. 在这里，我们姑且把它作为引理的另一个推广：

命题3 在任意 $\triangle ABC$ 的边上向形内作 $\triangle BPC$，$\triangle CQA$，$\triangle ARB$，使得 $\angle PBC=\angle CAQ=\alpha$，$\angle BCP=\angle QCA=\beta$，$\angle ABR=\angle BAR=\gamma$. 若 $\alpha+\beta+\gamma=90^\circ$，则 $PR=RQ$.

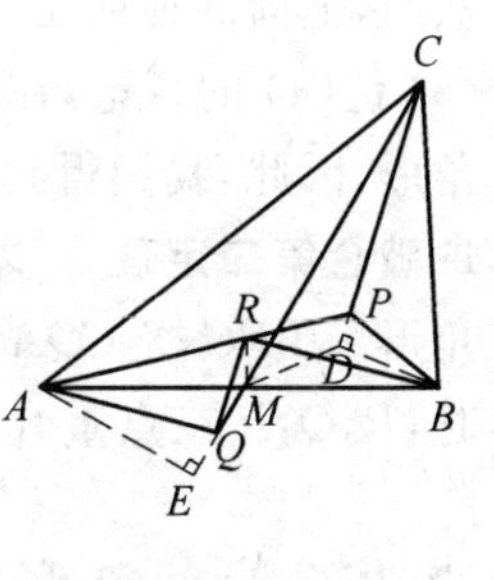

图 28.38

证明 仿引题的证明，如图28.38所示，过 A 作 $AE\perp CQ$ 交 CQ 的延长线于 E，过 B 作 $BD\perp CP$ 交 CP 的延长线于 D，取 AB 的中点 M，联结 MD，QE. 在 $\triangle ABC$ 中，有 $AE\perp CE$，$BD\perp CD$，$\angle BCD=\angle ACE$. 由引理知，$MD=ME$.

下面证明 $PR=RQ$. 如图28.38所示，联结 MR，则
$$\angle QAE=\angle RAM=\gamma$$
从而
$$\angle EAM=\angle QAM+\gamma=\angle QAR$$
且
$$\frac{AE}{AQ}=\cos\gamma=\frac{AM}{AR}$$

故
$$\triangle EAM \backsim \triangle QAR, \frac{EM}{QR}=\cos\gamma$$

同理
$$\frac{DM}{PR}=\cos\gamma=\frac{EM}{QR}$$

由 $MD=ME$ 知,$PR=RQ$.

(3) 把命题2和命题3结合起来,即得到一个命题:

命题4 在 $\triangle ABC$ 的边上同向形外或向形内作 $\triangle BPC$,$\triangle CQA$,$\triangle APB$,使得
$$\angle PBC=\angle CAQ=\alpha, \angle BCP=\angle QCA=\beta, \angle ABR=\angle BAR=\gamma$$

若
$$\alpha+\beta+\gamma=90^\circ$$

则
$$PR=RQ$$

由此,我们看到,这个命题实际上是命题1的推广.

最后,我们看看与命题2、命题3相关的两个定理.

(4) 在命题2中,若令 $\alpha=\beta=\gamma=30^\circ$,则结论除了 $RP=RQ$ 外,还有 $PR=PQ$,$QP=QR$,即 $\triangle PQR$ 为正三角形,此即为:

拿破仑定理 以 $\triangle ABC$ 的三边为底,分别向形外作顶角为 120° 的等腰三角形 $\triangle BPC$,$\triangle CQA$,$\triangle ARB$,则 $\triangle PQR$ 为等边三角形.

从而,上面的证明也可以看成是对拿破仑定理的简证了.

(5) 仿(4)的讨论,在命题3中,若也令 $\alpha=\beta=\gamma=30^\circ$,同样可知 $\triangle PQR$ 为正三角形,因此,我们得到一个新的定理,这里不妨叫作拿破仑第二定理.

拿破仑第二定理 以 $\triangle ABC$ 的三边为底,分别向形内作顶角为 120° 的等腰三角形 $\triangle BPC$,$\triangle CQA$,$\triangle ARB$,则 $\triangle PQR$ 为等边三角形(当 $\triangle ABC$ 为正三角形时,P,Q,R 三点重合).

第2节 三角形的外接正三角形的面积最大、最小问题

给定一个正三角形,可以作出无数个形态各异的内接三角形;反过来,给定一个三角形可以作出一系列的正三角形,对于三角形的最大外接正三角形和最

小正三角形有如下结论：①②

定理 1　直角边长分别为 a,b 的 $\mathrm{Rt}\triangle ABC$ 的外接正 $\triangle DEF$ 面积最大时的边长为 $\frac{2}{3}\sqrt{3(a^2+b^2)+3\sqrt{3}ab}$.

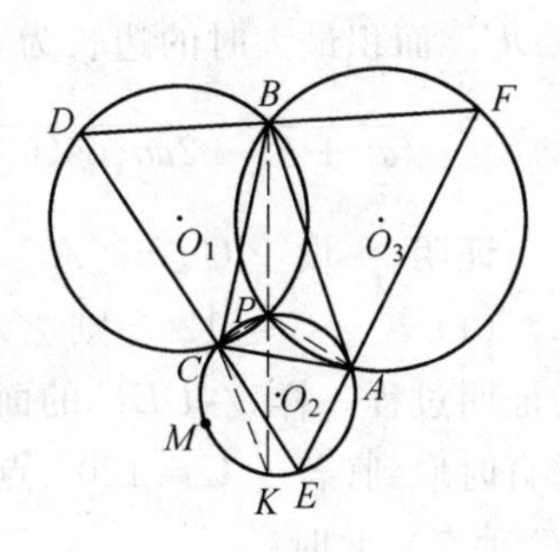

图 28.39

证明　如图 28.39，设 $\triangle DEF$ 是 $\mathrm{Rt}\triangle ABC$ 的外接正三角形. 由密克尔点的性质（在任一三角形的每一边上取一点，过三角形的每一顶点与两邻边上所取的点作圆，此三圆共点，该点称为密克尔点），知 $\triangle DBC,\triangle ECA,\triangle FAB$ 的外接圆交于一个公共点 P. 联结 PA,PB,PC，则 $\angle APB=\angle BPC=\angle CPA=120°$（显然点 P 即为费马点）.

过点 P 分别作 PA_1,PB_1,PC_1 分别垂直于 EF,FD,DE 于点 A_1,B_1,C_1. 由正三角形的性质或面积关系式，h 为 $\triangle DEF$ 的高时，有

$$h=PA_1+PB_1+PC_1$$

且
$$PA_1+PB_1+PC_1\leqslant PA+PB+PC$$

其中等号当且仅当 $PA\perp EF,PB\perp FD,PC\perp DE$ 时成立.

若要 $\triangle DEF$ 的面积最大，当且仅当其高最长. 于是，当 $PA\perp EF,PB\perp FD,PC\perp DE$ 时，$\triangle DEF$ 的面积最大. 于是，可延长 BP 交圆 ACE 于 K，则 $\angle KCA=\angle KPA=60°$，从而 $\triangle KAC$ 为正三角形，由托勒密定理知

$$PK=PC+PA$$

于是
$$BK=PB+PK=PB+PC+PA$$

在 $\triangle BCK$ 中

$$BK=\sqrt{a^2+b^2-2ab\cos 150°}=\sqrt{a^2+b^2+\sqrt{3}ab}$$

故 $\triangle DEF$ 的边长为

$$\frac{2\sqrt{3}}{3}BK=\frac{2}{3}\sqrt{3(a^2+b^2)+3\sqrt{3}ab}$$

其面积为
$$ab+\frac{\sqrt{3}}{3}(a^2+b^2)$$

---

① 郭要红. 三角形的最大外接正三角形[J]. 数学通报，2004(2)：24-25.

② 吕海久，王赛英. 三角形的最小外接正三角形[J]. 中学数学月刊，2006(8)：30-32.

定理 2 设 a,b,c 分别为 $\triangle ABC$ 的三边长，则 $\triangle ABC$ 的外接正三角形 $\triangle DEF$ 面积最大时的边长为

$$\sqrt{a^2+b^2-2ab\cos(60^\circ+C)}=\sqrt{\frac{1}{2}(a^2+b^2+c^2)+2\sqrt{3}S_{\triangle ABC}}$$

证明 设 $\angle C\geqslant\angle A\geqslant\angle B$.

(1) 若 $\angle C\leqslant 120^\circ$，则 $\angle ABC$ 的费马点 P 在 $\triangle ABC$ 内或边界上，与定理1的证明过程一样，$\triangle DEF$ 的面积最大值在 $\triangle DEF$ 的三边分别与 PA,PB,PC 垂直时取到(若 $\angle C=120^\circ$，点 P 与点 C 重合，只要 $\triangle DEF$ 的三边与 PA,PB,PC 垂直). 此时

$$BK=\sqrt{a^2+b^2-2ab\cos(60^\circ+C)}=\sqrt{\frac{1}{2}(a^2+b^2+c^2)+2\sqrt{3}S_{\triangle ABC}}$$

(2) 若 $\angle C>120^\circ$，则等角中心 P(对三角形各边所张的角是 60° 或 120° 的点称为等角中心) 在 $\triangle ABC$ 的外部，如图 28.40 所示.

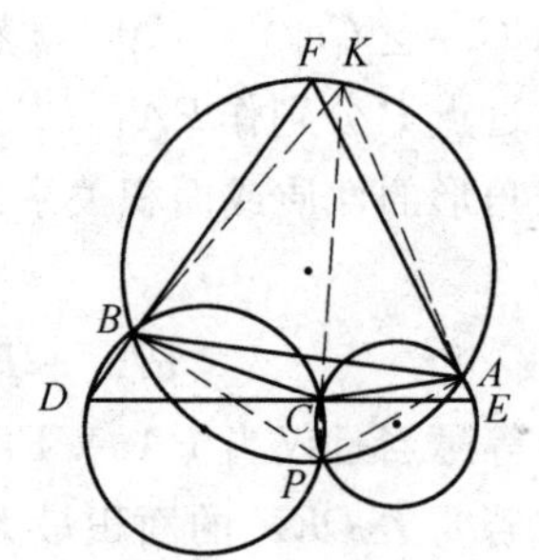

图 28.40

联结 PA,PB,PC，设 $\triangle DEF$ 是 $\triangle ABC$ 的外接正三角形，即 $\triangle DBC,\triangle ECA,\triangle FAB$ 的外接圆相交于 P，此时，$\angle BPC=\angle APC=60^\circ,\angle APB=120^\circ$.

过点 P 分别作 PA_1,PB_1,PC_1 分别垂直于 EF,FD,DE 于点 A_1,B_1,C_1，则 $S_{\triangle DEF}=EF(PA_1+PB_1-PC_1)$. 于是，$PA_1+PB_1-PC_1$ 是 $\triangle DEF$ 的高. 设 $\angle PBD=\beta$，则 $\angle PCD=\angle PAF=\beta$，且

$$PA_1+PB_1-PC_1=(PA+PB-PC)\sin\beta$$

若要 $S_{\triangle DEF}$ 最大，只要 $PA_1+PB_1-PC_1$ 最大. 而 $PA_1+PB_1-PC_1$ 的最大值是 $PA+PB-PC$. 此时，$\beta=90^\circ$，即 $PA_1\perp EF,PB_1\perp FD,PC_1\perp DA$.

延长 PC 交圆 FAB 于 K，则 $\angle KAB=\angle KPB=60^\circ$，即 $\triangle ABK$ 为正三角形.

由托勒密定理知

$$PK=PA+PB$$

则
$$CK=PK-PC=PA+PB-PC$$

在 $\triangle CAK$ 中

$$KC=\sqrt{b^2+c^2-2bc\cos(A+60^\circ)}=\sqrt{\frac{1}{2}(a^2+b^2+c^2)+2\sqrt{3}S_{\triangle ABC}}$$

由(1)(2)知结论获证.此时其面积为

$$\frac{\sqrt{3}}{6}(a^2+b^2+c^2)+2S_{\triangle ABC}$$

定理3 $\triangle DEF$ 为 $\triangle ABC$ 的外接正三角形,若 $\angle A\leqslant 120^\circ$,则费马点在形内或与顶点重合.

(1)若 $\angle B\leqslant 60^\circ$,$\angle B\geqslant\angle C$,则 $\triangle DEF$ 的一顶点与 B 重合时其面积最小,其边长 $DE=\frac{2\sqrt{3}}{3}BC\sin(60^\circ+B)$.

(2)若 $\angle B>60^\circ$,$\angle B\geqslant\angle C$,则 $\triangle DEF$ 的一顶点与 C 重合时其面积最小,其边长 $DE=\frac{2\sqrt{3}}{3}AC\sin(60^\circ+C)$.

证明 记 $\angle PBD=\alpha$,则 $PA_1=PA\sin\alpha$,$PB_1=PB\sin\alpha$,$PC_1=PC\sin\alpha$,因此,$PA_1+PB_1+PC_1=(PA+PB+PC)\sin\alpha$,要使 $PA_1+PB_1+PC_1$ 最小,只要使 $\sin\alpha$ 最小即可.现在我们首先研究 α 的范围,分两种情况研究.

(1)($\angle A\leqslant 120^\circ$,$\angle B\leqslant 60^\circ$,$\angle A\geqslant\angle B\geqslant\angle C$)

$$\alpha=\angle PCE=\angle APC+\angle PCA-\angle CAE=120^\circ+\angle PCA-\angle CAE \quad ①$$

$$\alpha=\angle PAB+\angle FAB \quad ②$$

由等式①,知 C 与 E 重合时,$\angle CAE=0^\circ$,此时 α 为最大,$\alpha=120^\circ+\angle PCA$(图28.41),由等式②,知 B 与 F 重合时 $\angle FAB=0^\circ$,此时 α 为最小,$\alpha=\angle PAB$(图28.41).因此 $\angle PAB\leqslant\alpha\leqslant 120^\circ+\angle PCA$.

由 $y=\sin x$ 在$(0,\pi)$上的性质可知,只要比较两种极限状态时的边长的大小即可.由图28.41可得

$$DE=\frac{BC\sin(60^\circ+\angle ACB)}{\sin 60^\circ}$$

由图28.42可得 $$DE=DF=\frac{BC\sin(60^\circ+\angle ABC)}{\sin 60^\circ}$$

现在只要比较 $\sin(60^\circ+\angle ACB)$ 与 $\sin(60^\circ+\angle ABC)$ 的大小即可.因为

$$\sin(60^\circ+\angle ACB)-\sin(60^\circ+\angle ABC)=2\cos(60^\circ+\frac{1}{2}\angle ACB+\frac{1}{2}\angle ABC)\cdot\sin(\frac{1}{2}\angle ACB-\frac{1}{2}\angle ABC)$$

而

$$60^\circ+\frac{1}{2}\angle ACB+\frac{1}{2}\angle ABC=60^\circ+90^\circ-\frac{1}{2}\angle BAC=150^\circ-\frac{1}{2}\angle BAC$$

且 $$\angle BAC \leqslant 120^\circ$$

因此 $$60^\circ + \frac{1}{2}\angle ACB + \frac{1}{2}\angle ABC \geqslant 90^\circ$$

因此 $$\cos(60^\circ + \frac{1}{2}\angle ACB + \frac{1}{2}\angle ABC) \leqslant 0$$

又 $$\sin(\frac{1}{2}\angle ACB - \frac{1}{2}\angle ABC) \leqslant 0$$

因此 $$\sin(60^\circ + \angle ACB) \geqslant \sin(60^\circ + \angle ABC)$$

因此图 28.42 中的外接正三角形的边长比图 28.41 中的边长要小.

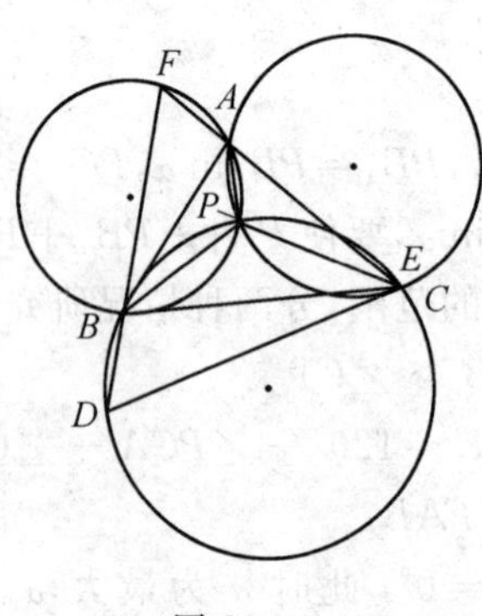

图 28.41

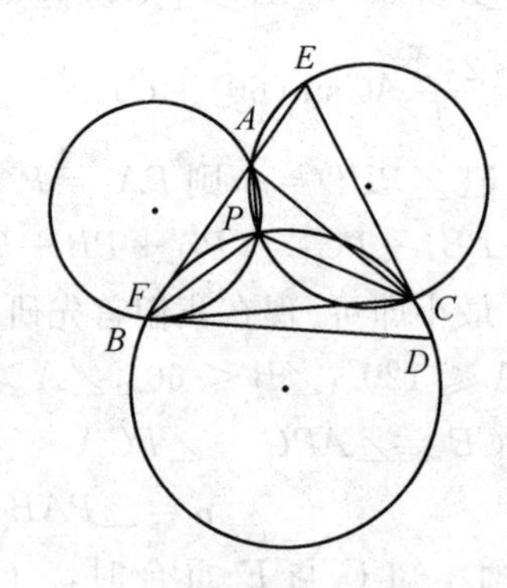

图 28.42

(2)($\angle A \leqslant 120^\circ, \angle B > 60^\circ, \angle A \geqslant \angle B \geqslant \angle C$)

$$\alpha = \angle APC + \angle PCA - \angle CAE = 120^\circ + \angle PCA - \angle CAE \quad ③$$

$$\alpha = \angle PBC + \angle CBD \quad ④$$

由等式 ③,知 C 与 E 重合时,$\angle CAE = 0^\circ$,此时 α 为最大,$\alpha = 120^\circ + \angle PCA$(图 28.43);由等式 ④,知 C 与 D 重合时,$\angle CBD = 0^\circ$,此时 α 为最小,$\alpha = \angle PBC$(图 28.44).因此 $\angle PBC \leqslant \alpha \leqslant 120^\circ + \angle PCA$.

由 $y = \sin x$ 在$(0,\pi)$的性质可知,只要比较两种极限状态时的边长的大小即可.由图 28.43 可得

$$DE = \frac{BC\sin(60^\circ + \angle ACB)}{\sin 60^\circ}$$

由图 28.44 可得 $$DE = \frac{AC\sin(60^\circ + \angle ACB)}{\sin 60^\circ}$$

由假设$\angle BAC \geqslant \angle ABC$,因此 $BC \geqslant AC$,因此图 28.44 中的外接正三角形的边长比图 28.43 中的边长要小.

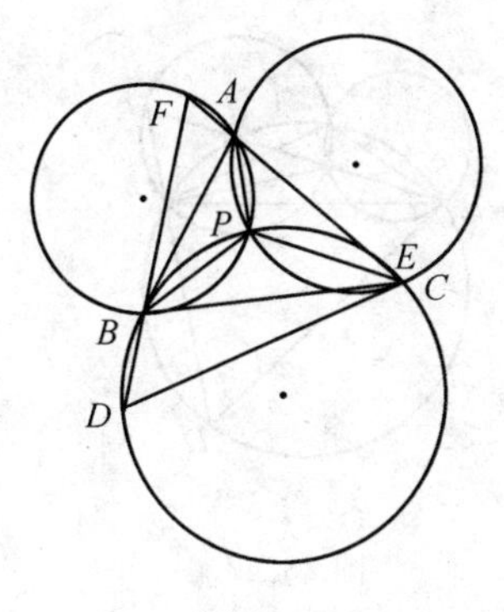

图 28.43

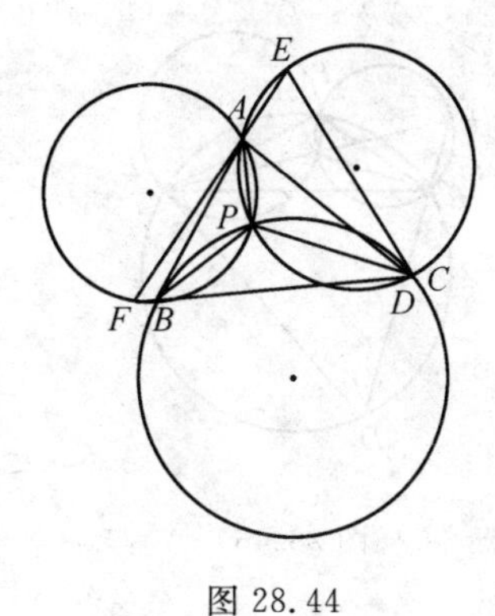

图 28.44

定理 4　$\triangle DEF$ 为 $\triangle ABC$ 的外接正三角形，若 $\angle A>120^\circ$，$\angle B\geqslant\angle C$，则费马点 P 在形外，$\triangle DEF$ 的一个顶点与 C 重合时基面积最小，其边长 $DE=\frac{2\sqrt{3}}{3}BC\sin(60^\circ+C)$.

证明　当 $\angle A>120^\circ$ 时，费马点 P 在 $\triangle ABC$ 外部. 为了研究方便，我们不妨设 $\angle A\geqslant\angle B\geqslant\angle C$. 过点 P 分别作 DE,EF,DF 的垂线，垂足分别是 C_1,A_1,B_1(图 28.45). 由正三角形的性质可知，$PB_1+PC_1-PA_1=h$(h 为正 $\triangle DEF$ 的高)，则 $DE=\frac{2\sqrt{3}}{3}h$. 因此，h 为最小时，$\triangle DEF$ 的边长为最小.

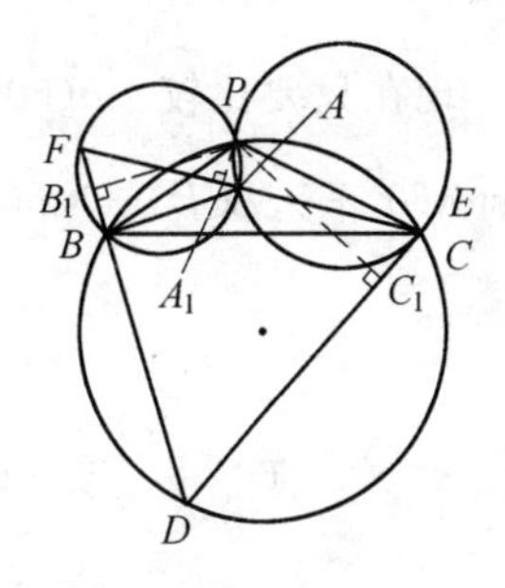

图 28.45

记 $\angle PBD=\alpha$，则 $PA_1=PA\sin\alpha$，$PB_1=PB\sin\alpha$，$PC_1=PC\sin\alpha$，因此

$$PB_1+PC_1-PA_1=(PB+PC-PA)\sin\alpha$$

要使 $PB_1+PC_1-PA_1$ 最小，只要使 $\sin\alpha$ 最小即可. 现在我们首先研究 α 的范围.

$$\begin{aligned}\alpha&=\angle PCE=180^\circ-\angle E-\angle CAE-\angle PCA\\&=120^\circ-\angle PCA-\angle CAE\end{aligned}\qquad⑤$$

$$\alpha=\angle PBA+\angle ABD=60^\circ+\angle PBA+\angle FAB\qquad⑥$$

由等式⑤，知 C 与 E 重合时，$\angle CAE=0^\circ$，此时 α 最大，$\alpha=120^\circ-\angle PCA$(图 28.46)；由等式⑥，知 B 与 F 重合时，$\angle FAB=0^\circ$，此时 α 最小，$\alpha=60^\circ+\angle PBA$(图 28.47). 因此 $60^\circ+\angle PBA\leqslant\alpha\leqslant120^\circ-\angle PCA$.

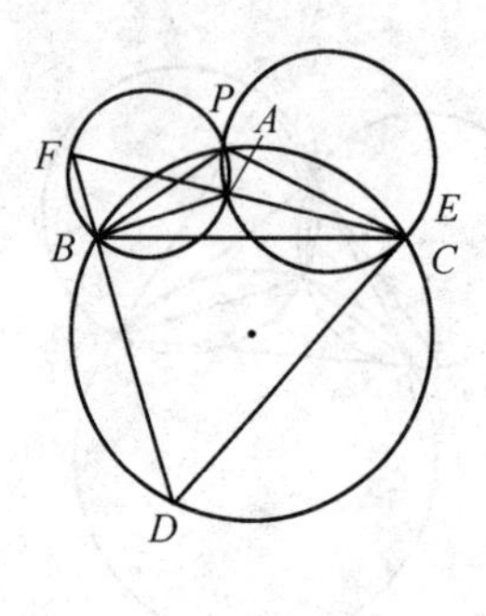

图 28.46

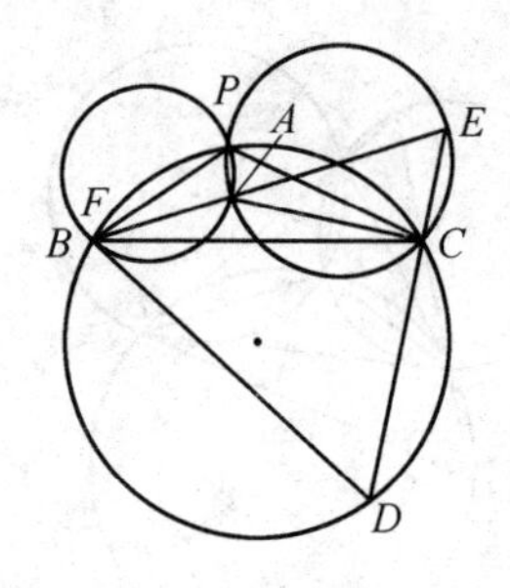

图 28.47

由 $y=\sin x$ 在 $(0,\pi)$ 的性质可知，只要比较两种极限状态时的边长的大小即可. 由图 28.46 可得

$$DE=\frac{BC\sin(60^\circ+\angle ACB)}{\sin 60^\circ}$$

由图 28.47 可得 $$DE=DF=\frac{BC\sin(60^\circ+\angle ABC)}{\sin 60^\circ}$$

现在只要比较 $\sin(60^\circ+\angle ACB)$ 与 $\sin(60^\circ+\angle ABC)$ 的大小即可. 因为

$$\sin(60^\circ+\angle ACB)-\sin(60^\circ+\angle ABC)=2\cos(60^\circ+\frac{1}{2}\angle ACB+\frac{1}{2}\angle ABC)\cdot \sin(\frac{1}{2}\angle ACB-\frac{1}{2}\angle ABC)$$

而 $$60^\circ+\frac{1}{2}\angle ACB+\frac{1}{2}\angle ABC=60^\circ+90^\circ-\frac{1}{2}\angle BAC=150^\circ-\frac{1}{2}\angle BAC$$

且 $$\angle BAC>120^\circ$$

因此 $$60^\circ+\frac{1}{2}\angle ACB+\frac{1}{2}\angle ABC<90^\circ$$

因此 $$\cos(60^\circ+\frac{1}{2}\angle ACB+\frac{1}{2}\angle ABC)>0$$

又 $$\sin(\frac{1}{2}\angle ACB-\frac{1}{2}\angle ABC)\leqslant 0$$

因此 $$\sin(60^\circ+\angle ACB)<\sin(60^\circ+\angle ABC)$$

因此图 28.46 中的外接正三角形的边长比图 28.47 中的边长要小.

第 3 节　完全四边形的优美性质(七)

我们在 2006 年高中联赛题证法 8 的注中给出了命题 5，这个命题实质上给出了完全四边形的又一优美性质(即下面的性质 34). 探讨完全四边形中与圆有关的问题，我们又得到了性质 35，36，37.

性质 34　在完全四边形 $ABCDEF$ 中，四边形 $ABDF$ 有内切圆的充要条件是满足下述条件之一.

(1) $BC+BE=FC+FE$.

(2) $AC+DE=AE+CD$.

(3) $AB+DF=BD+AF$.

证明　(1) 充分性：如图 28.48，在 CF 上截取 $CG=CB$，在 EA 上截取 $EH=EB$，联结 BG，GH，BH，则

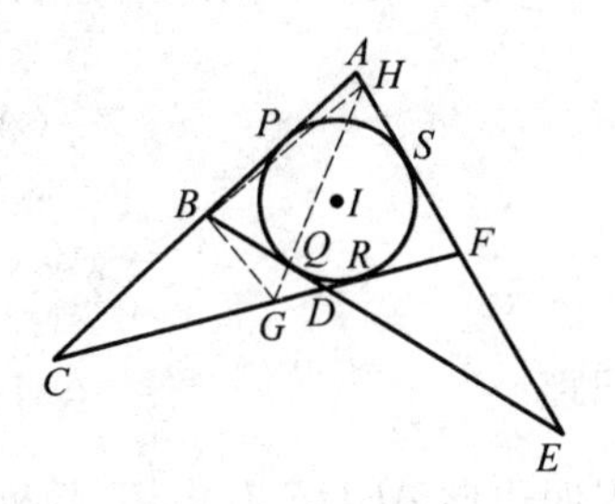

图 28.48

$$FH=EH-EF=EB=EF$$

又 $BC+BE=FC+FE$，则

$$BE-FE=FC-BC$$

故　$$FH=FC-BC=FC-CG=GF$$

分别作 $\angle BCG$，$\angle BEH$，$\angle GFH$ 的平分线.

由 $CB=CG$，$EB=EH$，$FG=FH$，知上述三个角的平分线所在直线是 $\triangle BGH$ 三边的垂直平分线，从而这三个角平分线交于一点，设该点为 I.

由角平分线的性质，知 I 到 CB 与 CF，到 EB 与 EF，到 FC 与 FA 的距离均相等，即 I 到四边形 $ABDF$ 四边的距离相等. 所以，四边形 $ABDF$ 有内切圆.

必要性：设内切圆分别切 AB，BD，DF，FA 于点 P，Q，R，S，则

$$CP=CR,BP=BQ,EQ=ES,RF=FS$$

于是

$$\begin{aligned}BC+BE&=(CP-BP)+(BQ+QE)=CP+QE=CR+ES\\&=CR+RF-FS+ES=(CR+RF)+(ES-FS)\\&=FC+FE\end{aligned}$$

(2) 充分性：在 AC 上截取 $CM=CD$，在 AE 上截取 $EN=ED$，则

$$\begin{aligned}AM&=AC-CM=AC-CD=AE-DE(\text{已知条件})\\&=AE-EN=AN\end{aligned}$$

则 $\angle DCM$，$\angle DEN$，$\angle MAN$ 的平分线就是 $\triangle MDN$ 的三边的中垂线，由此即

知四边形 $ABDF$ 有内切圆.

必要性:同(1)可证(略).

(3)类似于(2)的证法即证(略).

性质35 在完全四边形 $ABCDEF$ 中,四边形 $ABDF$ 有内切圆的充要条件是 $\triangle ACD$ 与 $\triangle ADE$ 的内切圆相外切.

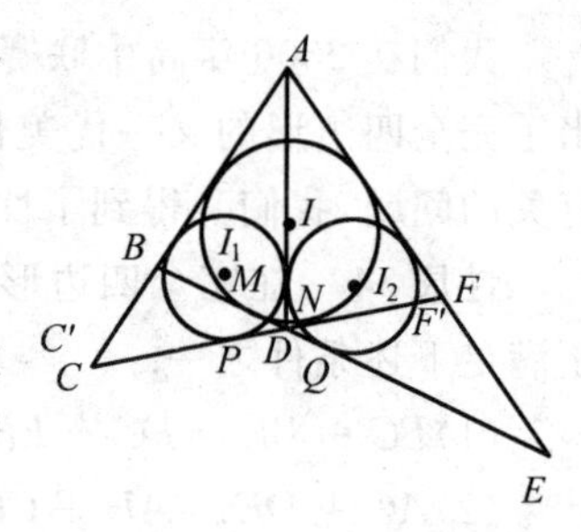

图28.49

证明 必要性:如图28.49,当四边形 $ABDF$ 有内切圆圆 I 时,设圆 I 分别切 BD,DF 于点 M,N,设 $\triangle ACD$ 的内切圆圆 I_1 切 CD 于点 P,$\triangle ADE$ 的内切圆圆 I_2 切 DE 于点 Q,则

$$PN = CN - CP = \frac{1}{2}(AC + CF - AF) - \frac{1}{2}(AC + CD - AD) = \frac{1}{2}(AD + DF - AF)$$

同理
$$QM = \frac{1}{2}(AD + DB - AB)$$

因四边形 $ABDF$ 有内切圆,故

$$DF - AF = DB - AB$$

于是
$$PN = QM$$

再由
$$DN = DM$$

知有
$$DP = DQ$$

从而知圆 I_1 与圆 O_2 外切于 AD 上某一点.

充分性:设 $\triangle ACD$ 的内切圆圆 I_1 与 $\triangle ADE$ 的内切圆圆 O_2 外切于 AD 上一点.

作 $\triangle AEB$ 的内切圆圆 I,过点 D 作圆 I 的另一条切线分别交直线 AB 于 C',交直线 AE 于 F',作 $\triangle AC'D$ 的内切圆圆 I'_1,则由前面的证明可知,圆 I'_1 与圆 I_2 外切于 AD 上一点,再由圆 I'_1 与圆 I_1 的圆心同在 $\angle CAD$ 的平分线上,知圆 I'_1 与圆 I_1 重合,从而 C' 与 C 重合,F' 与 F 重合.因此,四边形 $ABDF$ 有内切圆.

性质36 在完全四边形 $ABCDEF$ 中,四边形 $ABDF$(在 $\angle BAF$ 内)有旁切圆(或折四边形 $BCFE$ 有下切圆)的充要条件是满足下述条件之一.

(1)$AB + BD = AF + FD$.

(2)$AC+CD=AE+ED$.

(3)$BC+CF=BE+EF$.

证明 (1) 充分性:如图 28.50,在射线 AB 上取点 K,使 $BK=BD$,在射线 AF 上取点 L,使得 $FL=FD$.联结 DK,DL,KL.由

$AK=AB+BK=AB+BD=AF+FD=AF+FL=AL$

知 $\triangle BDK$,$\triangle FDL$,$\triangle ALK$ 均为等腰三角形.设点 I_A 为 $\triangle DKL$ 的外心,易知 I_AB,I_AF,I_AA 分别为 $\triangle DKL$ 的三边 DK,DL,KL 的中垂线即它们分别是 $\angle DBC$,$\angle DFE$,$\angle EAC$ 的平分线,则点 I_A 到四边形 $ABDF$ 各边的距离相等,即知四边形 $ABDF$(在 $\angle BAF$ 内)有旁切圆.圆心即为 I_A.

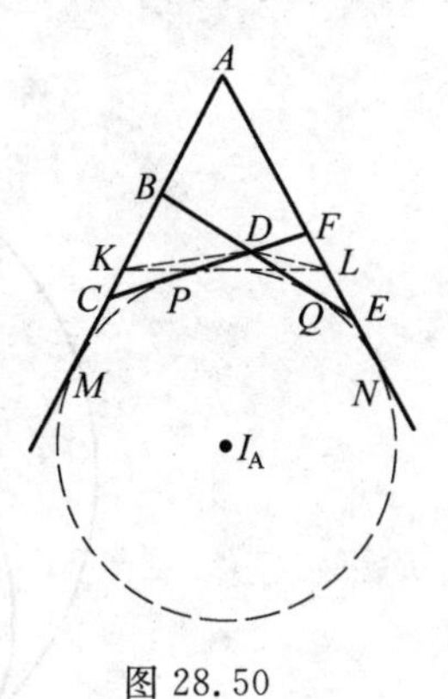

图 28.50

必要性:略.

(2) 必要性:设旁切圆与四边形分别相切于点 M,P,Q,N,则

$$AM=AN, CP=CM, EQ=EN, DP=DQ$$

从而

$$\begin{aligned}AC+CD&=AC+CP+PD=AM+PD=AN+DQ\\&=AE+EN+DQ\\&=AE+EQ+QD=AE+ED\end{aligned}$$

充分性:略.

(3) 类似于(2) 的证法即证(略).

性质 37 完全四边形的四个三角形的外接圆圆心共圆,这四个圆心每三个构成的四个三角形相应相似于完全四边形的四个三角形,这些圆心构成的三角形的垂心分别在构成完全四边形的四条直线上,且四个垂心为顶点构成的四边形与四个圆心为顶点构成的四边形全等.

上述性质即指在完全四边形 $ABCDEF$ 中,O_1,O_2,O_3,O_4 分别为 $\triangle ACF$,$\triangle BCD$,$\triangle DEF$,$\triangle ABE$ 的外心,H_1,H_2,H_3,H_4 分别为 $\triangle O_4O_2O_3$,$\triangle O_4O_1O_3$,$\triangle O_2O_4O_1$,$\triangle O_1O_2O_3$ 的垂心,则:

(1)O_1,O_2,O_3,O_4 四点共圆(斯坦纳圆).

(2)$\triangle O_4O_2O_3 \backsim \triangle ACF$,$\triangle O_1O_2O_3 \backsim \triangle ABE$,$\triangle O_2O_4O_1 \backsim \triangle DEF$,$\triangle O_4O_1O_3 \backsim \triangle BCD$.

(3)H_1,H_2,H_3,H_4 分别在 BE,AE,AC,CF 上,且四边形 $H_1H_2H_3H_4 \cong$ 四边形 $O_2O_1O_4O_3$.

证明 如图28.51,设M为完全四边形$ABCDEF$的密克尔点.联结BM,CO_2,O_2M,MO_3,DM,则:

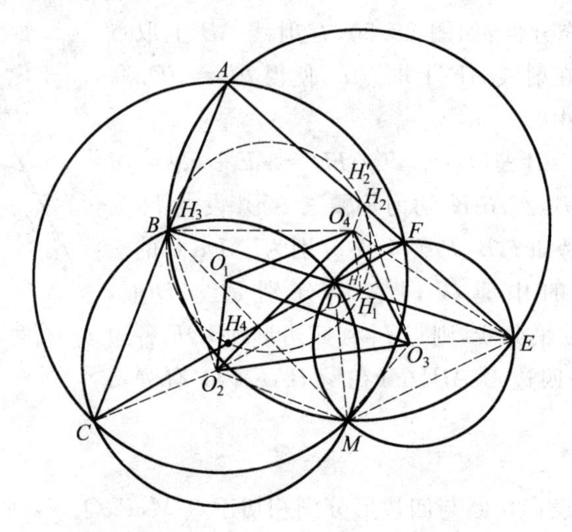

图28.51

(1) $$\angle O_1O_2M=180^\circ-\frac{1}{2}\angle CO_2M=180^\circ-\angle CDM$$

同理 $$\angle O_1O_3M=180^\circ-\angle FDM$$

从而 $$\angle O_1O_2M+\angle O_1O_3M=360^\circ-(\angle CDM+\angle FDM)=180^\circ$$

因此O_1,O_2,O_3,M四点共圆.

同理,O_3,O_4,O_2,M四点共圆.

故O_1,O_2,O_3,O_4四点共圆.

(2)由BM为圆O_2与圆O_4的公共弦知

$$O_2O_4\perp BM$$

同理 $$O_2O_3\perp DM$$

于是 $$\angle O_4O_2O_3=\angle BMD=\angle BCD=\angle ACF.$$

由相交两圆的内接三角形相似知

$$\angle O_2O_4O_3=180^\circ-\angle O_2MO_3=180^\circ-\angle BME=\angle BAF=\angle CAF$$

故 $$\triangle O_4O_2O_3\backsim\triangle ACF$$

同理 $$\triangle O_1O_2O_3\backsim\triangle ABE$$

于是 $$\angle O_2O_4O_1=\angle O_2O_3O_1=\angle BEA=\angle DEF$$

又 $$\angle O_2O_1O_4=\angle O_2O_1O_3+\angle O_3O_1O_4=\angle O_2O_1O_3+\angle O_3O_2O_4$$
$$=\angle CAF+\angle ACF=\angle DFE$$

从而　$\triangle O_2O_4O_1 \backsim \triangle DEF$

同理　$\triangle O_4O_1O_3 \backsim \triangle BCD$

(3) 自 O_2 作 O_3O_4 的垂线交 BE 于点 H'_1，联结 BO_4，BO_2，$O_4H'_1$，由 O_4 为 $\triangle ABE$ 的外心，有

$$\angle H'_1BO_4 = 90° - \angle BAE$$

$$\angle H'_1O_2O_4 = 90° - \angle O_2O_4O_3 = 90° - \angle BAE$$

知

$$\angle H'_1BO_4 = \angle H'_1O_2O_4$$

从而 H'_1，O_2，B，O_4 四点共圆，于是

$$\angle H'_1O_4O_2 = \angle H'_1BO_2$$

又 O_2 为 $\triangle BCD$ 的外心，知

$$\angle H'_1BO_2 = \angle O_2BE = 90° - \angle BCD$$

于是

$$\angle H'_1O_4O_2 = 90° - \angle BCD = 90° - \angle O_4O_2O_3$$

即

$$\angle H'_1O_4O_2 + \angle O_4O_2O_3 = 90°$$

这表明 $O_4H'_1$ 也垂直于 O_2O_3，即知 H'_1 为 $\triangle O_4O_2O_3$ 的垂心，故 H'_1 与 H_1 重合. 从而，H_1 在 BE 上.

过 O_3 作 O_1O_4 的垂线交 AE 于 H'_2，联结 O_4E，O_3E，$O_4H'_2$，则

$$\angle O_4EH'_2 = 90° - \angle ABE$$

$$\begin{aligned}\angle O_4O_3H'_2 &= 90° - (180° - \angle O_1O_4O_3) = \angle O_1O_4O_3 - 90° \\ &= \angle CBD - 90° = 180° - \angle ABE - 90° = 90° - \angle ABE\end{aligned}$$

从而 H'_2，O_4，O_3，E 四点共圆，则有

$$\angle O_4H'_2O_3 = \angle O_4EO_3$$

又

$$\begin{aligned}\angle O_1O_3H'_2 &= \angle O_1O_3O_4 + \angle O_4O_3H'_2 = \angle BDC + \angle O_4EH'_2 \\ &= \angle BDC + 90° - \angle ABE = 90° - \angle ACF\end{aligned}$$

$$\begin{aligned}\angle O_4H'_2O_3 &= \angle O_4EO_3 = \angle DEO_3 + \angle DEO_4 \\ &= (\angle DFE - 90°) + (\angle DEF - \angle O_4EH'_2) \\ &= \angle DFE - 90° + \angle DEF - (90° - \angle ABE) \\ &= \angle ABE + (180° - \angle EDF) - 180° = \angle ACF\end{aligned}$$

即

$$\angle O_1O_3H'_2 + \angle O_4H'_2O_3 = 90°$$

这说明 H'_2 为 $\triangle O_1O_3O_4$ 的垂心，故 H'_2 与 H_2 重合. 从而，H_2 在 AE 上.

如图 28.52，过点 O_2 作 O_1O_4 的垂线交 AC 于点 H'_3，联结 CO_1，CO_2，H'_3O_1，则

$$\begin{aligned}\angle H'_3O_2O_1 + (180° - \angle O_2O_1O_4) &= \angle H'_3O_2O_1 + 180° - \angle DFE \\ &= \angle H'_3O_2O_1 + \angle AFC = 90°\end{aligned}$$

$$\angle H'_3CO_1=90^\circ-\angle AFC$$

于是
$$\angle H'_3O_2O_1=\angle H'_3CO_1$$

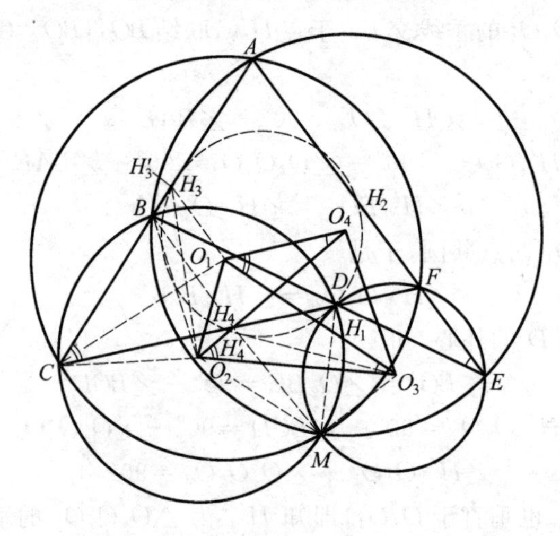

图 28.52

即知 H'_3,C,O_2,O_1 四点共圆,有

$$\angle O_2H'_3O_1=\angle O_2CO_1$$

又
$$\begin{aligned}\angle H'_3O_2O_4&=\angle H'_3O_2O_1+\angle O_1O_2O_4=\angle H'_3CO_1+\angle O_1O_2O_4\\&=90^\circ-\angle AFC-\angle FDE\\&=90^\circ-(\angle FDE+\angle FED)+\angle FDE\\&=90^\circ-\angle FED\end{aligned}$$

$$\begin{aligned}\angle O_2H'_3O_1&=\angle O_1CO_2=\angle ACF-\angle ACO_1+\angle FCO_2\\&=\angle ACF-(90^\circ-\angle AFC)+(\angle CBD-90^\circ)\\&=180^\circ-\angle CAF+\angle CBD-180^\circ\\&=\angle CAF+\angle FED-\angle CAF=\angle FED\end{aligned}$$

即
$$\angle H'_3O_2O_4+\angle O_2H'_3O_1=90^\circ$$

由此知 H'_3 为 $\triangle O_1O_2O_4$ 的垂心,故 H'_3 与 H_3 重合.从而,H_3 在 AC 上.

过点 O_3 作 O_1O_2 的垂线交 CF 于点 H'_4,联结 $O_1F,O_1H'_4,O_3F$,由 O_1 为 $\triangle ACF$ 的外心,有

$$\angle H'_4FO_1=90^\circ-\angle FAC$$

$$\angle H'_4O_3O_1=90^\circ-\angle O_2O_1O_3=90^\circ-\angle FAC$$

知
$$\angle H'_4FO_1=\angle H'_4O_3O_1$$

从而 H'_4,O_3,F,O_1 四点共圆,于是

$$\angle H'_4O_1O_3 = \angle H'_4FO_3$$

又 O_3 为 $\triangle DEF$ 的外心，知

$$\angle H'_4FO_3 = \angle DFO_3 = 90° - \angle FED$$

于是
$$\angle H'_4O_1O_3 = 90° - \angle FED = 90° - \angle O_1O_3O_2$$

即
$$\angle H'_4O_1O_3 + \angle O_1O_3O_2 = 90°$$

这表明 $O_1H'_4$ 也垂直于 O_2O_3，即知 H'_4 为 $\triangle O_1O_2O_3$ 的垂心，故 H'_4 与 H_4 重合. 从而，H_4 在 CF 上.

综上可知，H_1,H_2,H_3,H_4 分别在 BE,AE,AC,CF 上.

下面，我们证明四边形 $H_1H_2H_3H_4 \cong$ 四边形 $O_2O_1O_4O_3$.

如图 28.53，由于 O_1,O_2,O_3,O_4 共圆. 设该圆圆心为 O，设 M 为 O_2O_3 的中点.

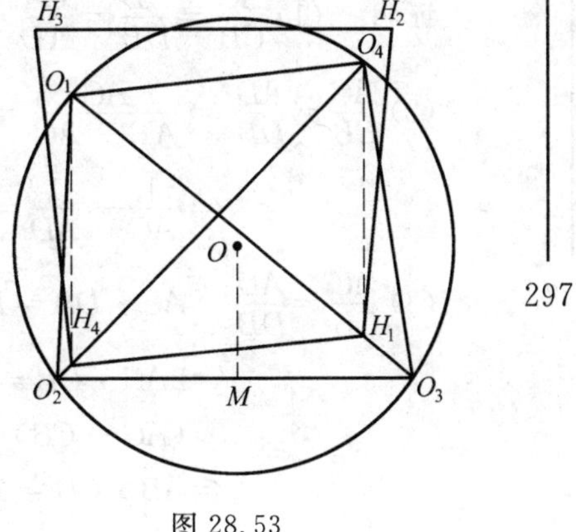

图 28.53

由垂心的性质(即卡诺定理)：三角形任一顶点至该三角形垂心的距离，等于外心至其对边的距离的 2 倍. 于是 $O_4H_1 = 2OM$ 且 $O_4H_1 \parallel OM$，$O_1H_4 = 2OM$ 且 $O_1H_4 \parallel OM$，故 $O_1H_4 \underline{\underline{\parallel}} O_4H_1$，即 $O_1H_4H_1O_4$ 为平行四边形，从而有

$$H_4H_1 \underline{\underline{\parallel}} O_1O_4$$

同理
$$H_1H_2 \underline{\underline{\parallel}} O_2O_1$$

$$H_2H_3 \underline{\underline{\parallel}} O_3O_2$$

$$H_3H_4 \underline{\underline{\parallel}} O_4O_3$$

从而四边形 $H_1H_2H_3H_4 \cong O_2O_1O_4O_3$.

第 4 节　线段调和分割的性质及应用(一)

对于 2007 年的冬令营及国家队选拔赛题(即本章试题 B，试题 C1) 运用线段的调和分割可简捷求解. 为此，我们介绍线段的调和分割及性质.

如图 28.54，设两点 C,D 内分与外分同一线段 AB 成同一比例，即 $\dfrac{AC}{CB} = \dfrac{AD}{DB}$，则称点 C 和 D 调和分割线段 AB(或 C 是 D 关于线段 AB 的调和共轭点). 若从直线外一点 P 引射线 PA,PC,PB,PD，则称该线束为调和线束，且 PA 与 PB 共轭，或 PC 与 PD 共轭.

A　M　C　B　D

图 28.54

性质1 设 A,C,B,D 是共线四点,点 M 为 AB 的中点,则 C,D 调和分割线段 AB 的充要条件是满足下述六个条件之一.

(1) 点 A,B 调和分割 CD.

(2) $\frac{1}{AC}+\frac{1}{AD}=\frac{2}{AB}$.

(3) $AB\cdot CD=2AD\cdot BC=2AC\cdot DB$.

(4) $CA\cdot CB=CM\cdot CD$.

(5) $DA\cdot DB=DM\cdot DC$.

(6) $MA^2=MB^2=MC\cdot MD$.

证明 (1) $\frac{AC}{CB}=\frac{AD}{DB}\Leftrightarrow\frac{CA}{AD}=\frac{CB}{BD}\Leftrightarrow A,B$ 调和分割 CD.

(2) $$\frac{AC}{CB}=\frac{AD}{DB}\Leftrightarrow\frac{AC}{AB-AC}=\frac{AD}{AD-AB}\Leftrightarrow\frac{AB-AC}{AC}=\frac{AD-AB}{AD}$$
$$\Leftrightarrow\frac{1}{AC}+\frac{1}{AD}=\frac{2}{AB}$$

(3) $$\frac{AC}{CB}=\frac{AD}{DB}\Leftrightarrow AC\cdot DB=BC\cdot AD=BC\cdot(AC+CB+BD)$$
$$\Leftrightarrow 2AC\cdot DB=AC\cdot DB+BC\cdot AC+BC^2+BC\cdot BD=$$
$$(AC+CB)\cdot(BD+BC)=AB\cdot CD$$
$$\Leftrightarrow AB\cdot CD=2AC\cdot DB=2BC\cdot AD$$

(4) $$AB\cdot CD=2BC\cdot AD\Leftrightarrow\frac{AD}{CD}=\frac{\frac{1}{2}AB}{BC}=\frac{MB}{BC}$$
$$\Leftrightarrow\frac{AC+CD}{CD}=\frac{MC+CB}{CB}$$
$$\Leftrightarrow\frac{AC}{CD}=\frac{MC}{CB}$$
$$\Leftrightarrow CA\cdot CB=CM\cdot CD$$

(5) $$AB\cdot CD=2AC\cdot BD\Leftrightarrow\frac{AC}{CD}=\frac{\frac{1}{2}AB}{BD}=\frac{MB}{BD}$$
$$\Leftrightarrow\frac{AC+CD}{CD}=\frac{MB+DB}{DB}\Leftrightarrow\frac{AD}{CD}=\frac{MD}{BD}$$
$$\Leftrightarrow DA\cdot DB=DM\cdot DC$$

(6) $$\frac{AC}{CB}=\frac{AD}{DB}\Leftrightarrow\frac{AM+MC}{BM-MC}=\frac{MD+AM}{MD-BM}\Leftrightarrow\frac{AM+MC}{AM-MC}=\frac{MD+AM}{MD-AM}$$

$$\Leftrightarrow \frac{2AM}{2MC}=\frac{2MD}{2AM}$$

$$\Leftrightarrow MC \cdot MD = MA^2 = MB^2$$

性质2 (调和点列的角元形式)设 A,C,B,D 是共线四点,过共点直线外一点 P 引射线 PA,PC,PB,PD,令 $\angle APC=\theta_1$,$\angle CPB=\theta_2$,$\angle BPD=\theta_3$,则 $AC \cdot BD = CB \cdot AD$ 的充要条件是 $\sin\theta_1 \cdot \sin\theta_3 = \sin\theta_2 \cdot \sin(\theta_1+\theta_2+\theta_3)$.

证明 如图28.55,运用三角形正弦定理,有

$$\sin\angle ACP=\frac{AP \cdot \sin\theta_1}{AC}, \sin\angle ACB=\frac{BP \cdot \sin\theta_2}{BC}$$

$$\sin\angle PDB=\frac{BP \cdot \sin\theta_3}{BD}, \sin\angle PDA=\frac{AP \cdot \sin(\theta_1+\theta_2+\theta_3)}{AD}$$

于是

$$\frac{\sin\theta_1}{\sin\theta_2}=\frac{BP \cdot AC}{AP \cdot BC}, \frac{\sin(\theta_1+\theta_2+\theta_3)}{\sin\theta_3}=\frac{BP \cdot AD}{AP \cdot BD}$$

从而

$$\frac{AC}{BC}=\frac{AD}{BD} \Leftrightarrow \frac{\sin\theta_1}{\sin\theta_2}=\frac{\sin(\theta_1+\theta_2+\theta_3)}{\sin\theta_3}$$

故

$$AC \cdot BD = CB \cdot AD \Leftrightarrow \sin\theta_1 \cdot \sin\theta_3 = \sin\theta_2 \cdot \sin(\theta_1+\theta_2+\theta_3)$$

性质3 设 A,C,B,D 是共线四点,过共点直线外一点 P 引射线 PA,PC,PB,PD,则 C,D 调和分割线段 AB 的充要条件是满足下述两个条件之一.

(1)线束 PA,PC,PB,PD,其中一射线的任一平行线被其他三条射线截出相等的两线段.

(2)另一直线 l 分别交射线 PA,PC,PB,PD 于点 A',C',B',D' 时,点 C',D' 调和分割线段 $A'B'$.

证明 (1)如图28.55,不失一般性,设过点 B 作 $GH \parallel AP$ 交射线 PC 于 G,交射线 PD 于 H.

$\frac{AC}{CB}=\frac{AD}{DB} \Leftrightarrow$ 注意 $GH \parallel AP$,有 $\frac{AP}{GB}=\frac{AC}{CB}=\frac{AD}{DB}=\frac{AP}{BH} \Leftrightarrow GB=BH$.

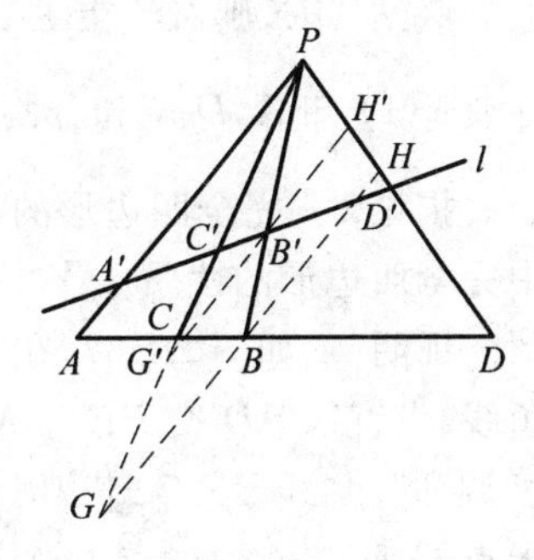

图28.55

(2)如图28.55,不失一般性,设过点 B' 作 $G'H' \parallel AP$ 交射线 PC 于 G',交射线 PD 于 H',则 $G'H' \parallel GH$.

$\frac{AC}{CB}=\frac{AD}{DB} \Leftrightarrow B$ 为 GH 的中点 $\Leftrightarrow$ 注意 $G'H' \parallel$

GH,知 B' 为 $G'H'$ 的中点 $\Leftrightarrow \frac{A'C'}{C'B'}=\frac{A'P}{G'B'}=\frac{A'P}{B'H'}=\frac{A'D'}{D'B'}\Leftrightarrow C',D'$ 调和分割线段 $A'B'$.

注 结论(2)也可以运用性质 2 来证.

推论 1 梯形的两腰延长线的交点,两对角线的交点,调和分割两底中点的连线段.

证明 如图 28.56,在梯形 $BCEF$ 中,$BF\parallel CE$,A 是两腰延长线的交点,D 是两对角线的交点,联结 AD 并延长交 BF 于 M,交 CE 于 N,则

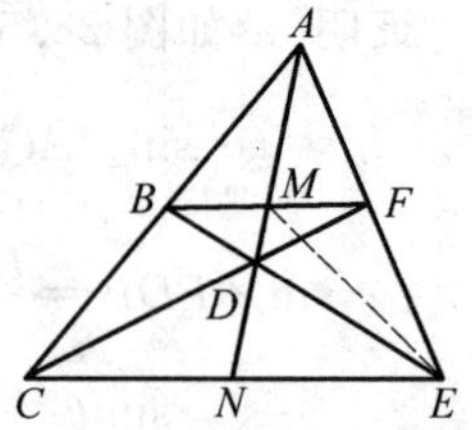

$$\frac{BM}{NE}=\frac{MD}{DN}=\frac{MF}{CN}$$

$$\frac{BM}{CN}=\frac{AM}{AN}=\frac{MF}{NE}$$

图 28.56

即
$$\frac{BM}{NE}=\frac{MF}{CN}$$

$$\frac{BM}{CN}=\frac{MF}{NE}$$

此两式相乘、相除得

$$BM^2=MF^2$$
$$CN^2=NE^2$$

即
$$BM=MF$$
$$CN=NE$$

亦即 M,N 分别为 BF,CE 的中点.

联结 ME,则对线束 EA,EM,ED,EN 来说,$BF\parallel NE$ 且 $BM=MF$,则由性质 2(1)知 A,D 调和分割线段 MN.(当然也可由 $\frac{AM}{AN}=\frac{BF}{CE}=\frac{MD}{DN}$ 而证得.)

推论 2 完全四边形的一条对角线被其他两条对角线调和分割.(即第1章中完全四边形的性质 4.)

证明 如图 28.57,在完全四边形 $ABCDEF$ 中,AD,BF,CE 是其三条对角线.设直线 AD 交 BF 于 M,交 CE 于 N.若 $BF\parallel CE$,则由推论 1 知,点 M,N 调和分割线段 AD.若 BF 不平行于 CE,如图 28.57,设直线 BF 与直线 CE 交于点 G.联结 AG,过点 D 作直线 $TL\parallel CG$ 交 AC 于 T,交 AE 于 S,交 BG 于 K,交 AG 于 L,则在 $\triangle BCG,\triangle ACG,\triangle FCE$ 中,有

$$\frac{TD}{DK}=\frac{CE}{EG},\frac{TS}{SL}=\frac{CE}{EG},\frac{DS}{SK}=\frac{CE}{EG}$$

于是 $\dfrac{TD}{DK}=\dfrac{TS}{SL}=\dfrac{DS}{SK}=\dfrac{TS-DS}{SL-SK}=\dfrac{TD}{KL}$

从而 $DK=KL$

又过点 M 作 $MH\ /\!/\ CG$ 交 AG 于 H，则 $MH\ /\!/\ DL$. 联结 AK 并延长交 MH 于 I，交 NG 于 J，则由 K 为 DL 的中点，知 I 为 MH 的中点，J 为 NG 的中点. 在梯形 $MNGH$ 中，点 K 在 MG 上，则由推论 1 知，A，K 调和分割 IJ，即有 $\dfrac{AI}{IK}=\dfrac{AJ}{JK}$.

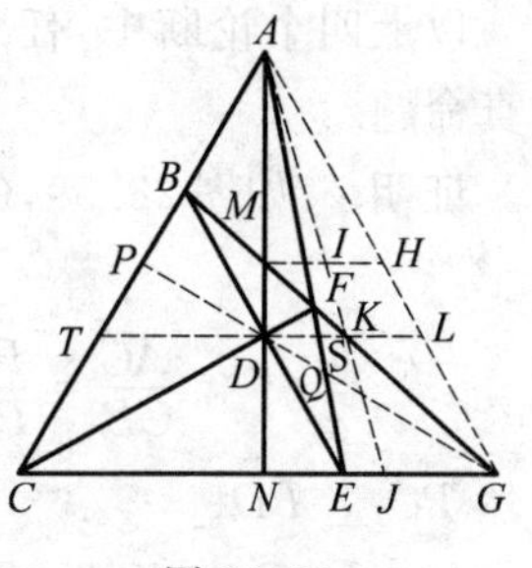

图 28.57

于是，由平行线性质，有 $\dfrac{AM}{MD}=\dfrac{AN}{ND}$，即知 M，N 调和分割线段 AD.

联结 DG 并延长交 AC 于点 P，交 EF 于点 Q，则由上述证明知，在完全四边形 $GFBDCE$ 中，Q，P 调和分割线段 GD. 对线束 AC，AN，AE，AG，由性质 2(2)，知 M，G 调和分割 BF，N，G 调和分割 CE.

注　当 $BF\ /\!/\ CE$ 时，也可看作直线 BF 与 CE 相交于无穷远点 G，此时，亦有 M，G 调和分割 BF，N，G 调和分割 CE.

推论 3　过完全四边形对角线所在直线的交点作另一条对角线的平行线，所作直线与平行的对角线的同一端点所在的边(或其延长线)相交，所得线段被此对角线所在直线上的交点平分.

证明　如图 28.58，点 M，N，G 为完全四边形 $ABCDEF$ 的三条对角线 AD，BF，CE 所在直线的交点. 过点 M 与 CE 平行的直线，与 EB，EA 交于点 I，J，与 CA，CF 交于点 T，S，分别对线束 EA，EM，ED，EN；CA，CM，CD，CN 应用性质 3(1) 知 $MI=MJ$，$MT=MS$.

同理，可证过点 N 与 BF 平行的直线的情形，过点 G 与 AD 平行的直线的情形.

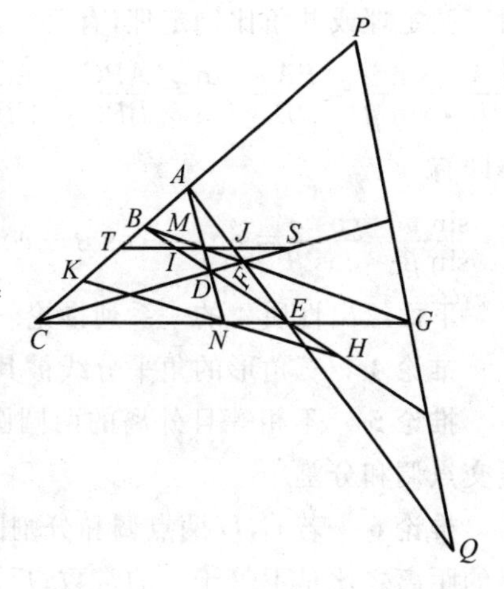

图 28.58

性质 4　对线段 AB 的内分点 C 和外分点 D，以及直线 AB 外一点 P，给出如下四个论断：①PC 是 $\angle APB$ 的平分线；②PD 是 $\angle APB$ 的外角平分线；③C，D 调和分割线段 AB；④$PC\perp PD$.

以上四个论断中,任意选取两个作题设,另两个作结论组成的六个命题均为真命题.

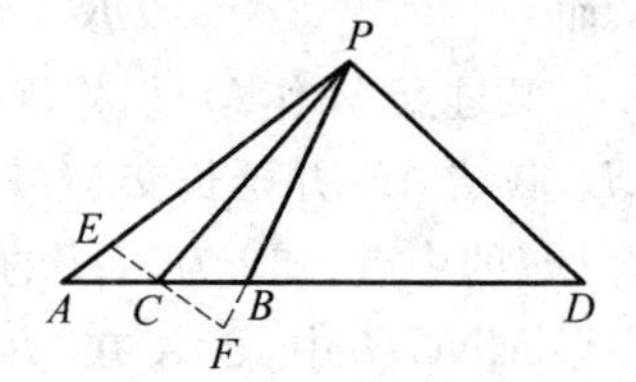

图 28.59

证明 如图28.59,(1)由①②推出③④,此时有

$$\frac{AC}{CB}=\frac{PA}{PB}=\frac{AD}{DB}$$

显然 $PC\perp PD$.

(2)由①③推出②④.此时,可过点 C 作 $EF\parallel PD$ 交射线 PA 于点 E,交射线于点 F,则由性质3(1)知 $EC=CF$,从而知 $PC\perp EF$,亦知 $PC\perp PD$,亦即有 PD 平分 $\angle APB$ 的外角.

(3)由①④推出②③,此时推知 PD 是 $\angle APB$ 的外角平分线,由此即知 C,D 调和分割线段 AB.

(4)由②③推出①④.此时,结论显然成立.

(5)由②④推出①③.此时,结论亦显然成立.

(6)由③④推出①②.此时,不妨设 $\angle APC=\alpha$,$\angle BPC=\beta$,由 $PC\perp PD$,知

$$\angle APD=90^\circ+\alpha,\angle BPD=90^\circ-\beta$$

由正弦定理或共角比例定理,有

$$\frac{PA\cdot\sin\alpha}{PB\cdot\sin\beta}=\frac{PA\cdot\sin\angle APC}{PB\cdot\sin\angle BPC}=\frac{AC}{CB}=\frac{AD}{DB}=\frac{PA\cdot\sin\angle APD}{PB\cdot\sin\angle BPD}=\frac{PA\cdot\cos\alpha}{PB\cdot\cos\beta}$$

亦即有

$$\frac{\sin\alpha}{\sin\beta}=\frac{\cos\alpha}{\cos\beta}\Leftrightarrow\sin\alpha\cdot\cos\beta-\cos\alpha\cdot\sin\beta=0\Leftrightarrow\sin(\alpha-\beta)=0\Leftrightarrow\alpha=\beta$$

下面给出性质4的一系列推论.

推论4 三角形的角平分线被其内心和相应的旁心调和分割.

推论5 不相等且外离的两圆圆心连线被两圆的外公切线交点和内公切线交点调和分割.

推论6 若 C,D 两点调和分割圆的直径 A,B,则圆周上任一点到 C,D 两点的距离之比是不等于1的常数;反之,若一动点到两定点的距离之比为不等于1的常数,则该动点的轨迹是一个圆(即为阿波罗尼奥斯圆).

推论7 从圆周上一点作两割线,它们与圆相交的非公共的两点连线,垂直于这条连线的直径所在的直线与两割线相交,则这条直径被这两割线调和分

割.

证明 如图28.60,PM,PN为圆O的两条割线交圆O于M,N,直径$AB\perp$弦MN,则$\overset{\frown}{MB}=\overset{\frown}{BN}$,联结$PB$,$PA$,则知$PB$平分$\angle MPN$,设直径$AB$所在直线交$PM$于$D$,交$PN$于$C$,由$\angle APB=90°$,且$PB$平分$\angle CPD$,则知$C$,$D$调和分割$AB$.

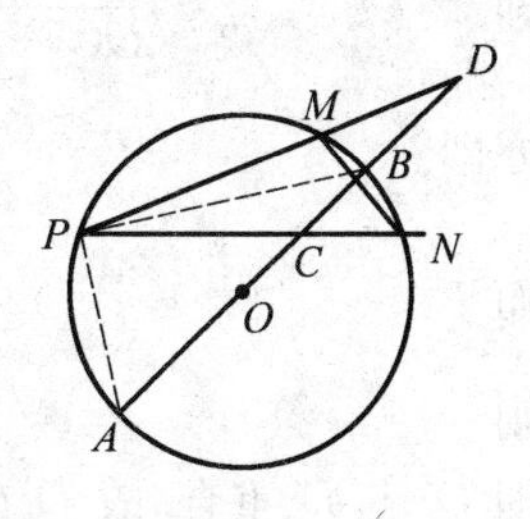

图28.60

推论8 一已知圆的直径被另一圆周调和分割的充要条件是,已知直径的圆周与过两分割点的圆周正交(即交点处的切线互相垂直).

证明 如图28.61,已知圆O与圆O_1相交于点F,圆O_1过A,B,CD为圆O的直径,且A,C,B,D共线.

A,B调和分割CD $\overset{FC\perp FD}{\Longleftrightarrow}$ FC平分$\angle AFB\Leftrightarrow$注意到$\angle CAF+\angle AFC=\angle FCO=\angle CFO=\angle CFB+\angle BFO$,有$\angle CAF=\angle BFO\Leftrightarrow FO$为圆$O$的切线,即$O_1F\perp FO$.

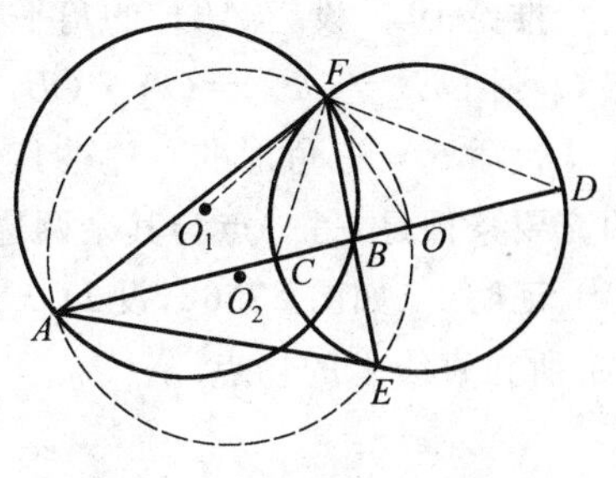

图28.61

推论9 设点C是$\triangle AEF$的内心,角平分线AC交边EF于点B,射线AB交$\triangle AEF$的外接圆圆O_2于点O,则射线AB上的点D为$\triangle AEF$的旁心的充要条件是$\frac{AC}{CB}=\frac{DO}{OB}$.

证明 如图28.61,由题设(即内心的性质),有$OC=OE=OF$,即O为圆ECF的圆心.

在$\angle EAF$内,D为$\triangle AEF$的旁心$\Leftrightarrow$注意FC平分$\angle AFB$时,有$FC\perp FD$(或FD平分$\angle AFB$的外角)$\Leftrightarrow D$在圆ECF上,且$\frac{AC}{CB}=\frac{AD}{DB}\Leftrightarrow\frac{OA-OC}{OC-OB}=\frac{AC}{CB}=\frac{AD}{DB}=\frac{OA+OC}{OC+OB}\Rightarrow\frac{AC}{CB}=\frac{2OC}{2OB}=\frac{OC}{OB}=\frac{DO}{OB}$.

这时最后一步反过来推导时用到如下的同一方法:

当$\frac{AC}{CB}=\frac{DO}{OB}$时,在射线$AO$上取点$D'$,使$OD'=OC$,则知$D'$在圆$ECF$上,即有$CF\perp FD'$,注意到$FC$平分$\angle AFB$,由性质3知

$$\frac{AC}{CB}=\frac{AD'}{D'B}$$

即
$$\frac{OA-OC}{OC-OB}=\frac{OA+OD'}{OD'+OB}=\frac{OA+OC}{OC+OB}=\frac{2OC}{2OB}$$
亦即
$$\frac{AC}{CB}=\frac{OC}{OB}$$
而
$$\frac{AC}{CB}=\frac{DO}{OB}$$
则
$$DO=OC=OD'$$
即 D' 与 D 重合,故 D 在圆 ECF 上,且有
$$\frac{AC}{CB}=\frac{AD}{DB}$$

推论 10 设 $\triangle AEF$ 的角平分线 AB 交 EF 于点 B,交 $\triangle AEF$ 的外接圆于点 O,则 $OE^2=OF^2=OA\cdot OB$.

性质 5 三角形的一边被其边上的内(旁)切圆的切点和另一点调和分割的充要条件是,另一点与其余两边上的两个切点三点共线.

证明 如图 28.62,设 D,E,F 分别是 $\triangle ABC$ 的内(旁)切圆切 AB,BC, CA 所在直线上的切点.

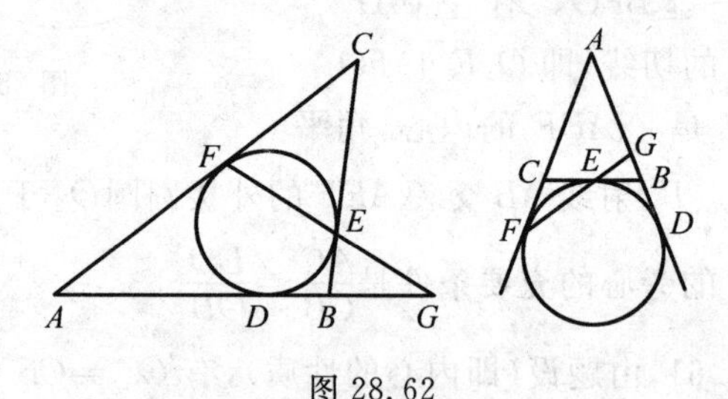

图 28.62

对 $\triangle ABC$ 应用梅涅劳斯定理及逆定理,有
$$F,E,G\text{ 共线}\Leftrightarrow\frac{AG}{GB}\cdot\frac{BE}{EC}\cdot\frac{CF}{FA}=1$$
$$\Leftrightarrow\frac{AG}{GB}\cdot\frac{BE}{FA}=1$$
$$\Leftrightarrow\frac{AG}{GB}\cdot\frac{DB}{AD}=1$$
$$\Leftrightarrow\frac{AD}{DB}=\frac{AG}{GB}$$
$$\Leftrightarrow D,G\text{ 调和分割 }AB$$
同理,可证 D,E 与另一点,或 D,F 与另一点的情形.

注 若过两切点的直线与另一切点所在边平行,则可视为交于无穷远点,

此时上述结论仍然成立.

推论11　若凸四边形有内切圆,则相对边上的两切点所在直线与凸四边形一边延长线的交点,这一边上的内切圆切点,调和分割这一边.

性质6　从圆O外一点A引圆的割线交圆O于C,D,若割线ACD与点A的切点弦交于点B,则弦CD被A,B调和分割.

证明　如图28.63,过A作圆O的切线AP,AQ,切点为P,Q,则PQ为点A的切点弦,即点B在PQ上.

联结AO交PQ于点L,联结LC,LD,OC,OD,则由$AC\cdot AD=AQ^2=AL\cdot AO$,知$C$,$L$,$O$,$D$四点共圆.

从而$\angle ALC=\angle CDO=\angle OCD=\angle OLD$,即知$AL$为$\triangle LCD$的内角$\angle CLD$的平分线,又$PQ\perp AL$,则由性质4知,弦$CD$被$A$,$B$调和分割.

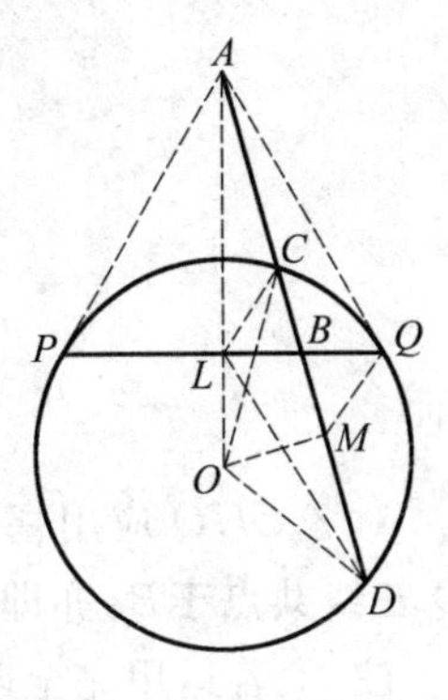

图28.63

注　也可这样证,过O作$OM\perp CD$于M,则M为CD的中点.由A,P,O,M,Q共圆,知$\triangle ABQ\backsim\triangle AQM$,从而$AB\cdot AM=AQ^2=AC\cdot AD$.由性质1(4)知$A$,$B$调和分割$CD$.

推论12　从圆O外一点A引圆的两条割线交圆于四点,以这四点为顶点的四边形的对角线相交于点B,设直线AB交圆O于C,D,则A,B调和分割CD弦.

证明　如图28.64,割线AGH,AFE交圆O于G,H,F,E,过A作切线AP,AQ,P,Q为切点,则PQ为点A的切点弦.设PQ与GH交于点S,HQ与GE交于点T,GQ与HF交于点R.由于

$$\frac{HS}{SG}=\frac{S_{\triangle PHS}}{S_{\triangle PSG}}=\frac{PH\cdot\sin\angle HPS}{PG\cdot\sin\angle SPG}$$

$$\frac{GR}{RQ}=\frac{GF\cdot\sin\angle GFR}{FQ\cdot\sin\angle RFQ}$$

$$\frac{QT}{TH}=\frac{QE\cdot\sin\angle QET}{EH\cdot\sin\angle TEH}$$

图28.64

及

$$\triangle APG\backsim\triangle AHP$$

$$\triangle AGF\backsim\triangle AEH$$

$$\triangle AQF\backsim\triangle AEQ$$

即有

$$\frac{PH}{PG}=\frac{AP}{AG}$$

$$\frac{GF}{EH}=\frac{AG}{AE}$$

$$\frac{QE}{FQ}=\frac{AE}{AQ}$$

且
$$\angle HPS=\angle RFQ$$

$$\angle GFR=\angle TEH$$

$$\angle SPG=\angle QET$$

$$AP=AQ$$

从而
$$\frac{HS}{SG}\cdot\frac{GR}{RQ}\cdot\frac{QT}{TH}=1$$

对$\triangle GHQ$应用塞瓦定理的逆定理,知GT,HR,SQ共点,即知GE,HF,PQ三线共点于B,亦即点B在切点弦PQ上.由性质6知,A,B调和分割弦CD.

注 若运用完全四边形密克尔点的性质可如下简证:过O作$OM\perp$直线AB于M,则M为完全四边形$AGHBEF$的密克尔点,且A,P,O,M,Q五点共圆,有$AB\cdot AM=AF\cdot AE=AQ^2$,于是$\triangle ABQ\backsim\triangle AQM$,有$\angle ABQ=\angle AQM$.同理$\angle ABP=\angle AMP$.而$\angle APM+\angle AQM=180^\circ$,则$\angle ABP+\angle ABQ=180^\circ$,即$P$,$B$,$Q$三点共线,故$A$,$B$调和分割弦$CD$.

下面,我们介绍上述性质的一些应用例子:

例1 (2005年第5届中国西部数学奥林匹克题)如图28.65,过圆外一点P作圆的两条切线PA,PB,A,B为切点,再过点P作圆的一条割线分别交圆于C,D两点,过切点B作PA的平行线分别交直线AC,AD于E,F,求证:$BE=BF$.

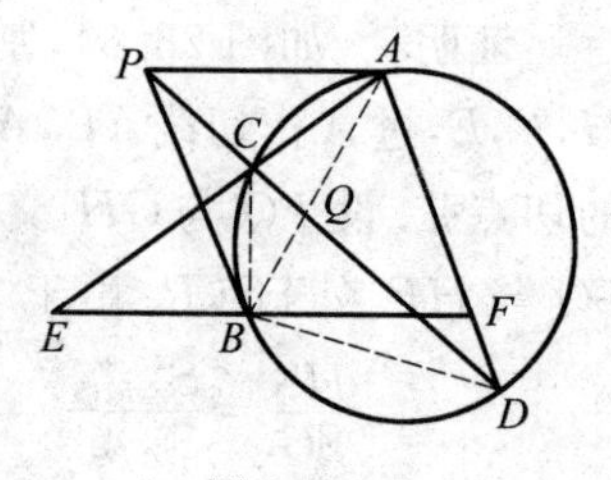

图28.65

证明 联结AB交CD于点Q,由于AB是点P的切点弦,则P,Q调和分割CD,从而AP,AQ,AC,AD为调和线束.

又$EF\ /\!/\ AP$且与其他三条线束相截.

从而$BE=BF$.

例2 如图28.66,在$\triangle ABC$中,$AD\perp BC$,H为AD上任意一点,CH,BH分别与AB,AC交于点E,F.求证:$\angle EDA=\angle FDA$.

此题曾多次选作竞赛题,如第18届普特南B.1,1987年友谊杯国际竞赛,第14届爱尔兰奥林匹克,第26届加拿大奥林匹克等.

证明　设 BH 交 DF 于 G，在完全四边形 $BDCHAF$ 中，对角线 BH 被 G,E 调和分割，则 DB,DH,DG,DE 为调和线束，而 $BD\perp HO$，故 HD 平分 $\angle GDE$，即 $\angle EDA=\angle FDA$.

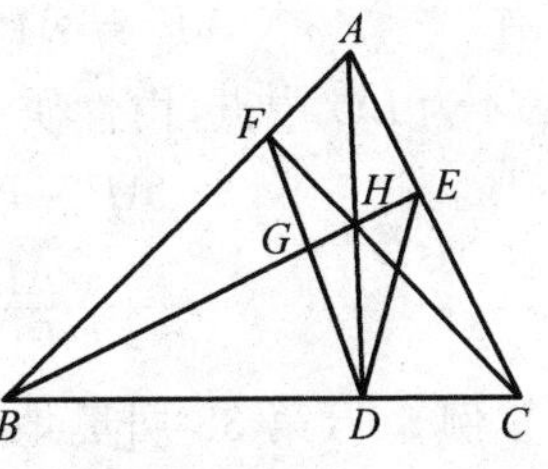

图 28.66

例3　（2006年西部数学奥林匹克题）如图28.67，在 $\triangle PBC$ 中，$\angle PBC=60°$，过点 P 作 $\triangle PBC$ 的外接圆圆 O 的切线，与 CB 的延长线交于点 A. 点 D,E 分别在线段 PA 和圆 O 上，使得 $\angle DBE=90°$，$PD=PE$，联结 BE 与 PC 相交于点 F. 已知 AF,BP,CD 三线共点.

(1) 求证：BF 是 $\angle PBC$ 的平分线.

(2) 求 $\tan\angle PCB$ 的值.

证明　(1) 由题设 AF,BP,CD 三线共点，设该点为 H，又设 AH 与 BD 交于点 G.

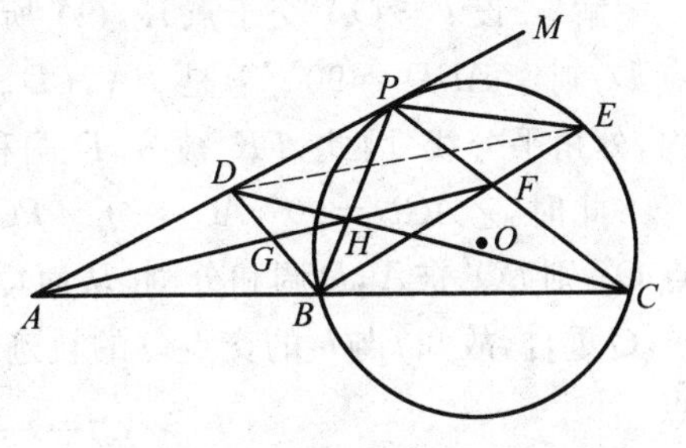

图 28.67

在完全四边形 $ABCHPD$ 中，由对角线调和分割性质，知 AH 被 G,F 调和分割，从而知 BA,BH,BG,BF 为调和线束.

而 $BD\perp BE$，故 BF 平分 $\angle ABP$ 的外角，即 BF 是 $\angle PBC$ 的角平分线.

(2)（略）求得 $\tan\angle PCB=\dfrac{6+\sqrt{6}}{11}$.

例4　（第21届北欧数学竞赛题）如图28.68，已知 A 为圆 O 外一点，过 A 引圆 O 的割线交圆 O 于点 B,C，且点 B 在线段 AC 的内部. 过点 A 引圆 O 的两条切线，切点分别为 S,T. 设 AC 与 ST 交于点 P，证明：$\dfrac{AP}{PC}=2\cdot\dfrac{AB}{BC}$.

证法1　由性质5知，A,P 调和分割 BC，由性质1(3)，即知有

$$AP\cdot BC=2AB\cdot PC$$

故

$$\frac{AP}{PC}=2\cdot\frac{AB}{BC}$$

证法2　过圆心 O 作 $OM\perp BC$ 于 M，则 M 为 BC 的中点，易证 A,S,O,M,T 五点共圆，则

$$\triangle APT\backsim\triangle ATM$$

即有 $$AT^2=AP\cdot AM=AB\cdot AC$$

而 M 为 BC 中点,由性质 1(4) 知,A,P 调和分割 BC,故

$$AP\cdot BC=2AB\cdot PC$$

即 $$\frac{AP}{PC}=2\cdot\frac{AB}{BC}$$

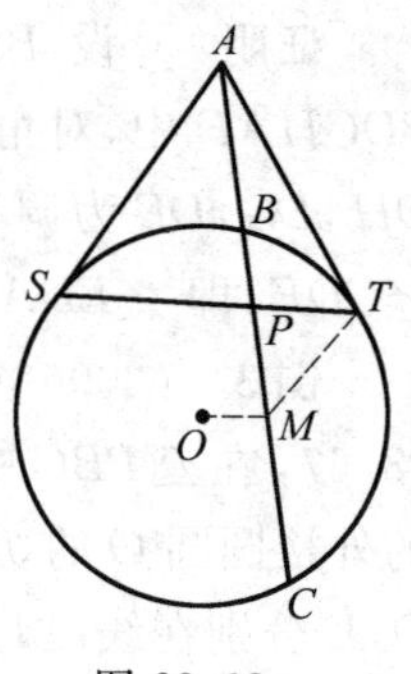

图 28.68

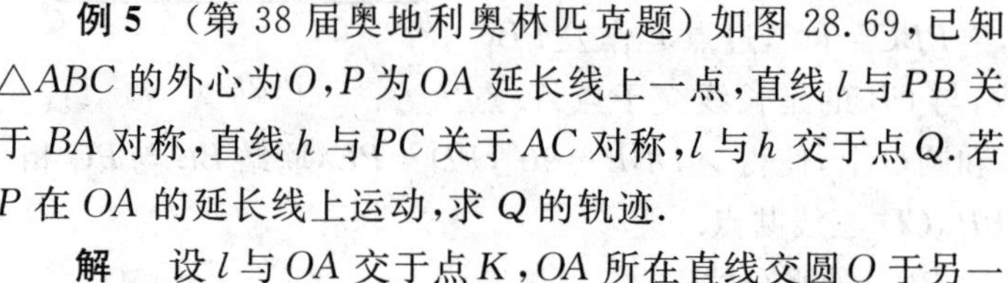

例 5 (第 38 届奥地利奥林匹克题)如图 28.69,已知 $\triangle ABC$ 的外心为 O,P 为 OA 延长线上一点,直线 l 与 PB 关于 BA 对称,直线 h 与 PC 关于 AC 对称,l 与 h 交于点 Q. 若 P 在 OA 的延长线上运动,求 Q 的轨迹.

解 设 l 与 OA 交于点 K,OA 所在直线交圆 O 于另一点 D,则 $\angle ABD=90^\circ$,于是 BA,BD 分别是 $\angle PBK$ 的内,外角平分线. 因此,PK 被 A,D 调和分割.

此时,$\angle ACD=90^\circ$,AC 平分 $\angle PCQ$,设 CQ 交 AO 于点 Q',则 PQ' 被 A,D 调和分割,从而 Q' 与 K 重合,即 Q',K,Q 重合,故知 l 与 h 的交点 Q 的轨迹是线段 OA 内部的点.

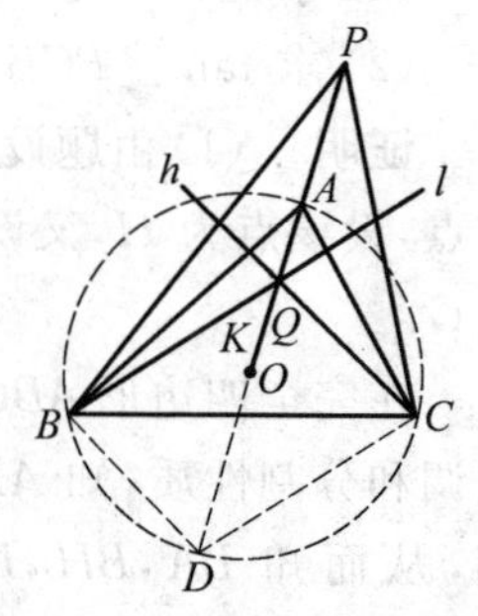

图 28.69

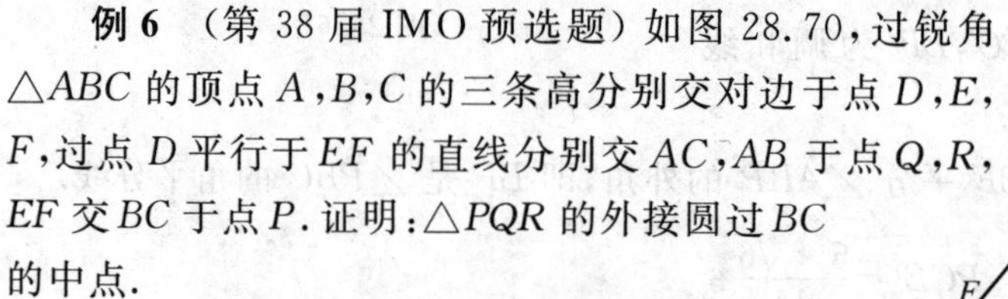

例 6 (第 38 届 IMO 预选题)如图 28.70,过锐角 $\triangle ABC$ 的顶点 A,B,C 的三条高分别交对边于点 D,E,F,过点 D 平行于 EF 的直线分别交 AC,AB 于点 Q,R,EF 交 BC 于点 P. 证明:$\triangle PQR$ 的外接圆过 BC 的中点.

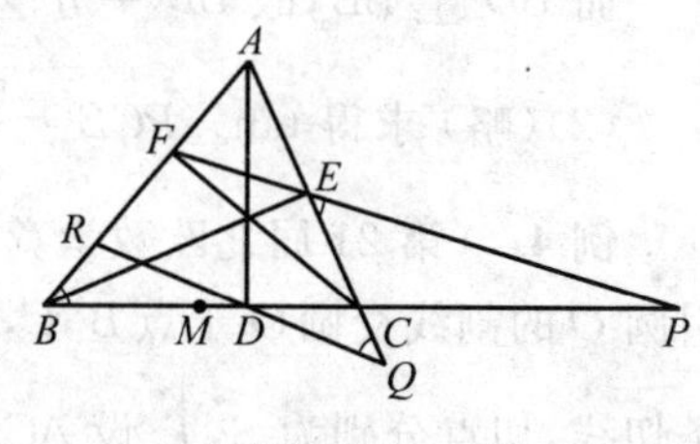

图 28.70

证明 由推论 2,知 D,P 调和分割 BC.

设 M 为 BC 中点,则由性质 1(4),有

$$DB\cdot DC=DM\cdot DP$$

又 B,C,E,F 四点共圆,及 $RQ\parallel EF$,有

$$\angle RQC=\angle PEC=\angle RBC$$

因此 B,Q,C,R 四点共圆,即有

$$DR\cdot DQ=DB\cdot DC=DM\cdot DP$$

由相交圆定理的逆定理,知 $\triangle PQR$ 的外接圆过 BC 的中点 M.

例7 如图28.71,在 $\triangle ABC$ 中,经过点 B,C 的圆与边 AC,AB 的另一个交点分别为 E,F,BE 与 CF 交于点 P,AP 与 BC 交于点 D,M 是边 BC 的中点,D,M 不重合,求证:D,M,E,F 四点共圆.

证明 易知 EF 与 BC 不平行,设它们的延长线交于点 Q,则 Q,D 调和分

割 BC. 又 M 为 BC 中点，则

$$QM \cdot QD = QC \cdot QB$$

由割线定理得

$$QC \cdot QB = QE \cdot QF$$

则
$$QM \cdot QD = QE \cdot QF$$

从而 D,M,E,F 四点共圆.

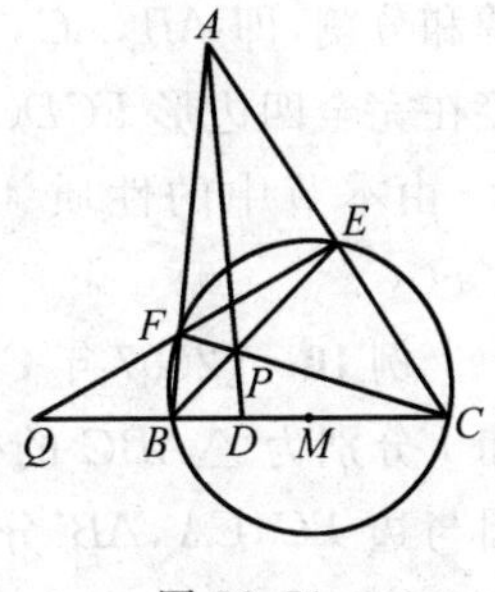

图 28.71

例 8　(《数学教学》问题 481 号)(1) 已知圆 O 是 $\triangle ABC$ 的内切圆，切点依次为 $D,E,F,DP \perp EF$ 于 P，如图 28.72(a) 所示，求证：$\angle FPB = \angle EPC$（即证 $\angle BPD = \angle CPD$）.

(2)(《数学教学》问题 402 号) 如图 28.72(b)，$\triangle ABC$ 的边 BC 外的旁切圆圆 O 分别切 BC,AB,AC 或其延长线于 $D,E,F,DP \perp EF$ 于 P，求证：$\angle BPD = \angle CPD$.

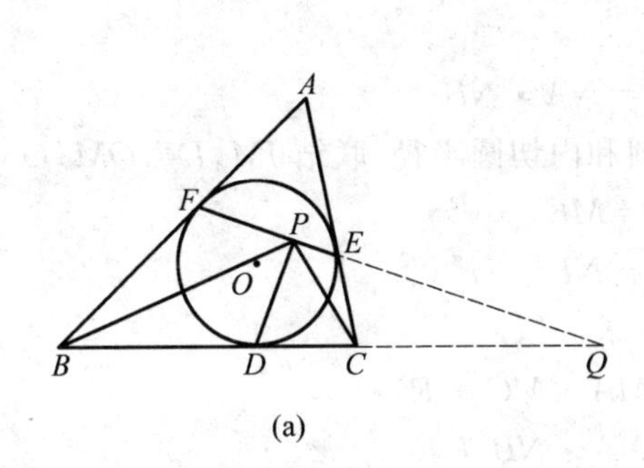

图 28.72

我们将上述两个命题统一证明如下：

证明　设直线 BC 与 FE 的延长线交于点 Q，则由性质 4 知，BC 被 D,Q 调和分割，即 PB,PC,PD,PQ 为调和线束.

而 $PD \perp PQ$，则 DP 平分 $\angle BPC$，故 $\angle BPD = \angle CPD$.

例 9　(《数学教学》问题 651 号) 如图 28.73，凸四边形 $ABCD$ 中，边 AB,DC 的延长线交于点 E，边 BC,AD 的延长线交于点 F. 若 $AC \perp BD$，求证：$\angle EGC = \angle FGC$.

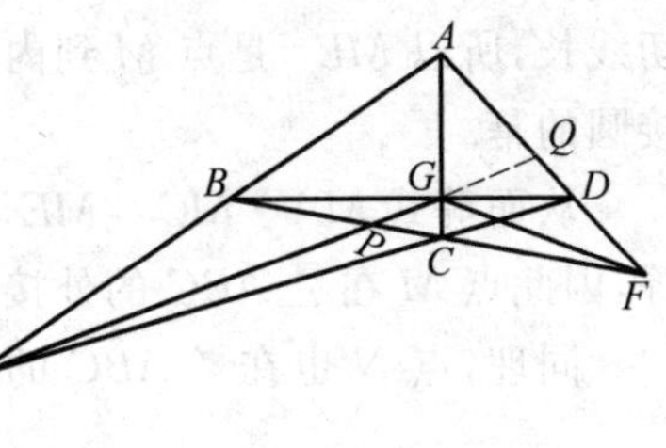

图 28.73

证明　设直线 EG 交 BC 于 P，交 AD 于 Q. 注意到本节中的推论 2.

在完全四边形 $ECDGAB$ 中，EG 被 P,Q

调和分割,即 AB,AC,AP,AF 为调和线束,从而 BC 被 P,F 调和分割(也可直接在完全四边形 $ECDGAB$ 中应用性质 4 即得),即 GB,GC,GP,GF 为调和线束.由本节中的性质 4,因 $BG \perp GC$,于是知 GC 平分 $\angle PGF$,即 $\angle EGC = \angle FGC$.

例 10 (2007 年 CMO 试题)如图 28.74,设 O 和 I 分别为 $\triangle ABC$ 的外心和内心,$\triangle ABC$ 的内切圆与边 BC,CA,AB 分别相切于点 D,E,F,直线 FD 与 CA 相交于点 P,直线 DE 与 AB 相交于点 Q,点 M,N 分别为线段 PE,QF 的中点,求证:$OI \perp MN$.

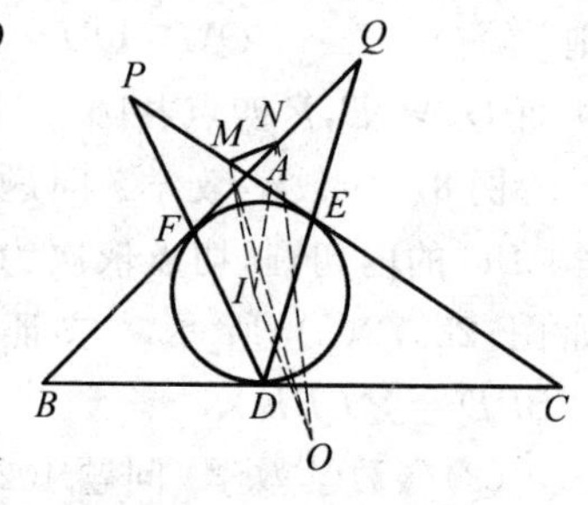

图 28.74

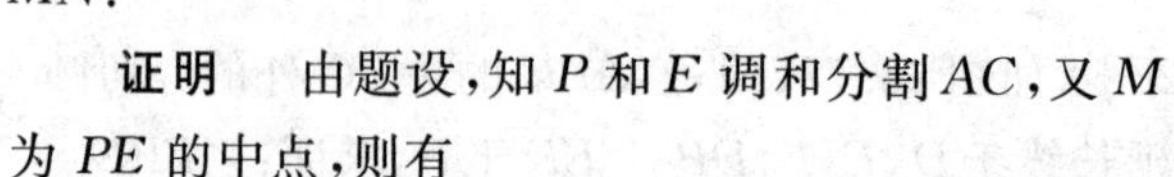

证明 由题设,知 P 和 E 调和分割 AC,又 M 为 PE 的中点,则有

$$ME^2 = MA \cdot MC \quad ①$$

同理

$$NF^2 = NA \cdot NB \quad ②$$

设 R,r 分别是 $\triangle ABC$ 的外接圆和内切圆半径,联结 IM,IN,OM,ON,则

$$IM^2 = ME^2 + r^2$$
$$IN^2 = NF^2 + r^2$$

由圆幂定理,得

$$OM^2 = MA \cdot MC + R^2$$
$$ON^2 = NA \cdot NB + R^2$$

结合 ①② 两式,有

$$IM^2 - IN^2 = OM^2 - ON^2$$

故

$$OI \perp MN$$

注 也可由 $MA \cdot MC = ME^2$,又可知 ME 是点 M 到 $\triangle ABC$ 的内切圆的切线长,所以 ME^2 是点 M 到内切圆的幂,而 $MA \cdot MC$ 是点 M 到 $\triangle ABC$ 的外接圆的幂.

从而等式 $MA \cdot MC = ME^2$ 表明点 M 到 $\triangle ABC$ 的外接圆与内切圆的幂相等,因此点 M 在 $\triangle ABC$ 的外接圆与内切圆的根轴上.

同理,点 N 也在 $\triangle ABC$ 的外接圆与内切圆的根轴上.故

$$OI \perp MN$$

例 11 (2006 年 CMO 试题的推广)如图 28.75,在 $\triangle ABC$ 中,内切圆圆 O

分别与 BC，CA，AB 相切于点 D，E，F，联结 AD，与内切圆圆 O 相交于点 P，联结 BP，CP，则 $\angle BPC=90^\circ$ 的充要条件是 $AE+AP=PD$.

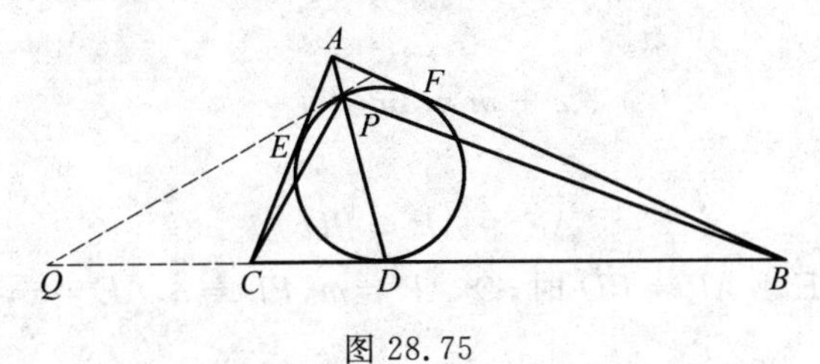

图 28.75

证明 过点 P 作内切圆的切线与直线 BC 相交于点 Q(或无穷远点 Q)，则知 Q 和 D 调和分割 CB.

必要性：当 $\angle BPC=90^\circ$ 时，则知 PC 平分 $\angle QPD$，于是在 $\triangle PCD$ 中，有 $\angle CDP=2\angle CPD$.

令 $AP=m$，$PD=n$，$AE=x$，$EC=v$，则 $CD=v$.

作 $\triangle PCD$ 的外接圆，作 $\angle PDC$ 的平分线并应用托勒密定理，有

$$PC^2=CD^2+CD\cdot PD$$

即

$$PC^2=v^2+vn \quad ①$$

在 $\triangle ACD$ 及 AD 上的点 P 应用斯特瓦尔特定理，有

$$PC^2=CD^2\cdot\frac{AP}{AD}+AC^2\cdot\frac{PD}{AD}-AP\cdot PD$$

即

$$PC^2=v^2\cdot\frac{m}{m+n}+(x+v)^2\cdot\frac{n}{m+n}-mn \quad ②$$

又由切割线定理，有

$$AE^2=AP\cdot AD$$

即

$$x^2=m(m+n) \quad ③$$

由式 ①②③，有

$$v^2+vn=v^2\cdot\frac{m}{m+n}+[m(m+n)+2xv+v^2]\cdot\frac{n}{m+n}-mn$$

化简得

$$m+n=2x$$

即

$$m+n=2\sqrt{m(m+n)}$$

从而

$$n=3m, x=2m$$

即

$$x+m=3m=n$$

故

$$AE+AP=PD$$

充分性:当 $AE+AP=PD$ 时,令 $AP=m, PD=n, AE=x, EC=CD=v$,则

$$x+m=n \tag{4}$$

此时,亦有式 ③,由式 ③④ 得

$$n=3m, x=2m \tag{5}$$

同样,亦有式 ②:$PC^2=v^2\cdot\frac{m}{m+n}+(x+v)^2\cdot\frac{n}{m+n}-mn$,且此时由式 ⑤ 可化简为

$$PC^2=v^2\cdot\frac{1}{4}+(2m+v)^2\cdot\frac{3}{4}-3m^2=v^2+3nv \tag{6}$$

即在 $\triangle PCD$ 中,有 $PC^2=CD^2+CD\cdot PD$. 逆用托勒密定理,知 $\angle CDP=2\angle CPD$,亦即 PC 平分 $\angle QPD$.

而 Q 和 D 调和分割 CB,从而 PB 平分 $\angle QPD$ 的外角,故 $\angle CPB=90°$.

例 12 如图 28.76,凸四边形 $ANHM$ 的两组对边的延长线分别交于点 B,C,对角线 AH 与 NM 交于点 O,过 O 的直线交 AM 于 D,交 NH 于 E,直线 AE 交 B,C 的连线于点 Q,则 D,H,Q 三点共线.

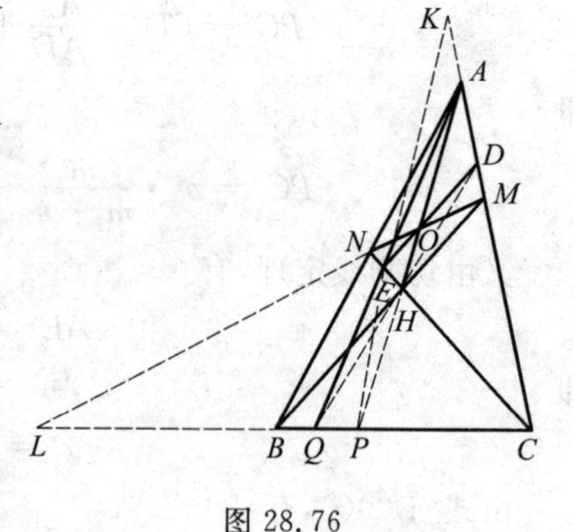

图 28.76

证明 延长 AH 交 BC 于 P,设直线 PE 与 CA 的延长线交于点 K,设直线 MN 与直线 BC 交于点 L(或无穷远点).

在完全四边形 $ANBHCM$ 中,有 O,P 调和分割 AH,即知 EA,EH,EO,EP 为调和线束,亦知 EK,ED,EA,EC 为调和线束,即 C,A,D,K 为调和点列,有

$$\frac{CD}{AD}=\frac{CK}{AK}$$

对 $\triangle AQC$ 及截线 PEK 应用梅涅劳斯定理,有

$$\frac{QP}{PC}\cdot\frac{CK}{KA}\cdot\frac{AE}{EQ}=1$$

于是,有

$$\frac{QP}{PC}\cdot\frac{CD}{DA}\cdot\frac{AE}{EQ}=1$$

对 $\triangle AQC$ 应用塞瓦定理的逆定理即知点 D,H,Q 共线.

例13 (2007年国家队选拔赛题)如图28.77,已知 AB 是圆 O 的弦,M 是 $\overset{\frown}{AB}$ 的中点,C 是圆 O 外任一点,过点 C 作圆 O 的切线 CS,CT,联结 MS,MT 分别交 AB 于点 E,F. 过点 E,F 作 AB 的垂线,分别交 OS,OT 于点 X,Y,再过点 C 任作圆 O 的割线,交圆 O 于点 P,Q,联结 MP 交 AB 于点 R,设 Z 是 $\triangle PQR$ 的外心,求证:X,Y,Z 三点共线.

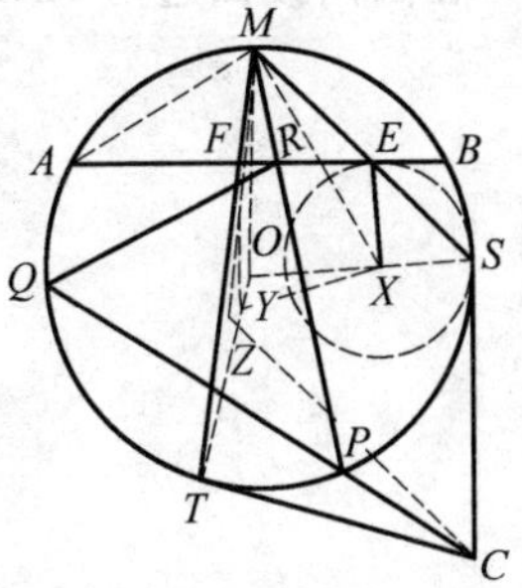

图 28.77

证明 联结相应线段如图28.77所示,则 $OM\perp AB$,从而 $EX\parallel OM$,即有 $\angle XES=\angle OMS=\angle XSE$,亦即 $XE=XS$,于是以 X 为圆心,以 XE 为半径作圆 X,则圆 X 与圆 O 相切于点 S. 此时 MS 平分 $\angle ASB$,MP 平分 $\angle APB$.

注意到推论10,有

$$ME\cdot MS=MA^2=MR\cdot MP \quad ①$$

设圆 X 和 $\triangle PQR$ 的外接圆半径分别为 R_1,R_2,则由圆幂定理,有

$$XM^2=ME\cdot MS+R_1^2=MR\cdot MP+R_1^2$$

$$XC^2=CS^2+R_1^2$$

$$ZM^2=MR\cdot MP+R_2^2$$

$$ZC^2=CP\cdot CQ+R_2^2=CS^2+R_2^2$$

从而 $$XM^2-XC^2=MR\cdot MP-CS^2=ZM^2-ZC^2$$

即知 $ZX\perp MC$.

同理,$ZY\perp MC$. 故 X,Y,Z 三点共线.

注 注意到式①及切割线定理有 $CQ\cdot CP=CS^2$,即知点 M 和 C 关于圆 Z 和圆 X 的幂均相等,即知 MC 为这两圆的根轴,因此 $ZX\perp MC$. 同理 $ZY\perp MC$,故 X,Y,Z 共线.

第5节　圆内接四边形的余弦定理及应用

下面介绍圆内接四边形的余弦定理及应用①:

圆内接四边形的余弦定理.

在圆内接四边形 $ABCD$ 中,若设 $AB=a,BC=b,CD=c,DA=d$,则

$$\cos A=\frac{a^2+d^2-b^2-c^2}{2(ad+bc)}$$

$$\cos B=\frac{a^2+b^2-c^2-d^2}{2(ad+cd)}$$

$$\cos C=\frac{b^2+c^2-a^2-d^2}{2(bc+ad)}$$

$$\cos D=\frac{c^2+d^2-a^2-b^2}{2(cd+ab)}$$

证明　如图 28.78,联结 AC,BC. 在 $\triangle ABD$ 中,由余弦定理得 $BD^2=a^2+d^2-2ad\cos A$,在 $\triangle BCD$ 中,由余弦定理得 $BD^2=b^2+c^2-2bc\cos C$,所以 $a^2+d^2-2ad\cos A=b^2+c^2-2b\cos C$. 因为圆内接四边形对角互补,所以 $\cos A=-\cos C$.

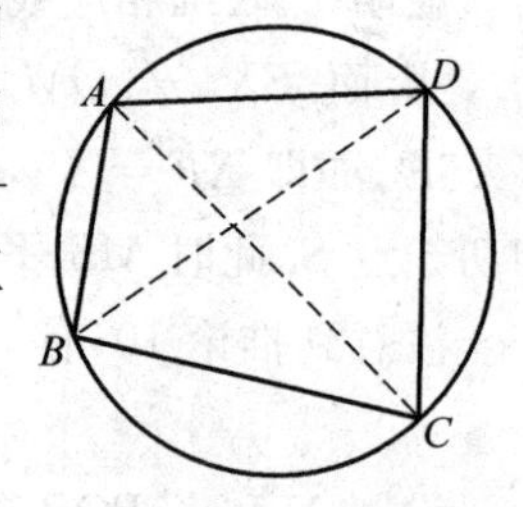

图 28.78

所以 $\cos A=\dfrac{a^2+d^2-b^2-c^2}{2(ad+bc)}$.

同理可证后面的三个等式.

应用举例:

例1　(1995年全国初中数学联赛题)如果边长顺次为25,39,52与60的四边形内接于一圆,那么此圆的周长为(　　).

A. 62π　　B. 63π　　C. 64π　　D. 65π

分析　本题要求圆的周长,自然想到先求圆的直径,故可联结 BD,若证得 $\angle A=90°$,则问题得解.

解　如图 28.79,在四边形 $ABCD$ 中,$AB=25,BC=39,CD=52,DA=60$,联结 BD,由圆内接四边形的余弦定理,得

$$\cos A=\frac{AB^2+DA^2-BC^2-CD^2}{2(AB\cdot DA+BC\cdot CD)}$$

① 肖维松. 圆内接四边形的余弦定理及其应用[J]. 中学数学月刊,2011(10):47-48.

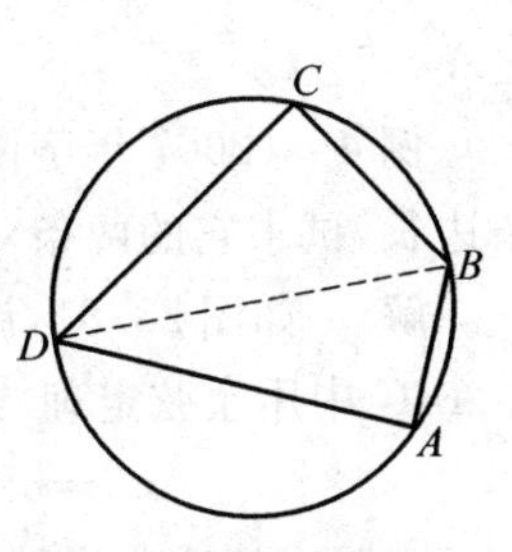

图 28.79

$$=\frac{60^2+25^2-39^2-52^2}{2(60\times25+39\times52)}=0$$

由 $0<A<\pi, A=\frac{\pi}{2}$，BD 正好是圆的直径，$BD=\sqrt{25^2+60^2}=65$.

所以圆周长 $C=2\pi R=65\pi$，故选 D.

例 2 （2009 年无锡市高中数学竞赛题）圆内接四边形 $ABCD$ 中，$AB=2, BC=6, CD=4, DA=4$，求四边形 $ABCD$ 的面积.

分析 要求圆内接四边形 $ABCD$ 的面积，我们可先联结 AC，求得 $\sin B$，$\sin D$，再分别求出 $S_{\triangle ABC}$ 和 $S_{\triangle ADC}$，然后相加即可.

解 如图 28.80，联结 AC，由圆内接四边形的余弦定理得

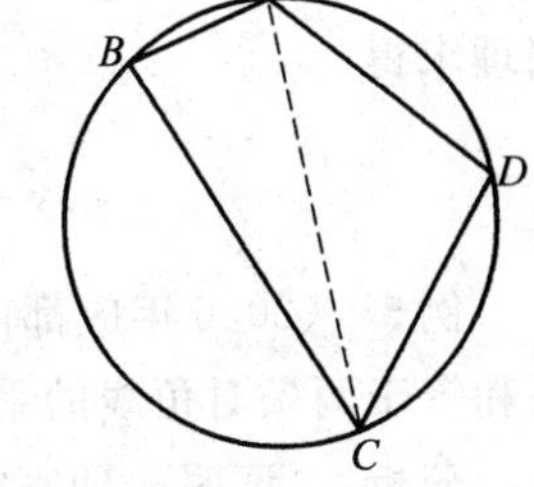

图 28.80

$$\cos B=\frac{AB^2+BC^2-CD^2-DA^2}{2(AB\cdot BC+CD\cdot DA)}$$

$$=\frac{2^2+6^2-4^2-4^2}{2(6\times2+4\times4)}=\frac{1}{7}$$

所以

$$\sin B=\sqrt{1-\cos^2B}=\sqrt{1-\left(\frac{1}{7}\right)^2}=\frac{4\sqrt{3}}{7}$$

而 $\angle B+\angle D=180^\circ$，故 $\sin D=\sin(180^\circ-B)=\sin B$，所以

$$S_{\triangle ABC}=\frac{1}{2}AB\times BC\times\sin B=\frac{1}{2}\times2\times6\times\frac{4\sqrt{3}}{7}=\frac{24\sqrt{3}}{7}$$

$$S_{\triangle ADC}=\frac{1}{2}AD\times CD\times\sin D=\frac{1}{2}\times4\times4\times\frac{4\sqrt{3}}{7}=\frac{32\sqrt{3}}{7}$$

因此

$$S_{四边形ABCD}=S_{\triangle ABC}+S_{\triangle ADC}=\frac{24\sqrt{3}}{7}+\frac{32\sqrt{3}}{7}=8\sqrt{3}$$

例 3 （2008 年兰州市高中数学竞赛题）圆内接四边形 $ABCD$ 中，$AB=2$，$BC=6, CD=DA=4$，求证：$\angle A=2\angle C$.

证明 如图 28.80，由圆内接四边形的余弦定理，得

$$\cos A=\frac{a^2+d^2-b^2-c^2}{2(ad+bc)}=\frac{2^2+4^2-6^2-4^2}{2(2\times4+6\times4)}=-\frac{1}{2}$$

而 $0^\circ<\angle A<180^\circ$，故 $\angle A=120^\circ$，又 $\angle A+\angle C=180^\circ$，所以 $\angle C=60^\circ$，从而

$\angle A=2\angle C$.

例4 (2007年济南市高中数学竞赛题)若 a,b,c,d 为圆内接四边形的四条边长,试求它的两条对角线的长.

解 如图28.81,设 $AC=x$,$BD=y$,$\angle ABC=\beta$,在 $\triangle ABC$ 中用余弦定理

$$x^2=a^2+b^2-2ab\cos\beta \quad ①$$

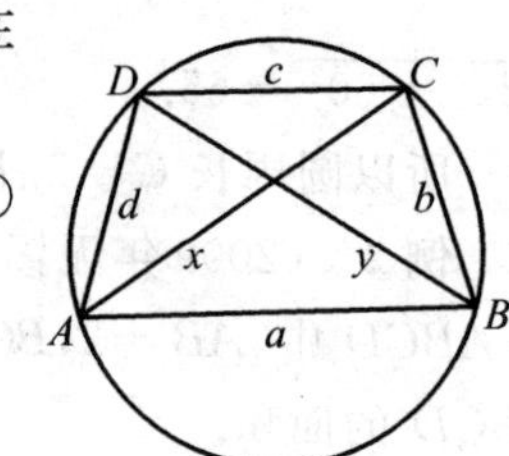

图28.81

由圆内接四边形的余弦定理,得

$$\cos\beta=\frac{a^2+b^2-c^2-d^2}{2(ab+cd)}$$

代入式①得

$$x=\sqrt{\frac{ab(c^2+d^2)+cd(a^2+b^2)}{ab+cd}}$$

同理求得

$$y=\sqrt{\frac{bc(a^2+d^2)+ad(b^2+c^2)}{bc+ad}}$$

例5 (2006年成都市高中数学竞赛题)求证:圆内接四边形两组对边乘积的和等于两条对角线的乘积.(托勒密定理)

分析 证明托勒密定理可运用相似三角形证明,也可运用正弦、余弦定理证明,但都较繁.然而注意到在 $\triangle ABD$ 和 $\triangle ABC$ 中,可应用圆内接四边形的余弦定理,结合三角形余弦定理,可得到两条对角线和四边之间的关系,从而通过运算,经变形化简即可得证.

证明 如图28.78,设 $AB=a$,$BC=b$,$CD=c$,$DA=d$,则由圆内接四边形的余弦定理,得

$$\cos A=\frac{a^2+d^2-c^2-b^2}{2(ad+bc)}$$

又在 $\triangle ABD$ 中,由余弦定理,得

$$\begin{aligned}BD^2&=AB^2+AD^2-2AB\cdot AD\cos A\\&=a^2+d^2-2ad\cos A\\&=a^2+d^2-2ad\left[\frac{a^2+d^2-c^2-b^2}{2(ad+bc)}\right]\\&=\frac{(ab+cd)(ac+bd)}{ad+bc}\end{aligned}$$

同理可得

$$AC^2=\frac{(ad+bc)(ac+bd)}{ab+cd}$$

即

$$\begin{aligned}AC^2\cdot BD^2&=\frac{(ab+cd)(ac+bd)}{ad+bc}\cdot\frac{(ad+bc)(ac+bd)}{ab+cd}\\&=(ac+bd)^2\\&=(AB\cdot CD+AD\cdot BC)^2\end{aligned}$$

所以 $AC\cdot BD=AB\cdot CD+AD\cdot BC$，因此定理获证.

第29章　2007～2008年度试题的诠释

东南赛试题1　如图29.1,设C,D是以O为圆心,AB为直径的半圆上的任意两点,过点B作圆O的切线交直线CD于P,直线PO与直线CA,AD分别交于点E,F,求证:$OE=OF$.

证法1　如图29.1,过O作$OM\perp CD$于M,联结BC,BM,BD,BE,因为$OM\perp CD$,$PB\perp AB$,所以O,B,P,M四点共圆,于是

$$\angle BMP=\angle BOP=\angle AOE$$

又

$$\angle EAO=\angle BDM$$

所以

$$\triangle OAE\backsim\triangle MDB$$

$$\frac{AE}{BD}=\frac{AO}{DM}=\frac{AB}{CD}$$

从而

$$\triangle BAE\backsim\triangle CDB$$

$$\angle EBA=\angle BCD=\angle BAD$$

所以

$$AD\mathbin{/\!/}BE$$

$$\frac{OE}{OF}=\frac{OB}{OA}=1$$

即

$$OE=OF$$

图29.1

证法2　如图29.2,作$OM\perp CD$于M,作$MN\mathbin{/\!/}AD$.设$MN\cap BA=N,CN\cap DA=K$,联结BC,BM,则

$$\angle NBC=\angle ADC=\angle NMC$$

因此N,B,M,C共圆.又由O,B,P,M共圆,得

$$\angle OPM=\angle OBM=180^\circ-\angle MCN$$

所以$CN\mathbin{/\!/}OP$,于是

$$\frac{CN}{OE}=\frac{AN}{AO}=\frac{NK}{OF}\qquad①$$

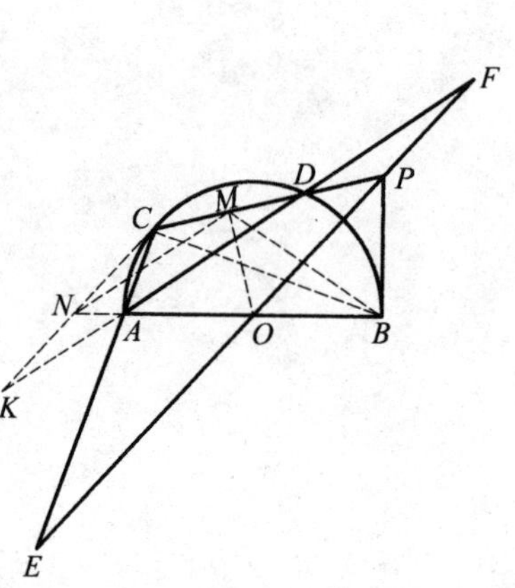
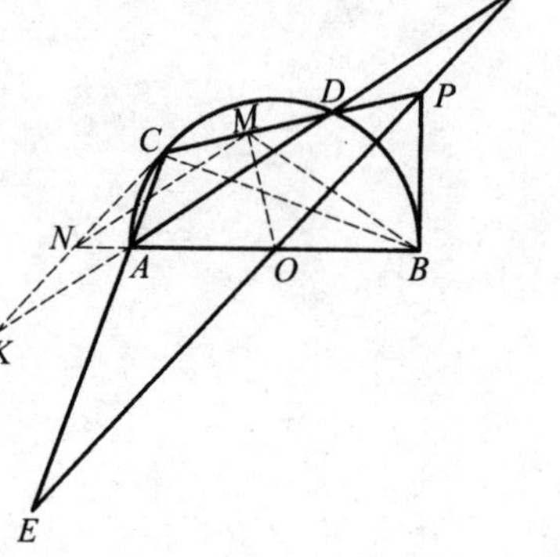

图29.2

因 M 为 CD 的中点，$MN \parallel DK$，则 N 为 CK 的中点，故由式 ① 得，$OE = OF$.

东南赛试题 2　如图 29.3，$\mathrm{Rt}\triangle ABC$ 中，D 是斜边 AB 的中点，$MB \perp AB$，MD 交 AC 于 N；MC 的延长线交 AB 于 E，证明：$\angle DBN = \angle BCE$.

证明　如图 29.3，延长 ME 交 $\triangle ABC$ 的外接圆于 F，延长 MD 交 AF 于 K，作 $CG \parallel MK$，交 AF 于 G，交 AB 于 P，作 $DH \perp CF$ 于 H，则 H 为 CF 的中点，联结 HB，HP，则 D,H,B,M 共圆，故

$$\angle HBD = \angle HMD = \angle HCP$$

于是 P,H,B,C 共圆，故

$$\angle PHC = \angle ABC = \angle AFC$$

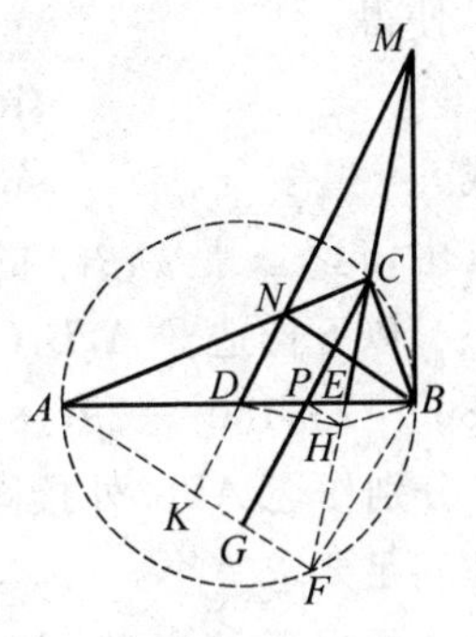

图 29.3

故 $PH \parallel AF$. 即 PH 为 $\triangle CFG$ 的中位线，P 是 CG 的中点，则 AP 为 $\triangle ACG$ 的边 CG 上的中线. 又因 $NK \parallel CG$，故 D 是 NK 的中点，即线段 AB 与 NK 互相平分，所以

$$\angle DBN = \angle DAK$$

而

$$\angle DAK = \angle BAF = \angle BCF = \angle BCE$$

即

$$\angle DBN = \angle BCE$$

女子赛试题 1　设 $\triangle ABC$ 是锐角三角形，点 D,E,F 分别在边 BC,CA,AB 上，线段 AD,BE,CF 经过 $\triangle ABC$ 的外心 O，已知以下六个比值：$\frac{BD}{DC},\frac{CE}{EA},\frac{AF}{FB},\frac{BF}{FA},\frac{AE}{EC},\frac{CD}{DB}$ 中至少有两个是整数，求证：$\triangle ABC$ 是等腰三角形.

证明　从六个比值中取出两个，共有两种类型：

(1) 涉及同一边.

(2) 涉及不同的边.

下面分别讨论：

(1) 如果同一边上的两个比值同时是整数，不妨设为 $\frac{BD}{DC},\frac{CD}{DB}$. 因它们互为倒数，又同是整数，所以，必须都取 1，则 $BD = DC$.

由于 O 是 $\triangle ABC$ 的外心，进而得 AD 是边 BC 的中垂线，于是 $AB = AC$.

(2) 记 $\angle CAB = \alpha, \angle ABC = \beta, \angle BCA = \gamma$.

因为 $\triangle ABC$ 是锐角三角形，所以

$$\angle BOC = 2\alpha, \angle COA = 2\beta, \angle AOB = 2\gamma$$

于是

$$\frac{BD}{DC} = \frac{S_{\triangle OAB}}{S_{\triangle OAC}} = \frac{\sin 2\gamma}{\sin 2\beta}$$

同理
$$\frac{CE}{EA}=\frac{\sin 2\alpha}{\sin 2\gamma},\frac{AF}{FB}=\frac{\sin 2\beta}{\sin 2\alpha}$$

若上述六个比值中有两个同时是整数且涉及不同的边时，则存在整数 m，n，使得

$$\sin 2x=m\sin 2z \text{ 且 } \sin 2y=n\sin 2z \quad ①$$

或
$$\sin 2z=m\sin 2x \text{ 且 } \sin 2z=n\sin 2y \quad ②$$

其中，x,y,z 是 α,β,γ 的某种排列.

以下构造 $\triangle A_1B_1C_1$，使得它的三个内角分别为 $180^\circ-2\alpha,180^\circ-2\beta,180^\circ-2\gamma$. 如图 29.4，过点 A,B，C 分别作 $\triangle ABC$ 外接圆的切线，所围成的 $\triangle A_1B_1C_1$ 即满足要求.

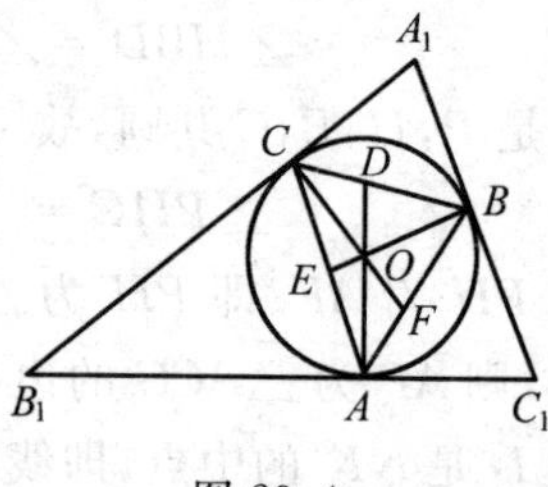

图 29.4

根据正弦定理，知 $\triangle A_1B_1C_1$ 的三边与 $\sin 2\alpha$，$\sin 2\beta$，$\sin 2\gamma$ 成正比，在式 ①② 两种情况下，可知其三边之比分别为 $1:m:n$ 或 $m:n:mn$.

对于式 ①，由三角形两边之和大于第三边，可知必须 $m=n$；

对于式 ②，要保证 $m+n>mn$，即 $(m-1)(n-1)<1$，由此，m,n 中必有一个为 1.

无论哪种情况，都有 $\triangle A_1B_1C_1$ 是等腰三角形.

因此，$\triangle ABC$ 也是等腰三角形.

女子赛试题 2 设 D 是 $\triangle ABC$ 内的一点，满足 $\angle DAC=\angle DCA=30^\circ$，$\angle DBA=60^\circ$，$E$ 是边 BC 的中点，F 是边 AC 的三等分点，满足 $AF=2FC$，求证：$DE\perp EF$.

证法 1 如图 29.5，作 $DM\perp AC$ 于点 M，$FN\perp CD$ 于点 N，联结 EM，EN.

设 $CF=a$，$AF=2a$，则

$$CN=CF\cos 30^\circ=\frac{\sqrt{3}a}{2}=\frac{1}{2}CD$$

即 N 是 CD 的中点.

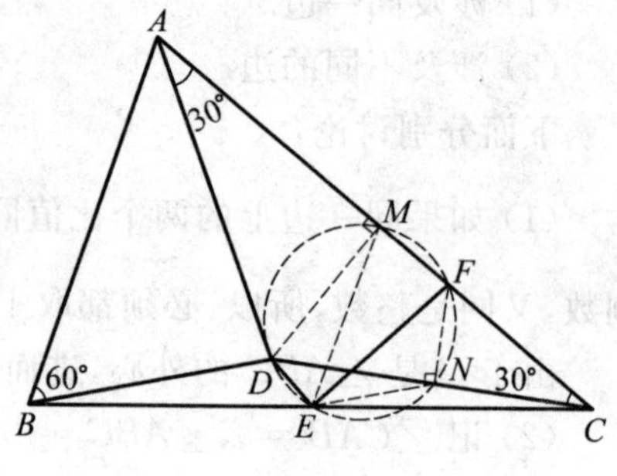

图 29.5

又因为 M 是边 AC 上的中点，E 是边 BC 上的中点，所以

$$EM\parallel AB,EN\parallel BD$$

得
$$\angle MEN=\angle ABD=60^\circ=\angle MDC$$

故 M,D,E,N 四点共圆.

又因 D,M,F,N 四点共圆，所以 D,E,F,M,N 五点共圆，从而

$$\angle DEF = 90^\circ$$

证法2 建立复平面，令 $B=0,D=1,A=-\omega^2 k$，其中 $\omega=-\frac{1}{2}+\frac{\sqrt{3}}{2}\mathrm{i}$，经计算可得

$$C=1-\omega^2-\omega k$$

$$E=\frac{B+C}{2}=\frac{1-\omega^2-\omega k}{2}$$

$$F=\frac{2C+A}{3}=\frac{2-2\omega^2-2\omega k-\omega^2 k}{3}$$

于是

$$E-1=-\frac{1+\omega^2+\omega k}{2}$$

$$F-E=\frac{1-\omega^2-(\omega+2\omega^2)k}{6}$$

故

$$\frac{F-E}{E-1}=\frac{1}{3}\cdot\frac{\omega^2-1+(\omega+2\omega^2)k}{1+\omega^2+\omega k}$$

$$=\frac{\omega-\omega^2}{3}\cdot\frac{k+1}{k-1}=\frac{\mathrm{i}}{\sqrt{3}}\cdot\frac{k+1}{k-1}$$

因此，$DE\perp EF$，即 $\angle DEF=90^\circ$.

西部赛试题1 如图29.6，圆 O_1、圆 O_2 交于点 C,D，过 D 的一条直线分别与圆 O_1、圆 O_2 交于点 A,B，点 P 在圆 O_1 的 $\overset{\frown}{AD}$ 上，PD 与线段 AC 的延长线交于点 M，点 Q 在圆 O_2 的 $\overset{\frown}{BD}$ 上，QD 与线段 BC 的延长线交于点 N，O 是 $\triangle ABC$ 的外心，求证：$OD\perp MN$ 的充要条件为 P,Q,M,N 四点共圆.

证法1 设 $\triangle ABC$ 的外接圆圆 O 的半径为 R，从点 N 到圆 O 的切线记为 NX，则

$$NO^2=NX^2+R^2=NC\cdot NB+R^2 \quad ①$$

同理

$$MO^2=MC\cdot MA+R^2 \quad ②$$

因为 A,C,D,P 四点共圆，所以

$$MC\cdot MA=MD\cdot MP \quad ③$$

因为 Q,D,C,B 四点共圆，所以

$$NC\cdot NB=ND\cdot NQ \quad ④$$

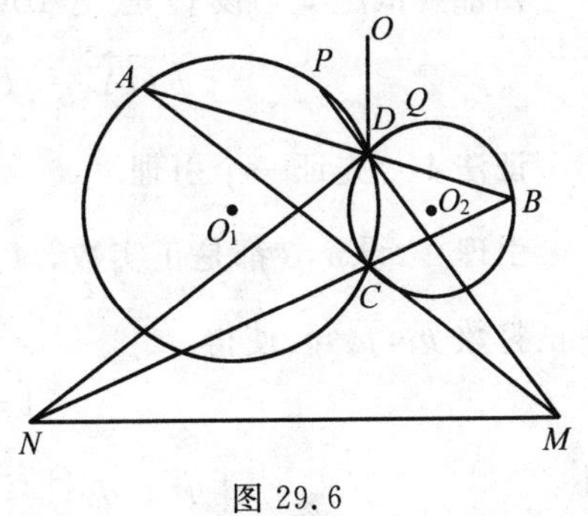

图 29.6

由式 ①②③④ 得

$$NO^2-MO^2=ND\cdot NQ-MD\cdot MP$$
$$=ND(ND+DQ)-MD(MD+DP)$$
$$=ND^2-MD^2+(ND\cdot DQ-MD\cdot DP)$$

故

$$OD\perp MN\Leftrightarrow NO^2-MO^2=ND^2-MD^2$$
$$\Leftrightarrow ND\cdot DQ=MD\cdot DP$$
$$\Leftrightarrow P,Q,M,N\text{ 四点共圆}$$

证法2 设$\triangle ABC$的外接圆圆O的半径为R,从N到圆O的切线为NX,则

$$NO^2=NX^2+R^2=NC\cdot NB+R^2 \quad ①$$

同理

$$MO^2=MC\cdot MA+R^2 \quad ②$$

因为A,C,D,P四点共圆,所以

$$MC\cdot MA=MD\cdot MP \quad ③$$

因为Q,D,C,B四点共圆,所以

$$NC\cdot NB=ND\cdot NQ \quad ④$$

由式①②③④得

$$NO^2-MO^2=ND\cdot NQ-MD\cdot MP$$
$$=ND(ND+DQ)-MD(MD+DP)$$
$$=ND^2-MD^2+(ND\cdot DQ-MD\cdot DP)$$

所以

$$OD\perp MN\Leftrightarrow NO^2-MO^2=ND^2-MD^2$$
$$\Leftrightarrow ND\cdot DQ=MD\cdot DP$$
$$\Leftrightarrow P,Q,M,N\text{ 四点共圆}$$

西部赛试题2 设O是$\triangle ABC$内部一点,证明:存在正整数p,q,r,使得

$$\left|p\overrightarrow{OA}+q\overrightarrow{OB}+r\overrightarrow{OC}\right|<\frac{1}{2\ 007}$$

证法1 先证一个引理.

引理 设α,β都是正实数,N是任意一个大于$\max\left\{\frac{1}{\alpha},\frac{1}{\beta}\right\}$的整数,则存在正整数$p_1,p_2,q$,使得

$$1\leqslant q\leqslant N^2$$

且

$$|q\alpha-p_1|<\frac{1}{N},\ |q\beta-p_2|<\frac{1}{N}$$

同时成立.

事实上,考虑平面 N^2+1 个点组成的集合

$$T=\{(\{i\alpha\},\{i\beta\})\mid i=0,1,\cdots,N^2\}$$

这里 $\{x\}=x-[x]$,$[x]$ 表示不超过实数 x 的最大整数.

将正方形点集 $\{(x,y)\mid 0\leqslant x,y<1\}$ 沿平行于坐标轴的直线分割为 N^2 个小正方形(这里的每个正方形都不含右边和上边的两条边),则 T 中必有两点落在同一个小正方形内,即存在 $0\leqslant j<i\leqslant N^2$,使得

$$|\{i\alpha\}-\{j\alpha\}|<\frac{1}{N},|\{i\beta\}-\{j\beta\}|<\frac{1}{N}$$

令 $q=i-j$,$p_1=[i\alpha]-[j\alpha]$,$p_2=[i\beta]-[j\beta]$,则

$$|q\alpha-p_1|<\frac{1}{N},|q\beta-p_2|<\frac{1}{N}$$

如果 $p_1\leqslant 0$,那么 $\frac{1}{N}>|q\alpha|\geqslant\alpha$,与 N 的选择矛盾,故 p_1 为正整数.

同理,p_2 也是正整数.

回到原题:

由条件知存在正实数 α,β,使得

$$\alpha\overrightarrow{OA}+\beta\overrightarrow{OB}+\overrightarrow{OC}=\mathbf{0}$$

利用引理结论,对任意大于 $\max\left\{\frac{1}{\alpha},\frac{1}{\beta}\right\}$ 的正整数 N,存在正整数 p_1,p_2, q,使得

$$|q\alpha-p_1|<\frac{1}{N},|q\beta-p_2|<\frac{1}{N}$$

同时成立.

于是,由 $q\alpha\overrightarrow{OA}+q\beta\overrightarrow{OB}+q\overrightarrow{OC}=\mathbf{0}$,可得

$$\begin{aligned}|p_1\overrightarrow{OA}+p_2\overrightarrow{OB}+q\overrightarrow{OC}|&=|(p_1-q\alpha)\overrightarrow{OA}+(p_2-q\beta)\overrightarrow{OB}|\\&\leqslant|(p_1-q\alpha)\overrightarrow{OA}|+|(p_2-q\beta)\overrightarrow{OB}|\\&<\frac{1}{N}(|\overrightarrow{OA}|+|\overrightarrow{OB}|)\end{aligned}$$

取 N 充分大即知命题成立.

证法 2 由条件知存在正实数 β,γ,使得

$$\overrightarrow{OA}+\beta\overrightarrow{OB}+\gamma\overrightarrow{OC}=\mathbf{0}$$

于是,对任意正整数 k,都有

$$k\overrightarrow{OA}+k\beta\overrightarrow{OB}+k\gamma\overrightarrow{OC}=\mathbf{0}$$

记 $m(k)=[k\beta]$,$n(k)=[k\gamma]$.

由 β,γ 都是正实数,知 $m(kT)$,$n(kT)$ 都是关于正整数 k 的严格递增数列,这里,T 是某个大于 $\max\left\{\frac{1}{\beta},\frac{1}{\gamma}\right\}$ 的正整数,因此

$$\begin{aligned}|kT\overrightarrow{OA}+m(kT)\overrightarrow{OB}+n(kT)\overrightarrow{OC}|&=|-\{kT\beta\}\overrightarrow{OB}-\{kT\gamma\}\overrightarrow{OC}|\\&\leqslant\{kT\beta\}|\overrightarrow{OB}|+\{kT\beta\}|\overrightarrow{OC}|\\&\leqslant|\overrightarrow{OB}|+|\overrightarrow{OC}|\end{aligned}$$

这表明,有无穷多个向量 $kT\overrightarrow{OA}+m(kT)\overrightarrow{OB}+n(kT)\overrightarrow{OC}$ 的终点落在一个以 O 为圆心,$|\overrightarrow{OB}|+|\overrightarrow{OC}|$ 为半径的圆内.因此,其中必有两个向量的终点之间的距离小于 $\frac{1}{2\,007}$,也就是说,这两个向量的差的模长小于 $\frac{1}{2\,007}$,即存在正整数 $k_1<k_2$,使得

$$|[k_2T\overrightarrow{OA}+m(k_2T)\overrightarrow{OB}+n(k_2T)\overrightarrow{OC}]-[k_1T\overrightarrow{OA}+m(k_1T)\overrightarrow{OB}+n(k_1T)\overrightarrow{OC}]|<\frac{1}{2\,007}$$

于是,令

$$p=(k_2-k_1)T$$
$$q=m(k_2T)-m(k_1T)$$
$$r=n(k_2T)-n(k_1T)$$

结合 T 与 $m(kT)$,$n(kT)$ 的单调性知,p,q,r 都是正整数.

西部赛试题 3 是否存在三边长都为整数的三角形,满足以下条件:最短边长为 2 007,且最大的角等于最小角的 2 倍?

解 不存在这样的三角形.

不妨设 $\angle A\leqslant\angle B\leqslant\angle C$,则

$$\angle C=2\angle A$$

且
$$a=2\,007$$

过点 C 作 $\angle ACB$ 的内角平分线 CD,则

$$\angle BCD=\angle A$$

结合 $\angle B=\angle B$,可知

$$\triangle CDB\backsim\triangle ACB$$

所以

$$\frac{CB}{AB}=\frac{BD}{BC}=\frac{CD}{AC}=\frac{BD+CD}{BC+AC}=\frac{BD+AD}{BC+AC}=\frac{AB}{BC+AC}$$

即

$$c^2=a(a+b)=2\,007(2\,007+b)$$

这里 $2\,007\leqslant b\leqslant c<2\,007+b$.

由 a,b,c 都是正整数,可知 $2\,007\mid c^2$,故 $3\times 223\mid c$. 可设 $c=669m$,则

$$223m^2=2\,007+b\Rightarrow b=223m^2-2\,007$$

结合 $2\,007\leqslant b$,可得 $m\geqslant 5$.

而 $c\geqslant b$,则 $669m\geqslant 223m^2-2\,007$,这要求 $m<5$,矛盾.

因此,满足条件的三角形不存在.

西部赛试题4 设 P 是锐角 $\triangle ABC$ 内一点,AP,BP,CP 分别与边 BC, CA,AB 交于点 D,E,F,已知 $\triangle DEF\backsim\triangle ABC$,求证:$P$ 是 $\triangle ABC$ 的重心.

证法1 记 $\angle EDC=\alpha$,$\angle AEF=\beta$,$\angle BFD=\gamma$,$\angle A$,$\angle B$,$\angle C$ 为 $\triangle ABC$ 的三个内角,则

$$\angle AFE=2\angle B-(\angle DBE+\angle DEB)=2\angle B-\alpha$$

同理

$$\angle BDF=2\angle C-\beta$$

$$\angle CED=2\angle A-\gamma$$

设 $\triangle DEF$,$\triangle DEC$ 的外接圆半径分别为 R_1,R_2. 由正弦定理及 $\angle EFD=\angle C$,知

$$2R_1=\frac{DE}{\sin\angle EFD}=\frac{DE}{\sin C}=2R_2\Rightarrow R_1=R_2$$

类似可得 $\triangle DEF$ 和 $\triangle AEF$,$\triangle BDF$ 的外接圆半径相等. 所以,$\triangle DEF$,$\triangle AEF$,$\triangle BDF$ 和 $\triangle DEC$ 这四个三角形的外接圆半径都相等,记为 R.

由正弦定理得

$$\frac{CE}{\sin\alpha}=\frac{EA}{\sin(2B-\alpha)}=\frac{AF}{\sin\beta}=\frac{FB}{\sin(2C-\beta)}=\frac{BD}{\sin\gamma}$$

$$=\frac{DC}{\sin(2A-\gamma)}=2R \qquad ①$$

再由塞瓦定理知 $\frac{CE}{EA}\cdot\frac{AF}{FB}\cdot\frac{BD}{DC}=1$,结合上式得

$$\frac{\sin\alpha\cdot\sin\beta\cdot\sin\gamma}{\sin(2B-\alpha)\cdot\sin(2C-\beta)\cdot\sin(2A-\gamma)}=1 \qquad ②$$

若 $\alpha<\angle B$,则

$$\alpha=\angle EDC<\angle EFA=2\angle B-\alpha$$

故

$$\gamma = 180^\circ - \angle EFA - \angle EFD = 180^\circ - \angle EFA - \angle C$$
$$< 180^\circ - \angle EDC - \angle C = \angle CED = 2\angle A - \gamma$$

类似可得 $\beta < 2\angle C - \beta$.

注意到,当 $0 < x < y < x + y < 180^\circ$ 时,有 $\sin x < \sin y$,所以由

$$0 < \alpha < 2\angle B - \alpha < \alpha + (2\angle B - \alpha) = 2\angle B < 180^\circ$$

(这里用到 $\triangle ABC$ 为锐角三角形),得

$$\sin\alpha < \sin(2B - \alpha)$$

同理 $$\sin\beta < \sin(2C - \beta), \sin\gamma < \sin(2A - \gamma)$$

这与式 ② 矛盾.

类似地,若 $\alpha > \angle B$,则式 ② 的左边大于右边,矛盾.所以,$\alpha = \angle B$.

同理,$\beta = \angle C, \gamma = \angle A$.

因此,由式 ① 可知,D, E, F 分别为 BC, CA, AB 的中点,从而,P 为 $\triangle ABC$ 的重心.

证法 2 本题的结论对 $\triangle ABC$ 为一般的三角形都成立(用复数方法证明).

设 P 为复平面上的原点,并用 x 表示点 X 对应的复数,则存在正实数 α, β, γ,使得

$$\alpha a + \beta b + \gamma c = 0$$

且 $$\alpha + \beta + \gamma = 1$$

由于 D 为 AP, BC 的交点,可解得

$$d = -\frac{\alpha}{1-\alpha} a$$

同样得

$$e = -\frac{\beta}{1-\beta} b, f = -\frac{\gamma}{1-\gamma} c$$

利用 $\triangle DEF \backsim \triangle ABC$,知

$$\frac{d-e}{a-b} = \frac{e-f}{b-c}$$

于是 $$\frac{\gamma bc}{1-\gamma} + \frac{\beta ab}{1-\beta} + \frac{\alpha ca}{1-\alpha} - \frac{\alpha ab}{1-\alpha} - \frac{\beta bc}{1-\beta} - \frac{\gamma ca}{1-\gamma} = 0$$

化简得

$$(\gamma^2 - \beta^2) b(c-a) + (\alpha^2 - \gamma^2) a(c-b) = 0$$

这时,若 $\gamma^2 \neq \beta^2$,则 $\dfrac{b(c-a)}{a(c-b)} \in \mathbf{R}$,因此 $\dfrac{\dfrac{c-a}{c-b}}{\dfrac{p-a}{p-b}} \in \mathbf{R}$,这要求 P 在 $\triangle ABC$ 的外接圆上,与 P 在 $\triangle ABC$ 内矛盾,所以 $\gamma^2=\beta^2$.进而 $\alpha^2=\gamma^2$,得 $\alpha=\beta=\gamma=\dfrac{1}{3}$,即 P 为 $\triangle ABC$ 的重心.

证法 3　如图 29.7,设 $\angle PEF=\alpha$,$\angle CPE=\beta$,$\angle CPD=\gamma$,$\angle EBC=\alpha'$,并分别用 A,B,C 表示 $\angle BAC$,$\angle ABC$,$\angle ACB$.

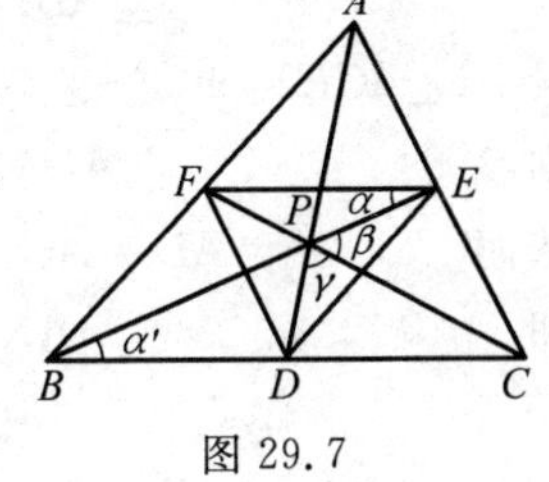

图 29.7

在 $\triangle DEF$ 中,由角元形式的塞瓦定理得

$$\frac{\sin\angle PEF}{\sin\angle PED}\cdot\frac{\sin\angle PDE}{\sin\angle PDF}\cdot\frac{\sin\angle PFD}{\sin\angle PFE}=1$$

即

$$\frac{\sin\alpha}{\sin(B-\alpha)}\cdot\frac{\sin(\pi-\beta-\gamma-B+\alpha)}{\sin(A-\pi+\beta+\gamma+B-\alpha)}\cdot\frac{\sin(C-\beta+\alpha)}{\sin(\beta-\alpha)}=1$$

在 $\triangle ABC$ 中,由角元形式的塞瓦定理得

$$\frac{\sin\angle PBC}{\sin\angle PBA}\cdot\frac{\sin\angle BAP}{\sin\angle CAP}\cdot\frac{\sin\angle ACP}{\sin\angle PCB}=1$$

即

$$\frac{\sin\alpha'}{\sin(B-\alpha')}\cdot\frac{\sin(\pi-\beta-\gamma-B+\alpha')}{\sin(A-\pi+\beta+\gamma+B-\alpha')}\cdot\frac{\sin(C-\beta+\alpha')}{\sin(\beta-\alpha')}=1$$

设

$$f(x)=\frac{\sin x}{\sin(B-x)}\cdot\frac{\sin(\pi-\beta-\gamma-B+x)}{\sin(A-\pi+\beta+\gamma+B-x)}\cdot\frac{\sin(C-\beta+x)}{\sin(\beta-x)}$$

由 $x,B-x,\pi-\beta-\gamma-B+x,A-\pi+\beta+\gamma+B-x,C-\beta+x,\beta-x\in\left(0,\dfrac{\pi}{2}\right)$,易知 $f(x)$ 递增.于是由 $f(\alpha)=f(\alpha')$ 可得 $\alpha=\alpha'$,所以

$$EF\parallel BC$$

同理可得

$$DF\parallel AC,DE\parallel AB$$

从而有

$$\frac{AF}{FB}=\frac{AE}{EC},\frac{AF}{FB}=\frac{DC}{BD},\frac{DC}{BD}=\frac{EC}{AE}$$

所以
$$AF=FB, BD=DC, EC=AE$$

故 P 为 $\triangle ABC$ 的重心.

北方赛试题1 在锐角 $\triangle ABC$ 中,BD,CE 分别是边 AC,AB 上的高.以 AB 为直径作圆交 CE 于点 M,在 BD 上取点 N,使 $AN=AM$,证明:$AN\perp CN$.

证法1 如图29.8,联结 DM.由 AB 为直径,$BD\perp AC$,知 A,B,M,D 四点共圆,故
$$\angle ABD=\angle AMD$$

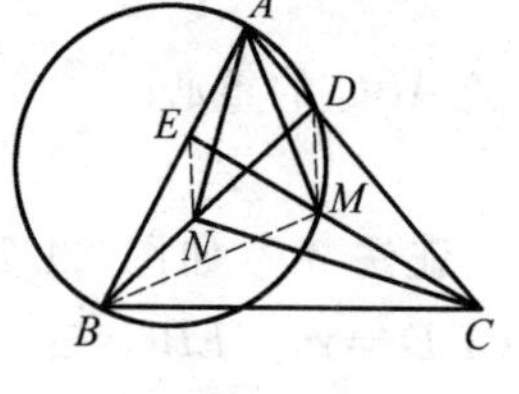

图29.8

又 $\angle ACE=90^\circ-\angle CAE=\angle ABD=\angle AMD$

则
$$\triangle ADM\backsim\triangle AMC$$

从而
$$AD\cdot AC=AM^2=AN^2$$

即
$$AN\perp CN$$

证法2 如图29.8,联结 BM,EN.由射影定理得
$$AN^2=AM^2=AE\cdot AB$$

则
$$\triangle AEN\backsim\triangle ANB$$
$$\angle ANE=\angle ABN$$

又 B,C,D,E 四点共圆,则
$$\angle ABN=\angle ACE$$

从而
$$\angle ANE=\angle ACE$$

所以,A,E,N,C 四点共圆,故 $\angle ANC=\angle AEC=90^\circ$,即 $AN\perp CN$.

北方赛试题2 平面上每个点被染为 n 种颜色之一,同时满足:(1)每种颜色的点都有无穷多个,且不全在同一条直线上;(2)至少有一条直线上所有的点恰为两种颜色.求 n 的最小值,使得存在互不同色的4个点共圆.

解 显然,$n\geqslant 4$.

若 $n=4$,在平面上取一定圆圆 O 及上面三点 A,B,C,将 $\overset{\frown}{AB}$(含 A 不含 B),$\overset{\frown}{BC}$(含 B 不含 C),$\overset{\frown}{CA}$(含 C 不含 A)分别染颜色1,2,3,平面上其他点染颜色4,则满足题意且不存在四个不同颜色的点共圆.

所以,$n\neq 4$,$n\geqslant 5$.

当 $n=5$ 时,由条件(2)知,存在直线 l 上恰有两种颜色的点,不妨设直线 l 上仅有颜色1,2的点.再由条件(1)知,存在颜色分别为3,4,5的点 A,B,C 不共线,设过点 A,B,C 的圆为圆 O.

若圆 O 与直线 l 有公共点,则存在四个互不同色的点共圆;

若圆 O 与直线 l 相离且圆 O 上有颜色1,2的点,则存在四个互不同色的点共圆;

若圆 O 与直线 l 相离且圆 O 上没有颜色1,2的点,如图29.9所示,过 O 作直线 l 的垂线交 l 于点 D,设 D 的颜色为1,垂线交圆 O 于点 E,S. 设 E 的颜色为3,考虑直线 l 上颜色为2的点 F,FS 交圆 O 于点 G,因为 $EG\perp GF$,所以 D,E,G,F 四点共圆.

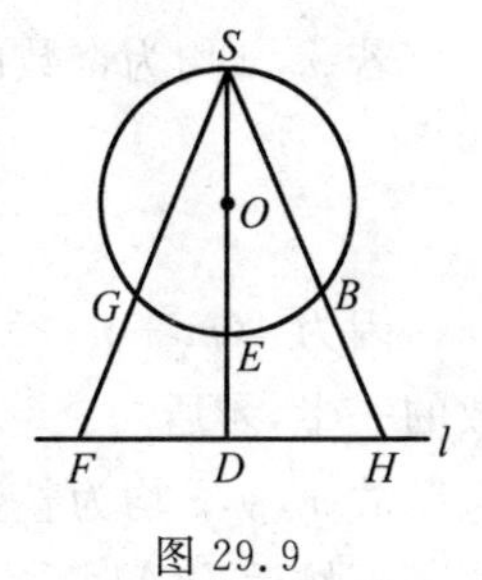

图 29.9

若 G 不是颜色为3的点,则存在四个互不同色的点共圆;

若 G 是颜色为3的点,又 B,C 必有一点不同于 S(设为 B),SB 交直线 l 于点 H,因为 $EB\perp BH$,所以 B,E,D,H 四点共圆.

若 H 是颜色为2的点,则 B,H,D,E 是互不同色的4个点共圆;

若 H 是颜色为1的点,由于 $SB\cdot SH=SE\cdot SD=SG\cdot SF$,则 B,H,F,G 四点共圆.

故 B,H,F,G 是互不同色的四个点共圆.

综上,当 $n=5$ 时,存在四个互不同色的点共圆.

所以 n 的最小值是5.

北方赛试题3　设 $\triangle ABC$ 的内切圆半径为1,三边长 $BC=a,CA=b,AB=c$. 若 a,b,c 都是整数,求证:$\triangle ABC$ 为直角三角形.

证明　设 $\triangle ABC$ 的内切圆在边 BC,CA,AB 上的切点分别为 D,E,F,记 $AE=AF=x,BF=BD=y,CD=CE=z$,则

$$x=\frac{b+c-a}{2},y=\frac{c+a-b}{2},z=\frac{a+b-c}{2}$$

因为 a,b,c 都是整数,所以 $b+c-a,c+a-b,a+b-c$ 奇偶性相同. 于是 x,y,z 均为整数或均为奇数的一半.

下面证明:x,y,z 均为奇数的一半是不可能的.

因为 $r=1$,所以

$$x=\cot\frac{A}{2},y=\cot\frac{B}{2},z=\cot\frac{C}{2}$$

又

$$\cot\frac{C}{2}=\tan\left(\frac{A}{2}+\frac{B}{2}\right)=\frac{\frac{1}{x}+\frac{1}{y}}{1-\frac{1}{xy}}=\frac{x+y}{xy-1}$$

则
$$z=\frac{x+y}{xy-1}$$

若 x,y 均为奇数的一半,不妨设 $x=\frac{2m-1}{2},y=\frac{2n-1}{2}(m,n\in\mathbf{N}^*)$,则
$$z=\frac{4(m+n-1)}{4mn-2m-2n-3}$$

因为 $4(m+n-1)$ 为偶数,$4mn-2m-2n-3$ 为奇数,所以 z 不可能是奇数的一半,矛盾.

故 x,y,z 均为整数.

不妨设 $\angle A\leqslant\angle B\leqslant\angle C$,则 $\angle C\geqslant 60^\circ$,于是
$$z=\cot\frac{C}{2}\leqslant\sqrt{3}$$

又 $z\in\mathbf{N}^*$,则
$$z=1$$

即
$$z=r=1$$

因此四边形 $DCEI$ 为正方形,其中,I 为 $\triangle ABC$ 的内心,即 $\angle ACB=90^\circ$.

故 $\triangle ABC$ 为直角三角形.

注 安徽南陵实验中学的邹守文老师撰文(《中学数学研究》2008(8))给出了此类问题的一般性结论:

问题 求满足下列条件的三角形的三边长:(a)三边长是整数;(b)周长是面积的整数倍.

解 设三角形的三边长为 a,b,c,周长是面积的 k(k 为整数)倍,由海伦公式,知
$$a+b+c=k\sqrt{\frac{a+b+c}{2}\cdot\frac{a+b-c}{2}\cdot\frac{b+c-a}{2}\cdot\frac{c+a-b}{2}}$$

则
$$4\cdot\frac{a+b+c}{2}=k^2\cdot\frac{b+c-a}{2}\cdot\frac{c+a-b}{2}\cdot\frac{a+b-c}{2} \quad ①$$

令 $m=b+c-a,n=c+a-b,p=a+b-c$,则
$$m+n+p=a+b+c$$

从而
$$16(m+n-p)=k^2mnp$$

且
$$m\geqslant 1,n\geqslant 1,p\geqslant 1$$

所以
$$\frac{k^2}{16}=\frac{1}{mn}+\frac{1}{mp}+\frac{1}{np}\leqslant 3$$

则
$$k^2 \leqslant 48 < 49$$
即 $k < 7$. 又 k 为正整数,故 $k = 1,2,3,4,5,6$.

由式 ① 知当 $k = 1,2,3,4,5,6$ 时,$\frac{b+c-a}{2}$,$\frac{c+a-b}{2}$,$\frac{a+b-c}{2}$ 为整数,于是设 $\frac{b+c-a}{2} = x$,$\frac{c+a-b}{2} = y$,$\frac{a+b-c}{2} = z$,代入式 ① 得
$$4(x+y+z) = k^2 xyz \quad ②$$
或
$$\frac{1}{xy} + \frac{1}{yz} + \frac{1}{zx} = \frac{k^2}{4} \quad ③$$
不妨设 $x \geqslant y \geqslant z$,由式 ③ 知
$$\frac{k^2}{4} \leqslant \frac{3}{z^2}$$
即
$$z^2 \leqslant \frac{12}{k^2} \quad ④$$

(1) 当 $k = 1$ 时,由式 ④ 知 $z^2 \leqslant 12$,$z \leqslant 2\sqrt{3} < 4$,则 $z = 1,2,3$. 由此式 ② 变为
$$4(x+y+z) = xyz \quad ⑤$$

(ⅰ) 当 $z = 1$ 时,由式 ⑤ 得
$$xy = 4(x+y+1) = 4x + 4y + 4$$
即
$$(x-4)(y-4) = 20 = 20 \cdot 1 = 10 \cdot 2 = 5 \cdot 4$$
因为 $x \geqslant y$,则
$$x - 4 \geqslant y - 4$$
从而
$$\begin{cases} x-4=20 \\ y-4=1 \end{cases},\begin{cases} x-4=10 \\ y-4=2 \end{cases},\begin{cases} x-4=5 \\ y-4=4 \end{cases}$$
解得
$$\begin{cases} x=24 \\ y=5 \end{cases},\begin{cases} x=14 \\ y=6 \end{cases},\begin{cases} x=9 \\ y=8 \end{cases}$$
此时 $(x,y,z) = (24,5,1),(14,6,1),(9,8,1)$.

由所作变换知 $a = y+z$,$b = z+x$,$c = x+y$,于是三角形的三边长 (a,b,c) 为 $(6,25,29),(7,15,20),(9,10,17)$.

(ⅱ) 当 $z = 2$ 时,类似可解得 $(x,y,z) = (10,3,2),(6,4,2)$,于是三角形的三边长 (a,b,c) 为 $(5,12,13),(6,8,10)$.

(ⅲ) 当 $z = 3$ 时,由式 ⑤ 得
$$3xy = 4x + 4y + 12$$

即
$$9xy-12x-12y=36$$
所以
$$(3x-4)(3y-4)=52=52\cdot 1=26\cdot 2=13\cdot 4$$
故
$$\begin{cases}3x-4=52\\3y-4=1\end{cases},\begin{cases}3x-4=26\\3y-4=2\end{cases},\begin{cases}3x-4=13\\3y-4=4\end{cases}$$

上述方程组只有一组整数解 $x=10,y=2$,但 $y=2<3=z$,故 $z=3$ 时 (x,y,z) 无整数解.

由(i)(ii)(iii)知 (a,b,c,k) 为 $(6,25,29,1)$,$(7,15,20,1)$,$(9,10,17,1)$,$(5,12,13,1)$,$(6,8,10,1)$.

(2) 当 $k=2$ 时,式②变为
$$x+y+z=xyz \quad ⑥$$
由式④知 $z^2\leqslant\frac{12}{4}=3,z\leqslant\sqrt{3}$,则 $z=1$.

把 $z=1$ 代入式⑥,有
$$xy-x-y=1$$
即
$$(x-1)(y-1)=2=2\cdot 1$$
故
$$\begin{cases}x-1=2\\y-1=1\end{cases}$$
即
$$\begin{cases}x=3\\y=2\end{cases}$$

因而 $k=2$ 时,$x=3,y=2,z=1$,由变换知
$$a=y+z=3,b=z+x=4,c=x+y=5$$
于是
$$(a,b,c,k)=(3,4,5,2)$$

(3) 当 $k=3$ 时,由式②知有
$$9xyz=4(x+y+z) \quad ⑦$$
又由式④知
$$z^2\leqslant\frac{4}{3}$$
$$z\leqslant\frac{2}{\sqrt{3}}$$
则 $z=1$,于是式⑦变为
$$9xy=4x+4y+4$$
即
$$(9x-4)(9y-4)=52=52\cdot 1=26\cdot 2=13\cdot 4$$

故
$$\begin{cases}9x-4=26\\9y-4=6\end{cases},\begin{cases}9x-4=52\\9y-4=1\end{cases},\begin{cases}9x-4=13\\9y-4=4\end{cases}$$
上述方程组均无整数解，故 $k\neq 3$.

(4) 当 $k=5,6$ 时，由式 ④ 知 $z<1$，故 $k\neq 5$，且 $k\neq 6$.

当 $k=4$ 时，由式 ① 得 $m+n+p=mnp$，由问题中(a) 完全类似地知 $m=3,n=2,p=1$，此时 $(a,b,c)=(1.5,2,2.5)$ 不为整数，故 $k\neq 4$.

综合上述(1)(2)(3)(4) 知 $k=1,2$，从而满足条件的三角形有 6 个，其三边长及 k 的值为 $(a,b,c,k)=(6,25,29,1),(7,15,20,1),(9,10,17,1),(5,12,13,1),(6,8,10,1),(3,4,5,2)$.

试题 A　在锐角 $\triangle ABC$ 中，$AB<AC$，AD 是边 BC 上的高，P 是线段 AD 内一点，过 P 作 $PE\perp AC$，垂足为 E，作 $PF\perp AB$，垂足为 F，O_1，O_2 分别是 $\triangle BDF$，$\triangle CDE$ 的外心，求证：O_1，O_2，E，F 四点共圆的充要条件为 P 是 $\triangle ABC$ 的垂心.

证法 1　如图 29.10，联结 BP，CP，O_1O_2，EO_2，EF，FO_1.

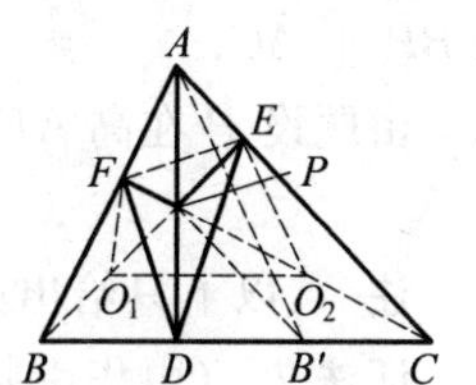

图 29.10

因为 $PD\perp BC$，$PF\perp AB$，所以 B,D,P,F 四点共圆，且 BP 为该圆的直径.

又 O_1 是 $\triangle BDF$ 的外心，故 O_1 是 BP 的中点.

同理，C,D,P,E 四点共圆，O_2 是 CP 的中点.

综上，$O_1O_2 /\!/ BC$，从而 $\angle PO_2O_1=\angle PCB$.

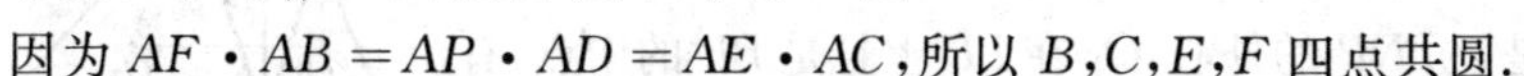
因为 $AF\cdot AB=AP\cdot AD=AE\cdot AC$，所以 B,C,E,F 四点共圆.

充分性：设 P 是 $\triangle ABC$ 的垂心，因为 $PE\perp AC$，$PF\perp AB$，所以 B,O_1,P,E；C,O_2,P,F 分别四点共线，则
$$\angle FO_2O_1=\angle FCB=\angle FEB=\angle FEO_1$$
故 O_1,O_2,E,F 四点共圆.

必要性：因为 O_1,O_2,E,F 四点共圆，故
$$\angle O_1O_2E+\angle EFO_1=180^\circ$$
注意到
$$\angle PO_2O_1=\angle PCB=\angle ACB-\angle ACP$$
又因为 O_2 是 $\mathrm{Rt}\triangle CEP$ 斜边的中点，也就是 $\triangle CEP$ 的外心，所以
$$\angle PO_2E=2\angle ACP$$
因为 O_1 是 $\mathrm{Rt}\triangle BFP$ 斜边的中点，也就是 $\triangle BFP$ 的外心，所以
$$\angle PFO_1=90^\circ-\angle BFO_1=90^\circ-\angle ABP$$

因为 B,C,E,F 四点共圆,所以

$$\angle AFE=\angle ACB,\angle PFE=90^\circ-\angle ACB$$

于是,由 $\angle O_1O_2E+\angle EFO_1=180^\circ$,得

$$(\angle ACB-\angle ACP)+2\angle ACP+(90^\circ-\angle ABP)+(90^\circ-\angle ACB)=180^\circ$$

即

$$\angle ABP=\angle ACP$$

又因为 $AB<AC,AD\perp BC$,所以 $BD<CD$.

设 B' 是点 B 关于直线 AD 的对称点,则 B' 在线段 DC 上,且 $B'D=BD$. 联结 AB',PB',由对称性有

$$\angle AB'P=\angle ABP=\angle ACP$$

因此 A,P,B',C 四点共圆. 由此可知

$$\angle PB'B=\angle CAP=90^\circ-\angle ACB$$

因为 $\angle PBC=\angle PB'B$,所以

$$\angle PBC+\angle ACB=(90^\circ-\angle ACB)+\angle ACB=90^\circ$$

故 $BP\perp AC$.

由题设 P 在高 AD 上,知 P 是 $\triangle ABC$ 的垂心.

注 以下只给出必要性的证明.

证法2 (由华南师大附中黎永汉,河南实验中学王慧兴给出)如图 29.11,联结 $BP,CP,O_1O_2,EO_2,EF,FO_1$. 因为 $PD\perp BC,PF\perp AB$,所以,B,D,P,F 四点共圆,则 O_1 是 $\triangle BDP$ 的外心,O_1 在 BP 上且是 BP 的中点,有

$$BO_1=O_1P=O_1F=O_1D$$

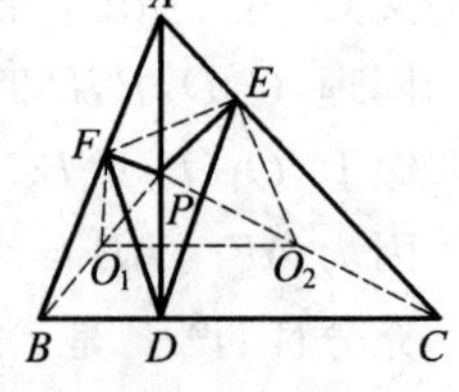

图 29.11

故

$$\angle O_1FP=\angle O_1PF$$

同理

$$\angle O_2EP=\angle O_2PE$$

当 O_1,O_2,E,F 四点共圆时,有

$$\angle O_1O_2E=180^\circ-\angle O_1FE$$

因为 O_1,O_2 分别为 BP,CP 的中点,所以,$O_1O_2\ /\!/\ BC$. 又

$$\angle O_1O_2E=\angle PO_2O_1+\angle PO_2E=\angle PCB+2\angle PCE=\angle ACB+\angle PCE \quad ①$$

$$180^\circ-\angle O_1FE=\angle BFO_1+\angle AFE=\angle O_1BF+\angle APE=\angle PBF+\angle ACB \quad ②$$

由式①②知 $\angle PBF=\angle PCE$.

因为 AP,BP,PC 三线共点,由角元塞瓦定理有

$$\frac{\sin\angle PCD}{\sin\angle PCE}\cdot\frac{\sin\angle CAD}{\sin\angle BAD}\cdot\frac{\sin\angle PBF}{\sin\angle PBD}=1$$

所以

$$\frac{\sin\angle PCD}{\sin\angle PBD}=\frac{\sin\angle BAD}{\sin\angle CAD} \quad ③$$

为定值.

又 $\frac{\sin^2\angle PCD}{\sin^2\angle PBD}=\frac{\frac{PD^2}{PC^2}}{\frac{PD^2}{PB^2}}=\frac{PB^2}{PC^2}=\frac{BD^2+DP^2}{CD^2+DP^2}=1+\frac{BD^2-CD^2}{CD^2+DP^2}$,则

$$BD^2-DC^2=(BD^2+AD^2)-(DC^2+AD^2)=AB^2-AC^2<0$$

且为定值.

当点 P 从 D 到 A 时,PD 不断增大 $\frac{\sin^2\angle PCD}{\sin^2\angle PBD}=1+\frac{BD^2-DC^2}{CD^2+PD^2}$($BD^2-DC^2$ 为小于 0 的定值,CD 为定值)是一个关于 PD 的单调递增函数,且当 P 为垂心时,有

$$\frac{\sin\angle PCD}{\sin\angle PBD}=\frac{\cos B}{\cos C}=\frac{\sin\angle BAD}{\sin\angle CAD}$$

此时,显然符合式 ③.

所以,AD 上有且仅有一点 P 符合式 ③. 当 F,O_1,O_2,E 四点共圆时,P 为垂心.

证法 3　(由山东宁阳一中刘才华给出)同证法 1 证得 $\angle ABP=\angle ACP$.

由 $PD\perp BC,PF\perp AB$,得

$$\triangle APF\backsim\triangle ABD\Rightarrow\frac{PF}{BD}=\frac{AF}{AD} \quad ①$$

同理

$$\triangle APE\backsim\triangle ACD\Rightarrow\frac{PE}{CD}=\frac{AE}{AD} \quad ②$$

由式 ①÷② 得

$$\frac{PF}{PE}=\frac{AF}{AE}\cdot\frac{BD}{CD} \quad ③$$

在 Rt$\triangle PBF$ 和 Rt$\triangle PCE$ 中,有

$$\angle ABP=\angle ACP\Leftrightarrow\frac{PF}{PE}=\frac{BF}{CE} \quad ④$$

由式③④知

$$\angle ABP=\angle ACP\Leftrightarrow \frac{AF}{FB}\cdot\frac{BD}{DC}\cdot\frac{CE}{EA}=1 \qquad ⑤$$

由塞瓦定理得

式⑤$\Leftrightarrow AD,BE,CF$ 三线共点

设 AD,BE,CF 交于点 P'.

接下来证明:点 P' 与 P 重合.

假设 P' 与 P 不重合,由

$$PD\perp BC,PF\perp AB,PE\perp AC$$

得

$$\angle ABC=\angle APF=\angle AEF$$

$$\Rightarrow B,C,E,F \text{ 四点共圆}$$

$$\Rightarrow \frac{BF}{CE}=\frac{P'B}{P'C} \text{ 且 } \angle ABP'=\angle ACP'$$

又 $\angle ABP=\angle ACP$,则

$$\angle PBP'=\angle PCP' \qquad ⑥$$

由

$$\triangle PBF\backsim\triangle PCE\Rightarrow\frac{BF}{CE}=\frac{PB}{PC}$$

于是,由$\frac{BF}{CE}=\frac{PB}{PC}=\frac{P'B}{P'C}$及式⑥,得

$$\triangle PBP'\backsim\triangle PCP'\Rightarrow\angle BP'P=\angle CP'P$$

结合 $PD\perp BC$,知 $BD=CD$,进而 $AB=AC$.这与 $AB<AC$ 矛盾,故点 P' 与 P 重合.

所以 $\angle ABP=\angle ACP$ 的必要条件是 P 是 $\triangle ABC$ 的垂心.

证法4 (由武汉二中余水能、张鹄,广西柳州铁一中宋程给出)由 O_1,O_2,E,F 四点共圆,易证

$$\angle FBP=\angle ECP \qquad ①$$

下面用反证法证明.

假设 P 不是 $\triangle ABC$ 的垂心,如图29.12,分别过点 B,C 作 $BE'\perp AC$ 于点 E',$CF'\perp AB$ 于点 F',则 BE',CF' 交 AD 于点 H.从而

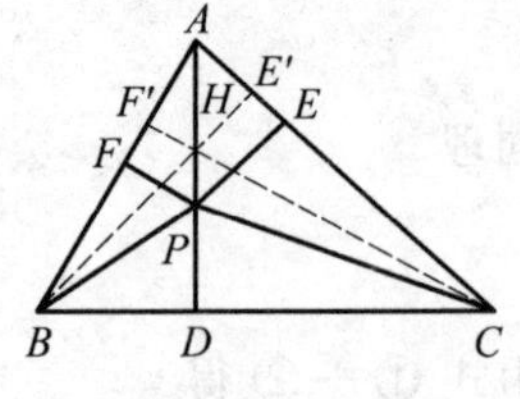

图29.12

$$\angle E'CH=\angle F'BH \qquad ②$$

且

$$\frac{HC}{HB}=\frac{E'H}{F'H} \qquad ③$$

又由 $\triangle ECP \backsim \triangle FBP$,知

$$\frac{PC}{PB}=\frac{PE}{PF} \quad ④$$

而 $HF' \parallel PF, HE' \parallel PE$,则

$$\frac{HF'}{PF}=\frac{AH}{AP}=\frac{HE'}{PE} \quad ⑤$$

由式 ③④⑤ 知

$$\frac{HC}{HB}=\frac{PC}{PB}$$

由式 ①② 知

$$\angle HCP=\angle HBP$$

故

$$\triangle HCP \backsim \triangle HBP$$

所以

$$\frac{PC}{PB}=\frac{HP}{HP}$$

即

$$BP=PC \Rightarrow BD=DC$$

这与 $AB<AC$ 矛盾.

因此,点 P 与 H 重合,P 为垂心.

证法 5　(由武汉二中龚斯靓给出)联结 O_1O_2,则 $O_1O_2 \parallel BC$. 因为 O_1, O_2, E, F 四点共圆,所以

$$\angle FO_1O_2+\angle FEO_2=180^\circ$$

又 A,F,P,E 四点共圆,则

$$\angle FAP=\angle FEP$$

故

$$\begin{aligned}180^\circ&=\angle FO_1O_2+\angle FEO_2=2\angle PBF+\angle PBC+\angle FAP+\angle PEO_2\\&=90^\circ+\angle PBF+\angle PEO_2\end{aligned}$$

则

$$\angle PBF=90^\circ-\angle PEO_2=90^\circ-\angle EPO_2=\angle PCE$$

又

$$\angle PBD+\angle PBF+\angle BAD=90^\circ=\angle PCD+\angle PCE+\angle CAP$$

则

$$\angle PBD+\angle BAD=\angle PCD+\angle CAP$$

故

$$\cos(\angle PBD+\angle BAD)=\cos(\angle PCD+\angle CAP) \quad ①$$

在 $\triangle ABC$ 中,PA,PB,PC 交于点 P,由角元形式的塞瓦定理得

$$\frac{\sin \angle PBD}{\sin \angle PBA} \cdot \frac{\sin \angle BAD}{\sin \angle CAD} \cdot \frac{\sin \angle PCE}{\sin \angle PCD}=1$$

则

$$\sin \angle PBD \cdot \sin \angle BAD=\sin \angle CAD \cdot \sin \angle PCD \quad ②$$

由式①②得

$$\cos(\angle PBD-\angle BAD)=\cos(\angle PCD-\angle CAD)$$

若 $\angle PBD-\angle BAD=\angle PCD-\angle CAD$,则

$$\angle PBD=\angle PCD$$

所以 $AB=AC$,矛盾.

若 $\angle PBD-\angle BAD=\angle CAD-\angle PCD$,则

$$\angle PBD=\angle CAD, \angle PCB=\angle BAD$$

所以
$$BE \perp AC$$
同理
$$CF \perp AB$$
从而,P 为 $\triangle ABC$ 的垂心.

证法6 (由重庆合川太和中学沈毅给出)如图29.11,易证 P,E,A,F 四点共圆,且 O_1,O_2 分别是 BP,CP 的中点,则 $O_1O_2 // BC$.

不妨设 $\angle PBF=\alpha$,$\angle PCE=\beta$. $\angle A,\angle B,\angle C$ 为 $\triangle ABC$ 三个内角,易知

$$\angle PO_1F=2\alpha$$

$$\angle PO_1O_2=\angle PBC=\angle B-\alpha$$

$$\angle PEO_2=\frac{\pi-\angle PO_2E}{2}=\frac{\pi}{2}-\beta$$

$$\angle PEF=\angle PAF=\frac{\pi}{2}-\angle B$$

故
$$\angle FO_1O_2=2\alpha+(\angle B-\alpha)=\angle B+\alpha$$

$$\angle FEO_2=\frac{\pi}{2}-\beta+\frac{\pi}{2}-\angle B=\pi-\beta-\angle B$$

而 O_1,O_2,E,F 四点共圆 $\Leftrightarrow \angle FO_1O_2+\angle FEO_2=\pi \Leftrightarrow \alpha=\beta$.

若 O_1,O_2,E,F 四点共圆,设 $\alpha=\beta=\theta$. 注意到

$$\frac{DP}{PA}=\frac{BD\sin \angle PBD}{AB\sin \angle PBA}=\frac{BD}{AB} \cdot \frac{\sin(B-\theta)}{\sin \theta}=\frac{\cos B \cdot \sin(B-\theta)}{\sin \theta}$$

类似地,有

$$\frac{DP}{PA}=\frac{CD\sin \angle PCD}{AC\sin \angle PCA}=\frac{\cos C \cdot \sin(C-\theta)}{\sin \theta}$$

故
$$\frac{\cos B\cdot\sin(B-\theta)}{\sin\theta}=\frac{\cos C\cdot\sin(C-\theta)}{\sin\theta}$$
利用积化和差公式得
$$\frac{1}{2}[\sin(2B-\theta)-\sin\theta]=\frac{1}{2}[\sin(2C-\theta)-\sin\theta]$$
故
$$\sin(2B-\theta)=\sin(2C-\theta)$$

注意到 $\angle B>\angle C,2\angle B-\theta,2\angle C-\theta\in(0,\pi)$，则
$$2\angle B-\theta+2\angle C-\theta=\pi$$
即
$$\angle A+\theta=\frac{\pi}{2}$$
因此，$BE\perp AC$，即 P 是 $\triangle ABC$ 的垂心.

证法7　(同上) 设 M 是 BC 的中点，辅助线如图29.13所示.

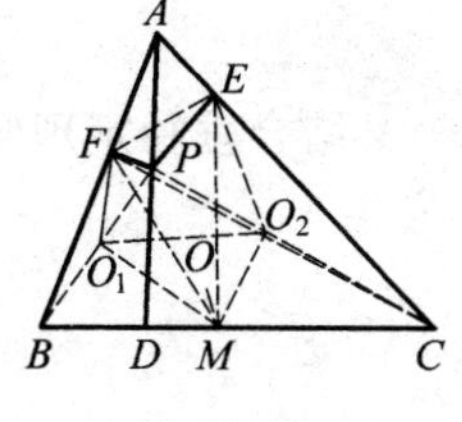

图29.13

易证 O_1,O_2 分别是 PB,PC 的中点，故 $O_1O_2\parallel BC$.

由 $PE\perp AC,PF\perp AB,AD\perp BC$，易证 P,E,A,F 四点共圆，且

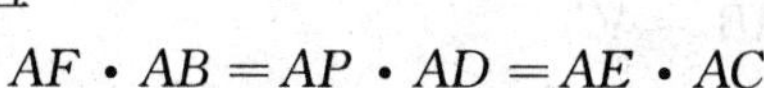
$$AF\cdot AB=AP\cdot AD=AE\cdot AC$$
从而 B,C,E,F 四点共圆，所以
$$\angle PO_1O_2=\angle PBC$$
$$\angle PO_1F=2\angle PBA$$
$$\angle PEO_2=\frac{\pi}{2}-\angle PCA$$
$$\angle PEF=\angle PAB=\frac{\pi}{2}-\angle ABC$$
故 O_1,O_2,E,F 四点共圆 $\Leftrightarrow\angle FO_1O_2+\angle FEO_2=\pi\Leftrightarrow\angle PBC+2\angle PBA+\frac{\pi}{2}-\angle PCA+\frac{\pi}{2}-\angle ABC=\pi\Leftrightarrow\angle PBA=\angle PCA$.

当 O_1,O_2,E,F 四点共圆时，有
$$\angle PBA=\angle PCA$$
易证
$$\angle PO_1F=2\angle PBA=2\angle PCA=\angle PO_2E$$

由三角形中位线性质有
$$O_1M \mathrel{\underline{\underline{\parallel}}} \frac{1}{2}PC$$

则 $$O_1M \mathrel{\underline{\parallel}} PO_2$$

所以,四边形 PO_1MO_2 是平行四边形,故

$$\angle PO_1M = \angle PO_2M$$

因此 $$\angle MO_1F = \angle EO_2M$$

又 $$O_1M = \frac{1}{2}PC = O_2E$$

$$O_1F = \frac{1}{2}PB = O_2M$$

则 $$\triangle MO_1F \cong \triangle EO_2M \Rightarrow ME = MF$$

下证:M 是圆内接四边形 $BCEF$ 的外心.

若 M 不是四边形 $BCEF$ 的外心,设其外心为 O,则 O,M 均在 EF 的垂直平分线上,故

$$OM \perp EF$$

又结合垂径定理知 $OM \perp BC$,故

$$EF \parallel BC$$

则 $$\angle ACB = \angle AEF = \angle ABC$$

即 $$AB = AC$$

这与 $AB < AC$ 矛盾.

所以,O,M 应重合,即 BC 是四边形 $BCEF$ 外接圆的直径,从而 $CF \perp AB$.

又 $PF \perp AB$,则 P 在 CF 上,即 $CP \perp AB$.

因此,P 是 $\triangle ABC$ 的垂心.

证法8 (由上海市格致中学茹双林给出)同证法1,有

$$\angle ABP = \angle ACP$$

从而 $$\triangle BPF \backsim \triangle CPE$$

则 $$\frac{PF}{BF} = \frac{PE}{CE}$$

即 $$\frac{AP\cos B}{AB - AP\sin B} = \frac{AP\cos C}{AC - AP\sin C}$$

故 $$AP = \frac{AB\cos C - AC\cos B}{\sin B \cdot \cos C - \sin C \cdot \cos B} = 2R\cos A$$

另一方面,当 P' 是 $\triangle ABC$ 垂心时,易得

$$AP' = \frac{AC\cos A}{\sin B} = 2R\cos A$$

从而，点 P' 与 P 重合，即 P 为 $\triangle ABC$ 的垂心.

证法 9　（由天津师大李涛给出）同证法 1，有

$$\angle ABP=\angle ACP$$

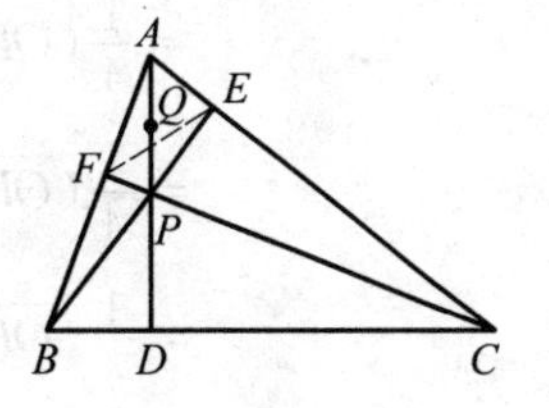

图 29.14

如图 29.14，作过 F,D,E 三点的圆，交 AP 于点 Q.

由 F,Q,E,D 四点共圆及 $\angle FDP=\angle EDP$，得 $FQ=QE$，故 Q 在 EF 的中垂线上.

又因为 $AB<AC$，所以，EF 不平行于 BC（如若不然，则 $\angle B=\angle AFE=\angle ACB$，矛盾）.

从而，由 A,F,P,E 四点共圆知 EF 的中垂线与直径 AP 交于点 Q（点 Q 即为该圆的圆心），故

$$\angle FEP+\angle PED=\angle FED=\angle FQP=2\angle FEP$$

则

$$\angle FEP=\angle PED$$

又 E,F,B,C 四点共圆，B,F,P,D 和 E,P,C,D 分别四点共圆，则

$$\angle DPC=\angle DEC=\angle AEF=\angle ABC=180^\circ-\angle FPD$$

从而

$$\angle FPD+\angle DPC=180^\circ$$

因此 F,P,C 三点共线.

证法 10　参见第 24 章第 4 节例 4.

证法 11　（由武汉二中余水能、张鹄给出）如图 29.15，设 $\triangle ABC$ 的外接圆为圆 O，半径为 r. 作 $OH\perp AC$ 于点 H，联结 OP，并设 M 为 OP 的中点，联结 MO_1，OB，则

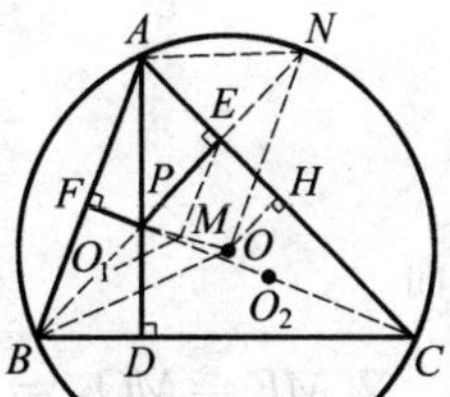

$$MO_1 /\!/ OB$$

且

$$MO_1=\frac{1}{2}OB$$

同理

$$MO_2 /\!/ OC$$

且

$$MO_2=\frac{1}{2}OC$$

所以

$$MO_1=MO_2=r$$

图 29.15

采用向量法，有

$$\begin{aligned}\overrightarrow{ME}^2&=(\overrightarrow{MO}+\overrightarrow{OH}+\overrightarrow{HE})^2\\&=(\overrightarrow{MO}+\overrightarrow{OH})^2+2(\overrightarrow{MO}+\overrightarrow{OH})\cdot\overrightarrow{HE}+\overrightarrow{HE}^2\end{aligned}$$

$$=\frac{1}{4}(\overrightarrow{OP}-\overrightarrow{OA}-\overrightarrow{OC})^2-(\overrightarrow{OP}-2\overrightarrow{OH})\cdot\overrightarrow{HE}+\overrightarrow{HE}^2$$

$$=\frac{1}{4}(\overrightarrow{OP}-\overrightarrow{OA}-\overrightarrow{OC})^2-\overrightarrow{OP}\cdot\overrightarrow{HE}+\overrightarrow{HE}^2$$

$$=\frac{1}{4}(\overrightarrow{OP}-\overrightarrow{OA}-\overrightarrow{OC})^2-\overrightarrow{HE}^2+\overrightarrow{HE}^2$$

$$=\frac{1}{4}(\overrightarrow{OP}-\overrightarrow{OA}-\overrightarrow{OC})^2$$

同理
$$\overrightarrow{MF}^2=\frac{1}{4}(\overrightarrow{OP}-\overrightarrow{OA}-\overrightarrow{OB})^2$$

则
$$\overrightarrow{ME}^2-\overrightarrow{MF}^2=\frac{1}{4}(2\overrightarrow{OP}-2\overrightarrow{OA}-\overrightarrow{OB}-\overrightarrow{OC})\cdot(\overrightarrow{OB}-\overrightarrow{OC})$$

$$=\frac{1}{4}[2\overrightarrow{AP}-(\overrightarrow{OB}+\overrightarrow{OC})]\cdot(\overrightarrow{OB}-\overrightarrow{OC})$$

$$=\frac{1}{2}\overrightarrow{AP}\cdot\overrightarrow{CB}-\frac{1}{4}(\overrightarrow{OB}^2-\overrightarrow{OC}^2)$$

$$=0-0=0$$

故
$$|\overrightarrow{ME}|=|\overrightarrow{MF}|$$

从而,M 为 EF 的中垂线与 O_1O_2 的中垂线的交点.

又 $AB<AC$,则 O_1O_2 不平行于 EF.

故 M 为四边形 O_1O_2EF 的外接圆圆心.

过点 O 作 $ON\parallel ME$,与 PE 延长线交于点 N,则

$$ME=\frac{1}{2}ON$$

且
$$PE=EN$$

从而
$$\angle ANP=\angle APN$$

又 $ME=MO_1=\frac{1}{2}r$,则 $ON=r$,故点 N 在圆 O 上.

因为 $\angle APN=\angle ACB$,所以

$$\angle ANP=\angle ACB=\angle ANB$$

故点 B 在 PN 上,从而,$BE\perp AC$.同理,$CF\perp AB$.因此,P 为 $\triangle ABC$ 的垂心.

证法 12 (由山东师大附中安传恺给出)如图 29.16,联结 EF,O_1O_2,FO_1,EO_2,O_1B,O_2C.延长 FO_1 交 BD 于点 G,延长 EO_2 交 DC 于点 H.

易知 $O_1O_2\parallel BC$,则 $\angle FO_1O_2=\angle FGC$.

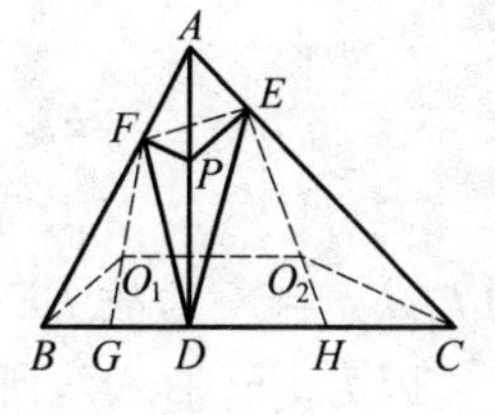

图 29.16

因为 O_1,O_2,E,F 四点共圆,所以

$$\angle FO_1O_2=180^\circ-\angle FEO_2=\angle AEF+\angle O_2EC$$

又 $\angle FO_1O_2=\angle FGC=\angle ABC+\angle BFO_1$,则

$$\angle AEF+\angle O_2EC=\angle ABC+\angle BFO_1$$

因为 F,P,D,B 和 A,F,P,E 分别四点共圆,所以

$$\angle ABC=\angle APF,\angle APF=\angle AEF$$

故
$$\angle ABC=\angle AEF$$

因此
$$\angle O_2EC=\angle BFO_1=\frac{180^\circ-\angle BO_1F}{2}=90^\circ-\angle BDF$$

同理
$$\angle O_2EC=90^\circ-\angle EDC$$

故
$$\angle BDF=\angle EDC$$

如图 29.17,以 BC 为 x 轴,D 为原点,AD 为 y 轴建立直角坐标系.

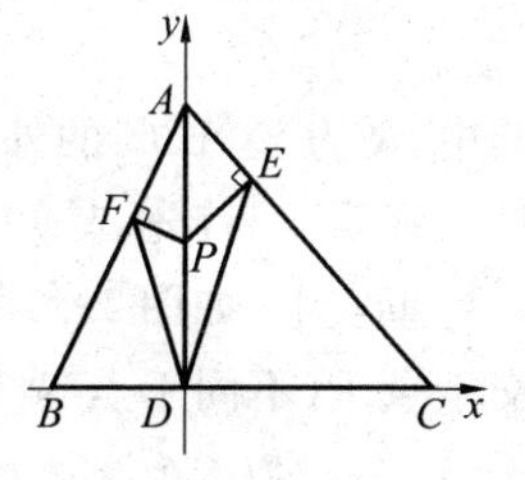

图 29.17

设 DE 的斜率为 k,因为 $\angle BDF=\angle EDC$,所以 DF 的斜率为 $-k$.

设 $A(0,1),B(b,0),C(c,0)$.

因为 $AB<AC$,所以 $-b\neq c$.

设 $l_{DE}:y=kx,l_{DF}:y=-kx,l_{AC}:\frac{x}{c}+y=1$,$l_{AB}:\frac{x}{b}+y=1$,联立 l_{AC} 与 l_{DE} 得 $E\left(\frac{c}{kc+1},\frac{kc}{kc+1}\right)$.

同理,$F\left(\frac{b}{1-kb},\frac{-kb}{1-kb}\right)$.

因为 $k_{AC}=-\frac{1}{c}$,$PE\perp AC$,所以 $l_{PE}:y-\frac{kc}{kc+1}=c\left(x-\frac{c}{kc+1}\right)$.

令 $x=0$,得 $P\left(0,\frac{c(k-c)}{kc+1}\right)$.

以 $-k$ 换 k,以 b 换 c,同理,得 $P\left(0,\frac{b(k+b)}{kb-1}\right)$,所以

$$\frac{c(k-c)}{kc+1}=\frac{b(k+b)}{kb-1}$$

故
$$c(k-c)(kb-1)=b(kc+1)(k+b)$$

整理得
$$(c+b)(c-b)=kbc(b+c)+k(b+c)$$

又 $-b\neq c$,即 $b+c\neq 0$,则

$$c-b=kbc+k$$

故
$$k_{BE}=\frac{\frac{kc}{kc+1}-0}{\frac{c}{kc+1}-b}=\frac{kc}{c-kbc-b}=\frac{kc}{k}=c$$

则 $k_{BE}k_{AC}=-1$,故 $BE\perp AC$.

因为 $PE\perp AC$,所以,P 在 $\triangle ABC$ 边 AC 的高上.

又 $AD\perp BC$,从而,P 是 $\triangle ABC$ 的垂心.

试题 B1 设锐角 $\triangle ABC$ 的三边长互不相等,O 为其外心,点 A' 在线段 AO 的延长线上,使得 $\angle BA'A=\angle CA'A$. 过 A' 作 $A'A_1\perp AC$,$A'A_2\perp AB$,垂足分别为 A_1,A_2,作 $AH_A\perp BC$,垂足为 H_A. 记 $\triangle H_AA_1A_2$ 的外接圆半径为 R_A,类似地可得 R_B,R_C,求证
$$\frac{1}{R_A}+\frac{1}{R_B}+\frac{1}{R_C}=\frac{2}{R}$$
其中,R 为 $\triangle ABC$ 的外接圆半径.

证明 首先,易知 A',B,O,C 四点共圆.

事实上,如图 29.18,作 $\triangle BOC$ 的外接圆,设其与 AO 交于点 P(不同于点 A'),则
$$\angle BPA=\angle BCO=\angle CBO=\angle CPA$$

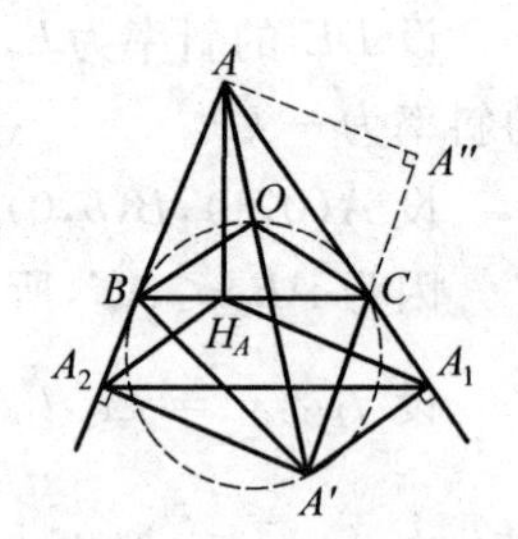

图 29.18

故
$$\triangle PA'C\cong\triangle PA'B$$
得
$$A'B=A'C$$
从而,$AB=AC$. 矛盾. 其次
$$\frac{AA_2}{AA'}=\cos\angle A_2AA'=\sin C=\frac{H_AA}{AC}$$
$$\angle A^2AH_A=\frac{\pi}{2}-\angle B=\angle A'AC$$
所以
$$\triangle A_2AH_A\backsim\triangle A'AC$$
同理
$$\triangle A_1H_AA\backsim\triangle A'BA$$
故
$$\angle A_2H_AA=\angle ACA'$$
$$\angle A_1H_AA=\angle ABA'$$
则
$$\begin{aligned}\angle A_1H_AA_2&=2\pi-\angle A_2H_AA-\angle A_1H_AA\\&=2\pi-\angle ACA'-\angle ABA'\\&=\angle A+2\left(\frac{\pi}{2}-\angle A\right)=\pi-\angle A\end{aligned}$$
所以

$$\frac{R}{R_A}=\frac{R}{\dfrac{A_1A_2}{2\sin\angle A_1H_AA_2}}=\frac{2R\sin A}{A_1A_2}=\frac{2R\sin A}{AA'\sin A}=\frac{2R}{AA'}$$

而

$$AA'=\frac{AA''}{\sin\angle AA'C}=\frac{AH_A}{\sin(90^\circ-A)}=\frac{AH_A}{\cos A}=\frac{2S_{\triangle ABC}}{a\cos A}$$

其中，$AA''\perp A'C$ 于点 A''，故

$$\frac{1}{R_A}=\frac{a\cos A}{S_{\triangle ABC}}=\frac{\cos A}{R\sin B\cdot\sin C}=\frac{1}{R}(1-\cot B\cdot\cot C)$$

同理

$$\frac{1}{R_B}=\frac{1}{R}(1-\cot C\cdot\cot A)$$

$$\frac{1}{R_C}=\frac{1}{R}(1-\cot A\cdot\cot B)$$

注意到

$$\cot A\cdot\cot B+\cot B\cdot\cot C+\cot C\cdot\cot A=1$$

所以

$$\frac{1}{R_A}+\frac{1}{R_B}+\frac{1}{R_C}=\frac{2}{R}$$

试题 B2 求具有如下性质的最小正整数 n：将正 n 边形的每一个顶点任意染上红、黄、蓝三种颜色之一，那么，这 n 个顶点中一定存在四个同色点，它们是一个等腰梯形的顶点（两条边平行、另两条边不平行且相等的凸四边形称为等腰梯形）.

解 所求 n 的最小值为17.

首先证明：$n=17$ 时，结论成立.

反证法.

假设存在一种将正17边形的顶点三染色的方法，使得不存在4个同色顶点是某个等腰梯形的顶点.

由于 $\left[\frac{17-1}{3}\right]+1=6$，故必存在某6个顶点染同一种颜色，不妨设为黄色. 将这6个点两两连线，可以得到 $C_6^2=15$ 条线段. 由于这些线段的长度只有 $\left[\frac{17}{2}\right]=8$ 种可能，于是，必出现如下的两种情形之一.

(1) 有某三条线段长度相同.

注意到 $3\nmid 17$，不可能出现这三条线段两两有公共顶点的情况. 所以，存在两条线段，顶点互不相同. 这两条线段的4个顶点即满足题目要求，矛盾.

(2) 有7对长度相等的线段.

由假设,每对长度相等的线段必有公共的黄色顶点,否则,能找到满足题目要求的4个黄色顶点.再根据抽屉原理,必有两对线段的公共顶点是同一个黄色点.这四条线段的另4个顶点必然是某个等腰梯形的顶点,矛盾.

所以,$n=17$ 时,结论成立.

再对 $n\leqslant 16$ 构造出不满足题目要求的染色方法.用 $A_1,A_2,\cdots,A_n$ 表示正 n 边形的顶点(按顺时针方向),M_1,M_2,M_3 分别表示三种颜色的顶点集.

当 $n=16$ 时,令

$$M_1=\{A_5,A_8,A_{13},A_{14},A_{16}\}$$
$$M_2=\{A_3,A_6,A_7,A_{11},A_{15}\}$$
$$M_3=\{A_1,A_2,A_4,A_9,A_{10},A_{12}\}$$

对于 M_1,A_{14} 到另4个顶点的距离互不相同,而另4个点刚好是一个矩形的顶点.类似于 M_1,可验证 M_2 中不存在4个顶点是某个等腰梯形的顶点.对于 M_3,其中6个顶点刚好是3条直径的顶点,所以,任意4个顶点要么是某个矩形的4个顶点,要么是某个不等边四边形的4个顶点.

当 $n=15$ 时,令

$$M_1=\{A_1,A_2,A_3,A_5,A_8\}$$
$$M_2=\{A_6,A_9,A_{13},A_{14},A_{15}\}$$
$$M_3=\{A_4,A_7,A_{10},A_{11},A_{12}\}$$

每个 M_i 中均无4点是等腰梯形的顶点.

当 $n=14$ 时,令

$$M_1=\{A_1,A_3,A_8,A_{10},A_{14}\}$$
$$M_2=\{A_4,A_5,A_7,A_{11},A_{12}\}$$
$$M_3=\{A_2,A_6,A_9,A_{13}\}$$

每个 M_i 中均无4点是等腰梯形的顶点.

当 $n=13$ 时,令

$$M_1=\{A_5,A_6,A_7,A_{10}\}$$
$$M_2=\{A_1,A_8,A_{11},A_{12}\}$$
$$M_3=\{A_2,A_3,A_4,A_9,A_{13}\}$$

每个 M_i 中均无4点是等腰梯形的顶点.

在上述情形中去掉顶点 A_{13},染色方式不变,即得到 $n=12$ 的染色方法;然后,再去掉顶点 A_{12},即得到 $n=11$ 的染色方法;继续去掉顶点 A_{11},得到 $n=10$ 的染色方法.

当 $n \leqslant 9$ 时，可以使每种颜色的顶点个数小于 4，从而，无 4 个同色顶点是某个等腰梯形的顶点.

上面构造的例子表明 $n \leqslant 16$ 不具备题目要求的性质.

综上所述，所求的 n 的最小值为 17.

试题 C 在 $\triangle ABC$ 中，$AB > AC$，它的内切圆切边 BC 于点 E，联结 AE 交内切圆于点 D（不同于点 E）. 在线段 AE 上取异于点 E 的一点 F，使得 $CE = CF$，联结 CF 并延长交 BD 于点 G，求证：$CF = FG$.

证明 如图 29.19，过点 D 作内切圆的切线 MNK，分别交 AB，AC，BC 于点 M，N，K. 由

$$\angle KDE = \angle AEK = \angle EFC$$

知

$$MK \parallel CG$$

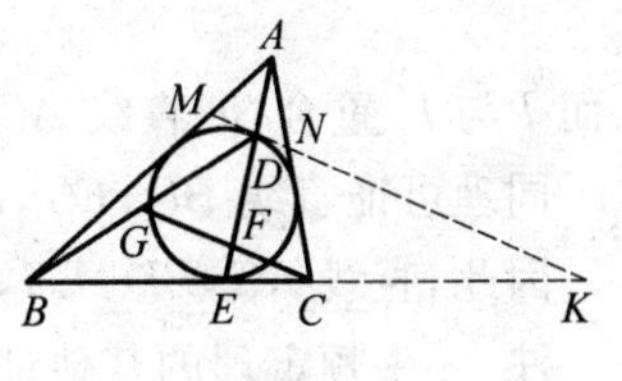

图 29.19

由牛顿定理知 BN，CM，DE 三线共点.

由塞瓦定理有

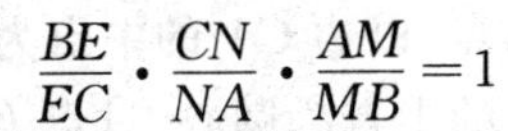

$$\frac{BE}{EC} \cdot \frac{CN}{NA} \cdot \frac{AM}{MB} = 1 \quad ①$$

由梅涅劳斯定理有

$$\frac{BK}{KC} \cdot \frac{CN}{NA} \cdot \frac{AM}{MB} = 1 \quad ②$$

式 ① ÷ ② 得

$$BE \cdot KC = EC \cdot BK \quad ③$$

由梅涅劳斯定理和式 ③ 有

$$1 = \frac{BE}{EC} \cdot \frac{CF}{FG} \cdot \frac{GD}{DB} = \frac{BE}{EC} \cdot \frac{CF}{FG} \cdot \frac{KC}{BK} = \frac{CF}{FG}$$

所以，$CF = FG$.

注 牛顿定理指的是：圆的外切四边形的对角线的交点和以切点为顶点的四边形的对角线交点重合.

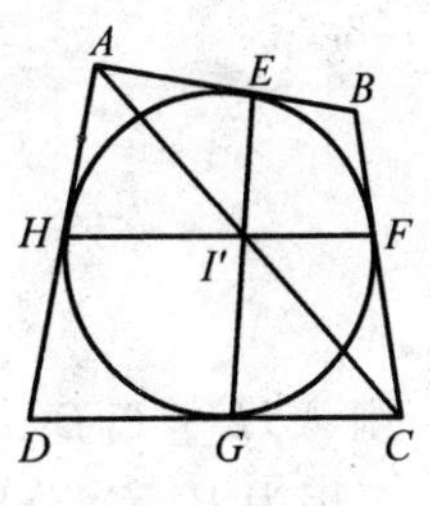

图 29.20

事实上，如图 29.20 所示，设四边形 $ABCD$ 的边 AB，BC，CD，DA 与内切圆分别切于点 E，F，G，H.

首先证明，直线 AC，EG，FH 交于一点.

设 EG，FH 分别交直线 AC 于点 I 及 I'，则显然

$$\angle AHI' = \angle BFI'$$

因此，易知

$$\frac{AI' \cdot HI'}{FI' \cdot CI'}=\frac{S_{\triangle AI'H}}{S_{\triangle CI'F}}=\frac{AH \cdot HI'}{CF \cdot FI'}$$

即
$$\frac{AI'}{CI'}=\frac{AH}{CF}$$

同样可得
$$\frac{AI}{CI}=\frac{AE}{CG}$$

但
$$AE=AH, CF=CG$$

故
$$\frac{AI}{CI}=\frac{AH}{CF}=\frac{AI'}{CI'}$$

从而 I 与 I' 重合，即直线 AC,EG,FH 交于一点.

同理可证直线 BD,EG,FH 交于一点.

因此，直线 AC,BD,EG,FH 相交于一点.

注 牛顿定理的其他证法及其应用可参见本章第5节.

试题 D1 已知 H 是锐角 $\triangle ABC$ 的垂心，以边 BC 的中点为圆心，过点 H 的圆与直线 BC 交于 A_1,A_2 两点；以边 CA 的中点为圆心，过点 H 的圆与直线 CA 交于 B_1,B_2 两点；以边 AB 的中点为圆心、过点 H 的圆与直线 AB 交于 C_1，C_2 两点. 证明：A_1,A_2,B_1,B_2,C_1,C_2 六点共圆.

证明 如图 29.21，B_0,C_0 分别是边 CA,AB 的中点. 设以 B_0 为圆心，过点 H 的圆与以 C_0 为圆心，过点 H 的圆的另一个交点为 A'.

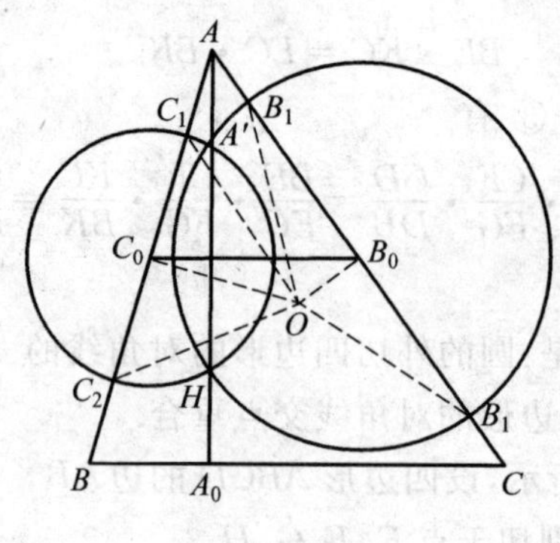

图 29.21

则 $A'H \perp C_0B_0$.

又因为 B_0,C_0 分别是边 CA,AB 的中点，所以，$C_0B_0 \parallel BC$. 从而，$A'H \perp BC$.

于是，点 A' 在 AH 上.

由切割线定理得

$$AC_1 \cdot AC_2 = AA' \cdot AH = AB_1 \cdot AB_2$$

故 B_1, B_2, C_1, C_2 四点共圆.

分别作 B_1B_2, C_1C_2 的垂直平分线，设其交点为 O. 则 O 是四边形 $B_1B_2C_1C_2$ 的外接圆圆心，也是 $\triangle ABC$ 的外心，且

$$OB_1 = OB_2 = OC_1 = OC_2$$

同理，$OA_1 = OA_2 = OB_1 = OB_2$.

因此，$A_1, A_2, B_1, B_2, C_1, C_2$ 六点都是在以 O 为圆心，OA_1 为半径的圆上.

故 $A_1, A_2, B_1, B_2, C_1, C_2$ 六点共圆.

试题 D2 在凸四边形 $ABCD$ 中，$BA \neq BC$. 圆 ω_1 和 ω_2 分别是 $\triangle ABC$ 和 $\triangle ADC$ 的内切圆. 假设存在一个圆 ω 与射线 BA 相切（切点不在线段 BA 上），与射线 BC 相切（切点不在线段 BC 上），且与直线 AD 和 CD 都相切. 证明：圆 ω_1, ω_2 的两条外公切线的交点在圆 ω 上.

证明 我们需先证两个引理.

引理1 设四边形 $ABCD$ 是凸四边形，圆 ω 与射线 BA（不包括线段 BA）相切，与射线 BC（不包括线段 BC）相切，且与直线 AD 和 CD 都相切，则

$$AB + AD = CB + CD$$

引理1的证明 如图29.22，设直线 AB, BC, CD, DA 分别与圆 ω 切于点 P, Q, R, S，则

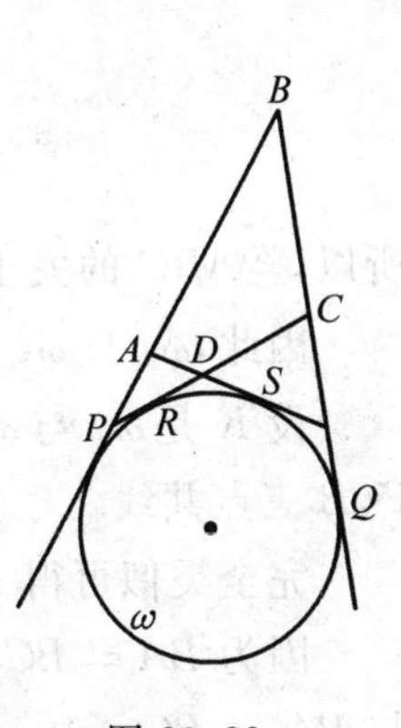

图29.22

$$\begin{aligned} & AB + AD = CB + CD \\ \Leftrightarrow & AB + (AD + DS) = CB + (CD + DR) \\ \Leftrightarrow & AB + AS = CB + CR \\ \Leftrightarrow & AB + AP = CB + CQ \Leftrightarrow BP = BQ \end{aligned}$$

从而，引理1得证.

引理2 设圆 O_1、圆 O_2、圆 O_3 的半径两两不等，则它们的外位似中心共线.

引理2的证明 设 X_3 是圆 O_1 与圆 O_2 的外似中心，如图29.23，X_2 是圆 O_1 与圆 O_3 的外位似中心，X_1 是圆 O_2 与圆 O_3 的外位似中心，r_i 是圆 $O_i(i=1,2,3)$ 的半径.

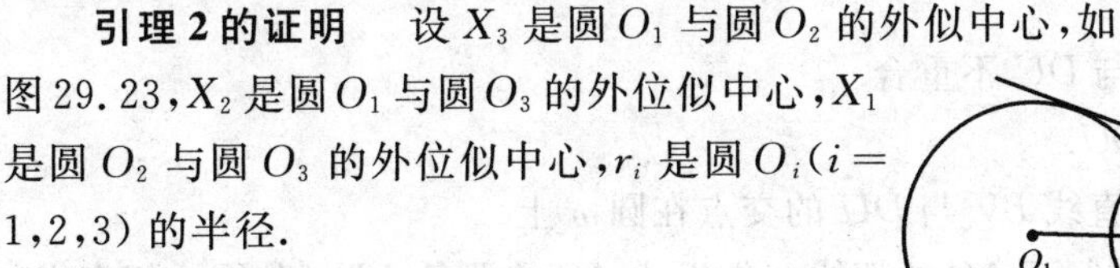

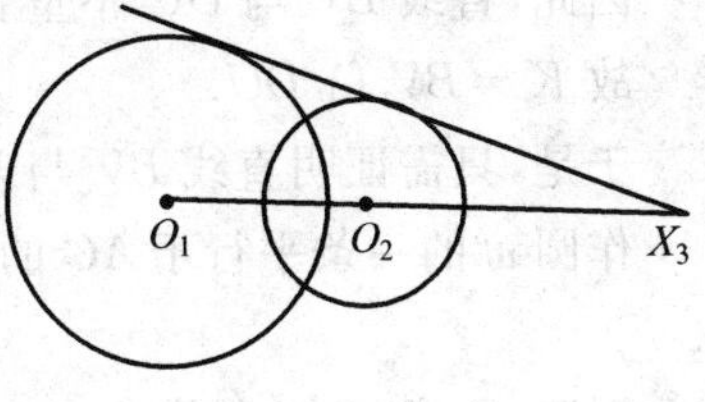

图29.23

由位似的性质知

$$\frac{\overline{O_1X_3}}{\overline{X_3O_2}} = -\frac{r_1}{r_2}$$

这里的$\overline{O_1X_3}$ 表示有向线段 O_1X_3.

同理,$\dfrac{\overline{O_2X_1}}{\overline{X_1O_3}}=-\dfrac{r_2}{r_3}$,$\dfrac{\overline{O_3X_2}}{\overline{X_2O_1}}=-\dfrac{r_3}{r_1}$.

故$\dfrac{\overline{O_1X_3}}{\overline{X_3O_2}}\cdot\dfrac{\overline{O_2X_1}}{\overline{X_1O_3}}\cdot\dfrac{\overline{O_3X_2}}{\overline{X_2O_1}}=\left(-\dfrac{r_1}{r_2}\right)\left(-\dfrac{r_2}{r_3}\right)\left(-\dfrac{r_3}{r_1}\right)=-1$.

由梅涅劳斯定理,知 X_1,X_2,X_3 三点共线.

如图 29.24,设 U,V 分别是圆 ω_1,ω_0 与 AC 的切点,则

$$AV=\frac{AD+AC-CD}{2}=\frac{AC}{2}+\frac{AD-CD}{2}=\frac{AC}{2}+\frac{CB+AB}{2}$$
$$=\frac{AC+CB-AB}{2}(\text{由引理 1})=CU$$

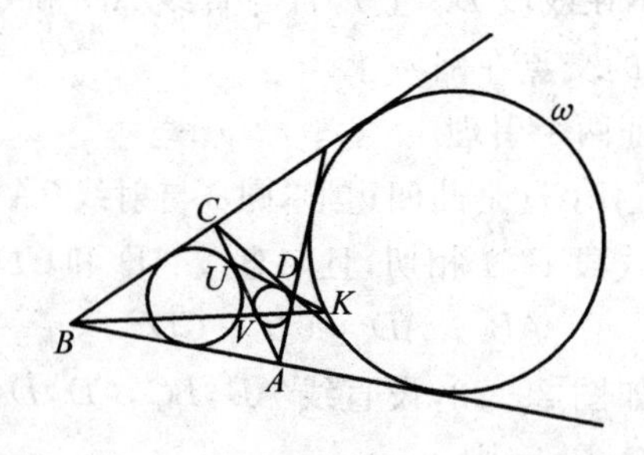

图 29.24

所以,$\triangle ABC$ 的关于顶点 B 的旁切圆 ω_3 与边 AC 的切点亦为 V.

因此,ω_2 与 ω_3 内切于点 V,即 V 为 ω_2 与 ω_3 的外位似中心.

设 K 是 ω_1 与 ω_2 的外位似中心(即两条外公切线的交点),由引理 2,知 K,V,B 三点共线.

完全类似可得 K,D,U 三点共线.

因为 $BA\neq BC$,所以,$U\neq V$(否则,由 $AV=CU$ 知,$U=V$ 是边 AC 的中点,与 $BA\neq BC$ 矛盾).

因此,直线 BV 与 DU 不重合.

故 $K=BV\cap DU$.

于是,只需证明直线 BV 与 DU 的交点在圆 ω 上.

作圆 ω 的一条平行于 AC 的切线 l(靠近边 AC 的那条),设 l 与圆 ω 切于点 T.

下证:B,V,T 三点共线.

如图 29.25,设 l 与射线 BA,BC 分别交于点 A_1,C_1,则圆 ω 是 $\triangle BA_1C_1$ 的

关于顶点 B 的旁切圆，T 是其与 A_1C_1 的切点．而圆 ω_3 是 $\triangle BAC$ 关于点 B 的旁切圆，圆 ω_3 与 AC 切于点 V．由 $A_1C_1 // AC$ 知，$\triangle BAC$ 与 $\triangle BA_1C_1$ 以 B 为中心位似，而 V,T 分别是对应旁切圆与对应边的切点，因此，V,T 是这一对位似形中的对应点．而 B 是位似中心，故 B,V,T 三点共线．

同理可证 D,U,T 三点共线．

从而，命题得证．

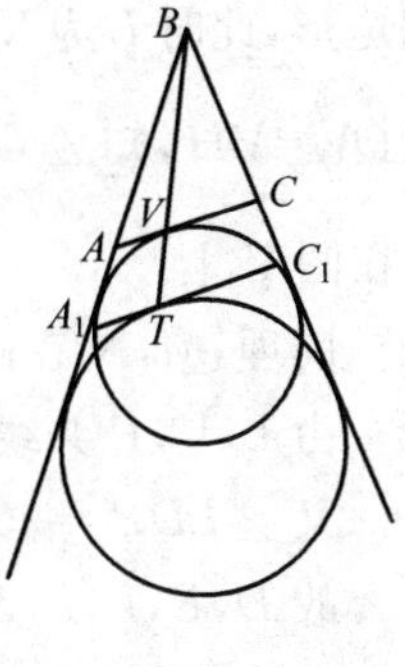

图 29.25

第1节　九点圆定理及应用

2007年全国高中联赛中的平面几何题(即试题A)的充分性实质上是如下定理的特殊情形．

九点圆定理　三角形三条高的垂足、三边的中点以及垂心与顶点的三条连线段的中点，这九点共圆．

如图29.26，设 $\triangle ABC$ 三条高 AD,BE,CF 的垂足分别为 D,E,F；三边 BC,CA,AB 的中点分别为 L,M,N；又 AH,BH,CH 的中点分别为 P,Q,R．求证：D,E,F,L,M,N,P,Q,R 九点共圆．

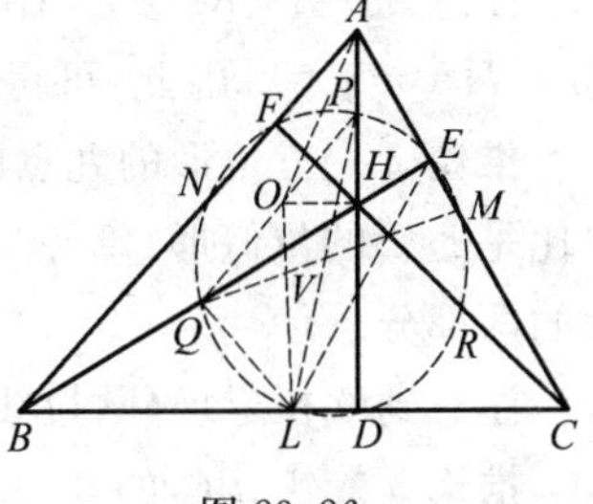

图 29.26

证法1　联结 PQ,QL,LM,MP，则 $LM \underline{\underline{//}} \frac{1}{2}BA \underline{\underline{//}} QP$，即知 $LMPQ$ 为平行四边形．又 $LQ // CH \perp BA // LM$，知 $LMPQ$ 为矩形．从而 L,M,P,Q 四点共圆，且圆心 V 为 PL 与 QM 的交点．同理，$MNQR$ 为矩形，从而 L,M,N,P,Q,R 六点共圆，且 PL,QM,NR 均为这个圆的直径．

由 $\angle PDL=\angle QEM=\angle RFN=90^\circ$，知 D,E,F 三点也在这个圆上，故 D,E,F,L,M,N,P,Q,R 九点共圆．

证法2　设 $\triangle ABC$ 的外心为 O，取 OH 的中点并记为 V，联结 AO，以 V 为圆心，$\frac{1}{2}AO$ 为半径作圆 V，如图29.26所示．

由 $VP \underline{\underline{//}} \frac{1}{2}OA$，知 P 在圆 V 上．同理，Q,R 也在圆 V 上．

由 $OL \underline{\underline{//}} \frac{1}{2}AH$（可由延长 AO 交 $\triangle ABC$ 的外接圆于 K，得 $HBKC$ 为平行

四边形,此时 L 为 KH 的中点,则 OL 为 $\triangle AKH$ 的中位线即得),知 $OL \mathrel{\underline{\parallel}} PH$. 又 $OV=VH$,知 $\triangle OLV \cong \triangle HPV$,从而 $VL=VP=\frac{1}{2}OA$,且 L,V,P 共线,故 L 在圆 V 上.

同理,M,N 在圆 V 上.

由 L,V,P 共线知 LP 为圆 V 的一条直径.

又 $\angle LDP=90^\circ$,$\angle MEQ=90^\circ$,$\angle NFR=90^\circ$,知 D,E,F 在圆 V 上.

故 D,E,F,L,M,N,P,Q,R 九点共圆.

上述圆通常称为九点圆,也有人叫费尔巴哈圆或欧拉圆. 显然,正三角形的九点圆即为其内切圆.

由上述定理及其证明,我们可得如下一系列推论:

推论 1 $\triangle ABC$ 九点圆的圆心是其外心与垂心所连线段的中点,九点圆的半径是 $\triangle ABC$ 的外接圆半径的$\frac{1}{2}$.

注意到 $\triangle PQR$ 与 $\triangle ABC$ 是以垂心 H 为外位似中心的位似形,位似比是 $HP:HA=1:2$,因此,可得:

推论 2 三角形的九点圆与其外接圆是以三角形的垂心为外位似中心,位似比是1∶2的位似形;垂心与三角形外接圆上任一点的连线段被九点圆截成相等的两部分.

注意到欧拉定理(欧拉线),又可得:

推论 3 $\triangle ABC$ 的外心 O、重心 G、九点圆圆心 V、垂心 H,这四点(心)共线,且 $OG:GH=1:2$,$GV:VH=1:3$,或 O 和 V 对于 G 和 H 是调和共轭的,即$\frac{OG}{GV}=\frac{OH}{HV}$.

推论 4 $\triangle ABC$ 的九点圆与 $\triangle ABC$ 的外接圆又是以 $\triangle ABC$ 的重心 G 为内位似中心,位似比为 1∶2 的位似形.

事实上,因 G 为两相似三角形 $\triangle LMN$ 与 $\triangle ABC$ 的相似中心,而 $\triangle LMN$ 的外接圆即 $\triangle ABC$ 的九点圆.

推论 5 一垂心组的四个三角形有一个公共的九点圆;已知圆以已知点为垂心的所有内接三角形有共同的九点圆.

例 1 试证:$\triangle ABC$ 的垂心 H 与其外接圆上的点的连线被其九点圆平分.

证明 如图 29.27,过垂心 H 作 $\triangle ABC$ 外接圆的两条弦 DE,FG,联结 DF,EG.

设 M,N,S,T 分别为 HD,HE,HF,HG 的中点,则

$$\angle FDH=\angle SMH,\angle EGH=\angle NTH$$

又 $\angle FDH=\angle EGH$,则

$$\angle SMH=\angle NTH$$

故 M,S,T,N 四点共圆.

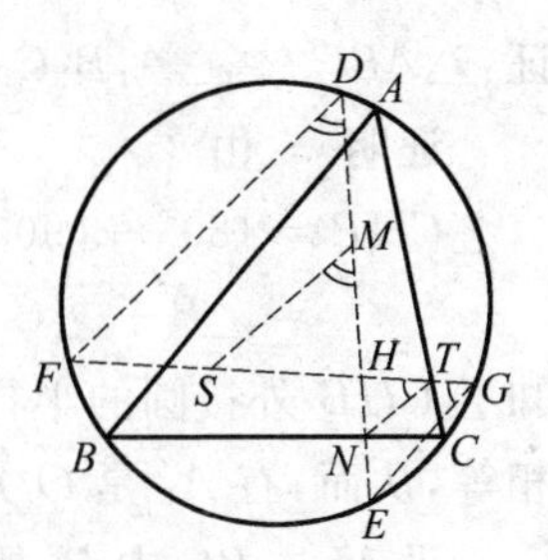

图 29.27

由 DE,FG 的任意性,得 H 与 $\triangle ABC$ 外接圆上任意点连线的中点在同一圆上,由于这个圆过 HA,HB,HC 的中点,故这个圆就是 $\triangle ABC$ 的九点圆,从而命题获证.

例 2　(2001 年全国高中联赛题)如图 29.28,

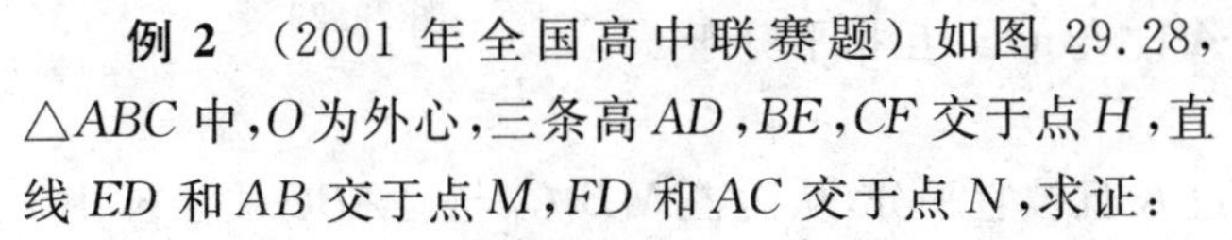

$\triangle ABC$ 中,O 为外心,三条高 AD,BE,CF 交于点 H,直线 ED 和 AB 交于点 M,FD 和 AC 交于点 N,求证:

(1)$OB\perp DF,OC\perp DE$.

(2)$OH\perp MN$.

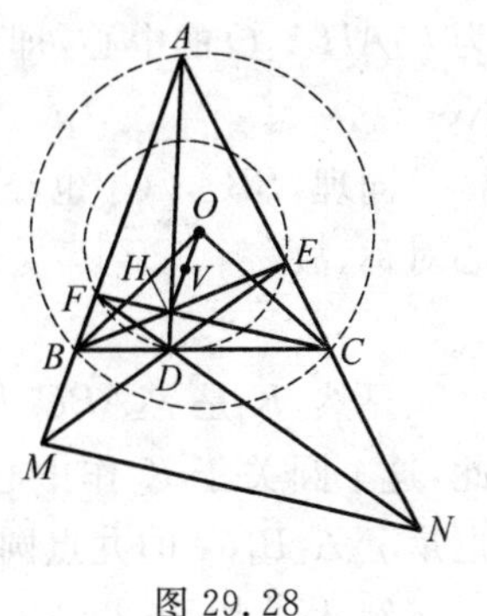

图 29.28

证明　(1)设 $\triangle ABC$ 的外接圆半径为 R,由相交弦定理,有

$$R^2-OF^2=AF\cdot FB,R^2-OD^2=BD\cdot DC$$

从而

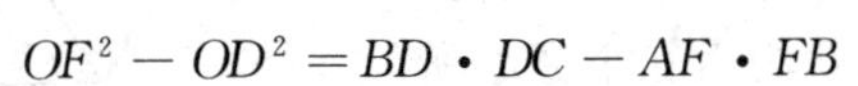

$$OF^2-OD^2=BD\cdot DC-AF\cdot FB$$

由 A,F,D,C 四点共圆,有

$$BD\cdot BC=BF\cdot BA$$

即

$$BD\cdot(BD+DC)=BF(BF+FA)$$

亦即

$$BF^2-BD^2=BD\cdot DC-AF\cdot FB=OF^2-OD^2$$

故 $OB\perp OF$.同理,$OC\perp DE$.

(2)由九点圆定理的推论1,知 OH 的中点 V 为 $\triangle DEF$ 的外心.又由 D,E,A,B 及 D,F,A,C 分别四点共圆,有

$$MD\cdot ME=MB\cdot MA,ND\cdot NF=NC\cdot NA$$

由此,即知 M,N 对 $\triangle ABC$ 的外接圆与 $\triangle DEF$ 的外接圆的幂相等,从而 M,N 在这两个外接圆的根轴上,即有 $MN\perp OV$,故 $MN=OH$.

例 3　(第31届IMO预选题)如图 29.29,$\triangle ABC$ 中,O 为外心,H 是垂心,作 $\triangle CHB,\triangle CHA$ 和 $\triangle AHB$ 的外接圆,依次记它们的圆心为 A_1,B_1,C_1,求

证：$\triangle ABC \cong \triangle A_1B_1C_1$，且这两个三角形的九点圆重合.

证明　由

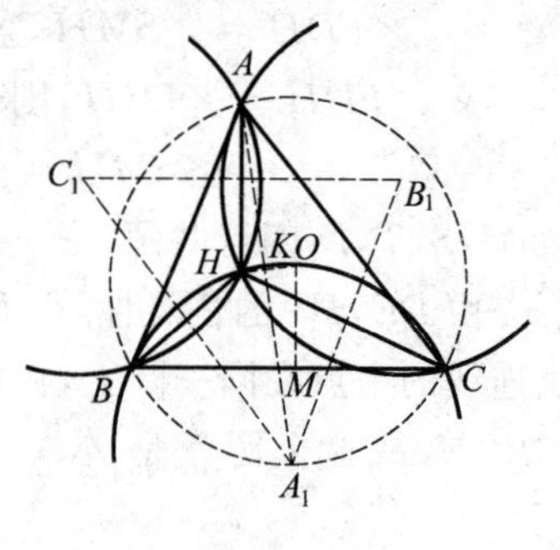

图 29.29

$$\angle CHB = 180° - (90° - \angle B) - (90° - \angle C)$$
$$= \angle B + \angle C = 180° - \angle A$$

知 $\triangle CHB$ 外接圆的半径和 $\triangle CAB$ 外接圆的半径相等，从而，有 A_1 是 O 关于 BC 的对称点.

设 M 是 BC 中点，则知 $AH = 2OM$，即 $AH = OA_1$.

又 $AH \parallel OA_1$，则联结 AA_1 与 OH 的交点 K 为 $\square AHA_1O$ 的中心，即 AA_1 与 OH 互相平分于 K.

同理，BB_1，CC_1 也经过 K 且被它平分，从而 $\triangle A_1B_1C_1$ 与 $\triangle ABC$ 关于 K 中心对称，故

$$\triangle A_1B_1C_1 \cong \triangle ABC$$

显然，K 是 $\triangle ABC$ 九点圆的圆心. 因此，这个圆关于 K 作中心对称时不变，它也是 $\triangle A_1B_1C_1$ 的九点圆.

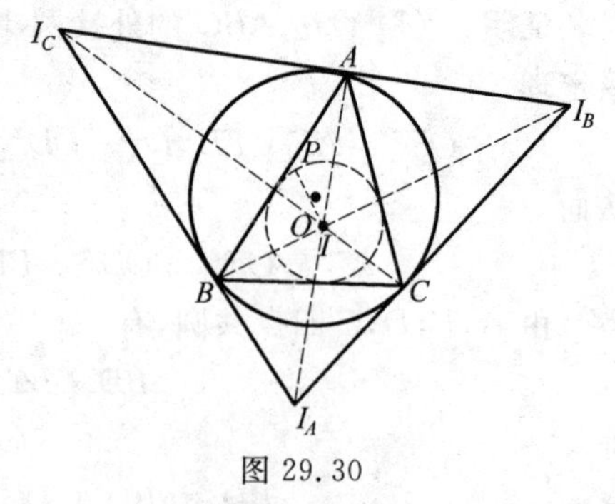

图 29.30

例 4　如图 29.30，设 I，O 分别为 $\triangle ABC$ 的内心和外心，P 为由三个旁心所组成的 $\triangle I_AI_BI_C$ 的外心，则 I，O，P 三点共线.

证明　由题设，知 I 是 $\triangle I_AI_BI_C$ 的垂心，圆 O 过其垂线足 A，B，C，从而点 O 是 $\triangle I_AI_BI_C$ 的九点圆的圆心. 又 P 为 $\triangle I_AI_BI_C$ 的外心，则由九点圆定理的推论 1 或推论 3 知 I，O，P 三点共线.

例 5　如图 29.31，设 $\triangle ABC$ 的边 BC，CA，AB 的中点分别为 A'，B'，C'，从 A 向 BC 作垂线 AH 和 $\triangle ABC$ 的九点圆相交于点 K，再作 AH 关于 $\angle A$ 的平分线 AP 对称的线段 AW，则 $KA' \parallel AW$.

证明　联结 $A'B'$，$B'H$，则

$$\angle A'KH = \angle A'B'H \qquad ①$$

又 A'，B' 是 BC，CA 的中点，则

$$A'B' \parallel AB$$

于是

$$\angle B'A'C = \angle B$$

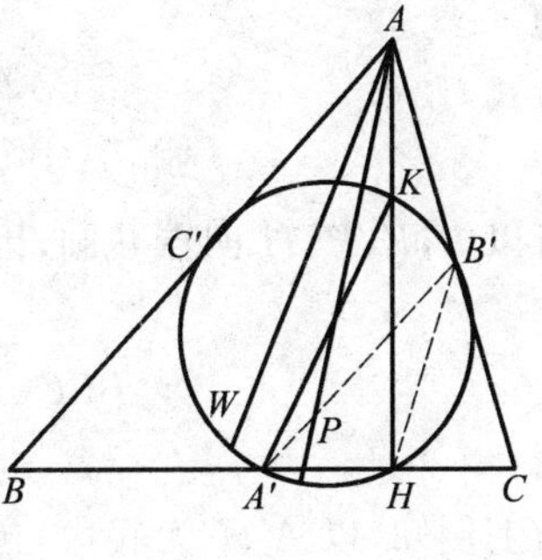

图 29.31

而 $\angle AHC = 90^\circ$，所以

$$B'H = B'C$$

因此 $$\angle B'HC = \angle C$$

于是

$$\angle A'B'H = \angle B'HC - \angle B'A'C = \angle C - \angle B \quad ②$$

设 $\angle B < \angle C$，由式 ①② 得

$$\angle A'KH = \angle C - \angle B \quad ③$$

又 $AH \perp BC$，$\angle BAP = \angle CAP$，$\angle WAP = \angle HAP$，则

$$\angle BAW = \angle HAC = 90^\circ - \angle C$$

因此

$$\angle WAH = \angle BAC - 2(90^\circ - \angle C) = \angle C - \angle B \quad ④$$

于是，由式 ③④ 有

$$\angle WAH = \angle A'KH$$

故 $$AW \parallel KA'$$

例 6　如图 29.32，设 $\triangle ABC$ 的 $\angle A$ 的平分线为 AP，从 P 作内切圆的切线 PF，其切点为 F，设 BC 的中点为 A'，延长 $A'F$ 和这个圆的另一交点为 L，则 L 在 $\triangle ABC$ 的九点圆上.

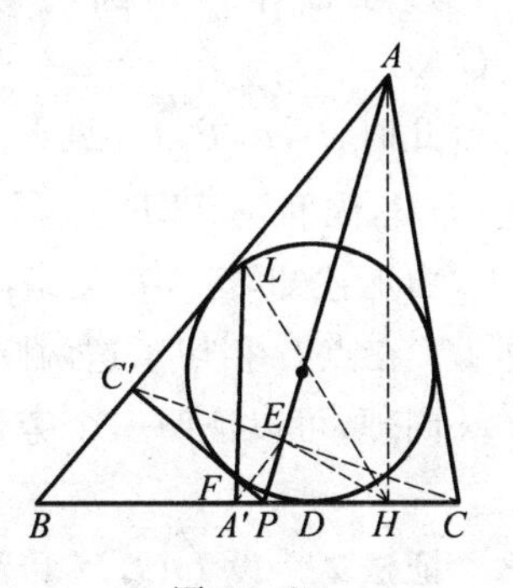

图 29.32

证明　设内切圆和 BC 的切点为 D，PF 的延长线和 AB 的交点为 C'，则 $AC = AC'$.

又设 AP 和 CC' 的交点为 E，则

$$CE = EC', AE \perp CC'$$

作 $\triangle ABC$ 的高 AH，则 A,E,H,C 四点共圆. 又 $A'E \parallel AB$，则

$$\angle EHA' = \angle EAC = \angle EAB = \angle A'EP$$

因而 $A'E$ 和 $\triangle PEH$ 的外接圆相切，则

$$A'E^2 = A'P \cdot A'H \quad ①$$

又 $$A'E = \frac{1}{2}BC' = \frac{1}{2}(AB - AC)$$

注意到 $$A'D = \frac{1}{2}(AB - AC)$$

则
$$A'E=A'D$$
由式①得
$$A'P\cdot A'H=A'D^2=A'F\cdot A'L$$
所以 L,F,P,H 四点共圆,因此
$$\angle A'LH=\angle BPC'$$
又
$$\angle BPC'=\angle AC'P-\angle B=\angle C-\angle B$$
则
$$\angle A'LH=\angle C-\angle B$$
由上例知,以 $A'H$ 为底边,包含 $\angle C-\angle B$ 的圆是九点圆,所以点 L 在九点圆上.

例7 (费尔巴哈定理)$\triangle ABC$ 的内切圆及旁切圆与三角形的九点圆相切.

证法1 如图29.33,作 $\triangle ABC$ 的 $\angle A$ 的平分线 AP,从点 P 作内切圆的切线 PF,设过 BC 的中点 A' 和点 F 的直线与内切圆的交点为 L,则由上例知,L 在 $\triangle ABC$ 的九点圆上.

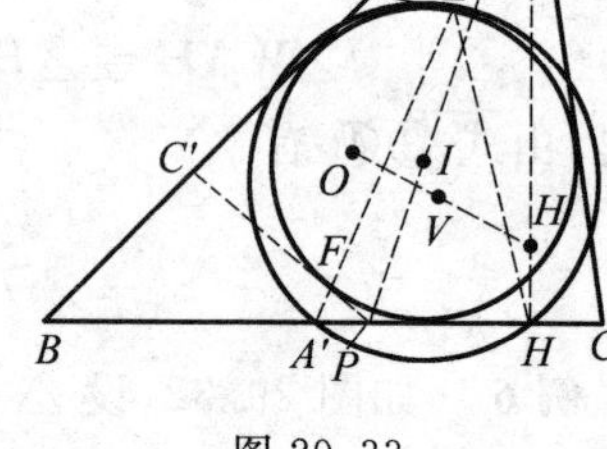

图29.33

过点 L 作内切圆的切线 LT,则 $\angle TLF=\angle C'FL$.

此时,L,F,P,H 四点共圆,所以 $\angle C'FL=\angle LHP$,因而 $\angle TLF=\angle LHA'$.

由上述知,$\triangle A'LH$ 是内接九点圆的三角形,所以,TL 相切于这个九点圆,即 LT 在点 L 相切于这两圆,因此 $\triangle ABC$ 的内切圆和九点圆相切.

同理,可以证明三个旁切圆也同九点圆相切.

证法2 设 I,O,H 和 V 分别为 $\triangle ABC$ 的内心、外心、垂心和九点圆圆心. R,r 和 ρ 分别为 $\triangle ABC$ 外接圆、内切圆和九点圆的半径. I_A 和 ρ_A 分别为在边 BC 外侧相切的旁切圆圆心和半径,则由心距公式,有
$$OI^2=R^2-2Rr,IH^2=2r^2-2R\rho,OH^2=R^2-4R\rho$$
注意到 V 为 OH 的中点,由斯特瓦尔特定理的推论(即三角形中线长公式),有
$$VI^2=\frac{1}{2}(VI^2+HI^2)-VH^2=\frac{1}{4}R^2-Rr+r^2=(\frac{1}{2}R-r)^2$$
即
$$VI=\frac{1}{2}R-r$$

故九点圆与内切圆相内切. 同理

$$OI_A^2 = R^2 + 2R\rho_A$$

得

$$VI_1^2 = (\frac{1}{2}R + \rho_A)^2$$

即有

$$VI_A = \frac{1}{2}R + \rho_1$$

故九点圆与此旁切圆相外切.

同理,可证九点圆与其他两个旁切圆相外切.

例 8 (1994 年亚太地区数学奥林匹克题) 给定非退化的 $\triangle ABC$,设外心为 O,垂心为 H,外接圆的半径为 R,求证:$OH < 3R$.

证明 设 G 是 $\triangle ABC$ 的重心,V 是九点圆的圆心,O 和 V 对于 G 和 H 是共线且调和共轭的,考察以点 O 为起点的向量,则

$$\overrightarrow{OH} = 3\overrightarrow{OG} = 3\left(\frac{\overrightarrow{OA}}{3} + \frac{\overrightarrow{OB}}{3} + \frac{\overrightarrow{OC}}{3}\right) = \overrightarrow{OA} + \overrightarrow{OB} + \overrightarrow{OC}$$

因此

$$|\overrightarrow{OH}| \leqslant |\overrightarrow{OA}| + |\overrightarrow{OB}| + |\overrightarrow{OC}| = 3R$$

仅当 $A = B = C$ 时等号成立,这是不可能的,故 $OH < 3R$.

例 9 (第 30 届 IMO 试题) 如图 29.34,锐角 $\triangle ABC$ 中,$\angle A$ 的平分线与三角形的外接圆交于另一点 A_1,点 B_1,C_1 与此类似. 直线 AA_1 与 B,C 两角的外角平分线交于 A_0,点 B_0,C_0 与此类似,求证:

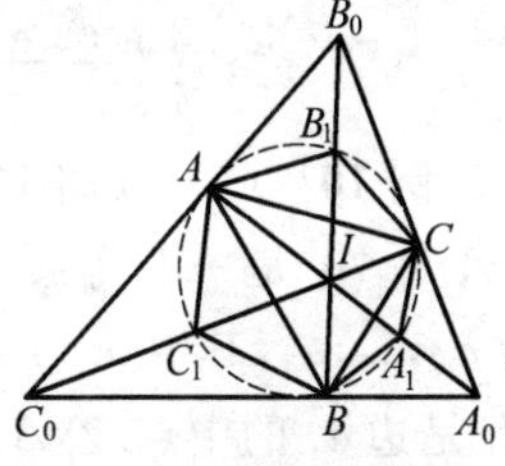

图 29.34

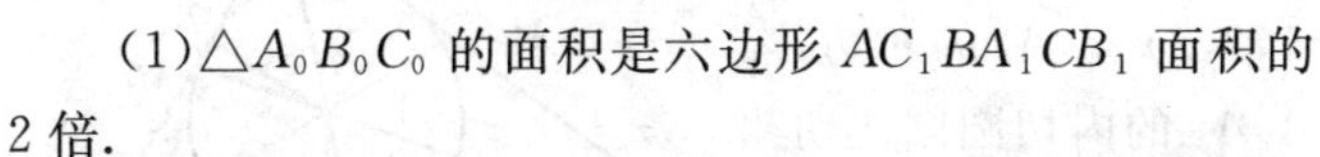

(1)$\triangle A_0B_0C_0$ 的面积是六边形 $AC_1BA_1CB_1$ 面积的 2 倍.

(2)$\triangle A_0B_0C_0$ 的面积至少是 $\triangle ABC$ 面积的 4 倍.

证明 (1) 令 $\triangle ABC$ 的内心为 $I(I = AA_0 \cap BB_0 \cap CC_0)$,则 I 又是 $\triangle A_0B_0C_0$ 的垂心(内、外角平分线互相垂直). 显然,$\triangle ABC$ 的外接圆是 $\triangle A_0B_0C_0$ 的九点圆,即知 A_1,B_1,C_1 分别为 A_0I,B_0I,C_0I 的中点,于是得

$$S_{\triangle A_0BI} = 2S_{\triangle A_1BI}, S_{\triangle A_0CI} = 2S_{\triangle A_1CI}$$

从而

$$S_{\text{四边形}A_0BIC} = 2S_{\text{四边形}A_1BIC}$$

同理

$$S_{\text{四边形}B_0CIA} = 2S_{\text{四边形}B_1CIA}, S_{\text{四边形}C_0AIB} = 2S_{\text{四边形}C_1AIB}$$

故

$$S_{\triangle A_0B_0C_0} = 2S_{\text{六边形}AC_1BA_1CB_1}$$

(2) 由(1) 有

$$\frac{S_{\triangle A_0B_0C_0}}{S_{\triangle ABC}} = \frac{2(S_{\triangle A_1BC} + S_{\triangle B_1CA} + S_{\triangle C_1AB})}{S_{\triangle ABC}} + 2$$

故只要证

$$k=\frac{S_{\triangle A_1BC}+S_{\triangle B_1CA}+S_{\triangle C_1AB}}{S_{\triangle ABC}}\geqslant 1$$

记 $\angle BAC=2\alpha,\angle ABC=2\beta,\angle BCA=2\gamma$,则

$$\frac{S_{\triangle A_1BC}}{S_{\triangle ABC}}=\frac{\frac{1}{2}A_1B\cdot A_1C\cdot\sin(180^\circ-2\alpha)}{\frac{1}{2}AB\cdot AC\cdot\sin 2\alpha}$$

$$=\frac{\sin\alpha\cdot\sin\alpha\cdot\sin 2\alpha}{\sin 2\gamma\cdot\sin 2\beta\cdot\sin\alpha}=\frac{\sin^2\alpha}{\sin 2\beta\cdot\sin 2\gamma}$$

同理

$$\frac{S_{\triangle B_1CA}}{S_{\triangle ABC}}=\frac{\sin^2\beta}{\sin 2\alpha\cdot\sin 2\gamma},\frac{S_{\triangle C_1AB}}{S_{\triangle ABC}}=\frac{\sin^2\gamma}{\sin 2\alpha\cdot\sin 2\beta}$$

于是

$$k=\frac{\sin^2\alpha}{\sin 2\beta\cdot\sin 2\gamma}+\frac{\sin^2\beta}{\sin 2\alpha\cdot\sin 2\gamma}+\frac{\sin^2\gamma}{\sin 2\alpha\cdot\sin 2\beta}$$

$$\geqslant 3\sqrt[3]{\frac{\sin^2\alpha\cdot\sin^2\beta\cdot\sin^2\gamma}{\sin^2 2\alpha\cdot\sin^2 2\beta\cdot\sin^2 2\gamma}}=\frac{3}{4}(\cos\alpha\cdot\cos\beta\cdot\cos\gamma)^{-\frac{2}{3}}$$

$$\geqslant\frac{3}{4}\left(\frac{\cos\alpha+\cos\beta+\cos\gamma}{3}\right)^{-2}\geqslant\frac{3}{4}\left(\cos\frac{\alpha+\beta+\gamma}{3}\right)^{-2}=1$$

例 10 (第 23 届 IMO 试题)如图 29.35,$\triangle A_1A_2A_3$ 是一非等腰三角形,它的边长分别为 a_1,a_2,a_3,其中 $a_i\ (i=1,2,3)$ 是 A_i 的对边,M_i 是边 a_i 的中点.$\triangle A_1A_2A_3$ 的内切圆圆 I 切边 a_i 于点 T_i,S_i 是 T_i 关于 $\angle A_i$ 平分线的对称点,求证:M_1S_1,M_2S_2,M_3S_3 三线共点.

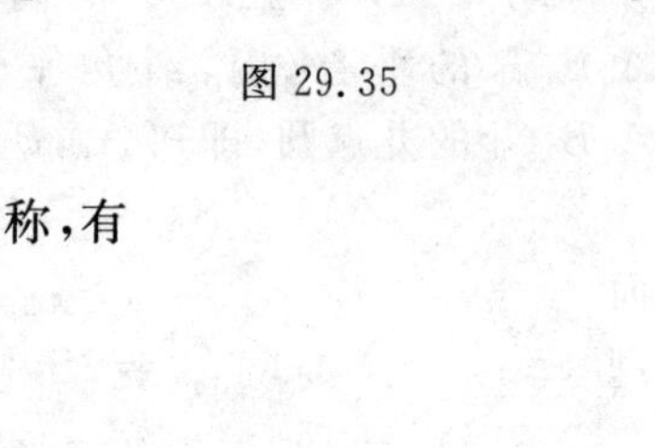

图 29.35

证明 由题设,知 $M_1M_2\parallel A_2A_1$,下面证 $S_1S_2\parallel A_2A_1$.

由 T_1 和 S_1,T_2 和 T_3 分别关于直线 A_1I 对称,有

$$\overset{\frown}{T_1T_2}=\overset{\frown}{T_3S_1}$$

同理

$$\overset{\frown}{T_1T_2}=\overset{\frown}{T_3S_2}$$

故有

$$\overset{\frown}{T_3S_1}=\overset{\frown}{T_3S_2}$$

即 T_3 是等腰 $\triangle T_3S_1S_2$ 的顶点,有

$$T_3I\perp S_1S_2$$

从而

$$S_1S_2 \parallel A_2A_1$$

同理

$$S_2S_3 \parallel A_3A_2, S_3S_1 \parallel A_1A_3$$

又 $M_1M_2 \parallel A_2A_1, M_2M_3 \parallel A_3A_2, M_3M_1 \parallel A_1A_3$，于是 $\triangle M_1M_2M_3$ 和 $\triangle S_1S_2S_3$ 的对应边两两平行，故这两个三角形或全等或位似.

由于 $\triangle S_1S_2S_3$ 内接于 $\triangle ABC$ 的内切圆，而 $\triangle M_1M_2M_3$ 内接于 $\triangle ABC$ 的九点圆，且 $\triangle A_1A_2A_3$ 不为正三角形，故其内切圆与九点圆不重合，所以 $\triangle S_1S_2S_3$ 与 $\triangle M_1M_2M_3$ 位似，这就证明了 M_1S_1, M_2S_2, M_3S_3 共点（于位似中心）.

第 2 节　半圆中过直径端点的二弦问题

在半圆中，过直径的两端点引两弦，也可看作是由锐角三角形的一边与另两边上的高线构成的图形，因而这类问题既可综合交汇圆的有关性质，又可综合交汇三角形垂心的性质. 这类问题内容丰富多彩，求解也耐人寻味. 例如，1996 年的 CMO 中的平面几何试题，1996 年的国家队队员选拔赛平面几何试题以及 2007 年的东南赛平面几何第 1 题等都属于此类问题. 下面再看一些例子.

例 1　如图 29.36，AB 是圆 O 的直径，过 A, B 引射线 AD 和 BE 相交于点 C，满足 $\angle AEB + \angle ADB = 180°$，则 $AC \cdot AD + BC \cdot BE = AB^2$.

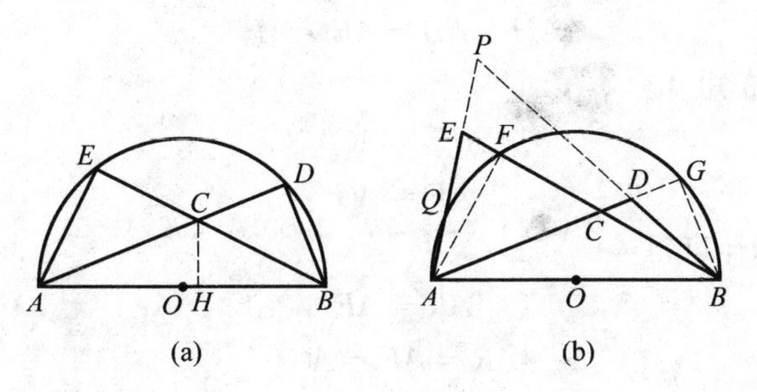

图 29.36

证明　当 D, E 均在半圆圆周上时，可用割线定理（或相交弦，切割线等定理）有

$$AC \cdot AD + BC \cdot BE = AH \cdot AB + BH \cdot BA = AB^2$$

当 D, E 不在圆周上时，必一点在圆内，一点在圆外，如图 29.36(b)，设点 E

在圆 O 外,点 D 在圆内,设 AE 的延长线与 BD 的延长线交于点 P,延长 AD 交圆 O 于 G,AE 交圆 O 于 Q,BE 交圆 O 于 F,联结 AF,BG,则有

$$AC \cdot AG + BC \cdot BF = AB^2$$

又

$$\begin{aligned} AC \cdot AD + BC \cdot BE &= AC \cdot (AG - DG) + BC \cdot (BF + FE) \\ &= (AC \cdot AG + BC \cdot BF) + BC \cdot EF - AC \cdot DG \\ &= AB^2 + (BC \cdot AF \cdot \cot \angle AEB - \\ &\quad AC \cdot BG \cdot \cot \angle BDG) \\ &= AB^2 + (BC \cdot AF - AC \cdot BG) \cdot \cot \angle AEB \end{aligned}$$

而

$$BC \cdot AF = 2S_{\triangle ABC} = AC \cdot BG$$

故

$$AC \cdot AD = BC \cdot BE = AB^2$$

例 2 如图 29.37,AB 是圆 O 的直径,过 A,B 引两弦 AD 和 BE,相交于点 C,直线 AE,BD 相交于点 P,直线 PC 交 AB 于 H,交圆 O 于 R,F,直线 BE 交以 AP 为直径的半圆于 G,直线 GF 交圆 O 于点 Q,联结 QR,则 $QG = QR$.

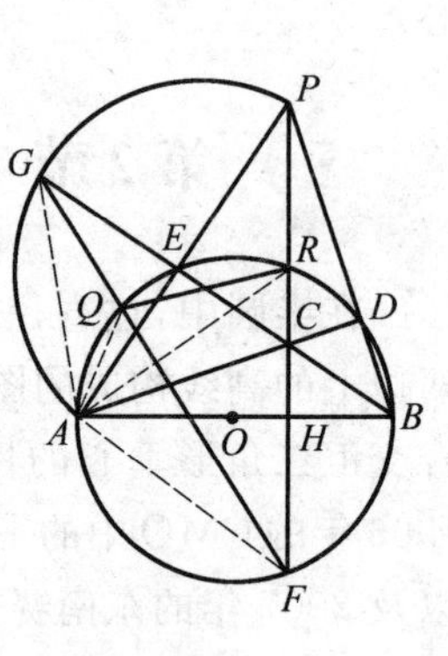

图 29.37

证明 联结 AG,AQ,AR,AF,则由直角三角形的射影定理,有

$$AF^2 = AH \cdot AB \quad ①$$

$$AG^2 = AE \cdot AP \quad ②$$

又易知 B,P,E,H 四点共圆,有

$$AH \cdot AB = AE \cdot AP \quad ③$$

由式 ①②③ 知

$$AF^2 = AG^2$$

即

$$AF = AG$$

由圆的对称性可得

$$AR = AF$$

即

$$AR = AF = AG$$

从而,知点 A 是 $\triangle GRF$ 的外心,于是

$$\angle GAR = 2\angle GFR$$

因 $\angle QAR = \angle QFR = \angle GFR = \frac{1}{2}\angle GAR$,则

$$\angle GAQ = \angle QAR$$

于是

$$\triangle GAQ \cong \triangle RAQ$$

故
$$QG=QR$$

例3　如图29.38，AB是圆O的直径，过A，B引两弦AD，BE，过D作$DM\perp AB$于M，直线AE与MD交于点P，若BE上的点N，使得$AN=AD$，则$AN\perp PN$.

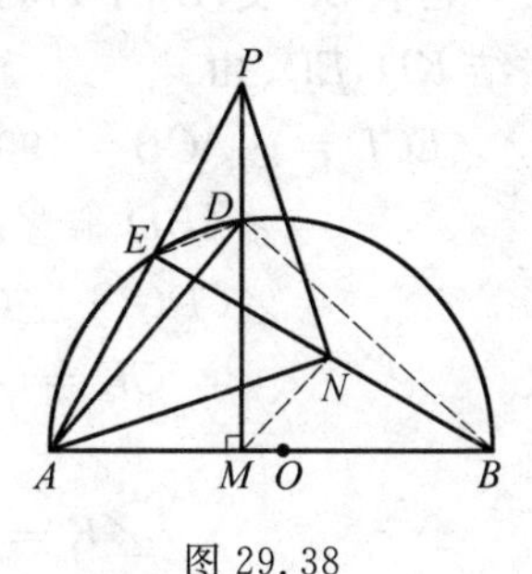

图29.38

此例为如下的第三届北方数学奥林匹克题的改变说法题：在锐角$\triangle ABC$中，BD，CE分别是边AC，AB上的高，以AB为直径作圆交CE于点M，在BD上取点N，使$AN=AM$，证明：$AN\perp CN$. 其两种证法均可参见本章北方赛试题1.

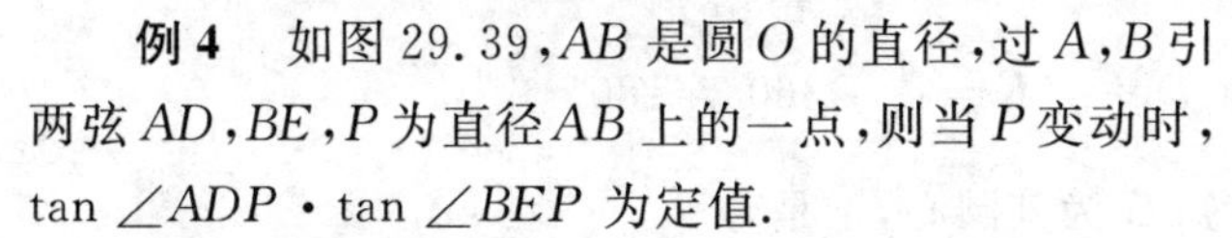

例4　如图29.39，AB是圆O的直径，过A，B引两弦AD，BE，P为直径AB上的一点，则当P变动时，$\tan\angle ADP\cdot\tan\angle BEP$为定值.

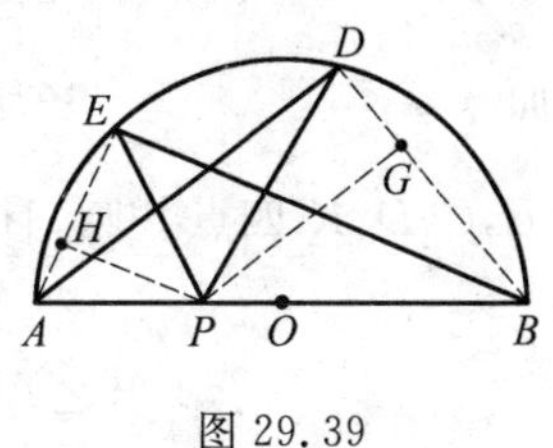

图29.39

证明　联结AE，BD，过点P作$PG\parallel AD$交BD于G，过点P作$PH\parallel BE$交AE于H，则
$$\angle ADP=\angle DPG,\angle BEP=\angle EPH$$
$$\angle BAD=\angle BPG,\angle ABE=\angle APH$$
于是
$$\tan\angle ADP\cdot\tan\angle BEP=\tan\angle DPG\cdot\tan\angle EPH=\frac{DG}{PG}\cdot\frac{EH}{PH}\quad①$$
$$\tan\angle BAD\cdot\tan\angle ABE=\tan\angle BPG\cdot\tan\angle APH=\frac{BG}{PG}\cdot\frac{AH}{PH}\quad②$$
又$\frac{GD}{BG}=\frac{AP}{PB}=\frac{AH}{HE}$，即
$$DG\cdot EH=BG\cdot AH$$
从而式①②右端相等，故
$$\tan\angle ADP\cdot\tan\angle BEP=\tan\angle BAD\cdot\tan\angle ABE=\text{定值}$$

例5　如图29.40，AB是圆O的直径，过A，B引两弦AD和BE相交于点C，直线AE，BD相交于点P，过D，E分别作圆O的切线交于点G，则P，G，C三点共线.

证法1　显然C为$\triangle PAB$的垂心，从而
$$PC\perp AB\quad①$$

延长 GC 交 AB 于 H，延长 EG 到 K，使 $GK=EG$，联结 KD，ED. 由

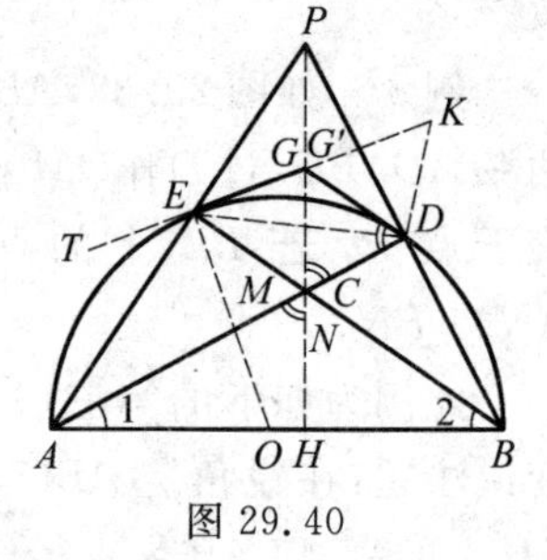

图 29.40

$$\begin{aligned}\angle ECD=\angle ACB&=(90^\circ-\angle 1)+(90^\circ-\angle 2)\\&=\angle ABD+\angle EAB=\angle ADG+\angle BEG\\&=\angle CDG+\angle CEG\end{aligned}$$

又
$$GK=GE=GD$$

有
$$\angle K=\angle GDK$$

则
$$\angle BCD+\angle K=(\angle CDG+\angle CEG)+\angle GDK=\angle CDK+\angle CEG$$

从而
$$\angle BCD+\angle K=\frac{1}{2}\cdot 360^\circ=180^\circ$$

即 E,C,D,K 四点共圆，且知 G 为其圆心，于是

$$GC=GE=GD$$

$$\begin{aligned}\angle 1+\angle ACH&=\angle 1+\angle GCD=\angle 1+\angle GDC\\&=\angle 1+\angle GDA=\angle 1+\angle ABD=90^\circ\end{aligned}$$

由此知 $CH\perp AH$，即 $GC\perp AB$.

由式①②知 P,G,C 三点共线.

证法 2　取 PC 的中点 G'，则 $PG'=EG'$，延长 PC 交 AB 于 H，则

$$\angle PEG'=\angle EPH$$

又 $\angle PEG=\angle TEA=\angle ABE=\angle OBE=\angle OEB=\angle EPH$，则

$$\angle PEG'=\angle PEG$$

同理
$$\angle PDG'=\angle PDG$$

从而点 G' 与 G 重合，故 G 为 PC 中点，故 P,G,C 三点共线.

证法 3　设 BE，AD 分别与直线 AC 交于点 M，N，则只要证 $\frac{MP}{MG}=\frac{NP}{NG}$ 即可. 由

$$\begin{aligned}\frac{MP}{MG}\cdot\frac{NG}{NP}&=\frac{S_{\triangle PEB}}{S_{\triangle GEB}}\cdot\frac{S_{\triangle GAD}}{S_{\triangle PAD}}=\frac{S_{\triangle PEB}}{S_{\triangle AEB}}\cdot\frac{S_{\triangle AEB}}{S_{\triangle GEB}}\cdot\frac{S_{\triangle GAD}}{S_{\triangle BAD}}\cdot\frac{S_{\triangle BAD}}{S_{\triangle PAD}}\\&=\frac{PE}{EA}\cdot\frac{EA\cdot AB}{EB\cdot EG}\cdot\frac{DA\cdot DG}{BA\cdot BD}\cdot\frac{BD}{DP}\quad(\text{注意 } EG=DG)\end{aligned}$$

$$=\frac{PE}{EB}\cdot\frac{DA}{DP}\quad（注意\triangle PEB\backsim\triangle PDA）$$

$$=\frac{DP}{DA}\cdot\frac{DA}{DP}=1$$

故 P,G,C 三点共线.

例 6　如图 29.41,AB 是圆 O 的直径,过 A,B 引两弦 AD 和 BE,使 $\angle DOE=90^\circ$,AD 与 BE 交于点 C,直线 AE 与直线 BD 交于点 P,则 $CP=AB$.

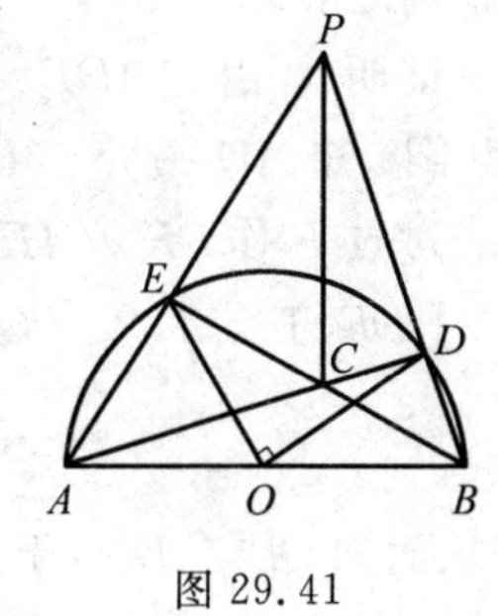

图 29.41

证明　显然点 C 为 $\triangle ABP$ 的垂心,则

$$PC\perp AB$$

由 $BE\perp AE$,知

$$\angle PCE=\angle BAE$$

而

$$\angle DOE=90^\circ$$

则

$$\angle DAE=45^\circ$$

从而 $\triangle EAC$ 为等腰直角三角形,即有

$$AE=EC$$

因此

$$\mathrm{Rt}\triangle PEC\cong\mathrm{Rt}\triangle BEA$$

故

$$PC=AB$$

注　此例为2007年克罗地亚国家集训第二试试题:已知在以 AB 为直径,S 为圆心的半圆上有两点 C,D 满足点 C 在 $\overset{\frown}{AD}$ 上,且 $\angle CSD=90^\circ$,点 E,F 分别为直线 AC 与 BD,AD 与 BC 的交点,证明:$EF=AB$.

例 7　如图 29.42,AB 是圆 O 的直径,过 A,B 引两弦 AD 和 BE,AE 的延长线与 BD 的延长线相交于 P,设 K 为 $\triangle PAB$ 的外心,则 K 为 $\triangle EDP$ 的垂心的充要条件是 $\angle P=45^\circ$.

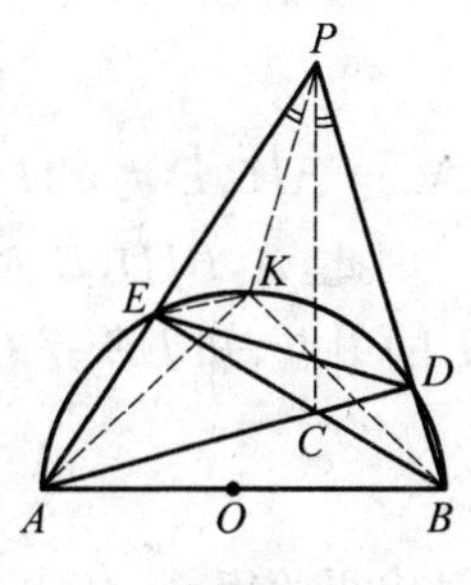

图 29.42

证明　设 AD 与 BE 交于点 C,则 C 为 $\triangle PAB$ 的垂心,联结 PC,PK,EK,AK,BK,则 P,E,C,D 四点共圆,且 $\angle EPK=\angle CPD$. 于是

$$\angle CED=\angle CPD=\angle EPK$$

而 $\angle CEP=90^\circ$,从而 $\angle PED$ 与 $\angle EPK$ 互余,故 $PK\perp ED$.

K 为垂心 $\Leftrightarrow EK\perp PD$,注意到 $AD\perp PD\Leftrightarrow EK/\!/AD\Leftrightarrow$ 注意由 $\angle ABC=\angle KBD$ 有 $\angle ABK=\angle EBD$,$\angle PEK=\angle PAD=\angle EBD=\angle ABK\Leftrightarrow A,B,K,E$ 四点共圆 $\Leftrightarrow\angle AKB=\angle AEB=90^\circ\Leftrightarrow\angle P=45^\circ$.

例 8 如图 29.43,AB 是圆 O 的直径,过 A,B 引两弦 AD 和 BE 相交于点 C,过 C 作 $CH\perp AB$ 于 H,AD 与 EH 交于点 M,BE 与 DH 交于点 N,F 为线段 MN 上任一点,则 F 到 DE 的距离等于 F 到 DH,EH 的距离之和.

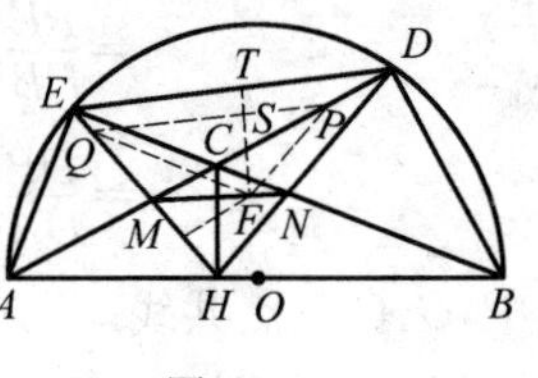

图 29.43

证明 由 $\angle ADE=\angle ABE=\angle ADH$($H$,$B$,$D$,$C$ 共圆)知 AD 平分 $\angle EDH$.同理,BE 平分 $\angle DEH$.

过点 F 作 $FP\parallel HD$ 交 CD 于 P,过 P 作 $PQ\parallel DE$ 交 EH 于点 Q,过 F 作 $FT\perp DE$ 于点 T,交 PQ 于点 S,则平行线截线段成比例定理,知

$$\frac{MF}{MN}=\frac{MP}{MD}=\frac{MQ}{ME}$$

从而知 $QF\parallel EN$,于是,QF 为 $\angle HQP$ 的平分线,由此,即知,点 F 到 DH 的距离等于点 P 到 DH 的距离,亦等于点 P 到 DE 的距离 ST,点 F 到 EH 的距离等于点 F 到 PQ 的距离 FS.

故 F 到 DE 的距离 $FT=FS+ST$ 等于点 F 到 EH,DH 的距离之和.

例 9 如图 29.44,凸四边形 $ABGH$ 中,AG 与 BH 相交于点 C,点 O,D,E 分别为 AB,CG,CH 的中点,若 $AC=AH$,$CB=BG$,$GH=\sqrt{3}AB$,求 $\angle DOE$ 的大小.

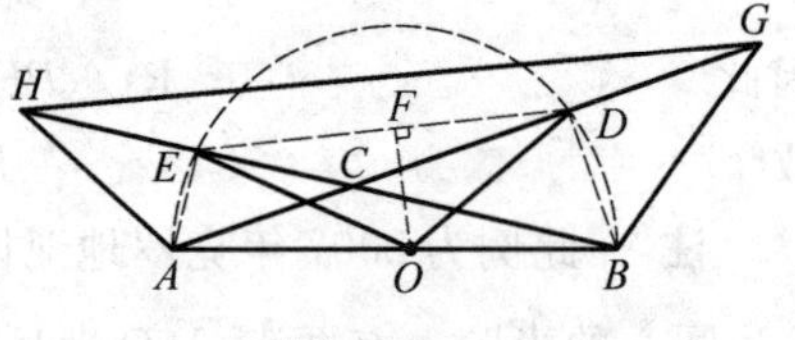

图 29.44

解 联结 AE,BD,DE,过 O 作 $OF\perp DE$ 于 F.设 $AB=2a$,则

$$GH=\sqrt{3}AB=2\sqrt{3}a$$

因 $AC=AH$,E 为 CH 的中点,知 $AE\perp CH$,同理,$BD\perp CG$.

因此,A,B,D,E 四点共圆,其直径为 AB,圆心为 O,由 D,E 分别为 CG,CH 的中点,知 $DE\parallel GH$,从而

$$DE=\frac{1}{2}GH=\sqrt{3}a$$

于是由正弦定理,有

$$DE=AB\cdot\sin\frac{1}{2}\angle DOE=2a\cdot\sin\frac{1}{2}\angle DOE=\sqrt{3}a$$

从而$\frac{1}{2}\angle DOE=60^\circ$,故 $\angle DOE=120^\circ$.

例 10 如图 29.45,AB 是圆 O 的直径,过 A,B 引两弦 AD 和 BE 相交于点

C，直线 AE 与 BD 相交于点 V，过 V 作圆 O 的切线 VT 切圆 O 于 T，联结 TC 交 VO 于点 G，过 G 作圆 O 的割线交圆 O 于 P,Q，则 VO 平分 $\angle PVQ$。

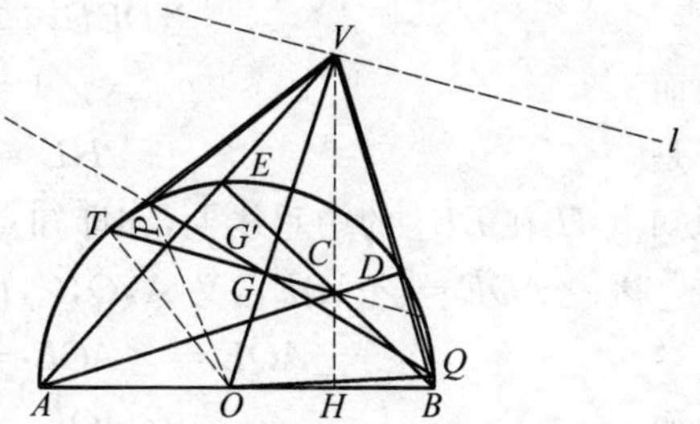

图 29.45

证明　联结 VC 并延长交 AB 于 H，则 A,H,C,E 四点共圆，由割线定理，有

$$VE \cdot VA = VC \cdot VH$$

联结 OT，则

$$VT^2 = VE \cdot VA = VC \cdot VH \quad ①$$

过 T 作 $TG' \perp VO$ 于 G'，联 $G'C$，在 $\triangle VTO$ 中

$$VT^2 = VG' \cdot VO \quad ②$$

由式 ①② 有

$$VC \cdot VH = VG' \cdot VO$$

知 O,H,C,G' 四点共圆，故

$$\angle OG'C + \angle OHC = 180°$$

从而

$$\angle OG'C = 90°$$

于是 T,G',C 共线，即 G' 与 G 重合，联结 OP,OQ，在圆 O 中，由 $TC \perp VO$ 及相交弦定理，有

$$PG \cdot GQ = TG^2 = VG \cdot GO$$

则 V,P,O,Q 四点共圆. 而 $OP = OQ$，所以 $\angle PVO = \angle OVQ$，即 VO 平分 $\angle PVQ$.

例 11　如图 29.46，AB 是圆 O 的直径，过 A,B 引两弦 AD 和 BE 相交于点 C，AE,BD 相交于点 P，设 E_1,D_1 分别是 E,D 关于直线 AB 的对称点，ED_1 与 E_1D 相交于点 H，则 $PH \perp AB$.

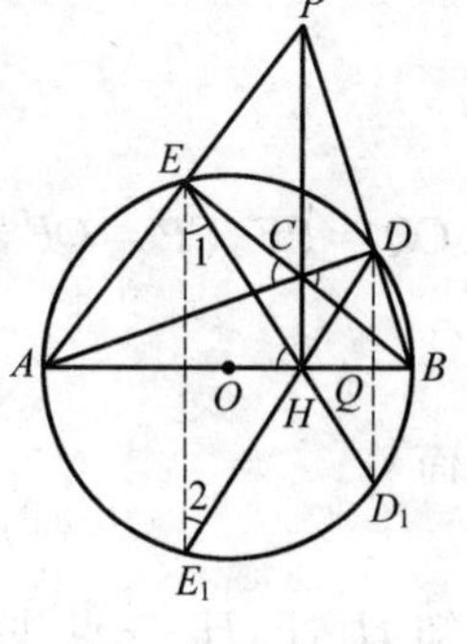

图 29.46

证明　显然点 C 是 $\triangle PAB$ 的垂心，联结 PC 并延长交 AB 于点 Q，联结 DQ,EQ,E_1Q,D_1Q.

因 E,E_1 与 D,D_1 关于 AB 对称，则 E_1,D_1 在圆 O 上，且 $EE_1 \perp AB$，$DD_1 \perp AB$，知四边形 DEE_1D_1 为等腰梯形，则

$$\angle DEE_1 = \angle D_1E_1E$$

$$\triangle DEE_1 \cong \triangle D_1E_1E$$

从而
$$\angle 1=\angle 2$$

于是
$$HE=HE_1$$

即知点 H 在 EE_1 的中垂线上,亦即知点 H 在 AB 上.

因 $\angle AQE=\angle AQE_1$,又 A,Q,C,E 四点共圆,即 Q,B,D,C 四点共圆,则
$$\angle AQE=\angle ACE=\angle BCD=\angle BQD$$

从而
$$\angle AQE_1=\angle BQD$$

即知 E_1,Q,D 三点共线.

同理 E,Q,D_1 三点共线.

故 AB,E_1D,ED_1 三线共点于 Q,又已证 AB,E_1D,ED_1 三线共点于 H,从而点 Q 与 H 重合,故 $PH\perp AB$.

例12 如图29.47,AB 是圆 O 的直径,过 A,B 引两弦 AD 和 BE 相交于点 C,F 为 $\overset{\frown}{DE}$ 上一点,AF 交 BE 于 M,AD 交 BF 于 N,则 $\triangle ACM$,$\triangle CBN$ 的垂心 H_1,H_2 与点 F 三点共线.

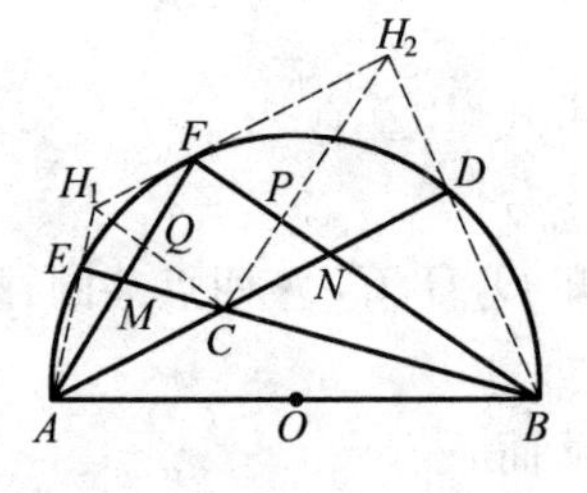

图 29.47

证明 联结 CH_1 交 AF 于 Q,联结 CH_2 交 BF 于 P,由 A,B,F,E 共圆,有
$$\angle EAF=\angle CBF$$

由 A,B,D,F 共圆,有
$$\angle CAF=\angle DBF$$

由 $\mathrm{Rt}\triangle ACQ\backsim\mathrm{Rt}\triangle BH_2P$ 及 $\mathrm{Rt}\triangle AH_1Q\backsim\mathrm{Rt}\triangle BCP$,有
$$\frac{CQ}{H_2P}=\frac{AQ}{BP}$$

及
$$\frac{H_1Q}{CP}=\frac{AQ}{BP}$$

而 $CQ=PF$,$CP=QF$,即有
$$\frac{PF}{H_2P}=\frac{H_1Q}{QF}$$

从而
$$\mathrm{Rt}\triangle H_2PF\backsim\mathrm{Rt}\triangle FQH_1$$

故
$$\angle QFH_1+\angle PFH_2=90^\circ$$

即知 H_1,F,H_2 三点共线.

注 此为2002年保加利亚冬季竞赛题的改述:设 M,N 分别是 $\triangle ABC$ 的边 AC,BC 上的点,且 $\angle ACB=90^\circ$,设 AN 与 BM 交于点 L,证明:$\triangle AML$,

$\triangle BNL$ 的垂心与点 C 三点共线.

例 13　如图 29.48，AB 是圆 O 的直径，过 A,B 引两弦 AD 和 BE，且 D 为半圆的中点，E 在 $\overset{\frown}{AD}$ 上，过 E 的切线与 BA 的延长线交于点 P，$\angle BPE$ 的平分线交 AD 于 M，交 BD 于 N，则 $AM^2+BN^2=MN^2$.

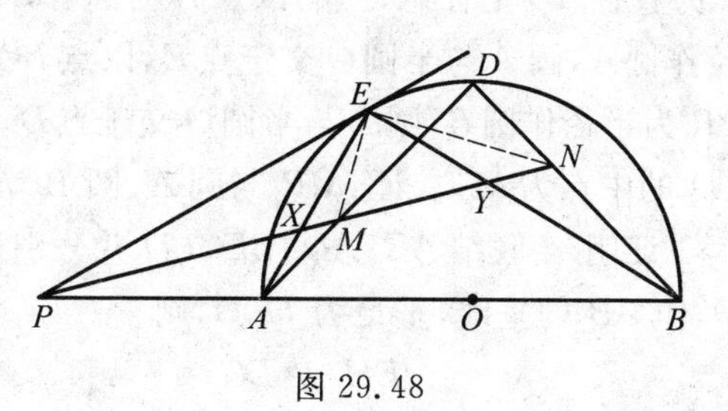

图 29.48

证明　联结 EM,EN，设 AE，BE 分别交直线 PN 于 X,Y，则

$$\angle PEA=\angle PBE,\angle XEY=\angle AEB=90^\circ$$

因
$$\angle EXY=\frac{1}{2}\angle BPE+\angle PEA$$
$$\angle EYX=\frac{1}{2}\angle BPE+\angle PBE$$

所以
$$\angle EXY=\angle EYX=45^\circ=\angle DAB$$

又
$$\angle EXY=\frac{1}{2}\angle BPE+\angle PEA$$
$$\angle DAB=\frac{1}{2}\angle BPE+\angle PMA$$

则
$$\angle PEA=\angle PMA$$

从而 P,E,M,A 四点共圆. 但 PM 平分 $\angle APE$，因此 $EM=MA$.

注意到

$$\angle PNB=90^\circ+\angle DMN=90^\circ+\angle PMA=90^\circ+\angle PEA$$
$$\angle PEB=\angle AEB+\angle PEA=90^\circ+\angle PEA$$

所以
$$\angle PEB=\angle PNB$$

于是，P,E,N,B 四点共圆. 但 PN 平分 $\angle BPE$，因此 $EN=BN$. 而

$$\angle BEN=\angle BPN=\angle APM=\angle AEM$$

则
$$\angle MEN=\angle AEB=90^\circ$$

在 $\mathrm{Rt}\triangle EMN$ 中，有

$$EM^2+EN^2=MN^2$$

故
$$AM^2+BN^2=MN^2$$

例 14　(2007 年《数学周报》杯全国赛题) 如图 29.49，AB 为圆 O 的直径，

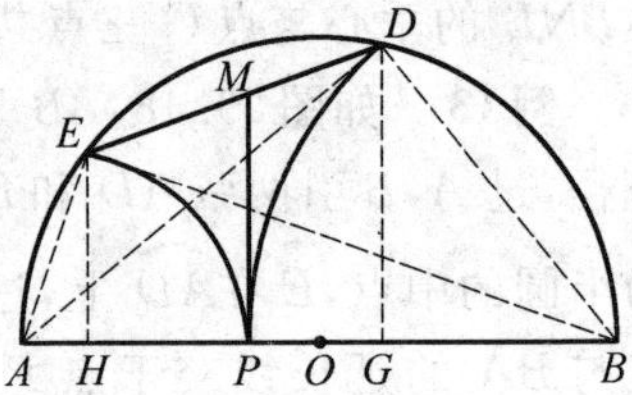

P 为直径 AB 上任意一点，以点 A 为圆心，AP 为半径作圆 A，圆 A 与半圆 O 交于点 E，以点 B 为圆心，BP 为半径作圆 B，圆 B 与半圆 O 交于点 D，且线段 CD 的中点为 M，求证：MP 与圆 A、圆 B 均相切.

图 29.49

证明 联结 AE,AD,BE,BD 并分别过点 E,D，作 AB 的垂线，垂足为 H,G，则

$$EH \parallel DG$$

由射影定理，有

$$PA^2 = AE^2 = AH \cdot AB$$

$$PB^2 = BD^2 = BG \cdot AB$$

两式相减，得

$$PA^2 - PB^2 = AB \cdot (AH - BG)$$

又 $PA^2 - PB^2 = (PA + PB)(PA - PB) = AB \cdot (PA - PB)$，从而

$$AH - BG = PA - PB$$

即

$$PA - AH = PB - BG$$

所以

$$HP = PG$$

于是，P 为线段 HG 的中点，因此，MP 是直角梯形 $HGDE$ 的中位线.

所以 $MP \perp AB$，从而 MP 与圆 A、圆 B 均相切.

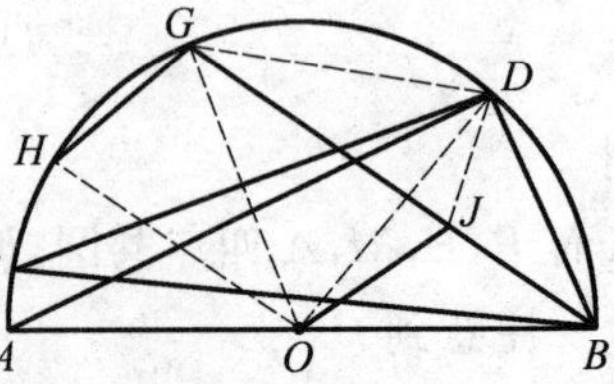

例 15 如图 29.50，AB 是圆 O 的直径，过 A，B 引两弦 AD 和 BE，G 为 $\overset{\frown}{ED}$ 上一点，H 为 $\overset{\frown}{AG}$ 的中点，过 O 作 $OJ \parallel HG$ 交 BG 于 J，若 J 为 $\triangle BDE$ 的内心，试求 $\angle DBG$ 的度数.

图 29.50

解 联结 OH,DG,DJ,DO,OG，设 $\angle GOH = \angle AOH = \alpha$，$\angle GBD = \beta$. 由 H 为 $\overset{\frown}{AG}$ 的中点，知

$$\angle AOH = \angle ABG$$

则

$$OH \parallel BG$$

又 $HG \parallel OJ$，则四边形 $OJGH$ 为平行四边形，有

$$OH = JG$$

因 BG 是 $\angle DBE$ 的平分线，则

$$\overset{\frown}{GE} = \overset{\frown}{GD}$$

$$OG \perp ED$$

由 $\angle BDG=\frac{1}{2}(180^\circ+2\alpha)=90^\circ+\alpha$，知

$$\angle DGJ=180^\circ-(90^\circ+\alpha)-\beta=90^\circ-\alpha-\beta$$

又 $\angle GBD=\angle GBE=\angle GDE=\beta$，于是

$$\angle EDJ=\angle JDB=\frac{1}{2}(\angle GDB-\beta)=\frac{1}{2}(90^\circ+\alpha-\beta)$$

$$\angle GDJ=\angle EDJ+\beta=\frac{1}{2}(90^\circ+\alpha+\beta)$$

$$\begin{aligned}\angle GJD&=180^\circ-\angle DGJ-\angle GDJ\\&=180^\circ-(90^\circ-\alpha-\beta)-\frac{1}{2}(90^\circ+\alpha+\beta)\\&=\frac{1}{2}(90^\circ+\alpha+\beta)\end{aligned}$$

故
$$\angle GDJ=\angle GJD,GD=GJ=HO=OG=OD$$

$\triangle GOD$ 为正三角形，所以 $\angle DBG=30^\circ$.

例 16　(2007 年辽宁高中竞赛题) 如图 29.51，C 为半圆弧的中点，P 为直径 BA 延长线上一点，过 P 作半圆的切线 PD，D 为切点，$\angle BPD$ 的平分线分别交 AC，BC 于点 E，F，求证：以 EF 为直径的圆过半径的圆心.

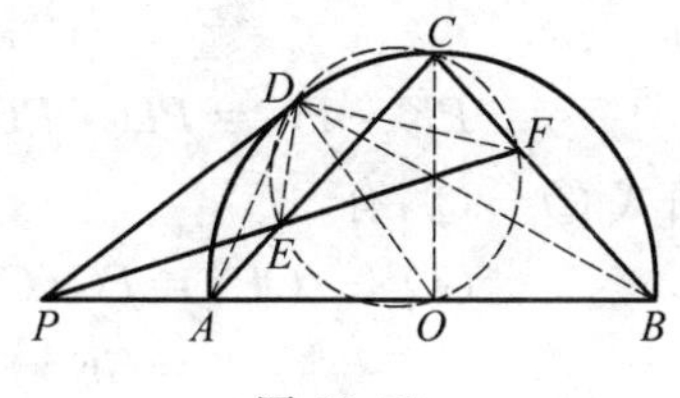

图 29.51

证明　联结 DB，DA，DE，DO，DF，因为 C 是半圆弧的中点，PD 是切线，所以

$$OC\perp AB,PD\perp OD$$

则
$$\angle DPB=\angle COD$$

又 PF 平分 $\angle DPB$，则

$$\angle DPF=\frac{1}{2}\angle DPB=\frac{1}{2}\angle COD=\angle CAD=\angle CBD$$

从而 A，P，D，E；B，P，D，F 分别四点共圆，从而

$$\angle CED=\angle DPA=\angle CFD,\angle COD=\angle DPA=\angle CFD$$

因此，C，D，E，F；C，D，O，F 分别四点共圆.

所以，C，D，E，O，F 五点共圆，即以 EF 为直径的圆过半圆的圆心 O.

例 17　如图 29.52，AB 是圆 O 的直径，过 A，B 引两弦 AD，BE 相交于点 C，直线 AE 与 BD 交于点 P，直线 AB 与 ED 交于点 G，则 $PO\perp CG$.

证明　设过 P，E，C，D 的圆交 PG 于点 K，则 $\angle PKC=\angle PEC=90^\circ$，即

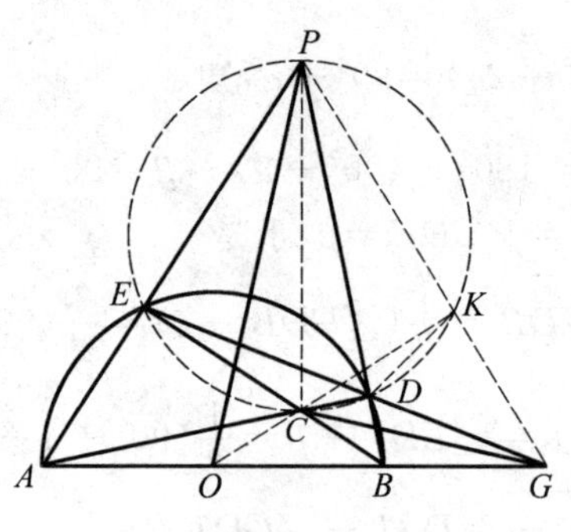

图 29.52

$$CK \perp PG \quad ①$$

由 A,B,D,E 共圆于圆 O,联结 DK,则

$$\angle PKD = \angle DEA = \angle DBG$$

于是 D,B,G,K 四点共圆,从而

$$GK \cdot GP = GD \cdot GE = GB \cdot GA = (GO - OB)(GO + OA) = GO^2 - OB^2 \quad ②$$

且

$$PK \cdot PG = PD \cdot PB = PO^2 - OB^2 \quad (\text{点 } P \text{ 对圆 } O \text{ 的幂}) \quad ③$$

由式 ②-③,有

$$GO^2 - OP^2 = PG(GK - PK) = (GK + PK)(GK - PK) = GK^2 - PK^2$$

于是

$$OK \perp PG \quad ④$$

由式 ①④ 知 O,C,K 三点共线,又注意到 $PC \perp OB$,则知 C 为 $\triangle POG$ 的垂心,故 $PO \perp CG$.

例 18 如图 29.53,AB 是圆 O 的直径,过 A,B 引两弦 AD 和 BE 相交于点 C,直线 AE,BD 相交于点 P,圆 O_1 与圆 O 相切于点 E,且与 PC 相切于点 C,圆 O_2 与圆 O 相切于点 D,且与 PC 相切于点 C,则直线 AO_1,BO_2,DE 共点.

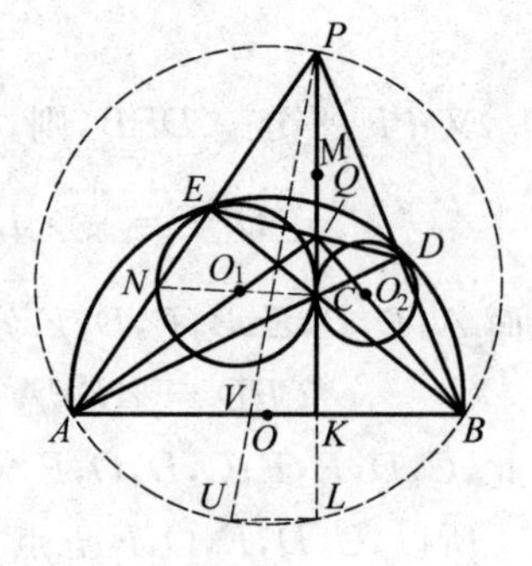

图 29.53

证法 1 由题设知,E 为圆 O 与圆 O_1 的位似中心,由于 OB,O_1C 分别垂直于 PC,则 $OB \parallel O_1C$,所以 E,C,B 三点共线.同理,D,C,A 三点共线.

设 $\angle APB = \gamma$,则 $\triangle DEP \backsim \triangle ABP$,相似比 $\dfrac{DP}{AP} = \cos\gamma$,且点 E,D 在以 PC 为直径的圆上.

设 DE 交 PC 于点 Q，下面证明：点 Q 在 AO_1 上.

设 AP 与圆 O_1 的第二个交点为 N，则 NC 是圆 O_1 的直径.

由梅涅劳斯定理的逆定理，要证 A,O_1,Q 三点共线，只要证

$$\frac{PA}{AN}\cdot\frac{NO_1}{O_1C}\cdot\frac{CQ}{QP}=1$$

又 $NO_1=O_1C$，则只要证 $\frac{PA}{AN}=\frac{PQ}{QC}$.

设直线 PC 交 AB 于 K，则

$$\frac{PA}{AN}=\frac{PK}{KC}$$

设 $\triangle ABC$ 的外接圆为 Ω，CU 为其直径，PU，AB 交于点 V，延长 PK 交圆 Ω 于 L，因 $AB /\!/ UL$，则 $\angle APU=\angle BPL$. 又

$$\angle EDP=\angle BAP,\angle DEP=\angle ABP,\frac{ED}{AB}=\cos\gamma$$

利用

$$\triangle PED\backsim\triangle PBA$$

直线 PQ 与 PV 关于 $\angle APB$ 的平分线对称，因此

$$\frac{PQ}{QC}=\frac{PV}{VU}$$

由于 C 是 $\triangle ABP$ 的垂心，则

$$KL=KC$$

于是

$$\frac{PK}{KC}=\frac{PK}{KL}$$

又 $AB /\!/ VL$，有

$$\frac{PV}{VU}=\frac{PK}{KL}$$

则

$$\frac{PA}{AN}=\frac{PK}{KC}=\frac{PK}{KL}=\frac{PV}{VU}=\frac{PQ}{QC}$$

从而点 Q 在直线 AO_1 上.

同理点 Q 在直线 BO_2 上，故 AO_1，BO_2，DE 三线共点.

证法2 设 M 为 PC 的中点，则 M 是四边形 $PECD$ 的外接圆的圆心，由 O_1O_2 与 AB 均垂直于直线 PC，则 $O_1O_2 /\!/ AB$.

又 MO_1 是圆 M 与圆 O_1 的连心线，则 MO_1，AP 均垂直于 EC，有 $MO_1 /\!/ AP$，同理，$MO_2 /\!/ PB$.

因此 $\triangle ABP$ 与 $\triangle O_1O_2M$ 的对应边平行，且不全等，于是，对应顶点的连线

交于一点 Q,且 Q 为这两个三角形的位似中心.

考虑直线 AOB 和 O_1CO_2,由于 AC,OO_2 交于点 D,AO_1,BO_2 交于点 Q,OO_1,BC 交于点 E,由帕普斯定理知 D,Q,E 三点共线,即 Q 为 AO_1,BO_2,DE 的公共点.

证法 3 因 $O_1O_2 \perp PC$,则 $O_1O_2 \parallel AB$.

又 AB 为直径,则 $AC \perp BD$,$BC \perp AE$,而 O_1,O_2 分别为圆心,它们平分直径,故由下面的结论(例 19),知 AO_1,BO_2,DE 共点.

例 19 如图 29.54,AB 是圆 O 的直径,直线 l 是与 AB 平行的圆 O 的一条割线,点 C 是 l 上在圆 O 内任一点,过点 C 作两弦 AD,BE(联结 AE,BD)分别与直线 l 交于点 P,Q,设 O_1,O_2 分别为 PC,CQ 的中点,则直线 AO_1,BO_2,ED 共点.

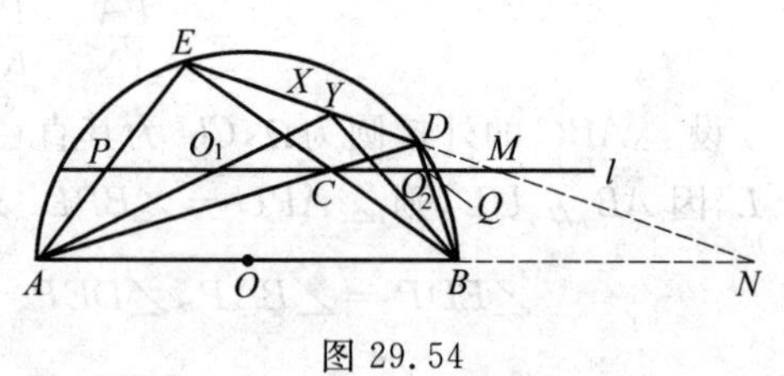

图 29.54

证明 设 AO_1,BO_2 分别与 DE 交于点 X,Y,直线 ED 分别与 PQ,AB 交于点 M,N.

因为 $AB \parallel PQ$,有

$$\frac{CM}{MQ}=\frac{AN}{NB},\frac{PM}{MC}=\frac{AN}{NB}$$

所以

$$\frac{PM}{MC}=\frac{CM}{MQ}$$

因此

$$\frac{\frac{PM}{MC}}{\frac{PO_1}{O_1C}}=\frac{\frac{CM}{MQ}}{\frac{CO_2}{O_2Q}}$$

即 $$(MO_1,PQ)=(MO_2,PQ)$$ (交比相等)

所以,以 A 为中心的线束 AP,AO_1,AC,AM 与以 B 为中心的线束 BC,BO_2,BQ,BM 交比相等.

分别考虑这两个线束与 ED 的交点,有

$$\frac{\frac{EX}{XD}}{\frac{EM}{MD}}=\frac{\frac{EY}{YD}}{\frac{EM}{MD}}$$

即 $XD=YD$,亦即 $X=Y$,故问题获证.

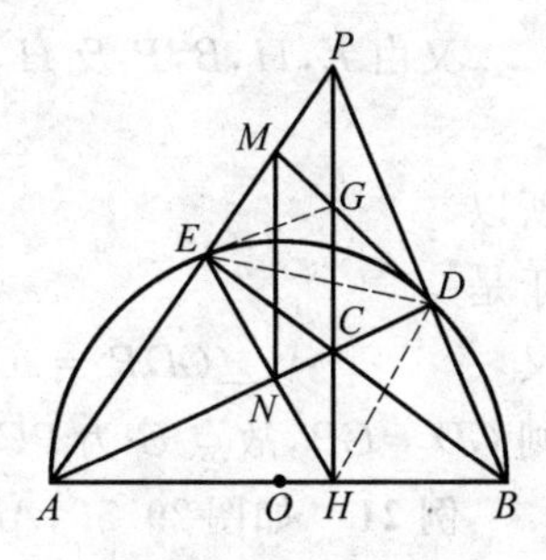

图 29.55

例 20　如图 29.55，AB 是圆 O 的直径，过 A，B 引两弦 AD 和 BE 相交于点 C，直线 AE，BD 相交于点 P，G 是 PC 上一点，直线 DG 交 PE 于 M，直线 PC 交 AB 于点 H，直线 EH 交 AD 于 N，则点 G 为 PC 中点的充要条件是 $MN \parallel PH$.

证明　必要性：当 G 为 PC 的中点时，联结 HD，DE，EG. 易知 P，E，C，D 四点共圆，且点 G 为该圆的圆心，即点 G 为 $\triangle PED$ 的外心，则有

$$\angle DGE = 2\angle EPD$$

又 P，E，H，B 共圆，A，H，D，P 共圆，则

$$\angle AHE = \angle EPD = \angle BHD$$

此时

$$\begin{aligned}\angle DHE + \angle DGE &= (180^\circ - \angle AHE - \angle BHD) + \angle DGE \\ &= (180^\circ - 2\angle APB) + 2\angle APB = 180^\circ\end{aligned}$$

从而，E，H，D，G 四点共圆，则有

$$\angle DGH = \angle DEH \qquad ①$$

又由 C，H，B，D 四点共圆，有

$$\angle PCD = \angle ABP$$

注意到 DG 为 $\mathrm{Rt}\triangle PCD$ 斜边 PC 的中线，则知

$$DG = \frac{1}{2}PC = GC$$

于是有
$$\angle PCD = \angle GDC = \angle MDN$$

而
$$\angle AEH = \angle ABP = \angle PCD = \angle MDN$$

故 M，E，N，D 四点共圆，则

$$\angle NMD = \angle NED = \angle HED \qquad ②$$

比较式 ①② 有

$$\angle HGD = \angle NMD$$

故
$$MN \parallel PH$$

充分性：当 $MN \parallel PH$ 时，联结 DE，由 P，E，C，D 四点共圆，有

$$\angle EDC = \angle EPC$$

由 $MN \parallel PH$，有

$$\angle EPC = \angle EMN$$

则由 $\angle EMN = \angle EDN$，知 M，E，N，D 四点共圆. 从而，有 $\angle MDN = \angle AEH$.

又由 E,H,B,P 及 H,B,D,C 分别四点共圆,有

$$\angle AEH=\angle HBP=\angle PCD$$

所以
$$\angle MDN=\angle PCD$$

于是
$$GC=GD$$

又
$$\angle GDP=90^\circ-\angle GDC=90^\circ-\angle GCD=\angle GPD$$

则 $GD=GP$,故点 G 为 PC 的中点.

例 21 如图 29.56,AB 是圆 O 的直径,过 A,B 引两条弦 AD,BE,直线 AE 与 BD 交于点 P,过点 A,D 的圆 O 的切线交于点 R,过点 B,E 的圆 O 的切线交于点 S,求证:点 P 在线段 RS 上.

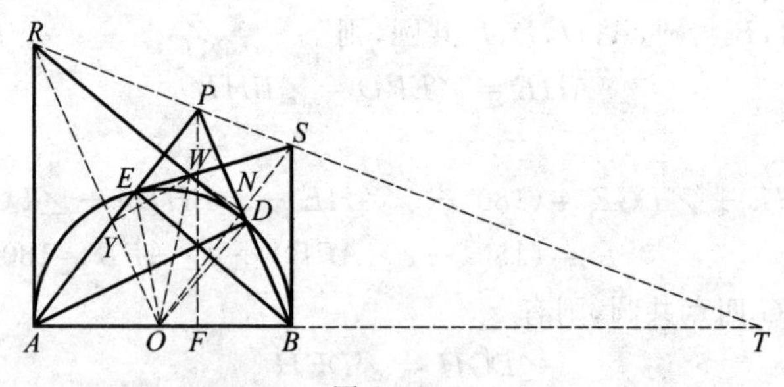

图 29.56

证法 1 可运用帕斯卡定理,证 R,P,S 三点共线(帕斯卡定理见第 30 章第 4 节,此例也可参见该节例 1).

证法 2 设点 P 在 AB 上的射影为 F,直线 RS 与直线 AB 交于点 T,因

$$RO\perp AD,BP\perp AD$$

所以
$$RO\parallel PB$$

同理
$$OS\parallel AP$$

又由 RA,SB 及 PF 均垂直于 AB,则

$$RA\parallel PF\parallel SB$$

从而
$$\mathrm{Rt}\triangle RAO\backsim\mathrm{Rt}\triangle PFB,\mathrm{Rt}\triangle SBO\backsim\mathrm{Rt}\triangle PFA$$

于是
$$\frac{RA}{AO}=\frac{PF}{FB},\frac{SB}{BO}=\frac{PF}{FA}$$

即
$$RA\cdot FB=AO\cdot PF,SB\cdot FA=BO\cdot PF$$

而
$$AO=BO$$

则
$$RA\cdot FB=SB\cdot FA$$

即
$$\frac{RA}{SB}=\frac{FA}{FB}$$

所以
$$\frac{AT}{BT}=\frac{RA}{SB}=\frac{FA}{FB}$$
即
$$FB\cdot AT=BT\cdot FA$$
亦即
$$FB(AT+BT)=BT(FA+FB)\text{(两边同加上 }EB\cdot BT\text{)}$$
则
$$FB=\frac{BT(FA+FB)}{AT+BT}=\frac{BT(AT-BT)}{AT+BT} \quad ①$$
$$FB+BT=\frac{BT(AT-BT)}{AT+BT}+\frac{BT(AT+BT)}{AT+BT}=\frac{2AT\cdot BT}{AT+BT} \quad ②$$
$$\frac{RA}{PF}=\frac{AO}{FB}=\frac{\frac{1}{2}(AT-BT)}{FB}\xlongequal{①}\frac{AT+BT}{2BT}\xlongequal{②}\frac{AT}{FB+BT}=\frac{AT}{FT}$$
因此,点 P 在直线 RT 上.

又点 F 在 A,B 之间,所以点 P 在 RS 之间,即 P 在线段 RS 上.

注 题中 O 改为 K,P 改为 C,即为2002年澳大利亚数学奥林匹克题.

例22 如图29.57,AB 为圆 O 的直径,过 A,B 引两弦 AD,BE,使得 AE 平分弦切角 DAK,BE 平分 $\angle ABD$,直线 BD 与过点 A 的切线交于点 K,M 为 $\overset{\frown}{DAB}$ 的中点,直线 AE 交 BK 于 F,直线 MF 交圆 O 于 S,过点 M 的切线与过点 B 的切线相交于 T,则 K,S,T 三点共线.

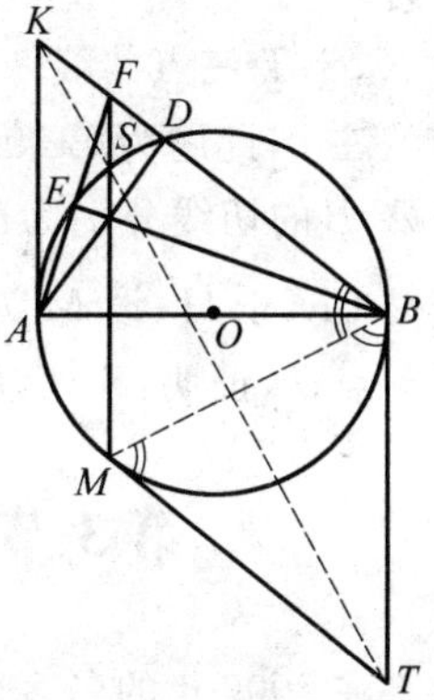

图29.57

证明 由题设,知 $\triangle ABF$ 为等腰三角形,$BA=BF$. 又 M 为 $\overset{\frown}{DAB}$ 的中点,所以 $MT\,/\!/\,FB$($\angle DBM=\angle TBM=\angle TMB$). 由 AF 平分 $\angle DAK$,有
$$\frac{FK}{FD}=\frac{AK}{AD}=\frac{KB}{AB}$$
即
$$FK=\frac{FD\cdot KB}{AB} \quad ①$$
由割线定理有
$$FS\cdot FM=FD\cdot FB$$
即
$$FS=\frac{FD\cdot FB}{FM} \quad ②$$
由 $S_{\triangle ABT}=S_{\triangle KBT}=S_{\triangle KBM}$,有
$$AB\cdot BT=FM\cdot KB\cdot\sin\angle MFB$$

又 $\angle MFB \xlongequal{m} \frac{1}{2}(\overset{\frown}{MB} - \overset{\frown}{SD}) = \frac{1}{2}\overset{\frown}{MAS} \xlongequal{m} \angle MBS$，所以

$$\sin\angle MFB = \frac{SM}{AB} \quad (\text{正弦定理})$$

从而

$$AB \cdot BT = FM \cdot KB \cdot \frac{SM}{AB}$$

$$\frac{MT}{SM} = \frac{BT}{SM} = \frac{KB}{AB} \cdot \frac{FM}{AB} = \frac{KB}{AB} \cdot \frac{FM}{BF} \qquad ③$$

再由式 ① ÷ ②，有

$$\frac{FK}{FS} = \frac{KB}{AB} \cdot \frac{FM}{FB} \qquad ④$$

所以

$$\frac{MT}{SM} = \frac{FK}{FS}$$

由 $\angle SMT = \angle SFK$，得

$$\triangle SMT \backsim \triangle SFK$$

即有

$$\angle TSM = \angle KSF$$

故 K,S,T 三点共线.

注 此题为第19届伊朗数学奥林匹克第二轮题：设 AB 是圆 O 的直径，过点 A,B 的切线分别为 l_a，l_b，C 是圆周上任意一点，BC 交 l_a 于 K，$\angle CAK$ 的平分线交 CK 于 H，设 M 为 $\overset{\frown}{CAB}$ 的中点，HM 与圆 O 交于点 S，过点 M 的切线与 l_b 交于点 T，证明：S,T,K 三点共线.

第3节　利用点对圆的幂的结论解题

在2007年的冬令营及国家队选拔赛的平面几何试题(即第28章试题B、试题C)求解中，均用到根轴知识，即到两圆的幂相等的点的轨迹就是根轴. 其实，利用点对圆的幂的有关结论是解答某些与圆有关问题的重要思考方法.

例1 (2004～2005年度第22届伊朗数学奥林匹克题)如图29.58，$\triangle ABC$ 的外接圆的圆心为 O，A' 是边 BC 的中点，AA' 与外接圆交于点 A''，$A'Q_a \perp AO$，点 Q_a 在 AO 上，过点 A'' 的外接圆的切线与 $A'Q_a$ 相交于点 P_a. 用同样的方式，可以构造点 P_b 和 P_c，证明：P_a,P_b,P_c 三点共线.

证明 可以证明它们都在圆 O 与九点圆的根轴上.

如图29.58，把 $\triangle ABC$ 位似变换到 $\triangle A'B'C'$，$\triangle ABC$ 的重心为位似中心，位似比为 $-\frac{1}{2}$.

在这种变换下，AO 变成了 $A'N$，其中 N 为九点圆的圆心，所以

$$A'N \parallel AO$$
$$A'P_a \perp A'N$$

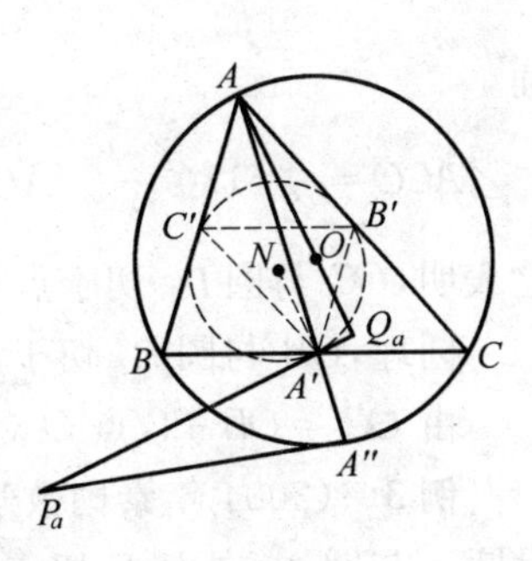

图 29.58

故 $A'P_a$ 是九点圆的切线.

易知 $\angle OAB + \angle C = 90^\circ$，则

$\angle BAA' + \angle A'AO + \angle C = 90^\circ$（不妨设 $AB \leqslant AC$）

又 $\angle P_aA''A' = \angle BAA' + \angle C$

$$\angle P_aA'A'' = 90^\circ - \angle A'AO$$

所以 $$\angle P_aA''A' = \angle P_aA'A''$$

故 $$A'P_a = A''P_a$$

所以，P_a 在圆 O 与九点圆的根轴上. 同理，P_b，P_c 也在圆 O 与九点圆的根轴上.

例 2 （2006 年第 9 届中国香港数学奥林匹克题）凸四边形 $ABCD$ 的外接圆的圆心为 O，已知 $AC \neq BD$，AC 与 BD 交于点 E，若 P 为四边形 $ABCD$ 内部一点，使得

$$\angle PAB + \angle PCB = \angle PBC + \angle PDC = 90^\circ$$

求证：O，P，E 三点共线.

证明 如图 29.59，记四边形 $ABCD$ 的外接圆为圆 Γ，$\triangle APC$ 的外接圆为圆 Γ_1，$\triangle BPD$ 的外接圆为圆 Γ_2.

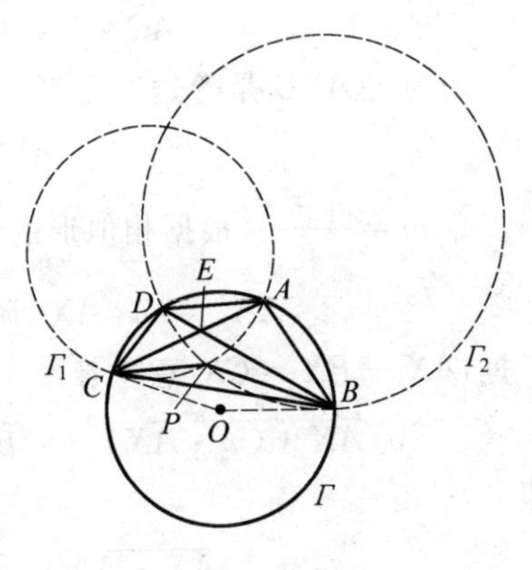

图 29.59

易知，圆 Γ 和圆 Γ_1 的根轴是直线 AC，圆 Γ 和圆 Γ_2 的根轴是直线 BD.

由于 P 是圆 Γ_1 和圆 Γ_2 的公共点，因此 P 在圆 Γ_1 和圆 Γ_2 的根轴上.

又 E 是 AC 与 BD 的交点，则 E 是圆 Γ、圆 Γ_1、圆 Γ_2 的根心. 从而，直线 PE 是圆 Γ_1 和圆 Γ_2 的根轴.

为证明 O，P，E 三点共线，只要证明 O 对圆 Γ_1 和圆 Γ_2 的幂相等，即 O 也在这两个圆的根轴上.

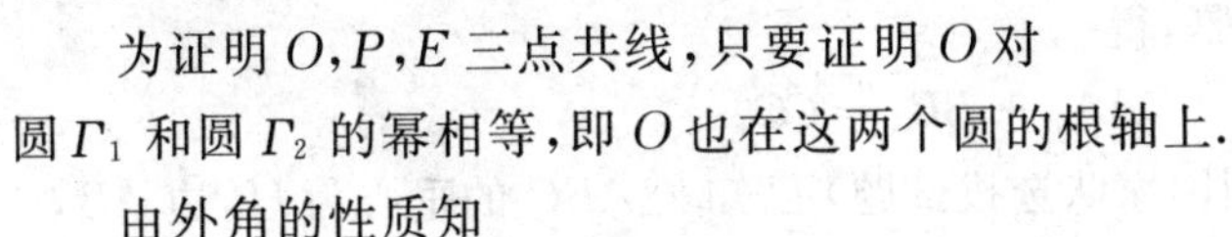

由外角的性质知

$$\angle APC = \angle PAB + \angle ABC + \angle PCB = 90^\circ + \frac{1}{2}\angle AOC$$

而

$$\angle ACO=\frac{1}{2}(180^\circ-\angle AOC)=180^\circ-\left(90^\circ+\frac{1}{2}\angle AOC\right)=180^\circ-\angle APC$$

这表明,OC 与圆 Γ_1 切于点 C.

同理,OB 与圆 Γ_2 切于点 B.

由 $OC=OB$ 知,点 O 对圆 Γ_1 和圆 Γ_2 的幂相等.从而,O,P,E 三点共线.

例 3 (2004 年泰国数学奥林匹克题)已知圆 ω 是等边 $\triangle ABC$ 的外接圆,设圆 ω 与圆 ω_1 外切且切点异于点 A,B,C,点 A_1,B_1,C_1 在圆 ω_1 上,且使得 AA_1,BB_1,CC_1 与圆 ω_1 相切,证明:线段 AA_1,BB_1,CC_1 中的一线段的长度等于另两线段长度之和.

证明 设圆 ω 和圆 ω_1 相切点 X,且 X 位于劣弧 $\overset{\frown}{AB}$ 上,设直线 AX,BX,CX 分别交圆 ω_1 于点 A',B',C',如图 29.60 所示.

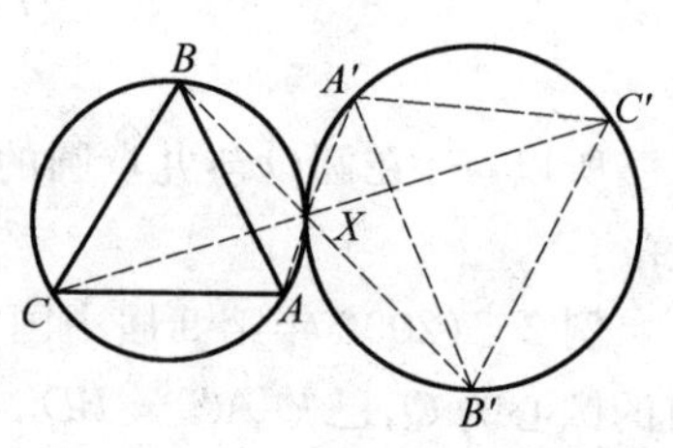

图 29.60

注意到,以 X 为中心,$-\frac{r_1}{r}$ 为位似比的位似变换将 $\triangle ABC$ 映射到 $\triangle A'B'C'$,所以 $\triangle A'B'C'$ 是等边三角形.

由托勒密定理有

$$AC\cdot BX+AX\cdot BC=AB\cdot CX$$

因为 $\triangle ABC$ 是等边三角形,所以

$$AX+BX=CX$$

令 $m=\frac{r_1+r}{r}$,根据相似形的性质有

$$AA'=m\cdot AX,BB'=m\cdot BX,CC'=m\cdot CX$$

于是,$AX+BX=CX$ 意味着

$$\sqrt{AX\cdot(m\cdot AX)}+\sqrt{BX\cdot(m\cdot BX)}=\sqrt{CX\cdot(m\cdot CX)}$$

即

$$\sqrt{AX\cdot AA'}+\sqrt{BX\cdot BB'}=\sqrt{CX\cdot CC'}$$

由点 A,B,C 关于圆 ω_1 的幂,得

$$AA_1+BB_1=CC_1$$

例 4 (2006 年意大利国家队选拔试题)已知 $\triangle ABC$ 的垂心为 H,边 AB,BC,CA 的中点分别为 L,M,N,证明:当且仅当 $\triangle ABC$ 是锐角三角形时,有

$$HL^2+HM^2+HN^2<AL^2+BM^2+CN^2$$

证明　原不等式等价于

$$(HL^2-AL^2)+(HM^2-BM^2)+(HN^2-CN^2)<0$$

以三边为直径作三个圆，则 $HL^2-AL^2, HM^2-BM^2, HN^2-CN^2$ 分别是点 H 关于三个圆的圆幂.

由于点 H 关于这三个圆的圆幂相等，则原不等式等价于点 H 在这三个圆的内部. 因此，原不等式等价于 $\triangle ABC$ 是锐角三角形.

注　此题也可以如下证得：

由中线长公式得

$$HL^2+AL^2=\frac{1}{2}(HA^2+HB^2)$$

则

$$HL^2+HM^2+HN^2<AL^2+BM^2+CN^2$$

$$\Leftrightarrow (HL^2+AL^2)+(HM^2+BM^2)+(HN^2+CN^2)$$

$$<2(AL^2+BM^2+CN^2)$$

$$\Leftrightarrow HA^2+HB^2+HC^2<\frac{1}{2}(a^2+b^2+c^2)$$

$$\Leftrightarrow 4R^2(\cos^2 A+\cos^2 B+\cos^2 C)<2R^2(\sin^2 A+\sin^2 B+\sin^2 C)$$

$$\Leftrightarrow 3(\cos^2 A+\cos^2 B+\cos^2 C)<3$$

$$\Leftrightarrow \cos^2 A+\cos^2 B+\cos^2 C<1$$

$$\Leftrightarrow \cos A\cdot\cos B\cdot\cos C>0$$

$\Leftrightarrow \triangle ABC$ 是锐角三角形

例 5　(2005 年第 31 届俄罗斯数学奥林匹克 11 年级题) 已知非等腰锐角 $\triangle ABC$，AA_1，BB_1 是它的两条高，又线段 A_1B_1 与平行于 AB 的中位线相交于点 C'，证明：经过 $\triangle ABC$ 的外心和垂心的直线与直线 CC' 垂直.

证明　如图 29.61，在 $\triangle ABC$ 中，分别将边 BC，CA 的中点记作 A_0，B_0，将三角形的垂心记作 H，外心记作 O.

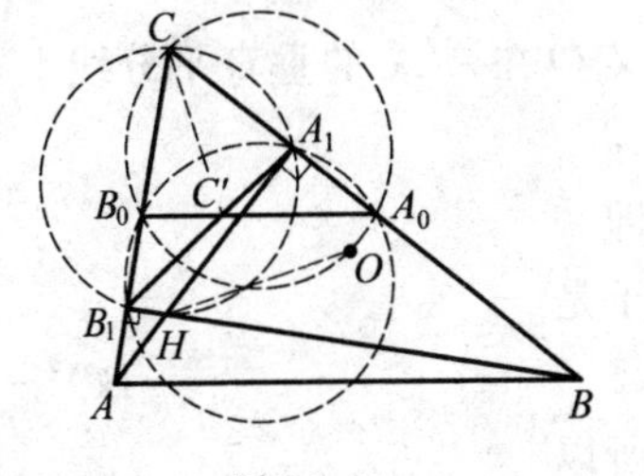

图 29.61

因为点 A,B,A_1,B_1 位于同一圆周上 (AB 为其直径)，所以

$$\angle CB_1A_1=\angle CBA=\angle CA_0B_0$$

故点 A_0,B_0,A_1,B_1 位于同一圆周 ω_1 上.

将以 CH 为直径的圆周记作 ω_2，将以 CO 为直径的圆周记作 ω_3. 易知，点 A_1,B_1 位于圆周 ω_2 上，而点 A_0,B_0 位于圆周 ω_3 上.

因此,点 C' 关于圆 ω_1 和圆 ω_2 有相同的幂,关于圆 ω_1 和圆 ω_3 也有相同的幂.

从而,点 C' 关于圆 ω_2 和圆 ω_3 有相同的幂,即位于它们的根轴之上.

所以,直线 CC' 就是圆 ω_2 和圆 ω_3 的根轴,故 CC' 垂直于这两个圆的圆心连线.又圆 ω_2 和圆 ω_3 的圆心分别为线段 CH 和 CO 的中点,它们的连线平行于直线 OH,则 $OH \perp CC'$.

例 6 (2009 年中国国家队集训测试题)设 D,E 分别为 $\triangle ABC$ 的边 AB,BC 上的点,P 是 $\triangle ABC$ 内一点,使得 $PE=PC$,且 $\triangle DEP \backsim \triangle PCA$,求证:$BP$ 是 $\triangle PAD$ 的外接圆的切线.

证明 如图 29.62,因

$$PE=PC,\triangle DEP \backsim \triangle PCA$$

所以
$$\angle CEP=\angle PCE$$
$$\angle PED=\angle ACP$$

因此
$$\angle CED=\angle ACE$$

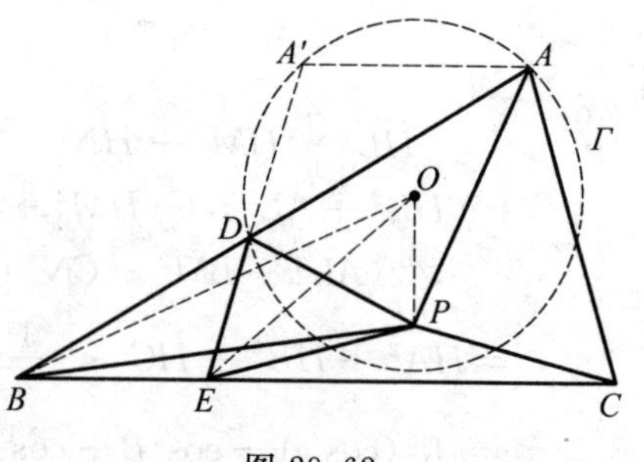

图 29.62

于是以 EC 的垂直平分线为轴作轴反射变换,则 $C\to E$.设 $A\to A'$,则 $A'E=AC$,且 A',D,E 三点共线.

另一方面,由

$$\triangle DEP \backsim \triangle PCA,PE=PC$$

知
$$EP^2=ED\cdot CA$$

所以
$$EP^2=ED\cdot EA'$$

这个等式说明点 E 对 $\triangle A'DA$ 的外接圆 Γ 的幂为 EP^2.设 $\triangle A'DA$ 的外心为 O,半径为 R,则

$$EP^2=EO^2-R^2$$

又 O 在 $A'A$ 的垂直平分线上,所以

$$OP\perp EC$$

即
$$OP\perp BE$$

于是

$$BO^2-BP^2=EO^2-EP^2=R^2$$

所以

$$BO^2-R^2=BP^2$$

这又说明点 P 关于圆 Γ 的幂为 BP^2,因而有

$$BP^2=BD\cdot BA$$

于是

$$\angle DPB=\angle BAP$$

故 BP 是 $\triangle PAD$ 的外接圆的切线.

例 7 (2006 年意大利国家队选拔考试题)已知圆 Γ_1、圆 Γ_2 交于点 Q,R,且内切于圆 Γ,切点分别为 A_1,A_2. P 为圆 Γ 上的任意一点,线段 PA_1,PA_2 分别与圆 Γ_1、圆 Γ_2 交于 B_1,B_2,证明:

(1) 与圆 Γ_1 切于点 B_1 的直线和与圆 Γ_2 切于点 B_2 的直线平行.

(2) B_1B_2 是圆 Γ_1 与圆 Γ_2 的公切线的充要条件是 P 在直线 QR 上.

证法 1 (1) 设圆 Γ_1,Γ_2,Γ 的圆心分别为 O_1,O_2,O,则

$$O_1B_1\ /\!/\ OP\ /\!/\ O_2B_2$$

从而,与圆 Γ_1 切于点 B_1 的直线和与圆 Γ_2 切于点 B_2 的直线平行,且和与圆 Γ 切于点 P 的直线平行.

(2) 设与圆 Γ_1 切于点 B_1 的直线与圆 Γ 交于点 C_1,D_1,则 P 是 $\overparen{C_1D_1}$ 的中点,且有

$$PC_1^2=PA_1\cdot PB_1$$

同理,设与圆 Γ_2 切于点 B_2 的直线与圆 Γ 交于点 C_2,O_2,则 P 是 $\overparen{C_2D_2}$ 的中点,且有

$$PC_2^2=PA_2\cdot PB_2$$

于是,这两条切线重合为 B_1B_2,等价于 $PC_1^2=PC_2^2$,从而,等价于点 P 关于圆 Γ_1、圆 Γ_2 等幂,即等价于点 P 在圆 Γ_1、圆 Γ_2 的根轴 QR 上.

证法 2 (1) 如图 29.63,作直线 l 与圆 O 切于点 P,设与圆 Γ_1 切于点 B_1 的直线为 l_1,与圆 Γ_2 切于点 B_2 的直线为 l_2.

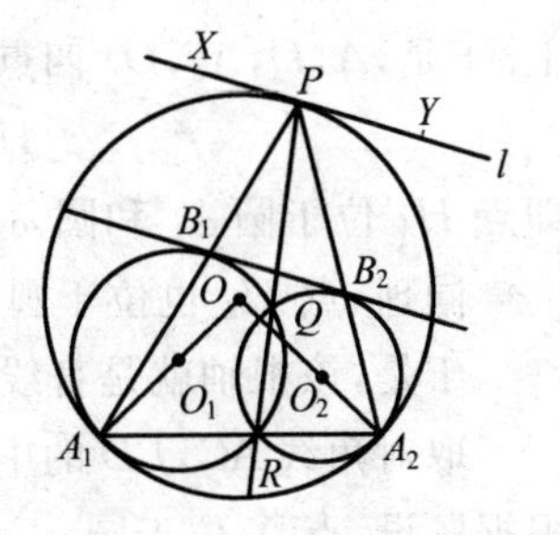

图 29.63

由位似变换知 $l\ /\!/\ l_1,l\ /\!/\ l_2$,所以,$l_1\ /\!/\ l_2$.

(2) 若 B_1B_2 是圆 O_1、圆 O_2 的公切线,则由(1)知 $B_1B_2\ /\!/\ l$,从而

$$\angle B_1B_2P=\angle B_2PY=\angle PA_1A_2$$

所以,A_1,B_1,B_2,A_2 四点共圆,因此

$$PB_1\cdot PA_1=PB_2\cdot PA_2$$

故点 P 到圆 O_1、圆 O_2 的圆幂相等,即 P,Q,R 三点共线.

若点 P 在 QR 上,由同一法知 $B_1B_2\ /\!/\ l$,得证.

例8 (2003年第29届俄罗斯数学奥林匹克题)如图29.64,在锐角$\triangle APD$的边AP和PD上各取一点B和C,四边形$ABCD$的两条对角线相交于点Q,$\triangle APD$和$\triangle BPC$的垂心分别为H_1,H_2,证明:如果直线H_1H_2经过$\triangle ABQ$和$\triangle CDQ$的外接圆的交点X,那么它必定经过$\triangle BQC$和$\triangle AQD$的外接圆的交点$Y(X\neq Q,Y\neq Q)$.

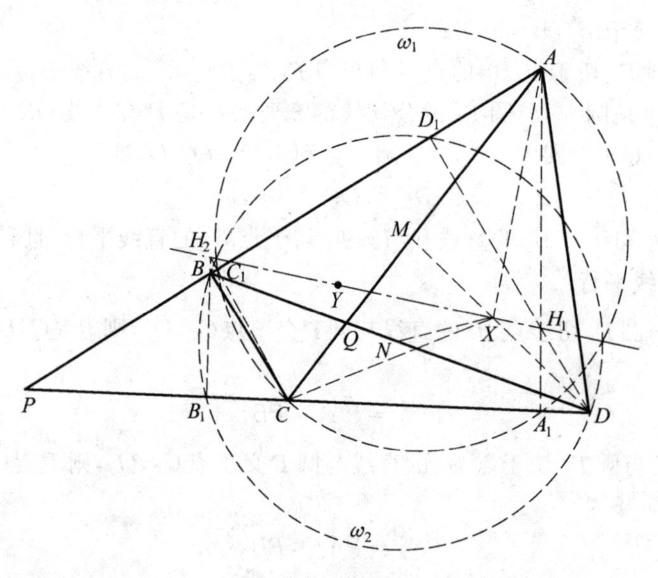

图29.64

证明 分别以对角线AC,BD为直径作圆ω_1和圆ω_2,设BB_1,CC_1,AA_1,DD_1分别是$\triangle BPC$和$\triangle APD$的高,其中A_1,C_1在圆ω_1上,点B_1,D_1在圆ω_2上.于是,A,D,A_1,D_1四点共圆,从而

$$H_1A\cdot H_1A_1=H_1D\cdot H_1D_1$$

即点H_1位于圆ω_1和圆ω_2的根轴上.

同理,点H_2也位于圆ω_1和圆ω_2的根轴上.

于是,该根轴就是直线H_1H_2.

取对角线AC,BD的中点分别为M,N,则M,N分别为圆ω_1、圆ω_2的圆心.根据题设,点X位于圆ω_1和圆ω_2的根轴上,所以

$$XM^2-CM^2=XN^2-DN^2 \qquad (*)$$

注意到同弧上的圆周角相等,有

$$\angle XAQ=\angle XBQ,\angle XCQ=\angle XDQ$$

所以

$$\triangle XAC\backsim\triangle XBD$$

因此,式(*)中的平方差或者等于 0,或者是它们的相似比的平方.

若该平方差为 0,有

$$\angle AXC = \angle BXD = 90^\circ$$

于是 $AB \perp CD$,这与 $\triangle APD$ 为锐角三角形矛盾.

故该平方差为相似比的平方,又由

$$\frac{XM}{XN} = \frac{CM}{DN} = k$$

有

$$XM^2 - CM^2 = k^2(XN^2 - DN^2) = XN^2 - DN^2$$

从而有
$$k^2 = 1$$

故
$$\triangle XAC \cong \triangle XBD$$

于是,知 $AC = BD$.

同样,由

$$\angle YAQ = \angle YDQ, \angle YCQ = \angle YBQ$$

有
$$\triangle YAC \cong \triangle YBD$$

亦有
$$YM = YN$$

而
$$CM = DN$$

则
$$YM^2 - CM^2 = YN^2 - DN^2$$

即 Y 关于圆 ω_1 和圆 ω_2 的幂相等,故点 Y 在圆 ω_1 和圆 ω_2 的根轴上.

第 4 节　线段调和分割的性质及应用(二)

线段的调和分割应用很广,也是简捷处理一些问题的重要手法,例如本章第 2 节中的例 20,运用线段的调和分割性质 3(1),则可很简单地推证.

若点 C,D 调和分割线段 AB,则称点 C 是 D 关于线段 AB 的调和共轭点,或 D 是 C 关于线段 AB 的调和共轭点,或称点 C 对于点 A 及 B 的调和共轭点是 D,等等.

关于线段的调和分割我们已在第 28 章第 4 节介绍了 6 条性质及 12 条推论,下面再介绍 1 条性质及 3 条推论.

性质 7　设过圆 O 外一点 A 任意引一条割线交圆周于点 C 及 D,则点 A 对于弦 CD 的调和共轭点 B 的轨迹是一条直线.

证明　由性质 1(6),线段 AB 的中点 M 满足等式 $AM^2 = MC \cdot MD$,而此式表明:点 M 所在的直线为已知圆 O 和点 A 的根轴 l_1. 因此,点 B 在一条定直线上,如图 29.65 所示.

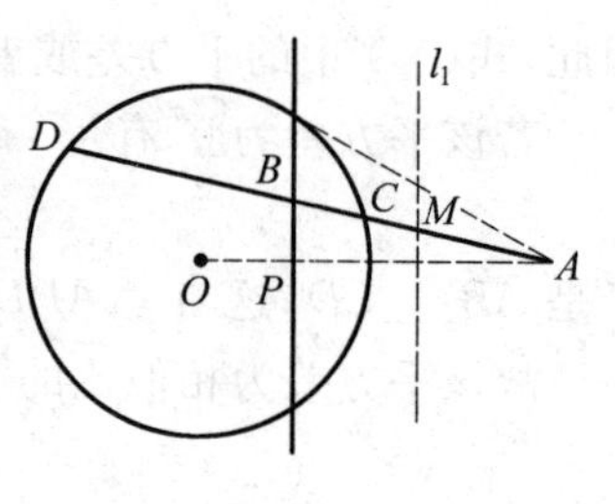

图 29.65

在性质 7 中,点 B 的轨迹常称为点 A 对于圆 O 的极线,而点 A 称为这极线的极点.

显然,点 A 的极线垂直于点 A 和圆心 O 的连线,且交此连线于定点 P,P 与 A 在点 O 的同侧,又由下式确定(设 R 为圆 O 的半径):$OA\cdot OP=R^2$,此式亦表明点 A 和 P 调和分割直线 AO 上的圆 O 的直径.

由上可知:若点 A 在圆外,则其对于圆的极线就是由点 A 所作两切线的切点的连线(也可由性质 6 推知);若点 A 在圆周上,则其对于圆的极线为过点 A 的切线.

命题 1 若点 A 在圆内且异于圆心,其对于圆的极线在圆外,设以点 A 为中点的弦为 ST,过两端点 S,T 作圆的切线交于点 P,则极线为过点 P 且与 OA 垂直的直线 l_2.

证明 如图 29.66,设已知圆为圆 O,其半径为 R.

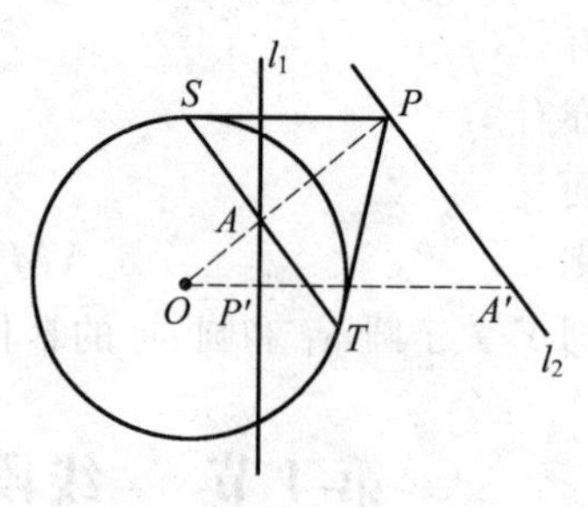

图 29.66

由题设条件知,有 $OA\cdot OP=R^2$,由此即证.

或者,设过点 A 的直线交圆 O 于 C,D,交直线 l_2 于 B,则线段 AB 的中点的轨迹是线段 AP 的中垂线,故点 B 就是点 A 对于弦 CD 的调和共轭点.

命题 2 若点 A' 在点 A 对于圆 O 的极线上,那么点 A 也在点 A' 对于圆 O 的极线上(圆 O 的半径为 R).

证明 如图 29.66,设 A' 在 A 对于圆 O 的极线 l_2 上,那么它在直线 OA 上的射影 P 满足 $OA\cdot OP=R^2$,设 P' 是 A 在直线 OA' 上的射影,则四边形 $AP'A'P$ 为圆内接四边形.

于是,$OP'\cdot OA'=OP\cdot OA=R^2$,所以直线 AP' 是点 A' 对于圆 O 的极线.

对于命题 2 中的点 A,A',我们可称为对于圆 O 的一对互轭极点.

推论 13 圆 O 的一对共轭极点 A,A',调和分割直线 AA' 截圆 O 的弦.

命题 3 设过圆外一点 C 引两割线 CBA,CDF,并将此两割线与圆周的交点 A,B,D,F 两两连线,那么所得的直线相交于 E,G,如图 29.67,当割线绕点 C 旋转时,此两点 E,G 的轨迹是点 C 的极线.

证明 如图 29.67,由于 E 为直线 AF 和 BD 的交点,G 为 AD 与 BF 的交

点,应用推论 2,知直线 EG 和弦 FD 及 AB 的交点 M,N 是点 C 对于此两弦的调和共轭点. 因此,直线 EG 是点 C 对于圆的极线.

注　同理,直线 CG 是点 E 对于圆的极线;又由命题 2,知直线 CE 是点 G 对于圆的极线,由此又可简捷推证推论 12.

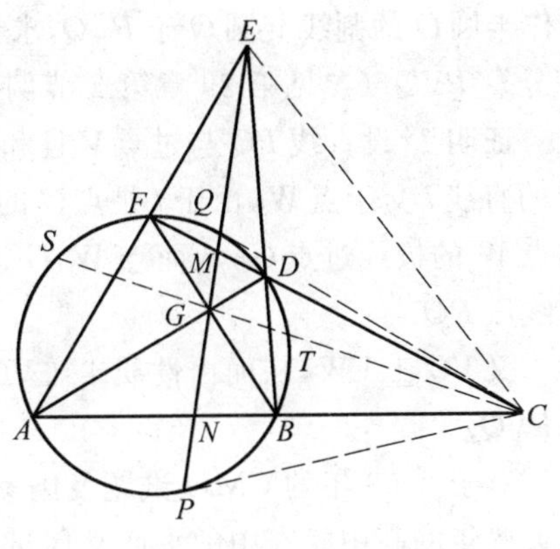

图 29.67

推论 14　设圆内接凸四边形 $ABDF$ 的两双对边 AB 与 FD,AF 与 BD 的延长线分别交于点 C,E,如图 29.67,若点 C 对于圆的极线交圆于 P,Q,点 E 对于圆的极线交圆于 S,T,则过点 P,Q 的两切线的交点为 AD 与 BF 的交点 G 关于弦 ST 的调和共轭点.

证明　由于 P,Q 是点 C 对于圆的极线 EG 与圆的交点,则知 PQ 为点 C 的切点弦,即过点 P,Q 的两切线的交点即为 C,而点 G 在 PQ 上,由性质 5 或推论 11 知,点 C 为点 G 关于弦 ST 的调和共轭点.

推论 15　若凸四边形有内切圆,且一组对边上的两切点分别关于所在边的调和共轭点重合,则另一组对边上的两切点分别关于所在边的调和共轭点也重合.

证明　如图 29.68,凸四边形 $HIJK$ 有内切圆,设 S,P,T,Q 分别为边 KH,HI,IJ,JK 上的切点,且点 P,Q 分别关于边 HI,JK 的调和共轭点均为 C.

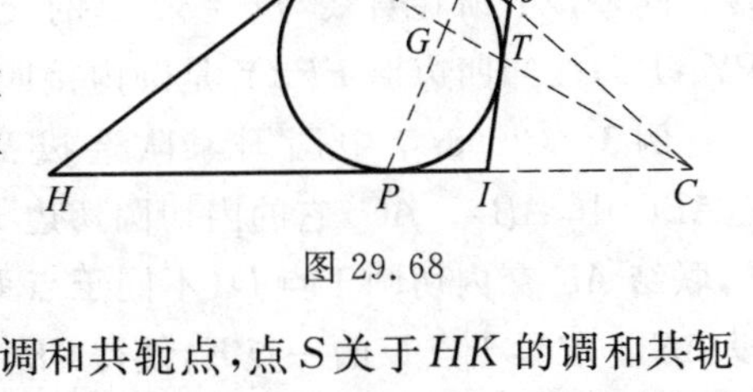

图 29.68

此时,点 C 的极线为 PQ,注意到性质 5 与性质 6,点 C 关于弦 ST 的调和共轭点 G 为 PQ 上一定点.

又由性质 5 与性质 6 知点 T 关于 IJ 的调和共轭点 E' 也为点 G 关于弦 PQ 的调和共轭点,点 S 关于 HK 的调和共轭点 E'' 也为点 G 关于弦 PQ 的调和共轭点,从而 E' 与 E'' 重合,重合于边 IJ,HK 的延长线的交点 E.

下面,我们继续介绍线段调和分割的性质及推论的广泛应用.

例 1　如图 29.69,以锐角 $\triangle VAB$ 的边 AB 为直径作半圆 O 交 VA 于 E,交 VB 于 D,过 V 作半圆 O 的切线 VT,VS,切点为 T,S,联结 TS 交 VO 于点 G,过

G 作半圆 O 的割线交圆 O 于 P,Q,求证:VO 平分 $\angle PVQ$.(参见第29章第2节例10)

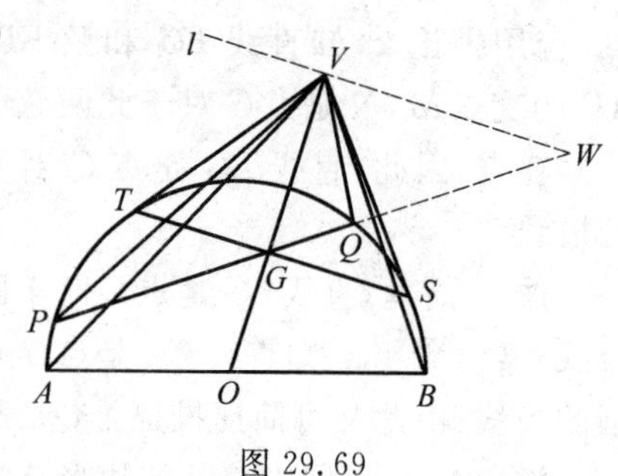

图 29.69

证明 设直线 PQ 与过点 V 且和 TS 平行的直线 l 交于点 W,由于 l 是点 G 的极线,则点 W 的极线过点 G,从而点 W,G 调和分割线段 PQ.

又 $VG\perp VW$,从而由性质4知 VO 平分 $\angle PVQ$.

对于2008年的CMO试题及国家队队员选拔赛,试题中的平面几何题,以及近些年的高中联赛中的平面几何试题等,我们发现:运用线段调和分割的性质来处理特别明快.

例2 (第36届IMO预选题)如图29.70,$\triangle ABC$ 的内切圆分别切三边 BC,CA,AB 于点 D,E,F,X 是 $\triangle ABC$ 的一个内点,$\triangle XBC$ 的内切圆也在点 D 处与 BC 边相切并与 CX,XB 分别相切于点 Y,Z,证明:$EFZY$ 是圆内接四边形.

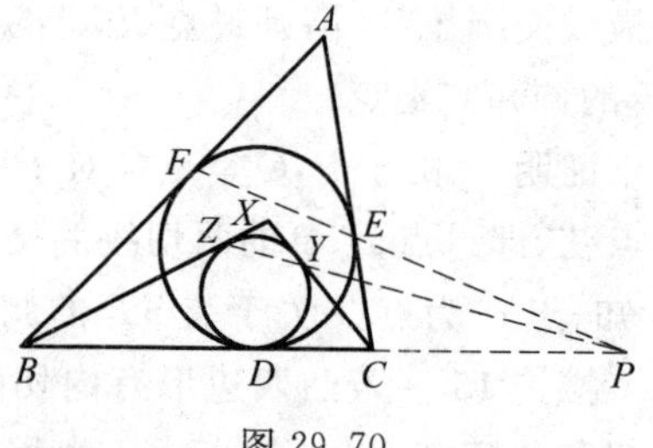

图 29.70

证明 当 FE 与 BC 平行时,可设两直线交于无穷远点 P.

当 PE 与 BC 不平行时,设两直线交于点 P,则由性质5知,BC 被点 D,P 调和分割,从而点 P 是 BC 延长线上的一个定点.

当 FE 不平行于 BC 时,有 YZ 不平行于 BC.

同理,ZY 所在直线与直线 BC 的交点也是 P,从而由 $PE\cdot PF=PD^2=PY\cdot PZ$,故知四边形 $EFZY$ 是圆内接四边形.

例3 (2008年中国国家队选拔赛题)在 $\triangle ABC$ 中,$AB>AC$,它的内切圆切边 BC 于点 E,联结 AE 交内切圆于点 D(不同于点 E).在线段 AE 上取异于点 E 的一点 F,使得 $CE=CF$,联结 CF 并延长交 BD 于点 G,求证:$CF=FG$.

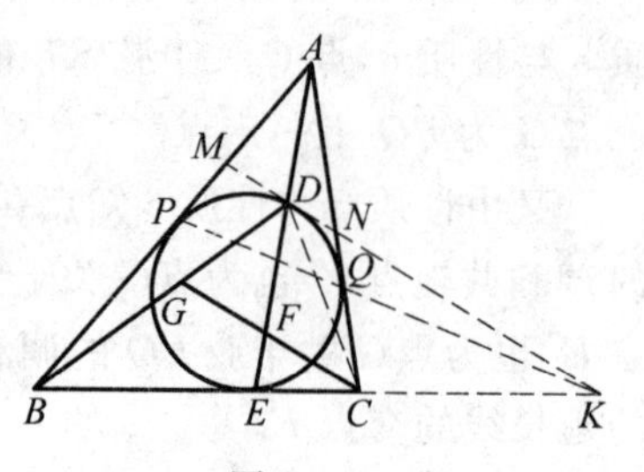

图 29.71

证明 如图29.71,设内切圆切边 AB 于 P,切边 AC 于 Q,设直线 PQ 与直线 BC 交于点 K,则由性质5知 BC 被点 E 和 K 调和分割,且 K 为一定点.设过点 D 的内切圆的

切线交 AB 于点 M，交 AC 于点 N，由推论 15 知点 K 必在直线 MN 上. 又由 $\angle KDE=\angle AEK=\angle EFC$，知 $MK \parallel CG$，联结 DC，则知 DB,DC,DE,DK 为调和线束.

由性质 3(1) 知有 $CF=FG$.

例 4　(《中等数学》2008 年第 4 期数学奥林匹克问题高 222) 如图 29.72，AD 为 $\triangle ABC$ 的内角平分线，$\angle ADC=60°$，点 M 在 AD 上，满足 $DM=DB$，射线 BM,CM 交 AC，AB 于点 E,F，证明：$DF\perp EF$.

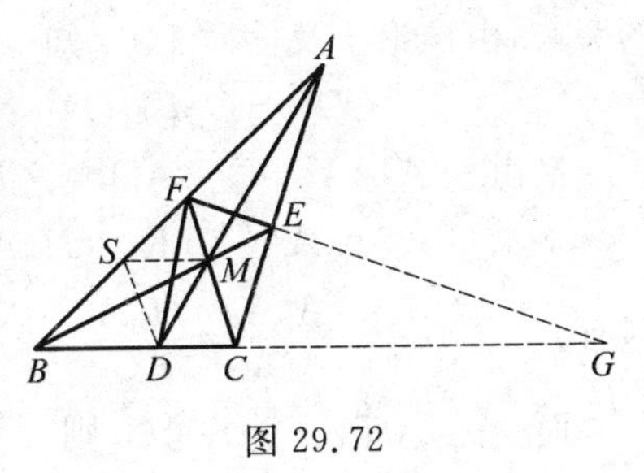

图 29.72

证明　在 AB 上取 $AS=AC$，联结 SM，DS，则由 AD 平分 $\angle BAC$，知 $\triangle ASD$ 与 $\triangle ACD$ 关于 AD 对称，即有

$$\angle MDS=\angle MDC=\angle ADC=60°$$

亦即

$$\angle BDS=60°$$

又由 $DM=DB$ 知

$$\angle DSB=\angle DSM=\angle DCM$$

于是

$$\angle FCB+\angle ACB=\angle DCM+\angle ACB=\angle DSB+\angle ASD=180°$$

从而

$$\sin\angle FCB=\sin\angle ACB$$

由 $\dfrac{FB}{FC}=\dfrac{\sin\angle FCB}{\sin\angle FBC}=\dfrac{\sin\angle ACB}{\sin\angle ABC}=\dfrac{AB}{AC}=\dfrac{BD}{DC}$，知 FD 平分 $\angle BFC$.

设直线 FE 与直线 BC 相交于点 G(因角平分线 AD 交 BC 成 $60°$ 角，必相交)，则由完全四边形对角线调和分割的性质，知 D,G 调和分割 BC，即 B,C,D,G 为调和点列，亦即 FB,FC,FD,FG 为调和线束，而 FD 平分 $\angle BFC$，则由性质 4 知 $DF\perp EF$.

例 5　(2008 年 CMO 试题) 如图 29.73，设锐角 $\triangle ABC$ 的三边长互不相等，O 为其外心，点 A' 在线段 AO 的延长线上，使得 $\angle BA'A=\angle CA'A$，过 A' 作 $A'A_1\perp AC$，$A'A_2\perp AB$，垂足分别为 A_1,A_2，作 $AH_A\perp BC$，垂足为 H_A，记 $\triangle H_AA_1A_2$ 的外接圆半径为 R_A，类似地可得 R_B,R_C，求证：$\dfrac{1}{R_A}+\dfrac{1}{R_B}+\dfrac{1}{R_C}=\dfrac{2}{R}$，其中 R 为 $\triangle ABC$ 的外接圆半径.

证明　设 $\triangle BA'C$ 的外接圆交 AA' 于 O'，由 $\angle BA'A=\angle CA'A$ 知，O' 为 $\overset{\frown}{BC}$ 的中点，且 O' 在 BC 的中垂线上，而 O 为 BC 的中垂线与 AA' 的交点，则知 O' 与 O 重合，且有

$$\angle OBC=\angle OA'C \quad ①$$

设 AA' 交 BC 于 M,交圆 O 于 D,由 $OB=OD=OC$,知 D 为 $\triangle BA'C$ 的内心,联结 BD,DC,则 $DB\perp BA$,$DC\perp AC$,即知 A 为 $\triangle BA'C$ 的旁心,由推论 4 及性质 1(6) 知

$$OD^2=OM\cdot OA' \quad ②$$

又由 $\angle A_2AA'=\angle BAO=\angle H_AAC$,知

$$\mathrm{Rt}\triangle A_2AA'\backsim \mathrm{Rt}\triangle H_AAC$$

即有

$$\frac{A_2A}{A'A}=\frac{H_AA}{AC}$$

而 $\angle A_2AH_A=\angle A'AC$,则

$$\triangle A_2AH_A\backsim\triangle A'AC$$

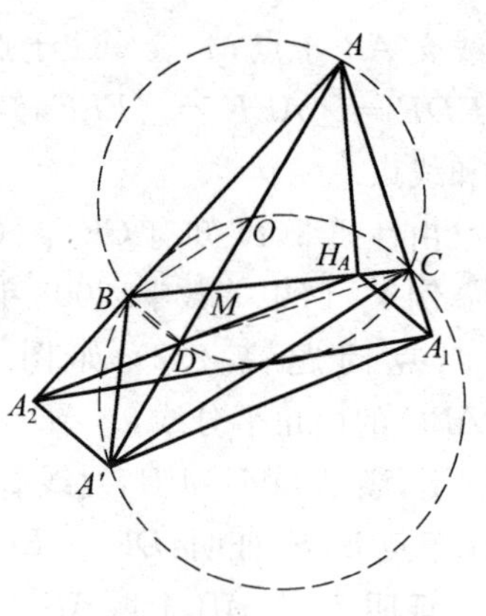

图 29.73

于是

$$\angle AA_2H_2=\angle AA'C\overset{①}{=}\angle OBC=90^\circ-\angle A$$

即知 $A_2H_A\perp AA_1$,从而 H_A 为 $\triangle AA_2A_1$ 的垂心,由垂心组 A,A_2,A_1,H_A 的性质知,$\triangle H_AA_1A_2$ 的外接圆直径等于 $\triangle AA_2A_1$ 的外接圆直径 AA'(因 A,A_2,A',A_1 共圆),即知 $AA'=2R_A$.由式 ② 有

$$\frac{OM}{R}=\frac{R}{OA'}=\frac{R}{2R_A-R}$$

亦即

$$\frac{OM}{R+OM}=\frac{R}{2R_A}$$

从而

$$\frac{R}{R_A}=2\cdot\frac{OM}{AM}=2\cdot\frac{S_{\triangle OBC}}{S_{\triangle ABC}}$$

同理

$$\frac{R}{R_B}=\frac{S_{\triangle OAC}}{S_{\triangle ABC}},\frac{R}{R_C}=\frac{S_{\triangle OAB}}{S_{\triangle ABC}}$$

故

$$\frac{R}{R_A}+\frac{R}{R_B}+\frac{R}{R_C}=\frac{2(S_{\triangle OBC}+S_{\triangle OAC}+S_{\triangle OAB})}{S_{\triangle ABC}}=2$$

即

$$\frac{1}{R_A}+\frac{1}{R_B}+\frac{1}{R_C}=\frac{2}{R}$$

例 6 如图 29.74,过完全四边形 $ABCDEF$ 的顶点 A 的直线交对角线 BF 于点 M,交对角线 CE 于点 N,交 BD 于点 G,交 CD 于点 H,则

$$\frac{1}{AM}+\frac{1}{AN}=\frac{1}{AG}+\frac{1}{AH}$$

证明 设两对角线 BF,CE 所在直线交于点 P(或无穷远点 P),联结 AP,直线 DP 交 AC 于 K,交 GH 于 L,直线 AD 交 BF 于 M',交 CE 于 N',在完全

四边形 $ABCDEF$ 中,知 AD 被 M' 和 N' 调和分割,即知 PA,PD,PM',PN' 为调和线束,从而知 A,L,M,N 为调和点列,即有

$$\frac{2}{AL}=\frac{1}{AM}+\frac{1}{AN}$$

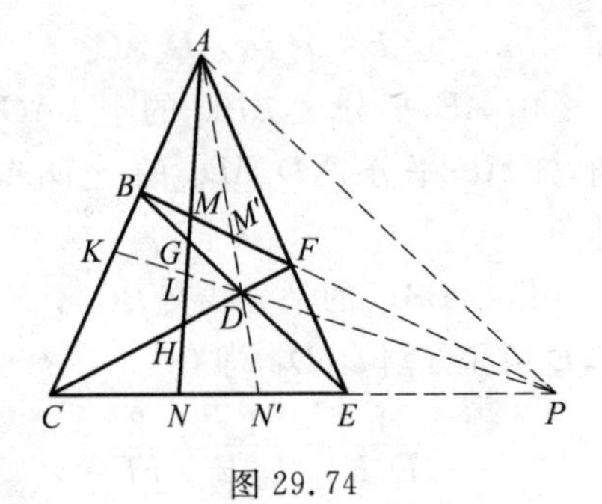

图 29.74

在完全四边形 $PECDBF$ 中,BC 被 K 和 A 调和分割,即知 DA,DK,DB,DC 为调和线束,从而 A,L,G,H 为调和点列,即有

$$\frac{2}{AL}=\frac{1}{AG}+\frac{1}{AH}$$

故
$$\frac{1}{AM}+\frac{1}{AN}=\frac{1}{AG}+\frac{1}{AH}$$

例 7　如图 29.75,过圆外一点 A 引圆的三条割线 ABC,AMN,AFE,依次交圆 O 于点 B,C,M,N,F,E. 弦 BF,CE 分别交弦 MN 于 G,H;MN 交 CF 于 T,交 BE 于 S,则

$$\frac{1}{AM}+\frac{1}{AN}=\frac{1}{AG}+\frac{1}{AH}=\frac{1}{AS}+\frac{1}{AT}$$

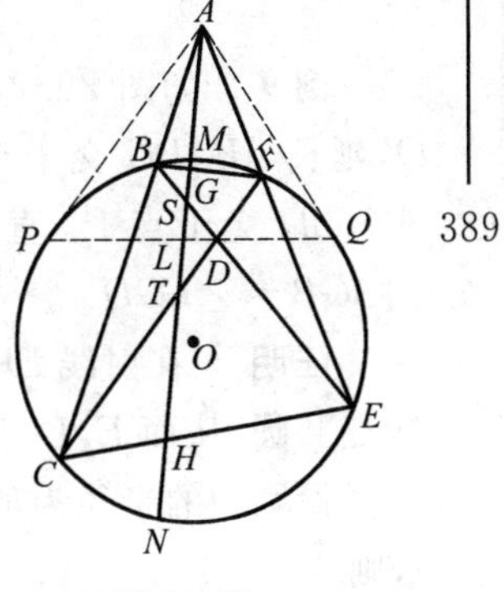

图 29.75

证明　过点 A 作圆的切线 AP,AQ,则由推论 12 中的证明知 P,Q 与 BE,CF 的交点 D 共线. 设直线 PQ 交 AN 于点 L,则知 AL 被 M,N 调和分割,即有

$$\frac{1}{AM}+\frac{1}{AN}=\frac{2}{AL}$$

由例 6 中证明知

$$\frac{1}{AG}+\frac{1}{AH}=\frac{2}{AL},\frac{1}{AS}+\frac{1}{AT}=\frac{2}{AL}$$

故
$$\frac{1}{AM}+\frac{1}{AN}=\frac{1}{AG}+\frac{1}{AH}=\frac{1}{AS}+\frac{1}{AT}$$

例 8　(《中等数学》2008(7) 数学奥林匹克问题初 227 题) 如图 29.76,在 $\triangle ABC(AB>AC)$ 中,点 D_1 在边 BC 上,以 AD_1 为直径作圆,交 AB 于点 M,交 AC 的延长线于点 N,联结 MN,交 BC 于点 D_2,作 $AP\perp MN$ 于点 P,AE 为 $\triangle ABC$ 外角的平分线,求证:$\frac{1}{BE}+\frac{1}{CE}=\frac{1}{D_1E}+\frac{1}{D_2E}$.

证明　联结 MD_1,在 $\mathrm{Rt}\triangle AMD_1$ 与 $\mathrm{Rt}\triangle APN$ 中,由

$$\angle AD_1M=\angle ANM=\angle ANP$$

知 $\angle BAD_1=\angle D_2AC$

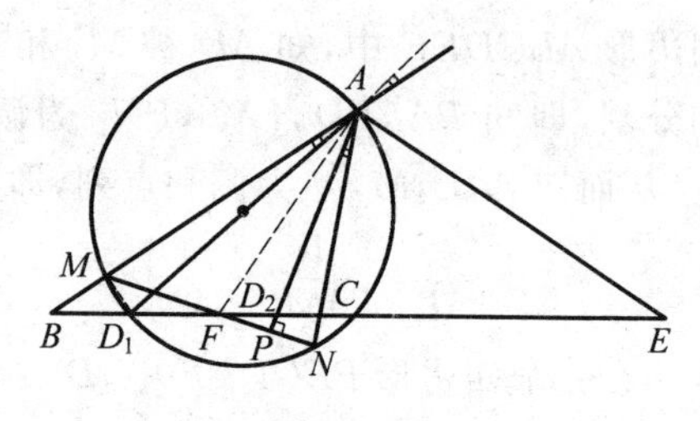

图 29.76

由 AE 平分 $\triangle ABC$ 的 $\angle BAC$ 的外角,知 AE 平分 $\triangle D_1AD_2$ 的 $\angle D_1AD_2$ 的外角.

作 $\angle BAC$ 的平分线交 BC 于 F,则知 F,E 调和分割 D_1D_2,即有

$$\frac{1}{D_1E}+\frac{1}{D_2E}=\frac{2}{FE}$$

显然,F 和 E 调和分割 BC,即有

$$\frac{1}{BE}+\frac{1}{CE}=\frac{2}{FE}$$

故
$$\frac{1}{BE}+\frac{1}{CE}=\frac{1}{D_1E}+\frac{1}{D_2E}$$

例 9 如图 29.77,凸四边形 $ABCD$ 内接于圆 O,延长 AB,DC 交于点 E,延长 BC,AD 交于点 F,AC,BD 交于点 P,直线 OP 交 EF 于点 G,求证:$\angle AGB=\angle CGD$.

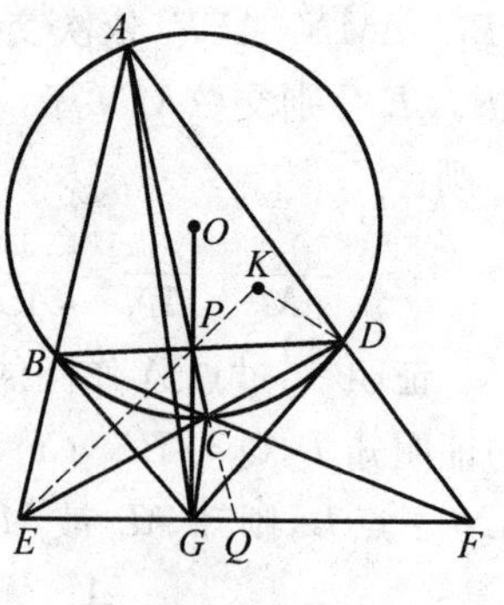

图 29.77

证明 在射线 EP 上取一点 K,使得 K,D,C,P 四点共圆,从而 E,D,K,B 四点共圆.

设圆 O 的半径为 R,从点 E 向圆 O 引的切线长为 t,则

$$EP\cdot EK=EC\cdot ED=t^2=OE^2-R^2$$

$$EP\cdot PK=BP\cdot PD=(R+OP)(R-OP)=R^2-OP^2$$

上述两式相减得

$$EP^2=(OE^2-R^2)-(R^2-OP^2)=OE^2+OP^2-2R^2$$

所以
$$OE^2-EP^2=2R^2-OP^2$$

同理
$$OF^2-FP^2=2R^2-OP^2$$

即有
$$OE^2-EP^2=OF^2-FP^2$$

故
$$OP\perp EF$$

延长 AC 交 EF 于 Q,则在完全四边形 $ABECFD$ 中,P,Q 调和分割 AC,从而 GA,GC,GD,GQ 为调和线束,而 $GP\perp GQ$,于是 GP 平分 $\angle AGC$,即 $\angle AGP=\angle CGP$.

延长 DB 与直线 EF 交于 L(或无穷远点 L),则知 L,P 调和分割 BD,同样可得 $\angle BGP=\angle DGP$,故 $\angle AGB=\angle CGD$.

例 10 (第 23 届 IMO 预选题改编)如图 29.78,分别以 $\triangle ABC$ 的两边 AB,AC 为一边向形外作 $\triangle ABF,\triangle ACE$,使得 $\triangle ABF\backsim\triangle ACE$ 且 $\angle ABF=90^{\circ}$.设 BE 交 CF 于点 M,BE 交 AC 于点 D,CF 交 AB 于点 G,过点 M 作 $MH\perp BC$ 于点 H,求证:MH 平分 $\angle GHD$.

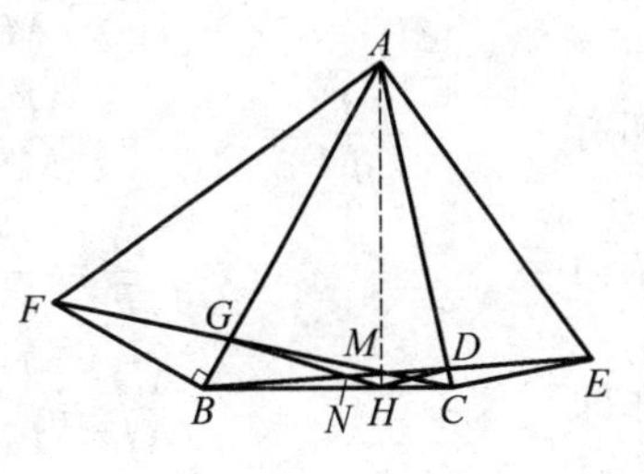

图 29.78

证明　先证 A,M,H 三点共线.

对 $\triangle ABC$ 及点 E,F 分别应用角元形式的塞瓦定理,有

$$\frac{\sin\angle ABE}{\sin\angle EBC}\cdot\frac{\sin\angle BCE}{\sin\angle ECA}\cdot\frac{\sin\angle CAE}{\sin\angle EAB}=1 \quad ①$$

$$\frac{\sin\angle BCF}{\sin\angle FCA}\cdot\frac{\sin\angle CAF}{\sin\angle FAB}\cdot\frac{\sin\angle ABF}{\sin\angle FBC}=1 \quad ②$$

由 $\triangle ABF\backsim\triangle ACE$,且 $\angle ABF=90^{\circ}$,知

$$\angle ACE=90^{\circ},\angle CAE=\angle BAF,\angle EAB=\angle FAC$$

式 ①×② 并化简得

$$\begin{aligned}1&=\frac{\sin\angle ABE}{\sin\angle EBC}\cdot\frac{\sin\angle BCF}{\sin\angle FCA}\cdot\frac{\sin\angle BCE}{\sin\angle FBC}\\&=\frac{\sin\angle ABE}{\sin\angle EBC}\cdot\frac{\sin\angle BCF}{\sin\angle FCA}\cdot\frac{\sin\angle BCA}{\sin\angle ABC}\\&=\frac{\sin\angle ABE}{\sin\angle EBC}\cdot\frac{\sin\angle BCF}{\sin\angle FCA}\cdot\frac{\sin\angle CAH}{\sin\angle HAB}\end{aligned}$$

由塞瓦定理的逆定理知 BE,CF,AH 共点,故 A,M,H 三点共线.

设 GH 交 BM 于点 N,在完全四边形 $BHCMAG$ 中,N,D 调和分割 BM,从而 HB,HM,HN,HD 为调和线束,而 $HB\perp HM$,故 MH 平分 $\angle GHD$.

例 11 (1998 年全国高中联赛题)如图 29.79,O,I 分别是 $\triangle ABC$ 的外心、内心,AD 是边 BC 上的高,I 在线段 OD 上,求证:$\triangle ABC$ 的外接圆半径等于边 BC 上的旁切圆半径.

证明　设 I_A 为旁心,AI_A 交 BC 于点 E,交圆 O 于点 M,则 M 为 $\overset{\frown}{BC}$ 的中点,联结 OM,则 $OM\perp BC$,作 $I_AF\perp BC$ 于 F,则由平行线性质,有

$$\frac{AD}{AI}=\frac{OM}{MI} \quad (*)$$

$$\frac{AD}{I_AF}=\frac{AE}{I_AE}$$

注意到推论9,有

$$\frac{AI}{IE}=\frac{I_AM}{ME}$$

即有
$$\frac{AI}{I_AM}=\frac{IE}{ME}=\frac{AI+IE}{I_AM+ME}=\frac{AE}{I_AE}$$

从而
$$\frac{AD}{I_AF}=\frac{AI}{I_AM}$$

亦即
$$\frac{AD}{AI}=\frac{I_AF}{I_AM}$$

注意到式(*)及 $MI=I_AM$,故

$$OM=I_AF$$

即$\triangle ABC$的外接圆半径OM等于边BC上的旁切圆半径I_AF.

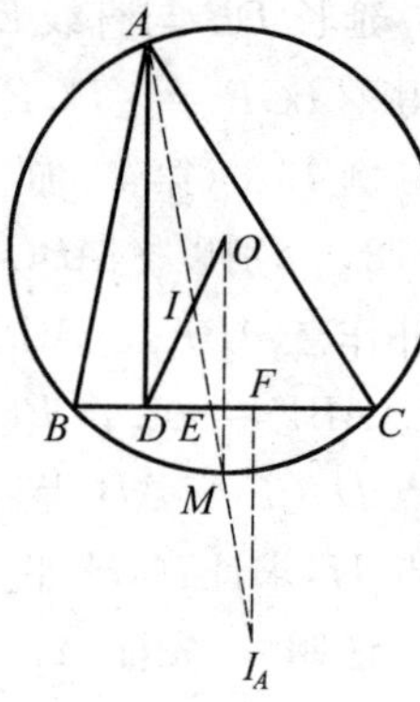

图 29.79

例12 (2005年全国高中联赛题)如图29.80,在$\triangle ABC$中,$AB>AC$,过点A作$\triangle ABC$的外接圆的切线l.又以A为圆心,AC为半径作圆分别交线段AB于点D,交直线l于点E,F,证明:直线DE,DF分别通过$\triangle ABC$的内心与一个旁心.

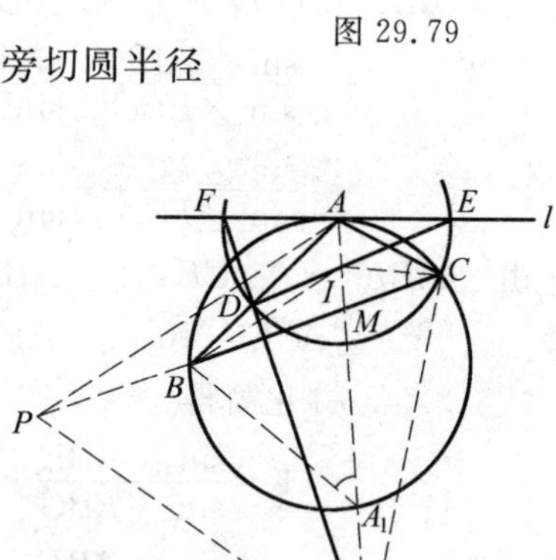

图 29.80

证明 作$\angle BAC$的平分线,交DE于I,易知

$$\triangle ADI\cong\triangle ACI$$

所以

$$\angle ACI=\frac{1}{2}(180^\circ-\angle BAC-\angle ABC)=\frac{1}{2}\angle ACB$$

从而I为$\triangle ABC$的内心.

设射线AI交BC于M,交$\triangle ABC$的外接圆于A_1,交直线FD于I_A,联结CI_A,则知

$$\angle DI_AA=\angle AI_AC$$

延长CB到P,使$PB=BA$,则

$$\angle APC=\frac{1}{2}\angle ABC=\frac{1}{2}\angle B$$

注意到

$$\frac{1}{2}(\angle A+\angle B+\angle C)=90^\circ=\angle FDA+\angle ADE$$

$$=(\frac{1}{2}\angle A+\angle DI_AA)+\angle ICA$$

$$=(\frac{1}{2}\angle A+\angle AI_AC)+\frac{1}{2}\angle C$$

从而
$$\angle AI_AC=\frac{1}{2}\angle B=\angle APC$$

于是 A,P,I_A,C 四点共圆,有

$$\angle AI_AP=\angle ACP=\angle AA_1B$$

即有
$$BA_1 \parallel PI_A$$

亦即有
$$\frac{I_AA_1}{A_1M}=\frac{PB}{BM}=\frac{AB}{BM}=\frac{AI}{IM}$$

再注意到推论 9,知 I_A 是边 BC 外侧的旁心.

例 13　(第 24 届 IMO 试题) 如图29.81,已知 A 为平面上两半径不等的圆 O_1 和圆 O_2 的一个交点,两外公切线 P_1P_2,Q_1Q_2 分别切两圆于 P_1,P_2,Q_1,Q_2,M_1,M_2 分别是 P_1Q_1,P_2Q_2 的中点,求证:$\angle O_1AO_2=\angle M_1AM_2$.

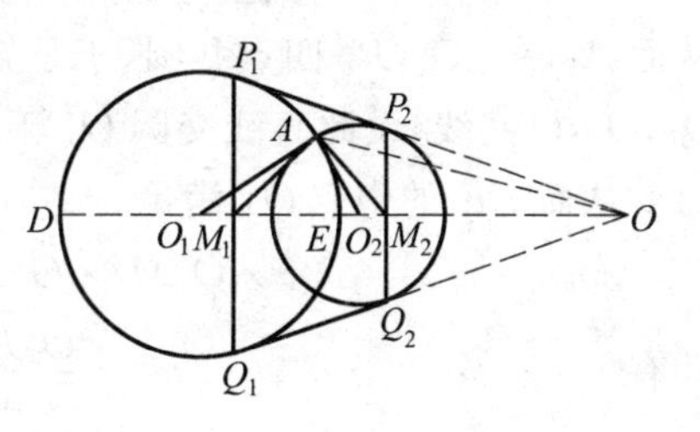

图 29.81

证明　设直线 P_1P_2 与 Q_1Q_2 交于点 O,则 O,O_1,O_2 共线,且设此直线交圆 O_1 于 D,E 两点,则知 M_1,O 调和分割 DE,从而 DE 的中点 O_1 满足

$$O_1M_1\cdot O_1O=O_1E^2=O_1A^2$$

即有
$$\frac{O_1A}{O_1M_1}=\frac{O_1O}{O_1A}$$

由 $\angle AO_1M_1$ 公用,知

$$\triangle O_1AM_1\backsim\triangle O_1OA$$

于是
$$\angle O_1AM_1=\angle O_1OA$$

同理
$$\angle O_2AM_2=\angle O_2OA$$

故
$$\angle O_1AO_2=\angle M_1AM_2$$

例 14　(1990 年中国国家集训队测试题) 如图 29.82,已知圆 O_1 和圆 O_2 外离,两条公切线分别切圆 O_1 于 A_1,B_1,切圆 O_2 于 A_2,B_2,弦 A_1B_1,A_2B_2 分别交直线 O_1O_2 于 M_1,M_2,圆 O 过 A_1,A_2 分别交圆 O_1,圆 O_2 于 P_1,P_2,求证:$\angle O_1P_1M_1=\angle O_2P_2M_2$.

证明　设直线 A_1A_2 与 B_1B_2 交于点 P,先证 P_1,P_2,P 三点共线.

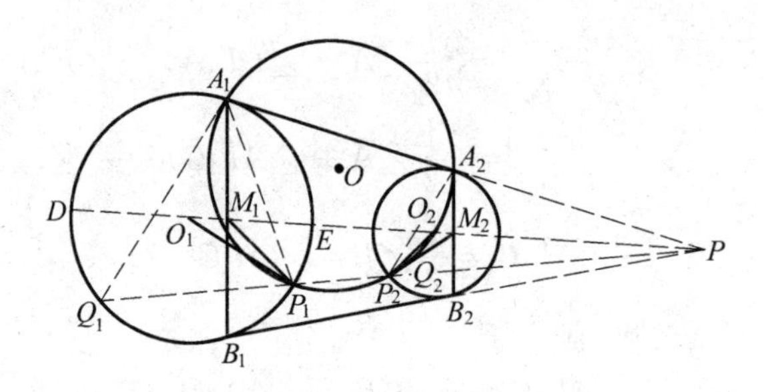

图 29.82

联结 P_1P 交圆 O_2 于 Q_2，直线 P_1P 交圆 O_1 于另一点 Q_1，联结 A_1Q_1，A_2Q_2，A_1P_1，则

$$\angle A_2Q_2P=\angle A_1Q_1P=\angle P_1A_1P$$

从而 A_1，A_2，Q_2，P_1 四点共圆，于是知 P_2 与 Q_2 重合，故 P_1，P_2，P 三点共线.由 O_1，O_2，O 共线，设此直线交圆 O_1 于 D，E，则知 M_1，P 调和分割 DE.

从而 DE 的中点 O_1 满足

$$O_1M_1\cdot O_1P=O_1E^2=O_1P_1^2$$

即有

$$\frac{O_1P_1}{O_1M_1}=\frac{O_1P}{O_1P_1}$$

由 $\angle P_1O_1M_1$ 公用，知

$$\triangle O_1P_1M_1\backsim O_1PP_1$$

有

$$\angle O_1P_1M_1=\angle O_1PP_1$$

同理

$$\angle O_2P_2M_2=\angle O_2PP_2$$

故

$$\angle O_1P_1M_1=\angle O_2P_2M_2$$

例 15 （第 35 届 IMO 预选题）如图 29.83，在 $\triangle ABC$ 的边上取一点 D，以 D 为圆心在三角形内作半圆分别切边 AB 于 F，切 AC 于 E，BE 与 CF 交于点 H，过点 H 作 $HG\perp BC$ 于点 G，求证：HG 平分 $\angle FGE$.

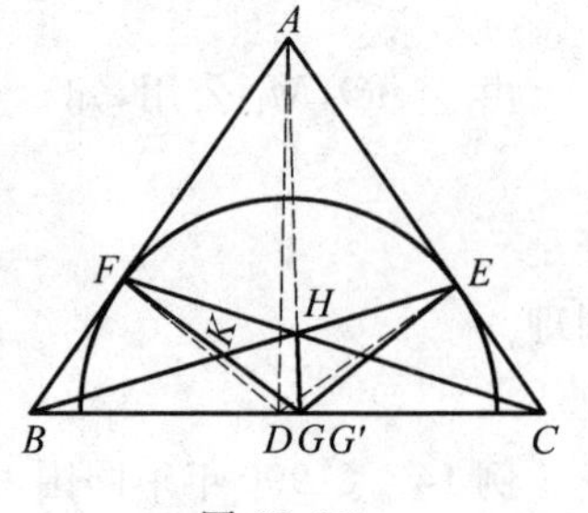

图 29.83

证明 联结 DA，DE，DF，过点 A 作 $AG'\perp BC$ 于 G'，则由

$$\triangle BDF\backsim\triangle BAG',\triangle CDE\backsim\triangle CAG'$$

且

$$DE=DF$$

有

$$\frac{BG'}{BF}=\frac{AG'}{DF}=\frac{AG'}{DE}=\frac{CG'}{CE}$$

即
$$\frac{BG'}{BF}\cdot\frac{CE}{CG'}=1$$

由 $AF=AE$，有
$$\frac{AF}{FB}\cdot\frac{BG'}{G'C}\cdot\frac{CE}{EA}=\frac{AF}{AE}\cdot\frac{BG'}{BF}\cdot\frac{CE}{CG'}=1$$

由塞瓦定理的逆定理，知 BE，CF，AG' 三线共点，所以高 AG' 过点 H，即点 G' 与 G 重合.

设 BE 与 FG 交于点 K，在完全四边形 $BGCHAF$ 中，BH 被 K，E 调和分割，从而 GB，GH，GK，GE 为调和线束，而 $BG\perp GH$，故 HG 平分 $\angle FGE$.

例 16　(1999 年全国高中联赛题) 如图 29.84，在四边形 $ABCD$ 中，对角线 AC 平分 $\angle BAD$，在 CD 上取一点 E，BE 与 AC 交于点 F，延长 DF 交 BC 于 G，求证：$\angle GAC=\angle EAC$.

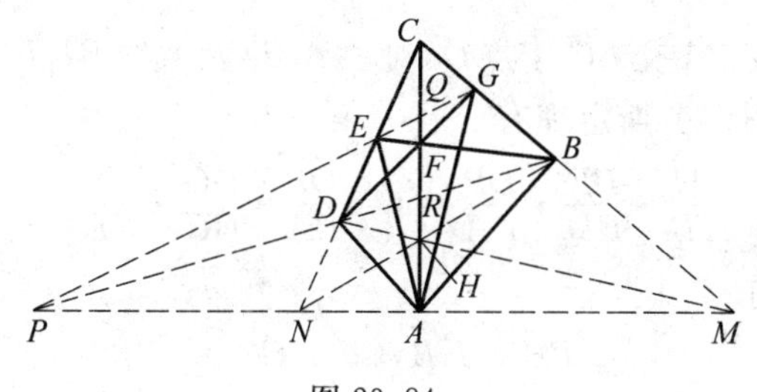

图 29.84

证法 1　当 $AB=AD$ 时，四边形 $ABCD$ 是筝形，结论成立.

当 $AB\neq AD$ 时，过 A 作 AC 的垂线与 CB，CD 的延长线分别交于点 M，N.

由 $\angle BAC=\angle DAC$，可证 BN，DM 的交点 H 在 AC 上.

在 $\triangle BNE$ 与 $\triangle DMG$ 中，因 BN 与 DM 的交点为 H，BE 与 DG 的交点为 F，NE 与 MG 的交点为 C，且 C，F，H 共线，则由戴沙格定理的逆定理知 BD，MN，EG 三线共点，设该点为 P.

设 EG 与 FC 交于点 Q，在完全四边形 $CEDFBG$ 中，P，Q 调和分割 EG，从而 AP，AQ，AE，AG 为调和线束，而 $AP\perp AQ$，故 AQ 平分 $\angle EAG$，于是 $\angle GAC=\angle EAC$.

证法 2　设直线 EG 与直线 DB 交于点 P(或无穷远点 P)，分别与 AC 交于点 Q，R，则在完全四边形 $CEDFBG$ 中，知 P，R 调和分割 DB，P，Q 调和分割 EG. 由 AC 平分 $\angle BAD$，知 $AC\perp AP$. 由此即知 $\angle GAC=\angle EAC$.

例 17 (1996年全国高中联赛题)如图29.85,圆 O_1 和圆 O_2 与 $\triangle ABC$ 的三边所在的三条直线都相切,E,F,G,H 为切点,并且 EG,FH 的延长线交于点 P,求证:直线 PA 与 BC 垂直.

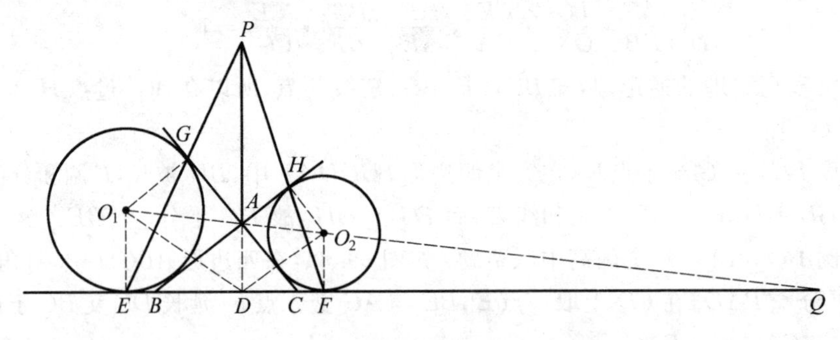

图 29.85

证明 设直线 PA 交 BC 于点 D,对 $\triangle ABD$ 及截线 PHF,对 $\triangle ADC$ 及截线 PGE 分别应用梅涅劳斯定理有

$$\frac{AH}{HB}\cdot\frac{BF}{FD}\cdot\frac{DP}{PA}=1=\frac{DP}{PA}\cdot\frac{AG}{GC}\cdot\frac{CE}{ED}$$

由切线性质,有

$$BF=HB,CE=GC$$

有

$$\frac{AH}{FD}=\frac{AG}{ED}$$

即

$$\frac{ED}{DF}=\frac{AG}{AH}$$

联结 O_1G,O_2H,由

$$\mathrm{Rt}\triangle AGO_1\backsim\mathrm{Rt}\triangle AHO_2$$

知

$$\frac{AG}{AH}=\frac{O_1G}{O_2H}$$

联结 O_1E,O_2F,则

$$\frac{AG}{AH}=\frac{O_1E}{O_2F}$$

联结 O_1D,O_2D,则在 $\mathrm{Rt}\triangle O_1ED$ 与 $\mathrm{Rt}\triangle O_2FD$ 中,有

$$\frac{ED}{DF}=\frac{O_1E}{O_2F}$$

于是

$$\mathrm{Rt}\triangle O_1ED\backsim\mathrm{Rt}\triangle O_2FD$$

即有

$$\angle O_1DE=\angle O_2DC$$

从而直线 DF 为 $\triangle O_1DO_2$ 的 $\angle O_1DO_2$ 的外角平分线.

设直线 O_1O_2 与直线 EF 交于点 Q(或无穷远点 Q),从而点 A,Q 调和分割 O_1O_2,即 DO_1,DO_2,DA,DQ 为调和线束,于是知 $DA \perp DQ$,故 $PA \perp BC$.

例 18 (1997 年 CMO 试题) 如图 29.86,四边形 $ABCD$ 内接于圆 O,其边 AB,DC 的延长线交于点 P,AD 和 BC 的延长线交于点 Q,过 Q 作该圆的两条切线,切点分别为 E,F,求证:P,E,F 三点共线.

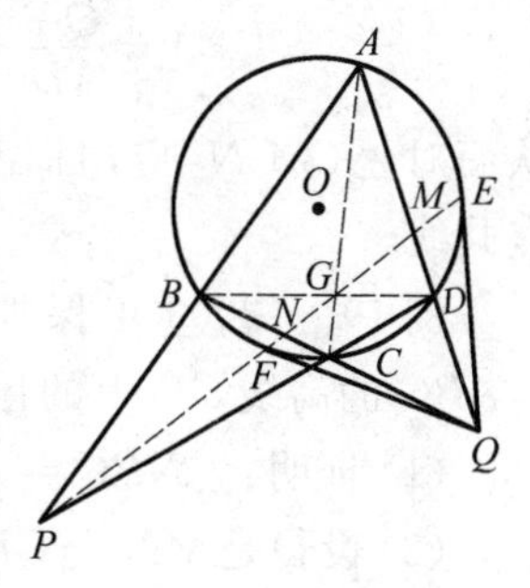

图 29.86

证法 1 联结 AC,BD 交于点 G,联结 PG 并延长分别交 AD,BC 于点 M,N,对 $\triangle APD$ 及点 G 应用塞瓦定理,并对 $\triangle APD$ 及截线 QCB 应用梅涅劳斯定理,分别有

$$\frac{AB}{BP}\cdot\frac{PC}{CD}\cdot\frac{DM}{MA}=1,\frac{AB}{BP}\cdot\frac{PC}{CD}\cdot\frac{DQ}{QA}=1$$

从而

$$\frac{DM}{DQ}=\frac{AM}{AQ}$$

即点 M,Q 调和分割 AD.

联结 EF 与 AD 交于 M',则知 M' 为点 Q 的切点弦上的点,亦即知 M',Q 调和分割 AD.

于是点 M' 与 M 重合,即知点 M 在直线 EF 上.

同理,点 N 在直线 EF 上,从而直线 PG 与 EF 重合,故 P,E,F 三点共线.

证法 2 联结 EF 与 AD 交于点 M',交 BC 于 N',则知 M',Q 调和分割 AD,则

$$\frac{AQ}{AM'}=\frac{DQ}{DM'}$$

即

$$\frac{DQ}{DM'}=\frac{DQ+AQ}{DM'+AM'}=\frac{DQ+AQ}{AD}$$

有

$$\frac{QM'}{M'D}=1+\frac{QD}{M'D}=1+\frac{DQ+AQ}{AD}=\frac{2AQ}{AD}$$

同理,由

$$\frac{BQ}{BN'}=\frac{CQ}{CN'}$$

有

$$\frac{CQ}{CN'}=\frac{CQ+BQ}{CN'+BN'}=\frac{CQ+BQ}{BC}$$

有
$$\frac{QN'}{N'C}=1+\frac{CQ+BQ}{BC}=\frac{2BQ}{BC}$$
对 $\triangle QM'N'$ 及截线 ABP 应用梅涅劳斯定理，有
$$1=\frac{QA}{AD}\cdot\frac{DP}{PC}\cdot\frac{CB}{BQ}=\frac{1}{2}\frac{QM'}{M'D}\cdot\frac{DP}{PC}\cdot 2\frac{CN'}{N'Q}$$
从而对 $\triangle QM'N'$ 应用梅涅劳斯定理之逆，知 P,N',M' 三点共线，故 P,F,E 三点共线.

例 19 (2003年保加利亚数学奥林匹克题)如图 29.87，设 H 是锐角 $\triangle ABC$ 的高线 CP 上的任一点，直线 AH,BH 分别交 BC,AC 于点 M,N.

(1) 证明：$\angle NPC=\angle MPC$.

(2) 设 O 是 MN 与 CP 的交点，一条过点 O 的任意的直线交四边形 $CNHM$ 的边于 D,E 两点，证明：$\angle EPC=\angle DPC$.

此例我们在第1章第3节中作为例2已给出了2种证法，下面再给出一种证法.

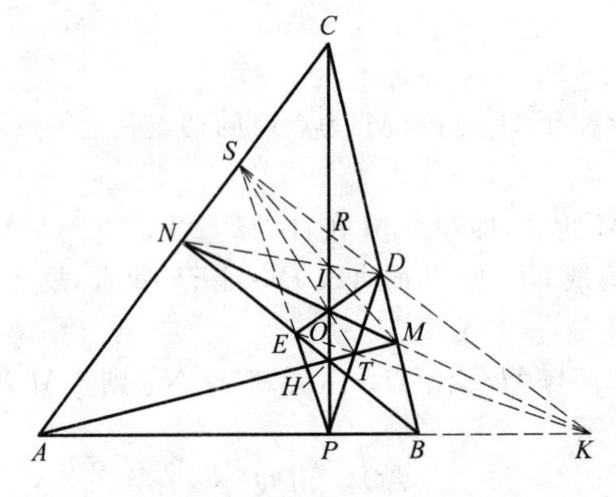

图 29.87

证明 (1) 可参考第28章第4节中例2证明.

(2) 如图 29.87，延长 PE 交 AC 于 S，设 PD 交 AM 于 T.

在 $\triangle SEN$ 与 $\triangle TDM$ 中，SE 与 TD 的交点 P，EN 与 DM 的交点 B，SN 与 TM 的交点 A 共线，故由戴沙格定理的逆定理，知 ST,ED,MN 三线共点于 O.

在 $\triangle SEN$ 与 $\triangle DTM$ 中，SE 与 DT 的交点 P，EN 与 TM 的交点 H，SN 与 DM 的交点 C 共线，故由戴沙格定理的逆定理，知 SD,ET,MN 三线共点于 K.

在 $\triangle SMT$ 与 $\triangle DNE$ 中，因为 SD,ET,MN 共点于 K，则由戴沙格定理知，ST 与 DE 的交点 O，MT 与 NE 的交点 H，SM 与 DN 的交点 I 共线，即 SM 与 DN 的交点 I 在 CP 上.

在 $\triangle ASM$ 与 $\triangle BDN$ 中，AS 与 BD 的交点 C，AM 与 BN 的交点 H，SM 与 DN 的交点 I 共线于 CP，则由戴沙格定理的逆定理知 SD，MN，AB 三线共点于 K.

设 SD 与 CO 交于点 R，则在完全四边形 $CSNIMD$ 中，SD 被 R，K 调和分割，从而 PS，PD，PR，PK 为调和线束，而 $PR\perp PK$，故 PR 平分 $\angle SPD$，即 $\angle EPC=\angle DPC$.

第 5 节　牛顿定理的证明及应用

试题 C 中运用到了牛顿定理，在此，我们介绍牛顿定理的多种证法及应用.①

牛顿定理　圆的外切四边形的对角线的交点和以切点为顶点的四边形的对角线的交点重合.

此定理即是说，若凸四边形 $ABDF$ 外切于圆，边 AB，BD，DF，FA 上的切点分别为 P，Q，R，S，则直线 AD，BF，PR，QS 交于形内一点.

证法 1　如图 29.88，设 AD 与 PR 交于点 M，AD 与 QS 交于点 M'，下证点 M' 与 M 重合.

由切线性质，知 $\angle ASM'=\angle BQM'$，则

$$\frac{AM'\cdot SM'}{QM'\cdot DM'}=\frac{S_{\triangle AM'S}}{S_{\triangle DM'Q}}=\frac{AS\cdot SM'}{DQ\cdot QM'}$$

即

$$\frac{AM'}{DM'}=\frac{AS}{DQ}$$

同理可得

$$\frac{AM}{DM}=\frac{AP}{DR}$$

注意到 $AP=AS$，$DR=DQ$，则

$$\frac{AM}{DM}=\frac{AS}{DQ}=\frac{AM'}{DM'}$$

再由合比定理，得

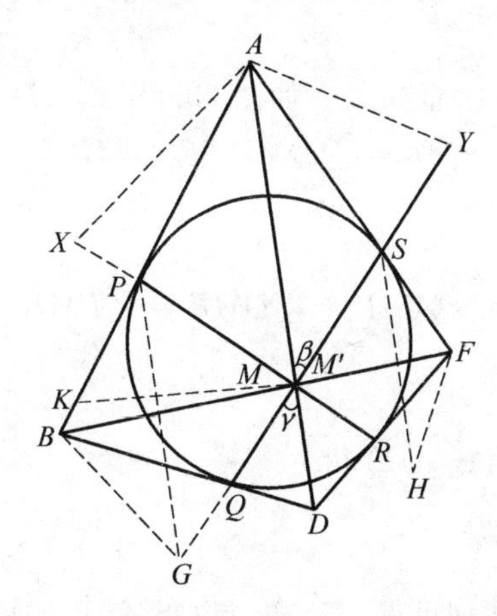

图 29.88

① 沈文选. 牛顿定理的证明、应用及其他[J]. 中学教研(数学)，2010(4)：26-29.

$$\frac{AM}{AD}=\frac{AM'}{AD}$$

于是点 M' 与 M 重合,即知 AD,PR,QS 三线共点.

同理可知,BF,PR,QS 三线共点,故直线 AD,BF,PR,QS 共点.

注 此证法由熊斌先生给出.

证法2 如图29.88,过点 A 作 $AX /\!/ FD$ 交直线 PR 于点 X,过点 A 作 $AY /\!/ BD$ 交直线 QS 于点 Y.设 AD 与 PR,QS 分别交于点 M,M',则由 $\triangle MAX \backsim \triangle MDR$,$\triangle M'AY \backsim \triangle M'DQ$,注意到 $AX=AP$,$AY=AS$,可得

$$\frac{MA}{MD}=\frac{AX}{DR}=\frac{AP}{DR},\frac{M'A}{M'D}=\frac{AY}{DQ}=\frac{AS}{DQ}=\frac{AP}{DR}$$

即

$$\frac{MA}{MD}=\frac{M'A}{M'D}$$

从而点 M' 与 M 重合.同证法1,即知直线 AD,BF,PR,QS 共点.

注 此证法由尚强先生给出.

证法3 如图29.88,设 AD 与 PR 交于点 M,在射线 PB 上取点 K,使得 $\angle PMK=\angle DMR$.而 $\angle MPK=\angle MRD$,从而 $\triangle MPK \backsim \triangle MRD$,即

$$\frac{MK}{KP}=\frac{MD}{DR} \quad ①$$

由 $\angle AMP=\angle DMR=\angle PMK$ 及角平分线性质,得

$$\frac{MK}{KP}=\frac{MA}{AP} \quad ②$$

由式①②得

$$\frac{MA}{MD}=\frac{AP}{DR} \quad ③$$

同理可得,若 AD 与 QS 交于点 M',则

$$\frac{M'A}{M'D}=\frac{AS}{DQ} \quad ④$$

由式③④得

$$\frac{MA}{MD}=\frac{AP}{DR}=\frac{AS}{DQ}=\frac{M'A}{M'D}$$

以下同证法1.

证法 4　如图 29.88，设 PR 与 QS 交于点 M，联结 MA，MB，MD，MF. 设 $\angle PMS=\angle QMR=\alpha$，$\angle AMS=\beta$，$\angle DMQ=\gamma$，则

$$\angle AMP=\alpha-\beta,\angle DMR=\alpha-\gamma$$

在 $\triangle AMS$ 中应用正弦定理，得

$$\frac{AS}{\sin\beta}=\frac{AM}{\sin\angle ASM}$$

即

$$\frac{\sin\beta}{\sin\angle ASQ}=\frac{AS}{AM}$$

同理可得，在 $\triangle APM$ 中，有

$$\frac{\sin(\alpha-\beta)}{\sin\angle APR}=\frac{AP}{AM}$$

于是

$$\frac{\sin\beta}{\sin\angle ASQ}=\frac{\sin(\alpha-\beta)}{\sin\angle APR} \quad ①$$

同理可得，在 $\triangle DMR$，$\triangle DMQ$ 中，亦有

$$\frac{\sin\gamma}{\sin\angle DQS}=\frac{\sin(\alpha-\gamma)}{\sin\angle DRP} \quad ②$$

注意到由弦切角性质，得 $\angle ASQ+\angle DQS=180^\circ$，因此

$$\sin\angle ASQ=\sin\angle DQS$$

同理可得

$$\sin\angle APR=\sin\angle DRP$$

由式 ①② 得

$$\frac{\sin\beta}{\sin\gamma}=\frac{\sin(\alpha-\beta)}{\sin(\alpha-\gamma)}$$

展开化简得

$$\sin\alpha\cdot\sin(\beta-\gamma)=0$$

而

$$\sin\alpha\neq 0,\beta-\gamma\in(-\pi,\pi)$$

于是

$$\sin(\beta-\gamma)=0$$

得 $\beta=\gamma$，即点 A，M，D 共线. 同理，点 B，M，F 共线，故直线 AD，BF，PR，QS 共点.

注　如图29.88,同证法1所设,对$\triangle SMF$,BMQ分别应用正弦定理,可得$\frac{FM}{BM}=\frac{SF}{BQ}$.对$\triangle RM'F$,$\triangle PM'B$分别应用正弦定理,可得$\frac{FM'}{BM'}=\frac{RF}{BP}$.注意:通过$SF=RF$,$BQ=BP$可证得点$M'$与$M$重合,也可证得结论成立.

证法5　如图29.88,从点B引AF的平行线与SQ的延长线交于点G,则

$$\angle SGB=\angle QSF$$

而

$$\angle DQS=\angle QSF$$

从而

$$\angle BGQ=\angle BQG$$

于是

$$BG=BQ=BP$$

同理,从点F引AB的平行线与PR的延长线交于点H,则$FH=FS$.因此$\triangle BGP$和$\triangle FSH$均为等腰三角形.注意到$BG\parallel SF$,$FH\parallel PB$,则$\angle PBG=\angle HFS$,从而$\triangle PBG\backsim\triangle HFS$.于是可推知$BF$经过$PR$与$QS$的交点$M$.同理,$AD$经过$PR$与$QS$的交点$M$,故直线$AD$,$BF$,$PR$,$QS$共点.

在此,看几个应用的例子.

例1　即试题C.

证明　如图29.89所示,过点D作内切圆的切线MNK,分别交AB,AC,BC于点M,N,K.由$\angle KDE=\angle AEK=\angle EFC$,知$MK\parallel CG$,即

$$\frac{DF}{DE}=\frac{KC}{KE}$$

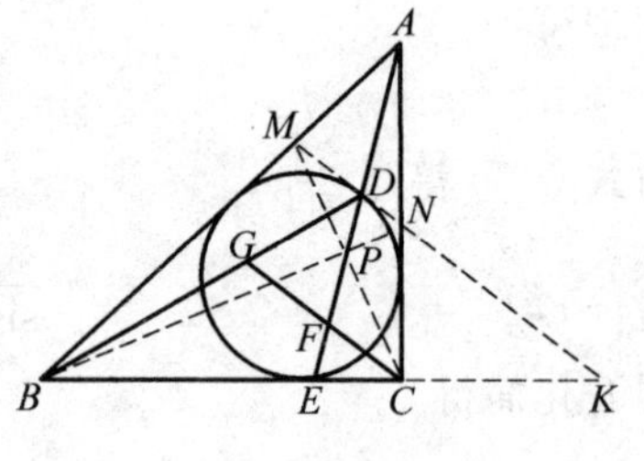

图29.89

由牛顿定理知,直线BN,CM与DE共点于P.对$\triangle BCA$及点P应用塞瓦定理有

$$\frac{BE}{EC}\cdot\frac{CN}{NA}\cdot\frac{AM}{MB}=1 \quad ①$$

对$\triangle BCA$及截线MNK应用梅涅劳斯定理,有

$$\frac{BK}{KC}\cdot\frac{CN}{NA}\cdot\frac{AM}{MB}=1 \quad ②$$

由式①÷②得

$$BE\cdot KC=EC\cdot BK$$

亦即

$$\begin{aligned}2BE\cdot KC&=EC\cdot BK+BE\cdot KC\\&=EC(BC+CK)+BE\cdot KC\\&=EC\cdot BC+CK(EC+BE)\\&=BC\cdot(EC+CK)\\&=BC\cdot EK\end{aligned}$$

对$\triangle ECF$及截线BGD应用梅涅劳斯定理并注意上式及$\dfrac{DF}{DE}=\dfrac{KC}{KE}$,得

$$1=\frac{EB}{BC}\cdot\frac{CG}{GF}\cdot\frac{FD}{DE}\cdot\frac{BE}{BC}\cdot\frac{KC}{KE}\cdot\frac{CG}{GF}=\frac{CG}{2GE}$$

故

$$CF=GF$$

例2　凸四边形$ABDF$有内切圆圆O,求证:$\triangle OAB$,$\triangle OBD$,$\triangle ODF$,$\triangle OFA$的垂心共线.

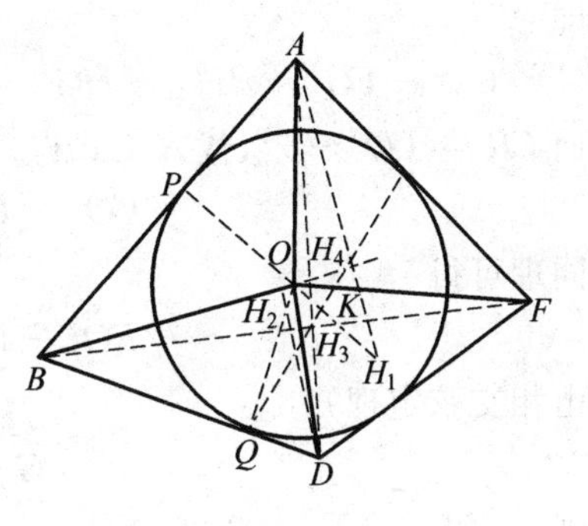

图29.90

证明　如图29.90,设$\triangle OAB$,$\triangle OBD$,$\triangle ODF$,$\triangle OFA$的垂心依次为H_1,H_2,H_3,H_4,点P,Q分别为AB,BD边上的切点.又设H_1H_2交AD于点K,由$AH_1\perp BO$,$DH_2\perp BO$,得$AH_1/\!/DH_2$,从而

$$\frac{AH_1}{DH_2}=\frac{AK}{KD}$$

联结PH_1,QH_2,则知点O在PH_1上,也在QH_2上.又由$\angle H_1AP=\angle BOP=\angle BOQ=\angle H_2DQ$,知

$$\text{Rt}\triangle AH_1P\backsim\text{Rt}\triangle DH_2Q$$

则

$$\frac{AH_1}{DH_2}=\frac{AP}{DQ}$$

从而

$$\frac{AK}{KD}=\frac{AP}{DQ}$$

由P,Q为定点,可知K为AD上的定点,同理,K为BF上的定点.由牛顿定理知,AD与BF的交点是AD与BF上的定点,即点K为AD与BF的交点.AD与BF上的定点,即点K为AD与BF的交点.同理可得,H_2H_3,H_3H_4均过点

K,故垂心 H_1,H_2,H_3,H_4 共线.

例3 设凸边形 $ABDF$ 有内切圆圆 O,且 AB 与 FD 的延长线交于点 C,AF 与 BD 的延长线交于点 E,P,Q,R,S 分别为边 AB,BD,DF,FA 上的切点,且直线 SP 与直线 RQ 交于点 T,直线 PQ 与直线 SR 交于点 W,求证:T,C,W,E 四点共线.

证明 如图 29.91,由牛顿定理知,直线 AD,BF,PR,QS 共点,设该点为 G.

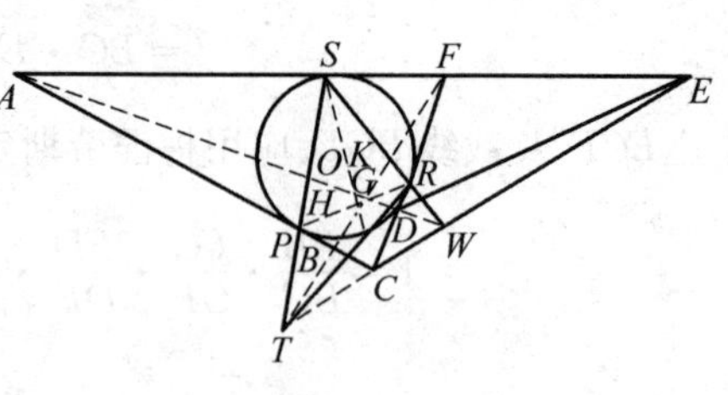

图 29.91

首先证明 $DG\perp CE$.设圆 O 的半径为 r,联结 OC 交 PR 于点 H,则 OC 垂直平分 PR,于是

$$CR^2-RH^2=CH^2=CG^2-HG^2$$

即

$$CR^2-CG^2=RH^2-HG^2=(RH+HG)\cdot(RH-HG)=PG\cdot GR$$

而 $CR^2=CO^2-r^2$,代入上式得

$$CO^2-CG^2=r^2+PG\cdot GR$$

同理可得

$$EO^2-GE^2=r^2+QG\cdot GS$$

由相交弦定理知

$$PG\cdot GR=QG\cdot GS$$

则

$$CO^2-CG^2=EO^2-EG^2$$

故

$$OG\perp CE$$

其次证明 $OG\perp TW$.如图 29.91 在射线 TG 上取一点 K,使得 K,R,Q,G 四点共圆,则由圆幂定理得

$$TG\cdot TK=TQ\cdot TR=TO^2-r^2 \quad ①$$

由 $\angle TPG=\angle TQG=\angle GKR$,得 $\triangle TPG\backsim\triangle RKG$,即

$$TG\cdot GK=PG\cdot GR=r^2-OG^2 \quad ②$$

由式 ① − ② 得

$$\begin{aligned}TG^2&=TG\cdot TK-TG\cdot GK \qquad M\\&=(TO^2-r^2)-(r^2-OG^2)\\&=TO^2+OG^2-2r^2\end{aligned}$$

即

$$TO^2 - TG^2 = 2r^2 - OG^2$$

同理可得

$$WO^2 - WG^2 = 2r^2 - OG^2$$

于是

$$TO^2 - TG^2 = WO^2 - WG^2$$

故

$$OG \perp TW$$

再证 T,C,W 三点共线. 如图 29.92,联结 TC,CW,作 $\triangle PTC$ 的外接圆交 TR 于点 L,联结 PL,LC. 由 $\angle PRS = \angle APS = \angle TPC = \angle TLC$,知 $\angle WRP = \angle CLR$. 又 $\angle WPR = \angle CRL$,则 $\triangle WPR \backsim \triangle CPL$,所以

$$\frac{WP}{PR}=\frac{CR}{RL}=\frac{CP}{RL}$$

亦

$$\frac{WP}{CP}=\frac{PR}{RL}$$

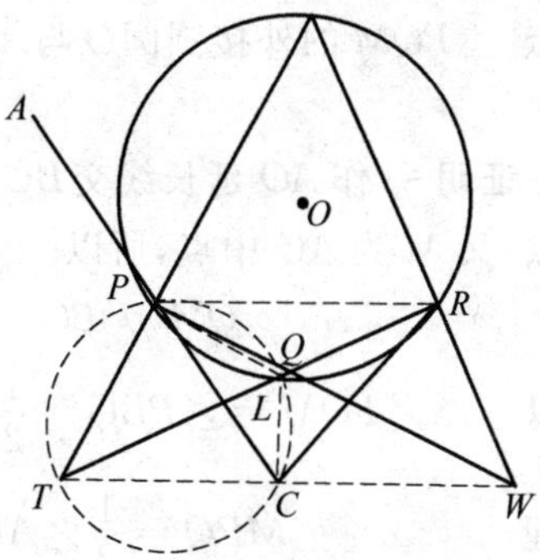

图 29.92

而 $\angle WPC = \angle PRL$,则 $\triangle WPC \backsim \triangle PRL$,即 $\angle WCP = \angle PLR$. 注意到 $\angle PCT = \angle PLT$,且 $\angle PLR + \angle PLT = 180^\circ$,故 $\angle WCP + \angle PCT = 180^\circ$,亦即 T,C,W 三点共线.

综上所述,T,C,W,E 四点共线.

第30章　2008～2009年度试题的诠释

东南赛试题1　在$\triangle ABC$中,$BC>AB$,BD平分$\angle ABC$交AC于D,如图30.1所示,$CP\perp BD$,垂足为P,$AQ\perp BP$,Q为垂足.M是AC中点,E是BC中点.$\triangle PQM$的外接圆圆O与AC的另一个交点为H,求证:O,H,E,M四点共圆.

证明　作AQ延长线交BC于N,则Q为AN中点,又M为AC中点,所以

$$QM\parallel BC$$

所以　$$\angle PQM=\angle PBC=\frac{1}{2}\angle ABC$$

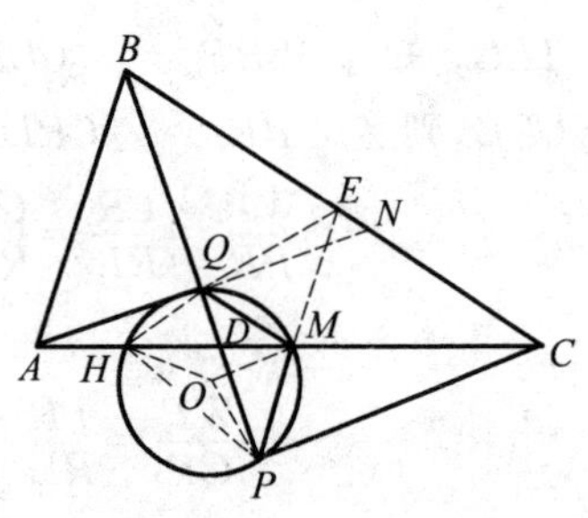

图30.1

同理　$$\angle MPQ=\frac{1}{2}\angle ABC$$

所以　$$QM=PM$$

又因为Q,H,P,M共圆,所以

$$\angle PHC=\angle PHM=\angle PQM$$

得　$$\angle PHC=\angle PBC$$

所以P,H,B,C四点共圆,得

$$\angle BHC=\angle BPC=90^\circ$$

故　$$HE=\frac{1}{2}BC=EP$$

结合$OH=OP$,知OE为HP中垂线,由$\angle MPQ=\frac{1}{2}\angle ABC$及$E$为$BC$的中点可得$P,M,E$共线,故

$$\angle EHO=\angle EPO=\angle OPM=\angle OMP$$

所以O,H,E,M四点共圆.

东南赛试题2　如图30.2,$\triangle ABC$的内切圆圆I分别切BC,AC于点M,N.E,F分别为边AB,AC的中点,D是直线EF与BI的交点,证明:M,N,D三点共线.

证明　联结AD,则易知$\angle ADB=90^\circ$,联结AI,DM,DM与AC交于点G.

因为 $\angle ABI=\angle DBM$，所以

$$\frac{AB}{BD}=\frac{BI}{BM}$$

故 $$\triangle ABI \backsim \triangle DBM$$

从而 $$\angle DMB=\angle AIB=90^\circ+\frac{1}{2}\angle ACB$$

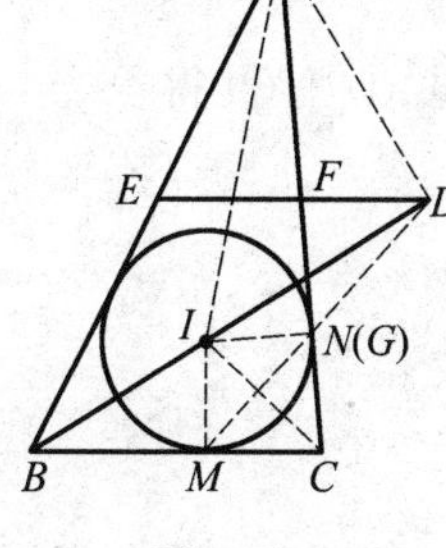

图 30.2

联结 IG,IC,IM，则

$$\angle IMG=\angle DMB-90^\circ=\frac{1}{2}\angle ACB=\angle GCI$$

所以 I,M,C,G 四点共圆.

从而 $IG\perp AC$，因此 G 与 N 重合，即 M,N,D 三点共线.

女子赛试题 1　在凸四边形 $ABCD$ 的外部分别作正 $\triangle ABQ$，$\triangle BCR$，$\triangle CDS$，$\triangle DAP$，记四边形 $ABCD$ 的对角线之和为 x，四边形 $PQRS$ 的对边中点连线之和为 y，求 $\frac{y}{x}$ 的最大值.

解法 1　当四边形 $ABCD$ 是正方形时，可得 $\frac{y}{x}=\frac{1+\sqrt{3}}{2}$. 下面证明：$\frac{y}{x}\leqslant\frac{1+\sqrt{3}}{2}$.

设 P_1,Q_1,R_1,S_1 分别是边 DA,AB,BC,CD 的中点，SP,PQ,QR,RS 的中点分别为 E,F,G,H，则 $P_1Q_1R_1S_1$ 是平行四边形.

联结 P_1E,S_1E，设 M,N 分别是 DF,DS 的中点，则

$$DS_1=S_1N=DN=EM,DP_1=P_1M=MD=EN$$

又因为

$$\angle P_1DS_1=360^\circ-60^\circ-60^\circ-\angle PDS=240^\circ-(180^\circ-\angle END)$$
$$=60^\circ+\angle END=\angle ENS_1=\angle EMP_1$$

所以 $$\triangle DP_1S_1\cong\triangle MP_1E\cong\triangle NES_1$$

从而，$\triangle EP_1S_1$ 是正三角形.

同理可得，$\triangle GQ_1R_1$ 也是正三角形. 设 U,V 分别是 P_1S_1,Q_1R_1 的中点，于是有

$$EG\leqslant EU+UV+VG=\frac{\sqrt{3}}{2}P_1S_1+P_1Q_1+\frac{\sqrt{3}}{2}Q_1R_1$$
$$=P_1Q_1+\sqrt{3}P_1S_1=\frac{1}{2}BD+\frac{\sqrt{3}}{2}AC \quad ①$$

同理
$$FH \leqslant \frac{1}{2}AC + \frac{\sqrt{3}}{2}BD \quad ②$$

由式 ①＋② 得
$$y \leqslant \frac{1+\sqrt{3}}{2}x$$

即
$$\frac{y}{x} \leqslant \frac{1+\sqrt{3}}{2}$$

解法2 建立复平面,不妨设 $ABCD$ 是顺时针的标记,设 A,B,C,D 代表的复数分别为 z_1,z_2,z_3,z_4.那么可以得出点 Q 所代表的复数为 $z_1+(z_2-z_1)\varphi$,其中 $\varphi=\frac{1+\sqrt{3}\mathrm{i}}{2}$.同理可以表示其他三个顶点所代表的复数.那么 QR 中点所代表的复数为 $\frac{z_1+z_2}{2}+\frac{z_3-z_1}{2}\varphi$,而 SP 中点所代表的复数为 $\frac{z_3+z_4}{2}+\frac{z_1-z_3}{2}\varphi$,两者之差(其模即为中点连线长)为 $\frac{z_2-z_4}{2}+\frac{\sqrt{3}\mathrm{i}}{2}(z_3-z_1)$.同理 PQ 中点与 RS 中点所代表的复数之差为 $\frac{z_1-z_3}{2}+\frac{\sqrt{3}\mathrm{i}}{2}(z_2-z_4)$.下面我们设 $|z_1-z_3|=a$,$|z_2-z_4|=b$,那么
$$x=a+b, y \leqslant \left(\frac{b}{2}+\frac{\sqrt{3}}{2}a\right)+\left(\frac{a}{2}+\frac{\sqrt{3}}{2}b\right)=\frac{1+\sqrt{3}}{2}x$$

即 $\frac{y}{x}$ 的最大值为 $\frac{1+\sqrt{3}}{2}$,当且仅当 $AC \perp BD$ 时等号成立.

女子赛试题2 已知凸四边形 $ABCD$ 满足 $AB=BC$,$AD=DC$.E 是线段 AB 上一点,F 是线段 AD 上一点,满足 B,E,F,D 四点共圆.作 $\triangle DPE$ 顺向相似于 $\triangle ADC$,作 $\triangle BQF$ 顺向相似于 $\triangle ABC$,求证:A,P,Q 三点共线.

证法1 首先,若四边形 $ABCD$ 为菱形,那么,记过 B,E,F,D 四点的圆之圆心为 O,则
$$\angle DOE=2\angle DBE=2\angle BDA=\angle ADC=\angle DPE$$
故点 P 与点 O 重合,同理点 Q 也与点 O 重合,那么 A,P,Q 自然共线,下设 $ABCD$ 并非菱形.

由相似可得 $\frac{DP}{BQ}=\frac{\frac{DE \cdot AE}{AC}}{\frac{BF \cdot AF}{AC}}=\left(\frac{AD}{AB}\right)^2$ 不等于 1,因此联结 PQ,并在直线

PQ 上，线段 PQ 外取唯一的一点 R，使 $\frac{PR}{RQ}=\frac{DP}{BQ}$.

设直线 BQ 与 EP 相交于 M，有

$$\angle BEP=\pi-\angle AED-\angle DEP=\pi-\angle AFB-\angle DAC$$
$$=\angle ABF+\angle BAC=\angle ABF+\angle QBF=\angle ABQ$$

故 $BM=EM$. 再由梅涅劳斯逆定理，由于 $\frac{PE}{EM}\cdot\frac{MB}{BQ}\cdot\frac{QR}{RP}=1$，故 B,E,R 三点共线. 同理 D,F,R 三点共线. 因此，R 就是直线 BE 与 DF 的交点 A，而这也证明了 A,P,Q 三点共线.

证法2　将 B,E,F,D 四点所共圆的圆心记作 O，联结 OB,OF,BD，由 O 为 $\triangle BDF$ 的外心，则

$$\angle BOF=2\angle BDA$$

又 $\triangle ABD\backsim\triangle CBD$，则

$$\angle CDA=2\angle BDA$$

于是
$$\angle BOF=\angle CDA=\angle EPD$$

由此可知

$$\triangle BOF\backsim\triangle EPD \quad ①$$

另一方面，由 B,E,F,D 四点共圆知

$$\triangle ABF\backsim\triangle ADE \quad ②$$

综合式 ①② 可知，四边形 $ABOF\backsim\triangle$ 四边形 $ADPE$，由此可得

$$\angle BAO=\angle DAP \quad ③$$

同理，可得

$$\angle BAO=\angle DAQ \quad ④$$

式 ③④ 表明 A,P,Q 三点共线.

注　事实上，当四边形 $ABCD$ 不是菱形时，A,P,Q 三点共线与 B,E,F,D 四点共圆互为充要条件.

可利用同一法给予证明：取定点 E，考虑让点 F 沿直线 AD 运动，根据相似变换可知，这时点 Q 的轨迹必是一条直线，它经过点 P(由充分性保证).

以下只要说明这条轨迹与直线 AP 不重合即可，即只要证明点 A 不在轨迹上.

为此作 $\triangle BAA'\backsim\triangle BQF\backsim\triangle ABC$，于是由 $\angle BAA'=\angle ABC$，可得 $A'A\parallel BC$.

又因为四边形 $ABCD$ 不是菱形,故 AD 不平行于 BC. 这就说明 A', A, D 三点不共线,也就保证了点 A 不在轨迹上.

因此,只有当 B,E,F,D 四点共圆时,点 Q 才落在直线 AP 上.

而当四边形 $ABCD$ 是菱形时,不管 E,F 位置如何,所得到的 P,Q 两点共位于对角线 AC 上.

西部赛试题1 如图30.3,在 $\triangle ABC$ 中,$AB=AC$,其内切圆圆 I 切边 BC,CA,AB 于点 D,E,F. P 为 $\overset{\frown}{EF}$(不含点 D 的弧)上一点. 设线段 BP 交圆 I 于另一点 Q,直线 EP,EQ 分别交直线 BC 于点 M,N,证明:

(1) P,F,B,M 四点共圆.

(2) $\dfrac{EM}{EN}=\dfrac{BD}{BP}$.

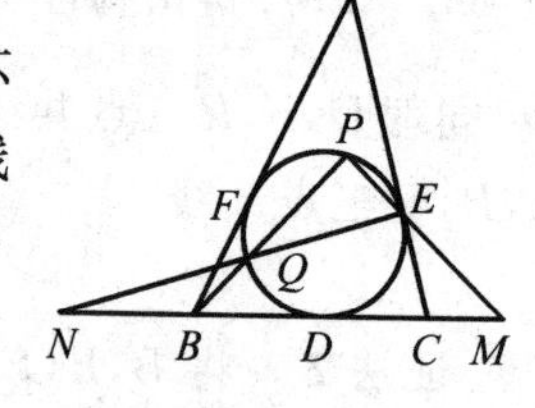

图30.3

证明 (1) 因为 $AB=AC$,故

$$FE /\!/ BC$$

由弦切角定理,有

$$\angle FPE=\angle BFE=\pi-\angle ABC$$

因此 P,F,B,M 四点共圆.

(2) $\dfrac{EM}{EN}=\dfrac{\sin N}{\sin M}=\dfrac{\sin\angle FEQ}{\sin\angle FEP}=\dfrac{FQ}{FP}$,由弦切角定理,有

$$\triangle BFQ\backsim\triangle BPF$$

因此

$$\frac{FQ}{FP}=\frac{BF}{BP}=\frac{BD}{BP}$$

证毕.

西部赛试题2 设 P 为正 n 边形 $A_1A_2\cdots A_n$ 内的任意一点,直线 A_iP 交正 n 边形 $A_1A_2\cdots A_n$ 的边界于另一点 B_i,$i=1,2,\cdots,n$,证明:$\sum\limits_{i=1}^{n}PA_i\geqslant\sum\limits_{i=1}^{n}PB_i$.

证明 我们将证明等价命题:$2\sum\limits_{i=1}^{n}PA_i\geqslant\sum\limits_{i=1}^{n}A_iB_i$. 设正 n 边形内最长的一条对角线(三角形的时候为边)长度为 l,那么 $\sum\limits_{i=1}^{n}A_iB_i\leqslant nl$. 下证 $2\sum\limits_{i=1}^{n}PA_i\geqslant nl$.

当 n 是偶数时,令 $n=2k$,那么对任意的 i 有 $A_iA_{i+k}=l$(记 $A_{n+p}=A_p$,下同),我们对所有的 i 求和得

$$2\sum_{i=1}^{n} PA_i \geqslant \sum_{i=1}^{n} A_iA_{i+k} = nl$$

当n是奇数时,令$n=2k+1$,那么对任意的i有$A_iA_{i+k}=l$,同样对所有i求和得

$$2\sum_{i=1}^{n} PA_i \geqslant \sum_{i=1}^{n} A_iA_{i+k} = nl$$

证毕.

注 转化成$2\sum_{i=1}^{n} PA_i \geqslant \sum_{i=1}^{n} A_iB_i$是整个证明的关键,从证明中我们可以看出当$n$是偶数时$\sum_{i=1}^{n} PA_i$的最小值是当$P$为正$n$边形中心时取到.当然,在$n$是奇数时也可以证明$\sum_{i=1}^{n} PA_i$的最小值是当$P$为正$n$边形中心时取到,不过证明中将要用三角或者复数,这里不再赘述.

北方赛试题1 已知圆O是梯形$ABCD$的内切圆,切点分别为E,F,G,H(E,F,G,H分别在AB,BC,CD,DA上,图略),$AB \parallel CD$.作$BP \parallel AD$交DC的延长线于点P,AO的延长线交CP于点Q.若$AE=BE$,求证:$\angle CBQ=\angle PBQ$.

证明 联结OE,由题意知OE为AB的中垂线.于是,梯形$ABCD$为等腰梯形,有$AD=BC$.而四边形$ABPD$为平行四边形,故

$$AD=BC=BP$$

设$DH=x,AH=y$,则

$$x+y=AD \Rightarrow BP=x+y$$

从而

$$CP=2y-2x=2(y-x)$$

由于切线与平行关系,则

$$\angle EAO=\angle HAO=\angle CQO$$

因此

$$DA=DQ$$

即

$$x+y=2x+CQ \Rightarrow CQ=y-x$$

故

$$QP=CP-CQ=y-x$$

在$\triangle BCQ$与$\triangle BPQ$中,由于

$$BC=BP, CQ=QP, BQ=BQ$$

则

$$\triangle BCQ \cong \triangle BPQ$$

所以

$$\angle CBQ=\angle PBQ$$

北方赛试题2 已知$\square ABCD$,过A,B,C三点的圆O_1分别交AD,BD于点E,F,过C,D,F的圆O_2交AD于点G,设圆O_1、圆O_2的半径分别为R_1,R_2,求证:$\frac{EG}{AD}=\frac{R_2^2}{R_1^2}$.

证明 如图30.4,联结CA,CF,CG,则

$$\angle ACF=\angle ABF=\angle CDF$$

因此,AC是圆O_2的切线.

同理,CG是圆O_1的切线.

由圆幂定理得

$$EG\cdot AG=CG^2,AD\cdot AG=AC^2$$

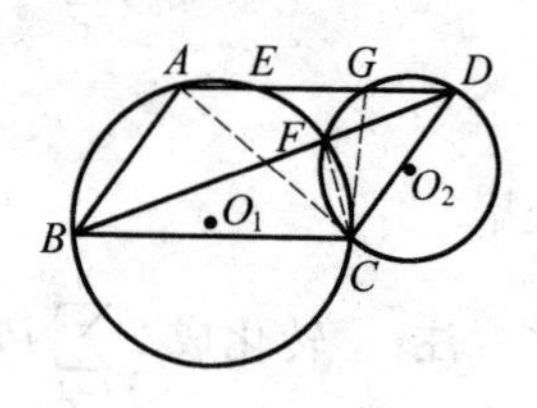

图30.4

两式相除得

$$\frac{EG}{AD}=\frac{CG^2}{AC^2}$$

在$\triangle ABC$和$\triangle CDG$中,由正弦定理得

$$AC=2R_1\sin\angle ABC$$

$$CG=2R_2\sin\angle CDG$$

因为

$$\angle ABC=\angle CDG$$

所以

$$\frac{CG}{AC}=\frac{R_2}{R_1}$$

故

$$\frac{EG}{AD}=\frac{R_2^2}{R_1^2}$$

试题A 如图30.5,给定凸四边形$ABCD$,$\angle B+\angle D<180°$,P是平面上的动点,令$f(P)=PA\cdot BC+PD\cdot CA+PC\cdot AB$.

(1)求证:当$f(P)$达到最小值时,P,A,B,C四点共圆.

(2)设E是$\triangle ABC$外接圆圆O的$\overset{\frown}{AB}$上一点,满足:$\frac{AE}{AB}=\frac{\sqrt{3}}{2},\frac{BC}{EC}=\sqrt{3}-1$,$\angle ECB=\frac{1}{2}\angle ECA$,又$DA,DC$是圆$O$的切线,$AC=\sqrt{2}$,求$f(P)$的最小值.

证法1 (1)如图30.5,由托勒密不等式,对平面上的任意点P,有

$$PA\cdot BC+PC\cdot AB\geqslant PB\cdot AC$$

因此

$$\begin{aligned}f(P)&=PA\cdot BC+PC\cdot AB+PD\cdot CA\\&\geqslant PB\cdot CA+PD\cdot CA=(PB+PD)\cdot CA\end{aligned}$$

因为上面不等式当且仅当P,A,B,C顺次共圆时取等号,因此当且仅当P在$\triangle ABC$的外接圆且在$\overset{\frown}{AC}$上时,有

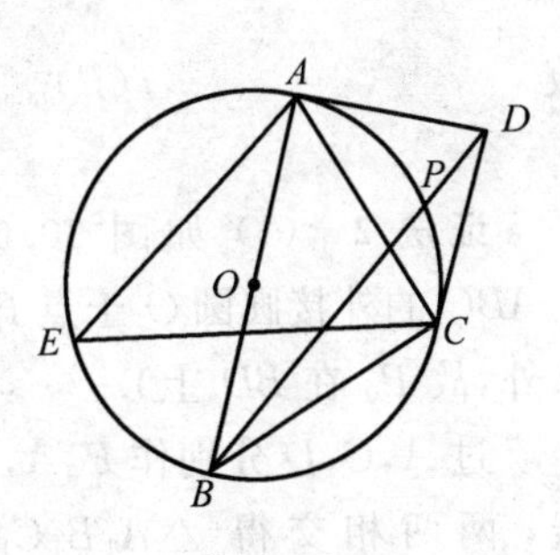

图 30.5

$$f(P)=(PB+PD)\cdot CA$$

又因 $PB+PD\geqslant BD$，此不等式当且仅当 B，P，D 共线且 P 在 BD 上时取等号. 因此当且仅当 P 为 $\triangle ABC$ 的外接圆与 BD 的交点时，$f(P)$ 取最小值 $f(P)_{\min}=AC\cdot BD$.

故当 $f(P)$ 达最小值时，P,A,B,C 四点共圆.

(2) 记 $\angle ECB=\alpha$，则

$$\angle ECA=2\alpha$$

由正弦定理有

$$\frac{AE}{AB}=\frac{\sin 2\alpha}{\sin 3\alpha}=\frac{\sqrt{3}}{2}$$

从而
$$\sqrt{3}\sin 3\alpha=2\sin 2\alpha$$

即
$$\sqrt{3}(3\sin\alpha-4\sin^3\alpha)=4\sin\alpha\cos\alpha$$

所以
$$3\sqrt{3}-4\sqrt{3}(1-\cos^2\alpha)-4\cos\alpha=0$$

整理得
$$4\sqrt{3}\cos^2\alpha-4\cos\alpha-\sqrt{3}=0$$

解得 $\cos\alpha=\frac{\sqrt{3}}{2}$ 或 $\cos\alpha=-\frac{1}{2\sqrt{3}}$（舍去），故 $\alpha=30^\circ$，$\angle ACE=60^\circ$.

由已知

$$\frac{BC}{EC}=\sqrt{3}-1=\frac{\sin(\angle EAC-30^\circ)}{\sin\angle EAC}$$

有
$$\sin(\angle EAC-30^\circ)=(\sqrt{3}-1)\sin\angle EAC$$

即
$$\frac{\sqrt{3}}{2}\sin\angle EAC-\frac{1}{2}\cos\angle EAC=(\sqrt{3}-1)\sin\angle EAC$$

整理得
$$\frac{2-\sqrt{3}}{2}\sin\angle EAC=\frac{1}{2}\cos\angle EAC$$

故
$$\tan\angle EAC=\frac{1}{2-\sqrt{3}}=2+\sqrt{3}$$

可得 $\angle EAC=75^\circ$，从而 $\angle E=45^\circ$，$\angle DAC=\angle DCA=\angle E=45^\circ$，$\triangle ADC$ 为等腰直角三角形. 因 $AC=\sqrt{2}$，则 $CD=1$.

又 $\triangle ABC$ 也是等腰直角三角形，故

$$BC=\sqrt{2},BD^2=1+2-2\cdot 1\cdot\sqrt{2}\cos 135^\circ=5$$

$$BD=\sqrt{5}$$

故 $$f(P)_{\min}=BD\cdot AC=\sqrt{5}\cdot\sqrt{2}=\sqrt{10}$$

证法 2 (1) 如图 30.6，联结 BD 交 $\triangle ABC$ 的外接圆圆 O 于点 P_0（因为 D 在圆 O 外，故 P_0 在 BD 上）.

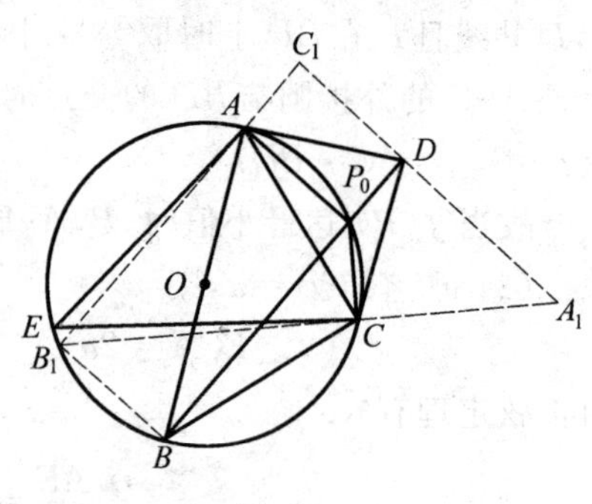

图 30.6

过 A,C,D 分别作 P_0A,P_0C,P_0D 的垂线，两两相交得 $\triangle A_1B_1C_1$，易知 P_0 在 $\triangle ACD$ 内，从而在 $\triangle A_1B_1C_1$ 内，记 $\triangle ABC$ 的三个内角分别为 x,y,z，则

$$\angle AP_0C=180^\circ-y=z+x$$

又因 $B_1C_1\perp P_0A,B_1A_1\perp P_0C$，得

$$\angle B_1=y$$

同理有 $$\angle A_1=x,\angle C_1=z$$

所以 $$\triangle A_1B_1C_1\backsim\triangle ABC$$

设 $B_1C_1=\lambda BC,C_1A_1=\lambda CA,A_1B_1=\lambda AB$，则对平面上任意点 M，有

$$\begin{aligned}\lambda f(P_0)&=\lambda(P_0A\cdot BC+P_0D\cdot CA+P_0C\cdot AB)\\&=P_0A\cdot B_1C_1+P_0D\cdot C_1A_1+P_0C\cdot A_1B_1=2S_{\triangle A_1B_1C_1}\\&\leqslant MA\cdot B_1C_1+MD\cdot C_1A_1+MC\cdot A_1B_1\\&=\lambda(MA\cdot BC+MD\cdot CA+MC\cdot AB)=\lambda f(M)\end{aligned}$$

从而 $$f(P_0)\leqslant f(M)$$

由点 M 的任意性，知点 P_0 是使 $f(P)$ 达最小值的点.

由点 P_0 在圆 O 上，故 P_0,A,B,C 四点共圆.

(2) 由(1)知，$f(P)$ 的最小值

$$f(P_0)=\frac{2}{\lambda}S_{\triangle A_1B_1C_1}=2\lambda S_{\triangle ABC}$$

记 $\angle ECB=\alpha$，则 $\angle ECA=2\alpha$，由正弦定理有

$$\frac{AE}{AB}=\frac{\sin 2\alpha}{\sin 3\alpha}=\frac{\sqrt{3}}{2}$$

从而 $$\sqrt{3}\sin 3\alpha=2\sin 2\alpha$$

即 $$\sqrt{3}(3\sin\alpha-4\sin^3\alpha)=4\sin\alpha\cos\alpha$$

所以 $$3\sqrt{3}-4\sqrt{3}(1-\cos^2\alpha)-4\cos\alpha=0$$

整理得 $$4\sqrt{3}\cos^2\alpha-4\cos\alpha-\sqrt{3}=0$$

解得 $\cos\alpha=\frac{\sqrt{3}}{2}$ 或 $\cos\alpha=-\frac{1}{2\sqrt{3}}$（舍去），故 $\alpha=30^\circ$，$\angle ACE=60$. 由已知

$$\frac{BC}{EC}=\sqrt{3}-1=\frac{\sin(\angle EAC-30^\circ)}{\sin\angle EAC}$$

有
$$\sin(\angle EAC-30^\circ)=(\sqrt{3}-1)\sin\angle EAC$$

即
$$\frac{\sqrt{3}}{2}\sin\angle EAC-\frac{1}{2}\cos\angle EAC=(\sqrt{3}-1)\sin\angle EAC$$

整理得
$$\frac{2-\sqrt{3}}{2}\sin\angle EAC=\frac{1}{2}\cos\angle EAC$$

故
$$\tan\angle EAC=\frac{1}{2-\sqrt{3}}=2+\sqrt{3}$$

可得 $\angle EAC=75^\circ$，所以 $\angle E=45^\circ$，$\triangle ABC$ 为等腰直角三角形，$AC=\sqrt{2}$，$S_{\triangle ABC}=1$. 因为 $\angle AB_1C=45^\circ$，点 B_1 在圆 O 上，$\angle AB_1B=90^\circ$，所以 B_1BDC_1 为矩形，有

$$B_1C_1=BD=\sqrt{1+2-2\cdot 1\cdot\sqrt{2}\cos 135^\circ}=\sqrt{5}$$

故
$$\lambda=\frac{\sqrt{5}}{\sqrt{2}}$$

所以
$$f(P)_{\min}=2\cdot\frac{\sqrt{5}}{\sqrt{2}}\cdot 1=\sqrt{10}$$

证法3　(1) 引进复平面，用 A,B,C 等代表 A,B,C 等所对应的复数.

由三角形不等式，对于复数 z_1,z_2，有

$$|z_1|+|z_2|\geqslant|z_1+z_2|$$

当且仅当 z_1 与 z_2（复向量）同向时取等号，有

$$|\overrightarrow{PA}\cdot\overrightarrow{BC}|+|\overrightarrow{PC}\cdot\overrightarrow{AB}|\geqslant|\overrightarrow{PA}\cdot\overrightarrow{BC}+\overrightarrow{PC}\cdot\overrightarrow{AB}|$$

所以
$$\begin{aligned}&|(A-P)(C-B)|+|(C-P)(B-A)|\\ \geqslant&|(A-P)(C-B)+(C-P)(B-A)|\\ =&|-P\cdot C-A\cdot B+C\cdot B+P\cdot A|\\ =&|(B-P)(C-A)|=|\overrightarrow{PB}|\cdot|\overrightarrow{AC}|\end{aligned}\qquad ①$$

从而
$$\begin{aligned}&|\overrightarrow{PA}|\cdot|\overrightarrow{BC}|+|\overrightarrow{PC}|\cdot|\overrightarrow{AB}|+|\overrightarrow{PD}|\cdot|\overrightarrow{CA}|\\ \geqslant&|\overrightarrow{PB}|\cdot|\overrightarrow{AC}|+|\overrightarrow{PD}|\cdot|\overrightarrow{AC}|\\ =&(|\overrightarrow{PB}|+|\overrightarrow{PD}|)\cdot|\overrightarrow{AC}|\geqslant|\overrightarrow{BD}|\cdot|\overrightarrow{AC}|\end{aligned}\qquad ②$$

式 ① 取等号的条件是复数$(A-P)(C-B)$与$(C-P)(B-A)$同向，故存在实数$\lambda>0$，使得

$$(A-P)(C-B)=\lambda(C-P)(B-A)$$

$$\frac{A-P}{C-P}=\lambda\frac{B-A}{C-B}$$

所以
$$\arg\left(\frac{A-P}{C-P}\right)=\arg\left(\frac{B-A}{C-B}\right)$$

向量$\overrightarrow{PC}$旋转到$\overrightarrow{PA}$所成的角等于$\overrightarrow{BC}$旋转到$\overrightarrow{AB}$所成的角，从而P,A,B,C四点共圆.

式 ② 取等号的条件显然为B,P,D共线且P在BD上.

故当$f(P)$达最小值时点P在$\triangle ABC$之外接圆上，P,A,B,C四点共圆.

(2) 由(1)知$f(P)_{\min}=BD\cdot AC$.

以下同证法1.

证法 4 (由重庆合川太学中学沈毅给出)(1) 如图30.7，作$\triangle APB'\backsim\triangle CPB$，则

$$\angle BPB'=\angle CPA$$

$$\frac{AP}{CP}=\frac{B'P}{BP},\frac{AB'}{BC}=\frac{PA}{PC}$$

于是
$$\triangle B'PB\backsim\triangle APC$$

因此
$$\frac{BB'}{AC}=\frac{PB}{PC}$$

故
$$AB'=\frac{PA\cdot BC}{PC},BB'=\frac{PB\cdot AC}{PC}$$

注意到$AB'+AB\geqslant BB'$，所以

$$\frac{PA\cdot BC}{PC}+AB\geqslant\frac{PB\cdot AC}{PC}$$

即
$$PA\cdot BC+PC\cdot AB\geqslant PB\cdot AC$$

当且仅当点A在线段BB'上时，上式等号成立.

因此，P,A,B,C四点共圆，于是

$$\begin{aligned}f(P)&=PA\cdot BC+PD\cdot CA+PC\cdot AB\\&\geqslant PB\cdot AC+PD\cdot CA\geqslant BD\cdot AC\end{aligned}$$

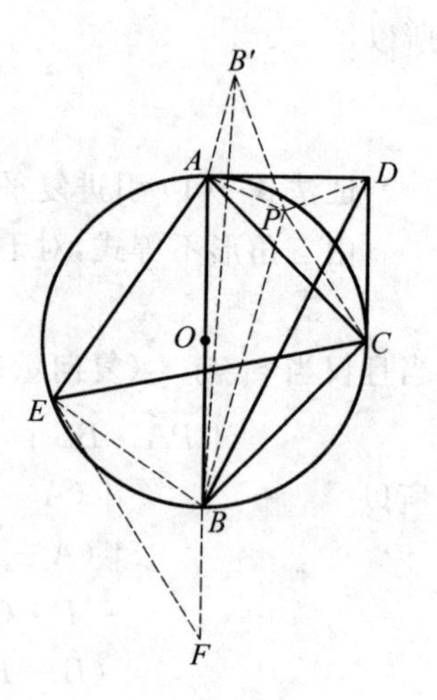

图 30.7

所以，当且仅当P为$\triangle ABC$的外接圆与BD的交点时，$f(P)$取最小值为

$$f(P)_{\min}=AC\cdot BD$$

(2) 如图30.7,延长 AB 至点 F,使

$$BF=BE=m$$

设 $AE=\sqrt{3}x, AB=2x, EC=y, BC=(\sqrt{3}-1)y$,由 $\angle ECB=\frac{1}{2}\angle ECA$,易证

$$\angle EAB=\frac{1}{2}\angle EBA=\angle BEF=\angle F$$

于是

$$AE=EF=\sqrt{3}x, \triangle FBE\backsim\triangle FEA$$

故

$$\frac{EF}{FA}=\frac{BF}{EF}$$

即

$$\frac{\sqrt{3}x}{2x+m}=\frac{m}{\sqrt{3}x}$$

解得 $m_1=x, m_2=-3x$(舍去).

由勾股定理知 $\angle AEB=90^{\circ}$.于是,AB 是圆 O 的直径,即 $\angle BAD=90^{\circ}$.

由托勒密定理知

$$AC\cdot BE+AE\cdot BC=AB\cdot EC$$

代入相应字母表达式可得

$$(\sqrt{3}-1)y=\sqrt{2}$$

即

$$BC=AC=\sqrt{2}$$

于是,$AB=2$,$\triangle ABC$ 是等腰直角三角形.

因此,易证 $\triangle ADC$ 是等腰直角三角形.

所以,$AD=1, BD=\sqrt{5}$.结合(1)知,$f(P)_{\min}=\sqrt{10}$.

注 福建的方碧贞老师等撰文(《福建中学数学》2008(10))指出了证法1中的(1)的解答不够严谨.

这种证法只讨论了点 P 位于直线 AB 右侧的情况,而对点 P 位于直线 AB 左侧的情况却没有加以说明,这是不严谨处之一;此外,证明(1)时必须使用条件 $\angle B+\angle D<180^{\circ}$,以说明当 $f(P)$ 取最小值时 P 的存在性,而提供的解答中没有提出这一点,此为不严谨处之二.

他们认为,(1)的严谨解答如下:

(ⅰ)若 P 在直线 AB 右侧,则由托勒密定理可得

$$PA\cdot BC+PC\cdot AB\geqslant AC\cdot BP$$

等号当且仅当 P,A,B,C 四点顺次共圆时成立.又

$$AC \cdot BP + PD \cdot CA \geqslant AC \cdot BD$$

等号当且仅当 B,P,D 三点共线时成立.

注意到 $\angle B+\angle D<180°$,即点 D 在 $\triangle ABC$ 外接圆外,因此当且仅当点 P 为 $\triangle ABC$ 外接圆与 BD 交点,即在 $\overset{\frown}{AC}$ 上时,$f(P)_{\min}=AC \cdot BD$.

(ⅱ)若 P 在直线 AB 左侧,如图 30.8 所示,可作点 P 关于 AB 的对称点 P',则 $AP=AP'$.设 PC 与 AB 交于点 M,则 $\angle P'PM=\angle PP'M$,则 $\angle PP'C>\angle P'PC$,即 $PC>P'C$,同理可证 $PD>P'D$,故若 P 在直线 AB 左侧,有 $f(P)>f(P')$.

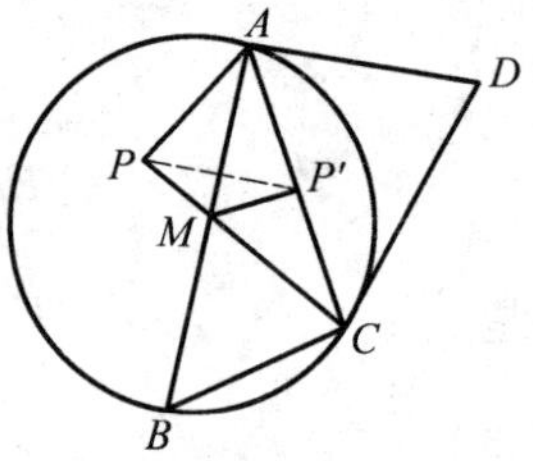

图 30.8

综合(ⅰ)(ⅱ)得当 $f(P)$ 达最小值时,P,A,B,C 四点共圆.

试题 B 如图 30.9,给定锐角 $\triangle PBC$,$PB\neq PC$.设 A,D 分别是边 PB,PC 上的点,联结 AC,BD 相交于点 O.过点 O 分别作 $OE\perp AB$,$OF\perp CD$,垂足分别为 E,F,线段 BC,AD 的中点分别为 M,N.

(1) 若 A,B,C,D 四点共圆,求证:$EM \cdot FN=EN \cdot FM$.

(2) 若 $EM \cdot FN=EN \cdot FM$,是否一定有 A,B,C,D 四点共圆?证明你的结论.

证明 (1) 设 Q,R 分别是 OB,OC 的中点,联结 EQ,MQ,FR,MR,则

$$EQ=\frac{1}{2}OB=RM,MQ=\frac{1}{2}OC=RF$$

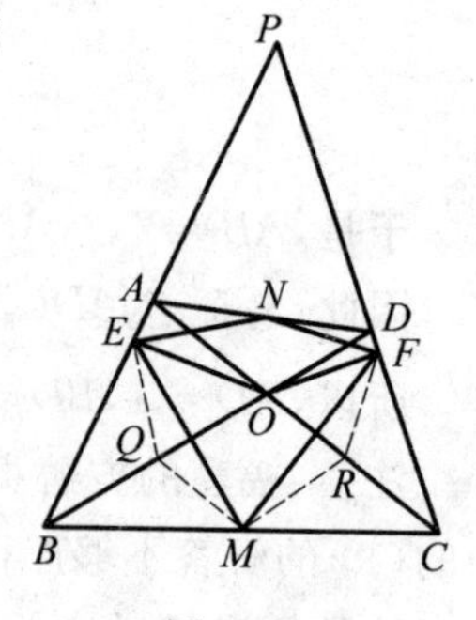

图 30.9

又 $OQMR$ 是平行四边形,所以

$$\angle OQM=\angle ORM$$

由题设 A,B,C,D 四点共圆,所以

$$\angle ABD=\angle ACD$$

于是 $\angle EQO=2\angle ABD=2\angle ACD=\angle FRO$

所以 $\angle EQM=\angle EQO+\angle OQM$

$=\angle FRO+\angle ORM=\angle FRM$

故 $\triangle EQM\cong\triangle MRF$

所以 $EM=FM$

同理可得 $EN=FN$

所以 $EM \cdot FN=EN \cdot FM$

(2) 答案是否定的.

当 $AD \parallel BC$ 时，由于 $\angle B \neq \angle C$，所以 A,B,C,D 四点不共圆，但此时仍然有 $EM \cdot FN = EN \cdot FM$，证明如下：

如图30.10，设 S,Q 分别是 OA,OB 的中点，联结 ES,EQ,MQ,NS，则

$$NS = \frac{1}{2}OD, EQ = \frac{1}{2}OB$$

所以
$$\frac{NS}{EQ} = \frac{OD}{OB} \quad ①$$

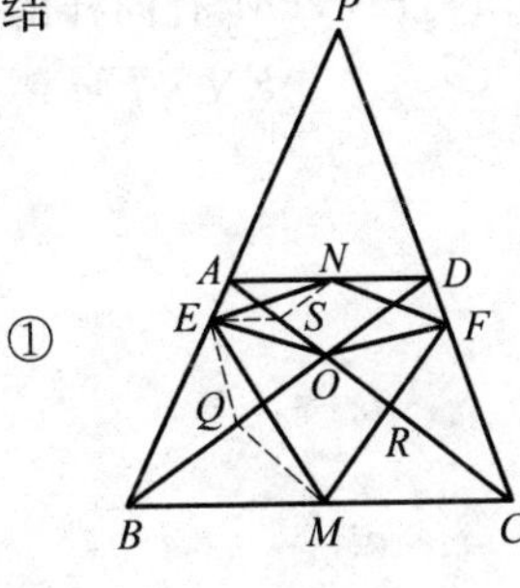

图30.10

又 $ES = \frac{1}{2}OA, MQ = \frac{1}{2}OC$，所以

$$\frac{ES}{MQ} = \frac{OA}{OC} \quad ②$$

而 $AD \parallel BC$，所以

$$\frac{OA}{OC} = \frac{OD}{OB} \quad ③$$

由式①②③得

$$\frac{NS}{EQ} = \frac{ES}{MQ}$$

因为
$$\angle NSE = \angle NSA + \angle ASE = \angle AOD + 2\angle AOE$$

$$\angle EQM = \angle MQO + \angle OQE = (\angle AOE + \angle EOB) + (180^\circ - 2\angle EOB)$$
$$= \angle AOE + (180^\circ - \angle EOB) = \angle AOD + 2\angle AOE$$

即
$$\angle NSE = \angle EQM$$

所以
$$\triangle NSE \backsim \triangle EQM$$

故（由式②）
$$\frac{EN}{EM} = \frac{SE}{QM} = \frac{OA}{OC}$$

同理可得
$$\frac{FN}{FM} = \frac{OA}{OC}$$

所以
$$\frac{EN}{EM} = \frac{FN}{FM}$$

从而
$$EM \cdot FN = EN \cdot FM$$

(2)题解：设 $OA = 2a, OB = 2b, OC = 2c, OD = 2d, \angle OAB = \alpha, \angle OBA = \beta, \angle ODC = \gamma, \angle OCD = \theta$，如图30.10，则

$$\cos \angle EQM = \cos(\angle EQO + \angle OQM)$$
$$= \cos(2\beta + \angle AOB) = -\cos(\alpha - \beta)$$

因此

$$EM^2=EQ^2+QM^2-2EQ\cdot QM\cdot\cos\angle EQM$$
$$=b^2+c^2+2bc\cdot\cos(\alpha-\beta)$$

对 EN,FN,FM 有同样的等式.因此,有

$$\begin{aligned}EN\cdot FM=EM\cdot FN&\Leftrightarrow EN^2\cdot FM^2=EM^2\cdot FN^2\\&\Leftrightarrow[a^2+d^2+2ad\cdot\cos(\alpha-\beta)]\cdot\\&\quad[b^2+c^2+2bc\cdot\cos(\gamma-\theta)]=\\&\quad[a^2+d^2+2ad\cdot\cos(\gamma-\theta)]\cdot\\&\quad[b^2+c^2+2bc\cdot\cos(\alpha-\beta)]\\&\Leftrightarrow[\cos(\gamma-\theta)-\cos(\alpha-\beta)]\cdot\\&\quad(ab-cd)(ac-bd)=0\end{aligned}$$

因为 $\alpha+\beta=\gamma+\theta$,所以上式第一个因式等于0等价于 $\alpha=\gamma,\beta=\theta$(这就是四点共圆)或者 $\alpha=\theta,\beta=\gamma$(这代表 $AB\parallel BC$,不可能);第二个因式等于0等价于 $AD\parallel BC$;第三个因式等于0等价于四点共圆.

因此,当 $EM\cdot FN=EN\cdot FM$ 时,并不一定有 A,B,C,D 四点共圆.事实上,当 $AD\parallel BC$ 时也有 $EM\cdot FN=EN\cdot FM$,且由 $PB\neq PC$ 知,此时 A,B,C,D 四点必不共圆.

因此,答案是否定的.

试题C 设 D 是 $\triangle ABC$ 的边 BC 上一点,满足 $\triangle CDA\backsim\triangle CAB$.圆 O 经过 B,D 两点,并分别与 AB,AD 交于 E,F,BF,DE 交于点 G.联结 AO,AG,取 AG 中点 M,求证:$CM\perp AO$.

证法1 如图30.11,联结 EF 并延长交 BC 于 P,联结 GP 交 AD 于 K,并交 AC 延长线于 L.

如图30.12,在 AP 上取一点 Q,满足 $\angle PQF=\angle AEF=\angle ADB$.

易知 A,E,F,Q 及 F,D,P,Q 分别四点共圆.记圆 O 的半径为 r,根据圆幂定理知

$$\begin{aligned}AP^2&=AQ\cdot AP+PQ\cdot AP=AF\cdot AD+PF\cdot PE\\&=(AO^2-r^2)+(PO^2-r^2)\end{aligned}\quad①$$

类似地,可得

$$AG^2=(AO^2-r^2)+(GO^2-r^2)\quad②$$

由式①②得

$$AP^2-AG^2=PO^2-GO^2$$

于是由定差幂线定理即知 $PG\perp AO$.

如图30.13,对 $\triangle PFD$ 及截线 AEB 应用梅涅劳斯定理,得

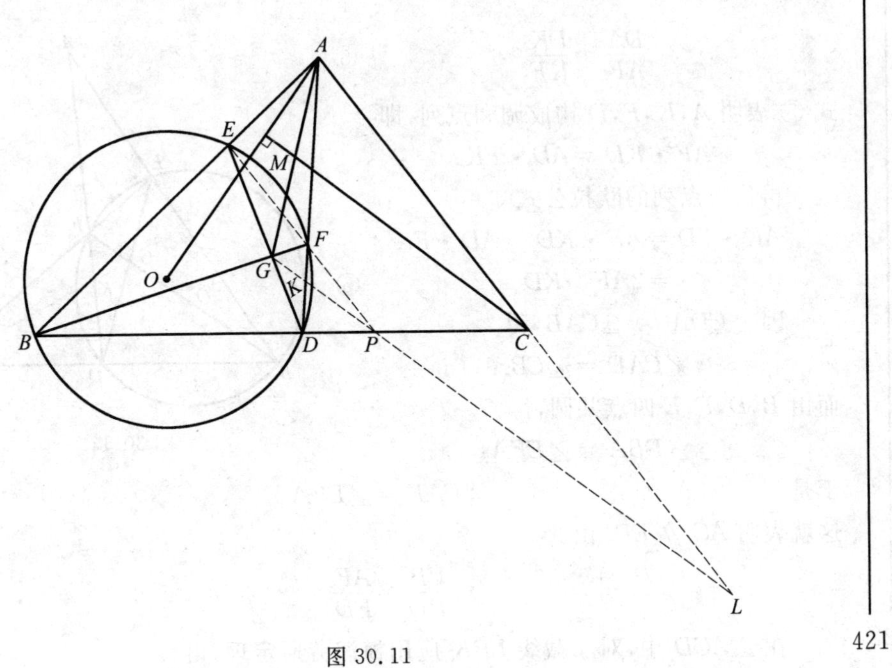

图 30.11

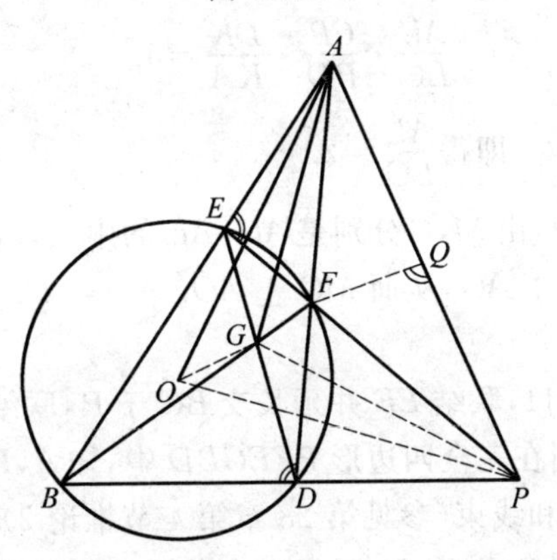

图 30.12

$$\frac{DA}{AF}\cdot\frac{FE}{EP}\cdot\frac{PB}{BD}=1 \tag{③}$$

对 $\triangle PFD$ 及形外一点 G 应用塞瓦定理,得

$$\frac{DK}{KF}\cdot\frac{FE}{EP}\cdot\frac{PB}{BD}=1 \tag{④}$$

式 ③ ÷ ④ 即得

$$\frac{DA}{AF}=\frac{DK}{KF} \quad ⑤$$

式⑤表明 A,K,F,D 构成调和点列,即

$$AF \cdot KD = AD \cdot FK$$

再代入点列的欧拉公式知

$$AK \cdot FD = AF \cdot KD + AD \cdot FK = 2AF \cdot KD \quad ⑥$$

因 $\triangle CDA \backsim \triangle CAB$,得

$$\angle CAD = \angle CBA$$

而由 B,D,F,E 四点共圆,得

$$\angle DBA = \angle EFA$$

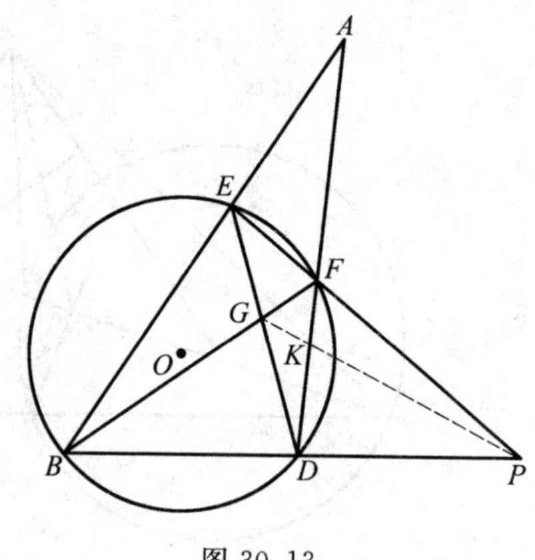

图 30.13

于是

$$\angle CAF = \angle EFA$$

这就表明 $AC \parallel EP$. 由此

$$\frac{CP}{PD}=\frac{AF}{FD} \quad ⑦$$

在 $\triangle ACD$ 中,对于截线 LPK 应用梅涅劳斯定理,得

$$\frac{AL}{LC} \cdot \frac{CP}{PD} \cdot \frac{DK}{KA}=1 \quad ⑧$$

将式⑥⑦代入式⑧即得 $\frac{AL}{LC}=2$.

最后,在 $\triangle AGL$ 中,由 M,C 分别是 AG,AL 的中点,故 MC 是其中位线,得 $MC \parallel GL$,而已知 $GL \perp AO$,从而 $MC \perp AO$.

证法 2 如图 30.11,联结 EF 并延长交 BC 于 P,联结 GP 交 AD 于 K,并交 AC 的延长线于 L,则在完全四边形 $PFEGBD$ 中,知 A,K 调和分割 FD,亦即 PA,PK,PF,PD 为调和线束(参见第 28 章第 4 节推论 2).

由 $\triangle CAD \backsim \triangle CAB$ 及 B,D,F,E 四点共圆,有

$$\angle CAD = \angle CBA = \angle AFE$$

于是有 $EF \parallel AC$. 此时,由线段调和分割的性质2(参见图28.52),知 C 为 AL 的中点,因 M 为 AG 的中点,从而 $CM \parallel PG$.

再注意到第 29 章第 4 节中的命题 3(参见图 29.62),知点 A 的极线就是直线 GP,即知 GP 为点 A 的切点弦,有 $AO \perp PG$,故 $CM \perp AO$.

证法 3 先证如下引理:

如图30.14，过A作圆O的切线AP，AQ，P，Q为切点，则P，G，Q三点共线.

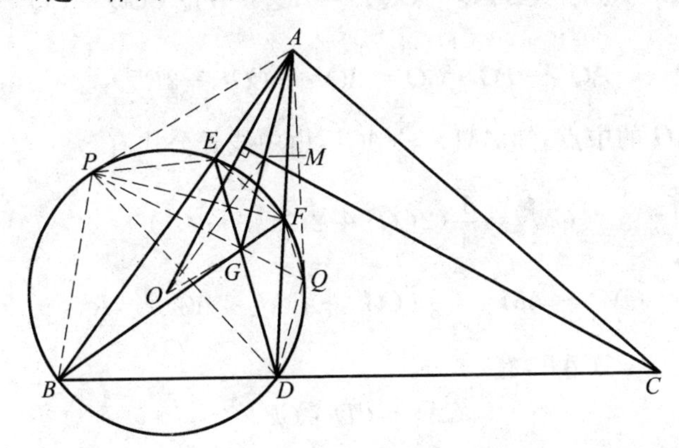

图30.14

事实上，联结FQ，QD，EF，PE，PB，则由三角形相似有

$$\frac{FQ}{QD}=\frac{AQ}{AD},\frac{DB}{EF}=\frac{AD}{AE},\frac{PE}{BP}=\frac{AE}{AP}$$

上述三式相乘并注意到$AP=AQ$，得

$$\frac{FQ}{QD}\cdot\frac{DB}{BP}\cdot\frac{PE}{EF}=1 \tag{*}$$

由正弦定理可知

$$\frac{FQ}{QD}=\frac{\sin\angle FPQ}{\sin\angle QPD},\frac{DB}{BP}=\frac{\sin\angle DFB}{\sin\angle BFP}$$

$$\frac{PE}{EF}=\frac{\sin\angle PDE}{\sin\angle EDF}$$

此三式相乘得

$$\frac{\sin\angle FPQ}{\sin\angle QPD}\cdot\frac{\sin\angle DFB}{\sin\angle BFP}\cdot\frac{\sin\angle PDE}{\sin\angle EDF}=1$$

对$\triangle PDF$应用角元形式的塞瓦定理之逆，知BF，DE，PQ三线共点，从而知P，G，Q三点共线.

回到原题证明，设圆O的半径为R，由P，G，Q共线及圆幂定理，有

$$PG\cdot GQ=R^2-OG^2,AQ^2=AO^2-R^2 \tag{①}$$

设$\triangle APQ$的边PQ上的高为h，则

$$h^2=AQ^2-\frac{1}{4}PQ^2$$

从而

$$AG^2=h^2+(\frac{1}{2}PQ-GQ)^2=AQ^2-PQ\cdot GQ+GQ^2$$

$$=AQ^2-PG\cdot GQ\overset{①}{=}AO^2+OG^2-2R^2 \qquad ②$$

因 M 为 AG 的中点,知 $AM=\frac{1}{4}AG^2$,由中线长公式有

$$OM^2=\frac{1}{4}(2OG^2+2OA^2-AG^2)$$

于是
$$OM^2-AM^2=\frac{1}{2}(OG^2+OA^2-AG^2)\overset{②}{=}R^2$$

由 $\triangle CDA\backsim\triangle CAB$,有

$$CA^2=CD\cdot CB$$

由圆幂定理,有

$$CD\cdot CB=OC^2-R^2$$

从而
$$OC^2-CA^2=R^2=OM^2-AM^2$$

故
$$CM\perp AO$$

注 (1) 由式(*),运用帕斯卡定理(可参见本章第4节),则知 BF,DE,PQ 平行或共点,故 P,G,Q 三点共线.

(2) 证明 P,G,Q 三点也可参见本书图26.35或图28.61中的证法.

证法4 由完全四边形的性质33(参见图26.35)知完全四边形 $AEBGDF$ 的密克尔点 N 在直线 AG 上,且 $ON\perp AG$,如图30.15所示.于是,由 G,N,D,F 四点共圆,有

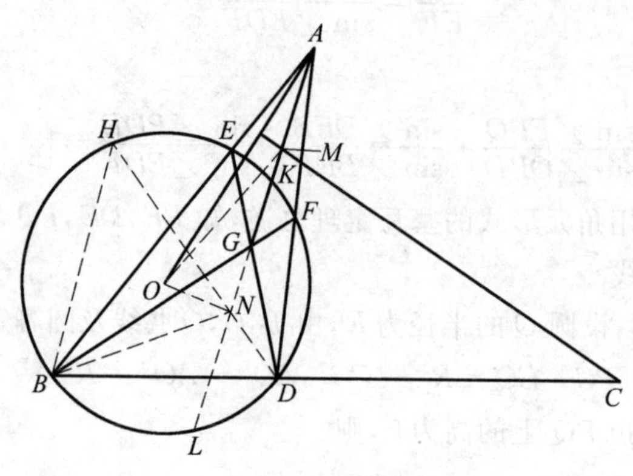

图30.15

$$AG\cdot AN=AD\cdot AF \qquad ①$$

由勾股定理,有

$$AO^2 = AN^2 + ON^2$$

$$OM^2 = MN^2 + ON^2$$

从而

$$\begin{aligned}AO^2 - OM^2 &= AN^2 - MN^2 \\ &= (AN - MN)[AN + (AN - AM)] \\ &= AM \cdot 2AN - AM^2 \\ &= AG \cdot AN - AM^2 \\ &\overset{①}{=} AD \cdot AF - AM^2\end{aligned}$$

即有　　$OM^2 - AM^2 = AO^2 - AD \cdot AF = R^2$　(R 为圆 O 半径)

又由 $\triangle CDA \backsim \triangle CAB$,有

$$CA^2 = CD \cdot CB = OC^2 - R^2$$

即有

$$OC^2 - CA^2 = R^2$$

即有

$$OC^2 - CA^2 = OM^2 - AM^2$$

故

$$CM \perp AO$$

注　也可直接证明 $ON \perp AG$ 及 G,N,D,F 四点共圆. 事实上,可设 $\triangle BGE$ 的外接圆与直线 AG 交于点 N,则有

$$AG \cdot AN = AE \cdot AB = AF \cdot AD$$

由此即知 G,N,D,F 四点共圆,联结 DN 并延长交圆 O 于 H,联结 BH,则

$$\angle BHD = \angle BED = \angle BFD = \angle DNL$$

于是,知

$$HB \parallel AL$$

从而

$$\angle BNL = \angle HBN$$

而

$$\angle BNL = \angle BED = \angle BHD$$

即知

$$\angle BHN = \angle BHD = \angle HBN$$

亦即知 $NH = NB$. 注意到 $OH = OB$,则有

$$NH^2 - OH^2 = NB^2 - OB^2$$

故 $ON \perp BH$,从而有 $ON \perp AG$.

证法 5　参见本章第 5 节中例 6.

试题 D1　设 O 是 $\triangle ABC$ 的外心,点 P,Q 分别是边 CA,AB 上的点. 设 K,L,M 分别是线段 BP,CQ,PQ 的中点,Γ 是过点 K,L,M 的圆. 若直线 PQ 与圆

Γ 相切,证明:$OP=OQ$.

证明 显然,直线 PQ 与圆 Γ 切于点 M.

由弦切角定理知 $\angle QMK=\angle MLK$.

由于点 K,M 分别是线段 BP,PQ 的中点,故

$$KM\ /\!/\ BQ\Rightarrow\angle QMK=\angle AQP$$

因此,$\angle MLK=\angle AQP$.

同理,$\angle MKL=\angle APQ$.

则 $\triangle MKL\backsim\triangle APQ\Rightarrow\dfrac{MK}{ML}=\dfrac{AP}{AQ}$.

由于 K,L,M 分别是线段 BP,CQ,PQ 的中点,故

$$KM=\frac{1}{2}BQ,LM=\frac{1}{2}CP$$

代入上式得 $\dfrac{BQ}{CP}=\dfrac{AP}{AQ}$,即

$$AP\cdot CP=AQ\cdot BQ$$

由圆幂定理知

$$OP^2=OA^2-AP\cdot CP=OA^2-AQ\cdot BQ=OQ^2$$

因此,$OP=OQ$.

试题 D2 在 $\triangle ABC$ 中,$AB=AC$,$\angle CAB$,$\angle ABC$ 的内角平分线分别与边 BC,CA 交于点 D,E. 设 K 是 $\triangle ADC$ 的内心. 若 $\angle BEK=45°$,求 $\angle CAB$ 所有可能的值.

解 线段 AD 与 BE 为 $\triangle ABC$ 的两条角平分线,它们交于 $\triangle ABC$ 的内心 I,联结 CI,则 CI 平分 $\angle ACB$.

由于 K 为 $\triangle ADC$ 的内心,故点 K 在线段 CI 上.

设 $\angle BAC=\alpha$. 由于 $AB=AC$,有 $AD\perp BC$,故

$$\angle ABC=\angle ACB=90°-\frac{\alpha}{2}$$

由于 BI,CI 分别平分 $\angle ABC$,$\angle ACB$,则

$$\angle ABI=\angle IBC=\angle ACI=\angle ICB=45°-\frac{\alpha}{4}$$

因此

$$\angle EIC=\angle IBC+\angle ICB=90°-\frac{\alpha}{2}$$

$$\angle IEC=\angle BAE+\angle ABE=45°+\frac{3\alpha}{4}$$

故

$$\frac{IK}{KC}=\frac{S_{\triangle IEK}}{S_{\triangle EKC}}=\frac{\frac{1}{2}IE\cdot EK\sin\angle IEK}{\frac{1}{2}EC\cdot EK\sin\angle KEC}$$

$$=\frac{\sin 45^\circ}{\sin\frac{3\alpha}{4}}\cdot\frac{IE}{EC}=\frac{\sin 45^\circ}{\sin\frac{3\alpha}{4}}\cdot\frac{\sin\left(45^\circ-\frac{\alpha}{4}\right)}{\sin\left(90^\circ-\frac{\alpha}{2}\right)}$$

另一方面，由于 K 为 $\triangle ADC$ 的内心，故 DK 平分 $\angle IDC$.

由角平分线性质定理知

$$\frac{IK}{KC}=\frac{ID}{DC}=\tan\angle ICD=\frac{\sin\left(45^\circ-\frac{\alpha}{4}\right)}{\sin\left(45^\circ-\frac{\alpha}{4}\right)}$$

故

$$\frac{\sin 45^\circ}{\sin\frac{3\alpha}{4}}\cdot\frac{\sin\left(45^\circ-\frac{\alpha}{4}\right)}{\sin\left(90^\circ-\frac{\alpha}{2}\right)}=\frac{\sin\left(45^\circ-\frac{\alpha}{4}\right)}{\cos\left(45^\circ-\frac{\alpha}{4}\right)}$$

去分母得

$$2\sin 45^\circ\cdot\cos\left(45^\circ-\frac{\alpha}{4}\right)=2\sin\frac{3\alpha}{4}\cdot\cos\frac{\alpha}{2}$$

利用积化和差公式得

$$\sin\left(90^\circ-\frac{\alpha}{4}\right)+\sin\frac{\alpha}{4}=\sin\frac{5\alpha}{4}+\sin\frac{\alpha}{4}$$

即

$$\sin\left(90^\circ-\frac{\alpha}{4}\right)=\sin\frac{5\alpha}{4}$$

由于 $0<\alpha<180^\circ$，故 $\sin\left(90^\circ-\frac{\alpha}{4}\right)>0$.

因此，$\sin\frac{5\alpha}{4}>0$，即 $0<\frac{5\alpha}{4}<180^\circ$.

故只有 $90^\circ-\frac{\alpha}{4}=\frac{5\alpha}{4}\Rightarrow\alpha=60^\circ$，或 $90^\circ-\frac{\alpha}{4}=180^\circ-\frac{5\alpha}{4}\Rightarrow\alpha=90^\circ$.

当 $\alpha=60^\circ$ 时，易验证 $\triangle IEC\cong\triangle IDC$.

因此，$\triangle IEK\cong\triangle IDK$，故 $\angle BEK=\angle IDK=45^\circ$.

当 $\alpha=90^\circ$ 时

$$\angle EIC=90^\circ-\frac{\alpha}{2}=45^\circ=\angle KDC$$

又 $\angle ICE=\angle DCK$，故 $\triangle ICE \backsim \triangle DCK$，这说明 $IC \cdot KC=DC \cdot EC$.

因而，$\triangle IDC \backsim \triangle EKC$.

于是，$\angle EKC=\angle IDC=90^\circ$.

故 $\angle BEK=180^\circ-\angle EIK-\angle EKI=45^\circ$.

综上，$\angle CAB$ 的所有可能值为 60° 和 90°.

第1节　三角形的内切圆问题

2008年东南赛中的两道平面几何试题，均涉及了"三角形的一条内角平分线与一条中位线所在直线的交点，是一顶点在这条角平分线的射影"问题. 这实际上涉及了三角形内切圆的一条优美性质："三角形一内角平分线上的点为三角形一顶点的射影的充要条件是另一顶点关于内切圆的切点弦直线与这条内角平分线的交点." 这条性质的充分性可参见下面的例1，必要性留给读者. 其实，三角形的内切圆还有一系列有趣的结论. 我们以例题的形式介绍如下：

例1　(2006年黑龙江竞赛题，1994年印度竞赛题) 如图30.16，$\triangle ABC$ 的内切圆圆 I 分别切 BC，CA 边于点 D，E，直线 BI 与直线 DE 交于点 G，则 $AG \perp BG$.

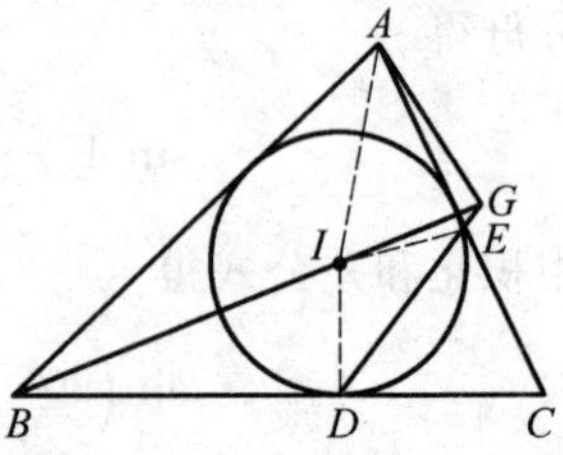

图 30.16

证明　联结 AI，DI，EI，则

$$\angle EDC=\frac{1}{2}\angle DIE=\frac{1}{2}(180^\circ-\angle C)$$

$$=\frac{1}{2}(\angle ABC+\angle BAC)$$

又 $\angle EDC=\angle DBG+\angle BGD$，所以

$$\angle BGD=\frac{1}{2}\angle BAC=\angle IAE$$

从而，四边形 $AIEG$ 内接于圆，则

$$\angle AGI=\angle AEI=90^\circ$$

故

$$AG \perp BG$$

例2　(第33届俄罗斯数学奥林匹克题) 如图30.17，设 $\triangle ABC$ 的内切圆分别与边 BC，CA，AB 切于点 D，E，F，联结 AD 交内切圆于点 G，直线 l 平行于 BC

且过点 A，直线 DF，DE 分别交直线 l 于 P，Q，证明：$\angle PGQ=\angle EGF$.

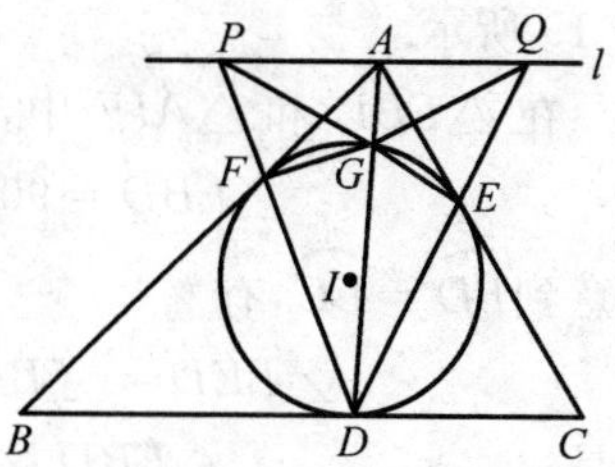

图 30.17

证明　由题知 $\angle BDG=\frac{1}{2}\overset{\frown}{DFG}=\angle DEG$，又 $\angle BDA=\angle DAQ$，则 $\angle GAQ=\angle DEG$，从而四边形 $AGEQ$ 可内接于圆.

同理，四边形 $APFG$ 可内接于圆，从而

$$\begin{aligned}\angle PGQ&=\angle PGA+\angle AGQ=\angle PFA+\angle AEQ\\&=\angle BFD+\angle DEC\end{aligned}$$

注意到 $\angle BFD$ 与 $\angle DEC$ 都是弦切角，则

$$\angle PGQ\overset{m}{=\!=}\frac{1}{2}(\overset{\frown}{DF}+\overset{\frown}{DE})=\frac{1}{2}\overset{\frown}{EDF}\overset{m}{=\!=}\angle EGF$$

例 3　若 $\triangle ABC$ 的内切圆在 BC，CA，AB 上的切点分别为 D，E，F，且 $DG\perp EF$ 于 G，则 $\frac{FG}{EG}=\frac{BF}{CE}$.

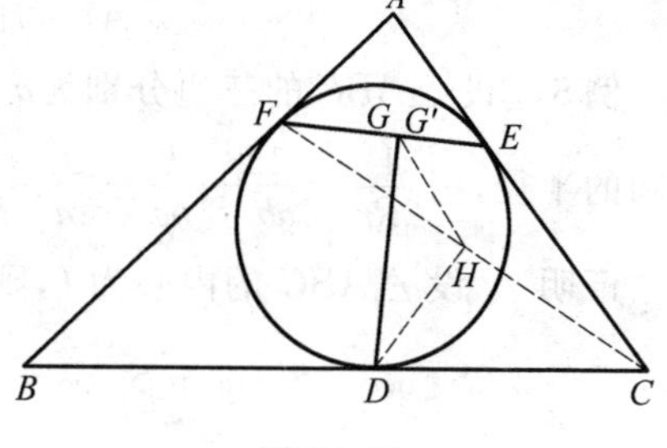

图 30.18

证明　如图 30.18，从点 D 引 BF 的平行线与 CF 的交点为 H，从 H 引 AC 的平行线与 EF 的交点为 G'，则

$$\frac{HG'}{CE}=\frac{FH}{FC}=\frac{BD}{BC}=\frac{BF}{BC}=\frac{HD}{DC}$$

而

$$CE=DC$$

则

$$HG'=HD$$

于是

$$\angle HG'D=\angle HDG'$$

因为 $\angle DHG'$ 等于 $\angle A$ 的补角，所以

$$\angle HG'D=\frac{1}{2}\angle A$$

又 $HG'\parallel AC$，所以 DG' 平行于 $\angle A$ 的平分线，注意到 DG 平行于 $\angle A$ 的平分线，所以 G' 与 G 重合，故

$$\frac{FG}{EG}=\frac{FH}{HC}=\frac{BD}{DC}=\frac{BF}{CE}$$

例 4　设 $\triangle ABC$ 的内心为 I，联结 AI 的直线与外接圆的另一交点为 D，设 R，r 分别是 $\triangle ABC$ 的外接圆与内切圆的半径，则 $AI\cdot ID=2Rr$.

证明　过点 D 作外接圆的直径 DE，又设内切圆与 AC 的切点为 F，如图

30.19 所示.

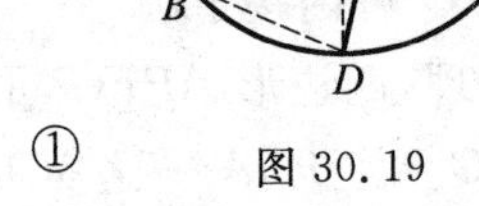

图 30.19

在$\triangle EBD$和$\triangle AIF$中,有

$$\angle EBD = 90^\circ = \angle AFI$$

注意到$\overparen{BD} = \overparen{DC}$,有

$$\angle BED = \angle BAD = \angle IAF$$

于是

$$\triangle EBD \backsim \triangle AFI$$

从而

$$\frac{DB}{DE} = \frac{IF}{IA} \qquad ①$$

又I是$\triangle ABC$的内心,所以$DB = DI$(内心性质).又$DE = 2R$,$IF = r$,代入式①得

$$\frac{DI}{2R} = \frac{r}{IA}$$

故

$$AI \cdot ID = 2R \cdot r$$

例 5 设$\triangle ABC$的三边分别为a,b,c,设R,r分别是$\triangle ABC$的外接圆与内切圆的半径,则$\frac{1}{2Rr} = \frac{1}{ab} + \frac{1}{bc} + \frac{1}{ca}$.

证明 设$\triangle ABC$的内心为I,则

$$S_{\triangle ABC} = S_{\triangle IAB} + S_{\triangle IBC} + S_{\triangle ICA} = \frac{r}{2}(AB + BC + CA)$$

从而

$$S_{\triangle ABC} = \frac{r}{2}(a + b + c)$$

注意到

$$S_{\triangle ABC} = \frac{1}{2}ab \cdot \sin C = \frac{1}{2}ab \cdot \frac{c}{2R} = \frac{abc}{4R}$$

则

$$\frac{abc}{4R} = \frac{r}{2}(a + b + c)$$

故

$$\frac{1}{2Rr} = \frac{1}{ab} + \frac{1}{bc} + \frac{1}{ca}$$

例 6 (第8届美国邀请赛题)如图 30.20,圆I为$\triangle ABC$的内切圆,切边BC于D,DP为圆I的直径,AP的延长线交BC于G,则$BG = CD$.

证法 1 过P作$B'C' \parallel BC$交AB于B',交AC于C',则知$B'C'$切圆I于P,联结IC,IC',则由

$$\text{Rt}\triangle IPC' \backsim \text{Rt}\triangle CDI$$

有

$$PC' \cdot DC = IP \cdot ID$$

同理$B'P \cdot BD = IP \cdot ID$,即有$PC' \cdot DC = B'P \cdot BD$.

亦即 $$\frac{B'P}{PC'}=\frac{DC}{BD} \quad ①$$

而由 $B'C' /\!/ BC$，有

$$\frac{B'P}{PC'}=\frac{BG}{GC} \quad ②$$

由式①②有

$$\frac{BG}{GC}=\frac{CD}{BD}$$

再由合比定理，有

$$\frac{BG}{BC}=\frac{CD}{BC}$$

故 $$BG=CD$$

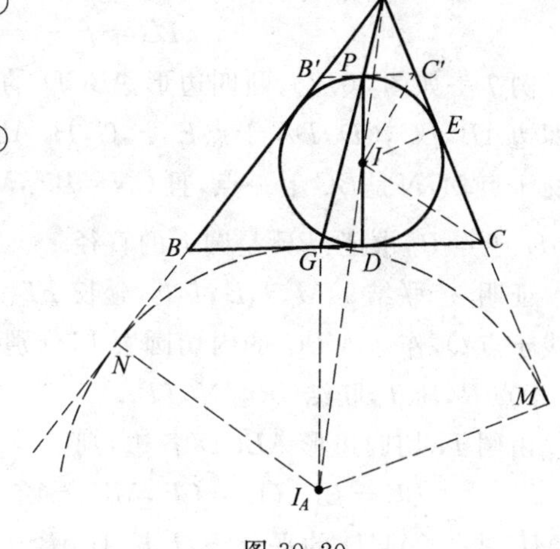

图 30.20

证法 2　过 G 作 BC 的垂线与 AI 的延长线交于点 I_A，过 I_A 分别作 AB，AC 的延长线的垂线，垂足分别为 N，M.

显然，$IP /\!/ I_AG$，则

$$\frac{AI}{AI_A}=\frac{IP}{I_AG} \quad ③$$

设圆 I 切 AC 于 E，联结 IE，则 $IE /\!/ I_AM$，即有

$$\frac{AI}{AI_A}=\frac{IE}{I_AM} \quad ④$$

比较式③④，且因 $IP=IE$，得

$$I_AG=I_AM$$

同理 $$I_AG=I_AN$$

因此，以 I_A 为圆心，I_AG 为半径的圆为 $\triangle ABC$ 的旁切圆，它与 AN，BC，AM 相切于点 N，G，M. 令 $\triangle ABC$ 三边为 a，b，c，记 $\frac{1}{2}(a+b+c)=p$，则

$$AM=AN=p$$

$$BG=BN=AN-AB=p-c=CD$$

(或由 $AB+BG=p=AB+DC$ 即得)

证法 3　过 P 作 $B'C' /\!/ BC$ 交 AB 于 B'，交 AC 于 C'，则知 $B'C'$ 切圆 I 于 P.

易知 $\triangle AB'C' \backsim \triangle ABC'$，由于它们的旁切圆分别为圆 I 与圆 I_A，则在以 A 为中心的位似变换下，使圆 I 变为圆 I_A，此时切点 P 变为切点 G，故 G 为直线

AP 与 BC 的交点，于是

$$BG=p-c=CD$$

例 7 如图 30.21，凸四边形 $ABCD$ 的内切圆圆 I_A 切四边 AB,BC,CD,DA 于点 E,F,G,H. AB,DC 的延长线交于点 M, N 是 BC 上一点，且 $CN=BF$, MN 的延长线交 $\overset{\frown}{GH}$ 于点 P，求证：PF 是圆 I 的直径.

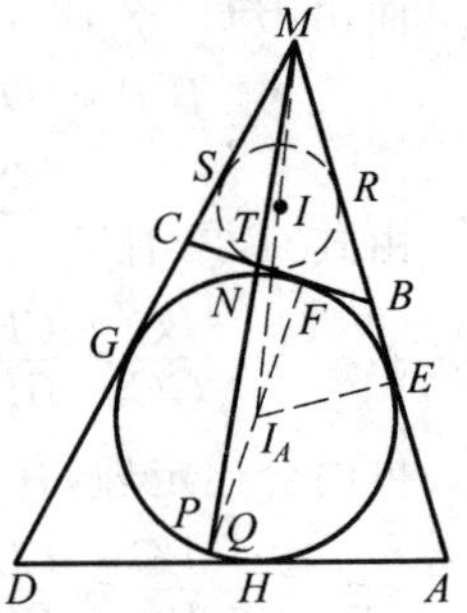

图 30.21

证明 联结 I_AM,I_AE,I_AF，延长 FI_A 交 MN 的延长线于点 Q，作 $\triangle MBC$ 的内切圆圆 I，分别切 MB,MC,BC 于点 R,S,T，联结 IR,IN,IT.

由圆 I_A 切四边形 $ABCD$ 各边，则

$$BE=BF,CG=CF,ME=MG$$

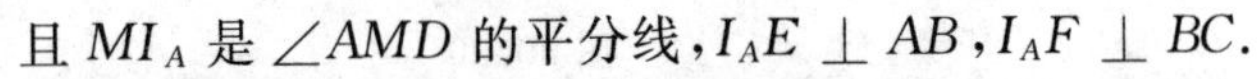

且 MI_A 是 $\angle AMD$ 的平分线，$I_AE\perp AB$，$I_AF\perp BC$.

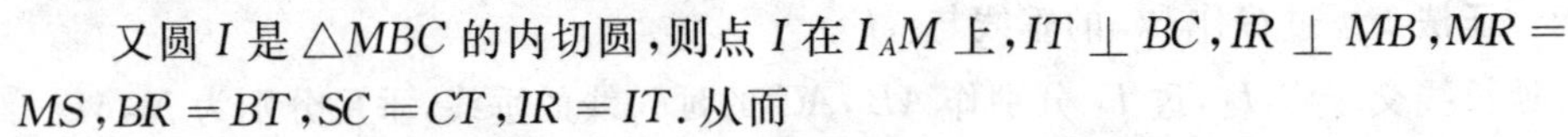

又圆 I 是 $\triangle MBC$ 的内切圆，则点 I 在 I_AM 上，$IT\perp BC$，$IR\perp MB$，$MR=MS$，$BR=BT$，$SC=CT$，$IR=IT$. 从而

$$\begin{aligned}&ME-MR=MG-MS\Rightarrow RE=SG\\&\Rightarrow BR+BE=SC+CG\\&\Rightarrow BT+BF\Rightarrow CT+CF\\&\Rightarrow (BF+FT)+BF=CT+(CT+FT)\\&\Rightarrow 2BF=2CT\Rightarrow BF=CT\\&\Rightarrow CT=CN\Rightarrow T,N\text{ 重合}\\&\Rightarrow IN\perp BC,IR=IN\\&\Rightarrow IT\parallel FQ\Rightarrow \frac{IN}{I_AQ}=\frac{MI}{MI_A}\end{aligned}$$

又由 $IR\parallel I_AE$，得

$$\frac{IR}{I_AE}=\frac{MI}{MI_A}$$

所以

$$\frac{IN}{I_AQ}=\frac{IR}{I_AE}$$

即

$$I_AQ=I_AE$$

所以点 Q 在圆 O 上，即点 Q 与点 P 重合，所以 PF 是圆 I_A 的直径.

例 8 如图 30.22，$\triangle ABC$ 的 $\angle A$ 内的旁切圆圆 I_A 分别切边 BC，边 AC，AB 的延长线于点 M,N，DP 为圆 I_A 的直径，直线 AP 交 BC 于 G，则 $BG=CD$.

证明 令 $AC=b,AB=c,BC=a,p=\frac{1}{2}(a+b+c)$，由 $CD=CM=$

$AM-AC=p-b$,知只要证G为BC与$\triangle ABC$的内切圆的切点即可.

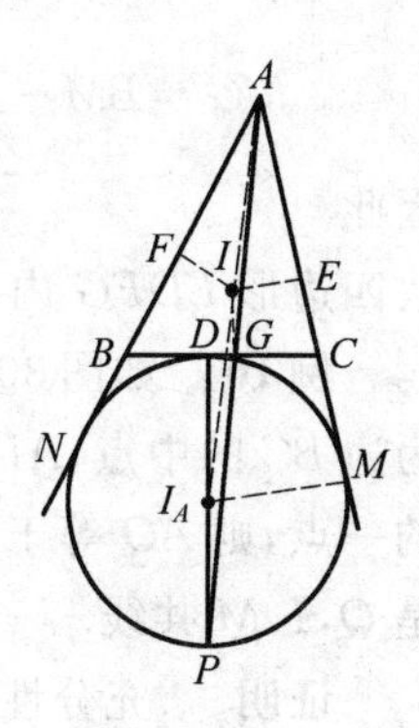

图 30.22

过点F作BC的垂线交AI_A于点I,过I作$IE\perp AC$于E,过I作$IF\perp AB$于F,则$IE=IF$,从而只要证$IG=IE$,即可.

由$IG\parallel DP$,$IE\parallel I_AM$,有

$$\frac{AI}{AI_A}=\frac{GI}{PI_A},\frac{AI}{AI_A}=\frac{IE}{I_AM}$$

于是

$$\frac{GI}{PI_A}=\frac{IE}{I_AM}$$

而$PI_A=I_AM$,故$IG=IE$.

例9 如图30.23,圆I和圆I_A分别为$\triangle ABC$的内切圆,$\angle A$内的旁切圆,D,G分别为圆I、圆I_A与边BC的切点,过C作$CF\perp AI_A$于F,过B作$BE\perp AI_A$于E,则四边形$EDFG$内接于圆.

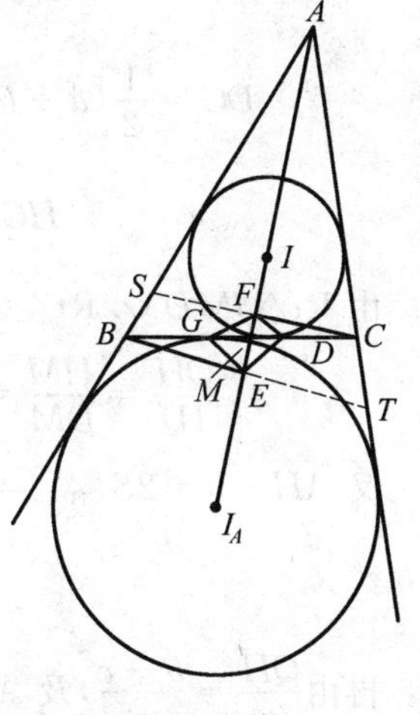

图 30.23

证明 取BC的中点M,联结ME,MF,延长BE交直线AC于T,延长CF交直线AB于S.

由AI平分$\angle BAC$,知$AE\perp BT$,有

$$AB=AT,BE=ET$$

即知

$$ME=\frac{1}{2}CT=\frac{1}{2}(AT-AC)=\frac{1}{2}(AB-AC)$$

同理

$$MF=\frac{1}{2}(AB-AC)$$

故

$$ME=MF$$

又圆I、圆I_A分别切BC于D,G,则

$$BD=\frac{1}{2}(AB+BC-AC)$$

$$BG=\frac{1}{2}(BC+AC-AB)$$

从而

$$MD=BD-BM=\frac{1}{2}(AB+BC-AC)-\frac{1}{2}BC=\frac{1}{2}(AB-AC)$$

$$MG=BM-BG=\frac{1}{2}BC-\frac{1}{2}(BC+AC-AB)=\frac{1}{2}(AB-AC)$$

因此
$$MG=ME=MD=MF$$

故四边形 $EDFG$ 内接于以点 M 为圆心的圆.

例10 如图30.24,圆 I 为 $\triangle ABC$ 的内切圆,M 为边 BC 的中点,AH 是边 BC 上的高,Q 为高 AH 上的一点,则 AQ 等于内切圆圆 I 的半径 r 的充要条件是 Q,I,M 共线.

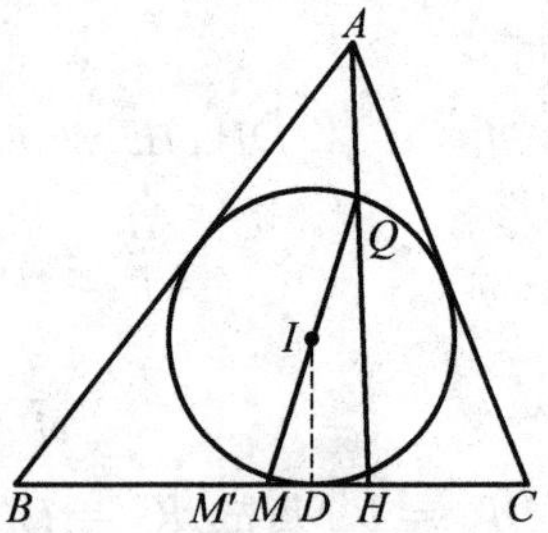

图30.24

证明 充分性:设 D 为内切圆圆 I 与 BC 的切点,联结 ID,令 $BC=a,CA=b,AB=c$,则

$$MC=\frac{1}{2}a$$

$$DC=\frac{1}{2}(a+b-c)=p-c$$

$$HC=AC\cdot\cos C=\frac{a^2+b^2-c^2}{2a}$$

由 $\mathrm{Rt}\triangle IMD\backsim\mathrm{Rt}\triangle QMH$,有

$$\frac{QH}{ID}=\frac{HM}{DM}=\frac{(MC-HC)\cdot 2}{(MC-DC)\cdot 2}=\frac{a-2HC}{c-b}=\frac{b+c}{a}$$

又 $AH\cdot a=2S_{\triangle ABC}=r(a+b+c)$,即

$$\frac{AH}{r}=\frac{a+b+c}{a}$$

再由 $\frac{QH}{r}=\frac{b+c}{a}$,及 $AQ=AH-QH$,有

$$\frac{AQ}{r}=\frac{AH}{r}-\frac{QH}{r}=\frac{a+b+c}{a}-\frac{b+c}{a}=1$$

故
$$AQ=r$$

必要性:若 $AQ=r$,则

$$QH=AH-AQ=\frac{(a+b+c)r}{a}-r=\frac{(b+c)r}{a}$$

设直线 QI 交 BC 于 M',当 $c>b$ 时,则

$$DH=DC-HC=\frac{a+b-c}{2}-\frac{a^2+b^2-c^2}{2a}=\frac{ab-ac-b^2+c^2}{2a}$$

由 $\frac{ID}{QH}=\frac{M'D}{M'H}$,有

$$\frac{ID}{QH-ID}=\frac{M'D}{DH}$$

即
$$M'D=\frac{ID\cdot DH}{QH-ID}=\frac{r\cdot\frac{ab-ac-b^2+c^2}{2a}}{r\cdot\frac{b+c-a}{a}}=\frac{(b+c-a)(c-b)}{2(b+c-a)}$$

$$=\frac{c-b}{2}=\frac{a}{2}-\frac{a+b-c}{2}=MC-DC=MD$$

即 M' 与 M 重合，故 Q,I,M 三点共线.

例 11 如图 30.25，圆 I 为 $\triangle ABC$ 的内切圆，分别与 BC,CA,AB 相切于点 D,E,F，DI 的延长线交 EF 于点 K，AK 的延长线交 BC 于点 M，则 M 为 BC 的中点.

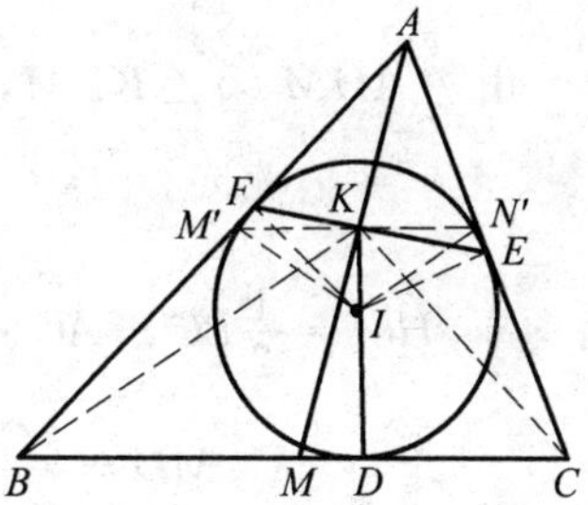

图 30.25

证法 1 过 K 作 $M'N'\parallel BC$ 交 AB 于 M'，交 AC 于 N'，则

$$\frac{BM}{M'K}=\frac{CM}{KN'} \quad ①$$

联结 IM',IN',IE,IF，则知 F,M',I,K 与 I,E,N',K 分别四点共圆，从而

$$\angle IFK=\angle IM'K,\angle IEK=\angle IN'K$$

而
$$\angle IFK=\angle IEK$$

则
$$\angle IM'K=\angle IN'K$$

从而
$$IM'=IN'$$

于是
$$M'K=NK' \quad ②$$

由式①②知 $BM=MC$，故 M 为 BC 的中点.

证法 2 由 B,D,I,F 与 D,C,E,I 分别四点共圆，有

$$\angle KIF=\angle B,\angle KIE=\angle C$$

在 $\triangle KIF$ 和 $\triangle KIE$ 中，分别应用正弦定理，有

$$\frac{KF}{\sin\angle KIF}=\frac{IK}{\sin\angle IFK}=\frac{IK}{\sin\angle IEK}=\frac{KE}{\sin\angle KIE}$$

即
$$\frac{KF}{KE}=\frac{\sin\angle KIF}{\sin\angle KIE}=\frac{\sin B}{\sin C}=\frac{AC}{AB}$$

从而
$$AB\cdot KF=AC\cdot KE$$

而
$$\angle AFE=\angle AEF$$

则有

$$S_{\triangle ABK}=\frac{1}{2}AB\cdot KF\cdot\sin\angle AFE=\frac{1}{2}AC\cdot KE\cdot\sin\angle AEF=S_{\triangle ACK}$$

从而知直线 AK 必平分线段 BC，故知 M 为 BC 的中点.

注 (1) 将此例中的内切圆改为旁切圆圆 I_A，其余条件一样，则仍有该结论成立，且证明方法也一样，此时，即为1999年四川省竞赛题中的一问.

(2) 若作 $AH\perp BC$ 于 H，则

$$\frac{S_{\triangle ABC}}{S_{\triangle KBC}}=\frac{AH}{KD}$$

由 $\triangle AHM\backsim\triangle KDM$，有

$$\frac{AH}{KD}=\frac{HM}{MD}$$

而 $$HM=\frac{1}{2}BC-AC\cdot\cos C=\frac{AB^2-AC^2}{2BC}\quad(\text{当 } AB>AC \text{ 时})$$

$$MD=\frac{BC}{2}-\frac{BC+AC-AB}{2}=\frac{AB-AC}{2}$$

于是，有

$$\frac{S_{\triangle ABC}}{S_{\triangle KBC}}=\frac{AB+AC}{BC}$$

此即为1999年四川省竞赛题中的第二问.

例12 (2002年第43届CMO选题7) 如图30.26，已知锐角 $\triangle ABC$ 的内切圆圆 I 与边 BC 切于点 K，AD 是 $\triangle ABC$ 的高，M 是 AD 的中点，N 是圆 I 与 KM 的交点，证明：圆 I 与 $\triangle BCN$ 的外接圆相切于点 N.

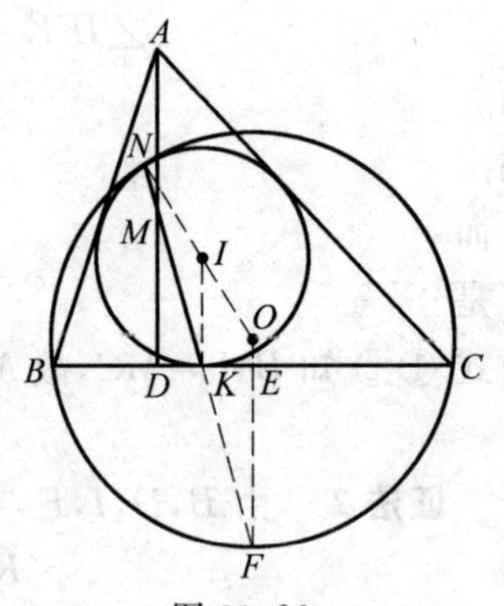

图30.26

证法1 当 $AB=AC$ 时，显然，这两个圆的圆心距等于这两个圆的半径之差.

当 $AB\neq AC$ 时，不妨设 $AB<AC$.

设 BC 的中垂线交直线 NK 于 F，交 BC 于 E，设 $\triangle BCN$ 的外心为 O，$\triangle ABC$ 的三边长分别为 a,b,c，$p=\frac{1}{2}(a+b+c)$，则

$$BK=p-b,KC=p-c$$

于是 $$BK\cdot KC=(p-b)(p-c)$$

又 $$BD=c\cdot\cos B=\frac{1}{2a}(c^2+a^2-b^2)$$

$$KE = BE - BK = \frac{1}{2}(b-c)$$

$$DK = BK - BD = \frac{1}{a}(b-c)(p-a)$$

设 $\angle MKD = \varphi$，则

$$\tan\varphi = \frac{MD}{DK} = \frac{\frac{1}{2}a \cdot AD}{(b-c)(p-a)} = \frac{S_{\triangle ABC}}{(b-c)(p-a)}$$

设 r 为 $\triangle ABC$ 的内切圆半径，则

$$NK = 2r \cdot \sin\varphi, KF = KE \cdot \sec\varphi$$

于是

$$NK \cdot KF = 2r \cdot \tan\varphi \cdot KE = \frac{r \cdot S_{\triangle ABC}}{p-a} = \frac{S_{\triangle ABC}^2}{p(p-a)}$$

$$=(p-b)(p-c) = BK \cdot KC$$

因此，点 F 在 $\triangle BCN$ 的外接圆上.

因 $IK \parallel OF$，则

$$\angle FNO = \angle NFO = \angle NKI = \angle FNI$$

所以 N, I, O 三点共线，因此圆 I 与 $\triangle BCN$ 的外接圆相切于点 N.

证法 2 不妨设 $AB < AC$，只需证 N, I, O 共线.

设 F 为直线 NK 与 $\triangle BCN$ 的外接圆的交点(不同于点 N)，则

$$OF = ON$$

于是
$$\angle OFN = \angle ONF$$

而
$$IN = IK$$

故
$$\angle IKN = \angle INK$$

从而 N, I, O 共线的充要条件是这些角相等，即 $IK \parallel OF$.

注意到 $IK \perp BC$，故只需证明 $OF \perp BC$，即证 F 为 $\overset{\frown}{BC}$ 的中点. 为此，证明 NKF 平分 $\angle BNC$，即证 $\frac{BN}{CN} = \frac{BK}{KC}$. 记 $\angle MKD = \varphi$，由余弦定理，得

$$BN^2 = BK^2 + NK^2 - 2NK \cdot BK \cdot \cos\varphi$$

$$CN^2 = CK^2 + NK^2 + 2NK \cdot CK \cdot \cos\varphi$$

于是，只需证明

$$\frac{BK^2}{CK^2} = \frac{BK^2 + NK^2 - 2NK \cdot BK \cdot \cos\varphi}{CK^2 + NK^2 + 2CK \cdot NK \cdot \cos\varphi}$$

即证 $$(CK-BK)NK=2BK\cdot CK\cdot\cos\varphi$$

由于 $NK=2r\cdot\sin\varphi$，故只需证明

$$2r(CK-BK)\cdot\tan\varphi=2BK\cdot CK$$

而 $$\tan\varphi=\frac{MD}{DK}=\frac{\frac{1}{2}AD}{DK}=\frac{c\cdot\sin B}{2(p-b-c\cdot\cos B)}$$

$$BK=r\cdot\cot\frac{B}{2},CK=r\cdot\cot\frac{C}{2}$$

故只需证

$$\frac{\left(\cot\frac{C}{2}-\cot\frac{B}{2}\right)\cdot c\cdot\sin B}{a+c-b-2c\cdot\cos B}=\cot\frac{B}{2}\cdot\cot\frac{C}{2}$$

由正弦定理及 $a=c\cdot\cos B+b\cdot\cos C$，转为证明

$$\sin C\cdot\sin B\left(\cot\frac{C}{2}-\cot\frac{B}{2}\right)=\cot\frac{B}{2}\cdot\cot\frac{C}{2}(\sin C-\sin B+\sin B\cdot\cos C-\sin C\cdot\cos B)$$

利用半角公式，两边约去 $\sin\frac{B-C}{2}$，只需证

$$\sin B\cdot\sin C=4\sin\frac{B}{2}\cdot\sin\frac{C}{2}\cdot\cos\frac{B}{2}\cdot\cos\frac{C}{2}$$

此式显然成立，命题获证.

例 13 (《中等数学》2007 年第 12 期奥林匹克问题高 213) 如图 30.27，已知锐角 $\triangle ABC$，$AB>AC$，AH 是高，M 是 AH 的中点，圆 I 是 $\triangle ABC$ 的内切圆，D 是边 BC 的切点，射线 DM 交圆 I 于点 N，求证：$\angle BND=\angle CND$.

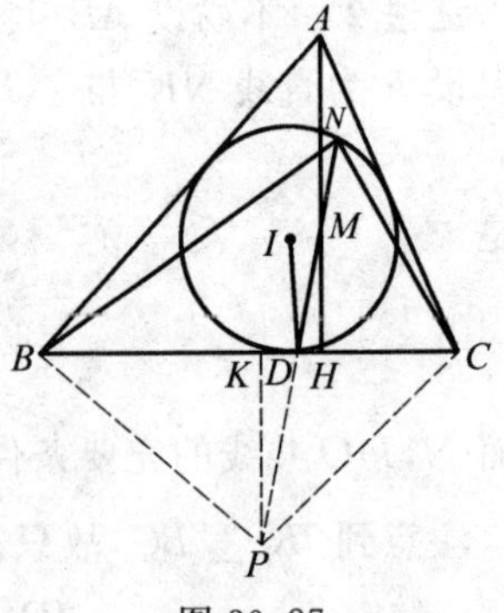

图 30.27

证明 可类似例 12 而证. 令 $BC=a$，$CA=b$，$AB=c$，$p=\frac{1}{2}(a+b+c)$，圆 I 的半径为 r，$\angle CDN=\alpha$，$AH=h_a$.

作 BC 的中垂线交射线 ND 于点 P，联结 PB，PC，则 $PB=PC$，设 K 为 BC 的中点.

由切线长定理，知

$$BD=p-b,DC=p-c$$

则 $$BD\cdot DC=(p-b)(p-c) \quad ①$$

注意到

$$DK=BD-BK=\frac{1}{2}(a+c-b)-\frac{1}{2}a=\frac{1}{2}(c-b)$$

$$\begin{aligned}DH=DC-BC&=\frac{1}{2}(a+b-c)-b\cdot\cos C\\&=\frac{1}{2}(a+b-c)-\frac{a^2+b^2-c^2}{2a}\\&=\frac{1}{2a}(c-b)(b+c-a)\\&=\frac{1}{a}(c-b)(p-a)\end{aligned}$$

又 $DN=2r\cdot\sin\alpha$，$DP=\frac{DK}{\cos\alpha}=\frac{c-b}{2\cos\alpha}$，则

$$\begin{aligned}DN\cdot DP&=2r\cdot\sin\alpha\cdot\frac{c-b}{2\cos\alpha}=r(c-b)\cdot\tan\alpha\\&=r(c-b)\cdot\frac{MH}{DH}\\&=r(c-b)\cdot\frac{\frac{1}{2}h_a}{\frac{1}{a}(c-b)(p-a)}=\frac{r\cdot\frac{1}{2}ah_a}{p-a}\\&=\frac{rS_{\triangle ABC}}{p-a}=\frac{prS_{\triangle ABC}}{p(p-a)}=\frac{(S_{\triangle ABC})^2}{p(p-a)}\\&=\frac{p(p-a)(p-b)(p-c)}{p(p-a)}=(p-b)(p-c)\end{aligned}\quad ②$$

由式①②得

$$BD\cdot DC=DN\cdot DP$$

从而 B,P,C,N 四点共圆.

在这个圆中，由 $PB=PC$，得

$$\overset{\frown}{PB}=\overset{\frown}{PC}$$

故
$$\angle BNP=\angle CNP$$

即
$$\angle BND=\angle CND$$

例14 （2005年福建竞赛题）如图30.28，已知 $\triangle ABC$ 的内心为 I，$AC\neq BC$，内切圆与边 AB，BC，CA 分别相切于点 D，E，F，CI 与 EF 交于点 S，联结 CD 与内切圆的另一交点为 M，过点 M 的切线交 AB 的延长线于点 G，求证：

(1) $\triangle CDI\backsim\triangle DSI$.

(2)$GS\perp CI$.

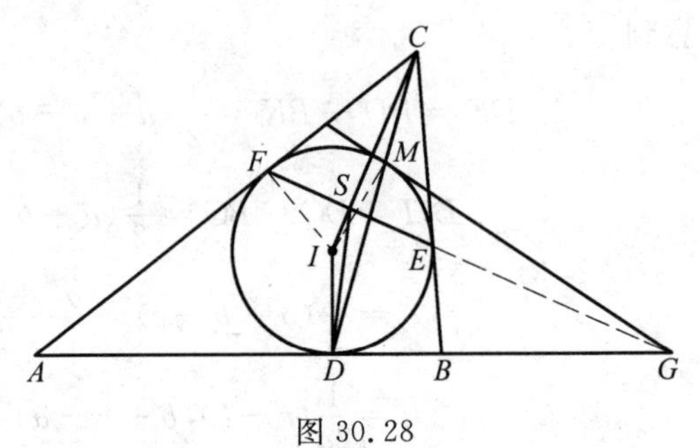

图 30.28

证明 (1)在 Rt$\triangle CFI$ 中,由射影定理可得

$$FI^2=SI\cdot CI=DI^2$$

所以 $$\frac{DI}{SI}=\frac{CI}{DI}$$

而 $\angle CID=\angle DIS$,故 $\triangle CDI\backsim\triangle DSI$.

(2) 联结 IM,IF,由 D,I,M,G 四点共圆,并且由(1) 可得

$$\angle ISD=\angle IDC=\angle IMD$$

所以点 C 在四边形 $DIMG$ 的外接圆上,故 $\angle GSI=\angle GMI=90^\circ$,即 $GS\perp CI$.

注 此例中,点 D 在圆 I 上变动时,也有 $\triangle CDI\backsim\triangle DSI$.

例 15 设圆 I 为 $\triangle ABC$ 的内切圆,切边 BC 于点 D,M 为边 BC 的中点,则直线 MI 平分 AD;反之,设 D_1 为 AD 的中点,则直线 D_1I 平分 BC.

证明 如图 30.29(a),联结 DI 并延长交圆 I 于点 P,联结 AP 并延长交 BC 于 G,则由例 6 知,$BG=DC$.

又 M 为 BC 中点,则知 M 为 GD 中点.

而 I 为 DP 中点,从而 $IM\parallel AG$.

在 $\triangle AGD$ 中,M 为 DG 中点,故 MI 平分 AD.

反之,如图 30.29(b) 作圆 I 的直径 DP,过 P 作圆 I 的切线 $B'C'$,过 A 作 $AH\perp BC$ 于 H,交 $B'C'$ 于 H_1,直线 D_1I 交 BC 于 M',则由 Rt$\triangle APH_1\backsim$ Rt$\triangle IM'D$,有

$$\frac{DM'}{PH_1}=\frac{PM'}{DH}=\frac{ID}{AH_1}$$

令 $BC=a,CA=b,AB=c,p=\frac{1}{2}(a+b+c)$,圆 I 的半径为 r,则

$$DH=CD-CH=(p-c)-b\cdot\cos C=\frac{(p-a)(c-b)}{a}$$

$$AH_1=AH-2r=\frac{2pr}{a}-2r=\frac{2r(p-a)}{a}$$

所以 $$DM'=\frac{ID\cdot DH}{AH_1}=\frac{1}{2}(c-b)$$

于是 $$M'C=M'D+DC=\frac{1}{2}(c-b)+(p-c)=\frac{1}{2}a$$

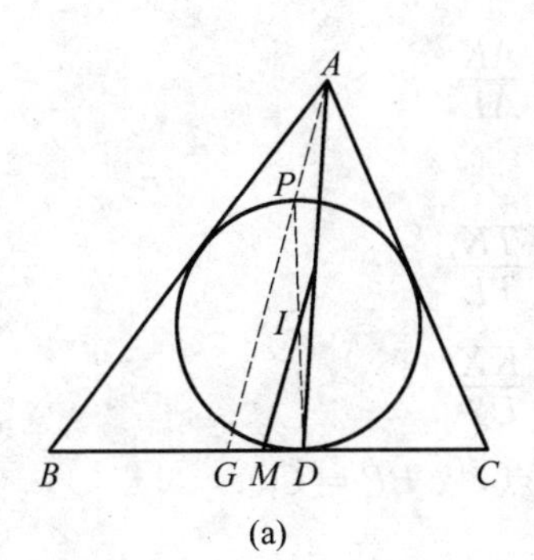

(a)

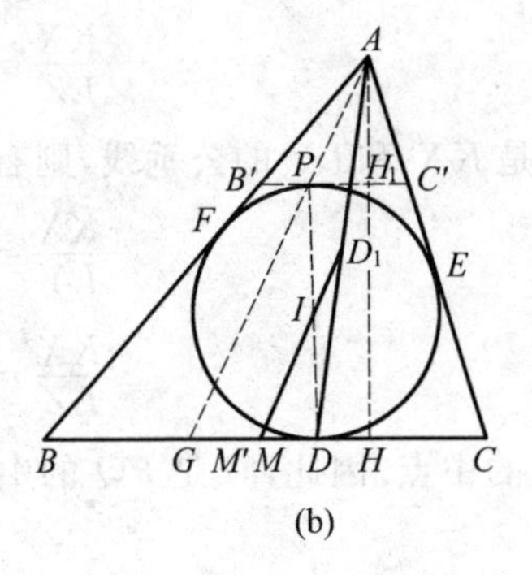

(b)

图 30.29

这表明 M' 为 BC 的中点 M.

注 此时,有结论:设 $\triangle ABC$ 的内(旁)切圆圆 I 分别切 BC,CA,AB 所在直线于点 D,E,F,过 AD 和 BC 的中点 D_1 和 M 作直线 D_1M 及类似的直线 E_1N,F_1L,则 D_1M,E_1N,F_1L 三直线共点,且该点恰为 $\triangle ABC$ 的内(旁)心.

例16 (第46届IMO预选题6,2006伊朗国家队选拔题)如图30.30,已知 $\triangle ABC$ 的中线 AM 交其内切圆 Γ 于点 K,L,过 K,L 且平行于 BC 的直线交圆 Γ 于点 X,Y,AX,AY 分别交 BC 于 P,Q,证明:$BP=CQ$.

证法1 设 $\triangle ABC$ 的内心为 I,内切圆与边 BC,CA,AB 的切点分别为 D,E,F,EF 与 DI 交于点 T,过 T 作平行于 BC 的直线分别交 AB,AC 于点 $U、V$.

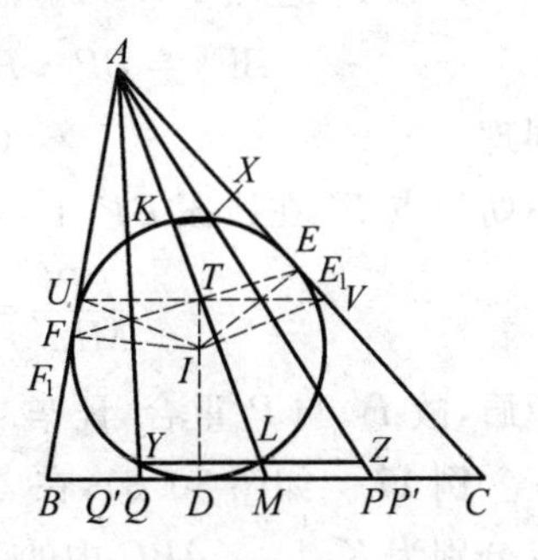

图 30.30

由于 $\angle ITV=\angle IEV=90°$,则 I,T,E,V 四点共圆,从而

$$\angle IVT=\angle IET$$

同理

$$\angle IVT=\angle IFT$$

又因 $\angle IET=\angle IFT$,知 $\triangle IUV$ 为等腰三角形,IT 为其底边 UV 上的高,T 是 UV 的中点,从而 A,T,M 三点共线.

由于 EF 是圆 I 的切点弦(或点 A 关于圆 I 的极线),即有

$$\frac{AK}{KT}=\frac{AL}{LT}$$

即

$$\frac{AK}{AL}=\frac{TK}{TL}$$

设 LY 交 AP 于点 Z,则

$$\frac{KX}{LZ}=\frac{AK}{AL}$$

因 IT 是 KX 和 LY 的公垂线,则有

$$\frac{KX}{LY}=\frac{TK}{TL}$$

从而

$$\frac{KX}{LZ}=\frac{KX}{LY}$$

即 L 是 YZ 的中点.因此,M 是 PQ 的中点,故 $BP=CQ$.

证法 2 当 $AB=AC$ 时,显然 $P=Q=M$,得证,下面不妨设 $AB<AC$.设 $\triangle ABC$ 的内切圆与 AB,AC 切于点 F,E.

以点 A 为位似中心作位似变换,将点 Y 变到点 Q,于是点 L 变到点 M.

设点 F 变到 F_1,点 E 变到 E_1,作 $MP'=MQ$,于是,与 AB,AC 分别切于点 F_1,E_1 的圆 Γ_1 过点 M,Q.

只需证:与 AB,AC 切于点 F_2,E_2 的圆 Γ_2 过点 P',M,其中 F_2,E_2 满足 $BF_2=CE_1$,$CE_2=BF_1$.

设圆 Γ_2 过点 P,M'(显然,Γ_2 过点 P),则有

$$BF_2^2=BP\cdot BM'=CE_1^2=CQ\cdot CM=BP'\cdot BM$$

同理

$$CP\cdot CM'=CP'\cdot CM$$

不妨设点 P' 在线段 BP 上,若 $P\neq P'$,则

$$\frac{PP'}{MM'}=\frac{BP}{BM}<1,\frac{MM'}{PP'}=\frac{CM}{CP}<1$$

矛盾,故 P' 与 P 重合,证毕.

例 17 如图 30.31,在 $\triangle ABC$ 中,$\angle BAC$ 内的旁切圆与直线 BC,AB 的切点分别为 K,L,$\angle ABC$ 内的旁切圆与直线 AB,BC 的切点分别为 M,N,记直线 KL 与 MN 的交点为 X,求证:CX 平分 $\angle ACN$.

证明 令 $BC=a$,$CA=b$,$AB=c$,则

$$AL=BN=BM=\frac{1}{2}(a+b+c)$$

作 $\angle ACN$ 的角平分线,分别交 AN,AM,BA 的延长线于点 Y,X',Z.

当 $a\neq b$ 时,不妨设 $a>b$,则

$$\frac{AY}{YN}=\frac{AC}{CN}=\frac{b}{\frac{1}{2}(a+b+c)-a}=\frac{2b}{b+c-a}$$

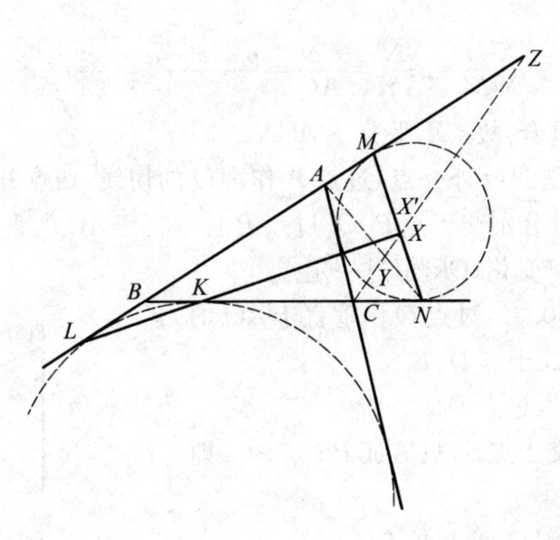

图 30.31

于是
$$\frac{ZA}{ZB}=\frac{CA}{BC}=\frac{b}{a}$$

且
$$ZB-ZA=c$$

因此
$$ZB=\frac{ac}{a-b},ZA=\frac{bc}{a-b}$$

对 $\triangle AMN$ 及截线 $YX'Z$ 应用梅涅劳斯定理,有
$$\frac{AY}{YN}\cdot\frac{NX'}{X'M}\cdot\frac{MZ}{ZA}=1$$

所以
$$\frac{NX'}{X'M}=\frac{YN}{AY}\cdot\frac{ZA}{MZ}=\frac{c}{a+b}$$

对 $\triangle BMN$ 及截线 LKX 应用梅涅劳斯定理,有
$$\frac{BK}{KN}\cdot\frac{NX}{XM}\cdot\frac{ML}{LB}=1$$

所以
$$\frac{XN}{XM}=\frac{c}{a+b}$$

故点 X' 与 X 重合,即 CX 平分 $\angle ACN$.

当 $a<b$ 时,类似可证.

当 $a=b$ 时,显然
$$\frac{XN}{XM}=\frac{c}{a+b}=\frac{c}{2a}$$

而由 $X'Y \parallel BM$ 知

$$\frac{X'N}{X'M}=\frac{YN}{AY}=\frac{CN}{AC}=\frac{b+c-a}{2b}=\frac{c}{2a}$$

此时,点 X' 与 X 重合,故 CX 平分 $\angle ACN$.

例 18 点 A 是圆 O 外一点,过点 A 作圆 O 的切线,切点分别为 B,C. 圆 O 的切线 l 与 AB,AC 分别交于点 P,Q. 过点 P 且平行于 AC 的直线与 BC 交于点 R,证明:无论 l 如何变化,QR 恒过一定点.

证明 如图 30.32,过点 O 作垂直于 AO 的直线分别交 AB,AC 于点 D,E.

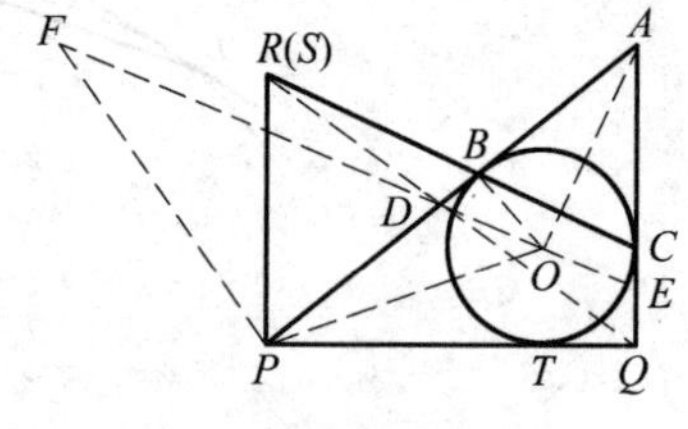

图 30.32

我们断言 QR 恒过点 D.

设 DQ 与 BC 交于点 S,只需证 $PS\parallel AC$,即 $S=R$.

设切线 PQ 与圆 O 切于点 T,记

$$\alpha=\angle BOD=\angle COE=\angle BAO=\angle CAO$$

$$\beta=\angle BPO=\angle TPO$$

$$\gamma=\angle CQO=\angle TQO$$

即

$$2(\alpha+\beta+\gamma)=\pi$$

$$\angle AOP=\pi-\alpha-\beta=\frac{\pi}{2}+\gamma$$

过点 P 作 AB 的垂线与 ED 的延长线交于点 F,则 A,P,O,F 四点共圆(以 AF 为直径),即有

$$\angle AFP=\pi-\angle AOP=\frac{\pi}{2}-\gamma$$

由 $PF\parallel BO$,知 $\angle PFD=\alpha$.

由对应角相等可得

$$\triangle AFD\backsim\triangle QOE,\triangle PFD\backsim\triangle COE$$

故

$$\frac{AP}{PD}=\frac{QC}{CE}$$

由于 $CS\parallel DE$,知

$$\frac{OC}{CE}=\frac{QS}{SD}$$

因此

$$\frac{AP}{PD}=\frac{QS}{SD}$$

于是

$$PS\parallel AQ$$

由于 AQ 与 AC 为同一直线,故 $PS\parallel AC$.

例19　I 是 $\triangle ABC$ 的内心，且圆 I 与 AB，BC 分别切于点 X，Y. XI 与圆 I 交于另一点 T，X' 是 AB，CT 的交点. L 在线段 $X'C$ 上，且 $X'L=CT$，证明：当且仅当 A，L，Y 三点共线时 $AB=AC$.

证明　如图30.33，设过内切圆上点 T 的切线分别交 BC，AC 于点 E，F. 由于 EF，AB 都是直径 XT 的垂线，所以 EF // AB.

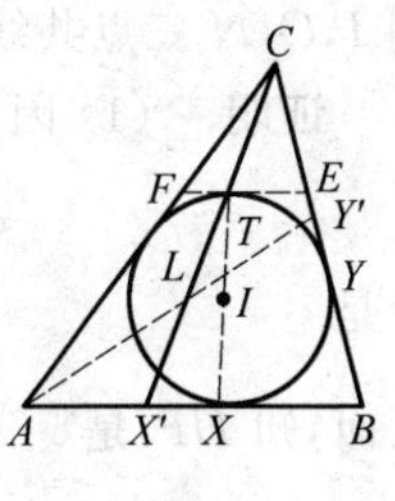

图30.33

又 T 是 $\triangle CEF$ 的旁切圆与 EF 的切点，故 X' 是 $\triangle ABC$ 的旁切圆与 AB 的切点.

记 p 为 $\triangle ABC$ 的半周长，a，b，c 分别为顶点 A，B，C 所对边的边长，则有

$$AX'=BX=p-b$$

设 AL 与 BC 交于点 Y'，由正弦定理得

$$\frac{CY'}{BY'}=\frac{CY'}{AY'}\cdot\frac{AY'}{BY'}=\frac{\sin A_1}{\sin C}\cdot\frac{\sin B}{\sin A_2}$$

$$=\frac{\sin B}{\sin C}\cdot\frac{\sin A_1}{\sin C_1}\cdot\frac{\sin X'_1}{\sin A_2}\cdot\frac{\sin C_1}{\sin X'_1}$$

$$=\frac{b}{c}\cdot\frac{CL}{AL}\cdot\frac{AL}{X'L}\cdot\frac{AX'}{b}=\frac{p-b}{c}\cdot\frac{CL}{X'L}\quad①$$

其中，$\angle A_1=\angle CAY'$，$\angle A_2=\angle BAY'$，$\angle C_1=\angle ACX'$，$\angle X'_1=\angle AX'C$.

因为 AB // EF，所以

$$\frac{CT}{CX'}=\frac{r}{r_C}=\frac{S}{p}\cdot\frac{p-c}{S}=\frac{p-c}{p}$$

其中 r，r_C 分别表示 $\triangle ABC$ 的内切圆半径，对应点 C 的旁切圆半径，S 为 $\triangle ABC$ 的面积.

因为 $CT=X'L$，$X'T=CL$，所以

$$\frac{X'L}{CL}=\frac{p-c}{c}\quad②$$

由式①②知

$$\frac{CY'}{BY'}=\frac{p-b}{c}\cdot\frac{c}{p-c}=\frac{p-b}{p-c}$$

故 Y' 是对应点 A 的 $\triangle ABC$ 的旁切圆与边 BC 的交点，$BY'=p-c$.

又 $BY=p-b$，则 A，L，Y 三点共线当且仅当 $Y=Y'$，即 $BY=BY'$.

因此 $p-b=p-c$，即 $b=c$，$AB=AC$.

例20　(2007年保加利亚竞赛题) 已知锐角 $\triangle ABC$ 的内切圆与三边 AB，

BC, CA 分别切于点 P, Q, R, 垂心 H 在线段 QR 上,证明:

(1) $PH \perp QR$.

(2) 设 $\triangle ABC$ 的外心,内心分别为 O, I, $\angle C$ 内的旁切圆与 AB 切于点 N,则 I, O, N 三点共线.

证明 (1) 因为 $\angle RAH = \angle QBH$, $\angle ARH = \angle BQH$,所以

$$\triangle ARH \backsim \triangle BQH$$

于是

$$\frac{AH}{BH} = \frac{AR}{BQ} = \frac{AP}{BP}$$

从而,知 HP 是 $\angle AHB$ 的角平分线,故

$$\begin{aligned}\angle RHP &= \angle RHA + \angle AHP \\ &= \angle QHB + \angle BHP = \angle QHP\end{aligned}$$

即

$$PH \perp QR$$

(2) 若 $AC = BC$,则点 I, O, N 都在 AB 的中垂线上.

若 $AC \neq BC$,如图 30.34,因为 $PH \perp RQ$, $CI \perp RQ$,则 $HP \parallel CI$.

又 $CH \parallel IP$,则四边形 $CHPI$ 是平行四边形,于是 $CH = IP$.

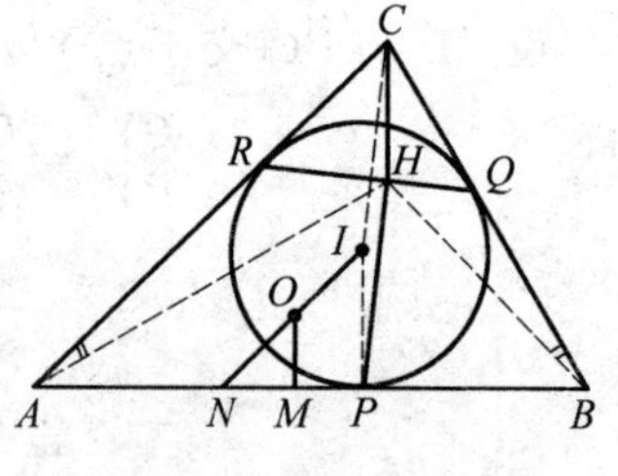

图 30.34

设 AB 的中点 M,由于 $AP = BN$,则 M 是 PN 的中点.

注意到 $IP = CH$, $CH \underline{\underline{\parallel}} 2OM$,得 $IP \underline{\underline{\parallel}} 2OM$,从而知 O 是 IN 的中点.

例 21 设圆 I 为非等腰 $\triangle ABC$ 的内切圆,圆 I_A 为 $\triangle ABC$ 外切于边 BC 的旁切圆,圆 I_A 切边 BC 于 G,切 AB, AC 的延长线于 S, T,已知 ST 的中点 P 在 $\triangle ABC$ 的外接圆上,证明:$\triangle ABC$ 的外心 O, G, I 三点共线.(可参见第29届俄罗斯奥林匹克题)

证法 1 若 $BC \parallel ST$(即 $AB = AC$)结论显然成立,即 G, O, I 共线.

当 BC 不平行于 ST 时,如图 30.35,设 $\triangle ABC$ 的内切圆切边 BC 于点 D, BC 的中点为 M,点 G 在 ST 上的射影为 Q.

由 $GM = MD$,知点 O 位于线段 GD 的中垂线上,只需证点 Q 位于经过 A, B, C 和 P 的圆上.

由此可知,点 O 位于线段 PQ 的中垂线上,而 GD 的中垂线与 PQ 的中垂线的交点恰好就是线段 GI 的中点.

由于 $AS = AT$,所以 AP 是 $\angle SAT$ 的平分线,且 $BP = PC$.

在 $\triangle BQS$ 和 $\triangle BQG$ 中,由正弦定理,有

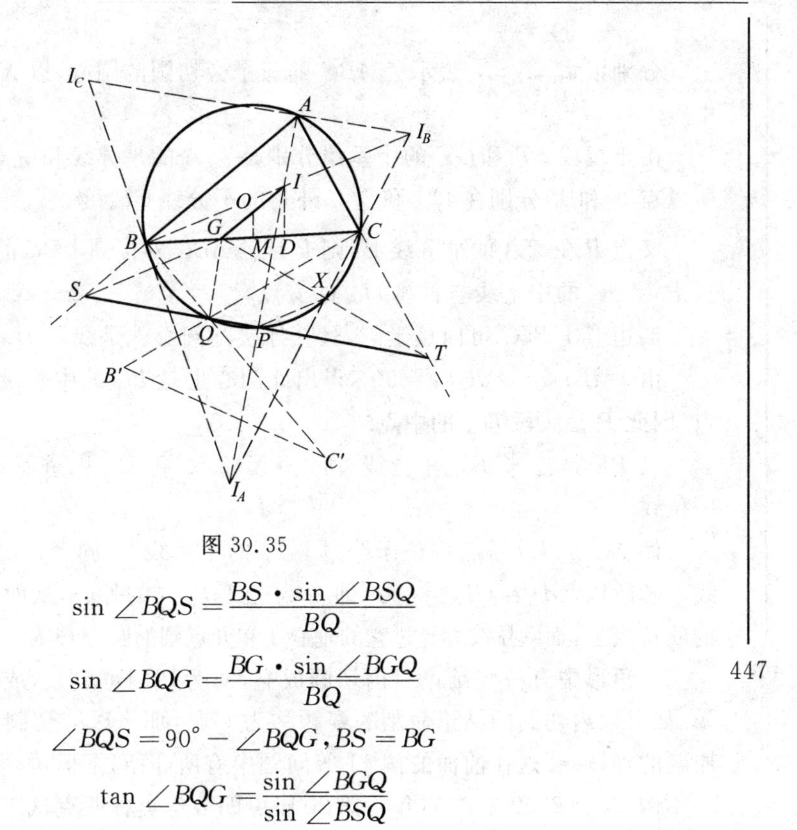

图 30.35

$$\sin \angle BQS=\frac{BS \cdot \sin \angle BSQ}{BQ}$$

$$\sin \angle BQG=\frac{BG \cdot \sin \angle BGQ}{BQ}$$

而
$$\angle BQS=90^{\circ}-\angle BQG, BS=BG$$

得
$$\tan \angle BQG=\frac{\sin \angle BGQ}{\sin \angle BSQ}$$

同理,对 $\triangle CQT$ 和 $\triangle CQG$ 用正弦定理,得

$$\tan \angle CQG=\frac{\sin \angle CGQ}{\sin \angle CTQ}$$

由于
$$\angle BGQ+\angle CGQ=180^{\circ}, \angle BSQ=\angle CTQ$$

则
$$\tan \angle BQG=\tan \angle CQG$$

故
$$\angle BQG=\angle CQG$$

设 B,C 关于直线 PQ 的对称点为 B',C',由于 $BP=CP=B'P=C'P$,所以四边形 $BCC'B'$ 内接于以 P 为圆心的圆.

由 $\angle BQG=\angle CQG$ 知 B,Q,C' 三点共线,C,Q,B' 三点共线.

于是,对角线 BC' 和 $B'C$ 相交于点 Q,$\angle BPC$ 为 $\overparen{BC}$ 所对圆心角,而 $\angle BQC$ 等于 $\overparen{BC}$ 与 $\overparen{B'C'}$ 度数之和的一半,所以,也等于 $\overparen{BC}$ 的度数,从而 $\angle BPC=\angle BQC$,故点 Q 在过 A,B,C,P 的圆上.

证法 2　若 $BC \parallel ST$,则结论显然成立,下证 BC 不平行于 ST 的情形.

分别以 I_A,I_B,I_C 表示 $\triangle ABC$ 的三个旁切圆的圆心,以 X 表示线段 GT 的中点.

由于线段 ST 和 GT 的中垂线分别是 $\angle A$ 的平分线和 $\angle C$ 外角的平分线,所以点 P 和 X 分别在 II_A 和 $\angle C$ 外角的平分线 CI_A 上.

又点 P 在 $\angle A$ 的平分线上,则 P 是 $\triangle ABC$ 外接圆上 $\overset{\frown}{BC}$ 的中点,$BP=PC$,且 P 是 BC 的中垂线与直线 II_A 的交点.

四边形 I_ABIC 可内接于圆,且其外接圆圆心就是线段 II_A 的中点.

由 $\angle IBI_A=\angle ICI_A=90^\circ$,得出此圆心也是 BC 的中垂线与直线 II_A 的交点,因此 P 是线段 II_A 的中点.

又 PX 是 $\triangle SGT$ 的中位线,所以 $PX\parallel SG\parallel II_B$①,进而 PX 是 $\triangle I_BI_AI$ 的中位线.

而 $XG\perp I_AI_B$,点 G 位于线段 I_AI_B 的中垂线上(同理,也位于 I_AI_C 的中垂线上),所以,$GI_B=GI_A=GI_C$,即 G 为 $\triangle I_AI_BI_C$ 的外心,从而它位于 $\triangle I_AI_BI_C$ 的欧拉线上,而欧拉线亦经过它的垂心 I 和九点圆的圆心 O,故点 O 为 IG 的中点.

三角形中有一些结论对内切圆成立,对旁切圆也成立,或结论具有某种联系.如果以内切圆的结论命制的赛题称为原题,那么以旁切圆得到的问题称为原题的姊妹题.这在前面的例 11 等问题中有所介绍,下面再介绍几例.

例 22 (2002～2003 年度第 20 届伊朗数学奥林匹克试题)设与 $\triangle ABC$ 的外接圆内切并与边 AB,AC 相切的圆为 C_a,记 r_a 为圆 C_a 的半径,r 是 $\triangle ABC$ 的内切圆半径,类似地定义 r_b,r_c,证明:$r_a+r_b+r_c\geqslant 4r$.

证明 设 O_a,O_b,O_c 为圆 C_a、圆 C_b、圆 C_c 的圆心.

记 M,N 为点 O_a 在 AB,AC 上的投影,则 $\triangle ABC$ 的内心 I 为 MN 的中点.

设 X,Y 为 I 在 AB,AC 上的投影,有

$$\frac{r_a}{r}=\frac{O_aM}{IX}=\frac{AM}{AX}=\frac{\dfrac{AI}{\cos\dfrac{A}{2}}}{AI\cos\dfrac{A}{2}}=\frac{1}{\cos^2\dfrac{A}{2}}$$

同理
$$\frac{r_b}{r}=\frac{1}{\cos^2\dfrac{B}{2}},\frac{r_c}{r}=\frac{1}{\cos^2\dfrac{C}{2}}$$

① 注意:B,I,I_B 共线,$BI\parallel SG$.

令 $\alpha=\frac{A}{2},\beta=\frac{B}{2},\gamma=\frac{C}{2}$，只需证当 $\alpha+\beta+\gamma=\frac{\pi}{2}$ 时，有

$$\frac{1}{\cos^2\alpha}+\frac{1}{\cos^2\beta}+\frac{1}{\cos^2\gamma}\geqslant 4$$

即

$$\tan^2\alpha+\tan^2\beta+\tan^2\gamma\geqslant 1$$

由柯西－许瓦兹不等式，有

$$3(\tan^2\alpha+\tan^2\beta+\tan^2\gamma)\geqslant(\tan\alpha+\tan\beta+\tan\gamma)^2$$

故只需证

$$\tan\alpha+\tan\beta+\tan\gamma\geqslant\sqrt{3}$$

例 22 的姊妹题① 设与 $\triangle ABC$ 的外接圆外切，并与边 AB,AC 的延长线相切的圆为 C_a，记 r_A 为圆 C_a 的半径，r 是 $\triangle ABC$ 的内切圆半径，类似地定义 r_B,r_C，证明：$r_A+r_B+r_C\geqslant 12r$.

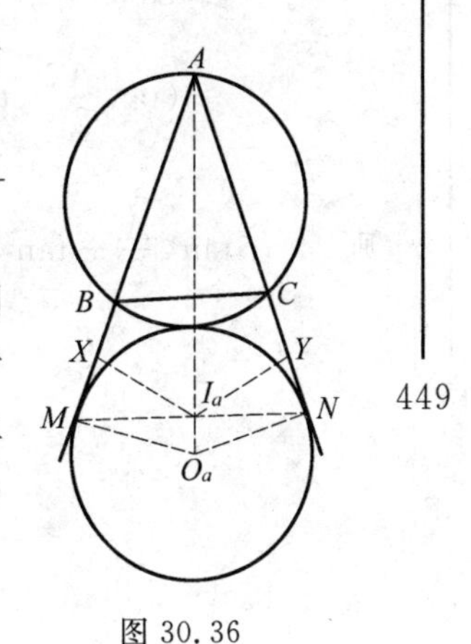

图 30.36

证明 如图 30.36，设 O_a,O_b,O_c 为圆 C_a,C_b,C_c 的圆心，记 M,N 为点 O_a 在 AB,AC 上的投影，AO_a 交 MN 于点 I_a，则 I_a 为 $\triangle ABC$ 的旁心，设 X,Y 为 I_a 在 AB,AC 上的投影，设 BC,CA,AB 上的旁切圆半径分别为 r_a,r_b,r_c，则

$$\frac{r_A}{r_a}=\frac{MO_a}{XI_a}=\frac{AM}{AX}=\frac{\frac{AI_a}{\cos\frac{A}{2}}}{AI_a\cos\frac{A}{2}}=\frac{1}{\cos^2\frac{A}{2}}=1+\tan^2\frac{A}{2}$$

则

$$r_A=r_a(1+\tan^2\frac{A}{2})$$

同理

$$r_B=r_b(1+\tan^2\frac{B}{2})$$

$$r_C=r_c(1+\tan^2\frac{C}{2})$$

设 $\triangle ABC$ 的半周长为 p，易证

$$r_a=p\tan\frac{A}{2},r_b=p\tan\frac{A}{2},r_c=p\tan\frac{C}{2}$$

① 邹守文. 几道平面几何赛题的姊妹题[J]. 现代中学数学，2005(3)：35-38.

则

$$r_A+r_B+r_C=r_a+r_b+r_c+r_a\tan^2\frac{A}{2}+r_b\tan^2\frac{B}{2}+r_c\tan^2\frac{C}{2}$$

$$=p(\tan\frac{A}{2}+\tan\frac{B}{2}+\tan\frac{C}{2})+p(\tan^3\frac{A}{2}+\tan^3\frac{B}{2}+\tan^3\frac{C}{2})$$

由柯西不等式知

$$(\tan\frac{A}{2}+\tan\frac{B}{2}+\tan\frac{C}{2})\cdot(\tan^3\frac{A}{2}+\tan^3\frac{B}{2}+\tan^3\frac{C}{2})$$

$$\geqslant(\tan^2\frac{A}{2}+\tan^2\frac{B}{2}+\tan^2\frac{C}{2})\cdot 3(\tan^2\frac{A}{2}+\tan^2\frac{B}{2}+\tan^2\frac{C}{2})$$

$$\geqslant(\tan\frac{A}{2}+\tan\frac{B}{2}+\tan\frac{C}{2})^2$$

则

$$\tan^3\frac{A}{2}+\tan^3\frac{B}{2}+\tan^3\frac{C}{2}\geqslant\frac{(\tan^2\frac{A}{2}+\tan^2\frac{B}{2}+\tan^2\frac{C}{2})^2}{\tan\frac{A}{2}+\tan\frac{B}{2}+\tan\frac{C}{2}}$$

$$\geqslant\frac{(\tan\frac{A}{2}+\tan\frac{B}{2}+\tan\frac{C}{2})^4}{9(\tan\frac{A}{2}+\tan\frac{B}{2}+\tan\frac{C}{2})}$$

$$=\frac{1}{9}(\tan\frac{A}{2}+\tan\frac{B}{2}+\tan\frac{C}{2})^3$$

又易证:$\tan\frac{A}{2}+\tan\frac{B}{2}+\tan\frac{C}{2}\geqslant\sqrt{3}$,$p\geqslant 3\sqrt{3}r$,于是

$$r_A+r_B+r_C\geqslant 3\sqrt{3}r\cdot\sqrt{3}+3\sqrt{3}r\cdot\frac{\sqrt{3}}{3}=12r$$

例 23 (2003年第29届俄罗斯数学奥林匹克试题)已知等腰$\triangle ABC$($AB=BC$)中,平行于BC的中位线交$\triangle ABC$的内切圆于点F,其中F不在底边AC上,证明:过F的切线与$\angle C$的平分线的交点在边AB上.

证明 如图30.37,设$\triangle ABC$的内切圆为圆I,过F作圆I的切线交AB于点P,交AC于点Q,设MN为中位线,则BM过点I.又设圆I与AB,BC分别切于点D,E,$\angle MBA=\angle MBC=\alpha$,则$\angle BID=90^\circ-\alpha$,因为$BD=BE$,所以,劣弧$\overset{\frown}{DE}$所对圆周角为$90^\circ-\alpha$.

设BM交圆I于点K,联结FK,则$\angle KFM=90^\circ$.

因为$MN\parallel BC$,所以

$\angle NMB=\angle MBC=\alpha,\angle FKM=90^\circ-\alpha$

则 $$FM=DE$$

又 $\angle FMQ=\angle BCM=90^\circ-\alpha=\angle BED,QM=QF$，于是

$$\triangle BED\cong\triangle QMF$$

有 $$QM=BE$$

则 $$CQ=CB$$

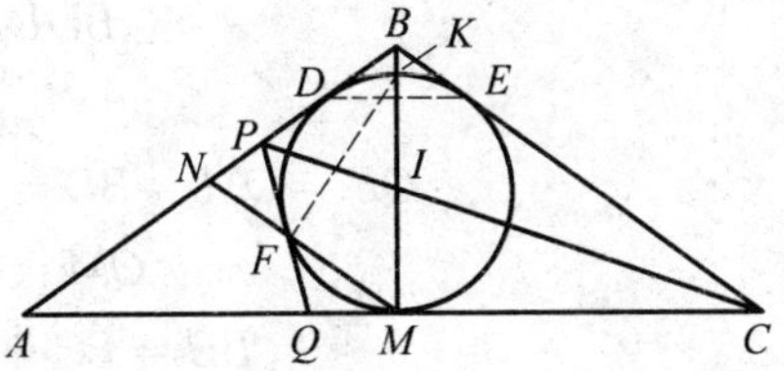

图 30.37

因为 $BD=QF,PF=PD$，所以

$$PQ=PB,\angle PBC=\angle PQC=2\alpha$$

从而 $$\triangle PBC\cong\triangle PQC$$

$$\angle BCP=\angle QCP$$

故过点 F 的切线与 $\angle C$ 的平分线的交点在边 AB 上.

例 23 的姊妹题　已知在 $\triangle ABC$ 中，$AB=BC$，平行于 BC 的中位线交 $\triangle ABC$ 的旁切圆于点 F（F 不在边 AC 上），求证：过 F 的切线与 $\angle C$ 的外角平分线的交点在边 AB 上.

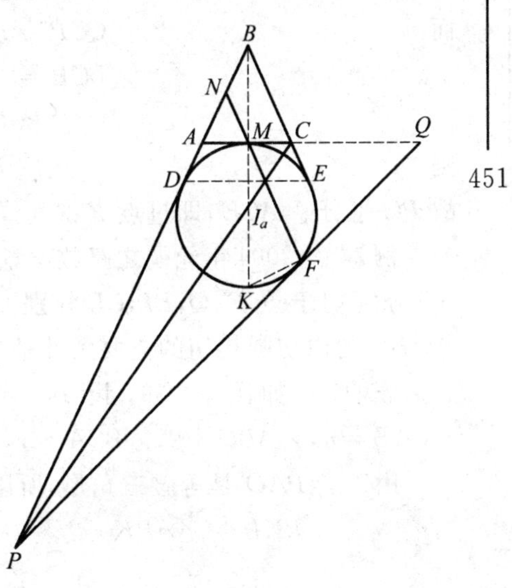

图 30.38

证明　如图 30.38，设 $\triangle ABC$ 的旁切圆为圆 I_a，过 F 作圆 I_a 的切线交直线 AB 于 P，AC 于 Q，设 MN 为中位线，则 BM 过点 I_a，又设圆 I_a 分别切直线 AB,BC 于点 $D,E,\angle MBA=\angle MBC=\alpha$，则 $\angle BI_aD=90^\circ-\alpha$，因为 $BD=BE$，所以劣弧 $\overset{\frown}{DE}$ 所对的圆周角为 $90^\circ-\alpha$.

设 BM 交圆 I_a 于点 K，联结 KF，则

$$\angle KFM=90^\circ$$

因为 $MN\ /\!/\ BC$，所以

$$\angle NMB=\angle KMF=\angle MBC=\alpha$$

$$\angle MKF=90^\circ-\alpha$$

则 $$FM=DE$$

又 $QF=QM$，从而

$$\triangle BDE \cong \triangle QFM$$

有

$$QF=QM=BD=BE, \angle PBC=\angle PQC$$

而

$$QM=QC+CM$$

$$BE=BC+CE, CM=CE$$

所以

$$CQ=CB$$

又 $PD=PF$,则

$$PD+BD=PF+FQ$$

即

$$PQ=PB$$

则

$$\triangle PQC \cong \triangle PBC$$

即

$$\angle QCP=\angle BCP$$

而

$$\angle QCP=\angle QCE+\angle ECP$$

$$\angle BCP=\angle BCA+\angle ACP$$

$$\angle ECQ=\angle ACB$$

则

$$\angle ECP=\angle ACP$$

故 PC 平分 $\angle ACE$,即过点 F 的切线与 $\angle C$ 的外角平分线的交点在边 AB 上.

例 24 (2004年丝绸之路数学竞赛题)已知 $\triangle ABC$ 的内切圆圆 I 与边 AB,AC 分别切于点 P,Q,BI,CI 分别交 PQ 于 K,L,证明:$\triangle ILK$ 的外接圆与 $\triangle ABC$ 的内切圆相切的充要条件是 $AB+AC=3BC$.

证明 如图 30.39,设 $BC=a,CA=b,AB=c$,$\angle CAB=\alpha,\angle ABC=\beta,\angle BCA=\gamma$,设 BL,CK 交于点 D.

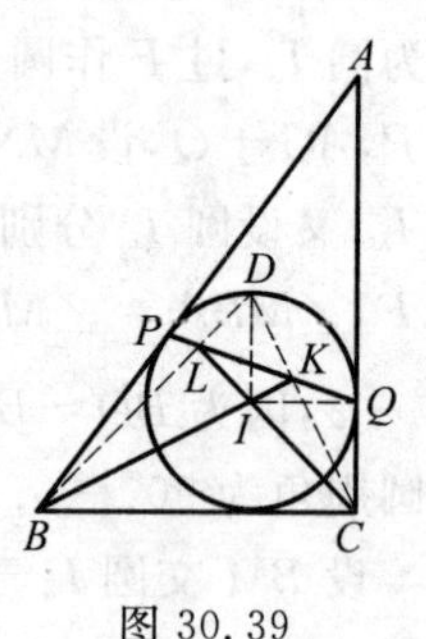

图 30.39

由于 $\triangle PAQ$ 是等腰三角形,所以

$$\angle BKL-\angle APK-\angle ABK$$

$$=\frac{\pi-\alpha}{2}-\frac{\beta}{2}=\frac{\gamma}{2}=\frac{1}{2}\angle ACB$$

又因为

$$\angle IKL=\angle BKL=\frac{1}{2}\angle ACB=\angle ACI$$

所以,I,K,Q,C 四点共圆,于是

$$\angle IKC=\angle IQC=\frac{\pi}{2}$$

同理

$$\angle ILB=\frac{\pi}{2}$$

因此,B,L,K,C 四点共圆,I,L,D,K 四点共圆,且 BC 是 $\triangle CLK$ 的外接圆

直径,ID 是 $\triangle ILK$ 的外接圆直径.

在 $\triangle ILK$ 中,由正弦定理得

$$ID=\frac{LK}{\sin\angle LDK}=\frac{LK}{\cos\angle LCK}$$

在 $\triangle CLK$ 中,由正弦定理得

$$a=\frac{LK}{\sin\angle LCK}$$

于是,有

$$ID=a\tan\angle LCK$$

因为 $\angle LCK=\angle IQK=\frac{\alpha}{2}$,所以

$$ID=a\tan\frac{\alpha}{2}$$

另一方面

$$r=AQ\tan\frac{\alpha}{2}$$

$$AQ=\frac{1}{2}(b+c-a)$$

其中 r 为 $\triangle ABC$ 的内切圆半径.

于是,$\triangle ILK$ 的外接圆与 $\triangle ABC$ 的内切圆相切,当且仅当 $\triangle ILK$ 的外接圆直径等于 $\triangle ABC$ 的内切圆半径,当且仅当 $r=ID\Leftrightarrow\frac{1}{2}(b+c-a)=a\Leftrightarrow b+c=3a$.

上例中 $\triangle ILK$ 与 $\triangle ABC$ 的内切圆相切的充要条件是 $\triangle ILK$ 的外接圆直径等于 $\triangle ABC$ 的内切圆半径.基于此可得到:

例24的姊妹题 如图30.40,已知 $\triangle ABC$ 的边 BC 上的旁切圆圆 I_a 与边 AB,AC 的延长线分别切于点 P,Q,直线 BI_a,CI_a 分别交 PQ 于 K,L,$\triangle KI_aL$ 的外接圆半径为 R_a,同理定义 R_b,R_c,设 $\triangle ABC$ 的外接圆半径为 R,内切圆半径为 r,求证:$R_a+R_b+R_c=2R-r$.

证明 记 $BC=a$,$CA=b$,$AB=c$,$\angle CAB=\alpha$,$\angle ABC=\beta$,$\angle ACB=\gamma$.设 BL,CK 交于点 D,由 $\triangle APQ$ 为等腰三角形,知

$$\begin{aligned}\angle BKL&=\angle BPK+\angle PBK\\&=\frac{180^\circ-\alpha}{2}+\frac{180^\circ-\beta}{2}=90^\circ+\frac{\gamma}{2}\end{aligned}$$

所以 $$\angle I_aKL=90^\circ-\frac{\gamma}{2}$$

又因为 $$\angle I_aCQ=\frac{180^\circ-\gamma}{2}=90^\circ-\frac{\gamma}{2}$$

所以 $$\angle I_aKL=\angle I_aCQ$$

所以 I_a,K,C,Q 四点共圆,于是

$$\angle I_aKC=\angle I_aQC=90^\circ$$

同理 $$\angle I_aLB=90^\circ$$

从而 B,K,L,C 四点共圆,I_a,K,D,L 四点共圆,且 BC 是 $\triangle CKL$ 的外接圆直径,I_aD 是 $\triangle KLI_a$ 的外接圆直径.

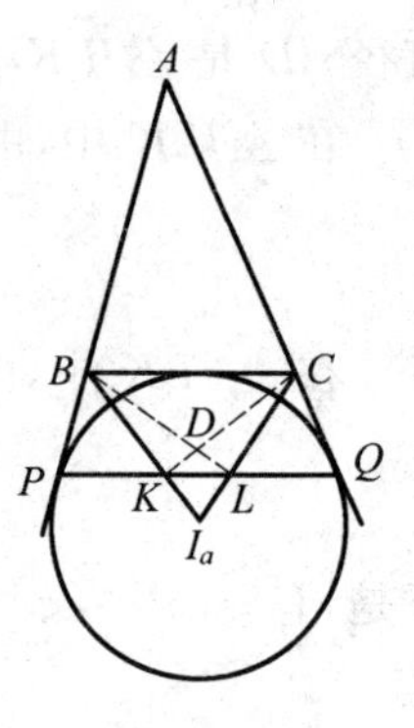

图 30.40

在 $\triangle I_aLK$ 中,由正弦定理得

$$I_aD=\frac{KL}{\sin\angle KI_aL}=\frac{KL}{\cos\angle KCL}$$

在 $\triangle KLC$ 中,由正弦定理得

$$a=BC=\frac{KL}{\sin\angle KCL}$$

则 $$I_aD=a\tan\angle KCL$$

而 $$\angle KCL=\angle LQI_a=90^\circ-\frac{180^\circ-\alpha}{2}=\frac{\alpha}{2}$$

则 $$I_aD=a\tan\frac{\alpha}{2}=2R\sin\alpha\cdot\tan\frac{\alpha}{2}=4R\sin^2\frac{\alpha}{2}$$

故 $$R_a=2R\sin^2\frac{\alpha}{2}$$

同理 $$R_b=2R\sin^2\frac{\beta}{2},R_c=2R\sin^2\frac{\gamma}{2}$$

于是 $$\begin{aligned}R_a+R_b+R_c&=2R\left(\sin^2\frac{\alpha}{2}+\sin^2\frac{\beta}{2}+\sin^2\frac{\gamma}{2}\right)\\&=R(1-\cos\alpha+1-\cos\beta+1-\cos\gamma)\\&=R(3-\cos\alpha-\cos\beta-\cos\gamma)\\&=R[3-(\cos A+\cos B+\cos C)]\end{aligned}$$

而 $$\cos A+\cos B+\cos C=1+\frac{r}{R}$$

故 $$R_a+R_b+R_c=R[3-(1+\frac{r}{R})]=2R-r$$

例 25 (2004 年第 18 届韩国数学奥林匹克试题) 在等腰 $\triangle ABC$ 中,$AB=$

AC，圆 O 是 $\triangle ABC$ 的内切圆，与三边 BC，CA，AB 的切点依次为 K，L，M，设 N 是直线 OL 与 KM 的交点，Q 是直线 BN 与 CA 的交点，P 是点 A 到直线 BQ 的垂足. 若 $BP=AP+2PQ$，求 $\dfrac{AB}{BC}$ 的所有可能的取值.

解　(1) 先证明 Q 是线段 AC 的中点.

设过点 N 平行于 AC 的直线分别交 AB，BC 于点 M_1，K_1. 因为

$$\angle ALO=\angle M_1NO=\angle OMM_1=90^\circ$$

则四边形 MM_1NO 是圆内接四边形，因此

$$\angle MNM_1=\angle MOM_1$$

因为 $\angle OKK_1=\angle ONK_1=90^\circ$，所以四边形 $ONKK_1$ 也是圆内接四边形，因此

$$\angle KOK_1=\angle KNK_1$$

因为 $\angle MNM_1=\angle KNK_1$（对顶角），所以

$$\angle MOM_1=\angle KOK_1$$

于是
$$\triangle OMM_1\cong\triangle OKK_1$$

故
$$OM_1=OK_1$$

从而，$\triangle OM_1K_1$ 是等腰三角形.

由于 $\angle M_1NO=90^\circ$，N 是 M_1K_1 的中点，而 $M_1K_1\parallel AC$，故 Q 是 AC 的中点.

(2) 如图 30.41，考虑点 P 在 $\triangle ABC$ 内部的情形.

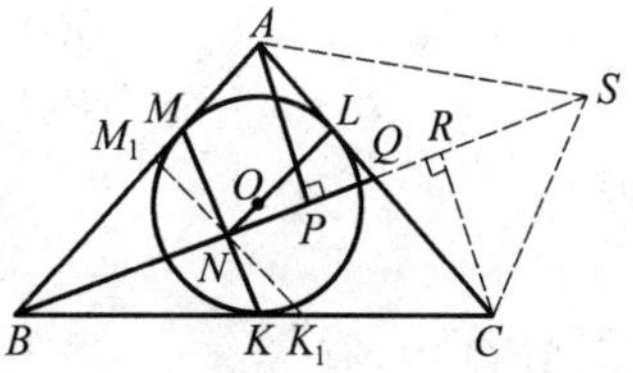

设 R 是 C 到 BQ 的垂足，则 $\triangle APQ$ 与 $\triangle CRQ$ 都是直角三角形，且这两个三角形全等，因此

$$PQ=QR,AP=CR$$

图 30.41

由假设
$$BP=PR+CR$$

在直线 BQ 上取点 S，使得 $CR=RS$，则 $BP=PS$，且 $\triangle ABS$ 是等腰三角形.

因为 $AP\perp BQ$，所以 $AB=AS$.

由于 $AB=AC$，所以 $\triangle ACS$ 也是等腰三角形.

又由于 $\triangle CRS$ 是等腰三角形，于是有

$$\angle ABP=\angle ASR=\angle QCR=\angle PAQ$$

因为
$$\angle ABP+\angle BAP=90^\circ$$

$$\angle BAC=\angle BAP+\angle PAQ=\angle BAP+\angle ABP=90^\circ$$

所以,$\triangle ABC$ 是等腰直角三角形,于是

$$\frac{AB}{BC}=\frac{1}{\sqrt{2}}=\frac{\sqrt{2}}{2}$$

(3) 如图 30.42,考虑点 P 在 $\triangle ABC$ 外部的情形.

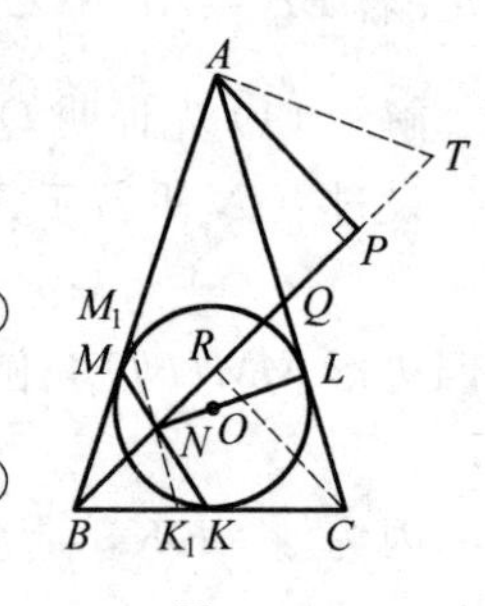

图 30.42

在直线 BQ 上取点 T,使得 $QP=PT$.

因为 $\triangle APQ\cong\triangle CRQ\cong\triangle APT$,则

$$CR=AP \quad ①$$

由于 $BP=BR+2PQ$ 及 $BP=AP+2PQ$,有

$$AP=BR \quad ②$$

由式 ①② 可知,$\triangle BCR$ 是等腰直角三角形,则

$$\frac{BC}{AP}=\frac{BC}{BR}=\sqrt{2} \quad ③$$

且

$$\angle ABQ=\angle QCR$$

因为 $\triangle APQ\cong\triangle CRQ\cong\triangle APT$,则

$$\angle ABQ=\angle QCR=\angle PAQ=\angle PAT$$

在 $\triangle ABT$ 中,由于

$$\angle ABP+\angle BAP=90^\circ$$

可得

$$\angle BAT=90^\circ$$

于是

$$\triangle CQR\backsim\triangle BTA$$

故

$$\frac{AP}{PQ}=\frac{CR}{QR}=\frac{AB}{AT}=\frac{AB}{AQ}=2$$

因此

$$AP=2PQ \quad ④$$

在 $\triangle APQ$ 中,有

$$\frac{1}{2}AB=AQ=\sqrt{AP^2+PQ^2}=\sqrt{5}\,PQ \quad ⑤$$

再由式 ③④,有

$$BC=\sqrt{2}\,AP=2\sqrt{2}\,PQ \quad ⑥$$

由式 ⑤⑥ 可得

$$\frac{AB}{BC}=\sqrt{\frac{5}{2}}=\frac{\sqrt{10}}{2}$$

例 25 的姊妹题 $\triangle ABC$ 中,$AB=AC$,圆 O 是 $\triangle ABC$ 的旁切圆,切 BC 于

K,切 AB,AC 的延长线于 M,L,直线 OL 与直线 KM 交于点 N,BN 与 AC 交于点 Q,$AP \perp BQ$ 于点 P.若 $BP = AP + 2PQ$,求 $\frac{AB}{BC}$ 的所有可能值.

解 (1) 先证 Q 是 AC 的中点.

当点 P 在 $\triangle ABC$ 内部时,如图 30.43 所示.

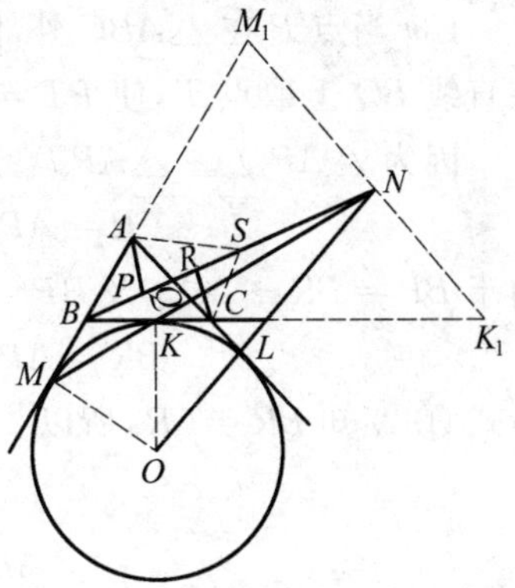

过点 N 作平行于 AC 的直线交 AB,BC 于 M_1,K_1.因为

$$\angle ALO = \angle M_1NO = \angle OMM_1 = 90^\circ$$

知四边形 MM_1NO 是圆内接四边形,因此

$$\angle MNM_1 = \angle MOM_1$$

因为 $\angle OKK_1 = \angle ONK_1 = 90^\circ$,所以四边形 $OKNK_1$ 也是圆内接四边形,因此

$$\angle KOK_1 + \angle KNK_1 = 180^\circ$$

又因为 $\angle MNM_1 + \angle KNK_1 = 180^\circ$,所以

$$\angle KOK_1 = \angle MOM_1$$

于是

$$\triangle MOM_1 \cong \triangle KOK_1$$

有

$$OM_1 = OK_1$$

故 $\triangle BM_1K_1$ 为等腰三角形.

图 30.43

又 $ON \perp M_1N_1$,则 N 为 M_1K_1 的中点.

又 $AC \mathbin{/\!/} M_1K_1$,从而 Q 为 AC 的中点.

当点 P 在 $\triangle ABC$ 外部时,同理可证.

(2) 当点 P 在 $\triangle ABC$ 内部时,如图 30.43 所示.

设 R 是 C 到 BQ 的垂足,则 $\triangle APQ$ 与 $\triangle CRQ$ 都是直角三角形且这两个三角形全等,因此

$$PQ = QR, AP = CR$$

在直线 BN 上截取 $RS = CR$,由已知得

$$BP = PR + RS = PS$$

又 $AP \perp BS$,则 $\triangle ABS$ 是等腰三角形,$AB = AS$.

又 $AB = AC$,$AB = AS$,有 $AC = AS$,则

$$\angle ACS = \angle ASC, \angle RCS = \angle RSC$$

有

$$\angle ASP = \angle ACR$$

于是

$$\angle ABP = \angle ASR = \angle ACR = \angle QAP$$

则

$$\angle BAC = \angle BAP + \angle PAC = \angle BAP + \angle ABP = 90^\circ$$

于是，$\triangle ABC$ 是等腰直角三角形，于是

$$\frac{AB}{BC}=\frac{\sqrt{2}}{2}$$

(3) 当点 P 在 $\triangle ABC$ 外部时，如图 30.44 所示，在直线 BQ 上取点 T，使 $PT=PQ$。

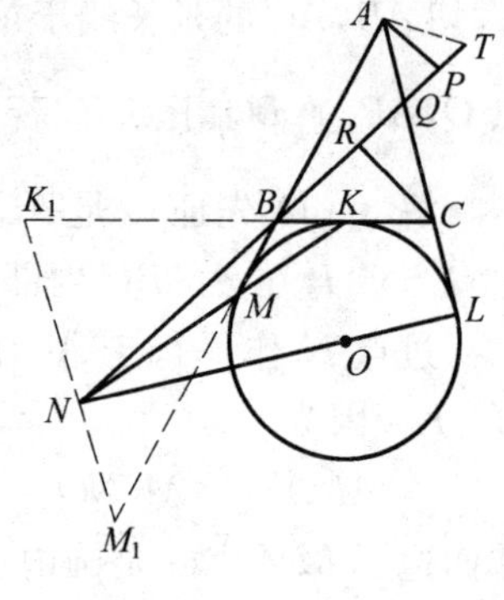

图 30.44

因为 $\triangle APQ\cong\triangle APT\cong\triangle CRQ$，有

$$CR=AP \quad ①$$

由于 $BP=BR+2PQ$ 及 $BP=AP+2PQ$，知

$$BR=AP \quad ②$$

由式①②知 $BR=CR$，所以

$$BC=\sqrt{2}BR \quad ③$$

且
$$\angle ABQ=\angle RCQ=\angle PAT$$

则
$$\angle BAT=\angle BAP+\angle PAT=\angle BAT+\angle ABP=90^\circ$$

从而
$$\triangle ABT\backsim\triangle RCQ$$

于是
$$\frac{RC}{RQ}=\frac{AB}{AT}=\frac{AB}{AQ}=\frac{AC}{AQ}=2$$

即
$$RC=2RQ$$

在 $\triangle RQC$ 中，有

$$QC=\sqrt{RQ^2+RC^2}=\sqrt{5}RQ$$

则
$$AB=AC=2QC=2\sqrt{5}RQ=\sqrt{5}BR$$

故
$$\frac{AB}{BC}=\frac{\sqrt{5}BR}{\sqrt{2}BR}=\frac{\sqrt{10}}{2}$$

综上知 $\frac{AB}{BC}=\frac{\sqrt{2}}{2}$ 或 $\frac{\sqrt{10}}{2}$.

第2节　三角形中与巧合点相关的等差数列问题

三角形中的等差数列，有仅涉及角的，如三角形的三角成等差数列的充要条件是必有一角为60°；有涉及边与角的，如 $\triangle ABC$ 的三边 a,b,c 成等差数列的充要条件是下述5个条件之一：①$\cot\frac{A}{2},\cot\frac{B}{2},\cot\frac{C}{2}$ 成等差数列；②$\cot\frac{A}{2}\cdot\cot\frac{C}{2}=3$；③$r^2=\frac{1}{3}ca-\frac{1}{4}b^2$（$r$ 为内切圆半径）；④$\sin\frac{B}{2}=\sqrt{\frac{r}{2R}}$（$R,r$ 分别为外

接、内切圆半径)；⑤$\cos\frac{B}{2}=\frac{\sqrt{3}(c+a)}{4\sqrt{ca}}$等(可参见笔者所著《几何瑰宝——平面几何500名题暨1 000条定理》哈尔滨工业大学出版社，2010)．这里仅介绍与内心、外心、垂心、重心有关的几个命题：

命题1　在锐角$\triangle ABC$中，$AB\neq AC$，H，G分别为该三角形的垂心和重心，则$\angle AGH=90^{\circ}$的充要条件是，垂心与三顶点组成的三个三角形面积的倒数成等差数列，且$S_{\triangle HBC}$的倒数为等差中项．

证明　充分性：如图30.45，设AH的延长线交BC于O，以O为原点，OC所在直线为x轴建立平面直角坐标系xOy，设$C(n,0)$，$B(-m,0)$，$A(0,h)$，则由三角形重心坐标公式算得$G\left(\frac{n-m}{3},\frac{h}{3}\right)$，由

$$\mathrm{Rt}\triangle BOH\backsim\mathrm{Rt}\triangle AOC$$

有$\frac{BO}{HO}=\frac{AO}{OC}$，即$H\left(0,\frac{mn}{h}\right)$．

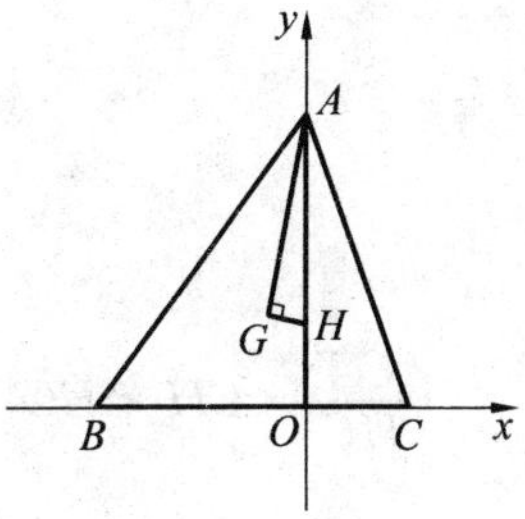

图30.45

由于$\angle AGH=90^{\circ}$，所以

$$AG\perp GH$$

即
$$k_{AG}\cdot k_{GH}=-1$$

即
$$\frac{\frac{2}{3}h}{\frac{m-n}{3}}\cdot\frac{\frac{mn}{h}-\frac{h}{3}}{\frac{m-n}{3}}=-1$$

得
$$2h^{2}=m^{2}+4mn+n^{2}$$

又
$$S_{\triangle HBC}=\frac{1}{2}\frac{(m+n)\cdot mn}{h}$$

$$S_{\triangle HAB}=\frac{1}{2}\frac{m(h^{2}-mn)}{h}$$

$$S_{\triangle HAC}=\frac{1}{2}\frac{n(h^{2}-mn)}{h}$$

其中由于$\triangle ABC$为锐角三角形，所以$h^{2}>mn$，于是

$$\frac{1}{S_{\triangle HAB}}+\frac{1}{S_{\triangle HAC}}=\frac{2}{S_{\triangle HBC}}$$

即
$$\frac{h}{m(h^{2}-mn)}+\frac{h}{n(h^{2}-mn)}=\frac{2h}{mn(m+n)}$$

即
$$\frac{2(h^{2}-mn)}{mn(m+n)}=\frac{1}{m}+\frac{1}{n}$$

得
$$2h^2=m^2+4mn+n^2$$

必要性:如图 30.46,作 $\triangle ABC$ 的三条高线 AA',BB',CC',则它们相交于点 H.设 O 为 $\triangle ABC$ 的外心,则由欧拉定理,知 O,G,H 共线,延长 AG 交 BC 于 M,则 $AG=\frac{2}{3}AM$.

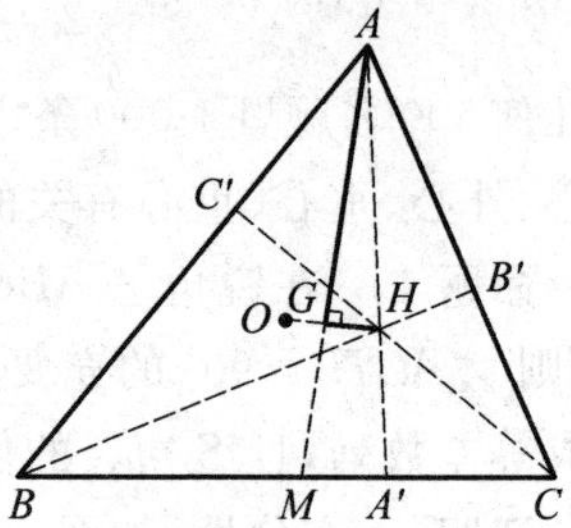

此时,A,B,A',B';B,C,B',C';C,A,C',A' 分别四点共圆,从而有
$$AH\cdot HA'=BH\cdot HB'=CH\cdot HC'$$

令 $BC=a$,$CA=b$,$AB=c$,圆 O 的半径为 R,

则
$$\frac{1}{S_{\triangle HAB}}+\frac{1}{S_{\triangle HAC}}=\frac{2}{S_{\triangle HBC}}$$

即
$$\frac{S_{\triangle ABC}}{S_{\triangle HAB}}+\frac{S_{\triangle ABC}}{S_{\triangle HAC}}=\frac{2S_{\triangle ABC}}{S_{\triangle HBC}}$$

即
$$\frac{CC'}{HC'}+\frac{BB'}{HB'}=2\,\frac{AA'}{HA}$$

即
$$\frac{CC'}{HC'}\cdot CH\cdot HC'+\frac{BB'}{HB'}\cdot HB\cdot HB'=2\cdot\frac{AA'}{HA'}\cdot AH\cdot HA'$$

得
$$CC'\cdot CH+BB'\cdot BH=2AA'\cdot AH\qquad(*)$$

图 30.46

下面证明式(*)在 $\angle AGH=90^\circ$ 的条件下成立,由于
$$CC'\cdot CH+BB'\cdot BH=CB\cdot CA'+BC\cdot BA'=BC(CA'+BA')=a^2$$
$$2AA'\cdot AH=2AG\cdot AM=2\cdot\frac{2}{3}AM^2=\frac{2}{3}(b^2+c^2-\frac{1}{2}a^2)\qquad(**)$$

由三角形垂心性质知,$\triangle HCA$ 与 $\triangle ABC$ 的外接圆是等圆,则有
$$\frac{AH}{\sin\angle ACH}=2R$$

即
$$AH=2R\cdot\cos A$$

且
$$AA'=c\cdot\sin B$$

从而
$$AA'\cdot AH=c\cdot\sin B\cdot 2R\cdot\cos A=bc\cdot\cos A=\frac{1}{2}(b^2+c^2-a^2)$$

又
$$AG\cdot AM=\frac{2}{3}AM^2=\frac{1}{3}(b^2+c^2-\frac{1}{2}a^2)$$

注意到
$$AA'\cdot AH=AG\cdot AM$$

则由 $$\frac{1}{2}(b^2+c^2-a^2)=\frac{1}{3}(b^2+c^2-\frac{1}{2}a^2)$$

有 $$b^2+c^2=2a^2$$

于是式(* *)化简为

$$2AA'\cdot AH=\frac{2}{3}(b^2+c^2-\frac{1}{2}a^2)=a^2$$

故必要性获证.

注 此命题的充分性曾为2003年国家集训测试题,其必要性为黄全福老师提供的数学奥林匹克问题高中240号(《中等数学》2009(1)).

命题2 三角形某个顶点与内心连线垂直于外心与内心连线的充要条件是三边成等差数列(某顶点对的边为等差中项).

证法1 如图30.47,设$\triangle ABC$的外心、内心分别为O,I,延长AI交$\triangle ABC$的外接圆于点P,联结AO,OP,则$OA=OP$,且由内心的性质知$IP=BP=PC$.

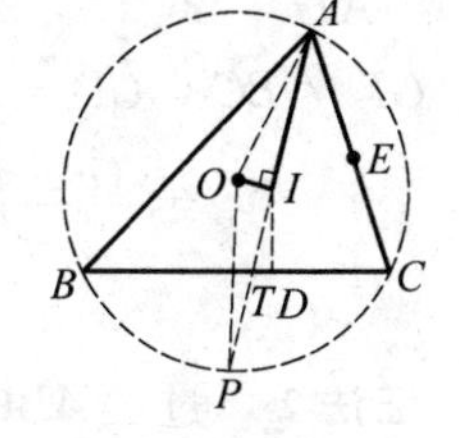

图30.47

令$BC=a$,$CA=b$,$AB=c$,则在圆内接四边形$ABPC$中应用托勒密定理,有

$$a\cdot AP=b\cdot BP+c\cdot PC=IP(b+c)$$

于是

$$c,a,b\text{成等差数列}\Leftrightarrow AP=2IP\Leftrightarrow I\text{为}AP\text{中点}\Leftrightarrow OI\perp AI$$

证法2 如图30.47,设O,I分别为$\triangle ABC$的外心、内心,令$BC=a$,$CA=b$,$AB=c$,$p=\frac{1}{2}(a+b+c)$.设AI的延长线交BC于T,由角平分线的性质,有

$$\frac{BT}{TC}=\frac{AB}{AC}=\frac{c}{b}$$

即得 $$BT=\frac{ac}{b+c},TC=\frac{ab}{b+c}$$

设I在边BC,CA上的射影分别为D,E,则

$$DT=|BT-BD|=|p-b-\frac{ac}{b+c}|$$

由圆幂定理,有

$$OA^2-OT^2=R^2-OT^2=BT\cdot TC\quad(R\text{为}\triangle ABC\text{外接圆半径})$$

而 $$AI^2=AE^2+IE^2=(p-a)^2+r^2\quad(r\text{为}\triangle ABC\text{内切圆半径})$$

$$IT^2=TD^2+ID^2=(p-b-\frac{ac}{b+c})^2+r^2$$

从而 $AI \perp IO \Leftrightarrow OA^2 - OT^2 = BT \cdot TC = IA^2 - IT^2$

$$\Leftrightarrow \frac{ac}{b+c} \cdot \frac{ab}{b+c} = (p-a)^2 - (p-b-\frac{ac}{b+c})^2$$

$$\Leftrightarrow b+c=2a$$

命题3 三角形的内心与重心的连线平行于三角形的某一边的充要条件是三角形三边成等差数列(某一边为等差中项).

证法1 如图30.48,设$\triangle ABC$的重心、内心分别为G,I,联结AG并延长交BC于M',作$GD \perp BC$于D,作$AH \perp BC$于H.

设$BC=a,CA=b,AB=c$,$\triangle ABC$的内切圆半径为r,则由$\frac{GD}{AH}=\frac{1}{3}$及$\frac{a \cdot AH}{2}=\frac{(a+b+c) \cdot r}{2}$,有

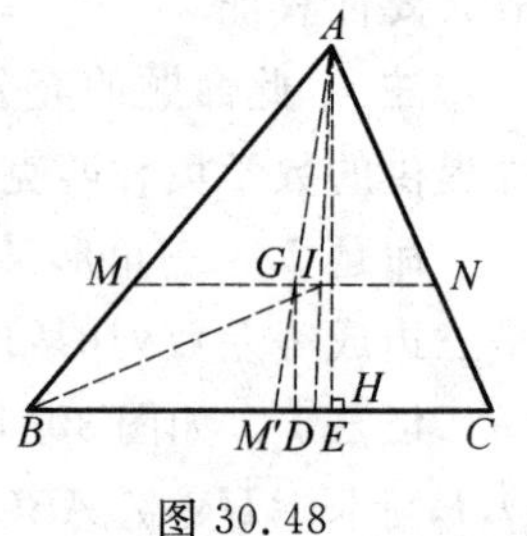

图30.48

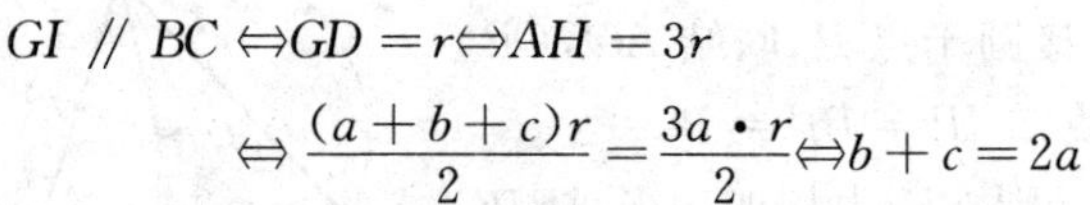

$$GI /\!/ BC \Leftrightarrow GD=r \Leftrightarrow AH=3r$$

$$\Leftrightarrow \frac{(a+b+c)r}{2}=\frac{3a \cdot r}{2} \Leftrightarrow b+c=2a$$

证法2 过$\triangle ABC$的内心I作与边BC平行的直线分别交AB,AC于M,N.

设$AM=\lambda AB$,则$AN=\lambda AC$,且有$MN=\lambda BC$,从而

$$BM=(1-\lambda)AB, NC=(1-\lambda)AC$$

联结BI,可推得$BM=MI$,同理$IN=NC$,于是

$$AB+CA=2BC \Leftrightarrow \frac{BM}{1-\lambda}+\frac{NC}{1-\lambda}=\frac{BM+NC}{1-\lambda}=\frac{MI+IN}{1-\lambda}=$$

$$\frac{MN}{1-\lambda}=\frac{\lambda BC}{1-\lambda}=2 \cdot BC$$

$$\Leftrightarrow \frac{\lambda}{1-\lambda}=2 \Leftrightarrow \lambda=\frac{2}{3}$$

$$\Leftrightarrow MN \text{ 过 } \triangle ABC \text{ 的重心} \Leftrightarrow GI /\!/ BC$$

证法3 联结AI并延长交BC于E,联结AG并延长交BC于M',则

$$\frac{AB}{BE}=\frac{AC}{EC}=\frac{AB+AC}{BE+EC}=\frac{2BC}{BC}=2 \Leftrightarrow \frac{AI}{IE}=\frac{AC}{EC}=2, \frac{AG}{GM'}=2$$

$$\Leftrightarrow \frac{AG}{GM'}=\frac{AI}{IE} \Leftrightarrow GI /\!/ BC$$

命题4 锐角$\triangle ABC$的某顶点与重心的连线垂直于内心与外心连线的充

要条件是三角形三边的倒数成等差数列(某顶点所对的边的倒数为等差中项).

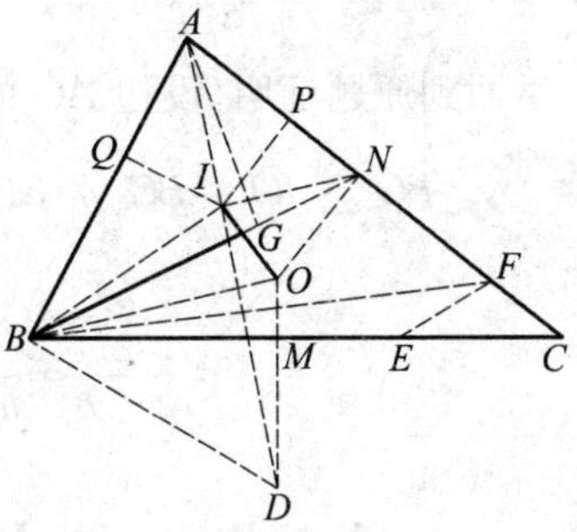

证法1　如图30.49,设G,I,O分别为$\triangle ABC$的重心、内心和外心.

令$BC=a,CA=b,AB=c,p=\frac{1}{2}(a+b+c)$,延长$BG$交$AC$于点$N$,设内切圆切边$BC$于点$P$,切边$AB$于点$Q$,其半径为$r$,则

图30.49

$$BO^2-ON^2=AO^2-ON^2=AN^2=\frac{1}{4}b^2$$

$$BI^2=BQ^2+r^2=(p-b)^2+r^2$$

$$IN^2=PN^2+r^2=\left[\frac{b}{2}-(p-a)\right]^2+r^2=\left(\frac{c-a}{2}\right)^2+r^2$$

于是
$$BG\perp IO\Leftrightarrow BN\perp IO\Leftrightarrow BI^2-IN^2=BO^2-ON^2$$
$$\Leftrightarrow(p-b)^2+r^2-\left(\frac{c-a}{2}\right)^2-r^2=\frac{1}{4}b^2$$
$$\Leftrightarrow\frac{1}{a}+\frac{1}{c}=\frac{2}{b}$$

证法2　在$\triangle ABC$中,不妨设边AB最短,因而可在BC,AC上取点E,F,使$BE=AF=AB$,则可证$IO\perp EF$.

事实上,设M为BC的中点,延长OM交直线AI于D,则D在$\triangle ABC$的外接圆上.又
$$\angle BOD=\angle BAF,BO=DO,BA=AF$$
则
$$\triangle BOD\backsim\triangle BAF$$

由内心性质知$BD=DI$,从而
$$\frac{BO}{AB}=\frac{BD}{BF}$$
即
$$\frac{DO}{BE}=\frac{DI}{BF}$$
亦即
$$\frac{DO}{DI}=\frac{BE}{BF}$$

由$OD\perp BC,BF\perp AD$,有
$$\angle FBE=\angle IDO$$
即有
$$\triangle BFE\backsim\triangle DIO$$

故 $$OI \perp EF$$

回到原题证明,设边 AC 的中点为 N,联结 IN,ON,则

$$BG \perp IO \Leftrightarrow BG \mathbin{/\!/} EF \Leftrightarrow BN \mathbin{/\!/} EF \Leftrightarrow \frac{CN}{CF}=\frac{BC}{EC}$$

$$\Leftrightarrow \frac{\frac{b}{2}}{c-b}=\frac{a}{a-c} \Leftrightarrow 2ac=ab+bc \Leftrightarrow \frac{1}{a}+\frac{1}{c}=\frac{2}{b}$$

第3节　圆内接四边形的几条性质及应用

圆内接四边形 $ABCD$(图30.50)有一系列美妙的结论:

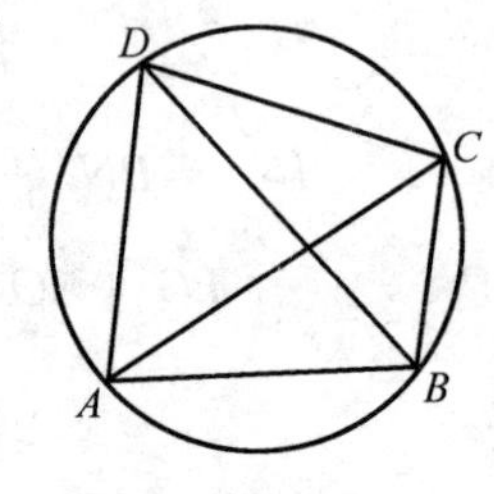

图30.50

托勒密定理

$$AB \cdot CD + AD \cdot BC = AC \cdot BD$$

面积公式

$$S_{ABCD}=\sqrt{AB \cdot BC \cdot CD \cdot DA}$$

邻边积和比公式

$$\frac{DA \cdot AB + BC \cdot CD}{AB \cdot BC + CD \cdot DA}=\frac{AC}{BD}$$

(此式可参见第22章第1节中例1)

我们已在第12章第1节、第2节,第14章第1节、第2节,第26章第2节等以专题讲座的形式介绍了圆内接四边形的一系列优美结论,还在第26章第1节中以完全四边形的性质32、性质33介绍了圆内接四边形10余条优美性质.在这里,我们再介绍圆内接四边形的几条优美结论.有些结论在数学竞赛试题的构成中有着深刻的背景.

性质1　$ABCD$ 是圆内接四边形,AB,DC 及 BC,AD 的延长线的交点分别为 E,F,若 E,F,D,B 四点共圆,则 AC 是前一圆的直径,EF 是后一圆的直径.

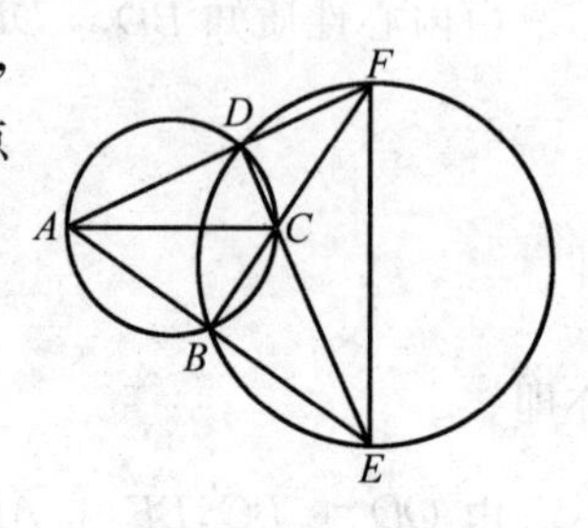

图30.51

证明　如图30.51,因 $ABCD$ 内接于圆,则

$$\angle CBE=\angle ADC$$

又 E,F,D,B 四点共圆,则

$$\angle EBF=\angle EDF$$

于是 $$\angle ADC=\angle EDF$$

从而 $$\angle ADC = 90^\circ = \angle EDF$$

因此 AC 是前一圆的直径，EF 是后一圆的直径.

性质2 由圆内接四边形各边中点向对边作垂线，这四条垂线相交于一点.

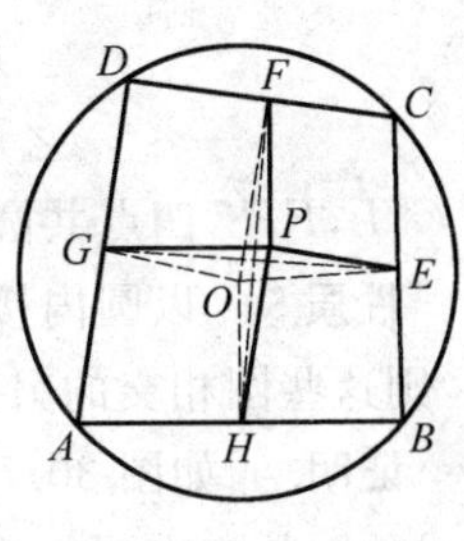

图 30.52

证明 如图30.52，设 E,F,G,H 分别为圆内接四边形 $ABCD$ 的边 BC,CD,DA,AB 的中点，由 E,G 分别作对边的垂线，相交于点 P，则 EP,OG 同为 AD 的垂线，所以 $EP \parallel OG$ 且 $PG \parallel OE$（都垂直于 BC），故 $GPEO$ 是平行四边形，OP 过 GE 的中点 K，并且 $PK = KO$.

又 E,G,F,H 是原四边形 $ABCD$ 各边的中点，则知 $EFGH$ 也是平行四边形，因此 HF 也过 GE 的中点 K，并且被这点所平分，所以 $PHOF$ 是平行四边形，从而 $HP \parallel OF$，$OF \perp CD$，因而 $HP \perp CD$.

同理，$FP \perp AB$，故结论获证.

性质3 设圆内接四边形 $ABCD$ 的对角线的交点为 P，过点 P 作直线 GPH 垂直于过点 P 的直径，若此直线和 AB,CD 的交点分别为 G,H，则 $PG = PH$.

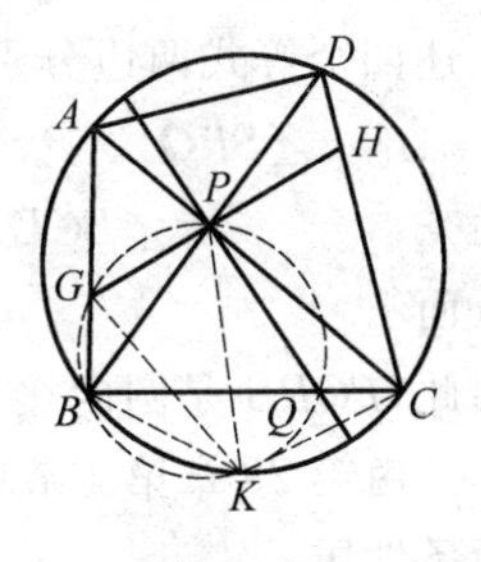

图 30.53

证明 如图30.53，设由 C 所作 HG 的平行线和直径及圆周的交点分别为 Q,K，则 CQ 垂直于 PQ（直径上的线段）.

因为 $PH \parallel QC$，所以
$$\angle HPC = \angle PCK = \angle PKC = \angle GPK$$

由 A,B,K,C 共圆，有
$$\angle PCK + \angle ABK = 180^\circ$$

从而 $$\angle GPK + \angle GBK = 180^\circ$$

即知 P,G,B,K 四点共圆，于是
$$\angle PKG = \angle PBG = \angle PCH$$

又 $PQ \perp KC$，则
$$PK = PC, \angle GPK = \angle HPC$$

因此 $$\triangle GPK \cong \triangle HPC$$

故 $$PG = PH$$

性质4 由圆内一点 P 向圆的内接四边形 $ABCD$ 的对边 AB,CD 作垂线 PE,PH，设它们和 AC,BD 的交点分别为 F,G,K,L，则 G,L,F,K 四点共圆.

证明 如图 30.54,因 $\angle AEF=90^{\circ}$,所以

$$\angle KFG=90^{\circ}-\angle BAC$$

又由 $\angle DHL=90^{\circ}$,所以

$$\angle GLK=90^{\circ}-\angle BDC$$

而
$$\angle BAC=\angle BDC$$

则
$$\angle KFG=\angle GLK$$

故 G,L,F,K 四点共圆.

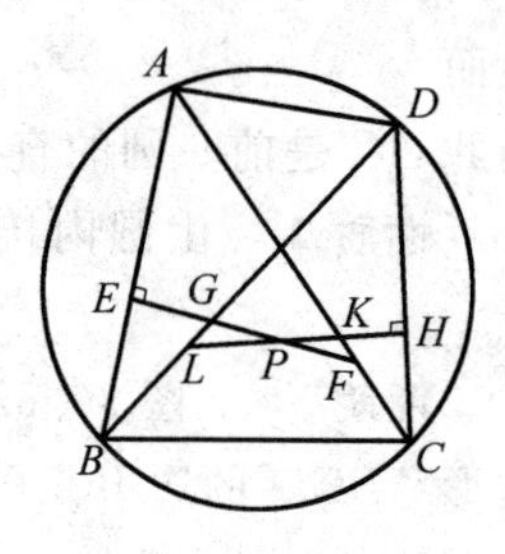

图 30.54

性质5 以圆内接四边形 $ABCD$ 的各边为弦作任意圆,则这些圆相交的另四点共圆.

证明 如图 30.55,设以 AB,BC,CD,DA 为弦所作成的圆的交点顺次为 P,Q,R,S,将 BP,DR 分别延长至 E,F,则

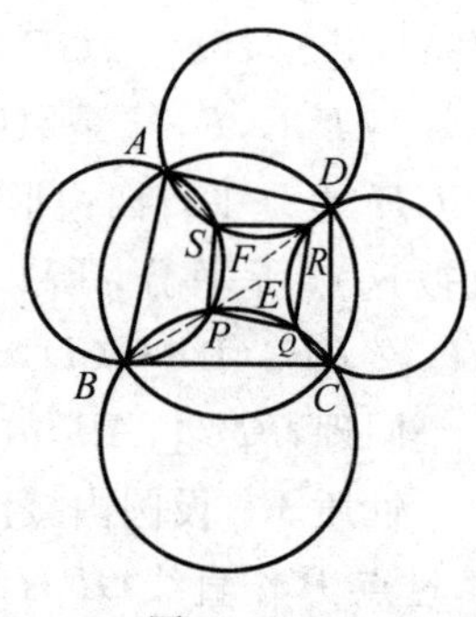

图 30.55

$$\angle EPQ=\angle QCB,\angle EPS=\angle SAB$$

$$\angle FRQ=\angle QCD,\angle FRS=\angle SAD$$

上述四个等式两边分别相加,得

$$\angle SPQ+\angle SRQ=\angle BCD+\angle BAD$$

而
$$\angle BCD+\angle BAD=180^{\circ}$$

从而
$$\angle SPQ+\angle SRQ=180^{\circ}$$

因此,$PQRS$ 是圆内接四边形.

由第 28 章第 4 节中的性质 8 的推论及例 9,我们可得圆内接四边形的如下两条性质:

性质6 设内接于圆的四边形 $ABCD$ 的对边 AB,DC 的延长线交于点 E,对边 AD,BC 的延长线交于点 F,对角线 AC 与 BD 交于点 G,则点 G 的极线就是 EF.

性质7 设内接于圆 O 的四边形 $ABCD$ 的对边 AB,DC 的延长线交于点 E,对边 AD,BC 的延长线交于点 F,对角线 AC 与 BD 交于点 G,则 $OG\perp EF$.

下面的圆内接四边形的优美结论,在求解某些问题中发挥着重要作用:

性质8 设内接于圆的四边形 $ABCD$ 的对边 AB,DC 的延长线交于点 E,对边 AD,BC 的延长线交于点 F,过点 B,D 分别作圆的切线,且相交于点 P,则 E,P,F 三点共线.

证法1 如图 30.56,联 AC,BD 交于点 G,则由性质 6 知,点 G 的极线是 EF,又点 P 的极线是 BD,由极点与极线的共轭性,即知点 P 在直线 EF 上.

证法2　如图30.56,联结 BD,PE,PF.注意到

$$\angle ABC+\angle ADC=180^\circ$$

$$\angle AED+\angle A+\angle ADE=180^\circ$$

$$\angle AFB+\angle A+\angle ABF=180^\circ$$

则知　$\angle AED+\angle AFB=180^\circ-2\angle A$

又注意到

$$PB=PD,\angle PBD=\angle PDB=\angle A$$

有　$\angle BPD=180^\circ-2\angle A$

从而　$\angle AED+\angle AFB=\angle BPD$

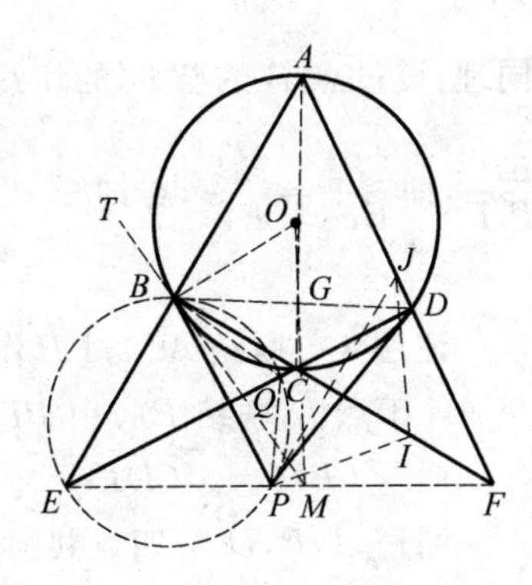

图30.56

作 $\triangle BEP$ 的外接圆交 ED 于点 Q,联结 BQ,QP,则

$$\angle BDA=\angle ABT=\angle EBP=\angle EQP$$

从而,有　$\angle FDB=\angle PQD$

而　$\angle FBD=\angle PDQ$

于是　$\triangle FBD\backsim\triangle PDQ$

即知　$$\frac{FB}{BD}=\frac{PD}{DQ}=\frac{PB}{DQ}$$

亦即　$$\frac{FB}{PB}=\frac{BD}{DQ}$$

又注意到　$\angle FBP=\angle BDQ$

则　$\triangle FBP\backsim\triangle BDQ$

从而　$\angle FPB=\angle BQD$

再注意到　$\angle BPE=\angle BQE$

且　$\angle BQD+\angle BQE=180^\circ$

故　$\angle FPB+\angle BPE=180^\circ$

从而 E,P,F 三点共线.

证法3　设过点 D 的圆 O 的切线交 EF 于点 P',则 $\angle EDP'=\angle DBF$, $\angle FDP'=\angle ABD=180^\circ-\angle DBE$,于是

$$\frac{EP'}{P'F}=\frac{S_{\triangle DEP'}}{S_{\triangle DP'F}}=\frac{DE\cdot\sin\angle EDP'}{DF\cdot\sin\angle FDP'}=\frac{DE\cdot\sin\angle DBF}{DF\cdot\sin\angle DBE}$$

$$=\frac{DE}{\sin\angle DBE}\cdot\frac{\sin\angle DBF}{DF}=\frac{BD}{\sin\angle E}\cdot\frac{\sin\angle F}{BD}=\frac{\sin\angle F}{\sin\angle E}$$

同理,设过点 B 的圆 O 的切线交 EF 于点 P'',则 $\frac{EP''}{P''F}=\frac{\sin\angle F}{\sin\angle E}$. 从而,$\frac{EP'}{P'F}=\frac{EP''}{P''F}$,即 $\frac{EP'}{EF}=\frac{EP''}{EF}$,亦即知 P' 与 P'' 重合于点 P. 故 E,P,F 三点共线.

证法 4 联结 AC,过 P 作 DC 的平行线交 BF 于点 I,过 I 作 AC 的平行线交 AF 于点 J,联结 PJ. 由 $PI\parallel DE$ 知 $\angle IPD=\angle CDP$.

而 $\angle CBD=\angle CDP=\angle IPD$,即知 I,D,B,P 四点共圆.

同理,I,P,D,J 四点共圆. 从而有 B,P,I,D,J 五点共圆.

即有 $\angle PJF=\angle PBD=\angle BAJ$,所以 $PJ\parallel AE$.

于是,有 $\triangle AEC$ 和 $\triangle JPI$ 的三组对边分别平行,且两组对应顶点 A,J 和 C,I 的连线交于点 F,从而 F 为其位中心,故由位似形性质知 E,P,F 三点共线.

证法 5 直接由帕斯卡定理即证(是帕斯卡定理的特殊情形).

注 在图 30.56,可证得 $\angle BPD=\angle E+\angle F$.

例 1 如图 30.56,设内接于圆 O 的四边形 $ABCD$ 的对边 AB,DC 的延长线交于点 E,对边 AD,BC 的延长线交于点 F,对角线 AC 与 BD 交于点 G,设直线 OG 交 EF 于点 M,则 $A,B,M,F;A,E,M,D$ 分别四点共圆.

证明 如图 30.56,设过 B,D 分别作圆 O 的切线交于点 P,则由性质 8 知 E,P,F 共线.

由性质 7 知 $OG\perp EF$,即 $OM\perp EF$,又 $OB\perp BP$,即知 O,B,P,M 四点共圆,于是

$$\angle EMB=\angle PMB=\angle POB=\angle EAF$$

从而 A,B,M,F 四点共圆.

同理,A,E,M,D 四点共圆.

注 题中的点 M 实际为图 30.56 中的完全四边形 $ABECFD$ 的密克尔点,这也可参见第 26 章第 1 节中的性质 32.

性质 9 如图 30.57,设内接于圆的四边形 $ABCD$ 的对边 AD,BC 的延长线交于点 P,对角线 AC,BD 交于点 G,$\triangle PAC$ 与 $\triangle PBD$ 的外心分别为 O_1,O_2,则 $PG\perp O_1O_2$.

证明 由斯特瓦尔特定理的推论,有

$$O_1G^2=O_1C^2-CG\cdot GA,O_2G^2=O_2D^2-DG\cdot GB$$

于是

$$O_2P^2-O_2G^2=O_2P^2-(O_2D^2-DG\cdot GB)$$
$$=DG\cdot GC=CG\cdot GA$$
$$=O_1P^2-(O_1C^2-CG\cdot GA)$$
$$=O_1P^2-O_1G^2$$

故
$$PG\perp O_1O_2$$

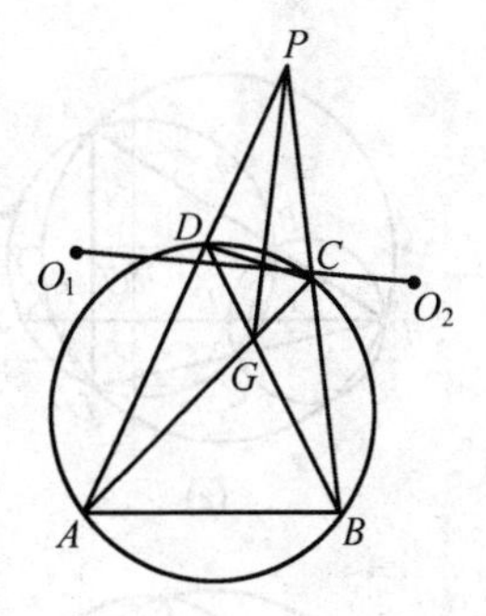

图 30.57

运用上述性质 9,可简捷处理如下问题:

例 2　(2005 年国家队队员集训题,亦即 2005 年第 31 届俄罗斯奥林匹克题)如图 30.58,已知 E,F 是 $\triangle ABC$ 的边 AB,AC 的中点,CM,BN 分别是边 AB,AC 上的高,联结 EF,MN 交于点 P,又设 O,H 分别是 $\triangle ABC$ 的外心、垂心. 联结 AP,OH,求证:$AP\perp OH$.

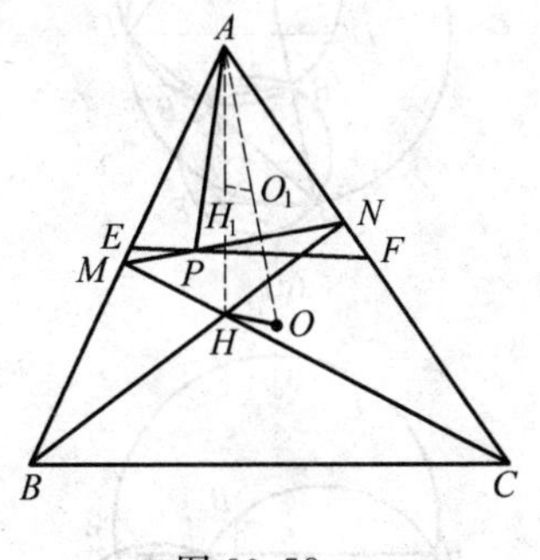

图 30.58

证明　联结 AH,AO,设线段 AH,AO 的中点分别为 H_1,O_1,则只需证 $AP\perp O_1H_1$ 即可.

由 B,C,N,M 四点共圆及 $EF\mathbin{/\!/}BC$,有
$$\angle AMP=\angle ACB=\angle AFP$$
从而 E,M,F,N 四点共圆.

此时,A 为四边形 $MFNE$ 的一组对边延长线的交点,P 为对角线 MN,EF 的交点.

由 A,E,O,F 四点共圆,知 O_1 为 $\triangle AEF$ 的外心.

由 A,M,H,N 四点共圆,知 H_1 为 $\triangle AMN$ 的外心.

从而 $AP\perp O_1H_1$,故 $AP\perp OH$.

性质 10①　设圆 O 的内接四边形(凸或折)$ABCD$ 的一组对边 AB,CD 或所在直线交于点 P,过点 P 任作一条直线 l 分别交圆 PBC 与圆 PAD 于 E,F,则 E,F 两点关于圆心 O 在直线 l 上的射影对称.

证明　除点 P 重合于 O 的特别情形外,其余皆可归于如图 30.59 所示的 12 种情形.

下面仅就图 30.59(a) 的情形证明:

设过圆心 O 且垂直于 l 的直线为 l',令 B 关于 l' 对称的点为 B',D 关于 l' 对称的点为 D',则 B',D' 均在圆 O 上,且

---

①　萧振纲. 几何变换与几何证题[M]. 长沙:湖南科学技术出版社,2003:164-172.

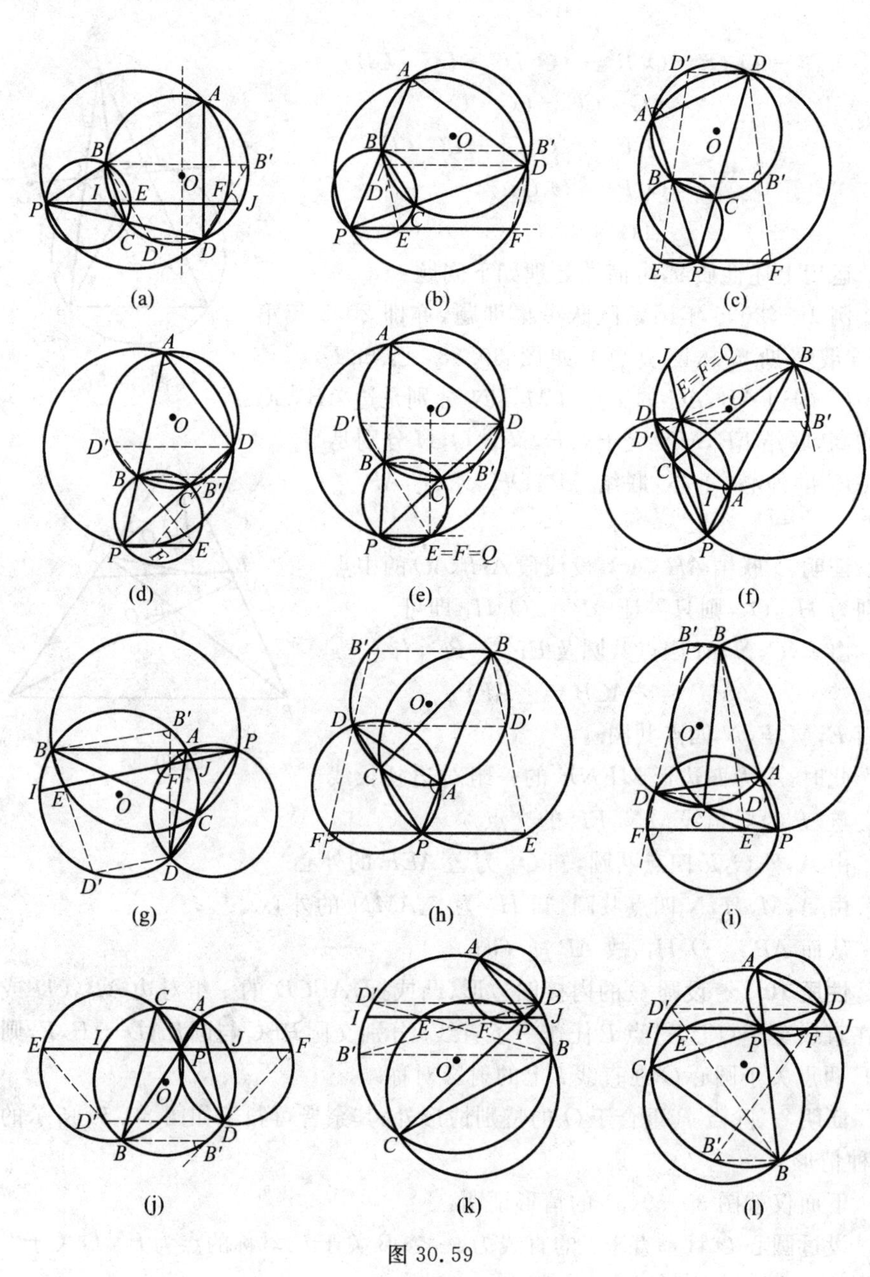

图 30.59

$$BB' \parallel DD' \parallel l$$

$$\angle DB'B = \angle DAB = \angle DAP = \angle DFP$$

因 $BB' \parallel PF$，则 D,F,B' 三点共线，同理 D',E,B 三点共线.

又 E,F 分别为 BD'，$B'D$ 与 l 的交点，所以 E,F 为关于 l' 的对称点.

故 E,F 关于圆心 O 在直线 l 上的射影对称.

注　(1) 当直线 l 恰为圆 PBC 与圆 PAD 的公共弦所在直线时，E,F 皆重合于点 Q(这可参见图 30.59(e)、图 30.59(f) 以及图 30.60)，此时圆心在 l 上的射影也为 Q，从而有如下推论 1.

推论 1　设内接于圆 O 的四边形 $ABCD$ 的一组对边 AB，CD 或所在直线交于点 P，且圆 PBC 与圆 PAD 交于 P，Q 两点，则 $OQ \perp PQ$.

其中图 30.59(e) 的情形即为第 26 届 IMO 第 5 题.

例 3　已知 $\triangle ABC$，以 O 为圆心的圆经过三角形的顶点 A，C 且与边 AB，BC 分别交于另外的点 K，N. $\triangle ABC$ 和 $\triangle KBN$ 的外接圆相交于点 B，M，试证：$\angle OBM$ 是直角.

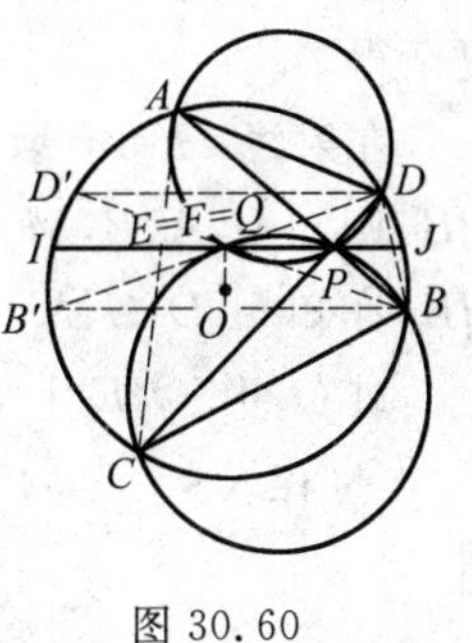

图 30.60

而图 30.60 的情形，即为 1992 年第 7 届 CMO 第 4 题：

例 4　凸四边形 $ABCD$ 内接于圆 O，对角线 AC 与 BD 相交于点 P，$\triangle ABP$，$\triangle CDP$ 的外接圆相交于 P 和另一点 Q，且 O,P,Q 两两不重合，试证：$\angle OQP = 90°$.

(2) 当直线 l 与圆 O 相交于 I，J 两点(可参见图 30.59(a)，图 30.59(f)，图 30.59(g)、图 30.59(j) 以及图 30.60). 这时，因 I,J 同样关于圆心 O 在 l 上的射影对称，从而有如下的推论 2.

推论 2　设内接于圆 O 的四边形 $ABCD$ 的一组对边 AB，CD 或所在直线交于点 P，过点 P 的任一条直线 l 交圆 O 于 I，J 两点，分别交圆 PBC、圆 PAB 于 E，F，则 $EI = JF$.

利用推论 2，可简捷地处理笔者提供的 2007 年国家队集训测试题：

例 5　凸四边形 $ABCD$ 内接于圆 O，BA，CD 的延长线相交于点 H，对角线 AC，BD 相交于点 G. O_1，O_2 分别为 $\triangle AGD$，$\triangle BGC$ 的外心. 设 O_1O_2 与 OG 交于点 N，射线 HG 分别交圆 O_1、圆 O_2 于点 P，Q，设 M 为 PQ 的中点，求证：$NO = NM$.

证明　如图 30.61，过点 G 作 $GT \perp O_1G$，则 TG 切圆 O_1 于 G，于是由

$$\angle AGT = \angle ADG = \angle ACB$$

即知
$$TG \parallel BC$$

从而
$$O_1G \perp BC$$

而
$$OO_2 \perp BC$$

于是　　　　$O_1G \perp OO_2$

同理　　　　$OO_1 \parallel GO_2$

故 O_1OO_2G 为平行四边形.

所以 N 分别为 OG，O_1O_2 的中点.

设直线 HG 交圆 O 于 I，J，则由推论 2 知 $PI=JQ$，又 M 为 PQ 的中点，则知 M 为 IJ 的中点，从而 $OM \perp IJ$，故在 $\mathrm{Rt}\triangle GOM$ 中，有 $NO=NM$.

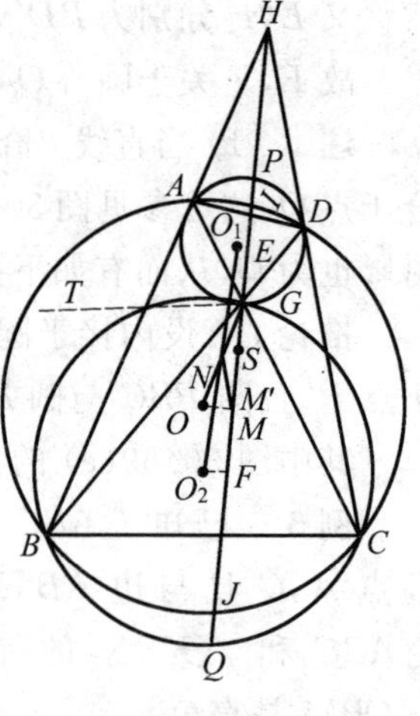

图 30.61

注　若不利用推论 2，也可如下证明，但证明要复杂得多.

在射线 HG 上取点 M'，使 $HG \cdot HM'=HA \cdot HB$，则知 G，A，B，M' 四点共圆，而 $HD \cdot HC=HA \cdot HB$，亦知 C，D，G，M' 四点共圆.

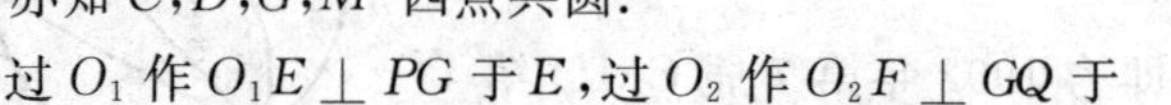

过 O_1 作 $O_1E \perp PG$ 于 E，过 O_2 作 $O_2F \perp GQ$ 于 F，过 N 作 $NS \perp GM'$ 于 S，则 E 为 PG 中点，F 为 GQ 的中点，S 为 EF 的中点，由

$$\begin{aligned}\angle BOC &= 2\angle BAC = \angle BAC + \angle BDC \\ &= \angle BM'Q + \angle QM'C = \angle BM'C\end{aligned}$$

所以 B，C，M'，O 四点共圆，于是

$$\begin{aligned}\angle OM'B = \angle OCB &= \frac{1}{2}(180^\circ - \angle BOC) \\ &= \frac{1}{2}(180^\circ - \angle BM'C) \\ &= \frac{1}{2}(180^\circ - 2\angle BM'Q) = 90^\circ - \angle BM'Q\end{aligned}$$

所以，$OM' \perp PQ$（若运用完全四边形的性质 33，则直接有 $OM' \perp PQ$，见第 26 章第 1 节）.

于是，在 $\mathrm{Rt}\triangle GOM'$ 中有 $NO=NM'$.

又由上知 S 为 GM' 的中点，则

$$PM' = PG + GM' = 2EG + 2GS = 2ES$$

$$QM' = QG - GM' = 2FG - 2GS = 2FS = 2ES$$

从而 M' 为 PQ 的中点，即 M' 与 M 重合，故 $NO=NM$.

将图 30.60 中条件 $ABCD$ 内接于圆去掉，运用上述证明 M' 与 M 重合的思路则可得到 2006 年全国女子数学奥林匹克题（见第 28 章女子赛试题）.

例6　凸四边形 $ABCD$ 对角线交于点 O，$\triangle OAD$，$\triangle OBC$ 的外接圆交于 O，M 两点，直线 OM 分别交 $\triangle OAB$，$\triangle OCD$ 的外接圆于 T，S 两点，求证：M 是线段 TS 的中点.

性质11　设圆 O 的半径为 R，内接于圆 O 的四边形 $ABCD$ 的一组对边 AB，CD 或所在直线交于点 P，过 P 任作一条直线 l 分别与四边形的另一组对边 BC，AD 或所在直线交于点 I，J，圆心 O 在 l 上的射点为 M，则有

$$\frac{1}{\overrightarrow{PI}}+\frac{1}{\overrightarrow{PJ}}=\frac{2\,\overrightarrow{PM}}{\overrightarrow{OP}^2-R^2}$$

证明　仅就图30.62的两种情形证明.

设点 B，D 关于直线 OM 对称的点为 B'，D'，则 B'，D' 在圆 O 上，且 $BB'\parallel DD'\parallel l$.

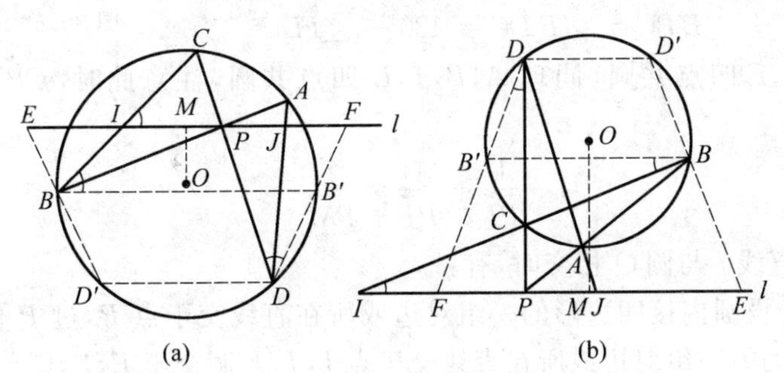

图30.62

又设直线 $D'B$，DB' 交直线 l 于 E，F，则

$$\angle FIC=\angle B'BC=\angle B'DC=\angle FDC$$

从而 C，D，I，F 四点共圆.

同理，A，B，J，E 四点共圆.

于是，由圆幂定理，有

$$\overrightarrow{PI}\cdot\overrightarrow{PF}=\overrightarrow{PC}\cdot\overrightarrow{PD}=\overrightarrow{OP}^2-R^2$$

$$\overrightarrow{PJ}\cdot\overrightarrow{PE}=\overrightarrow{PA}\cdot\overrightarrow{PB}=\overrightarrow{OP}^2-R^2$$

所以

$$\frac{1}{\overrightarrow{PI}}+\frac{1}{\overrightarrow{PJ}}=\frac{\overrightarrow{PE}+\overrightarrow{PF}}{\overrightarrow{OP}^2-R^2}$$

又因 $OM\perp l$，则 E，F 关于点 M 对称，即有

$$\overrightarrow{ME}+\overrightarrow{MF}=\mathbf{0}$$

于是

$$\overrightarrow{PE}+\overrightarrow{PF}=(\overrightarrow{PM}+\overrightarrow{ME})+(\overrightarrow{PM}+\overrightarrow{MF})=2\,\overrightarrow{PM}$$

故
$$\frac{1}{\overrightarrow{PI}}+\frac{1}{\overrightarrow{PJ}}=\frac{2\,\overrightarrow{PM}}{\overrightarrow{OP}^2-R^2}$$

注 (1) 当直线 l 与圆 O 相交且 P 与 M 重合时，$\overrightarrow{PM}=\mathbf{0}$，有 $\frac{1}{\overrightarrow{PI}}+\frac{1}{\overrightarrow{PJ}}=\mathbf{0}$. 即知 P 为 IJ 的中点，此即为前面蝴蝶定理的一种推广.

若过直线 l 上一点 P 作圆 O 的两条割线 PAB，PCD，直线 AD，BC 分别交直线 l 于 I，J，且 P 为 IJ 的中点，则 $OP\perp l$. 这说明上述蝴蝶定理的逆定理也是成立的.

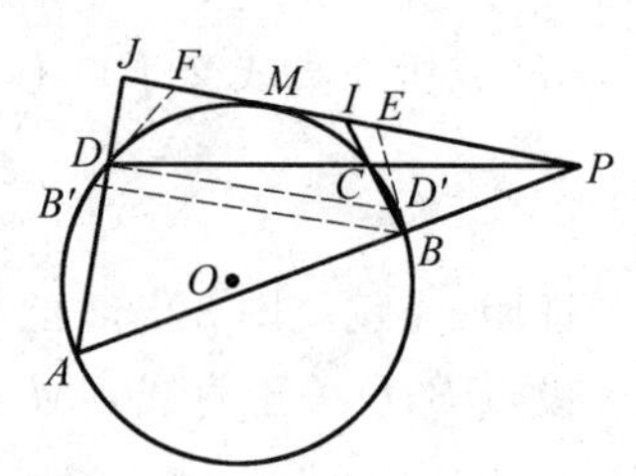

图 30.63

(2) 如图 30.63，当点 P 在圆外，且直线 l 与圆 O 相切时，则
$$\angle FIC=180^\circ-\angle B'BC=\angle B'DC=180^\circ-\angle FDC$$
从而 C，D，I，F 四点共圆，同理 A，B，J，E 四点共圆，注意此时，$\overrightarrow{OP}^2-R^2=\overrightarrow{PM}^2$，于是
$$\frac{1}{\overrightarrow{PI}}+\frac{1}{\overrightarrow{PJ}}=\frac{2}{\overrightarrow{PM}}$$

(3) 当直线 l 与圆 O 相交时，有：

推论 设圆内接四边形的一组对边或所在直线交于点 P，过 P 任作一直线与四边形的另一组对边或所在直线交于点 I，J，与圆交于 E，F，则
$$\frac{1}{\overrightarrow{PI}}+\frac{1}{\overrightarrow{PJ}}=\frac{1}{\overrightarrow{PE}}+\frac{1}{\overrightarrow{PF}}$$

证明 设题设中的圆为圆 $O(r)$，圆心 O 在直线 EF 上的射影为 M，如图 30.64 所示. 于是，有
$$2\,\overrightarrow{PM}=\overrightarrow{PE}+\overrightarrow{PF}$$
又由圆幂定理，有
$$\overrightarrow{OP}^2-R^2=\overrightarrow{PE}\cdot\overrightarrow{PF}$$
从而，由结论 2 有
$$\frac{1}{\overrightarrow{PI}}+\frac{1}{\overrightarrow{PJ}}=\frac{2\,\overrightarrow{PM}}{\overrightarrow{OP}^2-R^2}=\frac{\overrightarrow{PE}+\overrightarrow{PF}}{\overrightarrow{PE}\cdot\overrightarrow{PF}}=\frac{1}{\overrightarrow{PE}}+\frac{1}{\overrightarrow{PF}}$$

(4) 对于图 30.64(h) 的情形，推论即为著名的坎迪定理：

过圆的弦 EF 上任一点 P 任作两弦 AB，CD，设 BC，AD 分别交 EF 于 I，J，则有
$$\frac{1}{PE}-\frac{1}{PF}=\frac{1}{PI}-\frac{1}{PJ}$$

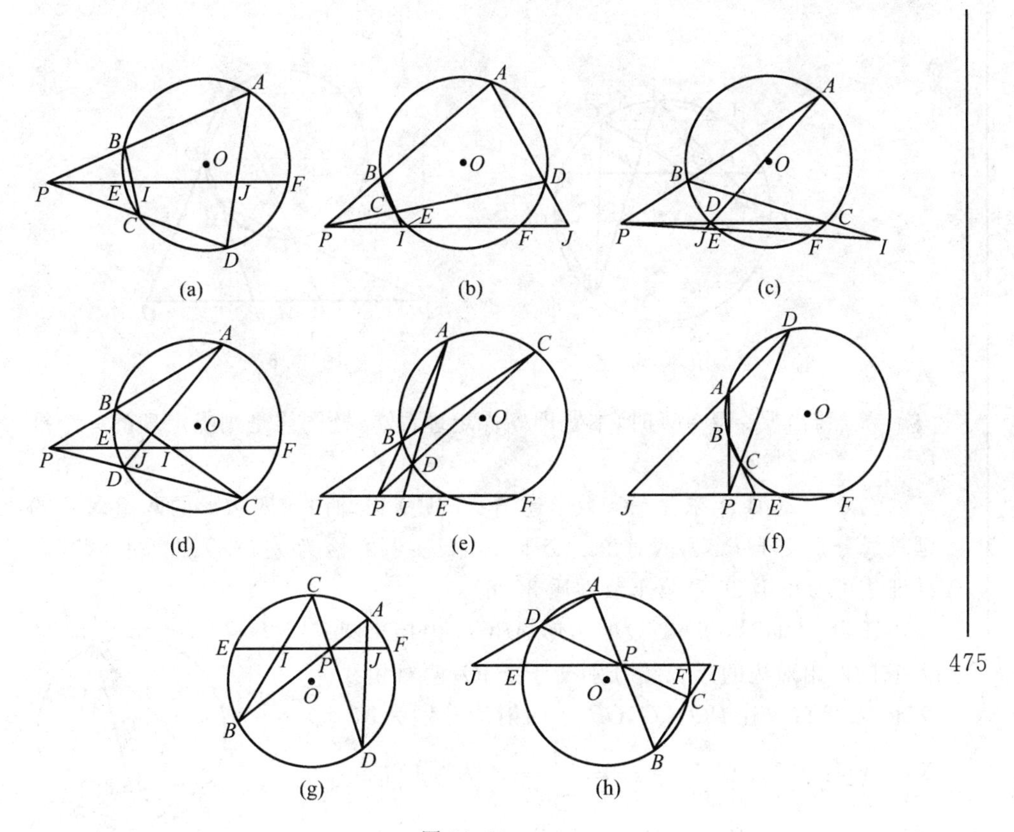

图 30.64

(5) 对于图 30.65,线段应为有向线段.

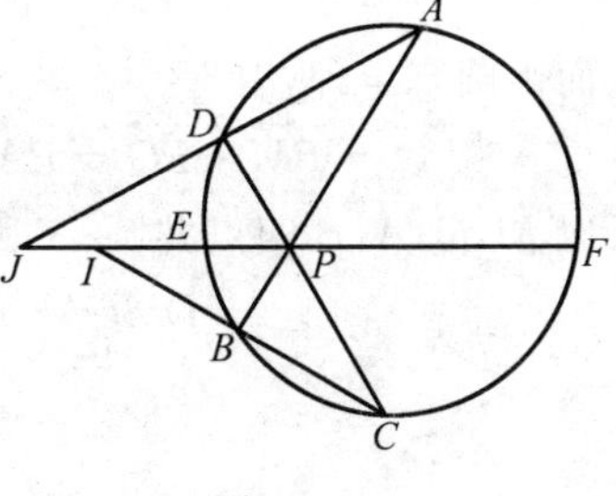

图 30.65

例 7　设圆 O 的内接四边形 $ABCD$ 的四边 AB,BC,CD,DA 所在直线分别交直线 l 于 P,E,Q,F,圆心 O 在 l 上的射影为 M,证明:如果 P,Q 关于 M 对称,则 E,F 关于 M 也对称.

证明　如图 30.66、图 30.67,由于 P,Q 关于 M 对称,考虑 C,D 关于 OM 的对称点 C',D',则 C',D' 皆在圆 O 上,P,C',D' 三点共线,且 $C'C \parallel D'D \parallel PQ$.因

$$\angle PC'A = \angle D'DA = \angle QFA$$

所以 P,F,A,C' 四点共圆;同理,P,E,B,D' 四点共圆.于是,P 为圆 O 的内接四边形 $ABD'C'$ 的一组对边 AB,$D'C'$ 的交点;E,F 分别为圆 PBD',圆 PAC' 与过点 P 的直线 l 的交点,由性质 10,即知 E,F 关于点 M 对称.

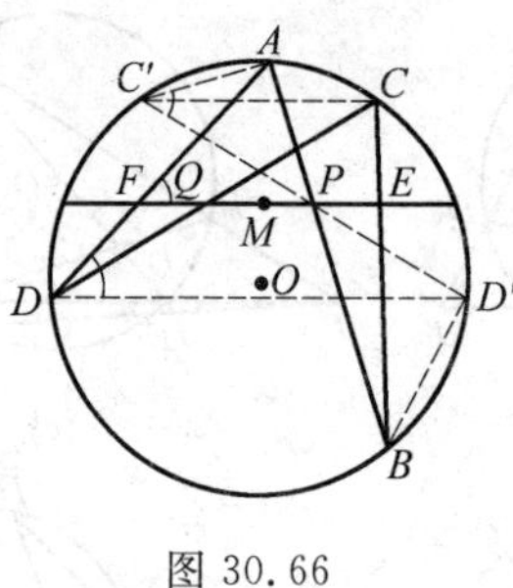

图 30.66

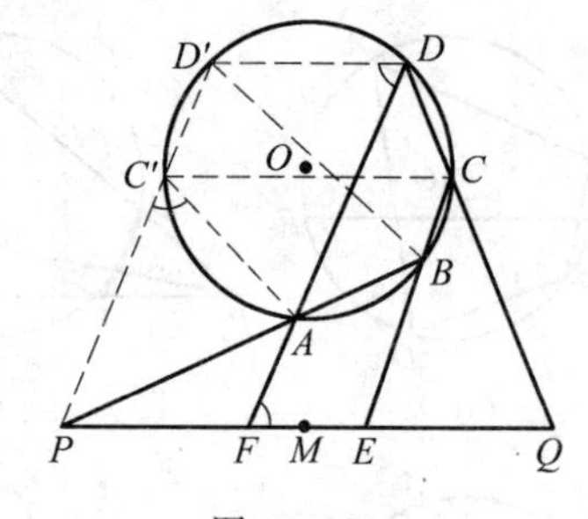

图 30.67

显然,当 $P=Q=M$ 时,本题即蝴蝶定理,故本题同样是蝴蝶定理的一个推广.

例 8 (2001 年东北三省数学邀请赛试题)设圆内接四边形的两组对边的延长线分别交于 P,Q,两对角线交于 G,求证:圆心恰为 $\triangle PQG$ 的垂心.(其一种证法可参见第 26 章第 1 节性质 32(6))

证明 如图 30.68,设四边形 $ABCD$ 内接于圆 O,它的两组对边的延长线分别交于 P,Q,两对角线交于 G,圆心 O 在 PQ,QG,GP 上的射影分别为 M,N,L,由性质 11,有 $\frac{2}{\overrightarrow{PQ}}=\frac{2\overrightarrow{PM}}{\overrightarrow{OP}^2-R^2}$($R$ 为圆 O 的半径,注意 $I=J=Q$).于是

$$\overrightarrow{PM}\cdot\overrightarrow{PQ}=\overrightarrow{OP}^2-R^2$$

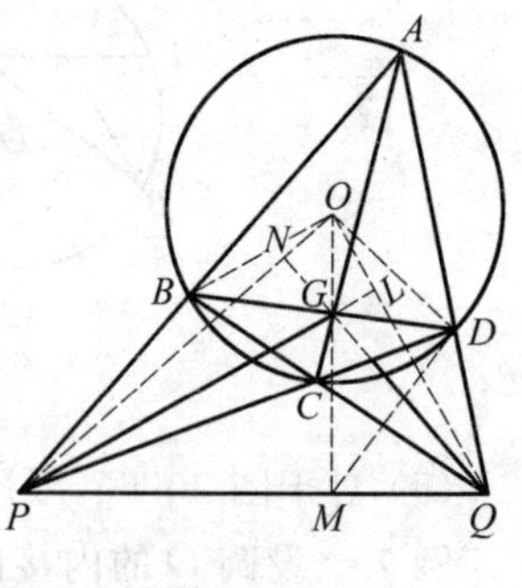

图 30.68

从而由圆幂定理,有

$$\overrightarrow{PM}\cdot\overrightarrow{PQ}=\overrightarrow{PA}\cdot\overrightarrow{PB}$$

所以 M,Q,A,B 四点共圆;又因 $OM\perp PQ$,于是

$$\angle DMO=90^\circ-\angle QMD=90^\circ-\angle DAB$$
$$=90^\circ-\frac{1}{2}\angle BOD=\angle DBO$$

因此,D,O,B,M 四点共圆.同理,A,O,C,M 四点共圆.由于三圆圆 OBD、圆 OCA、圆 O 两两相交,所以三公共弦 OM,BD,AC 共点 R.这说明 $OR\perp PQ$.同理,$OP\perp QG$,$OQ\perp GP$.故圆心 O 为 $\triangle PQG$ 的垂心.

第 4 节　帕斯卡定理及应用

帕斯卡定理　设 $ABCDEF$ 内接于圆(与顶点次序无关,即 $ABCDEF$ 无须为凸六边形),直线 AB 与 DE 交于点 X,直线 AF 与 CD 交于点 Z,直线 CB 与 EF 交于点 Y,则 X,Y,Z 共线.

证法 1　如图 30.69,设 AB 与 EF 交于点 K,AB 与 CD 交于点 M,CD 与 EF 交于点 N.

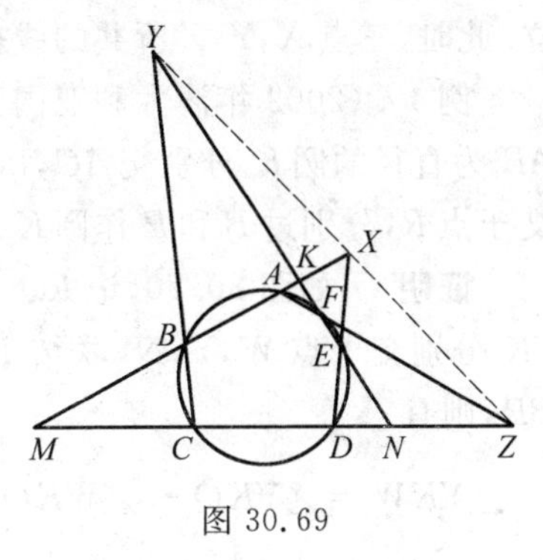

图 30.69

对 $\triangle KMN$ 及截线 XED,ZFA,YBC 分别应用梅涅劳斯定理,有

$$\frac{KX}{XM}\cdot\frac{MD}{DN}\cdot\frac{NE}{EK}=1$$

$$\frac{MZ}{ZN}\cdot\frac{NF}{FK}\cdot\frac{KA}{AM}=1$$

$$\frac{NY}{YK}\cdot\frac{KB}{BM}\cdot\frac{MC}{CN}=1$$

将上述三式相乘,并利用圆幂定理,有

$$MA\cdot MB=MD\cdot MC$$

$$ND\cdot NC=NE\cdot NF$$

$$KA\cdot KB=KE\cdot KF$$

从而

$$\frac{KX}{XM}\cdot\frac{MZ}{ZN}\cdot\frac{NY}{YK}=1$$

又 X,Y,Z 分别在 KM,NK,MN 上,对 $\triangle KMN$ 应用梅涅劳斯定理的逆定理,知 X,Y,Z 共线.

证法 2　设过 A,D,X 的圆交直线 AZ 于点 T,交直线 CD 于点 L. 联结 TL,FC,则 $\angle DAT$ 与 $\angle DLT$ 相补(或相等). 又 $\angle DAT$ 与 $\angle DCF$ 相等,从而 $\angle DLT$ 与 $\angle DCF$ 相补或相等,即知 $CF\parallel LT$. 同理

$$TX\parallel FY,LX\parallel CY$$

于是,$\triangle TLX$ 与 $\triangle FCY$ 为位似图形. 由于位似三角形三双对应顶点的连线共点(共点于位似中心),这时,直线 TF 与 LC 交于点 Z,则另一双对应的点 X,Y 的连线 XY 也应过点 Z,故 X,Y,Z 三点共线.

注　此定理中,当内接于圆的六边形 $ABCDEF$ 的六顶点改变其字母顺序,两两取对边 AB,DE;BC,EF;CD,AF 共有 60 种不同的情形,相应有 60 条

帕斯卡线.

当六边形中有两顶点重合,即对于内接于圆的五边形,亦有结论成立,即圆内接五边形 $A(B)CDEF$ 中 A(与 B 重合)点处的切线与直线 DE 交于点 X,直线 BC 与 FE 交于点 Y,直线 CD 与 AF 交于点 Z,则 X,Y,Z 三点共线.

同样,当六边形变为四边形 $AB(C)DE(F)$ 或 $A(B)C(D)EF$ 等,结论仍成立;当六边形变为 $\triangle A(B)C(D)E(F)$ 时,三组边 AB,CD,EF 变为点,结论仍成立. 此时,三点 X,Y,Z 所共的线也称为勒穆瓦纳线(可参见本章第3节性质8).

例1 (2002年澳大利亚国家数学竞赛题)已知 $\triangle ABC$ 为锐角三角形,以 AB 为直径的圆 K 分别交 AC,BC 于点 P,Q. 分别过 A 和 Q 作圆 K 的两条切线交于点 R,分别过 B 和 P 作圆 K 的两条切线交于点 S,证明:点 C 在线段 RS 上.

证明 如图30.70,记 RQ 与 PS,AC 与 RK,BC 与 SK 分别交于点 W,Y,N,联结 PK,WK,QK,WN,WY,BP,则有

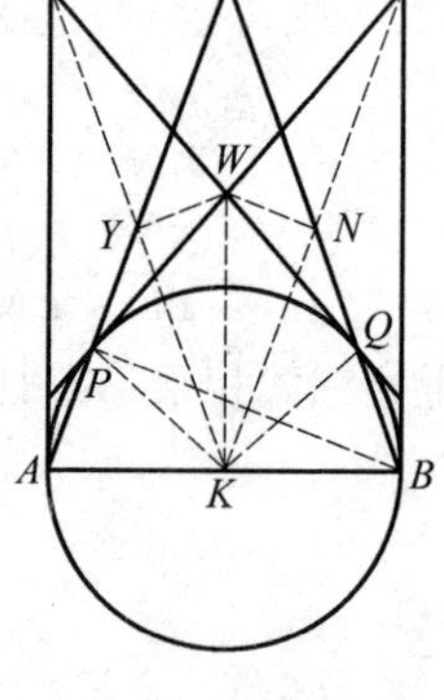

图30.70

$$\angle YKW=\angle YKQ-\angle WKQ=\frac{\angle AKQ-\angle PKQ}{2}$$

$$=\frac{1}{2}\angle AKP=\angle ABP$$

$$=180^\circ-\angle APS=\angle YPW$$

故知 Y,P,K,W 四点共圆.

又 PS 是圆 K 的切线,于是

$$\angle WPK=\angle WYK=90^\circ$$

同理可得

$$\angle KQW=\angle KNW=90^\circ$$

因此,W,Y,P,K,Q,N 六点共圆.

由帕斯卡定理知,R,C,S 三点共线.

例2 (2005年捷克-波兰-斯洛伐克数学竞赛题)设凸四边形的外接圆和内切圆的圆心分别为 O,I,对角线 AC,BD 相交于点 P,证明:O,I,P 三点共线.

证明 如图30.71,AI,BI,CI,DI 与圆 O 分别交于点 E,F,G,H. 由于 AI,BI,CI,DI 分别是四边形 $ABCD$ 四个内角的角平分线,则 EG 和 FH 是圆 O 的直径,即 EG,FH 交于点 O.

设 EB 和 CH 交于点 X,对广义六边形 $ACHDBE$,应用帕斯卡定理,知 P,X,I 三点共线.

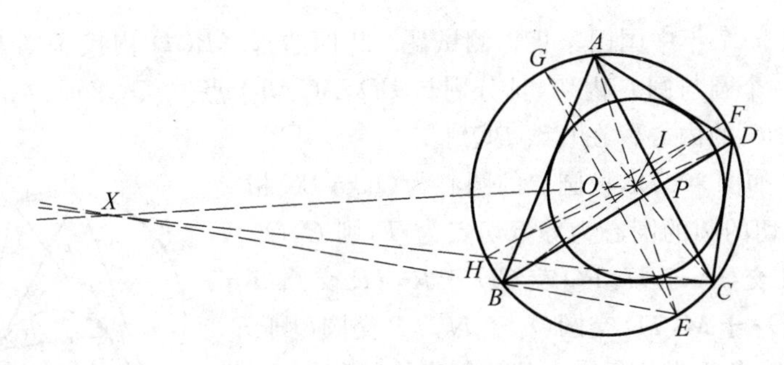

图 30.71

对广义六边形 $GCHFBE$ 也用帕斯卡定理，知 O,X,I 三点共线.

所以，O,I,P 三点共线.

例3 （2006年第9届中国香港数学奥林匹克题）凸四边形 $ABCD$ 的外接圆的圆心为 O，已知 $AC\neq BD$，AC 与 BD 交于点 E，若 P 为四边形 $ABCD$ 内部一点，使得 $\angle PAB+\angle PCB=\angle PBC+\angle PDC=90^\circ$，求证：$O,P,E$ 三点共线.

证明 如图 30.72，延长线段 AP,BP,CP,DP，分别交四边形 $ABCD$ 的外接圆 Γ 于点 A',B',C',D'，则

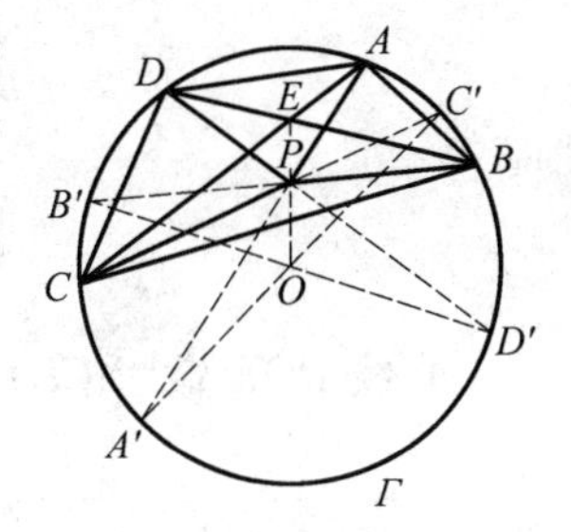

图 30.72

$$90^\circ=\angle PAB+\angle PCB=\frac{1}{2}\angle A'OB+\frac{1}{2}\angle C'OB$$

$$=\frac{1}{2}\angle A'OC'$$

于是，$A'C'$ 是圆 Γ 的一条直径.

同理，$B'D'$ 也是圆 Γ 的一条直径.

故 $A'C'\cap B'D'=O$.

记直线 $B'A$ 和 $C'D$ 的交点为 Q.

对圆 Γ 上的六个点 B,B',A,C,C',D 应用帕斯卡定理知

$$BB'\cap CC'=P,B'A\cap C'D=Q,AC\cap BD=E$$

故 P,Q,E 三点共线.

对圆 Γ 上的六个点 A,A',C',D,D',B' 应用帕斯卡定理知

$$AA'\cap DD'=P,A'C'\cap D'B'=O$$

$$C'D\cap B'A=Q$$

故 P,O,Q 三点共线.

从而，O,P,E 三点共线.

例4 (2007年中国国家集训测试题)凸四边形 $ABCD$ 内接于圆 Γ,与边 BC 相交的一个圆与圆 Γ 内切,且分别与 BD,AC 切于点 P,Q,求证:$\triangle ABC$ 的内心与 $\triangle DBC$ 的内心皆在直线 PQ 上.

证明 如图30.73,设圆 Γ 的圆心为 O,与 BC 相交且与 Γ 相内切的圆的圆心为 O_1,切点为 T,则 O,O_1,T 共线.设 DB 交 CA 于 H,PQ 交 CD 于 R,TR 交圆 O 于 F,CT 交圆 O_1 于 M,TD 交圆 O_1 于 N,TP 交圆 O 于 E,则存在一个以点 T 为位似中心的位似变换使得圆 O_1 变为圆 O.因此 $M\to C$,$N\to D$,$P\to E$.直线 BD 变为过点 E 且平行于 BD 的圆 O 的切线,所以 E 是 $\overset{\frown}{BD}$ 的中点,因为

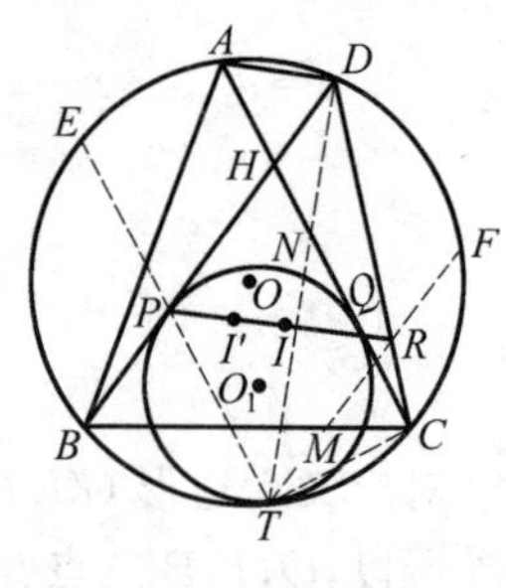

图30.73

$$\frac{TM}{TN}=\frac{TC}{TD}$$

所以

$$\frac{DP^2}{CQ^2}=\frac{DN\cdot DT}{CM\cdot CT}=\frac{DT^2}{CT^2}$$

此即

$$\frac{DP}{CQ}=\frac{DT}{CT} \qquad ①$$

又直线 RQP 截 $\triangle CDH$,由梅涅劳斯定理,有

$$\frac{CR}{RD}\cdot\frac{DP}{PH}\cdot\frac{HQ}{QC}=1$$

所以

$$\frac{CR}{RD}=\frac{CQ}{DP} \qquad ②$$

又

$$\frac{CR}{RD}=\frac{S_{\triangle CFT}}{S_{\triangle DFT}}=\frac{CF\cdot CT}{DF\cdot DT} \qquad ③$$

由式①②③知

$$\frac{CF}{DF}=1$$

也就是说,F 是 $\overset{\frown}{CD}$ 的中点.

另外,易知 $\triangle BCD$ 的内心 I 为 CE 与 BF 的交点.对于圆内接六边形 $ETFBDC$,由帕斯卡定理知 I,P,R 共线,所以 $\triangle BDC$ 的内心在 PQ 上.

同理,$\triangle ABC$ 的内心 I' 也在 PQ 上.

注 此例的证明还可参见第31章第4节例11及第32章第5节例4.

第5节　圆中的极点、极线

试题C也可以利用圆中的极点、极线知识给出另一种证法(参见本节例6).

在平面解析几何中,介绍了如下直线方程的几何意义:

对于一已知点 $M(x_0,y_0)$ 和一已知圆 $C:x^2+y^2=r^2$,直线 l 的方程

$$x_0x+y_0y=r^2 \quad (*)$$

的几何意义有如下3种情形:

当点 $M(x_0,y_0)$ 在圆 C 上时,方程(*)表示为经过点 M 的圆的切线,切点为 $M(x_0,y_0)$.

当点 $M(x_0,y_0)$,在圆 C 的外部时,方程(*)表示为过点 M 的两条切线的切点弦直线,点 $M(x_0,y_0)$ 在切点弦的中垂线上.

当点 $M(x_0,y_0)$ 在圆 C 的内部,且 M 不为圆心时,方程(*)表示为过点 M 的对应点(即以点 M 为中点的弦端点的两条切线的交点 N),且与以 M 为中点的弦平行的直线.

为了讨论问题的方便,对于上述3种情形,统称点 M 与对应的直线 l 为关于圆 C 的极点与极线(可推广到圆锥曲线).

事实上,如图30.74,点 M,N 为一双对应点,且满足条件:$OM\cdot ON=r^2$.

注　满足条件 $OM\cdot ON=r^2$(O 为圆心,r 为圆的半径).

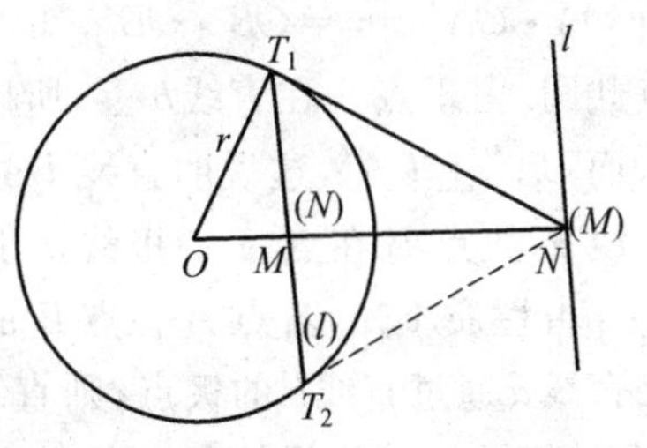

图30.74

因此,一般地,有:

定义1　设圆 O 是平面上一个定圆(半径为 r),点 M,N 为满足条件 $OM\cdot ON=r^2$ 的对应点(或反点),则过点 N 且垂直于 OM 的直线 l 称为点 M 关于圆 O 的极线,点 M 称为直线 l 关于圆 O 的极点.

显然,对于平面上不过圆心 O 的直线 l 关于圆 O 的极点是圆心 O 在直线 l 上的射影关于圆 O 的对应点(反点).

由定义1可以看出,给定了平面上的一个圆,除圆心外,平面上每一点都有唯一确定的极线;除过圆心的直线外,平面上每一条直线都有唯一确定的极点,因而极点与极线是平面上除圆心以外的点与平面上除过圆心的直线以外的直线间的一个一一对应关系.

在普通平面上,圆心没有极线,过圆心的直线没有极点.

由此亦可知，当点 M 在圆 O 上时，点 M 的极线就是圆 O 在 M 的切线，切线的极点就是切点；当点 M 在圆 O 外时，点 M 的极线就是过点 M 所引圆 O 的两条切线的切点弦直线；与圆 O 相交的直线的极点就是圆 O 在交点处的两条切线的交点；当点 M 在圆 O 内且不为圆心时，点 M 的极线在圆外，是过点 M 的对应点(反点)N，且与以 M 为中点的弦平行的直线；圆 O 外的直线 l 的极点可以这样得到：过 O 作 $ON\perp l$ 于 N，过 N 作圆 O 的两条切线得切点 T_1，T_2，切点弦 T_1T_2 的中点 M 即为直线 l 的极点.

于是，我们有：

性质1　设 A，B 两点关于圆 O 的极线分别为 a，b，若点 A 在直线 b 上，则点 B 在直线 a 上.

证明　如图30.75，若 A，B 是圆 O 的两个互反点，则结论显然成立. 若 A，B 不是圆 O 的两个互反点，由于点 A 在点 B 的极线 b 上，因而 O，A，B 三点不共线.

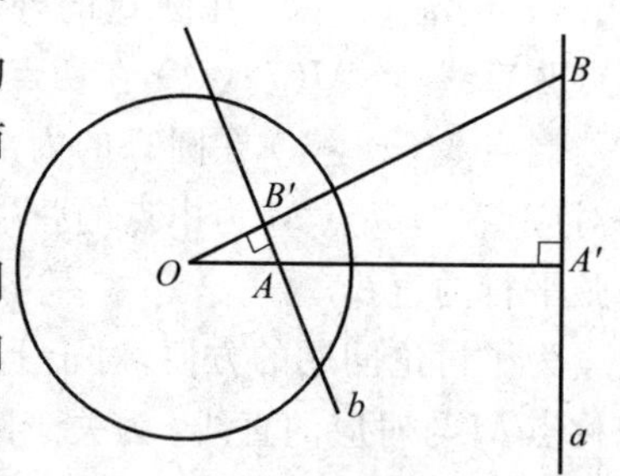

图30.75

设 A，B 关于圆 O 的反点分别为 A'，B'，则由 $OA\cdot OA'=r^2=OB\cdot OB'$，知 A，A'，B，B' 四点共圆. 由于点 A 在直线 b 上，所以 $AB'\perp OB$，从而 $BA'\perp OA'$，这说明直线 BA' 即为点 A 的极线 a，故点 B 在点 A 的极线 a 上.

由性质1知，若点 A 在点 B 的极线上，则点 B 在点 A 的极线上，或者说，如果直线 a 通过直线 b 的极点，则直线 b 通过直线 a 的极点. 于是，即知对于给定的一个圆，圆心以外的任意一点 A 的极线是过点 A 但不过圆心的任意两条直线的极点的连线；不过圆心的任意一条直线 l 上的极点是直线 l 上的不同两点的极线的交点，从而，亦有：

推论1　如果若干个点共线，则这些点的极线共点；如果若干条直线共点，则这些直线的极点共线.

定义2　如果点 A 关于圆 O 的极线通过点 B，而点 B 关于圆 O 的极线通过点 A，则称 A，B 两点关于圆 O 共轭.

性质2　A，B 两点关于圆 O 共轭的充分必要条件是以 AB 为直径的圆与圆 O 正交.

证明　必要性：如图30.76所示，设 A，B 两点关于圆 O 共轭，则点 B 在点 A 的极线 l 上，设直线 OA 与 l 交于点 A'，则点 A' 为点 A 的反点. 因为 $AA'\perp l$，所以，点 A' 在以 AB 为直径的圆圆 O' 上，设圆 O 的半径为 r，圆 O 与圆 O' 的

一个交点为 P，因圆 O' 通过圆 O 的一对反点 A，A'，则由一对反点的几何意义，有 $OA \cdot OA' = r^2 = OP^2$，由此即知，$OP$ 为圆 O' 的切线(切割定理的逆定理)，即 $OP \perp O'P$，故圆 O 与圆 O' 正交.

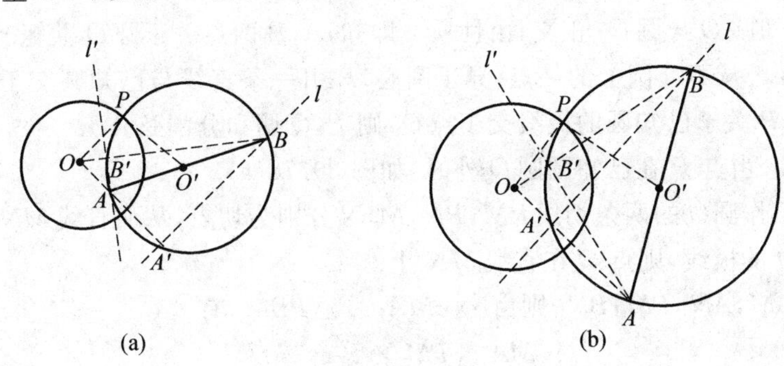

图 30.76

充分性：如图 30.76 所示，设以 AB 为直径的圆圆 O' 与圆 O 正交，即若圆 O' 与圆 O 的一个交点为 P 时，OP 为圆 O' 的切线. 设圆 O 的半径为 r，直线 OA 与圆 O' 交于另一点 A'，则由切割线定理，有 $OA \cdot OA' = OP^2 = r^2$，由此，即知 A' 为点 A 关于圆 O 的反点。由于 AB 是圆 O' 的直径，所以 $BA' \perp OA'$，从而直线 BA' 是点 A 的极线，再由性质 1，知点 A 必在点 B 的极线上. 因此，A，B 两点关于圆 O 共轭.

性质 3　设 P，Q 调和分割线段 AB，圆 O 是过 P，Q 两点的任意一个圆，则 A，B 两点关于圆 O 共轭.

证明　如图 30.77，设圆 O' 是以 AB 为直径的圆，由 P，Q 调和分割线段 AB，有 $\frac{AP}{PB} = \frac{AQ}{QB}$，即

$$AP \cdot QB = AQ \cdot PB = 0 \qquad (*)$$

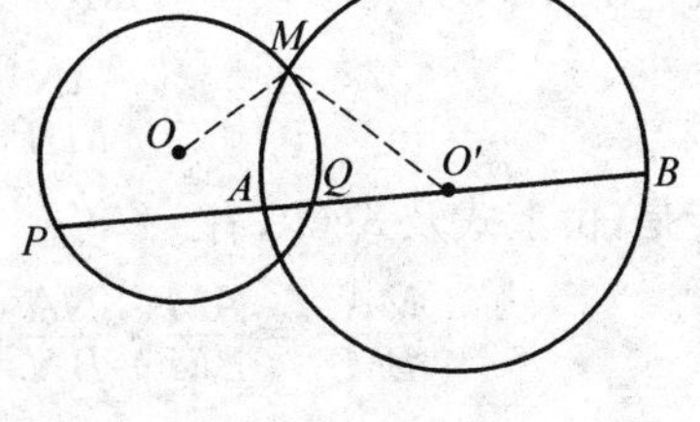

图 30.77

注意到

$$AP = O'P - O'A, QB = QO' + O'B$$

$$AQ = AO' - QO', PB = PO' + O'B$$

于是，由式(*)，有

$$(OP' - O'A)(QO' + O'B) - (AO' - QO')(PO' + O'B) = 0$$

将上式展开，注意 $AO' = O'B$，得

$$O'P \cdot O'Q = AO' \cdot O'B = AO'^2$$

从而,知 P,Q 两点关于圆 O' 互为反点,若设 M 为圆 O 与圆 O' 的一个交点,则 $O'M=O'A$,即 $O'P\cdot O'Q=O'M^2$,由切割线定理的逆定理知 $O'M$ 为圆 O 的切线.

于是,知圆 O 与圆 O' 正交,由性质 2 即知,A,B 两点关于圆 O 共轭.

性质 4 从不在圆上的一点(异于圆心)P 引一条直线与已知圆交于 A,B 两点,且与 P 关于已知圆的极线交于点 Q,则 P,Q 调和分割弦 AB.

证明 当点 P 在已知圆圆 O 外时,如图 30.78(a).

过点 P 作圆 O 的两条切线 PM,PN,M,N 分别为切点,从而直线 MN 为点 P 关于圆 O 的极线,则点 Q 在直线 MN 上.

联结 AM,AN,BM,BN,则由 $\triangle PMA\backsim\triangle PBM$,有

$$\frac{MA}{BM}=\frac{PM}{PB}=\frac{PA}{PM}$$

即有

$$\frac{MA^2}{BM^2}=\frac{PM}{PB}\cdot\frac{PA}{PM}=\frac{PA}{PB} \quad ①$$

同理

$$\frac{NA^2}{BN^2}=\frac{PA}{PB}$$

于是,有

$$\frac{MA}{BM}=\frac{NA}{BN} \quad ②$$

又 $\triangle ANQ\backsim\triangle MBQ$,$\triangle AMQ\backsim\triangle NBQ$,有

$$\frac{AN}{MB}=\frac{AQ}{MQ},\frac{AM}{NB}=\frac{MQ}{BQ}$$

于是,由上式及式 ②,有

$$\frac{MA^2}{BM^2}=\frac{AM}{BM}\cdot\frac{NA}{BN}=\frac{AM}{NB}\cdot\frac{NA}{MB}=\frac{MQ}{BQ}\cdot\frac{AQ}{MQ}=\frac{AQ}{BQ} \quad ③$$

由式 ①③ 得

$$\frac{PA}{PB}=\frac{AQ}{BQ}\text{或}\frac{AP}{PB}=\frac{AQ}{QB}$$

即有 P,Q 调和分割弦 AB.

当点 P 在已知圆圆 O(异于圆心 O) 内时,如图 30.78(b).

作以点 P 为中点的弦 T_1T_2,分别作点 T_1,T_2 处的切线交于 P',过点 P' 作与 OP 垂直的直线 MN,则 MN 为点 P 关于圆 O 的极线,且点 Q 在直线 MN 上.

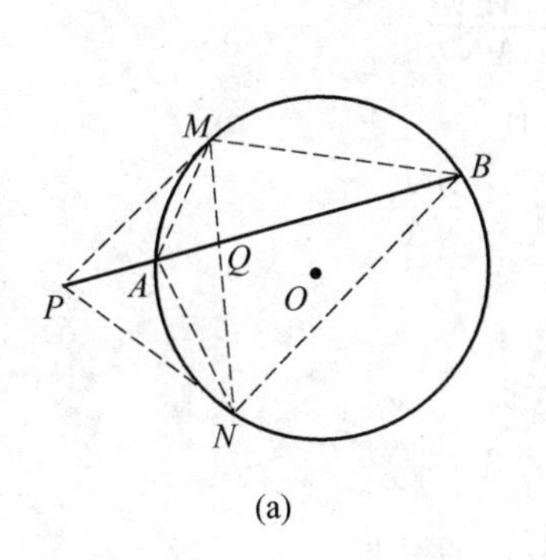

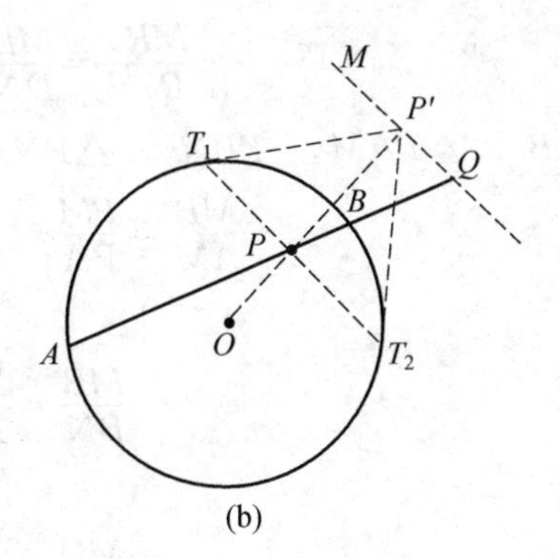

图 30.78

此时,由性质1,知点Q关于圆O的极线过点P,于是,P,Q关于圆O互为反点,问题转化为前述情形(即点 P 在圆 O 外的情形),即有$\frac{QB}{BP}=\frac{QA}{AP}$,亦即有$\frac{AP}{PB}=\frac{AQ}{QB}$.

性质5 从不在圆上的一点(异于圆心O)P引两条直线与已知圆圆O相交得两条弦AB,CD,则直线AD与直线BC的交点R在点P关于圆O的极线上.

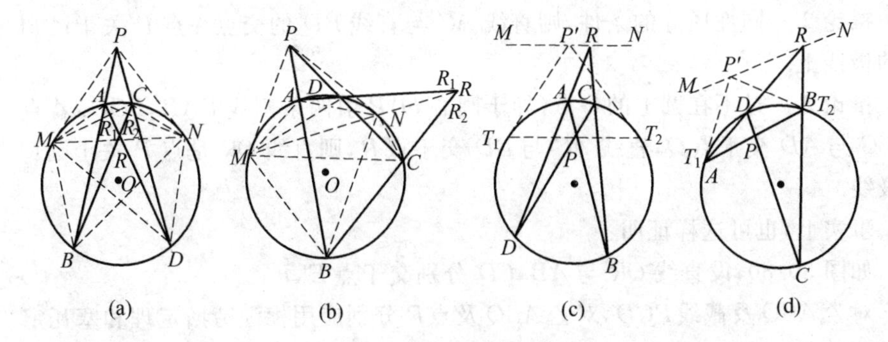

图 30.79

证明 当点 P 在已知圆圆 O 外时,如图 30.79(a)(b). 同性质 4 中图 30.78(a)得点P关于圆O的极线MN,联结AM,AN,BM,BN,CM,CN,DM,DN.

设直线BC与直线MN交于点R_1,则

$$\frac{MR_1}{R_1N}=\frac{S_{\triangle MBR_1}}{S_{\triangle R_1BN}}=\frac{MB\cdot\sin\angle MBR_1}{BN\cdot\sin\angle R_1BN}=\frac{MB}{BN}\cdot\frac{MC}{CN} \quad ①$$

设直线AD与直线MN交于点R_2,同理有

$$\frac{MR_2}{R_2N}=\frac{MD}{DN}\cdot\frac{MA}{AN} \quad ②$$

由 $\triangle PMB\backsim\triangle PAM$,$\triangle PBN\backsim\triangle PNA$,有

$$\frac{MB}{AM}=\frac{PM}{PA}=\frac{PN}{PA}=\frac{BN}{NA}$$

即

$$\frac{MB}{BN}=\frac{MA}{NA} \quad ③$$

同理

$$\frac{MD}{DN}=\frac{MC}{CN} \quad ④$$

由式 ①②③④ 得 $\frac{MR_1}{R_1N}=\frac{MR_2}{R_2N}$,即 $\frac{MR_1}{MN}=\frac{MR_2}{MN}$. 从而 R_1 与 R_2 重合于点 R.

故点 R 在点 P 关于已知圆的极线 MN 上.

当点 P 在已知圆圆 O 内(异于圆心 O)时,如图 30.79(c)(d),同性质4中图 30.78(b),得点 P 关于圆 P 的极线 MN. 此时,由图 30.78(a)(b) 中情形的证明知,点 R 关于圆 O 的极线为 T_1T_2,且点 P 在弦 T_1T_2 上. 由性质1,知 R 在点 P 关于圆 O 的极线 MN 上.

推论 2 同性质5的条件,则直线 AC 与直线 BD 的交点在点 P 关于已知圆的极线上.

推论 3 过不在圆上的一点(异于圆心 O)P 引两条割线 PAB,PCD. 若直线 BC 与 AD 交于点 Q,直线 AC 与 BD 交于点 R,则直线 QR 是点 P 关于圆 O 的极线.

事实上,也可这样证明:

如图 30.80,设直线 QR 与 AB,CD 分别交于点 E,F.

对 $\triangle ABQ$ 及截线 PCD,对 $\triangle ABQ$ 及点 R 分别应用梅涅劳斯定理和塞瓦定理,有

$$\frac{BC}{CQ}\cdot\frac{QD}{DA}\cdot\frac{AP}{PB}=1$$

$$\frac{BC}{CQ}\cdot\frac{QD}{DA}\cdot\frac{AE}{EB}=1$$

由此两式得

$$\frac{AP}{PB}=\frac{AE}{EB}$$

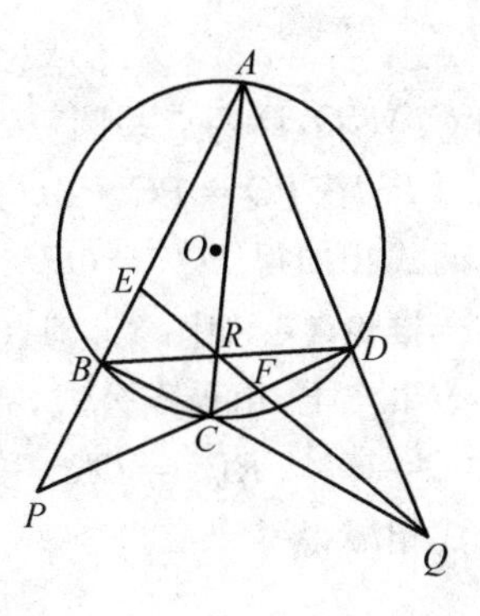

图 30.80

已知 P,E 调和分割 BA，由性质3知 P,E 关于圆 O 共轭，所以，点 E 在点 P 的极线上.

同理，点 F 也在点 P 的极线上.

故直线 QR 是点 P 关于圆 O 的极线.

定义3 如果一个三角形的顶点都是另一个三角形的边所在直线的极点(关于同一圆)，则称这两个三角形共轭. 如果一个三角形的每一个顶点都是对边所在直线的极点，则称这个三角形是自共轭三角形(或极点三角形).

性质6 设 A,B,C,D 是一圆上的四点，若直线 AB 与 CD 交于点 P，直线 BC 与 AD 交于点 Q，直线 AC 与 BD 交于点 R，则 $\triangle PQR$ 是一个自共轭三角形(或极点三角形).

证明 由推论3知，QR 是点 P 的极线，RP 是点 Q 的极线. 从而，由性质1知，PQ 是点 R 的极线，故 $\triangle PQR$ 是一个自共轭三角形(或极点三角形).

性质7 (极点公式)凸四边形 $ABCD$ 内接于圆 O，延长 AB,DC 交于点 P，延长 BC,AD 交于点 Q，AC 与 BD 交于点 R，设圆 O 的半径为 R，则

$$RP^2=OR^2+OP^2-2R^2$$
$$RQ^2=OR^2+OQ^2-2R^2$$
$$PQ^2=OP^2+OQ^2-2R$$

证明 如图 30.81，延长 PR 至 K，使得 $PR\cdot PK=BR\cdot RD$，则知 P,D,K,B 四点共圆，从而

$$\angle BKR=\angle BKP=\angle BDC=\angle BAR$$

即知 A,B,R,K 四点共圆.

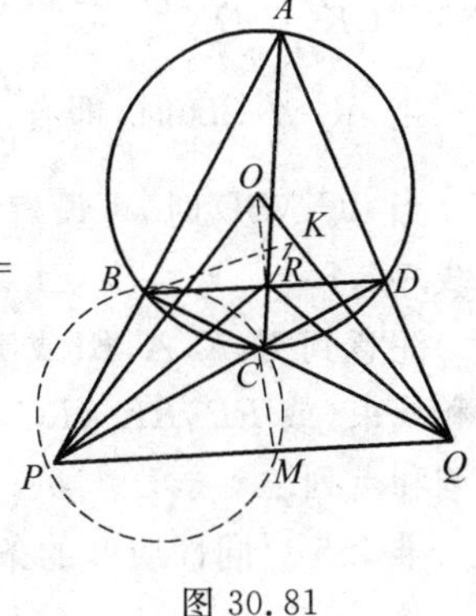

图 30.81

即有 $PR\cdot PK=PB\cdot PA$. 此式与 $PR\cdot PK=BR\cdot RD$ 相减得

$$PR(PK-RK)=PB\cdot PA-BR\cdot RD$$

即

$$\begin{aligned}RP^2&=\text{点 }P\text{ 对圆 }O\text{ 的幂}-\text{点 }R\text{ 对圆 }O\text{ 的幂}\\&=(OP^2-R^2)-(R^2-OR^2)\\&=OP^2+OR^2-2R^2\end{aligned}$$

同理

$$RQ^2=OQ^2+OR^2-2R^2$$

设圆 BPC 交 PQ 于点 M，则

$$\angle CMP=\angle CBA=\angle CDQ$$

知 C,M,Q,D 四点共圆,从而

$$PM\cdot PQ=PC\cdot PD=OP^2-R^2,QM\cdot QP=QC\cdot QB=OQ^2-R^2$$

此两式相加得 $PQ^2=OP^2+OQ^2-2R^2$.

推论 4 如图 30.81,O 是自共轭三角形(或极点三角形)PQR 的垂心.

事实上,由极点公式,有

$$RP^2=OR^2+OP^2-2R^2,RQ^2=OR^2+OQ^2-2R^2$$

两式相减得

$$RP^2-RQ^2=OP^2-OQ^2$$

由定差幂线定理,知 $OR\perp PQ$.

由 $PQ^2=OP^2+OQ^2-2R^2$,$PR^2=OP^2+OR^2-2R$ 两式相减得

$$PQ^2-PR^2=OQ^2-OR^2$$

由定差幂线定理,知 $OP\perp QR$.故知 O 为 $\triangle PQR$ 的垂心.

性质 8 从不在圆上的一点(异于圆心)P 引三条直线依次交圆于 A,B,C,D,G,H.直线 GH 与点 P 关于圆的极线关于点 Q,直线 GH 与直线 AC,BD 分别交于点 E,F,则 P,Q 调和分割线段 EF.

证明 如图 30.82,按性质 4 中的图作出点 P 关于已知圆的极线 MN.设直线 MN 交直线 AB 于点 K(或交直线 CD 于点 K'),则由性质 4,知 $\frac{PA}{AK}=\frac{PB}{BK}$(或 $\frac{PC}{CK'}=\frac{PD}{DK'}$),即知 P,K,A,B(或 P,K',C,D) 为调和点列.

当 $AC\parallel BD$ 时,即有 $\frac{PE}{EQ}=\frac{PA}{AK}=\frac{PB}{BK}=\frac{PF}{FQ}$,亦即 P,Q,E,F 为调和点列.

当 $AC\nparallel BD$ 时,可设直线 AC 与 BD 交于点 R,则由推论 3,知 R,M,N 三点共线.

注意到 P,K,A,B(或 P,K',C,D) 为调和点列,此时 RP,RK,RA,RB 为调和线束(或 RP,RK',RC,RD 为调和线束),由调和线束的性质知 P,Q,E,F 为调和点列.

推论 5 同性质 8 的条件,则

$$\frac{1}{\overrightarrow{PG}}+\frac{1}{\overrightarrow{PH}}=\frac{1}{\overrightarrow{PE}}+\frac{1}{\overrightarrow{PF}}=\frac{2}{\overrightarrow{PQ}}=\frac{1}{\overrightarrow{EQ}}-\frac{1}{\overrightarrow{QF}}=\frac{1}{\overrightarrow{GQ}}-\frac{1}{\overrightarrow{QH}}$$

事实上,由性质 4,有

$$\frac{PG}{GQ}=\frac{PH}{HQ}\Leftrightarrow\frac{GQ}{PG}=\frac{QH}{PH}\Leftrightarrow\frac{PQ-PG}{PG}=\frac{PH-PQ}{PH}\Leftrightarrow$$

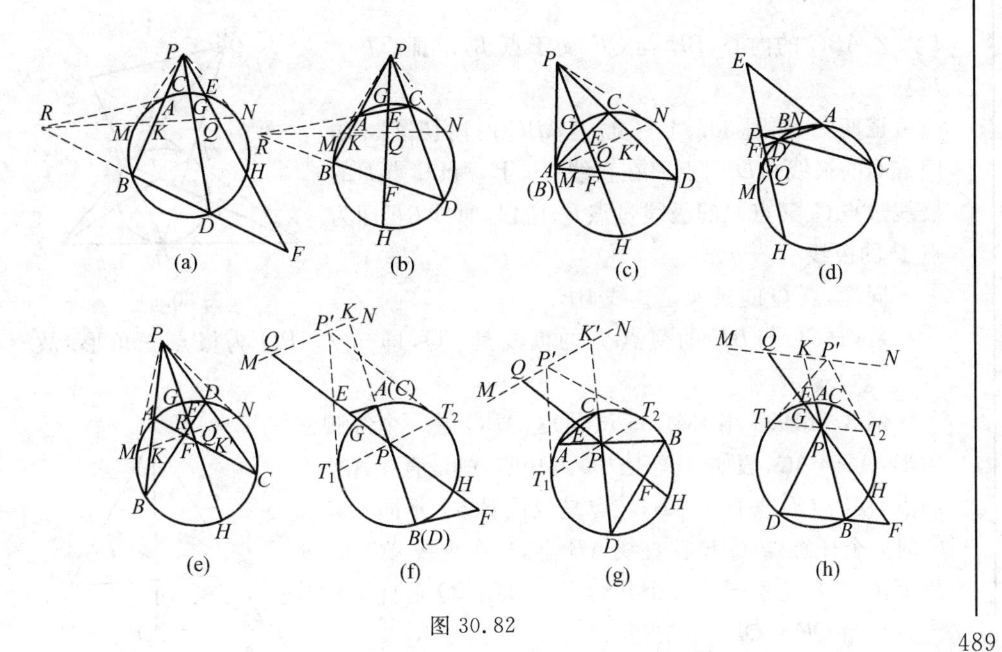

图 30.82

$$\frac{PQ}{PG}+\frac{PQ}{PH}=2\Leftrightarrow\frac{1}{\overrightarrow{PG}}+\frac{1}{\overrightarrow{PH}}=\frac{2}{\overrightarrow{PQ}}$$

由性质 8,即知$\frac{1}{\overrightarrow{PE}}+\frac{1}{\overrightarrow{PF}}=\frac{2}{\overrightarrow{PQ}}$.

由$\frac{PE}{EQ}=\frac{PF}{FQ}\Leftrightarrow\frac{\overrightarrow{PE}}{\overrightarrow{EQ}}=\frac{\overrightarrow{PF}}{\overrightarrow{QF}}\Leftrightarrow\frac{\overrightarrow{PQ}-\overrightarrow{EQ}}{\overrightarrow{EQ}}=\frac{\overrightarrow{PQ}+\overrightarrow{QF}}{\overrightarrow{QF}}\Leftrightarrow\frac{1}{\overrightarrow{EQ}}-\frac{1}{\overrightarrow{QF}}=\frac{2}{\overrightarrow{PQ}}$.

同理$\frac{1}{\overrightarrow{GQ}}-\frac{1}{\overrightarrow{QH}}=\frac{2}{\overrightarrow{PQ}}$.

例 1 (1997 年 CMO 试题)四边形 $ABCD$ 内接于圆 O,其边 AB 与 DC 的延长线交于点 P,AD 与 BC 的延长线交于点 Q,过 Q 作圆 O 的两条切线,切点分别为 E,F,求证:P,E,F 三点共线.

证明 如图 30.83,显然,直线 EF 为点 Q 关于圆 O 的极线,又由推论 3 知,点 Q 的极线通过点 P.

故 P,E,F 三点共线.

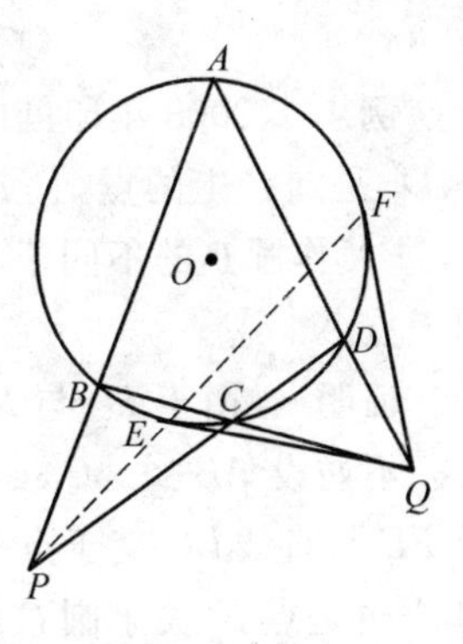

图 30.83

例 2 (2004 年罗马尼亚国家队选拔赛题)设$\triangle ABC$ 的内切圆与边 BC,CA,AB 分别切于点 D,E,F,直线 DE 与 AB 交于点 P,直线 DF 与 AC 交于点 Q,

I 为 $\triangle ABC$ 的内心,BE 与 CF 交于点 J,求证:$IJ \perp PQ$.

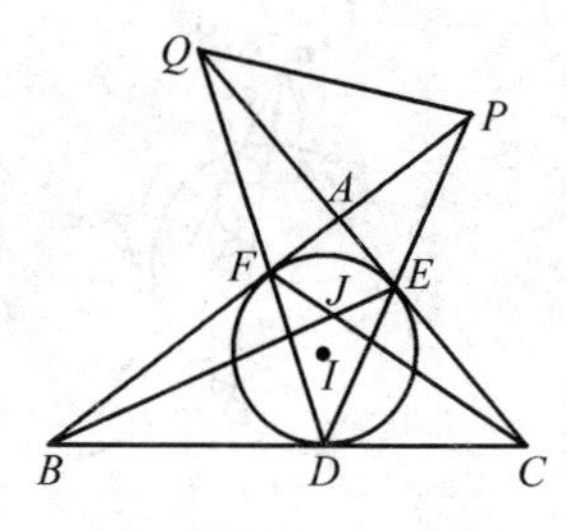

图 30.84

证明 如图 30.84,考虑 $\triangle ABC$ 的内切圆圆 I,因点 C 的极线是 DE,点 P 在直线 DE 上,所以,点 P 的极线过点 C. 又点 P 的极线过点 F,所以,直线 CF 即为点 P 的极线.

同理,点 Q 的极线是直线 BE.

从而,CF 与 BE 的交点 J 的极线是 PQ,即知 $\triangle JPQ$ 为极点三角形. 故 $IJ \perp PQ$.

例 3 (1994 年 IMO35 试题)$\triangle ABC$ 是一个等腰三角形,$AB=AC$,假如①M 是 BC 的中点,O 是直线 AM 上的点,使得 OB 垂直于 AB;②Q 是线段 BC 上不同于 B 和 C 的一个任意点;③E 在直线 AB 上,F 在直线 AC 上,使得 E,Q 和 F 是不同的三个共线点.求证:OQ 垂直于 EF,当且仅当 $QE=QF$.

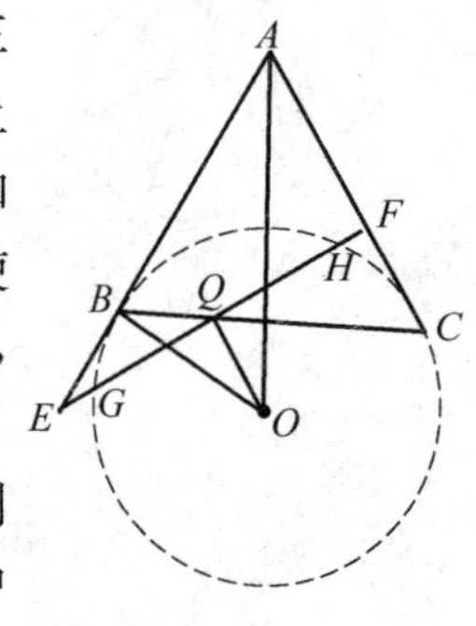

图 30.85

证明 如图 30.85,以 O 为圆心,OB 为半径作圆,则由 $OB \perp AB$ 知 BE 切圆 O 于 B,又 $AB=AC$,O 为 BC 中垂线上的点,则知 FC 切圆 O 于点 C.

设 EF 交圆 O 于点 G,H,参见图 30.85,对于圆 O 内的点 Q,应用推论 5,则有

$$\frac{1}{\overrightarrow{QG}}+\frac{1}{\overrightarrow{QH}}=\frac{1}{\overrightarrow{QE}}+\frac{1}{\overrightarrow{QF}}\Leftrightarrow \frac{1}{QG}-\frac{1}{QH}=\frac{1}{QE}-\frac{1}{QF}$$

于是

$$OG \perp EF \Leftrightarrow QG=QH \Leftrightarrow QE=QF$$

例 4 (2008 年印度国家队选拔赛题)设 $\triangle ABC$ 的内切圆 Γ 与 BC 切于点 D,D' 是圆 Γ 上的点,且 DD' 为圆 Γ 的直径,过 D' 作圆 Γ 的切线与 AD 交于点 X,过 X 作圆 Γ 的不同于 XD' 的切线,切点为 N. 证明:$\triangle BCN$ 的外接圆与圆 Γ 切于点 N.

证明 由于 D' 与 X 不重合,知 $AB \neq AC$.

不妨设 $AB>AC$,如图 30.86,设圆 Γ 与 AC,AB 分别切于点 E,F,且设直线 FE 与直线 BC 交于点 K,则 K 是点 A 关于圆 Γ 的极线 FE 上的点,由性质 1,知 A 也是点 K 关于圆 Γ 的极线上的点.

又点 D 在点 K 关于圆 Γ 的极线上,所以,点 K 关于圆 Γ 的极线为 AD.

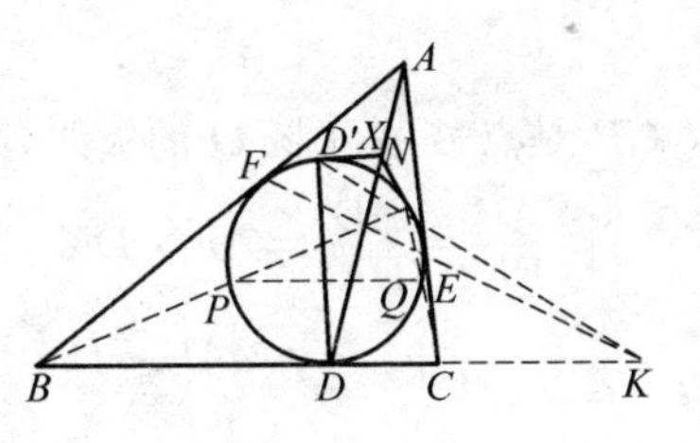

图 30.86

同理，设直线 $D'N$ 与 BC 交于点 K'，则 K' 关于圆 Γ 的极线为 DX.

由于 AD 与 DX 为同一条直线，因此，K' 重合于 K.

注意到 B,C,D,K 为调和点列，且 $\angle D'ND=90°$，由调和点列的性质，知 ND 平分 $\angle BNC$.

设 NB,NC 分别与圆 Γ 交于点 P,Q，则 D 为弧$\overset{\frown}{PQ}$的中点，于是 $PQ /\!/ BC$.

由 $\angle XNP=\angle PQN=\angle BCN$，知 XN 与 $\triangle BCN$ 的外接圆切于点 N. 从而，$\triangle BCN$ 的外接圆与圆 Γ 切于点 N.

例 5 （1989年IMO 30预选题）证明：双心四边形（既有外接圆，又有内切圆的四边形）的两个圆心与其对角线的交点共线.

证明 如图 30.87，设四边形 $ABCD$ 内接于圆 O，外切于圆 I，对角线 AC 与 BD 交于点 G，且圆 I 分别与 AB,BC,CD,DA 切于点 S,T,U,V，由牛顿定理，知 SU 与 TV 也交于点 G.

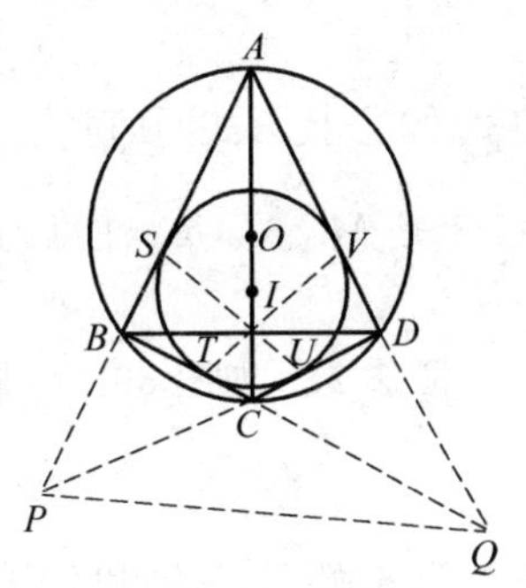

图 30.87

若四边形 $ABCD$ 为梯形，则结论显然成立，三点共线于两底中点的连线. 若四边形 $ABCD$ 不为梯形，则可设直线 AB 与 CD 交于点 P，直线 AD 与 BC 交于点 Q.

于是，直线 PQ 是点 G 关于圆 O 的极线. 对于圆 I 来说，直线 SV 的极点为 P，直线 TV 的极点为 Q，直线 PQ 是点 G 关于圆 I 的极线.

因此，由推论 4，知 $OG\perp PQ$，$IG\perp PQ$. 故 O,I,G 三点共线.

例 6 （2009年中国国家队选拔赛题）设 D 是 $\triangle ABC$ 的边 BC 上一点，满足 $\angle CAD=\angle CBA$. 圆 O 经过 B,D，并分别与线段 AB,AD 交于点 E,F，BF 与 DE 交于点 G，M 是 AG 的中点. 求证：$CM\perp AO$.

证法 1 如图 30.88，联结 EF 并延长交 BC 于点 P，设直线 GP 分别交 AD,AC 于点 K,L，则由推论 4 知

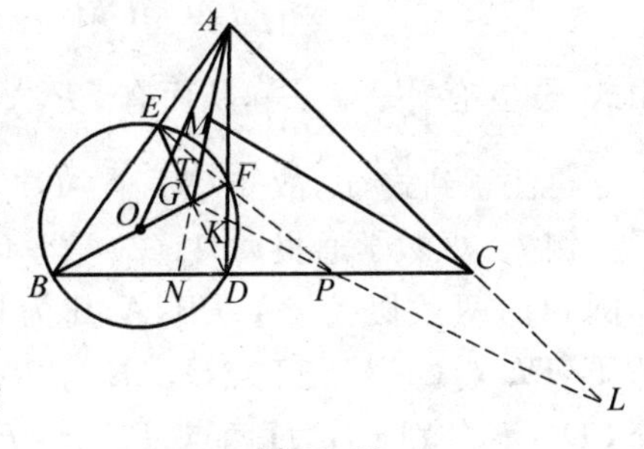

图 30.88

$$GL \perp AO \quad ①$$

又 GP 是点 A 关于圆 O 的极线,则由性质 4,知

$$\frac{AF}{FK}=\frac{AD}{DK} \Leftrightarrow AF \cdot DK = AD \cdot FK = (AK+DK)(AK-AF)$$

$$\Leftrightarrow 2AF \cdot DK = AK(AK-AF+DK)$$

$$= AK \cdot (FK+DK) = AK \cdot DF$$

$$\Leftrightarrow 2AF \cdot DK = AK \cdot DF \quad ②$$

注意到 B,D,F,E 共圆,有 $\angle CAD=\angle CBA=\angle DBA=\angle EFA$,从而知直线 EFP // 直线 ACL,即有

$$\frac{CP}{PD}=\frac{AF}{FD} \quad ③$$

对 $\triangle ADC$ 及截线 KPL 应用梅涅劳斯定理,有

$$\frac{AL}{LC} \cdot \frac{CP}{PD} \cdot \frac{DK}{KA}=1 \quad ④$$

将式 ②③ 代入式 ④ 得$\frac{AL}{LC}=2$. 注意到 $AG=2AM$,即知 MC 是 $\triangle AGL$ 的中位线. 于是 MC // GL. 注意到式 ①,故知 $CM \perp AO$.

证法 2 如图 30.88,同证法 1 有 $GP \perp AO$. 式 ① 及 EP // AC 有

$$\frac{NP}{PC}=\frac{NT}{TA} \quad ⑤$$

由性质 8,知 A,G 调和分割 TN,即

$$\frac{TG}{AT}=\frac{NG}{AN} \Leftrightarrow \frac{AG-AT}{AT}=\frac{NG}{NG+AG}$$

$$\Leftrightarrow 2AT \cdot NG = AG(NG+AG-AT) = 2MG \cdot TN$$

$$\Leftrightarrow \frac{NT}{TA}=\frac{NG}{GM} \quad ⑥$$

由式 ⑤⑥ 有$\frac{NP}{PC}=\frac{NG}{GM}$,从而有 GP // MC.

再注意到式 ①,故知 $CM \perp AO$.

例 7 (《数学通报》2011(2) 数学问题 1892) 如图 30.89,过圆 O 外一点 P,作圆 O 的两条切线 PA,PB,A,B 为切点,再任意引圆 O 的两条割线 PCD,PEF,DE 与 CF 相交于点 Q,AE 与 BC 相交于点 M,AF 与 BD 相交于点 N,AE 交 CD,CF 分别于 G,H 两点,BC 交 EF,ED 分别于 I,K 两点,AF 交 CD,ED 分别于 X,Y 两点,BD 交 EF,CF 分别于 U,V 两点. 求证:(1)A,Q,B 三点共线;

(2)G,Q,U 三点共线，X,Q,I 三点共线；(3)Y,H,P 三点共线，V,K,P 三点共线；(4)N,Q,M,P 四点共线.

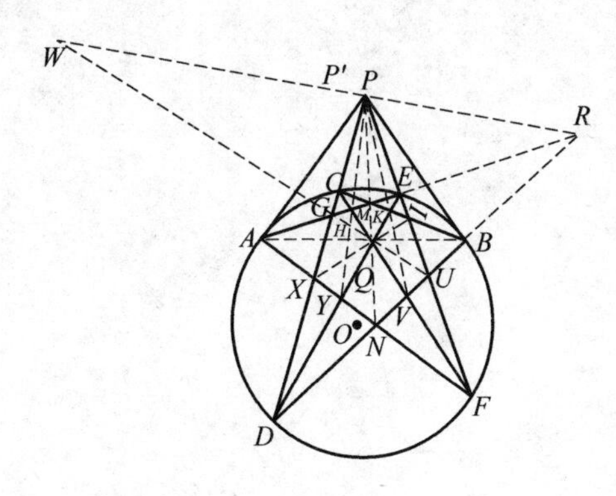

图 30.89

证明　(1) 参见图 30.89，由性质 5，即知 A,Q,B 三点共线.

(2) 设直线 AE 与直线 DB 交于点 R，由性质 5，知点 R 在点 Q 关于圆 O 的极线上.

设直线 UQ 交点 Q 关于圆 O 的极线 PR 于点 W，交直线 AE 于点 G_1，则对过点 Q 的三条直线 AB,DE,UQ 应用性质 8，知 W,Q,G_1,U 成调和点列；又设直线 UQ 与直线 CD 交于点 G_2，则对过点 Q 的三条直线 AB,CF,UQ 应用性质 8，知 $W,Q;G_2,U$ 成调和点列. 于是知点 G_1,G_2 重合于点 G，故 G,Q,U 三点共线.

同理，X,Q,I 三点共线.

(3) 设直线 PY 交点 P 关于圆 O 的极线 AB 于点 T，交 AE 于点 H_1，交 CF 于 H_2，分别对过点 P 的三条直线 PA,PEF,PY 及 PCD,PEF,PY 应用性质 8，则知 P,T,H_1,Y 及 P,T,H_2,Y 均为调和点列. 于是，知点 H_1,H_2 重合于点 H. 故 Y,H,P 三点共线.

同理，V,K,P 三点共线.

(4) 设直线 NQ 交点 Q 关于圆 O 的极线 RP 于点 P'，交 AE 于点 M_1，交 CB 于点 M_2，对过点 Q 的三条直线 AB,CF,DE 应用性质 8，知 P',Q,M_1,N 及 P',Q,M_2,N 分别为调和点列，于是，知 M_1,M_2 重合于点 M，即知 M,Q,N 三点共线.

同理，P,M,N 三点共线.

故 N,Q,M,P 四点共线.

刘培杰数学工作室
已出版(即将出版)图书目录——初等数学

书　　名	出版时间	定　价	编号
新编中学数学解题方法全书(高中版)上卷(第2版)	2018－08	58.00	951
新编中学数学解题方法全书(高中版)中卷(第2版)	2018－08	68.00	952
新编中学数学解题方法全书(高中版)下卷(一)(第2版)	2018－08	58.00	953
新编中学数学解题方法全书(高中版)下卷(二)(第2版)	2018－08	58.00	954
新编中学数学解题方法全书(高中版)下卷(三)(第2版)	2018－08	68.00	955
新编中学数学解题方法全书(初中版)上卷	2008－01	28.00	29
新编中学数学解题方法全书(初中版)中卷	2010－07	38.00	75
新编中学数学解题方法全书(高考复习卷)	2010－01	48.00	67
新编中学数学解题方法全书(高考真题卷)	2010－01	38.00	62
新编中学数学解题方法全书(高考精华卷)	2011－03	68.00	118
新编平面解析几何解题方法全书(专题讲座卷)	2010－01	18.00	61
新编中学数学解题方法全书(自主招生卷)	2013－08	88.00	261
数学奥林匹克与数学文化(第一辑)	2006－05	48.00	4
数学奥林匹克与数学文化(第二辑)(竞赛卷)	2008－01	48.00	19
数学奥林匹克与数学文化(第二辑)(文化卷)	2008－07	58.00	36′
数学奥林匹克与数学文化(第三辑)(竞赛卷)	2010－01	48.00	59
数学奥林匹克与数学文化(第四辑)(竞赛卷)	2011－08	58.00	87
数学奥林匹克与数学文化(第五辑)	2015－06	98.00	370
世界著名平面几何经典著作钩沉——几何作图专题卷(上)	2009－06	48.00	49
世界著名平面几何经典著作钩沉——几何作图专题卷(下)	2011－01	88.00	80
世界著名平面几何经典著作钩沉(民国平面几何老课本)	2011－03	38.00	113
世界著名平面几何经典著作钩沉(建国初期平面三角老课本)	2015－08	38.00	507
世界著名解析几何经典著作钩沉——平面解析几何卷	2014－01	38.00	264
世界著名数论经典著作钩沉(算术卷)	2012－01	28.00	125
世界著名数学经典著作钩沉——立体几何卷	2011－02	28.00	88
世界著名三角学经典著作钩沉(平面三角卷Ⅰ)	2010－06	28.00	69
世界著名三角学经典著作钩沉(平面三角卷Ⅱ)	2011－01	38.00	78
世界著名初等数论经典著作钩沉(理论和实用算术卷)	2011－07	38.00	126
发展你的空间想象力	2017－06	38.00	785
空间想象力进阶	2019－05	68.00	1062
走向国际数学奥林匹克的平面几何试题诠释.第1卷	即将出版		1043
走向国际数学奥林匹克的平面几何试题诠释.第2卷	即将出版		1044
走向国际数学奥林匹克的平面几何试题诠释.第3卷	2019－03	78.00	1045
走向国际数学奥林匹克的平面几何试题诠释.第4卷	即将出版		1046
平面几何证明方法全书	2007－08	35.00	1
平面几何证明方法全书习题解答(第2版)	2006－12	18.00	10
平面几何天天练上卷・基础篇(直线型)	2013－01	58.00	208
平面几何天天练中卷・基础篇(涉及圆)	2013－01	28.00	234
平面几何天天练下卷・提高篇	2013－01	58.00	237
平面几何专题研究	2013－07	98.00	258

刘培杰数学工作室
已出版(即将出版)图书目录——初等数学

书　　名	出版时间	定　价	编号
最新世界各国数学奥林匹克中的平面几何试题	2007—09	38.00	14
数学竞赛平面几何典型题及新颖解	2010—07	48.00	74
初等数学复习及研究(平面几何)	2008—09	58.00	38
初等数学复习及研究(立体几何)	2010—06	38.00	71
初等数学复习及研究(平面几何)习题解答	2009—01	48.00	42
几何学教程(平面几何卷)	2011—03	68.00	90
几何学教程(立体几何卷)	2011—07	68.00	130
几何变换与几何证题	2010—06	88.00	70
计算方法与几何证题	2011—06	28.00	129
立体几何技巧与方法	2014—04	88.00	293
几何瑰宝——平面几何 500 名题暨 1000 条定理(上、下)	2010—07	138.00	76,77
三角形的解法与应用	2012—07	18.00	183
近代的三角形几何学	2012—07	48.00	184
一般折线几何学	2015—08	48.00	503
三角形的五心	2009—06	28.00	51
三角形的六心及其应用	2015—10	68.00	542
三角形趣谈	2012—08	28.00	212
解三角形	2014—01	28.00	265
三角学专门教程	2014—09	28.00	387
图天下几何新题试卷.初中(第 2 版)	2017—11	58.00	855
圆锥曲线习题集(上册)	2013—06	68.00	255
圆锥曲线习题集(中册)	2015—01	78.00	434
圆锥曲线习题集(下册・第 1 卷)	2016—10	78.00	683
圆锥曲线习题集(下册・第 2 卷)	2018—01	98.00	853
论九点圆	2015—05	88.00	645
近代欧氏几何学	2012—03	48.00	162
罗巴切夫斯基几何学及几何基础概要	2012—07	28.00	188
罗巴切夫斯基几何学初步	2015—06	28.00	474
用三角、解析几何、复数、向量计算解数学竞赛几何题	2015—03	48.00	455
美国中学几何教程	2015—04	88.00	458
三线坐标与三角形特征点	2015—04	98.00	460
平面解析几何方法与研究(第 1 卷)	2015—05	18.00	471
平面解析几何方法与研究(第 2 卷)	2015—06	18.00	472
平面解析几何方法与研究(第 3 卷)	2015—07	18.00	473
解析几何研究	2015—01	38.00	425
解析几何学教程.上	2016—01	38.00	574
解析几何学教程.下	2016—01	38.00	575
几何学基础	2016—01	58.00	581
初等几何研究	2015—02	58.00	444
十九和二十世纪欧氏几何学中的片段	2017—01	58.00	696
平面几何中考.高考.奥数一本通	2017—07	28.00	820
几何学简史	2017—08	28.00	833
四面体	2018—01	48.00	880
平面几何证明方法思路	2018—12	68.00	913
平面几何图形特性新析.上篇	2019—01	68.00	911
平面几何图形特性新析.下篇	2018—06	88.00	912
平面几何范例多解探究.上篇	2018—04	48.00	910
平面几何范例多解探究.下篇	2018—12	68.00	914
从分析解题过程学解题:竞赛中的几何问题研究	2018—07	68.00	946
从分析解题过程学解题:竞赛中的向量几何与不等式研究(全 2 册)	2019—06	138.00	1090
二维、三维欧氏几何的对偶原理	2018—12	38.00	990
星形大观及闭折线论	2019—03	68.00	1020
圆锥曲线之设点与设线	2019—05	60.00	1063

刘培杰数学工作室

已出版(即将出版)图书目录——初等数学

书　　名	出版时间	定　价	编号
俄罗斯平面几何问题集	2009－08	88.00	55
俄罗斯立体几何问题集	2014－03	58.00	283
俄罗斯几何大师——沙雷金论数学及其他	2014－01	48.00	271
来自俄罗斯的 5000 道几何习题及解答	2011－03	58.00	89
俄罗斯初等数学问题集	2012－05	38.00	177
俄罗斯函数问题集	2011－03	38.00	103
俄罗斯组合分析问题集	2011－01	48.00	79
俄罗斯初等数学万题选——三角卷	2012－11	38.00	222
俄罗斯初等数学万题选——代数卷	2013－08	68.00	225
俄罗斯初等数学万题选——几何卷	2014－01	68.00	226
俄罗斯《量子》杂志数学征解问题 100 题选	2018－08	48.00	969
俄罗斯《量子》杂志数学征解问题又 100 题选	2018－08	48.00	970
463 个俄罗斯几何老问题	2012－01	28.00	152
《量子》数学短文精粹	2018－09	38.00	972
谈谈素数	2011－03	18.00	91
平方和	2011－03	18.00	92
整数论	2011－05	38.00	120
从整数谈起	2015－10	28.00	538
数与多项式	2016－01	38.00	558
谈谈不定方程	2011－05	28.00	119
解析不等式新论	2009－06	68.00	48
建立不等式的方法	2011－03	98.00	104
数学奥林匹克不等式研究	2009－08	68.00	56
不等式研究(第二辑)	2012－02	68.00	153
不等式的秘密(第一卷)	2012－02	28.00	154
不等式的秘密(第一卷)(第 2 版)	2014－02	38.00	286
不等式的秘密(第二卷)	2014－01	38.00	268
初等不等式的证明方法	2010－06	38.00	123
初等不等式的证明方法(第二版)	2014－11	38.00	407
不等式·理论·方法(基础卷)	2015－07	38.00	496
不等式·理论·方法(经典不等式卷)	2015－07	38.00	497
不等式·理论·方法(特殊类型不等式卷)	2015－07	48.00	498
不等式探究	2016－03	38.00	582
不等式探秘	2017－01	88.00	689
四面体不等式	2017－01	68.00	715
数学奥林匹克中常见重要不等式	2017－09	38.00	845
三正弦不等式	2018－09	98.00	974
函数方程与不等式:解法与稳定性结果	2019－04	68.00	1058
同余理论	2012－05	38.00	163
[x]与{x}	2015－04	48.00	476
极值与最值.上卷	2015－06	28.00	486
极值与最值.中卷	2015－06	38.00	487
极值与最值.下卷	2015－06	28.00	488
整数的性质	2012－11	38.00	192
完全平方数及其应用	2015－08	78.00	506
多项式理论	2015－10	88.00	541
奇数、偶数、奇偶分析法	2018－01	98.00	876
不定方程及其应用.上	2018－12	58.00	992
不定方程及其应用.中	2019－01	78.00	993
不定方程及其应用.下	2019－02	98.00	994

刘培杰数学工作室
已出版(即将出版)图书目录——初等数学

书　　名	出版时间	定　价	编号
历届美国中学生数学竞赛试题及解答(第一卷)1950－1954	2014－07	18.00	277
历届美国中学生数学竞赛试题及解答(第二卷)1955－1959	2014－04	18.00	278
历届美国中学生数学竞赛试题及解答(第三卷)1960－1964	2014－06	18.00	279
历届美国中学生数学竞赛试题及解答(第四卷)1965－1969	2014－04	28.00	280
历届美国中学生数学竞赛试题及解答(第五卷)1970－1972	2014－06	18.00	281
历届美国中学生数学竞赛试题及解答(第六卷)1973－1980	2017－07	18.00	768
历届美国中学生数学竞赛试题及解答(第七卷)1981－1986	2015－01	18.00	424
历届美国中学生数学竞赛试题及解答(第八卷)1987－1990	2017－05	18.00	769
历届 IMO 试题集(1959—2005)	2006－05	58.00	5
历届 CMO 试题集	2008－09	28.00	40
历届中国数学奥林匹克试题集(第 2 版)	2017－03	38.00	757
历届加拿大数学奥林匹克试题集	2012－08	38.00	215
历届美国数学奥林匹克试题集:多解推广加强	2012－08	38.00	209
历届美国数学奥林匹克试题集:多解推广加强(第 2 版)	2016－03	48.00	592
历届波兰数学竞赛试题集.第 1 卷,1949～1963	2015－03	18.00	453
历届波兰数学竞赛试题集.第 2 卷,1964～1976	2015－03	18.00	454
历届巴尔干数学奥林匹克试题集	2015－05	38.00	466
保加利亚数学奥林匹克	2014－10	38.00	393
圣彼得堡数学奥林匹克试题集	2015－01	38.00	429
匈牙利奥林匹克数学竞赛题解.第 1 卷	2016－05	28.00	593
匈牙利奥林匹克数学竞赛题解.第 2 卷	2016－05	28.00	594
历届美国数学邀请赛试题集(第 2 版)	2017－10	78.00	851
全国高中数学竞赛试题及解答.第 1 卷	2014－07	38.00	331
普林斯顿大学数学竞赛	2016－06	38.00	669
亚太地区数学奥林匹克竞赛题	2015－07	18.00	492
日本历届(初级)广中杯数学竞赛试题及解答.第 1 卷(2000～2007)	2016－05	28.00	641
日本历届(初级)广中杯数学竞赛试题及解答.第 2 卷(2008～2015)	2016－05	38.00	642
360 个数学竞赛问题	2016－08	58.00	677
奥数最佳实战题.上卷	2017－06	38.00	760
奥数最佳实战题.下卷	2017－05	58.00	761
哈尔滨市早期中学数学竞赛试题汇编	2016－07	28.00	672
全国高中数学联赛试题及解答:1981—2017(第 2 版)	2018－05	98.00	920
20 世纪 50 年代全国部分城市数学竞赛试题汇编	2017－07	28.00	797
国内外数学竞赛题及精解:2017～2018	2019－06	45.00	1092
许康华竞赛优学精选集.第一辑	2018－08	68.00	949
天问叶班数学问题征解 100 题.Ⅰ,2016－2018	2019－05	88.00	1075
高考数学临门一脚(含密押三套卷)(理科版)	2017－01	45.00	743
高考数学临门一脚(含密押三套卷)(文科版)	2017－01	45.00	744
新课标高考数学题型全归纳(文科版)	2015－05	72.00	467
新课标高考数学题型全归纳(理科版)	2015－05	82.00	468
洞穿高考数学解答题核心考点(理科版)	2015－11	49.80	550
洞穿高考数学解答题核心考点(文科版)	2015－11	46.80	551

刘培杰数学工作室

已出版(即将出版)图书目录——初等数学

书　　名	出版时间	定　价	编号
高考数学题型全归纳:文科版.上	2016—05	53.00	663
高考数学题型全归纳:文科版.下	2016—05	53.00	664
高考数学题型全归纳:理科版.上	2016—05	58.00	665
高考数学题型全归纳:理科版.下	2016—05	58.00	666
王连笑教你怎样学数学:高考选择题解题策略与客观题实用训练	2014—01	48.00	262
王连笑教你怎样学数学:高考数学高层次讲座	2015—02	48.00	432
高考数学的理论与实践	2009—08	38.00	53
高考数学核心题型解题方法与技巧	2010—01	28.00	86
高考思维新平台	2014—03	38.00	259
30 分钟拿下高考数学选择题、填空题(理科版)	2016—10	39.80	720
30 分钟拿下高考数学选择题、填空题(文科版)	2016—10	39.80	721
高考数学压轴题解题诀窍(上)(第 2 版)	2018—01	58.00	874
高考数学压轴题解题诀窍(下)(第 2 版)	2018—01	48.00	875
北京市五区文科数学三年高考模拟题详解:2013～2015	2015—08	48.00	500
北京市五区理科数学三年高考模拟题详解:2013～2015	2015—09	68.00	505
向量法巧解数学高考题	2009—08	28.00	54
高考数学万能解题法(第 2 版)	即将出版	38.00	691
高考物理万能解题法(第 2 版)	即将出版	38.00	692
高考化学万能解题法(第 2 版)	即将出版	28.00	693
高考生物万能解题法(第 2 版)	即将出版	28.00	694
高考数学解题金典(第 2 版)	2017—01	78.00	716
高考物理解题金典(第 2 版)	2019—05	68.00	717
高考化学解题金典(第 2 版)	2019—05	58.00	718
我一定要赚分:高中物理	2016—01	38.00	580
数学高考参考	2016—01	78.00	589
2011～2015 年全国及各省市高考数学文科精品试题审题要津与解法研究	2015—10	68.00	539
2011～2015 年全国及各省市高考数学理科精品试题审题要津与解法研究	2015—10	88.00	540
最新全国及各省市高考数学试卷解法研究及点拨评析	2009—02	38.00	41
2011 年全国及各省市高考数学试题审题要津与解法研究	2011—10	48.00	139
2013 年全国及各省市高考数学试题解析与点评	2014—01	48.00	282
全国及各省市高考数学试题审题要津与解法研究	2015—02	48.00	450
高中数学章节起始课的教学研究与案例设计	2019—05	28.00	1064
新课标高考数学——五年试题分章详解(2007～2011)(上、下)	2011—10	78.00	140,141
全国中考数学压轴题审题要津与解法研究	2013—04	78.00	248
新编全国及各省市中考数学压轴题审题要津与解法研究	2014—05	58.00	342
全国及各省市 5 年中考数学压轴题审题要津与解法研究(2015 版)	2015—04	58.00	462
中考数学专题总复习	2007—04	28.00	6
中考数学较难题、难题常考题型解题方法与技巧.上	2016—01	48.00	584
中考数学较难题、难题常考题型解题方法与技巧.下	2016—01	58.00	585
中考数学较难题常考题型解题方法与技巧	2016—09	48.00	681
中考数学难题常考题型解题方法与技巧	2016—09	48.00	682
中考数学中档题常考题型解题方法与技巧	2017—08	68.00	835
中考数学选择填空压轴好题妙解 365	2017—05	38.00	759

刘培杰数学工作室
已出版(即将出版)图书目录——初等数学

书 名	出版时间	定 价	编号
中考数学小压轴汇编初讲	2017-07	48.00	788
中考数学大压轴专题微言	2017-09	48.00	846
怎么解中考平面几何探索题	2019-06	48.00	1093
北京中考数学压轴题解题方法突破(第4版)	2019-01	58.00	1001
助你高考成功的数学解题智慧:知识是智慧的基础	2016-01	58.00	596
助你高考成功的数学解题智慧:错误是智慧的试金石	2016-04	58.00	643
助你高考成功的数学解题智慧:方法是智慧的推手	2016-04	68.00	657
高考数学奇思妙解	2016-04	38.00	610
高考数学解题策略	2016-05	48.00	670
数学解题泄天机(第2版)	2017-10	48.00	850
高考物理压轴题全解	2017-04	48.00	746
高中物理经典问题25讲	2017-05	28.00	764
高中物理教学讲义	2018-01	48.00	871
2016年高考文科数学真题研究	2017-04	58.00	754
2016年高考理科数学真题研究	2017-04	78.00	755
2017年高考理科数学真题研究	2018-01	58.00	867
2017年高考文科数学真题研究	2018-01	48.00	868
初中数学、高中数学脱节知识补缺教材	2017-06	48.00	766
高考数学小题抢分必练	2017-10	48.00	834
高考数学核心素养解读	2017-09	38.00	839
高考数学客观题解题方法和技巧	2017-10	38.00	847
十年高考数学精品试题审题要津与解法研究.上卷	2018-01	68.00	872
十年高考数学精品试题审题要津与解法研究.下卷	2018-01	58.00	873
中国历届高考数学试题及解答.1949—1979	2018-01	38.00	877
历届中国高考数学试题及解答.第二卷,1980—1989	2018-10	28.00	975
历届中国高考数学试题及解答.第三卷,1990—1999	2018-10	48.00	976
数学文化与高考研究	2018-03	48.00	882
跟我学解高中数学题	2018-07	58.00	926
中学数学研究的方法及案例	2018-05	58.00	869
高考数学抢分技能	2018-07	68.00	934
高一新生常用数学方法和重要数学思想提升教材	2018-06	38.00	921
2018年高考数学真题研究	2019-01	68.00	1000
高考数学全国卷16道选择、填空题常考题型解题诀窍:理科	2018-09	88.00	971
高中数学一题多解	2019-06	58.00	1087
新编640个世界著名数学智力趣题	2014-01	88.00	242
500个最新世界著名数学智力趣题	2008-06	48.00	3
400个最新世界著名数学最值问题	2008-09	48.00	36
500个世界著名数学征解问题	2009-06	48.00	52
400个中国最佳初等数学征解老问题	2010-01	48.00	60
500个俄罗斯数学经典老题	2011-01	28.00	81
1000个国外中学物理好题	2012-04	48.00	174
300个日本高考数学题	2012-05	38.00	142
700个早期日本高考数学试题	2017-02	88.00	752
500个前苏联早期高考数学试题及解答	2012-05	28.00	185
546个早期俄罗斯大学生数学竞赛题	2014-03	38.00	285
548个来自美苏的数学好问题	2014-11	28.00	396
20所苏联著名大学早期入学试题	2015-02	18.00	452
161道德国工科大学生必做的微分方程习题	2015-05	28.00	469
500个德国工科大学生必做的高数习题	2015-06	28.00	478
360个数学竞赛问题	2016-08	58.00	677
200个趣味数学故事	2018-02	48.00	857
470个数学奥林匹克中的最值问题	2018-10	88.00	985
德国讲义日本考题.微积分卷	2015-04	48.00	456
德国讲义日本考题.微分方程卷	2015-04	38.00	457
二十世纪中叶中、英、美、日、法、俄高考数学试题精选	2017-06	38.00	783

刘培杰数学工作室
已出版(即将出版)图书目录——初等数学

书　　名	出版时间	定　价	编号
中国初等数学研究　2009 卷(第 1 辑)	2009－05	20.00	45
中国初等数学研究　2010 卷(第 2 辑)	2010－05	30.00	68
中国初等数学研究　2011 卷(第 3 辑)	2011－07	60.00	127
中国初等数学研究　2012 卷(第 4 辑)	2012－07	48.00	190
中国初等数学研究　2014 卷(第 5 辑)	2014－02	48.00	288
中国初等数学研究　2015 卷(第 6 辑)	2015－06	68.00	493
中国初等数学研究　2016 卷(第 7 辑)	2016－04	68.00	609
中国初等数学研究　2017 卷(第 8 辑)	2017－01	98.00	712
几何变换(Ⅰ)	2014－07	28.00	353
几何变换(Ⅱ)	2015－06	28.00	354
几何变换(Ⅲ)	2015－01	38.00	355
几何变换(Ⅳ)	2015－12	38.00	356
初等数论难题集(第一卷)	2009－05	68.00	44
初等数论难题集(第二卷)(上、下)	2011－02	128.00	82,83
数论概貌	2011－03	18.00	93
代数数论(第二版)	2013－08	58.00	94
代数多项式	2014－06	38.00	289
初等数论的知识与问题	2011－02	28.00	95
超越数论基础	2011－03	28.00	96
数论初等教程	2011－03	28.00	97
数论基础	2011－03	18.00	98
数论基础与维诺格拉多夫	2014－03	18.00	292
解析数论基础	2012－08	28.00	216
解析数论基础(第二版)	2014－01	48.00	287
解析数论问题集(第二版)(原版引进)	2014－05	88.00	343
解析数论问题集(第二版)(中译本)	2016－04	88.00	607
解析数论基础(潘承洞,潘承彪著)	2016－07	98.00	673
解析数论导引	2016－07	58.00	674
数论入门	2011－03	38.00	99
代数数论入门	2015－03	38.00	448
数论开篇	2012－07	28.00	194
解析数论引论	2011－03	48.00	100
Barban Davenport Halberstam 均值和	2009－01	40.00	33
基础数论	2011－03	28.00	101
初等数论 100 例	2011－05	18.00	122
初等数论经典例题	2012－07	18.00	204
最新世界各国数学奥林匹克中的初等数论试题(上、下)	2012－01	138.00	144,145
初等数论(Ⅰ)	2012－01	18.00	156
初等数论(Ⅱ)	2012－01	18.00	157
初等数论(Ⅲ)	2012－01	28.00	158

刘培杰数学工作室

已出版(即将出版)图书目录——初等数学

书　　名	出版时间	定　价	编号
平面几何与数论中未解决的新老问题	2013－01	68.00	229
代数数论简史	2014－11	28.00	408
代数数论	2015－09	88.00	532
代数、数论及分析习题集	2016－11	98.00	695
数论导引提要及习题解答	2016－01	48.00	559
素数定理的初等证明. 第 2 版	2016－09	48.00	686
数论中的模函数与狄利克雷级数(第二版)	2017－11	78.00	837
数论:数学导引	2018－01	68.00	849
范式大代数	2019－02	98.00	1016
解析数学讲义. 第一卷,导来式及微分、积分、级数	2019－04	88.00	1021
解析数学讲义. 第二卷,关于几何的应用	2019－04	68.00	1022
解析数学讲义. 第三卷,解析函数论	2019－04	78.00	1023
分析・组合・数论纵横谈	2019－04	58.00	1039
数学精神巡礼	2019－01	58.00	731
数学眼光透视(第 2 版)	2017－06	78.00	732
数学思想领悟(第 2 版)	2018－01	68.00	733
数学方法溯源(第 2 版)	2018－08	68.00	734
数学解题引论	2017－05	58.00	735
数学史话览胜(第 2 版)	2017－01	48.00	736
数学应用展观(第 2 版)	2017－08	68.00	737
数学建模尝试	2018－04	48.00	738
数学竞赛采风	2018－01	68.00	739
数学测评探营	2019－05	58.00	740
数学技能操握	2018－03	48.00	741
数学欣赏拾趣	2018－02	48.00	742
从毕达哥拉斯到怀尔斯	2007－10	48.00	9
从迪利克雷到维斯卡尔迪	2008－01	48.00	21
从哥德巴赫到陈景润	2008－05	98.00	35
从庞加莱到佩雷尔曼	2011－08	138.00	136
博弈论精粹	2008－03	58.00	30
博弈论精粹. 第二版(精装)	2015－01	88.00	461
数学 我爱你	2008－01	28.00	20
精神的圣徒　别样的人生——60 位中国数学家成长的历程	2008－09	48.00	39
数学史概论	2009－06	78.00	50
数学史概论(精装)	2013－03	158.00	272
数学史选讲	2016－01	48.00	544
斐波那契数列	2010－02	28.00	65
数学拼盘和斐波那契魔方	2010－07	38.00	72
斐波那契数列欣赏(第 2 版)	2018－08	58.00	948
Fibonacci 数列中的明珠	2018－06	58.00	928
数学的创造	2011－02	48.00	85
数学美与创造力	2016－01	48.00	595
数海拾贝	2016－01	48.00	590
数学中的美(第 2 版)	2019－04	68.00	1057
数论中的美学	2014－12	38.00	351

 刘培杰数学工作室 已出版(即将出版)图书目录——初等数学 

书　　名	出版时间	定　价	编号
数学王者　科学巨人——高斯	2015－01	28.00	428
振兴祖国数学的圆梦之旅:中国初等数学研究史话	2015－06	98.00	490
二十世纪中国数学史料研究	2015－10	48.00	536
数字谜、数阵图与棋盘覆盖	2016－01	58.00	298
时间的形状	2016－01	38.00	556
数学发现的艺术:数学探索中的合情推理	2016－07	58.00	671
活跃在数学中的参数	2016－07	48.00	675
数学解题——靠数学思想给力(上)	2011－07	38.00	131
数学解题——靠数学思想给力(中)	2011－07	48.00	132
数学解题——靠数学思想给力(下)	2011－07	38.00	133
我怎样解题	2013－01	48.00	227
数学解题中的物理方法	2011－06	28.00	114
数学解题的特殊方法	2011－06	48.00	115
中学数学计算技巧	2012－01	48.00	116
中学数学证明方法	2012－01	58.00	117
数学趣题巧解	2012－03	28.00	128
高中数学教学通鉴	2015－05	58.00	479
和高中生漫谈:数学与哲学的故事	2014－08	28.00	369
算术问题集	2017－03	38.00	789
张教授讲数学	2018－07	38.00	933
自主招生考试中的参数方程问题	2015－01	28.00	435
自主招生考试中的极坐标问题	2015－04	28.00	463
近年全国重点大学自主招生数学试题全解及研究.华约卷	2015－02	38.00	441
近年全国重点大学自主招生数学试题全解及研究.北约卷	2016－05	38.00	619
自主招生数学解证宝典	2015－09	48.00	535
格点和面积	2012－07	18.00	191
射影几何趣谈	2012－04	28.00	175
斯潘纳尔引理——从一道加拿大数学奥林匹克试题谈起	2014－01	28.00	228
李普希兹条件——从几道近年高考数学试题谈起	2012－10	18.00	221
拉格朗日中值定理——从一道北京高考试题的解法谈起	2015－10	18.00	197
闵科夫斯基定理——从一道清华大学自主招生试题谈起	2014－01	28.00	198
哈尔测度——从一道冬令营试题的背景谈起	2012－08	28.00	202
切比雪夫逼近问题——从一道中国台北数学奥林匹克试题谈起	2013－04	38.00	238
伯恩斯坦多项式与贝齐尔曲面——从一道全国高中数学联赛试题谈起	2013－03	38.00	236
卡塔兰猜想——从一道普特南竞赛试题谈起	2013－06	18.00	256
麦卡锡函数和阿克曼函数——从一道前南斯拉夫数学奥林匹克试题谈起	2012－08	18.00	201
贝蒂定理与拉姆贝克莫斯尔定理——从一个拣石子游戏谈起	2012－08	18.00	217
皮亚诺曲线和豪斯道夫分球定理——从无限集谈起	2012－08	18.00	211
平面凸图形与凸多面体	2012－10	28.00	218
斯坦因豪斯问题——从一道二十五省市自治区中学数学竞赛试题谈起	2012－07	18.00	196

刘培杰数学工作室

已出版(即将出版)图书目录——初等数学

书　　名	出版时间	定　价	编号
纽结理论中的亚历山大多项式与琼斯多项式——从一道北京市高一数学竞赛试题谈起	2012－07	28.00	195
原则与策略——从波利亚"解题表"谈起	2013－04	38.00	244
转化与化归——从三大尺规作图不能问题谈起	2012－08	28.00	214
代数几何中的贝祖定理(第一版)——从一道IMO试题的解法谈起	2013－08	18.00	193
成功连贯理论与约当块理论——从一道比利时数学竞赛试题谈起	2012－04	18.00	180
素数判定与大数分解	2014－08	18.00	199
置换多项式及其应用	2012－10	18.00	220
椭圆函数与模函数——从一道美国加州大学洛杉矶分校(UCLA)博士资格考题谈起	2012－10	28.00	219
差分方程的拉格朗日方法——从一道2011年全国高考理科试题的解法谈起	2012－08	28.00	200
力学在几何中的一些应用	2013－01	38.00	240
高斯散度定理、斯托克斯定理和平面格林定理——从一道国际大学生数学竞赛试题谈起	即将出版		
康托洛维奇不等式——从一道全国高中联赛试题谈起	2013－03	28.00	337
西格尔引理——从一道第18届IMO试题的解法谈起	即将出版		
罗斯定理——从一道前苏联数学竞赛试题谈起	即将出版		
拉克斯定理和阿廷定理——从一道IMO试题的解法谈起	2014－01	58.00	246
毕卡大定理——从一道美国大学数学竞赛试题谈起	2014－07	18.00	350
贝齐尔曲线——从一道全国高中联赛试题谈起	即将出版		
拉格朗日乘子定理——从一道2005年全国高中联赛试题的高等数学解法谈起	2015－05	28.00	480
雅可比定理——从一道日本数学奥林匹克试题谈起	2013－04	48.00	249
李天岩－约克定理——从一道波兰数学竞赛试题谈起	2014－06	28.00	349
整系数多项式因式分解的一般方法——从克朗耐克算法谈起	即将出版		
布劳维不动点定理——从一道前苏联数学奥林匹克试题谈起	2014－01	38.00	273
伯恩赛德定理——从一道英国数学奥林匹克试题谈起	即将出版		
布查特－莫斯特定理——从一道上海市初中竞赛试题谈起	即将出版		
数论中的同余数问题——从一道普特南竞赛试题谈起	即将出版		
范·德蒙行列式——从一道美国数学奥林匹克试题谈起	即将出版		
中国剩余定理:总数法构建中国历史年表	2015－01	28.00	430
牛顿程序与方程求根——从一道全国高考试题解法谈起	即将出版		
库默尔定理——从一道IMO预选试题谈起	即将出版		
卢丁定理——从一道冬令营试题的解法谈起	即将出版		
沃斯滕霍姆定理——从一道IMO预选试题谈起	即将出版		
卡尔松不等式——从一道莫斯科数学奥林匹克试题谈起	即将出版		
信息论中的香农熵——从一道近年高考压轴题谈起	即将出版		
约当不等式——从一道希望杯竞赛试题谈起	即将出版		
拉比诺维奇定理	即将出版		
刘维尔定理——从一道《美国数学月刊》征解问题的解法谈起	即将出版		
卡塔兰恒等式与级数求和——从一道IMO试题的解法谈起	即将出版		
勒让德猜想与素数分布——从一道爱尔兰竞赛试题谈起	即将出版		
天平称重与信息论——从一道基辅市数学奥林匹克试题谈起	即将出版		
哈密尔顿－凯莱定理:从一道高中数学联赛试题的解法谈起	2014－09	18.00	376
艾思特曼定理——从一道CMO试题的解法谈起	即将出版		

刘培杰数学工作室

已出版(即将出版)图书目录——初等数学

书 名	出版时间	定 价	编号
阿贝尔恒等式与经典不等式及应用	2018－06	98.00	923
迪利克雷除数问题	2018－07	48.00	930
糖水中的不等式——从初等数学到高等数学	2019－07	48.00	1093
帕斯卡三角形	2014－03	18.00	294
蒲丰投针问题——从 2009 年清华大学的一道自主招生试题谈起	2014－01	38.00	295
斯图姆定理——从一道“华约”自主招生试题的解法谈起	2014－01	18.00	296
许瓦兹引理——从一道加利福尼亚大学伯克利分校数学系博士生试题谈起	2014－08	18.00	297
拉姆塞定理——从王诗宬院士的一个问题谈起	2016－04	48.00	299
坐标法	2013－12	28.00	332
数论三角形	2014－04	38.00	341
毕克定理	2014－07	18.00	352
数林掠影	2014－09	48.00	389
我们周围的概率	2014－10	38.00	390
凸函数最值定理:从一道华约自主招生题的解法谈起	2014－10	28.00	391
易学与数学奥林匹克	2014－10	38.00	392
生物数学趣谈	2015－01	18.00	409
反演	2015－01	28.00	420
因式分解与圆锥曲线	2015－01	18.00	426
轨迹	2015－01	28.00	427
面积原理:从常庚哲命的一道 CMO 试题的积分解法谈起	2015－01	48.00	431
形形色色的不动点定理:从一道 28 届 IMO 试题谈起	2015－01	38.00	439
柯西函数方程:从一道上海交大自主招生的试题谈起	2015－02	28.00	440
三角恒等式	2015－02	28.00	442
无理性判定:从一道 2014 年“北约”自主招生试题谈起	2015－01	38.00	443
数学归纳法	2015－03	18.00	451
极端原理与解题	2015－04	28.00	464
法雷级数	2014－08	18.00	367
摆线族	2015－01	38.00	438
函数方程及其解法	2015－05	38.00	470
含参数的方程和不等式	2012－09	28.00	213
希尔伯特第十问题	2016－01	38.00	543
无穷小量的求和	2016－01	28.00	545
切比雪夫多项式:从一道清华大学金秋营试题谈起	2016－01	38.00	583
泽肯多夫定理	2016－03	38.00	599
代数等式证题法	2016－01	28.00	600
三角等式证题法	2016－01	28.00	601
吴大任教授藏书中的一个因式分解公式:从一道美国数学邀请赛试题的解法谈起	2016－06	28.00	656
易卦——类万物的数学模型	2017－08	68.00	838
“不可思议”的数与数系可持续发展	2018－01	38.00	878
最短线	2018－01	38.00	879
幻方和魔方(第一卷)	2012－05	68.00	173
尘封的经典——初等数学经典文献选读(第一卷)	2012－07	48.00	205
尘封的经典——初等数学经典文献选读(第二卷)	2012－07	38.00	206
初级方程式论	2011－03	28.00	106
初等数学研究(Ⅰ)	2008－09	68.00	37
初等数学研究(Ⅱ)(上、下)	2009－05	118.00	46,47

刘培杰数学工作室

已出版(即将出版)图书目录——初等数学

书　　名	出版时间	定　价	编号
趣味初等方程妙题集锦	2014－09	48.00	388
趣味初等数论选美与欣赏	2015－02	48.00	445
耕读笔记(上卷):一位农民数学爱好者的初数探索	2015－04	28.00	459
耕读笔记(中卷):一位农民数学爱好者的初数探索	2015－05	28.00	483
耕读笔记(下卷):一位农民数学爱好者的初数探索	2015－05	28.00	484
几何不等式研究与欣赏.上卷	2016－01	88.00	547
几何不等式研究与欣赏.下卷	2016－01	48.00	552
初等数列研究与欣赏·上	2016－01	48.00	570
初等数列研究与欣赏·下	2016－01	48.00	571
趣味初等函数研究与欣赏.上	2016－09	48.00	684
趣味初等函数研究与欣赏.下	2018－09	48.00	685
火柴游戏	2016－05	38.00	612
智力解谜.第1卷	2017－07	38.00	613
智力解谜.第2卷	2017－07	38.00	614
故事智力	2016－07	48.00	615
名人们喜欢的智力问题	即将出版		616
数学大师的发现、创造与失误	2018－01	48.00	617
异曲同工	2018－09	48.00	618
数学的味道	2018－01	58.00	798
数学千字文	2018－10	68.00	977
数贝偶拾——高考数学题研究	2014－04	28.00	274
数贝偶拾——初等数学研究	2014－04	38.00	275
数贝偶拾——奥数题研究	2014－04	48.00	276
钱昌本教你快乐学数学(上)	2011－12	48.00	155
钱昌本教你快乐学数学(下)	2012－03	58.00	171
集合、函数与方程	2014－01	28.00	300
数列与不等式	2014－01	38.00	301
三角与平面向量	2014－01	28.00	302
平面解析几何	2014－01	38.00	303
立体几何与组合	2014－01	28.00	304
极限与导数、数学归纳法	2014－01	38.00	305
趣味数学	2014－03	28.00	306
教材教法	2014－04	68.00	307
自主招生	2014－05	58.00	308
高考压轴题(上)	2015－01	48.00	309
高考压轴题(下)	2014－10	68.00	310
从费马到怀尔斯——费马大定理的历史	2013－10	198.00	Ⅰ
从庞加莱到佩雷尔曼——庞加莱猜想的历史	2013－10	298.00	Ⅱ
从切比雪夫到爱尔特希(上)——素数定理的初等证明	2013－07	48.00	Ⅲ
从切比雪夫到爱尔特希(下)——素数定理100年	2012－12	98.00	Ⅲ
从高斯到盖尔方特——二次域的高斯猜想	2013－10	198.00	Ⅳ
从库默尔到朗兰兹——朗兰兹猜想的历史	2014－01	98.00	Ⅴ
从比勃巴赫到德布朗斯——比勃巴赫猜想的历史	2014－02	298.00	Ⅵ
从麦比乌斯到陈省身——麦比乌斯变换与麦比乌斯带	2014－02	298.00	Ⅶ
从布尔到豪斯道夫——布尔方程与格论漫谈	2013－10	198.00	Ⅷ
从开普勒到阿诺德——三体问题的历史	2014－05	298.00	Ⅸ
从华林到华罗庚——华林问题的历史	2013－10	298.00	Ⅹ

刘培杰数学工作室

已出版(即将出版)图书目录——初等数学

书　　名	出版时间	定　价	编号
美国高中数学竞赛五十讲.第1卷(英文)	2014－08	28.00	357
美国高中数学竞赛五十讲.第2卷(英文)	2014－08	28.00	358
美国高中数学竞赛五十讲.第3卷(英文)	2014－09	28.00	359
美国高中数学竞赛五十讲.第4卷(英文)	2014－09	28.00	360
美国高中数学竞赛五十讲.第5卷(英文)	2014－10	28.00	361
美国高中数学竞赛五十讲.第6卷(英文)	2014－11	28.00	362
美国高中数学竞赛五十讲.第7卷(英文)	2014－12	28.00	363
美国高中数学竞赛五十讲.第8卷(英文)	2015－01	28.00	364
美国高中数学竞赛五十讲.第9卷(英文)	2015－01	28.00	365
美国高中数学竞赛五十讲.第10卷(英文)	2015－02	38.00	366
三角函数(第2版)	2017－04	38.00	626
不等式	2014－01	38.00	312
数列	2014－01	38.00	313
方程(第2版)	2017－04	38.00	624
排列和组合	2014－01	28.00	315
极限与导数(第2版)	2016－04	38.00	635
向量(第2版)	2018－08	58.00	627
复数及其应用	2014－08	28.00	318
函数	2014－01	38.00	319
集合	即将出版		320
直线与平面	2014－01	28.00	321
立体几何(第2版)	2016－04	38.00	629
解三角形	即将出版		323
直线与圆(第2版)	2016－11	38.00	631
圆锥曲线(第2版)	2016－09	48.00	632
解题通法(一)	2014－07	38.00	326
解题通法(二)	2014－07	38.00	327
解题通法(三)	2014－05	38.00	328
概率与统计	2014－01	28.00	329
信息迁移与算法	即将出版		330
IMO 50年.第1卷(1959－1963)	2014－11	28.00	377
IMO 50年.第2卷(1964－1968)	2014－11	28.00	378
IMO 50年.第3卷(1969－1973)	2014－09	28.00	379
IMO 50年.第4卷(1974－1978)	2016－04	38.00	380
IMO 50年.第5卷(1979－1984)	2015－04	38.00	381
IMO 50年.第6卷(1985－1989)	2015－04	58.00	382
IMO 50年.第7卷(1990－1994)	2016－01	48.00	383
IMO 50年.第8卷(1995－1999)	2016－06	38.00	384
IMO 50年.第9卷(2000－2004)	2015－04	58.00	385
IMO 50年.第10卷(2005－2009)	2016－01	48.00	386
IMO 50年.第11卷(2010－2015)	2017－03	48.00	646

刘培杰数学工作室
已出版(即将出版)图书目录——初等数学

书　　名	出版时间	定　价	编号
数学反思(2006—2007)	即将出版		915
数学反思(2008—2009)	2019－01	68.00	917
数学反思(2010—2011)	2018－05	58.00	916
数学反思(2012—2013)	2019－01	58.00	918
数学反思(2014—2015)	2019－03	78.00	919
历届美国大学生数学竞赛试题集.第一卷(1938—1949)	2015－01	28.00	397
历届美国大学生数学竞赛试题集.第二卷(1950—1959)	2015－01	28.00	398
历届美国大学生数学竞赛试题集.第三卷(1960—1969)	2015－01	28.00	399
历届美国大学生数学竞赛试题集.第四卷(1970—1979)	2015－01	18.00	400
历届美国大学生数学竞赛试题集.第五卷(1980—1989)	2015－01	28.00	401
历届美国大学生数学竞赛试题集.第六卷(1990—1999)	2015－01	28.00	402
历届美国大学生数学竞赛试题集.第七卷(2000—2009)	2015－08	18.00	403
历届美国大学生数学竞赛试题集.第八卷(2010—2012)	2015－01	18.00	404
新课标高考数学创新题解题诀窍:总论	2014－09	28.00	372
新课标高考数学创新题解题诀窍:必修1～5分册	2014－08	38.00	373
新课标高考数学创新题解题诀窍:选修2－1,2－2,1－1,1－2分册	2014－09	38.00	374
新课标高考数学创新题解题诀窍:选修2－3,4－4,4－5分册	2014－09	18.00	375
全国重点大学自主招生英文数学试题全攻略:词汇卷	2015－07	48.00	410
全国重点大学自主招生英文数学试题全攻略:概念卷	2015－01	28.00	411
全国重点大学自主招生英文数学试题全攻略:文章选读卷(上)	2016－09	38.00	412
全国重点大学自主招生英文数学试题全攻略:文章选读卷(下)	2017－01	58.00	413
全国重点大学自主招生英文数学试题全攻略:试题卷	2015－07	38.00	414
全国重点大学自主招生英文数学试题全攻略:名著欣赏卷	2017－03	48.00	415
劳埃德数学趣题大全.题目卷.1:英文	2016－01	18.00	516
劳埃德数学趣题大全.题目卷.2:英文	2016－01	18.00	517
劳埃德数学趣题大全.题目卷.3:英文	2016－01	18.00	518
劳埃德数学趣题大全.题目卷.4:英文	2016－01	18.00	519
劳埃德数学趣题大全.题目卷.5:英文	2016－01	18.00	520
劳埃德数学趣题大全.答案卷:英文	2016－01	18.00	521
李成章教练奥数笔记.第1卷	2016－01	48.00	522
李成章教练奥数笔记.第2卷	2016－01	48.00	523
李成章教练奥数笔记.第3卷	2016－01	38.00	524
李成章教练奥数笔记.第4卷	2016－01	38.00	525
李成章教练奥数笔记.第5卷	2016－01	38.00	526
李成章教练奥数笔记.第6卷	2016－01	38.00	527
李成章教练奥数笔记.第7卷	2016－01	38.00	528
李成章教练奥数笔记.第8卷	2016－01	48.00	529
李成章教练奥数笔记.第9卷	2016－01	28.00	530

刘培杰数学工作室

已出版(即将出版)图书目录——初等数学

书　　名	出版时间	定　价	编号
第19～23届"希望杯"全国数学邀请赛试题审题要津详细评注(初一版)	2014—03	28.00	333
第19～23届"希望杯"全国数学邀请赛试题审题要津详细评注(初二、初三版)	2014—03	38.00	334
第19～23届"希望杯"全国数学邀请赛试题审题要津详细评注(高一版)	2014—03	28.00	335
第19～23届"希望杯"全国数学邀请赛试题审题要津详细评注(高二版)	2014—03	38.00	336
第19～25届"希望杯"全国数学邀请赛试题审题要津详细评注(初一版)	2015—01	38.00	416
第19～25届"希望杯"全国数学邀请赛试题审题要津详细评注(初二、初三版)	2015—01	58.00	417
第19～25届"希望杯"全国数学邀请赛试题审题要津详细评注(高一版)	2015—01	48.00	418
第19～25届"希望杯"全国数学邀请赛试题审题要津详细评注(高二版)	2015—01	48.00	419
物理奥林匹克竞赛大题典——力学卷	2014—11	48.00	405
物理奥林匹克竞赛大题典——热学卷	2014—04	28.00	339
物理奥林匹克竞赛大题典——电磁学卷	2015—07	48.00	406
物理奥林匹克竞赛大题典——光学与近代物理卷	2014—06	28.00	345
历届中国东南地区数学奥林匹克试题集(2004～2012)	2014—06	18.00	346
历届中国西部地区数学奥林匹克试题集(2001～2012)	2014—07	18.00	347
历届中国女子数学奥林匹克试题集(2002～2012)	2014—08	18.00	348
数学奥林匹克在中国	2014—06	98.00	344
数学奥林匹克问题集	2014—01	38.00	267
数学奥林匹克不等式散论	2010—06	38.00	124
数学奥林匹克不等式欣赏	2011—09	38.00	138
数学奥林匹克超级题库(初中卷上)	2010—01	58.00	66
数学奥林匹克不等式证明方法和技巧(上、下)	2011—08	158.00	134,135
他们学什么:原民主德国中学数学课本	2016—09	38.00	658
他们学什么:英国中学数学课本	2016—09	38.00	659
他们学什么:法国中学数学课本.1	2016—09	38.00	660
他们学什么:法国中学数学课本.2	2016—09	28.00	661
他们学什么:法国中学数学课本.3	2016—09	38.00	662
他们学什么:苏联中学数学课本	2016—09	28.00	679
高中数学题典——集合与简易逻辑·函数	2016—07	48.00	647
高中数学题典——导数	2016—07	48.00	648
高中数学题典——三角函数·平面向量	2016—07	48.00	649
高中数学题典——数列	2016—07	58.00	650
高中数学题典——不等式·推理与证明	2016—07	38.00	651
高中数学题典——立体几何	2016—07	48.00	652
高中数学题典——平面解析几何	2016—07	78.00	653
高中数学题典——计数原理·统计·概率·复数	2016—07	48.00	654
高中数学题典——算法·平面几何·初等数论·组合数学·其他	2016—07	68.00	655

刘培杰数学工作室
已出版(即将出版)图书目录——初等数学

书　　名	出版时间	定　价	编号
台湾地区奥林匹克数学竞赛试题.小学一年级	2017－03	38.00	722
台湾地区奥林匹克数学竞赛试题.小学二年级	2017－03	38.00	723
台湾地区奥林匹克数学竞赛试题.小学三年级	2017－03	38.00	724
台湾地区奥林匹克数学竞赛试题.小学四年级	2017－03	38.00	725
台湾地区奥林匹克数学竞赛试题.小学五年级	2017－03	38.00	726
台湾地区奥林匹克数学竞赛试题.小学六年级	2017－03	38.00	727
台湾地区奥林匹克数学竞赛试题.初中一年级	2017－03	38.00	728
台湾地区奥林匹克数学竞赛试题.初中二年级	2017－03	38.00	729
台湾地区奥林匹克数学竞赛试题.初中三年级	2017－03	28.00	730
不等式证题法	2017－04	28.00	747
平面几何培优教程	即将出版		748
奥数鼎级培优教程.高一分册	2018－09	88.00	749
奥数鼎级培优教程.高二分册.上	2018－04	68.00	750
奥数鼎级培优教程.高二分册.下	2018－04	68.00	751
高中数学竞赛冲刺宝典	2019－04	68.00	883
初中尖子生数学超级题典.实数	2017－07	58.00	792
初中尖子生数学超级题典.式、方程与不等式	2017－08	58.00	793
初中尖子生数学超级题典.圆、面积	2017－08	38.00	794
初中尖子生数学超级题典.函数、逻辑推理	2017－08	48.00	795
初中尖子生数学超级题典.角、线段、三角形与多边形	2017－07	58.00	796
数学王子——高斯	2018－01	48.00	858
坎坷奇星——阿贝尔	2018－01	48.00	859
闪烁奇星——伽罗瓦	2018－01	58.00	860
无穷统帅——康托尔	2018－01	48.00	861
科学公主——柯瓦列夫斯卡娅	2018－01	48.00	862
抽象代数之母——埃米·诺特	2018－01	48.00	863
电脑先驱——图灵	2018－01	58.00	864
昔日神童——维纳	2018－01	48.00	865
数坛怪侠——爱尔特希	2018－01	68.00	866
当代世界中的数学.数学思想与数学基础	2019－01	38.00	892
当代世界中的数学.数学问题	2019－01	38.00	893
当代世界中的数学.应用数学与数学应用	2019－01	38.00	894
当代世界中的数学.数学王国的新疆域(一)	2019－01	38.00	895
当代世界中的数学.数学王国的新疆域(二)	2019－01	38.00	896
当代世界中的数学.数林撷英(一)	2019－01	38.00	897
当代世界中的数学.数林撷英(二)	2019－01	48.00	898
当代世界中的数学.数学之路	2019－01	38.00	899

刘培杰数学工作室
已出版(即将出版)图书目录——初等数学

书　　名	出版时间	定　价	编号
105 个代数问题:来自 AwesomeMath 夏季课程	2019－02	58.00	956
106 个几何问题:来自 AwesomeMath 夏季课程	即将出版		957
107 个几何问题:来自 AwesomeMath 全年课程	即将出版		958
108 个代数问题:来自 AwesomeMath 全年课程	2019－01	68.00	959
109 个不等式:来自 AwesomeMath 夏季课程	2019－04	58.00	960
国际数学奥林匹克中的 110 个几何问题	即将出版		961
111 个代数和数论问题	2019－05	58.00	962
112 个组合问题:来自 AwesomeMath 夏季课程	2019－05	58.00	963
113 个几何不等式:来自 AwesomeMath 夏季课程	即将出版		964
114 个指数和对数问题:来自 AwesomeMath 夏季课程	即将出版		965
115 个三角问题:来自 AwesomeMath 夏季课程	即将出版		966
116 个代数不等式:来自 AwesomeMath 全年课程	2019－04	58.00	967
紫色慧星国际数学竞赛试题	2019－02	58.00	999
澳大利亚中学数学竞赛试题及解答(初级卷)1978～1984	2019－02	28.00	1002
澳大利亚中学数学竞赛试题及解答(初级卷)1985～1991	2019－02	28.00	1003
澳大利亚中学数学竞赛试题及解答(初级卷)1992～1998	2019－02	28.00	1004
澳大利亚中学数学竞赛试题及解答(初级卷)1999～2005	2019－02	28.00	1005
澳大利亚中学数学竞赛试题及解答(中级卷)1978～1984	2019－03	28.00	1006
澳大利亚中学数学竞赛试题及解答(中级卷)1985～1991	2019－03	28.00	1007
澳大利亚中学数学竞赛试题及解答(中级卷)1992～1998	2019－03	28.00	1008
澳大利亚中学数学竞赛试题及解答(中级卷)1999～2005	2019－03	28.00	1009
澳大利亚中学数学竞赛试题及解答(高级卷)1978～1984	2019－05	28.00	1010
澳大利亚中学数学竞赛试题及解答(高级卷)1985～1991	2019－05	28.00	1011
澳大利亚中学数学竞赛试题及解答(高级卷)1992～1998	2019－05	28.00	1012
澳大利亚中学数学竞赛试题及解答(高级卷)1999～2005	2019－05	28.00	1013
天才中小学生智力测验题.第一卷	2019－03	38.00	1026
天才中小学生智力测验题.第二卷	2019－03	38.00	1027
天才中小学生智力测验题.第三卷	2019－03	38.00	1028
天才中小学生智力测验题.第四卷	2019－03	38.00	1029
天才中小学生智力测验题.第五卷	2019－03	38.00	1030
天才中小学生智力测验题.第六卷	2019－03	38.00	1031
天才中小学生智力测验题.第七卷	2019－03	38.00	1032
天才中小学生智力测验题.第八卷	2019－03	38.00	1033
天才中小学生智力测验题.第九卷	2019－03	38.00	1034
天才中小学生智力测验题.第十卷	2019－03	38.00	1035
天才中小学生智力测验题.第十一卷	2019－03	38.00	1036
天才中小学生智力测验题.第十二卷	2019－03	38.00	1037
天才中小学生智力测验题.第十三卷	2019－03	38.00	1038

刘培杰数学工作室
已出版(即将出版)图书目录——初等数学

书　名	出版时间	定　价	编号
重点大学自主招生数学备考全书:函数	即将出版		1047
重点大学自主招生数学备考全书:导数	即将出版		1048
重点大学自主招生数学备考全书:数列与不等式	即将出版		1049
重点大学自主招生数学备考全书:三角函数与平面向量	即将出版		1050
重点大学自主招生数学备考全书:平面解析几何	即将出版		1051
重点大学自主招生数学备考全书:立体几何与平面几何	即将出版		1052
重点大学自主招生数学备考全书:排列组合.概率统计.复数	即将出版		1053
重点大学自主招生数学备考全书:初等数论与组合数学	即将出版		1054
重点大学自主招生数学备考全书:重点大学自主招生真题.上	2019－04	68.00	1055
重点大学自主招生数学备考全书:重点大学自主招生真题.下	2019－04	58.00	1056
高中数学竞赛培训教程:平面几何问题的求解方法与策略.上	2018－05	68.00	906
高中数学竞赛培训教程:平面几何问题的求解方法与策略.下	2018－06	78.00	907
高中数学竞赛培训教程:整除与同余以及不定方程	2018－01	88.00	908
高中数学竞赛培训教程:组合计数与组合极值	2018－04	48.00	909
高中数学竞赛培训教程:初等代数	2019－04	78.00	1042
高中数学讲座:数学竞赛基础教程(第一册)	2019－06	48.00	1094
高中数学讲座:数学竞赛基础教程(第二册)	即将出版		1095
高中数学讲座:数学竞赛基础教程(第三册)	即将出版		1096
高中数学讲座:数学竞赛基础教程(第四册)	即将出版		1097

联系地址:哈尔滨市南岗区复华四道街10号　哈尔滨工业大学出版社刘培杰数学工作室

网　　址:http://lpj.hit.edu.cn/

邮　　编:150006

联系电话:0451－86281378　　13904613167

E-mail:lpj1378@163.com